理系に育てる基礎のキソ

しんかのお話365日

頭をよくする読み聞かせ

土屋 健 著
日本古生物学会 協力

技術評論社

はじめに
prologue

地球《ちきゅう》の歴史《れきし》は46億年《おくねん》。このうち、「化石《かせき》」によって生命《せいめい》の歴史《れきし》をたどることができるのは、35億年《おくねん》ほどと言《い》われています。

最初《さいしょ》の29億年間《おくねんかん》は、生命《せいめい》はとても小《ち》さなサイズで、顕微鏡《けんびきょう》がなければ見《み》ることもできないものばかりでした。今《いま》からおよそ6億年前《おくねんまえ》になって、ようやく手《て》にとってわかるようなサイズの生物《せいぶつ》が登場《とうじょう》しました。しかし、この時代《じだい》の生物《せいぶつ》は、動物《どうぶつ》なのか、植物《しょくぶつ》なのか、その正体《しょうたい》がよくわかっていません。

今《いま》から5億《おく》２０００万年前《まんねんまえ》ごろになると、現在《げんざい》の動物《どうぶつ》の祖先《そせん》たちのグループが化石《かせき》に残《のこ》るようになります。私《わたし》たちヒトの遠《とお》い祖先《そせん》は、このときはまだ小《ち》さな小《ち》さな魚《さかな》の仲間《なかま》でした。

その後《あと》、4億年《おくねん》と少《すこ》し前《まえ》あたりから、魚《さかな》の仲間《なかま》の中《なか》に大《おお》きなからだをもつものが現《あらわ》れます。その中《なか》から、陸上《りくじょう》で暮《く》らし始《はじ》めるものが生《う》まれ、やがておよそ2億《おく》３０００万年前《まんねんまえ》になると、皆《みな》さんよくご存知《ぞんじ》の恐竜《きょうりゅう》たちが出現《しゅつげん》します。

そして、６６００万年前《まんねんまえ》にほとんどの恐竜《きょうりゅう》たちは絶滅《ぜつめつ》し、かわって〝力《ちから》をつけてきた〟のが、哺乳類《ほにゅうるい》です。そして、私《わたし》たち人類《じんるい》は、今《いま》から７００万年《まんねん》ほど前《まえ》に現《あらわ》れたと考《かんが》えられています。

この本《ほん》を手《て》に取《と》ってくださった皆《みな》さん、ありがとうございます。この『しんかのお話《はなし》３６５日《にち》』には、こうした生命《せいめい》の歴史《れきし》が３６５の話題《わだい》として、ぎゅーっと詰《つ》まっています。最初《さいしょ》は、海《うみ》にいた摩訶不思議《まかふしぎ》な生物《せいぶつ》の話《はなし》から始《はじ》まります。１日《にち》１話《わ》。さまざまな生物《せいぶつ》の話《はなし》を読《よ》み進《すす》むにつれて、登場《とうじょう》する生物《せいぶつ》はやがて大《おお》きくなり、活動《かつどう》する場所《ばしょ》も海《うみ》だけではなく、陸《りく》や空《そら》が加《くわ》わっていきます。途中《とちゅう》で生命《せいめい》の歴史《れきし》に大《おお》きな影響《えいきょう》を与《あた》えた大《だい》事件《じけん》や、さまざまなトピックにふれながら、３６５日分《にちぶん》のページをめくり終《お》えると〝つい最近《さいきん》〟へとたどり着《つ》きます。

この本《ほん》を読《よ》み進《すす》めていくことで、生命《せいめい》の歴史《れきし》の壮大《そうだい》さ、深淵《しんえん》さ、何《なに》よりも進化《しんか》の流《なが》れが自然《しぜん》と身《み》についてくるでしょう。あわせて、現在《げんざい》の地球《ちきゅう》にさまざまな生命《せいめい》がいて、それぞれの生命《せいめい》の中《なか》に息《いき》づく長《なが》くて大切《たいせつ》な歴史《れきし》があることも感《かん》じて頂《いただ》ければ、著者《ちょしゃ》としてはとても嬉《うれ》しい限《かぎ》りです。「古生物《こせいぶつ》」というかつて地球上《ちきゅうじょう》にいたたくさんの生物《せいぶつ》たちをめぐる謎解《なぞと》きやワクワク感《かん》、ドキドキ感《かん》を味《あじ》わいながら、ページを読《よ》み進《すす》めてみてください。

この本《ほん》では、すべてのページにイラストが掲載《けいさい》されています。一方《いっぽう》で、そのページの内容《ないよう》に関係《かんけい》した化石《かせき》の写真《しゃしん》は掲載《けいさい》されていません。そのかわりに、全国《ぜんこく》の博物館《はくぶつかん》や動物園《どうぶつえん》、水族館《すいぞくかん》などにご協力《きょうりょく》いただいて、そのページで紹介《しょうかい》している生物《せいぶつ》や近縁《きんえん》の生物《せいぶつ》の化石《かせき》や模型《もけい》、あるいは近縁《きんえん》で現在《げんざい》も生《い》きている生物《せいぶつ》を見《み》ることができる施設《しせつ》を可能《かのう》な限《かぎ》り紹介《しょうかい》しています。この本《ほん》を読《よ》んだあとは、そうした施設《しせつ》を訪《たず》ねて、ぜひ、自分自身《じぶんじしん》で楽《たの》しんでみてください。

本書《ほんしょ》を制作《せいさく》するにあたり、化石研究《かせきけんきゅう》のプロである日本古生物学会《にほんこせいぶつがっかい》の将来計画委員会《しょうらいけいかくいいんかい》の皆《みな》さまにご協力いただきました。ページによっては、学校《がっこう》の教科書《きょうかしょ》に書《か》いてあることとは少《すこ》しちがっているかもしれません。でも、それは今《いま》、研究者《けんきゅうしゃ》の世界《せかい》でも議論《ぎろん》されているまさに最前線《さいぜんせん》の話題《わだい》なのです。そんな最新《さいしん》の謎解《なぞと》きもあわせてお楽《たの》しみください。

サイエンスライター
土屋《つちや》 健《けん》

CONTENTS

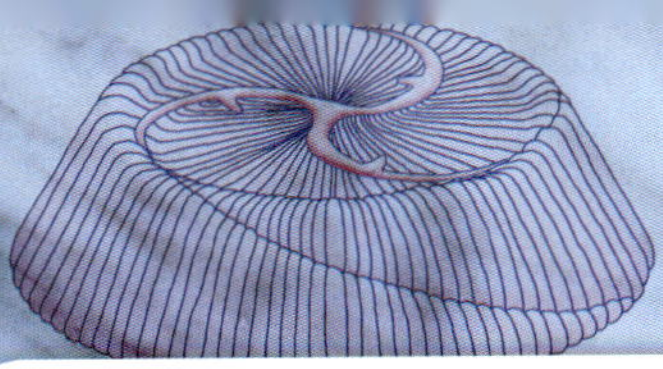

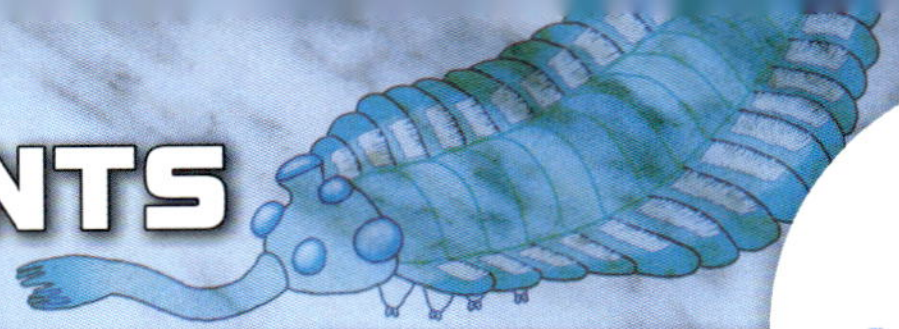

1月《がつ》 January

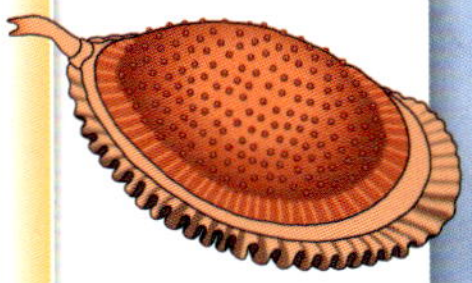

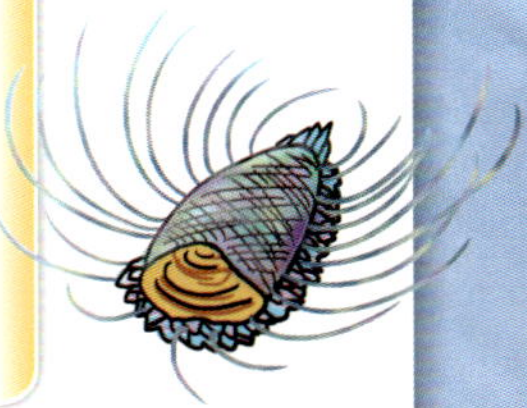

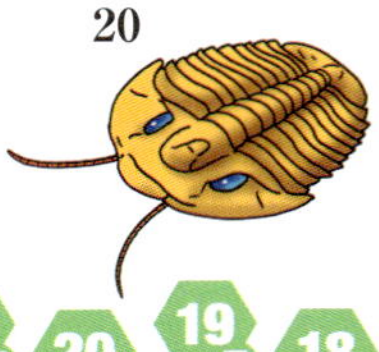

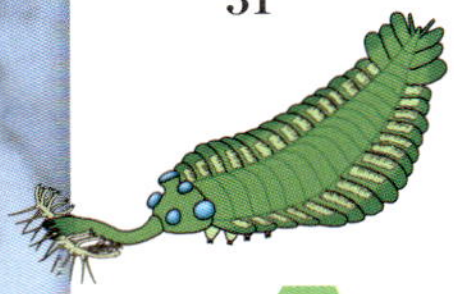

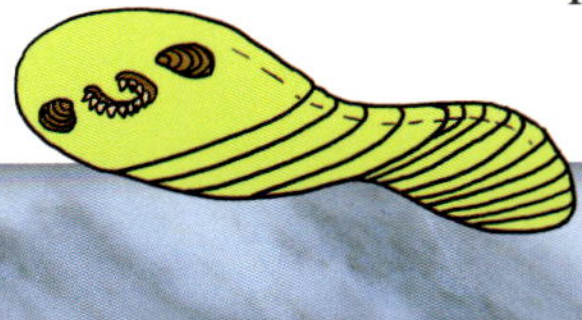

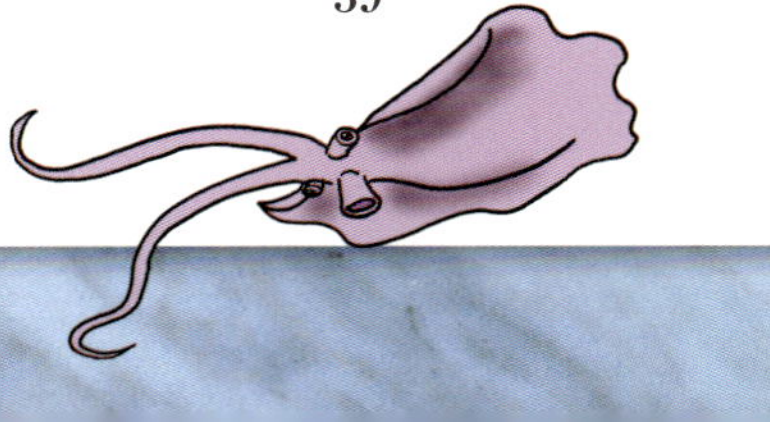

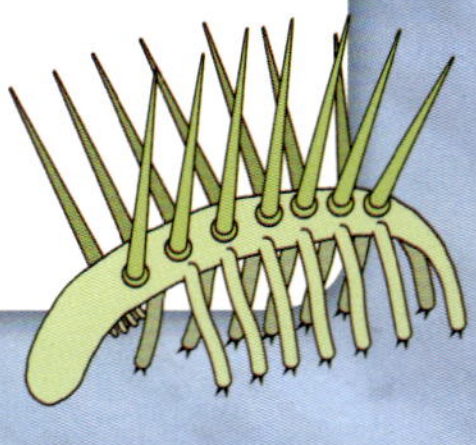

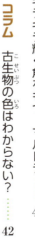

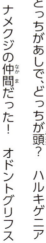

2月《がつ》 February

CONTENTS

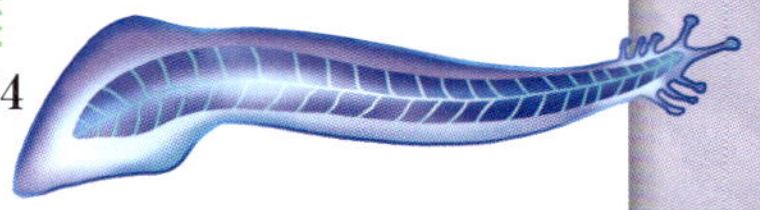

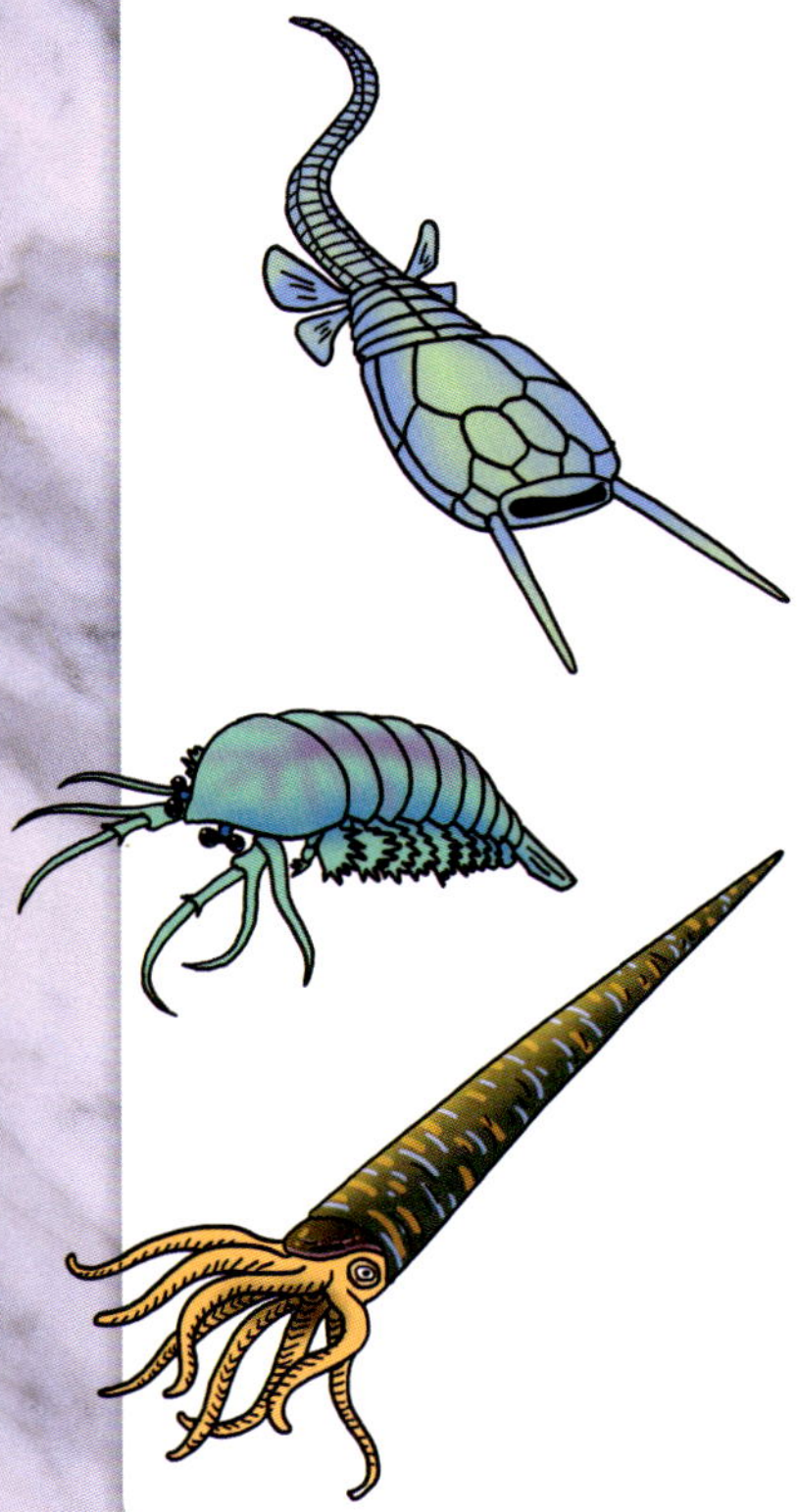

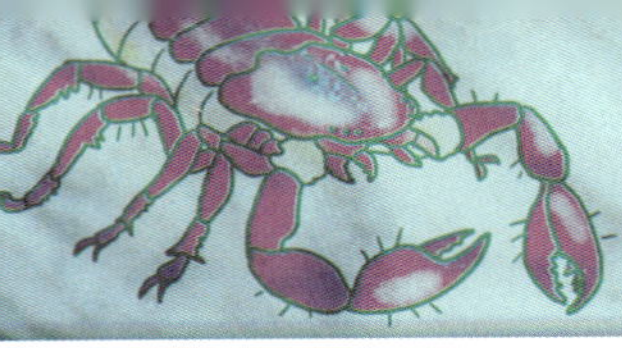
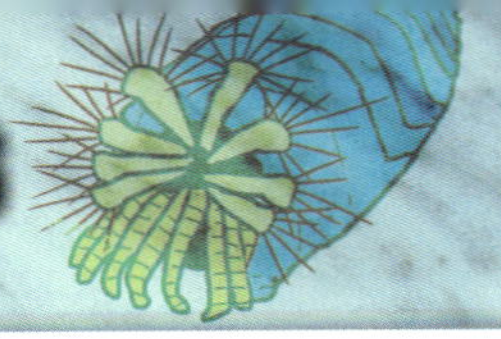

CONTENTS

3月《がつ》 March

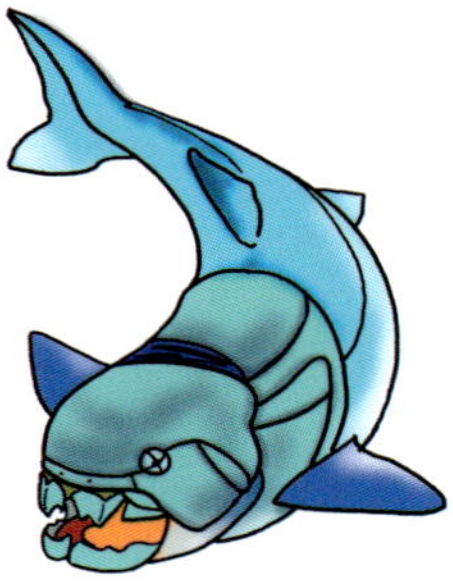

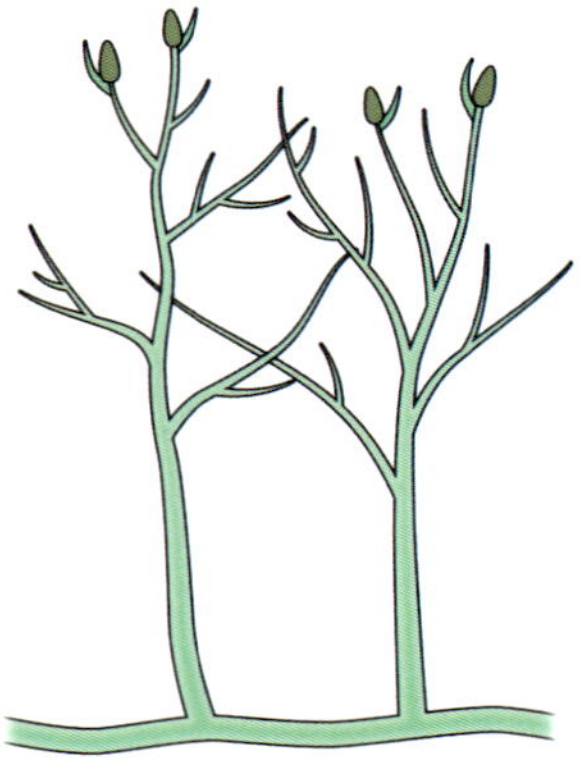
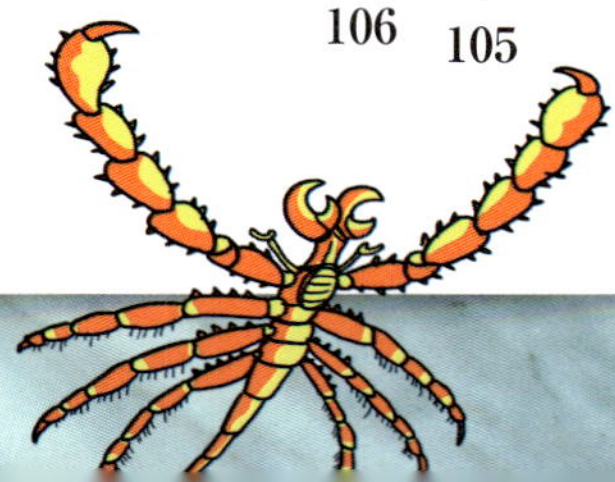

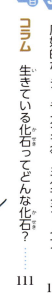

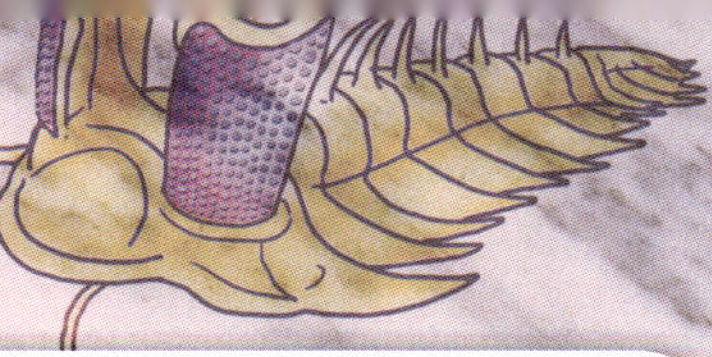

4月《がつ》
April

CONTENTS

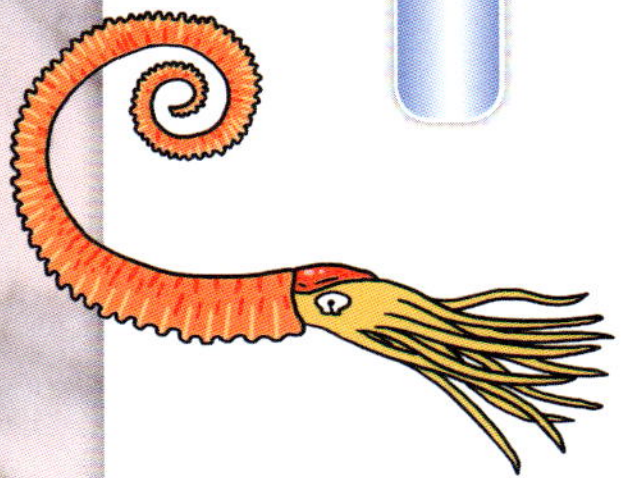

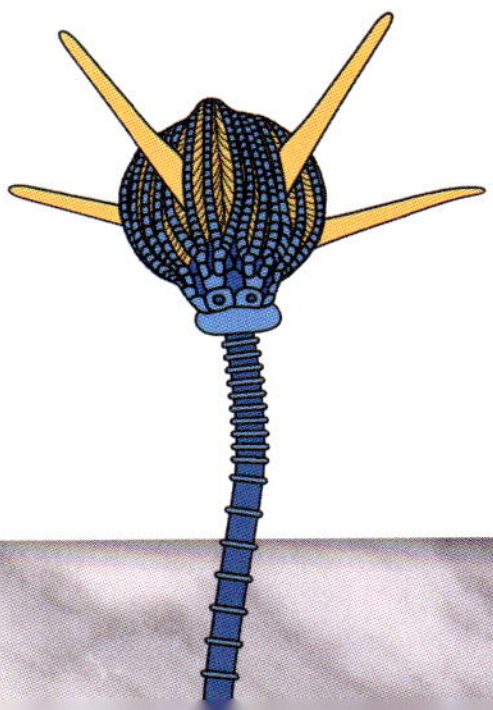

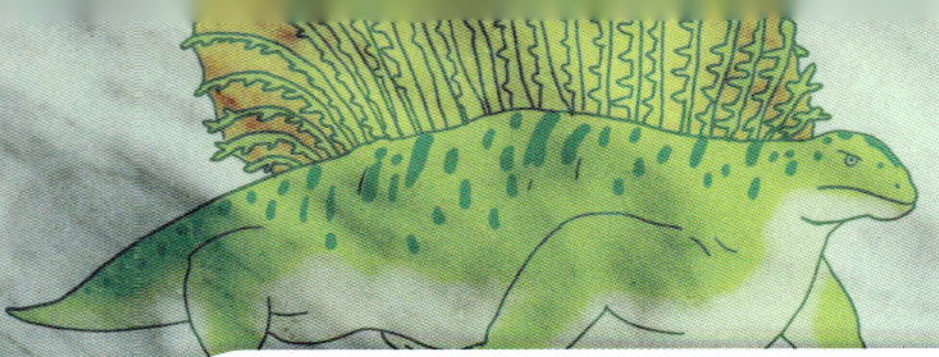

CONTENTS

5月《がつ》 May

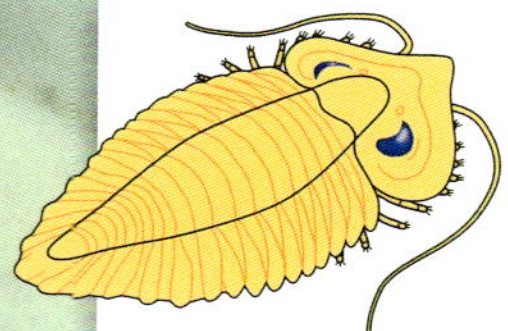
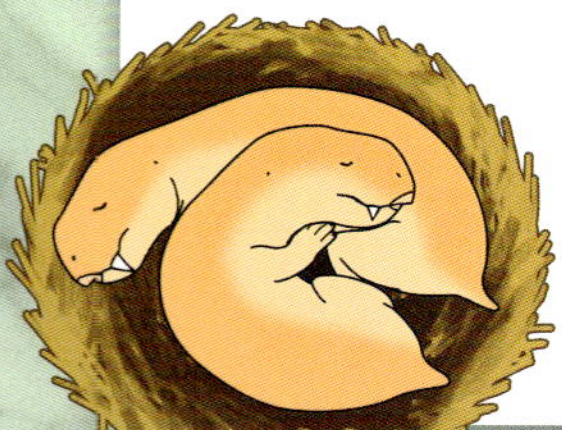
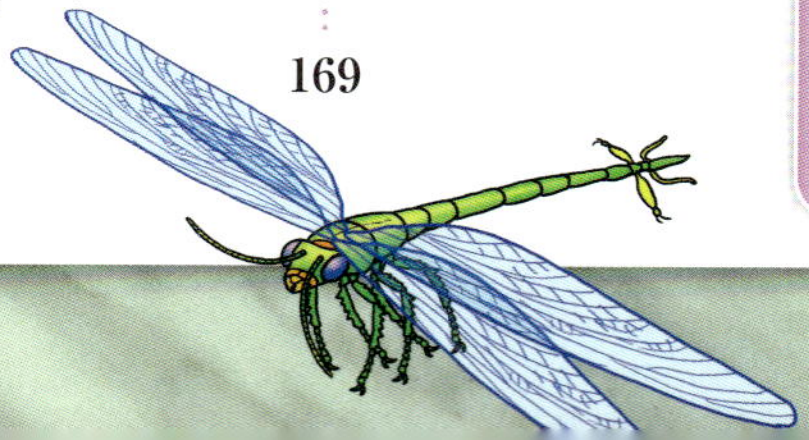

6月
June

CONTENTS

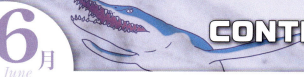

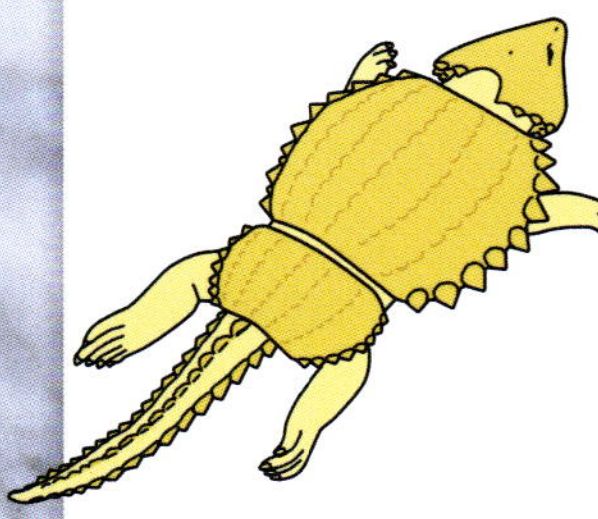

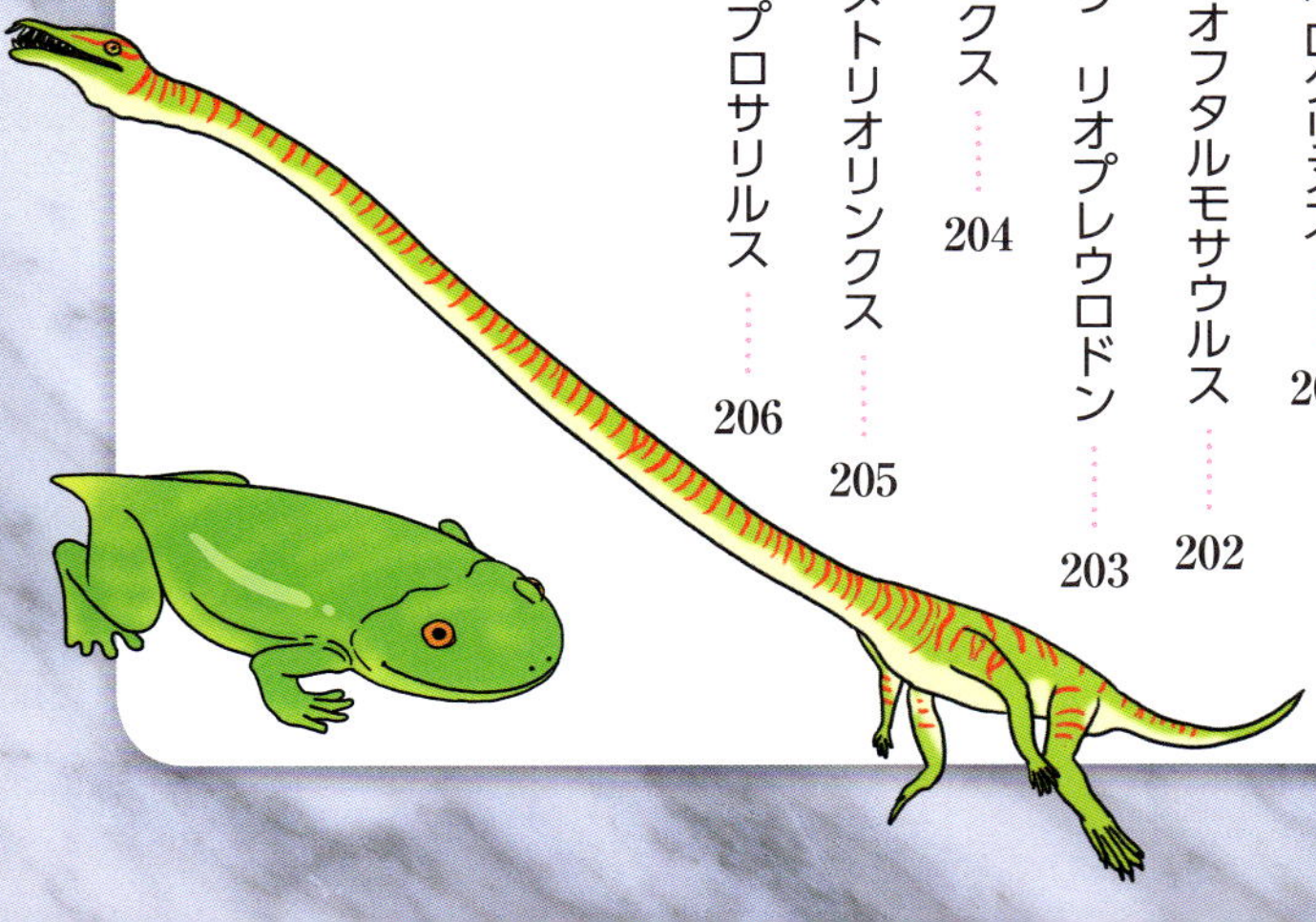

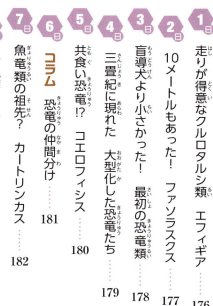

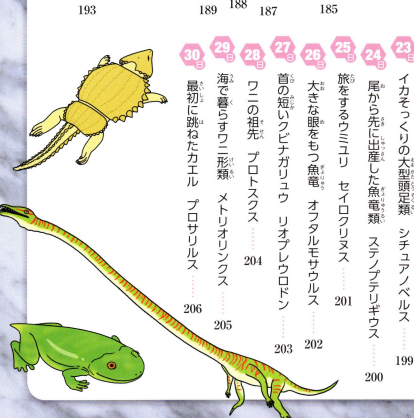

CONTENTS

7月《がつ》 July

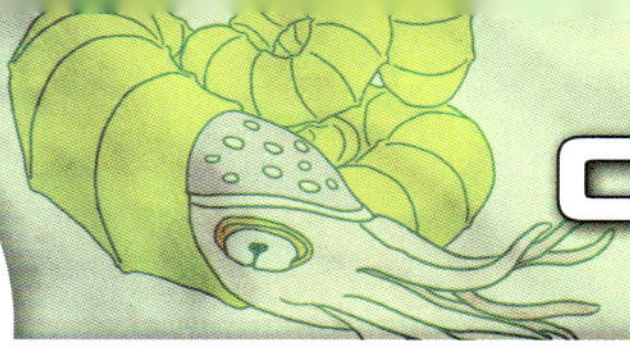

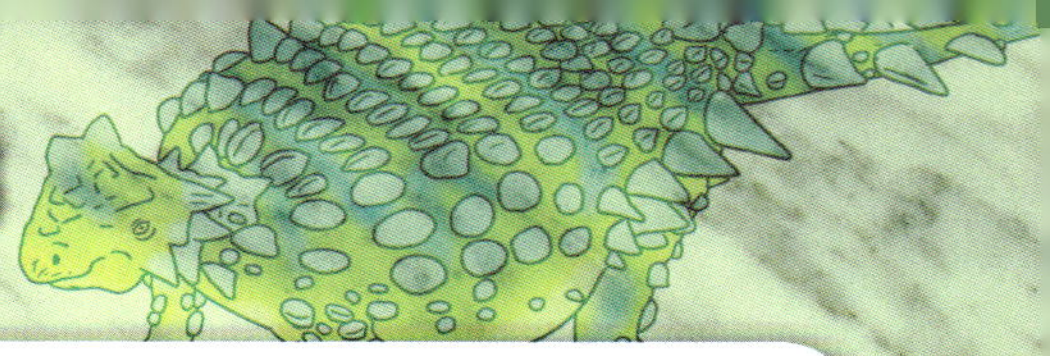

8月《がつ》
August

CONTENTS

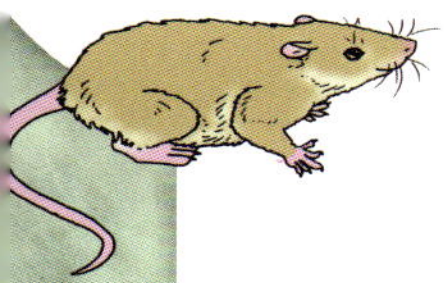

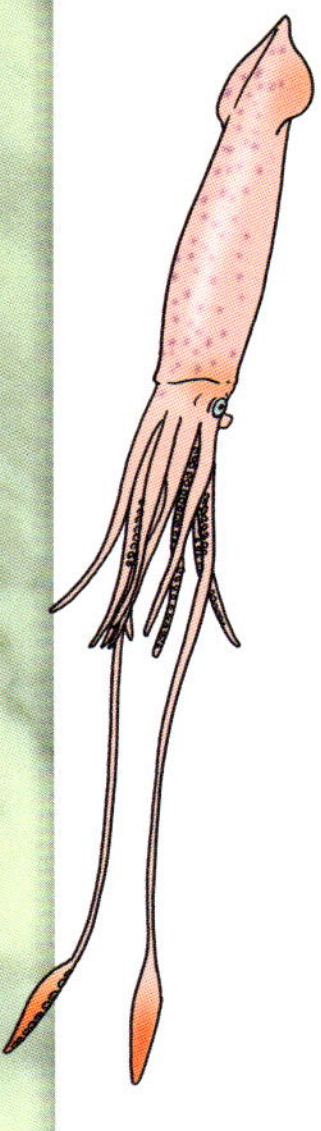

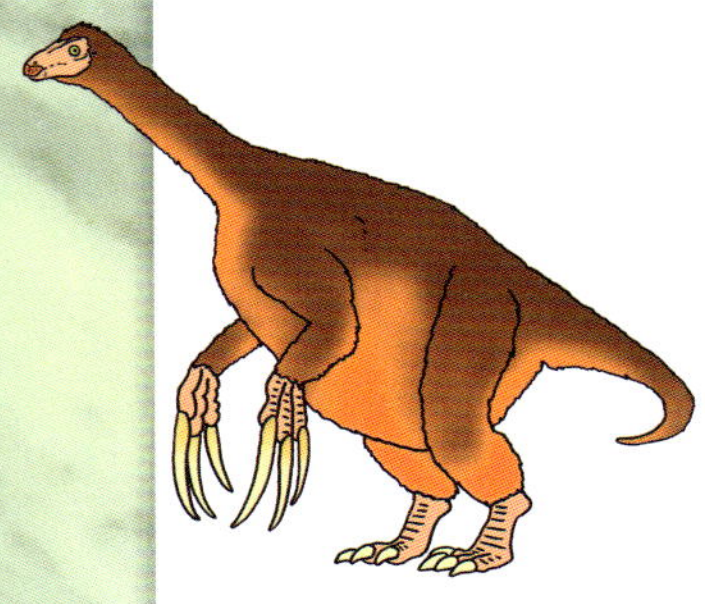

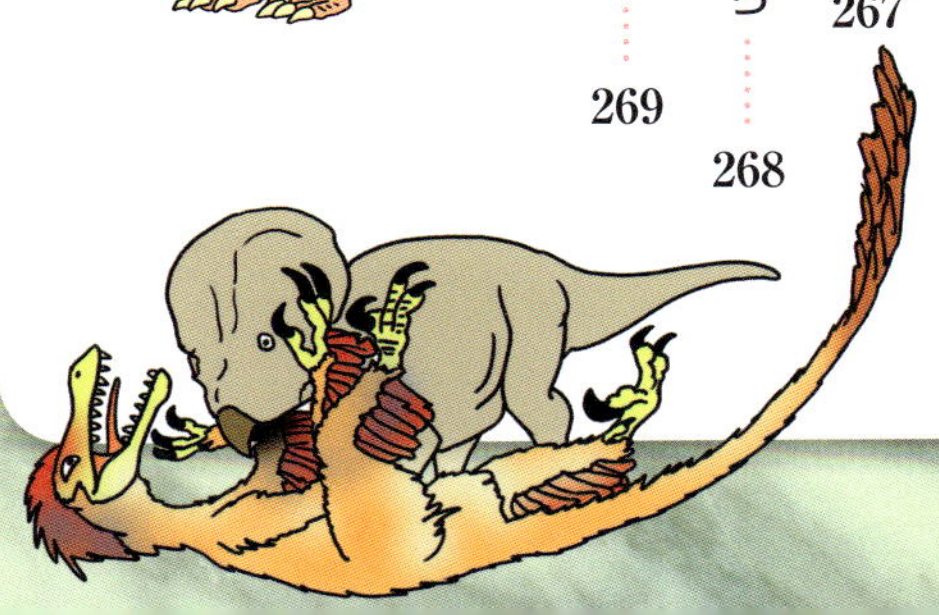

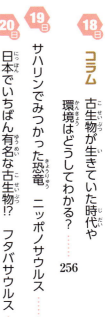

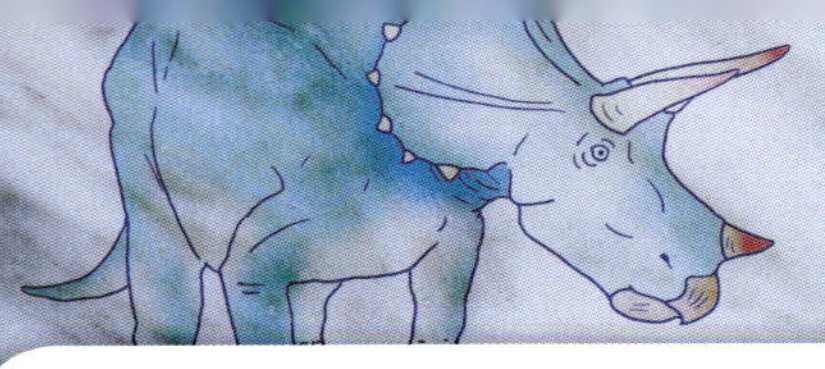

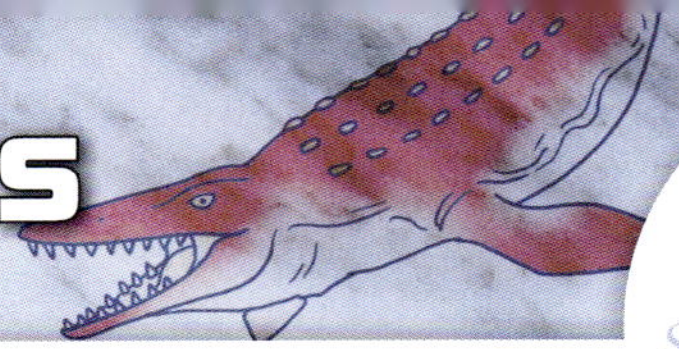

CONTENTS

9月《がつ》 September

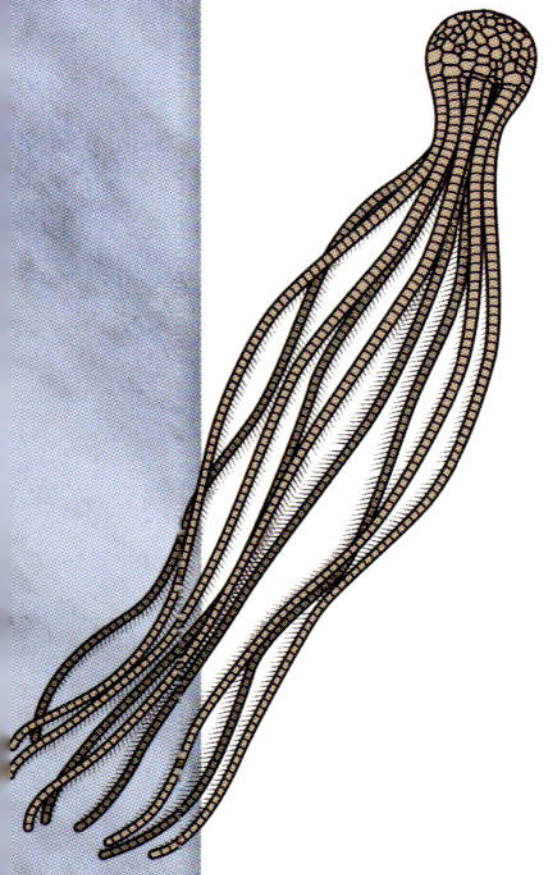

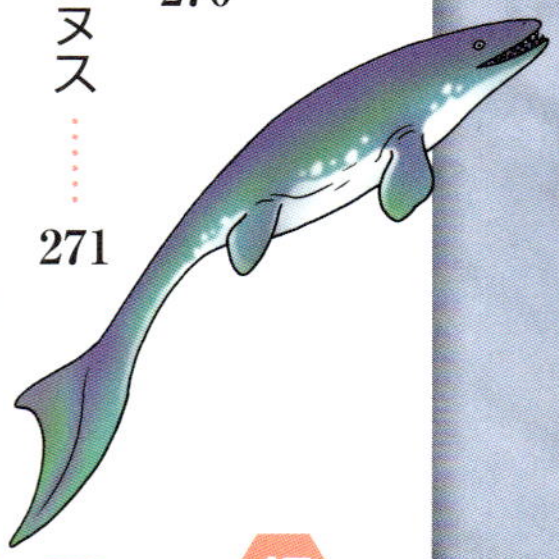

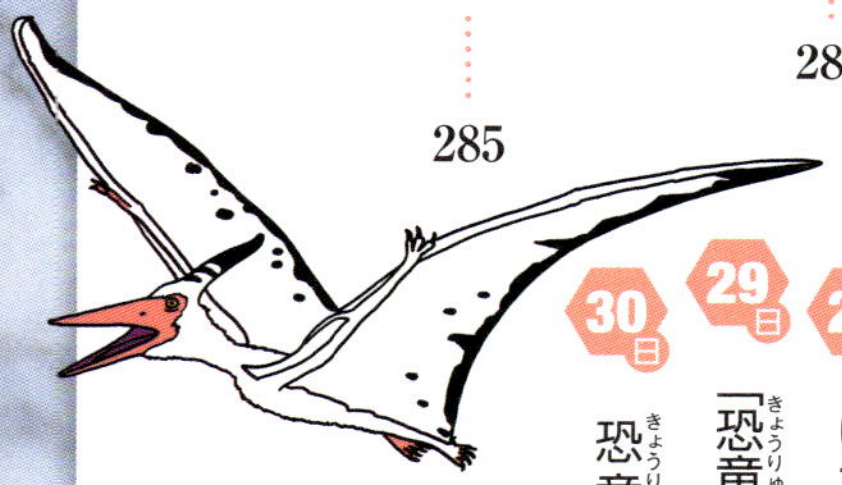

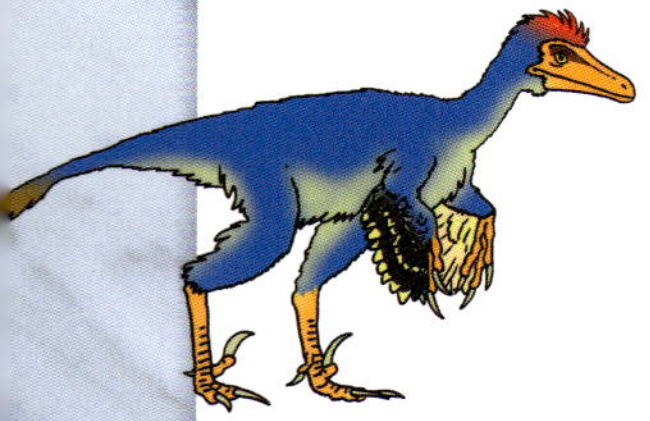

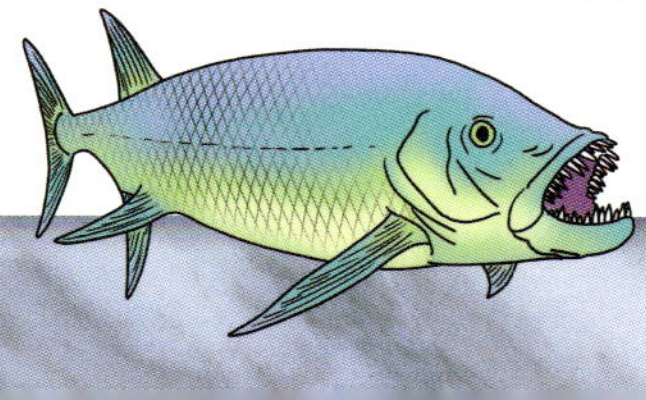

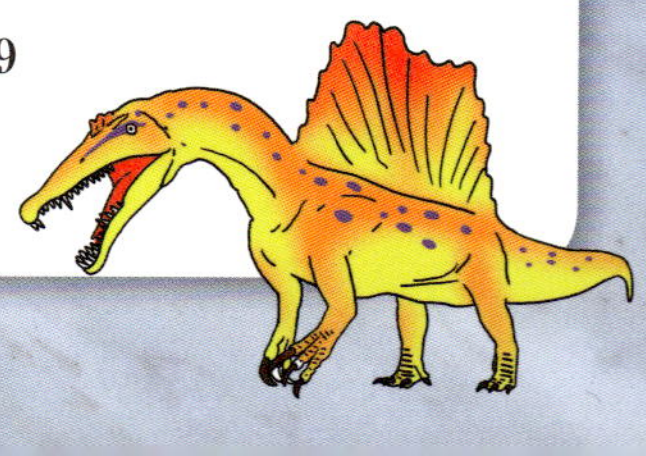

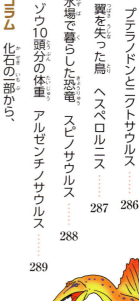

10月《がつ》
October

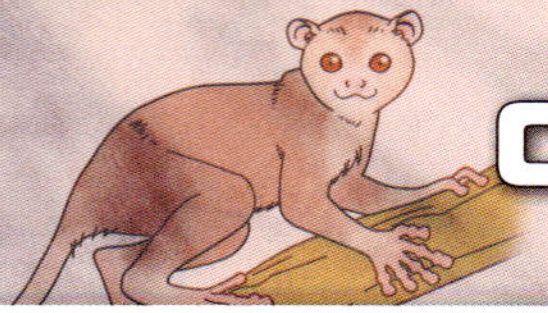
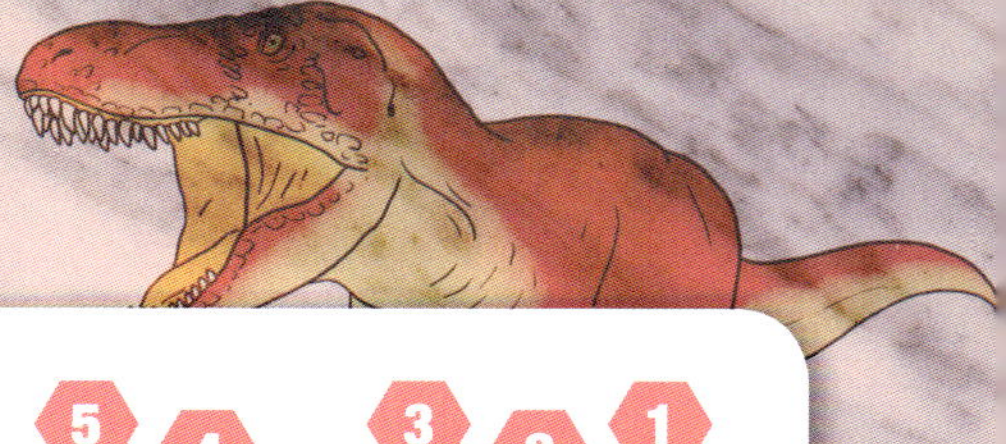

CONTENTS

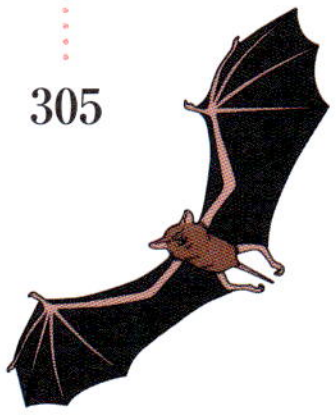
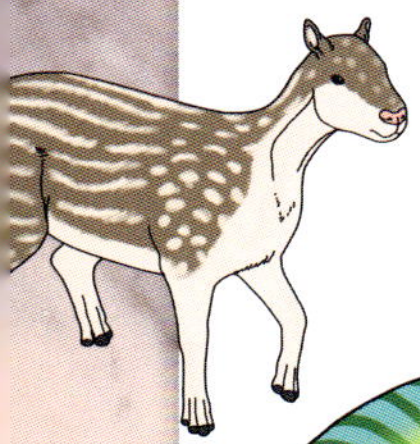
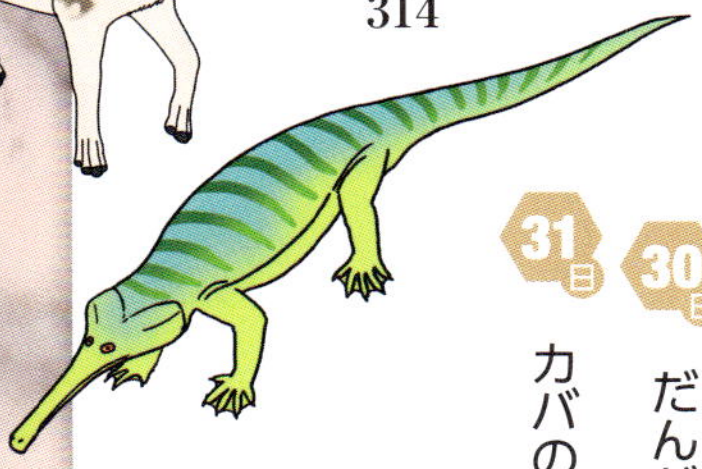

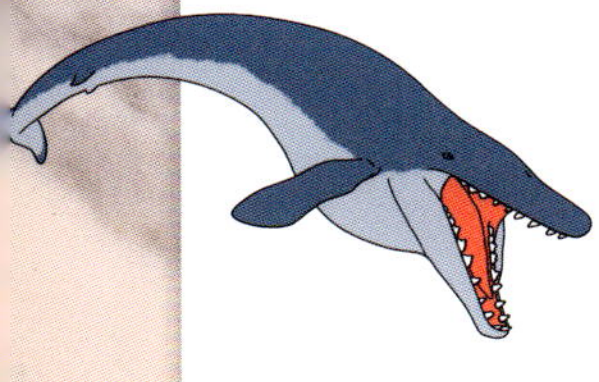
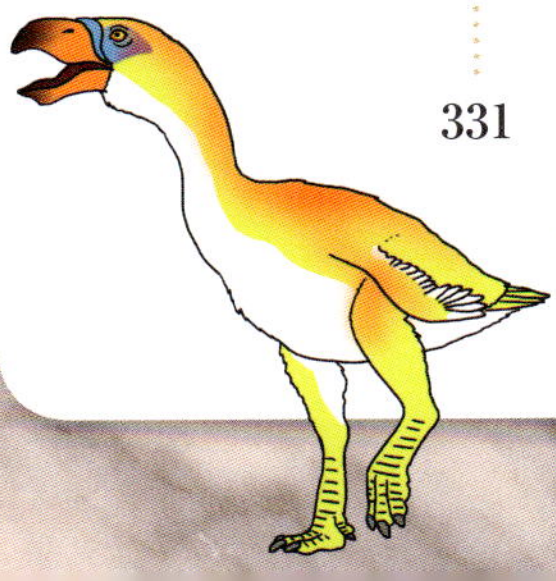
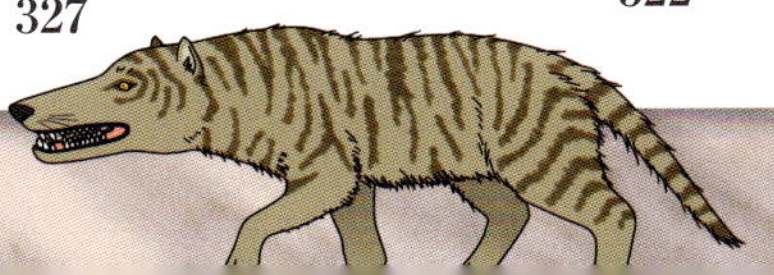
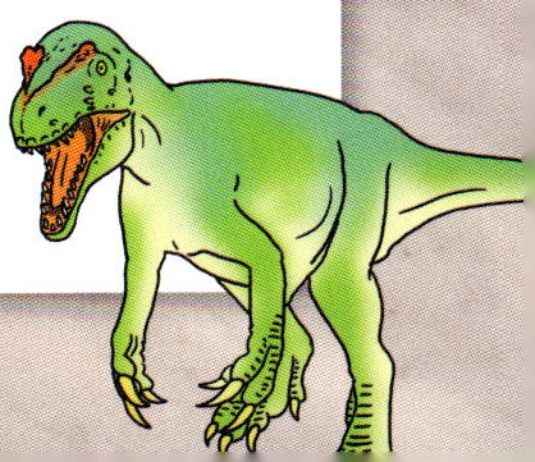

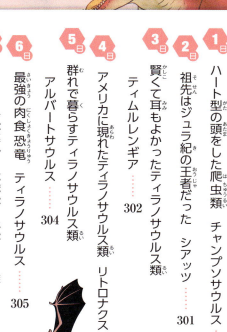

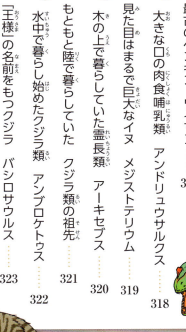

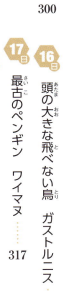

CONTENTS

11月《がつ》
November

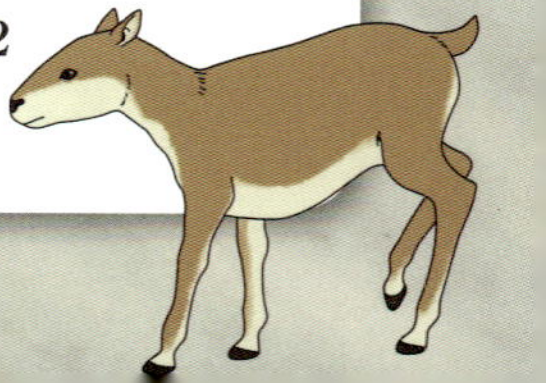

12月《がつ》
December

CONTENTS

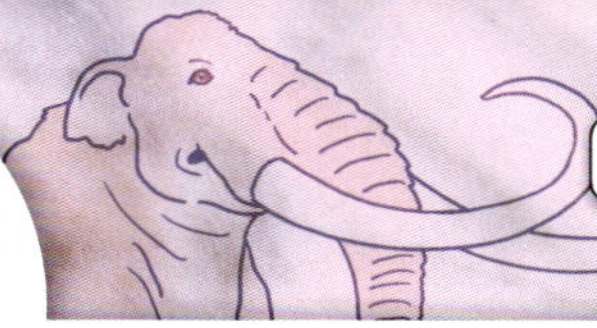
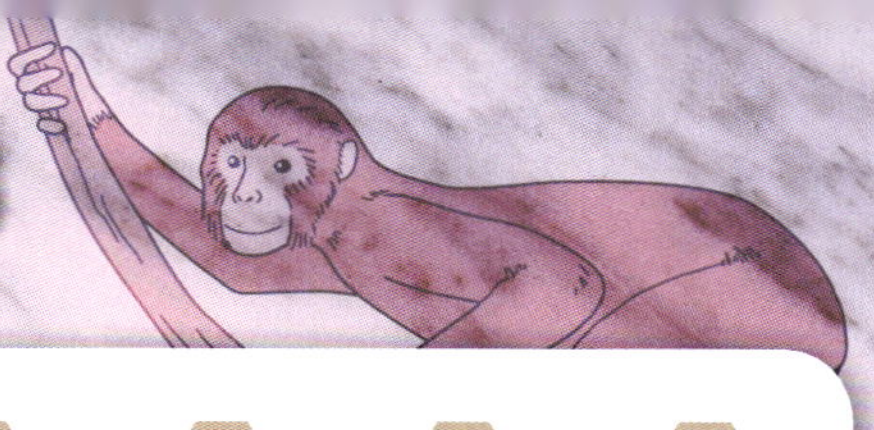

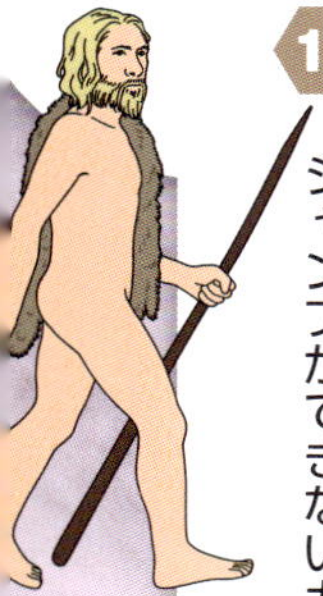
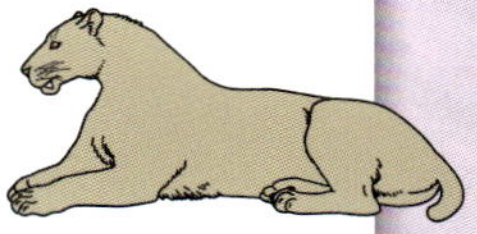

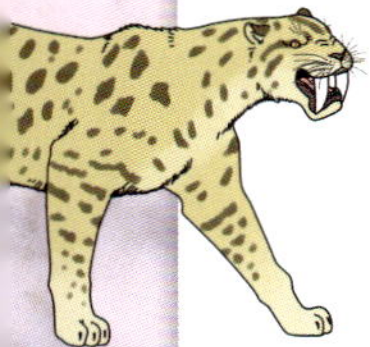
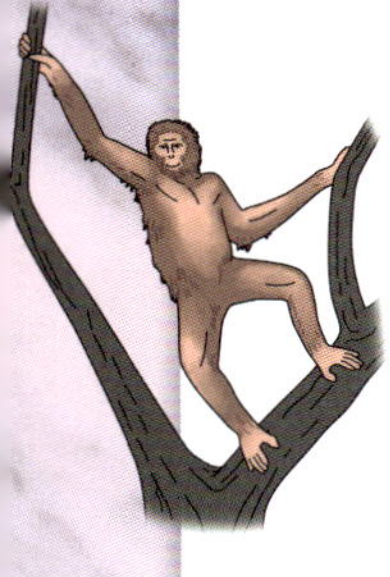
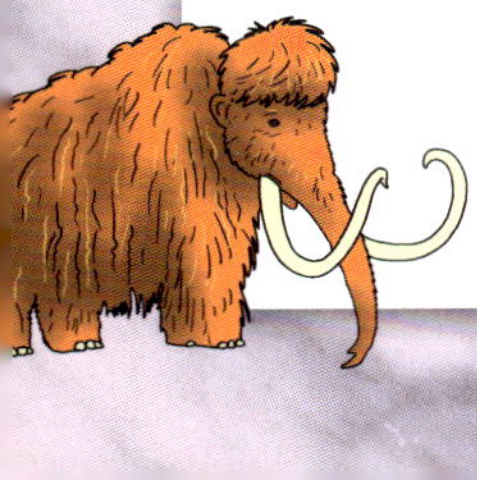
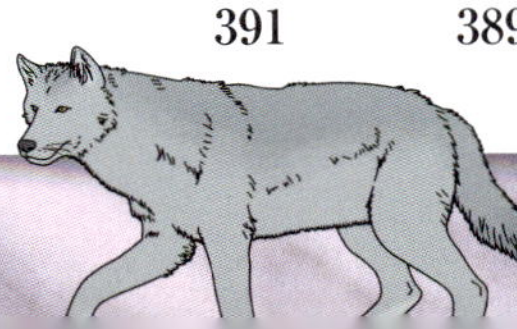
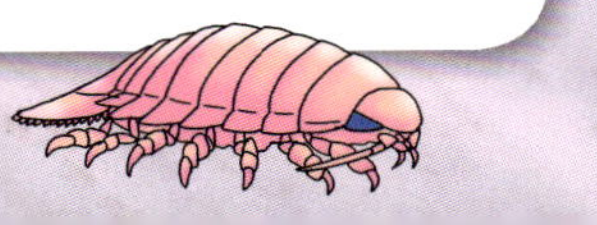

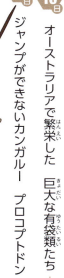

この本《ほん》の見方《みかた》

この本《ほん》では、生命《せいめい》が誕生《たんじょう》してから人類《じんるい》が現《あらわ》れるまでの約《やく》35億年間《おくねんかん》の生《い》き物《もの》をあつかっています。時代《じだい》ごとに章《しょう》を分《わ》けているので、各時代《かくじだい》の環境《かんきょう》や生《い》き物《もの》の特性《とくせい》など、「しんかのふしぎ」が理解《りかい》しやすくなっています。

分類《ぶんるい》アイコン

どのグループに属《ぞく》するのかわかるように、アイコンをつけました。

植物《しょくぶつ》

棘皮動物《きょくひどうぶつ》(無脊椎動物《むせきついどうぶつ》)

軟体動物《なんたいどうぶつ》(無脊椎動物《むせきついどうぶつ》)

節足動物《せっそくどうぶつ》(無脊椎動物《むせきついどうぶつ》)

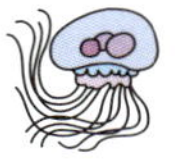
その他《ほか》の無脊椎動物《むせきついどうぶつ》

魚《さかな》の仲間《なかま》

両生類《りょうせいるい》

爬虫類《はちゅうるい》

鳥類《ちょうるい》

単弓類《たんきゅうるい》(哺乳類以外《ほにゅうるいいがい》)

哺乳類《ほにゅうるい》

不明《ふめい》

読《よ》んだ日《ひ》

読《よ》んだ日《ひ》を記入《きにゅう》する欄《らん》です。読《よ》み聞《き》かせなどにご利用《りよう》ください。

日付《ひづけ》

365日《にち》の日《ひ》めくり方式《ほうしき》にしました。読書《どくしょ》の習慣《しゅうかん》づけにご利用《りよう》ください。

地質年代《ちしつねんだい》

各《かく》ページの時代《じだい》がわかるように、バーをつけました。色《いろ》の明《あか》るいところが、その時代《じだい》を表《あらわ》しています。

月《つき》バー

何月何日《なんがつなんにち》か検索《けんさく》しやすいように、月《つき》バーをもうけました。「1」の場合《ばあい》、1月《がつ》を表《あらわ》します。

種名《しゅめい》

生《い》き物《もの》には学術的《がくじゅつてき》な名前《なまえ》(種名《しゅめい》)がついています。よりくわしく知《し》りたい時《とき》は、種名《しゅめい》を使《つか》ってインターネットなどで検索《けんさく》してみよう。

「化石《かせき》を見《み》たい！」など

とりあげた生《い》き物《もの》の化石《かせき》や関連《かんれん》する生《い》き物《もの》などを展示《てんじ》している施設《しせつ》を紹介《しょうかい》。ぜひ足《あし》を運《はこ》んでみよう。

「もっと知《し》りたい！」

内容《ないよう》に関連《かんれん》するこぼれ話《はなし》を紹介《しょうかい》。いろいろな話題《わだい》が楽《たの》しめるよ。

生息《せいそく》していた場所《ばしょ》

生《い》き物《もの》は、それぞれ異《こと》なる場所《ばしょ》にすんでいます。本書《ほんしょ》では、生息域《せいそくいき》を

- 水域《すいいき》(海《うみ》、川《かわ》、湖《みずうみ》などで暮《く》らすもの)
- 陸域《りくいき》(山《やま》、平原《へいげん》、森《もり》などで暮《く》らすもの)
- 空域《くういき》(大空《おおぞら》を飛《と》ぶもの)

に分《わ》け、紙面《しめん》のデザインを変《か》えることで表《あらわ》すように工夫《くふう》しました。

水域《すいいき》のデザイン

陸域《りくいき》のデザイン

空域《くういき》のデザイン

先《せん》カンブリア時《じ》代《だい》

私《わたし》たちの暮《く》らすこの星《ほし》は、今《いま》からおよそ46億年前《おくねんまえ》にできたと考《かんが》えられています。生命《せいめい》は地球誕生《ちきゅうたんじょう》からそう遠《とお》くない時期《じき》に生《う》まれたとみられていますが、くわしいことはよくわかっていません。地球誕生《ちきゅうたんじょう》に始《はじ》まって、今《いま》からおよそ5億《おく》4100万年前《まんねんまえ》までのとても長《なが》い期間《きかん》は、「先《せん》カンブリア時代《じだい》」とよばれています。まだ謎《なぞ》の多《おお》い時代《じだい》です。その終《お》わりごろになって、肉眼《にくがん》で見《み》えるサイズの生物《せいぶつ》が本格的《ほんかくてき》に登場《とうじょう》しました。

最《もっと》も古《ふる》い化石《かせき》!?
プリマエヴィフィルム

先《せん》カンブリア紀《き》

新生代《しんせいだい》 | 中生代《ちゅうせいだい》 | 古生代《こせいだい》 | 先《せん》カンブリア時代《じだい》

生《い》き物《もの》は、いつからいるの？

私《わたし》たちの暮《く》らすこの地球《ちきゅう》は、今《いま》から46億年前《おくねんまえ》にできたと考《かんが》えられています。その後《ご》まもなく、海《うみ》ができました。その海《うみ》の中《なか》で、生《い》き物《もの》が誕生《たんじょう》したのです。

では、最初《さいしょ》の生《い》き物《もの》はどのような姿《すがた》をしていたのでしょうか？

プリマエヴィフィルム
Primaevifilum

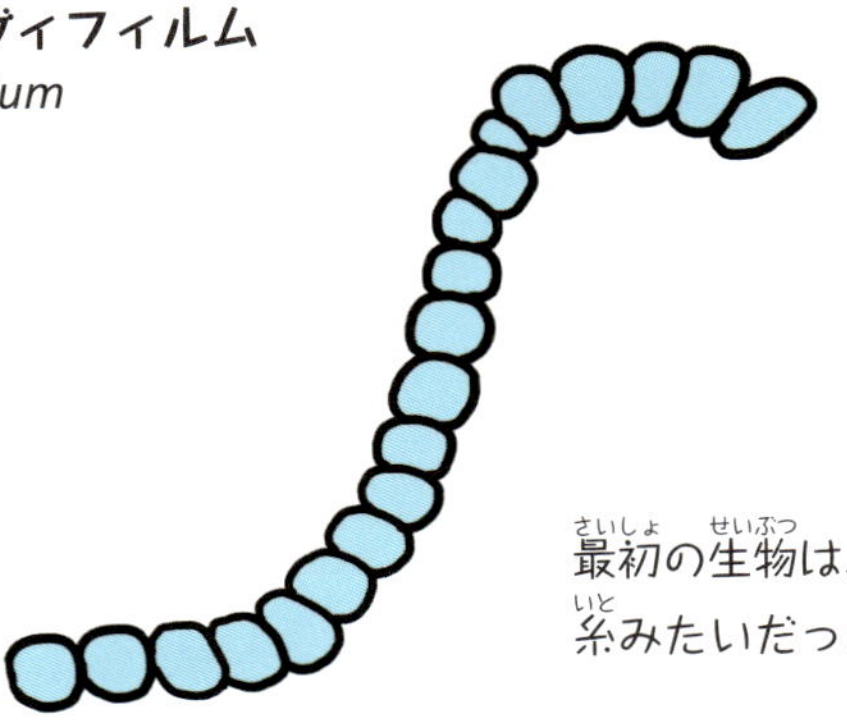

最初《さいしょ》の生物《せいぶつ》は、糸《いと》みたいだった？

そして、いつ、どのようにして生《う》まれたのでしょうか？ 実《じつ》はよくわかっていません。

35億年前《おくねんまえ》の生物《せいぶつ》の化石《かせき》

遠《とお》い昔《むかし》の生《い》き物《もの》がどのような姿《すがた》をしていたのかを知《し》るためには、化石《かせき》をみつけて調《しら》べます。化石《かせき》は泥《どろ》や砂《すな》が長《なが》い年月《ねんげつ》をかけて積《つ》み重《かさ》なった「地層《ちそう》」の中《なか》に埋《う》まっています。しかし、最初《さいしょ》の生《い》き物《もの》が生《う》まれたころはあまりにも昔《むかし》であるために、そもそも地層《ちそう》がほとんど残《のこ》っていないのです。もちろん、化石《かせき》もみつかっていません。

研究者《けんきゅうしゃ》の中《なか》には、およそ38億《おく》年前《ねんまえ》に生《い》き物《もの》が誕生《たんじょう》した、という人《ひと》もいます。しかし、生《い》き物《もの》そのものの化石《かせき》がみつかっているわけではありません。ある地層《ちそう》に残《のこ》っていた〝成分《せいぶん》〟を調《しら》べたら、生《い》き物《もの》がつくったものに似《に》ていた、というだけです。

今《いま》のところ、最《もっと》も古《ふる》い生《い》き物《もの》の化石《かせき》は、オーストラリアのおよそ35億年前《おくねんまえ》の地層《ちそう》からみつかっています。それは、長《なが》さが1ミリメートルにも満《み》たない、糸《いと》のような形《かたち》の化石《かせき》です。「プリマエヴィフィルム」という名前《なまえ》がつけられています。

ただし、この考《かんが》えに反対《はんたい》している研究者《けんきゅうしゃ》もいます。プリマエヴィフィルムが本当《ほんとう》に化石《かせき》かどうか、最初《さいしょ》の生物《せいぶつ》はどんな姿《すがた》をしていたのか、まだ決着《けっちゃく》がついていないのです。

化石《かせき》を見《み》たい！

蒲郡市《がまごおりし》
生命《いのち》の海科学館《うみかがくかん》

プリマエヴィフィルムがみつかった地域《ちいき》の岩石《がんせき》が展示《てんじ》されています。最古《さいこ》の化石《かせき》がどのような岩石《がんせき》に含《ふく》まれているのか、よく観察《かんさつ》してみよう。

蒲郡市生命の海科学館

もっとしりたい！ およそ37億年前《おくねんまえ》の地層《ちそう》からは、シアノバクテリアがつくったという「岩石《がんせき》」がみつかっています。その岩石《がんせき》は「ストロマトライト」とよばれています。

1月 2日

読《よ》んだ日《ひ》
月　日
月　日

地球《ちきゅう》は大昔《おおむかし》、完全《かんぜん》に凍《こお》りついていた！

先《せん》カンブリア紀《き》

新生代《しんせいだい》	中生代《ちゅうせいだい》	古生代《こせいだい》	先《せん》カンブリア時代《じだい》

1 2 3 4 5 6 7 8 9 10 11 12

雪玉《ゆきだま》のような地球《ちきゅう》

46億年前《おくねんまえ》に地球《ちきゅう》が誕生《たんじょう》してからおよそ6億《おく》3000万年前《まんねんまえ》までの間《あいだ》に、地球《ちきゅう》は何度《なんど》も完全《かんぜん》に氷《こおり》に覆《おお》われた、と考《かんが》えられています。もしそのときの地球《ちきゅう》を見《み》ることができたとしたら、真《ま》っ白《しろ》な雪玉《ゆきだま》のように見《み》えたことでしょう。このときの地球《ちきゅう》のことを「スノーボール・アース」とよんでいます。スノーボールとは、「雪玉《ゆきだま》」のことです。

ただし、少《すこ》し前《まえ》までは、スノーボール・アースが本当《ほんとう》にあったとは信《しん》じられていませんでした。なぜなら、もし地球《ちきゅう》が完全《かんぜん》に氷《こおり》で覆《おお》われたとしたら、その氷《こおり》が二度《にど》ととけることはないだろう、と考《かんが》えられていたからです。でも現在《げんざい》の地球《ちきゅう》は氷《こおり》で覆《おお》われてはいません。つまり、スノーボール・アースも実際《じっさい》には存在《そんざい》しなかったのだろう、というわけです。

スノーボール・アース
氷《こおり》で覆《おお》われていた!?

氷《こおり》はなぜとけた？

なぜスノーボール・アースの氷《こおり》はとけないと考《かんが》えられていたのでしょうか？

それは、氷《こおり》が太陽《たいよう》の光《ひかり》をとてもよくはね返《かえ》してしまうからです。スノーボール・アースの地球《ちきゅう》は、まるで鏡《かがみ》を全面《ぜんめん》に張《は》ったボールのように光《ひかり》を全部《ぜんぶ》はね返《かえ》してしまうので、地球《ちきゅう》が暖《あたた》められません。そのため、氷《こおり》もとけないと考《かんが》えられていたのです。

しかし研究《けんきゅう》が進《すす》んだ結果《けっか》、地球《ちきゅう》の内側《うちがわ》から二酸化炭素《にさんかたんそ》などのガスがたくさん噴《ふ》きでれば、そのガスによって地球《ちきゅう》が暖《あたた》まることがわかりました。そのため現在《げんざい》では、スノーボール・アースは本当《ほんとう》にあったと多《おお》くの人《ひと》が考《かんが》えるようになったのです。

もっとしりたい！
地球《ちきゅう》がスノーボール・アースだったとき、生《い》き物《もの》はいたのでしょうか？　いたとしたら、氷《こおり》の世界《せかい》で生《い》き延《の》びることがなぜできたのでしょうか？　これらのことは、まだよくわかっていません。

変《か》わった生《い》き物《もの》が登《とう》場《じょう》！ エディアカラ紀《き》

奇《き》妙《みょう》な生《い》き物《もの》たちが現《あらわ》れた

　最《さい》初《しょ》の生《い》き物《もの》は、私《わたし》たちの目《め》には見《み》えないくらい小《ちい》さな小《ちい》さなものでした。その小《ちい》さな生《い》き物《もの》はどんどん増《ふ》えて、長《なが》い時《じ》間《かん》をかけてだんだんと変《へん》化《か》していきました。これを「進《しん》化《か》」といいます。

　最《さい》初《しょ》の生《い》き物《もの》が誕《たん》生《じょう》してからおよそ30億《おく》年《ねん》という長《なが》い間《あいだ》、生《い》き物《もの》の大《おお》きさはあまり変《か》わりませんでした。そのほとんどは、私《わたし》たちの眼《め》では見《み》えないほど小《ちい》さなものばかりなのです。

　今《いま》からおよそ6億《おく》年《ねん》前《まえ》になると、初《はじ》めて眼《め》に見《み》える大《おお》きさの生《い》き物《もの》が現《あらわ》れるようになりました。その中《なか》には、大《おお》きさが数《すう》十《じっ》センチメートルのものもいました。それまでの生《い》き物《もの》の大《おお》きさと比《くら》べるとずいぶんちがいます。

　ただし、これらの生《せい》物《ぶつ》は、今《いま》の生《い》き物《もの》と比《くら》べると、ちょっと変《か》わっています。骨《ほね》や殻《から》をもたないため体《からだ》がとてもやわらかかったのです。また、歯《は》や眼《め》などももっていないので、どこが頭《あたま》で、どこがおしりかわかりません。それどころか、動《どう》物《ぶつ》なのか植《しょく》物《ぶつ》なのかもはっきりとはわからないという生《い》き物《もの》ばかりでした。こうした生《せい》物《ぶつ》は数《すう》千《せん》万《まん》年《ねん》かけて、世《せ》界《かい》中《じゅう》の海《うみ》で繁《はん》栄《えい》しました。

エディアカラ生《せい》物《ぶつ》群《ぐん》

　地《ち》球《きゅう》の歴《れき》史《し》は、いくつかの時《じ》代《だい》に分《わ》けることができます。

　今《いま》から6億《おく》3500万《まん》年《ねん》前《まえ》から5億《おく》4100万《まん》年《ねん》前《まえ》までの時《じ》代《だい》を「エディアカラ紀《き》」とよんでいます。エディアカラとは、先《さき》ほどの変《か》わった生《い》き物《もの》の化《か》石《せき》がみつかった場《ば》所《しょ》の一《ひと》つ、オーストラリアのエディアカラの丘《おか》にちなむものです。そして、エディアカラ紀《き》に世《せ》界《かい》の海《うみ》で生《い》きていた変《か》わった生《い》き物《もの》たちのことを「エディアカラ生《せい》物《ぶつ》群《ぐん》」とよんでいます。

もっとしりたい！　エディアカラ生《せい》物《ぶつ》群《ぐん》の化《か》石《せき》がみつかる場《ば》所《しょ》は、オーストラリアのほかにも、ロシアやカナダなどが有《ゆう》名《めい》です。

ちぐはぐ生物《せいぶつ》
ディッキンソニア

ディッキンソニア
Dickinsonia

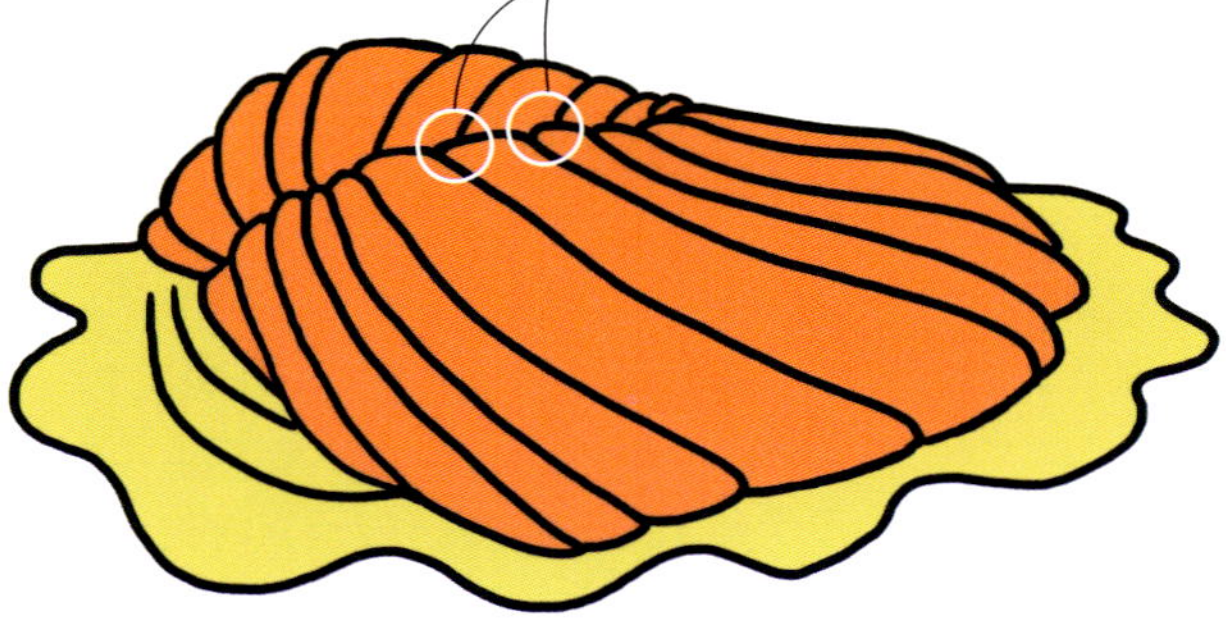

体《からだ》の節《ふし》が左右《さゆう》でずれている

エディアカラ紀《き》の世界中《せかいじゅう》の海《うみ》で栄《さか》えた生物《せいぶつ》の一《ひと》つに「ディッキンソニア」がいました。

ディッキンソニアは、大《おお》きさが80センチメートルほどありました。これは座布団《ざぶとん》くらいの大《おお》きさです。

ディッキンソニアの体《からだ》の中《なか》は空洞《くうどう》になっていたようです。もしも生《い》きたディッキンソニアにさわることができたとしたら、ぷよぷよしていたかもしれません。

体《からだ》の真《ま》ん中《なか》には、1本《ぽん》の線《せん》があって、その線《せん》を境《さかい》に左右《さゆう》に節《ふし》が並《なら》んでいます。節《ふし》というのは、動物《どうぶつ》の体《からだ》の中《なか》で曲《ま》がりやすくなっているところです。たとえば、ダンゴムシの体《からだ》はたくさんの節《ふし》でできていますね。

ディッキンソニアの特徴《とくちょう》は、左右《さゆう》に並《なら》ぶ節《ふし》がつながっていないということです。半個分《はんこぶん》ずれて並《なら》んでいるのです。

エディアカラ紀《き》だけの特徴《とくちょう》

現在《げんざい》の動物《どうぶつ》の多《おお》くは、体《からだ》の左右《さゆう》が同《おな》じようにできています。たとえば、私《わたし》たちヒトの場合《ばあい》は、眼《め》や耳《みみ》、鼻《はな》の穴《あな》、腕《うで》、あしなどが左側《ひだりがわ》にも右側《みぎがわ》にも同《おな》じようにあります。こうしたつくりを「左右相称《さゆうそうしょう》」とよびます。

ところがディッキンソニアは、半個分《はんこぶん》ずつ節《ふし》がずれているので、左右相称《さゆうそうしょう》になっていません。こんなちぐはぐな生物《せいぶつ》は、現在《げんざい》の地球《ちきゅう》にはいません。それどころか、長《なが》い地球《ちきゅう》の歴史《れきし》の中《なか》でも、エディアカラ紀《き》の生物《せいぶつ》だけにある特徴《とくちょう》なのです。そのため、ディッキンソニアが現在《げんざい》の生物《せいぶつ》の何《なん》の仲間《なかま》に近《ちか》いのかは謎《なぞ》に包《つつ》まれています。

化石《かせき》を見《み》たい！ 蒲郡市《がまごおりし》生命《いのち》の海科学館《うみかがくかん》

生命《せいめい》の歴史《れきし》のはじめのころの化《か》石《せき》が豊富《ほうふ》です。

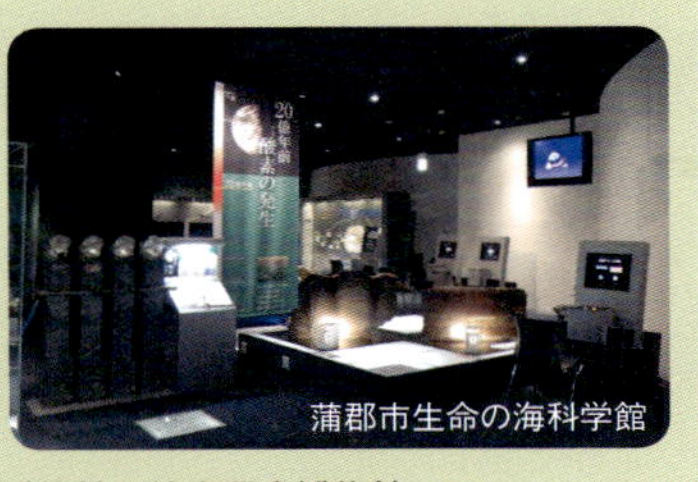

ここでもみられます！

三笠市立博物館、群馬県立自然史博物館、ミュージアムパーク茨城県自然博物館、福井県立恐竜博物館、東海大学自然史博物館、豊橋市自然史博物館、蒲郡市生命の海科学館、大阪市立自然史博物館、徳島県立博物館、北九州市立自然史・歴史博物館、御船町恐竜博物館 ほか

もっとしりたい！ この本《ほん》では、ディッキンソニアの体《からだ》がふくらんでいたものとして描《えが》きました。座布団《ざぶとん》のようにぺしゃんこに描《えが》かれることもあります。

1月 5日

読《よ》んだ日《ひ》
月　日
月　日

葉《は》っぱのような形《かたち》をした カルニオディスクス

エディアカラ紀《き》

新《しん》生《せい》代《だい》　中《ちゅう》生《せい》代《だい》　古《こ》生《せい》代《だい》　先《せん》カンブリア時代《じだい》

海底《かいてい》にくっついていた？

エディアカラ紀《き》は、いろいろな形《かたち》の生《い》き物《もの》が、世界中《せかいじゅう》の海《うみ》にたくさん現《あらわ》れた時代《じだい》です。そんな生《い》き物《もの》たちを「エディアカラ生物群《せいぶつぐん》」とよんでいます。この時代《じだい》のほとんどの生《い》き物《もの》は、どのように生《い》きていたのかよくわかっていません。

オーストラリアやロシアなどから化石《かせき》がみつかる「カルニオディスクス」もその一《ひと》つです。まるで葉《は》っぱのような形《かたち》の部分《ぶぶん》と、その土台《どだい》となる円《まる》い形《かたち》をした部分《ぶぶん》で体《からだ》ができています。全体《ぜんたい》で1メートルほどの大《おお》きさがありました。

葉《は》っぱに見《み》える部分《ぶぶん》には、本物《ほんもの》の植物《しょくぶつ》の葉《は》にあるような「葉脈《ようみゃく》」もあります。しかし、カルニオディスクスが動物《どうぶつ》なのか植物《しょくぶつ》なのかはよくわかっていません。

カルニオディスクスは、海底《かいてい》で暮《く》らしていたようです。円《まる》い部分《ぶぶん》を海底《かいてい》にはりつけて、葉《は》っぱに見《み》える部分《ぶぶん》を持《も》ちあげていたと考《かんが》えられています。水《みず》の流《なが》れにまかせて、葉《は》っぱの部分《ぶぶん》はゆらゆらと動《うご》いていたかもしれません。ただし、これも想像《そうぞう》にすぎません。実際《じっさい》には、どのように暮《く》らしていたのかがわかる証拠《しょうこ》は何《なに》もみつかっていないのです。

カルニオディスクス
Charniodiscus

植物《しょくぶつ》みたいな生《い》き物《もの》

エディアカラ生物群《せいぶつぐん》には、葉《は》っぱのような形《かたち》の生《い》き物《もの》がほかにもたくさんいました。こうした生《い》き物《もの》のことをとくに「ランゲオモルフ」とよびます。

ランゲオモルフの化石《かせき》は、世界《せかい》中《じゅう》からみつかります。当時《とうじ》の海《うみ》で大繁栄《だいはんえい》していたのです。

化石《かせき》を見《み》たい！　御船町恐竜博物館《みふねちょうきょうりゅうはくぶつかん》

「恐竜《きょうりゅう》」博物館《はくぶつかん》ですが、恐竜以外《きょうりゅういがい》の化石《かせき》も展示《てんじ》されています。

ここでもみられます！
群馬県立自然史博物館、ミュージアムパーク 茨城県自然博物館、福井県立恐竜博物館、豊橋市自然史博物館、蒲郡市生命の海科学館、北九州市立自然史・歴史博物館　ほか

もっとしりたい！
ランゲオモルフは、水中《すいちゅう》に漂《ただよ》うプランクトンなどを食《た》べていたとも考《かん》えられています。どこに口《くち》があったのでしょうね？

1月 6日

読《よ》んだ日《ひ》 月 日 月 日

体《からだ》が3分割《ぶんかつ》!? トリブラキディウム

エディアカラ紀《き》

新生代 中生代 古生代 先カンブリア時代

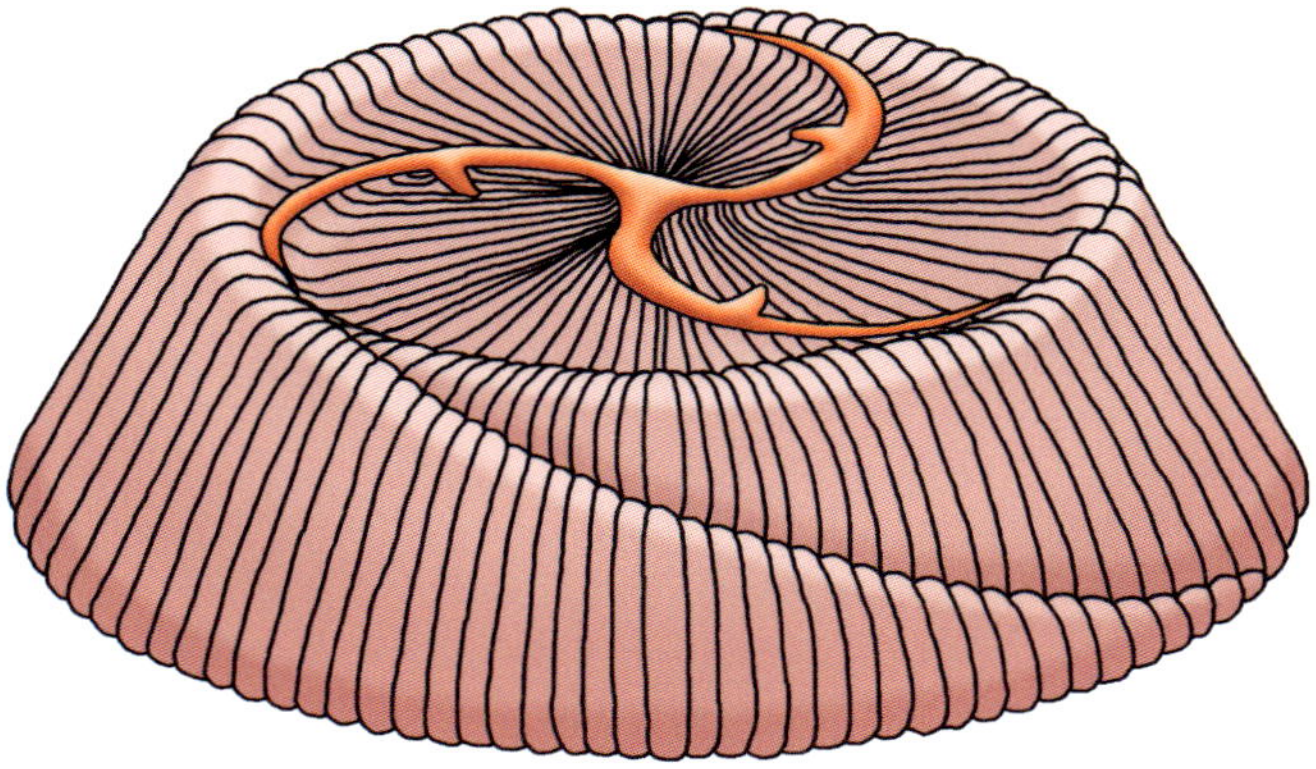

トリブラキディウム
Tribrachidium
体《からだ》が3等分《とうぶん》されていた

生《い》き物《もの》の体《からだ》のつくり

人間《にんげん》と鳥《とり》では、体《からだ》のつくりが全然《ぜんぜん》ちがうと思《おも》うかもしれませんが、実《じつ》は共通《きょうつう》している点《てん》があります。それは、体《からだ》のつくりが「左右《さゆう》相称《そうしょう》」であることです。

現在《げんざい》の動物《どうぶつ》の多《おお》くは左右相称《さゆうそうしょう》の体《からだ》のつくりをしています。私《わたし》たちヒトを含《ふく》む哺乳類《ほにゅうるい》をはじめ、鳥類《ちょうるい》や爬虫類《はちゅうるい》、両生類《りょうせいるい》、魚《さかな》の仲間《なかま》、そして昆虫《こんちゅう》なども体《からだ》は左右相称《さゆうそうしょう》です。

左右相称《さゆうそうしょう》の体《からだ》とは、体《からだ》の右側《みぎがわ》と左側《ひだりがわ》で同《おな》じつくりになっているということです。眼《め》や耳《みみ》の位置《いち》や腕《うで》の位置《いち》、指《ゆび》の本数《ほんすう》など、体《からだ》の左右《さゆう》で同《おな》じです。ただし、内臓《ないぞう》は例外《れいがい》です。

生《い》き物《もの》の中《なか》には、左右《さゆう》相称《そうしょう》でないものもいます。たとえばヒトデがそうですね。5本《ほん》の腕《うで》をもつヒトデは体《からだ》を5等分《とうぶん》しています。こうした体《からだ》のつくりは「5放射相称《ほうしゃそうしょう》」といわれています。

体《からだ》を3等分《とうぶん》している

エディアカラ生物群《せいぶつぐん》には、ちょっと変《か》わった体《からだ》のつくりをもつ生《い》き物《もの》がいくつもいました。直径《ちょっけい》5センチメートルほどの「トリブラキディウム」がその一《ひと》つです。

トリブラキディウムの円《まる》い体《からだ》は、3等分《とうぶん》になっていました。これは「3放射相称《ほうしゃそうしょう》」というつくりです。

3放射相称《ほうしゃそうしょう》の体《からだ》のつくりは、肉眼《にくがん》で見《み》ることのできるサイズの生物《せいぶつ》ではトリブラキディウムだけがもっている特徴《とくちょう》です。今《いま》のところ、過去《かこ》にも現在《げんざい》にも、ほかにはまったくみつかっていません。

化石《かせき》を見《み》たい! 東海大学自然史博物館《とうかいだいがくしぜんしはくぶつかん》

3階《かい》にあがるエスカレーターの壁《かべ》に展示《てんじ》されています。見逃《みのが》さないように注意《ちゅうい》!

ここでもみられます!

群馬県立自然史博物館、福井県立恐竜博物館、豊橋市自然史博物館 ほか

もっとしりたい! トリブラキディウムの化石《かせき》は、ロシアとオーストラリアでみつかっています。当時《とうじ》は大繁栄《だいはんえい》していたようです。

集団《しゅうだん》でみつかるちぐはぐ生物《せいぶつ》
プテリディニウム

エディアカラ紀《き》

新生代　中生代　古生代　先《せん》カンブリア時代《じだい》

しなやかな体《からだ》をしていた？

エディアカラ紀《き》の最後《さいご》のころ、現在《げんざい》のアフリカの南部《なんぶ》にあたる場所《ばしょ》に現《あらわ》れたのが、「プテリディニウム」です。現在《げんざい》のアフリカ南部《なんぶ》は荒野《こうや》が広《ひろ》がる陸地《りくち》ですが、当時《とうじ》は海《うみ》の底《そこ》でした。

プテリディニウムは、大《おお》きなものでは30センチメートルをこえる体《からだ》をしていました。ボートのような形《かたち》をした体《からだ》で、たくさんの節《ふし》に分《わ》かれていました。体《からだ》を左右《さゆう》に分《わ》ける仕切《しき》りがあり、その左右《さゆう》で節《ふし》が半個分《はんこぶん》だけずれる、という特徴《とくちょう》がありました。この特徴《とくちょう》は、21ページで紹介《しょうかい》したディッキンソニアと同《おな》じですね。

プテリディニウムの化石《かせき》は、しなるように曲《ま》がりながらも、ほとんど壊《こわ》れていない状態《じょうたい》で発見《はっけん》されるものがたくさんあります。このことから、プテリディニウムの体《からだ》はゴムのようにやわらかくて、壊《こわ》れにくい生《い》き物《もの》だったのではないか、と考《かんが》えられています。

口《くち》や眼《め》、肛門《こうもん》などは何《なに》もみつかっていません。移動《いどう》した跡《あと》もみつかっていません。海底《かいてい》でじっとしていたか、海底《かいてい》の中《なか》に半分《はんぶん》くらい潜《もぐ》って生活《せいかつ》していたのではないかと考《かんが》えられています。

なぜ集《あつ》まってみつかる？

プテリディニウムは、たくさんの化石《かせき》が集《あつ》まっている状態《じょうたい》でみつかります。よりくわしくみると、ひっくり返《かえ》ったり、重《かさ》なったりしているものがたくさんいます。このことから、嵐《あらし》で海水《かいすい》がかき混《ま》ぜられ、それによって1か所《しょ》に集《あつ》められて、そのまま化石《かせき》になったのではないかと考《かんが》えられています。

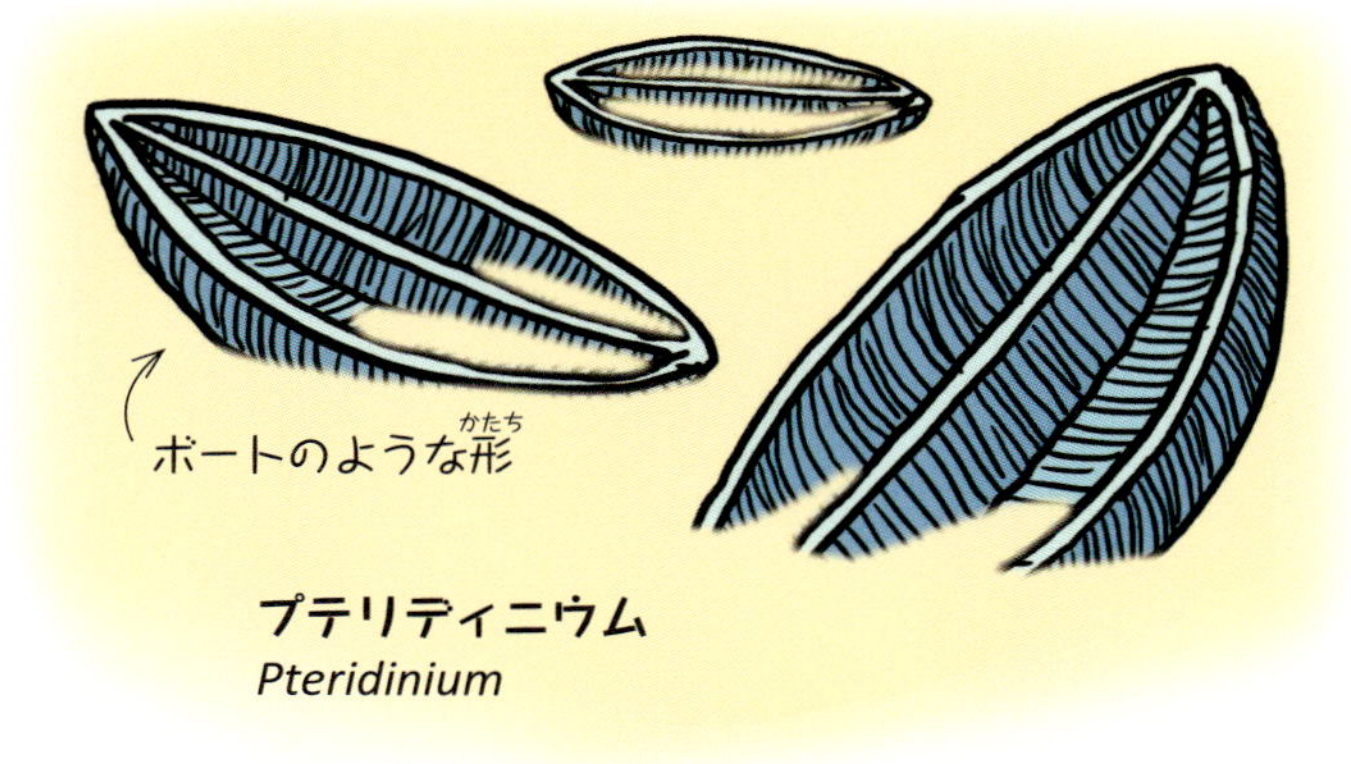

プテリディニウム
Pteridinium

化石《かせき》を見《み》たい！
ミュージアムパーク 茨城県《いばらきけん》自然《しぜん》博物館《はくぶつかん》

プテリディニウムのほかにもエディアカラ生物《せいぶつ》の化石《かせき》がいくつもあります。

ここでもみられます！
群馬県立自然史博物館、福井県立恐竜博物館、豊橋市自然史博物館、北九州市立自然史・歴史博物館　ほか

もっとしりたい！
深《ふか》い海《うみ》だと、嵐《あらし》の影響《えいきょう》は海底《かいてい》まで届《とど》きません。プテリディニウムが嵐《あらし》の影響《えいきょう》を受《う》けたということから、浅《あさ》い海《うみ》で暮《く》らしていたことがわかります。

体《からだ》の上《うえ》に「T《ティー》」をもつ パルヴァンコリナ

パルヴァンコリナ
Parvancorina

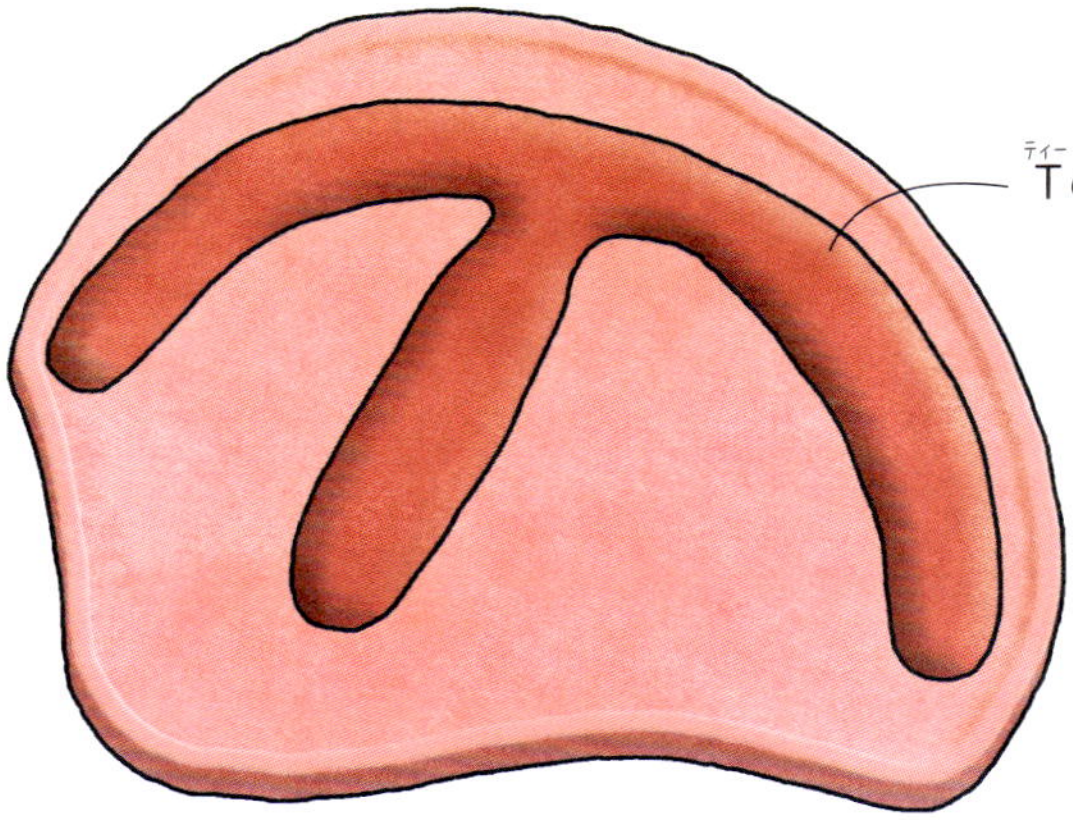

三葉虫《さんようちゅう》たちの祖先《そせん》？

エディアカラ生物群《せいぶつぐん》には、ちょっと変《か》わったつくりの生物《せいぶつ》がたくさんいました。ディッキンソニアとプテリディニウムは、体《からだ》の左右《さゆう》で節《ふし》が半個分《はんこぶん》ずれていましたね。また、トリブラキディウムは3放射《ほうしゃ》相称《そうしょう》という体《からだ》のつくりをもっていました。

そんな生物《せいぶつ》が多《おお》くいる中《なか》で、大《おお》きさ5センチメートルほどの「パルヴァンコリナ」は、のちの時代《じだい》の生物《せいぶつ》と似《に》たつくりをもっていました。からだの上《うえ》に、アルファベットのT《ティー》の字《じ》に似《に》たつくりが乗《の》っていたのです。

T《ティー》の字《じ》に似《に》ているということは、体《からだ》が左右《さゆう》で同《おな》じつくりになっているということです。つまり、「左右《さゆう》相称《そうしょう》」というつくりのもち主《ぬし》ということです。

一見《いっけん》すると、数千万《すうせんまん》年後《ねんご》に現《あらわ》れる「三葉虫《さんようちゅう》」という生《い》き物《もの》に似《に》ていることから、三葉虫《さんようちゅう》の祖先《そせん》ではないか、と考《かんが》える人《ひと》もいます。しかし、T《ティー》の字《じ》以外《いがい》には、はっきりとした証拠《しょうこ》は発見《はっけん》されておらず、三葉虫《さんようちゅう》との祖先《そせん》・子孫《しそん》の関係《かんけい》はよくわかっていません。

左右相称《さゆうそうしょう》ではない？

パルヴァンコリナの化石《かせき》をよく見《み》ると、T《ティー》の字《じ》のつくりや、体《からだ》の形《かたち》そのものがどこかしらゆがんでいるものが多《おお》くみつかります。

そのため、パルヴァンコリナの体《からだ》は左右相称《さゆうそうしょう》ではない、という見方《みかた》もあります。パルヴァンコリナもまた謎《なぞ》の生物《せいぶつ》の一《ひと》つなのです。

化石《かせき》を見《み》たい！

北九州市立自然史《きたきゅうしゅうしりつしぜんし》・歴史博物館《れきしはくぶつかん》

小《ちい》さな化石《かせき》なので、見逃《みのが》さないように！

北九州市立自然史・歴史博物館

ここでもみられます！
三笠市立博物館、群馬県立自然史博物館、豊橋市自然史博物館　ほか

もっとしりたい！
三葉虫《さんようちゅう》については、62ページなどでくわしく紹介《しょうかい》します。お楽《たの》しみに。

イカやアサリの仲間《なかま》？
キンベレラ

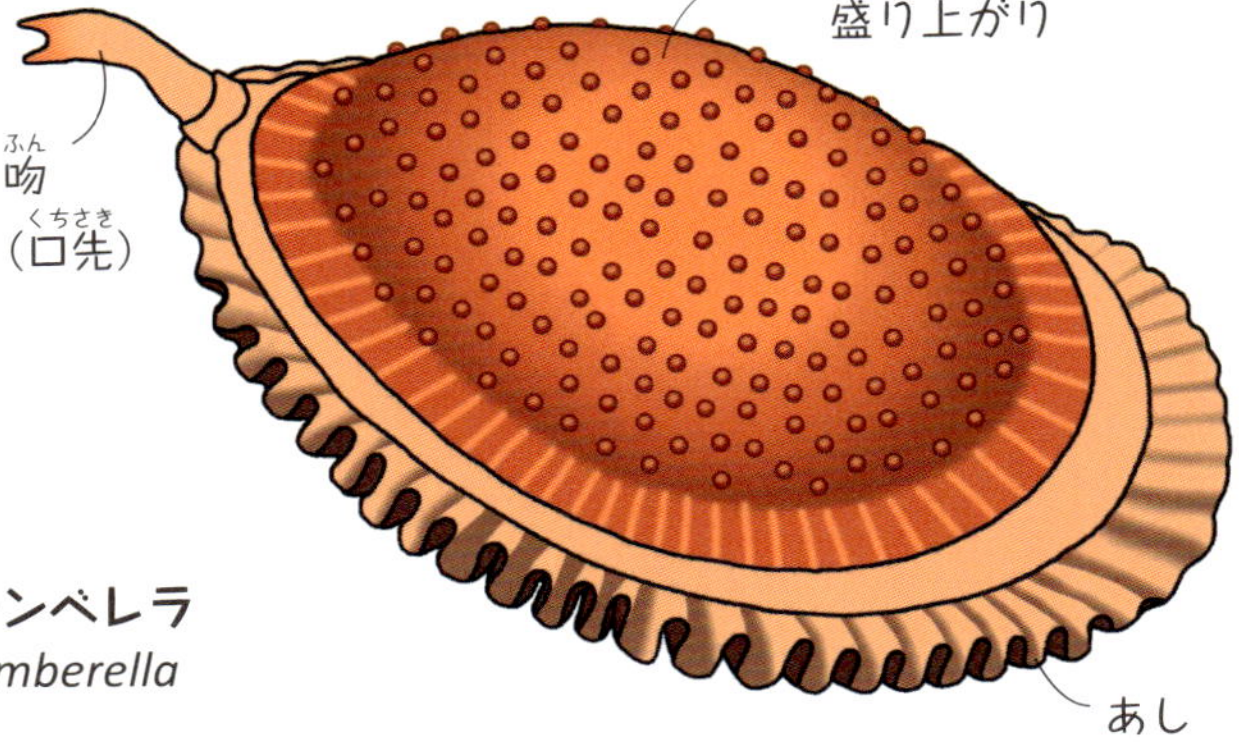

キンベレラ
Kimberella

“素性《すじょう》”のわかる生物《せいぶつ》

エディアカラ生物群《せいぶつぐん》の生《い》き物《もの》については、どのようなグループ分《わ》けができるのか、よくわかっていません。また、現在《げんざい》いる生《い》き物《もの》たちとの関係《かんけい》もわからないものがほとんどです。

しかし、そんなエディアカラ生物群《せいぶつぐん》にも、“素性《すじょう》”がわかっているめずらしい生《い》き物《もの》がいます。それが「キンベレラ」です。

キンベレラは、大《おお》きさが15センチメートルほどの生物《せいぶつ》で、体《からだ》が盛《も》り上《あ》がっていました。まるで殻《から》を背負《せお》っているかのようですが、その殻自体《からじたい》は化石《かせき》には残《のこ》っていないので、おそらくやわらかかったことでしょう。殻《から》の下《した》には、現在《げんざい》のカタツムリがもつような“あし”もありました。体《からだ》のつくりは、はっきりとした左右相称《さゆうそうしょう》でした。

こうしたさまざまな特徴《とくちょう》をあわせて考《かんが》えられた結果《けっか》、キンベレラは現在《げんざい》のタコやイカ、アサリやカタツムリなどと同《おな》じ「軟体動物《なんたいどうぶつ》」というグループの動物《どうぶつ》ではないか、とみられています。

泥《どろ》を集《あつ》めて食《た》べていた

キンベレラの化石《かせき》の周《まわ》りには、引《ひ》っかいたような跡《あと》がみつかることがあります。この跡《あと》は、キンベレラが腕《うで》をのばし、その先《さき》にあった爪《つめ》で海底《かいてい》にたまった泥《どろ》を集《あつ》めたときについたもの、と考《かんが》えられています。海底《かいてい》の泥《どろ》の中《なか》には栄養分《えいようぶん》があって、それを食《た》べていたようです。もっとも、その腕《うで》と爪《つめ》は化石《かせき》ではみつかっていないので、どのような形《かたち》だったのかはわかっていません。

化石《かせき》を見《み》たい！ 豊橋市自然史博物館《とよはししぜんしはくぶつかん》

実物《じつぶつ》のキンベレラの化石《かせき》が展示《てんじ》されています。小《ちい》さな化石《かせき》なので見逃《みのが》さないように！

ここでもみられます！
福井県立恐竜博物館、御船町恐竜博物館　ほか

もっとしりたい！
キンベレラは、エディアカラ生物群《せいぶつぐん》の中《なか》でも最《もっと》も研究《けんきゅう》が進《すす》んでいる生《い》き物《もの》の一《ひと》つです。これまでに800個《こ》以上《いじょう》というたくさんの化石《かせき》が発見《はっけん》されているためにくわしい研究《けんきゅう》ができているのです。

生物《せいぶつ》が爆発的《ばくはつてき》に多《おお》くなった アヴァロンの爆発《ばくはつ》

生命《せいめい》の大進化《だいしんか》

　エディアカラ生物群《せいぶつぐん》は、謎《なぞ》だらけの生《い》き物《もの》たちですが、みつかっている種類《しゅるい》の数《かず》は豊富《ほうふ》です。これまでに発見《はっけん》されたものだけで、270種以上《しゅいじょう》にもなるのです。しかもその多《おお》くは、およそ6億年前《おくねんまえ》の1000万年《まんねん》ほどの間《あいだ》に現《あらわ》れたと考《かんが》えられています。

　1000万年《まんねん》というと、とても長《なが》い時間《じかん》に感《かん》じるかもしれません。しかし、生命《せいめい》の歴史《れきし》からみればあっという間《ま》のできごとです。

　この短《みじか》い時間《じかん》に生物《せいぶつ》がたくさん現《あらわ》れたことを「アヴァロンの爆発《ばくはつ》」とよんでいます。まるで爆発《ばくはつ》するように、突然《とつぜん》、たくさん生物《せいぶつ》の数《かず》と種類《しゅるい》が増《ふ》えたからです。

爆発《ばくはつ》は失敗《しっぱい》？

　アヴァロンの爆発《ばくはつ》で、たくさんの生物《せいぶつ》が現《あらわ》れました。化石《かせき》で発見《はっけん》されているもの以外《いがい》にも、まだみつかっていなかったり、化石《かせき》にならなかった生物《せいぶつ》もいたでしょうから、実際《じっさい》には、今《いま》、知《し》られている数《かず》よりもたくさんの生物《せいぶつ》がいたことでしょう。

　しかし、そのほとんどは子孫《しそん》を残《のこ》さずに絶滅《ぜつめつ》してしまうのです。

　そのため、アヴァロンの爆発《ばくはつ》のことを「失敗《しっぱい》に終《お》わった実験《じっけん》」とよぶ人《ひと》もいます。

化石《かせき》を見《み》たい！　豊橋市自然史博物館《とよはししぜんしはくぶつかん》

実物《じつぶつ》・複製《ふくせい》を含《ふく》めて、たくさんのエディアカラ生物群《せいぶつぐん》の化石《かせき》が展示《てんじ》されています。

ここでもみられます！
群馬県立自然史博物館　ほか

もっとしりたい！
「アヴァロン」とは、エディアカラ生物群《せいぶつぐん》の化石《かせき》がとれる産地《さんち》の名前《なまえ》です。世界《せかい》にたくさんある産地《さんち》の中《なか》でも古《ふる》い時代《じだい》の化石《かせき》がみつかります。

1月 11日
読《よ》んだ日《ひ》
月　日
月　日

column

地《ち》球《きゅう》の年《ねん》齢《れい》はどうやってわかったの？

地球《ちきゅう》は6000歳《さい》？

地球《ちきゅう》は、今《いま》から46億年前《おくねんまえ》にできたと考《かんが》えられています。46億年《おくねん》、というのはとてつもなく昔《むかし》の話《はなし》です。たとえば、有名《ゆうめい》な恐竜《きょうりゅう》であるティラノサウルスが生《い》きていたのは、今《いま》からおよそ6600万年前《まんねんまえ》のことです。地球《ちきゅう》の誕生《たんじょう》はそれよりもずっとずっと、はるかに古《ふる》いのです。

そんなに昔《むかし》のことがどうしてわかるのでしょうか？

実《じつ》は、17世紀《せいき》までは、地球《ちきゅう》ができたのはおよそ6000年前《ねんまえ》だと考《かんが》えられていました。6000年前《ねんまえ》というと、日本《にっぽん》が縄文時代《じょうもんじだい》だったころです。その後《ご》もさまざまな研究《けんきゅう》がなされてきましたが、地球《ちきゅう》の年齢《ねんれい》はせいぜい数億歳《すうおくさい》だろうと考《かんが》えられていました。

手《て》がかりは隕石《いんせき》！

20世紀《せいき》になると、地球《ちきゅう》の年齢《ねんれい》を調《しら》べるには、岩石《がんせき》を調《しら》べればよいことがわかりました。岩石《がんせき》の中《なか》には、地球《ちきゅう》が誕生《たんじょう》したときの情報《じょうほう》が閉《と》じこめられていると研究者《けんきゅうしゃ》たちは考《かんが》えたわけです。

しかし、なかなかうまくはいきませんでした。というのも、地球《ちきゅう》の岩石《がんせき》は、雨《あめ》や風《かぜ》で削《けず》られたり、火山《かざん》の奥深《おくふか》くで溶《と》けたりするために、地球《ちきゅう》ができたときの情報《じょうほう》をとどめるのが難《むずか》しいのです。そこで注目《ちゅうもく》されたのが「隕石《いんせき》」です。

隕石《いんせき》は、宇宙《うちゅう》のかなたからやってきて、地球《ちきゅう》に落下《らっか》する岩石《がんせき》のことです。隕石《いんせき》は、地球《ちきゅう》と同《おな》じ時期《じき》にできたものであり、いわば地球《ちきゅう》と〝同《おな》い年《どし》〟です。しかも、誕生《たんじょう》してからずっと宇宙《うちゅう》を漂《ただよ》っています。そのため、隕石《いんせき》ができたときの情報《じょうほう》を内部《ないぶ》に閉《と》じこめているのです。

こうして20世紀《せいき》の半《なか》ばには、隕石《いんせき》の年齢《ねんれい》が46億歳《おくさい》だとわかりました。そのため地球《ちきゅう》も、46億歳《おくさい》と考《かんが》えられるようになったのです。

いくつかの博物館《はくぶつかん》には、隕石《いんせき》が展示《てんじ》されています。地球《ちきゅう》の岩石《がんせき》とのちがいについて解説《かいせつ》されていることも多《おお》くあるので、注意《ちゅうい》して解説文《かいせつぶん》を読《よ》んでみましょう。

もっとしりたい！
隕石《いんせき》と地球《ちきゅう》だけではなく、太陽《たいよう》と、火星《かせい》や木星《もくせい》などの惑星《わくせい》も、およそ46億年前《おくねんまえ》にできたと考《かんが》えられています。これらすべてをまとめて「太陽系《たいようけい》」とよんでいます。

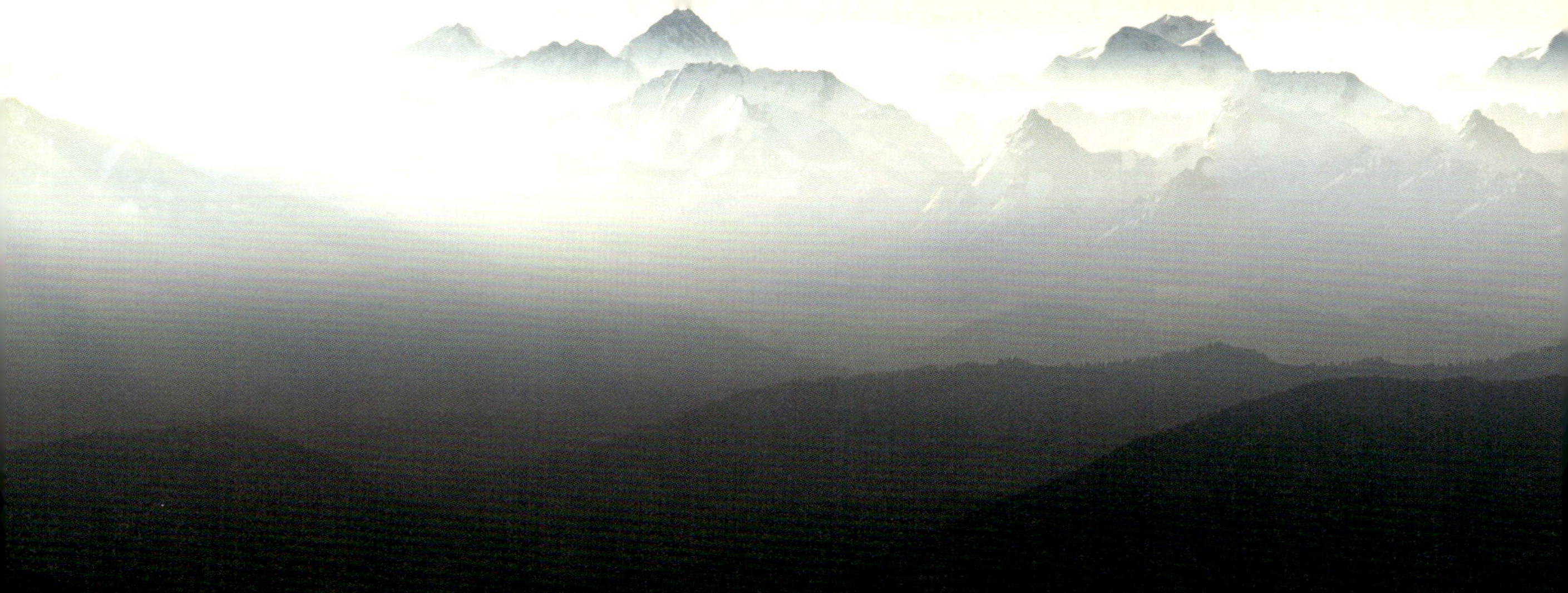

カンブリア紀《き》

　およそ5億《おく》4100万年前《まんねんまえ》から2億《おく》5200万年前《まんねんまえ》ごろまでを「古生代《こせいだい》」とよびます。古生代《こせいだい》は、六《むっ》つに分《わ》かれていて、「カンブリア紀《き》」はその最初《さいしょ》の時代《じだい》です。およそ5億《おく》4100万年前《まんねんまえ》から4億《おく》8500万年前《まんねんまえ》ごろまで続《つづ》きました。カンブリア紀《き》になると、たくさんの動物《どうぶつ》たちの化石《かせき》が残《のこ》るようになります。どんな動物《どうぶつ》たちがいたのでしょう？　ちょっと変《か》わった姿《すがた》の動物《どうぶつ》たちに注目《ちゅうもく》です。

およそ3億《おく》年《ねん》間《かん》も続《つづ》いた古《こ》生《せい》代《だい》

恐竜《きょうりゅう》よりも前《まえ》の時《じ》代《だい》

今《いま》からおよそ5億《おく》4100万《まん》年前《ねんまえ》から現在《げんざい》までの期間《きかん》は、三《みっ》つの「代《だい》」に分《わ》けられています。古《ふる》い方《ほう》から「古生代《こせいだい》」「中生代《ちゅうせいだい》」「新生代《しんせいだい》」です。このうちの古生代《こせいだい》は、およそ5億《おく》4100万《まん》年前《ねんまえ》から2億《おく》5200万年前《まんねんまえ》ごろまでの2億《おく》9000万年間《まんねんかん》のことです。

古生代《こせいだい》は、恐竜《きょうりゅう》が地球《ちきゅう》に現《あらわ》れるよりも前《まえ》の時代《じだい》です。

背骨《せぼね》をもつ生《い》き物《もの》を「脊椎動《せきついどう》物《ぶつ》」とよびます。この脊椎動物《せきついどうぶつ》の進化《しんか》に注目《ちゅうもく》すると、古生代《こせいだい》が始《はじ》まってすぐに「魚《さかな》の仲間《なかま》」が現《あらわ》れました。最初《さいしょ》の魚《さかな》の仲間《なかま》はとても小《ちい》さくて、私《わたし》たちの手《て》の親指《おやゆび》より小《ちい》さいくらいでした。

その後《ご》、次第《しだい》に魚《さかな》の仲間《なかま》は大《おお》きくなって、ヒトの大人《おとな》よりも大《おお》きなサイズになるものも現《あらわ》れました。種類《しゅるい》もたくさん増《ふ》えました。

そうした魚《さかな》の仲間《なかま》の中《なか》から、やがて陸上《りくじょう》でも生《い》きることのできる動物《どうぶつ》たちが登場《とうじょう》します。4本《ほん》のあしをもつ彼《かれ》らは、やがて陸上《りくじょう》のさまざまな場所《ばしょ》で栄《さか》えるようになりました。その中《なか》には、「両生類《りょうせいるい》」や「爬《は》虫類《ちゅうるい》」がいました。また、哺乳類《ほにゅうるい》の祖先《そせん》を含《ふく》む「単弓類《たんきゅうるい》」もいました。とくに単弓類《たんきゅうるい》は、古生代《こせいだい》の終《お》わるころにたいへん繁《はん》栄《えい》しました。

古生代《こせいだい》は、六《むっ》つの時代《じだい》にこまかく分《わ》けられます。カンブリア紀《き》から始《はじ》まって、ペルム紀《き》まで続《つづ》きます。

三葉虫《さんようちゅう》が大繁栄《だいはんえい》！

古生代《こせいだい》の生物《せいぶつ》としてよく知《し》られているのは、「三葉虫類《さんようちゅうるい》」です。三葉虫類《さんようちゅうるい》にはたくさんの種類《しゅるい》がいて、古生代《こせいだい》の最初《さいしょ》から最後《さいご》まで生息《せいそく》していました。

古生代《こせいだい》が始《はじ》まったころは陸《りく》にはほとんど植物《しょくぶつ》はありませんでした。しかしやがて、シダ植物《しょくぶつ》が森《もり》をつくり、スギなどの仲間《なかま》である裸子《らし》植物《しょくぶつ》も現《あらわ》れました。

もっとしりたい！
爬虫類《はちゅうるい》は、「双弓類《そうきゅうるい》」というグループに含《ふく》まれます。双弓類《そうきゅうるい》と単弓類《たんきゅうるい》をあわせて、「有羊膜類《ゆうようまくるい》」とよぶこともあります。

弱肉強食《じゃくにくきょうしょく》の世界《せかい》が始《はじ》まる カンブリア紀《き》

カンブリア紀《き》

新生代《しんせいだい》 | 中生代《ちゅうせいだい》 | 古生代《こせいだい》 | 先《せん》カンブリア時代《じだい》

現在《げんざい》とはだいぶ異《こと》なる地球《ちきゅう》

古生代《こせいだい》は、六《むっ》つの「紀《き》」に分《わ》かれています。その中《なか》で最《もっと》も古《ふる》い紀《き》が「カンブリア紀《き》」です。カンブリア紀《き》は、およそ5億《おく》4100万《まん》年前《ねんまえ》に始《はじ》まって、4億《おく》8500万《まん》年前《ねんまえ》ごろまで続《つづ》きました。

カンブリア紀《き》の地球《ちきゅう》を宇宙《うちゅう》から見《み》ると、「これが本当《ほんとう》に地球《ちきゅう》なの？」と思《おも》うかもしれません。陸地《りくち》には植物《しょくぶつ》はなく、ほとんどの場所《ばしょ》には茶色《ちゃいろ》の荒野《こうや》が広《ひろ》がっていました。

この時代《じだい》と現在《げんざい》では、地球上《ちきゅうじょう》の大陸《たいりく》がずいぶん異《こと》なっています。今《いま》の南極《なんきょく》がある場所《ばしょ》には、「ゴンドワナ」とよばれるとても大《おお》きな大陸《たいりく》がありました。そのほかに、「ローレンシア」、「シベリア」、「バルティカ」とよばれる中《ちゅう》くらいの大陸《たいりく》が三《みっ》つありました。

実《じつ》は、カンブリア紀《き》の地層《ちそう》からは、これらの動物《どうぶつ》グループの祖先《そせん》の化石《かせき》がすべてみつかります。突如《とつじょ》として、さまざまな動物《どうぶつ》の化石《かせき》がカンブリア紀《き》の地層《ちそう》ではみつかるのです。このことを「カンブリア爆発《ばくはつ》」ということがあります。

動物《どうぶつ》たちの間《あいだ》で、「食《た》べる・食《た》べられる」という関係《かんけい》が本格化《ほんかくか》したのもこのカンブリア紀《き》からのことです。

カンブリア紀《き》の地球《ちきゅう》

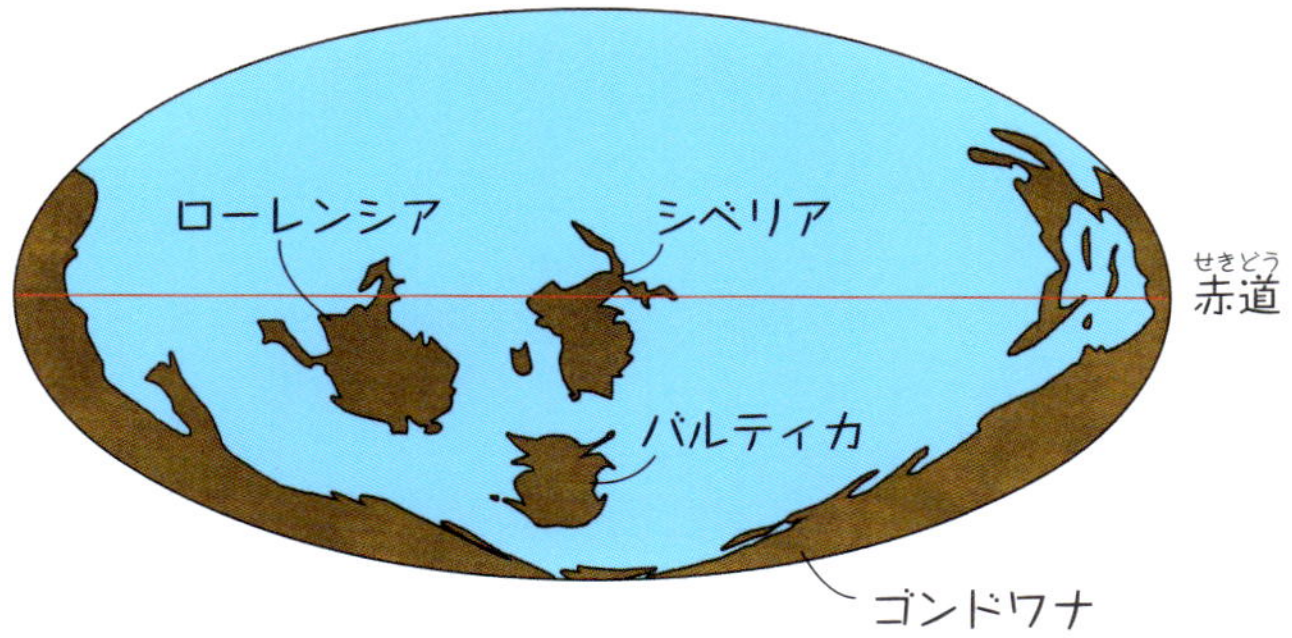

カンブリア爆発《ばくはつ》

エディアカラ紀《き》に引《ひ》き続《つづ》き、この時代《じだい》も、ほとんどの生物《せいぶつ》が暮《く》らしていた場所《ばしょ》は海《うみ》の中《なか》です。エディアカラ紀《き》の生物《せいぶつ》は謎《なぞ》だらけでしたが、カンブリア紀《き》の地層《ちそう》からみつかる化石《かせき》のほとんどは、現在《げんざい》の動物《どうぶつ》たちとよく似《に》ています。

現在《げんざい》の地球《ちきゅう》にいる動物《どうぶつ》は、昆虫《こんちゅう》を含《ふく》む「節足動物《せっそくどうぶつ》」のグループや、私《わたし》たちヒトを含《ふく》む「脊索動物《せきさくどうぶつ》」のグループなど、いくつかの大《おお》きなグループに分《わ》けることができます。

大型《おおがた》の肉食動物《にくしょくどうぶつ》も登場《とうじょう》！

もっとしりたい！

「カンブリア」という名前《なまえ》は、イギリスのある地方《ちほう》の古《ふる》いよび名《な》である「クンブリア」にちなむものです。

1月14日

読《よ》んだ日《ひ》
月　日
月　日

部品《ぶひん》だけの謎《なぞ》の化石《かせき》 SSFs《エスエスエフズ》

カンブリア紀《き》

新生代《しんせいだい》 | 中生代《ちゅうせいだい》 | 古生代《こせいだい》 | 先《せん》カンブリア時代《じだい》

生物《せいぶつ》にはみえないけれど

カンブリア紀《き》にできた地層《ちそう》からは、たくさんの動物《どうぶつ》の化石《かせき》がみつかります。

しかし、より正確《せいかく》にいうと、たくさんの動物化石《どうぶつかせき》がみつかるようになるのはカンブリア紀《き》の後半《こうはん》のことです。カンブリア紀《き》の前半《ぜんはん》にできた地層《ちそう》からは、はっきりとした動物化石《どうぶつかせき》はほとんどみつかりません。カンブリア紀《き》の前半《ぜんはん》の地層《ちそう》からみつかるのは、数《すう》ミリメートルもないようなとても小《ちい》さな化石《かせき》ばかりなのです。

その小《ちい》さな化石《かせき》は、生物《せいぶつ》のようにはみえないものばかりです。パンのクロワッサンのような三日月《みかづき》型《がた》の形《かたち》をしていたり、中世《ちゅうせい》の騎士《きし》がもつ盾《たて》のような形《かたち》をしています。何《なに》かのとげのように細《ほそ》くとがっているものもあります。

こうした小《ちい》さな化石《かせき》のことを、「SSFs《エスエスエフズ》」とよびます。

体《からだ》の一部《いちぶ》？

SSFs《エスエスエフズ》とは、いったい何《なん》なのでしょうか？　少《すく》なくともいくつかのSSFs《エスエスエフズ》は、動物《どうぶつ》の体《からだ》の一部《いちぶ》であると考《かんが》えられています。化石《かせき》に残《のこ》らないやわらかい体《からだ》をもつ動物《どうぶつ》がいて、その体《からだ》の一部《いちぶ》にかたい部品《ぶひん》があったというのです。そして、そのかたい部品《ぶひん》だけが、化石《かせき》になったと考《かんが》えられています。

SSFs《エスエスエフズ》は生物《せいぶつ》の一部分《いちぶぶん》！？

化石《かせき》を見《み》たい！　福井県立恐竜博物館《ふくいけんりつきょうりゅうはくぶつかん》

SSFs《エスエスエフズ》が展示《てんじ》されています。とても小《ちい》さな化石《かせき》なので、見逃《みのが》さないように注意《ちゅうい》しよう！

ここでもみられます！
群馬県立自然史博物館、豊橋市自然史博物館　ほか

もっとしりたい！
SSFs《エスエスエフズ》とは、Small《スモール》 Shelly《シェリー》 Fossils《フォッシルズ》を略《りゃく》したものです。これは、「小《ちい》さな殻《から》の化石群《かせきぐん》」という意味《いみ》になります。

“貝《かい》殻《がら》”を2枚《まい》のせた ハルキエリア

カンブリア紀《き》

新生代《しんせいだい》　中生代《ちゅうせいだい》　古生代《こせいだい》　先カンブリア時代《じだい》

SSF《エスエスエフズ》sのもち主《ぬし》?

カンブリア紀《き》のなかばの地層《ちそう》からは、小《ちい》さな“部品化石《ぶひんかせき》”であるSSF《エスエスエフズ》sのもち主《ぬし》とみられる生物《せいぶつ》の化石《かせき》がいくつもみつかっています。グリーンランドから発見《はっけん》されている「ハルキエリア」もその一《ひと》つです。

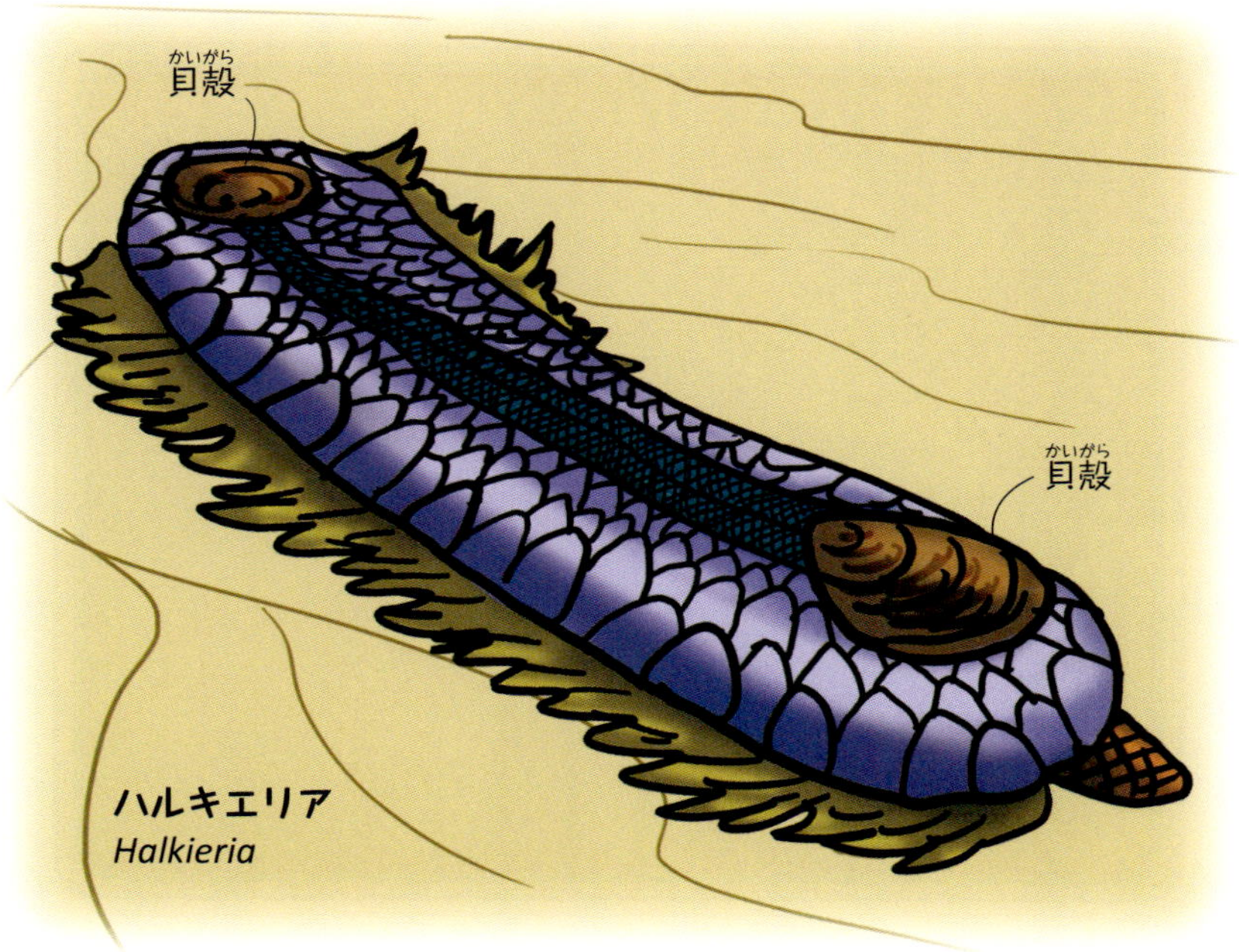

謎《なぞ》の貝殻《かいがら》

ハルキエリアは、8センチメートルほどの大《おお》きさで、細長《ほそなが》い体《からだ》をしています。その体《からだ》の表面《ひょうめん》には、細《こま》かいうろこがびっしりと並《なら》んでいました。このうろこの一《ひと》つ一《ひと》つが、SSF《エスエスエフズ》sとして発見《はっけん》されるのではないかと考《かんが》えられています。

ハルキエリアの不思議《ふしぎ》なところは、体《からだ》の前《まえ》と後《うし》ろに、貝殻《かいがら》を1枚《まい》ずつのせていたということです。

この貝殻《かいがら》は、腕足動物《わんそくどうぶつ》というグループの貝殻《かいがら》とよく似《に》ています。腕足動物《わんそくどうぶつ》には、現在《げんざい》の動物《どうぶつ》でいえば「シャミセンガイ」という貝《かい》が含《ふく》まれます。興味《きょうみ》をもった人《ひと》は、インターネットなどでシャミセンガイを調《しら》べてみてください。

ハルキエリアの体《からだ》についた2枚《まい》の貝殻《かいがら》は、離《はな》れた場所《ばしょ》にあるので、シャミセンガイの貝殻《かいがら》のように閉《と》じることはできません。では、いったい何《なん》のためにこんなところに貝殻《かいがら》をつけていたのでしょうか？それは謎《なぞ》に包《つつ》まれています。

もっとしりたい！ ハルキエリアは、主《おも》に軟体動物《なんたいどうぶつ》に分類《ぶんるい》されています。26ページのキンベレラと同《おな》じです。

“貝殻《かいがら》”1枚《まい》、とげたくさん

オルソロザンクルス

カンブリア紀《き》

新生代《しんせいだい》　中生代《ちゅうせいだい》　古生代《こせいだい》　先《せん》カンブリア時代《じだい》

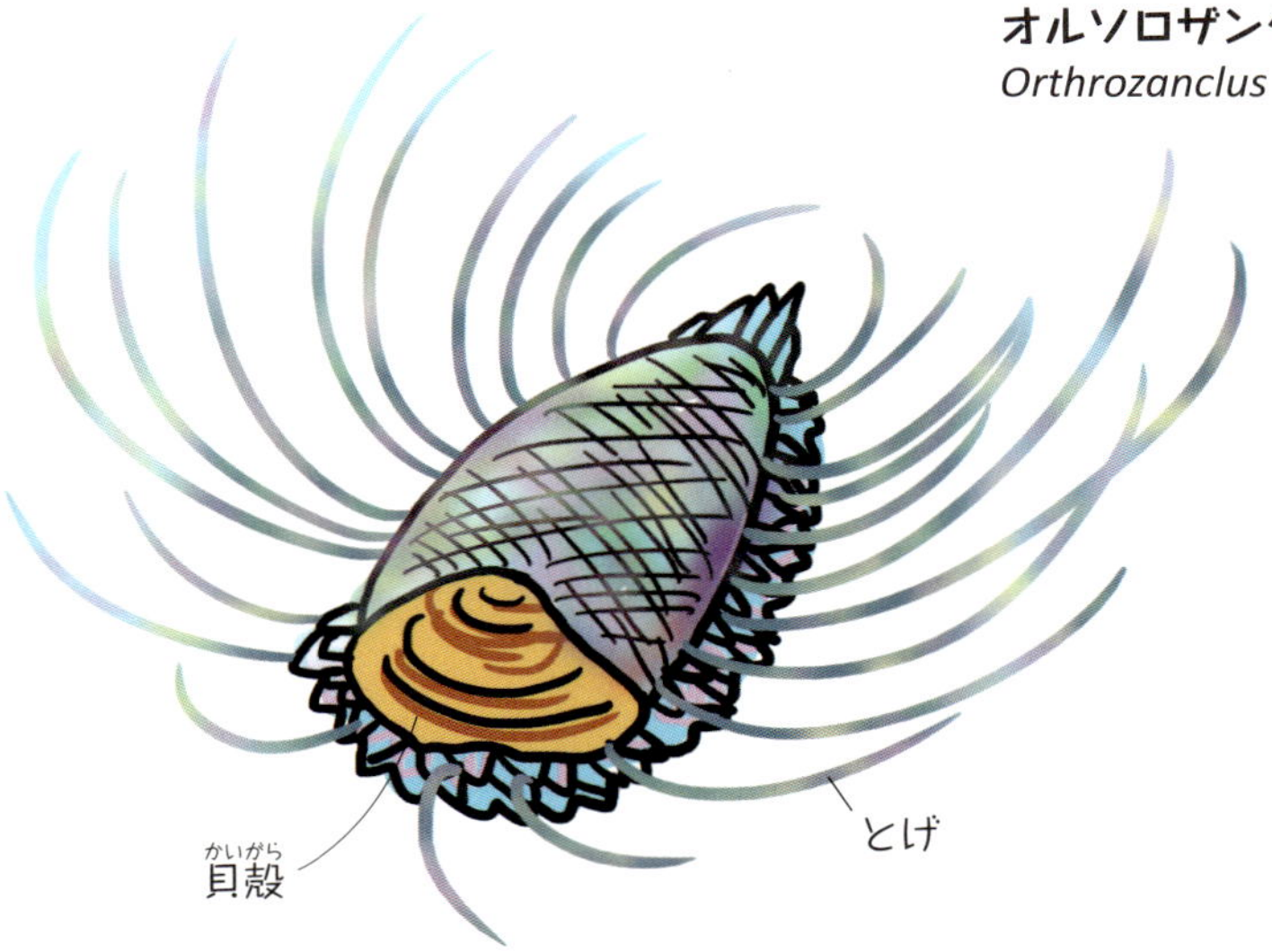

防御力《ぼうぎょりょく》が高《たか》い？

33ページで紹介したハルキエリアは2枚《まい》の貝殻《かいがら》をもっていましたが、貝殻《かいから》を1枚《まい》だけもつ不思議《ふしぎ》な動物《どうぶつ》もいました。カナダから化石《かせき》が発見《はっけん》されている「オルソロザンクルス」です。

オルソロザンクルスは1センチメートルほどの小《ちい》さな動物《どうぶつ》です。その体《からだ》からはたくさんのとげがのびています。そして、全身《ぜんしん》がうろこで覆《おお》われています。見《み》るからに、防御力《ぼうぎょりょく》が高《たか》そうです。

最大《さいだい》の特徴《とくちょう》は、オルソロザンクルスの体《からだ》の前《まえ》の方《ほう》にあります。そこに貝殻《かいがら》が1枚《まい》だけのっていたのです。貝殻《かいから》の形《かたち》そのものは、ハルキエリアの背《せ》に乗《の》っている貝殻《かいから》とよく似《に》ています。つまり、腕足《わんそく》動物《どうぶつ》の貝殻《かいがら》とよく似《に》ていたのです。

虹色《にじいろ》に輝《かがや》いていた

オルソロザンクルスはどうして貝殻《かいがら》を1枚《まい》だけもっていたのでしょうか？

ハルキエリアの貝殻《かいがら》が謎《なぞ》であるように、オルソロザンクルスの貝殻《かいがら》についてもよくわかっていません。ただし、ひょっとしたら、この貝殻《かいがら》の裏側《うらがわ》には筋肉《きんにく》がついていて、その筋肉《きんにく》を使《つか》うことで、オルソロザンクルスは食事《しょくじ》をしていたのではないか、とも考《かんが》えられています。

オルソロザンクルスの特徴《とくちょう》はほかにもあります。全身《ぜんしん》を覆《おお》ううろこが、虹色《にじいろ》に輝《かがや》いていたのです。DVD《ディーブイディー》の裏面《うらめん》も虹色《にじいろ》に輝《かがや》いていますね。あれと同《おな》じしくみです。うろこにあるとても細《ほそ》い溝《みぞ》が、光《ひかり》をいろいろな方向《ほうこう》にはね返《かえ》すことで虹色《にじいろ》の光《ひかり》が放《はな》たれるのです。なんだかとってもオシャレな動物《どうぶつ》ですね。派手《はで》な輝《かがや》きは、天敵《てんてき》をひるませる効果《こうか》があったかもしれません。

もっとしりたい！

オルソロザンクルスは軟体動物《なんたいどうぶつ》であるという説《せつ》や、環形動物《かんけいどうぶつ》（ゴカイの仲間《なかま》）であるという説《せつ》があります。腕足動物《わんそくどうぶつ》（シャミセンガイの仲間《なかま》）であると考《かんが》える研究者《けんきゅうしゃ》もいます。

カンブリア紀《き》の海《うみ》の最《さい》強《きょう》生《せい》物《ぶつ》
アノマロカリス

カンブリア紀《き》

新《しん》生《せい》代《だい》　中《ちゅう》生《せい》代《だい》　古《こ》生《せい》代《だい》　先《せん》カンブリア時《じ》代《だい》

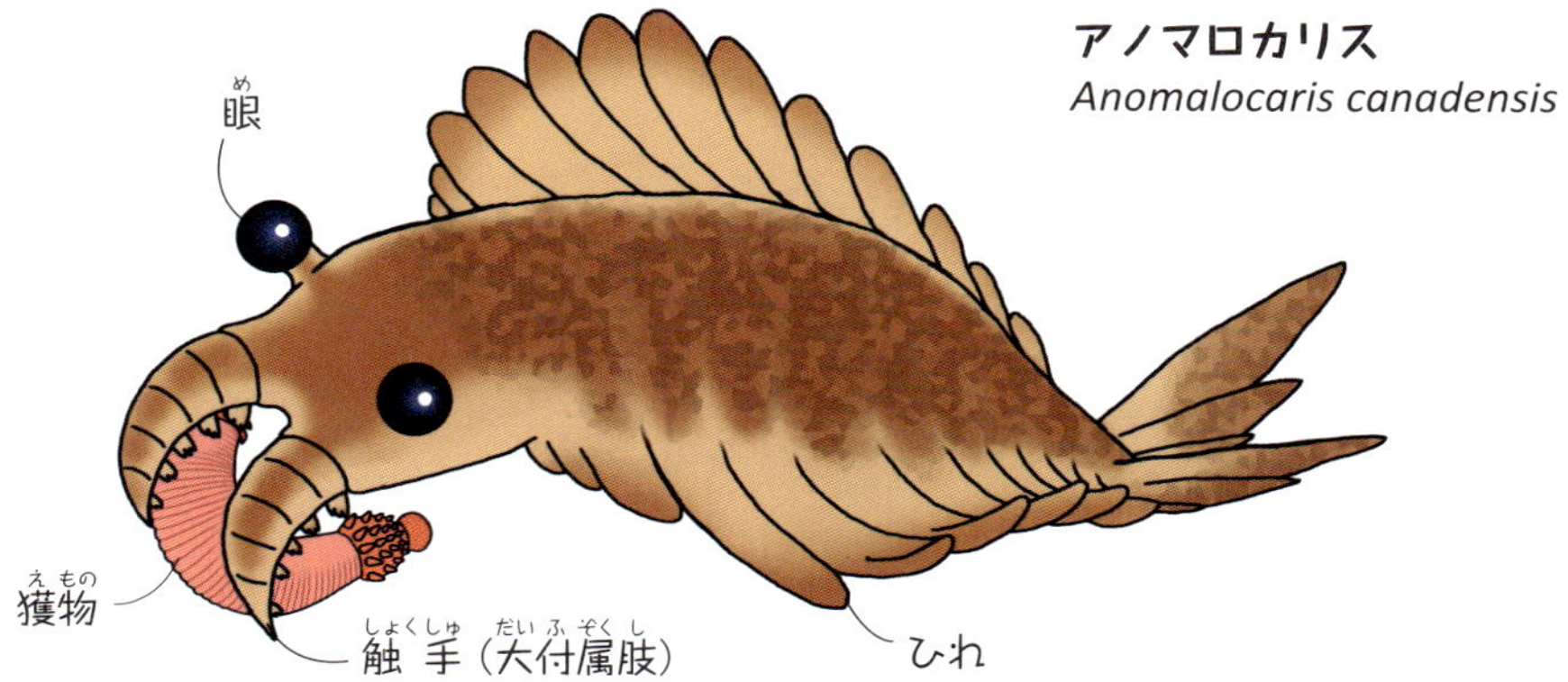

いちばん強《つよ》い生物《せいぶつ》だった！

カンブリア紀《き》の海《うみ》には、たくさんの動物《どうぶつ》たちがいました。ただし、現在《げんざい》とちがって、この時代《じだい》の海《うみ》にいた動物《どうぶつ》たちは、体《からだ》が小《ちい》さいものばかりだったようです。ほとんどの動物《どうぶつ》は、大《おお》きさが10センチメートル以下《いか》でした。私《わたし》たちの手《て》の平《ひら》よりも小《ちい》さいくらいですね。

その中《なか》に、まわりの動物《どうぶつ》たちよりはるかに大《おお》きな動物《どうぶつ》がいました。「アノマロカリス」です。体《からだ》の長《なが》さが1メートルもありました。

アノマロカリスはちょっと変《か》わった姿《すがた》をしていました。「大《だい》付属肢《ふぞくし》」という大《おお》きな2本《ほん》の触手《しょくしゅ》と、大《おお》きな眼《め》をもち、胴体《どうたい》はナマコのような形《かたち》で、その両脇《りょうわき》には10枚以上《まいいじょう》のひれが並《なら》んでいました。頭部《とうぶ》の底《そこ》には丸《まる》い口《くち》があり、触手《しょくしゅ》でとらえた獲物《えもの》を運《はこ》びこんで食《た》べていたようです。この時代《じだい》の海《うみ》で最強《さいきょう》の動物《どうぶつ》でした。カニやエビ、昆虫《こんちゅう》などを含《ふく》む節足動物《せっそくどうぶつ》の仲間《なかま》と考《かんが》えられています。

エビだと思《おも》われていた

アノマロカリスという名前《なまえ》は、「奇妙《きみょう》なエビ」という意味《いみ》です。なぜエビなのかというと、もともと発見《はっけん》されていたのが、触手《しょくしゅ》の部分《ぶぶん》の化石《かせき》だけだったからです。触手《しょくしゅ》の部分《ぶぶん》だけを見《み》ると、頭《あたま》のないエビのように見《み》えるので、こんな名前《なまえ》がつけられたのです。

同《おな》じように、口《くち》の部分《ぶぶん》はクラゲの化石《かせき》だと、胴体《どうたい》の部分《ぶぶん》はナマコと考《かんが》えられていました。その後《ご》、研究《けんきゅう》が進《すす》められて、これらはアノマロカリスの体《からだ》の一部分《いちぶぶん》であることがわかったのです。

化石《かせき》を見《み》たい！

蒲郡市《がまごおりし》
生命《いのち》の海科学館《うみかがくかん》

アノマロカリスに関《かん》するグッズも充実《じゅうじつ》しています。

蒲郡市生命の海科学館

ここでもみられます！
群馬県立自然史博物館、ミュージアムパーク 茨城県自然博物館、豊橋市自然史博物館、名古屋大学博物館、北九州市立自然史・歴史博物館　ほか

もっとしりたい！
アノマロカリスの眼《め》には、たくさんの小《ちい》さなレンズが並《なら》んでいたことがわかっています。この眼《め》を「複眼《ふくがん》」といいます。現在《げんざい》のカニや昆虫《こんちゅう》の眼《め》も複眼《ふくがん》です。

網《あみ》のような触手《しょくしゅ》をもつ タミシオカリス

カンブリア紀《き》

新生代《しんせいだい》　中生代《ちゅうせいだい》　古生代《こせいだい》　先カンブリア時代《じだい》

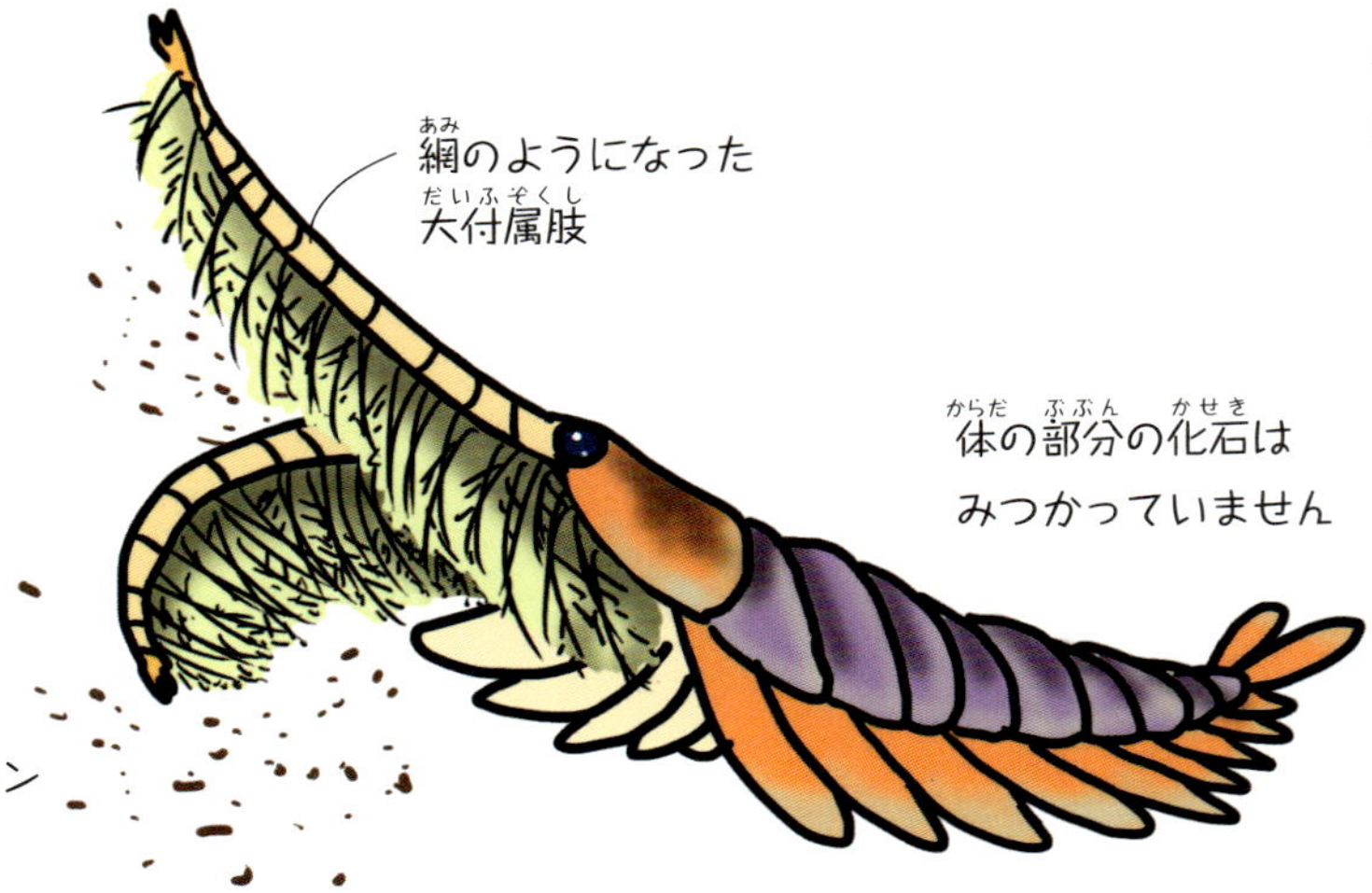

タミシオカリス
Tamisiocaris

アノマロカリスの仲間《なかま》

カンブリア紀《き》の海《うみ》の最強《さいきょう》生物《せいぶつ》、アノマロカリスには、たくさんの仲間《なかま》たちがいました。その仲間《なかま》たちのことを「アノマロカリス類《るい》」とよびます。

グリーンランドから化石《かせき》がみつかっている「タミシオカリス」も、アノマロカリス類《るい》の一種《いっしゅ》です。「大《だい》付属肢《ふぞくし》」とよばれる触手《しょくしゅ》の部分《ぶぶん》しか発見《はっけん》されていませんが、その大付属肢《だいふぞくし》の長《なが》さは12センチメートル以上《いじょう》もありました。アノマロカリスの大付属肢《だいふぞくし》とほとんど同《おな》じ大《おお》きさですから、発見《はっけん》されていない体《からだ》の部分《ぶぶん》もアノマロカリスと同《おな》じくらい大《おお》きかったかもしれません。

獲物《えもの》はプランクトン

アノマロカリスの大付属《だいふぞく》肢《し》には、腹側《はらがわ》に鋭《するど》くて幅《はば》のあるとげが並《なら》んでいました。そのとげの先端《せんたん》はフォークのように三《み》つ股《また》になっていて、獲物《えもの》に突《つ》き刺《さ》していたようです。

タミシオカリスの大付属肢《だいふぞくし》にも、腹側《はらがわ》にとげが並《なら》んでいます。ただし、そのとげはアノマロカリスのものよりもずっと細《ほそ》くて、そしてたくさん枝分《えだわ》かれしていました。あまりにも細《ほそ》くて数《かず》も多《おお》いので、少《すこ》し離《はな》れて見《み》るとまるで網《あみ》のように見《み》えます。

タミシオカリスはこの触手《しょくしゅ》を前後《ぜんご》に動《うご》かすことで、小《ちい》さな生物《せいぶつ》であるプランクトンを網《あみ》ですくうように捕《つか》まえることができたと考《かんが》えられています。タミシオカリスは、そうして捕《つか》まえたプランクトンを口《くち》まで運《はこ》んで食《た》べていたのでしょう。

現在《げんざい》のヒゲクジラなどもこのような食《た》べ方《かた》をしています。図鑑《ずかん》やインターネットでヒゲクジラの暮《く》らしを調《しら》べてみましょう。

もっとしりたい！
タミシオカリスは、プランクトンを食《た》べる動物《どうぶつ》としては最《もっと》も古《ふる》いものの一《ひと》つといわれています。

歩《ある》くためのあしをもつ パラペイトイア

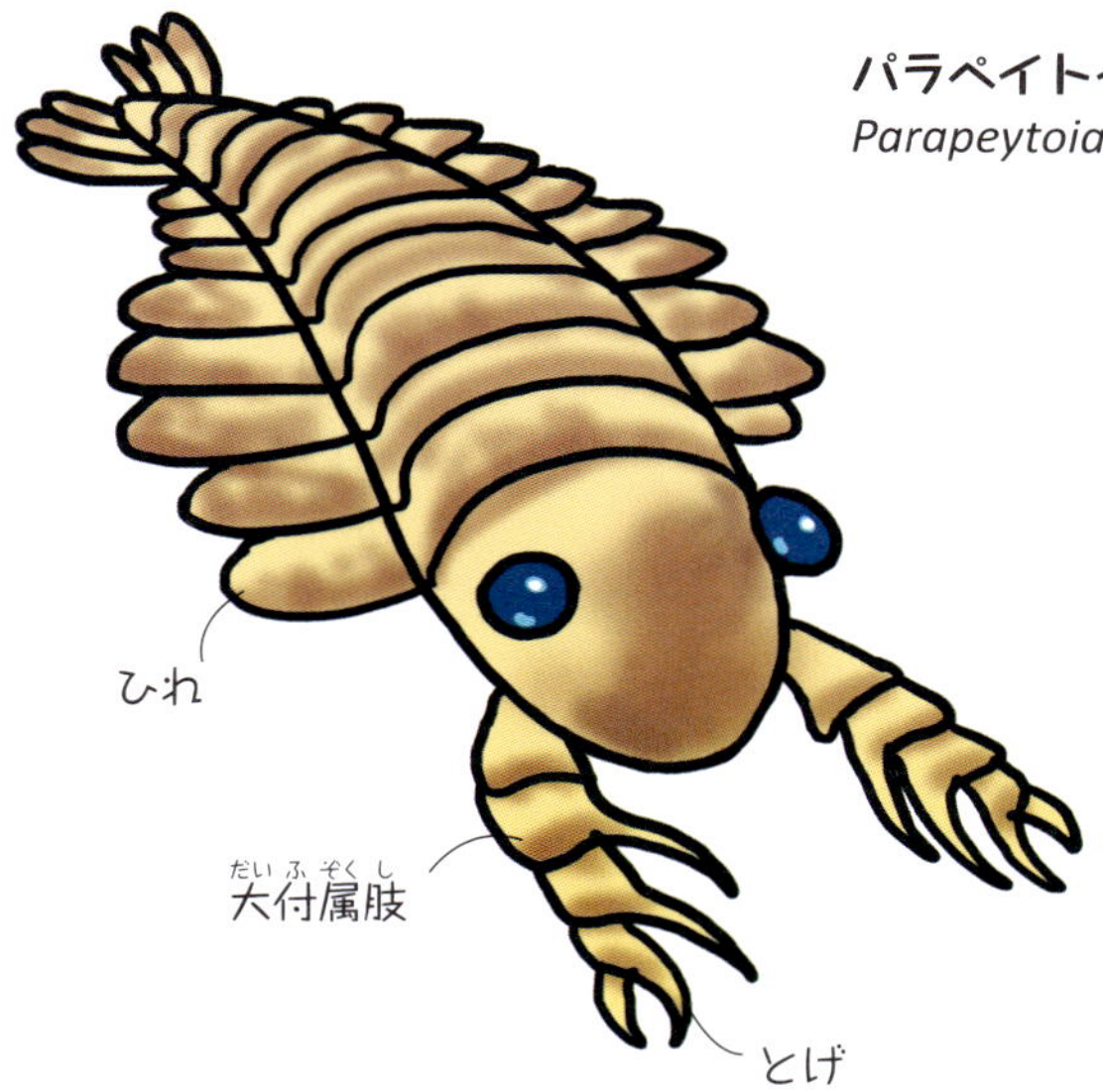

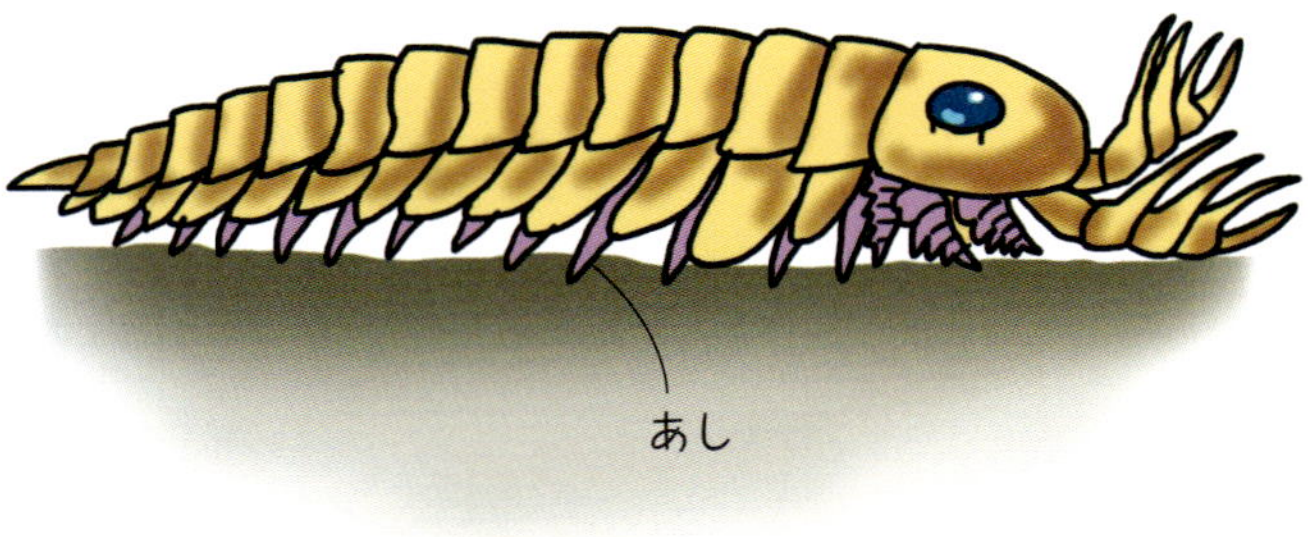

最大《さいだい》2メートルの巨体《きょたい》？

中国《ちゅうごく》で化石《かせき》が発見《はっけん》されている「パラペイトイア」もアノマロカリス類《るい》の一《ひと》つです。

みつかっているパラペイトイアの化石《かせき》は、大《おお》きさが20センチメートルから30センチメートルのものがほとんどです。アノマロカリスの3分《ぶん》の1から5分《ぶん》の1ほどの大《おお》きさです。

ただし、パラペイトイアのものとされる一部《いちぶ》の化石《かせき》から推測《すいそく》すると、最大《さいだい》で2メートルほどにまで成長《せいちょう》したのではないか、ともいわれています。もしも本当《ほんとう》に2メートルまで成長《せいちょう》したとしたら、パラペイトイアは知《し》られている限《かぎ》りカンブリア紀《き》で最《もっと》も大《おお》きい動物《どうぶつ》ということになります。

パラペイトイアは、触手《しょくしゅ》である大付属肢《だいふぞくし》の形《かたち》が、アノマロカリスやタミシオカリスのものと大《おお》きくちがっていました。折《お》れ曲《ま》がる部分《ぶぶん》である節《ふし》が少《すく》なくて、とげが太《ふと》く大《おお》きいのです。しかもそのとげは、一《ひと》つの大付属肢《だいふぞくし》に3本《ぼん》しかありませんでした。

歩《ある》くためのあし？

パラペイトイアの最大《さいだい》の特徴《とくちょう》は、ひれの腹側《はらがわ》にあります。パラペイトイアは、それぞれのひれの底《そこ》に、細《ほそ》いあしがあったのです。パラペイトイアのほかにも、あしをもつアノマロカリス類《るい》がいただろうと考《かんが》えられてはいますが、はっきりと「あしがある」といえるのは、パラペイトイアだけです。

パラペイトイアのあしは、おそらく海底《かいてい》を歩《ある》くことに使《つか》われていたと考《かんが》えられています。

もっとしりたい！
現在《げんざい》のところ、アノマロカリス類《るい》の中《なか》で歩《ある》くためのあしをもつのはパラペイトイアだけです。そのため、パラペイトイアはアノマロカリス類《るい》ではない、と考《かんが》える研究者《けんきゅうしゃ》もいます。

1月20日

読《よ》んだ日《ひ》
月　日
月　日

世界中《せかいじゅう》で繁栄《はんえい》した アノマロカリス類《るい》

カンブリア紀《き》

新生代《しんせいだい》　中生代《ちゅうせいだい》　古生代《こせいだい》　先《せん》カンブリア時代《じだい》

尻尾《しっぽ》のあるアノマロカリス

35ページで紹介《しょうかい》したアノマロカリスは、正《ただ》しくは「アノマロカリス・カナデンシス」という名前《なまえ》です。カナデンシスとは、カナダで発見《はっけん》されたという意味《いみ》です。

中国《ちゅうごく》のカンブリア紀《き》の地層《ちそう》からは、「アノマロカリス・サーロン」というアノマロカリス類《るい》の化石《かせき》がみつかっています。サーロンとは、「たくさんのとげのあるほうき」という意味《いみ》です。

アノマロカリス・サーロンは、アノマロカリス・カナデンシスよりも小柄《こがら》で、大《おお》きさは最大《さいだい》50センチメートルくらいでした。細長《ほそなが》い2本《ほん》の尻尾《しっぽ》をもっていたという特徴《とくちょう》があります。

背中《せなか》にえら、大《おお》きな頭《あたま》

カンブリア紀《き》には、ほかにもさまざまなアノマロカリス類《るい》がいました。

カナダにいた「ラッガニア」は、50センチメートルほどの大《おお》きさです。胴体《どうたい》はナマコのような形《かたち》をしていて、背中《せなか》にえらが並《なら》んでいたと考《かんが》えられています。大付属肢《だいふぞくし》が特徴的《とくちょうてき》で、腹側《はらがわ》にノコギリのような形《かたち》のとげがついていました。

同《おな》じくカナダで発見《はっけん》された「フルディア」も、50センチメートルほどの大《おお》きさでした。かたい皮《かわ》のようなもので覆《おお》われた大《おお》きな頭《あたま》をもっていました。大付属肢《だいふぞくし》はあまり大《おお》きくありませんでした。

また、オーストラリアからは、たくさんの小《ちい》さなレンズが並《なら》んだアノマロカリス類《るい》の眼《め》の化石《かせき》がみつかっています。

ほかにも中国《ちゅうごく》、アメリカ、カナダ、ポーランド、オーストラリアなど、世界中《せかいじゅう》の地層《ちそう》からさまざまなアノマロカリス類《るい》の化石《かせき》がみつかっています。カンブリア紀《き》の世界《せかい》でこのグループがいかに繁栄《はんえい》していたのかがわかりますね。

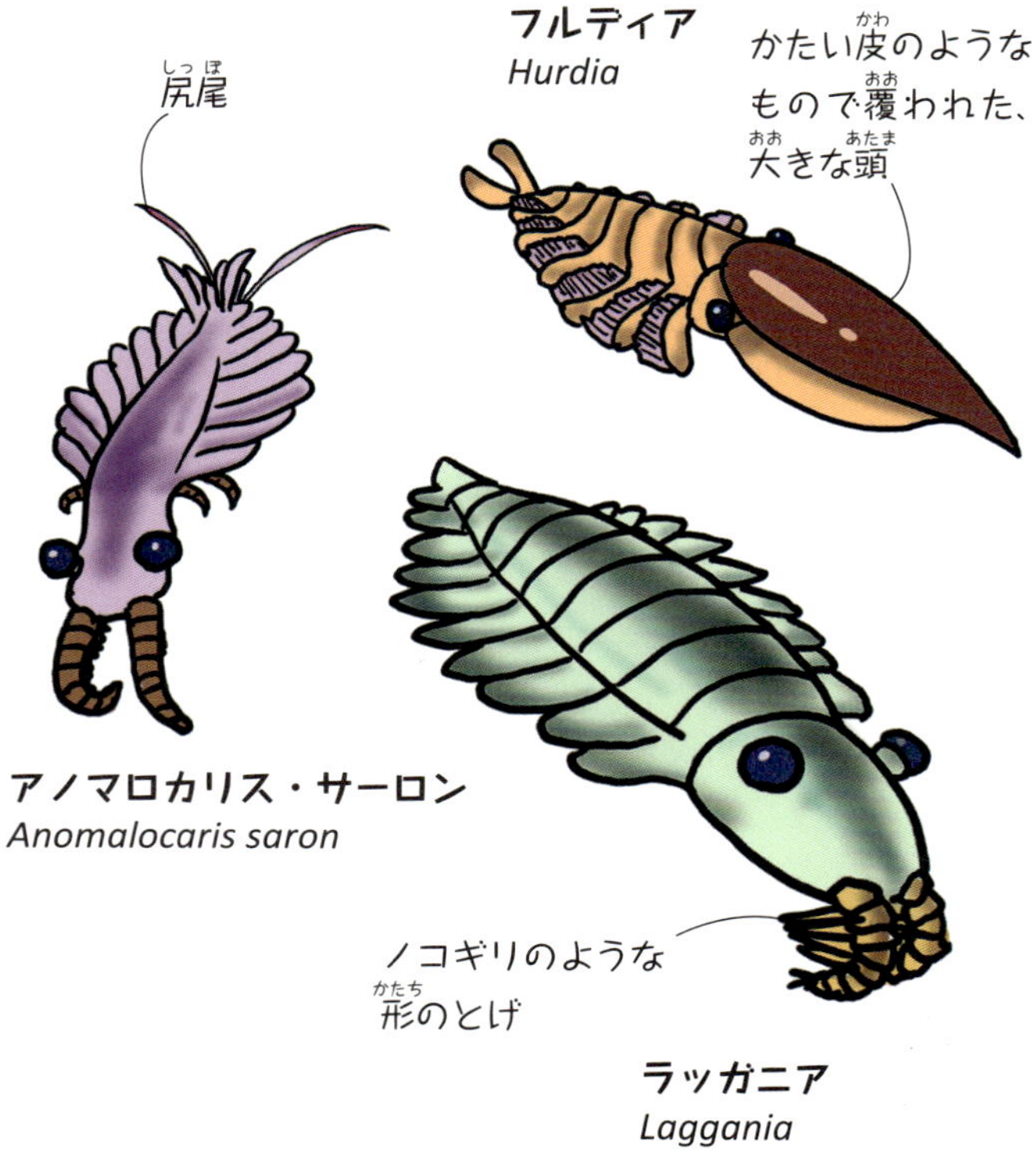

もっとしりたい!
アノマロカリス類《るい》は、カンブリア紀《き》だけで繁栄《はんえい》したわけではありません。カンブリア紀《き》の次《つぎ》の時代《じだい》であるオルドビス紀《き》にも再《ふたた》び登場《とうじょう》します。お楽《たの》しみに。

体《からだ》が小《ちい》さかった アノマロカリス類《るい》の祖《そ》先《せん》

カンブリア紀《き》

節《ふし》のない大《おお》きな触手《しょくしゅ》

カンブリア紀《き》の海《うみ》では、アノマロカリス類《るい》がたいへん繁栄《はんえい》しました。ただし、アノマロカリス類《るい》がどのように進化《しんか》してきたのかについては、はっきりとしたことはわかっていません。

グリーンランドのカンブリア紀《き》の地層《ちそう》からは、アノマロカリス類《るい》の祖先《そせん》に近《ちか》いのではないか、といわれている動物《どうぶつ》の化石《かせき》が2種類《しゅるい》みつかっています。その一《ひと》つが「ケリグマケラ」です。

ケリグマケラの大《おお》きさは、8センチメートルほどです。頭部《とうぶ》に太《ふと》い2本《ほん》の大《おお》きな付属肢《ふぞくし》をもっていました。アノマロカリス類《るい》の大《だい》付属肢《ふぞくし》にあるような節《ふし》はありませんが、見《み》た目《め》はよく似《に》ています。

ケリグマケラには、そのほかにも尾《お》に2本《ほん》の長《なが》いとげがあるという特徴《とくちょう》がありました。

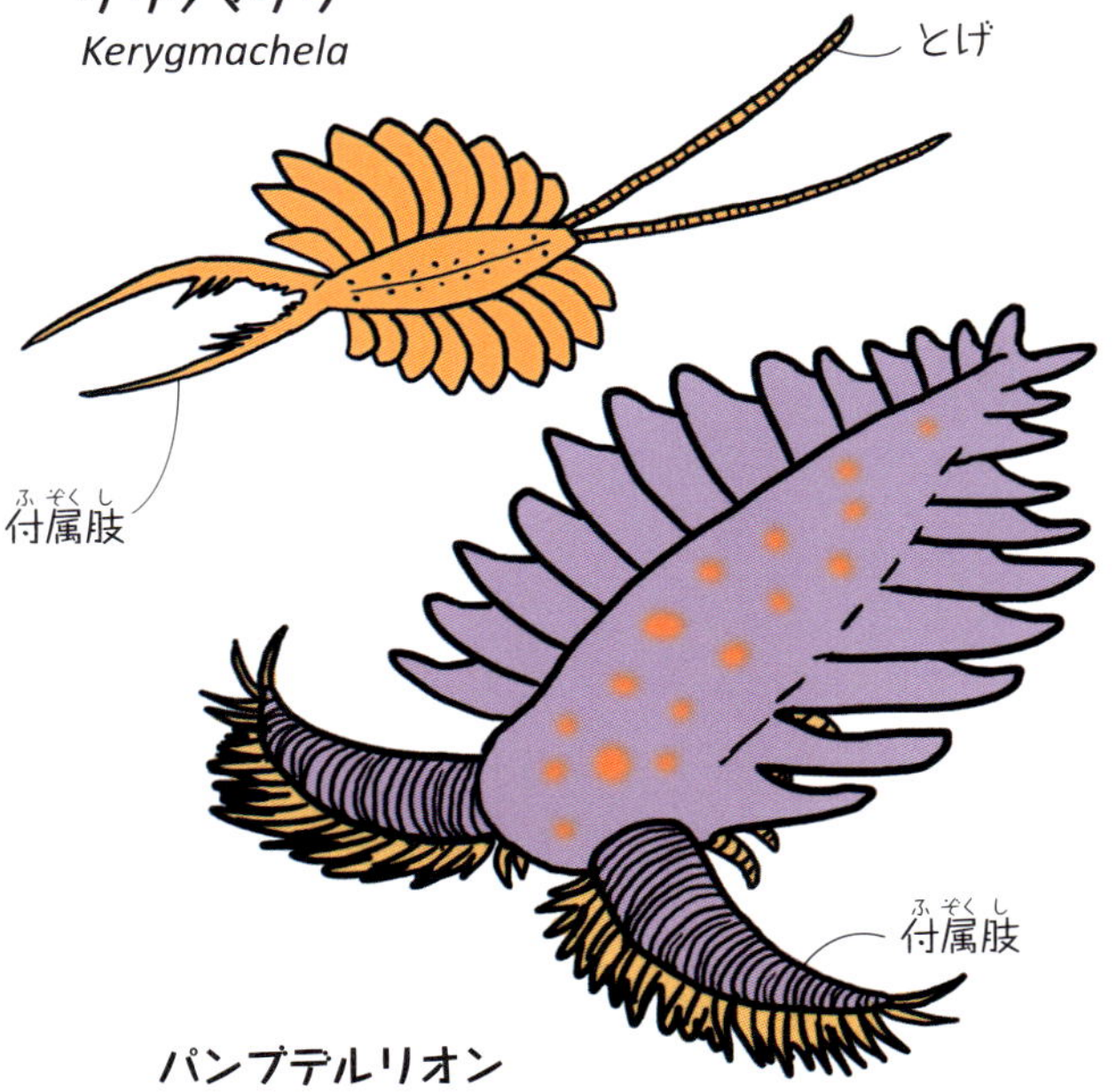

アノマロカリス類《るい》と似《に》た口《くち》

アノマロカリス類《るい》の祖先《そせん》に近《ちか》いといわれているもう一種《いっしゅ》の動物《どうぶつ》は、「パンブデルリオン」です。

パンブデルリオンは大《おお》きさ30センチメートルほどの動物《どうぶつ》で、ケリグマケラと比《くら》べるとずっと大《おお》きな体《からだ》をしていました。

パンブデルリオンも頭部《とうぶ》に1対《つい》の大《おお》きな付属肢《ふぞくし》をもっていました。ケリグマケラと同《おな》じように節《ふし》はありません。また、パンブデルリオンには、アノマロカリス類《るい》のものとよく似《に》た口《くち》があることもわかっています。

この二種《にしゅ》の化石《かせき》がみつかるグリーンランドの地層《ちそう》は、ヘリコプターを使《つか》わないといけないような場所《ばしょ》にあります。そのためなかなか調査《ちょうさ》が進《すす》んでいないようですが、アノマロカリス類《るい》の進化《しんか》を解《と》き明《あ》かす新《あら》たな手《て》がかりがみつかるかもしれないと期待《きたい》されています。

もっとしりたい! ケリグマケラとパンブデルリオンがみつかる地層《ちそう》があるのは、グリーンランドの「シリウス・パセット」という場所《ばしょ》です。カンブリア紀《き》の化石《かせき》の代表的《だいひょうてき》な産地《さんち》の一《ひと》つです。

1月 22日

読《よ》んだ日《ひ》
月 日
月 日

五《いつ》つの眼《め》をもつオパビニア

カンブリア紀《き》

新生代《しんせいだい》 | 中生代《ちゅうせいだい》 | 古生代《こせいだい》 | 先カンブリア時代《じだい》

まるでゾウの鼻《はな》！

カンブリア紀《き》の海《うみ》には、とても変《か》わった姿《すがた》をした動物《どうぶつ》もいました。カナダから化石《かせき》がみつかっている「オパビニア」がその一《ひと》つです。

オパビニアは、大《おお》きさ10センチメートルほどの動物《どうぶつ》です。アノマロカリス類《るい》と親戚《しんせき》のような関係《かんけい》にあるとみられています。

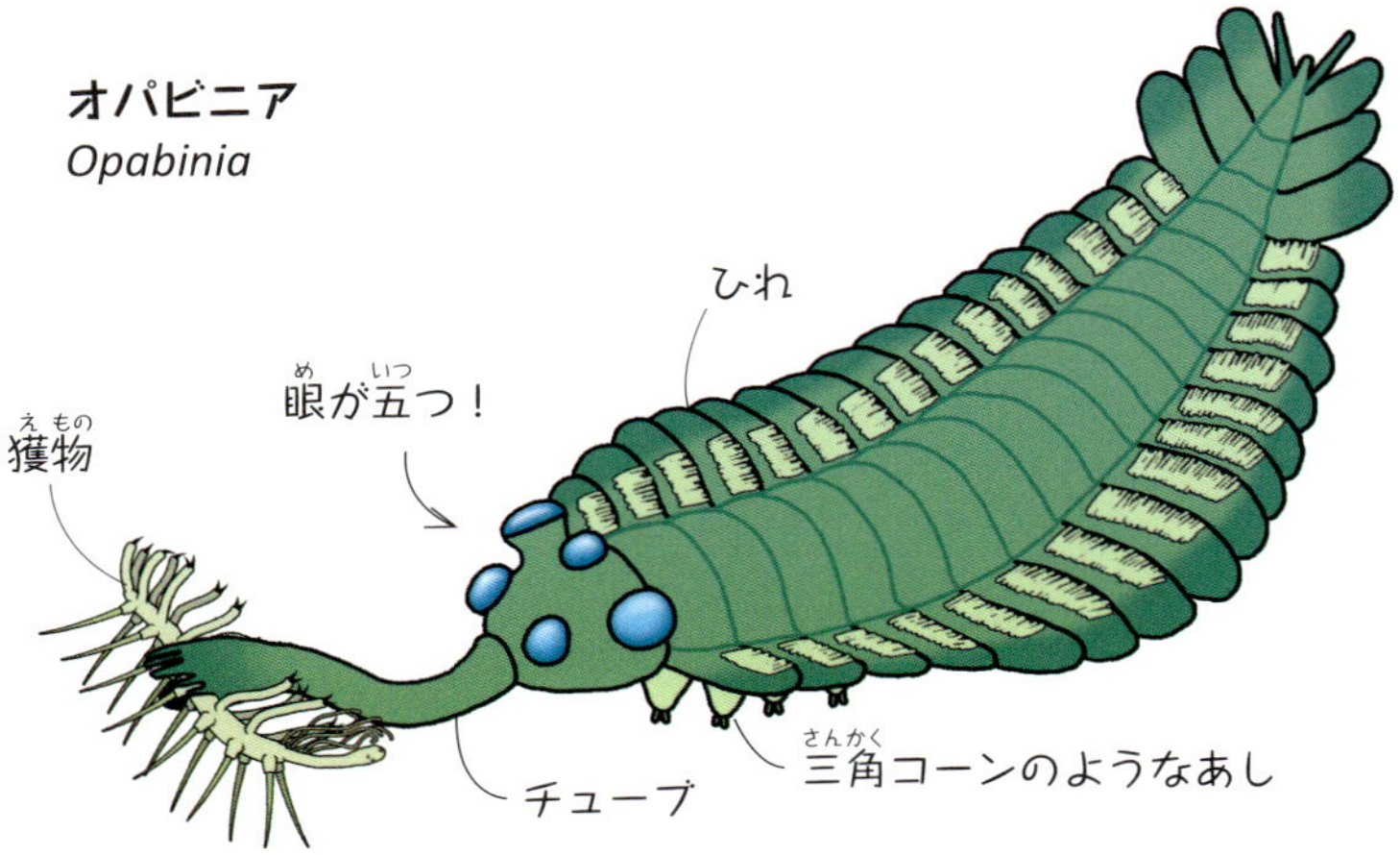

オパビニアの最大《さいだい》の特徴《とくちょう》は、眼《め》です。なんと、五《いつ》つの大《おお》きな眼《め》が、頭部《とうぶ》にところせましと並《なら》んでいるのです。

さらにオパビニアは、現在《げんざい》のゾウの鼻《はな》のような、長《なが》いチューブをもっていました。そのチューブの先《さき》ははさみのようになっていて、そのはさみで獲物《えもの》をつかまえていたようです。

胴体《どうたい》の左右《さゆう》にはひれが並《なら》び、そのひれにえらがついていたとみられています。また、胴体《どうたい》の下《した》には、工事現場《こうじげんば》にある三角《さんかく》コーンを逆《さか》さにしたような形《かたち》の、ちょっと変《か》わったあしが並《なら》んでいました。

とってもレアな化石《かせき》

オパビニアの姿《すがた》はとても不思議《ふしぎ》です。研究者《けんきゅうしゃ》も、もっとこの動物《どうぶつ》を分析《ぶんせき》してみたいと考《かんが》えていることでしょう。

しかし、オパビニアの化石《かせき》は発見《はっけん》されている数《かず》がとても少《すく》なくて、たいへん貴重《きちょう》です。そのため、なかなか化石《かせき》をくわしく調《しら》べることができません。くわしく調《しら》べるためには、化石《かせき》を壊《こわ》すこともあるからです。

この動物《どうぶつ》が、どのように動《うご》いて、何《なに》を食《た》べていたのか。そうした謎《なぞ》を解《と》き明《あ》かすには、もっとたくさんの化石《かせき》がみつかるのを待《ま》たなくてはいけません。

化石《かせき》を見《み》たい！ 御船町恐竜博物館《みふねちょうきょうりゅうはくぶつかん》

オパビニアの化石《かせき》の複製《ふくせい》が展示《てんじ》されています。

もっとしりたい！

初《はじ》めてオパビニアの姿《すがた》が明《あき》らかになったとき、あまりにも突飛《とっぴ》だったので、研究者《けんきゅうしゃ》たちは思《おも》わず笑《わら》ってしまったそうです。

キラキラ輝《かがや》く角《つの》をもつ マルレラ

カンブリア紀《き》

新生代《しんせいだい》	中生代《ちゅうせいだい》	古生代《こせいだい》	先《せん》カンブリア時代《じだい》

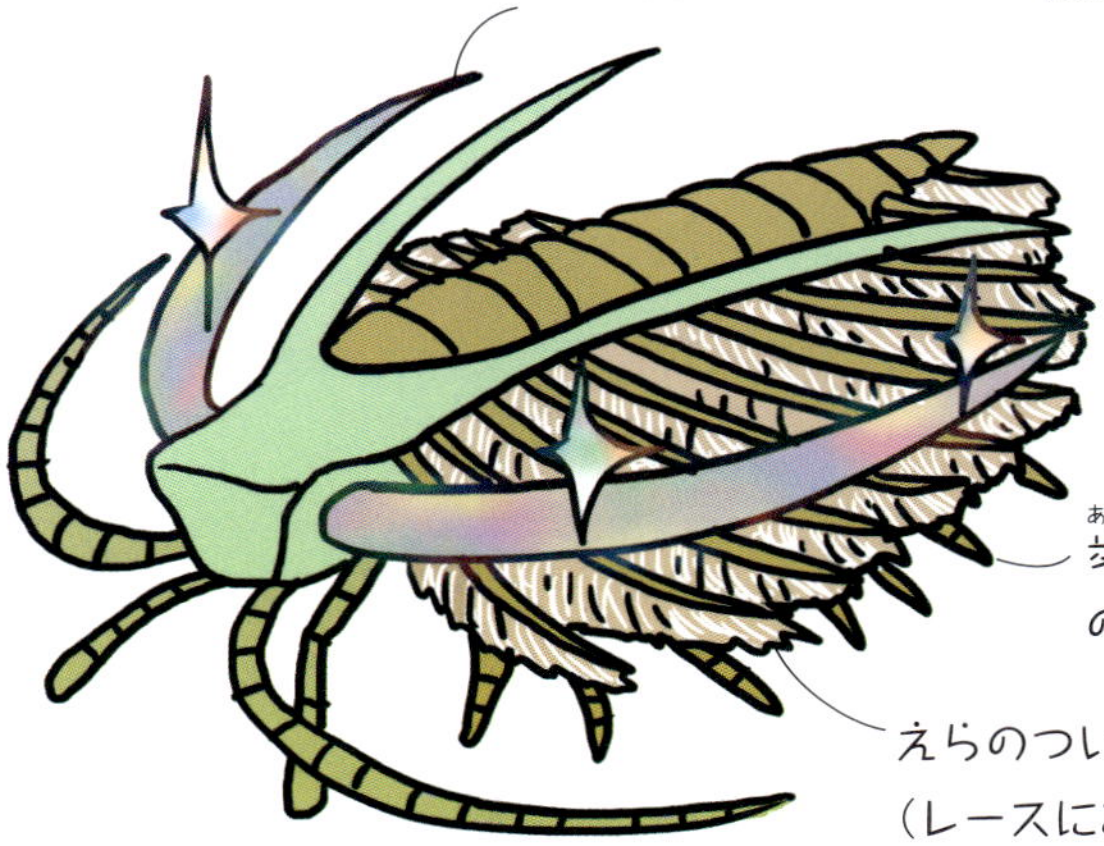

ひらひらのレース？

カンブリア紀《き》の動物化石《どうぶつかせき》は、世界中《せかいじゅう》からみつかっています。その中《なか》でも、とくに有名《ゆうめい》な場所《ばしょ》が、カナダのバージェス頁岩層《けつがんそう》です。バージェス頁岩層《けつがんそう》からは、これまでに見《み》てきたアノマロカリスやオパビニアなどの化石《かせき》が発見《はっけん》されています。

そんなバージェス頁岩層《けつがんそう》で、これまでに2万《まん》500個以上《こいじょう》もみつかっている化石《かせき》が、あります。それが、大《おお》きさ2センチメートルほどの「マルレラ」です。

マルレラはおよそ20対《つい》のあしをもつ動物《どうぶつ》で、そのあしは根元《ねもと》で二《ふた》つに分《わ》かれています。そのうちの一《ひと》つは歩《ある》くためのもので、もう一《ひと》つにはえらがついていました。このえらは、ひらひらしてみえます。マルレラを発見《はっけん》した研究者《けんきゅうしゃ》は、このひらひらを布《ぬの》のレースにたとえて、マルレラのことを「レースガニ」とよんでいたそうです。

虹色《にじいろ》の角《つの》

マルレラは頭部《とうぶ》に4本《ほん》の角《つの》をもっています。そのうちの2本《ほん》の角《つの》にはとっても細《ほそ》い溝《みぞ》がたくさんあります。この溝《みぞ》に光《ひかり》が当《あ》たると、きらきらと輝《かがや》きます。34ページで紹介《しょうかい》したオルソロザンクルスの虹色《にじいろ》も同《おな》じしくみで輝《かがや》いていましたね。

マルレラは、その角《つの》を虹色《にじいろ》に輝《かがや》かせながら海《うみ》の中《なか》を活発《かっぱつ》に泳《およ》ぎまわっていたと考《かんが》えられています。

化石《かせき》を見《み》たい！

蒲郡市《がまごおりし》 生命《いのち》の海科学館《うみかがくかん》

実物《じつぶつ》の化石《かせき》が展示《てんじ》されています。いろいろな角度《かくど》から見《み》てみましょう。

蒲郡市生命の海科学館

ここでもみられます！
ミュージアムパーク 茨城県自然博物館、豊橋市自然史博物館 ほか

もっとしりたい！ カナダのバージェス頁岩層《けつがんそう》からはたくさんみつかるマルレラですが、ほかには中国《ちゅうごく》からわずかな報告《ほうこく》があるだけです。

1 2 3 4 5 6 7 8 9 10 11 12

古《こ》生《せい》物《ぶつ》の色《いろ》はわからない？

色《いろ》は化石《かせき》に残《のこ》らない

恐竜《きょうりゅう》やそのほかの古生物《こせいぶつ》に関《かん》する図鑑《ずかん》を開《ひら》くと、色《いろ》とりどりのイラストが並《なら》んでいます。この本《ほん》でも、いろいろな色《いろ》の生物《せいぶつ》のイラストが登場《とうじょう》していますね。

しかし、こうした生物《せいぶつ》の色《いろ》のほとんどは想像《そうぞう》で描《えが》かれたものです。なにか証拠《しょうこ》があって色《いろ》がついているわけではありません。

生物《せいぶつ》が化石《かせき》になるとき、色《いろ》は失《うしな》われてしまいます。化石《かせき》からは、その生物《せいぶつ》が生《い》きていたときの姿《すがた》をさまざまな証拠《しょうこ》から推理《すいり》することはできますが、色《いろ》だけはほとんどの場合《ばあい》で、何《なに》も証拠《しょうこ》が残《のこ》らないのです。そのため、「こんな色《いろ》だったのかなあ」と思《おも》いながら想像《そうぞう》するしかありません。

アノマロカリスは何色《なにいろ》だった？

色《いろ》をつくる構造《こうぞう》は残《のこ》る

色《いろ》は化石《かせき》に残《のこ》りにくいものですが、最《さい》近《きん》では、三《みっ》つの手《て》がかりから色《いろ》を推理《すいり》することができるようになりました。

一《ひと》つは、体《からだ》の表面《ひょうめん》に細《こま》かい溝《みぞ》があるかどうかを調《しら》べることです。細《こま》かい溝《みぞ》があると、その部分《ぶぶん》が虹色《にじいろ》に輝《かがや》いていたことがわかります。オルソロザンクルスやマルレラがそうでした。

二《ふた》つ目《め》は、生物《せいぶつ》の体《からだ》で絵《え》の具《ぐ》のようにはたらく「色素《しきそ》」をみつけることです。私《わたし》たちの髪《かみ》の毛《け》が黒《くろ》色《いろ》や茶色《ちゃいろ》をしているのは、色素《しきそ》がはたらいているためです。色素《しきそ》は化石《かせき》に残《のこ》りにくいのですが、ごくまれに残《のこ》っていることがあります。

もう一《ひと》つは、色素《しきそ》をつくってためる小《ちい》さな袋《ふくろ》のような構造《こうぞう》をみつけることです。この〝袋《ふくろ》〟を「メラノソーム」といいます。羽毛《うもう》をもった恐竜《きょうりゅう》「アンキオルニス」の化石《かせき》でこのメラノソームがみつかり、羽毛《うもう》が黒《くろ》っぽい色《いろ》をしていたことがわかりました。

アンキオルニス

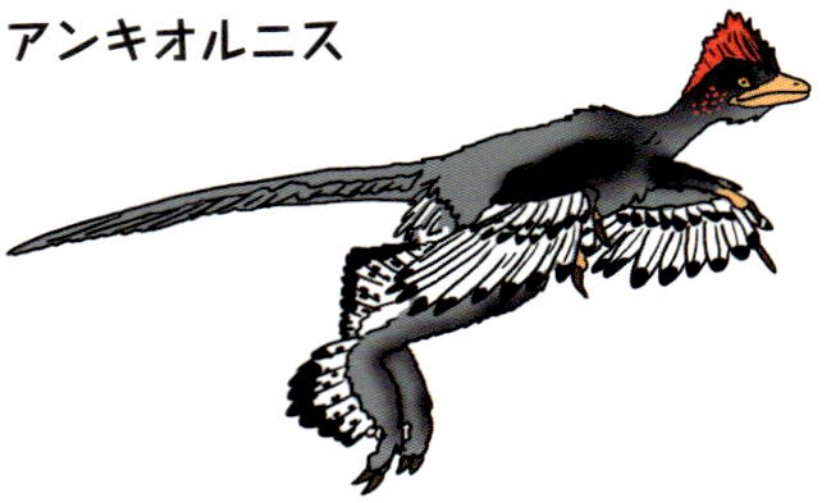

もっとしりたい！
古生物《こせいぶつ》の色《いろ》を想像《そうぞう》するとき、現在《げんざい》の動物《どうぶつ》を参考《さんこう》にすることがよくあります。たとえば、恐竜《きょうりゅう》などの大型《おおがた》の動物《どうぶつ》は、ゾウなどの大型《おおがた》の哺乳類《ほにゅうるい》の色《いろ》を参考《さんこう》にすることが多《おお》いようです。

どっちがあしで、どっちが頭《あたま》？

ハルキゲニア

カンブリア紀《き》

新生代《しんせいだい》 中生代《ちゅうせいだい》 古生代《こせいだい》 先《せん》カンブリア時代《じだい》

上下逆《じょうげぎゃく》と考《かんが》えられていた

カナダから化石《かせき》がみつかっている「ハルキゲニア」は、研究《けんきゅう》が進《すす》むにつれて、その姿《すがた》の想像図《そうぞうず》が大《おお》きく変《か》わった動物《どうぶつ》の一《ひと》つです。このような想像図《そうぞうず》のことを「復元《ふくげん》図《ず》」とよびます。

1977年《ねん》に初《はじ》めて報告《ほうこく》されたとき、ハルキゲニアは、2列《れつ》に並《なら》んだ14本《ほん》の鋭《するど》いとげのようなあしをもち、背中《せなか》には6から7本《ほん》のチューブのようなつくりがありました。頭部《とうぶ》のような膨《ふく》らみもあると考《かんが》えられていました。

しかし、1992年《ねん》にくわしく調《しら》べられたところ、背中《せなか》のチューブのようなつくりは1列《れつ》ではなく、2列《れつ》あることが明《あき》らかになりました。しかも、そのチューブの先《さき》には爪《つめ》のような構造《こうぞう》があったことから、実《じつ》はこちらがあしであることがわかりました。以前《いぜん》の復元図《ふくげんず》は、上下《じょうげ》が逆《ぎゃく》だったのです！

また、頭部《とうぶ》と考《かんが》えられていた膨《ふく》らみは、岩石《がんせき》に残《のこ》された染《し》みだったこともわかりました。そのため、ハルキゲニアの体《からだ》のどちらに頭《あたま》があるのか、わからなくなってしまいました。

ようやく頭《あたま》がわかった

2015年《ねん》になって、ハルキゲニアの化石《かせき》を再《ふたた》びくわしく調《しら》べたところ、眼《め》と歯《は》がみつかりました。つまり、頭《あたま》の位置《いち》がわかったのです。最初《さいしょ》の報告《ほうこく》から38年《ねん》経《た》って、ようやく体《からだ》の前《まえ》と後《うし》ろがはっきりしました。

ハルキゲニアの復元図《ふくげんず》

Hallucigenia sparsa

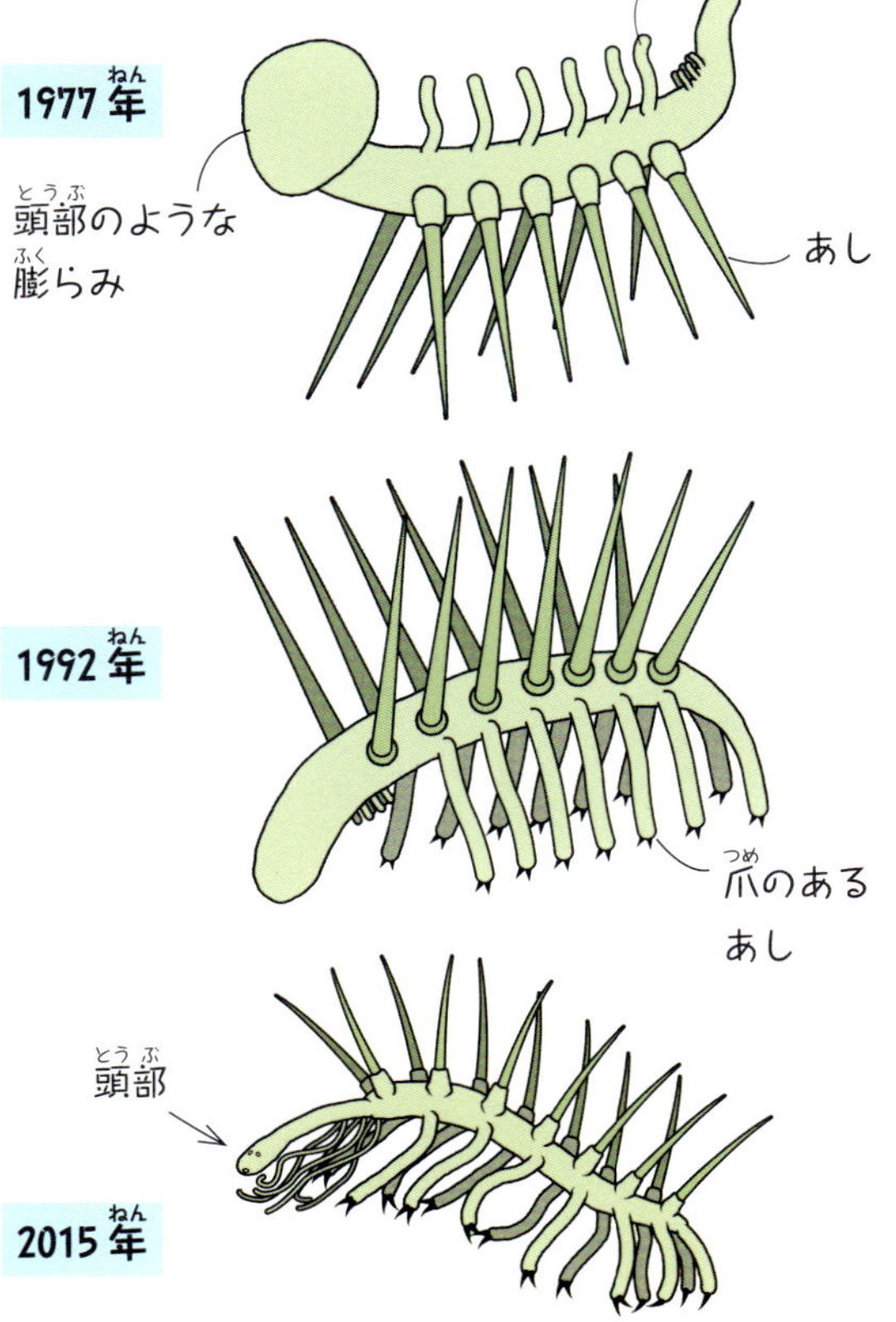

化石《かせき》を見《み》たい！

蒲郡市《がまごおりし》 生命《いのち》の海科学館《うみかがくかん》

カナダ産《さん》の実物《じつぶつ》の化石《かせき》が展示《てんじ》されています。ハルキゲニアの実物化石《じつぶつかせき》の展示《てんじ》はとてもめずらしいものです。

蒲郡市生命の海科学館

もっとしりたい！ ハルキゲニアの仲間《なかま》の化石《かせき》は、中国《ちゅうごく》で発見《はっけん》されています。そちらには頭部《とうぶ》の膨《ふく》らみがあったと考《かんが》えられています。

ナメクジの仲間《なかま》だった！
オドントグリフス

カンブリア紀《き》

新生代《しんせいだい》	中生代《ちゅうせいだい》	古生代《こせいだい》	先《せん》カンブリア時代

その名《な》も「歯《は》の生《は》えた謎《なぞ》」

ハルキゲニアと同《おな》じく、カナダから化石《かせき》がみつかっている「オドントグリフス」も、研究《けんきゅう》によってその復元図《ふくげんず》が変《か》わった動物《どうぶつ》の一《ひと》つです。

1976年《ねん》に初《はじ》めて報告《ほうこく》されたとき、オドントグリフスは平《ひら》たい体《からだ》で、歯《は》が生《は》えていて、ひらひらと水中《すいちゅう》を泳《およ》ぐなんとも奇妙《きみょう》な動物《どうぶつ》として描《えが》かれました。どのような動物《どうぶつ》グループに属《ぞく》するのかもよくわかりませんでした。あんまりわからないことだらけなので、「歯《は》の生《は》えた謎《なぞ》」という意味《いみ》をもつ「オドントグリフス」という名前《なまえ》をつけられたのです。

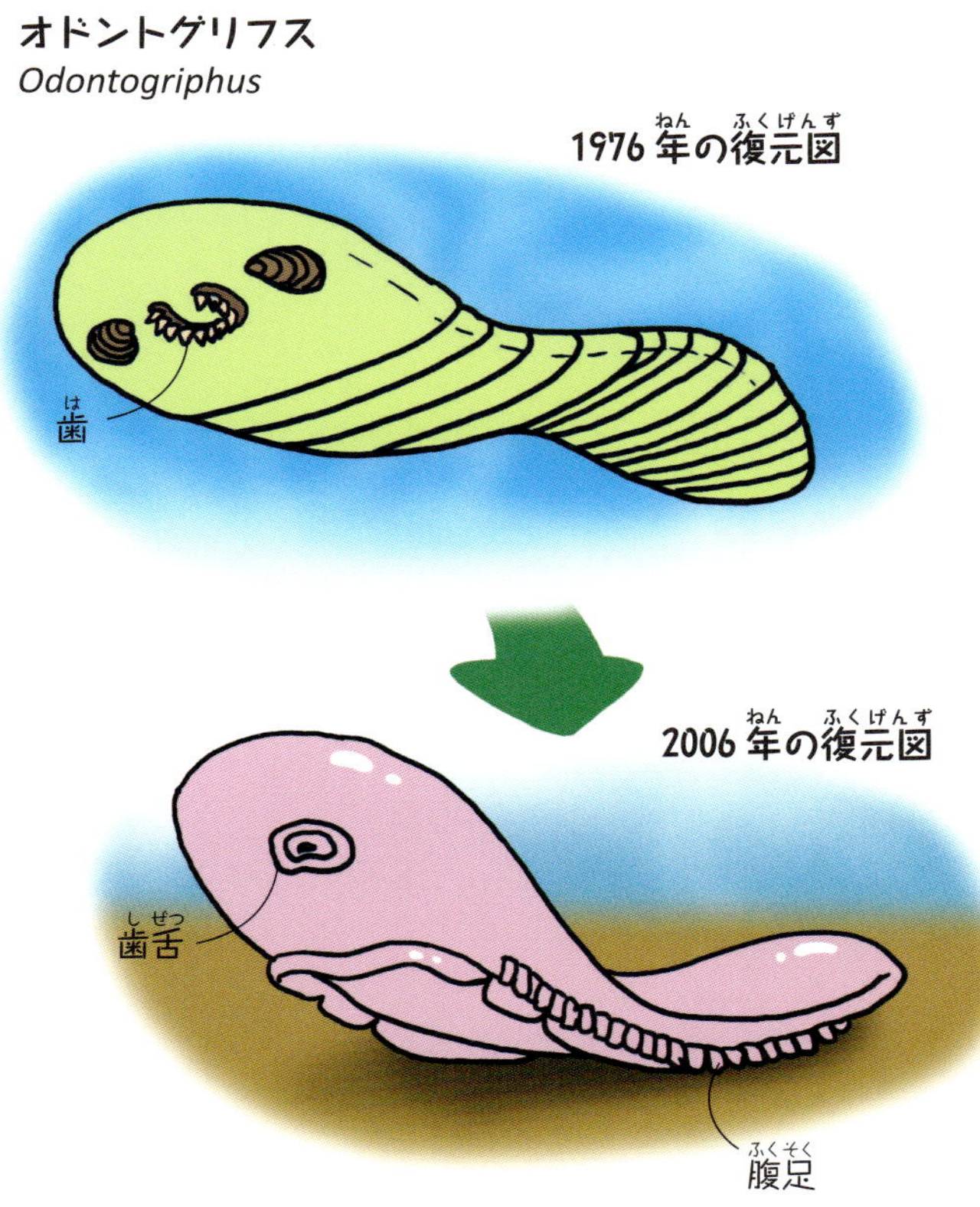

ナメクジの仲間《なかま》だった

2006年《ねん》になって研究《けんきゅう》が進《すす》み、新《あたら》しい復元図《ふくげんず》が発表《はっぴょう》されました。

この研究《けんきゅう》によれば、オドントグリフスはタコやイカ、ナメクジなどと同《おな》じ軟体動物《なんたいどうぶつ》の仲間《なかま》で、海底《かいてい》をはうようにして移動《いどう》していたのではないか、と考《かんが》えられるようになったのです。

決《き》め手《て》となったのは、名前《なまえ》のもとになっている歯《は》です。オドントグリフスの歯《は》をくわしく調《しら》べたところ、「歯舌《しぜつ》」という軟体動物《なんたいどうぶつ》だけがもつものであることがわかったのです。歯舌《しぜつ》は、大根《だいこん》おろしなどをつくるおろしがねのようなつくりをしたもので、獲物《えもの》をこそぎとることに使《つか》っていたようです。

そのほかにも、軟体動物《なんたいどうぶつ》のあしにあたる「腹足《ふくそく》」があることもわかりました。こうしたいくつかの特徴《とくちょう》がオドントグリフスが軟体《なんたい》動物《どうぶつ》であることの証拠《しょうこ》となったのでした。

謎《なぞ》だらけだったオドントグリフスの正体《しょうたい》は、私《わたし》たちの知《し》る動物《どうぶつ》の仲間《なかま》だったわけです。

もっとしりたい！

オドントグリフスの歯《は》の研究《けんきゅう》には189個体《こたい》もの新《あら》たな化石《かせき》が使《つか》われました。新《あたら》しい化石《かせき》がたくさんみつかると、研究《けんきゅう》が進《すす》むことはよくあります。

エビではなく、イカだった ネクトカリス

カンブリア紀《き》

新生代《しんせいだい》 中生代《ちゅうせいだい》 古生代《こせいだい》 先《せん》カンブリア時代《じだい》

エビの仲間《なかま》？

カナダから化石《かせき》が発見《はっけん》されている「ネクトカリス」もまた、研究《けんきゅう》が進《すす》むにつれて復元図《ふくげんず》が変《か》わった動物《どうぶつ》です。

ネクトカリスが初《はじ》めて報告《ほうこく》されたのは1976年《ねん》です。触手《しょくしゅ》や眼《め》などの特徴《とくちょう》をみると、この動物《どうぶつ》が節足動物《せっそくどうぶつ》であるように見《み》えました。そのため、節足動物《せっそくどうぶつ》の一種《いっしゅ》であるエビを意味《いみ》する「カリス」が名前《なまえ》につけられました。

一般的《いっぱんてき》に、節足動物《せっそくどうぶつ》の触手《しょくしゅ》には、節《ふし》があります。アノマロカリスの触手《しょくしゅ》である大付属肢《だいふぞくし》がまさにそうですね。しかし、ネクトカリスの触手《しょくしゅ》には節《ふし》がなく、なぜだろうと思《おも》われていました。

イカの仲間《なかま》だった！

1976年《ねん》のネクトカリスの復元図《ふくげんず》は、たった一《ひと》つの化石《かせき》にもとづくものでした。その後《ご》の発掘《はっくつ》によって、新《あら》たに90点《てん》もの化石《かせき》が発見《はっけん》され、それらを調《しら》べることでネクトカリスの復元図《ふくげんず》は大《おお》きく変《か》わります。

研究者《けんきゅうしゃ》が調《しら》べたところ、ネクトカリスは幅《はば》の広《ひろ》いひれを左右《さゆう》にもち、頭部《とうぶ》からはやわらかい1対《つい》の触手《しょくしゅ》がのびていたことがわかりました。また、頭部《とうぶ》の底《そこ》には水《みず》を吐《は》き出《だ》すための「漏斗《ろうと》」があることもわかりました。こうした体《からだ》のつくりは、現在《げんざい》のイカとそっくりです。

この結果《けっか》から、研究者《けんきゅうしゃ》たちはネクトカリスはこれまで考《かんが》えられていたような節足動物《せっそくどうぶつ》ではなく、頭足類《とうそくるい》であると考《かんが》えるようになりました。頭足類《とうそくるい》とは、軟体動物《なんたいどうぶつ》の仲間《なかま》の1グループで、タコやイカなどが含《ふく》まれます。触手《しょくしゅ》に節《ふし》がなかったのも当《あ》たり前《まえ》だったのです。

こうしてネクトカリスの姿《すがた》が明《あき》らかになったのは、2010年《ねん》のことです。

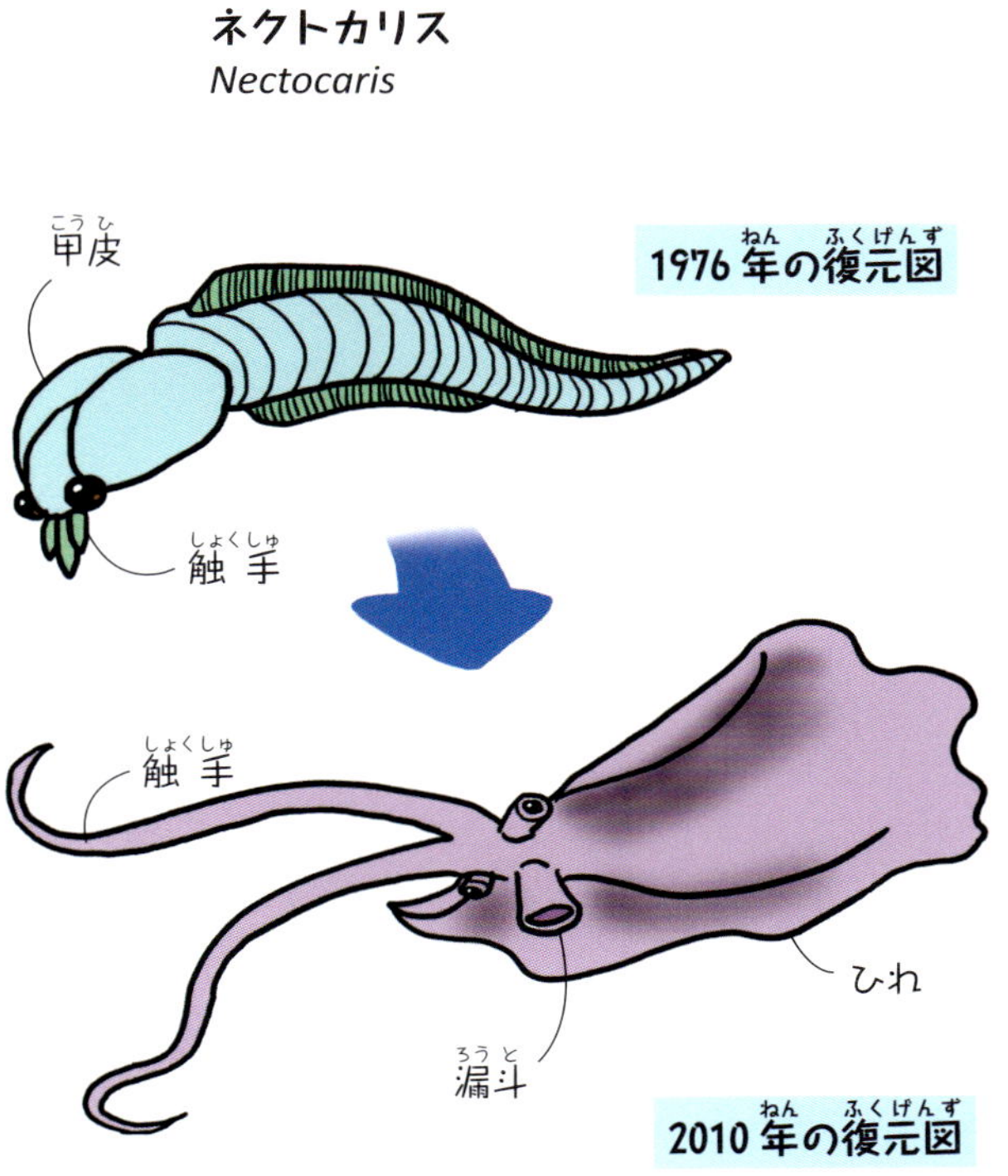

もっとしりたい！

イカやタコの仲間《なかま》は、えらから入《い》れた海水《かいすい》を漏斗《ろうと》から吐《は》き出《だ》すことで、水中《すいちゅう》を勢《いきお》いよく移動《いどう》することができます。イカのスミも漏斗《ろうと》から出《で》ますよ。

1月
28日
読《よ》んだ日《ひ》
月　日
月　日

小《ちい》さな"一《ひと》つ目《め》小《こ》僧《ぞう》"
カンブロパキコーペ

カンブリア紀《き》

新《しん》生《せい》代《だい》　中《ちゅう》生《せい》代《だい》　古《こ》生《せい》代《だい》　先《せん》カンブリア時《じ》代《だい》

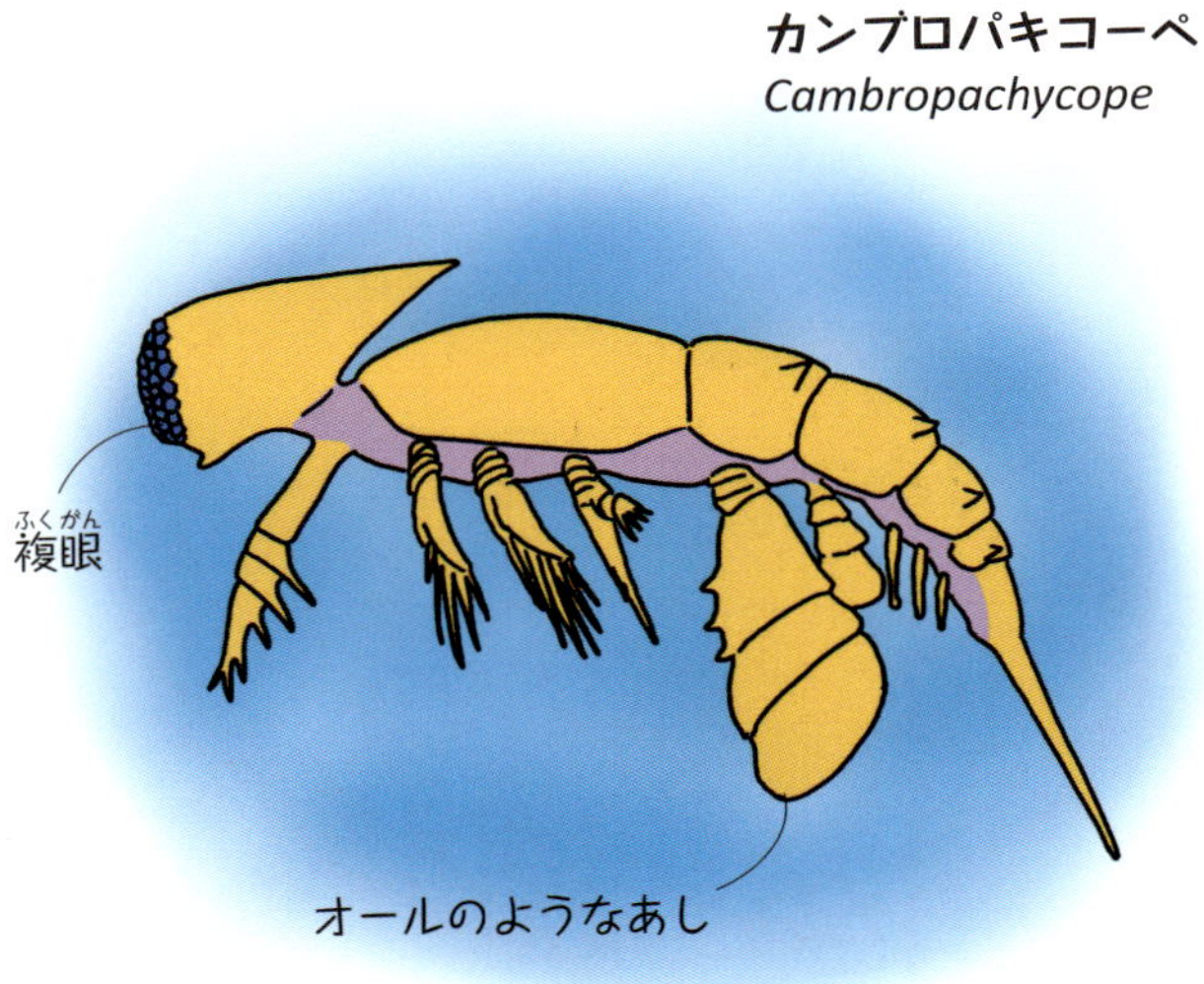

眼《め》が一《ひと》つしかない!

スウェーデンのカンブリア紀《き》の地層《ちそう》から化石《かせき》が発見《はっけん》されている「カンブロパキコーペ」は、わずか1・5ミリメートルほどの大《おお》きさです。米粒《こめつぶ》の3分《ぶん》の1以下《いか》しかありません。観察《かんさつ》するためには、顕微鏡《けんびきょう》が必要《ひつよう》です。

そんな小《ちい》さな動物《どうぶつ》にも、ちょっと変《か》わった特徴《とくちょう》がありました。

カンブロパキコーペには、眼《め》が一《ひと》つしかないのです。そしてその眼《め》は、たくさんのレンズが集《あつ》まった複眼《ふくがん》で、頭部《とうぶ》の先端《せんたん》を覆《おお》うほど大《おお》きなものでした。

ミジンコに似《に》ている?

カンブロパキコーペは、ボートを漕《こ》ぐときに使《つか》うオールのような形《かたち》の大《おお》きなあしを1対《つい》もっていました。このことから、カンブロパキコーペは泳《およ》ぐことがとても上手《じょうず》だっただろう、と考《かんが》えられています。

カンブロパキコーペは、節足《せっそく》動物《どうぶつ》の仲間《なかま》の一《ひと》つである甲殻類《こうかくるい》に近《ちか》いグループに分類《ぶんるい》されます。甲殻類《こうかくるい》は、エビやカニがいるグループです。ただし、カンブロパキコーペはエビやカニがもつようなはさみはもっていません。

私《わたし》たちの身近《みぢか》なところには、カンブロパキコーペに似《に》た生物《せいぶつ》がいます。それは「ミジンコ」です。ミジンコは池《いけ》や沼《ぬま》などで暮《く》らす、小《ちい》さな甲殻類《こうかくるい》です。

ミジンコも眼《め》を一《ひと》つしかもっていません。また、はさみもありません。水中《すいちゅう》を泳《およ》いで暮《く》らし、体《からだ》の大《おお》きさは米粒《こめつぶ》かそれより小《ちい》さいくらいです。いろいろな特徴《とくちょう》がカンブロパキコーペとそっくりですね。

発見《はっけん》は偶然《ぐうぜん》だった

米粒《こめつぶ》よりもずっと小《ちい》さいカンブロパキコーペの化石《かせき》をどのようにしてみつけたのでしょうか?

実《じつ》は、別《べつ》の小《ちい》さな化石《かせき》を探《さが》すために岩石《がんせき》をこまかくしていたところ、偶然《ぐうぜん》にみつかったのです。

米粒《こめつぶ》よりもずっと小《ちい》さな化石《かせき》は、野外《やがい》でみつけるのはとても難《むずか》しいものです。ひょっとしたらみなさんの身近《みぢか》な場所《ばしょ》にもまだ知《し》られていない生物《せいぶつ》の小《ちい》さな化石《かせき》が眠《ねむ》っているかもしれませんね。

もっとしりたい! カンブロパキコーペの化石《かせき》は、スウェーデンの「オルステン」という場所《ばしょ》でみつかります。オルステンからは、ほかにも多《おお》くの小《ちい》さな化石《かせき》が発見《はっけん》されています。

平《ひら》たい形《かたち》をした カンブリア紀《き》の三葉虫《さんようちゅう》

かたい殻《から》をもつ節足動物《せっそくどうぶつ》

カンブリア紀《き》に登場《とうじょう》し、古生代《こせいだい》の最後《さいご》まで命《いのち》をつないだ動物《どうぶつ》のグループがいます。「三葉虫類《さんようちゅうるい》」です。節足動物《せっそくどうぶつ》の中《なか》の1グループです。

このグループの特徴《とくちょう》の一《ひと》つは、かたい殻《から》をもつことです。三葉虫《さんようちゅう》類《るい》の殻《から》は、「炭酸《たんさん》カルシウム」でできていました。これは、みそ汁《しる》の具《ぐ》でおなじみのアサリやシジミの殻《から》と同《おな》じです。とてもかたいため、防御力《ぼうぎょりょく》が高《たか》かったとみられています。

その殻《から》は、真上《まうえ》から見《み》ると中心《ちゅうしん》の「中葉《ちゅうよう》」と、その左右《さゆう》の「側《そく》葉《よう》」に分《わ》けることができます。合計《ごうけい》三《みっ》つの「葉《よう》」があるので、「三葉虫《さんようちゅう》」というわけです。

平《ひら》たい種《しゅ》が多《おお》い

三葉虫類《さんようちゅうるい》は、全部《ぜんぶ》あわせると1万種以上《まんしゅいじょう》いたといわれています。三葉虫《さんようちゅう》の代表的《だいひょうてき》な種《しゅ》に「パラドキシデス」がいます。アメリカやチェコ、モロッコを中心《ちゅうしん》に世界中《せかいじゅう》から化石《かせき》がみつかっています。また、「オレノイデス」も世界中《せかいじゅう》でたくさん化石《かせき》がみつかる三葉虫《さんようちゅう》です。とくによくみつかるのはアメリカやカナダ、中国《ちゅうごく》です。

カンブリア紀《き》の三葉虫類《さんようちゅうるい》は、多《おお》くの種《しゅ》が平《ひら》たい形《かたち》をしているという特徴《とくちょう》があります。オルドビス紀《き》以降《いこう》になると、膨《ふく》らんだ殻《から》をもつ種《しゅ》が多《おお》くなります。

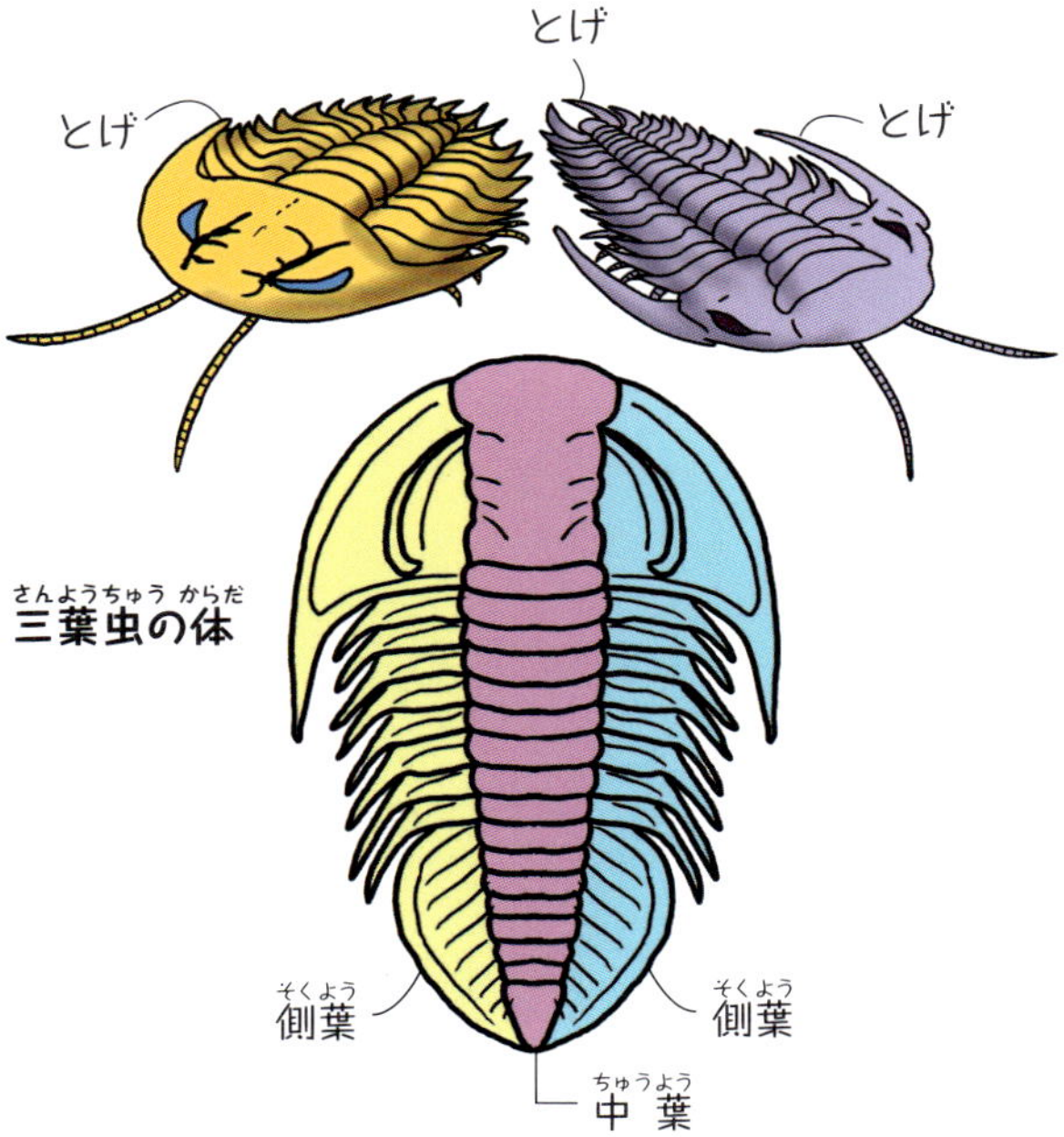

化石《かせき》を見《み》たい！ 大阪市立自然史博物館《おおさかしりつしぜんしはくぶつかん》

小《ちい》さな化石《かせき》も多《おお》いので、
見逃《みのが》さないように！

ここでもみられます！
群馬県立自然史博物館、地質標本館、ミュージアムパーク茨城県自然博物館、豊橋市自然史博物館、蒲郡市生命の海科学館、北九州市立自然史・歴史博物館　ほか

もっとしりたい！
三葉虫類《さんようちゅうるい》は大繁栄《だいはんえい》したグループですが、古生代末《こせいだいまつ》に子孫《しそん》を残《のこ》さずに完全《かんぜん》に絶滅《ぜつめつ》しました。絶滅《ぜつめつ》してしまった理由《りゆう》はわかっていません。

最《もっと》も“身近《みぢか》”な三葉虫《さんようちゅう》？

エルラシア

カンブリア紀《き》

新生代《しんせいだい》　中生代《ちゅうせいだい》　古生代《こせいだい》　先カンブリア時代

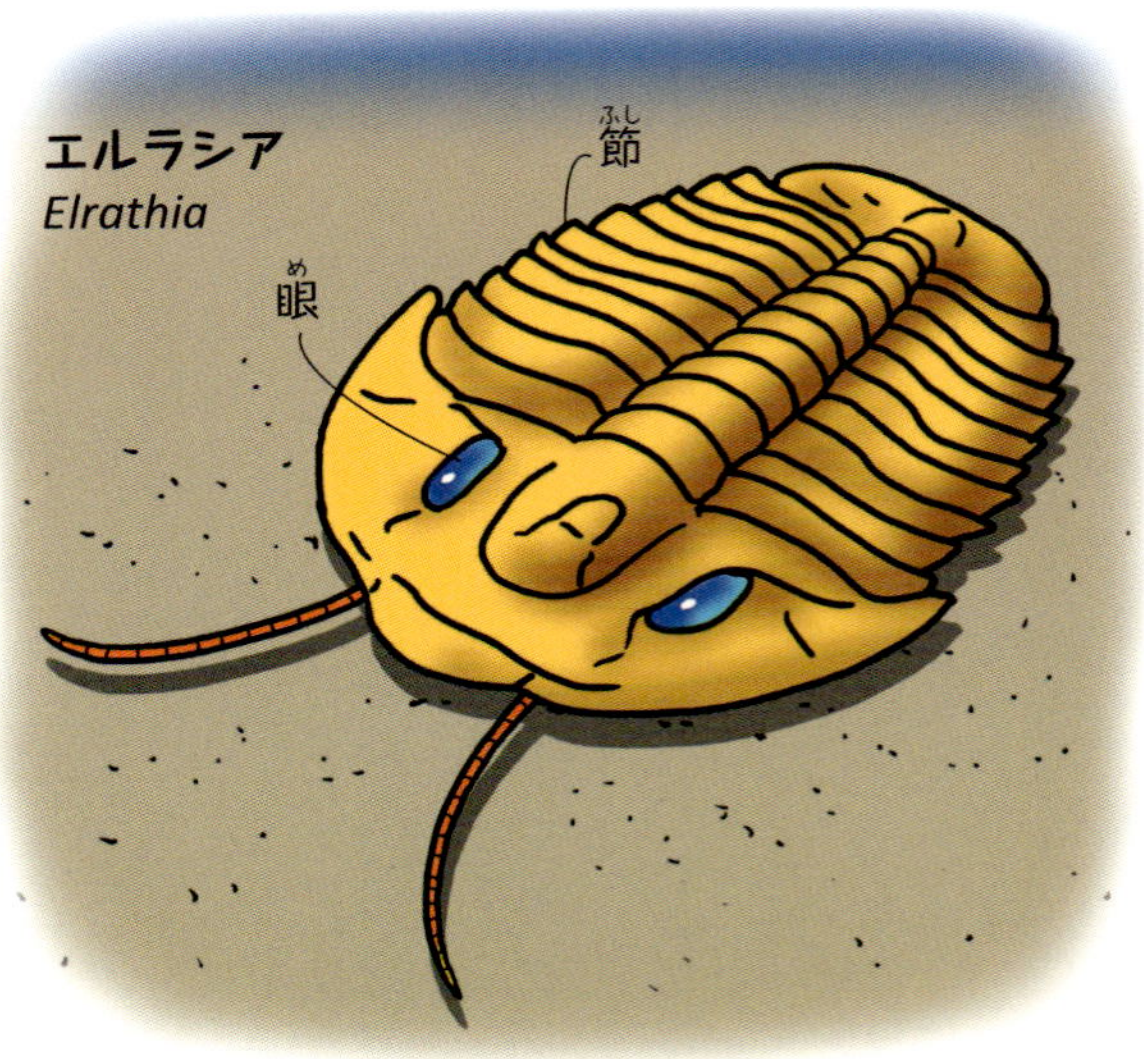

世界《せかい》で最《もっと》も有名《ゆうめい》？

三葉虫類《さんようちゅうるい》の中《なか》でも「エルラシア」は、とくに有名《ゆうめい》です。大《おお》きさは1・6センチメートルほどで、小型《こがた》の三葉虫類《さんようちゅうるい》です。

アメリカから化石《かせき》がみつかることの三葉虫類《さんようちゅうるい》は、小学校《しょうがっこう》や中学校《ちゅうがっこう》の理科《りか》の教科書《きょうかしょ》でよく紹介《しょうかい》されています。ひょっとしたら、みなさんの学校《がっこう》の教科書《きょうかしょ》にも化石《かせき》の写真《しゃしん》が載《の》っているかもしれません。

江戸時代《えどじだい》のお金《かね》である小判《こばん》のような形《かたち》をしたエルラシアは、まさにカンブリア紀《き》の三葉虫《さんようちゅう》！　というほど、平《ひら》たい姿《すがた》をしています。体《からだ》の節《ふし》や眼《め》などをはっきりと見《み》て取《と》ることはできますが、凹凸《おうとつ》がとても少《すく》なく、ぺったんこなのです。同《おな》じ三葉虫類《さんようちゅうるい》のパラドキシデスやオレノイデスとはちがって、身《み》を守《まも》るための長《なが》いとげもありません。

数十万個《すうじゅうまんこ》、発見《はっけん》されている

おそらくエルラシアは、世界中《せかいじゅう》で最《もっと》も多《おお》くの化石《かせき》ファンが、自分《じぶん》のコレクションとして大切《たいせつ》にしている化石《かせき》でしょう。

世界中《せかいじゅう》の博物館《はくぶつかん》や恐竜展《きょうりゅうてん》などでは、お土産《みやげ》としてエルラシアの化石《かせき》をプラスチックケースに入《い》れて販売《はんばい》していることが多《おお》くあります。「すでに持《も》ってるよ」という人《ひと》もいるかもしれませんね。

エルラシアがなぜ、これほどまでに有名《ゆうめい》で、一般《いっぱん》の私《わたし》たちも手《て》に入《い》れやすいかというと、とてもたくさんの化石《かせき》が発見《はっけん》されているからです。アメリカのユタ州《しゅう》にある化石産地《かせきさんち》では、数十万個《すうじゅうまんこ》もの化石《かせき》が発見《はっけん》されているというから、驚《おどろ》きです。

化石《かせき》を見《み》たい！

産業技術総合研究所《さんぎょうぎじゅつそうごうけんきゅうしょ》 地質標本館《ちしつひょうほんかん》

とても小《ちい》さな化石《かせき》です。よく探《さが》してみましょう。

ここでもみられます！
三笠市立博物館、群馬県立自然史博物館、ミュージアムパーク 茨城県自然博物館、豊橋市自然史博物館、蒲郡市生命の海科学館、北九州市立自然史・歴史博物館　ほか

もっとしりたい！
エルラシアの化石《かせき》の中《なか》には、アノマロカリスにかじられたあとがあるものもみつかっています。ただし、本当《ほんとう》にかじられたのかどうかはよくわかっていません。

とてもめずらしい 神経《しんけい》が化石《かせき》に残《のこ》った生物《せいぶつ》

新生代《しんせいだい》　中生代《ちゅうせいだい》　古生代《こせいだい》　先《せん》カンブリア時代《じだい》

カンブリア紀《き》

神経《しんけい》は化石《かせき》に残《のこ》りにくい

動物《どうぶつ》は、「神経《しんけい》」というとても細《ほそ》い糸《いと》のようなものを体中《からだじゅう》に張《は》り巡《めぐ》らせて、体《からだ》のあちこちと連絡《れんらく》をとりあいながら生《い》きています。神経《しんけい》は骨《ほね》のようなかたいものではないため、化石《かせき》にはとても残《のこ》りにくいものです。

しかし、そんな化石《かせき》に残《のこ》りにくい神経《しんけい》が、中国《ちゅうごく》のカンブリア紀《き》の地層《ちそう》から発見《はっけん》された「フクシアンフィア」という動物《どうぶつ》の化石《かせき》でみつかりました。

フクシアンフィアは、節足動物《せっそくどうぶつ》の仲間《なかま》で、大《おお》きさは11センチメートルほどです。幅《はば》の広《ひろ》がった胸部《きょうぶ》をもつのが特徴《とくちょう》です。

フクシアンフィアの神経《しんけい》のつくりは、現在《げんざい》のエビやカニ、昆虫類《こんちゅうるい》のものとよく似《に》ていました。なお、フクシアンフィアは、脳《のう》が残《のこ》った化石《かせき》もみつかっています。

アラルコメナエウス
Alalcomenaeus

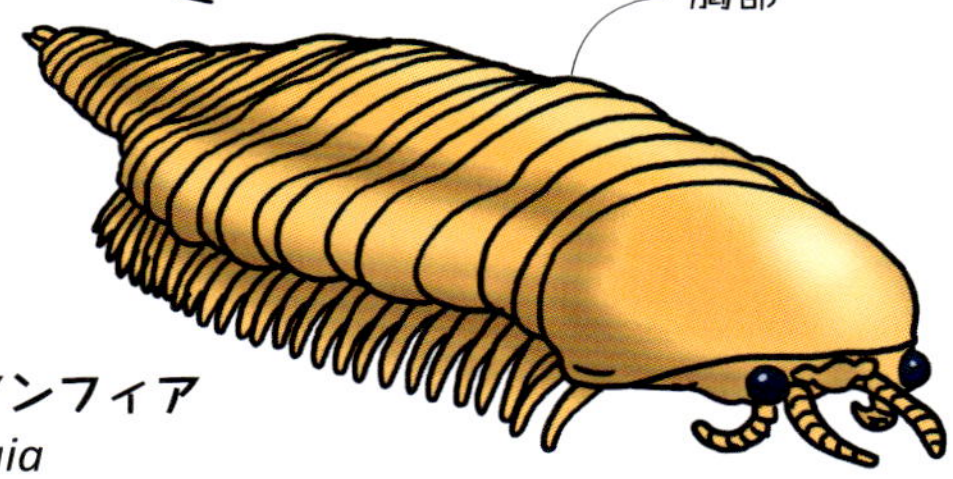

フクシアンフィア
Fuxianhuia

カンブリア紀《き》でほぼ完成《かんせい》？

同《おな》じく中国《ちゅうごく》で化石《かせき》がみつかった「アラルコメナエウス」も、神経《しんけい》が発見《はっけん》された動物《どうぶつ》の一《ひと》つです。アラルコメナエウスは、大《おお》きさ6センチメートルほどの節足動物《せっそくどうぶつ》で、その眼《め》は筋《きん》トレで使《つか》うダンベルのような形《かたち》をしていました。

アラルコメナエウスの神経《しんけい》は、現在《げんざい》のサソリやカブトガニの仲間《なかま》の神経《しんけい》とよく似《に》たつくりをしていました。

こうした神経《しんけい》の発見《はっけん》によって、カンブリア紀《き》という古《ふる》い時代《じだい》の動物《どうぶつ》も、すでに現在《げんざい》の動物《どうぶつ》と同《おな》じような神経《しんけい》をもっていたことが明《あき》らかになりました。

化石《かせき》を見《み》たい！　蒲郡市《がまごおりし》 生命《いのち》の海科学館《うみかがくかん》

フクシアンフィアの実物《じつぶつ》化石《かせき》を見《み》ることができます。蒲郡市生命の海科学《がまごおりしいのちのうみかがく》館《かん》では、「フキシァンフィア」という名前《なまえ》で展示《てんじ》されています。

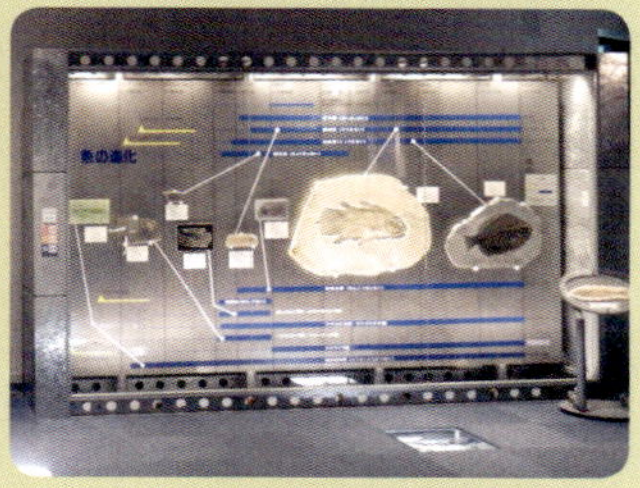

蒲郡市生命の海科学館

もっと しりたい！
古生物《こせいぶつ》の神経《しんけい》の発見《はっけん》は、その後《ご》も続《つづ》いています。今後《こんご》、新《あら》たな研究分野《けんきゅうぶんや》として盛《さか》んになってくるかもしれません。

歩《ある》くサボテン？ ディアニア

カンブリア紀《き》

新生代《しんせいだい》 中生代《ちゅうせいだい》 古生代《こせいだい》 先《せん》カンブリア時代《じだい》

とげだらけのあし

中国《ちゅうごく》のカンブリア紀《き》の地層《ちそう》からは、「歩《ある》くサボテン」というニックネームをつけられた動物《どうぶつ》の化石《かせき》が発見《はっけん》されています。

その動物《どうぶつ》は、名前《なまえ》を「ディアニア」といいます。大《おお》きさは6センチメートルほどで、ミミズのように細長《ほそなが》い体《からだ》をしています。その体《からだ》にはいくつかの節《ふし》があって、とげのある節《ふし》ととげのない節《ふし》が交互《こうご》に並《なら》んでいます。

とげのない節《ふし》からは、あしが左右《さゆう》に10本《ぽん》ずつのびています。このうち少《すく》なくとも5組《くみ》は、歩《ある》くために使《つか》われていたようです。このあしがディアニアの最大《さいだい》の特徴《とくちょう》です。かたくて、とげだらけで、関節《かんせつ》があるのです。このとげだらけのあしこそが、歩《ある》くサボテンというニックネームのもとになっています。

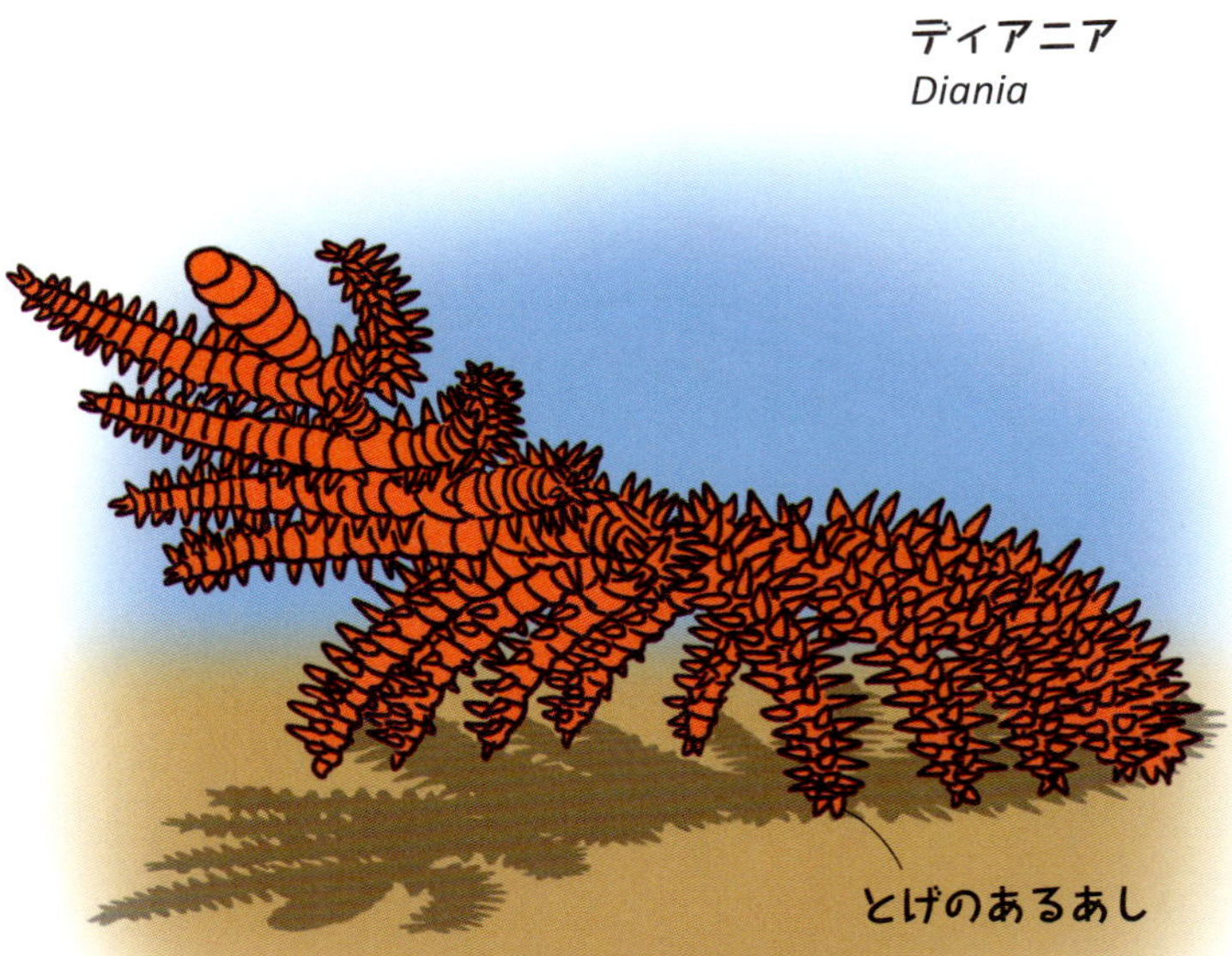

節足動物誕生《せっそくどうぶつたんじょう》の一歩前《いっぽまえ》

ディアニアは、43ページで紹介《しょうかい》したハルキゲニアと同《おな》じ動物《どうぶつ》グループに分類《ぶんるい》されています。その動物《どうぶつ》グループの名前《なまえ》を「葉足《ようそく》動物《どうぶつ》」とよんでいます。葉足《ようそく》動物《どうぶつ》が進化《しんか》して、「節足動物《せっそくどうぶつ》」が誕生《たんじょう》したというのが、現在《げんざい》の考《かんが》えです。

節足動物《せっそくどうぶつ》には、たくさんの動物《どうぶつ》たちが含《ふく》まれます。この本《ほん》で最近《さいきん》紹介《しょうかい》したものでは、カンブロパキコーペや三葉虫類《さんようちゅうるい》が節足動物《せっそくどうぶつ》です。現在《げんざい》の動物《どうぶつ》でいえば、カブトムシなどの昆虫類《こんちゅうるい》も節足動物《せっそくどうぶつ》です。

ディアニアは、葉足動物《ようそくどうぶつ》の中《なか》でも進化《しんか》した種《しゅ》であるとみなされています。もうちょっとで節足動物《せっそくどうぶつ》が生《う》まれる、その直前《ちょくぜん》の動物《どうぶつ》の姿《すがた》がディアニアのようだったというわけです。

もっとしりたい!

ディアニアの体《からだ》は、胴《どう》の部分《ぶぶん》は比較的《ひかくてき》やわらかく、あしはかたかったようです。節足動物《せっそくどうぶつ》のあしは葉足動物《ようそくどうぶつ》よりかたいため、ディアニアの体《からだ》はあしの方《ほう》が進化的《しんかてき》だったという見方《みかた》もあります。

閉《と》じた殻《から》で頭《あたま》を覆《おお》った ヴェトゥリコラ

カンブリア紀《き》

新生代《しんせいだい》	中生代《ちゅうせいだい》	古生代《こせいだい》	先《せん》カンブリア時代《じだい》

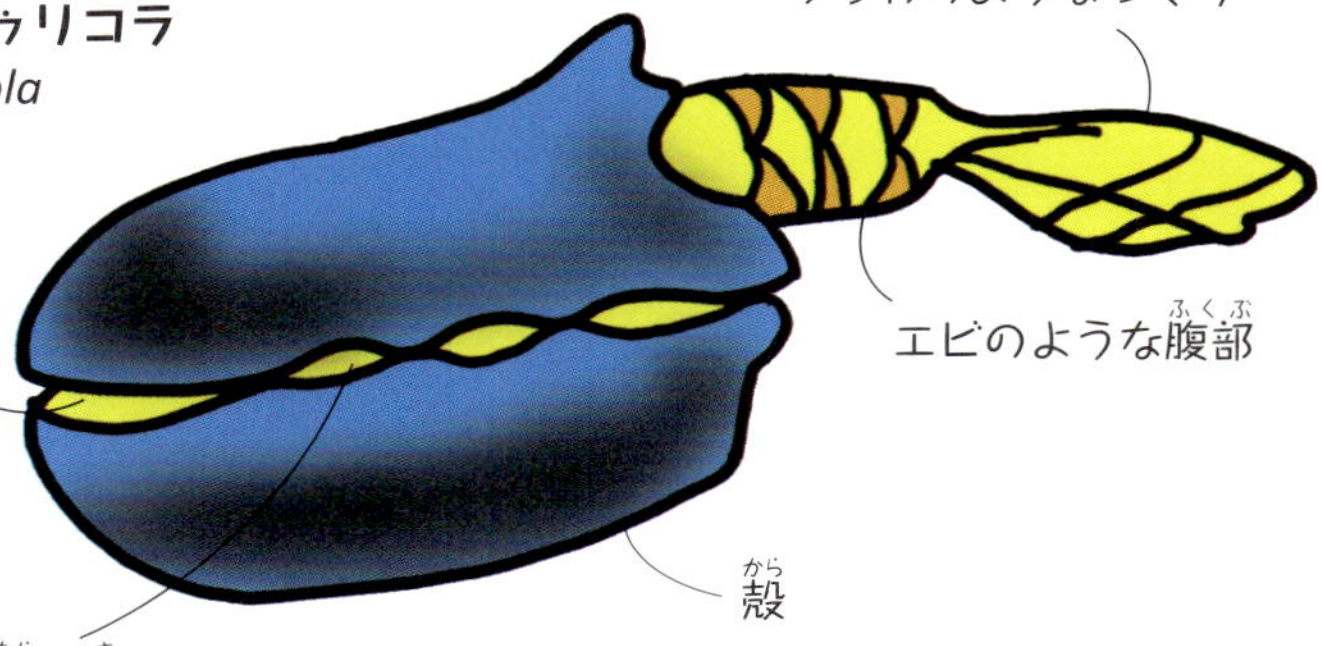

背《せ》でも腹《はら》でも閉《と》じた殻《から》

アノマロカリスは節足動物《せっそくどうぶつ》、ネクトカリスは軟体動物《なんたいどうぶつ》の頭足類《とうそくるい》というように、カンブリア紀《き》の動物《どうぶつ》たちは、ちょっと変《か》わった姿《すがた》をしていても現在《げんざい》の動物《どうぶつ》たちと同《おな》じグループに分類《ぶんるい》することができます。それは、現在《げんざい》の動物《どうぶつ》たちと同《おな》じ特徴《とくちょう》をもっていたからです。

しかし、カンブリア紀《き》の動物《どうぶつ》たちの中《なか》には、現在《げんざい》のどの動物《どうぶつ》とも似通《にかよ》っていない不思議《ふしぎ》な動物《どうぶつ》もいました。

中国《ちゅうごく》から化石《かせき》がみつかっている「ヴェトゥリコラ」がその一《ひと》つです。体《からだ》の大《おお》きさは10センチメートルほどでした。

ヴェトゥリコラの頭部《とうぶ》は、殻《から》のようなつくりで覆《おお》われています。多《おお》くの動物《どうぶつ》の場合《ばあい》、こうした殻《から》は背中側《せなかがわ》で閉《と》じていて、腹側《はらがわ》で開《ひら》いています。今度《こんど》、エビを食《た》べるときに、その頭部《とうぶ》の殻《から》がどうなっているか、確認《かくにん》してみてください。

ところがヴェトゥリコラの殻《から》は、背側《せがわ》で閉《と》じていて、腹側《はらがわ》でも閉《と》じているのです。殻《から》の側面《そくめん》には切《き》れこみが並《なら》んでいますが、そこが開《ひら》いたかどうかはわかっていません。

うちわのようなつくりも

ヴェトゥリコラの腹部《ふくぶ》はまるでエビのようです。そしてその先端《せんたん》にはうちわのようなつくりがありました。

閉《と》じた殻《から》で覆《おお》われた頭部《とうぶ》とエビのような腹部《ふくぶ》、そしてうちわのようなつくり。こうした特徴《とくちょう》は、現在《げんざい》の動物《どうぶつ》にはみられないものです。それどころか、カンブリア紀《き》以外《いがい》のどの時代《じだい》の地層《ちそう》からも、似《に》たような動物《どうぶつ》の化石《かせき》は発見《はっけん》されていません。

体《からだ》の中《なか》にチューブがあった⁉

ヴェトゥリコラは、あまりにも奇抜《きばつ》な動物《どうぶつ》だったので、現在《げんざい》の動物《どうぶつ》グループには分類《ぶんるい》されないと考《かんが》えられてきました。

しかし、ごく最近《さいきん》の研究《けんきゅう》で、体《からだ》の中《なか》に細《ほそ》いチューブのようなつくりがあったことがわかりました。このチューブは「脊索《せきさく》」とよばれるつくりで、現在《げんざい》の地球《ちきゅう》にもいる「脊索動物《せきさくどうぶつ》」の特徴《とくちょう》です。そのため、ヴェトゥリコラを脊索動物《せきさくどうぶつ》に分類《ぶんるい》することもあります。

もっとしりたい！ ヴェトゥリコラの化石《かせき》を報告《ほうこく》した研究者《けんきゅうしゃ》は、この動物のために、「古虫動物《こちゅうどうぶつ》」という新《あたら》しいグループを提唱《ていしょう》しています。古虫動物《こちゅうどうぶつ》とよぶのか、脊索動物《せきさくどうぶつ》とよぶのかは、まだはっきりと決《き》まっていません。

2月3日

読《よ》んだ日《ひ》 月 日 月 日

海底《かいてい》で暮《く》らしていた植物《しょくぶつ》のような動物《どうぶつ》

カンブリア紀《き》

新生代《しんせいだい》	中生代《ちゅうせいだい》	古生代《こせいだい》	先カンブリア時代

シッファソークタム
Siphusauctum

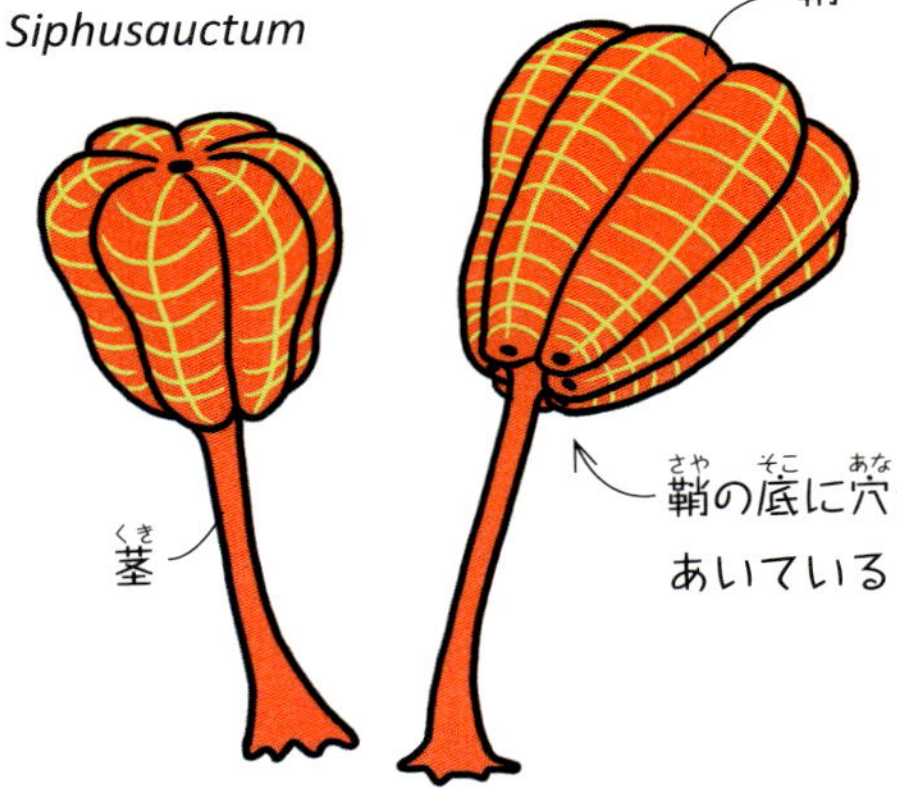

ハーペトガスター
Herpetogaster

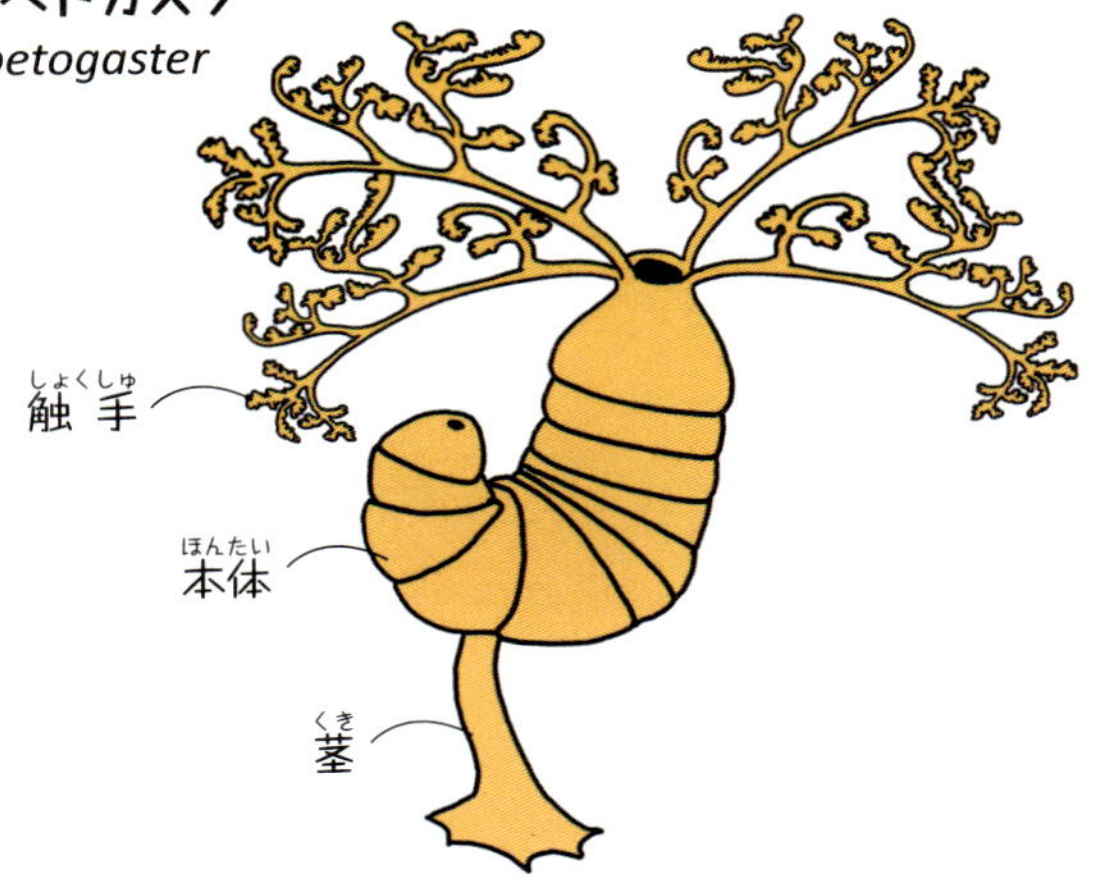

本体《ほんたい》の大部分《だいぶぶん》が胃《い》

カナダのカンブリア紀《き》の地層《ちそう》からは、「ハーペトガスター」という動物《どうぶつ》の化石《かせき》がみつかります。ハーペトガスターも、ヴェトゥリコラと同《おな》じく、分類《ぶんるい》のよくわからない動物《どうぶつ》の一《ひと》つです。

高《たか》さ5センチメートルほどのこの動物《どうぶつ》は、まるで植物《しょくぶつ》のように茎《くき》を海底《かいてい》にくっつけて生《い》きていたようです。茎《くき》の上《うえ》には平《ひら》たい本体《ほんたい》があり、本体《ほんたい》の一方《いっぽう》の端《はし》には細《ほそ》い触手《しょくしゅ》が並《なら》んでいました。もう一方《いっぽう》の端《はし》には肛門《こうもん》がありました。そして本体《ほんたい》の中身《なかみ》は、ほとんど胃《い》だったとみられています。

ハーペトガスターとは、「はい回《まわ》る胃《い》」という意味《いみ》です。

ハーペトガスターは、植物《しょくぶつ》のような姿《すがた》なのに、動物《どうぶつ》のような体《からだ》のつくりをしている、なんとも奇妙《きみょう》な生物《せいぶつ》です。ヒトデなどと同《おな》じ「棘皮動物《きょくひどうぶつ》」の仲間《なかま》なのではないかという考《かんが》えもありますが、よくわかっていません。

海底《かいてい》のチューリップ

同《おな》じように、カナダから化石《かせき》がみつかっている「シッファソークタム」も、分類《ぶんるい》がよくわかっていません。

シッファソークタムの体《からだ》の高《たか》さは、およそ20センチメートルです。この大《おお》きさは、カンブリア紀《き》の動物《どうぶつ》たちの中《なか》では大《おお》きな方《ほう》です。茎《くき》をのばして海底《かいてい》にくっついていました。茎《くき》の上《うえ》には、六《むっ》つの鞘《さや》がひとかたまりになったようなつくりがありました。現在《げんざい》の植物《しょくぶつ》のチューリップと似《に》ているので、「チューリップ・クリーチャー」ともよばれています。

同《おな》じ場所《ばしょ》からたくさんのシッファソークタムの化石《かせき》がみつかっています。海底《かいてい》に茂《しげ》るように、集《あつ》まって暮《く》らしていたのかもしれません。

もっとしりたい!

シッファソークタムは、六《むっ》つの鞘《さや》の底《そこ》に小《ちい》さな穴《あな》が開《あ》いていました。その穴《あな》から海水《かいすい》を吸《す》い込《こ》んで、水中《すいちゅう》の栄養分《えいようぶん》を体内《たいない》でこしとっていたようです。

最古《さいこ》のサカナ
ミロクンミンギア

カンブリア紀《き》

新生代《しんせいだい》 | 中生代《ちゅうせいだい》 | 古生代《こせいだい》 | 先《せん》カンブリア時代《じだい》

親指《おやゆび》サイズの〝ご先祖様《せんぞさま》〟

私《わたし》たちヒトは、「脊椎動物《せきついどうぶつ》」という動物《どうぶつ》グループの一員《いちいん》です。脊椎動物《せきついどうぶつ》は、脊椎《せきつい》というつくりをもつ動物《どうぶつ》のことで、脊椎《せきつい》とはいわゆる背骨《せぼね》のことです。

生命《せいめい》の歴史《れきし》では、まず脊椎動物《せきついどうぶつ》の祖先《そせん》が現《あらわ》れて、そこから両生類《りょうせいるい》や爬虫類《はちゅうるい》、哺乳類《ほにゅうるい》といった動物《どうぶつ》が進化《しんか》していったと考《かんが》えられています。

では、脊椎動物《せきついどうぶつ》の祖先《そせん》はどのような生《い》き物《もの》だったのでしょうか？ それは、原始的《げんしてき》な姿《すがた》をした魚《さかな》の仲間《なかま》だったといわれています。

魚《さかな》の仲間《なかま》のうち、最《もっと》も古《ふる》い化石《かせき》は、中国《ちゅうごく》のカンブリア紀《き》の地層《ちそう》から発見《はっけん》されています。

この最古《さいこ》のサカナの化石《かせき》には、「ミロクンミンギア」という名前《なまえ》がついています。ミロクンミンギアの大《おお》きさは3センチメートルほどです。ヒトの大人《おとな》の親指《おやゆび》よりも小《ちい》さなサカナです。

あごがなかった！

ミロクンミンギアは、現在《げんざい》の海《うみ》や川《かわ》で見《み》ることができる魚《さかな》の仲間《なかま》とは大《おお》きなちがいがありました。それは、あごがないことです。

ミロクンミンギアの化石《かせき》には、眼《め》や口《くち》、えらなどがみつかっていますが、あごがないのです。あごがなければ、かたい獲物《えもの》をかむことはできません。この時代《じだい》の魚《さかな》の仲間《なかま》は、節足動物《せっそくどうぶつ》や軟体動物《なんたいどうぶつ》に食《た》べられる、弱《よわ》い立《た》ち場《ば》だったようです。

ミロクンミンギアとよく似《に》た魚《さかな》の仲間《なかま》として、「ハイコウイクチス」という別《べつ》の化石《かせき》もみつかっています。少《すく》なくともハイコウイクチスは、100匹以上《ぴきいじょう》で群《む》れを組《く》んで泳《およ》いでいたようです。

化石《かせき》を見《み》たい！

蒲郡市《がまごおりし》
生命《いのち》の海科学館《うみかがくかん》

ミロクンミンギアの近縁《きんえん》にあたる「ハイコウイクチス」の化石《かせき》が展示《てんじ》されています。

蒲郡市生命の海科学館

もっとしりたい！
あごがない魚《さかな》の仲間《なかま》を「無顎類《むがくるい》」とよぶことがあります。現在《げんざい》の水中《すいちゅう》には、その生《い》き残《のこ》りであるヤツメウナギやヌタウナギが暮《く》らしています。

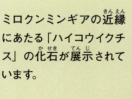

2月
5日
読《よ》んだ日《ひ》
月　日
月　日

カナダでみつかる ピカイアとメタスプリッギナ

カンブリア紀《き》

新生代《しんせいだい》　中生代《ちゅうせいだい》　古生代《こせいだい》　先《せん》カンブリア時代《じだい》

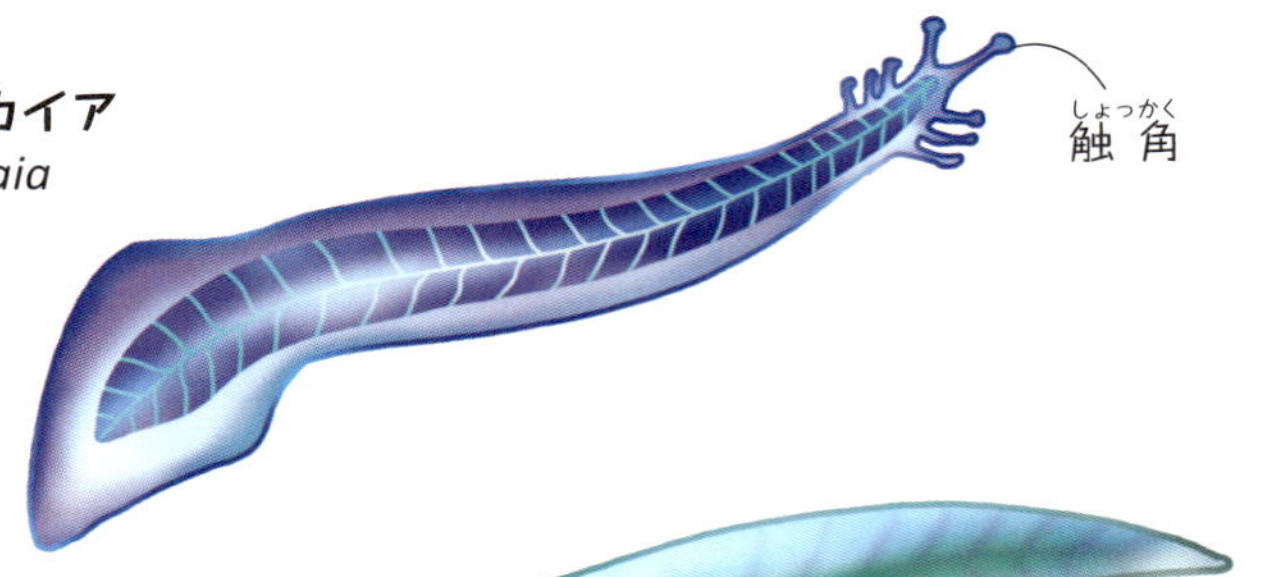

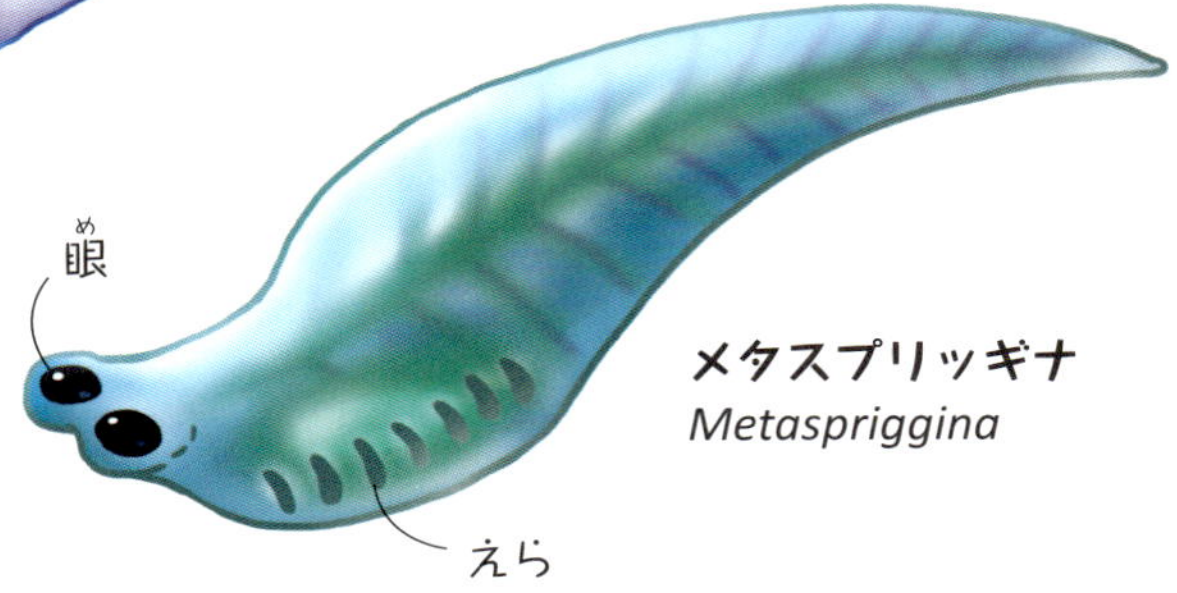

脊椎動物《せきついどうぶつ》の祖先《そせん》と似《に》ている?

カナダのカンブリア紀《き》の地層《ちそう》からは、「ピカイア」という動物《どうぶつ》の化石《かせき》がみつかります。

ピカイアの大《おお》きさは6センチメートルほどです。平《ひら》たい体《からだ》をしていて、2本《ほん》の触角《しょっかく》をもっていました。

ピカイアの最大《さいだい》の特徴《とくちょう》は、体《からだ》の中《なか》に1本《ぽん》のやわらかいチューブのようなつくりをもっていたことです。このチューブのようなつくりのことを「脊《せき》索《さく》」とよびます。また、脊索《せきさく》をもつ動物《どうぶつ》を「脊索動物《せきさくどうぶつ》」といいます。

脊索《せきさく》は、脊椎《せきつい》ができる前《まえ》の段階《だんかい》のものと考《かんが》えられています。このことからピカイアは、すべての脊椎《せきつい》動物《どうぶつ》の祖先《そせん》である原始的《げんしてき》な魚《さかな》の仲間《なかま》と似《に》たような姿《すがた》をしていたのではないか、とみられています。

カナダにもいた

カナダからは、中国《ちゅうごく》のミロクンミンギアのような、あごのない魚《さかな》の仲間《なかま》の化石《かせき》もみつかっています。

そのサカナには「メタスプリッギナ」という名前《なまえ》がつけられています。大《おお》きさは7センチメートルほどです。中国《ちゅうごく》のミロクンミンギアは、大人《おとな》の親指《おやゆび》より小《ちい》さいくらいの大《おお》きさでしたが、メタスプリッギナは、ヒトの手《て》のひらくらいの大《おお》きさがありました。

メタスプリッギナは、大《おお》きな二《ふた》つの眼《め》をもっていました。えらなどももっており、こうした点《てん》が脊索動物《せきさくどうぶつ》のピカイアとは大《おお》きく異《こと》なっていました。

化石《かせき》を見《み》たい!

蒲郡市《がまごおりし》 生命《いのち》の海科学館《うみかがくかん》

メタスプリッギナの実物《じつぶつ》化石《かせき》が展示《てんじ》されています。

蒲郡市生命の海科学館

ここでもみられます!
群馬県立自然史博物館、豊橋市自然史博物館、御船町恐竜博物館　ほか

もっとしりたい!
ピカイアは、現在《げんざい》の海《うみ》にいるナメクジウオの仲間《なかま》です。ナメクジウオは、ナメクジの仲間《なかま》でも、魚類《ぎょるい》でもなく、脊索動物《せきさくどうぶつ》に分類《ぶんるい》されます。

陸《りく》で暮《く》らしていた!? アパンクラ

カンブリア紀《き》

新生代《しんせいだい》 中生代《ちゅうせいだい》 古生代《こせいだい》 先《せん》カンブリア時代《じだい》

ずっと海《うみ》の中《なか》だった

これまでに見《み》てきた生物《せいぶつ》はみんな、海《うみ》の中《なか》で暮《く》らしていました。海《うみ》の中《なか》は、色々《いろいろ》と便利《べんり》です。まず、体《からだ》が浮《う》くので、体重《たいじゅう》が重《おも》い動物《どうぶつ》でも陸上《りくじょう》よりもずっと素早《すばや》く動《うご》くことができます。また、太陽《たいよう》から降《ふ》り注《そそ》ぐ有害《ゆうがい》な光《ひかり》からも、水《みず》が動物《どうぶつ》たちを守《まも》ってくれます。多《おお》くの動物《どうぶつ》が海《うみ》の中《なか》で暮《く》らしているので、食料《しょくりょう》となる獲物《えもの》も豊富《ほうふ》です。生物《せいぶつ》は海《うみ》で生《う》まれ、その後《ご》もずっと海《うみ》で進化《しんか》してきたのです。

では、カンブリア紀《き》の陸《りく》には、動物《どうぶつ》はまったくいなかったのでしょうか？

実《じつ》は、アルゼンチンのカンブリア紀末期《きまっき》の地層《ちそう》から、上陸《じょうりく》していたと思《おも》われる節足動物《せっそくどうぶつ》の化石《かせき》がみつかっています。

その動物《どうぶつ》の名前《なまえ》を「アパンクラ」といいます。

水中用《すいちゅうよう》のあしがない？

アパンクラは、大《おお》きさ4センチメートルほどの動物《どうぶつ》です。頭部《とうぶ》、胸部《きょうぶ》、尾部《びぶ》に分《わ》かれた体《からだ》をもちますが、基本的《きほんてき》には現在《げんざい》のダンゴムシと似《に》たような姿《すがた》をしています。

アパンクラはあしに大《おお》きな特徴《とくちょう》がありました。普通《ふつう》、水中《すいちゅう》で暮《く》らす節足動物《せっそくどうぶつ》のあしは、根元《ねもと》で二《ふた》つに分《わ》かれていて、そのうちの一《ひと》つはうちわのような形《かたち》になっています。このうちわは歩《ある》くのではなく、えらに水《みず》を送《おく》るために使《つか》われています。そうすることで、水中《すいちゅう》で呼吸《こきゅう》をしているのです。

しかしアパンクラには、このうちわのあるあしがありませんでした。水中《すいちゅう》で呼吸《こきゅう》するのは得意《とくい》ではなかったようなのです。そのため、空気《くうき》のたくさんある陸上《りくじょう》で暮《く》らし、呼吸《こきゅう》をしていたのではないかと考《かんが》えられています。

当時《とうじ》の陸上《りくじょう》には、まだ植物《しょくぶつ》もほとんどなかったとみられています。おそらく見渡《みわた》す限《かぎ》りの荒野《こうや》だったことでしょう。アパンクラはなぜ陸上《りくじょう》にいたのでしょうか？ この謎《なぞ》ときはまだ始《はじ》まったばかりです。

アパンクラ
Apankura

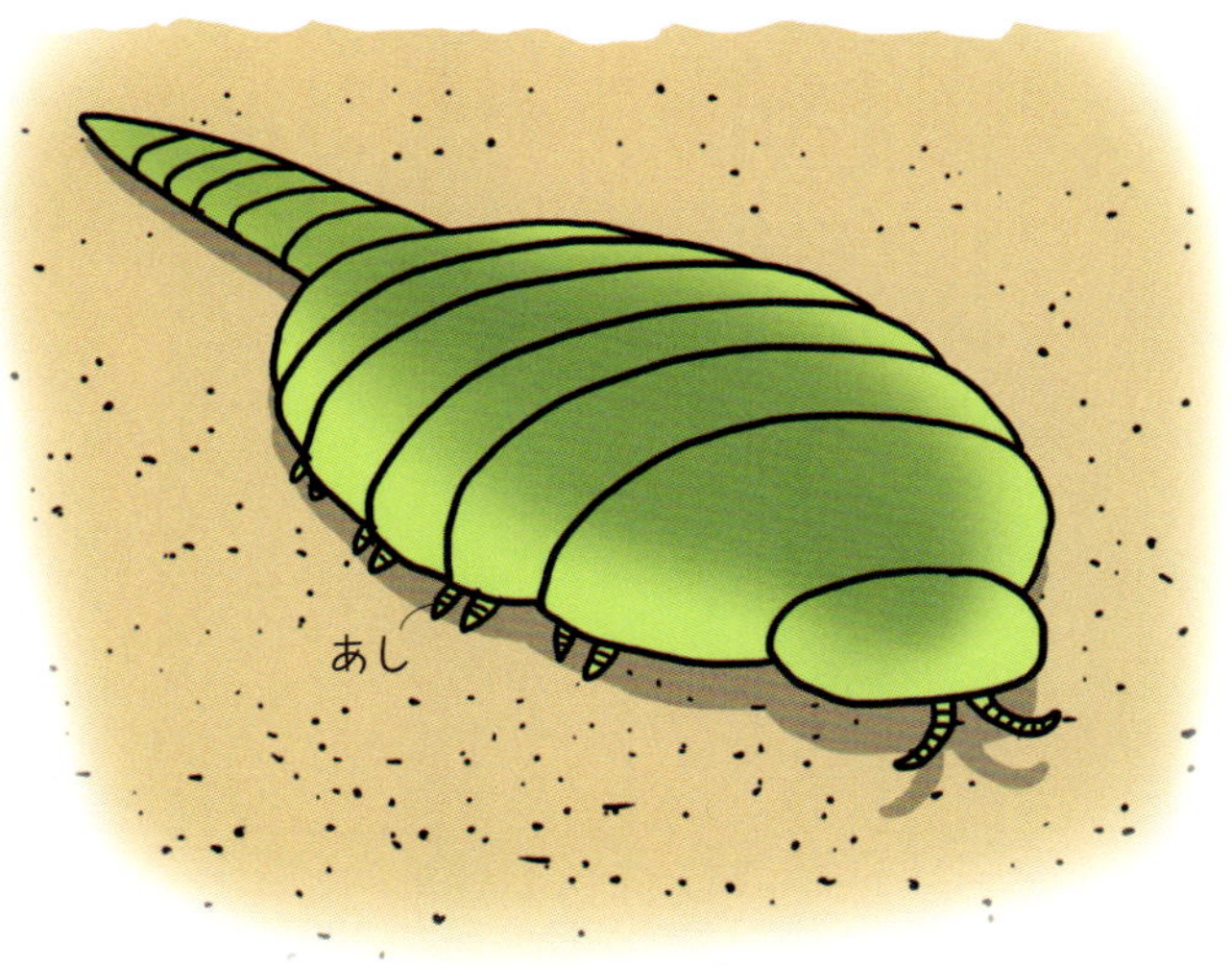

もっとしりたい！ アパンクラが、陸《りく》の水場《みずば》で暮《く》らしていた証拠《しょうこ》とされる、足跡《あしあと》の化石《かせき》もみつかっています。

カンブリア紀《き》の大《だい》進《しん》化《か》の原《げん》因《いん》？ 眼《め》の誕《たん》生《じょう》

カンブリア紀《き》

新《しん》生《せい》代《だい》　中《ちゅう》生《せい》代《だい》　古《こ》生《せい》代《だい》　先《せん》カンブリア時《じ》代《だい》

エディアカラ紀《き》とはちがう

　カンブリア紀《き》にはいろいろな動物《どうぶつ》が現《あらわ》れました。アノマロカリスや、五《いつ》つの眼《め》をもつオパビニア、最古《さいこ》のサカナであるミロクンミンギア、などなどです。

　これらの動物《どうぶつ》は、エディアカラ紀《き》の生物《せいぶつ》たちとあまりにも体《からだ》のつくりがちがいます。獲物《えもの》を捕《つか》まえるための触手《しょくしゅ》や海底《かいてい》を歩《ある》くためのあしなどは、エディアカラ紀《き》の生物《せいぶつ》にはほとんどみられなかったものです。どうしてこのようなちがいができたのでしょうか？

きっかけは眼《め》の誕生《たんじょう》？

　エディアカラ紀《き》の生物《せいぶつ》にはなくて、カンブリア紀《き》の動物《どうぶつ》たちがもつ特徴《とくちょう》の一《ひと》つは、眼《め》です。そして、この眼《め》こそが、カンブリア紀《き》の動物《どうぶつ》を進化《しんか》させた、という仮説《かせつ》があります。

　襲《おそ》われる側《がわ》の動物《どうぶつ》が眼《め》をもつと、天敵《てんてき》の接近《せっきん》をいち早《はや》く知《し》ることができます。そうすれば、逃《に》げたり、隠《かく》れたりすることができます。一方《いっぽう》、襲《おそ》う側《がわ》の動物《どうぶつ》が眼《め》をもつと、獲物《えもの》までの距離《きょり》や位置《いち》が正確《せいかく》にわかるほか、獲物《えもの》の弱点《じゃくてん》もみつけやすくなります。

　すると、襲《おそ》われる側《がわ》はより素早《すばや》く逃《に》げるためにひれをもったり、かたい殻《から》やとげをもったりするものが有利《ゆうり》になります。一方《いっぽう》、襲《おそ》う側《がわ》もより速《はや》く追《お》いかけるためのひれや鋭《するど》い歯《は》をもつものが有利《ゆうり》になります。すると、襲《おそ》われる側《がわ》はもっとかたい殻《から》やより鋭《するど》いとげを……というように、襲《おそ》う側《がわ》と襲《おそ》われる側《がわ》が〝競争《きょうそう》〟するようになるのです。さまざまな〝競争《きょうそう》〟がくり広《ひろ》げられた結果《けっか》、カンブリア紀《き》以降《いこう》の地層《ちそう》からは、さまざまな形《かたち》をしたたくさんの種類《しゅるい》の動物《どうぶつ》の化石《かせき》がみつかるようになった、というわけです。

　眼《め》は光《ひかり》を受《う》けとる器官《きかん》です。そのため、眼《め》をもつようになったことが動物《どうぶつ》の進化《しんか》のきっかけとなったというこの仮説《かせつ》のことを「光《ひかり》スイッチ説《せつ》」といいます。

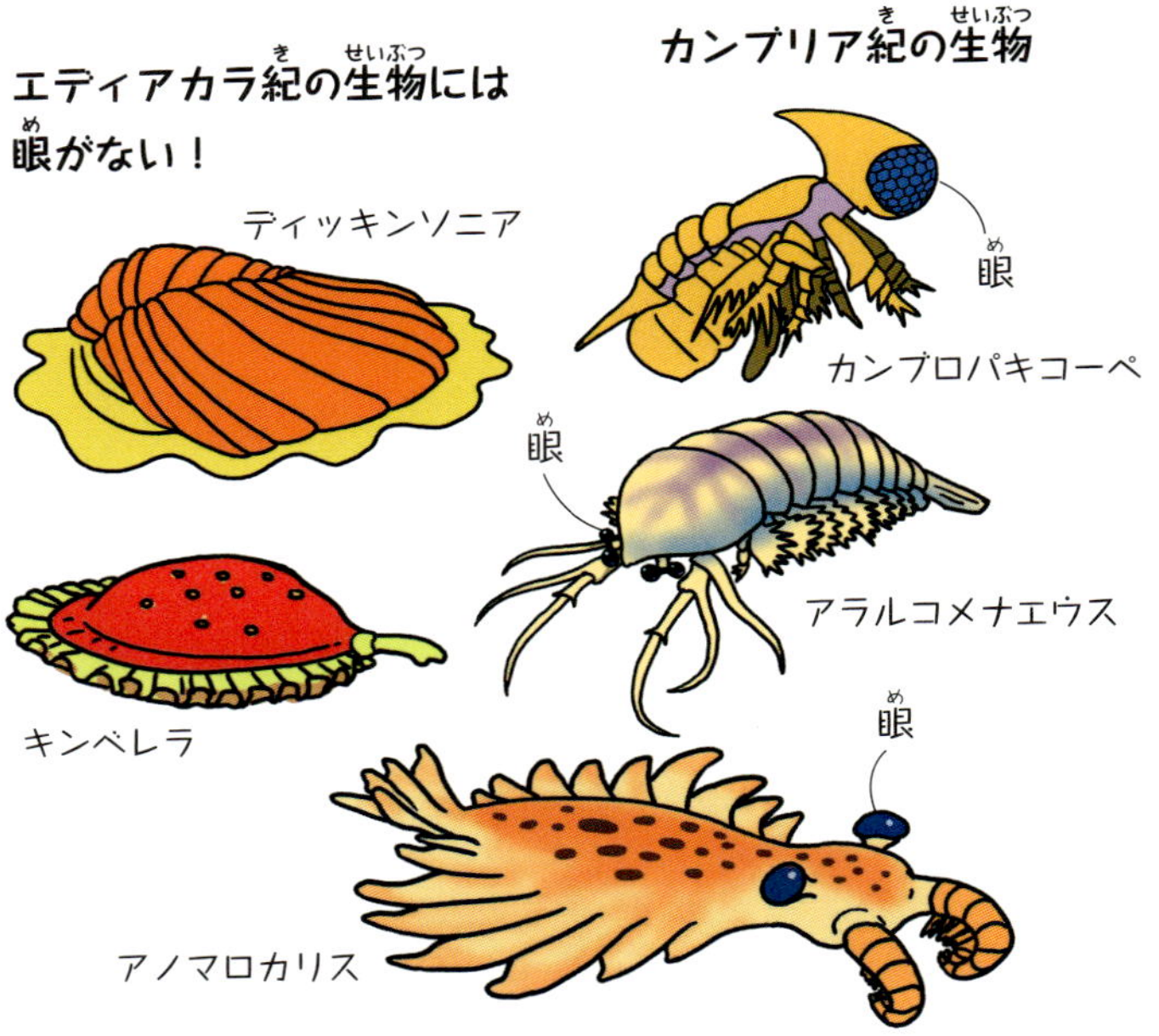

もっとしりたい！
カンブリア紀《き》以降《いこう》は、生物《せいぶつ》の痕跡《こんせき》ではなく、生物《せいぶつ》の形《かたち》そのものが化石《かせき》としてよく残《のこ》るようになりました。このことは、生物《せいぶつ》がかたい殻《から》をもつようになったことが原因《げんいん》です。

オルドビス紀《き》

古生代《こせいだい》２番目《ばんめ》の時代《じだい》が、「オルドビス紀《き》」です。およそ４億《おく》8500万年前《まんねんまえ》から４億《おく》4400万年前《まんねんまえ》ごろまで続《つづ》きました。カンブリア紀《き》がそうであったように、オルドビス紀《き》のほとんどの動物《どうぶつ》たちがいた場所《ばしょ》も海《うみ》でした。動物《どうぶつ》たちの中《なか》には、カンブリア紀《き》から生《い》き続《つづ》けているグループもいれば、新《あら》たに現《あらわ》れたグループもいます。どんな動物《どうぶつ》がカンブリア紀《き》から生《い》き続《つづ》け、あるいは新《あら》たに現《あらわ》れたのでしょうか？

動物《どうぶつ》の種類《しゅるい》が増《ふ》えた　オルドビス紀《き》

オルドビス紀《き》

新生代《しんせいだい》　中生代《ちゅうせいだい》　古生代《こせいだい》　先《せん》カンブリア時代《じだい》

古生代《こせいだい》で2番目《ばんめ》の時代《じだい》

およそ4億《おく》8500万年前《まんねんまえ》から4億《おく》4400万《まん》年《ねん》前《まえ》までの4100万年間《まんねんかん》を「オルドビス紀《き》」とよんでいます。カンブリア紀《き》に続《つづ》く、古生代《こせいだい》で2番目《ばんめ》の時代《じだい》です。

オルドビス紀《き》の地球《ちきゅう》は、カンブリア紀《き》のころとあまりちがいはありません。南半球《みなみはんきゅう》には巨大《きょだい》な大陸《たいりく》「ゴンドワナ」がありました。赤道《せきどう》の近《ちか》くには、「ローレンシア」「バルティカ」「シベリア」とよばれる三《みっ》つの大陸《たいりく》がありました。

オルドビス紀《き》の気候《きこう》はとても暖《あたた》かいものでした。地球上《ちきゅうじょう》の水《みず》は凍《こお》らずに、とけていたため、海水《かいすい》の量《りょう》が多《おお》くなっていました。そのため海《うみ》の水面《すいめん》の高《たか》さは、今《いま》よりも100メートル以上《いじょう》も上《うえ》にあったのです。

陸《りく》には草《くさ》や木《き》はなく、宇宙《うちゅう》から見《み》たら、きっと茶色《ちゃいろ》の荒野《こうや》が広《ひろ》がっていたことでしょう。

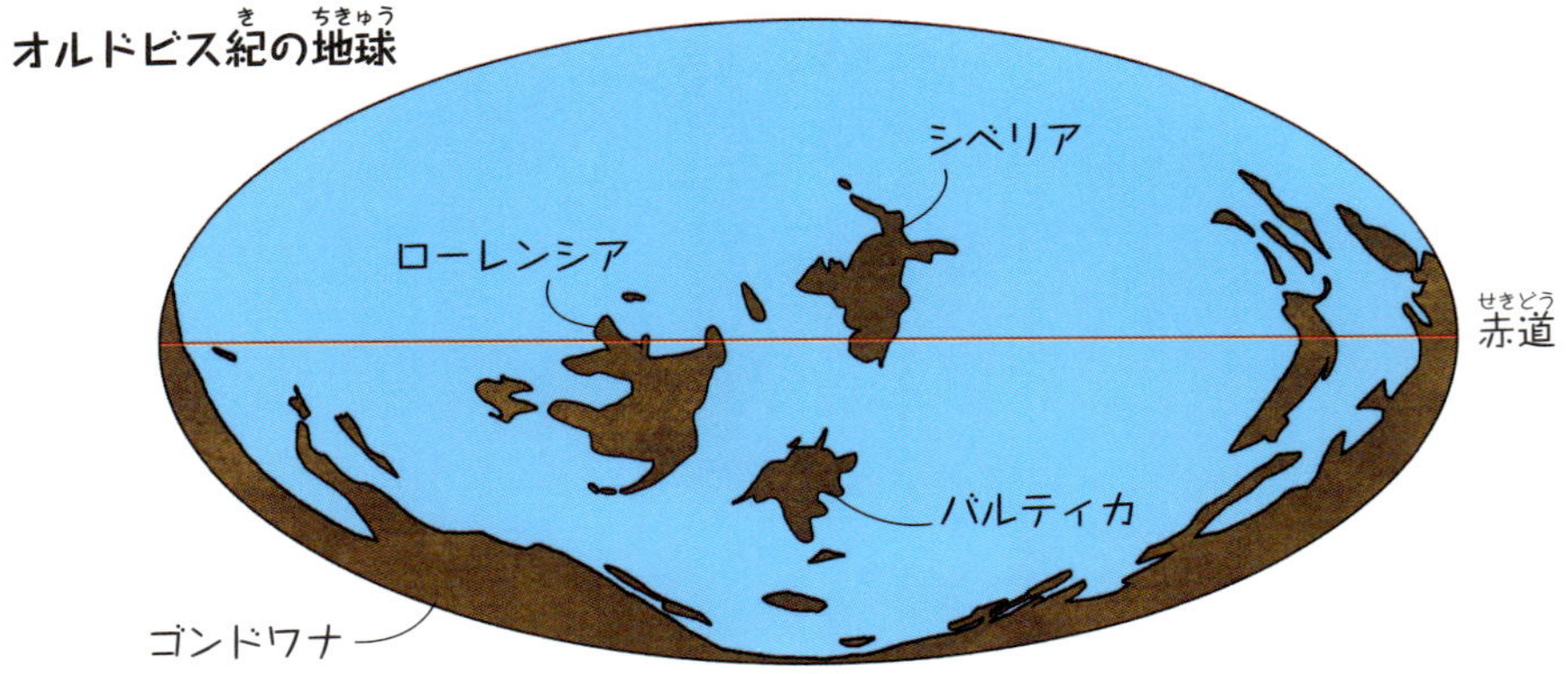

複雑《ふくざつ》な地形《ちけい》にあわせて進化《しんか》

陸《りく》のようすはカンブリア紀《き》と変《か》わりませんが、海《うみ》の中《なか》のようすは大《おお》きく変化《へんか》しました。

海底《かいてい》の地形《ちけい》の一《ひと》つに「礁《しょう》」というものがあります。海底《かいてい》より高《たか》く盛《も》り上《あ》がっている部分《ぶぶん》のことです。カンブリア紀《き》の礁《しょう》は、微生物《びせいぶつ》によってつくられたもので、どちらかといえば平《たい》らでした。

オルドビス紀《き》になると、この礁《しょう》が変化《へんか》します。コケムシや海綿《かいめん》、ウミユリといったさまざまな動物《どうぶつ》たちによって、複雑《ふくざつ》な地形《ちけい》の礁《しょう》がつくられるようになったのです。

地形《ちけい》が複雑《ふくざつ》になると、そこで生《い》きる動物《どうぶつ》たちのすみかも複雑《ふくざつ》になります。その結果《けっか》、複雑《ふくざつ》な地形《ちけい》にあわせるように、動物《どうぶつ》の種類《しゅるい》が増《ふ》えていきました。

数《すう》メートル級《きゅう》の大型《おおがた》の動物《どうぶつ》が登場《とうじょう》！

もっとしりたい！　オルドビスという名前《なまえ》は、イギリスのある地方《ちほう》に暮《く》らしていた古代部族《こだいぶぞく》「オルドビケス」にちなむものです。

2月 9日

読《よ》んだ日《ひ》 月 日 月 日

クジラのようなアノマロカリス類《るい》
エーギロカシス

オルドビス紀《き》

新生代《しんせいだい》 中生代《ちゅうせいだい》 古生代《こせいだい》 先《せん》カンブリア時代《じだい》

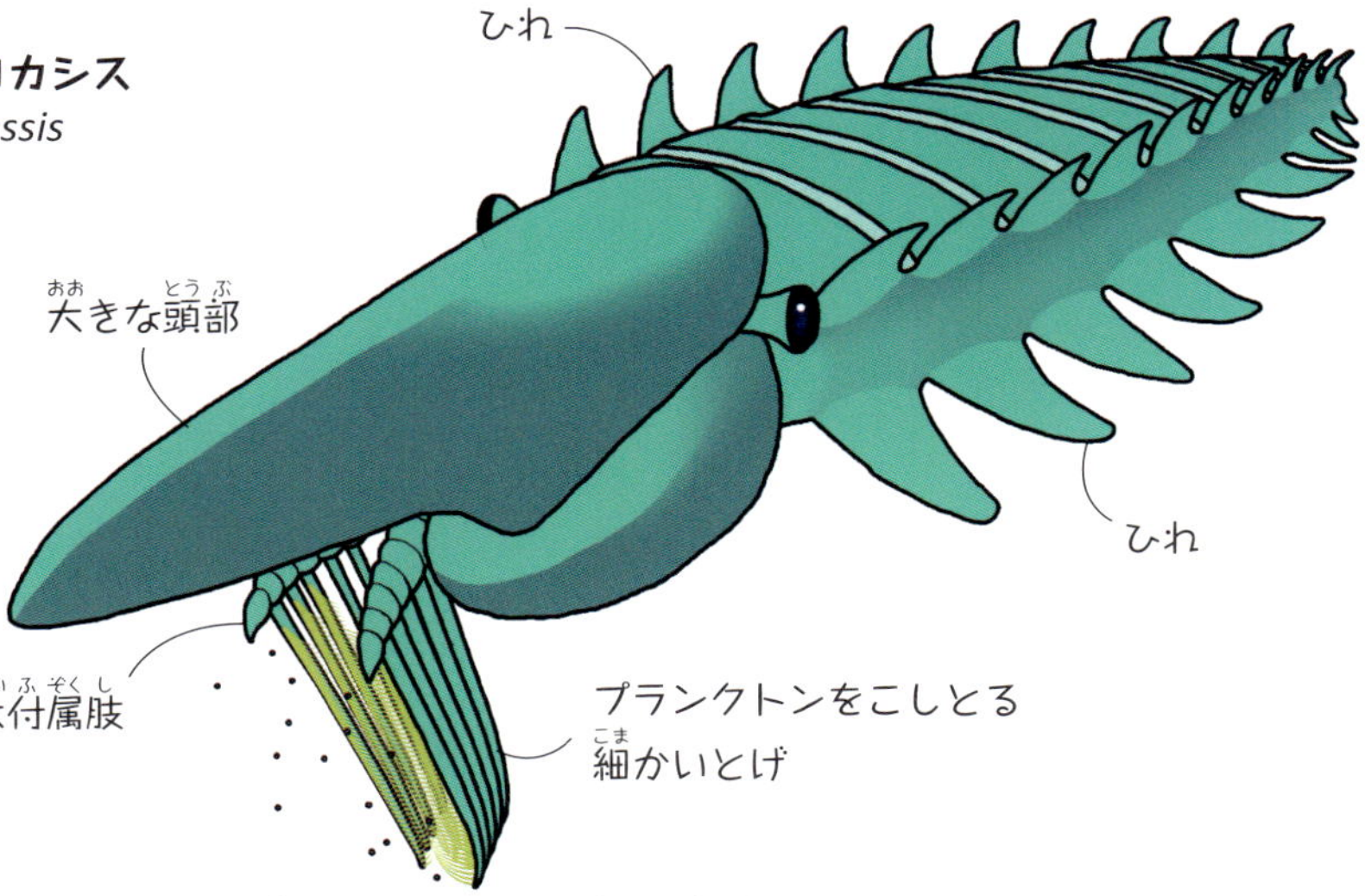

おだやかな性格《せいかく》

カンブリア紀《き》の海《うみ》にいた動物《どうぶつ》の中《なか》で、最強《さいきょう》といわれていたのが35ページで紹介《しょうかい》したアノマロカリスでした。そして、そのアノマロカリスを含《ふく》むグループが、アノマロカリス類《るい》です。大付属肢《だいふぞくし》という大《おお》きな触手《しょくしゅ》と、大《おお》きな眼《め》、たくさんのひれをもち、なかには体《からだ》の大《おお》きさが1メートルに達《たっ》した種《しゅ》もいました。

強《つよ》い肉食動物《にくしょくどうぶつ》、というイメージのアノマロカリス類《るい》ですが、オルドビス紀《き》になると、現在《げんざい》のクジラのような、体《からだ》は大《おお》きいけれどおだやかなアノマロカリス類《るい》も登場《とうじょう》しました。それが、「エーギロカシス」です。モロッコのオルドビス紀《き》の地層《ちそう》からみつかりました。

とげを使《つか》って食事《しょくじ》をする

エーギロカシスの大《おお》きさは、2メートル以上《いじょう》もありました。アノマロカリス類《るい》としてはずば抜《ぬ》けて大《おお》きい体《からだ》のもち主《ぬし》です。長《なが》い胴体《どうたい》の両脇《りょうわき》には、上下《じょうげ》2列《れつ》にひれが並《なら》んでいました。

この上下《じょうげ》2列《れつ》にひれが並《なら》ぶという特徴《とくちょう》は、とてもめずらしいものです。節足動物《せっそくどうぶつ》のきわめて原始的《げんしてき》な特徴《とくちょう》ではないか、と考《かんが》えられています。

頭部《とうぶ》が大《おお》きいこともエーギロカシスの特徴《とくちょう》で、先端《せんたん》がとがっていたとみられています。頭部《とうぶ》の底《そこ》には大付属肢《だいふぞくし》があり、そこには細《こま》かなとげがたくさん集《あつ》まって並《なら》んでいました。

エーギロカシスはこの細《こま》かなとげで、水中《すいちゅう》のプランクトンをこしとって食《た》べていたようです。現在《げんざい》のヒゲクジラやジンベイザメもこのようにしてプランクトンを食《た》べています。

もっとしりたい！

エーギロカシスという名前《なまえ》は、北欧《ほくおう》の神話《しんわ》に登場《とうじょう》する海《うみ》の神《かみ》「エーギル」と、ヘルメットを意味《いみ》する「カシス」にちなんでいます。

2月
10日
読《よ》んだ日《ひ》
月　日
月　日

トゲトゲの角《つの》を6本《ぼん》もつ フルカ

オルドビス紀《き》

新《しん》生《せい》代《だい》　中《ちゅう》生《せい》代《だい》　古《こ》生《せい》代《だい》　先《せん》カンブリア時代《じだい》

カナダのマルレラの仲間《なかま》

モロッコのオルドビス紀《き》の地層《ちそう》からは、大《おお》きさ3センチメートルほどの「フルカ」がみつかります。

フルカは、41ページで紹介《しょうかい》した、きらきらと輝《かがや》く角《つの》をもつマルレラとよく似《に》ています。マルレラは、カナダのバージェス頁岩層《けつがんそう》で、とてもたくさんの化石《かせき》が発見《はっけん》されている種《しゅ》でした。

モロッコのフルカはマルレラの仲間《なかま》に分類《ぶんるい》され、一緒《いっしょ》に「マルレラ形類《けいるい》」というグループをつくっています。マルレラ形類《けいるい》は、「マルレラモルフ類《るい》」や「マルレロモルフェ類《るい》」、「マーレロモルフ類《るい》」ともよばれています。日本語《にほんご》でのよび方《かた》はまだ定《さだ》まっていません。

今《いま》、注目《ちゅうもく》の地層《ちそう》

マルレラは、頭部《とうぶ》の左右《さゆう》に2本《ほん》、後頭部《こうとうぶ》に2本《ほん》の合計《ごうけい》4本《ほん》の角《つの》をもっていました。フルカは、その4本《ほん》に加《くわ》えて、頭部《とうぶ》から斜《なな》め前《まえ》にのびる左右《さゆう》1本《ぼん》ずつの角《つの》をもっていました。どの角《つの》にも小《ちい》さなとげがたくさん並《なら》んでいます。マルレラのように、角《つの》がきらきらと輝《かがや》いていたかどうかについてはよくわかっていません。

頭部《とうぶ》の中心《ちゅうしん》が少《すこ》し盛《も》り上《あ》がっていて、そこには四《よっ》つの眼《め》がありました。このうち小《ちい》さい方《ほう》の二《ふた》つの眼《め》は、明《あか》るいか暗《くら》いかを感《かん》じるための眼《め》です。残《のこ》りの二《ふた》つは景色《けしき》などを見《み》るために使《つか》われていたと考《かんが》えられています。

エーギロカシスやフルカのような化石《かせき》がみつかるモロッコのオルドビス紀《き》の地層《ちそう》は、「フェゾウアタ層《そう》」とよばれています。オルドビス紀《き》の世界《せかい》を知《し》るための新《あら》たな化石《かせき》産地《さんち》として、今《いま》、世界中《せかいじゅう》の研究者《けんきゅうしゃ》が注目《ちゅうもく》している地層《ちそう》です。今後《こんご》もたくさんの新種《しんしゅ》や貴重《きちょう》な化石《かせき》がみつかることでしょう。

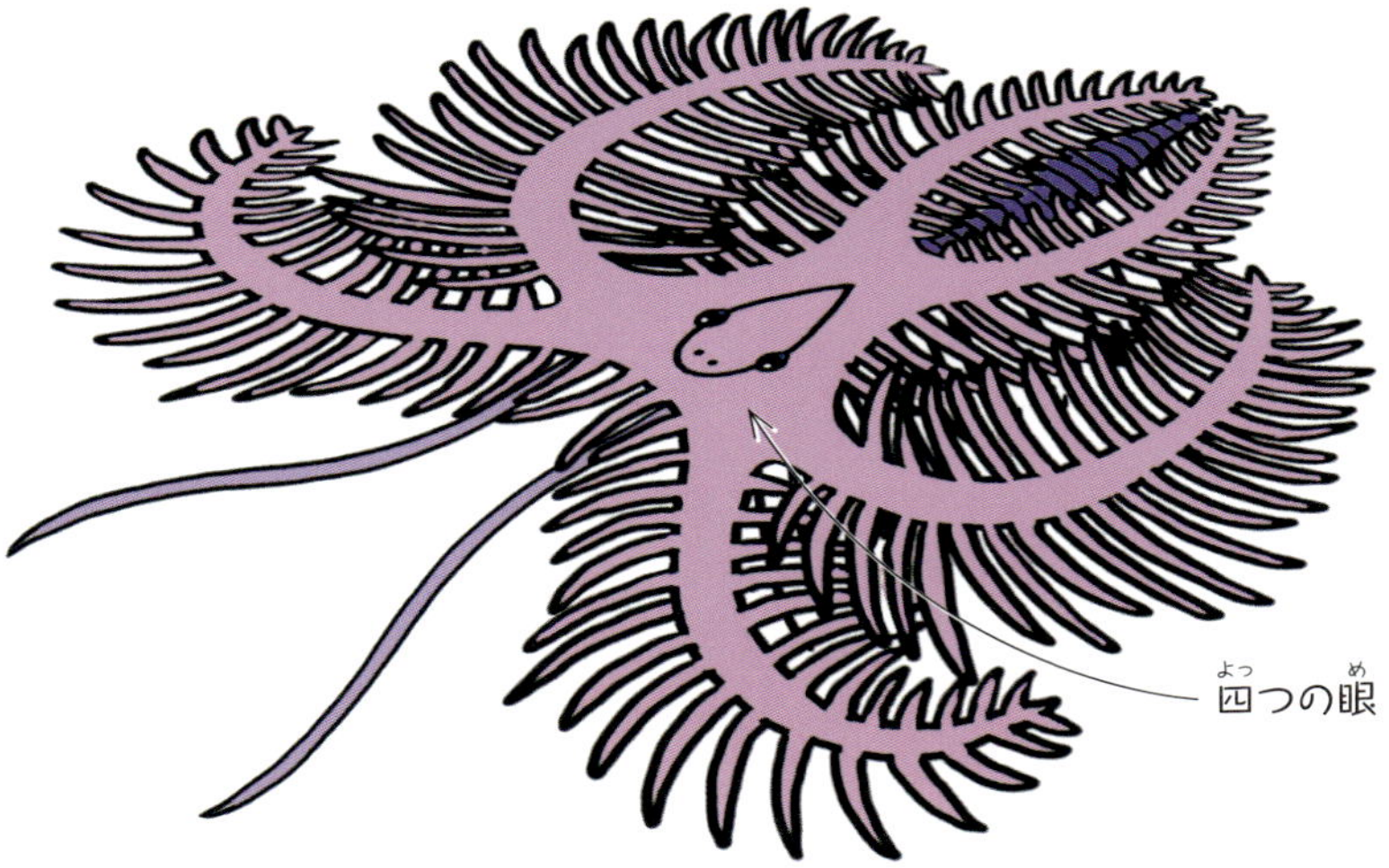

フルカ
Furca

もっとしりたい！
フルカはチェコからも化石《かせき》がみつかっています。チェコのフルカは、モロッコのフルカよりも体《からだ》のつくりが少《すこ》しシンプルです。

海《うみ》で暮《く》らすサソリ!?
ウミサソリ類《るい》

オルドビス紀《き》

新《しん》生《せい》代《だい》 ｜ 中《ちゅう》生《せい》代《だい》 ｜ 古《こ》生《せい》代《だい》 ｜ 先《せん》カンブリア時代《じだい》

大型《おおがた》のウミサソリ類《るい》

オルドビス紀《き》になると、「ウミサソリ類《るい》」という節足動物《せっそくどうぶつ》のグループが新《あら》たに現《あらわ》れました。現在《げんざい》のサソリ類《るい》にとてもよく似《に》た姿《すがた》の肉食動物《にくしょくどうぶつ》です。海《うみ》の中《なか》で暮《く》らしていました。

アメリカから化石《かせき》が発見《はっけん》されている「ペンテコプテルス」は、知《し》られている限《かぎ》り最《もっと》も古《ふる》いウミサソリ類《るい》です。生物《せいぶつ》の進化《しんか》の傾向《けいこう》として、古《ふる》くて原始的《げんしてき》な種《しゅ》は体《からだ》が小《ちい》さいことが多《おお》いのですが、ペンテコプテルスは1・6メートルもありました。

ペンテコプテルスは、形《かたち》と役割《やくわり》の異《こと》なるあしを6対《つい》12本《ほん》もっていて、そのうちの5対《つい》が大《おお》きく発達《はったつ》していました。とくに最《もっと》も後《うし》ろ側《がわ》の1対《つい》は、水《みず》をかくのに便利《べんり》な形《かたち》をしていました。ボートを漕《こ》ぐのに使《つか》うオールのような形《かたち》です。また、尾部《びぶ》の先端《せんたん》は、幅《はば》の広《ひろ》い剣《けん》のような形《かたち》になっていました。

はさみのような形《かたち》の尾部《びぶ》

同《おな》じくアメリカの地層《ちそう》からは、「メガログラプタス」の化石《かせき》もみつかっています。メガログラプタスは、ペンテコプテルスよりも900万年《まんねん》ほどのちに現《あらわ》れたウミサソリ類《るい》です。大《おお》きさは50センチメートルほどでした。

メガログラプタスにも、ペンテコプテルスと同《おな》じような、いろいろな形《かたち》のあしがありました。そのうちの1対《つい》からは、とても長《なが》いとげがのびているという特徴《とくちょう》があります。また、尾部《びぶ》の先端《せんたん》は、はさみのようになっていました。

ウミサソリ類《るい》はオルドビス紀《き》に現《あらわ》れて、その次《つぎ》の時代《じだい》であるシルル紀《き》で大《おお》いに繁栄《はんえい》します。

ペンテコプテルス
Pentecopterus

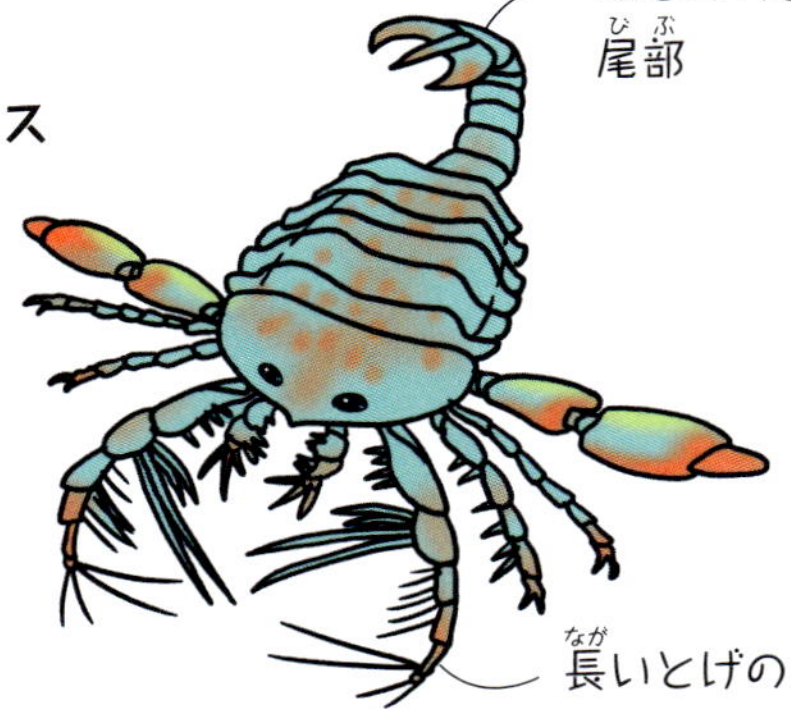

メガログラプタス
Megalograptus

もっとしりたい!
ウミサソリ類《るい》のことを「広翼類《こうよくるい》」とよぶことがあります。オールのようなあしを広《ひろ》い翼《つばさ》に見立《みた》ててこのように名《な》づけられました。

まるでカタツムリ！ アサフス・コワレウスキー

オルドビス紀《き》

新生代《しんせいだい》　中生代《ちゅうせいだい》　古生代《こせいだい》　先《せん》カンブリア時代《じだい》

アサフス・コワレウスキー
Asaphus kowalewski

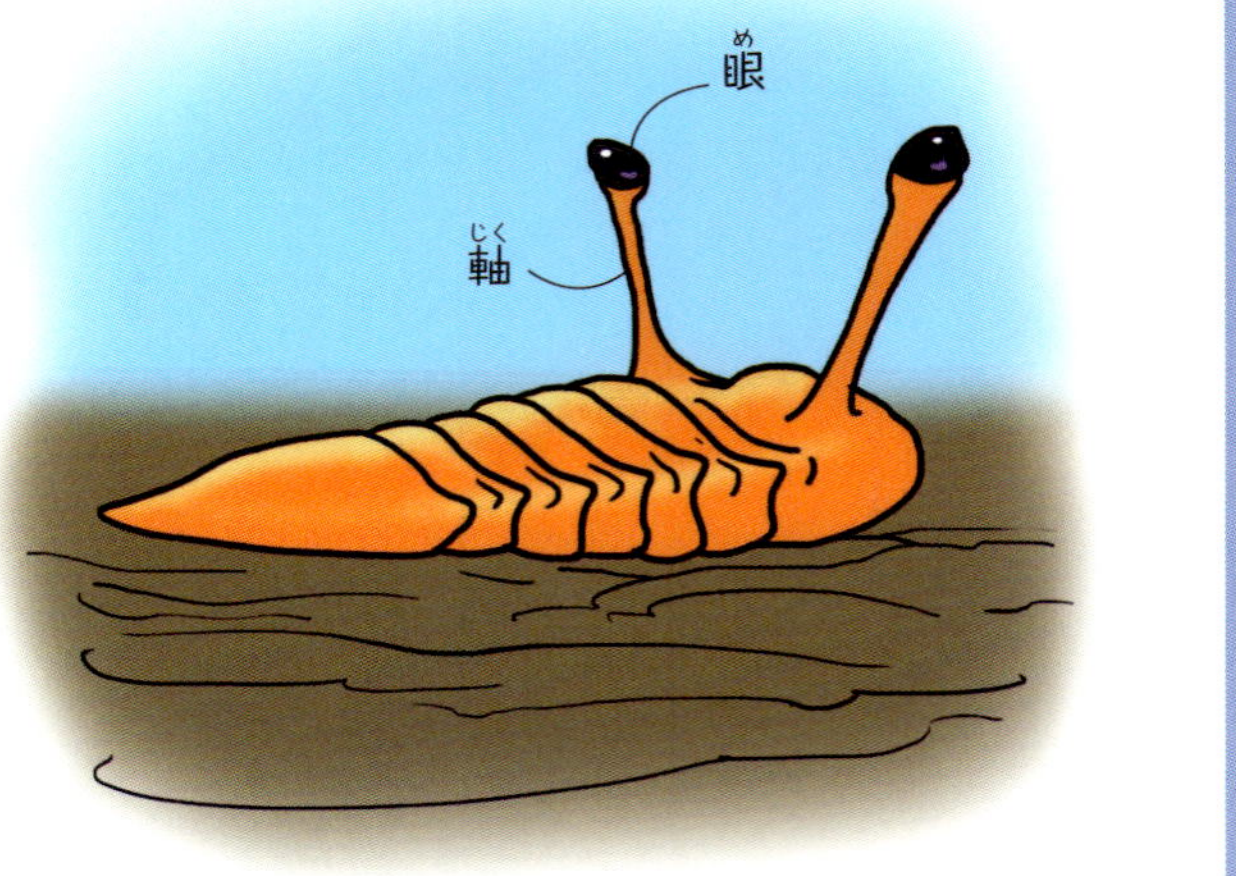

たくさんいたアサフスの仲間《なかま》

三葉虫類《さんようちゅうるい》は、古生代《こせいだい》を代表《だいひょう》する節足動物《せっそくどうぶつ》です。カンブリア紀《き》に登場《とうじょう》して大《おお》いに繁栄《はんえい》し、オルドビス紀《き》になってもその繁栄《はんえい》は続《つづ》いていました。

ロシアなどのオルドビス紀《き》の地層《ちそう》からとくにたくさんの化石《かせき》がみつかる三葉虫類《さんようちゅうるい》が「アサフス」の仲間《なかま》です。この仲間《なかま》には、「アサフス・ラトゥス」や「アサフス・エクスパンスス」といったたくさんの種《しゅ》がいました。

潜望鏡《せんぼうきょう》のような眼《め》

たくさんいたアサフスの仲間《なかま》の中《なか》でも、とくに変《か》わった姿《すがた》をしていたのが「アサフス・コワレウスキー」です。

アサフス・コワレウスキーは、大《おお》きなものでは11センチメートルになる三葉虫類《さんようちゅうるい》です。最大《さいだい》の特徴《とくちょう》は、眼《め》です。頭部《とうぶ》から細《ほそ》い軸《じく》が上《うえ》に向《む》かってのびていて、その先《さき》に小《ち》さな眼《め》がありました。現在《げんざい》のカタツムリのような姿《すがた》です。

ただし、カタツムリと異《こと》なる点《てん》もあります。カタツムリの眼《め》の軸《じく》はやわらかくできていて、方向《ほうこう》を変《か》えることも縮《ち》めることもできます。しかし、アサフス・コワレウスキーの眼《め》の軸《じく》は、殻《から》と同《おな》じかたい成分《せいぶん》でできていました。そのためアサフス・コワレウスキーの眼《め》の軸《じく》は簡単《かんたん》には動《うご》かすことができないのです。

なぜ、このような眼《め》をもっていたのでしょうか？

ひょっとしたら、体《からだ》を海底《かいてい》の中《なか》に隠《かく》して、眼《め》だけを突《つ》き出《だ》し、まるで潜望鏡《せんぼうきょう》のようにまわりをさぐっていたのかもしれませんね。また、眼《め》の軸《じく》の長《なが》さが性別《せいべつ》を表《あらわ》していたという説《せつ》もあります。

化石《かせき》を見《み》たい！

産業技術総合研究所《さんぎょうぎじゅつそうごうけんきゅうしょ》 地質標本館《ちしつひょうほんかん》

アサフス・コワレウスキー以外《いがい》にもたくさんの三葉《さんよう》虫類《ちゅうるい》の化石《かせき》が展示《てんじ》されています。

ここでもみられます！
群馬県立自然史博物館、ミュージアムパーク 茨城県自然博物館、国立科学博物館、北九州市立自然史・歴史博物館、御船町恐竜博物館　ほか

もっとしりたい！
アサフス・コワレウスキーは、「ネオアサフス・コワレウスキー」とよばれることもあります。ネオとは、「新《あたら》しい」という意味《いみ》です。

眼《め》を見《み》ればわかる 泳《およ》ぎが得《とく》意《い》な三《さん》葉《よう》虫《ちゅう》類《るい》

オルドビス紀

新生代 中生代 古生代 先カンブリア時代

頭《あたま》をぐるっと取《と》り巻《ま》く眼《め》

三葉虫類《さんようちゅうるい》には、たくさんの種《しゅ》がいたことがわかっています。しかし、その多《おお》くの種《しゅ》が海底《かいてい》を歩《ある》いていたのか、それとも水中《すいちゅう》を泳《およ》ぎまわっていたのかは、よくわかっていません。

そんな三葉虫類《さんようちゅうるい》の中《なか》で、この種《しゅ》はきっと泳《およ》いでいただろう、と考《かんが》えられているものがいくつかいます。モロッコから化石《かせき》が発見《はっけん》されている三葉虫類《さんようちゅうるい》の「シンフィソプス」がその一《ひと》つです。

シンフィソプスは、大《おお》きさ数《すう》センチメートルの三葉虫類《さんようちゅうるい》で、頭部《とうぶ》に1本《ぽん》の小《ちい》さな角《つの》がありました。最大《さいだい》の特徴《とくちょう》は、その頭部《とうぶ》をぐるりと取《と》り巻《ま》く大《おお》きな一《ひと》つの複眼《ふくがん》です。

複眼《ふくがん》の場所《ばしょ》から考《かんが》えて、シンフィソプスは前《まえ》と左右《さゆう》、そして上下《じょうげ》も一度《いちど》に見渡《みわた》すことができたとみられています。海底《かいてい》を歩《ある》くだけでは、下《した》を見《み》る必要《ひつよう》はありません。水中《すいちゅう》を泳《およ》ぎまわる生活《せいかつ》をしていた方《ほう》が、この眼《め》を十分《じゅうぶん》に活《い》かせそうです。

また、この眼《め》をもっと活《い》かすために、腹側《はらがわ》を上《うえ》に、背側《せがわ》を下《した》に向《む》けて、まるで背泳《せおよ》ぎをするように泳《およ》いでいたのではないかという説《せつ》もあります。

泳《およ》ぐのに適《てき》した体《からだ》

アメリカから化石《かせき》が発見《はっけん》されている「ヒポディクラノトゥス」も水中《すいちゅう》を泳《およ》いでいたとみられている三葉虫類《さんようちゅうるい》です。

ヒポディクラノトゥスは、シンフィソプスと同《おな》じくらいの大《おお》きさで、帯《おび》のような形《かたち》の複眼《ふくがん》をもっていました。この複眼《ふくがん》で、前後左右《ぜんごさゆう》の広《ひろ》い範囲《はんい》を見《み》ることができたでしょう。

ヒポディクラノトゥスの体《からだ》は、平《ひら》たくて丸《まる》みをおびた形《かたち》をしていました。このような形《かたち》は、泳《およ》ぐときに水《みず》の抵抗《ていこう》を小《ちい》さくするのに役立《やくだ》ったと考《かんが》えられています。生《い》きているときの姿《すがた》が観察《かんさつ》できなくても、こうして眼《め》や体《からだ》の形《かたち》からわかることはたくさんあるのです。

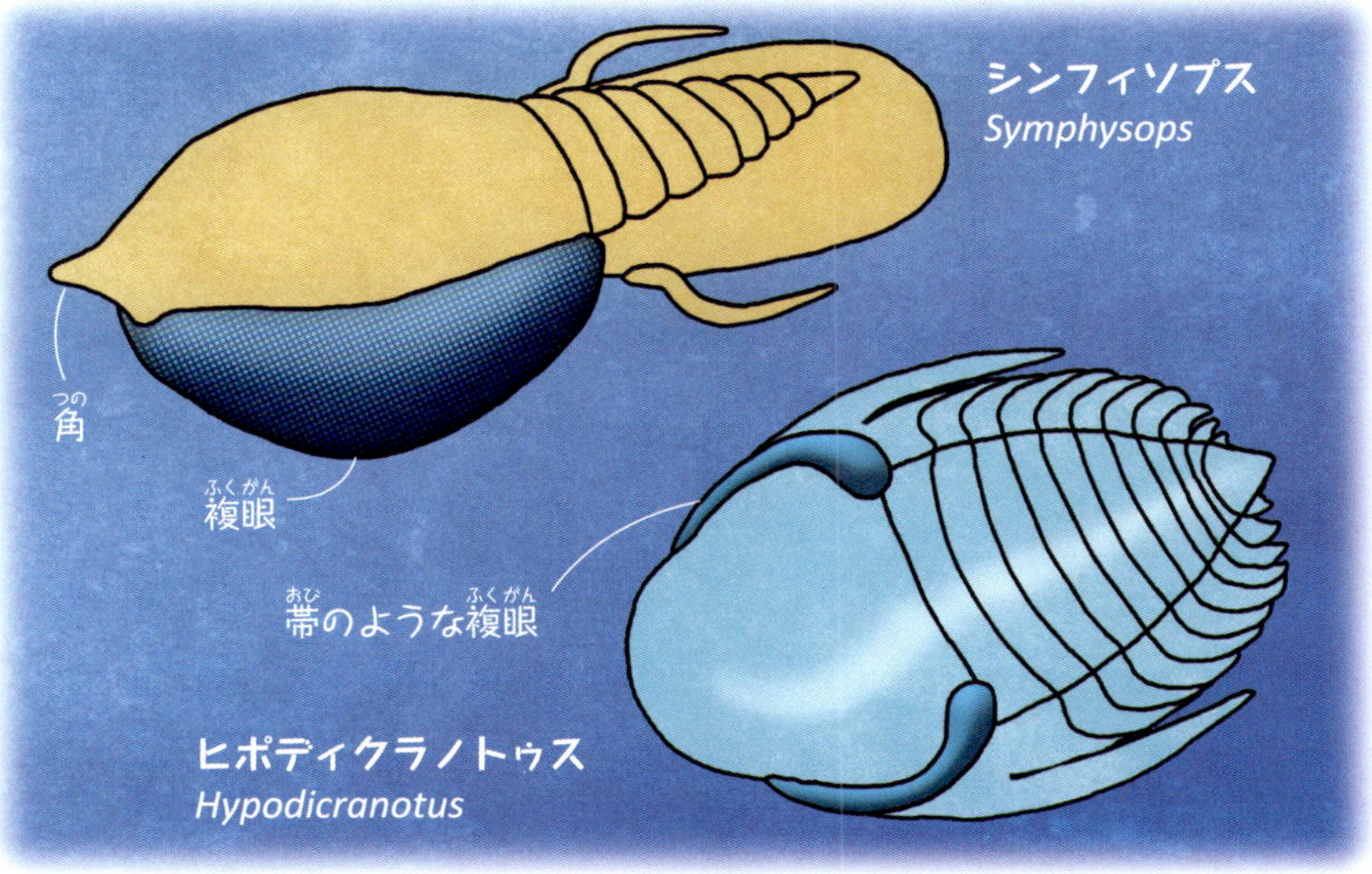

もっとしりたい！
すべての三葉虫類《さんようちゅうるい》の眼《め》は、現在《げんざい》の昆虫類《こんちゅうるい》と同《おな》じ複眼《ふくがん》でした。ただし、複眼《ふくがん》を構成《こうせい》するレンズのサイズは、種《しゅ》によって大《おお》きく異《こと》なっていました。

全身《ぜんしん》がとげだらけの三葉虫類《さんようちゅうるい》
ボエダスピス

オルドビス紀《き》

新生代《しんせいだい》　中生代《ちゅうせいだい》　古生代《こせいだい》　先カンブリア時代《じだい》

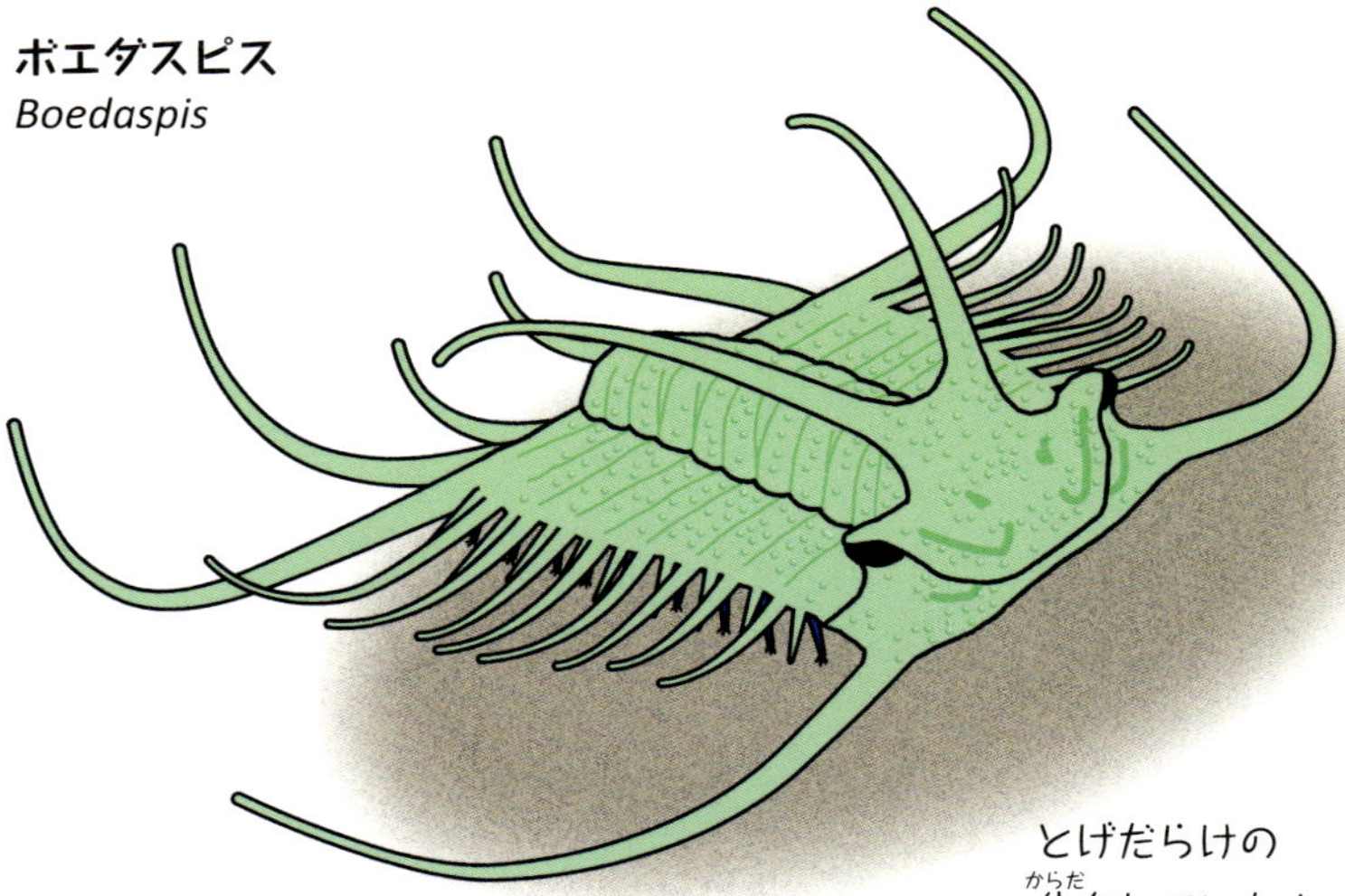

ボエダスピス
Boedaspis

とげだらけの体《からだ》をしていた！

全身《ぜんしん》とげだらけ！

47ページで紹介《しょうかい》したオレノイデスや、48ページのエルラシアなど、カンブリア紀《き》の三葉虫類《さんようちゅうるい》は平《ひら》たい体《からだ》のものがほとんどで、どれも姿《すがた》が似《に》ていました。しかし、オルドビス紀以降《きいこう》の三葉虫類《さんようちゅうるい》は、立体的《りったいてき》にさまざまな特徴《とくちょう》のある〝派手《はで》〟な種《しゅ》が多《おお》く現《あらわ》れました。

ロシアなどから化石《かせき》が発見《はっけん》されている「ボエダスピス」も、そんな派手《はで》な三葉虫類《さんようちゅうるい》の一《ひと》つです。しかも、オルドビス紀《き》の三葉虫類《さんようちゅうるい》の中《なか》では最《もっと》も派手《はで》な種《しゅ》の一《ひと》つでした。

ボエダスピスは、10センチメートルほどの大《おお》きさの三葉虫類《さんようちゅうるい》です。特徴《とくちょう》はたくさんのかたいとげをもっていたことです。

頭部《とうぶ》には左右《さゆう》に1本《ぽん》ずつの長《なが》いとげがあり、後頭部《こうとうぶ》からも1対《つい》2本《ほん》の長《なが》いとげがのびていました。体《からだ》の左右《さゆう》にもたくさんのとげがあります。体《からだ》の左右《さゆう》のとげは、短《みじか》いとげと長《なが》いとげが交互《こうご》にのびていて、後《うし》ろにいくほど、そのとげは長《なが》くなっていきました。尾部《びぶ》にも長《なが》いとげと短《みじか》いとげが並《なら》んでいました。

ボエダスピスは、全身《ぜんしん》をとげで武装《ぶそう》した三葉虫類《さんようちゅうるい》だったのです。ウミサソリ類《るい》のような大型《おおがた》の捕食者《ほしょくしゃ》から身《み》を守《まも》るのに役立《やくだ》ったかもしれません。

時代《じだい》を先取《さきど》り？

実《じつ》は、ボエダスピスのような全身《ぜんしん》とげだらけの三葉虫類《さんようちゅうるい》は、オルドビス紀《き》から数千万年後《すうせんまんねんご》のデボン紀《き》の世界《せかい》では、たくさん現《あらわ》れます。116ページからいくつかの種類《しゅるい》を紹介《しょうかい》しますので楽《たの》しみにしていてくださいね。

オルドビス紀《き》には、ボエダスピスのような派手《はで》な三葉虫類《さんようちゅうるい》は〝少数派《しょうすうは》〟でした。その意味《いみ》では、ボエダスピスは時代《じだい》の先取《さきど》りをしていたのかもしれません。

もっとしりたい！

岩石《がんせき》の中《なか》からこうしたとげのある化石《かせき》を掘《ほ》り出《だ》すのはとても大変《たいへん》です。専門《せんもん》の職人《しょくにん》がさまざまな道具《どうぐ》や薬品《やくひん》を使《つか》って、長《なが》い時間《じかん》をかけて掘《ほ》り出《だ》します。

2月15日

読《よ》んだ日《ひ》 月 日 月 日

巨《きょ》大《だい》な殻《から》をもつハンター
カメロケラス

オルドビス紀《き》

新《しん》生《せい》代《だい》 中《ちゅう》生《せい》代《だい》 古《こ》生《せい》代《だい》 先《せん》カンブリア時代《じだい》

まっすぐな殻《から》

タコやイカを含《ふく》む動物《どうぶつ》グループのことを「頭足類《とうそくるい》」といいます。頭足類《とうそくるい》は、軟体動物《なんたいどうぶつ》という、より大《おお》きなグループの一員《いちいん》です。化石《かせき》としてみつかる頭足類《とうそくるい》では、アンモナイトの仲間《なかま》が有名《ゆうめい》です。また、45ページで紹介《しょうかい》したイカのような姿《すがた》のネクトカリスも頭足類《とうそくるい》だと考《かんが》えられています。

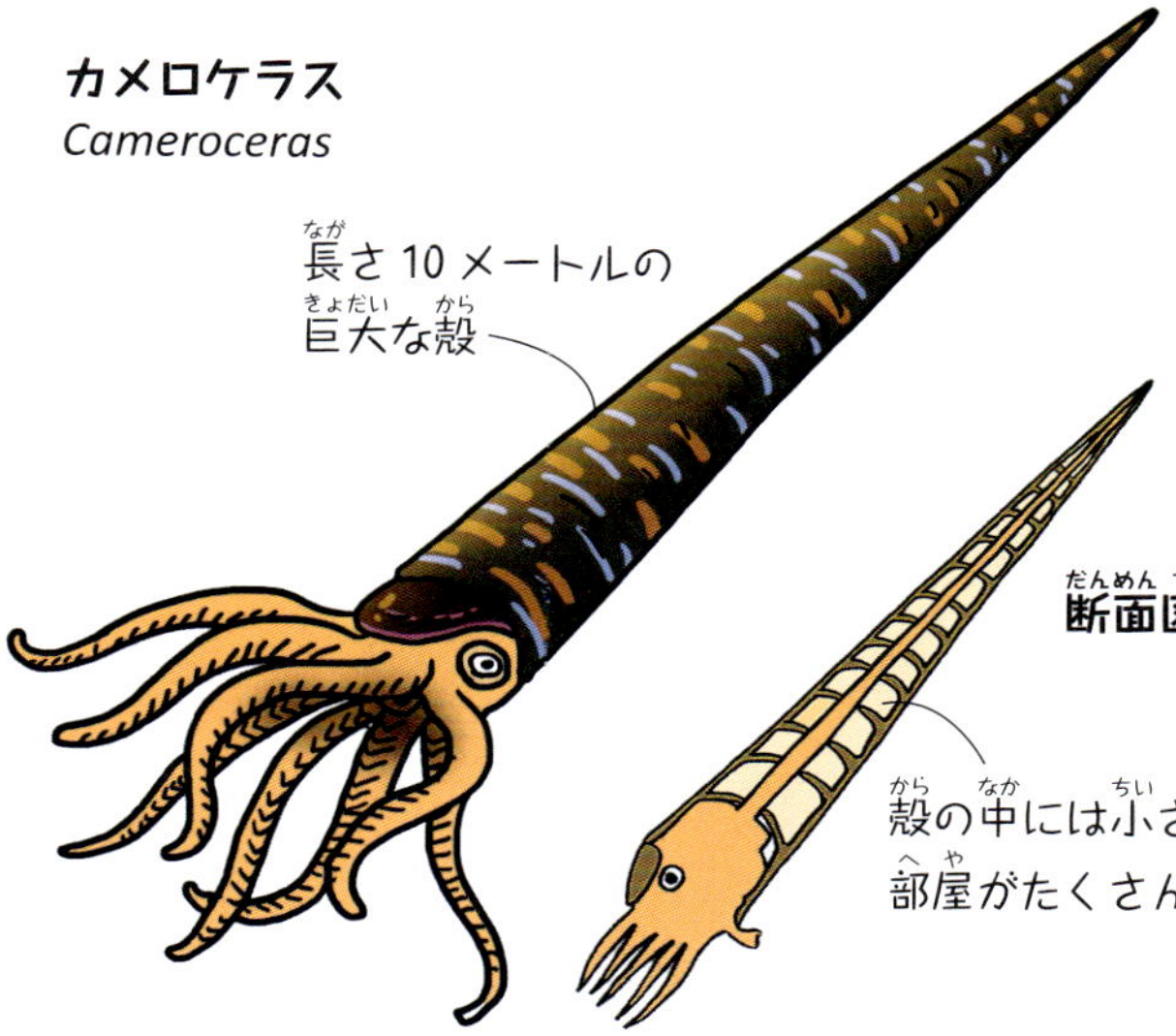

オルドビス紀《き》になると、巨大《きょだい》な殻《から》をもつ頭足類《とうそくるい》が現《あらわ》れました。「カメロケラス」です。殻《から》の大《おお》きさは長《なが》さが10メートルをこえ、まっすぐにのびていました。10メートルといえば、バスと同《おな》じくらいの長《なが》さです！

殻《から》の形《かたち》は、工事現場《こうじげんば》にある三角《さんかく》コーンを細長《ほそなが》くしたような円錐形《えんすいけい》です。化石《かせき》でみつかるのはその殻《から》の部分《ぶぶん》だけですが、おそらく本体《ほんたい》はタコやイカのような姿《すがた》をしていて、たくさんの腕《うで》をもっていたと考《かんが》えられています。

現在《げんざい》の海《うみ》でも、タコやイカはたいへん賢《かしこ》くどう猛《もう》なハンターです。それがオルドビス紀《き》の海《うみ》では、巨大《きょだい》な殻《から》をもっていたのです！ 三葉虫類《さんようちゅうるい》をはじめとする多《おお》くの動物《どうぶつ》にとって、とても恐《おそ》ろしい天敵《てんてき》だったことでしょう。

殻《から》の中《なか》には部屋《へや》がいっぱい

カメロケラスのような頭足類《とうそくるい》の殻《から》の中《なか》には、小《ちい》さな部屋《へや》がたくさん並《なら》んでいました。それぞれの部屋《へや》には本体《ほんたい》からのびる細《ほそ》いチューブがつながっていました。そのチューブを使《つか》って部屋《へや》の中《なか》の液体《えきたい》の量《りょう》を変《か》えることで、殻《から》を重《おも》くしたり軽《かる》くしたりして、浮《う》いたり沈《しず》んだりしていたようです。

化石《かせき》を見《み》たい！ 群馬県立自然史博物館《ぐんまけんりつしぜんしはくぶつかん》

カメロケラスに近縁《きんえん》の「エオソミチェリモセラス」の化石《かせき》が展示《てんじ》されています。

群馬県立自然史博物館

もっとしりたい！ まっすぐな円錐形《えんすいけい》の殻《から》をもつカメロケラスのような頭足類《とうそくるい》のことを「直角貝《ちょっかくがい》」とよぶこともあります。

100年《ねん》以《い》上《じょう》も謎《なぞ》だった コノドント

いろんな形《かたち》の謎《なぞ》の化石《かせき》

古生代《こせいだい》のすべての時代《じだい》と、その次《つぎ》の時代《じだい》である中生代《ちゅうせいだい》の三畳紀《さんじょうき》の地層《ちそう》から、「コノドント」とよばれる化石《かせき》がたくさんみつかっています。

コノドントとは、大《おお》きくても5ミリメートルほどの化石《かせき》です。形《かたち》はさまざまで、とげのような形《かたち》、髪《かみ》をとかすくしのような形《かたち》、あるいは動物《どうぶつ》の骨《ほね》のような形《かたち》などがあります。コノドントはいったいどんな生物《せいぶつ》の化石《かせき》なのでしょう？

その謎《なぞ》をめぐって、研究者《けんきゅうしゃ》は100年以上《ねんいじょう》も議論《ぎろん》を重《かさ》ねてきました。魚《さかな》の仲間《なかま》の歯《は》であるという説《せつ》や、三葉虫類《さんようちゅうるい》のあし、ゴカイなどのあごといったさまざまな仮説《かせつ》が提案《ていあん》されました。44ページで登場《とうじょう》したオドントグリフスの口《くち》の周辺《しゅうへん》の化石《かせき》であると考《かんが》えられたこともあります。しかし、どれも決《き》め手《て》に欠《か》けていました。

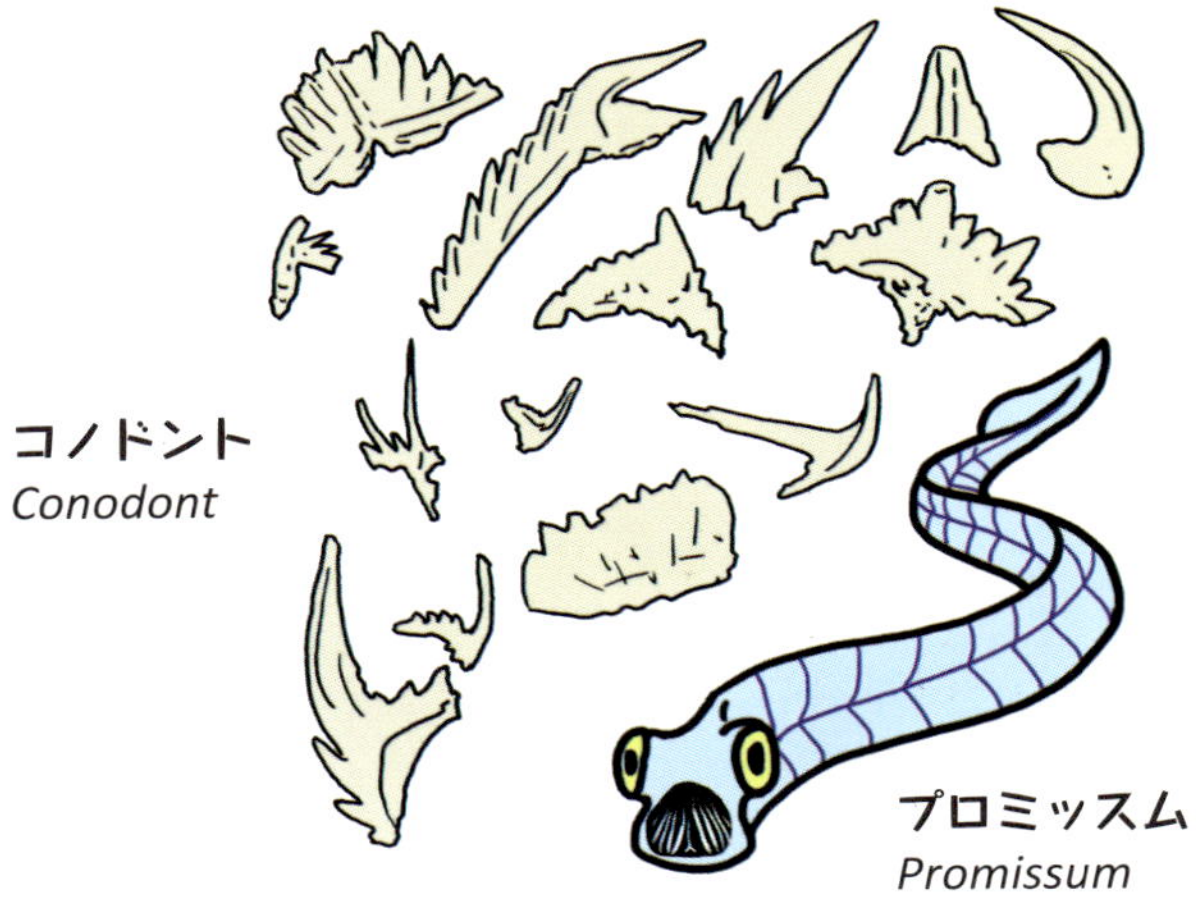

口《くち》の中《なか》に生《は》えていた？

決《き》め手《て》となったのは、あるコノドントが、眼《め》の化石《かせき》と一緒《いっしょ》に発見《はっけん》されたことです。この眼《め》の化石《かせき》には「プロミッスム」という名前《なまえ》がつけられました。そして、プロミッスムは、あごのないサカナの一種《いっしゅ》ではないか、と考《かんが》えられたのです。

プロミッスムとコノドントは、どのような関係《かんけい》にあるのでしょうか？　現在《げんざい》、研究者《けんきゅうしゃ》たちは、プロミッスムの口《くち》の奥《おく》にあった、体《からだ》の部品《ぶひん》のようなものがコノドントなのではないか、と考《かんが》えています。

ただし、コノドントが何《なん》の役《やく》に立《た》っていたのかについてはまだよくわかっていません。歯《は》だった、という説《せつ》もあります。謎《なぞ》の化石《かせき》は、まだ謎《なぞ》のままなのです。

化石《かせき》を見《み》たい！

産業技術総合研究所《さんぎょうぎじゅつそうごうけんきゅうしょ》 地質標本館《ちしつひょうほんかん》

実物《じつぶつ》化石《かせき》が展示《てんじ》されています。小《ちい》さな化石《かせき》なので見逃《みのが》さないように！

ここでもみられます！
群馬県立自然史博物館　ほか

もっとしりたい！
コノドントはプロミッスムだけではなく、その近縁《きんえん》のサカナたちももっていたとみられています。

まんじゅうにのったヒトデ？

イソロフス

オルドビス紀《き》

新生代　中生代　古生代　先カンブリア時代

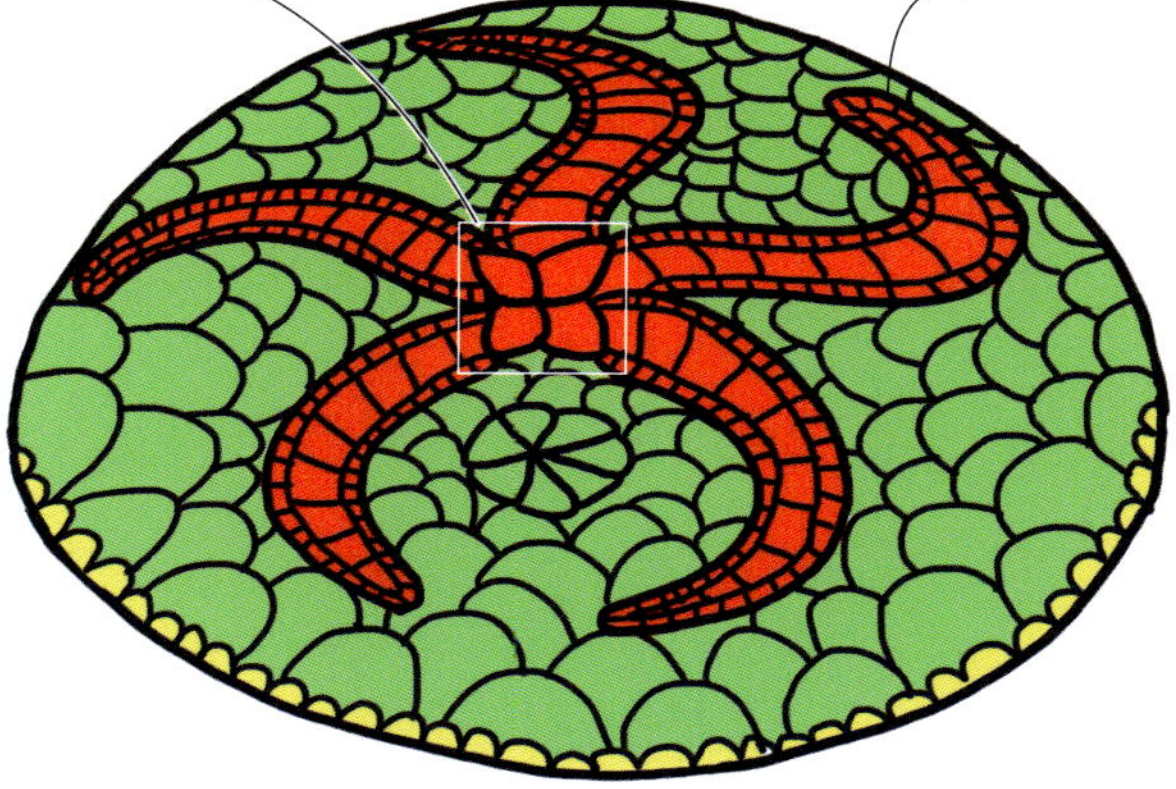

まんじゅうの上《うえ》に5本《ほん》の腕《うで》

ヒトデやウニを含《ふく》む動物《どうぶつ》グループのことを「棘皮動物《きょくひどうぶつ》」とよびます。棘皮動物《きょくひどうぶつ》の中《なか》にもいくつかの小《ちい》さなグループがあり、その中《なか》にはすでに絶滅《ぜつめつ》しているものもあります。

アメリカから化石《かせき》が発見《はっけん》されている「イソロフス」もそうした絶滅《ぜつめつ》した棘皮動物《きょくひどうぶつ》の一《ひと》つです。

イソロフスは、数《すう》センチメートルほどの大《おお》きさで、和菓子《わがし》のまんじゅうのような形《かたち》をしていました。体《からだ》の表面《ひょうめん》はたくさんの小《ちい》さな骨《ほね》の破片《はへん》で覆《おお》われていました。

体《からだ》の上側《うえがわ》には、現在《げんざい》のヒトデと同《おな》じような5本《ほん》の腕《うで》がはりついていました。まるでまんじゅうの上《うえ》にヒトデがのったような姿《すがた》をしていたのです。

もともとは3本《ぼん》？

イソロフスのような棘皮動物《きょくひどうぶつ》を含《ふく》むグループは、「座《ざ》ヒトデ類《るい》」とよばれています。

座《ざ》ヒトデ類《るい》の口《くち》は、5本《ほん》の腕《うで》が集《あつ》まるところにありました。腕《うで》そのものは動《うご》きませんが、腕《うで》の表面《ひょうめん》に生《は》えた小《ちい》さなあしがバケツリレーをするようにして、口《くち》まで食《た》べ物《もの》を運《はこ》んでいたようです。

座《ざ》ヒトデ類《るい》の5本《ほん》の腕《うで》をよく見《み》ると、1本《ぽん》、2本《ほん》、2本《ほん》の三《みっ》つに分《わ》けることができます。そのため、座《ざ》ヒトデ類《るい》の腕《うで》はもともとは3本《ぼん》で、進化《しんか》して5本《ほん》の腕《うで》に分《わ》かれたのではないか、とも考《かんが》えられています。

座《ざ》ヒトデ類《るい》は、オルドビス紀《き》のあとにもいろいろな種《しゅ》が現《あらわ》れましたが、古生代《こせいだい》の終《お》わりに絶滅《ぜつめつ》しました。

化石《かせき》を見《み》たい！　豊橋市自然史博物館《とよはしししぜんしはくぶつかん》

とても小《ちい》さいですがイソロフスの実物化石《じつぶつかせき》が展示《てんじ》されています。

もっとしりたい！
棘皮動物《きょくひどうぶつ》の体《からだ》の表面《ひょうめん》には、細《ほそ》くてやわらかい管《くだ》がたくさんあり、動《うご》かすことができます。これを「管足《かんそく》」といいます。イソロフスの腕《うで》にも管足《かんそく》があり、これで食《た》べ物《もの》を運《はこ》んでいたと考《かんが》えられています。

2月 18日
読《よ》んだ日《ひ》
月　日
月　日

四《し》角《かく》い体《からだ》にとげが2本《ほん》
エノプロウラ

オルドビス紀《き》

新生代《しんせいだい》 | 中生代《ちゅうせいだい》 | 古生代《こせいだい》 | 先《せん》カンブリア時代《じだい》

四角形《しかくけい》の体《からだ》と1本《ぽん》の腕《うで》

棘皮動物《きょくひどうぶつ》は、ウニ類《るい》やヒトデ類《るい》を含《ふく》む動物《どうぶつ》グループです。絶滅《ぜつめつ》してしまいましたが、67ページのイソロフスのような座《ざ》ヒトデ類《るい》も棘皮動物《きょくひどうぶつ》です。

絶滅《ぜつめつ》した棘皮動物《きょくひどうぶつ》は、座《ざ》ヒトデ類《るい》のほかにもいました。アメリカの地層《ちそう》から化石《かせき》が発見《はっけん》されている「エノプロウラ」がその一《ひと》つです。「海果類《かいかるい》」というグループに分類《ぶんるい》されます。

エノプロウラは10センチメートルよりも少《すこ》し小《ちい》さい動物《どうぶつ》で、四角形《しかくけい》の胴体《どうたい》をもち、そこから1本《ぽん》の腕《うで》のようなつくりがのびています。この腕《うで》のようなつくりと反対側《はんたいがわ》の胴体《どうたい》からは、左右《さゆう》1本《ぽん》ずつのとげがあり、その間《あいだ》には肛門《こうもん》とみられる横長《よこなが》の孔《あな》がありました。なんとも不思議《ふしぎ》なつくりをした動物《どうぶつ》です。

エノプロウラはオルドビス紀《き》の動物《どうぶつ》ですが、海果類《かいかるい》そのものはカンブリア紀《き》に現《あらわ》れました。その後《ご》、石炭紀《せきたんき》までの間《あいだ》にいくつかの種《しゅ》が生《う》まれ、石炭紀《せきたんき》に絶滅《ぜつめつ》しています。

腕《うで》はよく曲《ま》がる

エノプロウラの腕《うで》のようなつくりをよく見《み》ると、節《ふし》があります。この節《ふし》で腕《うで》のようなつくりを曲《ま》げることができたようです。節《ふし》はたくさんありますから、とてもよく曲《ま》がったことでしょう。

ところが、この腕《うで》のようなつくりを何《なに》に使《つか》っていたのかがよくわかっていません。くねらせることで移動《いどう》していたのか、それとも、海底《かいてい》の何《なに》かにくっつくときに使《つか》っていたのか。その役割《やくわり》は謎《なぞ》に包《つつ》まれているのです。

なお、エノプロウラが分類《ぶんるい》される海果類《かいかるい》は「カルポイド類《るい》」とよばれることもあります。

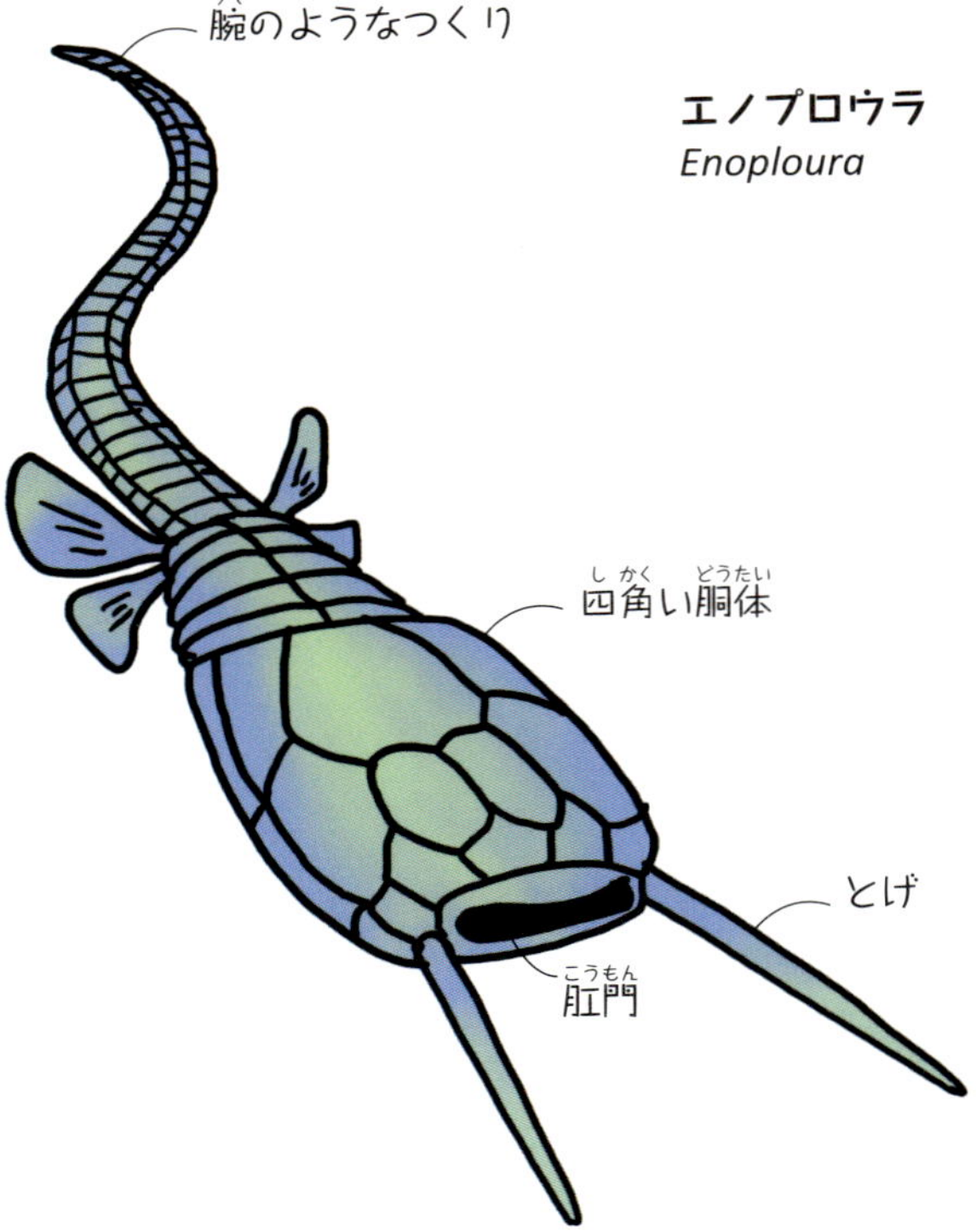

もっとしりたい!
海果類《かいかるい》は、ほかの棘皮動物《きょくひどうぶつ》の体《からだ》でみられるような「5放射相称《ほうしゃそうしょう》」になっていません。5放射相称《ほうしゃそうしょう》については23ページで紹介《しょうかい》しています。

うろこをもった最初《さいしょ》のサカナ
アランダスピス

オルドビス紀《き》

新生代《しんせいだい》	中生代《ちゅうせいだい》	古生代《こせいだい》	先カンブリア時代

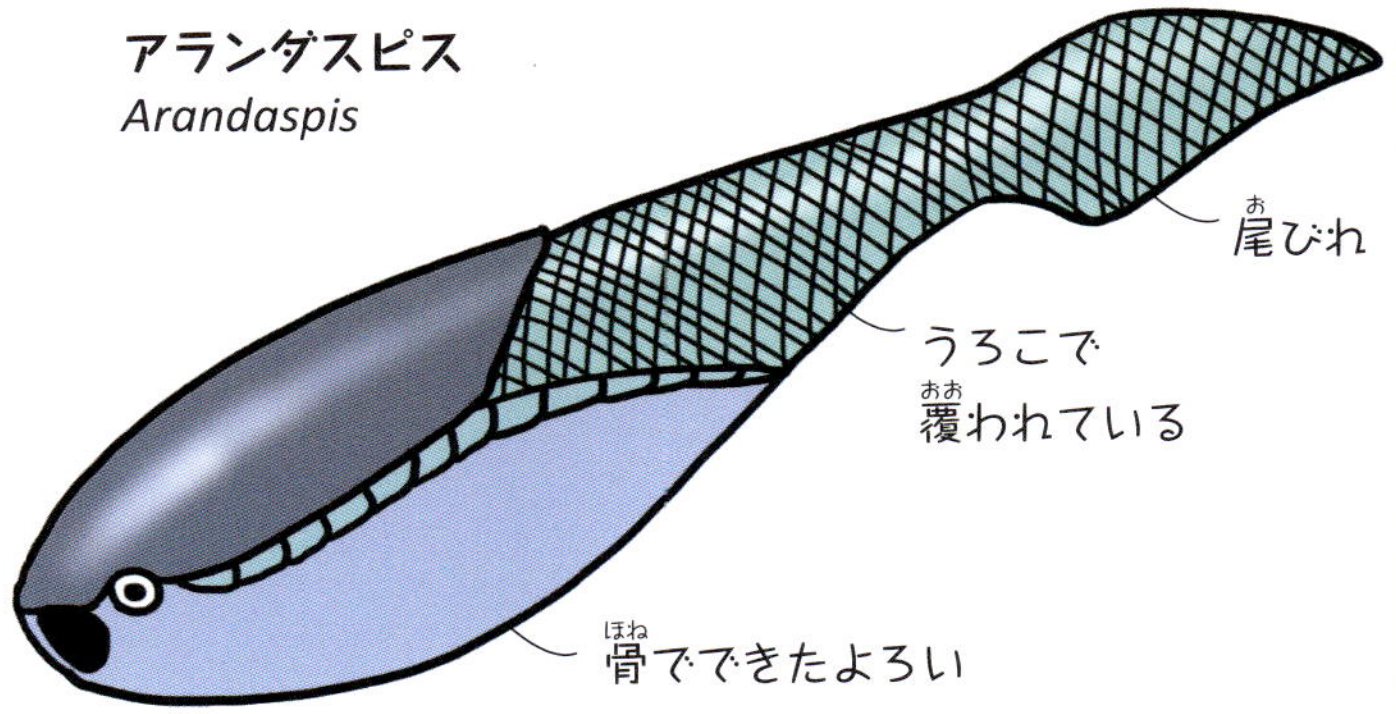

あごのないサカナの進化《しんか》

私《わたし》たちと同《おな》じ脊椎動物《せきついどうぶつ》の中《なか》で、最初《さいしょ》に現《あらわ》れたのは魚《さかな》の仲間《なかま》でした。53ページで紹介《しょうかい》した、最古《さいこ》の魚《さかな》の仲間《なかま》であるカンブリア紀《き》のミロクンミンギアは、私《わたし》たちの親指《おやゆび》よりも小《ち》さく、そしてあごをもっていませんでした。こうしたサカナのことを「無顎類《むがくるい》」とよぶことがあります。

オルドビス紀《き》になると、ちょっとだけ進化《しんか》した無顎類《むがくるい》が現《あらわ》れます。それが「アランダスピス」です。

アランダスピスの大《おお》きさは最大《さいだい》で20センチメートルほどでした。ミロクンミンギアの5倍以上《ばいいじょう》の大《おお》きさです。また、アランダスピスは体《からだ》の後《うし》ろ半分《はんぶん》の表面《ひょうめん》をうろこで覆《おお》っていました。

泳《およ》ぐのは下手《へた》だった？

うろこをもっていたということは、とても大事《だいじ》なポイントです。

うろこがあることで、サカナは自分《じぶん》の体《からだ》を守《まも》ることができます。また、うろこがあると、水《みず》の中《なか》を泳《およ》ぐ際《さい》に、水《みず》の抵抗《ていこう》を減《へ》らすことができると考《かんが》えられています。

また、アランダスピスの体《からだ》の前半分《まえはんぶん》は、骨《ほね》でできたよろいのようになっていました。このように、アランダスピスは魚《さかな》の仲間《なかま》として、"一歩進《いっぽすす》んだ"体《からだ》をもっていたのです。

ただし、アランダスピスの体《からだ》にはひれがたった一《ひと》つしかありませんでした。尾《お》びれしかなかったのです。背《せ》びれや胸《むな》びれ、しりびれなど、現在《げんざい》の多《おお》くの魚《さかな》の仲間《なかま》がもつひれをもっていませんでした。そのため、アランダスピスは泳《およ》ぐのはあまり上手《じょうず》ではなかった、とみられています。

化石《かせき》を見《み》たい！ **福《ふく》井《い》県《けん》立《りつ》恐《きょう》竜《りゅう》博《はく》物《ぶつ》館《かん》**

アランダスピスの化石《かせき》の複製《ふくせい》が展示《てんじ》されています。

もっと しりたい！

あごのないアランダスピスは、海底《かいてい》の泥《どろ》を吸《す》いこんで、泥《どろ》に混《ま》ざっている食《た》べものを栄養《えいよう》として取《と》りこんでいたのではないか、とみられています。

大《おお》きな海《うみ》は渡《わた》れなかった!?

サカバンバスピス

オルドビス紀《き》

新《しん》生《せい》代《だい》 中《ちゅう》生《せい》代《だい》 古《こ》生《せい》代《だい》 先《せん》カンブリア時代《じだい》

上下《じょうげ》で形《かたち》のちがう尾《お》びれ

オルドビス紀《き》のサカナといえば、「サカバンバスピス」も有名《ゆうめい》です。

サカバンバスピスは30センチメートルほどの大《おお》きさで、ミロクンミンギアやアランダスピスと同《おな》じく、あごをもっていません。

サカバンバスピスの体《からだ》の前半分《まえはんぶん》は、骨《ほね》でできたよろいのようになっており、後《うし》ろ半分《はんぶん》はうろこで覆《おお》われていました。

体《からだ》には尾《お》びれと、尾《お》びれの先《さき》に小《ち》さなひれがついていました。サカバンバスピスの尾《お》びれは、上下《じょうげ》で形《かたち》と面積《めんせき》が異《こと》なっていたという特徴《とくちょう》があります。

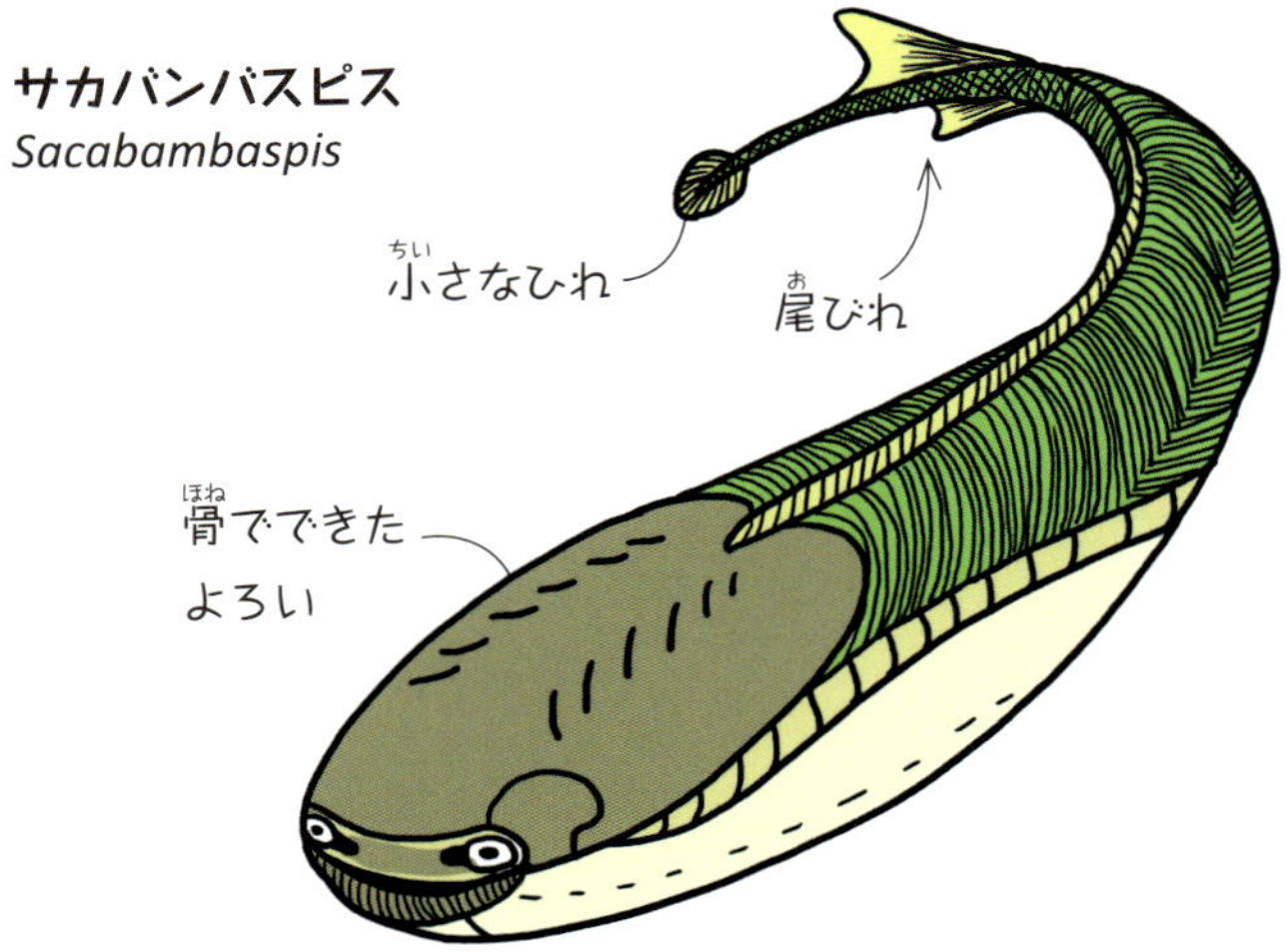

オルドビス紀《き》の南極《なんきょく》付近《ふきん》の地図《ちず》

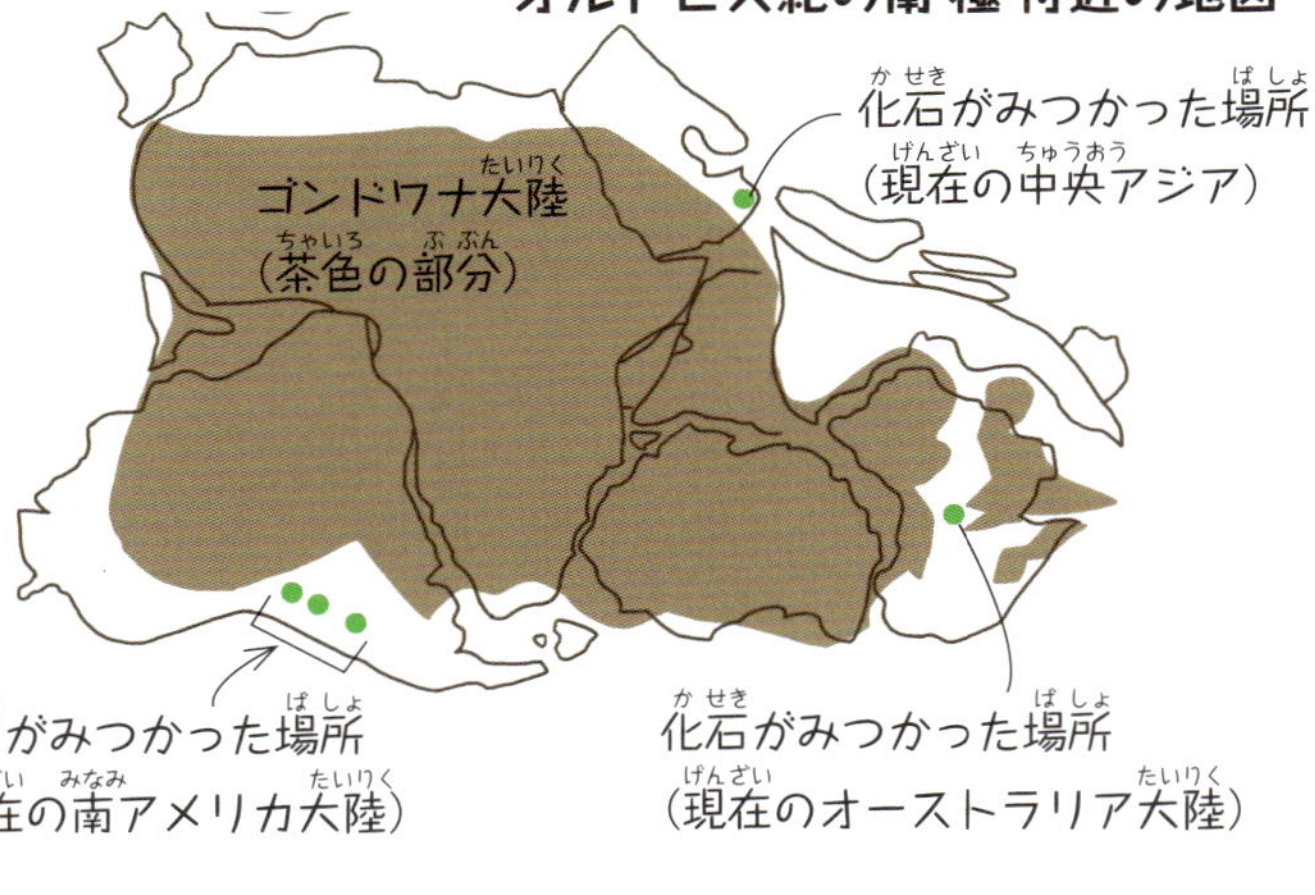

浅《あさ》い海《うみ》で繁栄《はんえい》

サカバンバスピスの化石《かせき》は、南《みなみ》アメリカ大陸《たいりく》とオーストラリア大陸《たいりく》、そして中央《ちゅうおう》アジアから発見《はっけん》されています。

現在《げんざい》の大陸《たいりく》の位置《いち》を考《かんが》えると、サカバンバスピスはまるで世界中《せかいじゅう》の海《うみ》で泳《およ》いでいたようにみえるかもしれません。しかし、オルドビス紀《き》の地球《ちきゅう》では、これらの大陸《たいりく》や地域《ちいき》は合体《がったい》して、ゴンドワナという一《ひと》つの大陸《たいりく》をつくっていました。サカバンバスピスの化石《かせき》は、その大陸《たいりく》の縁《ふち》の、浅《あさ》い海《うみ》があった場所《ばしょ》から発見《はっけん》されています。

このことから、サカバンバスピスは浅《あさ》い海《うみ》を伝《つた》って遠《とお》くまで泳《およ》ぐことはできても、水深《すいしん》が深《ふか》くなる大《おお》きな海《うみ》を渡《わた》ることはできなかったと考《かんが》えられています。

もっとしりたい!

サカバンバスピスの化石《かせき》は、ボリビアとオマーン、オーストラリアなどで発見《はっけん》されています。それぞれの国《くに》がどこにあるのか、地球儀《ちきゅうぎ》で調《しら》べてみましょう。

最初《さいしょ》のカブトガニ
ルナタスピス

オルドビス紀《き》

新生代《しんせいだい》	中生代《ちゅうせいだい》	古生代《こせいだい》	先《せん》カンブリア時代《じだい》

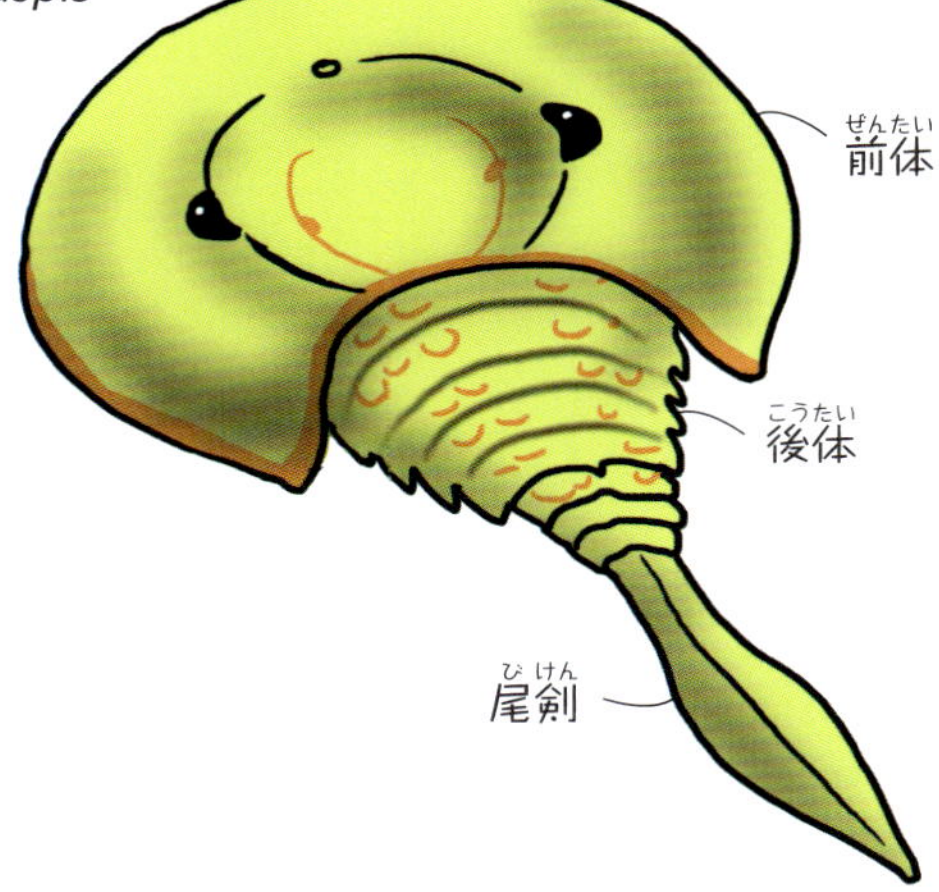

生《い》きている化石《かせき》

現在《げんざい》の地球《ちきゅう》には、「生《い》きている化石《かせき》」あるいは「生《い》きた化石《かせき》」とよばれる生物《せいぶつ》がいます。これらの生物《せいぶつ》は、実際《じっさい》に今《いま》、生《い》きています。しかし、化石《かせき》でみつかる祖先《そせん》の体《からだ》の形《かたち》が現在《げんざい》の生物《せいぶつ》とほとんど変《か》わりません。そのため、生《い》きている化石《かせき》とよばれているのです。

日本《にっぽん》の瀬戸内海《せとないかい》や九州《きゅうしゅう》の北部《ほくぶ》で見《み》ることのできる「カブトガニ」の仲間《なかま》も、生《い》きている化石《かせき》の一《ひと》つです。

日本《にっぽん》で見《み》られるカブトガニは、一部《いちぶ》が欠《か》けたフライパンのような形《かたち》の「前体《ぜんたい》」と、ほとんど六角形《ろっかくけい》の形《かたち》をした「後体《こうたい》」、そして「尾剣《びけん》」とよばれる鋭《するど》く長《なが》い尾《お》で体《からだ》がつくられています。後体《こうたい》の縁《ふち》には、小《ちい》さなとげが並《なら》んでいることも特徴《とくちょう》です。

ちがいはわずか

カブトガニの仲間《なかま》で最《もっと》も古《ふる》い化石《かせき》は、カナダのオルドビス紀《き》の地層《ちそう》から発見《はっけん》されています。その名前《なまえ》を「ルナタスピス」といいます。

ルナタスピスは、大《おお》きさ5センチメートルほどのカブトガニ類《るい》です。現在《げんざい》のカブトガニととてもよく似《に》た姿《すがた》をしています。

ルナタスピスと現在《げんざい》のカブトガニとのちがいは、ルナタスピスの後体《こうたい》の縁《ふち》にはとげがないこと、ルナタスピスの後体《こうたい》の表面《ひょうめん》に階段《かいだん》のようなつくりがあること、そして尾剣《びけん》の幅《はば》が少《すこ》し広《ひろ》いことなどのわずかな点《てん》だけです。

カブトガニの仲間《なかま》は、4億《おく》4000万年以上《まんねんいじょう》も昔《むかし》から、あまり姿《すがた》が変《か》わっていないのです。まさに、生《い》きている化石《かせき》、というわけです。

行《い》ってみよう！

笠岡市立《かさおかしりつ》 カブトガニ博物館《はくぶつかん》

カブトガニをテーマにした世界《せかい》でもめずらしい博物館《はくぶつかん》です。生《い》きているカブトガニを観察《かんさつ》することができます。

笠岡市立カブトガニ博物館

もっとしりたい！

カブトガニのことを英語《えいご》で「Horseshoe《ホースシュー》（馬《うま》の蹄《ひづめ》）crab《クラブ》（カニ）」とよびます。これは前体《ぜんたい》を馬《うま》の蹄《ひづめ》に見立《みた》てたことにちなむようです。

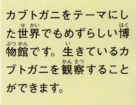

五大大量絶滅《ごだいたいりょうぜつめつ》の最初《さいしょ》の一《ひと》つ

オルドビス紀末大量絶滅事件《きまつたいりょうぜつめつじけん》

オルドビス紀《き》

新生代《しんせいだい》 | 中生代《ちゅうせいだい》 | 古生代《こせいだい》 | 先《せん》カンブリア時代《じだい》

多《おお》くの生物《せいぶつ》が同時《どうじ》に絶滅《ぜつめつ》！

生命《せいめい》の歴史《れきし》では、たくさんの生物《せいぶつ》が同《おな》じ時期《じき》に絶滅《ぜつめつ》するという大量絶滅事件《たいりょうぜつめつじけん》が何度《なんど》もおきました。古生代《こせいだい》カンブリア紀《き》から現在《げんざい》に至《いた》るまでにおきた絶滅事件《ぜつめつじけん》で、とくにたくさんの生物《せいぶつ》が絶滅《ぜつめつ》した5回《かい》の事件《じけん》のことを「ビッグ・ファイブ」とよびます。

オルドビス紀末《きまつ》には、ビッグ・ファイブの1回目《かいめ》となる大量絶滅《たいりょうぜつめつ》事件《じけん》がおきました。海《うみ》の動物《どうぶつ》の85パーセントの種《しゅ》が滅《ほろ》びたともいわれています。

このオルドビス紀末《きまつ》の大量絶滅《たいりょうぜつめつ》事件《じけん》では、とくに暖《あたた》かい海《うみ》で暮《く》らしていた無脊椎動物《むせきついどうぶつ》が滅《ほろ》びました。たとえば、三葉虫類《さんようちゅうるい》です。

三葉虫類《さんようちゅうるい》は、カンブリア紀《き》とオルドビス紀《き》の二《ふた》つの時代《じだい》にわたって大繁栄《だいはんえい》してきましたが、この大量絶滅事件《たいりょうぜつめつじけん》でかなり種《しゅ》の数《かず》を減《へ》らしました。完全《かんぜん》に絶滅《ぜつめつ》はしませんでしたが、その後《ご》、三葉虫類《さんようちゅうるい》が再《ふたた》び大繁栄《だいはんえい》することはありませんでした。

三葉虫類《さんようちゅうるい》の多《おお》くは
寒《さむ》さに耐《た》えられなかった？

寒《さむ》くなったことが原因《げんいん》？

オルドビス紀末《きまつ》の大量絶滅事件《たいりょうぜつめつじけん》は、地球《ちきゅう》がひどく冷《ひ》えこんだことが原因《げんいん》ではないか、という見方《みかた》が有力《ゆうりょく》です。当時《とうじ》、南半球《みなみはんきゅう》を中心《ちゅうしん》に超巨大《ちょうきょだい》な氷河《ひょうが》があったとみられています。

地球全体《ちきゅうぜんたい》が寒《さむ》くなると、それまで寒《さむ》いところにいた種《しゅ》は、それまで暖《あたた》かかったところに避難《ひなん》することができます。しかし、最初《さいしょ》から暖《あたた》かいところにいた種《しゅ》は、避難《ひなん》する場所《ばしょ》がありません。その結果《けっか》、暖《あたた》かいところにいた種《しゅ》が滅《ほろ》んだのでないか、と考《かんが》えられています。

オルドビス紀末《きまつ》の大量絶滅事件《たいりょうぜつめつじけん》は、ビッグ・ファイブの最初《さいしょ》の事件《じけん》です。ビッグ・ファイブの残《のこ》る4回《かい》は、古生代《こせいだい》と中生代《ちゅうせいだい》にそれぞれ2回《かい》ずつおきます。

もっとしりたい！
オルドビス紀末《きまつ》の大量絶滅事件《たいりょうぜつめつじけん》は、正確《せいかく》には2回《かい》に分《わ》けて起《お》きたのではないか、ともいわれています。

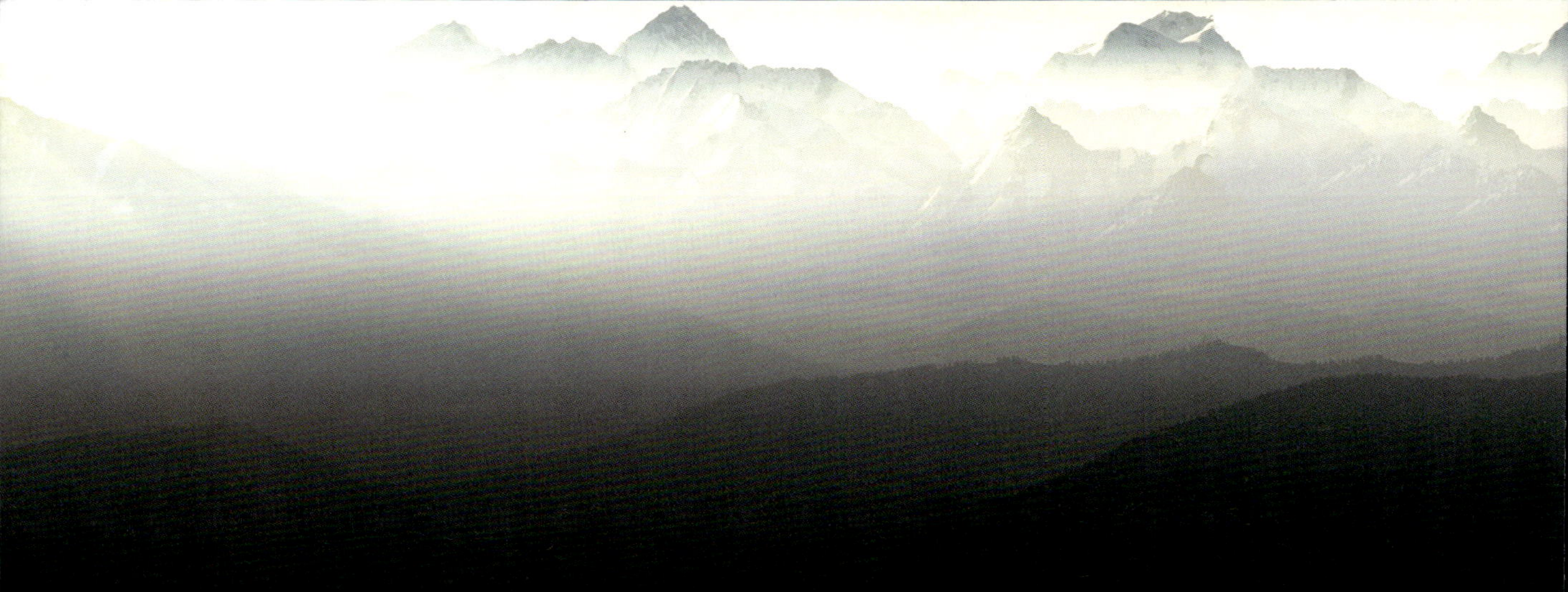

シルル紀《き》

「シルル紀《き》」は、古生代《こせいだい》3番目《ばんめ》の時代《じだい》です。古生代《こせいだい》には六《むっ》つの時代《じだい》がありますから、この時代《じだい》で古生代《こせいだい》の半分《はんぶん》まで読《よ》んできたことになります。およそ4億《おく》4400万年前《まんねんまえ》に始《はじ》まって、4億《おく》1900万年前《まんねんまえ》ごろまで続《つづ》きました。とても暖《あたた》かい時代《じだい》だったことがわかっています。この時代《じだい》の動物《どうぶつ》たちも、これまでと同《おな》じように海《うみ》で暮《く》らすものがほとんどでした。また、たくさんの魚《さかな》の仲間《なかま》が登場《とうじょう》し始《はじ》めるのもこのシルル紀《き》です。

地球《ちきゅう》がとても暖《あたた》かくなった
シルル紀《き》

シルル紀《き》の地球《ちきゅう》

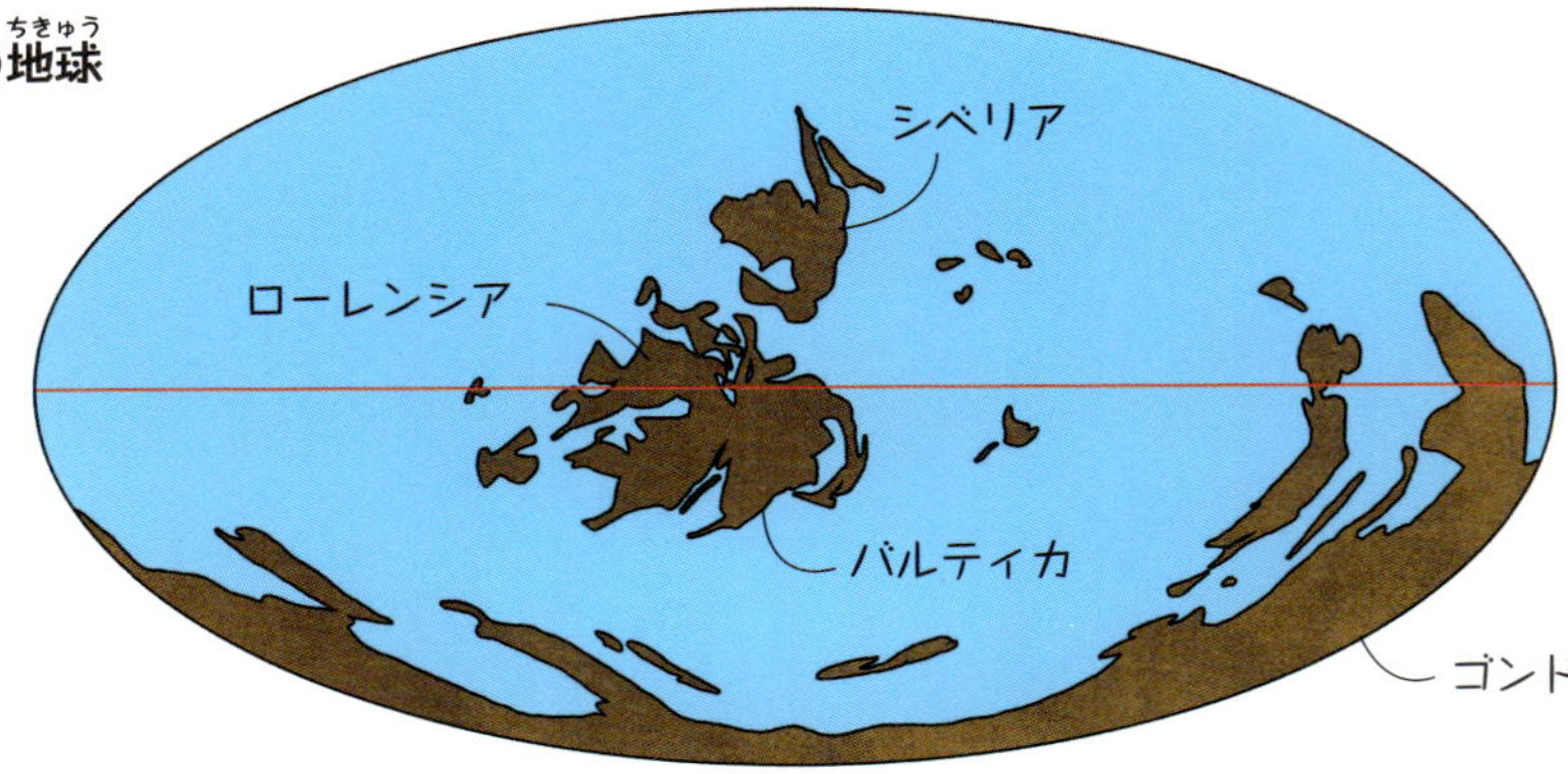

古生代《こせいだい》で3番目《ばんめ》の時代《じだい》

古生代《こせいだい》のオルドビス紀《き》に続《つづ》く3番目《ばんめ》の時代《じだい》が「シルル紀《き》」です。

シルル紀《き》は、今《いま》からおよそ4億《おく》4400万年前《まんねんまえ》に始《はじ》まりました。2500万年間続《まんねんかんつづ》いたのち、4億《おく》1900万年前《まんねんまえ》ごろに終《お》わりを迎《むか》えました。この2500万年《まんねん》という期間《きかん》は、古生代《こせいだい》にある六《むっ》つの紀《き》の中《なか》では最《もっと》も短《みじか》いものです。

シルル紀《き》になると、それまでの地球《ちきゅう》とは少《すこ》しちがいがでてきます。相変《あいか》わらず陸《りく》には植物《しょくぶつ》が本格的《ほんかくてき》には茂《しげ》っていませんが、大陸《たいりく》の配置《はいち》が大《おお》きく変《か》わったのです。

オルドビス紀《き》までは、南半球《みなみはんきゅう》に巨大《きょだい》な大陸《たいりく》のゴンドワナがあり、そのほかにローレンシア、シベリア、バルティカという三《みっ》つの大陸《たいりく》がありました。シルル紀《き》の間《あいだ》に、そのうちのローレンシアとバルティカが合体《がったい》して、一《ひと》つの大陸《たいりく》となったのです。この新しくできた大きな大陸もローレンシアとよばれます。

とくに暖《あたた》かい時代《じだい》だった

オルドビス紀末《きまつ》は、生物《せいぶつ》が大量《たいりょう》に絶滅《ぜつめつ》してしまうようなひどく寒《さむ》い時期《じき》でした。この寒《さむ》さが去《さ》ると、みるみるうちに温暖化《おんだんか》が進《すす》み、とても暖《あたた》かい時代《じだい》になりました。シルル紀《き》は、地球《ちきゅう》の歴史《れきし》の中《なか》でもとくに暖《あたた》かい時代《じだい》の一《ひと》つなのです。

海《うみ》の水面《すいめん》の高《たか》さも高《たか》くなり、大陸《たいりく》の縁《ふち》があちこちで水《みず》の中《なか》に沈《しず》んでいきました。こうしてできた浅《あさ》い海《うみ》では、礁《しょう》とよばれる地形《ちけい》がつくられました。その礁《しょう》では、多《おお》くの動物《どうぶつ》たちが繁栄《はんえい》しました。

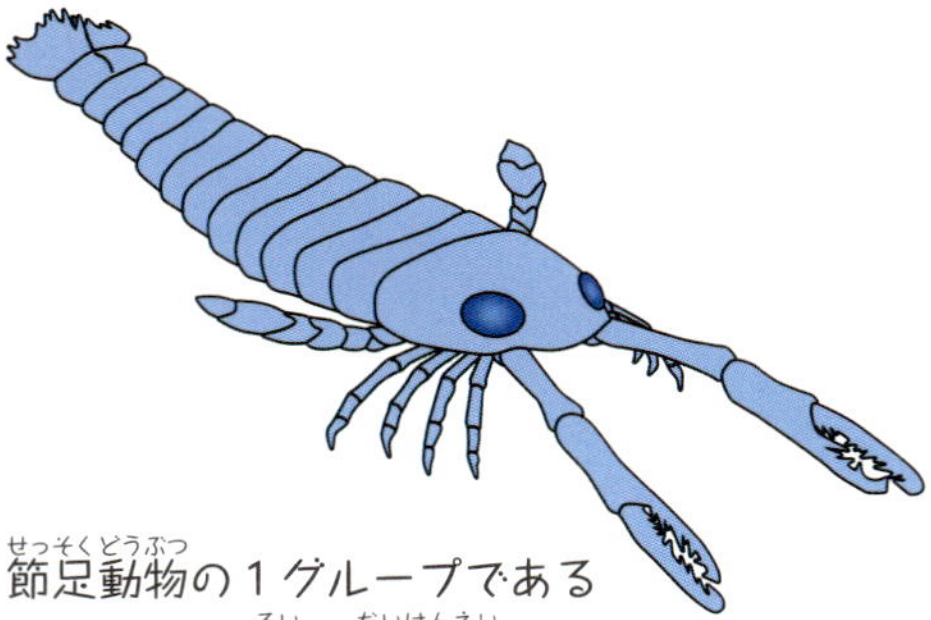

節足動物《せっそくどうぶつ》の1グループであるウミサソリ類《るい》が大繁栄《だいはんえい》した時代《じだい》です。

もっとしりたい!
シルルという名前《なまえ》は、イギリスのある地方《ちほう》に暮《く》らしていた古代部族《こだいぶぞく》「シルレス」にちなむものです。

1 2 3 4 5 6 7 8 9 10 11 12

いろいろな役割《やくわり》のあしをもつ ミクソプテルス

シルル紀《き》

新生代 中生代 古生代 先カンブリア時代

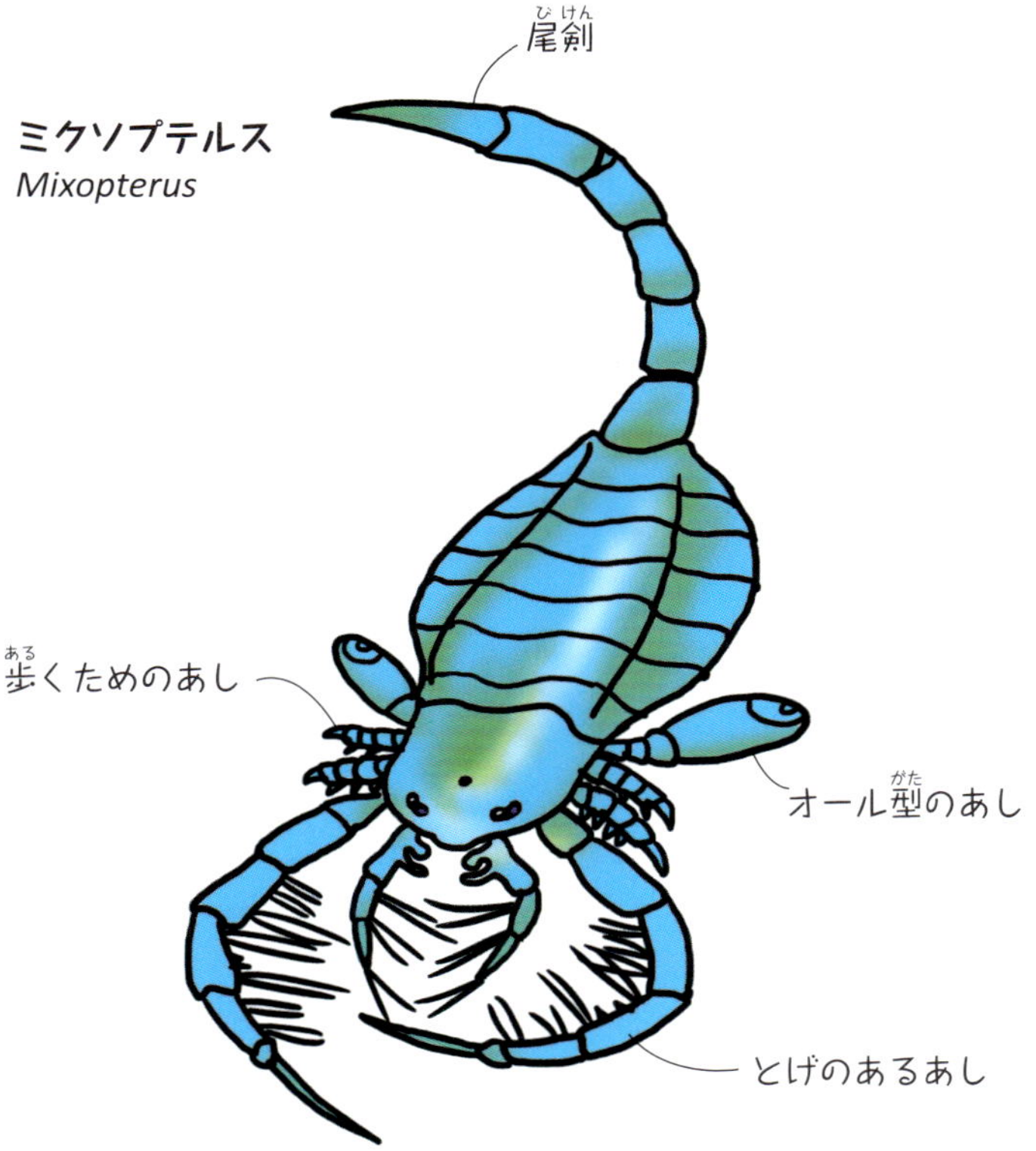

つかまえる、歩《ある》く、泳《およ》ぐ

ウミサソリ類《るい》は、オルドビス紀《き》の海《うみ》に現《あらわ》れた節足動物《せっそくどうぶつ》のグループです。シルル紀《き》になって大《おお》いに種《しゅ》の数《かず》を増《ふ》やしました。

ノルウェーなどから化石《かせき》が発見《はっけん》されている「ミクソプテルス」も、そうしたシルル紀《き》のウミサソリ類《るい》の一《ひと》つです。大《おお》きなものでは、1メートルにまで成長《せいちょう》しました。

ミクソプテルスは6対《つい》12本《ほん》のあしをもっていて、そのうちの5対《つい》が大《おお》きく発達《はったつ》しています。5対《つい》のうち、体《からだ》の前《まえ》にある2対《つい》には鋭《するど》いとげがあり、獲物《えもの》をつかまえるのに役立《やくだ》ちそうです。その次《つぎ》の2対《つい》は、歩《ある》くときに使《つか》うあし。そして最後《さいご》の1対《つい》は、オールのような形《かたち》をしていて、水中《すいちゅう》を泳《およ》ぐときに使《つか》ったと考《かんが》えられています。

鋭《するど》い尾剣《びけん》

ミクソプテルスのオール型《がた》のあしは、泳《およ》ぐためだけのものではなかったともいわれています。このあしをシャベルのように使《つか》うことで海底《かいてい》を掘《ほ》り、そこに自分《じぶん》の身《み》を隠《かく》すことができたのではないか、というわけです。

ミクソプテルスの尾部《びぶ》の先端《せんたん》は、やや曲《ま》がってはいるものの、鋭《するど》くとがっています。「尾剣《びけん》」とよばれるこの部分《ぶぶん》は、獲物《えもの》を攻撃《こうげき》するとき、あるいは身《み》を守《まも》るときに武器《ぶき》として役立《やくだ》ったのではないか、といわれています。

ウミサソリ類《るい》は、現在《げんざい》のサソリ類《るい》に近縁《きんえん》の動物《どうぶつ》です。そして、現在《げんざい》のサソリ類《るい》は尾の先《さき》に毒針《どくばり》をもっています。ミクソプテルスの尾剣《びけん》は、形《かたち》はサソリ類《るい》の毒針《どくばり》に似《に》ていますが、毒《どく》を出《だ》すことができたかどうかはわかっていません。

もっとしりたい! ある研究《けんきゅう》によると、ミクソプテルスは泳《およ》ぐことはあまり得意《とくい》ではなく、海底《かいてい》を歩《ある》くことが多《おお》かったと考《かんが》えられています。足跡《あしあと》の化石《かせき》もみつかっています。

泳《およ》ぎが得意《とくい》なウミサソリ
プテリゴトゥス

シルル紀《き》

新生代《しんせいだい》　中生代《ちゅうせいだい》　古生代《こせいだい》　先カンブリア時代

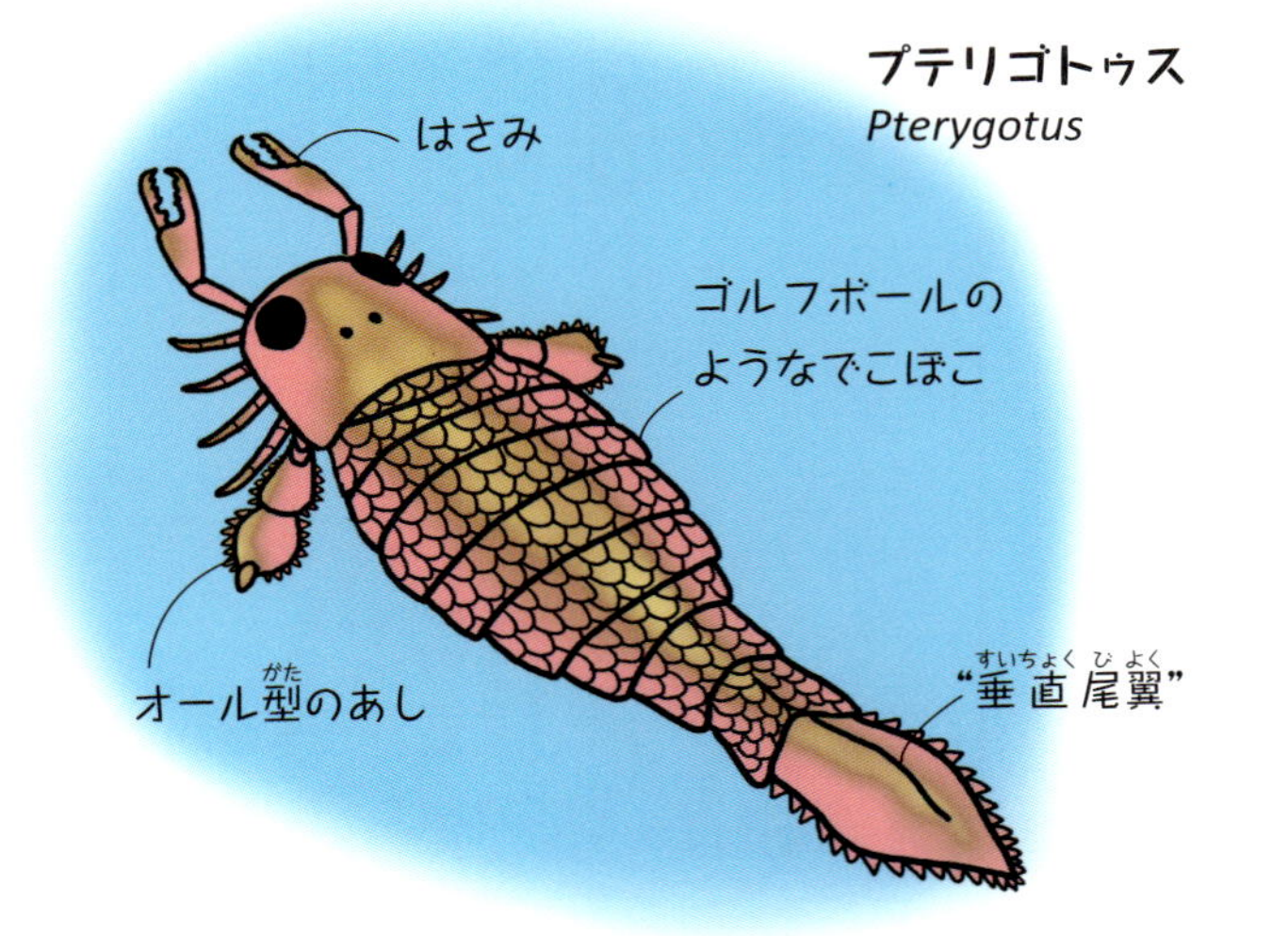

大《おお》きなはさみと大《おお》きなオール

シルル紀《き》から、その次《つぎ》の時代《じだい》であるデボン紀《き》にかけて、世界《せかい》の海《うみ》を泳《およ》ぎまわっていたウミサソリ類《るい》がいくつもいました。

そうしたウミサソリ類《るい》の代表《だいひょう》が、「プテリゴトゥス」です。

プテリゴトゥスは60センチメートルほどの大《おお》きさで、6対《つい》12本《ほん》のあしが発達《はったつ》していました。特徴《とくちょう》は先頭《せんとう》の1対《つい》と、最《もっと》も後《うし》ろの1対《つい》です。先頭《せんとう》の1対《つい》は大《おお》きなはさみになっていました。そして、最《もっと》も後《うし》ろの1対《つい》は、大《おお》きなオール型《がた》でした。水《みず》をかくのに便利《べんり》な形《かたち》です。

また、これまでに紹介《しょうかい》してきたウミサソリ類《るい》とはちがって、眼《め》が大《おお》きかったこともプテリゴトゥスの特徴《とくちょう》の一《ひと》つです。

"垂直尾翼《すいちょくびよく》"をもつ

プテリゴトゥスの体《からだ》には、オール型《がた》のあし以外《いがい》にも、泳《およ》ぐことに向《む》いたしくみがありました。

たとえば、体《からだ》の表面《ひょうめん》は、現在《げんざい》のゴルフボールの表面《ひょうめん》のように規則正《きそくただ》しくでこぼこしていました。このでこぼこは、水《みず》の抵抗《ていこう》を小《ちい》さくすることに役立《やくだ》ったとみられています。

尾《お》の先《さき》は、ミクソプテルスのような尾剣《びけん》にはなっていません。うちわのように広《ひろ》くなっていて、その上《うえ》に垂直方向《すいちょくほうこう》に立《た》つ板《いた》がありました。現在《げんざい》の飛行機《ひこうき》にもある垂直《すいちょく》尾翼《びよく》のようなつくりで、これは水中《すいちゅう》で姿勢《しせい》を安定《あんてい》させるのに役立《やくだ》ったとみられています。

プテリゴトゥスは、ウミサソリ類《るい》の中《なか》で最《もっと》も泳《およ》ぎが得意《とくい》な種《しゅ》の一《ひと》つだったようです。

化石《かせき》を見《み》たい！　群馬県立自然史博物館《ぐんまけんりつしぜんしはくぶつかん》

プテリゴトゥスの実物化石《じつぶつかせき》が展示《てんじ》されています。

群馬県立自然史博物館

ここでもみられます！
福井県立恐竜博物館　ほか

もっとしりたい！
当時《とうじ》、ウミサソリ類《るい》は、川《かわ》から海《うみ》まであらゆる水域《すいいき》に生息《せいそく》していました。三葉虫類《さんようちゅうるい》や魚《さかな》の仲間《なかま》などはウミサソリ類《るい》にとって、よい獲物《えもの》だったかもしれません。

明《あか》るい所《ところ》が苦手《にがて》なウミサソリ

アクチラムス

シルル紀《き》

新生代《しんせいだい》 中生代《ちゅうせいだい》 古生代《こせいだい》 先《せん》カンブリア時代《じだい》

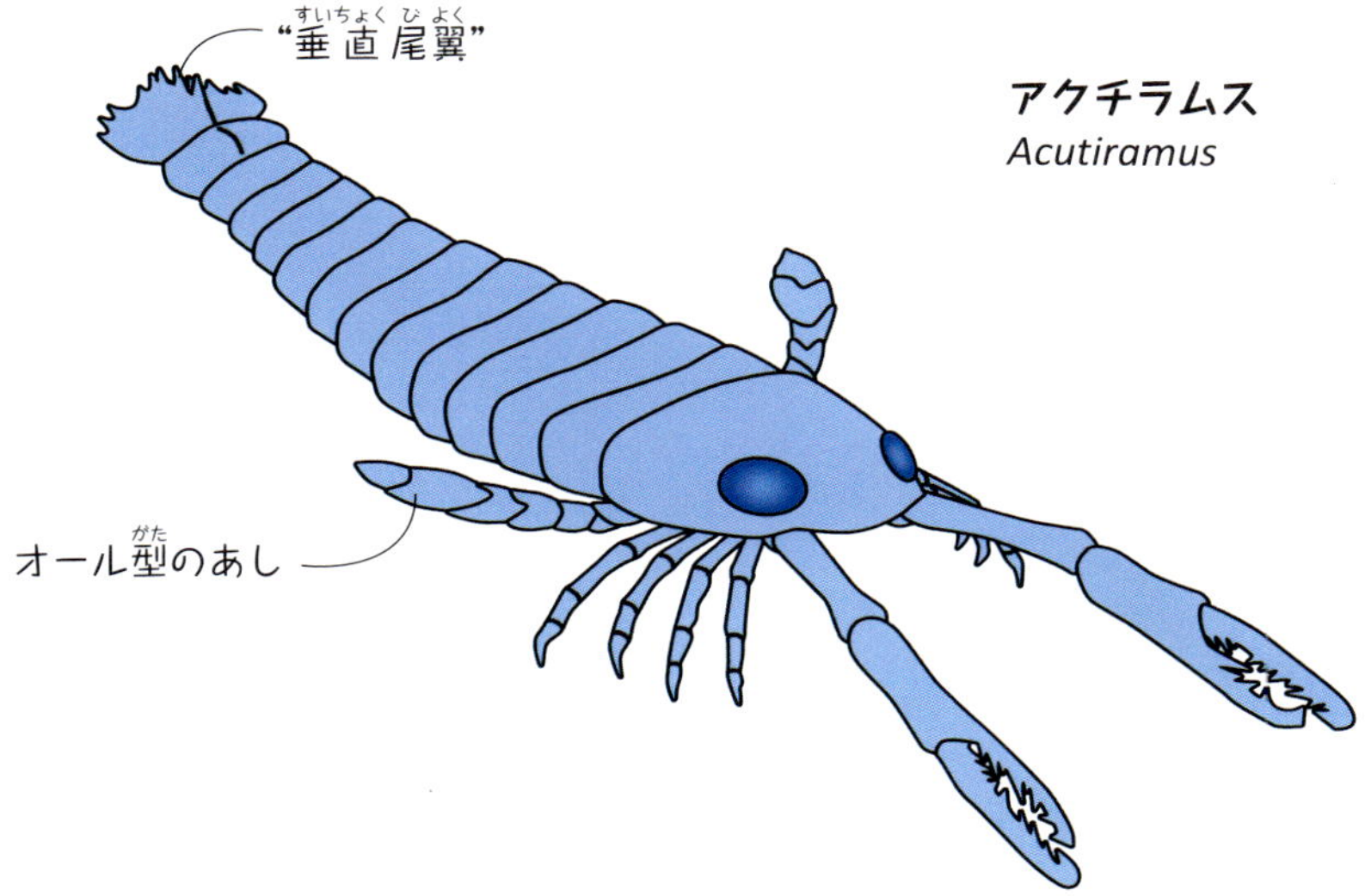

2メートル以上《いじょう》もあった！

　カナダのシルル紀《き》の地層《ちそう》から化石《かせき》がみつかっている「アクチラムス」は、シルル紀《き》に栄《さか》えたウミサソリ類《るい》の一《ひと》つです。アクチラムスはプテリゴトゥスとよく似《に》た姿《すがた》をしていて、大《おお》きなはさみをもち、尾《お》の先《さき》には垂直尾翼《すいちょくびよく》のようなつくりがありました。研究者《けんきゅうしゃ》によっては、アクチラムスはプテリゴトゥスの一種《いっしゅ》と考《かんが》える人《ひと》もいます。

　ただし、プテリゴトゥスの大《おお》きさが60センチメートルほどであるのに対《たい》して、アクチラムスは2メートル以上《いじょう》もありました。読者《どくしゃ》のみなさんよりも大《おお》きかったのです！　また、眼《め》が大《おお》きかったことも特徴《とくちょう》の一《ひと》つです。

待《ま》ち伏《ぶ》せ型《がた》だった？

　体《からだ》が巨大《きょだい》だったアクチラムスは、シルル紀《き》の海《うみ》の支配者《しはいしゃ》だったのかもしれません。当時《とうじ》の海《うみ》には、アクチラムスほどの大型《おおがた》の動物《どうぶつ》は、ほとんどいなかったとみられています。

　一方《いっぽう》で、アクチラムスは支配者《しはいしゃ》といえるほど強《つよ》くはなかったとする研究《けんきゅう》もあります。その研究《けんきゅう》で注目《ちゅうもく》されたのは、眼《め》です。アクチラムスの眼《め》をくわしく調《しら》べたところ、明《あか》るい海《うみ》にいる獲物《えもの》を追《お》いかけるのには向《む》いていないことがわかりました。

　その眼《め》は、現在《げんざい》のカブトガニとつくりがよく似《に》ていることから、アクチラムスもカブトガニと同《おな》じような暮《く》らしをしていたのだろうとこの研究《けんきゅう》は指摘《してき》しています。つまり、夜《よる》や明《あ》け方《がた》、夕方《ゆうがた》などの薄暗《うすぐら》い海《うみ》で、獲物《えもの》を待《ま》ち伏《ぶ》せていたのではないか、というのです。

　巨大《きょだい》ウミサソリのアクチラムスは海《うみ》を泳《およ》ぎまわるどう猛《もう》なハンターだったのか。それとも、普段《ふだん》はほとんど動《うご》かないおとなしい動物《どうぶつ》だったのか。その答《こた》えは、まだよくわかっていません。

もっとしりたい！

アクチラムスのはさみは、獲物《えもの》をつかむことには役立《やくだ》たなかったという指摘《してき》もあります。謎《なぞ》の多《おお》いウミサソリです。

泳《およ》ぎが苦《にが》手《て》なウミサソリ？ ココモプテルス

シルル紀《き》

新生代《しんせいだい》　中生代《ちゅうせいだい》　古生代《こせいだい》　先《せん》カンブリア時代《じだい》

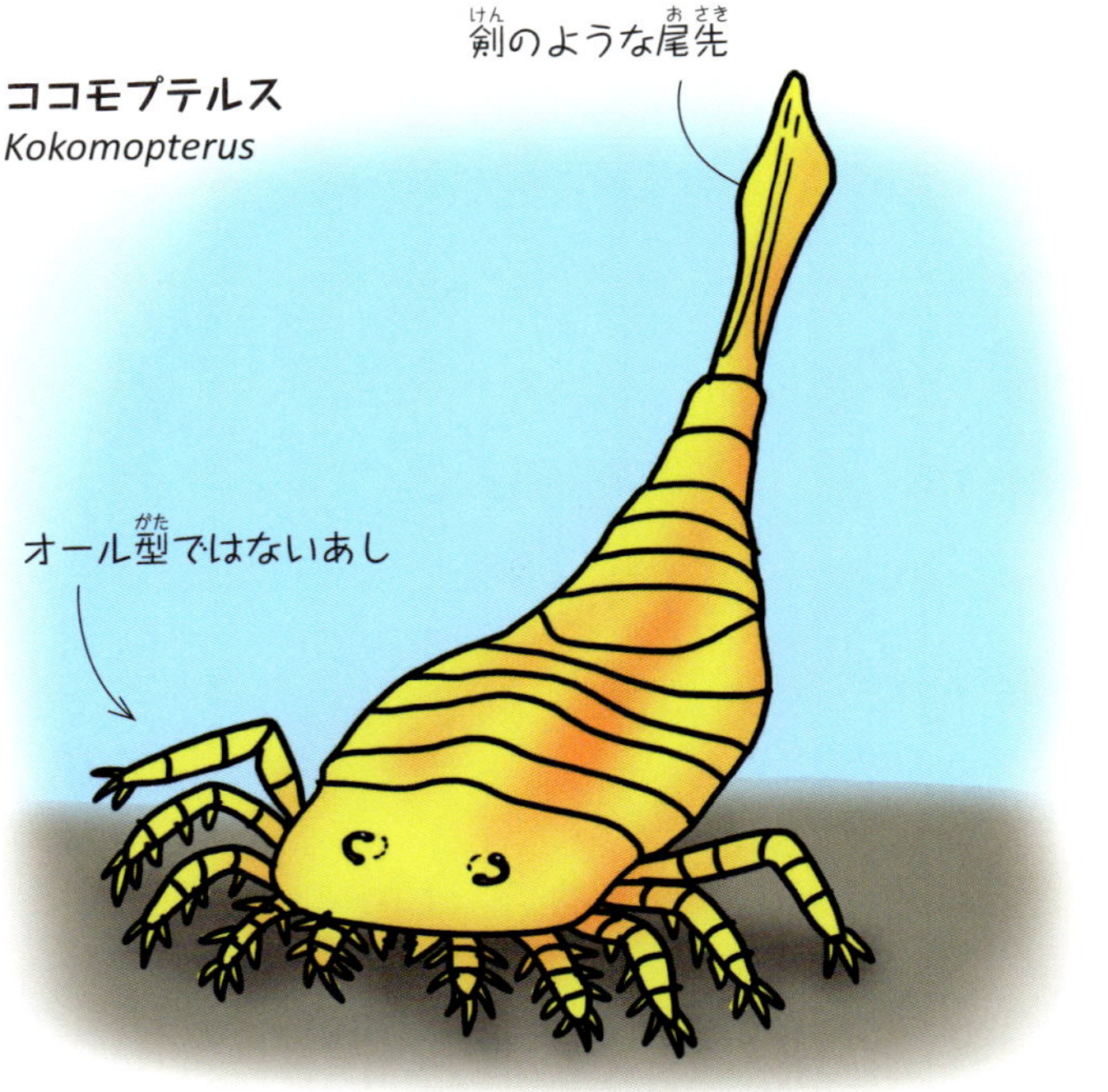

オールのようなあしがない

ウミサソリ類《るい》といえば、オール型《がた》のあしです。泳《およ》ぎが得意《とくい》、得意《とくい》ではないに関《かか》わらず、これまでに紹介《しょうかい》してきたウミサソリ類《るい》にはみんな、オールのようなあしがありました。

しかし、中《なか》にはオール型《がた》のあしをもたないウミサソリ類《るい》もいました。たとえば、「ココモプテルス」がそうです。アメリカのシルル紀《き》の地層《ちそう》などから化石《かせき》がみつかっています。

ココモプテルスは、15センチメートルほどの大《おお》きさで、6対《つい》のあしのすべてがオール型《がた》ではありません。また、プテリゴトゥスやアクチラムスのような大《おお》きなはさみももっていませんでした。

一方《いっぽう》で、ココモプテルスの尾《お》の先端《せんたん》はミクソプテルスのようにとがっていて、剣《けん》のような形《かたち》になっていました。

ココモプテルスは、ウミサソリ類《るい》ではあるものの、海《うみ》ではなく、川《かわ》や湖《みずうみ》などで暮《く》らしていたとみられています。

最《もっと》も原始的《げんしてき》？

ココモプテルスとその仲間《なかま》は、ウミサソリ類《るい》の中《なか》では最《もっと》も原始的《げんしてき》ともいわれています。

ウミサソリ類《るい》の進化《しんか》は、ココモプテルスのようなオール型《がた》のあしをもたない種類《しゅるい》から始《はじ》まって、ミクソプテルスのようにオール型《がた》のあしと尾剣《びけん》をもつ種類《しゅるい》が現《あらわ》れ、そして、プテリゴトゥスのようにオール型《がた》のあしと〝垂直尾翼《すいちょくびよく》〟をもつ種類《しゅるい》が進化《しんか》したというわけです。

この説《せつ》が正《ただ》しければ、ウミサソリ類《るい》は進化《しんか》するにつれて、泳《およ》ぎがうまくなっていったということになります。

もっとしりたい！
ココモプテルスは、「スティロヌルス」という別《べつ》の名前《なまえ》でよばれることもあります。

最初《さいしょ》のサソリは海《うみ》にいた！

ドリコフォヌス

シルル紀《き》

新生代《しんせいだい》　中生代《ちゅうせいだい》　古生代《こせいだい》　先《せん》カンブリア時代《じだい》

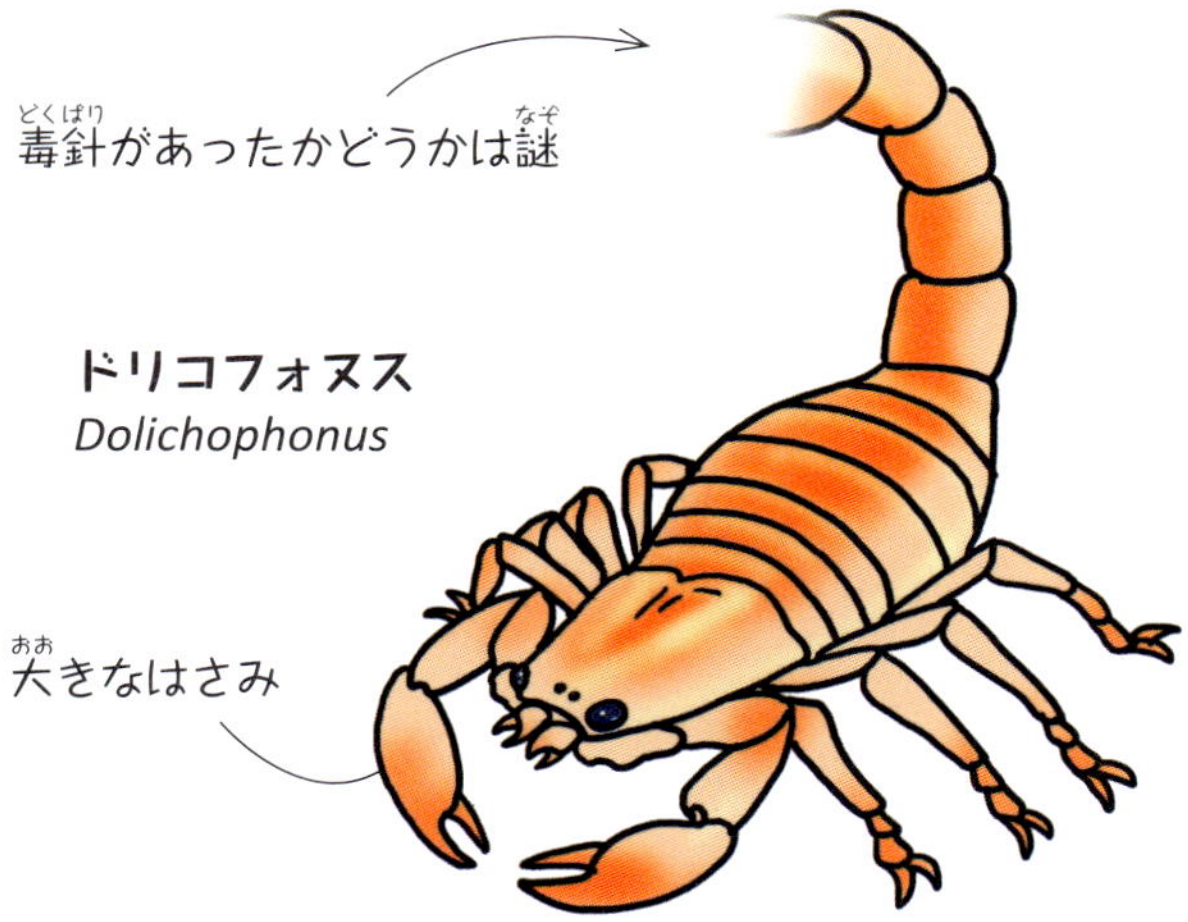

毒針《どくばり》はあったのか？

スコットランドのシルル紀《き》の地層《ちそう》から、最《もっと》も古《ふる》いサソリ類《るい》の化石《かせき》がみつかっています。「ドリコフォヌス」というサソリ類《るい》です。サソリ類《るい》は、節足動物《せっそくどうぶつ》のグループに属《ぞく》しています。

ドリコフォヌスは、10センチメートルほどの大《おお》きさで、見《み》た目《め》は現在《げんざい》のサソリ類《るい》とよく似《に》ています。あしは5対《つい》10本《ぽん》あり、先頭《せんとう》の1対《つい》のあしには大《おお》きなはさみがありました。

現在《げんざい》のサソリ類《るい》は、尾《お》の先《さき》に毒針《どくばり》をもっています。しかし、ドリコフォヌスの化石《かせき》は、尾《お》の先《さき》の部分《ぶぶん》が欠《か》けているため、ドリコフォヌスが毒針《どくばり》をもっていたのかどうかはよくわかっていません。

また、現在《げんざい》のサソリ類《るい》の眼《め》は、一《ひと》つのレンズでできた単眼《たんがん》です。しかし、ドリコフォヌスの眼《め》は三葉虫類《さんようちゅうるい》や、現在《げんざい》の昆虫類《こんちゅうるい》と同《おな》じように、レンズがたくさん集《あつ》まってできた複眼《ふくがん》でした。

陸《りく》では暮《く》らせなかった

現在《げんざい》のサソリ類《るい》は、すべて陸《りく》で暮《く》らしていますが、ドリコフォヌスは、ウミサソリ類《るい》と同《おな》じように、海《うみ》の中《なか》で暮《く》らしていたことがわかっています。

海《うみ》で暮《く》らす節足動物《せっそくどうぶつ》は、「書鰓《しょさい》」という呼吸《こきゅう》のためのしくみを体《からだ》の中《なか》にもっています。書鰓《しょさい》があるため、水《みず》の中《なか》でも呼吸《こきゅう》をすることができるのです。ただし、書鰓《しょさい》では空気中《くうきちゅう》で呼吸《こきゅう》をすることはできません。

一方《いっぽう》、陸《りく》で暮《く》らす節足動物《せっそくどうぶつ》は、「書肺《しょはい》」というしくみをもっています。書肺《しょはい》は、私《わたし》たちヒトでいえば肺《はい》のことです。書肺《しょはい》をもつことで、空気中《くうきちゅう》で呼吸《こきゅう》をすることができます。ただし、書肺《しょはい》では水中《すいちゅう》で呼吸《こきゅう》をすることはできません。

水中《すいちゅう》で呼吸《こきゅう》をする場合《ばあい》と、空気中《くうきちゅう》で呼吸《こきゅう》をする場合《ばあい》とでは、体《からだ》のしくみが異《こと》なるのです。

現在《げんざい》のサソリ類《るい》は書肺《しょはい》をもっていますが、ドリコフォヌスにはありませんでした。体《からだ》のしくみから見《み》ても、ドリコフォヌスは陸上《りくじょう》で生活《せいかつ》をすることはできなかったのです。

サソリ類《るい》はもともと海《うみ》で生《う》まれ、進化《しんか》ののちに陸《りく》で暮《く》らすようになり、海《うみ》にいた種類《しゅるい》は絶滅《ぜつめつ》したと考《かんが》えられています。

もっとしりたい！　サソリ類《るい》とウミサソリ類《るい》は、祖先《そせん》が同《おな》じと考《かんが》えられています。また、クモの仲間《なかま》、カブトガニの仲間《なかま》などと一緒《いっしょ》に、「鋏角類《きょうかくるい》」というグループに分類《ぶんるい》されます。

大《おお》型《がた》犬《けん》なみの巨《きょ》大《だい》なサソリ
ブロントスコルピオ

シルル紀《き》

新《しん》生《せい》代《だい》 中《ちゅう》生《せい》代《だい》 古《こ》生《せい》代《だい》 先《せん》カンブリア時《じ》代《だい》

ブロントスコルピオ
Brontoscorpio

周囲《しゅうい》を圧倒《あっとう》する大《おお》きさ！

現在《げんざい》のサソリ類《るい》の中《なか》で最《もっと》も大《おお》きなものは、20センチメートルほどの大《おお》きさです。私《わたし》たちの手《て》のひらと同《おな》じくらいか、少《すこ》し大《おお》きいサイズです。

しかし、絶滅《ぜつめつ》したサソリ類《るい》の中《なか》には、もっとずっと大《おお》きな種類《しゅるい》がいました。

イギリスのシルル紀《き》の地層《ちそう》から化石《かせき》がみつかっている「ブロントスコルピオ」は、94センチメートルもの大《おお》きさがあったとみられています。盲導犬《もうどうけん》として活躍《かつやく》する大型犬《おおがたけん》のラブラドール・レトリーバーと同《おな》じくらいか、もっと大《おお》きいという、たいへん巨大《きょだい》なサソリ類《るい》です。

シルル紀《き》の海《うみ》では、90センチメートルという大《おお》きさの動物《どうぶつ》は、あまり多《おお》くはありませんでした。ほとんどの動物《どうぶつ》は、それよりも小《ちい》さかったのです。ブロントスコルピオはきっと恐《おそ》ろしい天敵《てんてき》だったことでしょう。

短時間《たんじかん》なら陸《りく》でも暮《く》らせた

ブロントスコルピオは水《みず》の中《なか》で暮《く》らしていたとみられています。ただし、短時間《たんじかん》であれば、陸《りく》で暮《く》らすこともできたようです。

90センチメートル以上《いじょう》の大《おお》きさのあるドリコフォヌスは、体重《たいじゅう》もそれなりに重《おも》かったでしょう。水《みず》の中《なか》では体《からだ》が浮《う》きますが、陸上《りくじょう》ではそうはいきません。陸地《りくち》で動《うご》きまわるのは、ちょっとたいへんだったかもしれませんね。

ブロントスコルピオやドリコフォヌスなどの原始的《げんしてき》なサソリ類《るい》は、サソリ類《るい》の中《なか》でもとくに「エラサソリ類《るい》」というグループに属《ぞく》しています。エラサソリ類《るい》は水中《すいちゅう》で暮《く》らしていたと考《かんが》えられています。そして、やがてエラサソリ類《るい》の中《なか》から、私《わたし》たちの知《し》る陸《りく》のサソリ類《るい》が生《う》まれることになります。

もっとしりたい！

実《じつ》は、ブロントスコルピオの化石《かせき》は、はさみの一部《いちぶ》しかみつかっていません。そのはさみの大《おお》きさから推理《すいり》して、全身《ぜんしん》の大《おお》きさが見積《みつ》もられています。

節《ふし》のあるカブトガニ
ヴェヌストゥルス

シルル紀《き》

新《しん》生《せい》代《だい》 中《ちゅう》生《せい》代《だい》 古《こ》生《せい》代《だい》 先カンブリア時代

後体《こうたい》に節《ふし》があった！

カブトガニの仲間《なかま》で最《もっと》も古《ふる》いものは、71ページで紹介《しょうかい》した、オルドビス紀《き》のルナタスピスでした。ルナタスピスは、現在《げんざい》のカブトガニとよく似《に》た姿《すがた》をしていました。

アメリカのシルル紀《き》の地層《ちそう》からも、カブトガニの仲間《なかま》の化石《かせき》がみつかっています。「ヴェヌストゥルス」といいます。

ヴェヌストゥルスは、7センチメートルほどの大《おお》きさで、半円形《はんえんけい》の前体《ぜんたい》と節《ふし》のある後体《こうたい》、そして尾剣《びけん》で体《からだ》がつくられていました。

ヴェヌストゥルスの特徴《とくちょう》は、後体《こうたい》に節《ふし》があったことです。現在《げんざい》のカブトガニの後体《こうたい》には節《ふし》はありませんし、ルナタスピスの後体《こうたい》は階段《かいだん》のようになっているものの、節《ふし》ではありませんでした。ヴェヌストゥルスのように、節《ふし》のある後体《こうたい》をもつカブトガニの仲間《なかま》をとくに「ハラフシカブトガニ類《るい》」とよびます。

ハラフシカブトガニ類《るい》は、シルル紀《き》と次《つぎ》の時代《じだい》であるデボン紀《き》だけにいたことがわかっています。

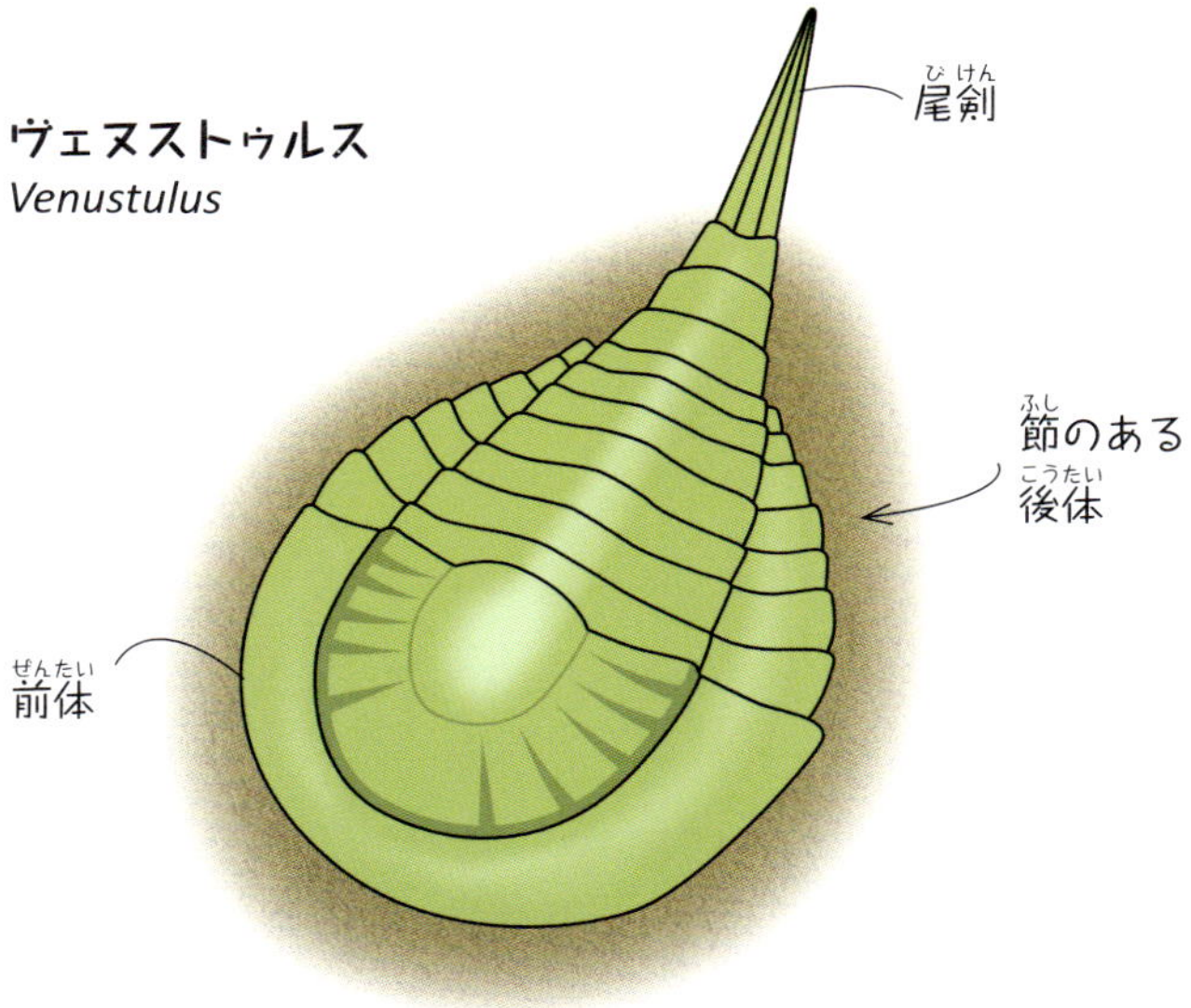

どっちが原始的《げんしてき》？

オルドビス紀《き》のルナタスピスの化石《かせき》がみつかるまでは、ヴェヌストゥルスが最《もっと》も古《ふる》いカブトガニの仲間《なかま》とされていました。そして、シルル紀《き》の地層《ちそう》から化石《かせき》がみつかるカブトガニの仲間《なかま》はみんな、ハラフシカブトガニ類《るい》でした。そのため、カブトガニ類《るい》は、ハラフシカブトガニ類《るい》が原始的《げんしてき》で、その仲間《なかま》から、やがて現在《げんざい》のような節《ふし》のない後体《こうたい》をもつ種類《しゅるい》が進化《しんか》したと考《かんが》えられていました。

しかし、より古《ふる》い時代《じだい》に生《い》きていたルナタスピスの化石《かせき》が発見《はっけん》されたことで、この考《かんが》えは今《いま》、見直《みなお》しを迫《せま》られています。ルナタスピスの後体《こうたい》に節《ふし》がなかったからです。節《ふし》ができたのは、よりあとの時代《じだい》だったのかもしれません。

あるいは、これまでの考《かんが》えが正《ただ》しくて、ハラフシカブトガニ類《るい》の方《ほう》が原始的《げんしてき》というのであれば、ルナタスピスよりも古《ふる》い時代《じだい》の地層《ちそう》から別《べつ》のハラフシカブトガニ類《るい》の化石《かせき》がみつかるかもしれません。今後《こんご》の発見《はっけん》に注目《ちゅうもく》です。

もっとしりたい！ ハラフシカブトガニ類《るい》の多《おお》くの種《しゅ》には、眼《め》がありませんでした。

3月 3日
読《よ》んだ日《ひ》
月　日
月　日

シルル紀《き》の海《うみ》にいた植物《しょくぶつ》のような動物《どうぶつ》

シルル紀《き》

新生代《しんせいだい》　中生代《ちゅうせいだい》　古生代《こせいだい》　先《せん》カンブリア時代《じだい》

口《くち》も肛門《こうもん》もある

「ウミユリ類《るい》」という生《い》き物《もの》がいます。「ユリ」という植物《しょくぶつ》の名前《なまえ》がついていますが、ウミユリ類《るい》は立派《りっぱ》な動物《どうぶつ》です。ヒトデ類《るい》やウニ類《るい》などと同《おな》じ棘皮動物《きょくひどうぶつ》で、現在《げんざい》でも深海《しんかい》で生《い》き続《つづ》けています。

ウミユリ類《るい》は、古生代《こせいだい》の海《うみ》で大《おお》いに繁栄《はんえい》しました。多《おお》くのウミユリ類《るい》は、海底《かいてい》からすっくと茎《くき》をのばし、その先《さき》にがくがあり、がくからたくさんの腕《うで》をのばして広《ひろ》げていました。

ウミユリ類《るい》は海中《かいちゅう》を漂《ただよ》うプランクトンなどを腕《うで》でつかまえて、がくの上《うえ》にある口《くち》で食《た》べていました。口《くち》の近《ちか》くには肛門《こうもん》もありました。

アメリカのシルル紀《き》の地層《ちそう》から化石《かせき》がみつかっている「イクチオクリヌス」はそうしたウミユリ類《るい》の一《ひと》つです。イクチオクリヌスの腕《うで》は、根元《ねもと》では5本《ほん》ですが、先《さき》にいくにつれて枝分《えだわ》かれし、最終的《さいしゅうてき》には細《ほそ》い腕《うで》がびっしりと並《なら》んでいました。

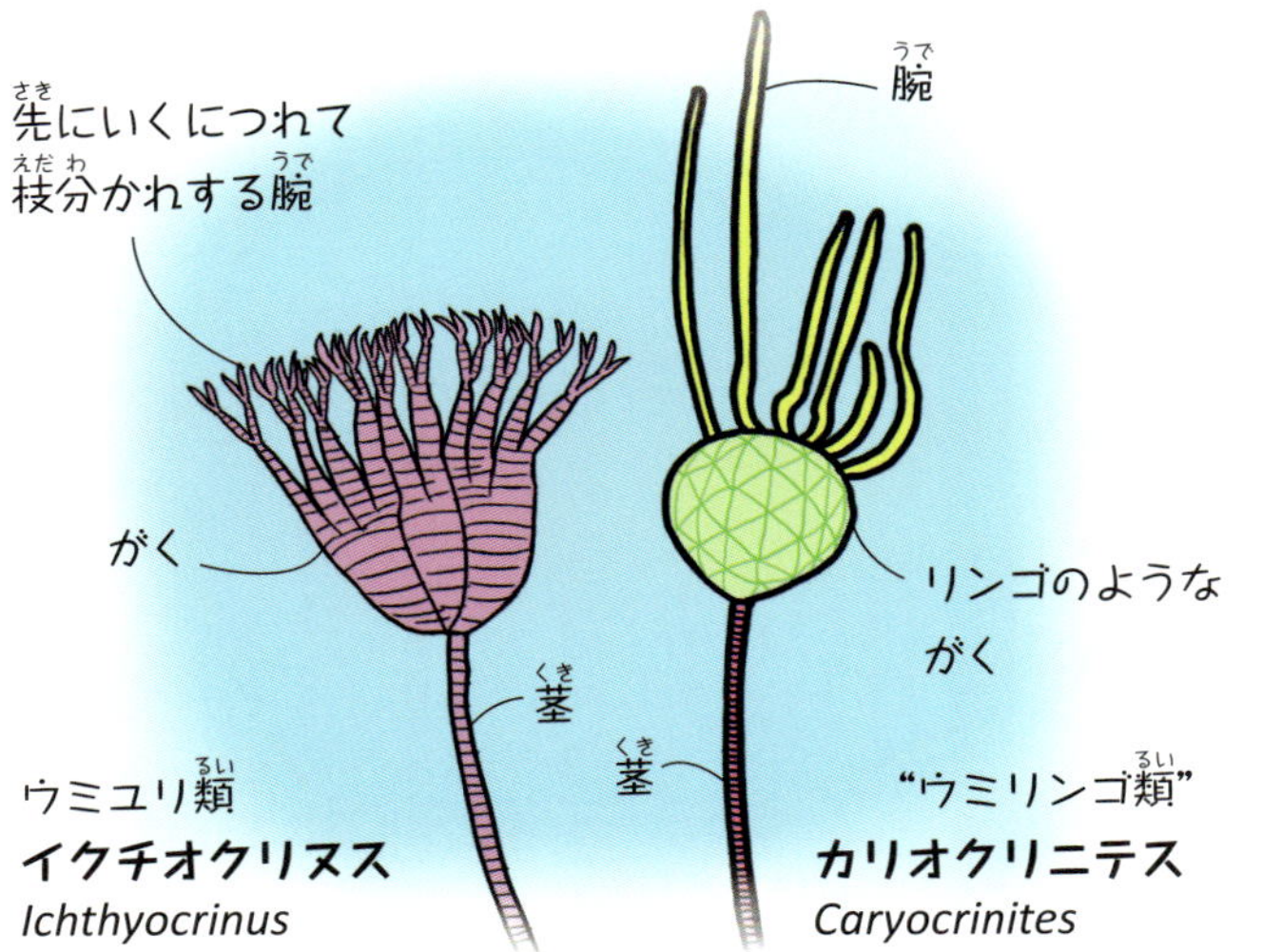

リンゴみたいながく

ウミユリ類《るい》と似《に》た動物《どうぶつ》で〝ウミリンゴ類《るい》〟という生《い》き物《もの》もいました。ウミユリ類《るい》とちがって、ウミリンゴ類《るい》は絶滅《ぜつめつ》しています。

イクチオクリヌスと同《おな》じ地層《ちそう》から化石《かせき》がみつかる「カリオクリニテス」はウミリンゴ類《るい》の一《ひと》つです。カリオクリニテスは、ウミユリ類《るい》ととてもよく似《に》ていますが、がくがリンゴのように丸《まる》いことが大《おお》きなちがいです。そして、そのがくの側面《そくめん》に口《くち》と肛門《こうもん》がありました。

古生代《こせいだい》の海《うみ》では、ウミユリ類《るい》やウミリンゴ類《るい》がまるで森林《しんりん》のように〝茂《しげ》っていた〟のです。

行《い》ってみよう！

沼津港深海水族館《ぬまづこうしんかいすいぞくかん》 シーラカンス・ミュージアム

ウミユリ類《るい》の一種《いっしゅ》である「トリノアシ」のほか、さまざまな深海生物《しんかいせいぶつ》が展示《てんじ》されています。みなさんの近《ちか》くの水族館《すいぞくかん》でも見《み》られるかもしれません、チェックしてみよう！

沼津港深海水族館

もっとしりたい！
ウミリンゴ類《るい》というグループ名《めい》は、かつては使《つか》われていましたが、専門家《せんもんか》の間《あいだ》では今《いま》は使《つか》われていません。ただし、特徴《とくちょう》をあらわす言葉《ことば》として、今《いま》も広《ひろ》く親《した》しまれています。

つぶつぶで平《ひら》たい三《さん》葉《よう》虫《ちゅう》
アークティヌルス

シルル紀《き》

新《しん》生《せい》代《だい》 | 中《ちゅう》生《せい》代《だい》 | 古《こ》生《せい》代《だい》 | 先《せん》カンブリア時代《じだい》

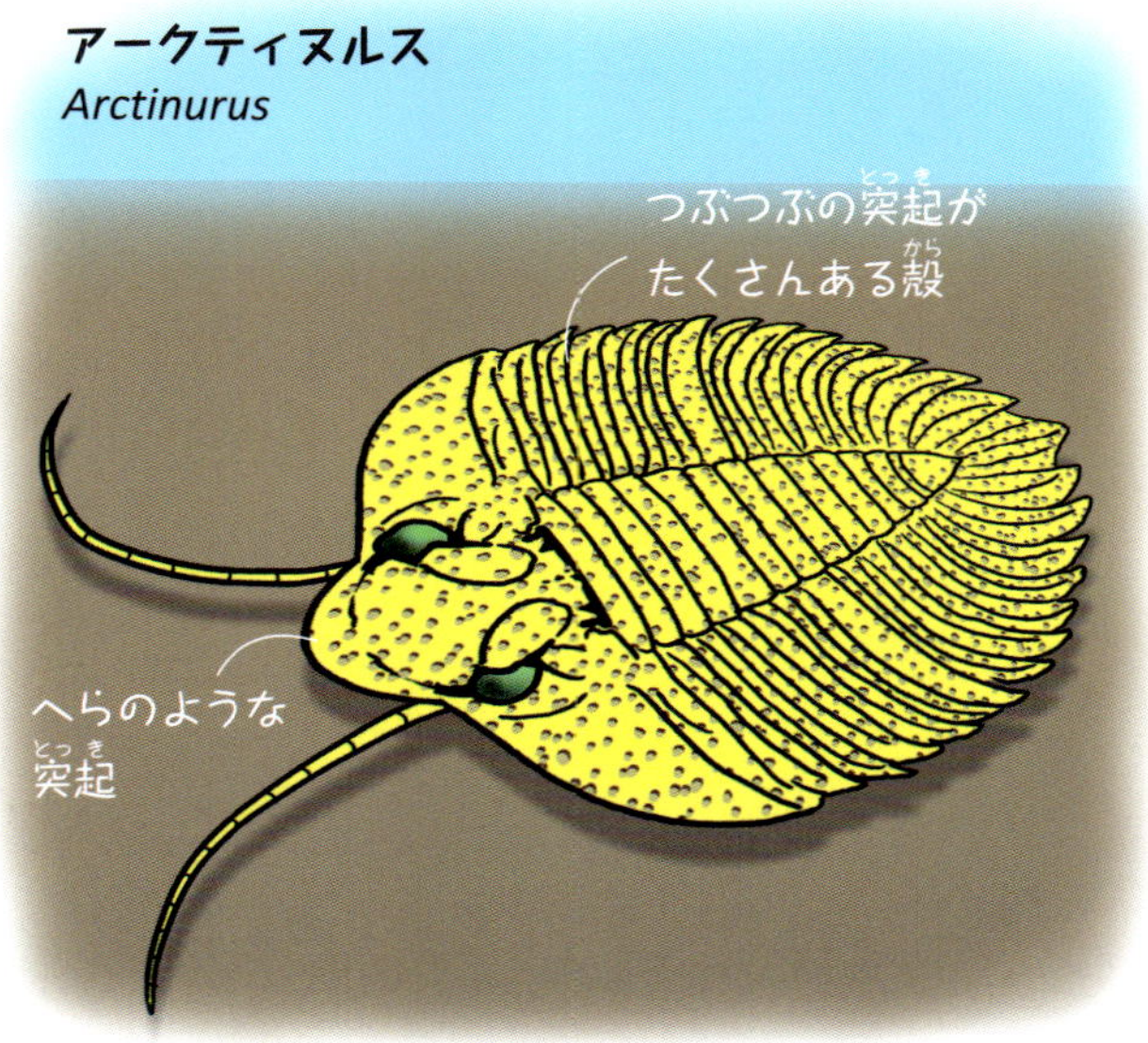

生《い》き残《のこ》った三葉虫類《さんようちゅうるい》

三葉虫類《さんようちゅうるい》は、節足動物《せっそくどうぶつ》に属《ぞく》するグループの一《ひと》つです。カンブリア紀《き》からオルドビス紀《き》にかけて大繁栄《だいはんえい》しました。

オルドビス紀末《きまつ》におきた大量《たいりょう》絶滅事件《ぜつめつじけん》では、三葉虫類《さんようちゅうるい》の数《かず》が一気《いっき》に減《へ》りました。それでも、三葉虫類《さんようちゅうるい》は完全《かんぜん》に絶滅《ぜつめつ》することなく、シルル紀《き》には新《あら》たな種《しゅ》がいくつも生《う》まれたのです。

アメリカなどから化石《かせき》がみつかる「アークティヌルス」は、シルル紀《き》を代表《だいひょう》する三葉虫《さんようちゅう》の一《ひと》つです。大《おお》きさは15センチメートルをこえました。アークティヌルスは、横方向《よこほうこう》に幅広《はばひろ》く、平《ひら》たい体《からだ》が特徴《とくちょう》です。そして、頭部《とうぶ》の先端《せんたん》に、へらのような突起《とっき》がありました。

つぶつぶは頭足類《とうそくるい》への対策《たいさく》?

アークティヌルスは、殻《から》の表面《ひょうめん》にとても細《こま》かなつぶつぶの突起《とっき》がたくさんありました。化石《かせき》をさわるとざらざらしています。

この突起《とっき》は何《なん》の役《やく》に立《た》ったのでしょうか?

このつぶつぶは、天敵《てんてき》であるイカやタコなどの頭足類《とうそくるい》への対策《たいさく》だったのではないか、という考《かんが》えがあります。つぶつぶがあると、頭足類《とうそくるい》の腕《うで》にある吸盤《きゅうばん》がくっつきにくくなるのです。

頭足類《とうそくるい》の腕《うで》には、絶滅《ぜつめつ》した種《しゅ》であっても、吸盤《きゅうばん》があったと考《かんが》えられています。アークティヌルスは、その吸盤《きゅうばん》につかまらないような、特別《とくべつ》な殻《から》をもっていた、というわけです。

化石《かせき》を見《み》たい! 群馬県立自然史博物館《ぐんまけんりつしぜんしはくぶつかん》

アークティヌルスは、三《さん》葉虫《ようちゅう》の愛好家《あいこうか》から「王様《おうさま》」とよばれるくらい存在感《そんざいかん》があります。ぜひほかの種《しゅ》と見比《みくら》べてみましょう。

群馬県立自然史博物館

もっとしりたい! 殻《から》の表面《ひょうめん》に細《こま》かな突起《とっき》が並《なら》ぶ三葉虫《さんようちゅう》は、ほかにもいくつもいました。たとえば、アークティヌルスと同《おな》じ地層《ちそう》から化石《かせき》がみつかる「ディクラノペルティス」という三葉虫類《さんようちゅうるい》がそうでした。

3月 5日
読《よ》んだ日《ひ》 月 日 月 日

小《ちい》さな“王蟲《オーム》”
オッファコルス

シルル紀《き》

新生代 | 中《ちゅう》生《せい》代《だい》 | 古《こ》生《せい》代《だい》 | 先《せん》カンブリア時代《じだい》

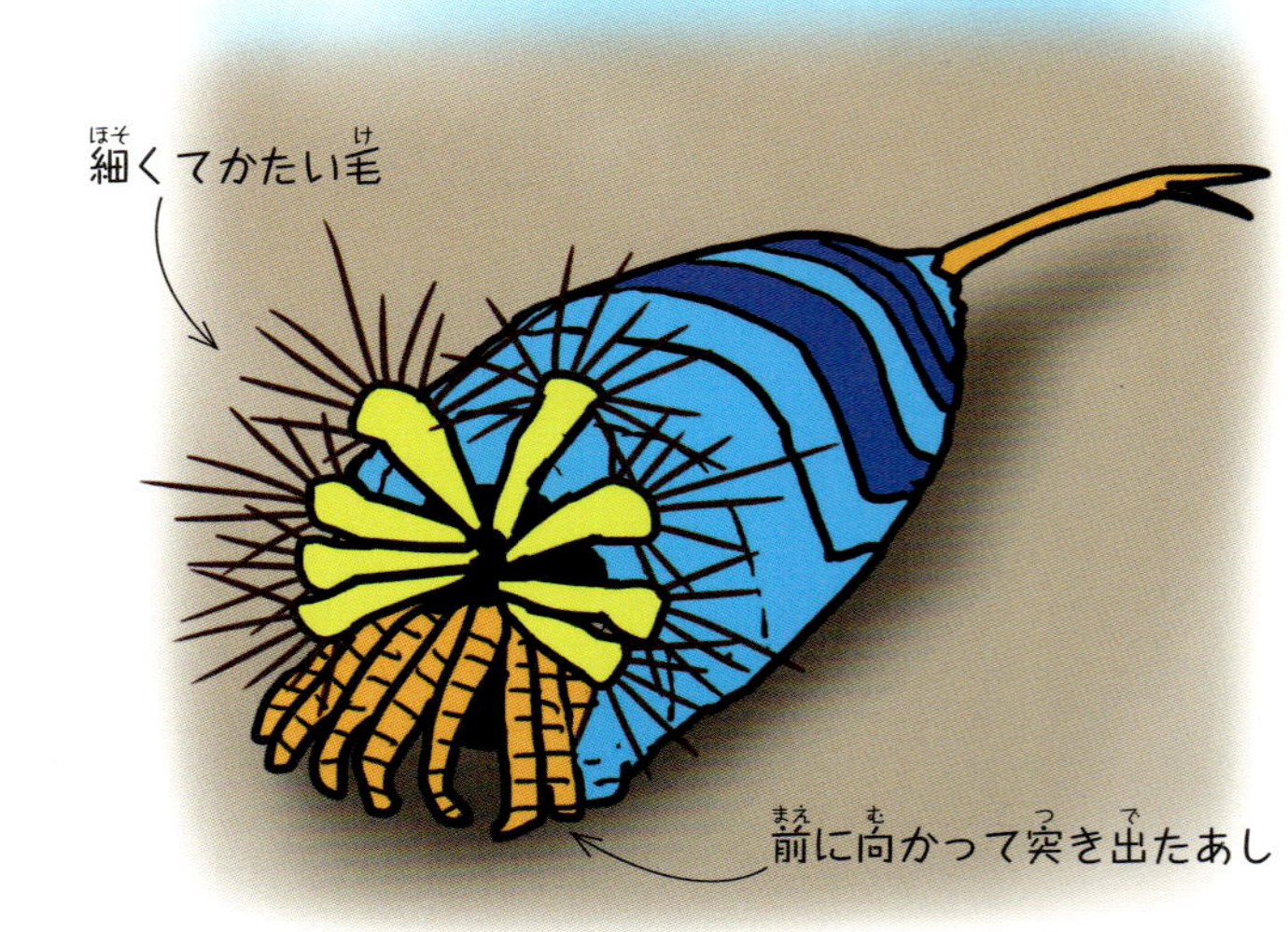

アニメにそっくり?

宮崎駿監督《みやざきはやおかんとく》のアニメ映画《えいが》『風《かぜ》の谷《たに》のナウシカ』を観《み》たことがありますか?

もしも観《み》たことがなければ、ぜひ一度《いちど》、観《み》てみてください。もう30年以上昔《ねんいじょうむかし》の映画《えいが》ですが、今《いま》でもテレビで再放送《さいほうそう》をされることがある名作《めいさく》です。

さて、『風《かぜ》の谷《たに》のナウシカ』に「王蟲《オーム》」という動物《どうぶつ》が登場《とうじょう》します。かたい殻《から》をもっていて、たくさんのあしが前《まえ》に向《む》かって突《つ》き出《で》ています。物語《ものがたり》の中《なか》で、とても重要《じゅうよう》な役割《やくわり》を果《は》たす動物《どうぶつ》です。

もちろん王蟲《オーム》は架空《かくう》の動物《どうぶつ》です。しかし、イギリスのシルル紀《き》の地層《ちそう》からは、王蟲《オーム》にとてもよく似《に》た動物《どうぶつ》の化石《かせき》が発見《はっけん》されています。その動物《どうぶつ》の名前《なまえ》を「オッファコルス」といいます。

細《ほそ》くてかたい毛《け》をもつ

王蟲《オーム》は、潜水艦《せんすいかん》と同《おな》じくらいのとても大《おお》きな動物《どうぶつ》ですが、オッファコルスは5ミリメートルほどしかない小《ちい》さな動物《どうぶつ》です。節足《せっそく》動物《どうぶつ》の仲間《なかま》で、クモ類《るい》やサソリ類《るい》、ウミサソリ類《るい》などと同《おな》じ「鋏角類《きょうかくるい》」というグループに分類《ぶんるい》されます。海《うみ》の中《なか》で暮《く》らしていました。

7対《つい》のあしをもっていて、そのあしが王蟲《オーム》と同《おな》じように前《まえ》に向《む》かって突《つ》き出《で》ていました。1対《つい》のあしは根元《ねもと》で二《ふた》つに分《わ》かれていて、一《ひと》つは海底《かいてい》を歩《ある》くために使《つか》っていたとみられています。もう一《ひと》つの役割《やくわり》はわかっていませんが、先端《せんたん》に細《ほそ》くてかたい毛《け》がたくさんありました。

オッファコルスの化石《かせき》は、火山《かざん》灰《ばい》の中《なか》からみつかりました。5ミリメートルというと、とても小《ちい》さなもののようですが、同《おな》じ火山灰《かざんばい》の地層《ちそう》からみつかる化石《かせき》の中《なか》では、とくに大《おお》きくもなく、小《ちい》さくもない大《おお》きさでした。オッファコルスのいた海《うみ》には、小《ちい》さな動物《どうぶつ》たちがたくさんいる世界《せかい》があったようなのです。

もっとしりたい!
オッファコルスの化石《かせき》がみつかった地域《ちいき》を「ヘレフォードシャー」とよびます。最近《さいきん》、発見《はっけん》された新《あら》たな化石《かせき》産地《さんち》で、これからの研究《けんきゅう》が注目《ちゅうもく》される産地《さんち》の一《ひと》つです。

ヘルメットをかぶった キシロコリス

シルル紀

新生代《しんせいだい》 中生代《ちゅうせいだい》 古生代《こせいだい》 先《せん》カンブリア時代《じだい》

マルレラ、フルカの仲間《なかま》

84ページのオッファコルスの化石《かせき》がみつかる地域《ちいき》からは、いろいろな動物《どうぶつ》の化石《かせき》がみつかっています。その一《ひと》つが、大《おお》きさ3センチメートルほどの「キシロコリス」です。

キシロコリスは、41ページで登場《とうじょう》したカナダのマルレラや、60ページで紹介《しょうかい》したモロッコのフルカと同《おな》じ、「マルレラ形類《けいるい》」というグループに分類《ぶんるい》されています。

背中《せなか》に殻《から》を背負《せお》っている

キシロコリスとは、「探検《たんけん》ヘルメット」という意味《いみ》です。この名前《なまえ》がほのめかしているように、カンブリア紀《き》のマルレラにヘルメットをかぶせたような形《かたち》をしています。

キシロコリスがすんでいた場所《ばしょ》は、海底《かいてい》のやわらかい泥《どろ》の上《うえ》だったとみられています。少《すこ》し歩《ある》くだけでも、ずぶずぶと沈《しず》みこんでしまうような場所《ばしょ》です。そんな場所《ばしょ》で、ヘルメットのようなつくりは、沈《しず》みこみを防《ふせ》ぐのに役立《やくだ》っていたようです。ヘルメットの端《はし》が横《よこ》に広《ひろ》がっていて、支《ささ》えになっているからです。

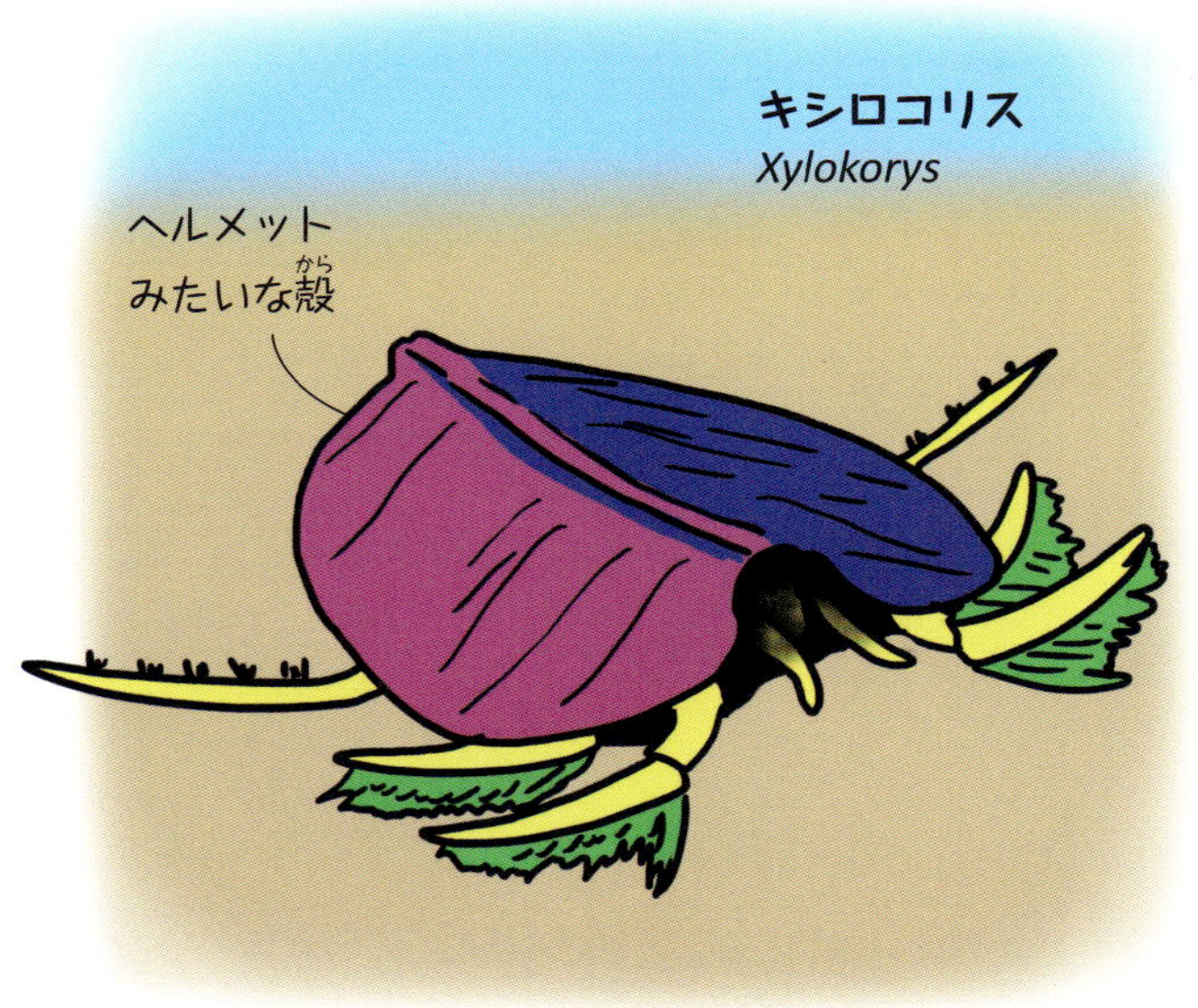

マルレラ形類《けいるい》は、大《おお》きな胴体《どうたい》をもっていません。そのため、獲物《えもの》を消化《しょうか》する内臓《ないぞう》も、あまり大《おお》きなものではなかったとみられています。水中《すいちゅう》を漂《ただよ》うプランクトンや、海底《かいてい》に積《つ》もった泥《どろ》を食《た》べていたと考《かんが》えられています。

この本《ほん》では、カンブリア紀《き》に登場《とうじょう》した動物《どうぶつ》たちの中《なか》で、とくに二《ふた》つのグループに注目《ちゅうもく》して紹介《しょうかい》してきました。一《ひと》つが「マルレラ形《けい》類《るい》」で、もう一《ひと》つが「アノマロカリス類《るい》」です。

カンブリア紀《き》、オルドビス紀《き》、シルル紀《き》と、マルレラ形類《けいるい》は各時代《かくじだい》の地層《ちそう》から化石《かせき》がみつかっています。しかし、アノマロカリス類《るい》については、シルル紀《き》の地層《ちそう》からはまだみつかっていません。今後《こんご》の発見《はっけん》があるのでしょうか？

もっとしりたい！ 3センチメートルというキシロコリスの大《おお》きさは、ヘレフォードシャーでみつかる化石《かせき》の中《なか》では大《おお》きな方《ほう》です。

3月7日

読《よ》んだ日《ひ》 月 日
月 日

“最《もっと》も古《ふる》いオス”
コリンボサトン

シルル紀《き》

新生代《しんせいだい》　中生代　古生代　先カンブリア時代

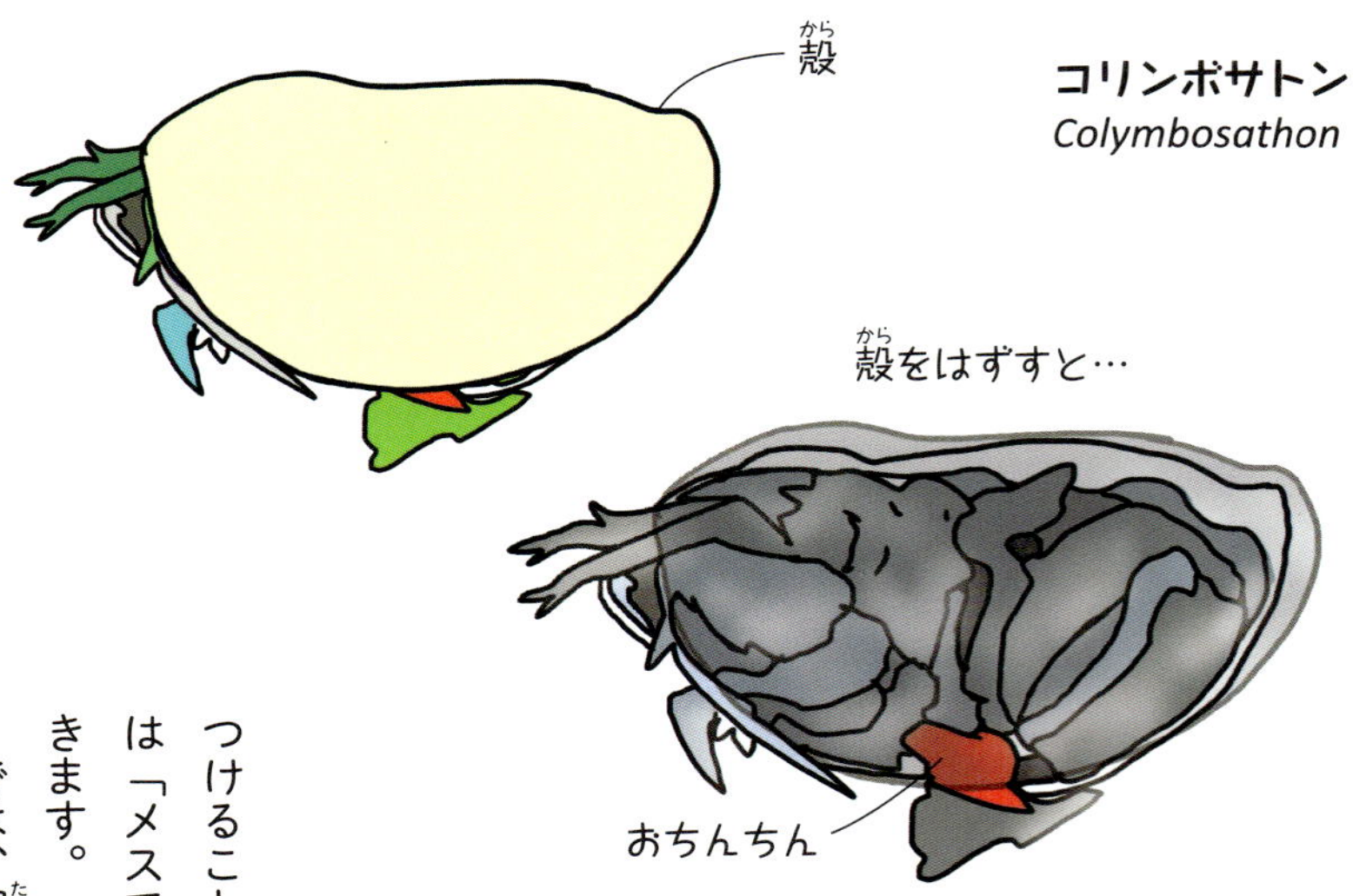

オスとメスを見分《みわ》けるには？

化石《かせき》となった動物《どうぶつ》のオスとメスを見分《みわ》けるのは、とても難《むずか》しいことです。オスとメスでまったく同《おな》じ体《からだ》つきならば区別《くべつ》はできないし、大《おお》きく異《こと》なる体《からだ》つきをしていたら、別々《べつべつ》の種《しゅ》だと考《かんが》えられてしまうかもしれません。

それでも、オスとメスなら、メスの方《ほう》がまだ特定《とくてい》しやすいといえます。

なぜなら、卵《たまご》や赤《あか》ちゃんは化石《かせき》に残《のこ》るからです。もしも、化石《かせき》となった動物《どうぶつ》の体《からだ》の中《なか》に、卵《たまご》や赤《あか》ちゃんをみつけることができれば、その動物《どうぶつ》は「メスである」ということができます。

では、卵《たまご》も赤《あか》ちゃんもみつからない場合《ばあい》、オスとメスはどのように見分《みわ》ければよいのでしょうか？

生《い》きている動物《どうぶつ》のオスにはおちんちんがあるので、オスであると見分《みわ》けることができます。しかし、ほとんどの動物《どうぶつ》は、化石《かせき》に残《のこ》るようなおちんちんはもっていません。

最古《さいこ》のおちんちん

84、85ページで紹介《しょうかい》したオッファコルスやキシロコリスは、普通《ふつう》であれば化石《かせき》に残《のこ》らないような細《こま》かな部分《ぶぶん》まで残《のこ》っていました。この化石産地《かせきさんち》からみつかる化石《かせき》は、保存状態《ほぞんじょうたい》がたいへんよいのです。

そして、同《おな》じ産地《さんち》からみつかった「コリンボサトン」という動物《どうぶつ》には、オスのおちんちんがあったのです。

コリンボサトンは、5ミリメートルほどの動物《どうぶつ》で、現在《げんざい》も生《い》き残《のこ》りがいる「介形虫類《かいけいちゅうるい》」というグループに分類《ぶんるい》されます。このグループは、「貝形虫類《かいけいちゅうるい》」や「オストラコーダ」ともよばれます。現在《げんざい》の仲間《なかま》には、暗《くら》いところで光《ひか》るウミホタルがいます。2枚《まい》の殻《から》をもち、その殻《から》の中《なか》にさまざまな内臓《ないぞう》をしまいこんでいるのが特徴《とくちょう》です。

おちんちんが確認《かくにん》できたことで、コリンボサトンはこれまでに発見《はっけん》されている動物《どうぶつ》の中《なか》で“最《もっと》も古《ふる》いオス”となりました。

もっとしりたい！

もちろん、もっと古《ふる》い時代《じだい》にもオスはいたはずです。しかし、化石《かせき》からオスであることがはっきりわかるのは、このコリンボサトンが最古《さいこ》なのです。

よろいで覆《おお》われた シルル紀《き》のサカナたち

シルル紀《き》

新《しん》生《せい》代《だい》 中《ちゅう》生《せい》代《だい》 古《こ》生《せい》代《だい》 先《せん》カンブリア時《じ》代《だい》

2枚《まい》の骨《ほね》のよろいをもつ

カナダの地層《ちそう》から化石《かせき》が発見《はっけん》されている「トリペレピス」は、シルル紀《き》に現《あらわ》れた魚《さかな》の仲間《なかま》です。

大《おお》きさは10センチメートルほどで、あごはありません。頭部《とうぶ》の背中側《せなかがわ》と腹側《はらがわ》をそれぞれ骨《ほね》でできた板《いた》で覆《おお》っていました。こうした骨《ほね》のよろいをもつサカナのことを、とくに「甲冑魚《かっちゅうぎょ》」とよびます。

トリペレピス
Tolypelepis

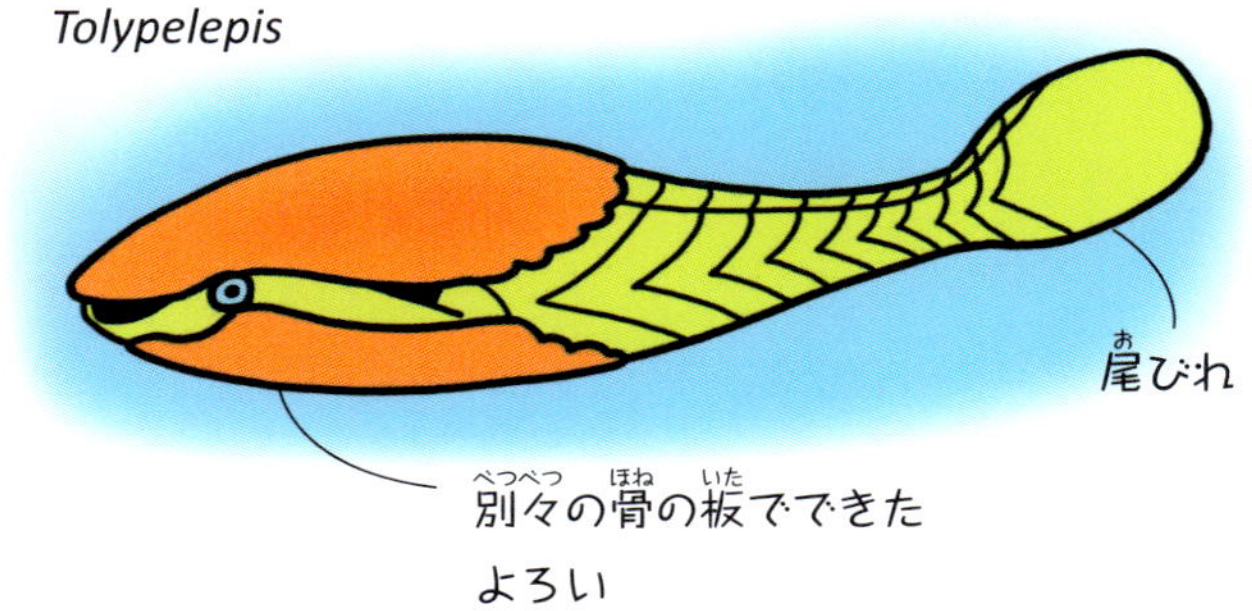

海底《かいてい》から上《うえ》を警戒《けいかい》する

ヨーロッパのエストニアから化石《かせき》がみつかっている「トレマタスピス」もトリペレピスと同《おな》じような甲冑魚《かっちゅうぎょ》です。ただし、トリペレピスの頭部《とうぶ》が、背中側《せなかがわ》と腹側《はらがわ》の2枚《まい》の骨《ほね》の板《いた》で覆《おお》われていたのに対《たい》し、トレマタスピスは頭部《とうぶ》をぐるりと巻《ま》く1枚《まい》の骨《ほね》の板《いた》で覆《おお》っていました。

トレマタスピス
Trematapsis

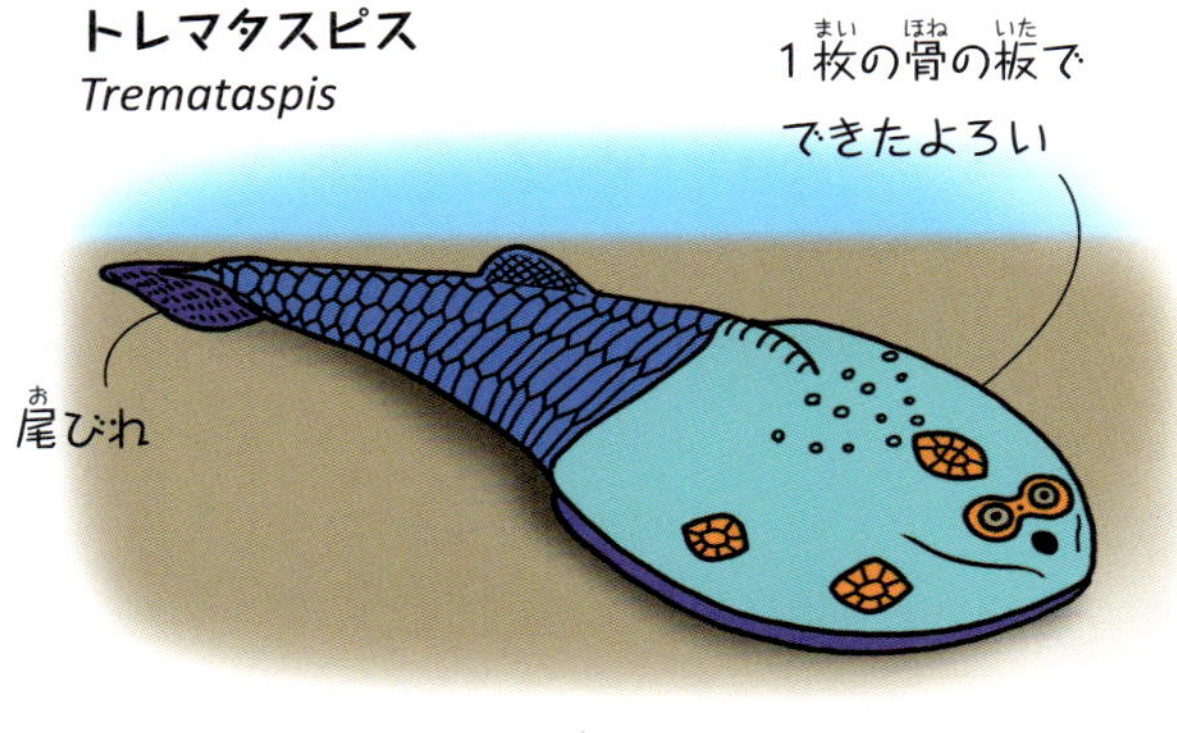

トレマタスピスは、眼《め》と鼻《はな》が背中側《せなかがわ》についていました。このことから、海底《かいてい》にすんでいて、常《つね》に自分《じぶん》よりも上《うえ》の水中《すいちゅう》を気《き》にしていたと考《かんが》えられています。

トリペレピスもトレマタスピスも、尾《お》びれ以外《いがい》には大《おお》きなひれをもっていません。そのため、あまり泳《およ》ぐのは得意《とくい》ではなかったとみられています。

化石《かせき》を見《み》たい!

ミュージアムパーク 茨《いばら》城《き》県《けん》自《し》然《ぜん》博《はく》物《ぶつ》館《かん》

トレマタスピスの実物《じつぶつ》化石《かせき》を見《み》ることができます。

ここでもみられます!
豊橋市自然史博物館 ほか

もっとしりたい!
甲冑魚《かっちゅうぎょ》とは、骨《ほね》のよろいをもつさまざまなサカナに使《つか》う言葉《ことば》で、決《き》まったグループを指《さ》す分類《ぶんるい》の名前《なまえ》ではありません。

サメ肌《はだ》で、あごがないサカナ
フレボレピス

シルル紀《き》

新生代《しんせいだい》　中生代《ちゅうせいだい》　古生代《こせいだい》　先《せん》カンブリア時代《じだい》

つぶれた顔《かお》のサカナ

カンブリア紀《き》に登場《とうじょう》した魚《さかな》の仲間《なかま》は、時代《じだい》が進《すす》むにつれて、うろこをもち、また骨《ほね》のよろいをもつようになりました。

ヨーロッパや北《きた》アメリカ、シベリアなどのシルル紀《き》の地層《ちそう》から化石《かせき》がみつかっている「フレボレピス」は、そうした進化《しんか》の中《なか》で現《あらわ》れた魚《さかな》の仲間《なかま》です。

フレボレピスの大《おお》きさは7センチメートルほどで、頭部《とうぶ》が横《よこ》につぶれたように広《ひろ》くなっていました。眼《め》はそのつぶれた頭部《とうぶ》の両脇《りょうわき》にあり、広《ひろ》くつぶれた先端《せんたん》に口《くち》がありました。なお、これまでに紹介《しょうかい》してきた魚《さかな》の仲間《なかま》と同《おな》じように、あごはありませんでした。

シルル紀《き》の海《うみ》では、あごのない魚《さかな》の仲間《なかま》がまだ圧倒的《あっとうてき》に多《おお》かったようです。あごがないと、かたいものをかむことができません。そのため、動物《どうぶつ》たちの中《なか》では弱《よわ》い立《た》場《ば》にいたとみられています。

ざらざらの表面《ひょうめん》

フレボレピスは、ちょっと変《か》わったうろこで覆《おお》われていました。一《ひと》つ一《ひと》つのうろこが歯《は》のような形《かたち》をしていたのです。このようなうろこをもつサカナのことを、「歯鱗類《しりんるい》」とよんでいます。「鱗《りん》」とは、うろこのことです。

歯鱗類《しりんるい》の独特《どくとく》のうろこは、現在《げんざい》のサメのうろことよく似《に》ていたようです。現在《げんざい》のサメの表面《ひょうめん》は、細《こま》かな歯《は》のようになっていて、さわるととてもざらざらしています。このざらざらの表面《ひょうめん》のことを「サメ肌《はだ》」とよぶことがあります。私《わたし》たちヒトも、乾燥《かんそう》したりしてざらざらになった肌《はだ》のことを「サメ肌《はだ》」と表現《ひょうげん》することがありますが、言葉《ことば》の由来《ゆらい》は本物《ほんもの》のサメの表面《ひょうめん》です。

フレボレピスのような歯鱗類《しりんるい》の体《からだ》は、まさにサメ肌《はだ》のようだったとみられています。もしも、フレボレピスが生《い》きていて、さわることができるのなら、やさしくふれた方《ほう》がよいかもしれませんね。

フレボレピス
Phlebolepis

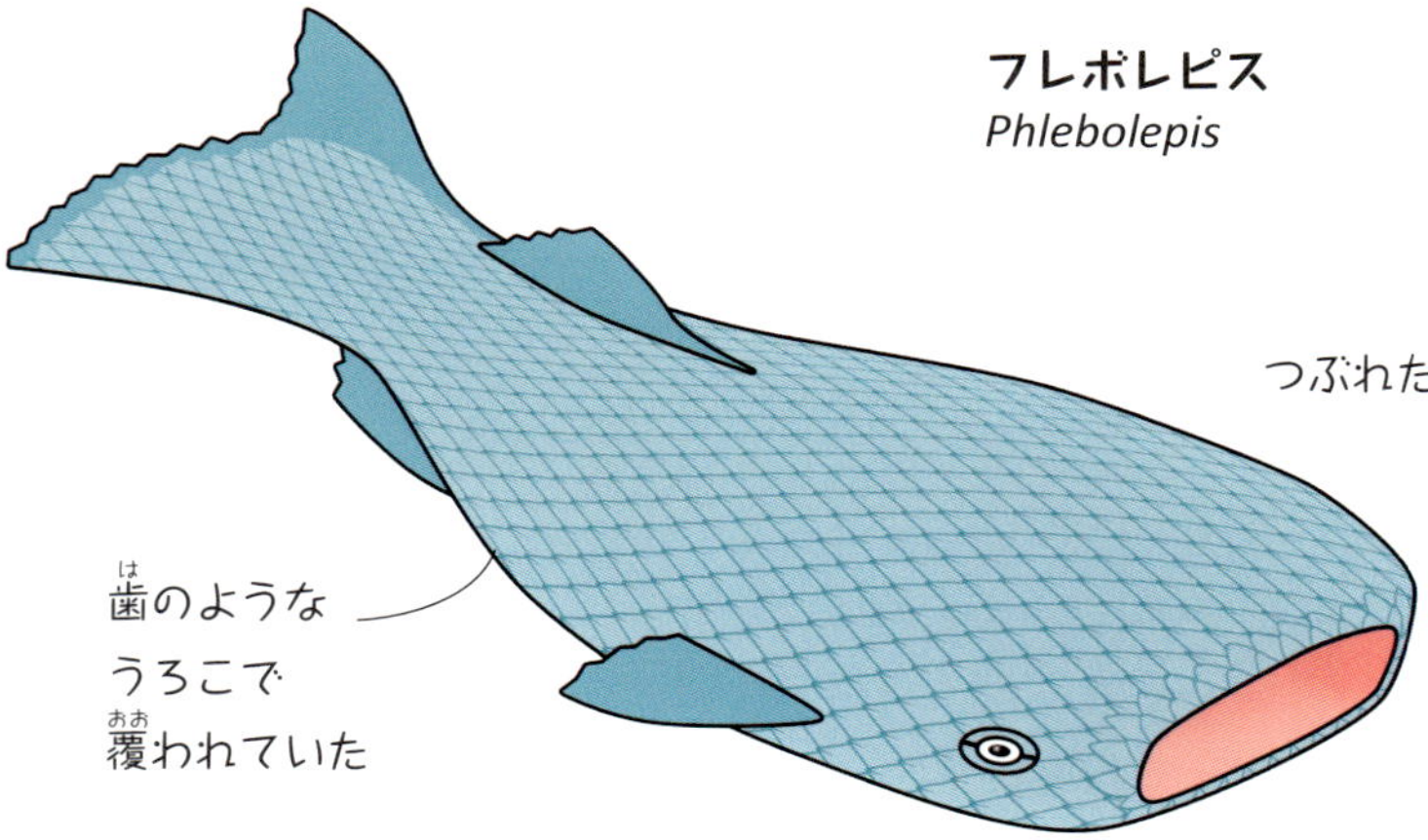

もっとしりたい!

フレボレピスは、ほかの無顎類《むがくるい》と同《おな》じように、プランクトンなどを吸《す》いとるようにして食《た》べていたようです。こうした無顎類《むがくるい》は、体《からだ》があまり大《おお》きくないことも特徴《とくちょう》の一《ひと》つです。

ついに登場《とうじょう》！　あごのあるサカナ
クリマティウス

シルル紀《き》

新生代《しんせいだい》　中生代《ちゅうせいだい》　古生代《こせいだい》　先《せん》カンブリア時代《じだい》

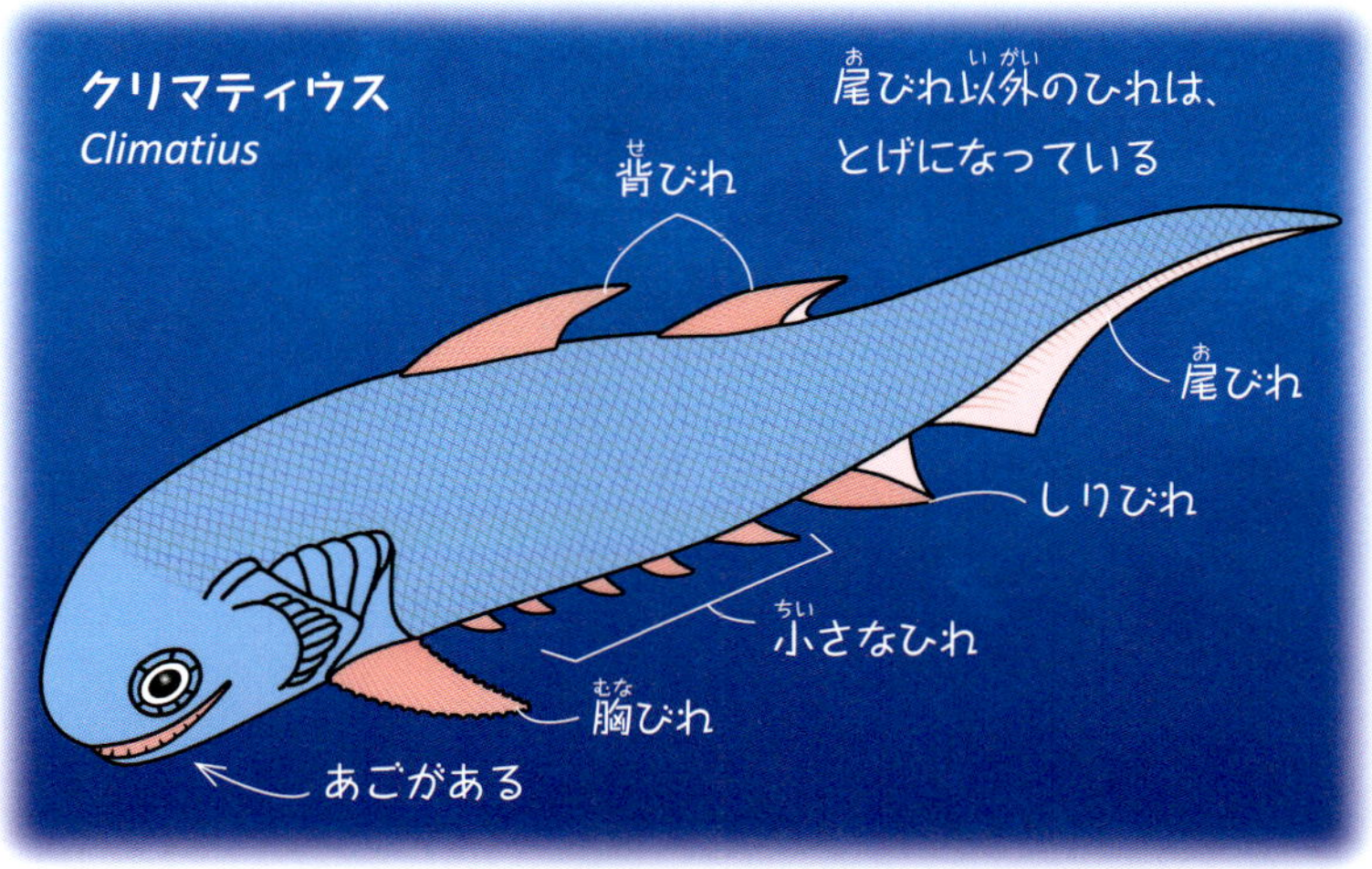

あごのあるサカナが登場《とうじょう》

これまでに紹介《しょうかい》してきた魚《さかな》の仲間《なかま》は、みんなあごをもっていませんでした。そのため、かたい獲物《えもの》をかむことはできず、水中《すいちゅう》を漂《ただよ》うプランクトンなどを食《た》べて生《い》きていたと考《かんが》えられています。

しかし、シルル紀《き》の後期《こうき》になって、ついにあごをもつサカナが現《あらわ》れました。

エストニアの地層《ちそう》などから化石《かせき》がみつかる「クリマティウス」は、そうした最《もっと》も初期《しょき》のあごのあるサカナの一《ひと》つです。大《おお》きさは15センチメートルほどで、湖《みずうみ》や川《かわ》などで暮《く》らしていました。

あごをもったことで、クリマティウスはそれまでの魚《さかな》の仲間《なかま》よりもかたいものを食《た》べることができるようになりました。

とげのひれをもつ

クリマティウスは「棘魚類《きょくぎょるい》」とよばれる、今《いま》はもう絶滅《ぜつめつ》したグループの魚《さかな》の仲間《なかま》です。

棘魚類《きょくぎょるい》は、とげ（棘《とげ》）をもつサカナです。とげをもつサカナは、棘《きょく》魚類《ぎょるい》のほかにもいますが、棘《きょく》魚類《ぎょるい》の場合《ばあい》はひれの前側《まえがわ》の縁《ふち》にとげがあるということが特徴《とくちょう》です。

ただし、棘魚類《きょくぎょるい》の中《なか》でも原始的《げんしてき》なサカナであるクリマティウスの場合《ばあい》は、ひれの縁《ふち》にとげがあるのではなく、ひれ全体《ぜんたい》がとげになっていました。そして唯一《ゆいいつ》、尾《お》びれだけは、とげのようになっていませんでした。

このとげのひれは、敵《てき》から身《み》を守《まも》ることにも役立《やくだ》ったと考《かんが》えられています。

化石《かせき》を見《み》たい！　豊橋市自然史博物館《とよはしししぜんしはくぶつかん》

クリマティウスを復元《ふくげん》した模型《もけい》を見《み》ることができます。

もっとしりたい！
クリマティウスは眼《め》が大《おお》きく、鼻《はな》の穴《あな》が小《ちい》さいことも特徴《とくちょう》です。おそらく、においよりも、見《み》ることによってえさをさがしていたのだろうとみられています。

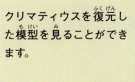

大繁栄《だいはんえい》の先陣《せんじん》
アンドレオレピス

シルル紀《き》

新生代《しんせいだい》 中生代《ちゅうせいだい》 古生代《こせいだい》 先《せん》カンブリア時代《じだい》

あごをもつサカナ

エストニアやスウェーデンのシルル紀《き》の地層《ちそう》からは、「アンドレオレピス」という魚《さかな》の仲間《なかま》の化石《かせき》がみつかっています。シルル紀《き》に登場《とうじょう》したあごをもつサカナの一《ひと》つです。

現在《げんざい》の海《うみ》で大繁栄《だいはんえい》！

アンドレオレピスの大《おお》きさは20センチメートルほどで、「条鰭類《じょうきるい》」というグループに分類《ぶんるい》されます。条鰭類《じょうきるい》は、ひれに筋《すじ》があることが特徴《とくちょう》です。

条鰭類《じょうきるい》は、現在《げんざい》の海《うみ》で大繁栄《だいはんえい》をしている魚《さかな》の仲間《なかま》です。マグロもサケも、コイもメダカもみんな条鰭類《じょうきるい》です。

現在《げんざい》の海《うみ》に暮《く》らす条鰭類《じょうきるい》の数《かず》はおよそ2万《まん》7000種《しゅ》におよびます。魚《さかな》の仲間《なかま》どころか、すべての脊椎動物《せきついどうぶつ》の種《しゅ》の数《かず》の半分以上《はんぶんいじょう》を占《し》めています。今《いま》の地球《ちきゅう》で最《もっと》も種《しゅ》の数《かず》の多《おお》い脊椎動物《せきついどうぶつ》のグループが条鰭類《じょうきるい》なのです。ちなみに私《わたし》たち哺乳類《ほにゅうるい》のうち、現在《げんざい》も生《い》きている種《しゅ》はおよそ5500種《しゅ》なので、条鰭類《じょうきるい》の4分《ぶん》の1くらいしかいません。

現在《げんざい》の海《うみ》で大繁栄《だいはんえい》をする条鰭類《じょうきるい》ですが、アンドレオレピスが現《あらわ》れたころはまだ圧倒的《あっとうてき》に少数派《しょうすうは》でした。条鰭類《じょうきるい》が種《しゅ》の数《かず》を増《ふ》やしはじめるのは、もっとずっと先《さき》のことなのです。

アンドレオレピス
Andreolepis

水族館《すいぞくかん》で見《み》てみよう

水族館《すいぞくかん》に行《い》ったときは、ぜひ生物《せいぶつ》の分類《ぶんるい》にも注目《ちゅうもく》してみましょう。おそらく展示《てんじ》されているサカナのほとんどは、条鰭類《じょうきるい》です。そして、条鰭類《じょうきるい》の中《なか》にもたくさんの種《しゅ》があり、いくつものグループにわかれていることがわかると思《おも》います。現在《げんざい》は、まさに条鰭類《じょうきるい》の全盛期《ぜんせいき》なのです。

もっとしりたい！ あごがどのようにして生《う》まれたのかについては、いくつかの仮説《かせつ》があります。よく知《し》られているのは、あごの骨《ほね》はもともとえらの骨《ほね》だったという説《せつ》です。

シルル紀《き》の水中《すいちゅう》の狩人《かりうど》
メガマスタックス

シルル紀

新生代《しんせいだい》　中生代《ちゅうせいだい》　古生代《こせいだい》　先カンブリア時代

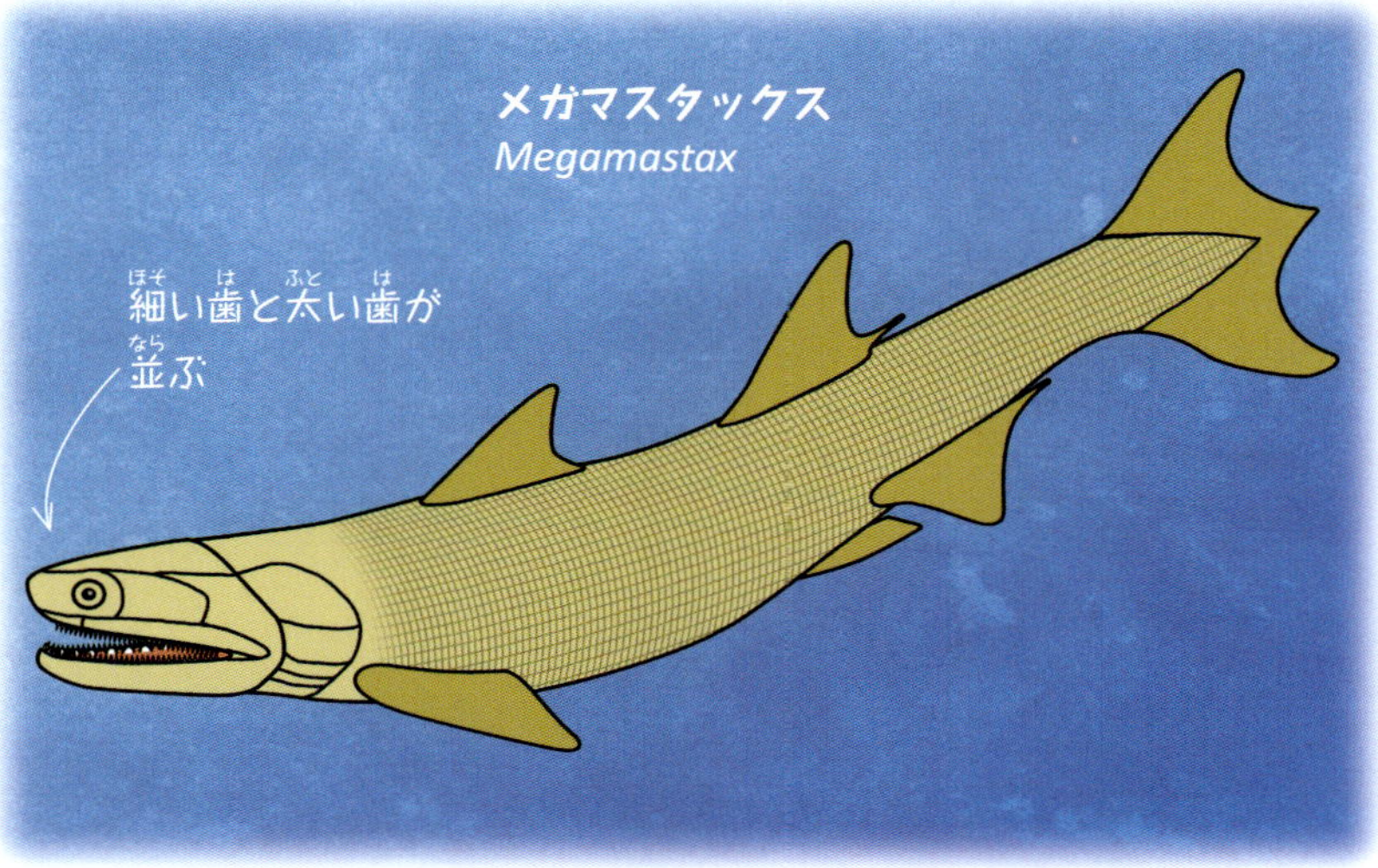

大《おお》きなサカナもいた!

シルル紀《き》になって、あごをもつサカナが初《はじ》めて現《あらわ》れました。これによって、サカナたちは、かたい獲物《えもの》でもかみ砕《くだ》くことができるようになりました。

それでも多《おお》くのサカナの大《おお》きさは、50センチメートル以下《いか》というサイズでした。大型《おおがた》のウミサソリ類《るい》や頭足類《とうそくるい》よりは小《ちい》さく、まだ狩《か》られる側《がわ》だったというのが、つい最近《さいきん》までの“常識《じょうしき》”でした。魚《さかな》の仲間《なかま》が現在《げんざい》のように大《おお》きくなるのは、次《つぎ》の時代《じだい》であるデボン紀《き》になってから、と考《かんが》えられていたのです。

しかし、2014年《ねん》になって報告《ほうこく》された「メガマスタックス」の化石《かせき》は、この“常識《じょうしき》”をくつがえすものでした。メガマスタックスの化石《かせき》はあごの一部《いちぶ》しか発見《はっけん》されていませんが、その一部《いちぶ》の大《おお》きさは12センチメートルもありました。そして、このあごの一部《いちぶ》から見積《みつ》もられるメガマスタックスの全身《ぜんしん》の大《おお》きさはおよそ1メートルであるというのです。シルル紀《き》のそれまでに知《し》られていた魚《さかな》の仲間《なかま》の2倍以上《ばいいじょう》の大《おお》きさでした。

水中《すいちゅう》の狩人《かりうど》

メガマスタックスの化石《かせき》は、中国《ちゅうごく》のシルル紀末期《きまっき》の地層《ちそう》から発見《はっけん》されました。この化石《かせき》を報告《ほうこく》した研究者《けんきゅうしゃ》たちは、メガマスタックスを「肉鰭類《にくきるい》」というグループに分類《ぶんるい》しています。これまでに紹介《しょうかい》した、あごのあるサカナである棘魚類《きょくぎょるい》や条鰭類《じょうきるい》とは、また異《こと》なるグループで、現在《げんざい》の魚《さかな》の仲間《なかま》でいえば、シーラカンスがこの肉鰭《にくき》類《るい》に分類《ぶんるい》されています。

メガマスタックスのあごには小《ちい》さなたくさんの歯《は》のほかに、しっかりとした太《ふと》い歯《は》がありました。1メートルという大《おお》きさとあわせて考《かんが》えると、メガマスタックスはほかのサカナたちも獲物《えもの》にする「水中《すいちゅう》の狩人《かりうど》」だったとみられています。シルル紀《き》の末期《まっき》になって、サカナはついに“強《つよ》く”なったのです。

もっとしりたい!
1メートルというサイズは、現在《げんざい》のサカナでいうと、サケと同《おな》じくらいの大《おお》きさになります。水族館《すいぞくかん》や魚屋《さかなや》さんで大《おお》きさを確認《かくにん》してみましょう。

最初《さいしょ》の陸上植物《りくじょうしょくぶつ》
クックソニア

シルル紀《き》

新生代《しんせいだい》 中生代《ちゅうせいだい》 古生代《こせいだい》 先《せん》カンブリア時代《じだい》

水辺《みずべ》が緑《みどり》になっていく

今日《きょう》は植物《しょくぶつ》に注目《ちゅうもく》しましょう。

カンブリア紀《き》とオルドビス紀《き》の間《あいだ》、地上《ちじょう》のほとんどの地域《ちいき》は、植物《しょくぶつ》の生《は》えていない荒野《こうや》でした。オルドビス紀《き》には、ゼニゴケの仲間《なかま》が水辺《みずべ》にいたことがわかっていますが、そのゼニゴケの仲間《なかま》がどのような姿《すがた》をしていたのかは、よくわかっていません。

植物《しょくぶつ》が本格的《ほんかくてき》に陸上《りくじょう》に茂《しげ》るようになったのは、シルル紀《き》になってからです。

最《もっと》も初期《しょき》の陸上植物《りくじょうしょくぶつ》の一《ひと》つに「クックソニア」がいました。クックソニアの化石《かせき》は、北半球《きたはんきゅう》の各地《かくち》からみつかっています。

水辺《みずべ》で生活《せいかつ》していた

クックソニアは、高《たか》さ数《すう》センチメートルほどの小《ち》さな植物《しょくぶつ》です。根《ね》や葉《は》らしきものはもっていません。ところどころで茎《くき》が二股《ふたまた》に分《わ》かれて、先端《せんたん》には「胞子嚢《ほうしのう》」という丸《まる》い袋《ふくろ》をもっていました。この袋《ふくろ》の中《なか》に入《はい》っていた胞子《ほうし》で増《ふ》えていくのです。

クックソニアの体《からだ》はあまりかたくないために、乾燥《かんそう》した内陸《ないりく》ではすぐにしなびてしまいます。また、胞子《ほうし》で増《ふ》えるためには水《みず》は欠《か》かせません。胞子《ほうし》は水《みず》の中《なか》を泳《およ》いで移動《いどう》するためです。そのため、陸上植物《りくじょうしょくぶつ》とはいっても、水辺《みずべ》から離《はな》れた場所《ばしょ》では育《そだ》つことも増《ふ》えることもできませんでした。

それでも、シルル紀《き》になって、こうしてはっきりと形《かたち》のわかる植物《しょくぶつ》が陸《りく》に登場《とうじょう》し始《はじ》めたのです。

クックソニア
Cooksonia

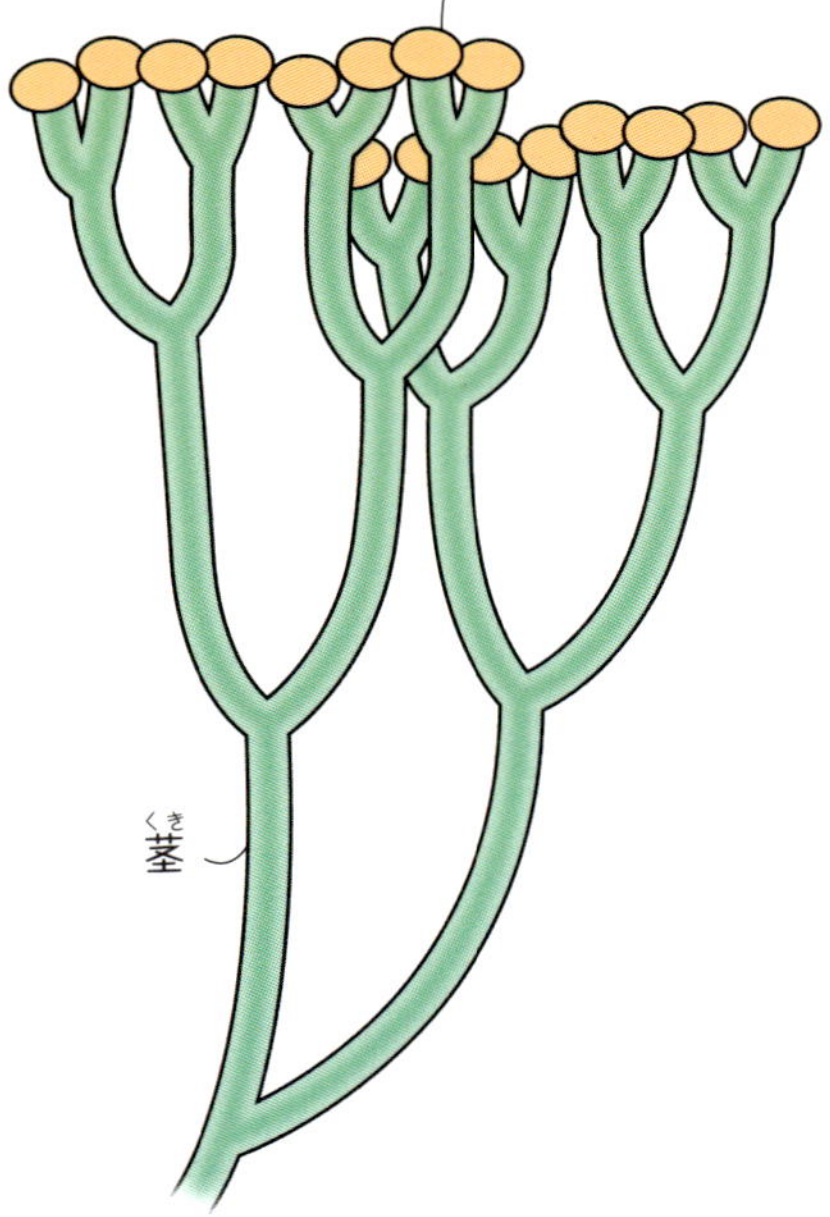

化石《かせき》を見《み》たい！ 福井県立恐竜博物館《ふくいけんりつきょうりゅうはくぶつかん》

クックソニアのものとされる実物化石《じつぶつかせき》と、復元《ふくげん》模型《もけい》が展示《てんじ》されています。復元模型《ふくげんもけい》はジオラマの中《なか》にあるので探《さが》してみよう。

ここでもみられます！
豊橋市自然史博物館　ほか

もっとしりたい！ クックソニアは、「クークソニア」ともよばれています。「リニア植物《しょくぶつ》」あるいは「リニア状植物《じょうしょくぶつ》」とよばれる原始的《げんしてき》な植物《しょくぶつ》に分類《ぶんるい》されます。

デボン紀《き》

ここから、古生代《こせいだい》の後半《こうはん》に突入《とつにゅう》します。古生代《こせいだい》に六《むっ》つある時代《じだい》のうち、4番目《ばんめ》にあたる時代《じだい》が、この「デボン紀《き》」です。およそ4億《おく》1900万年前《まんねんまえ》に始《はじ》まって、3億《おく》5900万年前《まんねんまえ》ごろまで続《つづ》きました。デボン紀《き》の海《うみ》では、シルル紀《き》までの海《うみ》にはほとんどいなかった大型《おおがた》の魚《さかな》の仲《なか》間《ま》がたくさん現《あらわ》れるようになります。また、デボン紀《き》の終《お》わりが近《ちか》づいたころには、ついに「あし」をもった脊《せき》椎動物《ついどうぶつ》も現《あらわ》れます。

脊椎《せきつい》動物《どうぶつ》が主役《しゅやく》になった デボン紀《き》

デボン紀《き》

新生代《しんせいだい》　中生代《ちゅうせいだい》　古生代《こせいだい》　先《せん》カンブリア時代《じだい》

デボン紀《き》の地球《ちきゅう》

陸地《りくち》が緑《みどり》になった！

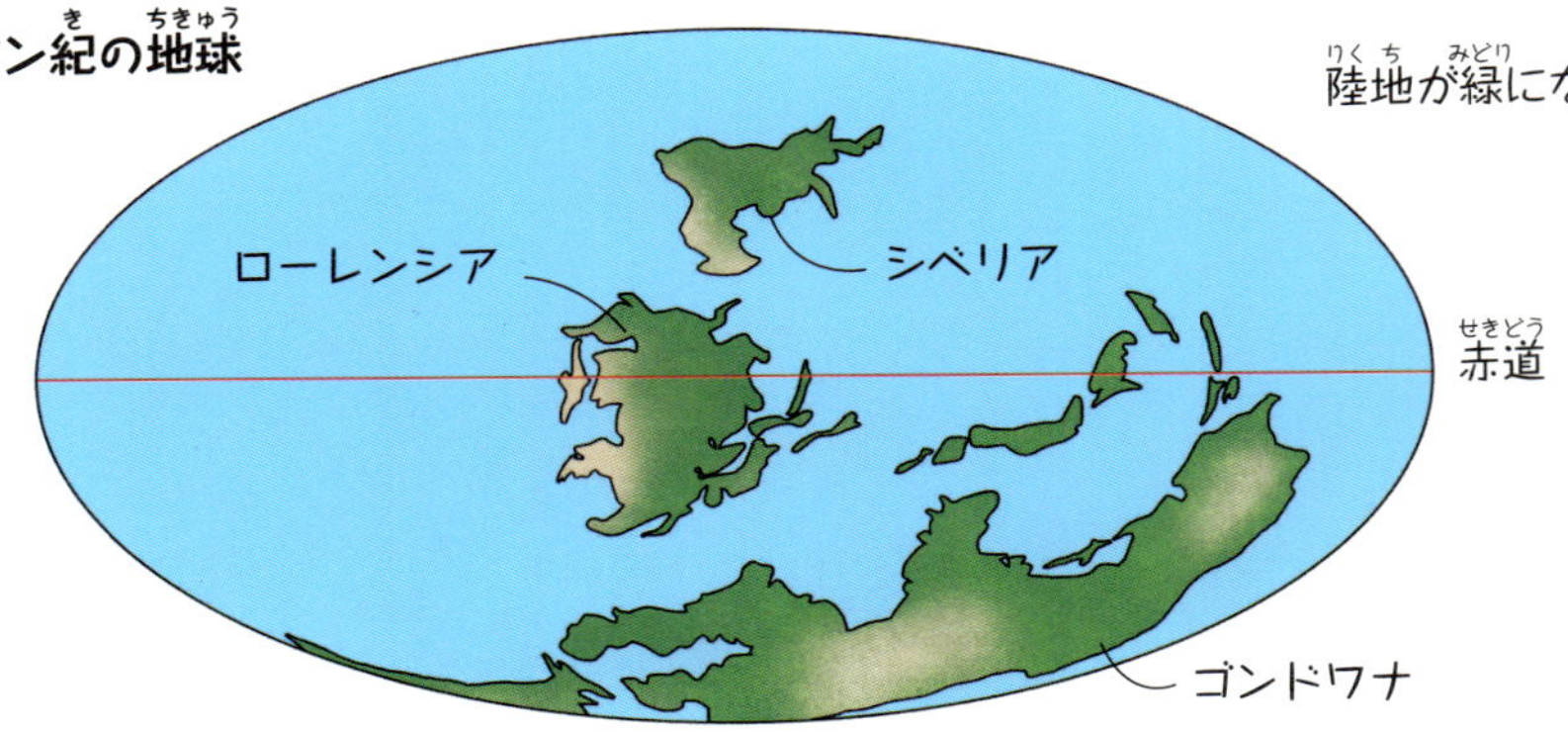

緑《みどり》の大地《だいち》が広《ひろ》がる

これまでに古生代《こせいだい》のカンブリア紀《き》とオルドビス紀《き》、そしてシルル紀《き》の生物《せいぶつ》をみてきました。

シルル紀《き》の次《つぎ》の時代《じだい》が「デボン紀《き》」です。およそ4億《おく》1900万《まん》年前《ねんまえ》に始《はじ》まって、3億《おく》5900万《まん》年前《ねんまえ》ごろまで続《つづ》きました。

デボン紀《き》の地球《ちきゅう》では、南半球《みなみはんきゅう》にゴンドワナという巨大《きょだい》な大陸《たいりく》があり、赤道《せきどう》のあたりにローレンシア、北半球《きたはんきゅう》にはシベリアがありました。

デボン紀《き》には植物《しょくぶつ》が内陸《ないりく》でもみられるようになりました。もしも宇宙《うちゅう》から地球《ちきゅう》を見《み》ることができたとしたら、海《うみ》の青《あお》と、陸《りく》の緑《みどり》がきれいに見《み》えたことでしょう。「水《みず》と緑《みどり》の惑星《わくせい》」という、地球《ちきゅう》らしい景色《けしき》ができあがったのです。

大《おお》きなサカナが登場《とうじょう》

シルル紀《き》はとても暖《あたた》かい時代《じだい》でした。デボン紀《き》が始《はじ》まったときも、その暖《あたた》かさは続《つづ》いていたようです。その後《ご》、デボン紀《き》の中《なか》ごろに向《む》かって次第《しだい》に寒《さむ》くなっていったとみられています。そして、デボン紀《き》の後期《こうき》に向《む》かって再《ふたた》び暖《あたた》かくなっていきました。

デボン紀《き》になると、数《すう》メートルサイズの魚《さかな》の仲間《なかま》がたくさん現《あらわ》れます。現在《げんざい》の地球《ちきゅう》の海《うみ》と同《おな》じように、いよいよ魚《さかな》の仲間《なかま》が海《うみ》の主役《しゅやく》となるのです。

そして、そうした魚《さかな》の仲間《なかま》から、やがて「あしをもった脊椎動物《せきついどうぶつ》」が現《あらわ》れます。あしをもったことで、地上《ちじょう》で暮《く》らすことができるようになりました。デボン紀《き》は脊椎動物《せきついどうぶつ》が大《おお》いに進化《しんか》した時代《じだい》なのです。

ついに魚《さかな》の仲間《なかま》が海《うみ》の動物《どうぶつ》たちの頂点《ちょうてん》に！

もっとしりたい！　デボンという名前《なまえ》は、イギリスの「デボン州《しゅう》」という地域名《ちいきめい》にちなむものです。

"最《さい》後《ご》"のアノマロカリス類《るい》
シンダーハンネス

デボン紀《き》

新《しん》生《せい》代《だい》　中《ちゅう》生《せい》代《だい》　古《こ》生《せい》代《だい》　先《せん》カンブリア時代《じだい》

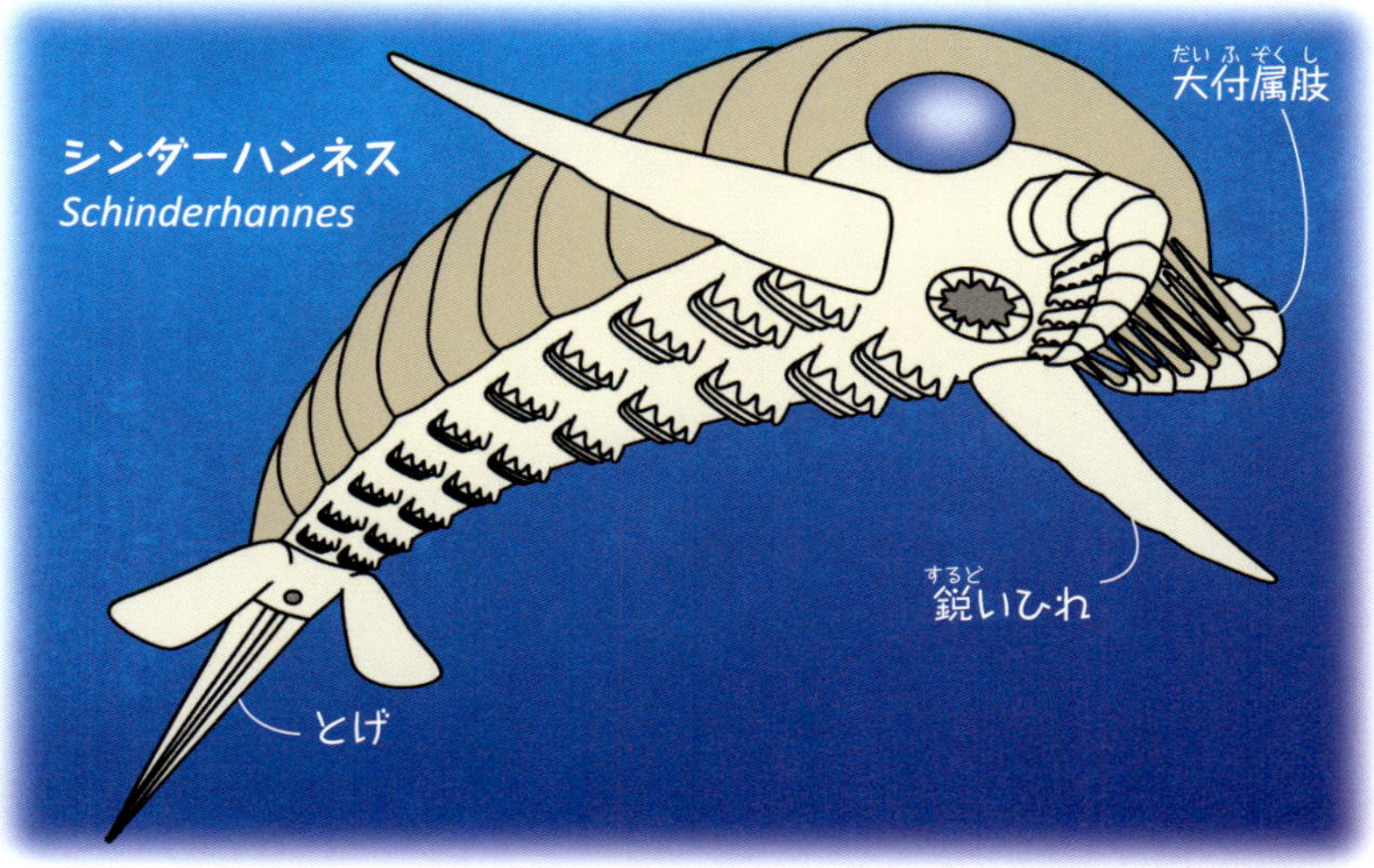

滅《ほろ》んでいなかった!

35ページなどで紹介《しょうかい》したアノマロカリス類《るい》を覚《おぼ》えていますか?カンブリア紀《き》の海《うみ》で最強《さいきょう》といわれていた動物《どうぶつ》です。アノマロカリスの子孫《しそん》は、オルドビス紀《き》の地層《ちそう》からも化石《かせき》が発見《はっけん》されています。

今《いま》までのところ、シルル紀《き》の地層《ちそう》からアノマロカリス類《るい》の化石《かせき》は発見《はっけん》されていません。しかし、アノマロカリス類《るい》がオルドビス紀《き》で滅《ほろ》んだというわけではないようです。なぜなら、ドイツのデボン紀《き》の地層《ちそう》から、アノマロカリス類《るい》の化石《かせき》がみつかっているからです。

その名前《なまえ》を「シンダーハンネス」といいます。

目立《めだ》たない存在《そんざい》

シンダーハンネスは、10センチメートルほどの小《ちい》さなアノマロカリス類《るい》です。

カンブリア紀《き》にいたアノマロカリスは1メートル以上《いじょう》、オルドビス紀《き》にいたアノマロカリス類《るい》であるエーギロカシスは2メートルの大《おお》きさがありました。こうしたアノマロカリス類《るい》と比《くら》べると、シンダーハンネスはとても小柄《こがら》です。

シンダーハンネスの化石《かせき》がみつかった地層《ちそう》からは、シンダーハンネスよりも大《おお》きな動物《どうぶつ》の化石《かせき》がたくさんみつかっています。かつての海《うみ》では、ひときわ体《からだ》が大《おお》きかったアノマロカリス類《るい》は「最強《さいきょう》」の動物《どうぶつ》でしたが、デボン紀《き》にはあまり目立《めだ》たない存在《そんざい》だったのかもしれません。

大《おお》きさこそ小柄《こがら》ではあるものの、頭部《とうぶ》には大付属肢《だいふぞくし》があり、また、体《からだ》の割《わり》には大《おお》きな眼《め》をもっていました。さらに、カンブリア紀《き》のアノマロカリス類《るい》のものとよく似《に》た口《くち》ももっていました。頭部《とうぶ》と胴部《どうぶ》の境目《さかいめ》のあたりに、まるで飛行機《ひこうき》の翼《つばさ》のような形《かたち》をした、鋭《するど》いひれもありました。尾《お》の先《さき》にとげがあることも特徴《とくちょう》です。

シンダーハンネスは、今《いま》のところ"最後《さいご》のアノマロカリス類《るい》"です。これより新《あたら》しい時代《じだい》の地層《ちそう》からは、アノマロカリス類《るい》の化石《かせき》は発見《はっけん》されていません。

もっとしりたい!　シンダーハンネスの大付属肢《だいふぞくし》や眼《め》のつくりが調《しら》べられたところ、38ページで紹介《しょうかい》したカンブリア紀《き》のフルディアに近《ちか》いことがわかりました。

"最後《さいご》"のマルレラ形類《けいるい》
ミメタスター

デボン紀《き》

新生代　中生代　古生代　先カンブリア時代

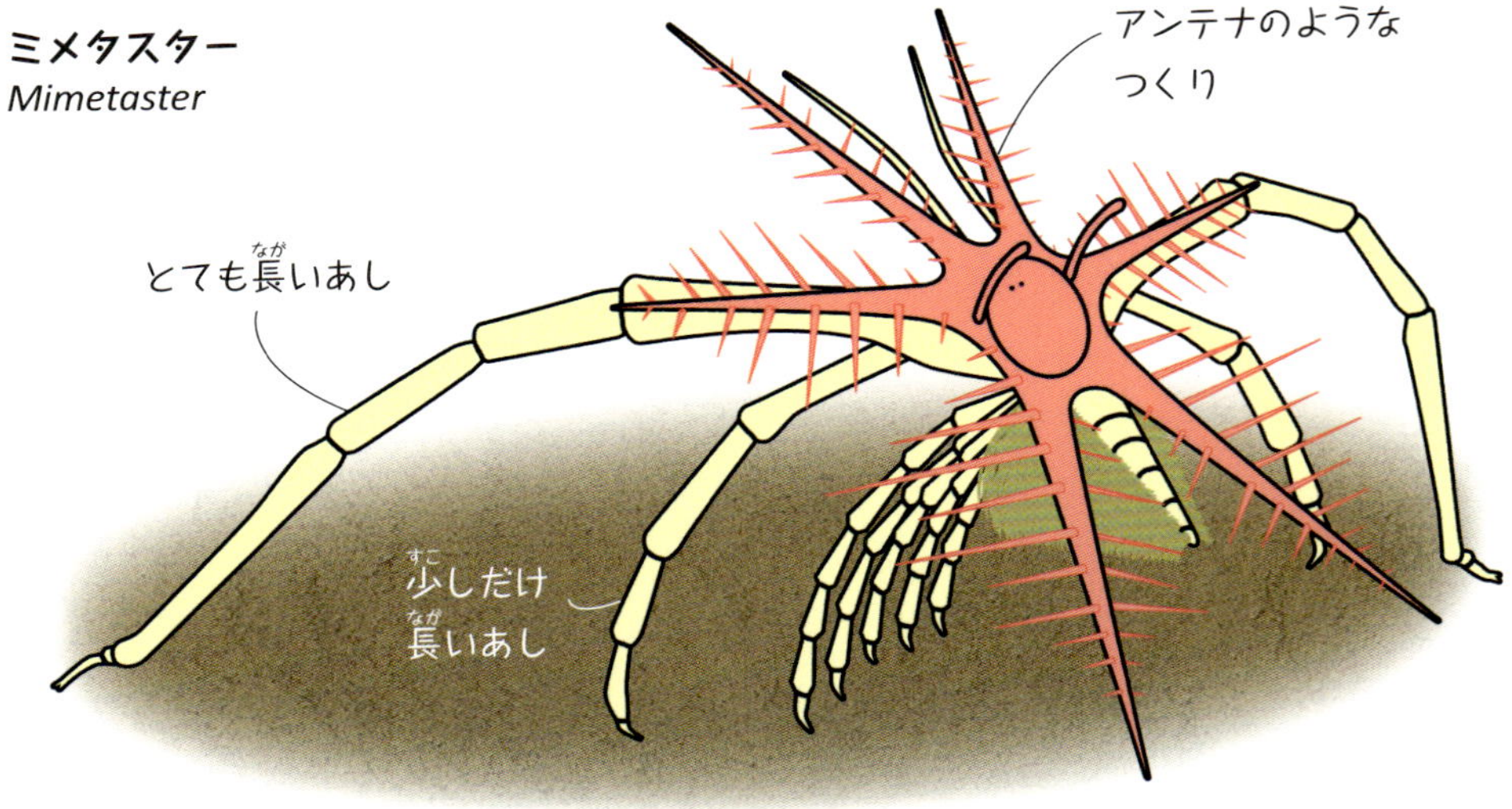

マルレラの仲間《なかま》

ドイツのデボン紀《き》の地層《ちそう》からは、複数《ふくすう》の「マルレラ形類《けいるい》」の化石《かせき》がみつかっています。マルレラ形類《けいるい》とは、41ページで見《み》たカンブリア紀《き》のカナダにいたマルレラ、60ページのオルドビス紀《き》のモロッコにいたフルカ、そして85ページのシルル紀《き》のイギリスにいたキシロコリスの仲間《なかま》です。

デボン紀《き》のマルレラ形類《けいるい》の一《ひと》つが、「ミメタスター」です。大《おお》きさは数《すう》センチメートルほどで、ほかのマルレラ形類《けいるい》とほぼ同《おな》じサイズの動物《どうぶつ》でした。

群《む》れで暮《く》らす？

ミメタスターは、マルレラがアンテナを背《せ》負《お》ったような姿《すがた》をしています。このアンテナは、6方向《ほうこう》にのびていました。また、とても長《なが》い2本《ほん》のあし、少《すこ》しだけ長《なが》い2本《ほん》のあしをもっていることも特徴《とくちょう》です。

ミメタスターの化石《かせき》は、いくつかの個体《こたい》がまとまって発見《はっけん》されることが多《おお》くあります。そのため、生《い》きていたときは、群《む》れで暮《く》らしていたのではないか、と考《かんが》えられています。

95ページのシンダーハンネスがアノマロカリス類《るい》の〝最後《さいご》の生《い》き残《のこ》り〟であるように、ミメタスターはマルレラ形類《けいるい》の最後《さいご》の生《い》き残《のこ》りといえます。デボン紀《き》よりあとの時代《じだい》にできた地層《ちそう》からは、マルレラ形類《けいるい》の化石《かせき》がみつかっていないのです。そのため、アノマロカリス類《るい》もマルレラ形類《けいるい》もデボン紀《き》を最後《さいご》に絶滅《ぜつめつ》したと考《かんが》えられています。カンブリア紀《き》に現《あらわ》れてからおよそ1億年《おくねん》の間《あいだ》にわたって子孫《しそん》を残《のこ》し続《つづ》けてきたグループは、ここに滅《ほろ》びたのです。

もっとしりたい！
ミメタスターとシンダーハンネスは、ドイツの同《おな》じ地層《ちそう》から化石《かせき》が発見《はっけん》されています。その地層《ちそう》は、「フンスリュックスレート」とよばれています。

史《し》上《じょう》最《さい》大《だい》級《きゅう》のヒトデ ヘリアンサスター

デボン紀《き》

新生代《しんせいだい》　中生代《ちゅうせいだい》　古生代《こせいだい》　先《せん》カンブリア時代《じだい》

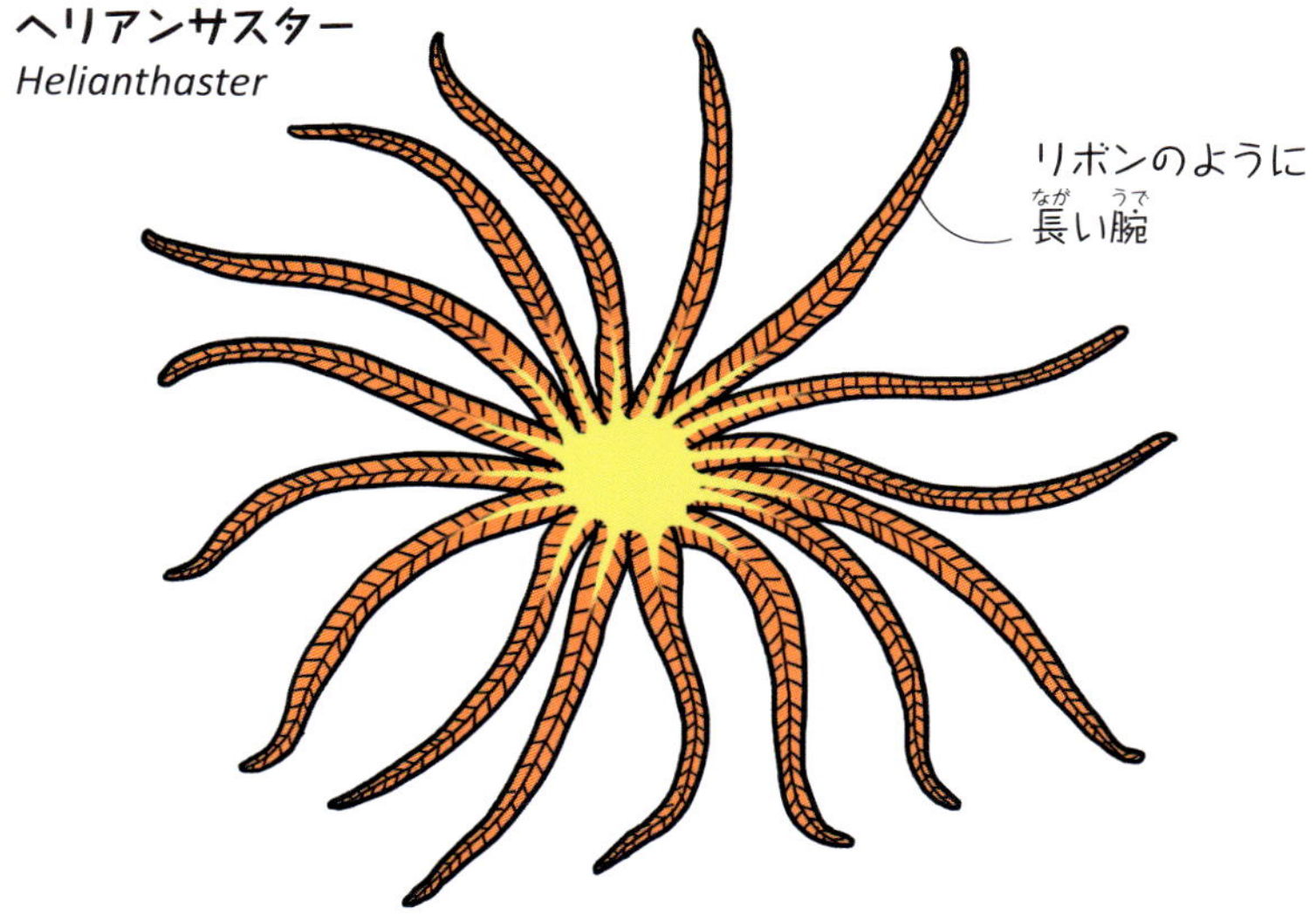

50センチ以上《いじょう》もあった！

ヒトデ類《るい》は、現在《げんざい》の海《うみ》にもいる動物《どうぶつ》です。5本《ほん》の腕《うで》をのばした星形《ほしがた》の体《からだ》をもつ種類《しゅるい》が有名《ゆうめい》で、「棘皮動物《きょくひどうぶつ》」というグループに分類《ぶんるい》されます。同《おな》じく棘皮動物《きょくひどうぶつ》に分類《ぶんるい》されるものとしては、ウニ類《るい》やウミユリ類《るい》がいます。

シンダーハンネスやミメタスターも発見《はっけん》されているドイツのデボン紀《き》の地層《ちそう》では、ほかの化石産《かせきさん》地《ち》であまりみられないような、保存《ほぞん》のよい化石《かせき》がたくさんみつかっています。その中《なか》には多《おお》くの棘皮動物《きょくひどうぶつ》の化石《かせき》も含《ふく》まれていて、そのうち代表的《だいひょうてき》なものがヒトデの化石《かせき》です。

現在《げんざい》の海《うみ》でみつかるヒトデの多《おお》くは、10センチメートルから20センチメートルほどの大《おお》きさです。アオヒトデは30センチメートルの大《おお》きさになります。30センチメートルというとヒトの顔《かお》よりも大《おお》きいですが、これはまだ序《じょ》の口《くち》です。

ドイツのデボン紀《き》の地層《ちそう》から化石《かせき》がみつかる「ヘリアンサスター」というヒトデは、アオヒトデを上回《うわまわ》る50センチメートル以上《いじょう》の大きさがありました。1本《ぽん》の腕《うで》だけでも20センチメートル以上《いじょう》あったのです。これは、過去《かこ》から現在《げんざい》までのヒトデ類《るい》の中《なか》で最大級《さいだいきゅう》です。

腕《うで》の数《かず》は16本《ぽん》

ヒトデ類《るい》の腕《うで》の数《かず》は5本《ほん》というのがよく知《し》られています。しかし、現在《げんざい》の海《うみ》にはもっとたくさんの腕《うで》をもつヒトデもいます。たとえば、日本《にっぽん》の沿岸《えんがん》で暮《く》らすタコヒトデは、30本以上《ぽんいじょう》の腕《うで》があります。

史上最大級《しじょうさいだいきゅう》のヒトデであるヘリアンサスターもたくさんの腕《うで》をもっていました。タコヒトデにはおよびませんが、その腕《うで》の数《かず》は16本《ぽん》でした。ヘリアンサスターの場合《ばあい》は、その腕《うで》の1本《ぽん》1本《ぽん》がリボンのように長《なが》いことが特徴《とくちょう》です。

ヘリアンサスターの化石《かせき》がみつかったドイツの地層《ちそう》からは、ほかにもたくさんのヒトデ類《るい》の化石《かせき》がみつかっています。その数《かず》は10種類以上《しゅるいいじょう》にもなります。

もっとしりたい！
ドイツの地層《ちそう》、フンスリュックスレートからみつかるヒトデ類《るい》の化石《かせき》の中《なか》には、腕《うで》の数《かず》が25本以上《ほんいじょう》のものもあります。

“腕《うで》”を突《き》き刺《さ》して進《すす》む！
レノキスティス

レノキスティス
Rhenocystis

1本《ぽん》の腕《うで》をもつ棘皮動物《きょくひどうぶつ》

ヒトデ類《るい》やウニ類《るい》が分類《ぶんるい》される「棘皮動物《きょくひどうぶつ》」というグループには、「海果類《かいかるい》」という動物《どうぶつ》たちもいました。「カルポイド類《るい》」ともよばれます。棘皮動物《きょくひどうぶつ》の中《なか》では原始的《げんしてき》といわれる動物《どうぶつ》たちで、68ページで紹介《しょうかい》したオルドビス紀《き》のアメリカにいたエノプロウラがこの海果《かいか》類《るい》に属《ぞく》しています。

シンダーハンネスやミメタスター、ヘリアンサスターなどの化石《かせき》がみつかっているドイツのデボン紀《き》の地層《ちそう》からも、海果類《かいかるい》の化石《かせき》がみつかっています。その名《な》を「レノキスティス」といいます。

レノキスティスは、エノプロウラよりも少《すこ》しだけ大《おお》きく、そのサイズは10センチメートルをこえました。エノプロウラと同《おな》じように四角形《しかくけい》の胴体《どうたい》をもち、そこから1本《ぽん》の腕《うで》のようなつくりがのびています。この“腕《うで》”と反対側《はんたいがわ》の胴体《どうたい》からは、左右《さゆう》1本《ぽん》ずつのとげがのび、その間《あいだ》には肛門《こうもん》とみられる横長《よこなが》の孔《あな》がありました。

腕《うで》を突《つ》き刺《さ》して進《すす》む

ほかの棘皮動物《きょくひどうぶつ》との関係《かんけい》や、いったいどのようにして暮《く》らしていたのかなど、海果類《かいかるい》についてはわからないことだらけです。

しかし、そんな謎《なぞ》の海果類《かいかるい》の中《なか》で、レノキスティスには謎《なぞ》をとく手《て》がかりがあります。同《おな》じ地層《ちそう》からレノキスティスの“足跡《あしあと》”とみられる化石《かせき》がいくつかみつかっているのです。

足跡《あしあと》の化石《かせき》の研究《けんきゅう》から、レノキスティスは長《なが》い腕《うで》のようなつくりを海底《かいてい》に突《つ》き刺《さ》しながら、少《すこ》しずつ前進《ぜんしん》していたとみられています。海底《かいてい》をひょこひょことシャクトリムシのように進《すす》んでいたのかもしれません。

もっとしりたい！ 海果類《かいかるい》は、デボン紀《き》の次《つぎ》の時代《じだい》である石炭紀《せきたんき》まで生《い》き残《のこ》っていたことがわかっています。

平《ひら》たい甲《かっ》冑《ちゅう》魚《ぎょ》
ゲムエンディナ

デボン紀《き》

新《しん》生《せい》代《だい》 中《ちゅう》生《せい》代《だい》 古《こ》生《せい》代《だい》 先《せん》カンブリア時《じ》代《だい》

小《ち》さな骨《ほね》の破片《はへん》でできた甲冑《かっちゅう》

骨《ほね》のよろいをもつ魚《さかな》の仲間《なかま》のことを「甲冑魚《かっちゅうぎょ》」とよびます。87ページで紹介《しょうかい》したシルル紀《き》のトリペレピスやトレマタスピスは、骨《ほね》の板《いた》で頭部《とうぶ》を覆《おお》った甲冑魚《かっちゅうぎょ》でした。

シンダーハンネスなどがみつかっているドイツのデボン紀《き》の地層《ちそう》からは甲冑魚《かっちゅうぎょ》の化石《かせき》もみつかっています。その名《な》を「ゲムエンディナ」といいます。

ゲムエンディナの多《おお》くは、15センチメートルから40センチメートルほどの大《おお》きさでした。中《なか》には1メートルにまで成長《せいちょう》した個体《こたい》もいました。

ゲムエンディナの〝甲冑《かっちゅう》〟は、トリペレピスやトレマタスピスとはちょっとちがっていました。トリペレピスやトレマタスピスのような骨《ほね》の板《いた》ではなく、たくさんの小《ち》さな骨《ほね》の破片《はへん》が体《からだ》の大部分《だいぶぶん》を覆《おお》っていたのです。

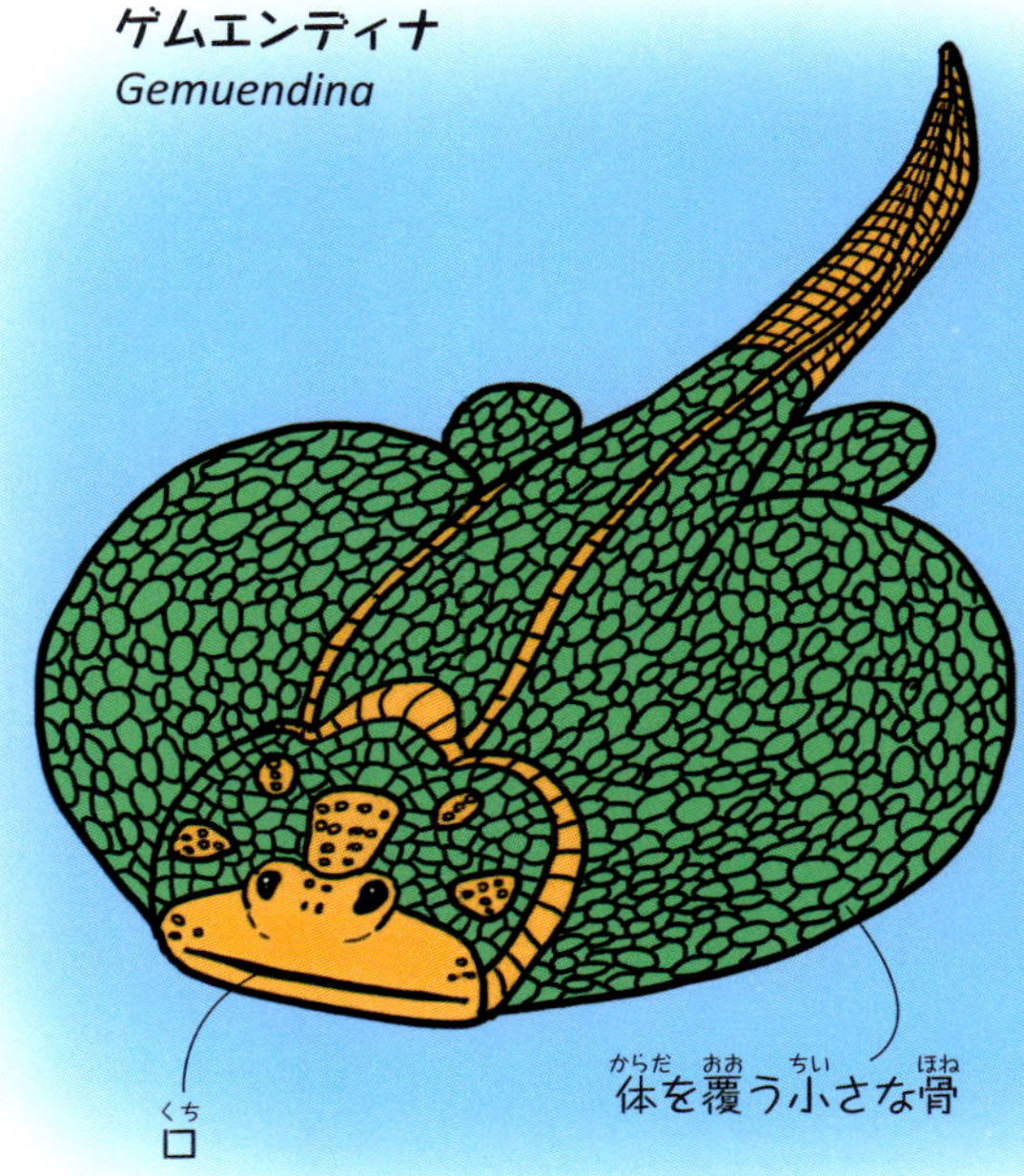

エイに似《に》ている

ゲムエンディナは、とても平《ひら》たいサカナでした。胸《むな》びれが広《ひろ》く、現在《げんざい》のエイとよく似《に》ています。眼《め》は体《からだ》の背中側《せなかがわ》についていて、口《くち》は体《からだ》の先頭《せんとう》でやや下向《したむ》きについていました。このことから、ゲムエンディナは海底付近《かいていふきん》を泳《およ》ぎながら、頭上《ずじょう》を警戒《けいかい》して暮《く》らしていたのではないか、とみられています。

化石《かせき》を見《み》たい！ 福《ふく》井《い》県《けん》立《りつ》恐《きょう》竜《りゅう》博《はく》物《ぶつ》館《かん》

ゲムエンディナの実物化《じつぶつか》石《せき》が展示《てんじ》されています。

もっとしりたい！ ゲムエンディナが分類《ぶんるい》されるグループを「板皮類《ばんぴるい》」といいます。デボン紀《き》にたいへん繁栄《はんえい》した魚《さかな》の仲間《なかま》です。板皮類《ばんぴるい》についてはのちほどくわしく紹介《しょうかい》します。

大型《おおがた》のウミグモ パレオイソプス

デボン紀《き》

新生代《しんせいだい》 中生代《ちゅうせいだい》 古生代《こせいだい》 先《ぜん》カンブリア時代《じだい》

海《うみ》で暮《く》らすクモ

99ページのゲムエンディナなどがみつかっているドイツのデボン紀《き》の地層《ちそう》からは、ちょっと変《か》わったクモの化石《かせき》が発見《はっけん》されています。

クモはクモでも、正《ただ》しくは「ウミグモ類《るい》」の化石《かせき》です。私《わたし》たちのよく知《し》っているクモ類《るい》と同《おな》じ「鋏角類《きょうかくるい》」というグループに分類《ぶんるい》されています。

これまでに紹介《しょうかい》してきた鋏角類《きょうかくるい》の仲間《なかま》には61ページのペンテコプテルスなどのウミサソリ類《るい》や、79ページのドリコフォヌスなどのサソリ類《るい》、71ページのルナタスピスなどのカブトガニ類《るい》がいました。

ウミグモ類《るい》は、その名前《なまえ》のとおり、海《うみ》で暮《く》らしていて、クモ類《るい》と同《おな》じように4対《つい》8本《ほん》のあしをもっています。

ウミグモ類《るい》は、デボン紀《き》だけにいたわけではありません。最《もっと》も古《ふる》いものは、カンブリア紀《き》から化石《かせき》が発見《はっけん》されていますし、現在《げんざい》の海《うみ》にもいます。

ドイツのデボン紀《き》の地層《ちそう》から化石《かせき》が発見《はっけん》されているウミグモ類《るい》には「パレオイソプス」という名前《なまえ》がついています。

糸《いと》は出《だ》せない

現在《げんざい》のウミグモ類《るい》は、ひものような姿《すがた》をしています。あるいは、体全体《からだぜんたい》がまるであしのようです。

ウミグモ類《るい》とクモ類《るい》の大《おお》きなちがいとして、この体《からだ》があります。クモ類《るい》の体《からだ》は膨《ふく》らんでいて、そこから糸《いと》を出《だ》しますが、ウミグモ類《るい》の体《からだ》はとても細《ほそ》く、糸《いと》を出《だ》せないことが特徴《とくちょう》です。

パレオイソプスはそんなウミグモ類《るい》の中《なか》でも、1対《つい》2本《ほん》のあしが平《ひら》たくなっているという特徴《とくちょう》がありました。このあしを上手《じょうず》に使《つか》って、水中《すいちゅう》を泳《およ》ぎまわっていたとみられています。水中《すいちゅう》の狩人《かりうど》だったのかもしれません。

パレオイソプス
Palaeoisopus

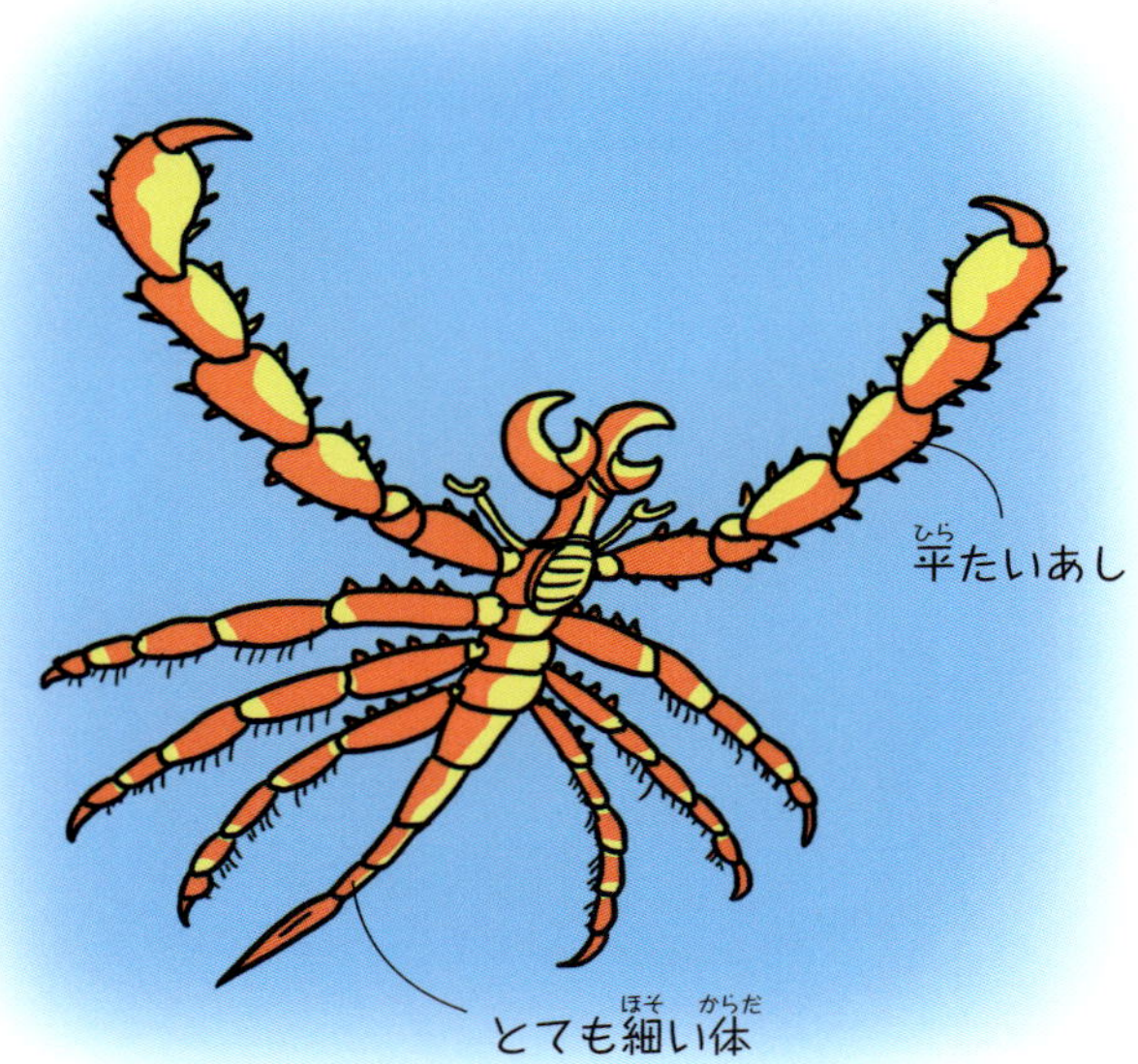

もっとしりたい！

パレオイソプスは、40センチメートルもの大《おお》きさがありました。これは、ウミグモ類《るい》の中《なか》ではかなりの大型《おおがた》です。

3月21日

読《よ》んだ日《ひ》　月　日　月　日

本格的《ほんかくてき》に上陸《じょうりく》を始《はじ》めた植物《しょくぶつ》
リニア

デボン紀《き》

新生代《しんせいだい》　中生代《ちゅうせいだい》　古生代《こせいだい》　先《せん》カンブリア時代《じだい》

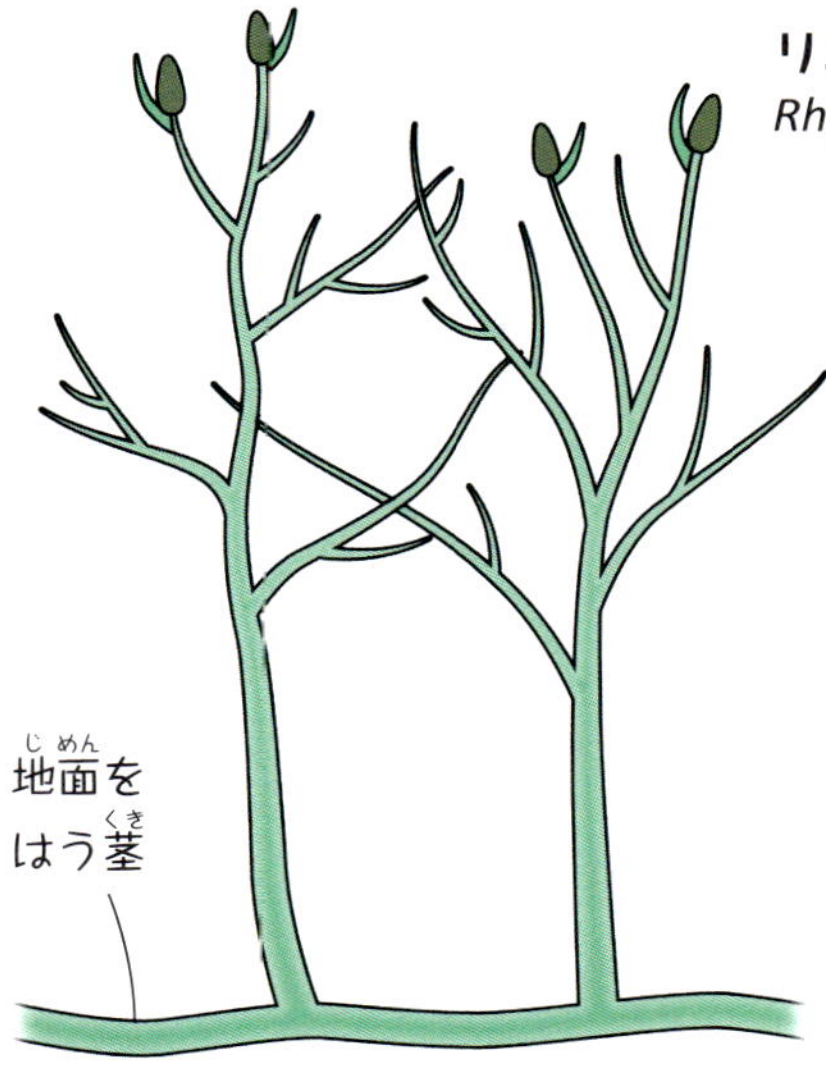

水辺《みずべ》から離《はな》れて暮《く》らせる

コケ類以外《るいいがい》の植物《しょくぶつ》が陸地《りくち》に広《ひろ》がり始《はじ》めたのは、シルル紀《き》のことでした。92ページでは、そうした初期《しょき》の陸上植物《りくじょうしょくぶつ》として、クックソニアを紹介《しょうかい》しました。

ただしクックソニアは、陸上《りくじょう》植物《しょくぶつ》としてはまだ原始的《げんしてき》で、水辺《みずべ》から離《はな》れた場所《ばしょ》で育《そだ》つことはできませんでした。

植物《しょくぶつ》が水辺《みずべ》から離《はな》れて育《そだ》つためには、わずかな水《みず》でも効率《こうりつ》よく体内《たいない》に行《い》き渡《わた》らせることができる〝通《つう》路《ろ》〟と、水中《すいちゅう》でなくてもまっすぐに体《からだ》を支《ささ》えることのできる〝支柱《しちゅう》〟が必要《ひつよう》です。まっすぐ上《うえ》へのびることができれば、まわりの植物《しょくぶつ》より多《おお》くの日光《にっこう》を受《う》け取《と》ることができるので、成長《せいちょう》に有利《ゆうり》なのです。

この通路《つうろ》と支柱《しちゅう》の両方《りょうほう》の役割《やくわり》を担《にな》うのが「維管束《いかんそく》」という管《くだ》です。茎《くき》の中《なか》にあります。

デボン紀《き》になって、植物《しょくぶつ》は初《はじ》めて維管束《いかんそく》をもつようになりました。水《みず》のほかに、栄養《えいよう》も維管束《いかんそく》を通《とお》ります。維管束《いかんそく》をもったことで、植物《しょくぶつ》は水辺《みずべ》からある程度《ていど》離《はな》れた場所《ばしょ》でも育《そだ》つことができるようになりました。

葉《は》も花《はな》もない

イギリスのデボン紀《き》の地層《ちそう》からは、維管束《いかんそく》をもつ植物《しょくぶつ》の中《なか》でも最《もっと》も古《ふる》い種類《しゅるい》である「リニア」の化石《かせき》がみつかっています。

リニアは成長《せいちょう》すると20センチメートルほどの高《たか》さになりました。地面《じめん》をはう茎《くき》と、そこから上《うえ》へのびた茎《くき》でできていて、葉《は》もなければ、花《はな》もありません。

とてもシンプルなつくりの植物《しょくぶつ》ですが、維管束《いかんそく》をもったリニアの登場《とうじょう》で、植物《しょくぶつ》の本格的《ほんかくてき》な〝上陸《じょうりく》作戦《さくせん》〟が始《はじ》まるのです。

化石《かせき》を見《み》たい！　豊橋市自然史博物館《とよはししぜんしはくぶつかん》

リニアの実物化石《じつぶつかせき》と模型《もけい》が展示《てんじ》されています。

ここでもみられます！
福井県立恐竜博物館　ほか

もっとしりたい！

リニアの化石《かせき》がみつかる場所《ばしょ》は「ライニーチャート」とよばれています。元々《もともと》は、温泉《おんせん》のような場所《ばしょ》だったようで、その温泉《おんせん》の成分《せいぶん》のおかげで生《い》き物《もの》がきれいに化石《かせき》になったと考《かんが》えられています。

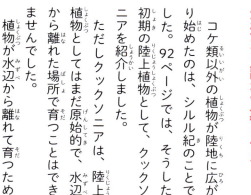

うろこのような葉《は》をもつ植物《しょくぶつ》
アステロキシロン

デボン紀《き》

新《しん》生《せい》代《だい》　中《ちゅう》生《せい》代《だい》　古《こ》生《せい》代《だい》　先《せん》カンブリア時《じ》代《だい》

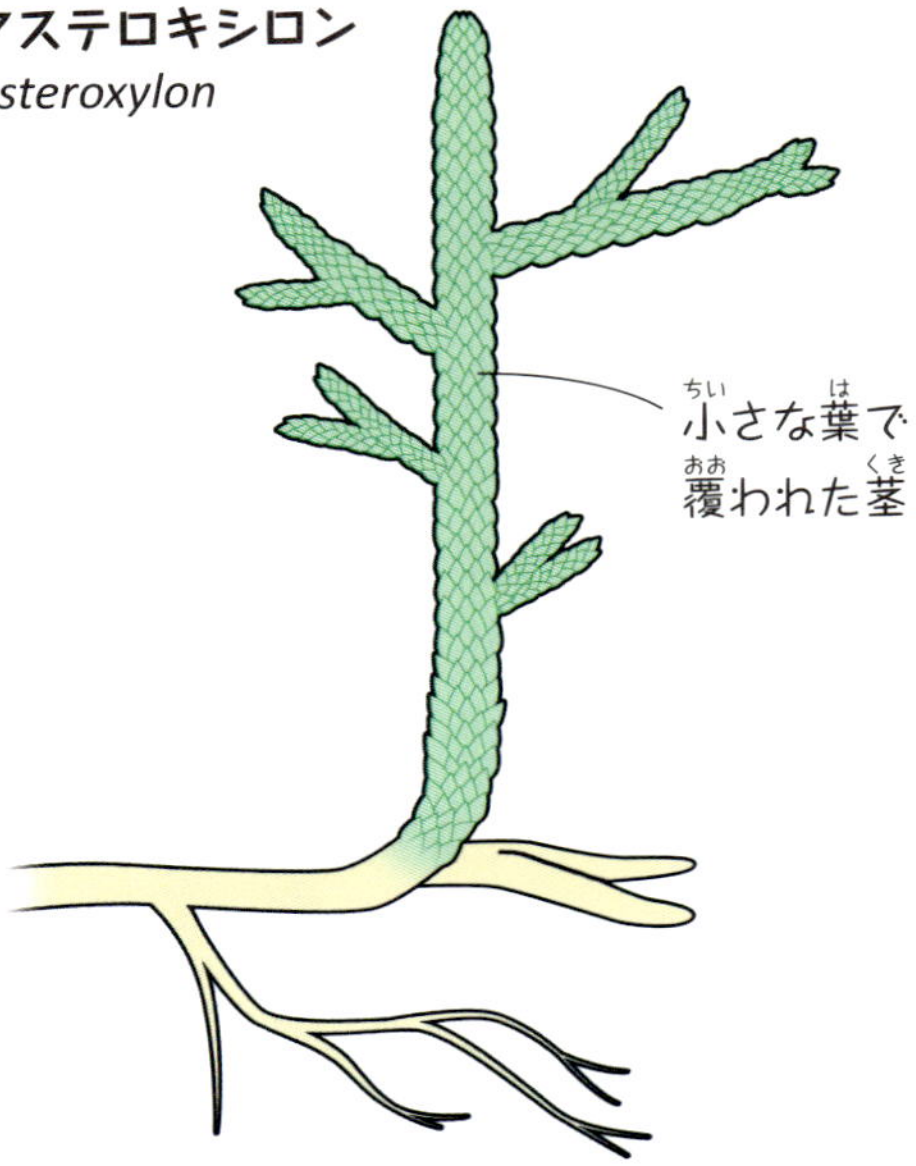

びっしりと茎《くき》を覆《おお》う葉《は》

植物《しょくぶつ》は、維管束《いかんそく》をもつことで、水辺《みずべ》から離《はな》れた場所《ばしょ》でも育《そだ》つことができるようになりました。

しかし、初期《しょき》の維管束《いかんそく》をもった植物《しょくぶつ》は、今《いま》の草花《くさばな》や樹木《じゅもく》とはだいぶ姿《すがた》がちがいます。101ページで紹介《しょうかい》したリニアには、葉《は》も花《はな》もありませんでした。

花《はな》の咲《さ》く植物《しょくぶつ》が現《あらわ》れるのは、まだまだ先《さき》の話《はなし》です。しかし、葉《は》をもった植物《しょくぶつ》なら、リニアの化石《かせき》がみつかる地層《ちそう》から化石《かせき》がみつかっています。それが「アステロキシロン」です。

アステロキシロンは、40センチメートルほどに成長《せいちょう》した植物《しょくぶつ》です。リニアの大《おお》きさが20センチメートルほどでしたから、その倍《ばい》の高《たか》さになったということです。また、アステロキシロンの茎《くき》の直径《ちょっけい》は、ヒトの小指《こゆび》の太《ふと》さと同《おな》じくらいだったこともわかっています。

アステロキシロンの特徴《とくちょう》は、葉《は》をもっていたことです。ただし、その葉《は》の形《かたち》は、現在《げんざい》の草花《くさばな》とはかなりちがっていました。小《ちい》さな葉《は》が茎《くき》の表面《ひょうめん》をびっしりと覆《おお》っていたのです。そのようすは、まるでサカナのうろこのようでした。

ヒカゲノカズラの仲間《なかま》

アステロキシロンは、現在《げんざい》の日本《にっぽん》でも見《み》ることのできる「ヒカゲノカズラ」というシダ植物《しょくぶつ》の仲間《なかま》だったのではないか、とみられています。同《おな》じデボン紀《き》の植物《しょくぶつ》でも、リニアに関《かん》しては謎《なぞ》だらけなのですが、アステロキシロンについては手《て》がかりがあるのです。

今後《こんご》、こうした手《て》がかりから、デボン紀《き》の陸《りく》のようすがもう少《すこ》しくわしくわかるようになるかもしれませんね。

化石《かせき》を見《み》たい！

北九州市立自然史《きたきゅうしゅうしりつしぜんし》・歴史博物館《れきしはくぶつかん》

アステロキシロンの実物《じつぶつ》化石《かせき》が展示《てんじ》されています。

北九州市立自然史・歴史博物館

ここでもみられます！
豊橋市自然史博物館　ほか

もっとしりたい！ ヒカゲノカズラは、北海道《ほっかいどう》から九州《きゅうしゅう》の山地《さんち》にある林《はやし》に生《は》えています。機会《きかい》があれば、探《さが》してみましょう。

クモのようで、クモではない
パレオカリヌス

デボン紀《き》

新《しん》生《せい》代《だい》　中《ちゅう》生《せい》代《だい》　古《こ》生《せい》代《だい》　先カンブリア時代

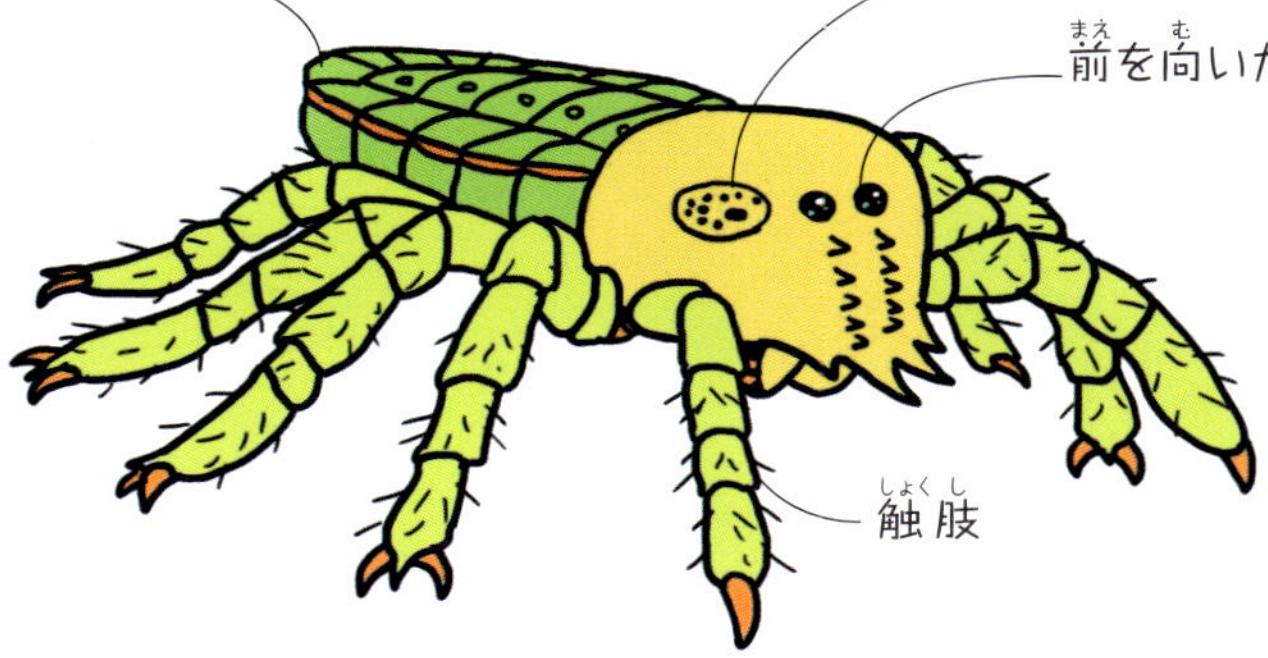

クモと同《おな》じあしの数《かず》

リニアやアステロキシロンなど、維管束《いかんそく》をもった植物《しょくぶつ》の化石《かせき》がみつかるイギリスのデボン紀《き》の地層《ちそう》からは、ちょっと変《か》わった動物《どうぶつ》の化石《かせき》もみつかっています。それが「パレオカリヌス」です。

パレオカリヌスは、大《おお》きさが1センチメートルに満《み》たない小《ちい》さな動物《どうぶつ》です。一見《いっけん》すると、クモのように見《み》えるかもしれません。実際《じっさい》、4対《つい》8本《ほん》のあしと、1対《つい》2本《ほん》の触肢《しょくし》というあしをもっていることは、クモと同《おな》じ特徴《とくちょう》です。

おなかに節《ふし》がある

クモに似《に》ているパレオカリヌス。でも、クモではありません。

現在《げんざい》のクモはおしりの先《さき》から糸《いと》を出《だ》します。大半《たいはん》のクモは、その糸《いと》を使《つか》って網《あみ》を張《は》り、獲物《えもの》をつかまえて食《た》べます。しかし、パレオカリヌスの体《からだ》には、糸《いと》を出《だ》すしくみがないのです。

さらに、ほとんどのクモの腹部《ふくぶ》には節《ふし》のようなつくりはありませんが、パレオカリヌスの腹部《ふくぶ》には節《ふし》がありました。

さらにさらに、眼《め》のつくりも異《こと》なります。クモは同《おな》じような形《かたち》の眼《め》を合計《ごうけい》8個《こ》もっています。しかし、パレオカリヌスは、前《まえ》を向《む》いた2個《こ》の眼《め》と、横《よこ》を向《む》いた2個《こ》の眼《め》をもち、それぞれ形《かたち》も大《おお》きさもちがっていました。

こうした点《てん》からパレオカリヌスは、クモ類《るい》に近《ちか》い鋏角類《きょうかくるい》ではあるものの、クモ類《るい》とは別《べつ》の絶滅《ぜつめつ》した動物《どうぶつ》であると考《かんが》えられています。

なお、パレオカリヌスの化石《かせき》がくわしく調《しら》べられたところ、陸上《りくじょう》で呼吸《こきゅう》するためのつくりをもっていました。このことから、パレオカリヌスは陸上《りくじょう》で暮《く》らしていたと考《かんが》えられています。

ダニやトビムシの化石《かせき》も

イギリスの同《おな》じ地層《ちそう》からは、最古《さいこ》のダニの化石《かせき》と、最古《さいこ》のトビムシの化石《かせき》もみつかっています。トビムシ類《るい》は節足動物《せっそくどうぶつ》の中《なか》でも昆虫類《こんちゅうるい》に近《ちか》いグループです。

デボン紀《き》になって、こうした陸上《りくじょう》で暮《く》らす節足動物《せっそくどうぶつ》たちがたくさん地上《ちじょう》に現《あらわ》れるようになりました。次第《しだい》に地上《ちじょう》の世界《せかい》でも動物《どうぶつ》たちが活動《かつどう》するようになってきたのです。

もっとしりたい！
パレオカリヌスの分類《ぶんるい》されるグループを「ワレイタムシ類《るい》」とよびます。ワレイタムシ類《るい》はすでに絶滅《ぜつめつ》していて、現在《げんざい》では生《い》きている姿《すがた》をみることはできません。

3月24日

読《よ》んだ日《ひ》
月 日
月 日

大繁栄《だいはんえい》した無顎類《むがくるい》
ケファラスピス

デボン紀《き》

新生代《しんせいだい》 中生代《ちゅうせいだい》 古生代《こせいだい》 先《せん》カンブリア時代《じだい》

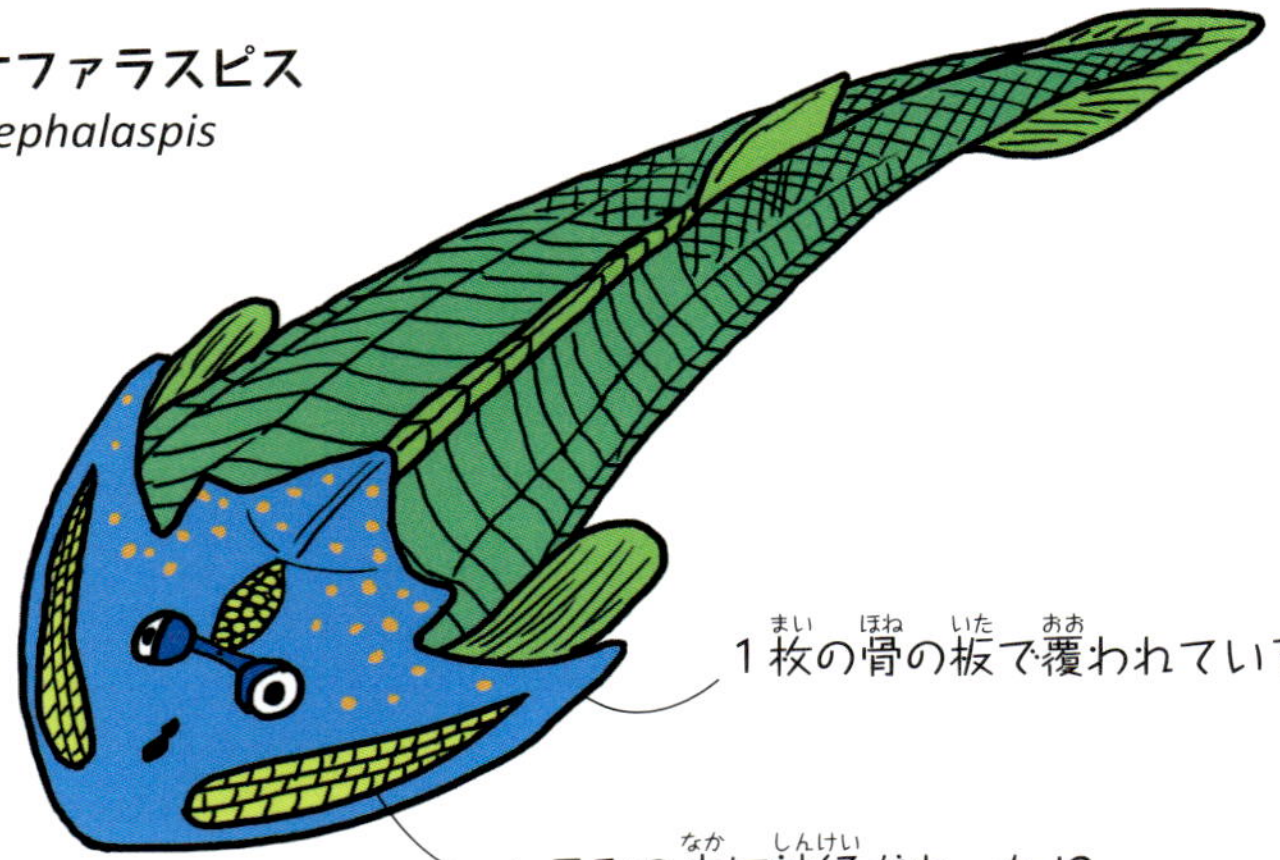

60種類以上《しゅるいいじょう》の仲間《なかま》がいた

シルル紀《き》になって、魚《さかな》の仲間《なかま》の中《なか》に初《はじ》めてあごをもつものが生《う》まれました。その後《ご》、あごをもつ魚《さかな》の仲間《なかま》は次第《しだい》に数《かず》を増《ふ》やしてきましたが、デボン紀《き》が始《はじ》まったころは、まだあごをもつものよりも、あごをもたない「無顎類《むがくるい》」とよばれるサカナの方《ほう》が、数《かず》も種類《しゅるい》も多《おお》かったようです。

とくに種類《しゅるい》の多《おお》かった無顎類《むがくるい》のグループは、頭《あたま》を1枚《まい》の骨《ほね》の板《いた》で覆《おお》った仲間《なかま》たちです。その中《なか》でも、「ケファラスピス」とその近縁《きんえん》の魚《さかな》の仲間《なかま》は、60をこえる種類《しゅるい》がいたことがわかっています。化石《かせき》も世界中《せかいじゅう》から発見《はっけん》されています。

においを感《かん》じていた

ケファラスピスは、30センチメートルに満《み》たないサカナです。まるでスリッパのような形《かたち》の顔《かお》をしており、眼《め》は高《たか》い位置《いち》についていました。ほぼ真上《まうえ》を見上《みあ》げる形《かたち》なので、おそらく海底付近《かいていふきん》で暮《く》らしていたのでしょう。この眼《め》の位置《いち》では、体《からだ》の下《した》の方向《ほうこう》を見《み》ることはできないからです。もし、水中《すいちゅう》を泳《およ》ぎまわっていたら、自分《じぶん》の体《からだ》の下《した》が見《み》えないので、とても危険《きけん》です。天敵《てんてき》が下《した》から迫《せま》ってきても気《き》づけないのですから。

ケファラスピスは、頭部《とうぶ》の縁《ふち》の近《ちか》くに、いくつものへこみがありました。このへこみの中《なか》には、神経《しんけい》が入《はい》っていたと考《かんが》えられています。水中《すいちゅう》を漂《ただよ》うにおいや、水《みず》の深《ふか》さを感《かん》じることができたのかもしれません。

化石《かせき》を見《み》たい!　御船町恐竜博物館《みふねちょうきょうりゅうはくぶつかん》

ケファラスピスの実物化石《じつぶつかせき》が展示《てんじ》されています。

ここでもみられます!
福井県立恐竜博物館　ほか

もっとしりたい!

ケファラスピスは、87ページで紹介《しょうかい》したトレマタスピスと同《おな》じグループに分類《ぶんるい》されます。このグループのことを、とくに「頭甲類《とうこうるい》」とよびます。

“腕《うで》”にもよろいがあった
ボスリオレピス

デボン紀《き》

新生代《しんせいだい》 中生代《ちゅうせいだい》 古生代《こせいだい》 先カンブリア時代《せんじだい》

頭《あたま》と胴《どう》を骨《ほね》で覆《おお》う

デボン紀《き》の中《なか》ごろになると、104ページで紹介《しょうかい》したケファラスピスなどの無顎類《むがくるい》は次第《しだい》に姿《すがた》を消《け》していきました。

そして、無顎類《むがくるい》と入《い》れ替《か》わるように、あごをもったサカナたちが数《かず》を増《ふ》やしてきました。とくに「板皮類《ばんぴるい》」というグループが増《ふ》えていきました。

板皮類《ばんぴるい》は、あごをもつ魚《さかな》の仲間《なかま》の1グループで、今《いま》はもう絶滅《ぜつめつ》しています。頭部《とうぶ》と胴部《どうぶ》を骨《ほね》でできたよろいで覆《おお》っていることが特徴《とくちょう》です。99ページで紹介《しょうかい》したゲムエンディナは、板皮類《ばんぴるい》の中《なか》では原始《げんし》的《てき》な種類《しゅるい》でした。

ボスリオレピス
Bothriolepis

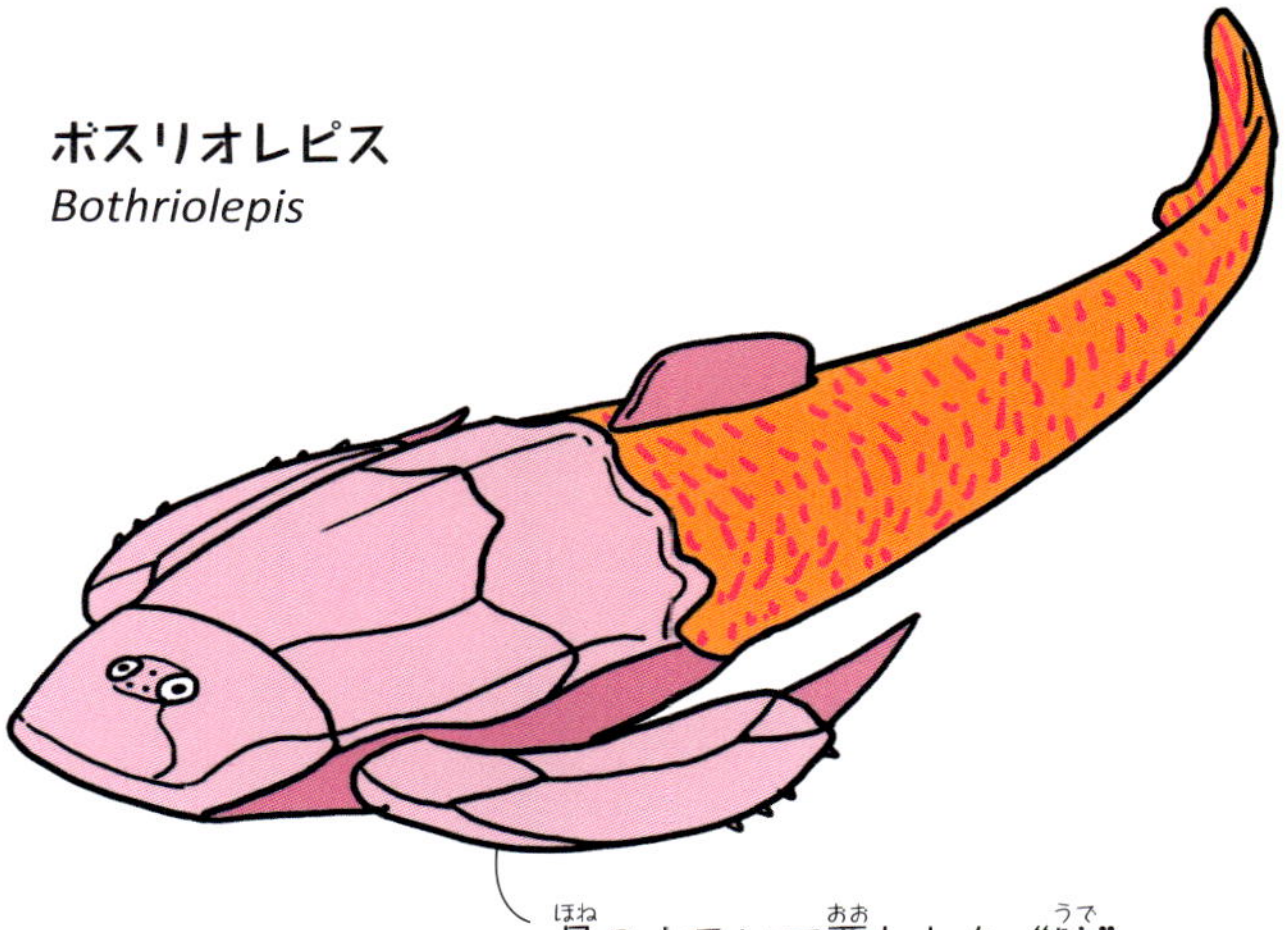

骨《ほね》のよろいで覆《おお》われた“腕《うで》”

腕《うで》は何《なに》に使《つか》う？

板皮類《ばんぴるい》の中《なか》でも、とくに繁栄《はんえい》したのが「ボスリオレピス」です。世界中《せかいじゅう》からとてもたくさんの化石《かせき》が発見《はっけん》されています。

ボスリオレピスの最大《さいだい》の特徴《とくちょう》は、腕《うで》のようなつくりをもっているということです。そして、ボスリオレピスのこの〝腕《うで》〟は、頭部《とうぶ》や胴部《どうぶ》と同《おな》じようにかたい骨《ほね》で覆《おお》われていました。

この骨《ほね》のよろいで覆《おお》われた腕《うで》がいったい何《なん》の役《やく》に立《た》っていたのかは、よくわかっていません。ある研究者《けんきゅうしゃ》は、この腕《うで》を上手《じょうず》に使《つか》うことで、ボスリオレピスが地上《ちじょう》を歩《ある》くことができたのではないか、と考《かんが》えています。

また別《べつ》の研究者《けんきゅうしゃ》は、この腕《うで》はほとんど動《うご》かすことはできず、わずかに上下《じょうげ》に動《うご》かすことで、水中《すいちゅう》を泳《およ》ぐときに船《ふね》の舵《かじ》のような役割《やくわり》を果《は》たしていたのではないかと考《かんが》えています。

化石《かせき》を見《み》たい！

産業技術総合研究所《さんぎょうぎじゅつそうごうけんきゅうしょ》
地質標本館《ちしつひょうほんかん》

ボスリオレピスの実物化《じつぶつか》石《せき》が展示《てんじ》されています。

ここでもみられます！
群馬県立自然史博物館、ミュージアムパーク 茨城県自然博物館、福井県立恐竜博物館、東海大学自然史博物館、豊橋市自然史博物館、北九州市立自然史・歴史博物館、御船町恐竜博物館　ほか

もっとしりたい！
板皮類《ばんぴるい》も「甲冑魚《かっちゅうぎょ》」とよばれています。「甲冑魚《かっちゅうぎょ》」は特定《とくてい》のグループを指《さ》す言葉《ことば》ではないので、いくつものグループにわたるサカナたちが含《ふく》まれています。

交尾器《こうびき》をもつサカナ
ミクロブラキウス

デボン紀《き》

新生代《しんせいだい》　中生代《ちゅうせいだい》　古生代《こせいだい》　先《せん》カンブリア時代《じだい》

体内受精《たいないじゅせい》はいつから？

現在《げんざい》の魚《さかな》の仲間《なかま》の多《おお》くは、「体《たい》外受精《がいじゅせい》」で子《こ》どもをつくります。体外受精《たいがいじゅせい》とは、メスが産《う》んだ卵《たまご》に、オスが精子《せいし》をかける方法《ほうほう》です。

一方《いっぽう》で、サメの仲間《なかま》や、陸上《りくじょう》で暮《く》らす脊椎動物《せきついどうぶつ》は、「体内受精《たいないじゅせい》」を行《おこな》います。「交尾《こうび》」ともいいます。体内受精《たいないじゅせい》では、卵《たまご》をもったメスの体内《たいない》に、オスが精子《せいし》を送《おく》りこみます。このときオスは、「交尾器《こうびき》」を使《つか》って、メスの体内《たいない》に自分《じぶん》の精子《せいし》を送《おく》りこみます。これはいわゆるおちんちんのことです。サメの仲間《なかま》の交尾器《こうびき》のことをとくに「クラスパー」とよびます。

いったいいつごろからサカナたちは体内受精《たいないじゅせい》を行《おこな》うようになったのでしょうか？

クラスパーをもつサカナ

スコットランドのデボン紀《き》から化石《かせき》がみつかった、大《おお》きさ10センチメートルほどの「ミクロブラキウス」は、はっきりとしたクラスパーをもっていました。

ミクロブラキウスは、105ページで紹介《しょうかい》したボスリオレピスと同《おな》じ板皮類《ばんぴるい》の一《ひと》つで、その姿《すがた》もボスリオレピスととてもよく似《に》ていました。ボスリオレピスと同《おな》じように、頭部《とうぶ》と胴部《どうぶ》を骨《ほね》のよろいで覆《おお》い、さらに〝よろいの腕《うで》〟ももつサカナです。

ミクロブラキウスのクラスパーは、腹側《はらがわ》の胴部《どうぶ》と尾部《びぶ》の境目《さかいめ》のあたりにありました。ミクロブラキウスはこのクラスパーを使《つか》って、腰《こし》を振《ふ》るようにして交尾《こうび》をしていたと考《かんが》えられています。

一方《いっぽう》で、クラスパーをもたないミクロブラキウスの化石《かせき》もみつかっています。その化石《かせき》には、クラスパーのかわりに同《おな》じ位置《いち》に2枚《まい》の板《いた》のようなつくりがありました。クラスパーをもつミクロブラキウスとクラスパーをもたないミクロブラキウスは同《おな》じ種《しゅ》であり、それぞれオスとメスであると考《かんが》えられています。

ミクロブラキウスの化石《かせき》がみつかったことで、デボン紀《き》の板皮類《ばんぴるい》の少《すく》なくとも一部《いちぶ》は、体内受精《たいないじゅせい》を行《おこな》っていたことがわかりました。

もっとしりたい！

ミクロブラキウスは「マイクロブラキウス」とも書《か》きます。アルファベットでは、どちらも*Microbrachius*です。どちらでよんでもまちがいではありません。

へその緒《お》があった！ マテルピスキス

胎生《たいせい》の板皮類《ばんぴるい》

デボン紀《き》の海《うみ》では、あごをもった魚《さかな》の仲間《なかま》の一《ひと》つ、板皮類《ばんぴるい》が大繁栄《だいはんえい》しました。その中《なか》には、106ページのミクロブラキウスのように、体内受精《たいないじゅせい》を行《おこな》う種類《しゅるい》がいたこともわかっています。

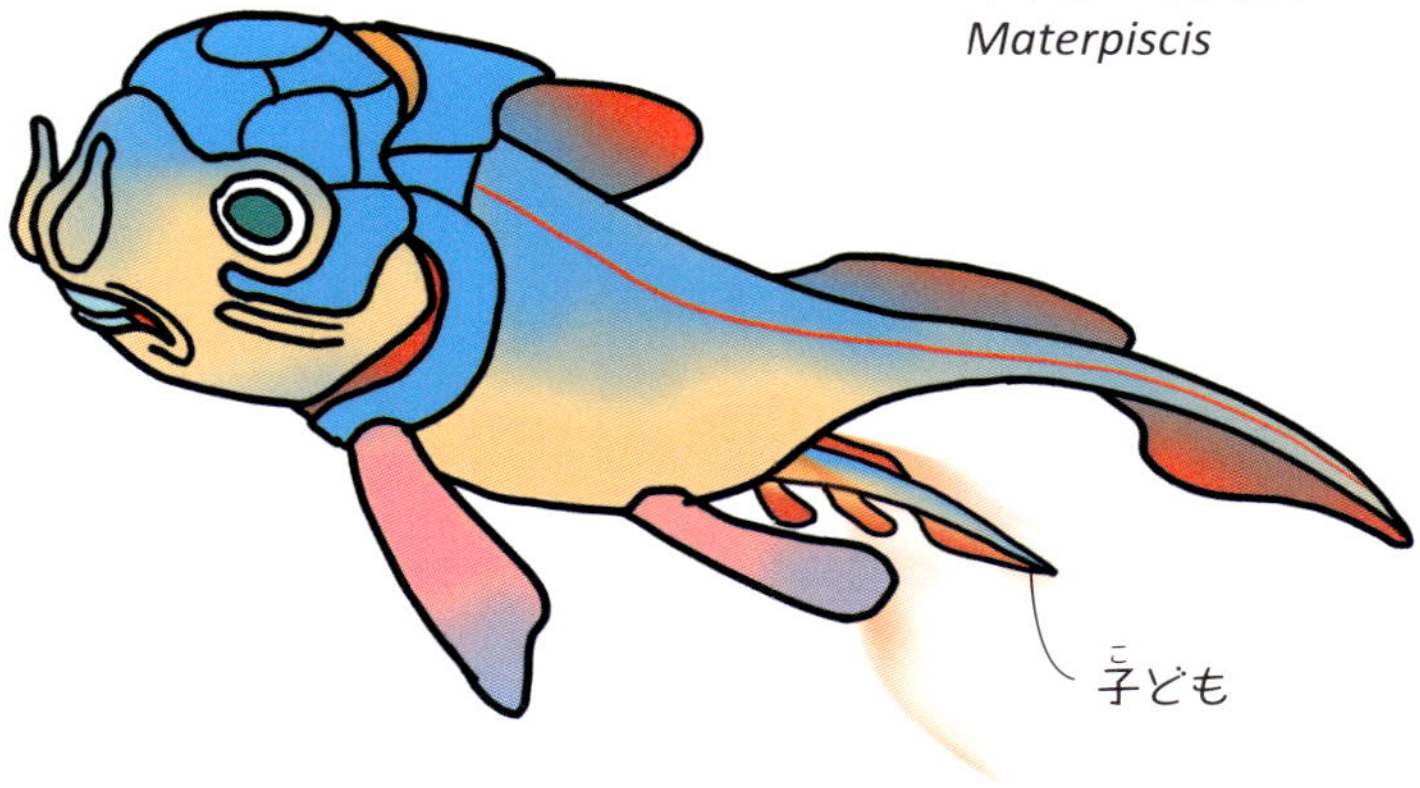

魚《さかな》の仲間《なかま》を含《ふく》む脊椎動《せきついどう》物《ぶつ》にとって、子《こ》を産《う》む方法《ほうほう》は、大《おお》きく分《わ》けると二《ふた》つあります。

一《ひと》つは、卵《たまご》で子《こ》を産《う》む方法《ほうほう》です。これを「卵生《らんせい》」といいます。多《おお》くの魚《さかな》の仲間《なかま》のほか、カエルなどの両生類《りょうせいるい》や、トカゲなどの爬虫類《はちゅうるい》、スズメなどの鳥類《ちょうるい》は、卵生《らんせい》です。

一方《いっぽう》、私《わたし》たち哺乳類《ほにゅうるい》は、お母《かあ》さんのおなかの中《なか》である程度《ていど》大《おお》きくなってから産《う》まれます。この方法《ほうほう》を「胎生《たいせい》」とよびます。

胎生《たいせい》の場合《ばあい》、お母《かあ》さんのおなかの中《なか》では、子《こ》どもはお母《かあ》さんから栄養《えいよう》をもらいながら大《おお》きく成長《せいちょう》していきます。このとき、お母《かあ》さんからの栄養《えいよう》の通《とお》り道《みち》となるのが「へその緒《お》」です。

板皮類《ばんぴるい》の中《なか》には、このへその緒《お》が化石《かせき》として発見《はっけん》されている種類《しゅるい》がいます。その名《な》を「マテルピスキス」といいます。

とてもめずらしい化石《かせき》

マテルピスキスは、オーストラリアから化石《かせき》がみつかった、25センチメートルほどの大《おお》きさの板皮類《ばんぴるい》です。板皮類《ばんぴるい》としてはめずらしく、頭《あたま》と胴《どう》を覆《おお》う骨《ほね》のよろいはなくなっているので、見《み》た目《め》はあまりゴツゴツしていません。

マテルピスキスの化石《かせき》がみつかったとき、研究者《けんきゅうしゃ》がくわしく調《しら》べてみると、おなかの中《なか》に子《こ》がいました。そして、その子《こ》につながるへその緒《お》もあったのです。これはたいへんめずらしいことです。

板皮類《ばんぴるい》は、体内受精《たいないじゅせい》を行《おこな》うばかりではなく、胎生《たいせい》であったことも、このマテルピスキスの化石《かせき》は示《しめ》しています。ただし、すべての板皮類《ばんぴるい》が胎生《たいせい》であったかどうかはわかっていません。マテルピスキスだけが〝特別《とくべつ》〟だったという可能性《かのうせい》もあります。今後《こんご》の研究《けんきゅう》の発展《はってん》に期待《きたい》したいですね。

もっとしりたい！
マテルピスキスは、*Materpiscis*と書《か》きます。これは、「お母《かあ》さんのサカナ」という意味《いみ》です。命名者《めいめいしゃ》のセンスが反映《はんえい》されていますね。

最強《さいきょう》の板皮類《ばんぴるい》
ダンクルオステウス

デボン紀《き》

古生代《こせいだい》の海《うみ》で最大級《さいだいきゅう》

デボン紀《き》の海《うみ》には、さまざまな板皮類《ばんぴるい》がいました。

そんな板皮類《ばんぴるい》の中《なか》に、古生代《こせいだい》最強《さいきょう》といわれるものがいます。「ダンクルオステウス」です。

ダンクルオステウスは、8メートルもの大《おお》きさの巨大《きょだい》な板皮類《ばんぴるい》です。これまでに紹介《しょうかい》してきたどんな動物《どうぶつ》よりも大《おお》きな体《からだ》のもち主《ぬし》です。それもそのはず。ダンクルオステウスは、古生代《こせいだい》のおよそ3億年間《おくねんかん》の中《なか》で、最《もっと》も大《おお》きな体《からだ》をもつ動物《どうぶつ》の一《ひと》つだったのです。

また、ダンクルオステウスの頭部《とうぶ》と胴部《どうぶ》の一部《いちぶ》は、まるで戦国時代《せんごくじだい》の甲冑《かっちゅう》のようながっしりとした骨《ほね》で覆《おお》われていました。

ダンクルオステウスの顔《かお》を見《み》ると、歯《は》のような突起《とっき》が口《くち》の先端《せんたん》にあります。しかしこれは歯《は》ではなく、骨《ほね》の板《いた》です。そして、この骨《ほね》の板《いた》の鋭《するど》さを見《み》るだけでも、ダンクルオステウスが凶暴《きょうぼう》なサカナだったことがよくわかるでしょう。

最強《さいきょう》クラスのサカナ

ダンクルオステウスは、見《み》た目《め》がこわそうなだけではなく、実際《じっさい》にとてつもなく強《つよ》くて凶暴《きょうぼう》だったこともわかっています。

コンピューターを使《つか》った研究《けんきゅう》によると、ダンクルオステウスのかむ力《ちから》は、現在《げんざい》の海《うみ》で人食《ひとく》いザメとして知《し》られるホホジロザメのかむ力《ちから》の1・5倍《ばい》くらいあったことがわかりました。サカナの中《なか》では最強《さいきょう》クラスです。また、共食《ともぐ》いをしていたとみられる証拠《しょうこ》もみつかっています。デボン紀《き》にタイムスリップしても、絶対《ぜったい》に会《あ》いたくないサカナですね。

化石《かせき》を見《み》たい！　国立科学博物館《こくりつかがくはくぶつかん》

地球館《ちきゅうかん》の地下《ちか》2階《かい》で、たくさんのサカナの化石《かせき》と一緒《いっしょ》に展示《てんじ》されています。

ここでもみられます！
ミュージアムパーク 茨城県自然博物館、福井県立恐竜博物館、豊橋市自然史博物館、北九州市立自然史・歴史博物館　ほか

国立科学博物館

もっとしりたい！
ダンクルオステウスは、くび（頸《くび》）のところに関節《かんせつ》があるので、「節頸類《せっけいるい》」というグループに分類《ぶんるい》されます。板皮類《ばんぴるい》の中《なか》の1グループです。

古《ふる》いサメの仲間《なかま》
クラドセラケ

デボン紀《き》

新生代《しんせいだい》 中生代《ちゅうせいだい》 古生代《こせいだい》 先《せん》カンブリア時代《じだい》

たくさんのサメが現《あらわ》れた時代《じだい》

海《うみ》に泳《およ》ぎに行《い》ったとき、気《き》をつけなくてはいけないサカナの一《ひと》つが、サメの仲間《なかま》です。すらりとした体《からだ》に、三角形《さんかくけい》の背《せ》びれ、鋭《するど》い歯《は》をもっています。

最《もっと》も古《ふる》いサメの仲間《なかま》は、シルル紀《き》に現《あらわ》れました。そしてデボン紀《き》になると、たくさんのサメの仲間《なかま》がみられるようになりました。その中《なか》でも最《もっと》も有名《ゆうめい》なサメが、アメリカの地層《ちそう》から化石《かせき》がみつかっている「クラドセラケ」です。

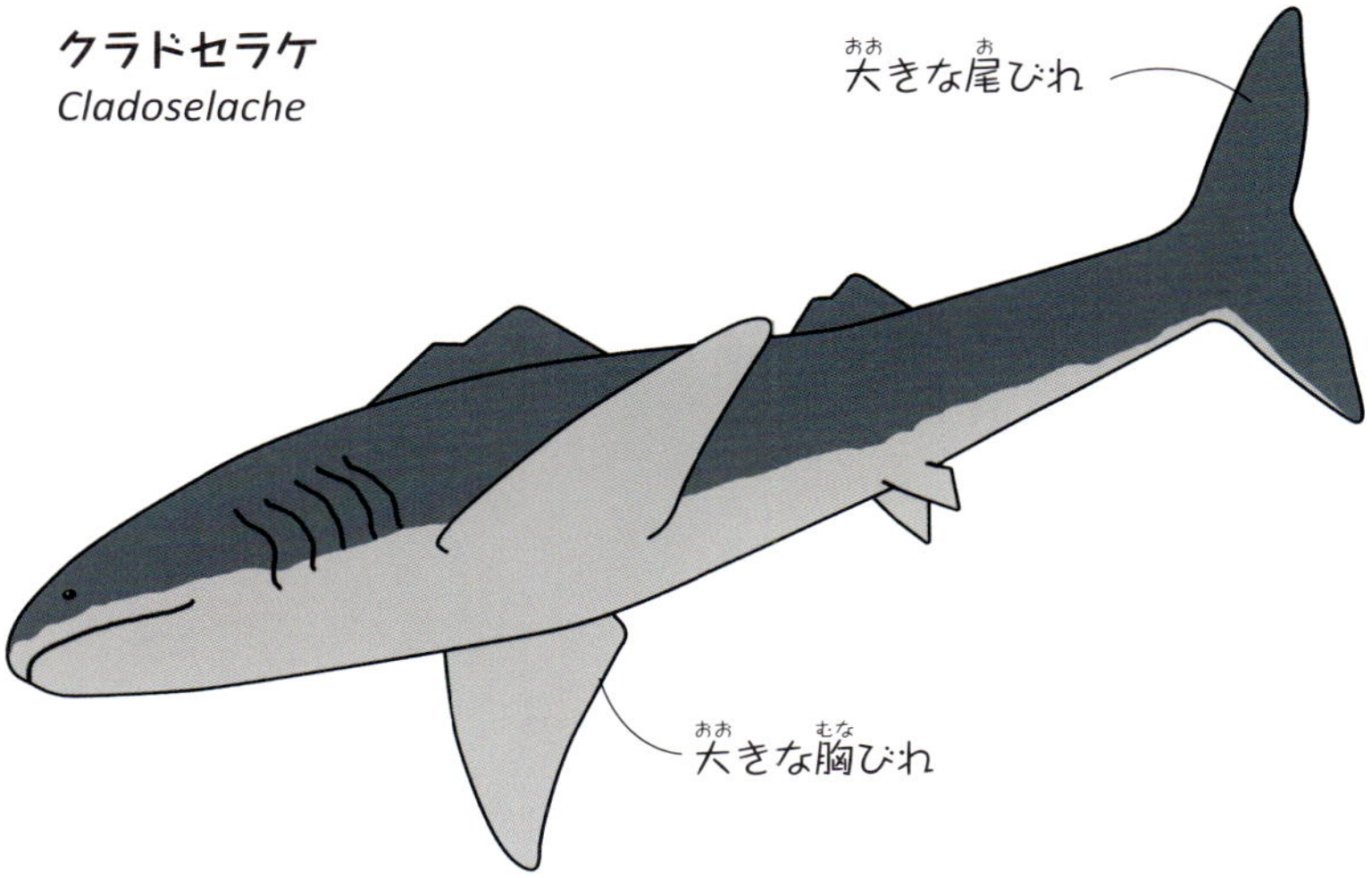

泳《およ》ぎが上手《じょうず》だった

クラドセラケは、2メートルほどの大《おお》きさのサメの仲間《なかま》です。一目見《ひとめみ》ただけでは区別《くべつ》がつかないくらい、現在《げんざい》のサメとよく似《に》ています。

クラドセラケは大《おお》きな胸《むな》びれをもっています。この胸《むな》びれを上手《じょうず》に使《つか》うことで、水中《すいちゅう》で方向《ほうこう》を自在《じざい》に変《か》えることができたでしょう。また、大《おお》きな尾《お》びれをもっていることから、クラドセラケがすばやく泳《およ》げた可能性《かのうせい》が高《たか》いことがわかります。

泳《およ》ぎについては、クラドセラケは、〝最強《さいきょう》の板皮類《ばんぴるい》〟であるダンクルオステウスよりも上手《じょうず》だったとみられています。

ダンクルオステウスなどの板皮《ばんぴ》類《るい》は滅《ほろ》びましたが、クラドセラケなどのサメの仲間《なかま》は今《いま》も生《い》き残《のこ》っています。しかもサメの仲間《なかま》は、現在《げんざい》の海《うみ》でも大繁栄《だいはんえい》をしています。絶滅《ぜつめつ》するか、繁栄《はんえい》するかのちがいは、ひょっとしたら、そうした泳《およ》ぎの上手《じょうず》さが関係《かんけい》しているのかもしれませんね。

化石《かせき》を見《み》たい！ 福井県立恐竜博物館《ふくいけんりつきょうりゅうはくぶつかん》

クラドセラケの実物化石《じつぶつかせき》が展示《てんじ》されています。

ここでもみられます！
豊橋市自然史博物館　ほか

もっとしりたい！ サメの仲間《なかま》は、エイの仲間《なかま》などと一緒《いっしょ》に「軟骨魚類《なんこつぎょるい》」というグループに分類《ぶんるい》されます。名前《なまえ》のとおり、骨《ほね》がやわらかいサカナたちです。

原始的《げんしてき》な“シーラカンス”
ミグアシャイア

デボン紀《き》

新《しん》生《せい》代《だい》　中《ちゅう》生《せい》代《だい》　古《こ》生《せい》代《だい》　先《せん》カンブリア時代《じだい》

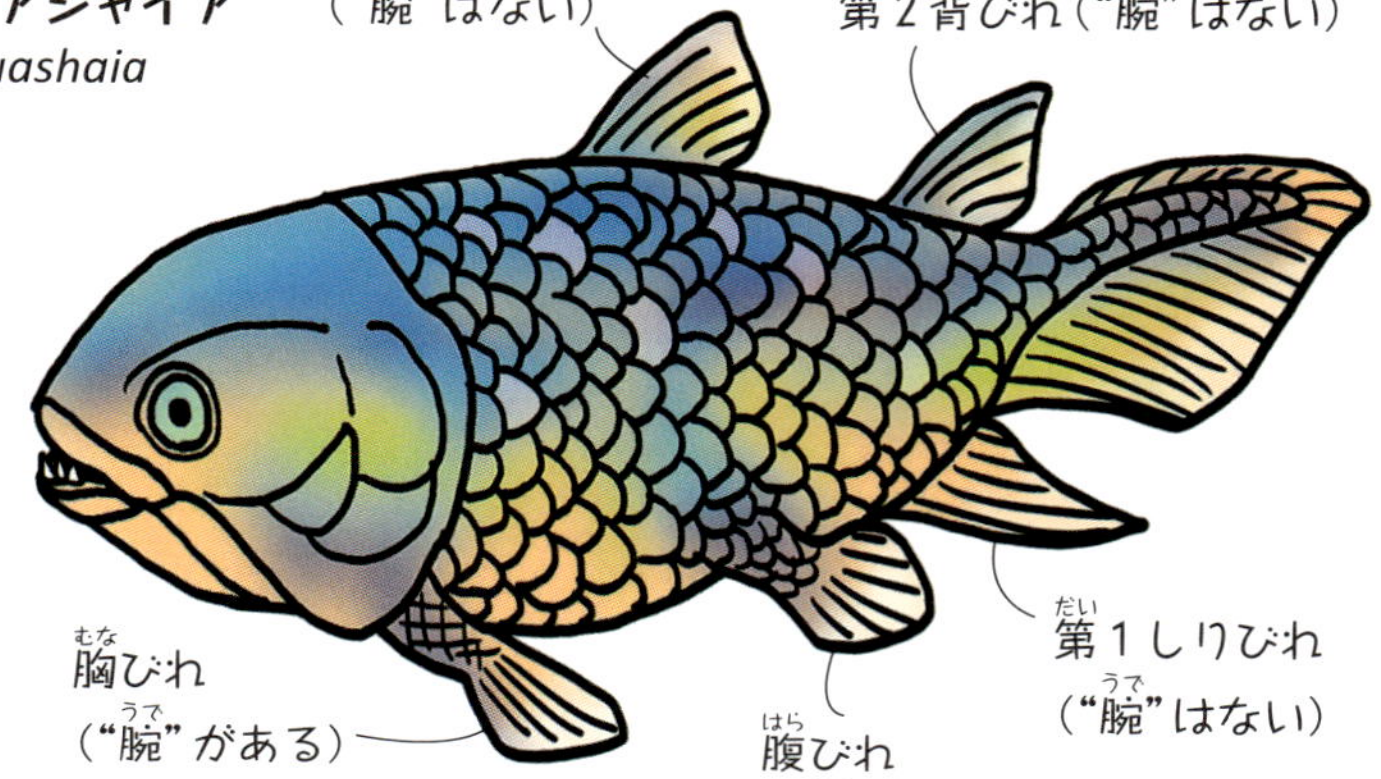

ひれの中《なか》に腕《うで》がある

「シーラカンス類《るい》」というグループに属《ぞく》するとてもめずらしいサカナが、現在《げんざい》のアフリカ大陸《たいりく》の東《ひがし》海岸沖《かいがんおき》や、インドネシアの沖《おき》で暮《く》らしています。

シーラカンス類《るい》は、変《か》わった特徴《とくちょう》をもった魚《さかな》の仲間《なかま》です。胸《むな》びれと腹《はら》びれ、第《だい》2背《せ》びれ、そして第《だい》1しりびれの内部《ないぶ》に、骨《ほね》と筋肉《きんにく》でできた〝腕《うで》〟があるのです。この腕《うで》のつくりは、陸上《りくじょう》で暮《く》らす脊椎動物《せきついどうぶつ》の腕《うで》とそっくりです。

見《み》た目《め》はひれですが、その内部《ないぶ》に腕《うで》がある。そんな特徴《とくちょう》をもつ魚《さかな》の仲間《なかま》のことを「肉鰭類《にくきるい》」といいます。肉鰭類《にくきるい》の中《なか》にはいくつかのグループがあって、シーラカンス類《るい》はそのうちの一《ひと》つです。

ひれの数《かず》が少《すく》なかった

シーラカンス類《るい》に近縁《きんえん》で、原始的《げんしてき》な種類《しゅるい》といわれているのが、カナダのデボン紀《き》の地層《ちそう》から化石《かせき》がみつかっている「ミグアシャイア」です。

ミグシャイアの大《おお》きさは40センチメートルほどです。現在《げんざい》のアフリカ東海岸沖《ひがしかいがんおき》などにいるシーラカンス類《るい》と比《くら》べると小柄《こがら》で、ひれの数《かず》が少《すく》ないという特徴《とくちょう》がありました。また、第《だい》2背《せ》びれとしりびれの中《なか》には腕《うで》のようなつくりがありませんでした。

シーラカンス類《るい》やその近縁《きんえん》のグループには、ミグアシャイアのほかにもたくさんの種類《しゅるい》が現《あらわ》れました。化石《かせき》として知《し》られている種類《しゅるい》は、実《じつ》に80におよびます。しかし、そのほとんどは絶滅《ぜつめつ》して、現在《げんざい》までは生《い》き残《のこ》っていません。

化石《かせき》を見《み》たい！

北九州市立自然史《きたきゅうしゅうしりつしぜんし》・歴史博物館《れきしはくぶつかん》

シーラカンス類《るい》の化石《かせき》や復元模型《ふくげんもけい》を見《み》ることができます。

北九州市立自然史・歴史博物館

ここでもみられます！
地質標本館、御船町恐竜博物館　ほか

もっとしりたい！ 現在《げんざい》の海《うみ》にいるシーラカンス類《るい》には、「ラティメリア」という名前《なまえ》がついています。2メートルにまで成長《せいちょう》する大《おお》きなシーラカンス類《るい》です。

生《い》きている化《か》石《せき》ってどんな化《か》石《せき》？

絶滅《ぜつめつ》したと考《かんが》えられていた

現在《げんざい》、シーラカンスは、アフリカ大陸《たいりく》の東海岸沖《ひがしかいがんおき》や、インドネシアの沖《おき》で暮《く》らしています。

しかし実《じつ》は、生《い》きているシーラカンス類《るい》がみつかったのは、1900年代《ねんだい》になってからのことです。それまでは、シーラカンス類《るい》は完全《かんぜん》に絶滅《ぜつめつ》したと考《かんが》えられていました。

シーラカンス類《るい》は、デボン紀《き》の地層《ちそう》から化石《かせき》がみつかっています。そして、デボン紀《き》だけではなく、その後《ご》もさまざま時代《じだい》の地層《ちそう》からシーラカンス類《るい》の化石《かせき》はみつかります。

そして、中生代《ちゅうせいだい》の白亜紀《はくあき》という時代《じだい》を最後《さいご》に、化石《かせき》はみつからなくなりました。そのため、シーラカンス類《るい》は今《いま》から6600万《まん》年以上前《ねんいじょうまえ》の白亜紀《はくあき》に絶滅《ぜつめつ》したと考《かんが》えられていたのです。

姿《すがた》がほとんど変《か》わっていない

絶滅《ぜつめつ》したと考《かんが》えられていたシーラカンス類《るい》ですが、1938年《ねん》にアフリカの東《ひがし》海岸沖《かいがんおき》で生《い》きている個体《こたい》が漁《りょう》の網《あみ》にかかりました。さらに2000年代《ねんだい》になってからは、インドネシア沖《おき》でもみつかりました。

そうしてみつかった生《い》きているシーラカンス類《るい》は、かつて絶滅《ぜつめつ》したと考《かんが》えられていた化石《かせき》のシーラカンス類《るい》と驚《おどろ》くほど姿《すがた》が似《に》ていたのです。そのため、アフリカ沖《おき》やインドネシア沖《おき》でみつかったシーラカンス類《るい》のことを「生《い》きている化石《かせき》」とよぶようになりました。

シーラカンス類《るい》のほかにもいろいろな「生《い》きている化石《かせき》」がいます。71ページで紹介《しょうかい》したカブトガニ類《るい》がそうでしたね。植物《しょくぶつ》でいえばイチョウなども生《い》きている化石《かせき》とよばれています。

生《い》きている化石《かせき》とよばれる動物《どうぶつ》や植物《しょくぶつ》を見《み》かけたら、化石《かせき》の図鑑《ずかん》などを開《ひら》いて、どのあたりが似《に》ているのかを探《さが》してみるとおもしろいですよ。

現在のシーラカンス、ラティメリア
Latimeria

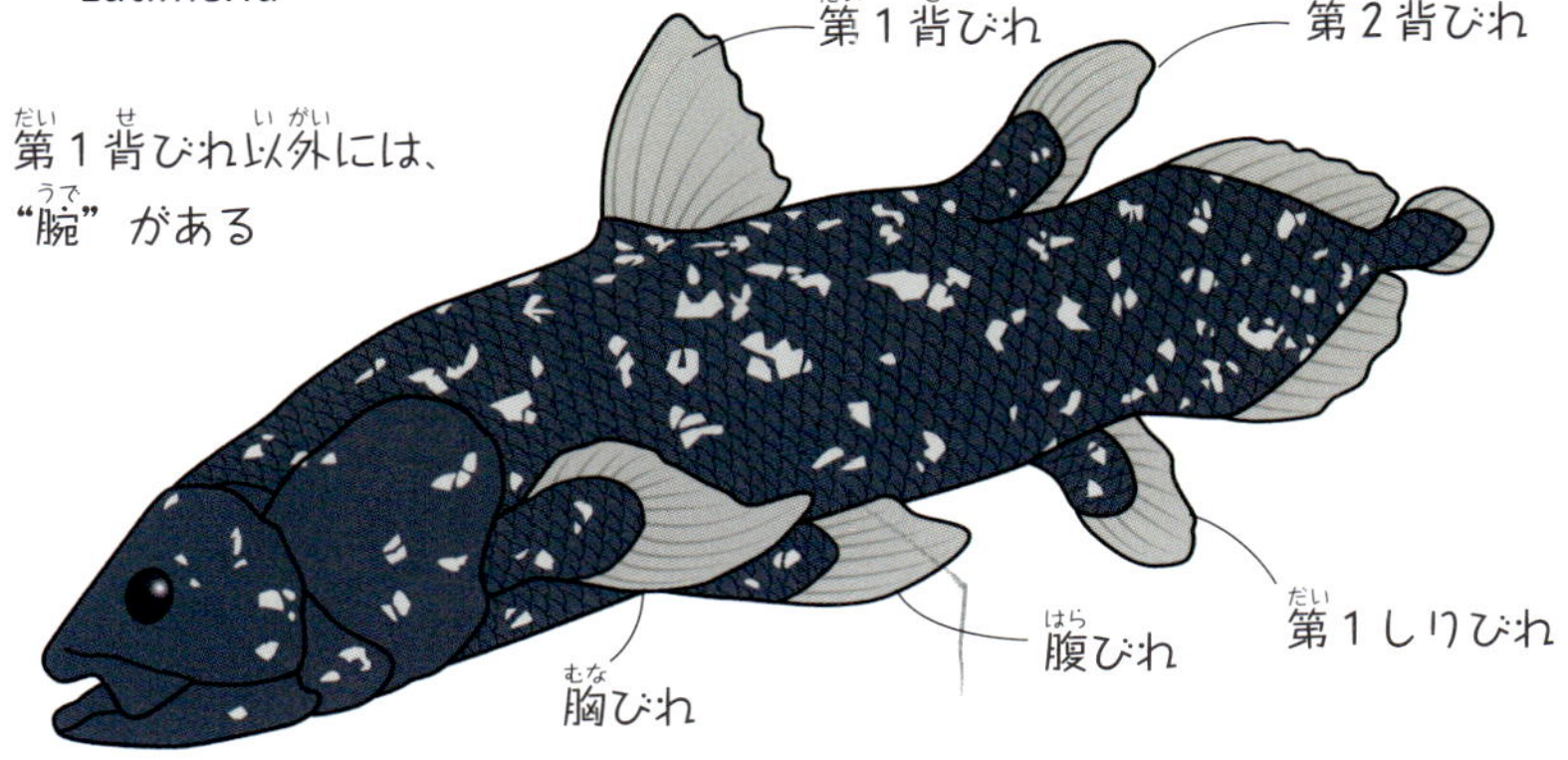

もっとしりたい！

身近《みぢか》なところにいる動物《どうぶつ》では、ゴキブリも生《い》きている化石《かせき》です。ゴキブリは、デボン紀《き》の次《つぎ》の時代《じだい》である石炭紀《せきたんき》に現《あらわ》れてから、ほとんど姿《すがた》が変《か》わっていません。

4メートルの巨大《きょだい》な淡水魚《たんすいぎょ》
ハイネリア

デボン紀《き》

新生代《しんせいだい》	中生代《ちゅうせいだい》	古生代《こせいだい》	先《せん》カンブリア時代《じだい》

ハイネリア
Hyneria

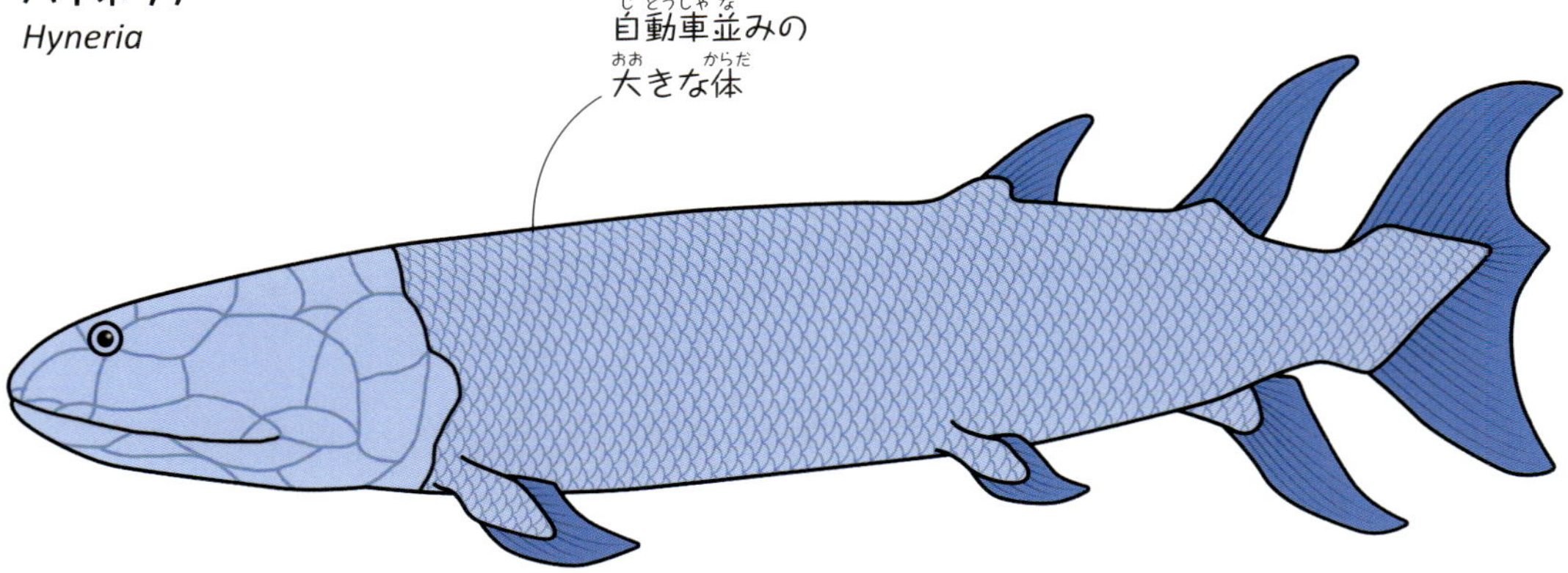

川《かわ》で暮《く》らす肉食魚《にくしょくぎょ》

肉鰭類《にくきるい》は、デボン紀《き》に現《あらわ》れた魚《さかな》の仲間《なかま》のグループです。110ページで紹介《しょうかい》したミグアシャイアのように、ひれの中《なか》に腕《うで》のようなつくりがあったことが特徴《とくちょう》です。

デボン紀《き》の肉鰭類《にくきるい》の中《なか》には、〝淡水《たんすい》の王者《おうじゃ》〟となったものがいました。その名《な》を「ハイネリア」といいます。

淡水《たんすい》というのは、湖《みずうみ》や池《いけ》、沼《ぬま》、川《かわ》など、陸地《りくち》の水《みず》のことです。陸地《りくち》の水《みず》は、海《うみ》よりも塩分《えんぶん》が少《すく》ないので、なめてもしょっぱくはありません。

ハイネリアは、北《きた》アメリカの川《かわ》にすんでいたといわれる肉鰭類《にくきるい》で、その大《おお》きさは4メートルほどにまで成長《せいちょう》したと考《かんが》えられています。4メートルというと、4人乗《にんの》りの自動車《じどうしゃ》と同《おな》じくらいの長《なが》さです。とても大《おお》きなサカナだったのです。

肺《はい》があったかもしれない

ハイネリアは、たくさんの鋭《するど》い歯《は》をもっていました。また、淡水《たんすい》で暮《く》らすほかのサカナよりも圧倒的《あっとうてき》に大《おお》きな体《からだ》をしていました。きっとおそろしいハンターだったことでしょう。

ハイネリアは、原始的《げんしてき》な肺《はい》をもっていたのではないか、という説《せつ》もあります。肺《はい》は空気中《くうきちゅう》で呼吸《こきゅう》をするための器官《きかん》です。

もしも、その説《せつ》のとおりに肺《はい》をもっていたとしたら、ほかのサカナたちがやってこれないような、酸素《さんそ》の少《すく》ない濁《にご》った沼《ぬま》や湖《みずうみ》でも生《い》きていけた可能性《かのうせい》があります。この大型《おおがた》の肉鰭類《にくきるい》がどのように生活《せいかつ》をしていたのか、気《き》になりますね。

もっとしりたい！
ハイネリアは、アメリカのミズーリ州《しゅう》の「ハイナー」という町《まち》で最初《さいしょ》の化石《かせき》がみつかったことが名前《なまえ》の由来《ゆらい》です。古生物《こせいぶつ》は、化石産地《かせきさんち》の名前《なまえ》をもつ種《しゅ》がたくさんいます。

4月2日

読《よ》んだ日《ひ》　月　日　月　日

殻《から》を少《すこ》し開《ひら》くだけで食事《しょくじ》ができる!?

パラスピリファー

デボン紀《き》

新生代《しんせいだい》　中生代《ちゅうせいだい》　古生代《こせいだい》　先《せん》カンブリア時代《じだい》

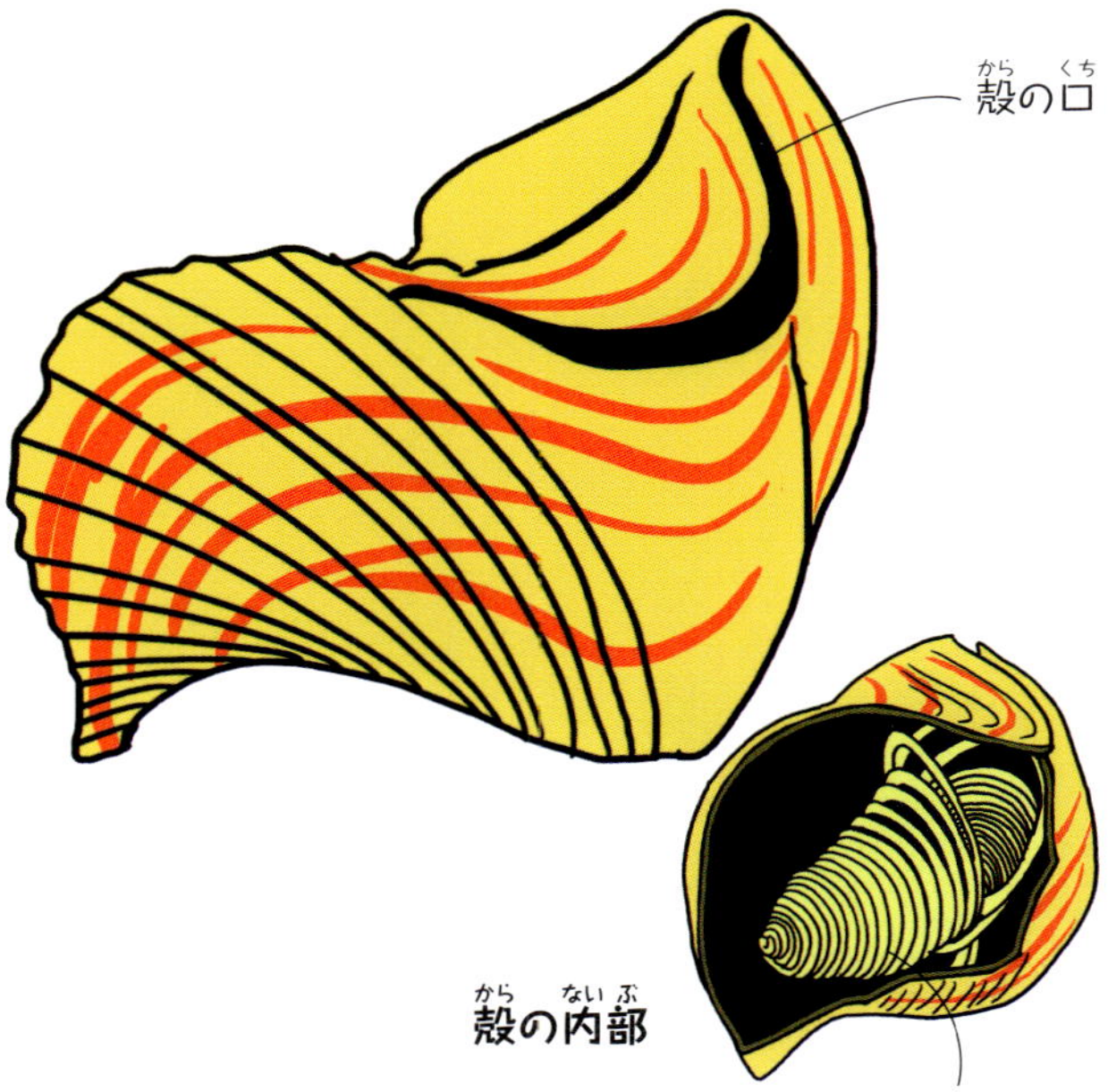

二枚貝《にまいがい》と似《に》ているが……

「腕足動物《わんそくどうぶつ》」というグループがいます。見《み》た目《め》は、アサリやシジミなどの二枚貝類《にまいがいるい》とよく似《に》ていて、2枚《まい》の殻《から》をもっています。

でも、二枚貝類《にまいがいるい》と腕足動物《わんそくどうぶつ》には大《おお》きなちがいがあります。アサリやシジミように、二枚貝類《にまいがいるい》の場合《ばあい》は殻《から》の中《なか》に〝身《み》〟がつまっていいます。しかし、腕足動物《わんそくどうぶつ》の場合《ばあい》は、殻《から》の中《なか》にうずまきをえがいたつくりがあり、そのつくりの上《うえ》に小《ちい》さな触手《しょくしゅ》が並《なら》んでいます。

腕足動物《わんそくどうぶつ》は、オルドビス紀《き》から数《かず》を増《ふ》やし、古生代《こせいだい》の間《あいだ》にたいへん繁栄《はんえい》しました。とくにデボン紀《き》は繁栄《はんえい》の絶頂期《ぜっちょうき》にあって、450をこえる仲間《なかま》がいたことがわかっています。

食事《しょくじ》は、口《くち》を少《すこ》し開《あ》けるだけ

アメリカのデボン紀《き》の地層《ちそう》から化石《かせき》がみつかる「パラスピリファー」は、横幅《よこはば》が6センチメートルほどの腕足動物《わんそくどうぶつ》です。2枚《まい》の殻《から》のうち、1枚《まい》は中央部分《ちゅうおうぶぶん》が大《おお》きく膨《ふく》らんでいて、もう1枚《まい》は大《おお》きくへこんでいるという特徴《とくちょう》がありました。

この独特《どくとく》の形《かたち》をしたパラスピリファーは、殻《から》の口《くち》を少《すこ》し開《あ》けるだけで、自然《しぜん》と周囲《しゅうい》の水《みず》を殻《から》の中《なか》に取《と》りこむことができました。殻《から》の大《おお》きな膨《ふく》らみとへこみが、水《みず》の流《なが》れを生《う》み出《だ》しているのです。

水《みず》を殻《から》の中《なか》に取《と》りこむことで、その水《みず》に含《ふく》まれているプランクトンなどを触手《しょくしゅ》で捕《つか》まえて食《た》べていたようです。その後《ご》、水《みず》は殻《から》の端《はし》から外《そと》へと自然《しぜん》に出《で》ていったとみられています。

つまり、パラスピリファーはその場《ば》から動《うご》かなくても、殻《から》を少《すこ》し開《ひら》けば食事《しょくじ》をすることができたのです。

もっとしりたい！

腕足動物《わんそくどうぶつ》は、中生代以降《ちゅうせいだいいこう》、大《おお》きく数《かず》を減《へ》らしましたが、現在《げんざい》でもわずかに生《い》き残《のこ》っています。日本《にっぽん》の南西《なんせい》諸島《しょとう》などで暮《く》らすシャミセンガイもその一《ひと》つです。

丸《まる》まるウミユリ アンモニクリヌス

デボン紀《き》

がくや腕《うで》を巻《ま》きこむ

古生代《こせいだい》の海底《かいてい》には、たくさんのウミユリ類《るい》がいました。ウミユリ類《るい》は、「ユリ」という言葉《ことば》がついていますが、れっきとした動物《どうぶつ》です。ヒトデやウニなどと同《おな》じ「棘皮動物《きょくひどうぶつ》」というグループに分類《ぶんるい》されます。

ウミユリ類《るい》のほとんどは、海底《かいてい》にくっついて茎《くき》をのばし、その先《さき》にがくがあり、そこからたくさんの腕《うで》をのばしています。その腕《うで》で、水中《すいちゅう》を漂《ただよ》うプランクトンなどをつかまえて、がくにある口《くち》まで運《はこ》び、食《た》べています。82ページで紹介《しょうかい》したイクチオクリヌスが、まさにこのタイプのウミユリ類《るい》でした。

ドイツなどのデボン紀《き》の地層《ちそう》から化石《かせき》がみつかる「アンモニクリヌス」は、ちょっと変《か》わったウミユリ類《るい》です。茎《くき》が途中《とちゅう》から平《ひら》たくなって、がくや腕《うで》を巻《ま》きこみ、丸《まる》くなっているのです。

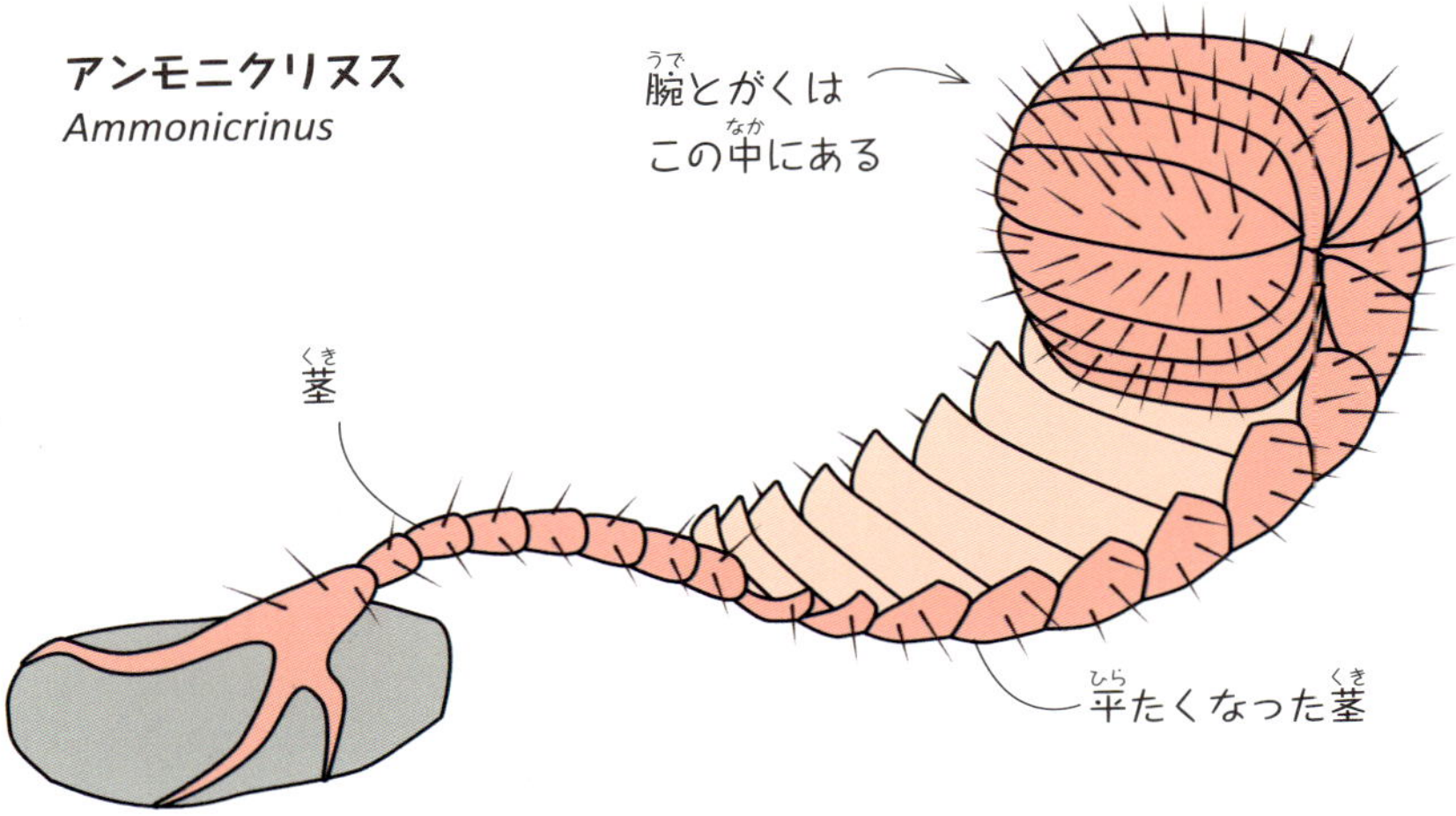

きつくしたり、ゆるめたり

アンモニクリヌスは、丸《まる》まった体《からだ》を水中《すいちゅう》に横《よこ》たえていたと考《かんが》えられています。しかし、丸《まる》まったままで、どうやってプランクトンなどを捕《つか》まえたのでしょうか？

ある研究《けんきゅう》では、丸《まる》まりをきつくしたり、ゆるくしたりを繰《く》り返《かえ》していたのではないかという説《せつ》を提案《ていあん》しています。こうすることで、自然《しぜん》に、丸《まる》まりの中《なか》へ水《みず》を取《と》りこむことができたようです。

同《おな》じことをみなさんもお風呂《ふろ》でやってみましょう。お湯《ゆ》の中《なか》で、グーをつくり、きつくグーと、少《すこ》しゆるめたグーを繰《く》り返《かえ》してみてください。水《みず》の流《なが》れを感《かん》じることができるでしょう。アンモニクリヌスは、こうしてできた水《みず》の流《なが》れを使《つか》ってプランクトンなどを取《と》りこみ、食《た》べていたと考《かんが》えられています。

アンモニクリヌスの茎《くき》は、幅《はば》が広《ひろ》くなっていて、その縁《ふち》が壁《かべ》のように立《た》っていました。この幅広《はばひろ》の茎《くき》が〝水路《すいろ》〟になって、丸《まる》まった部分《ぶぶん》に水《みず》を送《おく》りこんでいたのではないか、とみられています。

もっとしりたい！ アンモニクリヌスは、丸《まる》まることで自分《じぶん》のがくや腕《うで》を天敵《てんてき》から守《まも》っていたのではないかともいわれています。

4月4日

読《よ》んだ日《ひ》　月　日　月　日

“巻《ま》きかけ”の殻《から》をもつ アネトセラス

デボン紀《き》

新《しん》生《せい》代《だい》　中《ちゅう》生《せい》代《だい》　古《こ》生《せい》代《だい》　先《せん》カンブリア時代《じだい》

アネトセラス
Anetoceras

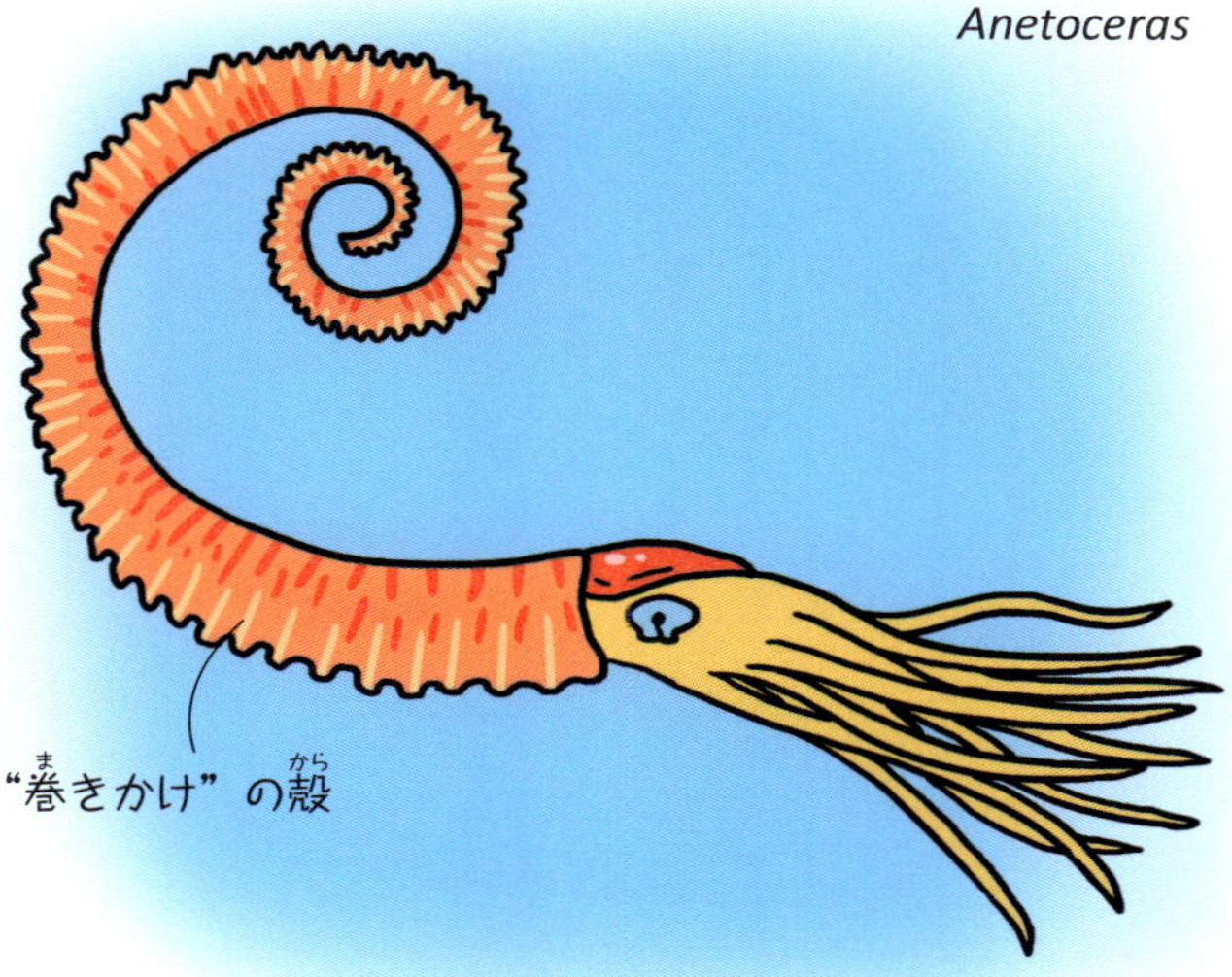

祖先《そせん》はまっすぐだった

　アンモナイトは、最《もっと》もよく知《し》られている化石《かせき》の一《ひと》つなので、みなさんも聞《き》いたことがあるでしょう。ずっとのちの、恐竜《きょうりゅう》の時代《じだい》に大繁栄《だいはんえい》する動物《どうぶつ》です。くるくると巻《ま》いた殻《から》をもっていました。軟体《なんたい》動物《どうぶつ》の中《なか》の「頭足類《とうそくるい》」というグループに含《ふく》まれます。タコやイカ、オウムガイなども頭足類《とうそくるい》です。

　そんなアンモナイトの祖先《そせん》は、デボン紀《き》に現《あらわ》れました。ところが祖先《そせん》の形《かたち》は、よく知《し》られているアンモナイトとは似《に》ても似《に》つきません。ほとんどまっすぐにのびた殻《から》をもっていたのです。

少《すこ》しずつ巻《ま》きはじめた

　アンモナイトの祖先《そせん》たちは、進化《しんか》を重《かさ》ねるごとに、少《すこ》しずつ殻《から》が丸《まる》くなってきました。

　そんな進化途中《しんかとちゅう》の祖先《そせん》の一《ひと》つが、「アネトセラス」です。大《おお》きさは10センチメートルをこえました。

　アンモナイトの最《もっと》も古《ふる》い祖先《そせん》と比《くら》べると、アネトセラスの殻《から》はそれほどまっすぐではありません。一方《いっぽう》で、進化《しんか》したアンモナイトのように、ぐるぐると殻《から》がたがいにくっつきながら巻《ま》いているわけでもありません。ぐるぐると巻《ま》いているのですが、殻《から》と殻《から》の間《あいだ》に隙間《すきま》があるのです。まさに“巻《ま》きかけの殻《から》”なのです。

　デボン紀《き》には、こうした巻《ま》きかけの殻《から》をもったアンモナイトの祖先《そせん》がたくさんいました。

化石《かせき》を見《み》たい！

北九州市立自然史《きたきゅうしゅうしりつしぜんし》・歴史博物館《れきしはくぶつかん》

アネトセラスの実物化石《じつぶつかせき》が展示《てんじ》されています。

北九州市立自然史・歴史博物館

もっとしりたい！

アンモナイトの祖先《そせん》たちは、アンモナイトを含《ふく》めて「アンモノイド類《るい》」とよばれたり、「アンモナイト類《るい》」とよばれたりしています。

4月 5日
読《よ》んだ日《ひ》 月 日 月 日

複眼《ふくがん》のタワーをもつ三葉虫《さんようちゅう》 エルベノチレ

デボン紀《き》

新生代《しんせいだい》 中生代《ちゅうせいだい》 古生代《こせいだい》 先カンブリア時代

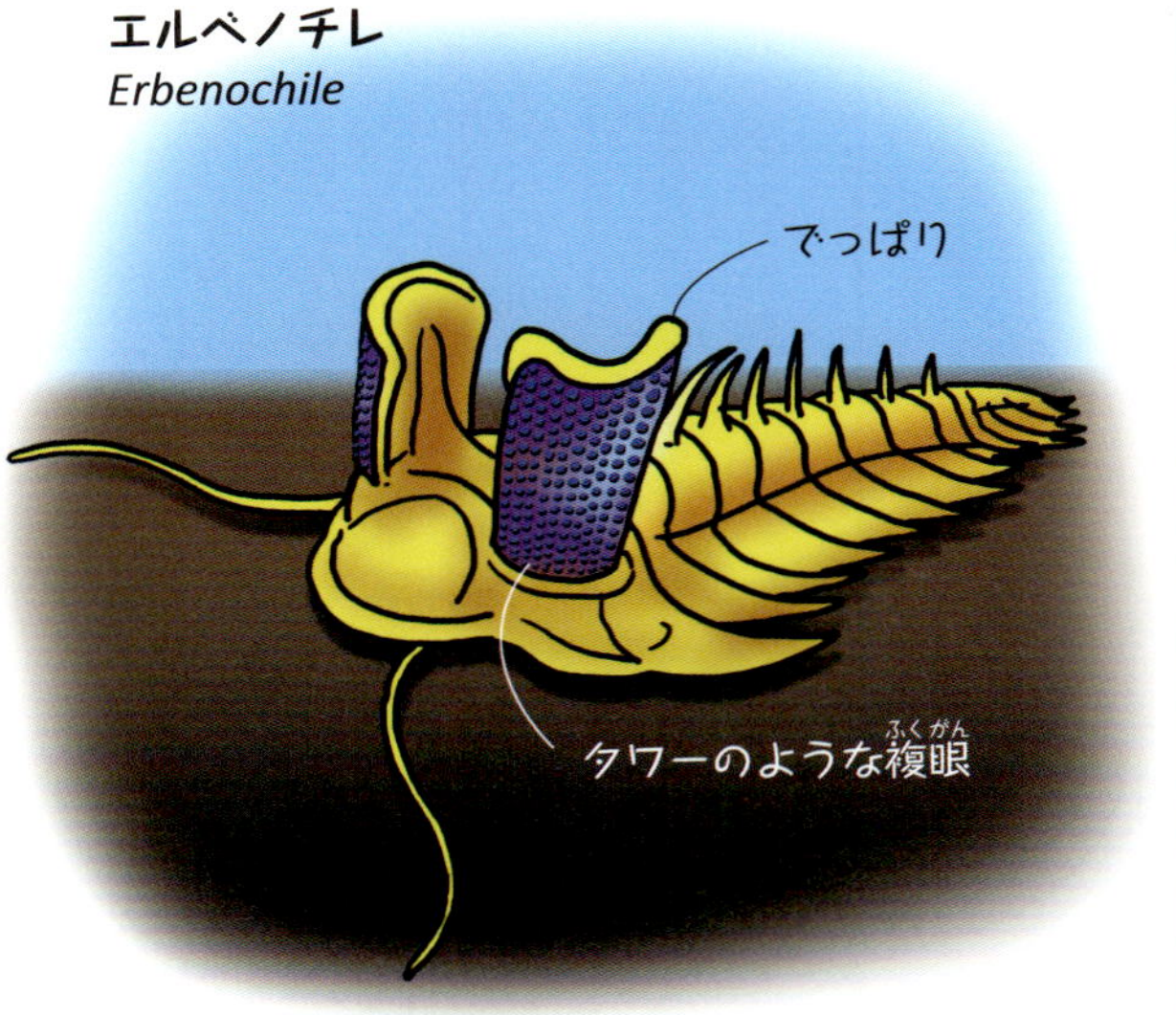

大《おお》きなレンズで複眼《ふくがん》をつくる

三葉虫類《さんようちゅうるい》は、節足動物《せっそくどうぶつ》の中《なか》の1グループです。オルドビス紀末《きまつ》におきた大量絶滅事件《たいりょうぜつめつじけん》で、三葉虫類《さんようちゅうるい》は数《かず》を大《おお》きく減《へ》らしましたが、それでもシルル紀《き》、デボン紀《き》と三葉虫類《さんようちゅうるい》は絶滅《ぜつめつ》することなく、子孫《しそん》を残《のこ》していきます。

三葉虫類《さんようちゅうるい》はみんな、現在《げんざい》の昆虫《こんちゅう》と同《おな》じように複眼《ふくがん》をもっていました。しかし、その複眼《ふくがん》をつくるレンズの大《おお》きさが種類《しゅるい》によってまちまちでした。私《わたし》たちの眼《め》では見《み》ることができないような小《ちい》さなレンズで複眼《ふくがん》をつくる種類《しゅるい》もいれば、私《わたし》たちの眼《め》でもはっきりと見《み》ることができる大《おお》きなレンズで複眼《ふくがん》をつくる種類《しゅるい》もいたのです。

デボン紀《き》には、そんな大《おお》きなレンズで複眼《ふくがん》をつくる種類《しゅるい》がたいへん繁栄《はんえい》しました。

遠《とお》くまで見渡《みわた》せる

「エルベノチレ」は、大《おお》きなレンズで複眼《ふくがん》をつくる種類《しゅるい》の三葉虫類《さんようちゅうるい》です。ただし、そのレンズの並《なら》び方《かた》が、ほかの三葉虫類《さんようちゅうるい》とはずいぶんちがっていました。上《うえ》に向《む》かって、まるでタワーのように複眼《ふくがん》が積《つ》み上《あ》がっていたのです。

複眼《ふくがん》が高《たか》い位置《いち》まであるということは、遠《とお》くまで見渡《みわた》すことができたということです。天敵《てんてき》の接近《せっきん》に注意《ちゅうい》するにはうってつけだったでしょう。

また、その〝複眼《ふくがん》タワー〟のいちばん上《うえ》には、ちょっとだけでっぱりがありました。このでっぱりはひさしの役割《やくわり》を果《は》たしたのではないか、といわれています。高《たか》い位置《いち》のレンズが、まぶしくないように、というわけです。

化石《かせき》を見《み》たい！ 国立科学博物館《こくりつかがくはくぶつかん》

地球館《ちきゅうかん》の地下《ちか》2階《かい》に三《さん》葉虫《ようちゅう》のコーナーがあります。エルベノチレは展示《てんじ》されていませんが、同《おな》じようにレンズの大《おお》きな複眼《ふくがん》をもつ三葉虫《さんようちゅう》の化石《かせき》をたくさん見《み》ることができます。

国立科学博物館

もっとしりたい！ 大《おお》きなレンズをもつ三葉虫類《さんようちゅうるい》は、とくに「ファコプス類《るい》」とよばれるグループに属《ぞく》しています。デボン紀《き》には、たくさんのファコプス類《るい》が現《あらわ》れました。

4月
6日
読《よ》んだ日《ひ》
月　日
月　日

頭《あたま》にフォークをもつ三葉虫類《さんようちゅうるい》
ワリセロプス

デボン紀《き》

新生代《しんせいだい》　中生代《ちゅうせいだい》　古生代《こせいだい》　先《せん》カンブリア時代《じだい》

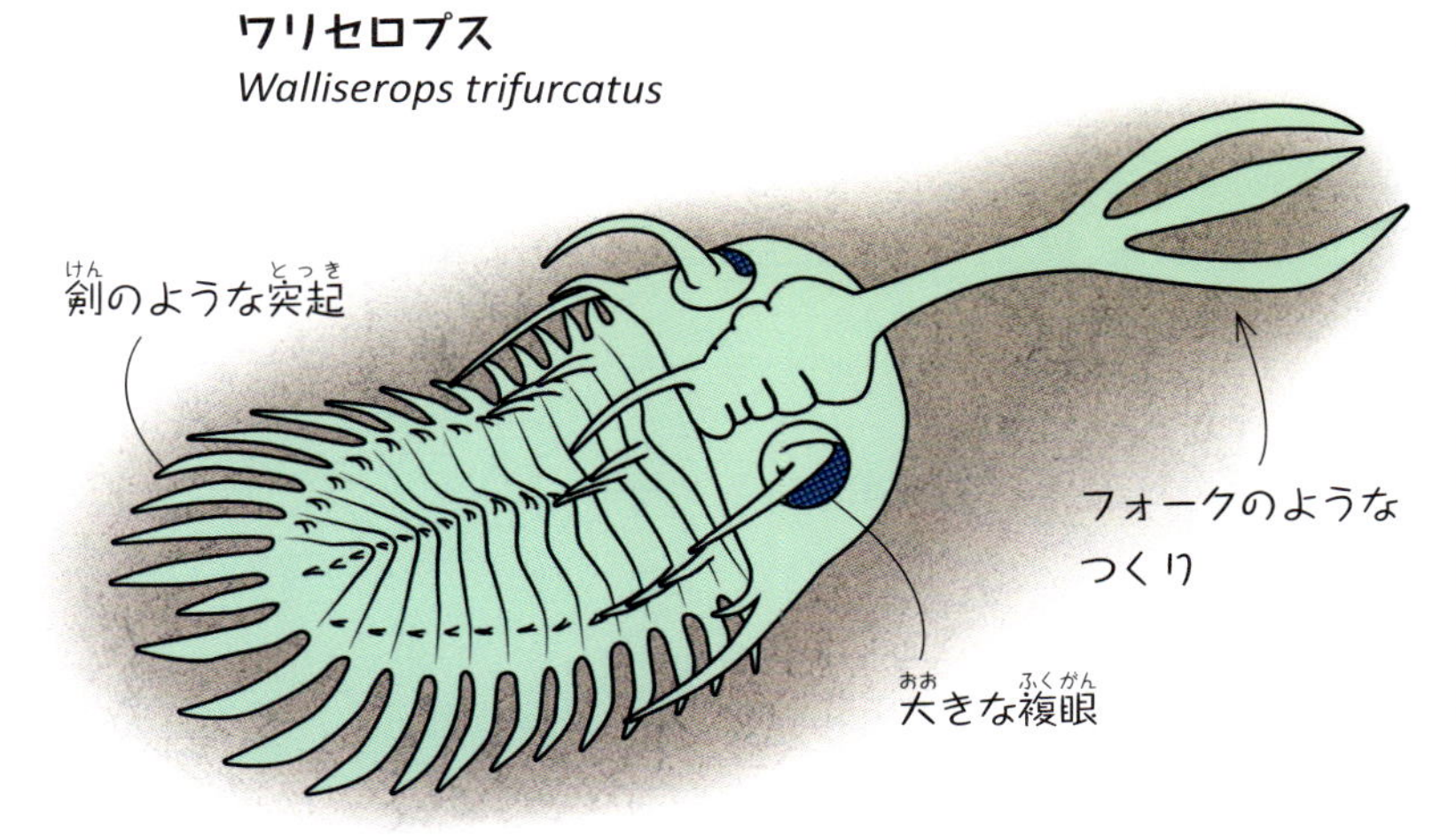

とげや突起《とっき》で武装《ぶそう》していた

デボン紀《き》の三葉虫類《さんようちゅうるい》の中《なか》には、おもしろい姿《すがた》の種《しゅ》がたくさんいました。

モロッコのデボン紀《き》の地層《ちそう》から化石《かせき》がみつかる「ワリセロプス」は、116ページで紹介《しょうかい》したエルベノチレのように、レンズが大《おお》きな複眼《ふくがん》をもつ三葉虫類《さんようちゅうるい》の一《ひと》つです。このグループの三葉虫《さんようちゅう》には大《おお》きさが10センチメートルより少《すこ》し小《ちい》さなものが多《おお》く、これはこの時代《じだい》の三葉虫《さんようちゅう》としては、よくあるサイズでした。

ワリセロプスは、背中《せなか》の中央《ちゅうおう》と左右《さゆう》の両端《りょうたん》に、小《ちい》さなとげが並《なら》んでいました。また、殻《から》の両端《りょうたん》には、平《ひら》たく鋭《するど》い剣《けん》のような突起《とっき》も並《なら》んでいました。剣《けん》のような突起《とっき》は、体《からだ》の後《うし》ろにいくほど長《なが》くなっています。ほかには眼《め》の上《うえ》にも少《すこ》し長《なが》いとげがあるなど、全身《ぜんしん》をとげや突起《とっき》で〝武装《ぶそう》〟した三葉虫《さんようちゅう》でした。

頭《あたま》からフォーク！

とげや突起《とっき》をたくさんもつワリセロプスですが、最大《さいだい》の特徴《とくちょう》は、別《べつ》のところにありました。頭部《とうぶ》の先端《せんたん》から前方《ぜんぽう》に向《む》かって太《ふと》い軸《じく》がのび、その先《さき》が三《みっ》つに分《わ》かれて平《ひら》たくなり、そしてとがっていたのです。まるで食卓《しょくたく》に並《なら》ぶフォークのようです。

いったい、この長《なが》いフォークを何《なに》に使《つか》っていたのでしょうか？

くわしいことはわかっていませんが、ひょっとしたら、現在《げんざい》のカブトムシやクワガタムシのように、武器《ぶき》として使《つか》っていたのではないかとみられています。

化石《かせき》を見《み》たい！　国立科学博物館《こくりつかがくはくぶつかん》

ワリセロプスは、地球館《ちきゅうかん》の地下《ちか》2階《かい》にある三葉虫《さんようちゅう》のコーナーで化石《かせき》を見《み》ることができるものの一《ひと》つです。

国立科学博物館

もっとしりたい！
ワリセロプスには複数《ふくすう》の種《しゅ》がいました。ワリセロプスのように“フォーク”の部分《ぶぶん》が長《なが》い種《しゅ》のほかに、短《みじか》い種《しゅ》もいたことがわかっています。

モンスターと名《な》づけられた ディクラヌルス

デボン紀《き》

新《しん》生《せい》代《だい》　中《ちゅう》生《せい》代《だい》　古《こ》生《せい》代《だい》　先《せん》カンブリア時代《じだい》

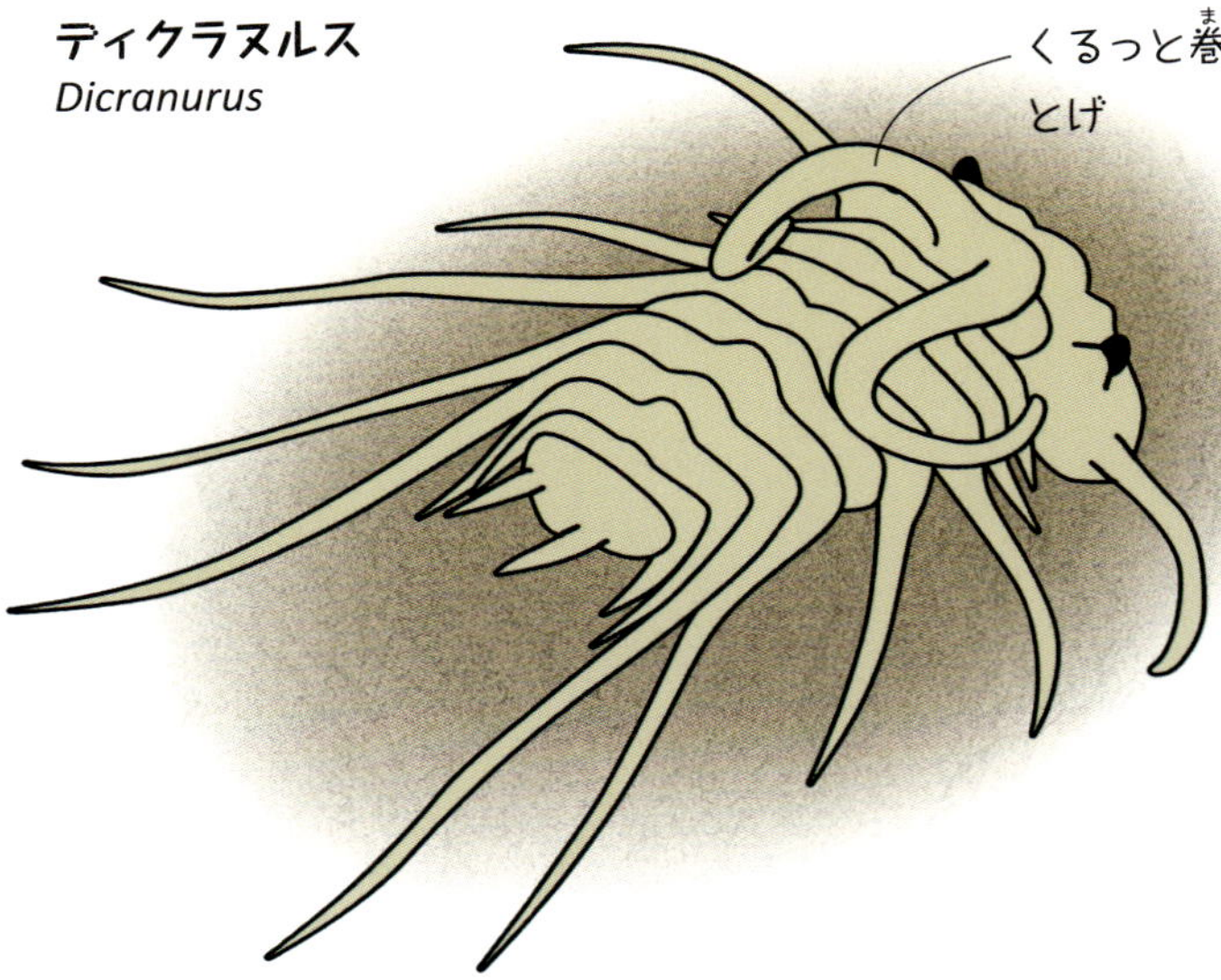

たくさんの太《ふと》いとげ

さまざまな種類《しゅるい》がいたデボン紀《き》の三葉虫類《さんようちゅうるい》の中《なか》でも、忘《わす》れてはいけないのは「ディクラヌルス」です。10センチメートルより少《すこ》し小《ちい》さいくらいの大《おお》きさでした。

ディクラヌルスの最大《さいだい》の特徴《とくちょう》は、太《ふと》いとげをたくさんもっていたことです。頭部《とうぶ》の両脇《りょうわき》からは太《ふと》くて長《なが》いとげが左右《さゆう》に向《む》かって1本《ぽん》ずつのび、胴部《どうぶ》と尾部《びぶ》からも左右《さゆう》4本《ほん》ずつの太《ふと》くて長《なが》いとげがのびています。このうち2本《ほん》は、横《よこ》ではなく後《うし》ろに向《む》かってのびていました。ほかにも小《ちい》さなとげがたくさんありました。

そして、頭部《とうぶ》の中央《ちゅうおう》から上《うえ》に向《む》かってのびている2本《ほん》のとげは、ヒツジの角《つの》のようにくるっと巻《ま》いていたのです。

その名もモンスター三葉虫《さんようちゅう》

モロッコの地層《ちそう》からみつかるディクラヌルスは、フルネームを「ディクラヌルス・モンストローサス」といいます。モンストローサスは、モンスターという意味《いみ》です。そのとげだらけの姿《すがた》にちなんで名《な》づけられたのです。

ディクラヌルスのほとんどのとげは防御《ぼうぎょ》に役立《やくだ》ったかもしれません。しかし、頭部中央《とうぶちゅうおう》から上《うえ》に向《む》かってのびてくるっと巻《ま》くとげはいったい何《なん》の役《やく》に立《た》ったのでしょうか？

それは謎《なぞ》です。ぜひ、みなさんも推理《すいり》してみてください。

化石《かせき》を見《み》たい！　三笠市立博物館《みかさしりつはくぶつかん》

ディクラヌルスの実物化《じつぶつか》石《せき》が展示《てんじ》されています。

ここでもみられます！
地質標本館、徳島県立博物館、北九州市立自然史・歴史博物館　ほか

もっとしりたい！
ディクラヌルスの化石《かせき》はアメリカの地層《ちそう》からも発見《はっけん》されており、そちらのフルネームは「ディクラヌルス・ハマタス・エレガンス」といいます。

とげとげの巨大《きょだい》な三葉虫《さんようちゅう》
テラタスピス

デボン紀《き》

新生代	中生代	古生代	先カンブリア時代

60センチの大《おお》きな三葉虫《さんようちゅう》

この時代の海にいたほとんどの三葉虫類《さんようちゅうるい》の大《おお》きさは、10センチメートル以下《いか》でした。中には10センチをこえるサイズの三葉虫類《さんようちゅうるい》もいましたが、ごくまれでした。たとえば、83ページで紹介《しょうかい》したアークティヌルスはそうした大型《おおがた》の三葉虫類《さんようちゅうるい》の一《ひと》つです。

アークティヌルスの大《おお》きさをはるかにこえる三葉虫類《さんようちゅうるい》もみつかっています。その名《な》を「テラタスピス」といいます。アメリカのデボン紀《き》の地層《ちそう》からみつかります。テラタスピスは、なんと60センチメートルもの大《おお》きさがありました。

とげとげの体《からだ》

全身《ぜんしん》とげだらけ

テラタスピスの全身《ぜんしん》には、大小《だいしょう》のとげがたくさんありました。

頭部《とうぶ》の両脇《りょうわき》には太《ふと》いとげが1本《ぽん》ずつ左右《さゆう》に向かってのび、胴部《どうぶ》も節《ふし》ごとにとげが飛《と》び出《で》ています。尾部《びぶ》には左右《さゆう》3本《ぼん》ずつ、合計《ごうけい》6本《ほん》の太《ふと》いとげがありました。さらに、頭部《とうぶ》と尾部《びぶ》の太《ふと》いとげには、細《こま》かなとげがついていました。頭部《とうぶ》の中央部《ちゅうおうぶ》がボールのように膨《ふく》らんでいて、その膨《ふく》らみの上《うえ》にもとげ。全身《ぜんしん》くまなくとげだらけ、という三葉虫類《さんようちゅうるい》です。

三葉虫類《さんようちゅうるい》の殻《から》は、軽《かる》くはありません。60センチメートルもの大《おお》きさがあるテラタスピスなら、生《い》きていたときにはずっしりとした重《おも》さがあったことでしょう。

化石《かせき》を見《み》たい！ 大阪市立自然史博物館《おおさかしりつしぜんしはくぶつかん》

テラタスピスの復元模型《ふくげんもけい》が展示《てんじ》されています。ほかの三葉虫類《さんようちゅうるい》と見比《みくら》べて、その大《おお》きさを実感《じっかん》してみましょう。

もっとしりたい！
実《じつ》はテラタスピスは、全身《ぜんしん》の化石《かせき》がみつかっていません。部分《ぶぶん》だけがみつかっていて、そこから推測《すいそく》して全身《ぜんしん》が復元《ふくげん》されています。

ビッグ・ファイブの二《ふた》つ目《め》
デボン紀《き》後《こう》期《き》大《たい》量《りょう》絶《ぜつ》滅《めつ》事《じ》件《けん》

デボン紀《き》

新生代《しんせいだい》	中生代《ちゅうせいだい》	古生代《こせいだい》	先カンブリア時代《じだい》

大量絶滅《たいりょうぜつめつ》はなぜおきた？

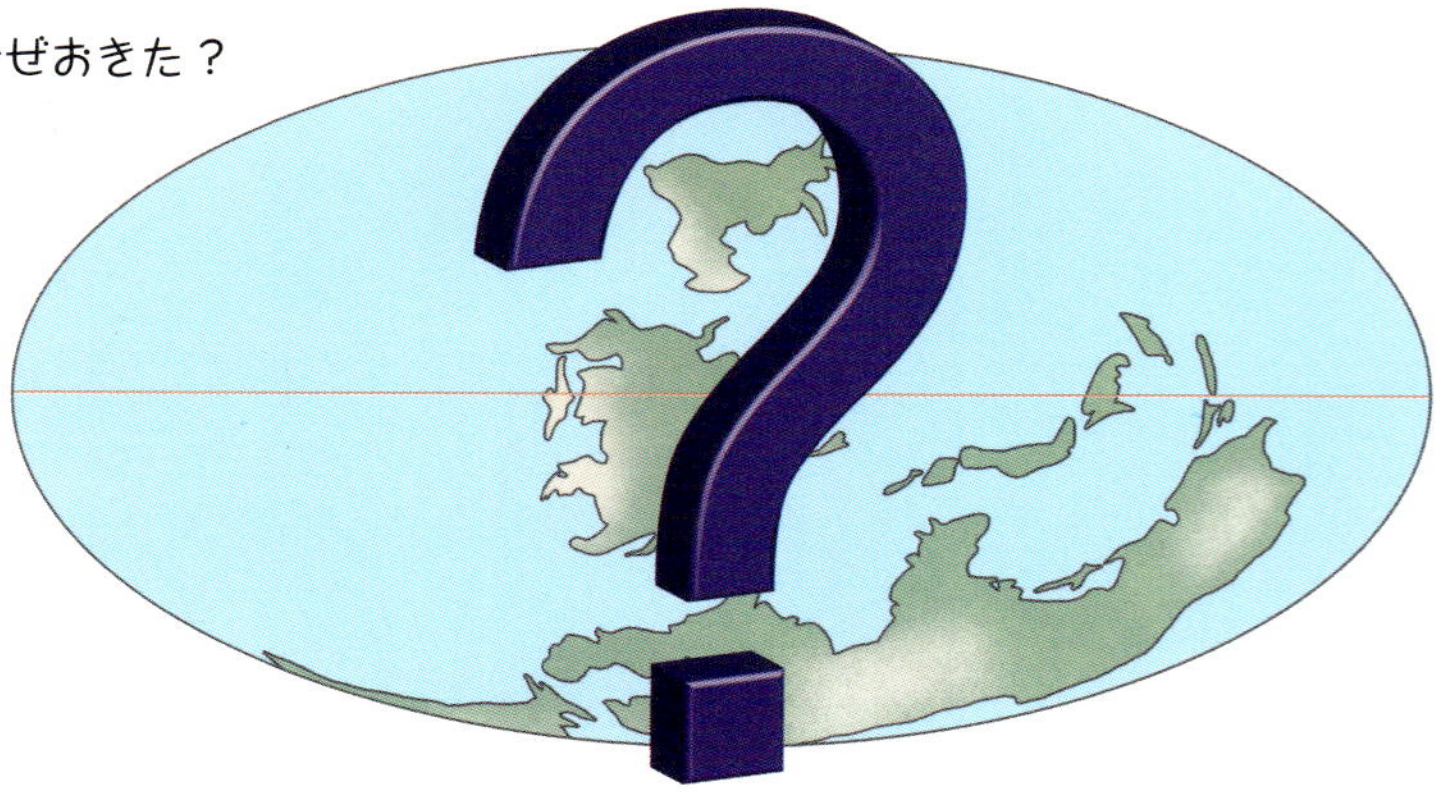

板皮類《ばんぴるい》に大《だい》ダメージ

古生代《こせいだい》カンブリア紀《き》以降《いこう》におきた絶滅《ぜつめつ》の中《なか》で、とくにたくさんの生物《せいぶつ》が絶滅《ぜつめつ》した5回《かい》の事件《じけん》のことを「ビッグ・ファイブ」とよびます。最初《さいしょ》の1回目《かいめ》はオルドビス紀《き》末《まつ》におきました。

ビッグ・ファイブの2回目《かいめ》となる大量絶滅事件《たいりょうぜつめつじけん》がおきたのは、デボン紀後期《きこうき》のことです。今《いま》からおよそ3億《おく》7200万年前《まんねんまえ》のことでした。

デボン紀後期《きこうき》におきた大量絶滅《たいりょうぜつめつ》事件《じけん》の特徴《とくちょう》は、海《うみ》の動物《どうぶつ》がたくさん滅《ほろ》んだということです。とくにたくさんの種《しゅ》が絶滅《ぜつめつ》したグループは、腕足動物《わんそくどうぶつ》をはじめ、三葉虫類《さんようちゅうるい》やコノドント類《るい》、そして板皮類《ばんぴるい》などです。

板皮類《ばんぴるい》はデボン紀《き》にとても繁栄《はんえい》し、種類《しゅるい》を増《ふ》やしていた魚《さかな》の仲間《なかま》です。しかし、この大量絶滅事件《たいりょうぜつめつじけん》で、半分以上《はんぶんいじょう》の65パーセントもの種《しゅ》が滅《ほろ》びました。

三葉虫類《さんようちゅうるい》もたくさんの種《しゅ》が絶滅《ぜつめつ》しました。そして、次《つぎ》の時代《じだい》である石炭紀《せきたんき》よりあとの時代《じだい》には、これまで見《み》てきたようなとげや角《つの》などをもつ派手《はで》な三葉虫類《さんようちゅうるい》はいなくなりました。

原因《げんいん》は謎《なぞ》

デボン紀後期《きこうき》の大量絶滅事件《たいりょうぜつめつじけん》の原因《げんいん》は、よくわかっていません。

仮説《かせつ》の一《ひと》つとして、オルドビス紀末《きまつ》の大量絶滅事件《たいりょうぜつめつじけん》と同《おな》じように、地球全体《ちきゅうぜんたい》が寒《さむ》くなったことが原因《げんいん》ではないか、といわれています。あるいは、隕石《いんせき》が衝突《しょうとつ》したことが原因《げんいん》ではないか、という説《せつ》もあります。

しかしどちらの仮説《かせつ》も証拠《しょうこ》があまりみつかっていません。たとえば、たしかに「地球《ちきゅう》が寒《さむ》くなった」と考《かんが》えると説明《せつめい》できることは多《おお》いのですが、なぜ寒《さむ》くなったのか？という疑問《ぎもん》にはまだだれも答《こた》えることができないのです。

デボン紀後期《きこうき》の大量絶滅事件《たいりょうぜつめつじけん》の原因《げんいん》は、今《いま》のところ大《おお》きな謎《なぞ》に包《つつ》まれています。

もっとしりたい！
デボン紀後期《きこうき》の大量絶滅事件《たいりょうぜつめつじけん》がどのくらいの期間続《きかんつづ》いたのかもよくわかっていません。50万年以下《まんねんいか》という説《せつ》や、1500万年《まんねん》かけてゆっくりと絶滅《ぜつめつ》がおきたという説《せつ》があります。

ひれの中《なか》に腕《うで》!?
ユーステノプテロン

デボン紀《き》

新《しん》生《せい》代《だい》	中《ちゅう》生《せい》代《だい》	古《こ》生《せい》代《だい》	先《せん》カンブリア時代《じだい》

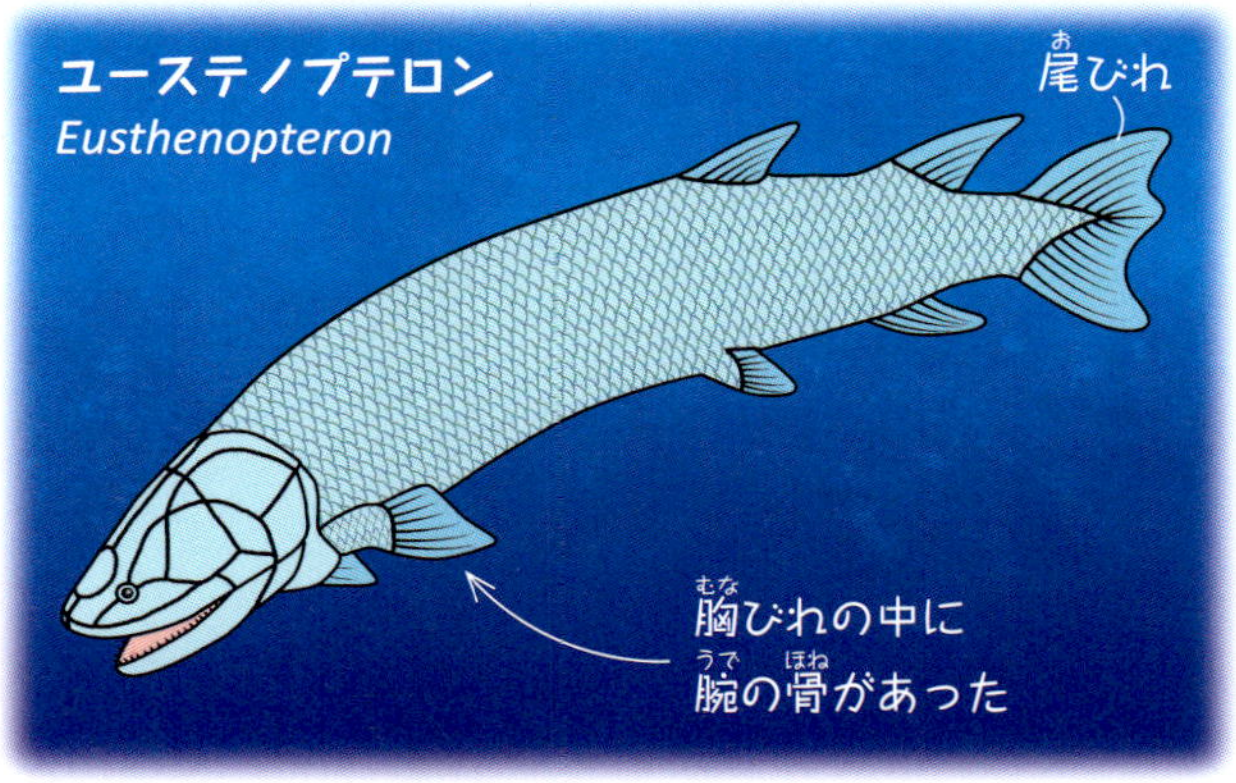

地上《ちじょう》を歩《ある》く動物《どうぶつ》と同《おな》じ

デボン紀《き》は、魚《さかな》の仲間《なかま》の進化《しんか》が進《すす》んだ時代《じだい》でした。

デボン紀後期《きこうき》の大量絶滅事件《たいりょうぜつめつじけん》がおきる少《すこ》し前《まえ》のカナダに「ユーステノプテロン」というサカナがいました。1メートルほどの大《おお》きさで、112ページで紹介《しょうかい》したハイネリアなどと同《おな》じ肉鰭類《にくきるい》というグループに属《ぞく》しています。

ユーステノプテロンの体《からだ》は、頭部《とうぶ》と尾《お》をのぞけば、細長《ほそなが》い筒《つつ》のような形《かたち》をしていました。そして、胸《むな》びれの中《なか》に骨《ほね》がありました。この骨《ほね》は、陸上《りくじょう》を歩《ある》いて暮《く》らす脊椎動物《せきついどうぶつ》の腕《うで》の骨《ほね》と同《おな》じつくりのものでした。陸上《りくじょう》を歩《ある》く脊椎動物《せきついどうぶつ》は、ユーステノプテロンよりあとの時代《じだい》に現《あらわ》れます。つまりユーステノプテロンは、腕《うで》の骨《ほね》だけをひれの中《なか》に〝先取《さきど》り〟していたことになるのです。

イモリと同《おな》じ体《からだ》の特徴《とくちょう》

ユーステノプテロンのもう一《ひと》つの大《おお》きな特徴《とくちょう》は、脊椎《せきつい》がまっすぐ尾《お》びれの端《はし》の近《ちか》くまでのびていたということです。ほとんどの魚《さかな》の仲間《なかま》は、尾《お》びれまで脊椎《せきつい》が続《つづ》いていても、尾《お》びれの前側《まえがわ》の縁《ふち》で、脊椎《せきつい》が上《うえ》か下《した》かに曲《ま》がっています。まっすぐのびているという特徴《とくちょう》はめずらしいのです。

脊椎《せきつい》とは、いわゆる背骨《せぼね》のことです。体《からだ》の端《はし》までまっすぐ背骨《せぼね》がのびているという特徴《とくちょう》は、現在《げんざい》のイモリやトカゲなどの尻尾《しっぽ》と同《おな》じです。

つまり、ユーステノプテロンは、胸《むな》びれのほかに、尾《お》びれの中《なか》にも、陸上《りくじょう》を歩《ある》く脊椎動物《せきついどうぶつ》と同《おな》じ特徴《とくちょう》をもっていたのです。

このユーステノプテロンをスタートとして、ここからは、陸上《りくじょう》を歩《ある》く脊椎動物《せきついどうぶつ》がどのように進化《しんか》してきたのか、その物語《ものがたり》を追《お》いかけることにしましょう。

化石《かせき》を見《み》たい！　神奈川県立生命の星《かながわけんりついのちのほし》・地球博物館《ちきゅうはくぶつかん》

実物化石《じつぶつかせき》が展示《てんじ》されています。

ここでもみられます！
群馬県立自然史博物館、ミュージアムパーク 茨城県自然博物館、福井県立恐竜博物館、豊橋市自然史博物館、大阪市立自然史博物館、北九州市立自然史・歴史博物館、御船町恐竜博物館　ほか

もっとしりたい！
ユーステノプテロンは、口先《くちさき》が短《みじか》く、眼《め》が小《ち》さいという、魚《さかな》の仲間《なかま》としての特徴《とくちょう》ももっていました。眼《め》の位置《いち》が頭《あたま》の両脇《りょうわき》にあったことも魚《さかな》の仲間《なかま》の特徴《とくちょう》です。

ワニに似《に》た頭部《とうぶ》をもつ パンデリクチス

デボン紀《き》

新生代《しんせいだい》　中生代《ちゅうせいだい》　古生代《こせいだい》　先カンブリア時代《じだい》

平《ひら》たい頭部《とうぶ》がワニに似《に》てる

121ページで紹介《しょうかい》したユーステノプテロンから一歩《いっぽ》、陸上《りくじょう》で暮《く》らす脊椎動物《せきついどうぶつ》に近《ちか》づいた魚《さかな》の仲間《なかま》がいます。それは、「パンデリクチス」です。ラトビアから化石《かせき》がみつかっています。

大《おお》きさは1メートルほどで、胸《むな》びれの中《なか》には“腕《うで》の骨《ほね》”がありました。パンデリクチスも、ユーステノプテロンと同《おな》じく肉鰭類《にくきるい》というグループに分類《ぶんるい》されています。

パンデリクチスを見《み》て最初《さいしょ》に気《き》づくのは、頭部《とうぶ》が平《ひら》たい、ということです。この特徴《とくちょう》は、ユーステノプテロンのような魚《さかな》の仲間《なかま》よりも、たとえば、現在《げんざい》のワニと似《に》ています。眼《め》の位置《いち》が顔《かお》の高《たか》い場所《ばしょ》にあることもワニとそっくりです。陸上《りくじょう》を歩《ある》く脊椎動物《せきついどうぶつ》に一歩《いっぽ》、近《ちか》づいているのです。

ひれが少《すく》なくなった

ユーステノプテロンには背《せ》びれや腹《はら》びれがありましたが、パンデリクチスにはありませんでした。そのため、同《おな》じ肉鰭類《にくきるい》であっても、ユーステノプテロンや112ページのハイネリアとはだいぶちがう姿《すがた》になっていました。これも、陸上《りくじょう》を歩《ある》く脊椎動物《せきついどうぶつ》に一歩《いっぽ》近《ちか》づいたことの表《あらわ》れです。

パンデリクチス
Panderichthys

化石《かせき》を見《み》たい！　福井県立恐竜博物館《ふくいけんりつきょうりゅうはくぶつかん》

パンデリクチスの模型《もけい》を見《み》ることができます。

もっとしりたい！　パンデリクチスの胸《むな》びれには、“腕《うで》の骨《ほね》”のほかに“指《ゆび》の骨《ほね》”もあったことがわかっています。

腕《うで》立《た》てふせができたサカナ ティクターリク

デボン紀《き》

新生代《しんせいだい》 中生代《ちゅうせいだい》 古生代《こせいだい》 先カンブリア時代

ワニに似《に》た肉鰭類《にくきるい》

122ページで紹《しょう》介《かい》したパンデリクチスは、胸《むな》びれの中《なか》の〝腕《うで》の骨《ほね》〟があったことに加《くわ》えて、顔《かお》がワニのように平《ひら》たくなっていました。また、背《せ》びれや腹《はら》びれがなくなっていました。デボン紀《き》後期《こうき》の大量《たいりょう》絶滅《ぜつめつ》事件《じけん》がおきる前《まえ》の海《うみ》では、〝陸上生活《りくじょうせいかつ》〟に向《む》いた体《からだ》をもった魚《さかな》の仲間《なかま》が少《すこ》しずつ現《あらわ》れていたのです。

今日《きょう》は、カナダから化石《かせき》がみつかっている「ティクターリク」に注目《ちゅうもく》してみましょう。

ティクターリクは、2・7メートルの大《おお》きさの肉鰭類《にくきるい》のサカナです。パンデリクチスと同《おな》じか、それ以上《いじょう》に現在《げんざい》のワニとよく似《に》ていました。

関節《かんせつ》があった！

ティクターリクの胸《むな》びれの中《なか》にも〝腕《うで》の骨《ほね》〟がありました。しかも、肩《かた》と肘《ひじ》、手首《てくび》には関節《かんせつ》もありました。これは、ティクターリクの大《おお》きな特徴《とくちょう》です。

関節《かんせつ》があるということは、動《うご》かすことができたということです。つまり、ティクターリクは、胸《むな》びれで体《からだ》を支《ささ》えて、起《お》こすことができました。わかりやすくいえば、ティクターリクは腕立《うでた》てふせができたのです！

また、ティクターリクは腰《こし》の骨《ほね》ももっていました。ほとんどの魚《さかな》の仲間《なかま》は腰《こし》の骨《ほね》をもたないので、これもより陸上動物《りくじょうどうぶつ》らしい特徴《とくちょう》であるといえます。

陸上《りくじょう》で暮《く》らす動物《どうぶつ》と同《おな》じ特徴《とくちょう》を多《おお》くもつティクターリクは、脊椎《せきつい》動物《どうぶつ》が上陸《じょうりく》に向《む》けて進化《しんか》していく中《なか》で、とても重要《じゅうよう》なサカナであると位置《いち》づけられています。

もっとしりたい！ ティクターリクには首《くび》もありました。首《くび》があるということもほかの魚《さかな》の仲間《なかま》にはない特徴《とくちょう》です。

4月13日
読《よ》んだ日《ひ》
月 日
月 日

手《て》あしをもった両生類《りょうせいるい》 アカントステガ

デボン紀《き》

新生代《しんせいだい》 中生代《ちゅうせいだい》 古生代《こせいだい》 先《せん》カンブリア時代《じだい》

両生類《りょうせいるい》が現《あらわ》れた

デボン紀後期《きこうき》の大量絶滅事件《たいりょうぜつめつじけん》のすぐあとには、ついに、はっきりとした手《て》あしをもった脊椎動物《せきついどうぶつ》が現《あらわ》れました。両生類《りょうせいるい》の登場《とうじょう》です。

両生類《りょうせいるい》は、現在《げんざい》のカエルやイモリが含《ふく》まれるグループです。ただし、このとき現《あらわ》れた両生類《りょうせいるい》は、現在生《げんざいい》きている両生類《りょうせいるい》とは異《こと》なる、絶滅《ぜつめつ》したグループです。

弱々《よわよわ》しい関節《かんせつ》

知《し》られている限《かぎ》り最《もっと》も古《ふる》い両生類《りょうせいるい》は、「アカントステガ」だといわれています。大《おお》きさは60センチメートルほどでした。

アカントステガの特徴《とくちょう》は、手《て》あしの指《ゆび》が8本《ほん》ずつあったということです。これは、手《て》あしをもつ脊椎動物《せきついどうぶつ》としては最《もっと》も多《おお》い数《かず》です。

また、前《まえ》あしや後《うし》ろあしの関節《かんせつ》がとても弱々《よわよわ》しいという特徴《とくちょう》もありました。そのためアカントステガは、陸上《りくじょう》では手《て》あしで自分《じぶん》の体重《たいじゅう》を支《ささ》えることはできず、歩《ある》けなかったのではないか、といわれています。

こうしたことから、アカントステガの手《て》あしは陸上《りくじょう》を歩《ある》くためのものではなく、水深《すいしん》の浅《あさ》い川《かわ》などで、落《お》ち葉《ば》をかきわけることなどに役立《やくだ》っていたのではないかと考《かんが》えられています。〝最初《さいしょ》の手《て》あし〟は、歩《ある》くためのものではなかったようです。

アカントステガ
Acanthostega

化石《かせき》を見《み》たい！ **福井県立恐竜博物館《ふくいけんりつきょうりゅうはくぶつかん》**

アカントステガの化石《かせき》の複製《ふくせい》と復元模型《ふくげんもけい》の両方《りょうほう》を見《み》ることができます。

もっとしりたい！

アカントステガの化石《かせき》は、グリーンランドでみつかりました。その地層《ちそう》を調《しら》べたところ、アカントステガがすんでいたのは熱帯《ねったい》の川《かわ》だったことがわかっています。

陸《りく》で暮《く》らせた両生類《りょうせいるい》
イクチオステガ

デボン紀《き》

新生代《しんせいだい》	中生代《ちゅうせいだい》	古生代《こせいだい》	先カンブリア時代

陸上生活《りくじょうせいかつ》を始《はじ》めた

124ページのアカントステガと同《おな》じころ、「イクチオステガ」が現《あらわ》れました。大《おお》きさは1メートルほどでした。

イクチオステガ
Ichthyostega

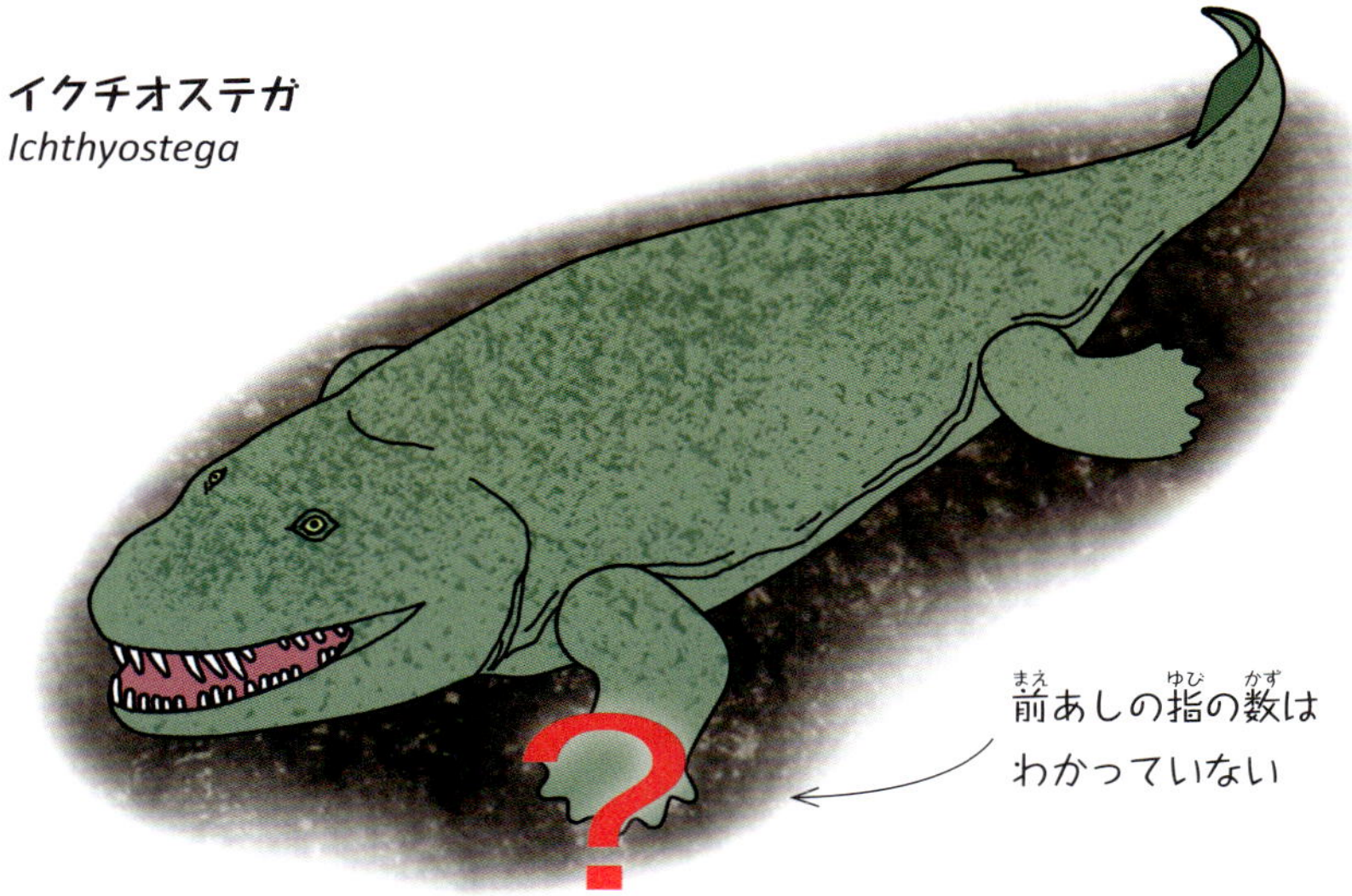

イクチオステガは、平《ひら》たくて大《おお》きな頭《あたま》、長《なが》い尾《お》、体《からだ》の割《わり》には大《おお》きな肩《かた》、そして、がっしりとした手《て》あしをもつ両生類《りょうせいるい》です。

とくにイクチオステガの手《て》あしは、アカントステガよりも圧倒的《あっとうてき》に太《ふと》く、頑丈《がんじょう》なものでした。そんな頑丈《がんじょう》な手《て》あしをもつイクチオステガは、生命《せいめい》の歴史《れきし》の中《なか》で最初《さいしょ》に陸上生活《りくじょうせいかつ》を始《はじ》めた脊椎動物《せきついどうぶつ》だと考《かんが》えられています。

体《からだ》がかたかった

イクチオステガの特徴《とくちょう》の一《ひと》つに、とてもがっしりとした肋骨《ろっこつ》をもつということが挙《あ》げられます。

肋骨《ろっこつ》とは、私《わたし》たちももっている胸《むね》の骨《ほね》です。「あばらぼね」ともよばれます。イクチオステガの肋骨《ろっこつ》はとても頑丈《がんじょう》で、しかも隣《となり》合《あ》う肋骨《ろっこつ》どうしが重《かさ》なるほどに1本《ぽん》1本《ぽん》が幅《はば》の広《ひろ》いものでした。

肋骨《ろっこつ》が頑丈《がんじょう》ということは、肺《はい》をはじめとする内臓《ないぞう》をしっかりと守《まも》ってくれるということです。

しかし、イクチオステガの場合《ばあい》、肋骨《ろっこつ》があまりにも頑丈《がんじょう》だったので、かえって体《からだ》の動《うご》きがかたかったようです。体《からだ》を左右《さゆう》にくねらせるような動《うご》きはできなかったと考《かんが》えられています。

化石《かせき》を見《み》たい！　豊橋市自然史博物館《とよはししぜんしはくぶつかん》

イクチオステガの化石《かせき》の複製《ふくせい》と復元模型《ふくげんもけい》の両方《りょうほう》を見《み》ることができます。

ここでもみられます！
福井県立恐竜博物館　ほか

もっとしりたい！
イクチオステガの前《まえ》あしの化石《かせき》はみつかっていません。そのため、前《まえ》あしの指《ゆび》の本数《ほんすう》はわかっていません。後《うし》ろあしの指《ゆび》は7本《ほん》あったことがわかっています。

最初《さいしょ》の樹木《じゅもく》 アルカエオプテリス

デボン紀《き》

新生代《しんせいだい》　中生代《ちゅうせいだい》　古生代《こせいだい》　先《せん》カンブリア時代《じだい》

アルカエオプテリス
Archaeopteris

大《おお》きな木《き》が現《あらわ》れた！

順調《じゅんちょう》に進化《しんか》してきた植物《しょくぶつ》

知《し》られている限《かぎ》り、最《もっと》も古《ふる》い陸上植物《りくじょうしょくぶつ》が登場《とうじょう》したのは、シルル紀《き》のことでした。92ページで紹介《しょうかい》したクックソニアがその“最初《さいしょ》の陸上植物《りくじょうしょくぶつ》”です。ただし、陸上《りくじょう》とはいってもまだ水辺《みずべ》から離《はな》れて育《そだ》つことはできませんでした。

デボン紀《き》になると、維管束《いかんそく》をもつ植物《しょくぶつ》が現《あらわ》れました。101ページで紹介《しょうかい》したリニアなどがそうした植物《しょくぶつ》です。維管束《いかんそく》をもつことで、水《みず》や栄養分《えいようぶん》をうまく全身《ぜんしん》に運《はこ》ぶことができるようになりました。

リニアが現《あらわ》れたのは、デボン紀《き》前期《ぜんき》のことでした。その後《ご》も植物《しょくぶつ》は順調《じゅんちょう》に進化《しんか》を続《つづ》けます。

森林《しんりん》をつくった大《おお》きな木《き》

デボン紀《き》の中《なか》ごろになると、ついに樹木《じゅもく》が現《あらわ》れました。

北半球《きたはんきゅう》の各地《かくち》とオーストラリアから化石《かせき》がみつかっているその木《き》の名前《なまえ》を「アルカエオプテリス」といいます。もちろん、維管束《いかんそく》をもった植物《しょくぶつ》です。現在《げんざい》の地球《ちきゅう》では見《み》ることができない「前裸子《ぜんらし》植物《しょくぶつ》」というグループに属《ぞく》し、現在《げんざい》のシダ植物《しょくぶつ》と似《に》た葉《は》をもっていました。

アルカエオプテリスは、成長《せいちょう》すると高《たか》さ12メートル、幹《みき》の直径《ちょっけい》は1メートルにもなったという大《おお》きな木《き》です。日本《にっぽん》の普通《ふつう》の2階建《かいだ》て住宅《じゅうたく》よりも高《たか》く育《そだ》ったのです。

アルカエオプテリスたちの登場《とうじょう》によって、いよいよ地球《ちきゅう》に森林《しんりん》ができていきました。

化石《かせき》を見《み》たい！　福井県立恐竜博物館《ふくいけんりつきょうりゅうはくぶつかん》

アルカエオプテリスの実物化石《じつぶつかせき》と復元模型《ふくげんもけい》を見《み》ることができます。

ここでもみられます！
豊橋市自然史博物館　ほか

もっとしりたい！
アルカエオプテリスの「アルカエオ」とは、「太古《たいこ》の」という意味《いみ》です。このあとも「アルカエオ」のつく名前《なまえ》をもつ動物《どうぶつ》が出《で》てきますよ。

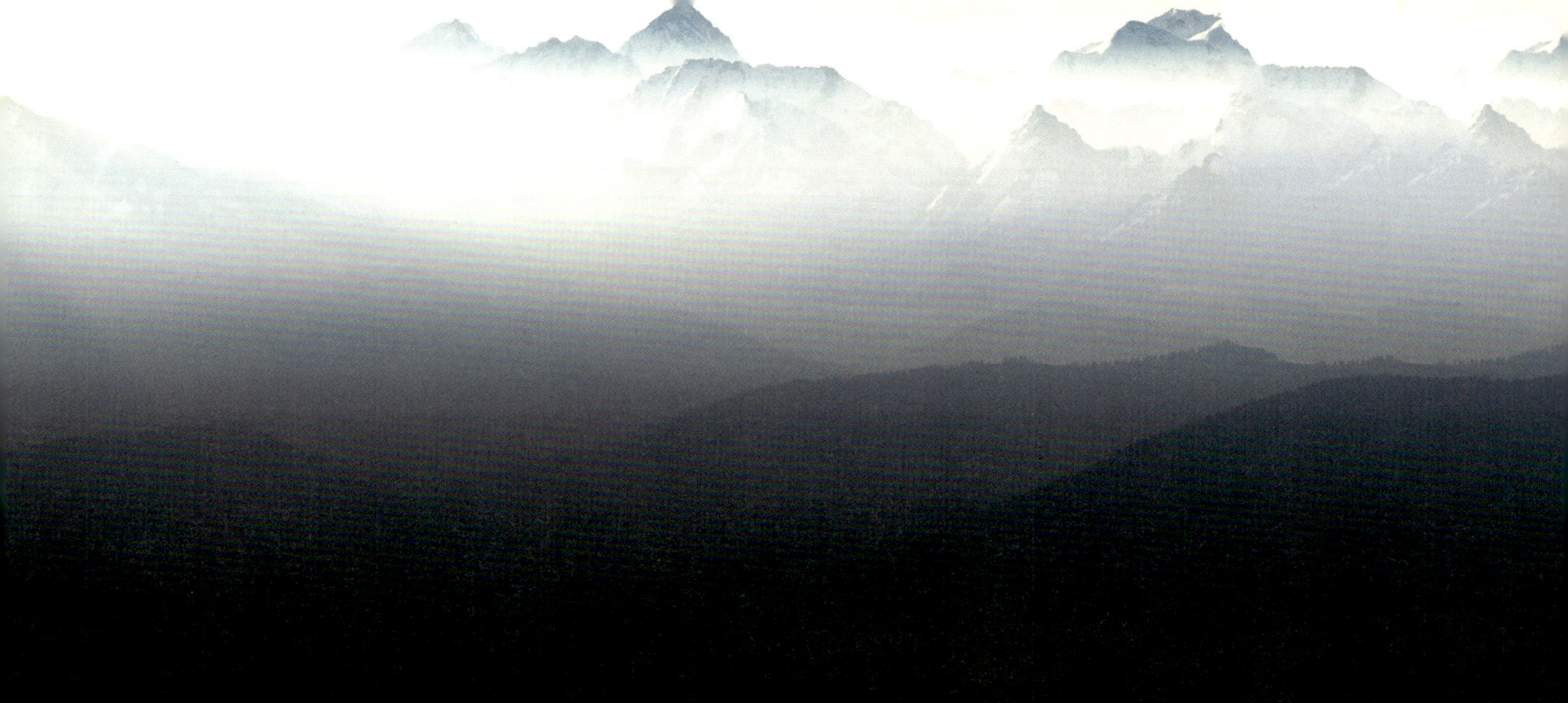

石炭紀《せきたんき》

「石炭紀《せきたんき》」はおよそ3億《おく》5900万年前《まんねんまえ》に始《はじ》まって、2億《おく》9900万年前《まんねんまえ》ごろまで続《つづ》きました。古生代《こせいだい》で5番目《ばんめ》の時代《じだい》です。石炭紀《せきたんき》は地上《ちじょう》に大森林《だいしんりん》が広《ひろ》がっていたことで有名《ゆうめい》です。その森林《しんりん》では、たくさんの昆虫類《こんちゅうるい》が暮《く》らしていました。でも、その昆虫類《こんちゅうるい》の中《なか》には、現在《げんざい》の昆虫類《こんちゅうるい》とはずいぶん姿《すがた》のちがうものもいました。脊椎動物《せきついどうぶつ》にもある変化《へんか》がおきます。この変化《へんか》によって、脊椎動物《せきついどうぶつ》は本《ほん》格的《かくてき》に内陸《ないりく》でも暮《く》らせるようになっていくのです。

地層《ちそう》に石炭《せきたん》がたくさん
石炭紀《せきたんき》

石炭紀《せきたんき》

新生代《しんせいだい》　中生代《ちゅうせいだい》　古生代《こせいだい》　先《せん》カンブリア時代《じだい》

石炭紀《せきたんき》の地球《ちきゅう》

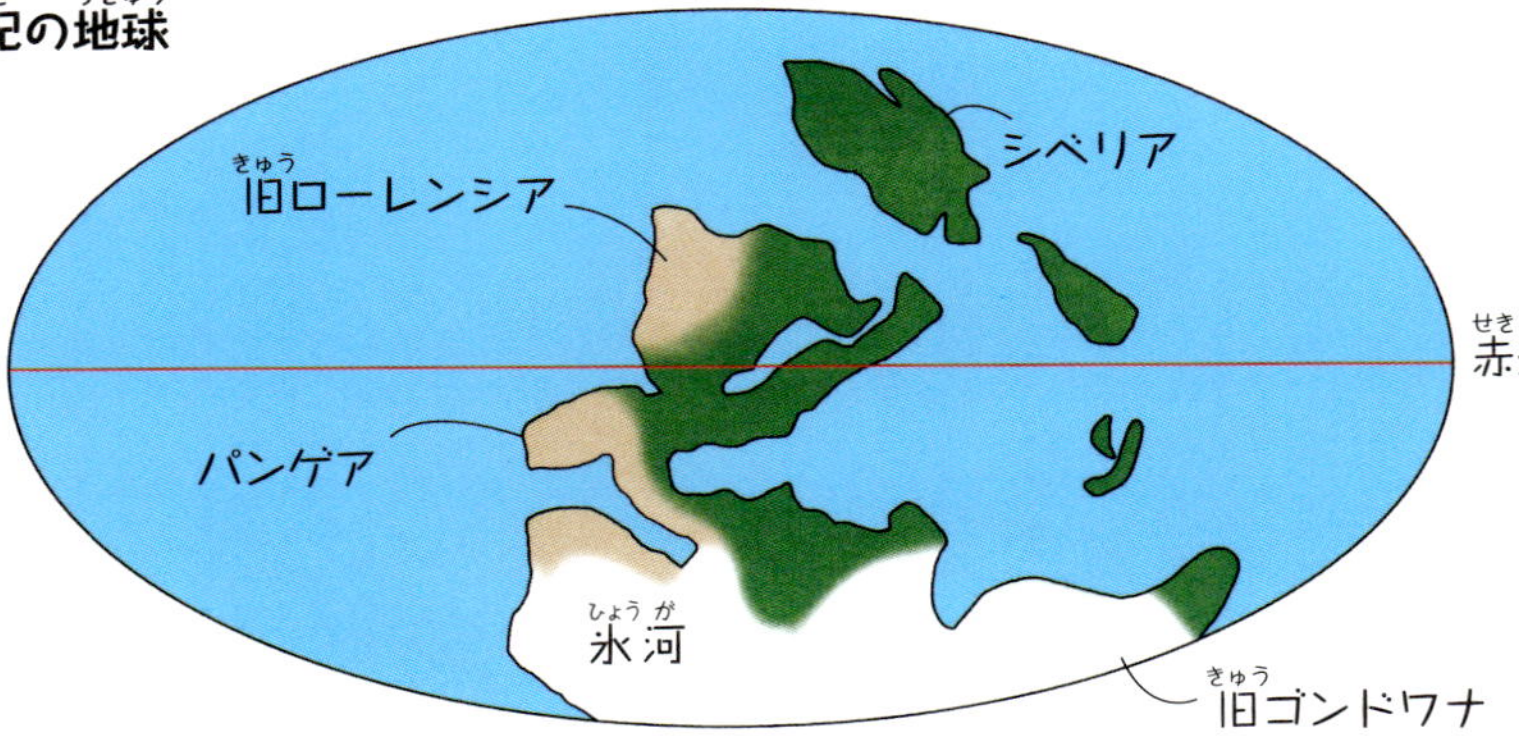

超大陸《ちょうたいりく》パンゲアができる

今日《きょう》からは、古生代《こせいだい》の5番目《ばんめ》の時代《じだい》である「石炭紀《せきたんき》」を見《み》ていきましょう。およそ3億《おく》5900万《まん》年前《ねんまえ》に始《はじ》まって、2億《おく》9900万《まん》年前《ねんまえ》ごろまで続《つづ》きました。

石炭紀《せきたんき》の地球《ちきゅう》では、大陸《たいりく》の集合《しゅうごう》が進《すす》みました。このように、大陸《たいりく》が集《あつ》まってできる、より大《おお》きな大陸《たいりく》のことを「超大陸《ちょうたいりく》」といいます。デボン紀《き》にあったゴンドワナ、ローレンシア、シベリアなどの大陸《たいりく》は石炭紀《せきたんき》の間《あいだ》に次第《しだい》に集《あつ》まっていきました。そして、石炭紀《せきたんき》が終《お》わるころには「超大陸《ちょうたいりく》パンゲア」という巨大《きょだい》な大陸《たいりく》ができあがりました。

石炭《せきたん》を生《う》んだ、大森林《だいしんりん》

パンゲアの各地《かくち》には大《おお》きな川《かわ》がつくられていきました。そうした川《かわ》の、とくに下流《かりゅう》にできた平野《へいや》には、シダ植物《しょくぶつ》と裸子植物《らししょくぶつ》の大森林《だいしんりん》がつくられていきました。

シダ植物《しょくぶつ》は、維管束《いかんそく》をもつ植物《しょくぶつ》のうち、胞子《ほうし》で増《ふ》えるものです。現在《げんざい》でも湿《しめ》った森《もり》の中《なか》にはたくさん生《は》えています。裸子植物《らししょくぶつ》は、維管束《いかんそく》をもち、タネで増《ふ》えます。ただしこのタネは、むきだしになっています。私《わたし》たちに身近《みぢか》なものではスギやマツ、イチョウが裸子植物《らししょくぶつ》です。

石炭紀《せきたんき》のシダ植物《しょくぶつ》と裸子植物《らししょくぶつ》の森《もり》には、高《たか》さが20メートル以上《いじょう》になる大《おお》きな木《き》がたくさんあったことがわかっています。

こうした植物《しょくぶつ》はやがて化石《かせき》となって、「石炭《せきたん》」になります。「石炭紀《せきたんき》」という時代《じだい》の名前《なまえ》は、この時代《じだい》の地層《ちそう》からたくさんの石炭《せきたん》がみつかることにちなみます。

この石炭《せきたん》が、ずっとのちの人間《にんげん》の時代《じだい》におきた産業革命《さんぎょうかくめい》を支《ささ》えることになります。蒸気機関車《じょうききかんしゃ》をはじめとするさまざまな機械《きかい》を動《うご》かす燃料《ねんりょう》として、石炭《せきたん》が使《つか》われたのです。

森林《しんりん》をつくる、とても大《おお》きな樹木《じゅもく》が現《あらわ》れた！

もっとしりたい！

アメリカでは、石炭紀《せきたんき》を前半《ぜんはん》の「ミシシッピ紀《き》」と後半《こうはん》の「ペンシルヴァニアン紀《き》」の二《ふた》つに分《わ》けています。ミシシッピ紀《き》の化石《かせき》は、ミシシッピ川流域《がわりゅういき》でよくみつかります。

4月17日

読《よ》んだ日《ひ》
月　日
月　日

とげで武《ぶ》装《そう》したウミユリ類《るい》

ドリクリヌス

石炭紀《せきたんき》

新生代《しんせいだい》　中生代《ちゅうせいだい》　古生代《こせいだい》　先《せん》カンブリア時代《じだい》

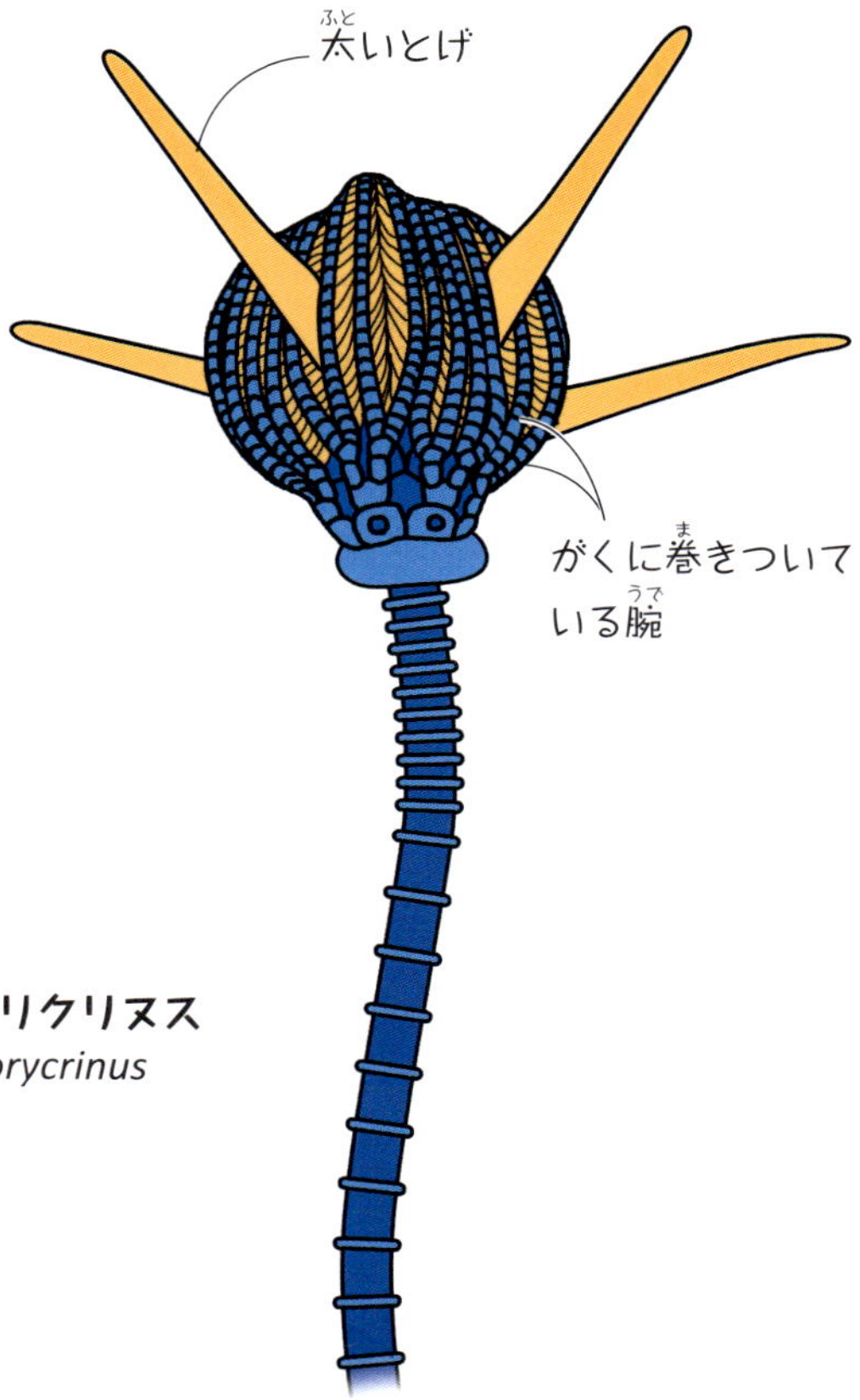

ドリクリヌス
Dorycrinus

ウミユリの草原《そうげん》があった？

古生代《こせいだい》の海底《かいてい》には、たくさんのウミユリ類《るい》がいました。ウミユリ類《るい》は、ヒトデやウニと同《おな》じ棘皮《きょくひ》動物《どうぶつ》の仲間《なかま》です。古《ふる》くから海《うみ》の中《なか》で暮《く》らしていて、この本《ほん》でも82ページでイクチオクリヌスを、114ページでアンモニクリヌスを紹介《しょうかい》しました。

ウミユリ類《るい》のほとんどは、海底《かいてい》にくっついて茎《くき》をのばし、その先《さき》にがくがあり、そこからたくさんの腕《うで》をのばします。その腕《うで》で、水中《すいちゅう》を漂《ただよ》うプランクトンなどをつかまえて、がくにある口《くち》まで運《はこ》び、食《た》べるのです。

ウミユリ類《るい》がとてもたくさん暮《く》らしていた海底《かいてい》のようすは、植物《しょくぶつ》が茂《しげ》る現在《げんざい》の草原《そうげん》のようでした。そのため、古生代《こせいだい》の海底《かいてい》には〝ウミユリの草原《そうげん》〟があったともいわれています。

石炭紀《せきたんき》は、ウミユリ類《るい》の化石《かせき》がとくにたくさんみつかる時代《じだい》です。アメリカだけでも四《よっ》つの地域《ちいき》から、さまざまなウミユリ類《るい》の化石《かせき》がみつかっています。

武装化《ぶそうか》したウミユリ類《るい》

アメリカの石炭紀《せきたんき》の地層《ちそう》から化石《かせき》がみつかっているウミユリ類《るい》、「ドリクリヌス」を紹介《しょうかい》しましょう。

多《おお》くのウミユリ類《るい》は、がくがあって、そこからたくさんの腕《うで》がのびるというつくりをしています。ドリクリヌスの特徴《とくちょう》は、そのがくにありました。がくからは、腕《うで》のほかに、合計《ごうけい》5本《ほん》の太《ふと》いとげがのびていたのです。

このとげの役割《やくわり》はまだよくわかっていませんが、ひょっとしたらほかの動物《どうぶつ》に襲《おそ》われにくくするための〝武装《ぶそう》〟だったのかもしれません。シンプルなつくりが多《おお》いウミユリ類《るい》の中《なか》で、この特徴《とくちょう》はめずらしいものでした。

そのほかにも、ウミユリ類《るい》の中《なか》には、がくがまんじゅうのように膨《ふく》らんだ種類《しゅるい》や、茎《くき》の断面《だんめん》が星形《ほしがた》をした種類《しゅるい》など、たくさんの仲間《なかま》がいました。

もっとしりたい！
アメリカには、アイオワ州《しゅう》、イリノイ州《しゅう》、ミズーリ州《しゅう》、インディアナ州《しゅう》に有名《ゆうめい》なウミユリ化石《かせき》の産地《さんち》があります。かつて、そこは海《うみ》の底《そこ》だったのです。地図《ちず》で場所《ばしょ》を見《み》てみましょう。

4月
18日
読《よ》んだ日《ひ》
月　日
月　日

うろこや封印《ふういん》の模様《もよう》の木《き》
石炭紀《せきたんき》の巨木《きょぼく》たち

石炭紀《せきたんき》

新生代《しんせいだい》　中生代《ちゅうせいだい》　古生代《こせいだい》　先《せん》カンブリア時代《じだい》

うろこ模様《もよう》の木《き》

石炭紀《せきたんき》に大繁栄《だいはんえい》した植物《しょくぶつ》の中《なか》で、とくに有名《ゆうめい》な種類《しゅるい》が三《みっ》つあります。一《ひと》つは、「レピドデンドロン」です。シダ植物《しょくぶつ》で、現在《げんざい》のヒカゲノカズラの仲間《なかま》です。現在《げんざい》のヒカゲノカズラは20センチメートルほどの高《たか》さですが、レピドデンドロンは高《たか》さ40メートルにまで成長《せいちょう》した巨木《きょぼく》でした。幹《みき》の太《ふと》さも2メートルに達《たっ》しました。

レピドデンドロンは、成長《せいちょう》しながら葉《は》を落《お》としていきました。幹《みき》には葉《は》があったあとが残《のこ》りますが、このあとが魚《さかな》のうろこ（鱗《うろこ》）のように見《み》えます。そのため、レピドデンドロンのことを「鱗木《りんぼく》」とよぶことがあります。

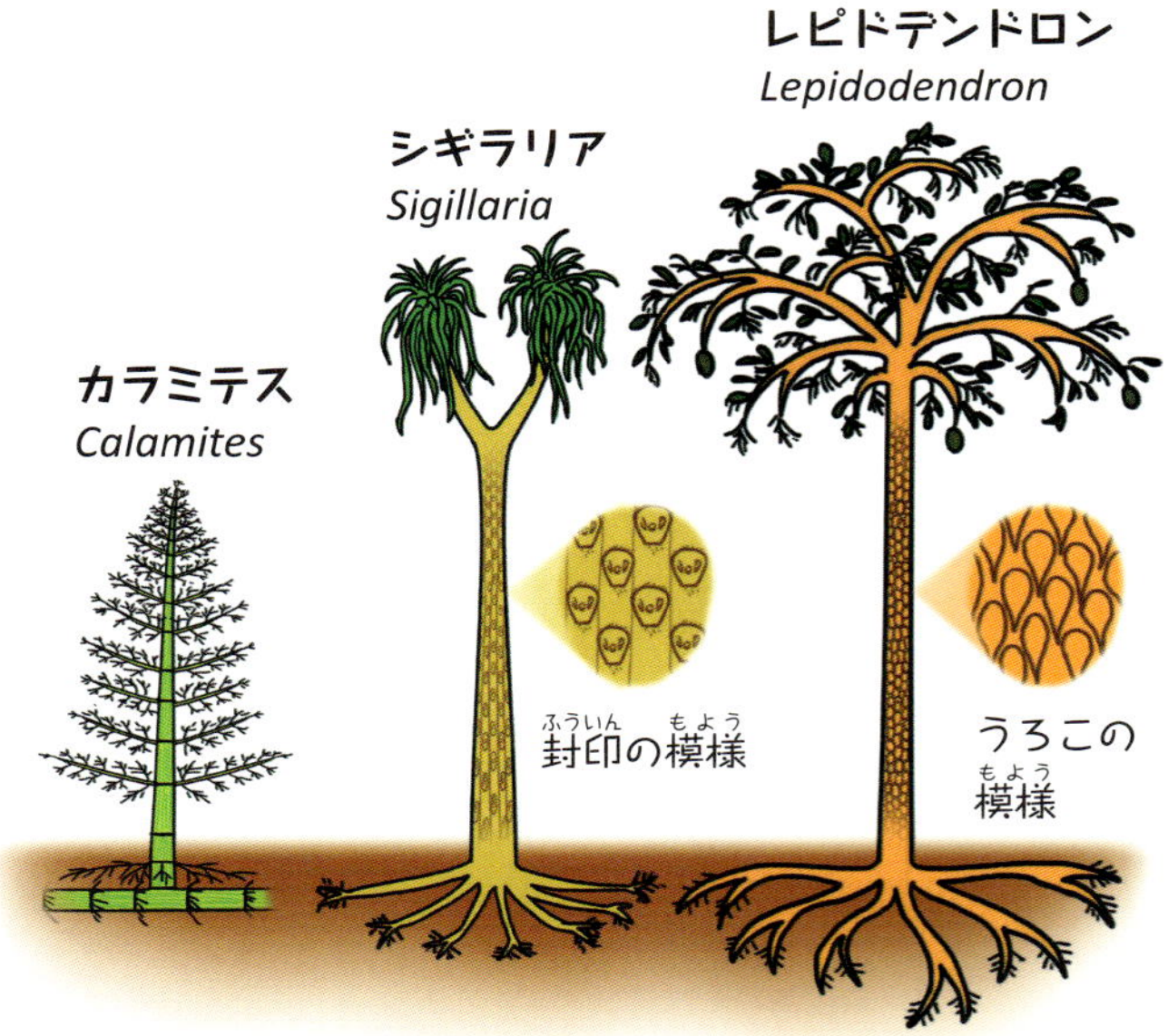

封印《ふういん》の模様《もよう》

二《ふた》つ目《め》の有名《ゆうめい》な植物《しょくぶつ》は、「シギラリア」です。シギラリアもヒカゲノカズラの仲間《なかま》で、30メートルの高《たか》さにまで大《おお》きくなったようです。

シギラリアの幹《みき》に残《のこ》るあとは、かつて文書《ぶんしょ》を閉《と》じるときに使《つか》われていた「封印《ふういん》」に似《に》ています。そのため、シギラリアのことを「封印木《ふういんぼく》」とよぶことがあります。

三《み》つ目《め》の植物《しょくぶつ》は「カラミテス」です。カラミテスは、現在《げんざい》のトクサの仲間《なかま》です。カラミテスは10メートルの高《たか》さにまで成長《せいちょう》しました。現在《げんざい》のアシ（蘆《あし》）に似《に》ている形《かたち》をしているため、「蘆木《ろぼく》」ともよばれています。

化石《かせき》を見《み》たい！

ミュージアムパーク
茨城県自然博物館《いばらきけんしぜんはくぶつかん》

幹《みき》の化石《かせき》が展示《てんじ》されています。

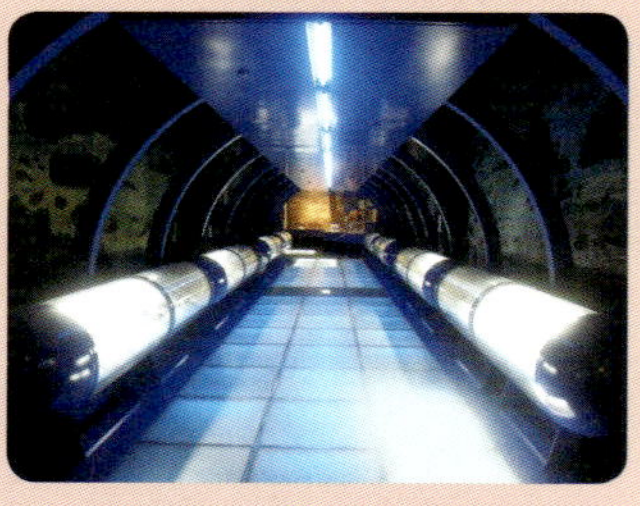

ここでもみられます！
佐野市葛生化石館、群馬県立自然史博物館、地質標本館、神奈川県立生命の星・地球博物館、福井県立恐竜博物館、豊橋市自然史博物館、大阪市立自然史博物館、北九州市立自然史・歴史博物館、御船町恐竜博物館　ほか

もっとしりたい！
ここでいう「封印《ふういん》」とは、筒《つつ》のように丸《まる》めた紙《かみ》の端《はし》に垂《た》らしたロウに印《しるし》を押《お》しつけたものです。そうすることで紙《かみ》が簡単《かんたん》に開《ひら》かないようにしていたのです。

アイロン台《だい》をのせたサメ!?
アクモニスティオン

石炭紀《せきたんき》

新生代《しんせいだい》 中生代《ちゅうせいだい》 古生代《こせいだい》 先《せん》カンブリア時代《じだい》

アクモニスティオン
Akmonistion

サメたちの繁栄《はんえい》

石炭紀《せきたんき》は「サメたちの時代《じだい》」ともよばれる時代《じだい》です。とてもたくさんのサメの仲間《なかま》の化石《かせき》がみつかるからです。

もともとサメの仲間《なかま》が現《あらわ》れたのは、シルル紀《き》でした。そして、109ページで紹介《しょうかい》したように、デボン紀《き》には現在《げんざい》のサメとよく似《に》たクラドセラケが現《あらわ》れました。

デボン紀《き》の海《うみ》には、108ページで紹介《しょうかい》したダンクルオステウスのようなおそろしい板皮類《ばんぴるい》もいました。しかし、石炭紀《せきたんき》になると板皮類《ばんぴるい》は姿《すがた》を消《け》し、現在《げんざい》へと続《つづ》くサメの仲間《なかま》の本格的《ほんかくてき》な繁栄《はんえい》が始《はじ》まったのです。

とげがびっしり

スコットランドの地層《ちそう》から化石《かせき》がみつかっている「アクモニスティオン」は、ちょっと変《か》わった姿《すがた》のサメ類《るい》です。

アクモニスティオンの大《おお》きさは60センチメートルほどです。その後頭部《こうとうぶ》からは、高《たか》さ10センチメートル、幅《はば》10センチメートルの突起《とっき》が飛《と》び出《で》ていました。その突起《とっき》の先端《せんたん》は平《ひら》たくなっていて、アイロン台《だい》のような形《かたち》をしています。

アイロン台《だい》とちがうのは、その平《ひら》たい面《めん》に小《ちい》さなとげがびっしりと並《なら》んでいたことです。きっと生《い》きているときにさわったら、ザラザラしていたか、あるいはチクチクと痛《いた》かったことでしょう。同じようなとげとげのつくりは、頭部《とうぶ》にもありました。

この不思議《ふしぎ》なつくりは何《なん》の役《やく》に立《た》っていたのでしょうか？ それはよくわかっていません。

もっとしりたい！ アクモニスティオンのアイロン台《だい》のようなつくりは、背《せ》びれが進化《しんか》してできたものだと考《かんが》えられています。

4月 20日

読《よ》んだ日《ひ》
月　日
月　日

メスとオスのちがいがわかる 石炭紀《せきたんき》のサメの仲間《なかま》

石炭紀《せきたんき》

新生代《しんせいだい》	中生代《ちゅうせいだい》	古生代《こせいだい》	先《せん》カンブリア時代《じだい》

角《つの》をもつオス

石炭紀《せきたんき》にはサメの仲間《なかま》がたくさんいました。アメリカの石炭紀《せきたんき》の地層《ちそう》から化石《かせき》がみつかっている「ファルカトゥス」もその一《ひと》つです。

ファルカトゥスは、30センチメートルほどの大《おお》きさのサメの仲間《なかま》でした。2匹《ひき》が寄《よ》り添《そ》うように残《のこ》った化石《かせき》がよく知《し》られており、その2匹《ひき》は〝夫婦《ふうふ》〟だったのではないか、とみられています。

よく似《に》た姿《すがた》をしている2匹《ひき》でしたが、大《おお》きなちがいがありました。オスと思《おも》われるファルカトゥスに目立《めだ》つ特徴《とくちょう》があったのです。後頭《こうとう》部《ぶ》から角《つの》が突《つ》き出《で》ていて、その角《つの》は途中《とちゅう》で直角《ちょっかく》に曲《ま》がり、前《まえ》を向《む》いていました。

この角《つの》は、交尾《こうび》をするときに何《なに》かの役割《やくわり》を果《は》たしたのではないか、と考《かんが》えられています。

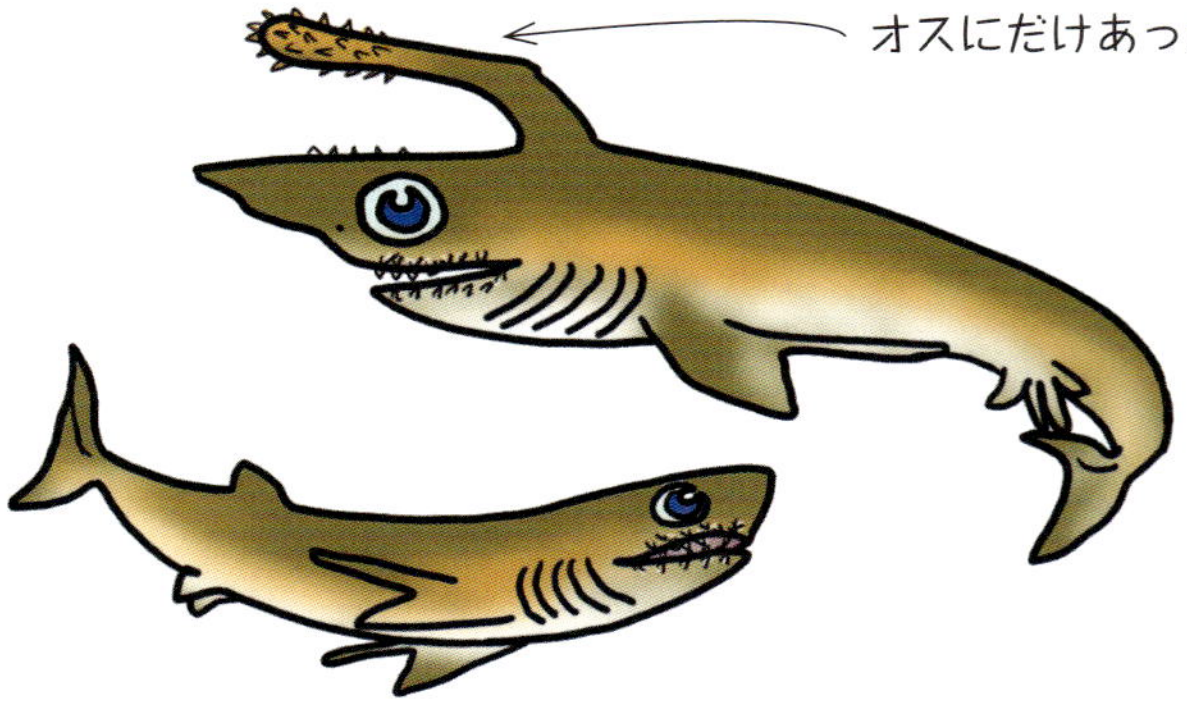

長《なが》いとげをもつオス

ファルカトゥスと同《おな》じ産地《さんち》から化石《かせき》がみつかっている「ハーパゴフトゥトア」も、オスだけに変《か》わった特徴《とくちょう》がありました。

ハープゴフトゥトアは、12センチメートルほどの小《ちい》さなサカナです。サメたちと同《おな》じ軟骨魚類《なんこつぎょるい》の仲間《なかま》とみられています。ハープゴフトゥアのオスは、後頭部《こうとうぶ》から2本《ほん》の長《なが》いとげが生《は》えていました。

化石《かせき》となった生物《せいぶつ》のメスとオスは見分《みわ》けにくいものですが、ファルカトゥスやハープゴフトゥアは、メスとオスのちがいがわかるめずらしいサカナなのです。

もっとしりたい！

角《つの》やとげをもつサカナのオスは、おとなだったとみられています。ひょっとしたらオスであっても、子《こ》どものうちはこうした特徴《とくちょう》が小《ちい》さかったか、なかったかもしれません。

初《はじ》めて陸《りく》上《じょう》を歩《ある》きまわった ペデルペス

陸上《りくじょう》で暮《く》らし始《はじ》めた脊椎動物《せきついどうぶつ》

125ページで紹介《しょうかい》した両生《りょうせい》類《るい》のイクチオステガは、生命《せいめい》の歴史《れきし》の中《なか》で、最初《さいしょ》に陸上生活《りくじょうせいかつ》を始《はじ》めた脊椎動物《せきついどうぶつ》だと考《かんが》えられています。

しかし実《じつ》は、イクチオステガは陸上《りくじょう》を歩《ある》きまわることはできなかった、とも考《かんが》えられています。前《まえ》あしの動《うご》く範囲《はんい》が限《かぎ》られていたうえに、後《うし》ろあしはそもそも地面《じめん》についていなかったという見方《みかた》もあります。つまり、イクチオステガは、陸上《りくじょう》で生活《せいかつ》することはできても、4本《ほん》の足《あし》で立《た》って歩《ある》きまわることはできなかったのです。

指《ゆび》の数《かず》はよくわかっていない
ペデルペス

太《ふと》い5本《ほん》の指《ゆび》

では、4本《ほん》の足《あし》で最初《さいしょ》に陸上《りくじょう》を歩《ある》きまわった動物《どうぶつ》は、どんな種《しゅ》だったのでしょうか？ それは、「ペデルペス」だったと考《かんが》えられています。スコットランドの石炭《せきたん》紀《き》の地層《ちそう》から化石《かせき》がみつかっています。体《からだ》の大《おお》きさは1メートルほどで、高《たか》さのある頭部《とうぶ》をもっていました。

大《おお》きな特徴《とくちょう》は、あしです。しっかりとした4本《ほん》のあしをもっていたのです。そして、少《すく》なくとも後《うし》ろあしには5本《ほん》の太《ふと》い指《ゆび》がありました。それらの指《ゆび》は歩《ある》くときには前《まえ》を向《む》いていたようです。

ペデルペスの指《ゆび》は、薬指《くすりゆび》が最《もっと》も長《なが》いという特徴《とくちょう》がありました。これは、現在《げんざい》のトカゲなどの指《ゆび》と同《おな》じ特徴《とくちょう》です。薬指《くすりゆび》が長《なが》いと、地面《じめん》をしっかりと蹴《け》ることができるのです。

ペデルペスは、その体重《たいじゅう》をしっかりと指《ゆび》で支《ささ》え、歩《ある》くことができたと考《かんが》えられています。そして、ペデルペスよりのちの時代《じだい》には、さまざまな脊椎動物《せきついどうぶつ》が現《あらわ》れ、陸上《りくじょう》を歩《ある》きまわることになるのです。

もっとしりたい！
ペデルペスの化石《かせき》は、もともとサカナの化石《かせき》だと考《かんが》えられ、博物館《はくぶつかん》に保管《ほかん》されていました。その化石《かせき》を再《ふたた》び調《しら》べたところ、陸上《りくじょう》を歩《ある》く脊椎動物《せきついどうぶつ》の化石《かせき》であることが明《あき》らかになりました。

ヘビのような両生類《りょうせいるい》
レティスクス

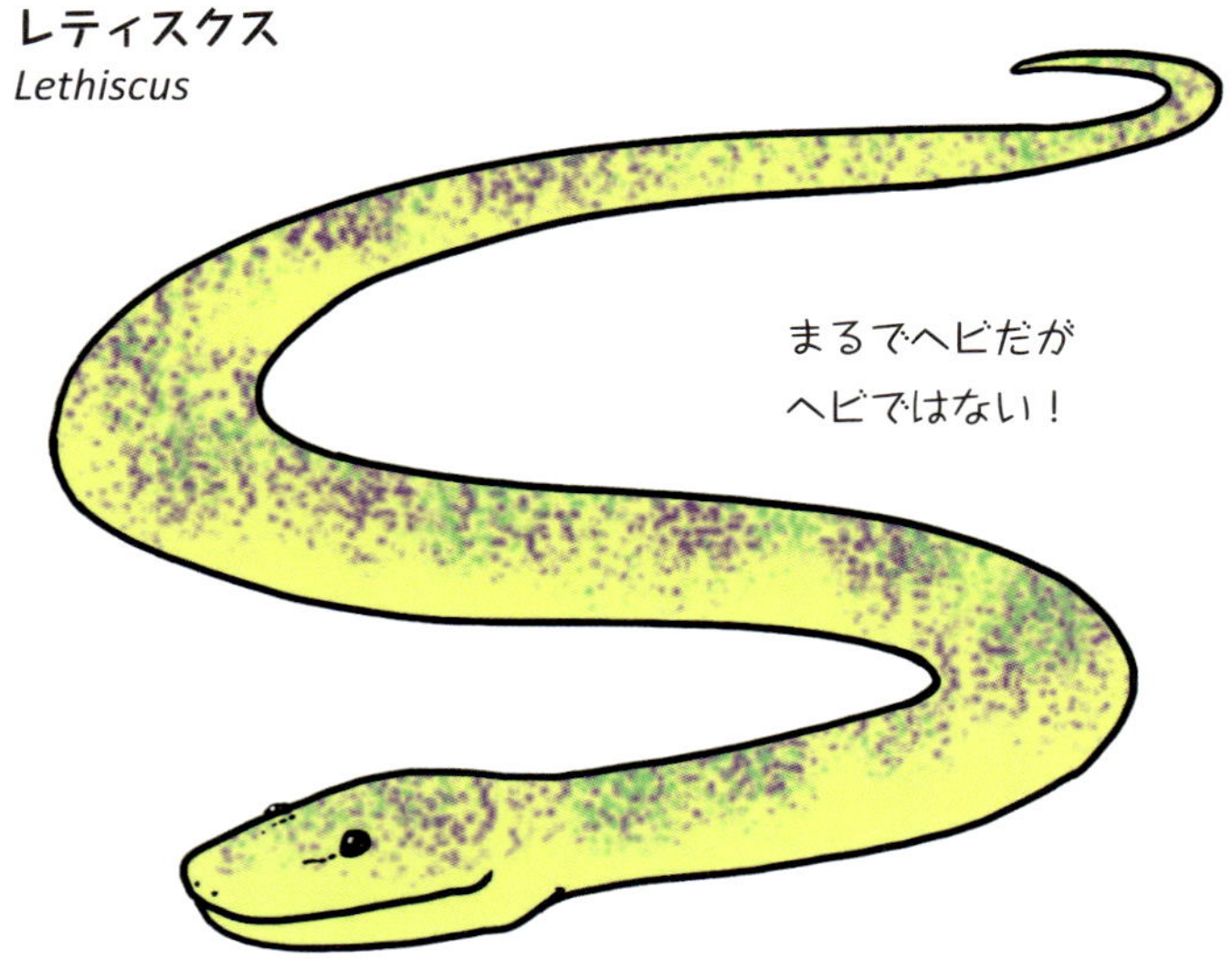

ヘビにそっくり！

手《て》あしがなく、細長《ほそなが》い体《からだ》をくねらせて移動《いどう》する脊椎動物《せきついどうぶつ》といったら？　そう、ヘビです。現在《げんざい》の日本《にっぽん》でも各地《かくち》で見《み》ることができる動物《どうぶつ》ですね。

現在《げんざい》のヘビは、爬虫類《はちゅうるい》に属《ぞく》しています。

しかし石炭紀《せきたんき》には、見《み》た目《め》はヘビにそっくりだけど、ヘビではないとされる動物《どうぶつ》がいました。その名《な》を「レティスクス」といいます。

もともとは手《て》あしがあった

石炭紀《せきたんき》には、そもそも爬虫類《はちゅうるい》の数《かず》があまり多《おお》くありませんでした。現在《げんざい》のヘビの祖先《そせん》が現《あらわ》れるのもこの時代《じだい》から1億《おく》5000万《まん》年以上《ねんいじょう》も先《さき》のことです。

レティクスクスは、現在《げんざい》のヘビのように手《て》あしをまったくもっていませんでした。

一方《いっぽう》、その化石《かせき》をよく調《しら》べると、この時代《じだい》にたくさんいた両生類《りょうせいるい》と同《おな》じ特徴《とくちょう》があったのです。

つまりレティスクスは、ヘビの姿《すがた》を〝先取《さきど》り〟した両生類《りょうせいるい》だったというわけです。

レティスクスは、スコットランドの石炭紀《せきたんき》の地層《ちそう》から化石《かせき》がみつかりました。頭《あたま》の大《おお》きさが3センチメートルほどの両生類《りょうせいるい》です。化石《かせき》が完全《かんぜん》ではなかったので、全身《ぜんしん》の長《なが》さについてはよくわかっていません。

これまでに見《み》てきた両生類《りょうせいるい》は、みんな手《て》あしをもっていました。124ページで紹介《しょうかい》したアカントステガをはじめ、イクチオステガもペデルペスも手《て》あしがありました。レティスクスもその祖先《そせん》には手《て》あしがあったと考《かんが》えられています。手《て》あしのある祖先《そせん》から進化《しんか》を重《かさ》ねることで、手《て》あしのないレティスクスが生《う》まれたのでしょう。

では、なぜレティスクスの手《て》あしはなくなったのでしょうか？　その理由《りゆう》はまったくの謎《なぞ》に包《つつ》まれています。この本《ほん》ではずっと先《さき》のページでヘビの進化《しんか》についても紹介《しょうかい》します。お楽《たの》しみに！

もっとしりたい！
爬虫類《はちゅうるい》のヘビと、両生類《りょうせいるい》のレティスクス。分類《ぶんるい》グループは異《こと》なるのに、姿《すがた》はよく似《に》ています。このような進化《しんか》のことを「収斂進化《しゅうれんしんか》」とよびます。哺乳類《ほにゅうるい》のイルカがサカナとよく似《に》ていることと同《おな》じです。

4月 23日

読《よ》んだ日《ひ》 月 日 月 日

水《みず》の中《なか》に"帰《かえ》った"！クラッシギリヌス

石炭紀《せきたんき》

新生代《しんせいだい》 中生代《ちゅうせいだい》 古生代《こせいだい》 先《せん》カンブリア時代《じだい》

とっても細《ほそ》くて短《みじか》い手《て》あし

今日《きょう》も手《て》あしのある脊椎動物《せきついどうぶつ》を紹介《しょうかい》しましょう。スコットランドから化石《かせき》がみつかっている「クラッシギリヌス」です。

クラッシギリヌスの大《おお》きさは、2メートルより少《すこ》し小《ちい》さいくらいでした。大《おお》きな頭《あたま》と長《なが》い胴《どう》、長《なが》い尾《お》をもっていました。口《くち》には鋭《するど》い歯《は》がたくさん並《なら》んでいました。その中《なか》の数本《すうほん》の歯《は》は、鋭《するど》いうえに大《おお》きいという特徴《とくちょう》がありました。とてもどう猛《もう》な動物《どうぶつ》だったことでしょう。

さて、クラッシギリヌスを見《み》て気《き》づくのは、びっくりするほど細《ほそ》くて短《みじか》い手《て》あしです。とくに前《まえ》あしは小《ちい》さく弱々《よわよわ》しいものでした。

クラッシギリヌス

Crassigyrinus

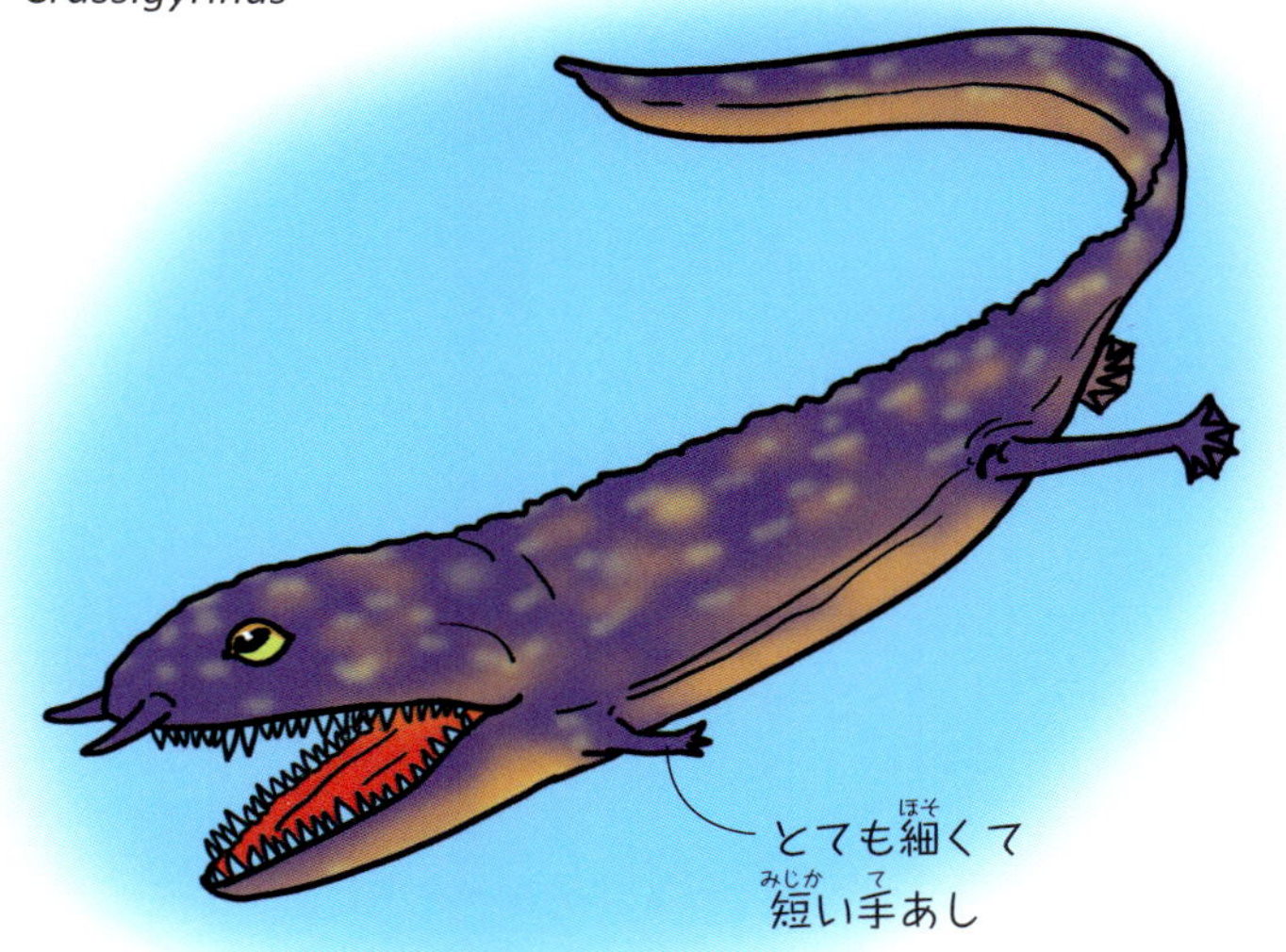

一生《いっしょう》を水中《すいちゅう》ですごす

クラッシギリヌスは、体《からだ》の大《おお》きさと比《くら》べて手《て》あしがとても小《ちい》さく、陸上《りくじょう》で自分《じぶん》の体《からだ》を支《ささ》えることができたとは思《おも》えません。そのため、クラッシギリヌスは水中《すいちゅう》で一生《いっしょう》をすごしたと考《かんが》えられています。

手《て》あしをもつ脊椎動物《せきついどうぶつ》は、進化《しんか》して陸上《りくじょう》で暮《く》らすようになった動物《どうぶつ》たちです。124ページで紹介《しょうかい》したアカントステガこそ水中《すいちゅう》で生活《せいかつ》していましたが、イクチオステガやペデルペス、レティスクスなどはみな、陸上《りくじょう》で暮《く》らしていました。クラッシギリヌスのように一生《いっしょう》を水中《すいちゅう》ですごすとなれば、まるでそれは遠《とお》い祖先《そせん》の魚《さかな》の仲間《なかま》のようです。

クラッシギリヌスは、進化《しんか》して陸上《りくじょう》で暮《く》らすようになった動物《どうぶつ》グループの一員《いちいん》ですが、その後《ご》の進化《しんか》で再《ふたた》び水中《すいちゅう》で暮《く》らすようになったと考《かんが》えられています。こうした動物《どうぶつ》のことを「水中《すいちゅう》に帰《かえ》った動物《どうぶつ》」とよぶことがあります。

もっとしりたい！ 「水中《すいちゅう》に帰《かえ》った動物《どうぶつ》」としては、のちの時代《じだい》に登場《とうじょう》し、現在《げんざい》もみられるクジラ類《るい》が有名《ゆうめい》です。

4月24日
読《よ》んだ日《ひ》
月　日
月　日

モンスターとよばれたサカナ ツリモンストラム

石炭紀《せきたんき》

新生代《しんせいだい》　中生代《ちゅうせいだい》　古生代《こせいだい》　先《せん》カンブリア時代《じだい》

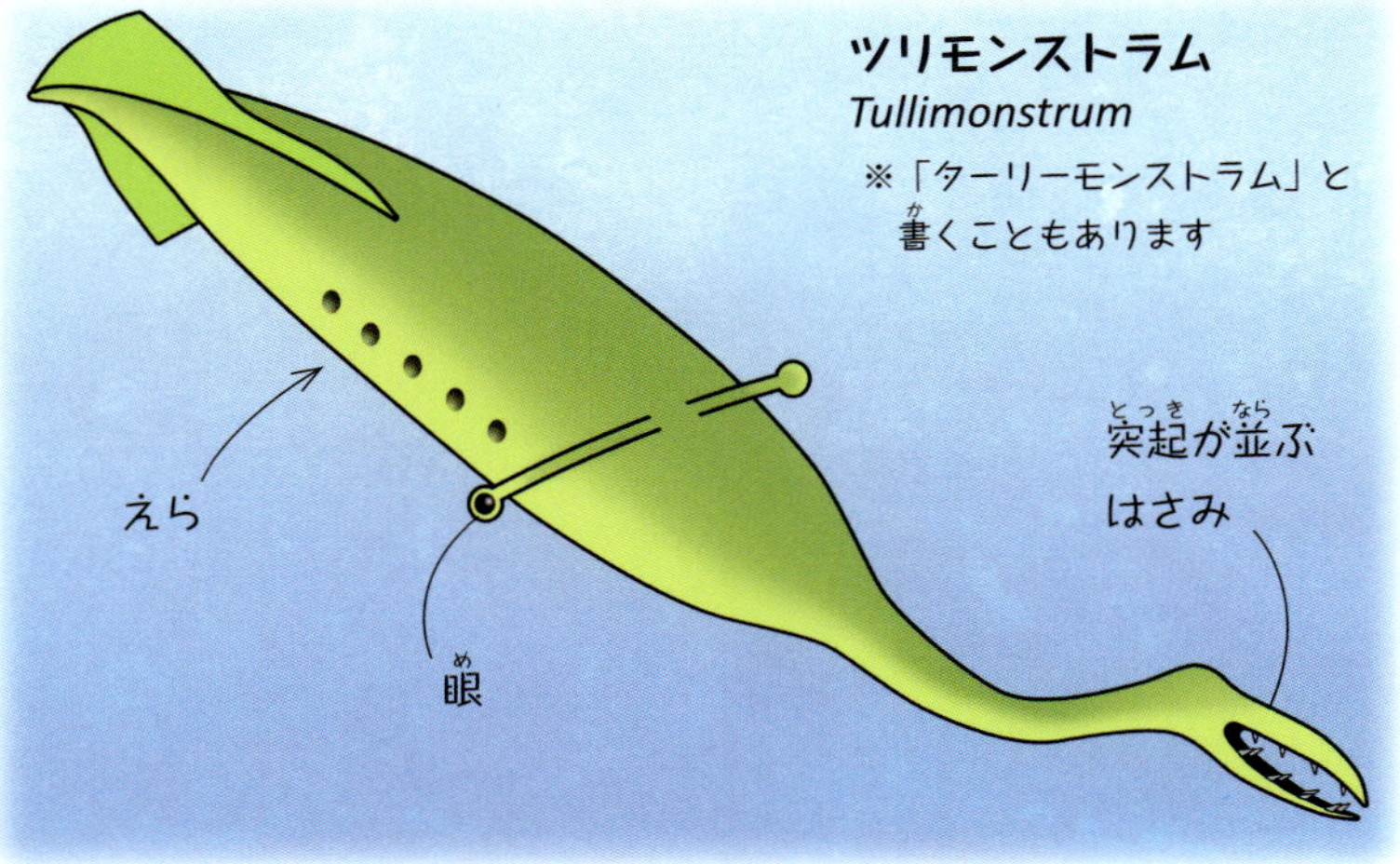

細《ほそ》い軸《じく》の先《さき》に眼《め》

アメリカのイリノイ州《しゅう》にある石炭紀《せきたんき》の地層《ちそう》には、たくさんの生物《せいぶつ》の化石《かせき》がきれいに保存《ほぞん》されています。その中《なか》には、一風変《いっぷうか》わった姿《すがた》をした生物《せいぶつ》のものもあります。40センチメートルほどの大《おお》きさの「ツリモンストラム」は、そうした一風変《いっぷうか》わった動物《どうぶつ》の一《ひと》つです。胴体《どうたい》は平《ひら》たくて細長《ほそなが》く、体《からだ》の前《まえ》はより細《ほそ》く長《なが》くのびていました。そしてその先《さき》には、歯《は》のような突起《とっき》が並《なら》ぶ〝はさみ〟がありました。

また、その細長《ほそなが》くのびる部分《ぶぶん》のつけ根《ね》の近《ちか》くからは左右《さゆう》に細《ほそ》い軸《じく》がのびていて、その先《さき》に眼《め》がついていました。なんとも不思議《ふしぎ》な姿《すがた》をした動物《どうぶつ》です。

化石《かせき》がみつかったときから「謎《なぞ》の動物《どうぶつ》」とされ、発見者《はっけんしゃ》の名前《なまえ》にちなんで「ターリーモンスター」あるいは「ターリーモンスター」とよばれています。

ヤツメウナギに近《ちか》い

長《なが》らく謎《なぞ》の動物《どうぶつ》とよばれてきたターリーモンスターことツリモンストラムですが、最近《さいきん》の研究《けんきゅう》で、体《からだ》の中《なか》に軟骨《なんこつ》やえらなどのサカナの特徴《とくちょう》がいくつもあることがわかりました。そのため、現在《げんざい》のヤツメウナギに近《ちか》い、あごのない魚《さかな》の仲間《なかま》ではないか、とみなされるようになりました。ただし、この考《かんが》えに反対《はんたい》している人《ひと》もいます。

ちなみに、ツリモンストラムは、化石《かせき》の産地《さんち》があるイリノイ州《しゅう》の「州《しゅう》の化石《かせき》」として認定《にんてい》されています。

化石《かせき》を見《み》たい！　豊橋市自然史博物館《とよはししぜんしはくぶつかん》

茶色《ちゃいろ》の岩石《がんせき》の中《なか》にうっすらと残《のこ》っている化石《かせき》です。じっくり観察《かんさつ》してみましょう。

ここでもみられます！
群馬県立自然史博物館　ほか

もっとしりたい！
日本《にっぽん》でも「県《けん》の化石《かせき》」が、日本地質学会《にっぽんちしつがっかい》によって認定《にんてい》されています。自分《じぶん》の県《けん》の化石《かせき》が何《なん》なのか、ぜひ調《しら》べてみてください。

ハート型《がた》の頭《あたま》をしたクモ
ファランギオターブス

ファランギオターブス
Phalangiotarbus

眼《め》は6個《こ》だけ

136ページで紹介《しょうかい》したツリモンストラムの化石《かせき》がみつかる地層《ちそう》は、浅《あさ》い海《うみ》や、海《うみ》に近《ちか》い森林《しんりん》の中《なか》の川《かわ》などでつくられました。そのため、水中《すいちゅう》で暮《く》らす動物《どうぶつ》の化石《かせき》だけではなく、ほかにもたくさんの陸《りく》の動物《どうぶつ》や植物《しょくぶつ》の化石《かせき》がみつかっています。この地層《ちそう》は、とくに小型《こがた》の動物化石《どうぶつかせき》がたくさんみつかることで有名《ゆうめい》です。

大《おお》きさ2センチメートルほどのクモの仲間《なかま》、「ファランギオターブス」もそうした小型《こがた》の動物化石《どうぶつかせき》の一《ひと》つです。

ファランギオターブスは、現在《げんざい》のクモと同《おな》じように、8本《ほん》のあしをもっています。その一方《いっぽう》で、頭部《とうぶ》はハートのような形《かたち》をしているという独特《どくとく》の特徴《とくちょう》をもっていました。また、現在《げんざい》のクモの眼《め》が8個《こ》であるのに対《たい》し、ファランギオターブスの眼《め》は6個《こ》しかありませんでした。

石炭紀《せきたんき》に大繁栄《だいはんえい》！

ファランギオターブスはクモの仲間《なかま》の中《なか》でもとくに、「ムカシザトウムシ類《るい》」というグループに分類《ぶんるい》されます。ムカシザトウムシ類《るい》は石炭紀《せきたんき》に大繁栄《だいはんえい》したグループで、とてもたくさんの化石《かせき》が発見《はっけん》されています。みつかっている化石《かせき》の数《かず》は、クモの仲間全体《なかまぜんたい》の3分《ぶん》の1になるともいわれているほどです。

ファランギオターブスのような小《ちい》さな動物《どうぶつ》が、大森林《だいしんりん》の樹木《じゅもく》の根元《ねもと》を行《い》き交《か》っている――そんな風景《ふうけい》が当時《とうじ》はあたりまえだったのかもしれません。

ツリモンストラムやファランギオターブスの化石《かせき》が発見《はっけん》される地域《ちいき》のことを「メゾンクリーク」とよんでいます。アメリカを代表《だいひょう》する化石産地《かせきさんち》の一《ひと》つであり、世界中《せかいじゅう》の研究者《けんきゅうしゃ》が注目《ちゅうもく》している地層《ちそう》でもあります。

もっと しりたい！
メゾンクリークは、アメリカの大都市《だいとし》シカゴの郊外《こうがい》にあります。プロの研究者《けんきゅうしゃ》だけではなく、アマチュアの愛好家《あいこうか》も化石《かせき》を探《さが》し、研究《けんきゅう》に協力《きょうりょく》していることで昔《むかし》から有名《ゆうめい》な化石産地《かせきさんち》です。

レーダーを備《そな》えたサメ
バンドリンガ

石炭紀《せきたんき》

新生代《しんせいだい》　中生代《ちゅうせいだい》　古生代《こせいだい》　先《せん》カンブリア時代《じだい》

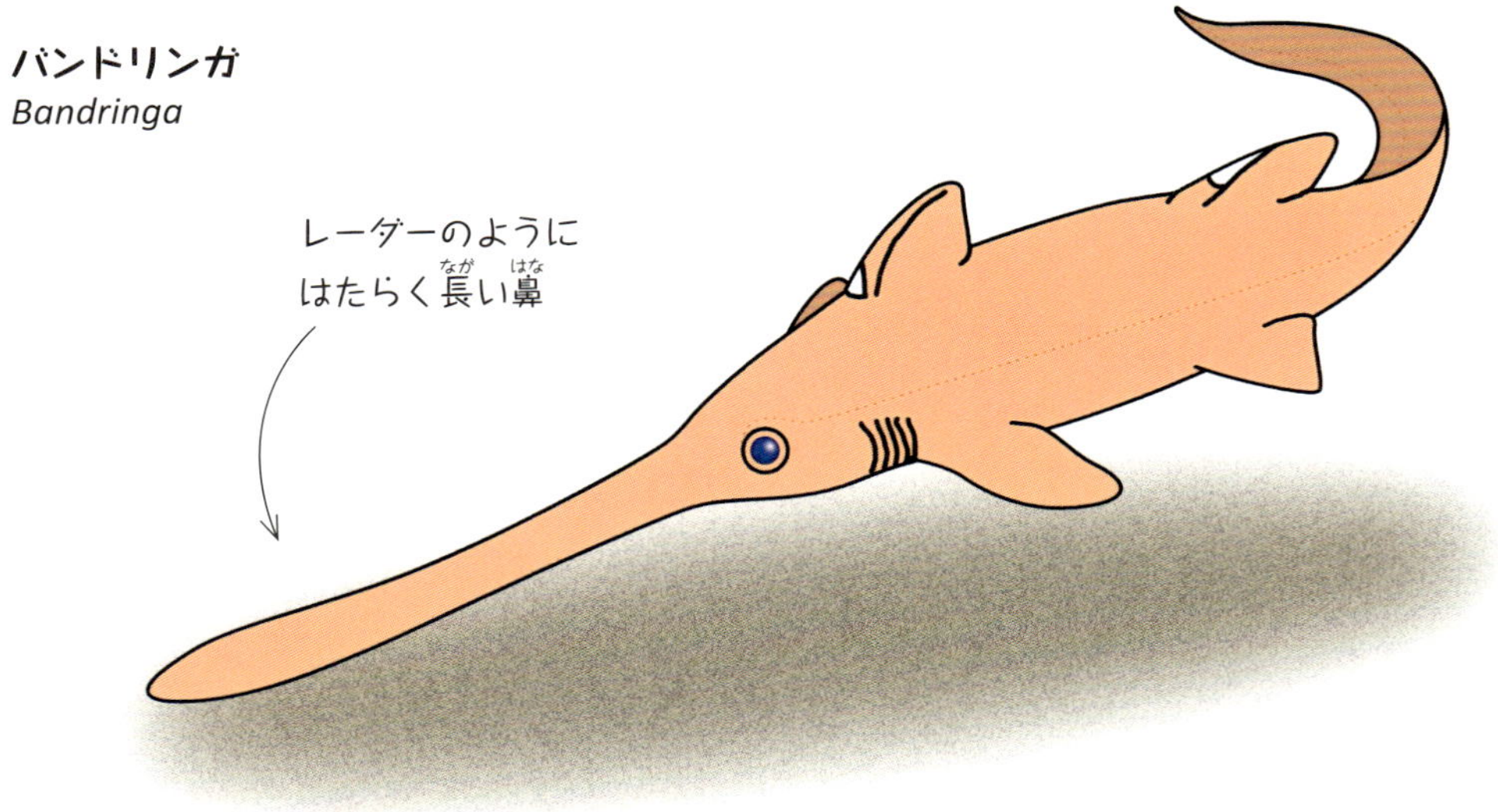

鼻先《はなさき》が長《なが》〜い

136ページで紹介《しょうかい》したツリモンストラムやファランギオタープスの化石《かせき》がみつかっているアメリカの地層《ちそう》から、もう1種類《しゅるい》紹介《しょうかい》しましょう。

10センチメートルほどの小《ち》さなサメの仲間《なかま》、「バンドリンガ」です。

バンドリンガの特徴《とくちょう》は、なんといってもその顔《かお》です。鼻先《はなさき》がとても長《なが》く、4センチメートルほどありました。その形《かたち》は、まるで西洋《せいよう》の剣《けん》のようです。

レーダーになる！

バンドリンガの長《なが》い鼻《はな》は、レーダーの役割《やくわり》を果《は》たしていたのではないか、とみられています。水《みず》の底《そこ》にたまった泥《どろ》の中《なか》にひそむ獲物《えもの》の動《うご》きを鼻先《はなさき》にある〝レーダー〟で感知《かんち》していたというのです。そうして獲物《えもの》をみつけると、泥《どろ》の中《なか》から獲物《えもの》を掘《ほ》り出《だ》して、食《た》べていたようです。

また、最近《さいきん》の研究《けんきゅう》では、バンドリンガが成長《せいちょう》にともなってすむ場所《ばしょ》を変《か》えていたこともわかってきました。幼《おさな》いときは海《うみ》ですごし、成長《せいちょう》すると川《かわ》へやってきたようです。まるで現在《げんざい》のサケのようですね。現在《げんざい》のサケは、川《かわ》で生《う》まれると海《うみ》へと向《む》かって旅《たび》をし、成長《せいちょう》すると生《う》まれた川《かわ》に戻《もど》ってきて産卵《さんらん》します。

バンドリンガも、卵《たまご》を産《う》むときはまた海《うみ》へ帰《かえ》っていったのではないか、と考《かんが》えられています。

もっとしりたい！
メゾンクリークからは、ほかにもシーラカンス類《るい》などの魚《さかな》の仲間《なかま》の化石《かせき》もたくさんみつかっています。

4月 27日
読《よ》んだ日《ひ》 月 日 月 日

column

化石《かせき》が入《はい》っている「ノジュール」って何《なに》?

丸《まる》い岩《いわ》の中《なか》から化石《かせき》がみつかる

化石《かせき》の中《なか》には、「ノジュール」とよばれる丸《まる》い岩《いわ》の中《なか》に入《はい》った状態《じょうたい》でみつかるものがあります。化石探《かせきさが》しのときはまず、このノジュールに注目《ちゅうもく》することから始《はじ》まります。

ツリモンストラムなどがみつかるアメリカ、イリノイ州《しゅう》の地層《ちそう》では、ほとんどの化石《かせき》がノジュールの中《なか》からみつかります。そして、この地層《ちそう》からみつかるノジュールは茶色《ちゃいろ》で、とてもかたいという特徴《とくちょう》があります。

茶色《ちゃいろ》のノジュールの正体《しょうたい》は、「菱鉄鉱《りょうてっこう》」という鉱物《こうぶつ》です。石炭紀《せきたんき》のイリノイ州《しゅう》では、生物《せいぶつ》が死《し》ぬと、海底《かいてい》の地層《ちそう》の中《なか》で生物《せいぶつ》を覆《おお》うように菱鉄鉱《りょうてっこう》がたまり、その成分《せいぶん》が集《あつ》まってノジュールになったと考《かんが》えられています。

菱鉄鉱《りょうてっこう》のノジュールはとてもかたいので、ハンマーでたたいてもなかなか割《わ》れません。そこで、みつけた人《ひと》の多《おお》くは、雨風《あめかぜ》にさらすなどしてノジュールが弱《よわ》くなるのを待《ま》つそうです。

そうして弱《よわ》くなったノジュールをたたくと、中《なか》からさまざまな化石《かせき》が現《あらわ》れる、というわけです。

茶色《ちゃいろ》のノジュール

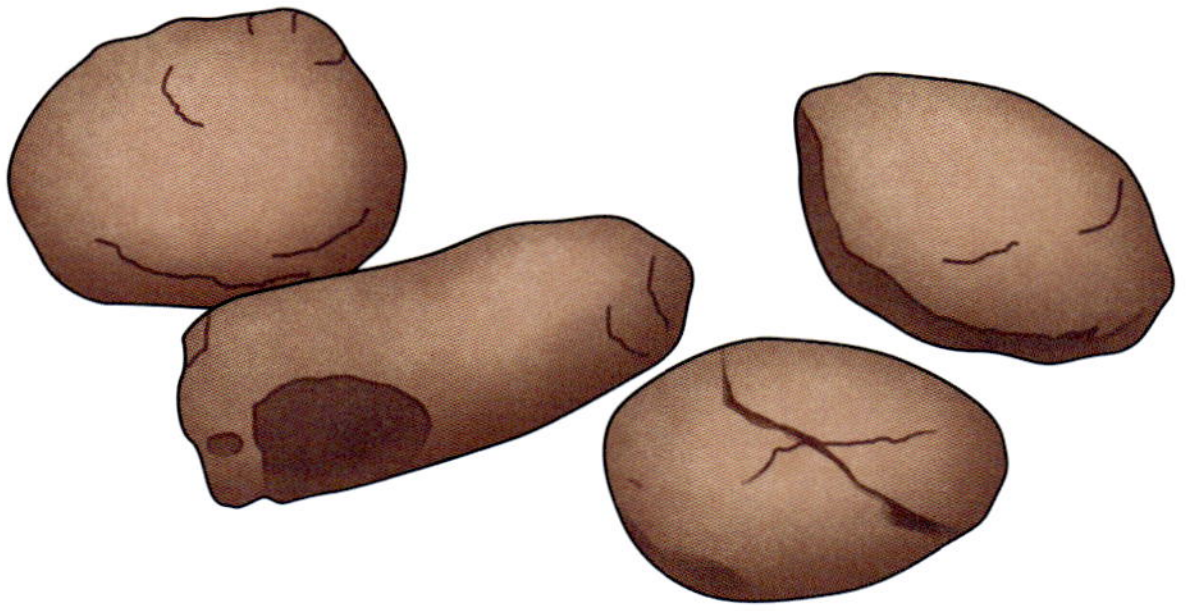

北海道《ほっかいどう》でみつかるノジュール

菱鉄鉱《りょうてっこう》のノジュールというのは、なかなかほかの化石産地《かせきさんち》ではみつかりませんが、ノジュールに入《はい》った化石《かせき》が発見《はっけん》されること自体《じたい》はめずらしいことではありません。

たとえば北海道《ほっかいどう》では、炭酸《たんさん》カルシウムを主《おも》な成分《せいぶん》とする灰色《はいいろ》のノジュールがみつかります。その中《なか》には、アンモナイトなどの化石《かせき》が入《はい》っています。北海道《ほっかいどう》のノジュールは、みつけたその場《ば》でハンマーで割《わ》ることができます。

化石《かせき》を見《み》たい! 豊橋市自然史博物館《とよはししぜんしはくぶつかん》

ただの石《いし》に見《み》えても、中《なか》に化石《かせき》があるかも!

ここでもみられます!
三笠市立博物館、むかわ町立穂別博物館、佐野市葛生化石館、群馬県立自然史博物館、神奈川県立生命の星・地球博物館、福井県立恐竜博物館、御船町恐竜博物館　ほか

もっとしりたい! ノジュールに入《はい》っている化石《かせき》も多《おお》いのですが、ノジュールに入《はい》っていない化石《かせき》も多《おお》くあります。そのちがいがなぜ生《う》まれるのかはよくわかっていません。

4月 28日

読《よ》んだ日《ひ》 月 日 月 日

史《し》上《じょう》最《さい》大《だい》の陸《りく》上《じょう》節《せつ》足《そく》動《どう》物《ぶつ》
アースロプレウラ

石炭紀《せきたんき》

新生代《しんせいだい》 中生代《ちゅうせいだい》 古生代《こせいだい》 先カンブリア時代

超巨大《ちょうきょだい》なムカデ！

石炭紀《せきたんき》の時代《じだい》、陸上《りくじょう》には大森林《だいしんりん》が築《きず》かれていました。その森林《しんりん》が石炭《せきたん》をつくり、のちに人類《じんるい》の文明《ぶんめい》を支《ささ》えることになります。

　さて、石炭紀《せきたんき》の森林《しんりん》では多《おお》くの動物《どうぶつ》たちが暮《く》らしていました。昆虫《こんちゅう》をはじめとする節足動物《せっそくどうぶつ》や、上陸《じょうりく》したばかりの脊椎動物《せきついどうぶつ》が大繁栄《だいはんえい》したのです。

　カナダやアメリカ、ヨーロッパなどから化石《かせき》がみつかっている「アースロプレウラ」は、そんな石炭紀《せきたんき》に大繁栄《だいはんえい》した節足動物《せっそくどうぶつ》の一《ひと》つです。

　アースロプレウラの見《み》た目《め》は、まるでムカデのようです。体《からだ》には30をこえる節《ふし》があり、たくさんのあしがありました。しかし、現在《げんざい》のムカデとは大《おお》きなちがいもありました。なんと2メートルもの大《おお》きさがあったのです。

アースロプレウラ
Arthropleura

植物《しょくぶつ》を食《た》べていた

　アースロプレウラは、陸上《りくじょう》で暮《く》らす節足動物《せっそくどうぶつ》としては、生命《せいめい》の進化《しんか》の歴史《れきし》の中《なか》で最大級《さいだいきゅう》といわれています。その見《み》た目《め》とあわせて、「こわい！」と感《かん》じる人《ひと》もいるかもしれません。

　でも安心《あんしん》してください。アースロプレウラは、主《おも》に植物《しょくぶつ》を食《た》べていたとみられています。ですから、あなたがもしも石炭紀《せきたんき》にタイムスリップしてアースロプレウラに出会《であ》ったとしても、あわてて逃《に》げる必要《ひつよう》はないでしょう。

化石《かせき》を見《み》たい！ 福井県立恐竜博物館《ふくいけんりつきょうりゅうはくぶつかん》

アースロプレウラの模型《もけい》を見《み》ることができます。

もっとしりたい！

北《きた》アメリカやヨーロッパでは、アースロプレウラの足跡《あしあと》の化石《かせき》もみつかっています。その中《なか》には、足跡《あしあと》の幅《はば》が40センチメートル近《ちか》いものもありました。

4月29日
読《よ》んだ日《ひ》
月　日
月　日

木《き》の中《なか》にいた ヒロノムス

石炭紀《せきたんき》

新生代《しんせいだい》　中生代《ちゅうせいだい》　古生代《こせいだい》　先《せん》カンブリア時代《じだい》

殻《から》のある卵《たまご》を産《う》む

石炭紀《せきたんき》の大森林《だいしんりん》では、さまざまな動物《どうぶつ》が暮《く》らしていました。

カナダの地層《ちそう》から化石《かせき》がみつかっている大《おお》きさ30センチメートルの「ヒロノムス」もそうした動物《どうぶつ》の一《ひと》つです。ヒロノムスの見《み》た目《め》は現在《げんざい》のトカゲにそっくりでした。

これまでに、石炭紀《せきたんき》の陸上《りくじょう》で暮《く》らしていた脊椎動物《せきついどうぶつ》として、133ページのペデルペスや、134ページのレティスクスを紹介《しょうかい》しました。ペデルペスやレティスクスは、水中《すいちゅう》で卵《たまご》を産《う》み、子《こ》どものうちは水中《すいちゅう》で育《そだ》つので、水《みず》のある場所《ばしょ》からあまり離《はな》れて暮《く》らすことができません。

一方《いっぽう》、ヒロノムスは、殻《から》のある卵《たまご》を陸上《りくじょう》で産《う》み、子《こ》どものころから陸上《りくじょう》で暮《く》らしていたと考《かんが》えられています。そのため、水《みず》から離《はな》れた場所《ばしょ》でも生《い》きていくことができたのです。

なぜ、木《き》の中《なか》にいた？

ヒロノムスの化石《かせき》は、130ページで紹介《しょうかい》した巨大《きょだい》な樹木《じゅもく》「シギラリア」の内部《ないぶ》からみつかりました。シギラリアは内部《ないぶ》が腐《くさ》りやすいといわれている植物《しょくぶつ》です。ヒロノムスが生《い》きていた当時《とうじ》、そのシギラリアは内部《ないぶ》が腐《くさ》って空洞《くうどう》になっていたのでしょう。

ただし、ヒロノムスが自分《じぶん》で好《この》んでシギラリアの中《なか》にいたのかどうかはよくわかっていません。ヒロノムスがシギラリアを自分《じぶん》のすみかとしていたという見方《みかた》と、誤《あやま》って空洞《くうどう》に落《お》ちてしまい、そのままそこで死《し》んでしまったという見方《みかた》があります。

化石《かせき》を見《み》たい！　豊橋市自然史博物館《とよはししぜんしはくぶつかん》

ヒロノムスの模型《もけい》を見《み》ることができます。

ここでもみられます！
福井県立恐竜博物館　ほか

もっとしりたい！
ヒロノムスの口《くち》には小《ちい》さな歯《は》がたくさん並《なら》んでいました。おそらく昆虫《こんちゅう》を食《た》べて暮《く》らしていたと考《かんが》えられています。

6枚《まい》の翅《はね》をもつ昆虫《こんちゅう》
ステノディクティア

石炭紀《せきたんき》

新生代《しんせいだい》 中生代《ちゅうせいだい》 古生代《こせいだい》 先《せん》カンブリア時代《じだい》

翅《はね》をもった昆虫類《こんちゅうるい》

昆虫類《こんちゅうるい》といえば、現《げん》在《ざい》ではカブトムシやトンボ、チョウなどが分類《ぶんるい》されるグループです。昆虫類《こんちゅうるい》の最《もっと》も古《ふる》い化石《かせき》は、デボン紀《き》の地層《ちそう》からみつかっています。ただし、デボン紀《き》の昆虫類《こんちゅうるい》は原始的《げんしてき》で、翅《はね》をもっていませんでした。空《そら》を飛《と》ぶことはできなかったのです。

翅《はね》をもつ昆虫《こんちゅう》の化石《かせき》がみつかるようになるのは、石炭紀《せきたんき》からです。翅《はね》をもったことで、昆《こん》虫類《ちゅうるい》は石炭紀《せきたんき》の森林《しんりん》で大繁栄《だいはんえい》することになりました。

昆虫類《こんちゅうるい》の天敵《てんてき》は、昆《こん》虫類《ちゅうるい》よりもはるかに大《おお》きな体《からだ》の脊椎動物《せきついどうぶつ》です。しかし石炭紀《せきたんき》には、空《そら》を飛《と》ぶことができた脊《せき》椎動物《ついどうぶつ》はいなかったと考《かんが》えられています。つまり、昆虫類《こんちゅうるい》は翅《はね》を使《つか》って空《そら》へ逃《に》げれば、脊椎動物《せきついどうぶつ》に襲《おそ》われることはなかったのです。

翅《はね》が2枚多《まいおお》かった

昆虫類《こんちゅうるい》の中《なか》で、翅《はね》をもつ種類《しゅるい》のことを「有翅昆虫《ゆうしこんちゅう》」といいます。現在《げんざい》の昆虫類《こんちゅうるい》のほとんどは、この有翅昆虫《ゆうしこんちゅう》です。カブトムシやトンボ、チョウなどに共通《きょうつう》するその特徴《とくちょう》は、あしが6本《ぽん》あり、2対《つい》4枚《まい》の翅《はね》をもつということです。

しかし石炭紀《せきたんき》には、翅《はね》をもつ昆虫《こんちゅう》ではあっても、現在《げんざい》のカブトムシたちとはちがう特徴《とくちょう》をもつ種類《しゅるい》がいました。その代表《だいひょう》が、17センチメートルほどの大《おお》きさの「ステノディクティア」です。

ステノディクティアは、現在《げんざい》の有翅昆虫《ゆうしこんちゅう》よりも2枚多《まいおお》く翅《はね》をもっていました。3対《つい》6枚《まい》の翅《はね》を使《つか》って森《もり》を飛《と》びながら、植物《しょくぶつ》の汁《しる》を吸《す》って暮《く》らしていたと考《かんが》えられています。

もっとしりたい!
ステノディクティアが分類《ぶんるい》されるグループを「ムカシアミバネムシ類《るい》」といいます。現在《げんざい》では絶滅《ぜつめつ》していて、見《み》ることができない昆虫《こんちゅう》たちです。

カラスよりも大《おお》きいトンボ メガネウラ

石炭紀《せきたんき》

新生代《しんせいだい》 中生代《ちゅうせいだい》 古生代《こせいだい》 先《せん》カンブリア時代《じだい》

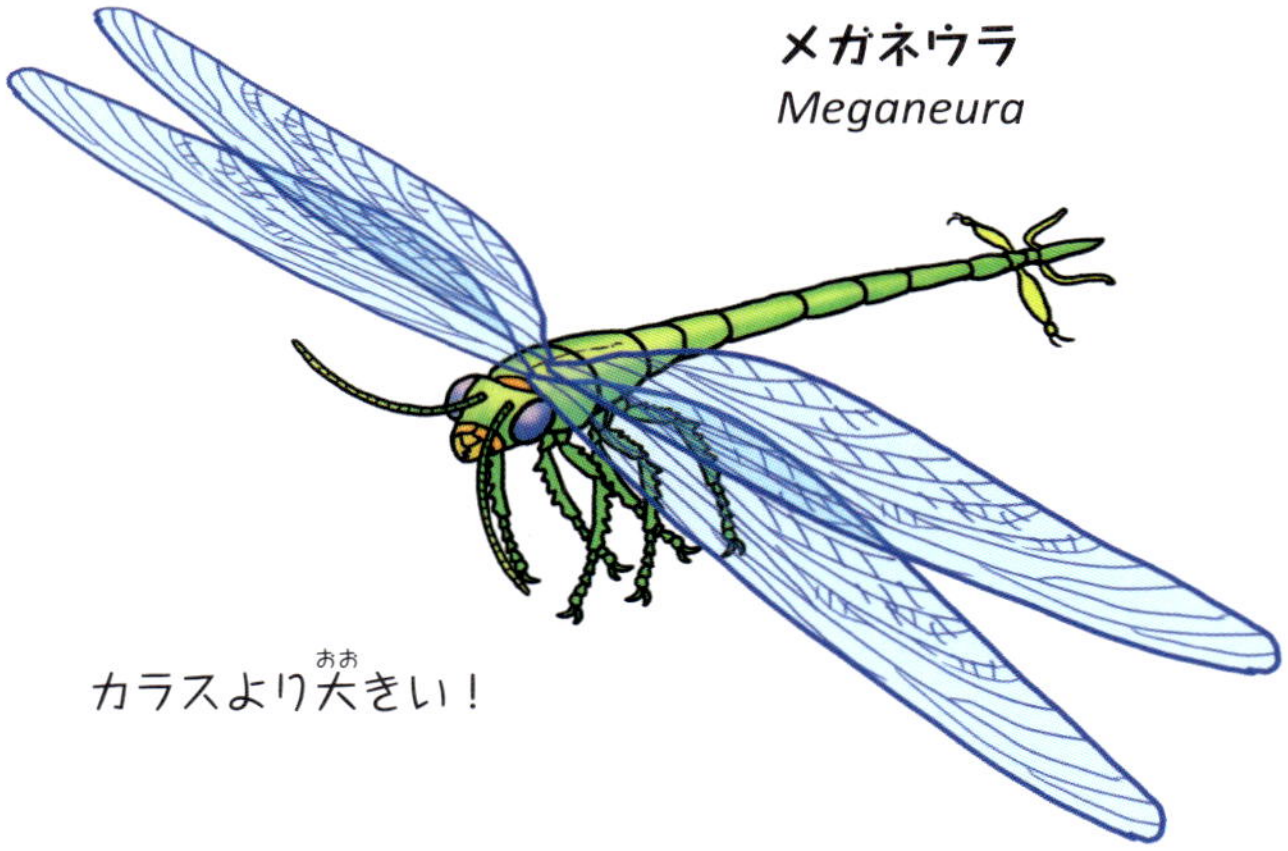

70センチの巨大《きょだい》トンボ

石炭紀《せきたんき》には、空《そら》を飛《と》ぶ脊椎動物《せきついどうぶつ》はいませんでした。のちの恐竜《きょうりゅう》時代《じだい》に登場《とうじょう》する翼竜類《よくりゅうるい》や鳥類《ちょうるい》といった動物《どうぶつ》は、まだ現《あらわ》れていなかったのです。

そんな空《そら》を自由《じゆう》に飛《と》び交《か》っていたのが、昆虫類《こんちゅうるい》です。そして、当時《とうじ》の昆虫類《こんちゅうるい》の中《なか》にはびっくりするほど大《おお》きな体《からだ》をもったものがいました。大型《おおがた》の昆虫類《こんちゅうるい》の代表《だいひょう》が「メガネウラ」です。フランスの石炭紀《せきたんき》の地層《ちそう》から化石《かせき》がみつかっています。

メガネウラの見《み》た目《め》は、現在《げんざい》のトンボ類《るい》とよく似《に》ています。ただし、その大《おお》きさが異様《いよう》ともいえるものでした。翅《はね》の左右《さゆう》の幅《はば》が70センチメートルにも達《たっ》したのです。現在《げんざい》のカラスよりも大《おお》きい昆虫《こんちゅう》でした。

なぜそんなに大《おお》きかった？

メガネウラほどの大《おお》きさではありませんが、石炭紀《せきたんき》には体《からだ》の大《おお》きな昆虫《こんちゅう》がいくつもいました。たとえば、「ナムロティプス」というメガネウラの仲間《なかま》は、翅《はね》の左右《さゆう》の幅《はば》が30センチメートルもありました。なぜ、石炭紀《せきたんき》の昆虫《こんちゅう》は巨大《きょだい》だったのでしょうか？

一《ひと》つの原因《げんいん》は、天敵《てんてき》がいなかったことではないか、といわれています。翼竜類《よくりゅうるい》や鳥類《ちょうるい》などがいない空《そら》は、昆虫《こんちゅう》にとっては天国《てんごく》だったようです。

また、石炭紀《せきたんき》には空気中《くうきちゅう》に含《ふく》まれる酸素《さんそ》の割合《わりあい》が多《おお》かったことも関係《かんけい》しているかもしれません。酸素《さんそ》が多《おお》いと、動物《どうぶつ》は大《おお》きく成長《せいちょう》しやすくなるのです。また、酸素《さんそ》の割合《わりあい》が多《おお》い方《ほう》が飛《と》びやすいともいわれてます。そのため、大《おお》きな体《からだ》をしていても簡単《かんたん》に飛《と》べたのかもしれません。

化石《かせき》を見《み》たい！

ミュージアムパーク 茨城県自然博物館《いばらきけんしぜんはくぶつかん》

メガネウラの大《おお》きな模型《もけい》を見《み》ることができます。

ここでもみられます！

佐野市葛生化石館、群馬県立自然史博物館、福井県立恐竜博物館、豊橋市自然史博物館、北九州市立自然史・歴史博物館 ほか

もっとしりたい！ メガネウラは、すいすいと滑《すべ》るように空《そら》を飛《と》びながら獲物《えもの》を狩《か》るハンターだったと考《かんが》えられています。

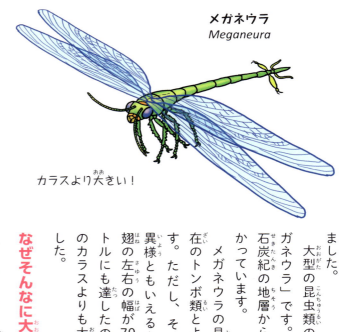

網《あみ》を張《は》れないクモの仲間《なかま》

イモドナクラネ

石炭紀《せきたんき》

新生代 中生代 古生代 先カンブリア時代

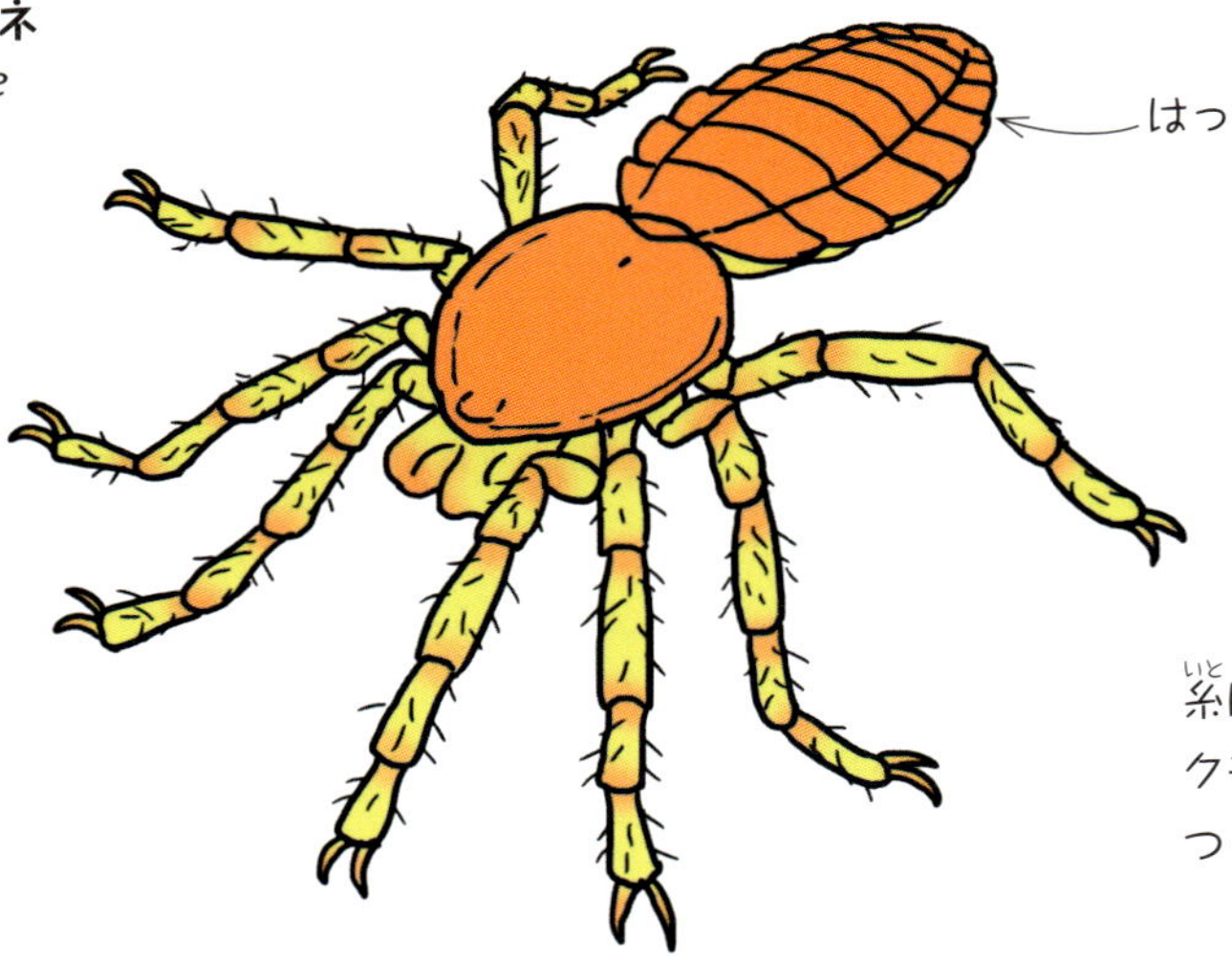

節《ふし》のある体《からだ》

石炭紀《せきたんき》の森林《しんりん》で栄《さか》えていたのは、昆虫《こんちゅう》類《るい》だけではありませんでした。たとえば、クモの仲間《なかま》も化石《かせき》がみつかっています。

そもそも最古《さいこ》のクモの化石《かせき》は、シルル紀《き》の地層《ちそう》からみつかっています。しかし、化石《かせき》の数《かず》が少《すく》なく、しかもその化石《かせき》の状態《じょうたい》があまりよくないので、クモの仲間《なかま》の進化《しんか》についてはわかっていないことばかりなのです。

フランスの石炭紀《せきたんき》の地層《ちそう》から化石《かせき》がみつかったのは、「イモドナクラネ」という動物《どうぶつ》です。クモ類《るい》そのものではありませんが、近縁《きんえん》の種類《しゅるい》です。

大《おお》きさは数《すう》センチメートルほどで、見《み》た目《め》はクモとよく似《に》ています。8本《ぽん》のあしをもち、体《からだ》の後《うし》ろが大《おお》きく膨《ふく》らんでいました。ただし、その膨《ふく》らんだ部分《ぶぶん》には、はっきりした節《ふし》がありました。節《ふし》があるというのは、103ページのパレオカリヌスと同《おな》じ特徴《とくちょう》です。

クモの巣《す》はつくれなかった

パレオカリヌスもクモに似《に》た動物《どうぶつ》でしたが、現在《げんざい》のクモとはちがって糸《いと》を出《だ》すことはできませんでした。

一方《いっぽう》、イモドナラクネは糸《いと》を出《だ》すことはできました。しかし、その糸《いと》を上手《じょうず》に操《あやつ》ることはできなかったとみられています。

現在《げんざい》のクモは、自分《じぶん》で出《だ》した糸《いと》を上手《じょうず》に操《あやつ》ってクモの巣《す》をつくり、獲物《えもの》を狩《か》っています。イモドナラクネは、そうしたクモの巣《す》をつくることができませんでした。このことが、イモドナラクネと、現在《げんざい》のクモの大《おお》きなちがいです。

もっとしりたい！
クモが糸《いと》を操《あやつ》るのに重要《じゅうよう》な部分《ぶぶん》を「出糸突起《しゅっしとっき》」といいます。腹部《ふくぶ》の端《はし》にあります。イモドナラクネにはこの出糸突起《しゅっしとっき》がありませんでした。

ペルム紀《き》

29ページから読《よ》み進《すす》めてきた古生代《こせいだい》もこの時代《じだい》で終《お》わりです。「ペルム紀《き》」は、古生代《こせいだい》の六《むっ》つの時代《じだい》の中《なか》で、最後《さいご》の時代《じだい》。およそ2億《おく》9900万年前《まんねんまえ》に始《はじ》まって、2億《おく》5200万年前《まんねんまえ》ごろまで続《つづ》きました。実《じつ》は、カンブリア紀《き》から現在《げんざい》までには全部《ぜんぶ》で12の「紀《き》」があります。ペルム紀《き》はそのちょうど半分《はんぶん》の時期《じき》にある「紀《き》」でもあるのです。古生代《こせいだい》の最後《さいご》にどのような生物《せいぶつ》がいたのでしょう？　そして、彼《かれ》らに何《なに》がおきたのでしょうか？

古生代《こせいだい》最後《さいご》の時代《じだい》 ペルム紀《き》

超大陸《ちょうたいりく》と超海洋《ちょうかいよう》の時代《じだい》

いよいよ古生代《こせいだい》も最後《さいご》の時代《じだい》となりました。

今《いま》からおよそ2億《おく》9900万《まん》年前《ねんまえ》に始《はじ》まった「ペルム紀《き》」について見《み》ていきましょう。

石炭紀《せきたんき》の時代《じだい》に、地球《ちきゅう》のほとんどの大陸《たいりく》が1か所《しょ》に集合《しゅうごう》して一《ひと》つの巨大《きょだい》な超大陸《ちょうだいりく》「パンゲア」ができました。パンゲアは、ペルム紀《き》の間《あいだ》もずっとあり続《つづ》けました。

ペルム紀《き》は海《うみ》も一《ひと》つだけです。パンゲアを取《と》り巻《ま》くたった一《ひと》つの海《うみ》のことは超海洋《ちょうかいよう》とよばれ、「パンサラサ」という名前《なまえ》がついています。

超大陸《ちょうたいりく》パンゲアと超海洋《ちょうかいよう》パンサラサの地球《ちきゅう》。それがペルム紀《き》でした。ペルム紀《き》は、4700万年《まんねん》間《かん》にわたって続《つづ》き、今《いま》からおよそ2億《おく》5200万年前《まんねんまえ》に終《お》わりを迎《むか》えました。

ペルム紀《き》の地球《ちきゅう》

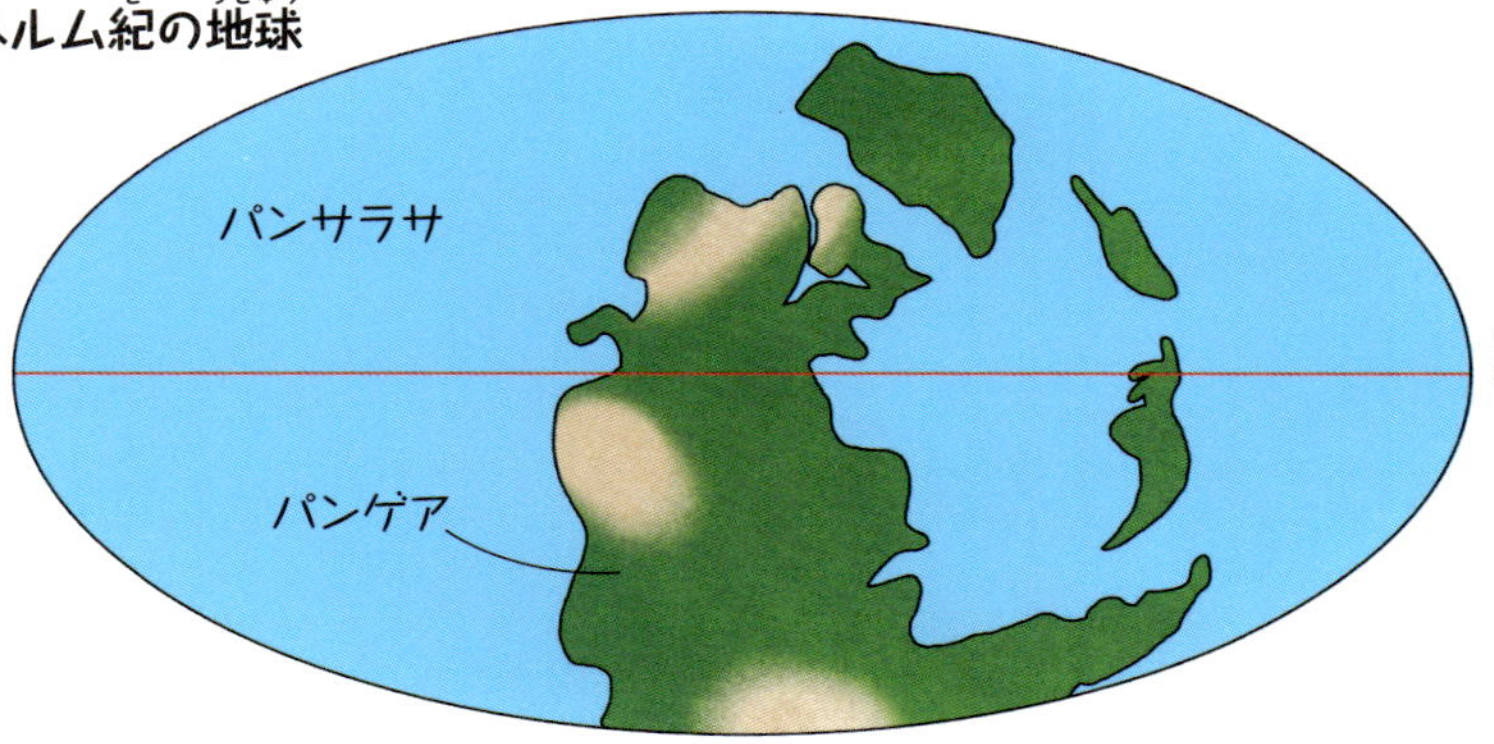

前半《ぜんはん》は寒《さむ》く、後半《こうはん》は暖《あたた》かい

石炭紀《せきたんき》の終《お》わりに、地球《ちきゅう》はとても冷《ひ》えこみました。当時《とうじ》、パンゲアの南部《なんぶ》には巨大《きょだい》な氷河《ひょうが》があったことがわかっています。

ペルム紀《き》が始《はじ》まったときも、この寒《さむ》さは続《つづ》いていました。ペルム紀《き》の前半《ぜんはん》は、地球全体《ちきゅうぜんたい》が寒《さむ》かったのです。

その後《ご》、次第《しだい》に気候《きこう》は暖《あたた》かくなり、ペルム紀《き》の後半《こうはん》は暖《あたた》かい時代《じだい》となりました。

ペルム紀《き》は植物《しょくぶつ》でいえば裸子《らし》植物《しょくぶつ》が大繁栄《だいはんえい》し、動物《どうぶつ》は私《わたし》たち哺乳類《ほにゅうるい》の祖先《そせん》を含《ふく》む単弓類《たんきゅうるい》が栄《さか》えた時代《じだい》です。

しかし、2億《おく》5200万年前《まんねんまえ》に史上最大《しじょうさいだい》といわれる大量絶滅事件《たいりょうぜつめつじけん》がおきます。この大量絶滅事件《たいりょうぜつめつじけん》は、カンブリア紀《き》以降《いこう》の歴史《れきし》の中《なか》で最《もっと》も大《おお》きな事件《じけん》でした。その結果《けっか》、ほとんどすべての生物《せいぶつ》が絶滅《ぜつめつ》することになるのです。

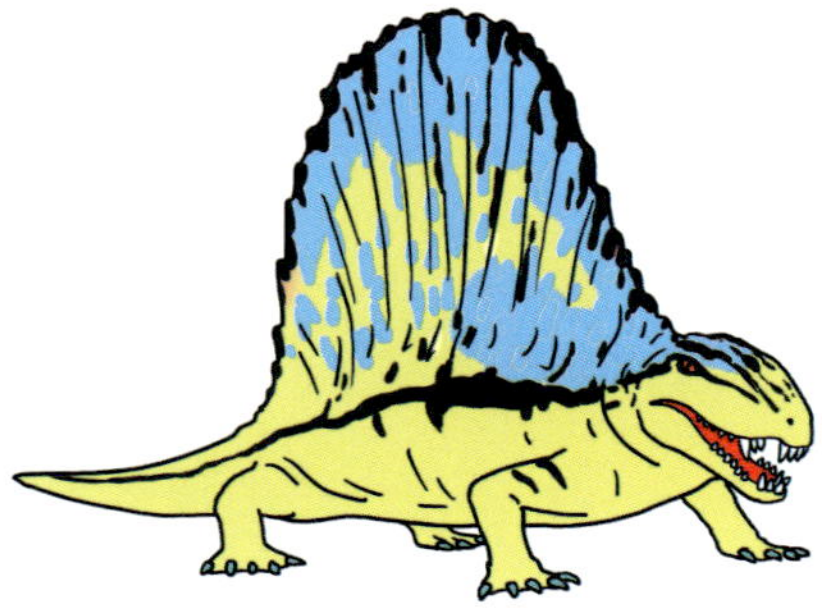

「単弓類《たんきゅうるい》」というグループが大繁栄《だいはんえい》する時代《じだい》です。

もっとしりたい！

ペルム紀《き》という名前《なまえ》は、ロシアの都市《とし》「ペルミ」にちなむものです。また、日本《にっぽん》ではペルム紀《き》のことを「二畳《にじょう》紀《き》」とよんだこともありました。

5月4日

読《よ》んだ日《ひ》
月　日
月　日

超《ちょう》大《たい》陸《りく》で広《ひろ》く繁《はん》栄《えい》した植《しょく》物《ぶつ》
グロッソプテリス

ペルム紀《き》

新生代　中生代　古生代《こせいだい》　先《せん》カンブリア時代《じだい》

みんな地続《じつづ》き

今日《きょう》は、地理《ちり》に関《かか》わるお話《はなし》です。地図帳《ちずちょう》か地球儀《ちきゅうぎ》があれば用意《ようい》してから読《よ》んでみてくださいね。

＊　＊　＊　＊

ペルム紀《き》の地球《ちきゅう》では、ほとんどの大陸《たいりく》はつながっていて、超大陸《ちょうたいりく》パンゲアをつくっていました。大陸《たいりく》がつながっているということは、陸上《りくじょう》の動物《どうぶつ》や植物《しょくぶつ》が移動《いどう》しやすいということです。なにしろ地続《じつづ》きなので、海《うみ》に阻《はば》まれてそれ以上進《いじょうすす》めなくなる、ということがありません。そのため、ペルム紀《き》の動物《どうぶつ》や植物《しょくぶつ》の中《なか》には、とても広《ひろ》い範囲《はんい》で繁栄《はんえい》していたものがいくつもいます。

その中《なか》でもとくに有名《ゆうめい》なのは、「グロッソプテリス」という裸子《らし》植物《しょくぶつ》です。靴《くつ》べらのような形《かたち》をした葉《は》が特徴《とくちょう》で、12メートルの高《たか》さにまで成長《せいちょう》しました。

地図《ちず》で探《さが》してみよう

グロッソプテリスの化石《かせき》は、とてもたくさんの場所《ばしょ》からみつかっています。

代表的《だいひょうてき》なところだけでも、南極《なんきょく》大陸《たいりく》、アルゼンチン、オーストラリア、ブラジル、中国《ちゅうごく》、コンゴ、インド、マダガスカル、モザンビーク、オマーン、ロシア、南《みなみ》アフリカ、タンザニアなどがあります。

これらの国《くに》や地域《ちいき》が今《いま》、どこにあるのかを地図帳《ちずちょう》や地球儀《ちきゅうぎ》で探《さが》してみてください。今《いま》はとても離《はな》れたところにありますが、ペルム紀《き》ではみんなそう遠《とお》くない場所《ばしょ》にあって、地続《じつづ》きだったのです。

グロッソプテリスの化石《かせき》は、超《ちょう》大陸《たいりく》パンゲアが存在《そんざい》した証拠《しょうこ》の一《ひと》つとして知《し》られています。

化石《かせき》を見《み》たい！　大阪市立自然史博物館《おおさかしりつしぜんしはくぶつかん》

実物化石《じつぶつかせき》が展示《てんじ》されています。

ここでもみられます！
佐野市葛生化石館、群馬県立自然史博物館、地質標本館、ミュージアムパーク 茨城県自然博物館、福井県立恐竜博物館、東海大学自然史博物館、豊橋市自然史博物館、北九州市立自然史・歴史博物館、御船町恐竜博物館　ほか

もっとしりたい！ 「グロッソプテリス」という名前《なまえ》は、この植物《しょくぶつ》の葉《は》の化石《かせき》につけられた名前《なまえ》で、樹木全体《じゅもくぜんたい》の名前《なまえ》ではありません。植物化石《しょくぶつかせき》の場合《ばあい》、葉《は》、茎《くき》などに別々《べつべつ》の名前《なまえ》がつけられることがあります。

5月 5日

読《よ》んだ日《ひ》
月　日
月　日

アメリカとドイツから化石《かせき》がみつかる セイムリア

ペルム紀《き》

新生代《しんせいだい》｜中生代《ちゅうせいだい》｜古生代《こせいだい》｜先《せん》カンブリア時代《じだい》

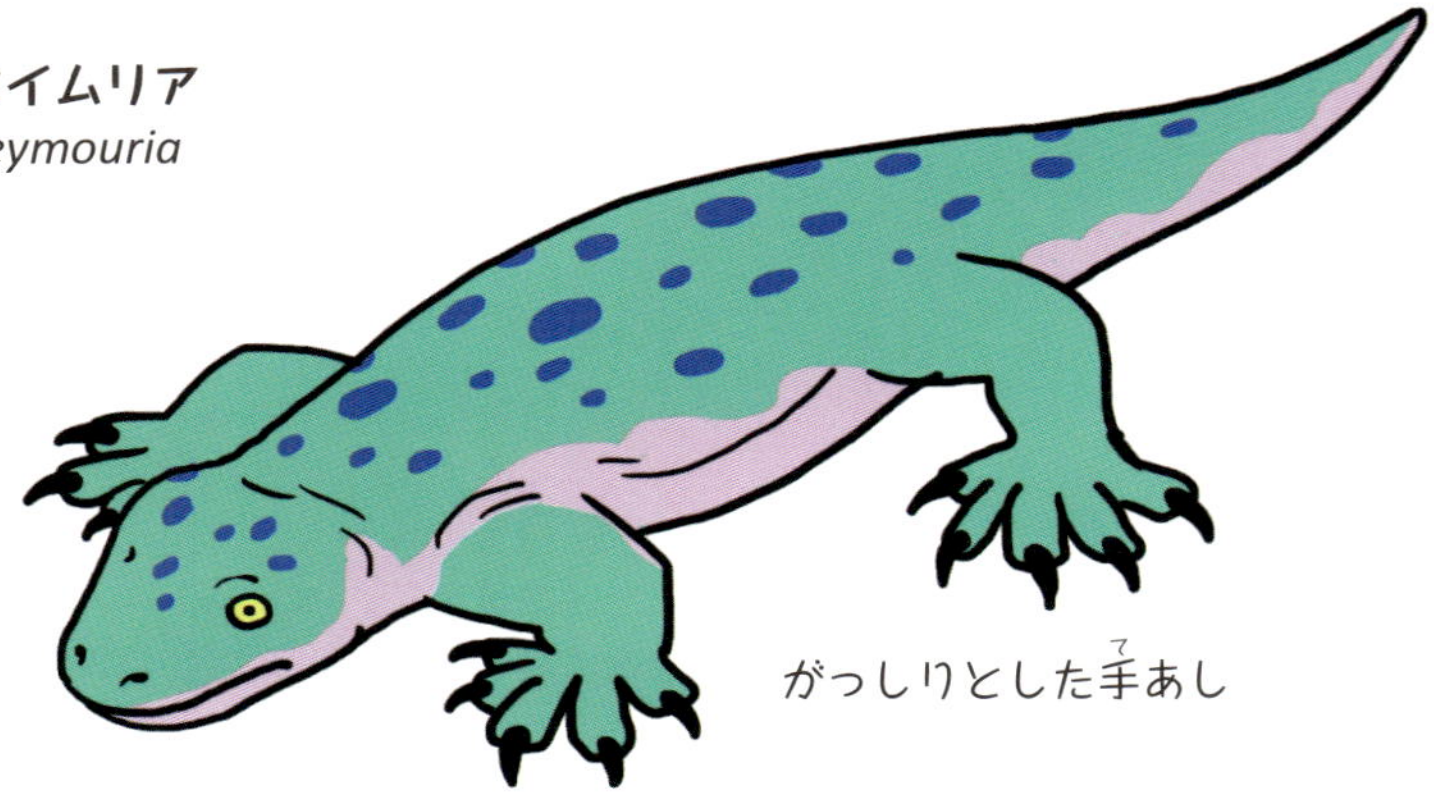

当時《とうじ》は地続《じつづ》きだった

147ページで紹介《しょうかい》したグロッソプテリスほどではありませんが、ペルム紀《き》の地球《ちきゅう》では広《ひろ》い範囲《はんい》で暮《く》らしていた動物《どうぶつ》や植物《しょくぶつ》がたくさんいました。

たとえば、大《おお》きさ60センチメートルほどの「セイムリア」も、そうした動物《どうぶつ》の一《ひと》つです。

セイムリアの化石《かせき》は、アメリカとドイツからみつかっています。現在《げんざい》のアメリカとドイツの間《あいだ》には大西洋《たいせいよう》があり、陸上動物《りくじょうどうぶつ》が歩《ある》いて行《ゆ》き来《き》することはできません。しかし、ペルム紀《き》では地続《じつづ》きだったので、アメリカとドイツを歩《ある》いて行《ゆ》き来《き》することができたのです。

がっしりとした手《て》あし

セイムリアは、三角形《さんかくけい》に近《ちか》い形《かたち》の頭《あたま》をもち、口《くち》には鋭《するど》い歯《は》が並《なら》んでいました。手《て》あしはがっしりとしていて、陸上《りくじょう》をしっかりと歩《ある》くことができたとみられています。

セイムリアは、4本《ほん》あしで立《た》って歩《ある》く「四足動物《しそくどうぶつ》」の中《なか》では原始的《げんしてき》なものだったと考《かんが》えられていま す。爬虫類《はちゅうるい》に近《ちか》い動物《どうぶつ》だったのではないか、ともいわれています。

ただし、これはセイムリアから進化《しんか》すると爬虫類《はちゅうるい》になる、という意味《いみ》ではありません。なぜなら、ペルム紀《き》の前《まえ》の時代《じだい》である石炭紀《せきたんき》には、すでに爬虫類《はちゅうるい》が登場《とうじょう》していたからです。

化石《かせき》を見《み》たい！　東海大学自然史博物館《とうかいだいがくしぜんしはくぶつかん》

セイムリアをはじめ、ペルム紀《き》の古生物《こせいぶつ》の展示《てんじ》が充実《じゅうじつ》しています。

ここでもみられます！
福井県立恐竜博物館、豊橋市自然史博物館、北九州市立自然史・歴史博物館　ほか

もっとしりたい！
ある生物《せいぶつ》が別《べつ》の生物《せいぶつ》に進化《しんか》する途中《とちゅう》には、その中間《ちゅうかん》の特徴《とくちょう》をもつ生物《せいぶつ》がいたはずです。しかし、ほとんどの場合《ばあい》でみつかっていません。このことを「ミッシング・リンク」とよびます。「失《うしな》われた鎖《くさり》の環《わ》」という意味《いみ》です。

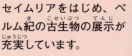

史上最強《しじょうさいきょう》の両生類《りょうせいるい》!? エリオプス

ペルム紀《き》
新生代《しんせいだい》 中生代《ちゅうせいだい》 古生代《こせいだい》 先カンブリア時代

2・5メートルの両生類《りょうせいるい》

現在《げんざい》の両生類《りょうせいるい》は、大《おお》きく三《みっ》つに分《わ》けることができます。カエルの仲間《なかま》、イモリの仲間《なかま》、そしてアシナシイモリの仲間《なかま》です。

その多《おお》くは数十《すうじっ》センチメートルに満《み》たない小型《こがた》の種《しゅ》ばかりです。中《なか》には、オオサンショウウオのような大型《おおがた》のものもいますが、それでも大《おお》きさは1・5メートルほどです。

一方《いっぽう》、絶滅《ぜつめつ》した両生類《りょうせいるい》の中《なか》には、オオサンショウウオをこえる大型《おおがた》の種《しゅ》がいました。彼《かれ》らは、カエルやイモリ、アシナシイモリの仲間《なかま》とは異《こと》なる両生類《りょうせいるい》のグループに属《ぞく》しています。

アメリカなどのペルム紀《き》の地層《ちそう》から化石《かせき》がみつかっている「エリオプス」は、そうした大型《おおがた》の両生類《りょうせいるい》の一《ひと》つです。その大《おお》きさは2・5メートルに達《たっ》しました。

陸《りく》でも水中《すいちゅう》でも狩《か》りをした

エリオプスのがっしりとしたあごには鋭《するど》い歯《は》が並《なら》び、背骨《せぼね》は頑丈《がんじょう》にできていました。腰《こし》の骨《ほね》もしっかりとしていました。手あしの骨《ほね》も太《ふと》く頑丈《がんじょう》です。肋骨《ろっこつ》も幅《はば》が広《ひろ》く、腰《こし》の骨《ほね》もしっかりとしていました。

こうした特徴《とくちょう》から、エリオプスは陸上《りくじょう》を歩《ある》きまわることのできた狩人《かりうど》だったとみられています。

その一方《いっぽう》で、鋭《するど》い歯《は》はサカナを食《た》べることに向《む》いていました。現在《げんざい》のワニのように水辺《みずべ》にひそみ、主食《しゅしょく》としてサカナを食《た》べながら、水《みず》を飲《の》みにやってきた陸上動物《りくじょうどうぶつ》も襲《おそ》っていたのかもしれません。

どうやらエリオプスは恐《おそ》ろしい強《つよ》さをもった両生類《りょうせいるい》だったようです。そのため、「史上最強《しじょうさいきょう》の両生《りょうせい》類《るい》」ともいわれています。

化石《かせき》を見《み》たい! 福井県立恐竜博物館《ふくいけんりつきょうりゅうはくぶつかん》

エリオプスの実物化石《じつぶつかせき》と模型《もけい》が展示《てんじ》されています。

ここでもみられます!
豊橋市自然史博物館 ほか

もっとしりたい! エリオプスは、口《くち》の裏《うら》(口蓋《こうがい》)にも歯《は》がびっしりと並《なら》んでいました。

“ブーメラン頭《あたま》”の両生類《りょうせいるい》
ディプロカウルス

ペルム紀《き》

新生代《しんせいだい》 中生代《ちゅうせいだい》 古生代《こせいだい》 先《せん》カンブリア時代《じだい》

三角形《さんかくけい》の平《ひら》たい頭《あたま》

ペルム紀《き》の両生類《りょうせいるい》の中《なか》には、ちょっと目《め》をひくような姿《すがた》をしたものもいました。その一《ひと》つが、アメリカやモロッコの地層《ちそう》から化石《かせき》がみつかっている「ディプロカウルス」です。

ディプロカウルスを見《み》てまず目《め》に入《はい》るのは、その頭部《とうぶ》でしょう。頬《ほお》の部分《ぶぶん》が左右《さゆう》に大《おお》きく出《で》っ張《ぱ》っていて、まるでブーメランのような三角《さんかく》形《けい》になっているのです。また、頭部《とうぶ》も体《からだ》も全体的《ぜんたいてき》に平《ひら》たいということもディプロカウルスの大《おお》きな特徴《とくちょう》です。こんな姿《すがた》をした動物《どうぶつ》は、ほかには見当《みあ》たりません。

一方《いっぽう》で、手《て》あしは短《みじか》くて細《ほそ》く、陸上《りくじょう》で体《からだ》を支《ささ》えることはできませんでした。そのため、ディプロカウルスは一生《いっしょう》を水《みず》の中《なか》ですごしたと考《かんが》えられています。135ページで紹介《しょうかい》した石炭紀《せきたんき》のクラッシギリヌスと同《おな》じですね。

子《こ》どものころは普通《ふつう》だった

ディプロカウルスの最大《さいだい》の特徴《とくちょう》である平《ひら》たいブーメランのような形《かたち》の頭《あたま》は、成長《せいちょう》するにつれて広《ひろ》がってできたものだと考《かんが》えられています。

幼《おさな》いころのディプロカウルスの頭《あたま》は、平《ひら》たいことは平《ひら》たいものの、ごく普通《ふつう》の形《かたち》をしていて、成長《せいちょう》にともなって頬《ほお》が左右《さゆう》に出《で》っ張《ぱ》っていったのです。おとなになるころには、おなかの幅《はば》よりも頭《あたま》の幅《はば》の方《ほう》が広《ひろ》くなっていました。

なぜ、ディプロカウルスはこんな独特《どくとく》の頭《あたま》をしていたのでしょうか？ 研究者《けんきゅうしゃ》もまだ答《こた》えはみつけられていません。

化石《かせき》を見《み》たい！ 福井県立恐竜博物館《ふくいけんりつきょうりゅうはくぶつかん》

ディプロカウルスの頭部《とうぶ》の模型《もけい》を見《み》ることができます。その平《ひら》たさや、眼《め》や口《くち》の位置《いち》などを観察《かんさつ》してみよう！

もっとしりたい！ ドイツからは、水《みず》の底《そこ》でディプロカウルスが休《やす》んでいたときについたとみられる頭部《とうぶ》の痕跡《こんせき》が化石《かせき》でみつかっています。

カエルとイモリの共通《きょうつう》祖先《そせん》
ゲロバトラクス

ペルム紀《き》

新生代《しんせいだい》 中生代《ちゅうせいだい》 古生代《こせいだい》 先《せん》カンブリア時代《じだい》

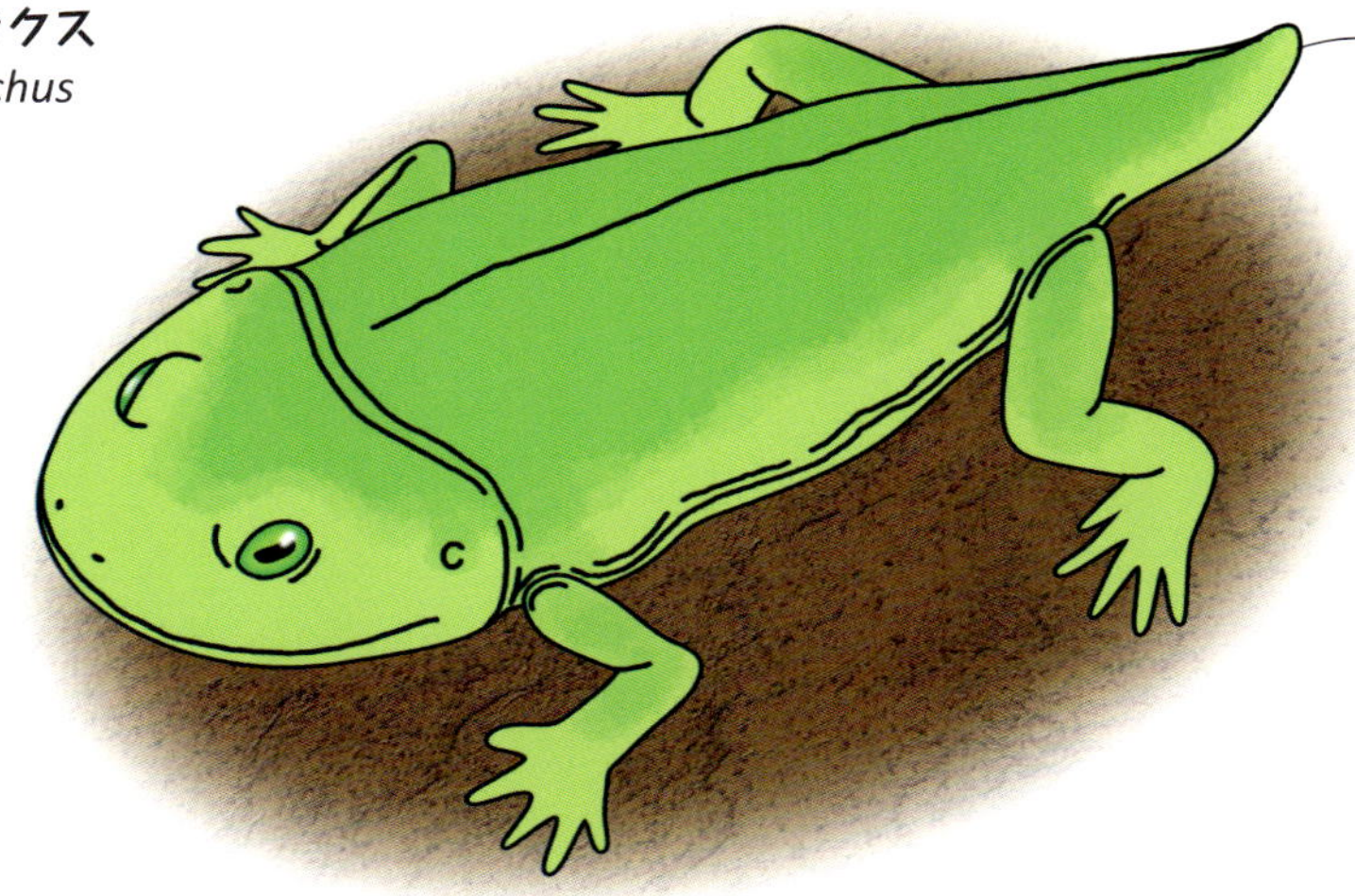

ウシガエルくらい

現在《げんざい》の地球《ちきゅう》でみられる両生類《りょうせいるい》は、カエルの仲間《なかま》とイモリの仲間《なかま》、そしてアシナシイモリの仲間《なかま》です。

これらのうち、カエルの仲間《なかま》とイモリの仲間《なかま》は、同《おな》じ祖先《そせん》から進化《しんか》したと考《かんが》えられています。その同《おな》じ祖先《そせん》の化石《かせき》が、アメリカのペルム紀《き》の地層《ちそう》からみつかっています。「ゲロバトラクス」です。

ゲロバトラクスの大《おお》きさは、11センチメートルほどしかありませんでした。現在《げんざい》のウシガエルとほとんど同《おな》じです。

イモリに似《に》たあし

ゲロバトラクスを見《み》ると、どことなくカエルに似《に》た雰囲気《ふんいき》を感《かん》じるかもしれません。実際《じっさい》、頭《あたま》の骨《ほね》の形《かたち》はカエルの仲間《なかま》とよく似《に》ていて、もっと細《こま》かくいえば、耳《みみ》のつくりなどもカエルの仲間《なかま》に似《に》ていました。

その一方《いっぽう》で、あしのつくりはイモリの仲間《なかま》によく似《に》ています。カエルの場合《ばあい》、前《まえ》あしよりも後《うし》ろあしの方《ほう》が圧倒的《あっとうてき》に長《なが》いという特徴《とくちょう》があります。しかし、ゲロバトラクスの場合《ばあい》は、そこまであしの長《なが》さに差《さ》はありませんでした。また、現在《げんざい》のカエルには尻尾《しっぽ》はありませんが、ゲロバトラクスには小《ちい》さな尻尾《しっぽ》がありました。

ゲロバトラクスの口《くち》には小《ちい》さな歯《は》が並《なら》んでいます。昆虫《こんちゅう》などをこの歯《は》でつかまえて食《た》べていたのではないか、とみられています。

一方《いっぽう》で、ゲロバトラクスは、カエルのように跳《は》ねることはできなかったようです。普通《ふつう》に歩《ある》き、ときには突進《とっしん》して狩《か》りをしていたと考《かんが》えられています。

もっとしりたい！
現在《げんざい》みられるカエルの仲間《なかま》、イモリの仲間《なかま》、アシナシイモリの仲間《なかま》は、まとめて「平滑両生類《へいかつりょうせいるい》」とよばれています。かつて両生類《りょうせいるい》にはいくつものグループがありましたが、平滑両生類《へいかつりょうせいるい》はその中《なか》の唯一《ゆいいつ》の生《い》き残《のこ》りです。

水中《すいちゅう》に“帰《かえ》った”爬虫類《はちゅうるい》
メソサウルス

ペルム紀《き》

新生代《しんせいだい》 中生代《ちゅうせいだい》 古生代《こせいだい》 先カンブリア時代

ひれのような手《て》あし

「メソサウルス」は、1メートルほどにまで成長《せいちょう》する爬虫類《はちゅうるい》でした。長《なが》い首《くび》と長《なが》い尾《お》をもち、頭部《とうぶ》の形《かたち》も細長《ほそなが》いという特徴《とくちょう》があります。そして、手《て》あしはひれのようになっていました。

ひれのような手《て》あしをもつということは、メソサウルスが陸上《りくじょう》ではなく、水中《すいちゅう》で生活《せいかつ》していたということです。実際《じっさい》に、メソサウルスの化石《かせき》がみつかっている地層《ちそう》を調《しら》べると、そこはかつて湖《みずうみ》や沼《ぬま》だったことがわかります。

つまり、石炭《せきたん》紀《き》の陸上《りくじょう》に現《あらわ》れた爬虫類《はちゅうるい》の中《なか》から、ペルム紀《き》になって水中《すいちゅう》で暮《く》らす種類《しゅるい》が現《あらわ》れたのでした。

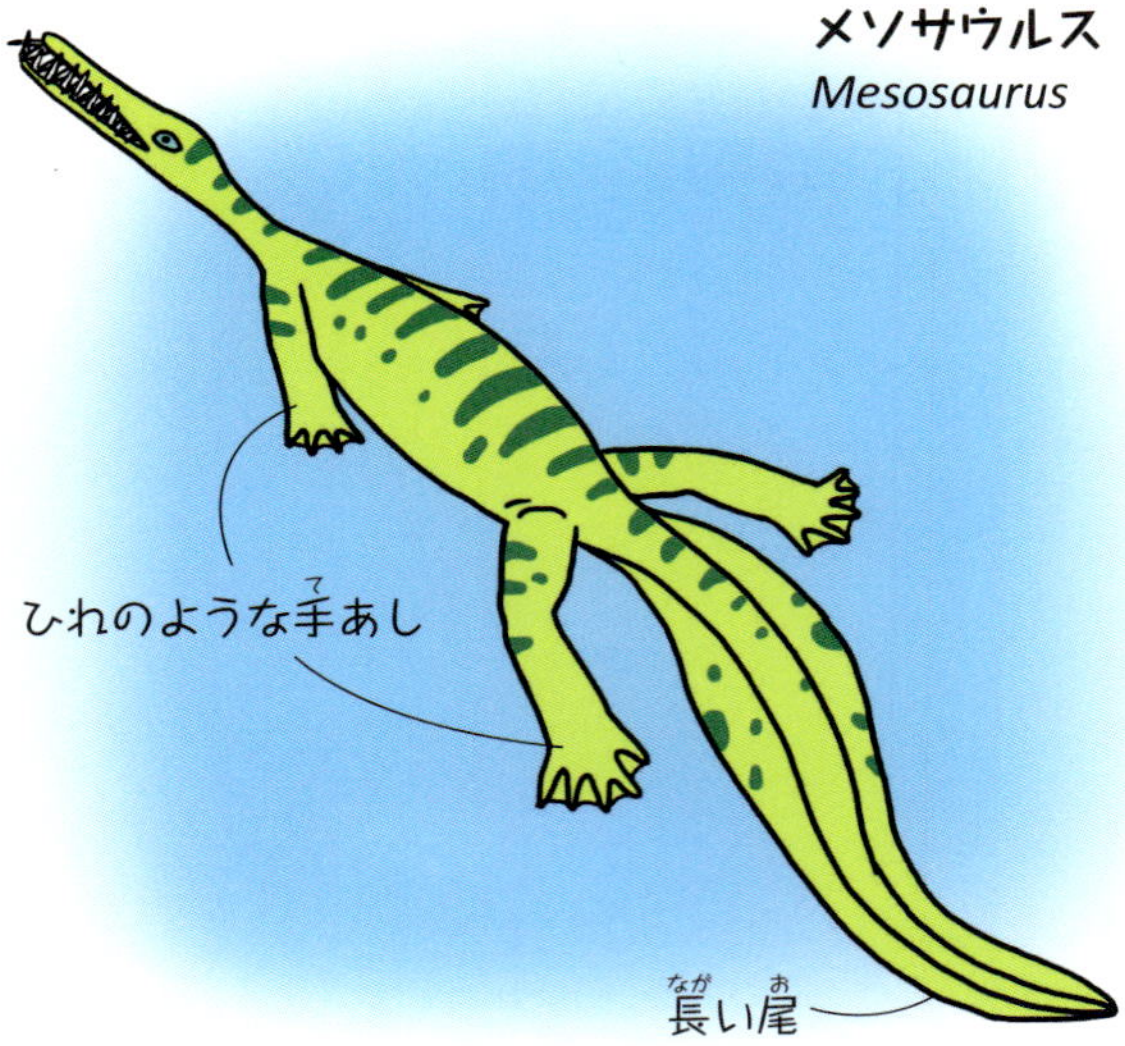

卵《たまご》で産《う》まれない？

メソサウルスの赤《あか》ちゃんの化石《かせき》もみつかっています。それは、ブラジルでみつかった化石《かせき》で、母親《ははおや》の胎内《たいない》でかなり大《おお》きく成長《せいちょう》していました。その赤《あか》ちゃん化石《かせき》にはすでに歯《は》もありました。

メソサウルスは爬虫類《はちゅうるい》です。多《おお》くの爬虫類《はちゅうるい》は、卵《たまご》で産《う》まれ、しばらく時間《じかん》が経《た》ったのちに卵《たまご》からかえります。しかし、赤《あか》ちゃん化石《かせき》がすでに歯《は》をもつまでに成長《せいちょう》していたことから、メソサウルスは卵《たまご》ではなく子《こ》で生《う》まれたか、あるいは卵《たまご》で生《う》まれてもすぐに孵化《ふか》したと考《かんが》えられています。

メソサウルスの化石《かせき》は、ブラジル、ウルグアイ、ナミビア、南《みなみ》アフリカからみつかります。離《はな》れた地域《ちいき》から化石《かせき》がみつかるのは、やはりこの時代《じだい》の大陸《たいりく》がつながっていたからです。

化石《かせき》を見《み》たい！

神奈川県立《かながわけんりつ》生命《いのち》の星《ほし》・地球博物館《ちきゅうはくぶつかん》

メソサウルスの実物《じつぶつ》の化《か》石《せき》を見《み》ることができます。

ここでもみられます！
佐野市葛生化石館、群馬県立自然史博物館、地質標本館、福井県立恐竜博物館、豊橋市自然史博物館、御船町恐竜博物館　ほか

もっとしりたい！
一般的《いっぱんてき》に、子孫《しそん》の残《のこ》し方《かた》には、卵《たまご》を産《う》む「卵生《らんせい》」と、子《こ》を産《う》む「胎生《たいせい》」、そして母親《ははおや》の体《からだ》の中《なか》で卵《たまご》からふ化《か》してから産《う》まれる「卵胎生《らんたいせい》」があります。

空《そら》を飛《と》んだ爬《は》虫《ちゅう》類《るい》

コエルロサウラヴス

ペルム紀《き》

新《しん》生《せい》代《だい》 | 中《ちゅう》生《せい》代《だい》 | 古《こ》生《せい》代《だい》 | 先《せん》カンブリア時代《じだい》

ハングライダーのように飛《と》ぶ

ペルム紀《き》の爬《は》虫《ちゅう》類《るい》は、空《そら》も生活《せいかつ》の場所《ばしょ》にしていました。ドイツから化石《かせき》がみつかっている「コエルロサウラヴス」は、空《そら》を飛《と》ぶための翼《つばさ》をもっていたのです。

コエルロサウラヴスは、60センチメートルほどの爬《は》虫《ちゅう》類《るい》です。頭部《とうぶ》をはじめ、全体的《ぜんたいてき》にトカゲのような体《からだ》つきをしています。ただし、左右《さゆう》の脇《わき》の後《うし》ろから細長《ほそなが》い骨《ほね》がのびているという特徴《とくちょう》がありました。左右《さゆう》それぞれで20本以上《ぽんいじょう》の骨《ほね》があり、骨《ほね》と骨《ほね》の間《あいだ》には皮《かわ》の膜《まく》が張《は》られていて、翼《つばさ》になったとみられています。

この皮膜《ひまく》でできた翼《つばさ》は、羽《は》ばたくことには向《む》いていませんが、現代《げんだい》のハングライダーのように風《かぜ》を受《う》けることはできたようです。つまり、コエルロサウラヴスは高《たか》い場所《ばしょ》から低《ひく》い場所《ばしょ》へと滑《すべ》るように飛《と》ぶことができたのです。きっと、樹木《じゅもく》から樹木《じゅもく》へと飛《と》び移《うつ》りながら、昆虫《こんちゅう》などを食《た》べていたのでしょう。

翼《つばさ》は折《お》り畳《たた》み式《しき》

脇《わき》の下《した》に翼《つばさ》があると色々《いろいろ》と不便《ふべん》なのでは？　と思《おも》うかも知《し》れませんが、そんなことはありません。コエルロサウラヴスの翼《つばさ》は折《お》り畳《たた》むことができたのです。必要《ひつよう》なときにだけ翼《つばさ》を広《ひろ》げて飛《と》んでいたと考《かんが》えられています。

めずらしい特徴《とくちょう》のようですが、現在《げんざい》の東南《とうなん》アジアなどでみられるトビトカゲという爬《は》虫《ちゅう》類《るい》も同《おな》じような特徴《とくちょう》をもっています。普段《ふだん》は皮膜《ひまく》を折《お》りたたんでいますが、飛《と》ぶときだけ翼《つばさ》を広《ひろ》げるのです。なお、コエルロサウラヴスとトビトカゲの間《あいだ》に、祖先《そせん》・子孫《しそん》の関係《かんけい》はありません。

自分《じぶん》ではばたいて高《たか》くまで飛《と》ぶことは苦手《にがて》だったとはいえ、コエルロサウラヴスは、ペルム紀《き》の爬《は》虫《ちゅう》類《るい》が空《そら》を飛《と》んでいたことを教《おし》えてくれる証拠《しょうこ》の一《ひと》つです。ペルム紀《き》の次《つぎ》の時代《じだい》からは、さまざまな爬《は》虫《ちゅう》類《るい》の繁栄《はんえい》が本格的《ほんかくてき》に始《はじ》まります。しかし、その前《まえ》にもすでに爬《は》虫《ちゅう》類《るい》は、メソサウルスのように水《みず》の中《なか》で暮《く》らしていたり、コエルロサウラヴスのように空《そら》を飛《と》んだりしていたのです。

もっとしりたい！

コエルロサウラヴスの尾《お》はとてもやわらかくて、自由《じゆう》に動《うご》かすことができたようです。この尾《お》は飛《と》んでいるときにバランスをとることに役立《やくだ》ったと考《かんが》えられています。

いかつい姿《すがた》の爬《は》虫《ちゅう》類《るい》
スクトサウルス

ゴツゴツした頭《あたま》

ペルム紀《き》が始《はじ》まってしばらく経《た》つと、各地《かくち》で大型《おおがた》の爬虫類《はちゅうるい》がみられるようになりました。その中《なか》でもよく知《し》られているのは、ロシアから化石《かせき》がみつかっている「スクトサウルス」です。

スクトサウルスは、太《ふと》くてがっしりとした手《て》あしをもつ爬虫類《はちゅうるい》です。胸《むね》から腹《はら》にかけてでっぷりとしていることが特徴《とくちょう》で、首《くび》と尾《お》は長《なが》くありませんでした。頭部《とうぶ》は頬《ほお》が左右《さゆう》に突《つ》き出《で》ていて、少《すこ》しゴツゴツとしていました。主《おも》にやわらかい植物《しょくぶつ》を食《た》べて暮《く》らしていたとみられています。

ペルム紀《き》では大型《おおがた》

スクトサウルスの鼻《はな》の先《さき》から尾《お》の先《さき》までの長《なが》さは2メートルほどで、これまでに紹介《しょうかい》してきたどの爬虫類《はちゅうるい》よりも圧倒的《あっとうてき》な大《おお》きさです。

もっとも、のちに現《あらわ》れる植物《しょくぶつ》食《しょく》恐竜《きょうりゅう》の中《なか》には20メートルをこえる種《しゅ》もたくさんいましたし、現在《げんざい》でもワニの仲間《なかま》には5メートルをこえる種《しゅ》もいます。ですから、2メートルではたいして大《おお》きくないのでは、と思《おも》うかもしれません。

しかし、ペルム紀《き》の世界《せかい》では、2メートルという体《からだ》はたしかに大型《おおがた》でした。両生類最強《りょうせいるいさいきょう》といわれた149ページのエリオプスも、スクトサウルスより少《すこ》し大《おお》きいくらいだったのです。

スクトサウルスの仲間《なかま》を「パレイアサウルス類《るい》」といいます。パレイアサウルス類《るい》の仲間《なかま》には、海《うみ》から遠《とお》く離《はな》れた、超大陸《ちょうたいりく》パンゲアの内陸《ないりく》で生《い》きていたという種類《しゅるい》もみつかっています。

化石《かせき》を見《み》たい！ 東海大学自然史博物館《とうかいだいがくしぜんしはくぶつかん》

通路《つうろ》のすぐそばに全身《ぜんしん》の復元骨格《ふくげんこっかく》が飾《かざ》られています。ホールに入《はい》ってすぐの場所《ばしょ》なので、見逃《みのが》さないように！

ここでもみられます！
佐野市葛生化石館、豊橋市自然史博物館　ほか

もっとしりたい！
パレイアサウルス類《るい》には背《せ》に装甲《そうこう》をもつものもいました。そのため、同《おな》じ爬虫類《はちゅうるい》であるカメ類《るい》の祖先《そせん》ではないか、といわれたこともあります。しかし、その考《かんが》えは現在《げんざい》では否定《ひてい》する意見《いけん》が多《おお》いようです。

歯《は》がうずまきになっている！
ヘリコプリオン

ペルム紀《き》

新生代《しんせいだい》　中生代《ちゅうせいだい》　古生代《こせいだい》　先カンブリア時代

歯《は》がうずをまく

アメリカやオーストラリア、そして日本《にっぽん》などの世界各国《せかいかっこく》のペルム紀《き》の海《うみ》の地層《ちそう》から、奇妙《きみょう》な化石《かせき》がみつかっています。

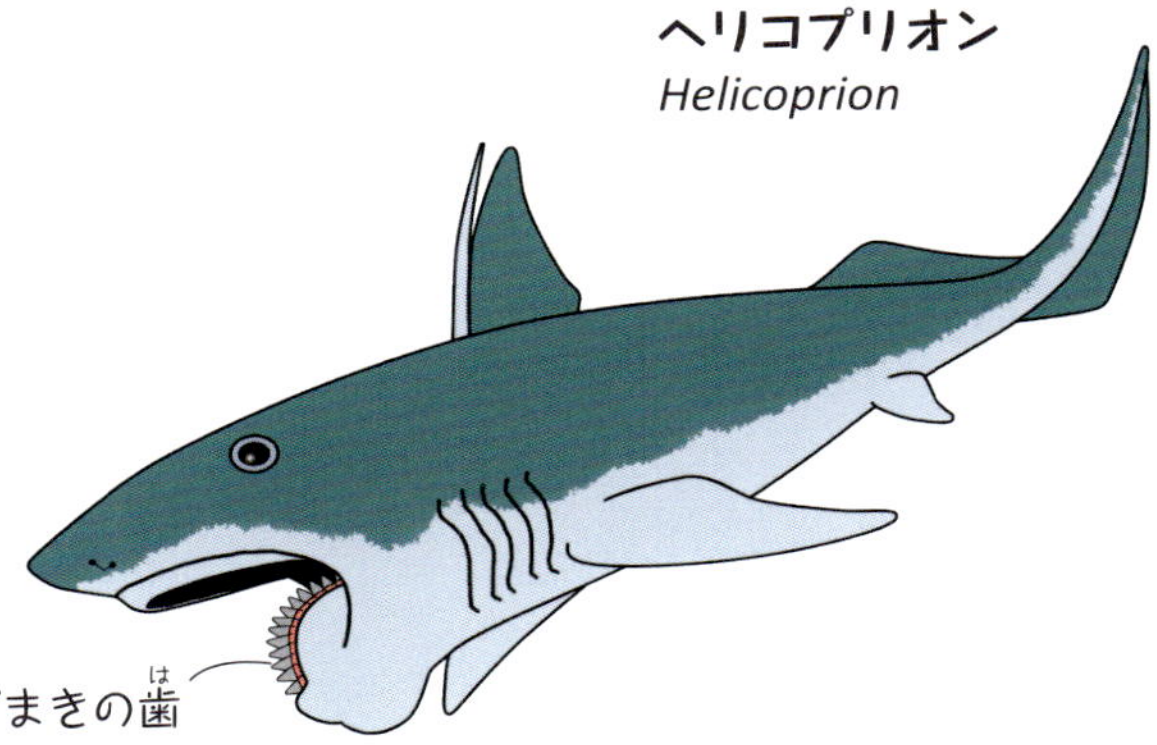

その化石《かせき》は、たくさんの歯《は》がぐるぐるとうずを描《えが》いて並《なら》んでいるというものです。隣《とな》りあう歯《は》はたがいに少《すこ》し重《かさ》なりあっていて、うずまきの外側《そとがわ》ほど大《おお》きい歯《は》、内側《うちがわ》ほど小《ちい》さい歯《は》が並《なら》んでいました。うず全体《ぜんたい》の大《おお》きさは23センチメートルをこえ、歯《は》の数《かず》は１００個《こ》以上《いじょう》にもなります。

このへんてこりんな歯《は》のもち主《ぬし》の名《な》を、「ヘリコプリオン」といいます。

食事《しょくじ》に役立《やくだ》った？

ヘリコプリオンはいったいどのような姿《すがた》をしていたのでしょう？研究者《けんきゅうしゃ》は１００年以上《ねんいじょう》も試行錯誤《しこうさくご》を重《かさ》ねてきました。歯《は》の形《かたち》などから、軟骨魚類《なんこつぎょるい》というグループの魚《さかな》の仲間《なかま》であるとわかったのですが、うずをつくって並《なら》ぶ歯《は》がいったいどのようについていたのかがまったくわからなかったのです。研究《けんきゅう》者《しゃ》の中《なか》には、実《じつ》はこの化石《かせき》は歯《は》ではなくて背《せ》びれの一部《いちぶ》ではないかと考《かんが》えた人《ひと》もいるくらいです。

最近《さいきん》になって、この歯《は》が下《した》あごの中央《ちゅうおう》にあったという見方《みかた》が有力《ゆうりょく》になりました。口《くち》の中《なか》にあったということは、やはり歯《は》だったのでしょう。

ではいったいどのようにしてこの歯《は》を使《つか》っていたのでしょうか？くわしいことはよくわかっていませんが、アンモナイトの祖先《そせん》たちを食《た》べるのに役立《やくだ》っていたのかもしれない、ともいわれています。

化石《かせき》を見《み》たい！　福井県立恐竜博物館《ふくいけんりつきょうりゅうはくぶつかん》

うずまきの歯《は》の化石《かせき》を実際《じっさい》に見《み》てみよう。この化石《かせき》からどのような動物《どうぶつ》の姿《すがた》を想像《そうぞう》しますか？

ここでもみられます！
群馬県立自然史博物館、地質標本館、東海大学自然史博物館、北九州市立自然史・歴史博物館　ほか

もっとしりたい！ 最近《さいきん》の研究《けんきゅう》で、ヘリコプリオンは軟骨魚類《なんこつぎょるい》の中《なか》の「ギンザメの仲間《なかま》（全頭類《ぜんとうるい》）」に分類《ぶんるい》されることがわかりました。

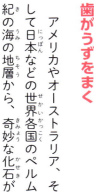

“帆《ほ》”をもった単《たん》弓《きゅう》類《るい》
ディメトロドン

ペルム紀《き》

新《しん》生《せい》代《だい》	中《ちゅう》生《せい》代《だい》	古《こ》生《せい》代《だい》	先カンブリア時代《じだい》

大《おお》いに繁栄《はんえい》した単弓類《たんきゅうるい》

「単弓類《たんきゅうるい》」とよばれる動物《どうぶつ》がいます。私《わたし》たち哺乳類《ほにゅうるい》を含《ふく》む動物《どうぶつ》のグループです。石炭紀《せきたんき》に両生類《りょうせいるい》から進化《しんか》したと考《かんが》えられていて、ペルム紀《き》になって大《おお》いに繁栄《はんえい》しました。ペルム紀《き》の前期《ぜんき》にいた代表的《だいひょうてき》な単弓類《たんきゅうるい》が「ディメトロドン」です。ディメトロドンは、アメリカなどから化石《かせき》がみつかっています。いくつかの種類《しゅるい》がいたようですが、大《おお》きなものでは3・5メートルにまで成長《せいちょう》しました。この大《おお》きさは、ペルム紀《き》の陸上動物《りくじょうどうぶつ》としては最大級《さいだいきゅう》です。頭部《とうぶ》が大《おお》きく、がっしりとしたあごをもち、そこには鋭《するど》くて大《おお》きな歯《は》が並《なら》んでいました。

帆《ほ》で体温《たいおん》を上《あ》げた?

ディメトロドンの最大《さいだい》の特徴《とくちょう》は、背中《せなか》の〝帆《ほ》〟です。背骨《せぼね》の一部《いちぶ》が上《うえ》に向《む》かって細長《ほそなが》くのびていて、その間《あいだ》には膜《まく》が張《は》られていたと考《かんが》えられています。

この帆《ほ》は何《なん》の役《やく》に立《た》ったのでしょうか?

帆《ほ》をつくる骨《ほね》の中《なか》には空洞《くうどう》があったことがわかっています。そこには血管《けっかん》が通《とお》っていたようです。そのため、帆《ほ》を日光《にっこう》に当《あ》てれば、血管《けっかん》の中《なか》の血液《けつえき》を温《あたた》めることができました。

血液《けつえき》が温《あたた》まれば、体《からだ》もポカポカして動《うご》きやすくなります。ペルム紀《き》の前期《ぜんき》は、冷《ひ》えこんだ時代《じだい》で、多《おお》くの動物《どうぶつ》が明《あ》け方《がた》や夕方《ゆうがた》などの寒《さむ》い時間帯《じかんたい》にはあまり動《うご》けなかったとみられています。そんな中《なか》で、帆《ほ》を使《つか》って体温《たいおん》を温《あたた》めることができたディメトロドンは、まだほかの動物《どうぶつ》がほとんど動《うご》けない時間帯《じかんたい》に活発《かっぱつ》に動《うご》き、獲物《えもの》を狩《か》ることができたのかもしれません。

化石《かせき》を見《み》たい! 群馬県立自然史博物館《ぐんまけんりつしぜんしはくぶつかん》

本物《ほんもの》の化石《かせき》で組《く》みあげられた骨格《こっかく》を見《み》ることができます。

ここでもみられます!
ミュージアムパーク 茨城県自然博物館、福井県立恐竜博物館、東海大学自然史博物館、豊橋市自然史博物館、大阪市立自然史博物館、北九州市立自然史・歴史博物館、御船町恐竜博物館　ほか

もっとしりたい!
帆《ほ》が体温《たいおん》を上《あ》げるのに役立《やくだ》ったとする仮説《かせつ》には、反対意見《はんたいいけん》もあります。最近《さいきん》の研究《けんきゅう》では、ディメトロドンはそもそも夜行性《やこうせい》だったのではないか、という指摘《してき》もあります。

5月14日
読《よ》んだ日《ひ》　月　日　月　日

帆《ほ》にとげをもつ単弓類《たんきゅうるい》
エダフォサウルス

ペルム紀《き》

新生代《しんせいだい》　中生代《ちゅうせいだい》　古生代《こせいだい》　先カンブリア時代《じだい》

ディメトロドンと似《に》た単弓類《たんきゅうるい》

ディメトロドンと同《おな》じ地層《ちそう》から化石《かせき》がみつかる、ディメトロドンとよく似《に》た姿《すがた》の単弓類《たんきゅうるい》がいます。「エダフォサウルス」です。

エダフォサウルスは、ディメトロドンとほとんど同《おな》じ大《おお》きさの単弓類《たんきゅうるい》です。ディメトロドンと同《おな》じく、背骨《せぼね》の一部《いちぶ》が上《うえ》に向《む》かって長《なが》くのびていて、その間《あいだ》に膜《まく》が張《は》られていたと考《かんが》えられています。

帆《ほ》にはとげがあった

エダフォサウルスとディメトロドンには、ちがいも多《おお》くありました。たとえば、頭部《とうぶ》です。ディメトロドンは大《おお》きな頭部《とうぶ》をもっていましたが、エダフォサウルスの頭部《とうぶ》は、ちょこんとした小《ちい》さなものです。ディメトロドンには、肉食《にくしょく》に向《む》いた大《おお》きく鋭《するど》い歯《は》がありましたが、エダフォサウルスの歯《は》は鉛筆《えんぴつ》のような単純《たんじゅん》な形《かたち》でした。エダフォサウルスは、この歯《は》で植物《しょくぶつ》をすきとって食《た》べていたとみられています。

トレードマークである帆《ほ》も、よく見《み》るとディメトロドンとはちがいがあります。ディメトロドンの帆《ほ》をつくる骨《ほね》は、まっすぐのびているだけでした。しかし、エダフォサウルスの帆《ほ》をつくる骨《ほね》には、左右《さゆう》にたくさんの小《ちい》さなとげが並《なら》んでいたのです。

また、ディメトロドンは、帆《ほ》の骨《ほね》の中《なか》に空洞《くうどう》があり、そこに血管《けっかん》があったのではないかとみられていますが、エダフォサウルスの帆《ほ》の骨《ほね》には空洞《くうどう》がありませんでした。このため、エダフォサウルスの帆《ほ》には、体温《たいおん》を上《あ》げる役割《やくわり》はなかったとみられています。

化石《かせき》を見《み》たい！　国立科学博物館《こくりつかがくはくぶつかん》

少《すこ》し高《たか》い位置《いち》に展示《てんじ》されているので、見逃《みのが》さないように！　近《ちか》くにディメトロドンの骨格《こっかく》も展示《てんじ》されています。“帆《ほ》”のとげや頭《あたま》の大《おお》きさなど、いろいろと見比《みくら》べてみよう。

国立科学博物館

もっとしりたい！　ディメトロドンとエダフォサウルスがみつかる同《おな》じ地層《ちそう》からは、149ページで紹介《しょうかい》したエリオプスの化石《かせき》もみつかっています。みんな同《おな》じ場所《ばしょ》で暮《く》らしていたようです。

小《ちい》さな頭《あたま》にでっぷり胴《どう》体《たい》
コティロリンクス

ペルム紀《き》

新生代 | 中生代 | 古生代 | 先カンブリア時代

コティロリンクス
Cotylorhynchus

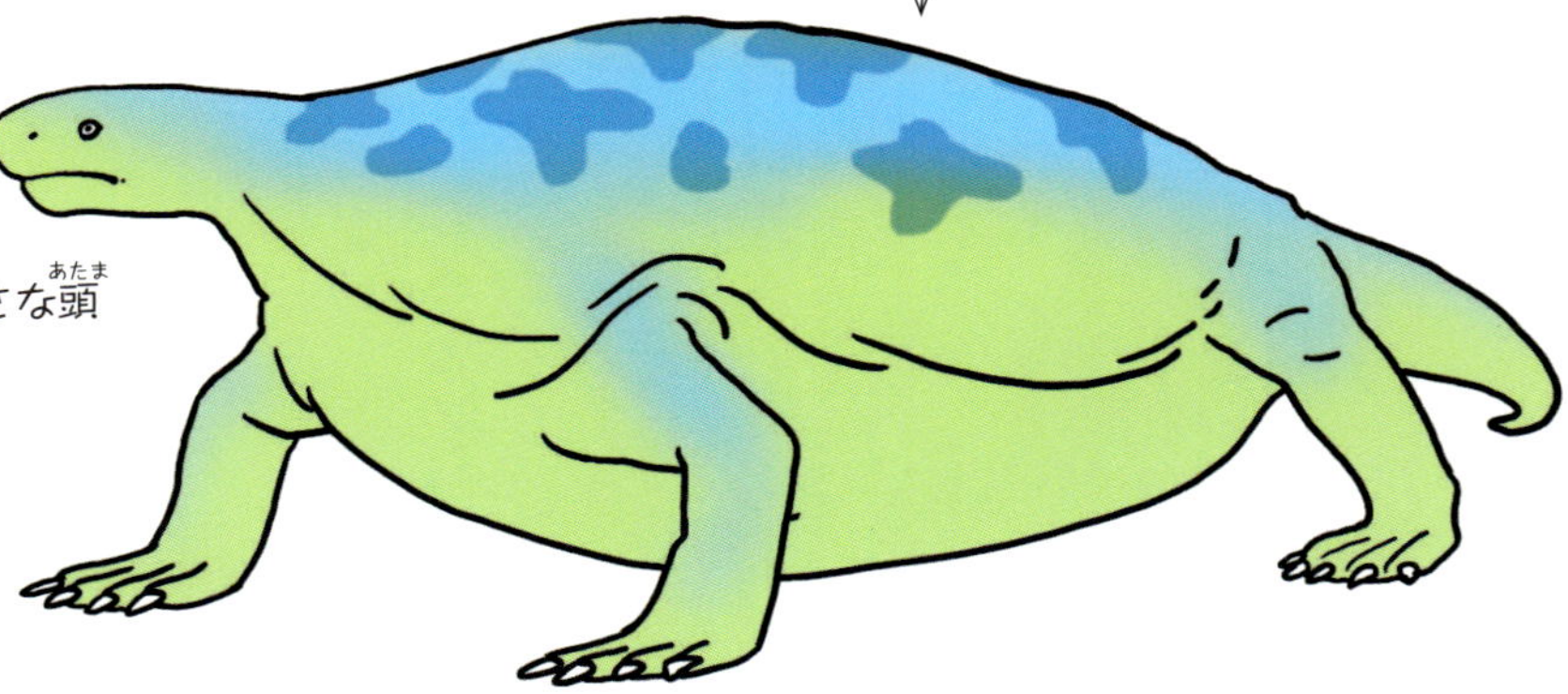

帆《ほ》のない単《たん》弓《きゅう》類《るい》もいた

ペルム紀《き》の単《たん》弓《きゅう》類《るい》がみな、ディメトロドンやエダフォサウルスのような〝帆《ほ》〟をもっていたわけではありません。大《おお》きな体《からだ》をしていても、帆《ほ》をもたない単《たん》弓《きゅう》類《るい》もたくさんいました。

アメリカなどから化《か》石《せき》がみつかっている「コティロリンクス」は、鼻《はな》の先《さき》から尾《お》の先《さき》までの長《なが》さが3・5メートルの単《たん》弓《きゅう》類《るい》です。背《せ》中《なか》に帆《ほ》はありませんでした。

樽《たる》のような胴《どう》

コティロリンクスは帆《ほ》こそもっていませんでしたが、独《どく》特《とく》の姿《すがた》をした単《たん》弓《きゅう》類《るい》でした。コティロリンクスは、頭《とう》部《ぶ》が極《きょく》端《たん》に小《ちい》さいのです。3・5メートルもの巨《きょ》体《たい》でありながら、頭《とう》部《ぶ》は20センチメートルほどしかありません。ヒトの頭《あたま》とあまり変《か》わらないのです。

また、コティロリンクスの胴《どう》体《たい》は、樽《たる》のようにでっぷりと広《ひろ》がっていました。

なぜ、コティロリンクスはこんなに小《ちい》さな頭《あたま》で、そしてこんなに大《おお》きな胴《どう》体《たい》をもっていたのでしょうか？

くわしいことはわかりませんが、コティロリンクスは植《しょく》物《ぶつ》を食《た》べていたとみられています。大《おお》きな胴《どう》体《たい》にたくさんの植《しょく》物《ぶつ》をためこんで、ゆっくりと消《しょう》化《か》していたのかもしれません。

なお、最《さい》近《きん》の研《けん》究《きゅう》では、水《すい》中《ちゅう》で暮《く》らしていたのではないか、という指《し》摘《てき》もされています。

化《か》石《せき》を見《み》たい！　佐《さ》野《の》市《し》葛《くず》生《う》化《か》石《せき》館《かん》

複《ふく》製《せい》ですが、コティロリンクスの全《ぜん》身《しん》化《か》石《せき》が展《てん》示《じ》されています。

もっとしりたい！
コティロリンクスほどではありませんが、当《とう》時《じ》、小《ちい》さな頭《あたま》に大《おお》きな胴《どう》体《たい》という単《たん》弓《きゅう》類《るい》はいくつかの種《しゅ》類《るい》がいました。何《なに》かの理《り》由《ゆう》があって、このような体《からだ》が有《ゆう》利《り》だったのでしょう。

ペルム紀《き》後期《こうき》の支配者《しはいしゃ》
イノストランケヴィア

ペルム紀《き》

新生代《しんせいだい》 中生代《ちゅうせいだい》 古生代《こせいだい》 先カンブリア時代

暖《あたた》かい時代《じだい》の支配者《しはいしゃ》

156ページで紹介《しょうかい》したディメトロドンは、ペルム紀《き》前期《ぜんき》の肉食動物《にくしょくどうぶつ》の代表的《だいひょうてき》な存在《そんざい》でした。地球《ちきゅう》の気候《きこう》が寒《さむ》かった時代《じだい》、ディメトロドンはその帆《ほ》で体温《たいおん》を上《あ》げて、優《すぐ》れた狩人《かりうど》として活動《かつどう》していたとみられています。ペルム紀《き》の後期《こうき》になると、地球《ちきゅう》の気候《きこう》は次第《しだい》に暖《あたた》かくなっていきました。そんな地球《ちきゅう》では、新《あら》たな単弓類《たんきゅうるい》のグループが地上《ちじょう》の支配者《しはいしゃ》となりました。

そのグループを「ゴルゴノプス類《るい》」といいます。その中《なか》でも最《もっと》も大《おお》きな体《からだ》をしていたのが、ロシアから化石《かせき》がみつかっている「イノストランケヴィア」です。

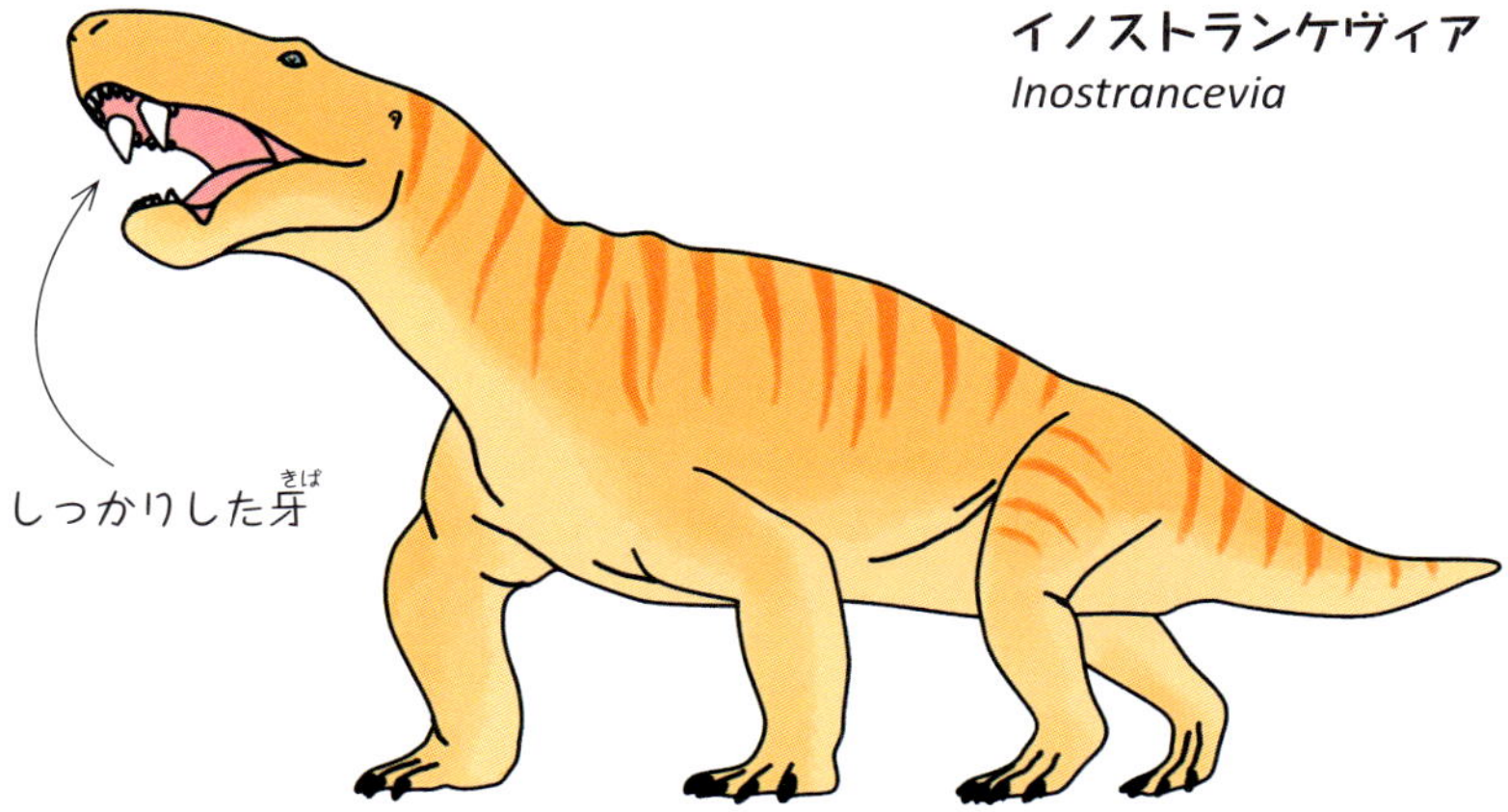

鋭《するど》い牙《きば》をもつ

イノストランケヴィアは、鼻《はな》の先《さき》から尾《お》の先《さき》までの長《なが》さが3・5メートル以上《いじょう》もあるゴルゴノプス類《るい》です。ディメトロドンとほぼ同《おな》じ大《おお》きさです。ディメトロドンのような帆《ほ》はもっておらず、現在《げんざい》のトラのようなすらりとした体《からだ》つきをしていました。

ただし、トラとはちがう点《てん》もたくさんあります。鼻先《はなさき》が長《なが》くのびていて、頭部《とうぶ》の長《なが》さは60センチメートルもありました。さらに、13センチメートル以上《いじょう》のしっかりした牙《きば》があったのです。イノストランケヴィアが恐《おそ》ろしい肉食動物《にくしょくどうぶつ》だったことがよくわかります。

ゴルゴノプス類《るい》はみんな、こうした大《おお》きな牙《きば》をもっていました。ゴルゴノプス類《るい》の中《なか》には、この牙《きば》を十分《じゅうぶん》に活《い》かすために下《した》あごが90度《ど》まで開《ひら》いたものもいたようです。

化石《かせき》を見《み》たい！ 佐野市葛生化石館《さのしくずうかせきかん》

全身《ぜんしん》の復元骨格《ふくげんこっかく》が展示《てんじ》されています。佐野市葛生《さのしくずう》化石館《かせきかん》は、ペルム紀《き》の単弓類《たんきゅうるい》の展示《てんじ》が充実《じゅうじつ》しています。

ここでもみられます！
東海大学自然史博物館　ほか

もっとしりたい！ ゴルゴノプス類《るい》は、正確《せいかく》には単弓類《たんきゅうるい》の中《なか》の「獣弓類《じゅうきゅうるい》」というグループに属《ぞく》しています。獣弓類《じゅうきゅうるい》は、のちの哺乳類《ほにゅうるい》につながるグループです。

夫婦《ふうふ》で仲《なか》よし!? ディイクトドン

ペルム紀《き》

新生代《しんせいだい》 中生代《ちゅうせいだい》 古生代《こせいだい》 先カンブリア時代

地中《ちちゅう》で暮《く》らす小型《こがた》の単弓類《たんきゅうるい》

南《みなみ》アフリカの地層《ちそう》からは、「ディイクトドン」という、45センチメートルほどの小《ちい》さな単弓類《たんきゅうるい》の化石《かせき》がみつかっています。

ディイクトドンは手《て》あしが短《みじか》めで、現在《げんざい》の小型犬《こがたけん》のダックスフンドのような体《からだ》つきをしていました。ただし、鼻《はな》先《さき》はダックスフンドのようにのびておらず、寸詰《すんづ》まりでした。地中《ちちゅう》にうずまき型《がた》の巣穴《すあな》を掘《ほ》り、そこで暮《く》らしていたと考《かんが》えられています。ディイクトドンのものとみられる巣穴《すあな》の化石《かせき》もみつかっています。

ディイクトドン
Diictodon

仲《なか》よく寄《よ》り添《そ》って眠《ねむ》る

より添《そ》って眠《ねむ》る

ディイクトドンには、牙《きば》があるものとないものがいます。ディイクトドンの化石《かせき》はたくさんみつかっており、その中《なか》で牙《きば》のあるものとないものの数《かず》はほぼ同《おな》じです。「数《かず》が同《おな》じ」ということから、どちらかがオスでどちらかがメスではないか、と考《かんが》えられています。多《おお》くの動物《どうぶつ》では、オスとメスの数《かず》はほぼ同《おな》じになるからです。

ディイクトドンの化石《かせき》は、2匹《ひき》がまとまってみつかることがあります。それはひょっとしたらオスとメスのつがいかもしれません。化石《かせき》の中《なか》には、2匹《ひき》が寄《よ》り添《そ》うように眠《ねむ》ったままのものもあります。つがいであるかどうかはともかく、ディイクトドンどうし、仲《なか》がよかったのでしょう。

化石《かせき》を見《み》たい！ 群馬県立自然史博物館《ぐんまけんりつしぜんしはくぶつかん》

「ディモンドン類《るい》」という、ディイクトドンと同《おな》じグループに属《ぞく》する動物《どうぶつ》の化石《かせき》が展示《てんじ》されています。

群馬県立自然史博物館

もっとしりたい！ 南《みなみ》アフリカのある地層《ちそう》からはたくさんの動物化石《どうぶつかせき》がみつかります。その60パーセントがディイクトドンの化石《かせき》でした。

謎《なぞ》の巨《きょ》大《だい》二《に》枚《まい》貝《がい》 シカマイア

シカマイア
Sikamaia

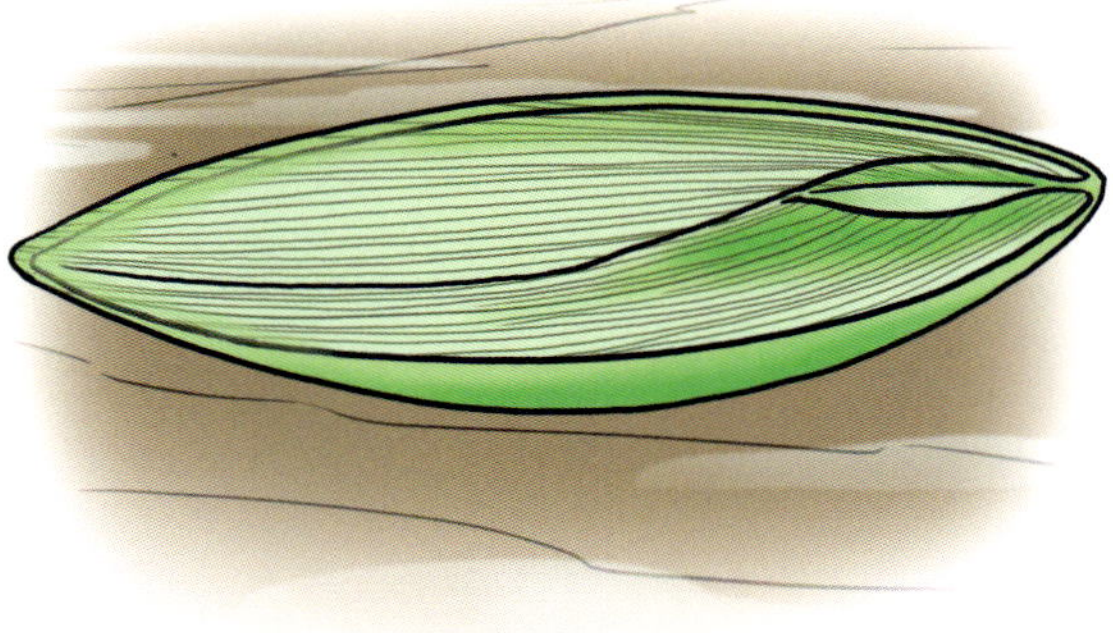

最大級《さいだいきゅう》の二枚貝《にまいがい》！

日本《にっぽん》にもペルム紀《き》の地層《ちそう》があります。とくに岐阜県《ぎふけん》の地層《ちそう》は有名《ゆうめい》で、調査《ちょうさ》がさかんに行《おこな》われています。そんな岐阜県《ぎふけん》のペルム紀《き》の地層《ちそう》から発見《はっけん》されている二枚貝類《にまいがいるい》の化石《かせき》が「シカマイア」です。

「シカマイア」という名前《なまえ》は、昭和時代《しょうわじだい》に活躍《かつやく》した古生物学者《こせいぶつがくしゃ》の鹿間時夫博士《しかまときおはかせ》にちなむものです。

二枚貝類《にまいがいるい》ということは、みそ汁《しる》の具《ぐ》でおなじみのシジミやアサリの仲間《なかま》です。しかしシカマイアはこうしたおなじみの二枚《にまい》貝類と比《くら》べると、とてつもなく巨大《きょだい》であるという特徴《とくちょう》がありました。大《おお》きなものでは1メートルをこえたのです。そのため、シカマイアは「最大級《さいだいきゅう》の二枚貝類《にまいがいるい》」として知《し》られています。

姿《すがた》も生《い》き方《かた》も謎《なぞ》

最大級《さいだいきゅう》の二枚貝類《にまいがいるい》として知《し》られるシカマイアですが、実《じつ》はその大《おお》きさ以外《いがい》は謎《なぞ》に包《つつ》まれています。なにしろ、どのような形《かたち》の二枚貝《にまいがい》だったのかがよくわかっていないのです。

シカマイアの化石《かせき》は、マレーシアなどからもみつかっています。しかしどの産地《さんち》でも、たくさんの破片《はへん》が集《あつ》まった状態《じょうたい》でみつかるのです。この破片《はへん》をつなぎあわせて復元《ふくげん》をするのですが、できあがった復元図《ふくげんず》は研究者《けんきゅうしゃ》によってちがいがあります。このページのイラストは、東京《とうきょう》の国立科学博物館《こくりつかがくはくぶつかん》で展示《てんじ》されている模型《もけい》をモデルに描《えが》きました。

形《かたち》がこのような状況《じょうきょう》なので、どのように生《い》きていたのかも謎《なぞ》に包《つつ》まれています。日本《にっぽん》で最初《さいしょ》にみつかったこの化石《かせき》をめぐる謎解《なぞと》きは、まだまだこれからなのです。

化石《かせき》を見《み》たい！ 佐野市葛生化石館《さのしくずうかせきかん》

国立科学博物館《こくりつかがくはくぶつかん》のほかにも、ペルム紀《き》の展示《てんじ》が充実《じゅうじつ》している佐野市葛生《さのしくずう》化石館《かせきかん》で見《み》ることができます。

ここでもみられます！
豊橋市自然史博物館　ほか

もっとしりたい！
二枚貝類《にまいがいるい》の中《なか》には、シカマイアと同《おな》じかそれ以上《いじょう》に大《おお》きなものがいました。たとえば、現在《げんざい》のオオシャコガイや、中生代《ちゅうせいだい》の白亜紀《はくあき》にいたイノセラムス（255ページで紹介《しょうかい》）も大《おお》きく成長《せいちょう》します。

“最後《さいご》”の三葉虫類《さんようちゅうるい》 ケイロピゲ

ペルム紀《き》

新生代《しんせいだい》	中生代《ちゅうせいだい》	古生代《こせいだい》	先《せん》カンブリア時代《じだい》

ケイロピゲ
Cheiropyge

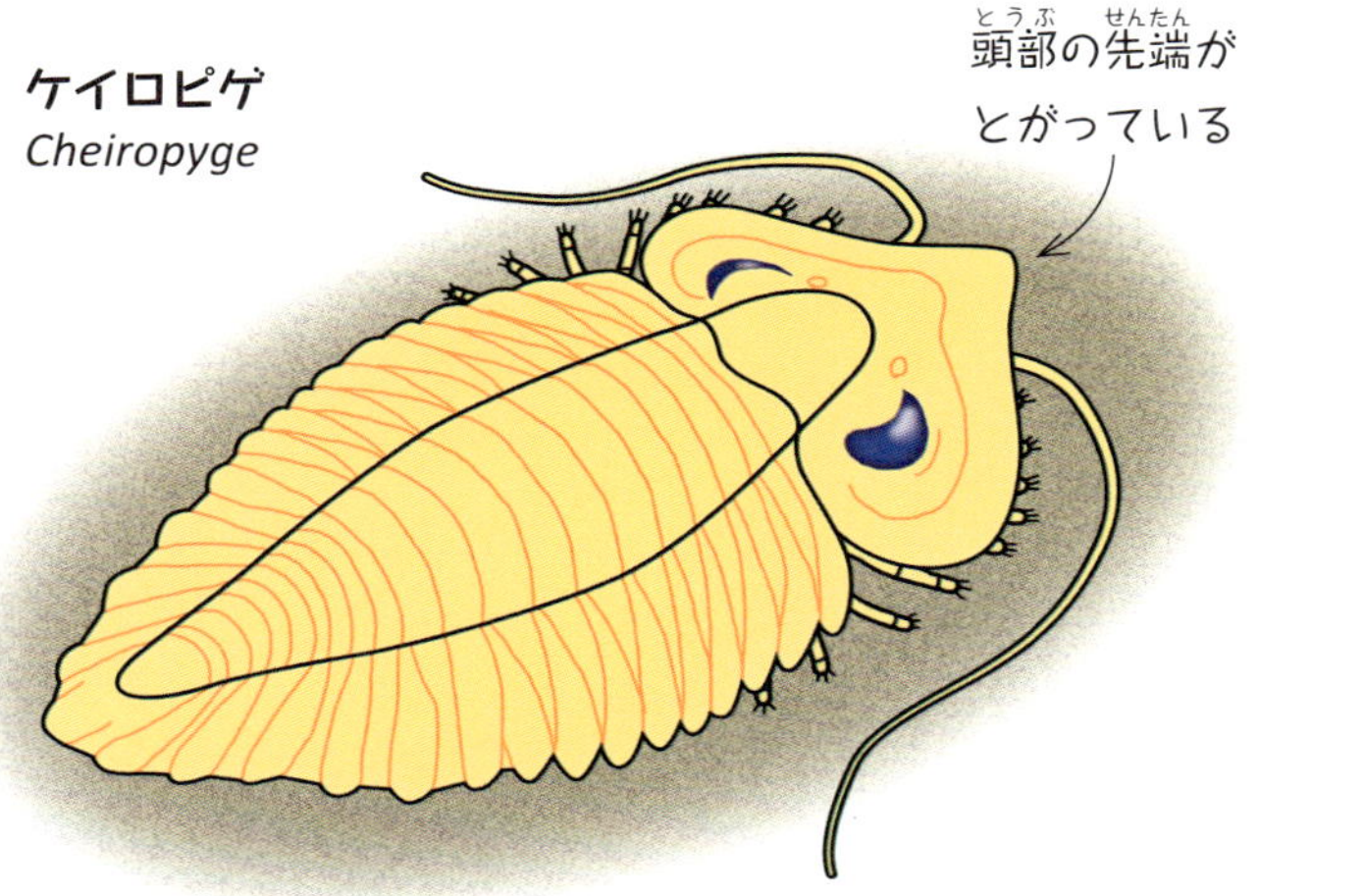

石炭紀以降《せきたんきいこう》も生《い》き残《のこ》っていた

カンブリア紀《き》に現《あらわ》れた三葉虫類《さんようちゅうるい》は、古生代《こせいだい》を通《つう》じて子孫《しそん》を残《のこ》し続《つづ》けてきました。

しかし大繁栄《だいはんえい》をとげたのは、古生代《こせいだい》の最初《さいしょ》の時代《じだい》であるカンブリア紀《き》とその次《つぎ》のオルドビス紀《き》だけです。第《だい》3の時代《じだい》のシルル紀《き》には、三葉虫類《さんようちゅうるい》の種《しゅ》の数《かず》は半分以下《はんぶんいか》にまで減《へ》りました。第《だい》4の時代《じだい》のデボン紀《き》にはさまざまな形《かたち》をした種《しゅ》が現《あらわ》れたものの、第《だい》5の時代《じだい》である石炭紀《せきたんき》にはある特定《とくてい》のグループのみが生《い》き残《のこ》っただけでした。

石炭紀以降《せきたんきいこう》も生《い》き残《のこ》っていたのは、「プロエタス類《るい》」とよばれる三葉虫類《さんようちゅうるい》のグループです。プロエタス類《るい》の三葉虫《さんようちゅう》は、比較的細《ひかくてきほそ》い体《からだ》をしていて、大《おお》きさは数《すう》センチメートルのものがほとんどでした。長《なが》いとげをもつものや巨大《きょだい》な種《しゅ》は含《ふく》まれていません。

そんなプロエタス類《るい》も、ペルム紀《き》の最後《さいご》まで生《い》き残《のこ》っていた種《しゅ》は本当《ほんとう》にわずかでした。

化石《かせき》は日本《にっぽん》でもみつかる

ペルム紀《き》の最後《さいご》まで生《い》き残《のこ》っていた数少《かずすく》ない三葉虫類《さんようちゅうるい》の一《ひと》つの化石《かせき》が、宮城県《みやぎけん》などからみつかっています。それが「ケイロピゲ」です。

ケイロピゲは頭部《とうぶ》の先端《せんたん》がとがっているという特徴《とくちょう》はありますが、それ以外《いがい》には目立《めだ》った特徴《とくちょう》のない三葉虫類《さんようちゅうるい》でした。大《おお》きさは数《すう》センチメートルほどです。

最後《さいご》まで生《い》き残《のこ》った三葉虫類《さんようちゅうるい》は、ケイロピゲと同《おな》じようにとくに目立《めだ》った特徴《とくちょう》のないものばかりでした。そして三葉虫類《さんようちゅうるい》は、ペルム紀末《きまつ》に完全《かんぜん》に絶滅《ぜつめつ》し、およそ3億年間《おくねんかん》にわたる長《なが》い歴史《れきし》を終《お》えることになります。

化石《かせき》を見《み》たい！　群馬県立自然史博物館《ぐんまけんりつしぜんしはくぶつかん》

ケイロピゲに近縁《きんえん》の「シュードフィリップシア」という三葉虫《さんようちゅう》の化石《かせき》が展示《てんじ》されています。ほかの三葉虫類《さんようちゅうるい》と比《くら》べてみて、その“シンプルさ”を確認《かくにん》しよう。

群馬県立自然史博物館

もっとしりたい！
最後《さいご》の三葉虫類《さんようちゅうるい》の化石《かせき》は、日本《にっぽん》のほかに、中国《ちゅうごく》やパキスタン、ロシアなどでもみつかっています。

1 2 3 4 5 6 7 8 9 10 11 12

史上最大《しじょうさいだい》 ペルム紀末大量絶滅事件《きまつたいりょうぜつめつじけん》

絶滅率《ぜつめつりつ》96パーセント！

古生代《こせいだい》カンブリア紀《き》以降《いこう》、たくさんの生物《せいぶつ》が絶滅《ぜつめつ》してきました。とくにたくさんの生物《せいぶつ》が同《おな》じ時期《じき》に絶滅《ぜつめつ》した5回《かい》の事件《じけん》のことを「ビッグ・ファイブ」とよびます。ペルム紀末《きまつ》には、ビッグ・ファイブの3回目《かいめ》にあたる大量《たいりょう》絶滅事件《ぜつめつじけん》がおきました。

ペルム紀末《きまつ》の大量絶滅《たいりょうぜつめつ》事件《じけん》は、とにかく規模《きぼ》が大《おお》きかったことで知《し》られています。海《うみ》で暮《く》らす生物《せいぶつ》の96パーセントの種《しゅ》が姿《すがた》を消《け》し、陸《りく》で暮《く》らす生物《せいぶつ》も場所《ばしょ》によっては70パーセント以上《いじょう》の種《しゅ》が滅《ほろ》んだともいわれています。

これまで2回《かい》の大量絶滅《たいりょうぜつめつ》事件《じけん》を乗《の》り越《こ》え、3億年近《おくねんちか》く子孫《しそん》を残《のこ》し続《つづ》けてきた三葉虫類《さんようちゅうるい》も、このペルム紀《き》末《まつ》の大量絶滅事件《たいりょうぜつめつじけん》で完全《かんぜん》に姿《すがた》を消《け》しました。

2回《かい》にわたっておきた

ペルム紀末《きまつ》の大量絶滅事件《たいりょうぜつめつじけん》の原因《げんいん》については、いろいろな仮説《かせつ》があります。隕石《いんせき》が衝突《しょうとつ》したという説《せつ》や、大規模《だいきぼ》な火山活動《かざんかつどう》がおきたという説《せつ》、超大陸《ちょうたいりく》という地理《ちり》が何《なん》らかの影響《えいきょう》を与《あた》えたという説《せつ》があります。また、地球《ちきゅう》が冷《ひ》えこんだという説《せつ》、海《うみ》に溶《と》けこんでいるはずの酸素《さんそ》がなくなったという説《せつ》などもあり、本当《ほんとう》にさまざまです。これらの原因《げんいん》が同時《どうじ》に発生《はっせい》したという仮説《かせつ》もあります。

わかっているのは、ペルム紀末《きまつ》の大量絶滅事件《たいりょうぜつめつじけん》は1000万年《まんねん》よりも短《みじか》い間《あいだ》に2回《かい》にわたっておきたということです。当時《とうじ》の生物《せいぶつ》は1回目《かいめ》で打撃《だげき》を受《う》け、2回目《かいめ》で滅《ほろ》んだといわれています。

化石《かせき》を見《み》たい！ 群馬県立自然史博物館《ぐんまけんりつしぜんしはくぶつかん》

大量絶滅《たいりょうぜつめつ》を解説《かいせつ》するパネルが展示《てんじ》されています。

群馬県立自然史博物館

もっとしりたい！ ペルム紀末《きまつ》の大量絶滅事件《たいりょうぜつめつじけん》を境《さかい》に、それ以前《いぜん》に栄《さか》えていた生物《せいぶつ》たちを「古生代型生物群《こせいだいがたせいぶつぐん》」、それ以降《いこう》に栄《さか》えた生物《せいぶつ》たちを「現代型生物群《げんだいがたせいぶつぐん》」とよびます。

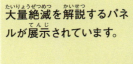

化石《かせき》に残《のこ》りやすいもの 残《のこ》りにくいもの

やわらかいものは残《のこ》りにくい

化石《かせき》には、骨《ほね》や歯《は》、殻《から》などのかたいものほど残《のこ》りやすく、筋肉《きんにく》や内臓《ないぞう》などのやわらかいものほど残《のこ》りにくいという傾向《けいこう》があります。ただし、やわらかいものが残《のこ》りやすい特別《とくべつ》な地層《ちそう》もあります。これまでにみてきた中《なか》で、カンブリア紀《き》の多《おお》くの動物《どうぶつ》たちや、オッファコルス、キシロコリス、コリンボサトンの化石《かせき》が発見《はっけん》された地層《ちそう》は、そうした特別《とくべつ》な地層《ちそう》です。

あるいは、たくさんの数《かず》があれば、残《のこ》りにくいものでも化石《かせき》になる場合《ばあい》があります。その代表《だいひょう》が、うんちの化石《かせき》です。

動物《どうぶつ》は、一生《いっしょう》の間《あいだ》にたくさんうんちをします。うんちはやわらかいので、ほとんど化石《かせき》には残《のこ》りません。

しかし、なにしろたくさんの数《かず》が残《のこ》されるので、ごくまれに化石《かせき》に残《のこ》るうんちもあるのです。そうしたうんちは、とくに「コプロライト」とよばれています。

コプロライトは、当時《とうじ》の動物《どうぶつ》が何《なに》を食《た》べていたのかなどを知《し》る重要《じゅうよう》な手《て》がかりになります。

大《おお》きいものは壊《こわ》れやすい

化石《かせき》は、地層《ちそう》の中《なか》に埋《う》まっています。地層《ちそう》は「地殻変動《ちかくへんどう》」とよばれる大地《だいち》の動《うご》きで曲《ま》げられたり、「断層《だんそう》」ができて切断《せつだん》されたりします。また、化石《かせき》が地表《ちひょう》に出《で》てから人《ひと》にみつけられるまでは、雨《あめ》や風《かぜ》によって少《すこ》しずつ削《けず》られていきます。

こうして、化石《かせき》は自然《しぜん》に壊《こわ》れていきます。

小《ち》さな化石《かせき》が壊《こわ》れるときは、全体《ぜんたい》が壊《こわ》れてなくなることがほとんどです。壊《こわ》れなければ、全身《ぜんしん》がまるごと化石《かせき》としてみつかることもめずらしくありません。

しかし、大《おお》きな化石《かせき》は体《からだ》の一部《いちぶ》が壊《こわ》されることがよくあります。大型《おおがた》の恐竜化石《きょうりゅうかせき》や、大《おお》きな樹木《じゅもく》の化石《かせき》が完全体《かんぜんたい》でみつかることがほとんどないのはこのためです。

研究者《けんきゅうしゃ》は、こうした化石《かせき》の壊《こわ》れ方《かた》や変形《へんけい》の仕方《しかた》を考《かんが》えながら、生《い》きていたときの姿《すがた》を復元《ふくげん》していくのです。

化石《かせき》に残《のこ》りやすい

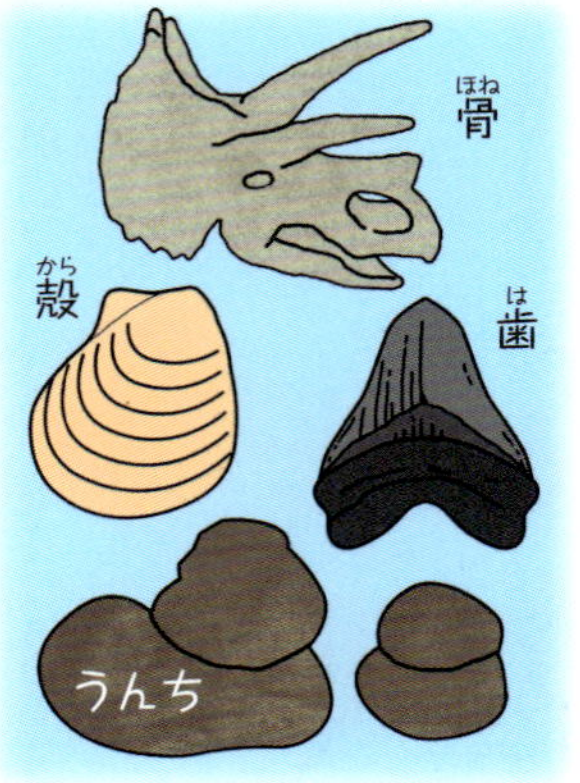

化石《かせき》に残《のこ》りにくい

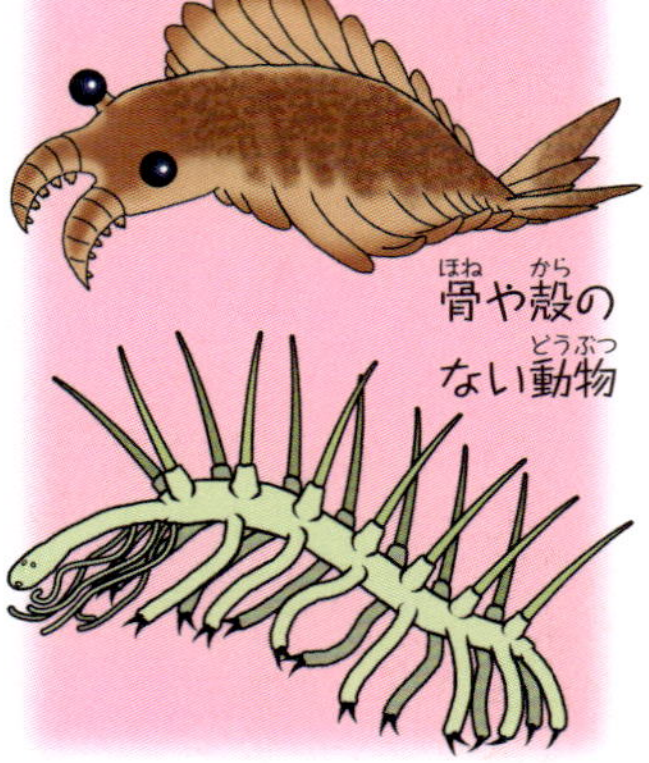

もっとしりたい！
有名《ゆうめい》な大型肉食恐竜《おおがたにくしょくきょうりゅう》ティラノサウルスの場合《ばあい》、これまでにみつかった化石《かせき》の中《なか》で、全身《ぜんしん》の7割以上《わりいじょう》が残《のこ》っていたのはたった1体《たい》だけです。

三畳紀《さんじょうき》

およそ2億《おく》5200万年前《まんねんまえ》に古生代《こせいだい》が終《お》わると、次《つぎ》は「中生代《ちゅうせいだい》」が始《はじ》まります。中生代《ちゅうせいだい》はおよそ6600万年前《まんねんまえ》まで続《つづ》きました。中生代《ちゅうせいだい》は三《みっ》つの時代《じだい》に分《わ》かれています。「三畳紀《さんじょうき》」はその中《なか》で最初《さいしょ》の時代《じだい》です。およそ2億《おく》5200万年前《まんねんまえ》から2億《おく》100万年前《まんねんまえ》ごろまで続《つづ》きました。中生代《ちゅうせいだい》は「恐竜《きょうりゅう》の時代《じだい》」ともよばれます。しかし、三《さん》畳紀《じょうき》はまだ「恐竜《きょうりゅう》の時代《じだい》」というほどに恐竜類《きょうりゅうるい》は繁栄《はんえい》していませんでした。では、いったい何《なに》が繁栄《はんえい》していたのでしょう？

爬《は》虫《ちゅう》類《るい》が栄《さか》えた時《じ》代《だい》

中《ちゅう》生《せい》代《だい》

三畳紀《さんじょうき》

新《しん》生《せい》代《だい》　中《ちゅう》生《せい》代《だい》　古《こ》生《せい》代《だい》　先《せん》カンブリア時《じ》代《だい》

恐竜《きょうりゅう》の時代《じだい》

今《いま》からおよそ2億《おく》5200万《まん》年前《ねんまえ》、古生代《こせいだい》が終《お》わり、中生代《ちゅうせいだい》が始《はじ》まりました。中生代《ちゅうせいだい》は、1億《おく》8600万年間《まんねんかん》にわたって続《つづ》きました。

中生代《ちゅうせいだい》は三《みっ》つの「紀《き》」に分《わ》けられています。「三畳紀《さんじょうき》」と「ジュラ紀《き》」、そして「白亜紀《はくあき》」です。

中生代《ちゅうせいだい》は恐竜《きょうりゅう》の時代《じだい》としてよく知《し》られています。三畳紀《さんじょうき》の後期《こうき》に現《あらわ》れた恐竜類《きょうりゅうるい》は、ジュラ紀《き》から白亜紀《はくあき》にかけて、陸上《りくじょう》で大繁栄《だいはんえい》しました。

恐竜類《きょうりゅうるい》は爬虫類《はちゅうるい》の中《なか》の一《ひと》つのグループです。そして、中生代《ちゅうせいだい》に繁栄《はんえい》した爬虫類《はちゅうるい》は、恐竜類《きょうりゅうるい》のほかにもいました。海《うみ》の中《なか》では、イルカに似《に》た姿《すがた》の魚竜類《ぎょりゅうるい》や、クビナガリュウ類《るい》が繁栄《はんえい》しました。空《そら》では翼竜類《よくりゅうるい》が栄《さか》えました。一方《いっぽう》で、哺乳類《ほにゅうるい》や鳥類《ちょうるい》が現《あらわ》れたのも中生代《ちゅうせいだい》でした。

アンモナイトが大繁栄《だいはんえい》！

爬虫類以外《はちゅうるいいがい》で、中生代《ちゅうせいだい》の生物《せいぶつ》として有名《ゆうめい》なのはアンモナイト類《るい》です。アンモナイト類《るい》は、65ページで紹介《しょうかい》したカメロケラスなどと同《おな》じ頭足類《とうそくるい》の中《なか》の1グループです。

アンモナイト類《るい》の祖先《そせん》は、古生《こせい》代《だい》のデボン紀《き》には現《あらわ》れていましたが、ペルム紀末《きまつ》の大量絶滅事件《たいりょうぜつめつじけん》で大《おお》きく数《かず》を減《へ》らしていました。しかし、中生代《ちゅうせいだい》になって再《ふたた》び栄《さか》えるようになったのです。

中生代《ちゅうせいだい》が始《はじ》まったころ、植物《しょくぶつ》はシダ植物《しょくぶつ》と裸子植物《らししょくぶつ》だけでした。しかしやがて、被子植物《ひししょくぶつ》が現《あらわ》れて、世界中《せかいじゅう》で森《もり》をつくるようになりました。

2回《かい》のビッグ・ファイブ

古生代《こせいだい》には、ビッグ・ファイブに数《かぞ》えられる大量絶滅事件《たいりょうぜつめつじけん》が3回《かい》ありました。残《のこ》る2回《かい》のビッグ・ファイブは、この中生代《ちゅうせいだい》におきました。一《ひと》つは三畳期末《さんじょうきまつ》、もう一《ひと》つは白亜紀末《はくあきまつ》です。

もっとしりたい！

鳥類《ちょうるい》は、恐竜類《きょうりゅうるい》の中《なか》の1グループです。中生代《ちゅうせいだい》が始《はじ》まったころにはいませんでしたが、ジュラ紀《き》になって現《あらわ》れました。

陸《りく》上《じょう》で脊《せき》椎《つい》動《どう》物《ぶつ》が争《あらそ》った 三《さん》畳《じょう》紀《き》

三畳紀《さんじょうき》の地球《ちきゅう》

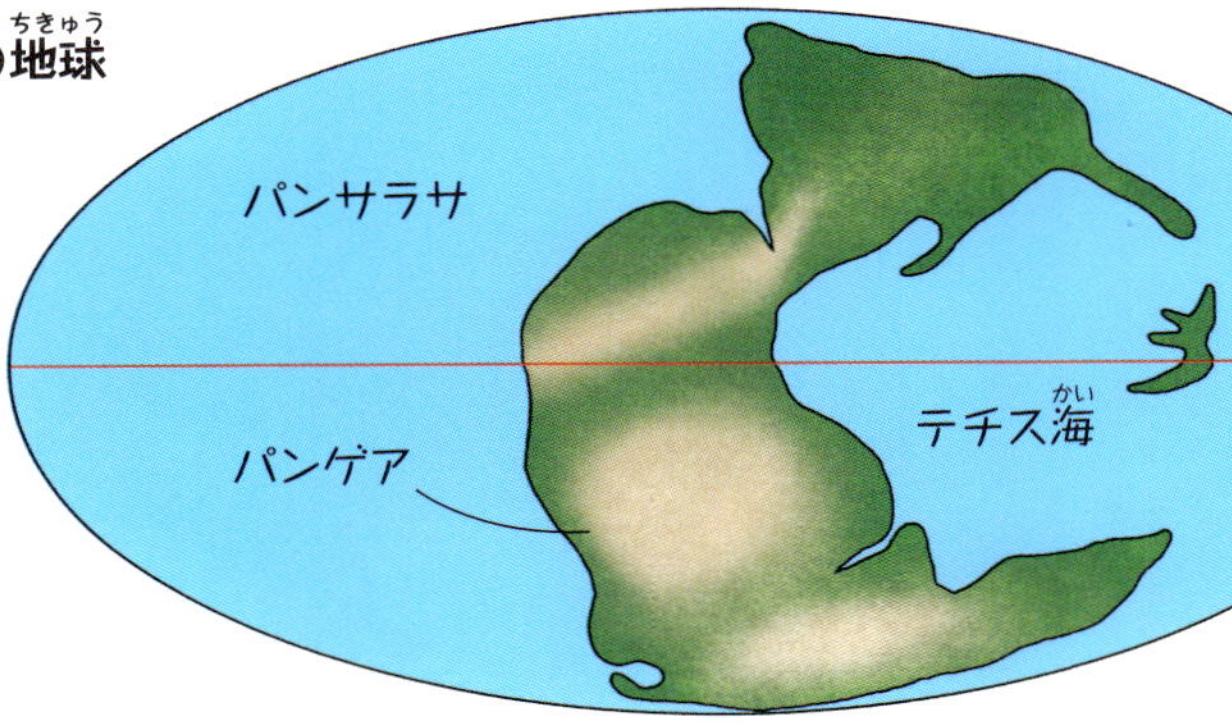

超大陸《ちょうたいりく》の時代《じだい》が続《つづ》く

三畳紀《さんじょうき》は、中生代最初《ちゅうせいだいさいしょ》の時代《じだい》です。今《いま》からおよそ2億《おく》5200万《まん》年前《ねんまえ》に始《はじ》まって、2億《おく》100万《まん》年前《ねんまえ》ごろまで続《つづ》きました。

ペルム紀《き》から引《ひ》き続《つづ》き、地球《ちきゅう》の大陸《たいりく》は超大陸《ちょうたいりく》パンゲアしかありませんでした。当時《とうじ》、パンゲアは西《にし》にむかって大《おお》きくはりだすように"曲《ま》がって"いました。その結果《けっか》、パンゲアの東海岸《ひがしかいがん》は巨大《きょだい》な湾《わん》のようになっていました。この巨大《きょだい》な湾《わん》のような海《うみ》のことを「テチス海《かい》」とよびます。テチス海《かい》の外《そと》には、超海洋《ちょうかいよう》パンサラサが広《ひろ》がっていました。

パンゲアはとても広《ひろ》いので、内陸部《ないりくぶ》は海《うみ》から遠《とお》く、ほとんど水分《すいぶん》が届《とど》きませんでした。そのため、内陸部《ないりくぶ》には荒野《こうや》が広《ひろ》がっていたとみられています。

三《み》つどもえの時代《じだい》

三畳紀《さんじょうき》の地上《ちじょう》では、主《おも》に三《みっ》つの脊椎動物《せきついどうぶつ》のグループが争《あらそ》っていました。

一《ひと》つは、ペルム紀《き》に繁栄《はんえい》した単弓類《たんきゅうるい》の生《い》き残《のこ》りです。ペルム紀《き》末《まつ》の大量絶滅事件《たいりょうぜつめつじけん》で数《かず》を減《へ》らしたものの、いくつかの単弓類《たんきゅうるい》は子孫《しそん》を残《のこ》すことに成功《せいこう》しました。その生《い》き残《のこ》りの中《なか》から、やがて哺乳類《ほにゅうるい》が進化《しんか》することになります。

二《ふた》つ目《め》は、現在《げんざい》のワニの祖先《そせん》を含《ふく》むグループです。このグループのことを「クルロタルシ類《るい》」とよびます。三畳紀《さんじょうき》は「クルロタルシ類《るい》の黄金時代《おうごんじだい》」ともよばれ、多《おお》くの種類《しゅるい》が現《あらわ》れました。その中《なか》には「陸上《りくじょう》の支配者《しはいしゃ》」ともいえる、大型《おおがた》で肉食《にくしょく》の種《しゅ》もいました。

三《みっ》つ目《め》が、恐竜類《きょうりゅうるい》です。恐竜類《きょうりゅうるい》は三畳紀《さんじょうき》の後期《こうき》になってから現《あらわ》れました。三畳紀《さんじょうき》の恐竜類《きょうりゅうるい》の多《おお》くは、体《からだ》の小《ちい》さなものばかりでした。しかし、三畳紀《さんじょうき》の終《お》わりが近《ちか》づくと、クルロタルシ類《るい》に匹敵《ひってき》するような大型《おおがた》の種類《しゅるい》も現《あらわ》れました。

地上《ちじょう》では、この三《みっ》つの脊椎動物《せきついどうぶつ》のグループが"生《い》き残《のこ》り"をかけて争《あらそ》っていたのです。

もっとしりたい！
「三畳紀《さんじょうき》」という名前《なまえ》は、ドイツにある「三《みっ》つの地層《ちそう》」にちなむものです。日本《にっぽん》ではこの地層《ちそう》を3枚《まい》の畳《たたみ》に見立《みた》てたのです。

大絶滅《だいぜつめつ》の生《い》き残《のこ》り リストロサウルス

リストロサウルス
Lystrosaurus

大量絶滅事件《たいりょうぜつめつじけん》を乗《の》り越《こ》えた

今日《きょう》は、地理《ちり》に関《かか》わるお話《はなし》です。地図帳《ちずちょう》か地球儀《ちきゅうぎ》があれば用意《ようい》してから読《よ》んでみてくださいね。

＊　＊　＊　＊

ペルム紀末《きまつ》には大規模《だいきぼ》な大量《たいりょう》絶滅事件《ぜつめつじけん》がありました。その事件《じけん》を乗《の》り越《こ》えた単弓類《たんきゅうるい》がいくつかいます。その中《なか》の一《ひと》つが、鼻《はな》の先《さき》から尾《お》の先《さき》までの長《なが》さが1メートルほどの「リストロサウルス」です。

リストロサウルスは、ずんぐりむっくりとした体形《たいけい》で、手《て》あしが短《みじか》いことが特徴《とくちょう》です。くちばしは短《みじか》く、口《くち》に長《なが》い牙《きば》がありました。ただし、その牙《きば》には、ナイフのような鋭《するど》さはなく、リストロサウルスは植物《しょくぶつ》を食《た》べて暮《く》らしていたとみられています。

大陸《たいりく》が地続《じつづ》きだった証拠《しょうこ》

リストロサウルスの化石《かせき》は、南《みなみ》アフリカをはじめとして、ザンビア、南極《なんきょく》、中国《ちゅうごく》、インドなどからみつかっています。

これらの国々《くにぐに》が今《いま》、どこにあるのか地図帳《ちずちょう》や地球儀《ちきゅうぎ》で探《さが》してみてください。

現在《げんざい》、それぞれの国《くに》はとても離《はな》れたところにありますね。リストロサウルスの体形《たいけい》を見《み》ると、長《なが》い距離《きょり》を移動《いどう》するのには向《む》いていなさそうな体《からだ》つきをしています。また、泳《およ》ぎもあまり得意《とくい》そうにはみえません。それでも、これだけ離《はな》れた場所《ばしょ》から化石《かせき》がみつかるということは、そんなリストロサウルスでさえ、ゆっくりと時間《じかん》をかければ歩《ある》いて移動《いどう》することができたということになります。つまり、地続《じつづ》きだったということです。

147ページで紹介《しょうかい》したグロッソプテリスと同《おな》じように、リストロサウルスも超大陸《ちょうたいりく》パンゲアが存在《そんざい》した証拠《しょうこ》の一《ひと》つなのです。

化石《かせき》を見《み》たい！　群馬県立自然史博物館《ぐんまけんりつしぜんしはくぶつかん》

リストロサウルスの実物《じつぶつ》の化石《かせき》を見《み》ることができます。

群馬県立自然史博物館

ここでもみられます！
福井県立恐竜博物館、豊橋市自然史博物館、御船町恐竜博物館　ほか

もっとしりたい！　リストロサウルスの化石《かせき》は、ペルム紀《き》の地層《ちそう》と、三畳紀《さんじょうき》の地層《ちそう》の両方《りょうほう》からみつかっています。

“最《さい》後《ご》”の大《おお》型《がた》単《たん》弓《きゅう》類《るい》

イスチグアラスティア

三畳紀《さんじょうき》

新《しん》生《せい》代《だい》　中《ちゅう》生《せい》代《だい》　古《こ》生《せい》代《だい》　先カンブリア時代

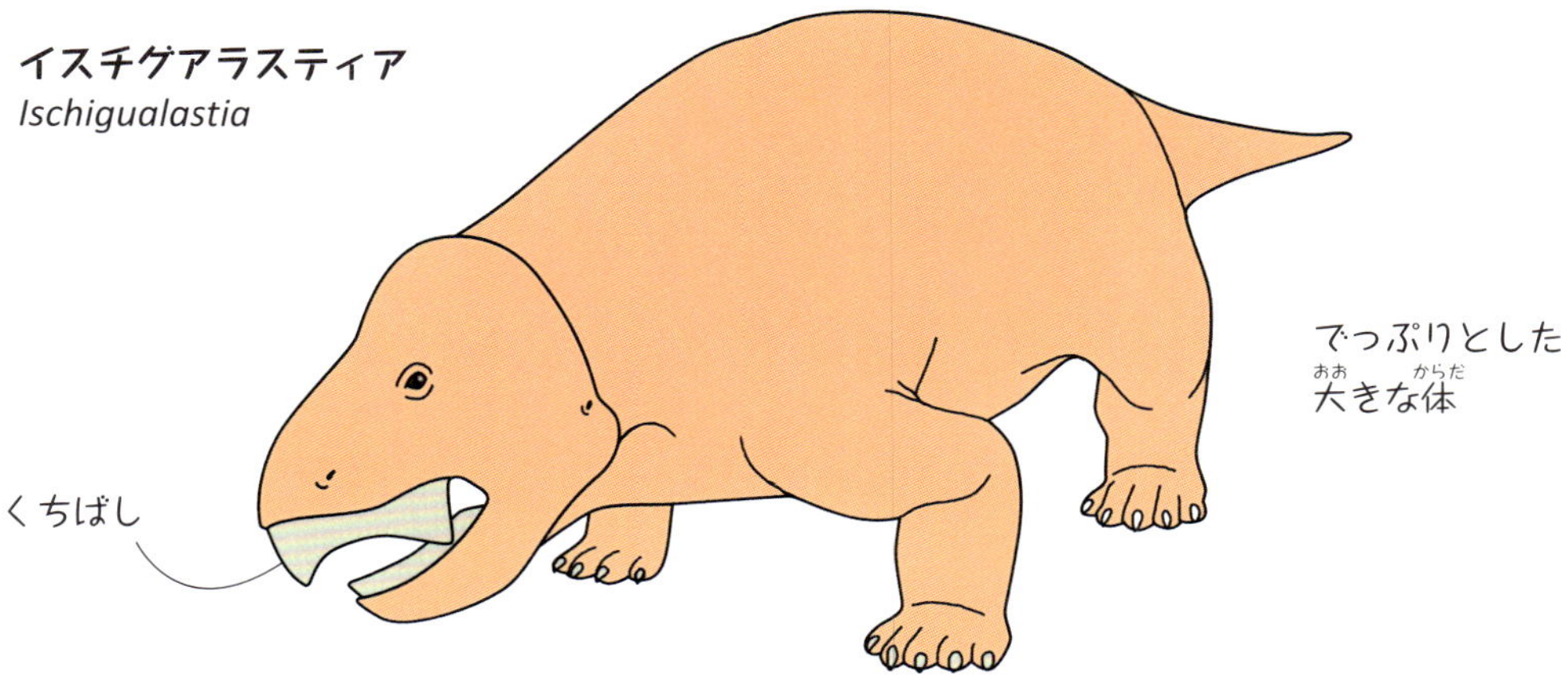

くちばしで植物《しょくぶつ》を食《た》べた

ペルム紀《き》に繁栄《はんえい》した単弓《たんきゅう》類《るい》は、ペルム紀末《きまつ》の大量絶滅《たいりょうぜつめつ》事件《じけん》で大《おお》きく数《かず》を減《へ》らしました。三畳紀《さんじょうき》の陸上《りくじょう》ではそうした単弓類《たんきゅうるい》の生《い》き残《のこ》りたちが、新《あら》たに数《かず》を増《ふ》やしてきたさまざまな爬虫類《はちゅうるい》と競《きょう》争《そう》していました。命《いのち》をかけて闘《たたか》ったり、食料《しょくりょう》をめぐって争《あらそ》ったりしていたのです。

アルゼンチンの三畳紀《さんじょうき》の地層《ちそう》からみつかる「イスチグアラスティア」は、三畳紀《さんじょうき》になってから現《あらわ》れた単弓類《たんきゅうるい》です。168ページで紹介《しょうかい》したリストロサウルスに近《ちか》い仲間《なかま》で、でっぷりとした大《おお》きな体《からだ》をしていました。口《くち》には歯《は》がなく、そのかわり大《おお》きなくちばしがありました。そのくちばしで、植物《しょくぶつ》を食《た》べて暮《く》らしていたとみられています。

三畳紀《さんじょうき》で最大級《さいだいきゅう》の単弓類《たんきゅうるい》

イスチグアラスティアは、3メートルもの巨体《きょたい》のもち主《ぬし》です。ペルム紀《き》には、156ページで紹介《しょうかい》したディメトロドンや、159ページのイノストランケヴィアなど、同《おな》じくらいの大《おお》きさの単弓類《たんきゅうるい》がいました。しかし三畳紀《さんじょうき》になってから現《あらわ》れた種《しゅ》としては、イスチグアラスティアは数少《かずすく》ない3メートル級《きゅう》の単弓類《たんきゅうるい》でした。

そして、このイスチグアラスティアを最後《さいご》に、その後《ご》1億《おく》6000万年以上《まんねんいじょう》も、3メートルをこえる大《おお》きさの単弓類《たんきゅうるい》は現《あらわ》れなくなります。イスチグアラスティアは、〝最後《さいご》〟の大型単弓類《おおがたたんきゅうるい》だったといえるのです。

この次《つぎ》に体《からだ》の大《おお》きな単弓類《たんきゅうるい》が現《あらわ》れるのは、恐竜類《きょうりゅうるい》が絶滅《ぜつめつ》したあとの時代《じだい》です。単弓類《たんきゅうるい》の中《なか》から生《う》まれた新《あら》たなグループである哺乳類《ほにゅうるい》が栄《さか》えるようになってからです。

もっとしりたい！ イスチグアラスティアの名前《なまえ》は、アルゼンチンの「イスチグアラスト」という地域《ちいき》にちなむものです。イスチグアラストは、三畳紀《さんじょうき》の化石産地《かせきさんち》として世界的《せかいてき》に有名《ゆうめい》です。

哺乳類《ほにゅうるい》に近《ちか》い単弓類《たんきゅうるい》
キノドン類《るい》

三畳紀《さんじょうき》

新生代《しんせいだい》　中生代《ちゅうせいだい》　古生代《こせいだい》　先カンブリア時代《せん　じだい》

哺乳類《ほにゅうるい》と同《おな》じ歯《は》をもつ

ペルム紀末《きまつ》の大量絶滅事件《たいりょうぜつめつじけん》を生《い》きのびた単弓類《たんきゅうるい》の中《なか》に、「キノドン類《るい》」というグループがいました。キノドン類《るい》そのものは哺乳類《ほにゅうるい》ではありませんが、やがてこのグループの中《なか》から哺乳類《ほにゅうるい》の祖先《そせん》が進化《しんか》することになります。169ページで紹介《しょうかい》したイスチグアラスティアと同《おな》じ地域《ちいき》からは、いくつかの種類《しゅるい》のキノドン類《るい》の化石《かせき》がみつかっています。その中《なか》でも、たくさん化石《かせき》がみつかるのが「エクサエレトドン」です。

エクサエレトドンは、鼻《はな》の先《さき》から尾《お》の先《さき》までの長《なが》さが2メートルほどのキノドン類《るい》で、横幅《よこはば》のある顔《かお》が特徴《とくちょう》です。哺乳類《ほにゅうるい》と同《おな》じように、切歯《せっし》、犬歯《けんし》、臼歯《きゅうし》といった、形《かたち》と役割《やくわり》の異《こと》なる歯《は》をもっていました。肉《にく》も植物《しょくぶつ》も食《た》べる雑食《ざっしょく》だったと考《かんが》えられています。

エクサエレトドン
Exaeretodon

プロベレソドン
Probelesodon

昆虫《こんちゅう》を食《た》べていた

「プロベレソドン」も、イスチグアラスティアやエクサエレトドンの化石《かせき》と同《おな》じ産地《さんち》からみつかるキノドン類《るい》です。

プロベレソドンは口先《くちさき》がとがった小《ち》さな頭《あたま》をもっていました。哺乳類《ほにゅうるい》と似《に》た姿《すがた》です。鼻《はな》の先《さき》から尾《お》の先《さき》までの長《なが》さは30センチメートルほどでした。

プロベレソドンは長《なが》い犬歯《けんし》をもっており、昆虫類《こんちゅうるい》などをつかまえて食《た》べていたのではないか、と考《かんが》えられています。

化石《かせき》を見《み》たい！　群馬県立自然史博物館《ぐんまけんりつしぜんしはくぶつかん》

エクサエレトドンやプロベレソドンと同《おな》じキノドン類《るい》の化石《かせき》を見《み》ることができます。

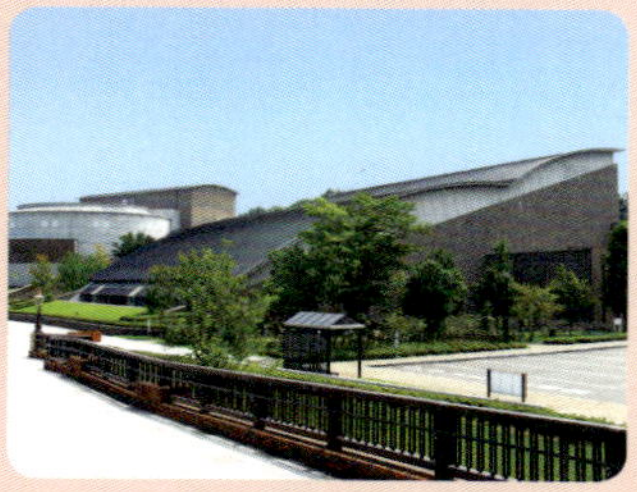

群馬県立自然史博物館

もっとしりたい！
エクサエレトドンは、イスチグアラスト地域《ちいき》の三畳紀後期《さんじょうきこうき》の地層《ちそう》から最《もっと》も豊富《ほうふ》に化石《かせき》がみつかる動物《どうぶつ》の一《ひと》つです。

5月27日

読《よ》んだ日《ひ》 月 日 月 日

私《わたし》たち哺《ほ》乳《にゅう》類《るい》の祖《そ》先《せん》？ モルガヌコドン

三畳紀《さんじょうき》

新生代《しんせいだい》 中生代《ちゅうせいだい》 古生代《こせいだい》 先カンブリア時代

モルガヌコドン
Morganucodon

ネズミくらいの大《おお》きさ

化石《かせき》に残《のこ》りにくい特徴《とくちょう》

私《わたし》たち哺乳類《ほにゅうるい》の直接《ちょくせつ》の祖先《そせん》は、三畳紀《さんじょうき》で生《い》きていたキノドン類《るい》から進化《しんか》したと考《かんが》えられています。しかし、最初《さいしょ》の哺乳類《ほにゅうるい》がキノドン類《るい》の中《なか》のどの種《しゅ》に最《もっと》も近《ちか》くて、いったいいつ、どこで生《う》まれたのかについては、よくわかっていません。

哺乳類《ほにゅうるい》の祖先《そせん》がよくわからない理由《りゆう》の一《ひと》つは、哺乳類《ほにゅうるい》の特徴《とくちょう》のいくつかが化石《かせき》に残《のこ》らないことにあります。

現在《げんざい》の哺乳類《ほにゅうるい》には、「母乳《ぼにゅう》で子《こ》どもを育《そだ》てる」や「全身《ぜんしん》を毛《け》で覆《おお》っている」などの特徴《とくちょう》があります。しかし、母乳《ぼにゅう》で子《こ》どもを育《そだ》てるという行動《こうどう》は化石《かせき》に残《のこ》りません。また、毛《け》も化石《かせき》に残《のこ》りにくいものです。

そのため、さまざまな骨《ほね》の特徴《とくちょう》から、哺乳類《ほにゅうるい》かそうでないかを区別《くべつ》することになります。しかし、これまでにみつかっている化石《かせき》だけでは、どれが哺乳類《ほにゅうるい》の祖先《そせん》かを特定《とくてい》するのは難《むずか》しいのです。

哺乳類《ほにゅうるい》か、哺乳形類《ほにゅうけいるい》か

知《し》られている限《かぎ》り最《もっと》も古《ふる》い哺《ほ》乳類《にゅうるい》の仲間《なかま》に「モルガヌコドン」がいます。ヨーロッパや中国《ちゅうごく》、北《きた》アメリカなどから化石《かせき》がみつかっています。

モルガヌコドンの大《おお》きさは、鼻《はな》の先《さき》からおしりまでの長《なが》さが10センチメートルよりも少《すこ》し小《ちい》さいくらいで、ネズミと同《おな》じくらいです。ただし、ネズミとは別《べつ》のグループに属《ぞく》しています。

モルガヌコドンを最古《さいこ》の哺乳類《ほにゅうるい》と考《かんが》える研究者《けんきゅうしゃ》がいる一方《いっぽう》で、下《した》あごの骨《ほね》がほかのキノドン類《るい》とよく似《に》ているために正確《せいかく》には哺乳類《ほにゅうるい》ではないと考《かんが》える研究者《けんきゅうしゃ》もいます。

化石《かせき》を見《み》たい！ 群《ぐん》馬《ま》県《けん》立《りつ》自《し》然《ぜん》史《し》博《はく》物《ぶつ》館《かん》

モルガヌコドンの実物化《じつぶつか》石《せき》と模型《もけい》を見《み》ることができます。

群馬県立自然史博物館

ここでもみられます！
福井県立恐竜博物館、豊橋市自然史博物館　ほか

もっとしりたい！ 分類《ぶんるい》は定《さだ》まっていませんが、モルガヌコドンのような姿《すがた》をした動物《どうぶつ》が、私《わたし》たちの祖先《そせん》の姿《すがた》であるというのは多《おお》くの研究者《けんきゅうしゃ》の考《かんが》えが一致《いっち》するところです。

5月28日

読《よ》んだ日　月　日　月　日

どう猛《もう》なクルロタルシ類《るい》
サウロスクス

三畳紀《さんじょうき》

新生代《しんせいだい》　中生代《ちゅうせいだい》　古生代《こせいだい》　先カンブリア時代

ワニの祖先《そせん》を含《ふく》むグループ

ペルム紀《き》の地上《ちじょう》には、159ページで紹介《しょうかい》したイノストランケヴィアのような肉食《にくしょく》の大型単弓類《おおがたたんきゅうるい》が君臨《くんりん》していました。しかし、ペルム紀末《きまつ》の大量絶滅事件《たいりょうぜつめつじけん》によって、そのほとんどが姿《すがた》を消《け》しました。

肉食《にくしょく》の大型《おおがた》単弓類《たんきゅうるい》にかわって、三畳紀《さんじょうき》になってから新《あら》たな支配者《しはいしゃ》として現《あらわ》れたのが、「クルロタルシ類《るい》」です。

クルロタルシ類《るい》は、爬虫類《はちゅうるい》の中《なか》の1グループで、この中《なか》からのちにワニ類《るい》が進化《しんか》します。現《げん》在《ざい》のワニ類《るい》は、主《おも》に水辺《みずべ》で獲物《えもの》を狩《か》るハンターですが、クルロタルシ類《るい》は水辺以外《みずべいがい》にもさまざまなところにいました。

大《おお》きな頭《あたま》と鋭《するど》い歯《は》

クルロタルシ類《るい》には大型《おおがた》のものから小型《こがた》のものまで、また肉食《にくしょく》のものから植物食《しょくぶつしょく》のものまで、さまざまな種《しゅ》がいました。その中《なか》でも、見《み》るからにどう猛《もう》で恐《おそ》ろしい大型種《おおがたしゅ》が、「サウロスクス」です。

サウロスクスは、アルゼンチンの地層《ちそう》から化石《かせき》がみつかっています。その大《おお》きさは、鼻《はな》の先《さき》から尾《お》の先《さき》までの長《なが》さが5メートルにおよびました。

5メートルという大《おお》きさは、のちの恐竜類《きょうりゅうるい》と比《くら》べるとけっして大《おお》きなものではありません。たとえば、有名《ゆうめい》な肉食恐竜《にくしょくきょうりゅう》のティラノサウルスは、12メートルの大《おお》きさがありました。しかし、サウロスクスは、三畳紀《さんじょうき》のこの時点《じてん》では史上最大《しじょうさいだい》の陸上肉食動物《りくじょうにくしょくどうぶつ》でした。

サウロスクスの最大《さいだい》の特徴《とくちょう》は、その大《おお》きな頭《あたま》です。幅《はば》のあるがっしりとしたあごと鋭《するど》くて大《おお》きな歯《は》は、のちに現《あらわ》れるティラノサウルスとそっくりでした。頭《あたま》だけを比《くら》べると、まちがえてしまいそうなくらいです。

サウロスクスに代表《だいひょう》されるクルロタルシ類《るい》は、三畳紀《さんじょうき》のほかの動物《どうぶつ》たちを圧倒《あっとう》し、黄金時代《おうごんじだい》を築《きず》いていきます。

もっとしりたい！

クルロタルシ類《るい》は、現在《げんざい》のワニ類《るい》とちがって、あしが体《からだ》の下《した》に向《む》かってまっすぐのびるという特徴《とくちょう》がありました。これは、恐竜類《きょうりゅうるい》や哺乳類《ほにゅうるい》と同《おな》じあしのつきかたです。

5月29日

読《よ》んだ日《ひ》
月 日
月 日

帆《ほ》をもつクルロタルシ類《るい》
アリゾナサウルス

三畳紀《さんじょうき》

新生代《しんせいだい》 中生代《ちゅうせいだい》 古生代《こせいだい》 先カンブリア時代

絶滅事件後《ぜつめつじけんご》すぐに現《あらわ》れた

三畳紀《さんじょうき》は、「クルロタルシ類《るい》の黄金時代《おうごんじだい》」とよばれています。172ページのサウロスクスだけではなく、とてもたくさんの仲《なか》間《ま》がいたからです。

最《もっと》もはじめのころに姿《すがた》を現《あらわ》したクルロタルシ類《るい》の一《ひと》つが、アメリカから化石《かせき》がみつかっている「アリゾナサウルス」です。

アリゾナサウルスの化石《かせき》は、今《いま》からおよそ2億《おく》4300万年前《まんねんまえ》の地層《ちそう》からみつかっています。大量《たいりょう》絶滅事件《ぜつめつじけん》でペルム紀《き》が終《お》わり、三畳紀《さんじょうき》が始《はじ》まったのはおよそ2億《おく》5200万年前《まんねんまえ》のことですから、それから1000万年《まんねん》に満《み》たない短《みじか》い期間《きかん》で現《あらわ》れたことになります。

平《ひら》たくのびた骨《ほね》で帆《ほ》をつくる

アリゾナサウルスは、鼻《はな》の先《さき》から尾《お》の先《さき》までの長《なが》さが3メートルほどのクルロタルシ類《るい》でした。鋭《するど》い歯《は》をもっており、三畳紀《さんじょうき》の中《なか》ごろの世界《せかい》で最《もっと》も恐《おそ》ろしい陸上動物《りくじょうどうぶつ》の一《ひと》つだったと考《かんが》えられています。

大《おお》きな特徴《とくちょう》は背中《せなか》に帆《ほ》をもっていたということです。帆《ほ》をもつ陸上動物《りくじょうどうぶつ》といえば、156ページで紹介《しょうかい》したディメトロドンなどと同《おな》じように思《おも》えますが、ディメトロドンの帆《ほ》が、背中《せなか》の骨《ほね》の一部《いちぶ》が細《ほそ》く長《なが》くのびていたことに対《たい》して、アリゾナサウルスは背中《せなか》の骨《ほね》の一部《いちぶ》が平《ひら》たく長《なが》くのびていました。この骨《ほね》の形《かたち》は、のちの時代《じだい》に登場《とうじょう》する恐竜《きょうりゅう》のスピノサウルスの骨《ほね》とよく似《に》ています。

アリゾナサウルスの帆《ほ》は何《なん》の役《やく》に立《た》ったのでしょうか？ その答《こた》えはまだわかっていません。みつかっている化石《かせき》の数《かず》が少《すく》ないのです。今後《こんご》の新《あら》たな発見《はっけん》が待《ま》ち遠《どお》しいですね。

もっとしりたい！

アリゾナサウルスの化石《かせき》には、帆《ほ》をつくる突起《とっき》が折《お》れて、その後《ご》、治《なお》ったあとのあるものがみつかっています。なぜそのようなけがをしたのかは謎《なぞ》です。

骨《ほね》のよろいで武装《ぶそう》していた デスマトスクス

植物食《しょくぶつしょく》のクルロタルシ類《るい》

クルロタルシ類《るい》は、サウロスクスやアリゾナサウルスのような肉食《にくしょく》ばかりというわけではありませんでした。現在《げんざい》のワニの仲間《なかま》はみんな肉食《にくしょく》ですが、その祖先《そせん》を含《ふく》むクルロタルシ類《るい》には、植物《しょくぶつ》を食《た》べて暮《く》らしていたものもたくさんいたのです。

たとえば、アメリカの三畳紀《さんじょうき》の地層《ちそう》から化石《かせき》がみつかっている「デスマトスクス」は、植物食《しょくぶつしょく》のクルロタルシ類《るい》でした。その頭部《とうぶ》は小《ちい》さく、背中側《せなかがわ》から見《み》れば二等辺三角形《にとうへんさんかくけい》のような形《かたち》をしていました。サウロスクスのようながっしりとした肉食用《にくしょくよう》の歯《は》はもっておらず、植物《しょくぶつ》をすきとることに向《む》いた小《ちい》さな歯《は》をたくさんもっていました。

デスマトスクスの仲間《なかま》は、クルロタルシ類《るい》の中《なか》でも「アエトサウルス類《るい》」とよばれるグループをつくっています。

武装《ぶそう》していた

デスマトスクスは、鼻《はな》の先《さき》から尾《お》の先《さき》までの長《なが》さが4・5メートルほどありました。尾《お》と手《て》あしが太《ふと》かったことも特徴《とくちょう》です。手《て》あしの長《なが》さは短《みじか》く、肩《かた》や腰《こし》の高《たか》さはあまりありませんでした。

デスマトスクスの体《からだ》は〝骨《ほね》のよろい〟で覆《おお》われていました。首《くび》から尾《お》にかけての背中側《せなかがわ》に骨《ほね》の板《いた》が並《なら》び、その両側《りょうがわ》には鋭《するど》いとげがあったのです。

首《くび》のところにあるとげは、肩《かた》に近《ちか》づくほど長《なが》くなっていました。そして、肩《かた》からは長《なが》くて幅《はば》のある大《おお》きなとげがのびていて、その先端《せんたん》はゆるく後《うし》ろの方《ほう》に曲《ま》がっていました。まさしく「難攻不落《なんこうふらく》」といえる姿《すがた》です。これほどの武装《ぶそう》は、クルロタルシ類全体《るいぜんたい》を見渡《みわた》してもめずらしいものです。

デスマトスクスを襲《おそ》う肉食動物《にくしょくどうぶつ》は、自分自身《じぶんじしん》がけがをする覚悟《かくご》が必要《ひつよう》だったかもしれませんね。

もっとしりたい！
アエトサウルス類《るい》は基本的《きほんてき》に植物食《しょくぶつしょく》ですが、なかには動物《どうぶつ》の死体《したい》を食《た》べていたものもいたようです。

世界中《せかいじゅう》で化石《かせき》がみつかる スタゴノレピス

三畳紀《さんじょうき》

新生代《しんせいだい》 | 中生代《ちゅうせいだい》 | 古生代《こせいだい》 | 先カンブリア時代

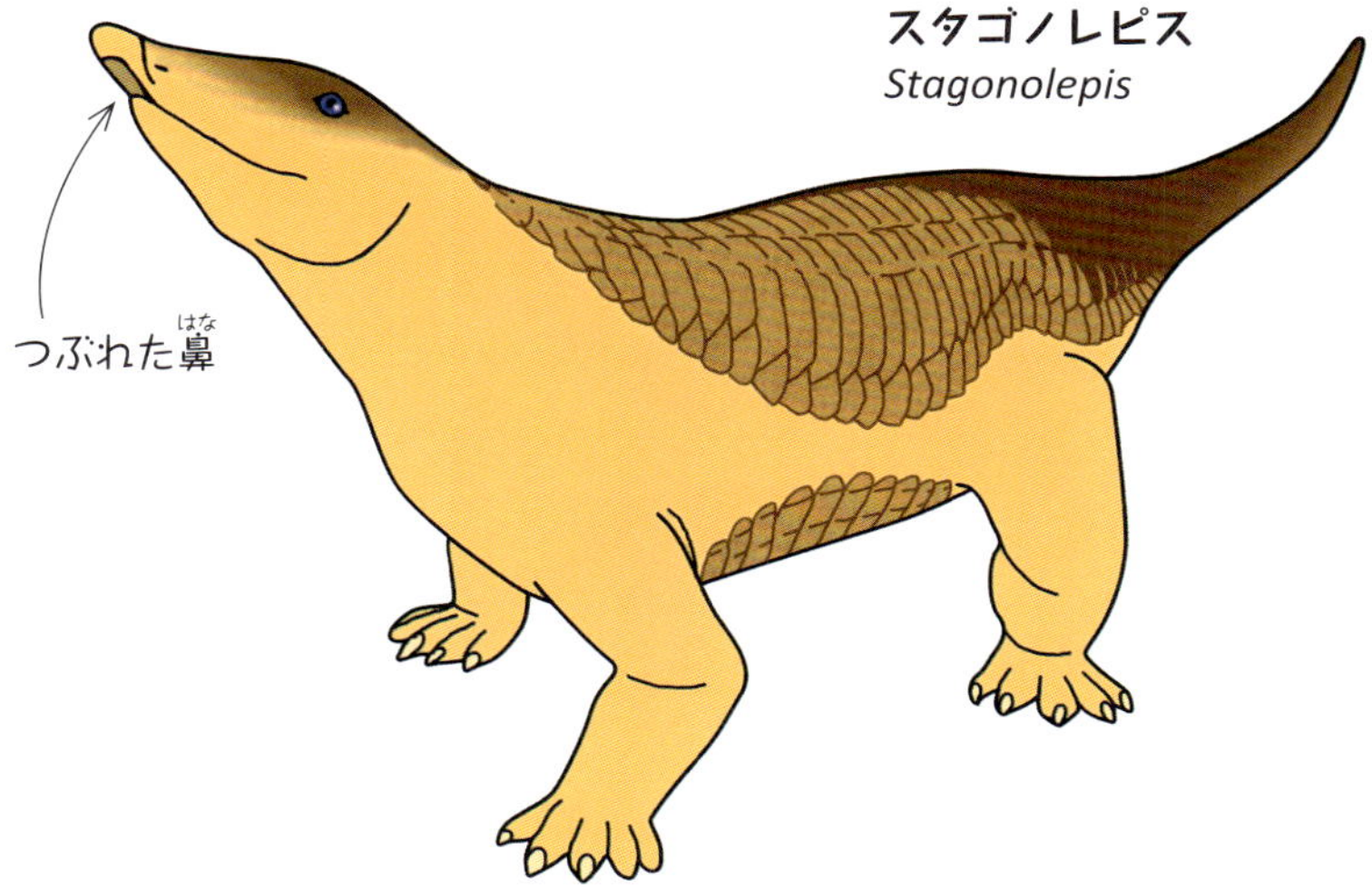

ブタのような鼻《はな》をしていた

クルロタルシ類《るい》の中《なか》にも、168ページで紹介《しょうかい》したリストロサウルスのように広《ひろ》い範囲《はんい》で生活《せいかつ》していたものがいました。鼻《はな》の先《さき》から尾《お》の先《さき》までの長《なが》さが2・7メートルあった、「スタゴノレピス」です。右《みぎ》ページのデスマトスクスと同《おな》じアエトサウルス類《るい》というグループに属《ぞく》しています。

スタゴノレピスは、現在《げんざい》のブタのように鼻《はな》がつぶれていたことが特徴《とくちょう》です。この鼻《はな》を使《つか》って植物《しょくぶつ》の根《ね》を掘《ほ》り起《お》こして食《た》べていたのではないか、と考《かんが》えられています。

スタゴノレピスの化石《かせき》は、ブラジル、スコットランド、ドイツ、アメリカなどからみつかっています。現在《げんざい》ではこれらの国《くに》は遠《とお》く離《はな》れていて、海《うみ》で隔《へだ》てられています。しかし三畳紀《さんじょうき》の世界《せかい》では、ほとんどの大陸《たいりく》が地続《じつづ》きだったので、歩《ある》いて移動《いどう》することができたのです。

地層《ちそう》の時代《じだい》を決《き》められる？

スタゴノレピスは世界《せかい》のあちこちから化石《かせき》がみつかるものの、その化石《かせき》がみつかる地層《ちそう》は三畳紀《さんじょうき》後期《こうき》のほんの一時期《いちじき》にできたものに限《かぎ》られています。

広《ひろ》い範囲《はんい》から化石《かせき》がみつかり、生《い》きていた期間《きかん》が短《みじか》い生《い》き物《もの》の化石《かせき》は、とくに重要《じゅうよう》な化石《かせき》として扱《あつか》われます。なぜなら、この化石《かせき》がみつかれば、その化石《かせき》が埋《う》まっていた地層《ちそう》がいつできたものなのかをかなり細《こま》かく決《き》めることができるからです。こうした化石《かせき》のことを「示準化石《しじゅんかせき》」といいます。スタゴノレピスは、この示準化石《しじゅんかせき》になるかもしれない、といわれています。

示準化石《しじゅんかせき》の多《おお》くは海《うみ》の生物《せいぶつ》のものです。それは、海流《かいりゅう》に乗《の》って広《ひろ》い範囲《はんい》に広《ひろ》がることができるからです。

スタゴノレピスのような陸《りく》の動物《どうぶつ》が示準化石《しじゅんかせき》になることはめずらしいことです。地続《じつづ》きであるとはいえ、陸上《りくじょう》には山《やま》や谷《たに》、川《かわ》、広《ひろ》い砂漠《さばく》などがあるために、遠《とお》くまで行《い》けないことが多《おお》いからです。

もっとしりたい！

ブラジルとアメリカでみつかっている化石《かせき》は、それぞれスタゴノレピスに近《ちか》い別《べつ》の仲間《なかま》のものではないか、という指摘《してき》もあります。その場合《ばあい》、スタゴノレピスは示準化石《しじゅんかせき》にはなれません。

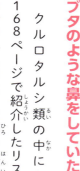

走《はし》りが得《とく》意《い》なクルロタルシ類《るい》

エフィギア

三畳紀《さんじょうき》

新生代 中生代 古生代 先カンブリア時代

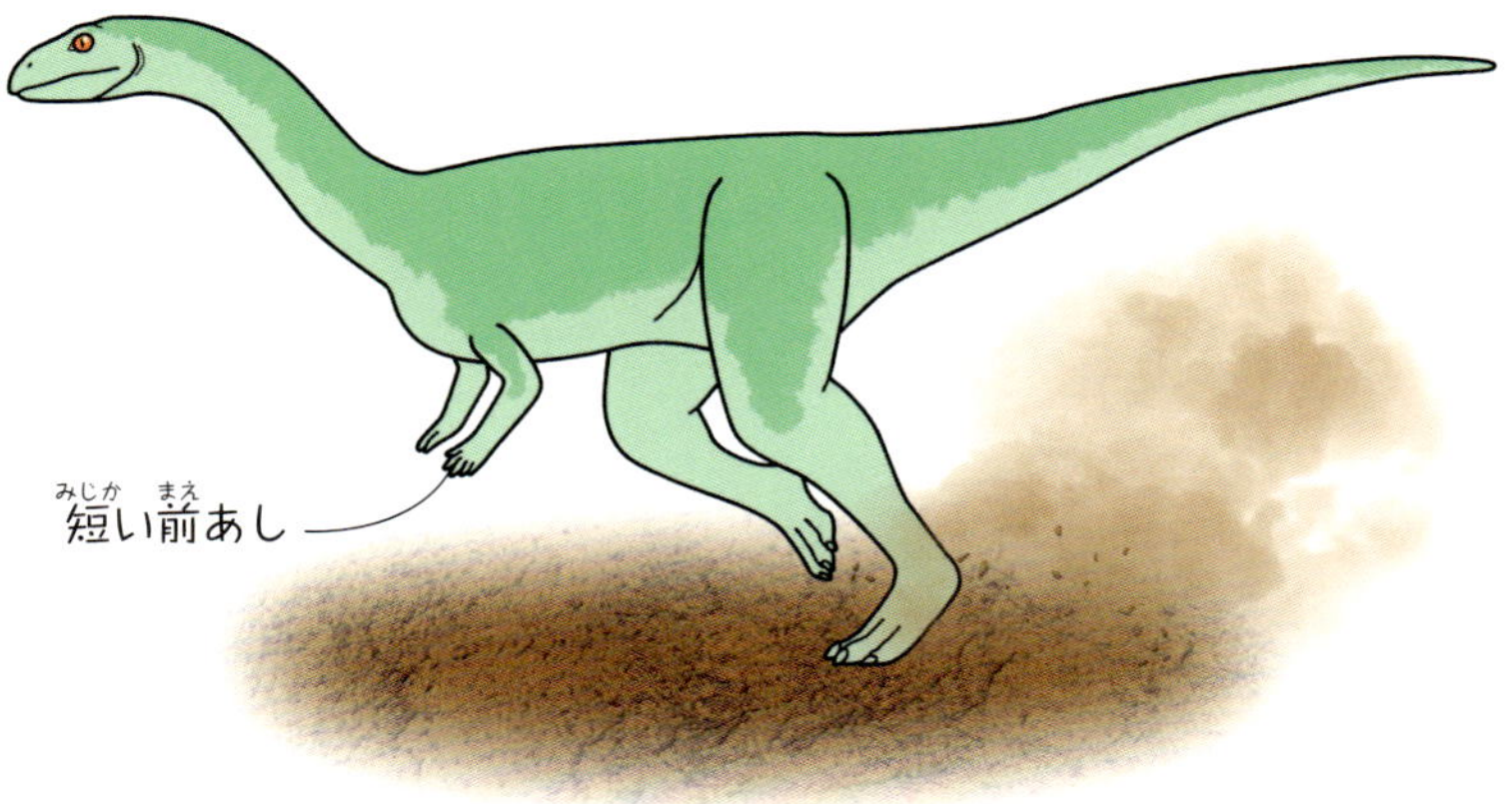

二足歩行《にそくほこう》のクルロタルシ類《るい》

クルロタルシ類《るい》の中《なか》には、ワニの仲間《なかま》とはまったく似《に》ていないものもいました。アメリカの三畳紀《さんじょうき》の地層《ちそう》から化石《かせき》がみつかっている「エフィギア」がその一《ひと》つです。

エフィギアは、鼻《はな》の先《さき》から尾《お》の先《さき》までの長《なが》さが3メートルほどのクルロタルシ類《るい》です。一目見《ひとめみ》て、ほかのクルロタルシ類《るい》とは異《こと》なる特徴《とくちょう》に気《き》づくでしょう。ほかの多《おお》くのクルロタルシ類《るい》は四足歩行《しそくほこう》ですが、エフィギアは後《うし》ろあしだけで立《た》って歩《ある》く、「二足歩行《にそくほこう》」だったのです。

速《はや》く走《はし》るために進化《しんか》した形《かたち》

エフィギアは全体的《ぜんたいてき》にほっそりとした体《からだ》のもち主《ぬし》でした。小《ち》さな頭《あたま》と長《なが》い首《くび》、長《なが》い尾《お》、短《みじか》い前《まえ》あし、そして長《なが》い後《うし》ろあし。見《み》るからにあしが速《はや》そうです。

その姿《すがた》は、のちに登場《とうじょう》する恐竜類《きょうりゅうるい》とよく似《に》ています。恐竜類《きょうりゅうるい》の中《なか》にも同《おな》じような特徴《とくちょう》をもつ種類《しゅるい》がいて、そうした恐竜類《きょうりゅうるい》もあしが速《はや》かったと考《かんが》えられています。

速《はや》さと絶滅《ぜつめつ》の謎《なぞ》

三畳紀《さんじょうき》が終《お》わるころ、多《おお》くのクルロタルシ類《るい》は滅《ほろ》びます。そのかわり恐竜類《きょうりゅうるい》は生《い》き残《のこ》って次《つぎ》の時代《じだい》に大繁栄《だいはんえい》をすることになります。

クルロタルシ類《るい》と恐竜類《きょうりゅうるい》の運命《うんめい》をわけたのは、「速《はや》さ」ではないか？　という考《かんが》えがあります。ほとんどのクルロタルシ類《るい》は、恐竜《きょうりゅう》類《るい》よりもあしが遅《おそ》かったと考《かんが》えられているからです。

ただし、エフィギアのようにあしの速《はや》いクルロタルシ類《るい》もいて、そうした種《しゅ》もやはり絶滅《ぜつめつ》してしまいました。……ということは、「速《はや》さ」だけが原因《げんいん》ではなかったのかもしれません。クルロタルシ類《るい》が滅《ほろ》びた理由《りゆう》は、まだ謎《なぞ》に包《つつ》まれているのです。

もっとしりたい！

エフィギアとよく似《に》ている恐竜類《きょうりゅうるい》とは、296ページで紹介《しょうかい》するオルニトミムスです。オルニトミムスの翼《つばさ》と羽毛《うもう》をなくして、その姿《すがた》を比《くら》べるとそっくりです。

10メートルもあった！ファソラスクス

三畳紀《さんじょうき》

新生代《しんせいだい》　中生代《ちゅうせいだい》　古生代《こせいだい》　先《せん》カンブリア時代《じだい》

ファソラスクス
Fasolasuchus

サウロスクスの2倍《ばい》！

172ページで紹介《しょうかい》した肉食《にくしょく》のクルロタルシ類《るい》、サウロスクスは鼻《はな》の先《さき》から尾《お》の先《さき》までの長《なが》さが5メートルありました。この大《おお》きさは、三畳紀《さんじょうき》の陸上動物《りくじょうどうぶつ》としてはかなり大型《おおがた》です。

自然《しぜん》の世界《せかい》では、大《おお》きな動物《どうぶつ》ほど強《つよ》い傾向《けいこう》があります。大《おお》きなあごがあれば、大《おお》きな獲物《えもの》をとらえて食《た》べることができます。また、直接《ちょくせつ》かみつかなくても、大《おお》きな体《からだ》で体当《たいあ》たりすれば、体《からだ》の小《ちい》さな動物《どうぶつ》たちはひとたまりもないでしょう。人間《にんげん》の場合《ばあい》でも、柔道《じゅうどう》やボクシングなどのスポーツでは、体重別《たいじゅうべつ》に試合《しあい》が行《おこな》われます。体重《たいじゅう》が異《こと》なると、公平《こうへい》な試合《しあい》にならないからです。

このことを考《かんが》えると、サウロスクスはかなり強《つよ》いクルロタルシ類《るい》だったということができます。

しかし実《じつ》は、クルロタルシ類《るい》の中《なか》で、サウロスクスが最《もっと》も大《おお》きかったというわけではありません。サウロスクスが生《い》きていた時期《じき》よりも2000万年《まんねん》ほどあとの三畳紀《さんじょうき》の終《お》わりころに、大《おお》きさ10メートルほどのクルロタルシ類《るい》が現《あらわ》れたのです。

大型《おおがた》の恐竜《きょうりゅう》並《な》みの大《おお》きさ

三畳紀《さんじょうき》の末期《まっき》に現《あらわ》れた10メートル級《きゅう》のクルロタルシ類《るい》の名前《なまえ》を「ファソラスクス」といいます。体《からだ》の一部分《いちぶぶん》の化石《かせき》しかみつかっていませんが、そこから復元《ふくげん》される姿《すがた》は、がっしりとした太《ふと》い手《て》あしをもつ四足歩行《しそくほこう》の動物《どうぶつ》で、太《ふと》くて長《なが》い尾《お》と大《おお》きな頭《あたま》、大《おお》きなあごをもっていたとみられています。

10メートルをこえる大型《おおがた》の肉食《にくしょく》動物《どうぶつ》は、のちに現《あらわ》れる恐竜類《きょうりゅうるい》でもめずらしいものです。有名《ゆうめい》なティラノサウルスなど、ごく一部《いちぶ》の恐竜《きょうりゅう》しかいませんでした。ファソラスクスは三畳紀末期《さんじょうきまっき》だけではなく、陸上動物《りくじょうどうぶつ》の進化《しんか》の歴史全体《れきしぜんたい》をみても、大型《おおがた》で、そして恐《おそ》ろしい動物《どうぶつ》だったことでしょう。

もっとしりたい！
大型《おおがた》の動物《どうぶつ》ほど、全身《ぜんしん》の化石《かせき》が残《のこ》ることはまれです。ただし、一部《いちぶ》しかみつかっていなくても、近縁《きんえん》の動物《どうぶつ》と比《くら》べることで、全身《ぜんしん》の姿《すがた》を推測《すいそく》することができます。

1 2 3 4 5 6 7 8 9 10 11 12

盲導犬《もうどうけん》より小《ち》さかった！ 最初《さいしょ》の恐竜類《きょうりゅうるい》

三畳紀《さんじょうき》

新生代《しんせいだい》 | 中生代《ちゅうせいだい》 | 古生代《こせいだい》 | 先カンブリア時代

盲導犬《もうどうけん》より小《ちい》さい恐竜《きょうりゅう》

これまでに知《し》られている最《もっと》も古《ふる》い恐竜類《きょうりゅうるい》の化石《かせき》は、アルゼンチンにあるおよそ2億《おく》3000万年前《まんねんまえ》の地層《ちそう》からみつかっています。

その恐竜類《きょうりゅうるい》の名前《なまえ》を「エオラプトル」といいます。

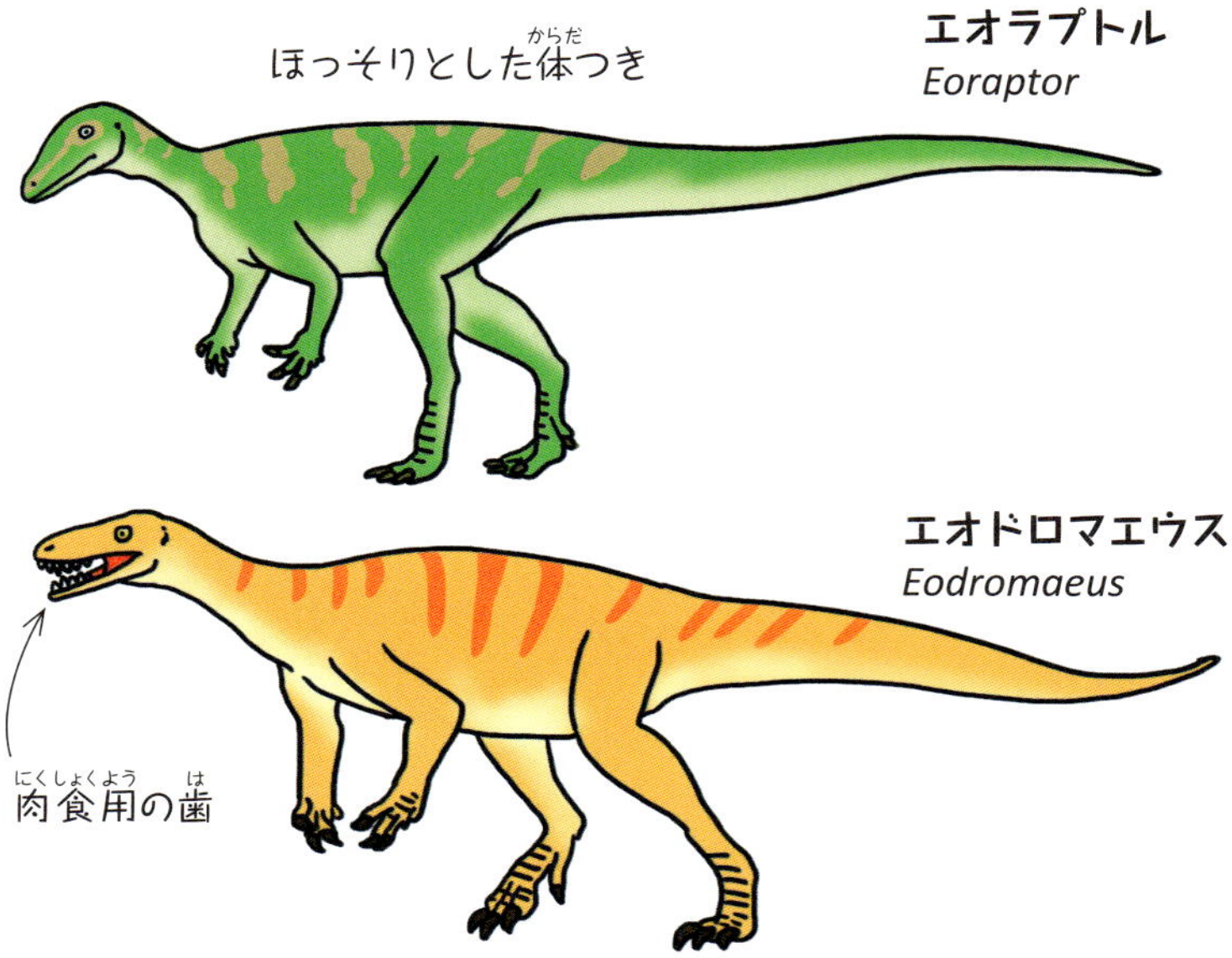

エオラプトルは、大《おお》きさ1メートルほどの二足歩行《にそくほこう》の恐竜類《きょうりゅうるい》です。1メートルというと、それなりの大《おお》きさがあるように思《おも》えるかもしれませんが、この場合《ばあい》の大《おお》きさは、鼻《はな》の先《さき》から尾《お》の先《さき》までの長《なが》さのことです。腰《こし》の高《たか》さでみると、40センチメートルほどしかありませんでした。盲導犬《もうどうけん》として有名《ゆうめい》なラブラドールレトリーバーよりも小《ちい》さい恐竜《きょうりゅう》なのです。

全体的《ぜんたいてき》にほっそりとした体《からだ》つきで、口《くち》には肉食用《にくしょくよう》と植物食用《しょくぶつしょくよう》の両方《りょうほう》の歯《は》がありました。エオラプトルは、昆虫類《こんちゅうるい》や小動物《しょうどうぶつ》、植物《しょくぶつ》を食《た》べる雑食《ざっしょく》だったと考《かんが》えられています。

肉食専門《にくしょくせんもん》の恐竜《きょうりゅう》もいた

エオラプトルと同《おな》じ時期《じき》に生《い》きていたそのほかの恐竜類《きょうりゅうるい》の一《ひと》つが、「エオドロマエウス」です。エオドロマエウスは、大《おお》きさも見《み》た目《め》もエオラプトルとてもよく似《に》た恐竜類《きょうりゅうるい》です。ただし、エオドロマエウスの口《くち》には肉食用《にくしょくよう》の歯《は》しかありませんでした。そこがエオラプトルとの大《おお》きなちがいです。

化石《かせき》を見《み》たい！ 北九州市立自然史《きたきゅうしゅうしりつしぜんし》・歴史博物館《れきしはくぶつかん》

エオラプトルの全身復元《ぜんしんふくげん》骨格《こっかく》が展示《てんじ》されています。

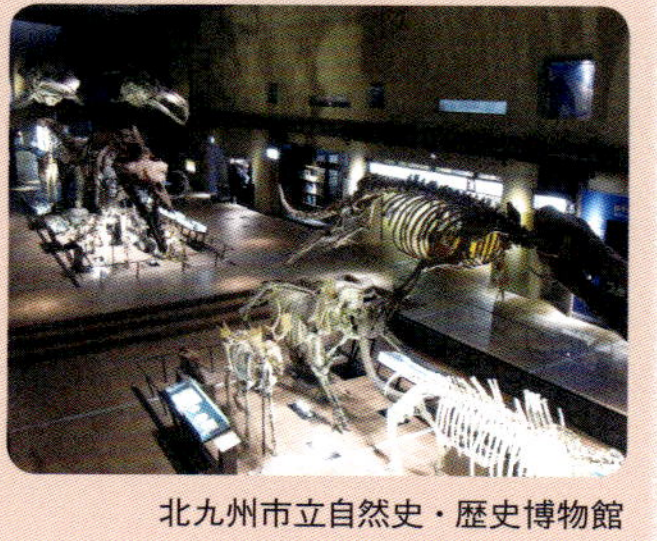
北九州市立自然史・歴史博物館

ここでもみられます！
福井県立恐竜博物館、豊橋市自然史博物館　ほか

もっとしりたい！
エオラプトルやエオドロマエウスの「エオ」とは、「暁《あかつき》の」という意味《いみ》です。暁《あかつき》とは「夜明《よあ》け」のことです。これから恐竜時代《きょうりゅうじだい》が始《はじ》まるぞ、という幕開《まくあ》けを感《かん》じさせますね。

三畳紀《さんじょうき》に現《あらわ》れた大型化《おおがたか》した恐竜《きょうりゅう》たち

三畳紀《さんじょうき》

新生代 中生代《ちゅうせいだい》 古生代 先カンブリア時代

18メートルの植物食恐竜《しょくぶつしょくきょうりゅう》

右《みぎ》ページで紹介《しょうかい》したエオラプトルやエオドロマエウスのように、最初《さいしょ》の恐竜類《きょうりゅうるい》は大《おお》きさ1メートルほどの小《ちい》さなものばかりでした。

しかし三畳紀《さんじょうき》の終《お》わりが近《ちか》づくと、恐竜類《きょうりゅうるい》の中《なか》にも大《おお》きな体《からだ》をもつものが現《あらわ》れます。その代表《だいひょう》ともいえるのが、アルゼンチンの地層《ちそう》から化石《かせき》がみつかっている「レッセムサウルス」です。

レッセムサウルスは、長《なが》い首《くび》と長《なが》い尾《お》をもつ四足歩行《しそくほこう》の恐竜《きょうりゅう》で、植物《しょくぶつ》を食《た》べて暮《く》らしていました。全身《ぜんしん》の化石《かせき》がみつかっていないので、一部《いちぶ》の化石《かせき》から推測《すいそく》するしかありませんが、鼻《はな》の先《さき》から尾《お》の先《さき》までの長《なが》さが18メートルにおよんだと考《かんが》える研究者《けんきゅうしゃ》もいます。

18メートルというと、この本《ほん》でこれまでに紹介《しょうかい》してきたすべての動物《どうぶつ》の中《なか》で最大《さいだい》です。ここまで大《おお》きな動物《どうぶつ》になってしまえば、そう簡単《かんたん》に肉食動物《にくしょくどうぶつ》に襲《おそ》われることもなかったことでしょう。177ページで紹介《しょうかい》したクルロタルシ類《るい》のファソラスクスぐらいしか、レッセムサウルスを獲物《えもの》にできなかったとみられています。

大《おお》きな肉食恐竜《にくしょくきょうりゅう》も登場《とうじょう》

一方《いっぽう》、三畳紀《さんじょうき》では、ファソラスクスより大《おお》きくなる肉食恐竜《にくしょくきょうりゅう》はまだみつかっていません。このことも、三畳紀《さんじょうき》の陸上《りくじょう》では肉食《にくしょく》のクルロタルシ類《るい》が支配者《しはいしゃ》だったと考《かんが》えられている理由《りゆう》になっています。

それでも、三畳紀《さんじょうき》の肉食恐竜《にくしょくきょうりゅう》のすべてがエオラプトルたちのように小型《こがた》だったというわけでもありません。アルゼンチンから化石《かせき》がみつかっている肉食恐竜《にくしょくきょうりゅう》の「フレグエリサウルス」は、7メートルほどの大《おお》きさがありました。ファソラスクスよりは小柄《こがら》ですが、それでも当時《とうじ》の多《おお》くの動物《どうぶつ》たちよりも体《からだ》が大《おお》きく、恐《おそ》ろしい存在《そんざい》だったことでしょう。

もっとしりたい!

エオラプトルとレッセムサウルスは「竜脚形類《りゅうきゃくけいるい》」という同《おな》じグループの恐竜《きょうりゅう》です。同様《どうよう》に、エオドロマエウスとフレグエリサウルスは「獣脚類《じゅうきゃくるい》」というグループの恐竜《きょうりゅう》です。

6月 5日

読《よ》んだ日《ひ》 月 日 月 日 月 日

共食《ともぐ》い恐竜《きょうりゅう》!?
コエロフィシス

三畳紀《さんじょうき》

新生代《しんせいだい》 | 中生代《ちゅうせいだい》 | 古生代《こせいだい》 | 先《せん》カンブリア時代《じだい》

コエロフィシス
Coelophysis

ほっそりとした体格《たいかく》

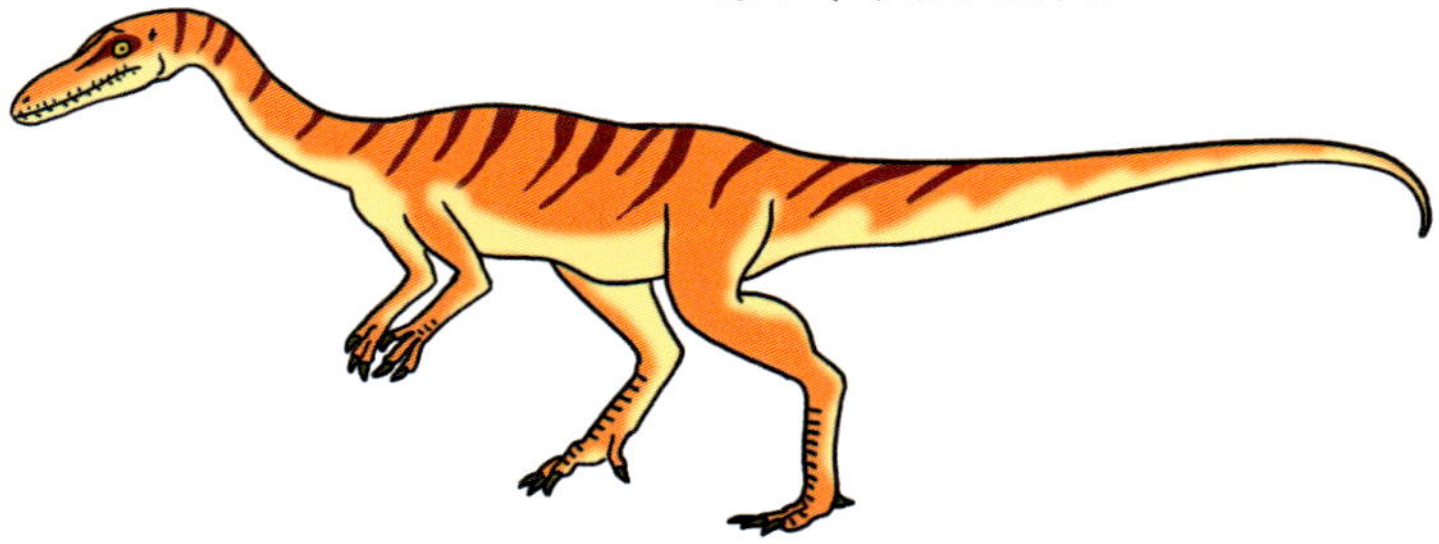

アメリカでもみつかる

ここまでで紹介《しょうかい》してきた恐竜類《きょうりゅうるい》は、実《じつ》はアルゼンチンで化石《かせき》がみつかったものばかりです。それは、アルゼンチンの三畳紀《さんじょうき》の地層《ちそう》からはとてもたくさんの動物《どうぶつ》の化石《かせき》がみつかるからです。そうはいっても、アルゼンチン以外《いがい》の国《くに》からも三畳紀《さんじょうき》の恐竜類《きょうりゅうるい》の化石《かせき》がみつかっています。

たとえば、アメリカの三畳紀《さんじょうき》の地層《ちそう》からは、鼻《はな》の先《さき》から尾《お》の先《さき》までの長《なが》さが3メートルほどの小型《こがた》の恐竜類《きょうりゅうるい》「コエロフィシス」の化石《かせき》がみつかっています。エオラプトルよりも少《すこ》しあとの時代《じだい》に生《い》きていた恐竜類《きょうりゅうるい》です。

おなかの中《なか》に子《こ》どもの骨《ほね》?

コエロフィシスは、二足歩行《にそくほこう》をするほっそりとした肉食恐竜類《にくしょくきょうりゅうるい》です。数百個体以上《すうひゃくこたいいじょう》の化石《かせき》が同《おな》じ場所《ばしょ》からみつかっており、その中《なか》には子《こ》どももおとなもまざっていました。生《い》きていた時《とき》に群《む》れで暮《く》らしていたのか、それとも死《し》んだあとに洪水《こうずい》などで一《いっ》か所《しょ》に集《あつ》められたのかはわかっていません。

かつてコエロフィシスは、「共《とも》食《ぐ》い恐竜《きょうりゅう》」といわれていたことがありました。化石《かせき》のおなかのあたりに、食《た》べられた仲間《なかま》とみられる小《ちい》さな骨《ほね》がいくつもあったからです。おとなのコエロフィシスが子《こ》どものコエロフィシスを食《た》べたのではないか、というわけです。

しかしその後《ご》、おなかの中《なか》の骨《ほね》についてくわしく調《しら》べられたところ、その骨《ほね》はクルロタルシ類《るい》のものであることがわかりました。コエロフィシスが食《た》べていたのは仲間《なかま》の子《こ》どもではなく、競争相手《きょうそうあいて》だったのです。

化石《かせき》を見《み》たい! 大阪市立自然史博物館《おおさかしりつしぜんしはくぶつかん》

化石《かせき》の複製《ふくせい》を見《み》ることができます。まわりの恐竜《きょうりゅう》たちと大《おお》きさを比《くら》べてみよう!

ここでもみられます!
北九州市立自然史・歴史博物館、御船町恐竜博物館 ほか

もっとしりたい!
コエロフィシスが生《い》きたクルロタルシ類《るい》を襲《おそ》って食《た》べたのか、それともクルロタルシ類《るい》の死体《したい》をみつけて食《た》べたのかについては、よくわかっていません。

column

恐《きょう》竜《りゅう》の仲《なか》間《ま》分《わ》け

まず、二《ふた》つに分《わ》けられる

今日《きょう》は、恐竜類《きょうりゅうるい》の分類《ぶんるい》について、少《すこ》しくわしくみてみましょう。

恐竜類《きょうりゅうるい》は、まずは大《おお》きく二《ふた》つのグループに分《わ》けられます。「竜盤《りゅうばん》類《るい》」と「鳥盤類《ちょうばんるい》」です。178ページで紹介《しょうかい》したエオラプトルやエオドロマエウス、179ページのフレグエリサウルスやレッセムサウルスはみんな竜盤類《りゅうばんるい》です。竜盤《りゅうばん》類《るい》は、現在《げんざい》のトカゲとよく似《に》た腰《こし》の骨《ほね》をもっていることが特徴《とくちょう》です。

一方《いっぽう》の鳥盤類《ちょうばんるい》は、現在《げんざい》のトリとよく似《に》た腰《こし》の骨《ほね》をもっていました。恐竜類《きょうりゅうるい》は、腰《こし》の骨《ほね》の形《かたち》でまず二《ふた》つに分《わ》けられるのです。

竜盤《りゅうばん》類《るい》には肉食《にくしょく》の恐竜《きょうりゅう》も植物食《しょくぶつしょく》の恐竜《きょうりゅう》も雑食《ざっしょく》の恐竜《きょうりゅう》もいますが、鳥盤類《ちょうばんるい》はみんな植物《しょくぶつ》食《しょく》です。

肉食《にくしょく》の恐竜《きょうりゅう》はみんな獣脚類《じゅうきゃくるい》

竜盤《りゅうばん》類《るい》は、「竜脚形《りゅうきゃくけい》類《るい》」と「獣脚類《じゅうきゃくるい》」に分《わ》けられます。竜脚形類《りゅうきゃくけいるい》はレッセムサウルスのように長《なが》い首《くび》と長《なが》い尾《お》をもち、四本足《よんほんあし》で歩《ある》きます。エオラプトルのような原始的《げんしてき》な恐竜《きょうりゅう》は雑食《ざっしょく》ですが、基本的《きほんてき》には竜脚形類《りゅうきゃくけいるい》は植物《しょくぶつ》食《しょく》です。

獣脚類《じゅうきゃくるい》にはすべての肉食恐竜《にくしょくきょうりゅう》が含《ふく》まれます。ただし、獣脚類《じゅうきゃくるい》の恐竜《きょうりゅう》すべてが肉食《にくしょく》というわけではありません。雑食《ざっしょく》や植物食《しょくぶつしょく》もいます。ほとんどの獣脚類《じゅうきゃくるい》は、二足《にそく》歩行《ほこう》です。

鳥盤類《ちょうばんるい》は、「装盾類《そうじゅんるい》」と「周飾《しゅうしょく》頭類《とうるい》」、「鳥脚類《ちょうきゃくるい》」に分《わ》けられます。装盾類《そうじゅんるい》はさらに、背中《せなか》に骨《ほね》の板《いた》を立《た》てた「剣竜類《けんりゅうるい》」と、背中《せなか》が骨《ほね》のよろいで覆《おお》われた「鎧竜類《よろいりゅうるい》」に分《わ》けられます。

周飾頭類《しゅうしょくとうるい》は、頭部《とうぶ》にフリルや角《つの》のある「角竜類《つのりゅうるい》」と、ヘルメットのような厚《あつ》い骨《ほね》の頭《あたま》をもつ「堅《けん》頭竜類《とうりゅうるい》」に分《わ》けられます。

鳥脚類《ちょうきゃくるい》には、これといった目立《めだ》つ特徴《とくちょう》はありませんが、このグループはすぐれた歯《は》やあごをもつものが多《おお》く、とくに白亜紀後期《はくあきこうき》に世界中《せかいじゅう》で大繁栄《だいはんえい》しました。

もっとしりたい！ 鳥類《ちょうるい》は、獣脚類《じゅうきゃくるい》の中《なか》の1グループです。したがって鳥類《ちょうるい》は恐竜類《きょうりゅうるい》でもあります。恐竜類《きょうりゅうるい》は絶滅《ぜつめつ》していないのです。

魚竜類《ぎょりゅうるい》の祖先《そせん》？ カートリンカス

三畳紀《さんじょうき》

イルカに似《に》た姿《すがた》をした爬虫類《はちゅうるい》

爬虫類《はちゅうるい》は陸上《りくじょう》の動物《どうぶつ》として生《う》まれ、進化《しんか》を重《かさ》ねてきました。ペルム紀《き》には、その中《なか》から水中《すいちゅう》で生活《せいかつ》する爬虫類《はちゅうるい》が現《あらわ》れました。152ページで紹介《しょうかい》したメソサウルスがそうでしたね。手《て》あしがひれのようになっていて、川《かわ》や湖《みずうみ》で暮《く》らしていたと考《かんが》えられています。

三畳紀《さんじょうき》になると、メソサウルスよりもっと水中生活《すいちゅうせいかつ》に向《む》いた体《からだ》をもった爬虫類《はちゅうるい》が現《あらわ》れました。その爬虫類《はちゅうるい》は、「魚竜類《ぎょりゅうるい》」とよばれるグループです。

メソサウルスは、ひれのような手《て》あしをもっているとはいえ、どことなくトカゲのような姿《すがた》をしていました。しかし魚竜類《ぎょりゅうるい》は、トカゲというよりは現在《げんざい》のイルカに近《ちか》い体《からだ》つきです。もちろん手《て》あしもひれになっており、ほかにも背《せ》びれや尾《お》びれがありました。

三畳紀《さんじょうき》に現《あらわ》れた魚竜類《ぎょりゅうるい》は、またたく間《ま》に世界中《せかいじゅう》の海《うみ》に広《ひろ》がって、ジュラ紀《き》と白亜紀《はくあき》でも繁栄《はんえい》しました。今日《きょう》から数日《すうじつ》にわたって、魚竜類《ぎょりゅうるい》に注目《ちゅうもく》してみましょう。

アザラシのような祖先《そせん》

魚竜類《ぎょりゅうるい》の祖先《そせん》はもともと陸上《りくじょう》で暮《く》らしていた爬虫類《はちゅうるい》です。このことは、多《おお》くの研究者《けんきゅうしゃ》が賛成《さんせい》しています。

そんな陸上《りくじょう》で暮《く》らす爬虫類《はちゅうるい》の中《なか》で、魚竜類《ぎょりゅうるい》の祖先《そせん》ではないかとみられているものがいます。中国《ちゅうごく》の三畳紀《さんじょうき》の地層《ちそう》から化石《かせき》がみつかっている「カートリンカス」です。

カートリンカスは、鼻《はな》の先《さき》から尾《お》の先《さき》までの長《なが》さが40センチメートルほどで、体《からだ》の割《わり》には大《おお》きなひれのあしをもっていました。ひれのあしの関節《かんせつ》はやわらかく、現在《げんざい》のアザラシのように陸上《りくじょう》を歩《ある》くことができたとみられています。

カートリンカスはずっと陸上《りくじょう》で暮《く》らしていたわけではなく、陸《りく》で休《やす》んだり、水中《すいちゅう》で魚《さかな》などを追《お》いかけたりする水陸両棲《すいりくりょうせい》の動物《どうぶつ》だったようです。

カートリンカスの化石《かせき》が中国《ちゅうごく》でみつかっていることから、魚竜類《ぎょりゅうるい》は中国《ちゅうごく》で進化《しんか》したのではないか、という考《かんが》えがあります。当時《とうじ》の中国《ちゅうごく》は水没《すいぼつ》している場所《ばしょ》も多《おお》く、島《しま》がたくさんありました。そんな世界《せかい》で魚竜類《ぎょりゅうるい》は海《うみ》で暮《く》らし始《はじ》めたのではないか、というわけです。

もっとしりたい！

カートリンカスは肋骨《ろっこつ》が頑丈《がんじょう》でした。荒《あら》い波《なみ》が押《お》し寄《よ》せる場所《ばしょ》でも、この頑丈《がんじょう》な肋骨《ろっこつ》が身《み》を守《まも》ったとみられています。

子《こ》は頭《あたま》から生《う》まれた チャオフサウルス

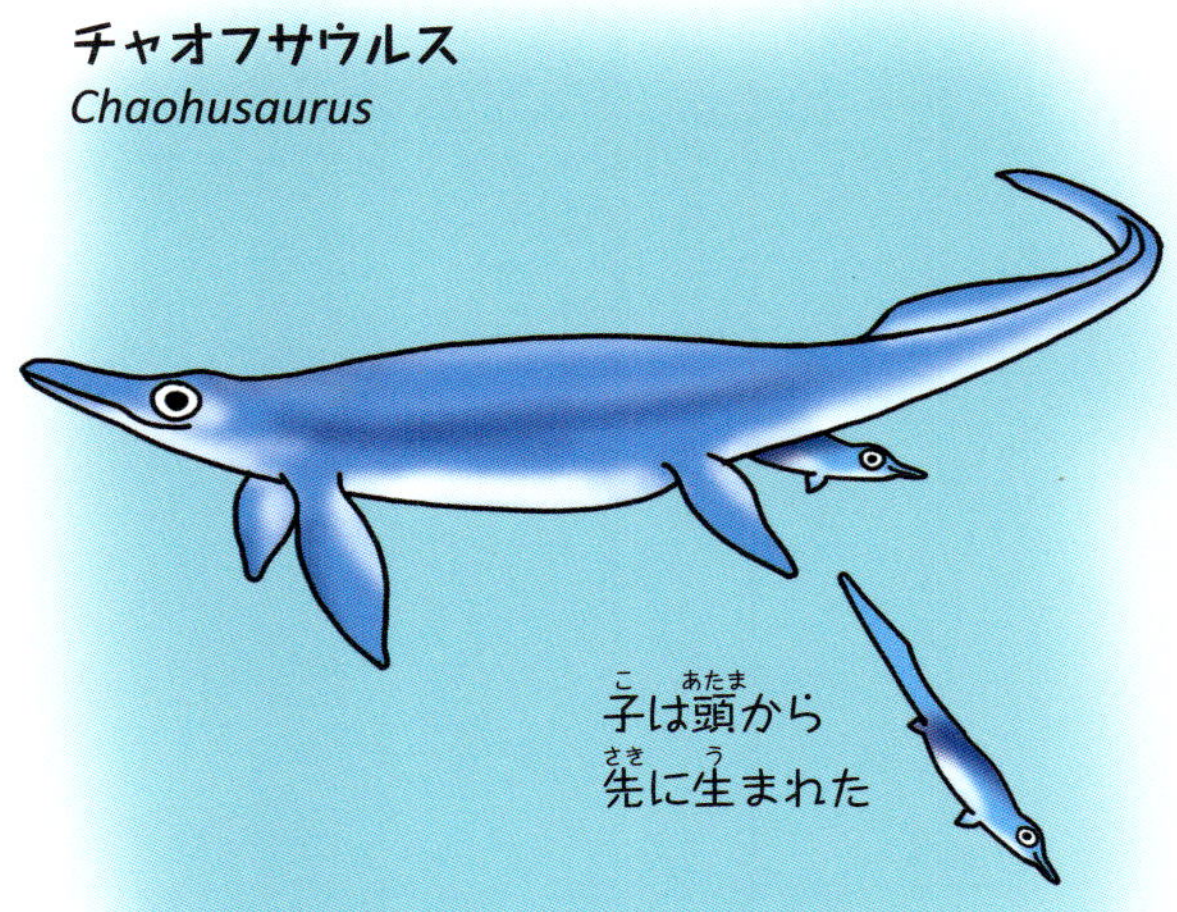

ひれのあしをもったトカゲ

三畳紀《さんじょうき》が始《はじ》まって間《ま》もないころの中国《ちゅうごく》に、知《し》られている限《かぎ》り最《もっと》も古《ふる》い魚竜類《ぎょりゅうるい》の一《ひと》つ、「チャオフサウルス」が現《あらわ》れました。

水中《すいちゅう》で暮《く》らす魚竜類《ぎょりゅうるい》は、進化《しんか》が進《すす》むと現在《げんざい》のイルカのような姿《すがた》の種《しゅ》が現《あらわ》れます。しかしチャオフサウルスは、そうした進化《しんか》した種《しゅ》と比《くら》べると体《からだ》は細長《ほそなが》く、背《せ》びれはなく、尾《お》びれもあまり高《たか》さはありません。手《て》あしもひれのように見《み》えますが、その中《なか》の骨《ほね》は、まだ指《ゆび》のつくりが残《のこ》っていました。全体《ぜんたい》として、「ひれのあしをもったトカゲ」という印象《いんしょう》なのです。鼻《はな》の先《さき》から尾《お》の先《さき》までの長《なが》さは60センチメートルほどでした。

頭《あたま》から生《う》まれた

そんなチャオフサウルスの化石《かせき》の中《なか》には、おなかの中《なか》に赤《あか》ちゃんの化石《かせき》を残《のこ》したものがみつかっています。

多《おお》くの爬虫類《はちゅうるい》は卵生《らんせい》ですが、魚竜類《ぎょりゅうるい》は胎生《たいせい》であることがわかっています。したがって、チャオフサウルスのおなかの中《なか》にあった化石《かせき》が卵《たまご》ではなくて赤《あか》ちゃんであったこと自体《じたい》は、あまり驚《おどろ》きではありません。

驚《おどろ》くべき点《てん》は、チャオフサウルスの赤《あか》ちゃんが、頭《あたま》を母親《ははおや》の体《からだ》の外《そと》に向《む》けていたことです。つまり、赤《あか》ちゃんは頭《あたま》から先《さき》に生《う》まれていたのです。

現在《げんざい》の海《うみ》にも、クジラのように水中《すいちゅう》で子《こ》を産《う》む動物《どうぶつ》がいます。そうした赤《あか》ちゃんはみんな尾《お》から生《う》まれます。頭《あたま》から生《う》まれる、というのは陸上《りくじょう》の動物《どうぶつ》の特徴《とくちょう》なのです。つまり、チャオフサウルスには、陸上《りくじょう》で暮《く》らしていた祖先《そせん》の出産《しゅっさん》方法《ほうほう》がまだ残《のこ》っていた、ということなのです。

化石《かせき》を見《み》たい！ 御船町恐竜博物館《みふねちょうきょうりゅうはくぶつかん》

チャオフサウルスの化石《かせき》の複製《ふくせい》を見《み》ることができます。

もっとしりたい！ のちの時代《じだい》には、魚竜類《ぎょりゅうるい》の中《なか》にも尾《お》から子《こ》を産《う》む種《しゅ》も現《あらわ》れます。ジュラ紀《き》のページで紹介《しょうかい》しますので楽《たの》しみにしていてください。

6月 9日

読《よ》んだ日《ひ》　月　日　月　日

南《みなみ》三《さん》陸《りく》町《ちょう》にいた魚《ぎょ》竜《りゅう》類《るい》 ウタツサウルス

三畳紀《さんじょうき》

新《しん》生《せい》代《だい》　中《ちゅう》生《せい》代《だい》　古《こ》生《せい》代《だい》　先《せん》カンブリア時《じ》代《だい》

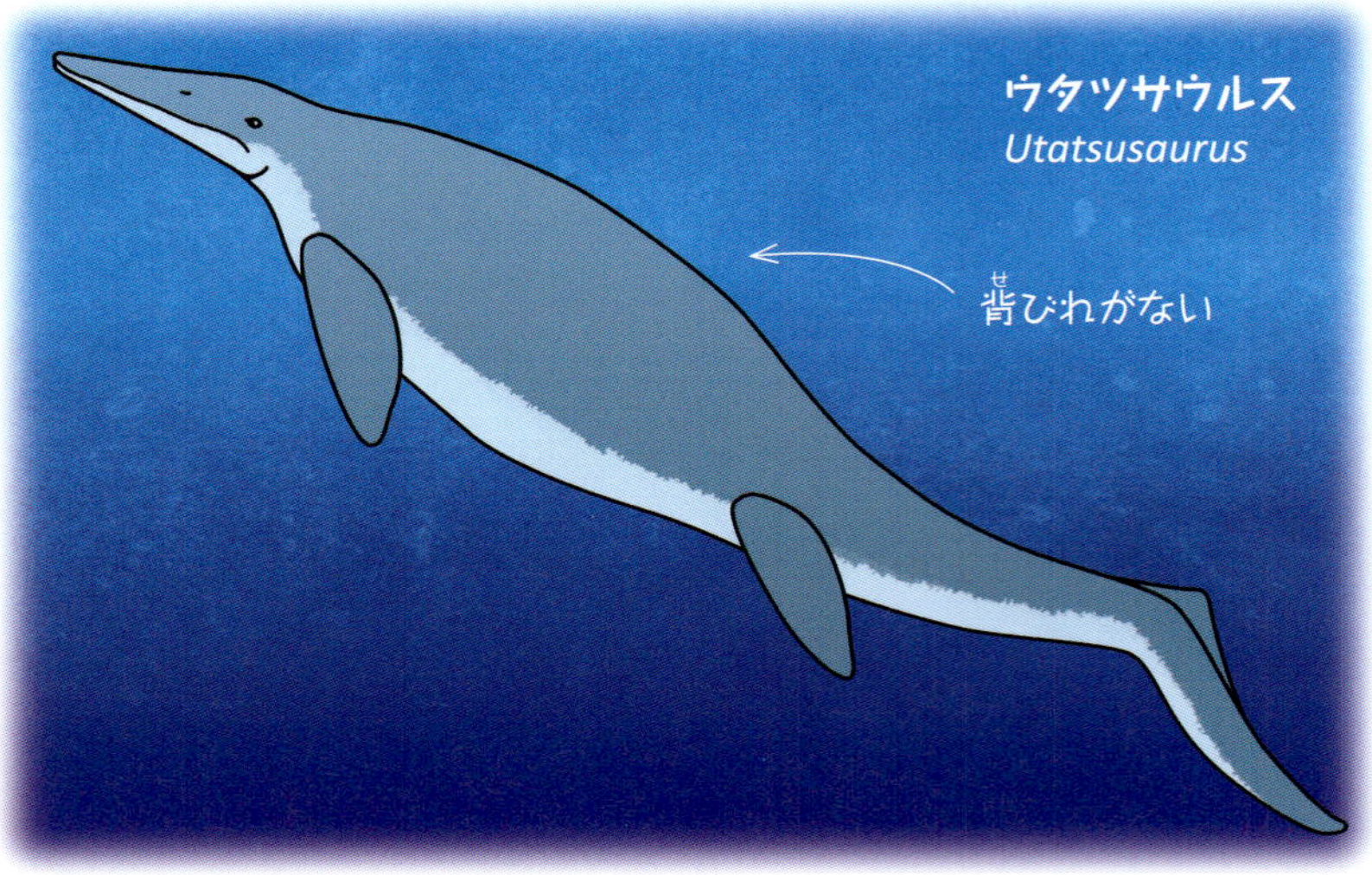

1970年《ねん》に発見《はっけん》

183ページのチャオフサウルスとほとんど同《おな》じ時期《じき》の日本《にっぽん》にも、原始的《げんしてき》な魚竜類《ぎょりゅうるい》がいたことがわかっています。宮城県《みやぎけん》の南三陸《みなみさんりく》町《ちょう》から化石《かせき》がみつかっている「ウタツサウルス」です。

ウタツサウルスの「ウタツ」とは、「歌津町《うたつちょう》」にちなむものです。歌津《うたつ》町《ちょう》は、南三陸町歌津地区《みなみさんりくちょううたつちく》の昔《むかし》の名前《なまえ》です。

ウタツサウルスの化石《かせき》は、1970年《ねん》に当時《とうじ》の歌津町《うたつちょう》の海岸《かいがん》でみつかりました。その8年後《ねんご》、1978年《ねん》になって「ウタツサウルス」という名《な》前《まえ》がつけられました。当《とう》時《じ》から、魚竜類《ぎょりゅうるい》の中《なか》では最《もっと》も古《ふる》い種《しゅ》の一《ひと》つとして、注目《ちゅうもく》されてきました。

浅《あさ》い海《うみ》で暮《く》らしていた

ウタツサウルスは、チャオフサウルスとよく似《に》た姿《すがた》をしています。細長《ほそなが》い体《からだ》に小《ち》さい頭《あたま》をもち、ひれとなった手《て》あしはあまり発達《はったつ》していません。尾《お》は長《なが》く、背《せ》びれはもたず、尾《お》びれもなんだか中途半端《ちゅうとはんぱ》な形《かたち》です。ただし、鼻《はな》の先《さき》から尾《お》の先《さき》までの長《なが》さは2メートルほどで、チャオフサウルスの3倍以上《ばいいじょう》もありました。

ウタツサウルスやチャオフサウルスは、長《なが》い距離《きょり》を泳《およ》ぎまわるのは苦手《にがて》だったと考《かんが》えられています。獲物《えもの》がたくさんいる浅《あさ》い海《うみ》を、ゆっくりと体《からだ》をくねらせながら泳《およ》いでいたようです。そして、獲物《えもの》を追《お》いかけるときなどだけ、すばやく泳《およ》いだとみられています。

化石《かせき》を見《み》たい！ 大阪市立自然史博物館《おおさかしりつしぜんしはくぶつかん》

ウタツサウルスの化石《かせき》の複製《ふくせい》が展示《てんじ》されています。

ここでもみられます！

北九州市立自然史・歴史博物館　ほか

もっとしりたい！

ウタツサウルスの和名《わめい》を「ウタツギョリュウ」といいます。和名《わめい》は日本独自《にっぽんどくじ》につけられた親《した》しみやすい名前《なまえ》です。機会《きかい》があれば、日本産《にほんさん》の化石《かせき》の和名《わめい》も調《しら》べてみましょう。

6月10日
読《よ》んだ日《ひ》
月　日
月　日

ザトウクジラより大《おお》きかった！
三畳紀《さんじょうき》の魚竜類《ぎょりゅうるい》

三畳紀《さんじょうき》
新生代《しんせいだい》　中生代《ちゅうせいだい》　古生代《こせいだい》　先《せん》カンブリア時代《じだい》

人食《ひとく》いザメと同《おな》じくらい

魚竜類《ぎょりゅうるい》のチャオフサウルスやウタツサウルスが現《あらわ》れたのは、およそ2億《おく》4800万年前《まんねんまえ》の三畳紀《さんじょうき》初期《しょき》のころです。

それから300万年《まんねん》ほどあとには、魚竜類《ぎょりゅうるい》の中《なか》に大型《おおがた》の種類《しゅるい》が現《あらわ》れるようになりました。アメリカの地層《ちそう》から化石《かせき》がみつかっている「タラットアルコン」は、みつかっている頭骨《とうこつ》の一部《いちぶ》だけでも60センチメートルの大《おお》きさがありました。鼻《はな》の先《さき》から尾《お》の先《さき》までの長《なが》さは8・6メートルに達《たっ》したと見積《みつ》もられています。

8・6メートルというと、初期《しょき》の魚竜類《ぎょりゅうるい》であるウタツサウルスより4倍以上《ばいいじょう》も大《おお》きいわけです。現在《げんざい》の魚《さかな》の仲間《なかま》と比《くら》べると、人食《ひとく》いザメで知《し》られるホホジロザメの大《おお》きめのものと同《おな》じくらいです。

タラットアルコンは太《ふと》くてがっしりとして、それでいて鋭《するど》い歯《は》をいくつももっていました。きっと恐《おそ》ろしいハンターだったことでしょう。

21メートルの巨体《きょたい》

アメリカやカナダの地層《ちそう》からはさらに大《おお》きな魚竜類《ぎょりゅうるい》の化石《かせき》がみつかっています。「ショニサウルス」です。21メートルもの大《おお》きさがあったとみられています。この大《おお》きさはタラットアルコンの2倍以上《ばいいじょう》にあたり、現在《げんざい》の海《うみ》の動物《どうぶつ》と比《くら》べるとザトウクジラを上回《うわまわ》る巨体《きょたい》です。

魚竜類《ぎょりゅうるい》は三畳紀《さんじょうき》の海《うみ》でいち早《はや》く巨大化《きょだいか》に成功《せいこう》し、その後《ご》も種類《しゅるい》を増《ふ》やしていくことになります。

化石《かせき》を見《み》たい！　国立科学博物館《こくりつかがくはくぶつかん》

地下《ちか》2階《かい》にショニサウルスの頭《あたま》の化石《かせき》の複製《ふくせい》が展示《てんじ》されています。ガラス張《ば》りの中《なか》に展示《てんじ》されているので、真上《まうえ》から観察《かんさつ》することができます。

国立科学博物館

もっとしりたい！
ショニサウルスはおとなになると歯《は》がなくなったようです。子《こ》どもとおとなで食《た》べるものが変《か》わったと考《かんが》えられています。

6月11日

読《よ》んだ日
月　日
月　日

まんじゅうのような歯《は》をもつ プラコダス

三畳紀《さんじょうき》

新生代《しんせいだい》｜中生代《ちゅうせいだい》｜古生代《こせいだい》｜先《せん》カンブリア時代《じだい》

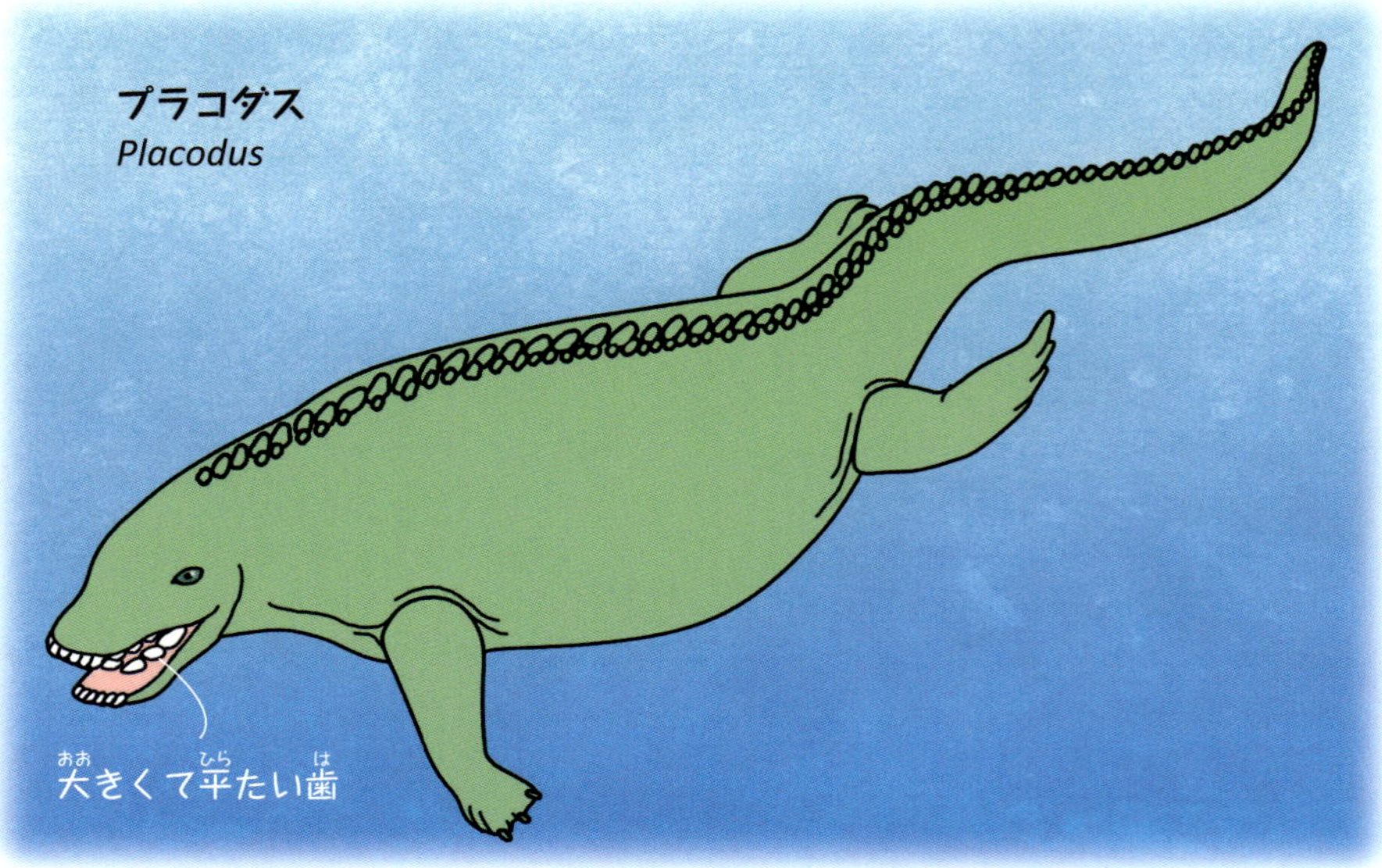

テチス海《かい》で繁栄《はんえい》した爬虫類《はちゅうるい》

魚竜類《ぎょりゅうるい》は三畳紀《さんじょうき》になってから海《うみ》で暮《く》らすようになった爬虫類《はちゅうるい》ですが、暮《く》らす場所《ばしょ》を変《か》えた爬虫類《はちゅうるい》はほかにもいました。たとえば、「プラコドン類《るい》」です。超大陸《ちょうたいりく》パンゲアの東側《ひがしがわ》に広《ひろ》がっていたテチス海《かい》で暮《く》らしていました。

プラコドン類《るい》にはたくさんの種類《しゅるい》がいました。その中《なか》でも最《もっと》もよく知《し》られているのは、オランダの地層《ちそう》から化石《かせき》がみつかっている「プラコダス」です。

プラコダスは鼻《はな》の先《さき》から尾《お》の先《さき》までの長《なが》さが1・5メートルほどで、ずんぐりとした胴体《どうたい》と長《なが》い尾《お》、短《みじか》い手《て》あしが特徴《とくちょう》です。

へんてこな形《かたち》の歯《は》

プラコダスはとても変《か》わった歯《は》をもっていました。前歯《まえば》は上下《じょうげ》ともに細《ほそ》くて、口《くち》からかなり突《つ》き出《で》ていました。そして、前歯以外《まえばいがい》の歯《は》は、つぶれたまんじゅうのような形《かたち》で平《ひら》たかったのです。前歯《まえば》は食《た》べ物《もの》をついばむためのもので、それ以外《いがい》のつぶれたまんじゅう型《がた》の歯《は》はすりつぶすためのものだったと考《かんが》えられています。

プラコダスは、浅《あさ》い海《うみ》で暮《く》らしていたようです。海底《かいてい》の二枚貝《にまいがい》などを前歯《まえば》で拾《ひろ》い上《あ》げて、口《くち》の中《なか》ですりつぶしてから食《た》べる。そんな生活《せいかつ》を送《おく》っていたと考《かんが》えられています。

栄《さか》えたのは短《みじか》い間《あいだ》だけ

プラコダスの仲間《なかま》であるプラコドン類《るい》は、テチス海《かい》で大繁栄《だいはんえい》し、プラコダス以外《いがい》にもいろいろな種《しゅ》が現《あらわ》れました。

しかし、三畳紀《さんじょうき》の後期《こうき》にはプラコドン類《るい》は絶滅《ぜつめつ》してしまいます。とても短《みじか》い時代《じだい》しかいなかった動物《どうぶつ》たちなのです。絶滅《ぜつめつ》の原因《げんいん》はわかっていません。

もっとしりたい！
プラコドン類《るい》の「プラコドン」とは、「板《いた》のような歯《は》」という意味《いみ》です。そのため、プラコドン類《るい》のことを「板歯《ばんし》類《るい》」ともよびます。

羽《は》ばたく翼《つばさ》をもった爬虫類《はちゅうるい》
エウディモルフォドン

三畳紀《さんじょうき》

新生代《しんせいだい》 中生代《ちゅうせいだい》 古生代《こせいだい》 先《せん》カンブリア時代

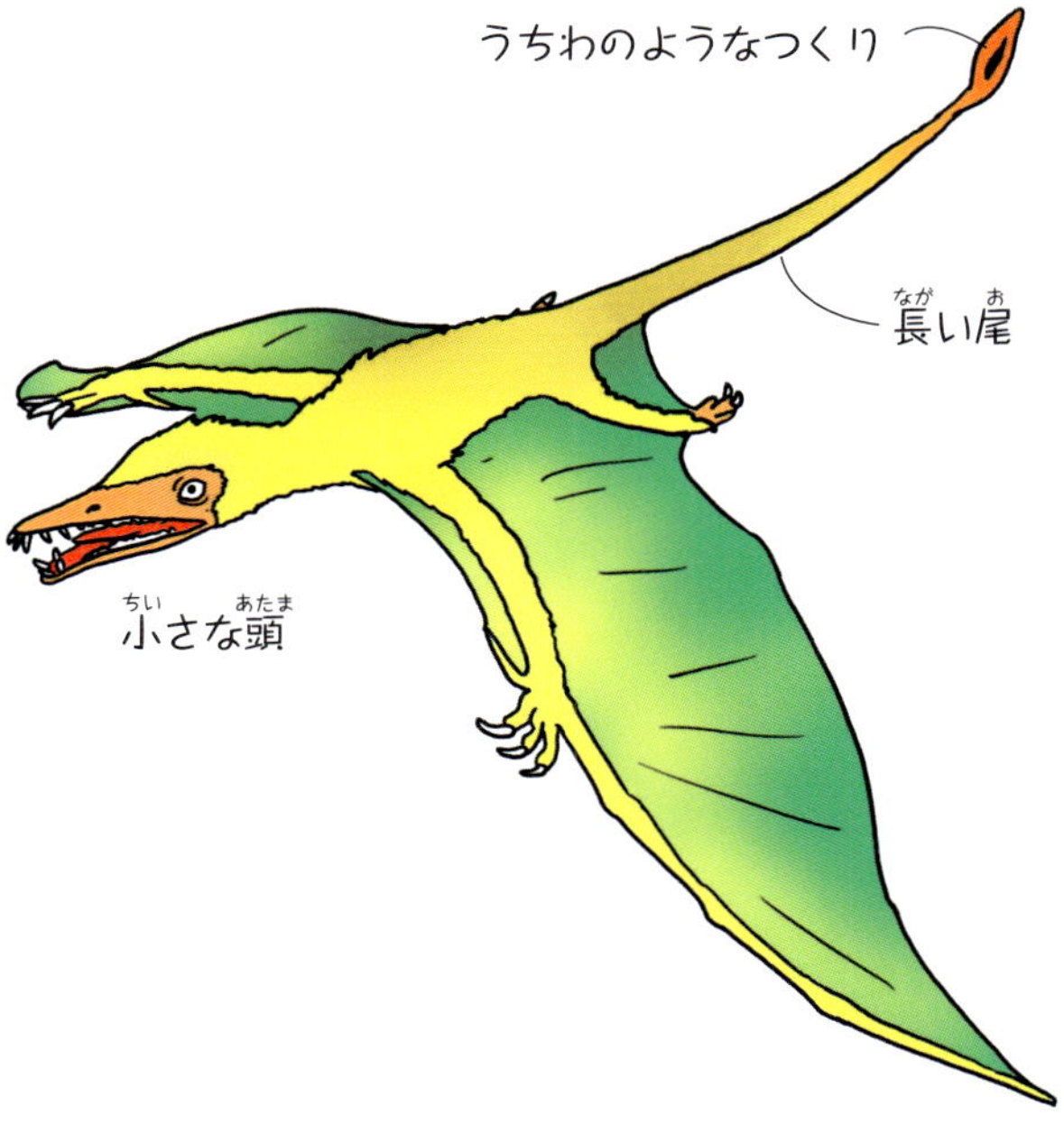

エウディモルフォドン
Eudimorphodon

翼《つばさ》の腕《うで》をもつ

空《そら》を飛《と》ぶ爬虫類《はちゅうるい》は、ペルム紀《き》にすでに現《あらわ》れていました。153ページで紹介《しょうかい》したコエルロサウラヴスは、脇《わき》の後《うし》ろに折りたためる翼《つばさ》をもっていましたね。

三畳紀《さんじょうき》になると、空《そら》を飛《と》ぶ新《あら》たな爬虫類《はちゅうるい》のグループが現《あらわ》れました。その爬虫類《はちゅうるい》は「翼竜類《よくりゅうるい》」とよばれています。

翼竜類《よくりゅうるい》は、現在《げんざい》の鳥類《ちょうるい》やコウモリの仲間《なかま》などと同《おな》じように、腕《うで》に翼《つばさ》をもち、空《そら》を飛《と》ぶことができました。中生代《ちゅうせいだい》を通《つう》じて大繁栄《だいはんえい》し、いろいろな種類《しゅるい》が現《あらわ》れていきます。

サカナを食《た》べていた

イタリアの地層《ちそう》から化石《かせき》がみつかっている「エウディモルフォドン」は、最《もっと》も古《ふる》い翼竜類《よくりゅうるい》の一《ひと》つです。翼《つばさ》を広《ひろ》げたときの幅《はば》はおよそ1メートル。読者《どくしゃ》のみなさんが両腕《りょううで》を広《ひろ》げた大《おお》きさとあまり変《か》わりません。

小《ちい》さな頭《あたま》と長《なが》い尾《お》をもっていて、これは原始的《げんしてき》な翼竜類《よくりゅうるい》に共通《きょうつう》する特徴《とくちょう》です。あごには鋭《するど》い歯《は》がいくつも並《なら》んでいました。エウディモルフォドンの化石《かせき》の中《なか》には、おなかの部分《ぶぶん》にサカナの化石《かせき》が入《はい》っているものがあります。このことから、エウディモルフォドンはサカナを主食《しゅしょく》にしていたとみられています。

長《なが》い尾《お》の先《さき》は、うちわのように広《ひろ》がっていました。このうちわのようなつくりをどのように使《つか》っていたのかについては、まだよくわかっていません。

恐竜類《きょうりゅうるい》とは別《べつ》もの

かんちがいされることも多《おお》いのですが、翼竜類《よくりゅうるい》と恐竜類《きょうりゅうるい》は別《べつ》のグループです。ただし、近縁《きんえん》のグループではあります。そして、同《おな》じく近縁《きんえん》のクルロタルシ類《るい》などを含《ふく》めて、より大《おお》きなグループである「主竜類《しゅりゅうるい》」をつくっています。三《さん》畳紀《じょうき》は、さまざまな主竜類《しゅりゅうるい》が登場《とうじょう》し、繁栄《はんえい》した時代《じだい》でもあるのです。

もっとしりたい!
翼竜類《よくりゅうるい》の骨《ほね》は、内部《ないぶ》が空洞《くうどう》になっていました。そのため、化石《かせき》が壊《こわ》れやすく、恐竜類《きょうりゅうるい》などと比《くら》べると少《すく》ない数《かず》しか発見《はっけん》されていません。

へんてこな甲羅《こうら》のもち主《ぬし》 ヘノダスとキャモダス

四角《しかく》い甲羅《こうら》

186ページで紹介《しょうかい》したプラコドン類《るい》にはプラコダス以外《いがい》にもたくさんの種類《しゅるい》がいました。

ドイツの地層《ちそう》から化石《かせき》がみつかっている「ヘノダス」は、ちょっと変《か》わったプラコドン類《るい》です。鼻《はな》の先《さき》から尾《お》の先《さき》までの長《なが》さは1メートルほどで、座布団《ざぶとん》のような四角《しかく》い甲羅《こうら》をもっていました。甲羅《こうら》のある爬虫類《はちゅうるい》というと、カメの仲間《なかま》が思《おも》い浮《う》かぶかもしれません。しかしヘノダスの甲羅《こうら》はカメの仲間《なかま》の甲羅《こうら》ほどの厚《あつ》みはなく、そもそもつくりが異《こと》なっています。

ヘノダスは四角《しかく》い甲羅以外《こうらいがい》にも特徴《とくちょう》がありました。頭部《とうぶ》が長方形《ちょうほうけい》のような形《かたち》をしていて、プラコドン類《るい》の最大《さいだい》の特徴《とくちょう》であるはずの、まんじゅうのような形《かたち》をした歯《は》をもっていなかったのです。

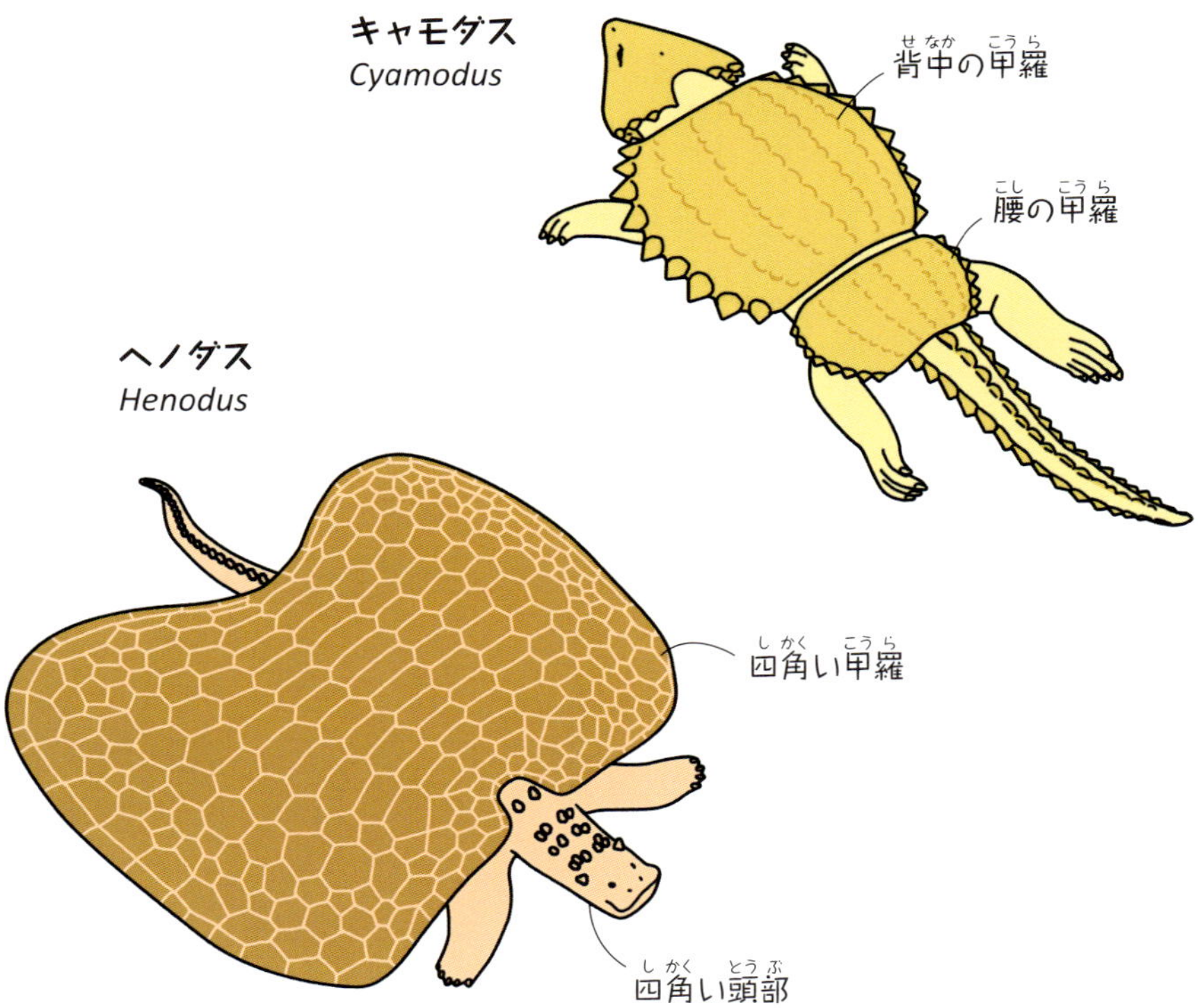

二《ふた》つの甲羅《こうら》

もう一《ひと》つ、ちょっと変《か》わった甲羅《こうら》をもったプラコドン類《るい》を紹介《しょうかい》しましょう。

スイスやイタリアなどの地層《ちそう》から化石《かせき》がみつかっている「キャモダス」です。キャモダスは、ヘノダスと同《おな》じくらいの大《おお》きさのプラコドン類《るい》です。その甲羅《こうら》は、背中《せなか》と腰《こし》の2か所《しょ》にありました。

甲羅《こうら》をもつ動物《どうぶつ》は、カメ類《るい》をはじめ、ほかにもいくつかの種類《しゅるい》がいます。しかし、背中《せなか》と腰《こし》の2か所《しょ》に甲羅《こうら》があるというのは、とてもめずらしい特徴《とくちょう》です。なぜ二《ふた》つに分《わ》かれていたのかは、よくわかっていません。

もっとしりたい！ キャモダスは、アルファベットで*Cyamodus*と書《か》き、シアモダスとも読《よ》みます。

芝《しば》刈《か》り機《き》のようなあごをもつ アトポデンタトゥス

三畳紀《さんじょうき》
新生代《しんせいだい》　中生代《ちゅうせいだい》　古生代《こせいだい》　先《せん》カンブリア時代《じだい》

左右《さゆう》に割《わ》れたくちばし

２０１４年《ねん》に中国《ちゅうごく》の三畳紀《さんじょうき》の地層《ちそう》から化石《かせき》がみつかった「アトポデンタトゥス」は、奇妙《きみょう》な爬虫類《はちゅうるい》です。大《おお》きさは２・８メートルほどで、長《なが》い尾《お》と長《なが》い胴《どう》、短《みじか》い手《て》あしをもっていました。水《みず》の中《なか》で暮《く》らしていました。

アトポデンタトゥスの最大《さいだい》の特徴《とくちょう》は、その顔《かお》です。上《うわ》あごの先端《せんたん》が急《きゅう》に曲《ま》がって下《した》を向《む》いていて、くちばしのようになっていました。しかもその〝くちばし〟は左右《さゆう》に割《わ》れていたのです。一方《いっぽう》の下《した》あごは、シャベルのような形《かたち》をしていました。とても細《ほそ》い歯《は》をたくさんもっていて、上下《じょうげ》あわせると７００本以上《ぼんいじょう》もあったことがわかっています。

左右《さゆう》に割《わ》れたくちばしをもつという特徴《とくちょう》は、とてもめずらしいものです。このくちばしがみつかったとき、アトポデンタトゥスは、水《みず》の底《そこ》の泥《どろ》をすくいとって、口《くち》に並《なら》んだたくさんの細《ほそ》い歯《は》でこしとっていたのではないかと考《かんが》えられました。左右《さゆう》に割《わ》れたくちばしの隙間《すきま》からは、いらない泥《どろ》や水《みず》を出《だ》していたというわけです。

最古《さいこ》の植物食《しょくぶつしょく》か

しかし２０１６年《ねん》になって、アトポデンタトゥスの復元《ふくげん》は大《おお》きく変《か》わりました。

アトポデンタトゥスの新《あたら》しい化石《かせき》がみつかり、くわしく研究《けんきゅう》されたのです。その結果《けっか》、実《じつ》は上《うわ》あごは割《わ》れていなかったことがわかりました。それどころか、上《うわ》あごの先端《せんたん》は、まるで金《かな》づちの頭《あたま》のように、細《ほそ》く左右《さゆう》に広《ひろ》がっていたのです。下《した》あごも同《おな》じ形《かたち》でした。

新《あたら》しい復元《ふくげん》では、左右《さゆう》に広《ひろ》がる口先《くちさき》に細《ほそ》い歯《は》がたくさん並《なら》びます。この歯《は》を使《つか》って、まるで芝刈《しばか》り機《き》のように、水《みず》の底《そこ》に生《は》えている藻類《そうるい》などを食《た》べていたのではないか、と考《かんが》えられるようになりました。

このように新《あら》たな化石《かせき》がみつかることで、復元《ふくげん》が大《おお》きく変《か》わることがあります。これも古生物学《こせいぶつがく》という学問《がくもん》のおもしろさの一《ひと》つといえるでしょう。

アトポデンタトゥス
Atopodentatus

もっとしりたい！　「アトポデンタトゥス」という名前《なまえ》は、「一風変《いっぷうか》わった歯《は》」という意味《いみ》です。

腹《はら》だけに甲羅《こう ら》をもつカメ オドントケリス

三畳紀《さんじょうき》

新生代《しんせいだい》 | 中生代《ちゅうせいだい》 | 古生代《こせいだい》 | 先カンブリア時代

最古《さいこ》のカメ類《るい》

188ページで紹介《しょうかい》したヘノダスやキャモダスは、甲羅《こうら》をもった爬虫類《はちゅうるい》でした。

甲羅《こうら》をもった爬虫類《はちゅうるい》といえば、もちろんカメ類《るい》を忘《わす》れてはいけません。カメ類《るい》が現《あらわ》れたのも三畳紀《さんじょうき》のことだと考《かんが》えられています。

〝最古《さいこ》のカメ類《るい》〟は、今《いま》のところ中国《ちゅうごく》の地層《ちそう》から化石《かせき》がみつかっている「オドントケリス」です。オドントケリスは甲羅《こうら》の長《なが》さが18センチメートルほどで、現在《げんざい》の日本《にっぽん》でもみることができるクサガメとほとんど同《おな》じ大《おお》きさです。現在《げんざい》のカメ類《るい》の口《くち》はくちばしになっていて歯《は》はありませんが、オドントケリスの口《くち》には細《ほそ》い歯《は》が並《なら》んでいました。

オドントケリス
Odontochelys

オドントケリスの最大《さいだい》の特徴《とくちょう》は甲羅《こうら》です。なんと腹側《はらがわ》にしか甲羅《こうら》をもっていなかったのです。背中《せなか》には甲羅《こうら》はなく、皮膚《ひふ》がむき出《だ》しになっていました。

このことからカメ類《るい》の甲羅《こうら》は、最初《さいしょ》に腹側《はらがわ》ができて、のちに背中《せなか》側《がわ》ができたという説《せつ》があります。

カメ類《るい》の故郷《こきょう》は陸《りく》？ 海《うみ》？

現在《げんざい》のカメ類《るい》には、大《おお》きく分《わ》けて陸《りく》で暮《く》らす「リクガメ」と、海《うみ》で暮《く》らす「ウミガメ」がいます。〝最初《さいしょ》のカメ類《るい》〟は、いったいどちらのタイプだったのでしょう？

オドントケリスの化石《かせき》が海《うみ》でつくられた地層《ちそう》でみつかったことから、カメ類《るい》は最初《さいしょ》、海《うみ》で進化《しんか》して、その後《ご》に陸《りく》でも暮《く》らすようになったという見方《みかた》があります。

しかし、オドントケリスをよく見《み》ると、手《て》あしがひれにはなっていません。リクガメと同《おな》じように指《ゆび》があるのです。また、三畳紀《さんじょうき》のほかのカメ類《るい》の化石《かせき》をみると、オドントケリス以外《いがい》はみんなリクガメです。

こうしたことから、オドントケリスよりももっと古《ふる》いカメ類《るい》がいて、そのカメ類《るい》はリクガメだったのではないか、という見方《みかた》もあります。オドントケリスは、リクガメの祖先《そせん》から分《わ》かれて進化《しんか》する途中《とちゅう》のカメ類《るい》の一《ひと》つとして、海《うみ》で暮《く》らし始《はじ》めたのではないか、というわけです。

この謎《なぞ》をとくために、「もっと古《ふる》いカメ類《るい》」の化石《かせき》探《さが》しが進《すす》められています。

もっとしりたい！

オドントケリスよりも古《ふる》いカメ類《るい》の甲羅《こうら》がどうなっていたのかも注目《ちゅうもく》です。甲羅《こうら》は背《せ》が先《さき》か、腹《はら》が先《さき》か、それとも同時《どうじ》なのか。答《こた》えはまだ出《で》ていないのです。

ごつごつした甲羅《こうら》のリクガメ
プロガノケリス

三畳紀《さんじょうき》

新生代 中生代 古生代 先カンブリア時代

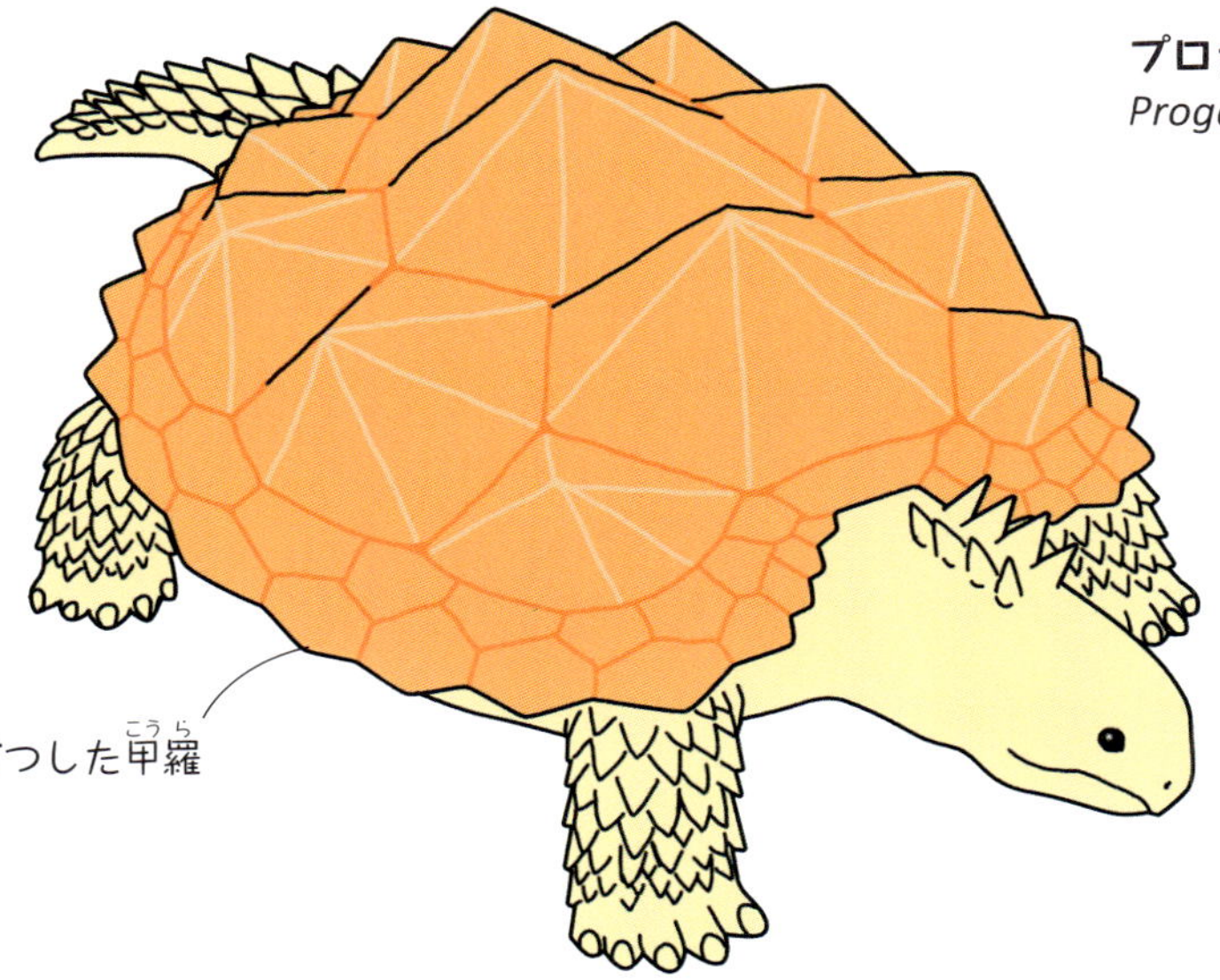

手《て》あしは甲羅《こうら》にしまえない

今日《きょう》もカメ類《るい》に注目《ちゅうもく》しましょう。右《みぎ》ページで紹介《しょうかい》したオドントケリスの化石《かせき》は、今《いま》からおよそ2億《おく》2000万年前《まんねんまえ》の地層《ちそう》からみつかりました。その1000万年《まんねん》ほどあとにできた地層《ちそう》から化石《かせき》がみつかっているカメ類《るい》がいます。それが「プロガノケリス」です。手《て》あしはがっしりとしていて、一目見《ひとめみ》てリクガメだとわかる姿《すがた》をしていました。

プロガノケリスは、50センチメートルほどの長《なが》さの甲羅《こうら》をもつカメ類《るい》です。現在《げんざい》のリクガメでいえば、ガラパゴス諸島《しょとう》で暮《く》らすガラパゴスゾウガメの3分《ぶん》の2ほどの大《おお》きさです。

もっとも、プロガノケリスの甲羅《こうら》はごつごつしていて、ガラパゴスゾウガメとはだいぶ姿《すがた》が異《こと》なります。また、プロガノケリスは首《くび》の突起《とっき》が大《おお》きかったので、首《くび》を甲羅《こうら》にしまうことはできませんでした。カメ類《るい》の中《なか》でも首《くび》や手《て》あしを甲羅《こうら》にしまうことができるのは、のちの時代《じだい》に現《あらわ》れる進化《しんか》の進《すす》んだ種《しゅ》だけです。

甲羅《こうら》は肋骨《ろっこつ》からできた

甲羅《こうら》をもつ動物《どうぶつ》はカメ類以外《るいいがい》にもいますが、その多《おお》くは甲羅専用《こうらせんよう》の特別《とくべつ》な骨《ほね》をもっています。しかしカメ類《るい》の甲羅《こうら》は、そうした特別《とくべつ》な骨《ほね》ではなく、もともと肋骨《ろっこつ》だった骨《ほね》が変化《へんか》してできたことがわかってきています。肋骨《ろっこつ》が広《ひろ》がったものがカメ類《るい》の甲羅《こうら》をつくり、そのうえで種《しゅ》によっては「皮骨《ひこつ》」という特別《とくべつ》な骨《ほね》が覆《おお》います。

肋骨《ろっこつ》は体《からだ》の中《なか》にある骨《ほね》で、内臓《ないぞう》を守《まも》っています。ゲームやアニメなどでは、カメが甲羅《こうら》をぬぐシーンがありますが、実際《じっさい》には私《わたし》たちが肋骨《ろっこつ》をぬぐことができないように、カメ類《るい》も甲羅《こうら》をぬぐことはできません。

もっとしりたい！ オドントケリスがみつかるまでは、プロガノケリスが最古《さいこ》のカメだと考《かんが》えられていました。

長《なが》～い首《くび》の爬《は》虫《ちゅう》類《るい》 タニストロフェウス

三畳紀《さんじょうき》

新生代《しんせいだい》 中生代《ちゅうせいだい》 古生代《こせいだい》 先《せん》カンブリア時代《じだい》

長《なが》い骨《ほね》でできた首《くび》

三畳紀《さんじょうき》のテチス海沿岸《かいえんがん》で、とっても首《くび》の長《なが》い爬虫類《はちゅうるい》が暮《く》らしていました。その爬虫類《はちゅうるい》の名前《なまえ》を「タニストロフェウス」といいます。

タニストロフェウスは鼻《はな》の先《さき》から尾《お》の先《さき》までの長《なが》さが6メートルほどありました。ただし、その半分以上《はんぶんいじょう》が首《くび》でした！　長《なが》い長《なが》い首《くび》の先《さき》には小《ちい》さな頭《あたま》があり、胴体《どうたい》はほっそりとしていました。そしておしり側《がわ》には、首《くび》の半分《はんぶん》ほどの長《なが》さの尾《お》がありました。

タニストロフェウス
Tanystropheus

長《なが》い首《くび》と聞《き》くと、179ページで紹介《しょうかい》したレッセムサウルスのような植物《しょくぶつ》食恐竜《しょくきょうりゅう》を思《おも》い浮《う》かべるかもしれません。しかしタニストロフェウスの首《くび》は、こうした植物食恐竜《しょくぶつしょくきょうりゅう》の首《くび》とはそのつくりがちがいます。植物食恐竜《しょくぶつしょくきょうりゅう》は、首《くび》をつくる骨《ほね》の数《かず》が多《おお》いために首《くび》が長《なが》くなっていました。一方《いっぽう》のタニストロフェウスの首《くび》は、骨《ほね》の数《かず》が多《おお》いのではなく、骨《ほね》の一《ひと》つ一《ひと》つがとても長《なが》かったのです。

「長《なが》い首《くび》の爬虫類《はちゅうるい》」というと、クビナガリュウ類《るい》も有名《ゆうめい》ですね。のちのページで登場《とうじょう》するクビナガリュウ類《るい》は、手《て》あしがひれのようになっていて、タニストロフェウスの手《て》あしとはずいぶんちがいます。また、クビナガリュウ類《るい》の首《くび》は、恐竜類《きょうりゅうるい》と同《おな》じようにたくさんの骨《ほね》からできています。

長《なが》い首《くび》の爬虫類《はちゅうるい》であっても、タニストロフェウスの首《くび》は独特《どくとく》なのです。

成長《せいちょう》すると食《た》べ物《もの》が変《か》わる

タニストロフェウスの首《くび》は、幼《おさな》いころは短《みじか》かったことがわかっています。この首《くび》は、成長《せいちょう》するにつれて次第《しだい》に長《なが》くなったのです。長《なが》い首《くび》がいったい何《なん》の役《やく》に立《た》っていたのかについてはよくわかっていません。

幼《おさな》いころはギザギザのついた小《ちい》さな歯《は》をもち、成長《せいちょう》すると現在《げんざい》のワニと同《おな》じような歯《は》をもつようになったこともわかっています。このことから、幼《おさな》いころは昆虫類《こんちゅうるい》などを食《た》べて、成長《せいちょう》するとサカナを食《た》べるようになったと考《かんが》えられています。

もっとしりたい！
長《なが》い首《くび》をもつ動物《どうぶつ》といえば、キリンですね。キリンの首《くび》も、タニストロフェウスと同《おな》じく長《なが》い骨《ほね》がつながってできています。キリンの首《くび》の骨《ほね》の数《かず》は、私《わたし》たちヒトの首《くび》の骨《ほね》の数《かず》と同《おな》じなのです。

サカナをわなでつかまえていた!?

ゲロトラックス

とにかく体《からだ》がぺったんこ!

両生類《りょうせいるい》は、デボン紀《き》に初《はじ》めて陸上《りくじょう》で暮《く》らし始《はじ》めた脊椎動物《せきついどうぶつ》です。その後《ご》、さまざまな種類《しゅるい》が現《あらわ》れました。とくにペルム紀《き》には、149ページで紹介《しょうかい》したエリオプスのような大型種《おおがたしゅ》もいました。三畳紀《さんじょうき》になってからも多《おお》くの両生類《りょうせいるい》が現《あらわ》れました。エリオプスのような大型種《おおがたしゅ》の化石《かせき》はみつかっていませんが、少《すこ》し変《か》わった特徴《とくちょう》のある種類《しゅるい》がいくつかみつかっています。

たとえば、ドイツやグリーンランドの地層《ちそう》から化石《かせき》がみつかっている「ゲロトラックス」は、とにかく体《からだ》が平《ひら》たいことが特徴《とくちょう》です。体《からだ》だけではなく頭《あたま》も平《ひら》たくて、その口《くち》には細《こま》かい歯《は》が並《なら》んでいました。手《て》あしが細《ほそ》くて短《みじか》いことから、陸上《りくじょう》で体重《たいじゅう》を支《ささ》えることはできず、おそらく一生《いっしょう》を水中《すいちゅう》ですごしたとみられています。水《みず》の底《そこ》ではうように暮《く》らしていたようです。

わなのようなしくみ

ゲロトラックスの最大《さいだい》の特徴《とくちょう》は、その頭部《とうぶ》です。上《うわ》あごがなんと90度《ど》の角度《かくど》にまで開《ひら》いたとみられているのです。上《うわ》あごを開《ひら》いたとき、下《した》あごはまっすぐ前《まえ》に少《すこ》しだけ突《つ》き出《で》たようです。

ゲロトラックスのこの口《くち》は、人間《にんげん》が野生動物《やせいどうぶつ》を狩《か》るときに使《つか》うわなのようです。ゲロトラックスは水《みず》の底《そこ》で暮《く》らしていたので、自分《じぶん》の上《うえ》を通《とお》るサカナを、この上《うわ》あごでつかまえていたのかもしれません。

わなのことを英語《えいご》で「トラップ」、サカナのことを「フィッシュ」というので、ゲロトラックスのあごのことを「フィッシュ・トラップ」とよぶことがあります。

集団《しゅうだん》で化石《かせき》になった

ドイツのクプファーツエルという場所《ばしょ》からは、たくさんのゲロトラックスの化石《かせき》がみつかっています。かつてそこには水場《みずば》があったようですが、乾燥《かんそう》が進《すす》んで、干上《ひあ》がってしまったようです。そのため同《おな》じ水場《みずば》で暮《く》らしていたゲロトラックスたちが集団《しゅうだん》で死《し》んでしまったと考《かんが》えられています。

もっとしりたい!

ゲロトラックスの首《くび》のつけねには、「外鰓《がいさい》」という、外《そと》に突《つ》きでたえらがあったと考《かんが》えられています。同《おな》じような外鰓《がいさい》は、現在《げんざい》でもウーパールーパーなどに見《み》ることができます。

最《さい》古《こ》のカエル トリアドバトラクス

三畳紀《さんじょうき》

新《しん》生《せい》代《だい》 中《ちゅう》生《せい》代《だい》 古《こ》生《せい》代《だい》 先《せん》カンブリア時代《じだい》

ウシガエルと同《おな》じくらい

かつて、ペルム紀《き》にはカエルの仲間《なかま》とイモリの仲間《なかま》の両方《りょうほう》の祖先《そせん》にあたる両生類《りょうせいるい》がいました。151ページで紹介《しょうかい》したゲロバトラクスです。そして、三畳紀《さんじょうき》になるといよいよカエルの仲間《なかま》とイモリの仲間《なかま》はそれぞれ別々《べつべつ》に進化《しんか》を始《はじ》め、〝最《もっと》も古《ふる》いカエル〟が現《あらわ》れました。マダガスカルの地層《ちそう》から化石《かせき》がみつかっている「トリアドバトラクス」です。

トリアドバトラクスの大《おお》きさは10センチメートルほどでした。現在《げんざい》のウシガエルとほぼ同《おな》じ大《おお》きさです。

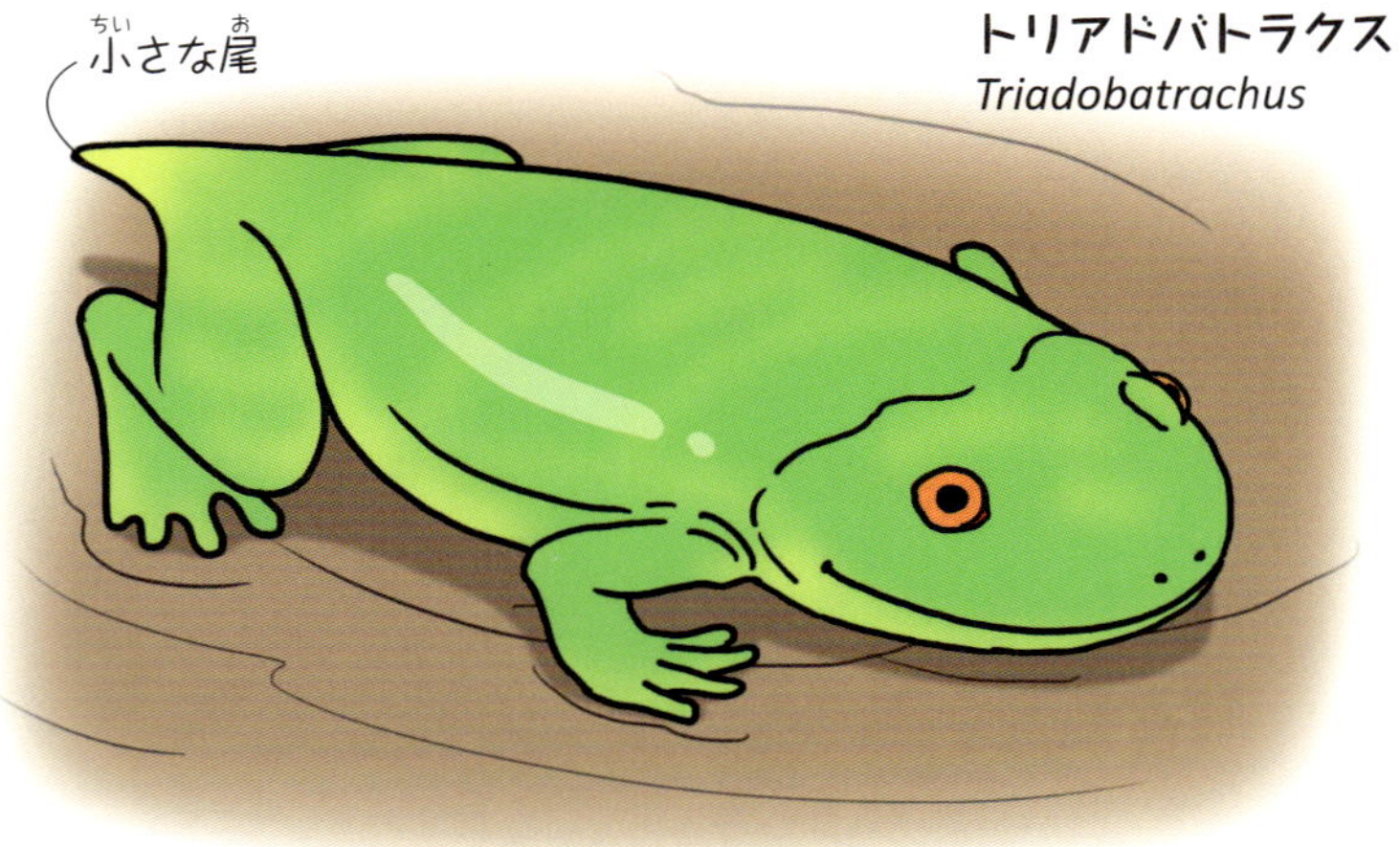

カエルなのに尾《お》がある

一見《いっけん》しただけでは、トリアドバトラクスと現在《げんざい》のカエルのちがいはわからないかもしれません。しかしよく見《み》ると、いくつものちがいに気《き》づくことができるでしょう。

たとえば、現在《げんざい》のカエルには尾《お》はありませんが、トリアドバトラクスには小《ちい》さな尾《お》がありました。また、現在《げんざい》のカエルは後《うし》ろあしがとても長《なが》くなっていますが、トリアドバトラクスの後《うし》ろあしは、あまり長《なが》くはありませんでした。現在《げんざい》のカエルはぴょこぴょこと跳《は》ねますが、トリアドバトラクスは跳《は》ねることなく、普通《ふつう》に歩《ある》いていたと考《かんが》えられています。

祖先《そせん》のゲロバトラクスと比《くら》べるとだいぶカエルらしい姿《すがた》をしていますが、現在《げんざい》のカエルとそっくりになるまでには、もう少《すこ》し進化《しんか》のための時間《じかん》が必要《ひつよう》のようです。

行《い》ってみよう！ あわしまマリンパーク

静岡県《しずおかけん》のあわしまマリンパークにある「カエル館《かん》」では、さまざまなカエルが飼育《しいく》されています。トリアドバトラクスとのちがいを確認《かくにん》しながら観察《かんさつ》してみよう。

もっとしりたい！ トリアドバトラクスは上《うわ》あごだけに歯《は》があり、また、肋骨《ろっこつ》はとても短《みじか》いものでした。これは、現在《げんざい》のカエルと同《おな》じ特徴《とくちょう》です。

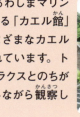

4回目《かいめ》のビッグ・ファイブ
三《さん》畳《じょう》期《き》末《まつ》大《たい》量《りょう》絶《ぜつ》滅《めつ》事《じ》件《けん》

恐竜類《きょうりゅうるい》は生《い》き延《の》びた

古生代《こせいだい》カンブリア紀以降《きいこう》、動物《どうぶつ》たちはたくさん絶滅《ぜつめつ》してきました。その中《なか》で、とくに大《おお》きな5回《かい》の絶滅事件《ぜつめつじけん》のことを「ビッグ・ファイブ」とよびます。これまでに3回《かい》のビッグファイブを紹介《しょうかい》してきました。

今《いま》からおよそ2億《おく》1００万年前《まんねんまえ》の三畳紀末《さんじょうきまつ》には、4回目《かいめ》の大量《たいりょう》絶滅事件《ぜつめつじけん》がおきました。

三畳紀末《さんじょうきまつ》の大量絶滅《たいりょうぜつめつ》事件《じけん》では、海《うみ》では軟体《なんたい》動物《どうぶつ》や腕足動物《わんそくどうぶつ》、陸《りく》では単弓類《たんきゅうるい》やクルロタルシ類《るい》、昆虫類《こんちゅうるい》などが大《おお》きく数《かず》を減《へ》らしました。だけ、クルロタルシ類《るい》単弓類《たんきゅうるい》の中《なか》では哺乳類《ほにゅうるい》の中《なか》ではワニ類《るい》の祖先《そせん》だけがこの大量絶滅《たいりょうぜつめつ》事件《じけん》をかろうじて乗《の》り越《こ》えます。黄金時代《おうごんじだい》を築《きず》いたクルロタルシ類《るい》でしたが、三畳紀末《さんじょうきまつ》の大量絶滅《たいりょうぜつめつ》事件《じけん》によって、その時代《じだい》は終《お》わりを迎《むか》えたのです。

一方《いっぽう》、この大量絶滅《たいりょうぜつめつ》事件《じけん》を乗《の》り越《こ》えたグループとして、恐竜類《きょうりゅうるい》がいました。恐竜類《きょうりゅうるい》はクルロタルシ類《るい》の多《おお》くが滅《ほろ》んだ陸上《りくじょう》で、その後《ご》、空前《くうぜん》の大繁栄《だいはんえい》を迎《むか》えることになります。

原因《げんいん》は火山《かざん》？　隕石《いんせき》？

ほかの大量絶滅事件《たいりょうぜつめつじけん》と同《おな》じように、三畳紀末《さんじょうきまつ》の大量絶滅事件《たいりょうぜつめつじけん》の原因《げんいん》についても、いろいろな仮説《かせつ》があります。

たとえば、大規模《だいきぼ》な火山《かざん》の噴火《ふんか》が原因《げんいん》という説《せつ》があります。三《さん》畳紀《じょうき》の終《お》わりごろは、超大陸《ちょうたいりく》パンゲアが分裂《ぶんれつ》を始《はじ》めた時期《じき》です。この分裂《ぶんれつ》にあわせて世界中《せかいじゅう》の火山《かざん》が活発《かっぱつ》に活動《かつどう》し、火山灰《かざんばい》などがたくさん吹《ふ》き出《だ》しました。その結果《けっか》、太陽《たいよう》の光《ひかり》が遮《さえぎ》られ、地球全体《ちきゅうぜんたい》が寒《さむ》くなったのではないか、と考《かんが》えられています。

そのほかにも隕石《いんせき》の衝突《しょうとつ》が原因《げんいん》だった、という説《せつ》もあります。大《おお》きな隕石《いんせき》が衝突《しょうとつ》したことで地面《じめん》が大《おお》きくえぐられ、その破片《はへん》が世界中《せかいじゅう》の空《そら》に漂《ただよ》い、太陽光《たいようこう》を遮《さえぎ》ったという考《かんが》えです。その結果《けっか》、火山《かざん》の場合《ばあい》と同《おな》じように地球全体《ちきゅうぜんたい》が寒《さむ》くなって、生物《せいぶつ》が滅《ほろ》びることになったのではないか、というわけです。

三畳紀末《さんじょうきまつ》の大量絶滅事件《たいりょうぜつめつじけん》については日本《にっぽん》でも研究《けんきゅう》が進《すす》んでいるので、今後《こんご》の展開《てんかい》に注目《ちゅうもく》です。

もっとしりたい！
三畳紀《さんじょうき》は、ペルム紀末《きまつ》の大量絶滅事件《たいりょうぜつめつじけん》と三畳紀末《さんじょうきまつ》のビッグ・ファイブに挟《はさ》まれています。二《ふた》つのビッグ・ファイブに挟《はさ》まれている時代《じだい》は、三畳紀《さんじょうき》だけです。

column

大陸《たいりく》は移動《いどう》する

大陸《たいりく》はプレートとともに移動《いどう》する

現在《げんざい》の地球《ちきゅう》には、ユーラシア、アフリカ、北《きた》アメリカ、南《みなみ》アメリカ、オーストラリア、南極《なんきょく》の六《むっ》つの大陸《たいりく》があります。

大陸《たいりく》の数《かず》と形《かたち》が現在《げんざい》のようになったのは、地球《ちきゅう》の歴史《れきし》の中《なか》では"つい最近《さいきん》"のことです。今《いま》とはまったくちがうようすだったこともあるのです。たとえばカンブリア紀《き》の地球《ちきゅう》には、南半球《みなみはんきゅう》に大《おお》きな大陸《たいりく》が一《ひと》つあり、そのほかに三《みっ》つの大陸《たいりく》がありました。

地球《ちきゅう》の表面《ひょうめん》は、「プレート」というとても巨大《きょだい》な岩《いわ》の板《いた》で覆《おお》われています。プレートは、何枚《なんまい》にも分《わ》かれていて、地球《ちきゅう》の表面《ひょうめん》を移動《いどう》しています。大陸《たいりく》もこのプレートの上《うえ》にあるので、プレートが動《うご》けば大陸《たいりく》も一緒《いっしょ》に動《うご》きます。

プレートどうしは、たがいにぶつかったり、離《はな》れたり、すれちがったりします。そのため、その上《うえ》にある大陸《たいりく》もぶつかって合体《がったい》したり、離《はな》れたりしているのです。

地球《ちきゅう》の大陸移動《たいりくいどう》の歴史《れきし》

カンブリア紀《き》

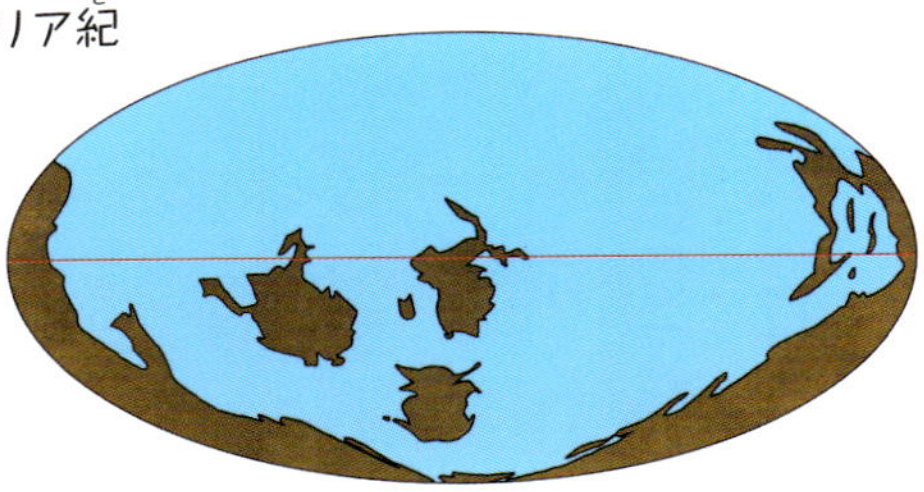

三畳紀《さんじょうき》

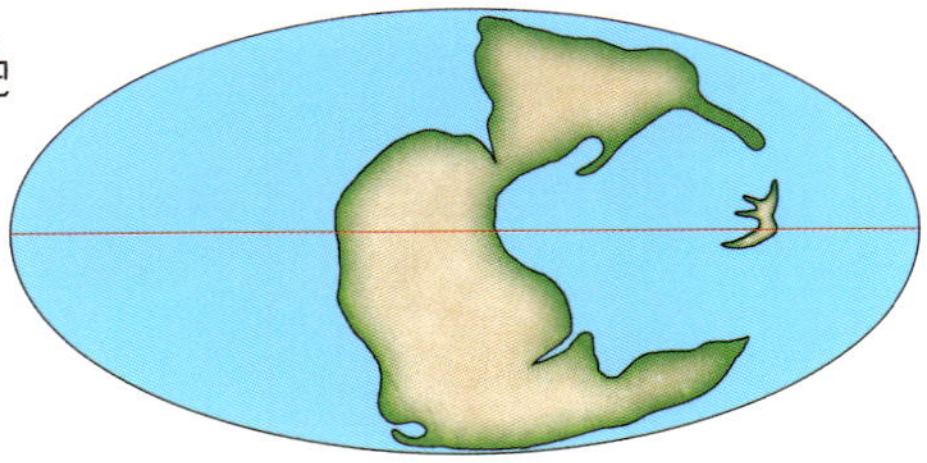

現在《げんざい》

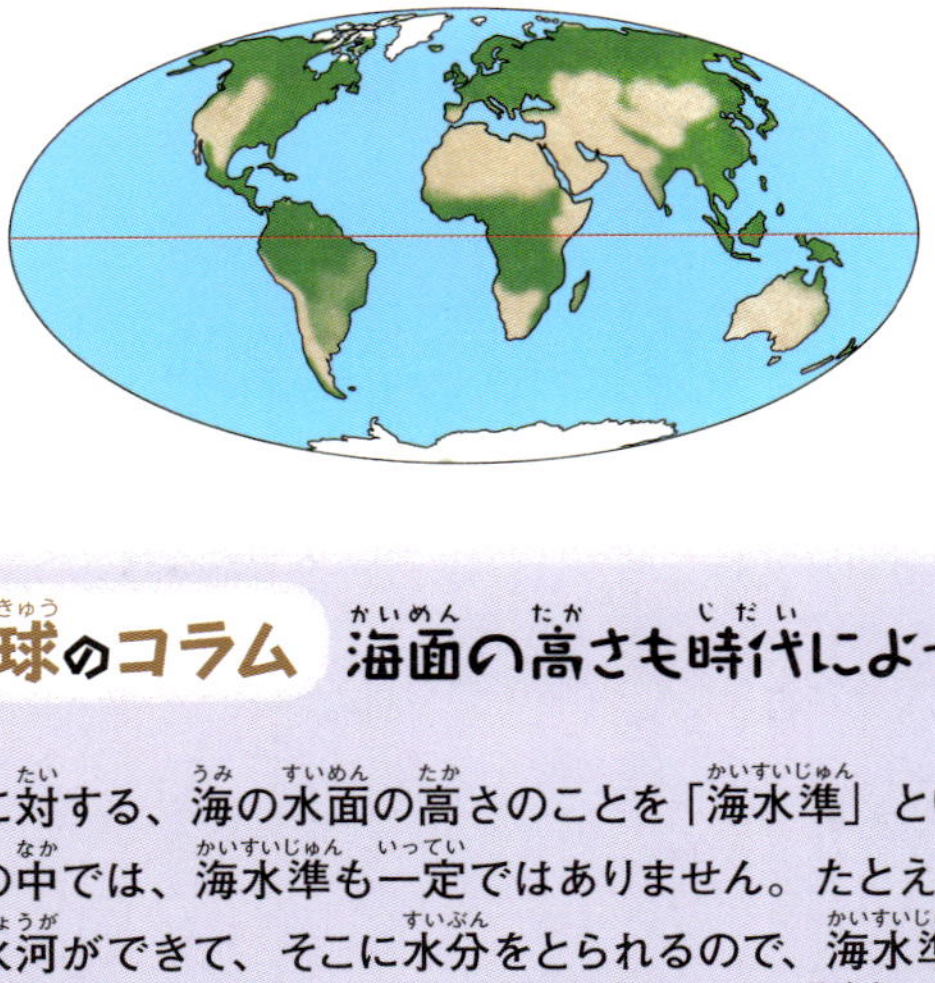

地球《ちきゅう》のコラム 海面《かいめん》の高《たか》さも時代《じだい》によって変《か》わる

陸地《りくち》に対《たい》する、海《うみ》の水面《すいめん》の高《たか》さのことを「海水準《かいすいじゅん》」といいます。地球《ちきゅう》の長《なが》い歴史《れきし》の中《なか》では、海水準《かいすいじゅん》も一定《いってい》ではありません。たとえば、寒《さむ》くなると大陸《たいりく》の上《うえ》に氷河《ひょうが》ができて、そこに水分《すいぶん》をとられるので、海水準《かいすいじゅん》は下《さ》がります。

海水準《かいすいじゅん》が下《さ》がると、それまでは海《うみ》の下《した》にあった陸地《りくち》が顔《かお》を出《だ》します。すると、離《はな》れているように見《み》えていた二《ふた》つの大陸《たいりく》がひと続《つづ》きになることがあります。海水準《かいすいじゅん》が変《か》わることでも、大陸《たいりく》の形《かたち》は変《か》わるのです。

もっとしりたい！ プレートは、現在《げんざい》でも動《うご》いています。その移動速度《いどうそくど》は、1年間《ねんかん》に数《すう》センチメートルというとてもゆっくりなものです。

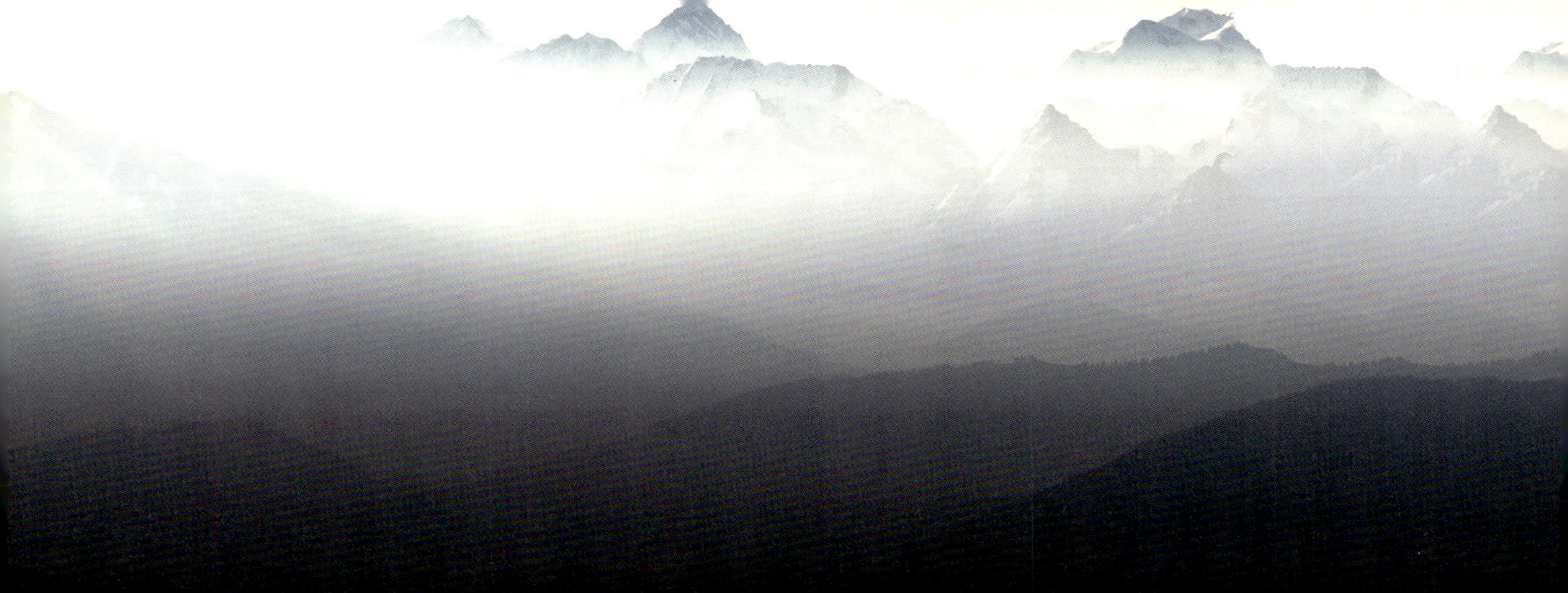

ジュラ紀《き》

　およそ2億《おく》5100万年前《まんねんまえ》から1億《おく》4500万年前《まんねんまえ》ごろまでの時代《じだい》を「ジュラ紀《き》」とよびます。中生代《ちゅうせいだい》の2番目《ばんめ》の時代《じだい》です。ジュラ紀《き》になると、いよいよ本格的《ほんかくてき》な恐竜《きょうりゅう》時代《じだい》が始《はじ》まります。たくさんの恐竜類《きょうりゅうるい》が世界中《せかいじゅう》に現《あらわ》れました。その中《なか》には、30メートルをこえるような巨大《きょだい》な種類《しゅるい》もいました。恐竜類《きょうりゅうるい》だけではありません。海《うみ》では魚竜類《ぎょりゅうるい》やクビナガリュウ類《るい》が、空《そら》では翼竜類《よくりゅうるい》が大繁栄《だいはんえい》しました。そして、さまざまな哺乳類《ほにゅうるい》も現《あらわ》れました。

超《ちょう》大《たい》陸《りく》の分《ぶん》裂《れつ》が進《すす》んだ ジュラ紀《き》

ジュラ紀《き》

新《しん》生《せい》代《だい》	中《ちゅう》生《せい》代《だい》	古《こ》生《せい》代《だい》	先《せん》カンブリア時《じ》代《だい》

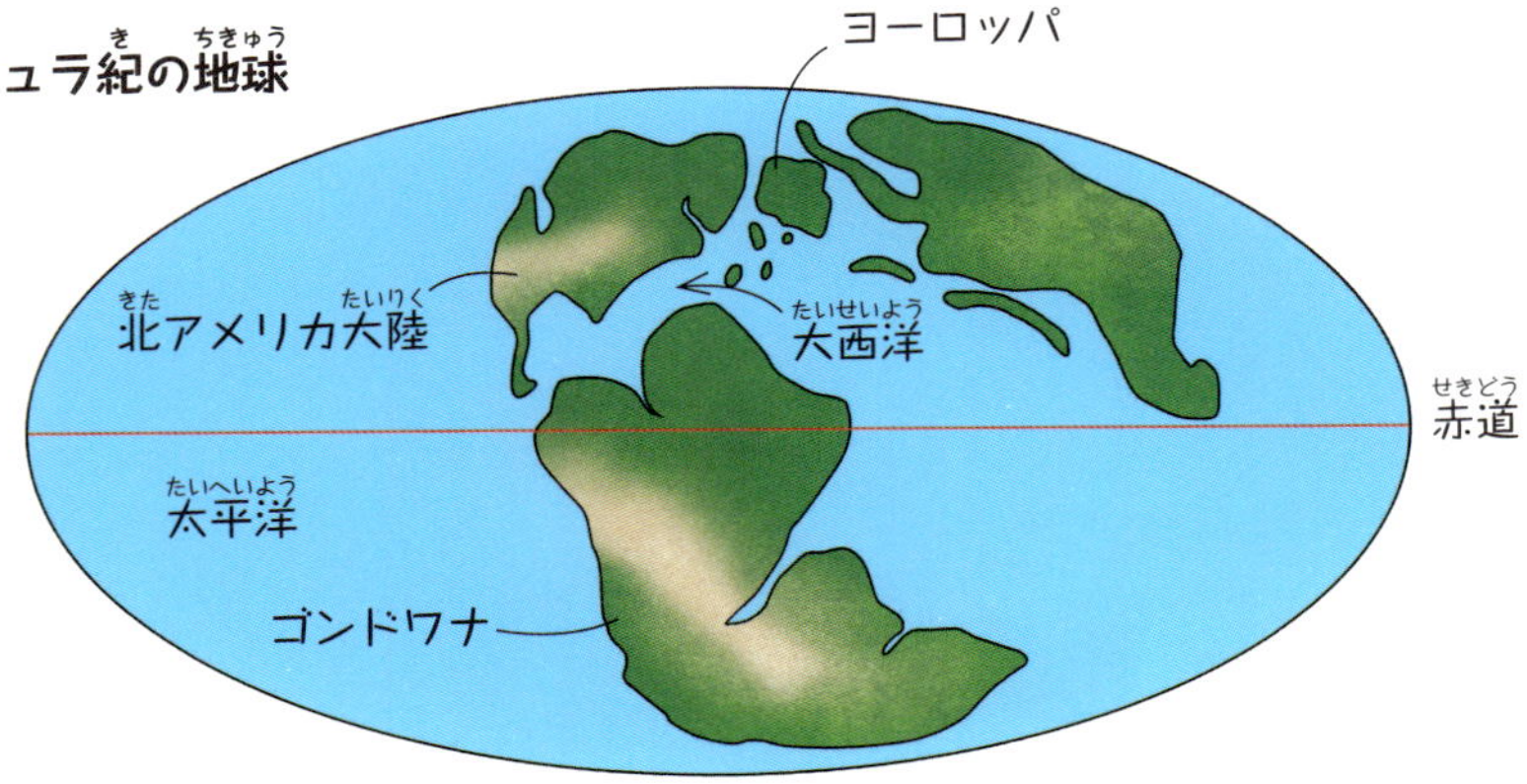

大西洋《たいせいよう》ができた!

ジュラ紀《き》は、今《いま》からおよそ2億《おく》100万年前《まんねんまえ》に始《はじ》まって、1億《おく》4500万年前《まんねんまえ》ごろまで続《つづ》きました。

ジュラ紀《き》になると、超大陸《ちょうたいりく》パンゲアの分裂《ぶんれつ》が進《すす》んでいきます。まず、パンゲアの北部《ほくぶ》が分裂《ぶんれつ》して、北《きた》アメリカ大陸《たいりく》が分《わ》かれました。その結果《けっか》、北《きた》アメリカ大陸《たいりく》とパンゲア南部《なんぶ》、そしてヨーロッパの間《あいだ》に新《あたら》しい海《うみ》ができました。この新《あたら》しい海《うみ》が、現在《げんざい》の「大西洋《たいせいよう》」となるのです。

パンゲアから北《きた》アメリカ大陸《たいりく》が分《わ》かれたことで、ヨーロッパとパンゲア南部《なんぶ》は陸続《りくつづ》きではなくなりました。パンゲア南部《なんぶ》は新《あら》たな超大陸《ちょうだいりく》となり、これは「ゴンドワナ」とよばれます。ただし、ゴンドワナもすぐに分裂《ぶんれつ》が始《はじ》まり、南《みなみ》アメリカ大陸《たいりく》とアフリカ大陸《たいりく》、アフリカ大陸《たいりく》と南極大陸《なんきょくたいりく》の間《あいだ》に裂《さ》け目《め》が生《う》まれることになります。

ジュラ紀《き》の気候《きこう》は、地球《ちきゅう》のほとんどの地域《ちいき》で温暖《おんだん》でした。世界《せかい》各地《かくち》には、ソテツ類《るい》や針葉樹類《しんようじゅるい》、イチョウ類《るい》などでできた森林《しんりん》が広《ひろ》がっていきました。

いよいよ本格的《ほんかくてき》な恐竜時代《きょうりゅうじだい》

三畳紀末《さんじょうきまつ》の大量絶滅事件《たいりょうぜつめつじけん》を乗《の》り越《こ》えて、ジュラ紀《き》の地上《ちじょう》では恐竜類《きょうりゅうるい》がすっかり主役《しゅやく》となりました。20メートルをこえるような巨大《きょだい》な植物食恐竜《しょくぶつしょくきょうりゅう》も世界各地《せかいかくち》でみかけるようになります。また、そうした植物食恐竜《しょくぶつしょくきょうりゅう》を狩《か》る肉食《にくしょく》恐竜《きょうりゅう》も、10メートルぐらいの大《おお》きな体《からだ》をもつものが現《あらわ》れました。

恐竜類《きょうりゅうるい》ほどではありませんが、哺乳類《ほにゅうるい》も数《かず》を増《ふ》やし、さまざまな種類《しゅるい》が登場《とうじょう》していきます。

いよいよ本格的《ほんかくてき》な恐竜《きょうりゅう》の時代《じだい》！

もっとしりたい!

「ジュラ紀《き》」という名前《なまえ》は、フランスとスイスの国境《こっきょう》にある「ジュラ山脈《さんみゃく》」にちなむものです。

イカそっくりの大型頭足類《おおがたとうそくるい》
シチュアノベルス

ジュラ紀《き》

新生代《しんせいだい》 中生代《ちゅうせいだい》 古生代 先カンブリア時代

見《み》た目《め》はイカそっくり

ジュラ紀《き》から白亜紀《はくあき》にかけて、海《うみ》では二《ふた》つの頭足類《とうそくるい》のグループが繁栄《はんえい》しました。一《ひと》つは、アンモナイト類《るい》。もう一《ひと》つが、ベレムナイト類《るい》です。

今日《きょう》はベレムナイト類《るい》のお話《はなし》です。ベレムナイト類《るい》の見《み》た目《め》は、現在《げんざい》のイカ類《るい》とてもよく似《に》ています。ただし、こまかいところにはちがいがあります。たとえばベレムナイト類《るい》は、体《からだ》の中《なか》に円錐形《えんすいけい》のかたい殻《から》をもっていたのです。

現在《げんざい》のイカ類《るい》のほとんどは殻《から》をもちません。例外的《れいがいてき》に殻《から》をもつコウイカというイカも、その殻《から》は平《ひら》たく薄《うす》いものです。また、現在《げんざい》のイカやタコの腕《うで》には吸盤《きゅうばん》が並《なら》んでいますが、ベレムナイト類《るい》の腕《うで》には鋭《するど》いかぎ爪《づめ》が並《なら》んでいました。

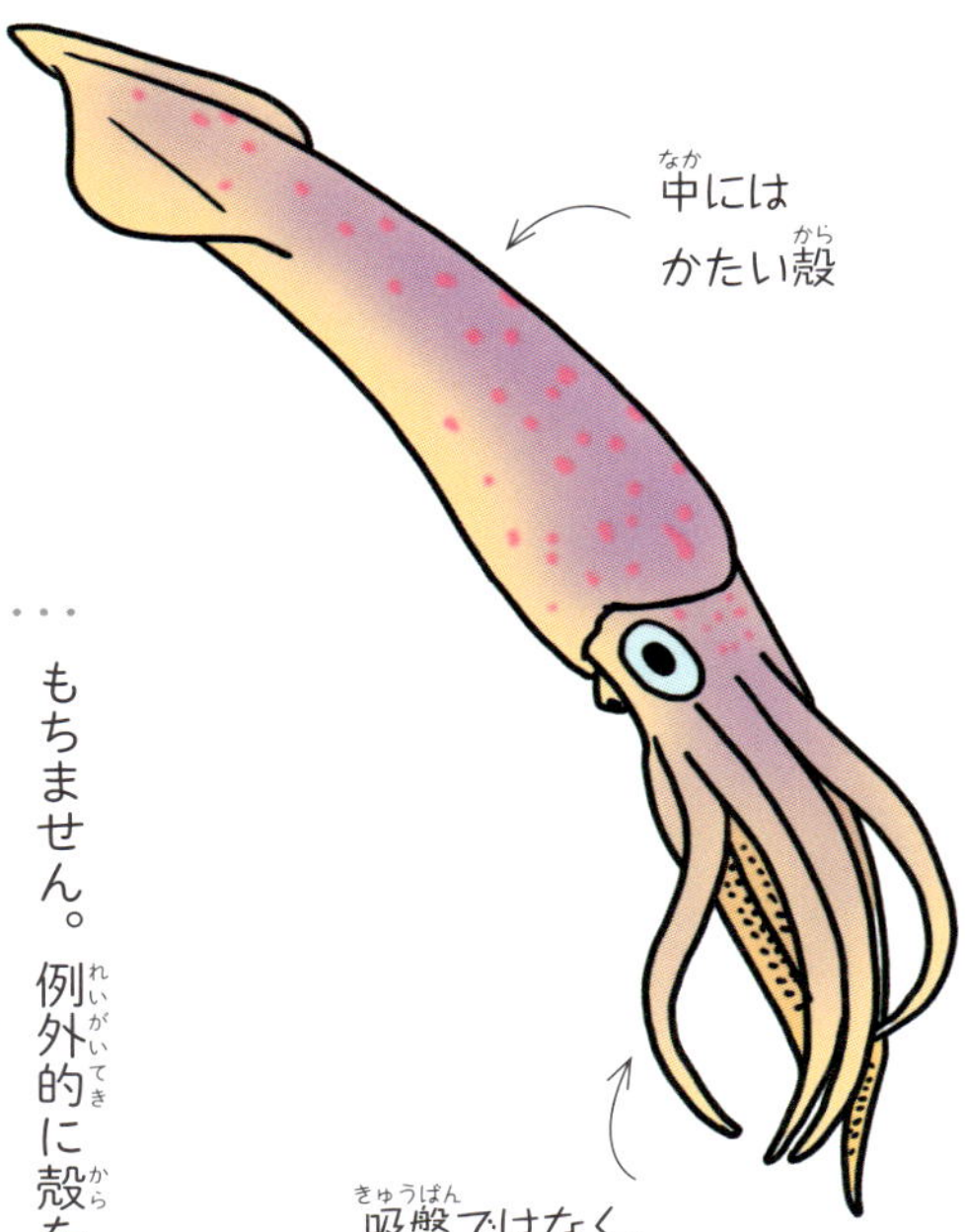

数《すう》メートルサイズ

宮城県《みやぎけん》にあるジュラ紀《き》はじめのころの地層《ちそう》から、「シチュアノベルス」というベレムナイト類《るい》の化石《かせき》がみつかっています。シチュアノベルスという名前《なまえ》をもつベレムナイト類《るい》はいくつかいましたが、宮城県《みやぎけん》のベレムナイトは、「シチュアノベルス・ウタツエンシス」という日本独自《にっぽんどくじ》の種《しゅ》でした。

シチュアノベルス・ウタツエンシスの化石《かせき》は殻《から》の一部《いちぶ》だけしかみつかっていませんが、そこから考《かんが》えられる生《い》きていたときの大《おお》きさは、数《すう》メートルに達《たっ》したと見積《みつ》もられています。ベレムナイト類《るい》の中《なか》で最大級《さいだいきゅう》です。

繁栄《はんえい》はいつから?

生物《せいぶつ》は、最初《さいしょ》は小《ちい》さな種《しゅ》から現《あらわ》れて、進化《しんか》を重《かさ》ねることで大《おお》きな種《しゅ》が現《あらわ》れると考《かんが》えられています。ジュラ紀《き》のはじめのころにシチュアノベルスのような大《おお》きな種《しゅ》がいたということは、その祖先《そせん》の小《ちい》さな種《しゅ》は三畳紀《さんじょうき》には現《あらわ》れていたかもしれません。実際《じっさい》、中国《ちゅうごく》の三畳紀《さんじょうき》の地層《ちそう》からはベレムナイト類《るい》の化石《かせき》もみつかっています。

ただし、ベレムナイト類《るい》についてはまだ謎《なぞ》も多《おお》く、数《すう》メートルという大《おお》きさも正確《せいかく》にわかっているわけではありません。大繁栄《だいはんえい》していた種類《しゅるい》だけに、今後《こんご》の研究《けんきゅう》が期待《きたい》されています。

もっとしりたい!
ベレムナイト類《るい》は、その殻《から》の形《かたち》が弓矢《ゆみや》の「矢《や》じり」に似《に》ているため、日本語《にほんご》で「矢石類《やいしるい》」ともいいます。

1 2 3 4 5 6 7 8 9 10 11 12

尾《お》から先《さき》に出《しゅっ》産《さん》した魚《ぎょ》竜《りゅう》類《るい》
ステノプテリギウス

ジュラ紀《き》
新《しん》生《せい》代《だい》　中《ちゅう》生《せい》代《だい》　古《こ》生《せい》代《だい》　先《せん》カンブリア時《じ》代《だい》

イルカそっくり

ドイツのジュラ紀《き》の地層《ちそう》から化石《かせき》がみつかっている「ステノプテリギウス」は、199ページのベレムナイト類《るい》を主食《しゅしょく》としていたと思《おも》われる魚竜類《ぎょりゅうるい》です。

ステノプテリギウスは、見《み》た目《め》が現在《げんざい》のイルカとそっくりでした。大《おお》きな背《せ》びれと尾《お》びれをもち、手《て》あしは完全《かんぜん》にひれになっていました。3・7メートルくらいまで成長《せいちょう》しました。

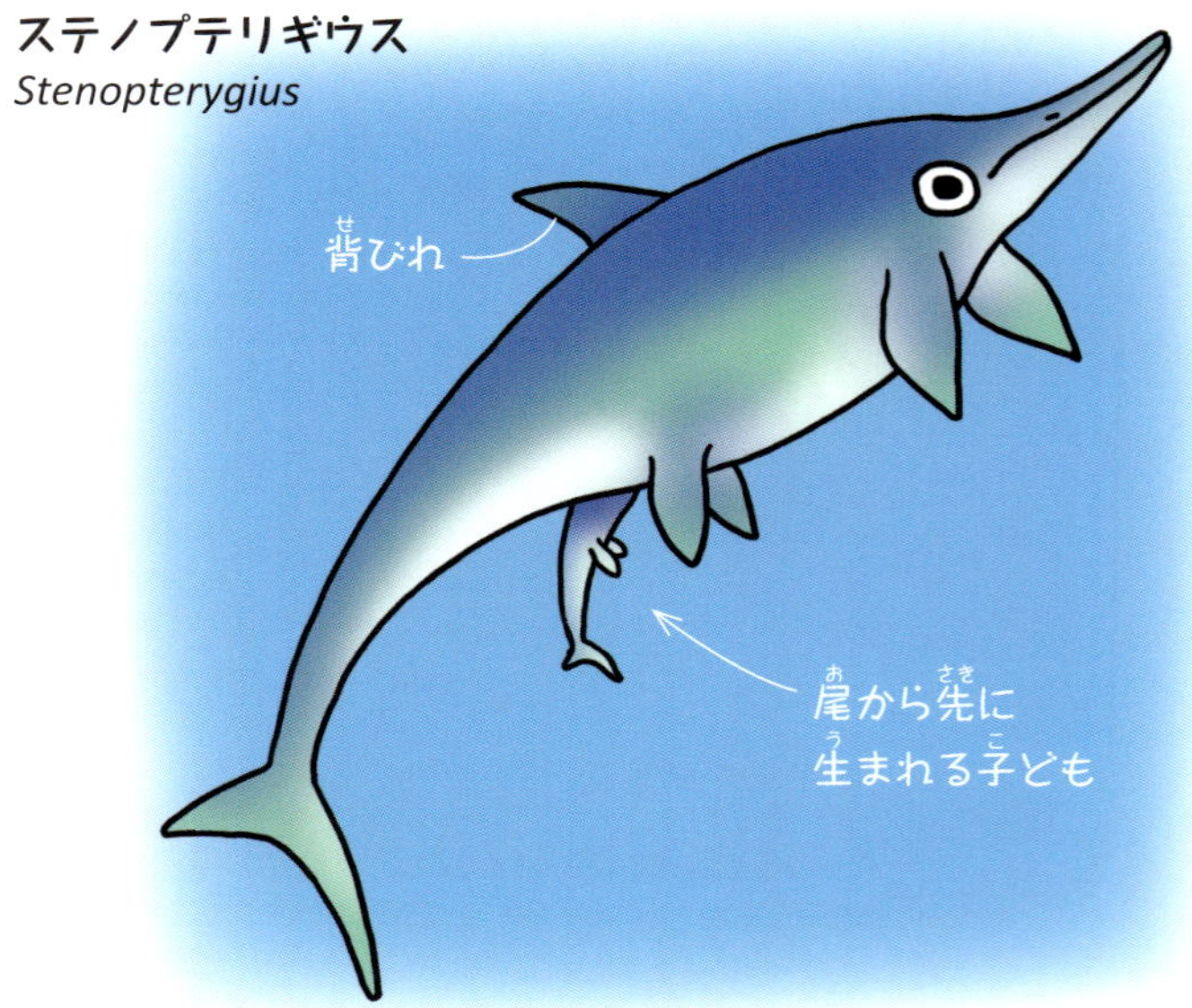

尾《お》から生《う》まれた

ステノプテリギウスは、出産《しゅっさん》の途中《とちゅう》の化石《かせき》がみつかっていることで有名《ゆうめい》です。

おとなの4分《ぶん》の1ほどの大《おお》きさの子《こ》どもが、おとなの腰《こし》の後《うし》ろに口先《くちさき》をつけて、尾《お》をたらした姿《すがた》で化石《かせき》になっていたのです。この化石《かせき》は、お母《かあ》さんが子《こ》どもを産《う》む瞬間《しゅんかん》のものだと考《かんが》えられています。

出産途中《しゅっさんとちゅう》の魚竜類化石《ぎょりゅうるいかせき》といえば、183ページのチャオフサウルスがいます。チャオフサウルスの場合《ばあい》は、子《こ》どもは頭《あたま》から先《さき》に生《う》まれていました。しかし化石《かせき》を見《み》る限《かぎ》り、ステノプテリギウスの子《こ》どもは尾《お》から先《さき》に生《う》まれます。

子《こ》を頭《あたま》から先《さき》に産《う》むのは、陸上《りくじょう》動物《どうぶつ》の産《う》み方《かた》と同《おな》じです。尾《お》から先《さき》に産《う》むのは、現在《げんざい》のクジラなどの水中動物《すいちゅうどうぶつ》と同《おな》じです。進化《しんか》を重《かさ》ねたことで、魚竜類《ぎょりゅうるい》は水中動物《すいちゅうどうぶつ》としての産《う》み方《かた》をとるようになったようです。

化石《かせき》を見《み》たい！

ミュージアムパーク 茨城県自然博物館《いばらきけんしぜんはくぶつかん》

よく観察《かんさつ》すると子《こ》どもの骨《ほね》もみつけられます。

ここでもみられます！
群馬県立自然史博物館、神奈川県立生命の星・地球博物館、福井県立恐竜博物館、蒲郡市生命の海科学館、大阪市立自然史博物館、徳島県立博物館、北九州市立自然史・歴史博物館　ほか

もっとしりたい！
ステノプテリギウスの化石《かせき》がみつかった地域《ちいき》は、ドイツのホルツマーデンです。ホルツマーデンは、ジュラ紀《き》の海《うみ》の地《ち》層《そう》としてよく知《し》られています。

旅《たび》をするウミユリ セイロクリヌス

ジュラ紀《き》

新生代《しんせいだい》	中生代《ちゅうせいだい》	古生代《こせいだい》	先《せん》カンブリア時代《じだい》

古生代《こせいだい》からの生《い》き残《のこ》り

かつて古生代《こせいだい》の海《うみ》の底《そこ》には、129ページのドリクリヌスをはじめ、さまざまな種類《しゅるい》のウミユリ類《るい》がいました。ウミユリ類《るい》は名前《なまえ》に「ユリ」とありますが、植物《しょくぶつ》ではなく、ヒトデやウニなどと同《おな》じ棘皮動物《きょくひどうぶつ》の仲間《なかま》です。

古生代《こせいだい》ペルム紀末《きまつ》の大量絶滅《たいりょうぜつめつ》事件《じけん》がおきたとき、ウミユリ類《るい》は大《おお》きく数《かず》を減《へ》らしました。しかし絶滅《ぜつめつ》したわけではなく、ジュラ紀《き》になってもいくつかの種類《しゅるい》が生《い》きていました。

木《き》にくっついた姿《すがた》でみつかる

ドイツにあるジュラ紀《き》の地層《ちそう》からは、ちょっと変《か》わったウミユリ類《るい》の化石《かせき》がたくさんみつかっています。そのウミユリ類《るい》の名前《なまえ》を「セイロクリヌス」といいます。

セイロクリヌスは、長《なが》い茎《くき》と小《ちい》さな*がく*、そしてたくさんの腕《うで》をもつウミユリ類《るい》です。茎《くき》の長《なが》さが15メートルに達《たっ》した化石《かせき》もみつかっています。セイロクリヌスのめずらしい点《てん》は、その形《かたち》よりも化石《かせき》のみつかり方《かた》にあります。ほとんどの化石《かせき》が、太《ふと》い木《き》の化石《かせき》と一緒《いっしょ》にみつかるのです。しかも、その木《き》に自分《じぶん》の茎《くき》の端《はし》をくっつけていました。1本《ぽん》の木《き》にたくさんのセイロクリヌスがくっついていることも多《おお》くあります。

木《き》は水《みず》に浮《う》き、海流《かいりゅう》に乗《の》って長《なが》い距離《きょり》を移動《いどう》します。セイロクリヌスはそうした木《き》にくっつくことで、まるで旅《たび》をするように、ジュラ紀《き》の海《うみ》を移動《いどう》していたのではないか、という考《かんが》えもあります。

化石《かせき》を見《み》たい！

北九州市立自然史《きたきゅうしゅうしりつしぜんし》・歴史博物館《れきしはくぶつかん》

木片《もくへん》と一緒《いっしょ》に保存《ほぞん》されたセイロクリヌスの化石《かせき》を見《み》ることができます。

北九州市立自然史・歴史博物館

ここでもみられます！
ミュージアムパーク茨城県自然博物館、福井県立恐竜博物館　ほか

もっとしりたい！
長《なが》さ13メートルの木《き》に、280ものセイロクリヌスがくっついていた化石《かせき》もみつかっています。

大きな眼《め》をもつ魚竜《ぎょりゅう》
オフタルモサウルス

ジュラ紀《き》

新生代《しんせいだい》　中生代《ちゅうせいだい》　古生代《こせいだい》　先カンブリア時代《せんじだい》

オフタルモサウルス
Ophthalmosaurus

23センチの眼《め》！

今日《きょう》は、再《ふたた》び魚竜類《ぎょりゅうるい》に話《はなし》を戻《もど》しましょう。イギリスから化石《かせき》がみつかっている「オフタルモサウルス」です。

オフタルモサウルスは、現在《げんざい》のイルカとよく似《に》た姿《すがた》の魚竜類《ぎょりゅうるい》です。鼻《はな》の先《さき》から尾《お》の先《さき》までの長《なが》さは4メートルほどでした。

オフタルモサウルスの最大《さいだい》の特徴《とくちょう》は、そのとても大《おお》きな眼《め》です。直径《ちょっけい》が23センチメートルもあったのです！

全身《ぜんしん》の大《おお》きさが25メートルにもなるシロナガスクジラでさえ、眼《め》の大《おお》きさは15センチメートルしかありません。オフタルモサウルスはシロナガスクジラよりも圧倒的《あっとうてき》に小《ちい》さい体《からだ》なのに、圧倒的《あっとうてき》に大《おお》きな眼《め》をもっていたのです。

暗《くら》い海《うみ》でも目《め》が見《み》えた

オフタルモサウルスの眼《め》はただ大《おお》きいだけではありません。暗《くら》いところでも、遠《とお》くまで景色《けしき》を見《み》ることができたようです。

現在《げんざい》の動物《どうぶつ》でも、たとえばネコは、暗《くら》いところでも遠《とお》くまで景色《けしき》を見《み》ることとできます。そのため、夜《よる》でも自由《じゆう》に行動《こうどう》できます。

オフタルモサウルスは、ネコと同《おな》じくらい夜《よる》でも景色《けしき》を見《み》ることができたと考《かんが》えられています。このことは、光《ひかり》が届《とど》かないような深《ふか》い海《うみ》でも泳《およ》ぐことができた可能性《かのうせい》があることを物語《ものがた》っているのです。

化石《かせき》を見《み》たい！　群馬県立自然史博物館《ぐんまけんりつしぜんしはくぶつかん》

オフタルモサウルスに近縁《きんえん》のステノプテリギウスの化石《かせき》が展示《てんじ》されています。ステノプテリギウスについては200ページで紹介《しょうかい》しています。

群馬県立自然史博物館

もっとしりたい！
哺乳類以外《ほにゅうるいいがい》の脊椎動物《せきついどうぶつ》は、眼《め》を固定《こてい》し、守るための円形《えんけい》の骨《ほね》をもっています。「鞏膜輪《きょうまくりん》」といいます。この骨《ほね》を調《しら》べることで、眼《め》の大《おお》きさや性能《せいのう》を推理《すいり》することができます。

6月 27日
読《よ》んだ日《ひ》 月 日 月 日

首《くび》の短《みじか》いクビナガリュウ
リオプレウロドン

ジュラ紀《き》

新生代 | 中《ちゅう》生《せい》代《だい》 | 古《こ》生《せい》代《だい》 | 先カンブリア時代

首《くび》が長《なが》いものばかりではない

ジュラ紀《き》になって本格的《ほんかくてき》な繁栄《はんえい》を迎《むか》えた爬虫類《はちゅうるい》の一《ひと》つに、「クビナガリュウ類《るい》」というグループがいました。

クビナガリュウ類《るい》は、魚竜類《ぎょりゅうるい》と同《おな》じく海《うみ》で暮《く》らしていた爬虫類《はちゅうるい》です。日本《にっぽん》では、映画《えいが》『ドラえもん のび太《た》の恐竜《きょうりゅう》』に登場《とうじょう》した「ピー助《すけ》」のモデル、「フタバスズキリュウ」がとても有名《ゆうめい》です。

クビナガリュウ類《るい》の基本的《きほんてき》な体《からだ》のつくりは、小《ちい》さな頭《あたま》と長《なが》い首《くび》、太《ふと》くて平《ひら》たい胴体《どうたい》です。また、ひれになった手《て》をもっています。

クビナガリュウ類《るい》という名前《なまえ》なので、首《くび》の長《なが》い種《しゅ》ばかりだと思《おも》われるかもしれません。しかし、実《じつ》は首《くび》の長《なが》いクビナガリュウ類《るい》と、首《くび》の短《みじか》いクビナガリュウ類《るい》がいました。

首《くび》の長《なが》い爬虫類《はちゅうるい》といえば、192ページで紹介《しょうかい》したタニストロフェウスがいましたね。クビナガリュウ類《るい》の長《なが》い首《くび》は、タニストロフェウスとはちがって、たくさんの骨《ほね》が集《あつ》まることで長《なが》くなっていることが特徴《とくちょう》です。

ジュラ紀《き》の海《うみ》の王者《おうじゃ》

クビナガリュウ類《るい》のうち、首《くび》が短《みじか》いものの一《ひと》つが、イギリスやフランスのジュラ紀《き》の地層《ちそう》から化石《かせき》がみつかっている「リオプレウロドン」です。

リオプレウロドンの大《おお》きさは、12メートルをこえました。首《くび》が短《みじか》いかわりに頭部《とうぶ》がとても大《おお》きくて、長《なが》さ20センチメートルもの太《ふと》い歯《は》がたくさん並《なら》んでいました。

太《ふと》い歯《は》とがっしりとしたあごをもつリオプレウロドンは、首《くび》の長《なが》いクビナガリュウ類《るい》や魚竜類《ぎょりゅうるい》を襲《おそ》っていたのではないか、ともみられています。ジュラ紀《き》の海《うみ》の王者《おうじゃ》だったというわけです。

化石《かせき》を見《み》たい！ いわき市《し》石炭《せきたん》・化石館《かせきかん》

リオプレウロドンと同《おな》じ首《くび》の短《みじか》いクビナガリュウである、プリオサウルスの全身骨格《ぜんしんこっかく》を見《み》ることができます。

ここでもみられます！
群馬県立自然史博物館 ほか

もっとしりたい！
『ドラえもん のび太《た》の恐竜《きょうりゅう》』は1980年《ねん》に公開《こうかい》され、2006年《ねん》にリメイク版《ばん》が上映《じょうえい》されました。まだ見《み》たことのない人《ひと》は、ぜひ、この機会《きかい》に観《み》てください。

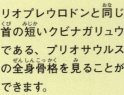

ワニの祖先《そせん》
プロトスクス

ジュラ紀《き》

新生代《しんせいだい》	中生代《ちゅうせいだい》	古生代《こせいだい》	先《せん》カンブリア時代《じだい》

クルロタルシ類《るい》の生《い》き残《のこ》り

三畳紀《さんじょうき》の地上《ちじょう》では、172ページで紹介《しょうかい》したサウロスクスのようなクルロタルシ類《るい》が大繁栄《だいはんえい》していました。しかし三畳紀末《さんじょうきまつ》におきた大量絶滅事件《たいりょうぜつめつじけん》で、ほとんどのクルロタルシ類《るい》が滅《ほろ》びてしまいました。そのとき、クルロタルシ類《るい》の中《なか》で、たった一《ひと》つだけ生《い》き残《のこ》ったグループがあり、ジュラ紀《き》以降《いこう》も進化《しんか》を重《かさ》ねていくことになります。

その1グループというのが、現在《げんざい》のワニ類《るい》の祖先《そせん》たちです。アメリカなどにあるジュラ紀《き》はじめの地層《ちそう》から化石《かせき》がみつかっている「プロトスクス」がその代表《だいひょう》です。

あしとうろこがちがう

プロトスクスは、ワニ類《るい》そのものではなく、「ワニ形類《けいるい》」というグループに分類《ぶんるい》されています。鼻《はな》の先《さき》から尾《お》の先《さき》までの長《なが》さは1メートルぐらいでした。これは、盲導犬《もうどうけん》として有名《ゆうめい》なラブラドール・レトリーバーとほぼ同《おな》じです。

プロトスクスは現在《げんざい》のワニと似《に》たような顔《かお》つきをしていますが、体《からだ》のつくりはかなりちがいます。

いちばん大《おお》きな点《てん》は、あしのつき方《かた》です。現在《げんざい》のワニ類《るい》は、あしがまず体《からだ》の左右《さゆう》に向《む》かってのびていて、ひじやひざを突《つ》き出《だ》すようについています。しかし、プロトスクスのあしは、サウロスクスなどのクルロタルシ類《るい》と同《おな》じように、体《からだ》の下《した》に向《む》かってまっすぐついていたのです。

そのほかにも、背中《せなか》のうろこの列《れつ》が現在《げんざい》の多《おお》くのワニ類《るい》では6列《れつ》あるのに、プロトスクスは2列《れつ》しかないというちがいもありました。

行《い》ってみよう！　熱川《あたがわ》バナナワニ園《えん》

プロトスクスと現在《げんざい》のワニはどこがちがうのか、生《い》きているワニと見比《みくら》べてみよう！　静岡県東伊豆《しずおかけんひがしいず》町《ちょう》にある熱川《あたがわ》バナナワニ園《えん》では、さまざまなワニを見《み》ることができます。

もっと しりたい！
サウロスクスたちのようなあしのつき方《かた》を「直立歩行型《ちょくりつほこうがた》」といいます。また、クルロタルシ類《るい》の背中《せなか》にあるうろこのことを「鱗板骨《りんばんこつ》」とよびます。

海《うみ》で暮《く》らすワニ形類《けいるい》
メトリオリンクス

メトリオリンクス
Metriorhynchus

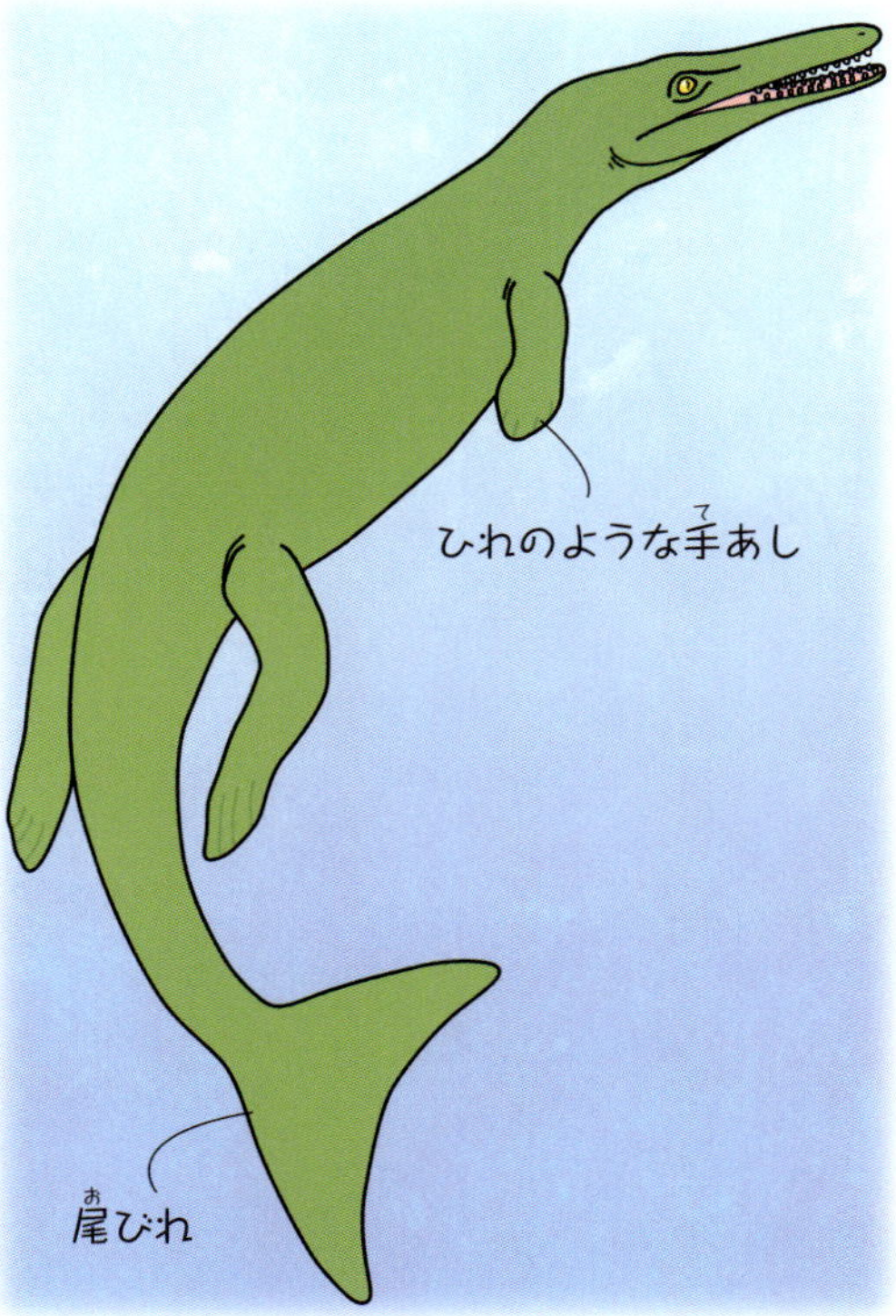

水辺以外《みずべいがい》でも暮《く》らしていた

ワニ形類《けいるい》は、ワニ類《るい》の親戚《しんせき》のような爬虫類《はちゅうるい》が含《ふく》まれるグループです。ジュラ紀《き》になって数《かず》を増《ふ》やしました。右《みぎ》ページで紹介《しょうかい》したプロトスクスがその代表的《だいひょうてき》な種《しゅ》です。

ワニ形類《けいるい》の中《なか》には、現在《げんざい》のワニ類《るい》とは暮《く》らす場所《ばしょ》がちがう種類《しゅるい》もたくさんいました。現在《げんざい》のワニ類《るい》は水辺《みずべ》で暮《く》らし、水《みず》を飲《の》みにきた動物《どうぶつ》を襲《おそ》ったり、魚《さかな》を捕《と》らえたりして生活《せいかつ》しています。しかし、たとえばプロトスクスは、水辺《みずべ》から離《はな》れた内陸《ないりく》でも生活《せいかつ》できました。ワニ形類《けいるい》の生活場所《せいかつばしょ》は、水辺《みずべ》とは限《かぎ》らなかったのです。

手《て》あしがひれになっていた

プロトスクスとは逆《ぎゃく》に、完全《かんぜん》に海《うみ》の中《なか》で暮《く》らすことに進化《しんか》したワニ形類《けいるい》もいました。イギリスやフランスのジュラ紀《き》の地層《ちそう》から化石《かせき》がみつかっている「メトリオリンクス」です。

メトリオリンクスは、鼻《はな》の先《さき》から尾《お》の先《さき》までの長《なが》さが3メートルほどのワニ形類《けいるい》です。現在《げんざい》のワニ類《るい》は口先《くちさき》が少《すこ》し丸《まる》くなっていますが、メトリオリンクスの口先《くちさき》はまっすぐ細《ほそ》くなっていました。

口先《くちさき》が細《ほそ》いということは、水中《すいちゅう》での狩《か》りにとても有利《ゆうり》です。水《みず》の抵抗《ていこう》が少《すく》ないので、よりすばやく動《うご》けるからです。みなさんも、お風呂《ふろ》の中《なか》で指《ゆび》1本だけを動《うご》かすことと、手《て》の平《ひら》を広《ひろ》げて動《うご》かすことを比《くら》べてみてください。どちらがよりすばやく動《うご》かせるかわかるでしょう。

また、現在《げんざい》のワニ類《るい》の体《からだ》が横《よこ》に平《ひら》たいことに対《たい》して、メトリオリンクスの体《からだ》は丸《まる》みを帯《お》びています。さらに、背中《せなか》にうろこはなく、手《て》あしはひれになっていて、尾《お》の先《さき》には尾《お》びれがあるということもメトリオリンクスの特徴《とくちょう》でした。プロトスクスや現在《げんざい》のワニ類《るい》と比《くら》べるとずいぶんとちがう姿《すがた》ですね。

背中《せなか》にうろこがないということは、〝防御力《ぼうぎょりょく》〟は弱《よわ》かったということです。そのかわり、体《からだ》をやわらかくくねらせて泳《およ》ぐことができるようになっていました。

もっとしりたい！ メトリオリンクスのように海《うみ》で暮《く》らしていたワニ形類《けいるい》は、ほかにもいました。当時《とうじ》、いくつものワニ形類《けいるい》の仲間《なかま》たちが水中《すいちゅう》で暮《く》らしていたようです。

最初《さいしょ》に跳《は》ねたカエル プロサリルス

ついに跳《は》ねた！

今日《きょう》は身近《みぢか》な両生類《りょうせいるい》のカエルに注目《ちゅうもく》してみましょう。

これまでに、カエルとイモリの祖先《そせん》として、ペルム紀《き》のゲロバトラクスを紹介《しょうかい》しました。また、194ページでは最《もっと》も古《ふる》いカエルとして、三畳紀《さんじょうき》のトリアドバトラクスを紹介《しょうかい》しました。トリアドバトラクスはカエルなのに尾《お》があって、跳《は》ねることはできませんでしたね。

ジュラ紀《き》になると、カエルの仲間《なかま》は、また少《すこ》し進化《しんか》しました。アメリカにあるジュラ紀《き》の地層《ちそう》から化石《かせき》がみつかっている「プロサリルス」は、現在《げんざい》のカエルの仲間《なかま》と同《おな》じように跳《は》ねることができたのです。

長《なが》いあしをもつ

プロサリルスは、大《おお》きさ10センチメートルほどのカエルです。トリアドバトラクスや現在《げんざい》のウシガエルとほぼ同《おな》じ大《おお》きさです。

プロサリルスの見《み》た目《め》は、ほとんど現在《げんざい》のカエルと変《か》わりません。トリアドバトラクスとの大《おお》きなちがいは、尾《お》が完全《かんぜん》になくなっていることと、後《うし》ろあしが長《なが》くなっていることです。プロサリルスは現在《げんざい》のカエルと同《おな》じように、ぴょこぴょこと跳《は》ねて移動《いどう》していたと考《かんが》えられています。

ゲロバトラクスやトリアドバトラクスと姿《すがた》を見比《みくら》べてみましょう。カエルの仲間《なかま》たちは長《なが》い時間《じかん》をかけて、このように進化《しんか》してきたのです。

もっとしりたい！ ジュラ紀《き》にはプロサリルスのほかにも現在《げんざい》のカエルとよく似《に》たカエルがいました。それらのカエルは、現在《げんざい》のカエルと比《くら》べて背骨《せぼね》の数《かず》が1個少《こすく》なかったり、あしが少《すこ》し短《みじか》いなどのちがいがありました。

column

「化石婦人《かせきふじん》」とよばれたメアリー・アニング

メアリー・アニング

最初《さいしょ》の発掘《はっくつ》は13歳《さい》のとき

今《いま》から200年《ねん》ほど前《まえ》の話《はなし》です。日本《にっぽん》では江戸時代《えどじだい》のころ、イギリスでは「化石《かせき》とは何《なん》なのか」という研究《けんきゅう》が盛《さか》んに行《おこ》なわれていました。当時《とうじ》はまだ「進化《しんか》」という考《かんが》えはありません。それどころか、化石《かせき》がいったいどのくらい昔《むかし》の生物《せいぶつ》のものなのかさえもわかっていませんでした。

そんな時代《じだい》のイギリスで、研究者《けんきゅうしゃ》たちに次々《つぎつぎ》と新種《しんしゅ》の化石《かせき》を届《とど》けた女性《じょせい》がいます。イギリスのライム湾《わん》のほとりで暮《く》らしていた「メアリー・アニング」です。

メアリーは、1799年《ねん》に生《う》まれました。メアリーのお父《とう》さんは、家具《かぐ》をつくる職人《しょくにん》をしながら、ライム湾《わん》のほとりで化石《かせき》をみつけては、いろいろな人《ひと》に売《う》っていました。ライム湾《わん》のほとりには、ジュラ紀《き》の地層《ちそう》があるのです。メアリーが13歳《さい》のとき、彼女《かのじょ》のお兄《にい》さんが魚竜類《ぎょりゅうるい》の化石《かせき》をみつけます。発掘《はっくつ》はメアリーも手伝《てつだ》いました。その発見《はっけん》された魚竜類《ぎょりゅうるい》の化石《かせき》はとても状態《じょうたい》のよいもので、その後《ご》、専門家《せんもんか》によって研究《けんきゅう》されました。

19世紀《せいき》の古生物学《こせいぶつがく》を支《ささ》えた

魚竜類《ぎょりゅうるい》の化石《かせき》の発掘《はっくつ》をきっかけにして、今度《こんど》はメアリーが次々《つぎつぎ》と新発見《しんはっけん》をすることになります。15歳《さい》のときには魚竜類《ぎょりゅうるい》の前《まえ》あしの指《ゆび》の化石《かせき》を発見《はっけん》し、19歳《さい》のときには魚竜類《ぎょりゅうるい》の全身《ぜんしん》の骨《ほね》の化石《かせき》をみつけました。24歳《さい》のときには、世界《せかい》で初《はじ》めてクビナガリュウ類《るい》の化石《かせき》をみつけます。

メアリーがみつけたこうした化石《かせき》は、次々《つぎつぎ》と研究者《けんきゅうしゃ》のもとへ送《おく》られていきました。

メアリー自身《じしん》は、大学《だいがく》などで化石《かせき》の勉強《べんきょう》をしたわけではありません。しかし、自分《じぶん》で調《しら》べて勉強《べんきょう》し、おとなになるころには、研《けん》究者《きゅうしゃ》に負《ま》けないくらいの知識《ちしき》があったといわれています。

化石《かせき》を研究《けんきゅう》する学問《がくもん》のことを「古生物学《こせいぶつがく》」とよびます。古《こ》生物学《せいぶつがく》が始《はじ》まった1800年代《ねんだい》に、メアリーは多《おお》くの化石《かせき》をみつけて研究者《けんきゅうしゃ》に送《おく》ることで、この学問《がくもん》を支《ささ》えていたのです。

その功績《こうせき》を讃《たた》えて、メアリーは「化石婦人《かせきふじん》」とよばれ、イギリスのロンドンにある自然史博物館《しぜんしはくぶつかん》では肖像画《しょうぞうが》が飾《かざ》られています。

もっとしりたい!
メアリーについて書《か》かれた、『化石《かせき》をみつけた少女《しょうじょ》』(キャサリン・ブライトン著《ちょ》)、『メアリー・アニングの冒険《ぼうけん》』(吉川惣司《よしかわそうじ》・矢島道子《やじまみちこ》著《ちょ》)などの本《ほん》もおすすめです。

7月2日

読《よ》んだ日《ひ》
月　日
月　日

アジアにいた大《おお》型《がた》の肉《にく》食《しょく》恐《きょう》竜《りゅう》

シンラプトル

ジュラ紀《き》

新《しん》生《せい》代《だい》 | 中《ちゅう》生《せい》代《だい》 | 古《こ》生《せい》代《だい》 | 先《せん》カンブリア時《じ》代《だい》

緑豊《みどりゆた》かだったジュンガル盆地《ぼんち》

ジュラ紀《き》に入《はい》ると世界中《せかいじゅう》でさまざまな恐竜《きょうりゅう》たちが栄《さか》えるようになりました。そうした恐竜《きょうりゅう》たちの化石《かせき》は、アメリカや中国《ちゅうごく》、ヨーロッパなど、いろいろな場所《ばしょ》からみつかっています。

中国《ちゅうごく》の北部《ほくぶ》に位置《いち》するジュンガル盆地《ぼんち》も、ジュラ紀《き》の恐竜《きょうりゅう》化石《かせき》の有名《ゆうめい》な産地《さんち》です。現在《げんざい》のジュンガル盆地《ぼんち》は砂漠《さばく》や荒野《こうや》が広《ひろ》がる土地《とち》ですが、ジュラ紀《き》には大《おお》きな湖《みずうみ》があり、そのまわりには植物《しょくぶつ》が生《お》い茂《しげ》っていました。

かみ傷《きず》があった

ジュンガル盆地《ぼんち》の地層《ちそう》から化石《かせき》がみつかっている肉食恐竜《にくしょくきょうりゅう》の一《ひと》つに、「シンラプトル」がいます。鼻《はな》の先《さき》から尾《お》の先《さき》までの長《なが》さは8メートルでした。179ページで紹介《しょうかい》した三畳紀《さんじょうき》の大型肉食恐竜《おおがたにくしょくきょうりゅう》フレグエリサウルスを上回《うわまわ》る巨体《きょたい》のもち主《ぬし》でした。

シンラプトルは、ほかの肉食《にくしょく》恐竜《きょうりゅう》と同《おな》じように2本《ほん》あしで立《た》って歩《ある》きます。有名《ゆうめい》な肉食《にくしょく》恐竜《きょうりゅう》であるティラノサウルスと比《くら》べると、体《からだ》はほっそりしていて、腕《うで》が長《なが》いという特徴《とくちょう》がありました。

シンラプトルの化石《かせき》には、同《おな》じシンラプトルによるかみ傷《きず》がついたものがみつかっています。なぜ、かみ傷《きず》がついたのでしょう？　けんかだったのでしょうか？　それとも、共食《ともぐ》いだったのでしょうか？　その理由《りゆう》はよくわかっていません。

化石《かせき》を見《み》たい！　福井県立恐竜博物館《ふくいけんりつきょうりゅうはくぶつかん》

復元《ふくげん》された全身骨格《ぜんしんこっかく》と模型《もけい》を見《み》ることができます。たくさんの恐竜《きょうりゅう》の展示《てんじ》の中《なか》から探《さが》してみましょう。

もっとしりたい！

ジュンガル盆地《ぼんち》のジュラ紀《き》の地層《ちそう》は、今《いま》からおよそ1億《おく》6400万年前《まんねんまえ》から1億《おく》5900万年前《まんねんまえ》のものです。ジュラ紀《き》の中期《ちゅうき》と後期《こうき》の境界《きょうかい》のころの地層《ちそう》です。

巨体《きょたい》に長《なが》〜い首《くび》をもつ マメンキサウルス

ジュラ紀《き》

新生代《しんせいだい》	中生代《ちゅうせいだい》	古生代《こせいだい》	先カンブリア時代

マメンキサウルス
Mamenchisaurus

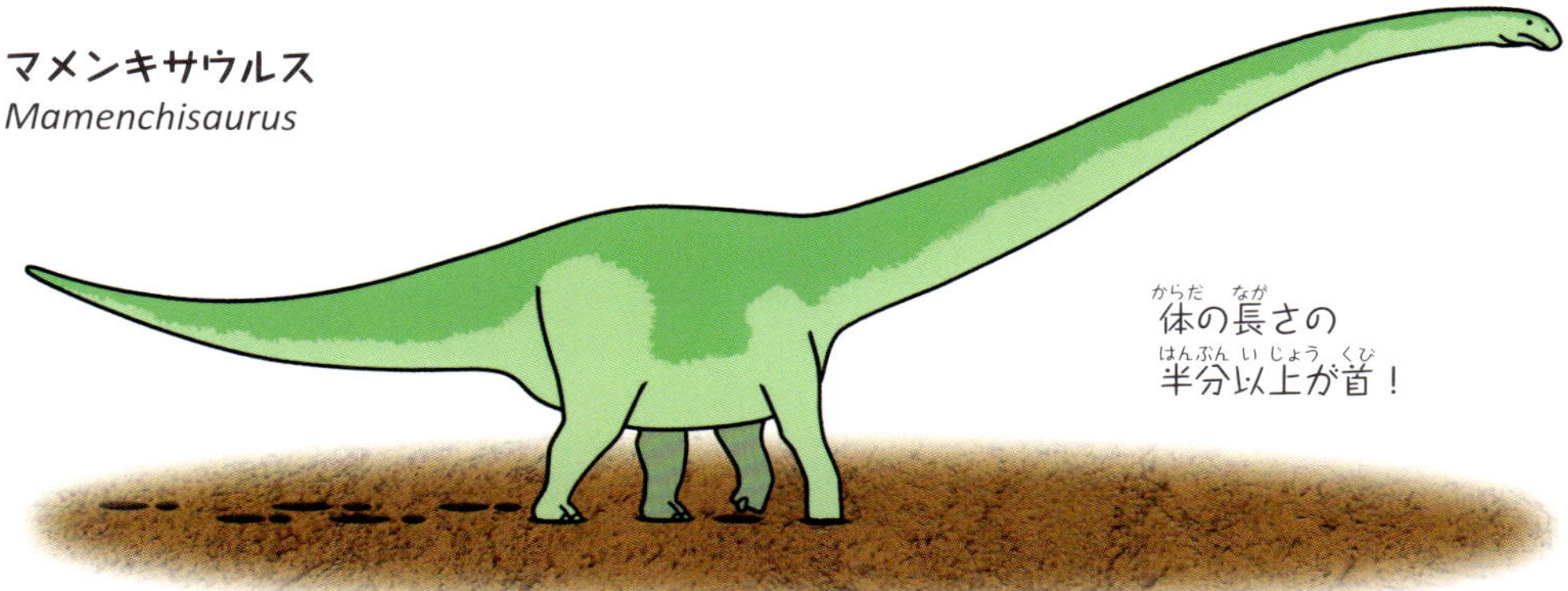

史上最大級《しじょうさいだいきゅう》の恐竜《きょうりゅう》

179ページで紹介《しょうかい》したレッセムサウルスのように長《なが》い首《くび》と長《なが》い尾《お》をもち、四本足《よんほんあし》で歩《ある》く恐竜類《きょうりゅうるい》のことを「竜脚形類《りゅうきゃくけいるい》」とよびます。この竜脚形類《りゅうきゃくけいるい》のうち、体《からだ》がとくに大《おお》きな恐竜《きょうりゅう》たちを含《ふく》むグループのことを「竜脚類《りゅうきゃくるい》」とよびます。

竜脚類《りゅうきゃくるい》には、これまで紹介《しょうかい》してきたどの動物《どうぶつ》よりも大《おお》きな恐《きょう》竜《りゅう》が含《ふく》まれています。たとえば、中国《ちゅうごく》のジュンガル盆地《ぼんち》から化石《かせき》がみつかっている「マメンキサウルス」は、鼻《はな》の先《さき》から尾《お》の先《さき》までの長《なが》さが35メートルもありました。これは、N700系新幹線《けいしんかんせん》の1両《りょう》と約半分《やくはんぶん》の大《おお》きさです！　陸上《りくじょう》動物《どうぶつ》の歴史《れきし》の中《なか》で最大級《さいだいきゅう》です。

首《くび》の長《なが》さもナンバーワン

マメンキサウルスの特徴《とくちょう》は、その長《なが》い首《くび》です。全身《ぜんしん》の半分以上《はんぶんいじょう》が首《くび》でした。マメンキサウルスの首《くび》の長《なが》さは、すべての恐竜《きょうりゅう》の中《なか》で最《もっと》も長《なが》かったとみられています。

首《くび》が長《なが》いということは、何《なん》の役《やく》に立《た》つのでしょうか？

まず、ほかの恐竜《きょうりゅう》が届《とど》かないような背《せ》の高《たか》い木《き》の葉《は》っぱを食《た》べることができます。さらに、あまり歩《ある》かなくても、首《くび》を動《うご》かすだけで広《ひろ》い範囲《はんい》の葉《は》っぱを食《た》べることができます。いろいろと便利《べんり》そうですね。なお、マメンキサウルスは、「マメンチサウルス」や「マーメンチーサウルス」ともいいます。

化石《かせき》を見《み》たい！　いわき市石炭《しせきたん》・化石館《かせきかん》

マメンキサウルスの全身《ぜんしん》の復元骨格《ふくげんこっかく》を真下《ました》から見《み》ることができます。ソファに座《すわ》ってゆっくりと観察《かんさつ》してみましょう。

ここでもみられます！
群馬県立自然史博物館、福井県立恐竜博物館、北九州市立自然史・歴史博物館　ほか

もっとしりたい！
大型《おおがた》の動物《どうぶつ》ほど全身《ぜんしん》の化石《かせき》がまるごとみつかることはまれですが、マメンキサウルスは比較的《ひかくてき》、全身《ぜんしん》がよく残《のこ》った化石《かせき》がみつかっています。

小《ちい》さな体《からだ》のティラノサウルス類《るい》
グアンロン

ジュラ紀《き》
新生代《しんせいだい》 中生代《ちゅうせいだい》 古生代《こせいだい》 先カンブリア時代《じだい》

とさかをもつ

ティラノサウルスといえば、白《はく》亜《あ》紀《き》末《まつ》にいた有名《ゆうめい》な肉食恐竜《にくしょくきょうりゅう》です。鼻《はな》の先《さき》から尾《お》の先《さき》までの長《なが》さは12メートル。大《おお》きな頭《あたま》に太《ふと》い歯《は》をもち、指《ゆび》は2本《ほん》しかないという特徴《とくちょう》がありました。

そんなティラノサウルスには、近縁《きんえん》の仲間《なかま》たちがたくさんいました。ジュンガル盆地《ぼんち》から化石《かせき》がみつかっている「グアンロン」もその一《ひと》つです。

グアンロンは、ティラノサウルスよりも9000万年《まんねん》くらい古《ふる》い時代《じだい》のティラノサウルスの仲間《なかま》です。大《おお》きさは3・5メートルほどで、ティラノサウルスと比《くら》べると、体《からだ》に対《たい》する頭《あたま》の割合《わりあい》が小《ちい》さく、頭《あたま》には骨《ほね》でできたとさかがありました。また、前《まえ》あしが長《なが》めで、指《ゆび》は3本《ぼん》ありました。

足跡《あしあと》の中《なか》からみつかった化石《かせき》

グアンロンは、その化石《かせき》がみつかった場所《ばしょ》が注目《ちゅうもく》されています。

209ページで紹介《しょうかい》したマメンキサウルスが残《のこ》した足跡《あしあと》の中《なか》から2体分《たいぶん》のグアンロンの化石《かせき》がみつかったのです。その足跡《あしあと》は、深《ふか》さが2メートルもあり、その中《なか》にはグアンロンを含《ふく》めて5体《たい》の恐竜《きょうりゅう》の化石《かせき》が入《はい》っていました。

足跡《あしあと》の中《なか》には、滑《すべ》りやすい砂《すな》や泥《どろ》のまじった火山灰《かざんばい》がつまっていました。グアンロンたちは足《あし》を滑《すべ》らせてその火山灰《かざんばい》の中《なか》に落《お》ちてしまったのかもしれません。そして、脱出《だっしゅつ》しようとしてもがいているうちに火山灰《かざんばい》の中《なか》に沈《しず》んでしまったのでしょうか。

羽毛《うもう》があった？

これまでの研究《けんきゅう》によって、今日《こんにち》では多《おお》くの恐竜《きょうりゅう》たちが羽毛《うもう》をもっていたと考《かんが》えられるようになりました。グアンロンの化石《かせき》からは、まだ羽毛《うもう》や羽毛《うもう》のあとはみつかっていませんが、近縁《きんえん》の恐竜《きょうりゅう》に羽毛《うもう》をもったものがいたことはわかっています。グアンロンにも羽毛《うもう》があったのかもしれませんね。

もっとしりたい！
見《み》た目《め》はティラノサウルスとずいぶんちがうグアンロンですが、歯《は》の形《かたち》などはよく似《に》ていました。

赤《あか》い色《いろ》のとさかをもつ恐竜《きょうりゅう》
アンキオルニス

ジュラ紀《き》

新生代《しんせいだい》	中生代《ちゅうせいだい》	古生代《こせいだい》	先カンブリア時代

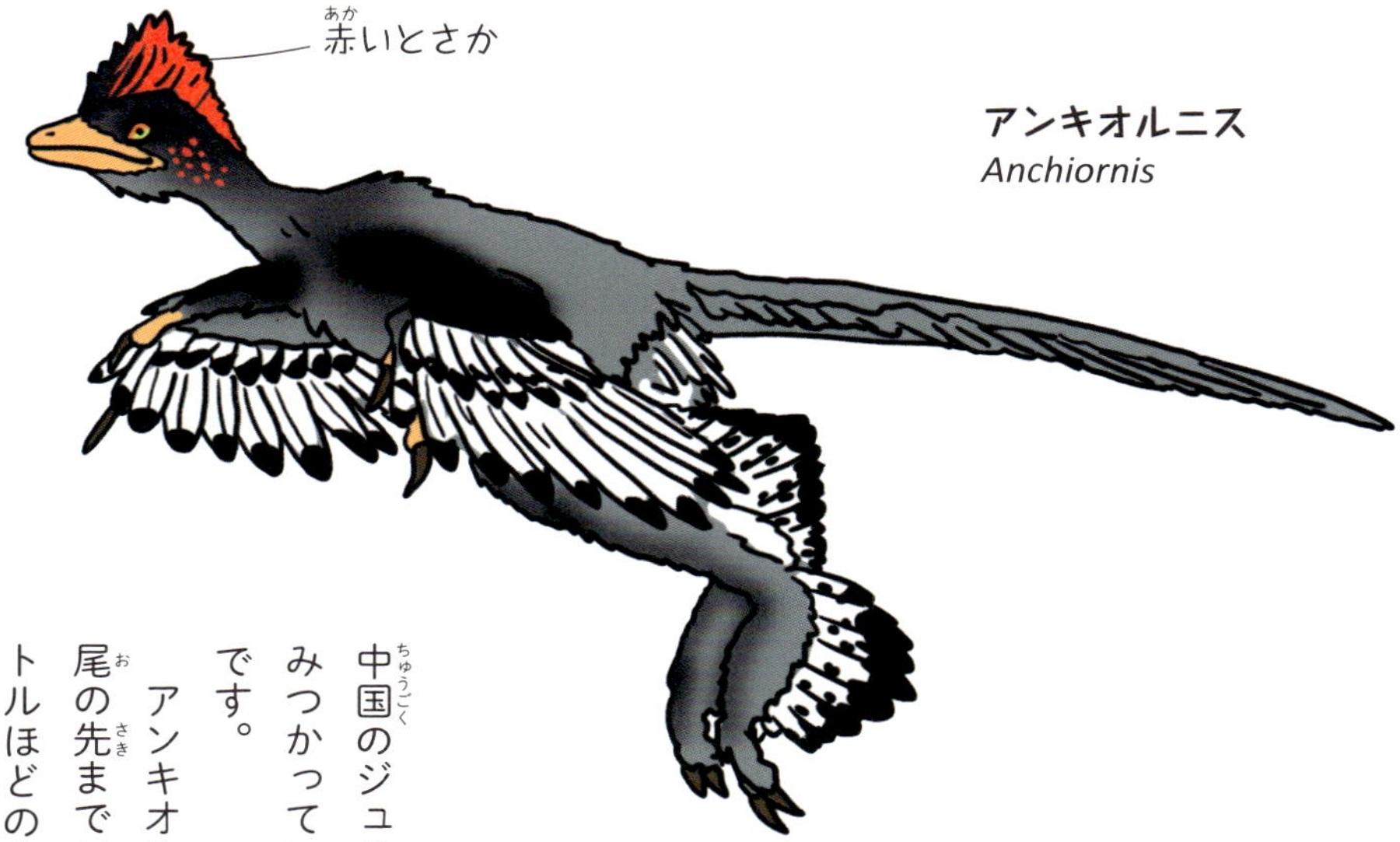

四《よっ》つの翼《つばさ》をもつ

恐竜類《きょうりゅうるい》に限《かぎ》らず、ほとんどの古生物《こせいぶつ》は、生《い》きていたときにどのような色《いろ》だったのかがよくわかっていません。そのため、想像《そうぞう》で古生物《こせいぶつ》たちの色《いろ》を決《き》めていることがほとんどです。

しかし、中《なか》には色《いろ》を科学的《かがくてき》に推理《すいり》できるめずらしい種類《しゅるい》もいます。その一《ひと》つが、中国《ちゅうごく》のジュラ紀《き》の地層《ちそう》から化石《かせき》がみつかっている「アンキオルニス」です。

アンキオルニスは、鼻《はな》の先《さき》から尾《お》の先《さき》までの長《なが》さが40センチメートルほどの小型《こがた》の肉食恐竜《にくしょくきょうりゅう》です。全身《ぜんしん》を羽毛《うもう》で覆《おお》い、両腕《りょううで》と両《りょう》あしにあわせて四《よっ》つの翼《つばさ》がありました。

頬《ほお》に赤《あか》い斑点《はんてん》があった

色《いろ》を科学的《かがくてき》に推理《すいり》できるとはいっても、色《いろ》そのものが化石《かせき》として残《のこ》っていたわけではありません。

アンキオルニスの羽毛《うもう》には、「メラノソーム」というとても小《ちい》さな器官《きかん》がたくさん残《のこ》っていました。

メラノソームは色《いろ》の素《もと》をつくりだす器官《きかん》です。現在《げんざい》の動物《どうぶつ》にもメラノソームをもつものはたくさんいます。そうした現在《げんざい》の動物《どうぶつ》とアンキオルニスのメラノソームを比《くら》べることで、アンキオルニスのメラノソームが何色《なにいろ》をつくるためのものだったのかを推理《すいり》することができるのです。

アンキオルニスのメラノソームは、ほぼ全身《ぜんしん》でみつけることができました。その結果《けっか》、アンキオルニスの全身《ぜんしん》の羽毛《うもう》は、灰色《はいいろ》と黒色《くろいろ》だったということがわかりました。そして、頬《ほお》には赤《あか》い色《いろ》の斑点《はんてん》があり、また、赤《あか》い色《いろ》のとさかがあったこともわかりました。翼《つばさ》は白色《しろいろ》で、黒色《くろいろ》の縁《ふち》があったようです。

ここまで色《いろ》がわかっている恐竜類《きょうりゅうるい》は、今《いま》のところアンキオルニスだけです。

もっとしりたい!
メラノソームは羽毛《うもう》をもつ恐竜類《きょうりゅうるい》であれば、その化石《かせき》に残《のこ》っている可能性《かのうせい》があります。アンキオルニス以外《いがい》にも、数種類《すうしゅるい》の恐竜類《きょうりゅうるい》の色《いろ》が科学的《かがくてき》に推理《すいり》されています。

小《ちい》さな頭《あたま》の翼竜類《よくりゅうるい》
ランフォリンクス

ジュラ紀《き》

新生代《しんせいだい》	中生代《ちゅうせいだい》	古生代《こせいだい》	先カンブリア時代《じだい》

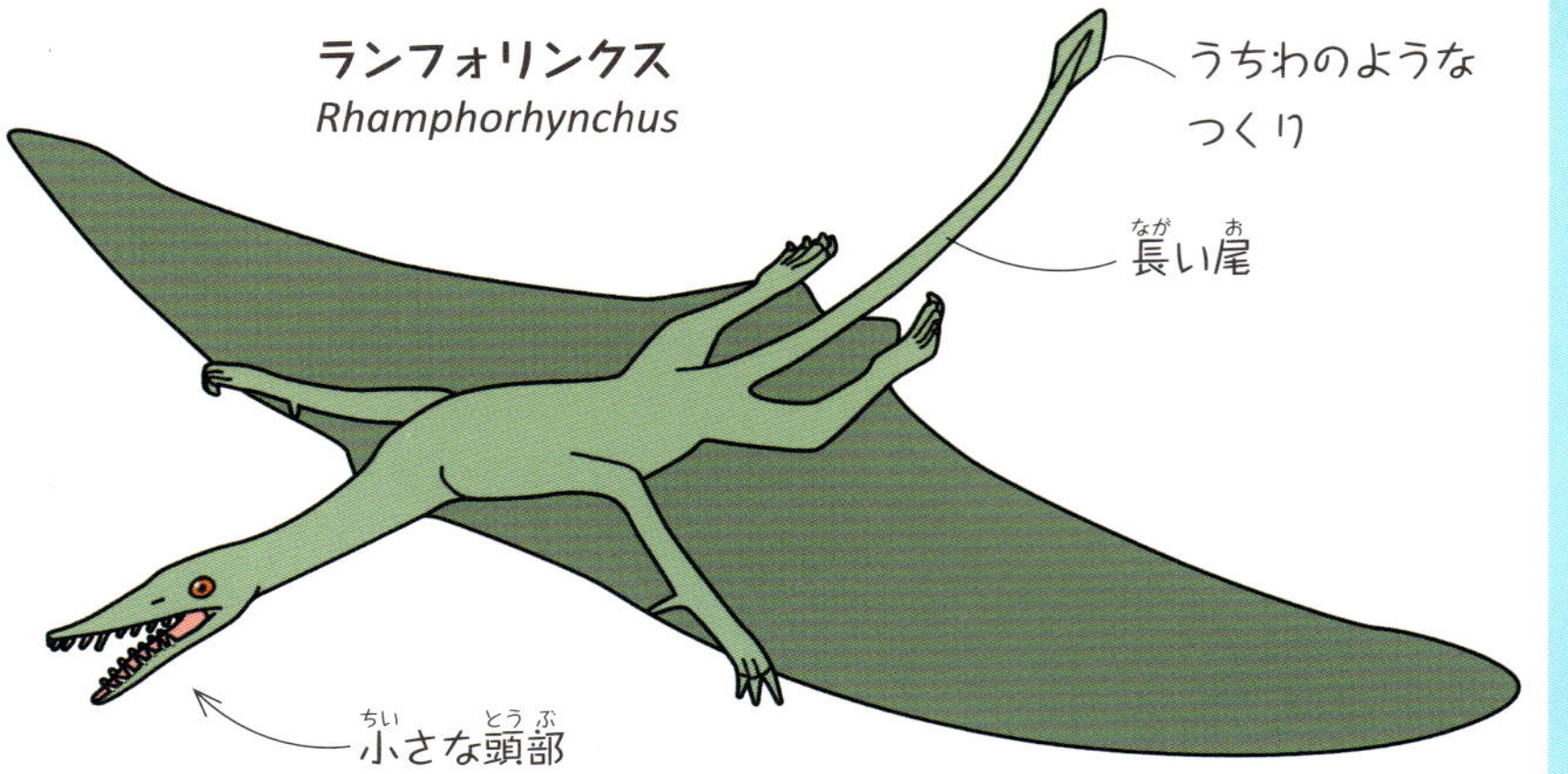

原始的《げんしてき》な翼竜類《よくりゅうるい》

翼竜類《よくりゅうるい》は、腕《うで》から体《からだ》にかけて皮《かわ》の膜《まく》をはり、その膜《まく》を翼《つばさ》として空《そら》を飛《と》んでいた爬虫類《はちゅうるい》です。三畳紀《さんじょうき》に現《あらわ》れました。そして、ジュラ紀《き》にもたくさんの翼竜類《よくりゅうるい》がいました。

翼竜類《よくりゅうるい》は、大《おお》きく二《ふた》つのグループに分《わ》けられてきました。「ランフォリンクス類《るい》」と「プテロダクティルス類《るい》」です。

ランフォリンクス類《るい》の特徴《とくちょう》は、頭部《とうぶ》が小《ちい》さくて尾《お》が長《なが》いことです。187ページで紹介《しょうかい》した三畳紀《さんじょうき》のエウディモルフォドンは、ランフォリンクス類《るい》に分類《ぶんるい》されます。一方《いっぽう》、プテロダクティルス類《るい》の翼竜《よくりゅう》は、頭部《とうぶ》が大《おお》きくて尾《お》が短《みじか》いという特徴《とくちょう》がありました。

翼竜類《よくりゅうるい》の進化《しんか》の歴史《れきし》では、ランフォリンクス類《るい》の方《ほう》が先《さき》に現《あらわ》れて、のちにプテロダクティルス類《るい》が現《あらわ》れました。そのため、ランフォリンクス類《るい》の方《ほう》が原始的《げんしてき》と考《かんが》えられています。

歳《とし》をとると口先《くちさき》が長《なが》くなる

ドイツのジュラ紀《き》の地層《ちそう》から化石《かせき》がみつかっている「ランフォリンクス」は、ランフォリンクス類《るい》の代表的《だいひょうてき》な翼竜《よくりゅう》です。翼《つばさ》を広《ひろ》げたときの左右《さゆう》の幅《はば》は2メートルに達《たっ》しました。小《ちい》さな頭《あたま》には鋭《するど》い歯《は》があり、長《なが》い尾《お》の先《さき》にはうちわのようなつくりがありました。

ランフォリンクスは、さまざまな年齢《ねんれい》の化石《かせき》がみつかっています。そうした化石《かせき》を比《くら》べると、子《こ》どものころは口先《くちさき》が短《みじか》くて歯《は》も小《ちい》さいことがわかりました。成長《せいちょう》にともなって口先《くちさき》が長《なが》く頑丈《がんじょう》になり、歯《は》も大《おお》きくなっていったようです。

化石《かせき》を見《み》たい! 豊橋市自然史博物館《とよはししぜんしはくぶつかん》

ランフォリンクスの実物《じつぶつ》化石《かせき》と模型《もけい》が展示《てんじ》されています。

ここでもみられます!
福井県立恐竜博物館、大阪市立自然史博物館、御船町恐竜博物館 ほか

もっとしりたい!
最近《さいきん》では、「ランフォリンクス類《るい》」というグループ分《わ》けをしない場合《ばあい》もあります。

大《おお》きな頭《あたま》の翼竜類《よくりゅうるい》
プテロダクティルス

ジュラ紀《き》
新生代《しんせいだい》　中生代《ちゅうせいだい》　古生代《こせいだい》　先《せん》カンブリア時代《じだい》

もう一《ひと》つの翼竜《よくりゅう》タイプ

右《みぎ》ページで紹介《しょうかい》したランフォリンクスは、翼竜類《よくりゅうるい》の1グループである「ランフォリンクス類《るい》」の代表的《だいひょうてき》な種《しゅ》でした。今日《きょう》は、翼《よく》竜類《りゅうるい》のもう一《ひと》つのグループである「プテロダクティルス類《るい》」を紹介《しょうかい》しましょう。プテロダクティルス類《るい》の特徴《とくちょう》は、頭部《とうぶ》が大《おお》きくて尾《お》が短《みじか》いということでした。

プテロダクティルス類《るい》は、頭部《とうぶ》の形《かたち》が種《しゅ》によってさまざまでした。頭部《とうぶ》に大《おお》きなとさかをもつものがいたり、口先《くちさき》に細《こま》かい歯《は》がとてもたくさん並《なら》んでまるでタワシのようになったものがいたりしました。

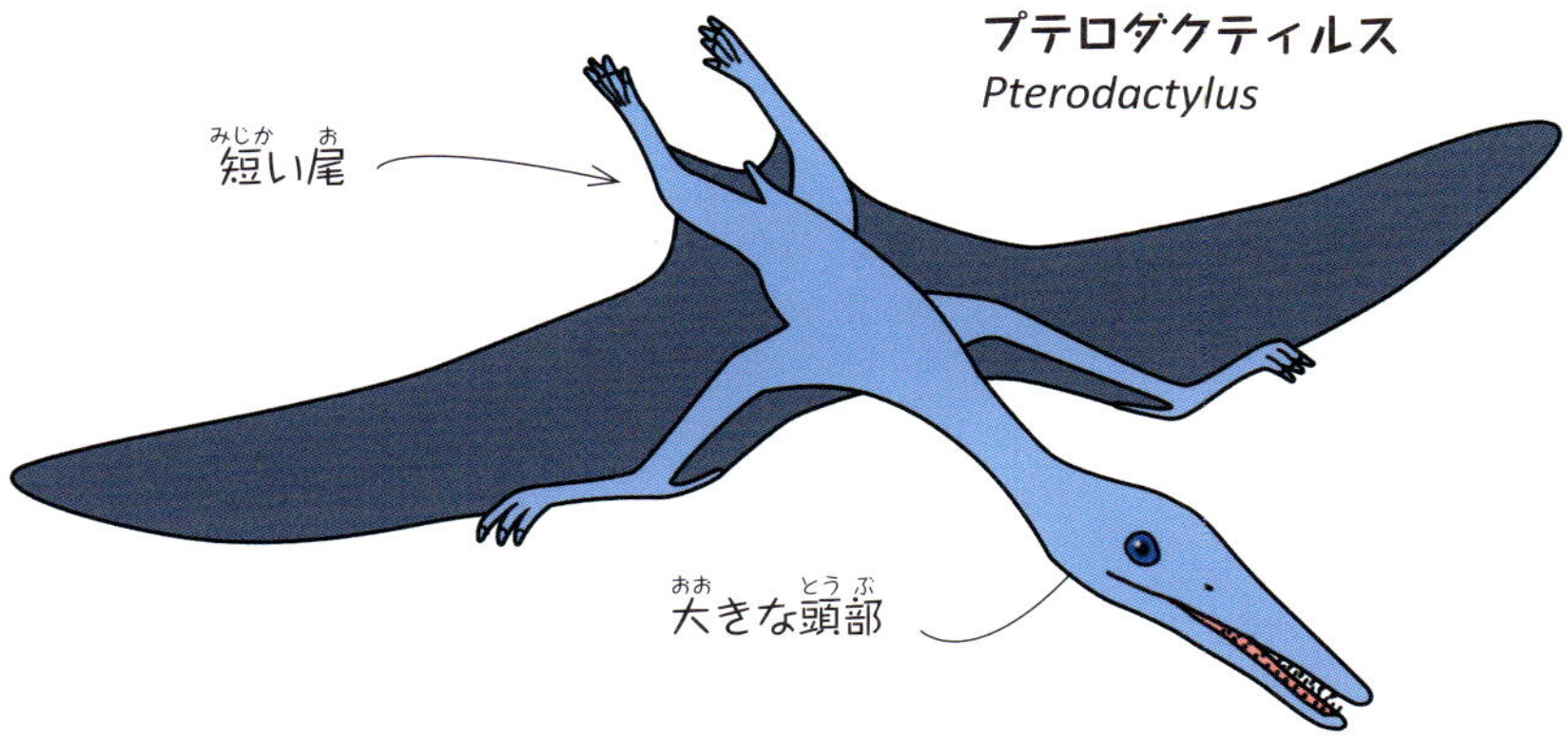

〝平凡《へいぼん》〟な翼竜《よくりゅう》だった

プテロダクティルス類《るい》の代表《だいひょう》ともいえる「プテロダクティルス」は、ランフォリンクスと同《おな》じドイツのジュラ紀《き》の地層《ちそう》から化石《かせき》がみつかっています。

プテロダクティルスは、翼《つばさ》を広《ひろ》げた左右《さゆう》の幅《はば》が50センチメートルくらいと、ランフォリンクスの4分《ぶん》の1ほどでした。これはプテロダクティルス類《るい》としてはめずらしい小《ちい》さなサイズです。翼竜類全体《よくりゅうるいぜんたい》をみると、ランフォリンクス類《るい》には小型《こがた》の翼竜《よくりゅう》が多《おお》く、プテロダクティルス類《るい》には大型《おおがた》の翼竜《よくりゅう》が多《おお》くいるのです。

また、プテロダクティルスは頭部《とうぶ》が大《おお》きく、尾《お》が短《みじか》いというプテロダクティルス類《るい》に共通《きょうつう》する特徴《とくちょう》をもってはいるものの、ほかのプテロダクティルス類《るい》とはちがって頭部《とうぶ》の形《かたち》は〝平凡《へいぼん》〟でした。とくに目立《めだ》つとさかなどをもっていなかったのです。

化石《かせき》を見《み》たい！　福井県立恐竜博物館《ふくいけんりつきょうりゅうはくぶつかん》

プテロダクティルスの実物化石《じつぶつかせき》を見《み》ることができます。

ここでもみられます！
大阪市立自然史博物館、徳島県立博物館、北九州市立自然史・歴史博物館、御船町恐竜博物館　ほか

もっとしりたい！　さまざまな形《かたち》の頭部《とうぶ》をもつプテロダクティルス類《るい》は、白亜紀《はくあき》のページで紹介《しょうかい》します。お楽《たの》しみに。

翼《よく》竜《りゅう》類《るい》のミッシング・リンク
ダーウィノプテルス

ジュラ紀《き》

新生代《しんせいだい》	中生代《ちゅうせいだい》	古生代《こせいだい》	先《せん》カンブリア時代《じだい》

ダーウィノプテルス
Darwinopterus

二《ふた》つの翼竜《よくりゅう》グループをつなぐ

翼竜類《よくりゅうるい》は、ランフォリンクス類《るい》が原始的《げんしてき》で、プテロダクティルス類《るい》はあとで現《あらわ》れた進化的《しんかてき》なグループと考《かんが》えられています。しかし、どのようにして原始的《げんしてき》なランフォリンクス類《るい》からプテロダクティルス類《るい》が進化《しんか》したのかがよくわかっていませんでした。

生命《せいめい》の歴史《れきし》の中《なか》で、こうした進化《しんか》の途中段階《とちゅうだんかい》がわからないことを「ミッシング・リンク」といいます。日本語《にほんご》では「失《うしな》われた鎖《くさり》の環《わ》」という意味《いみ》です。

最近《さいきん》になって、ミッシング・リンクを埋《う》める翼竜類《よくりゅうるい》の化石《かせき》がみつかりました。「ダーウィノプテルス」です。翼《つばさ》を開《ひら》いた左右《さゆう》の幅《はば》は90センチメートルほどで、ランフォリンクス類《るい》のように長《なが》い尾《お》をもちながら、プテロダクティルス類《るい》のように大《おお》きな頭《あたま》をもっていたのです。つまり、二《ふた》つのグループの間《あいだ》には、両方《りょうほう》の特徴《とくちょう》をもった翼竜類《よくりゅうるい》がいたのでした。

オスとメスがわかる

ダーウィノプテルスは、翼竜類《よくりゅうるい》の進化《しんか》のミッシング・リンクを埋《う》めるということだけではなく、メスとオスのちがいがわかる翼竜類《よくりゅうるい》ということでも注目《ちゅうもく》を集《あつ》めています。

ダーウィノプテルスの化石《かせき》はいくつかみつかっていて、その中《なか》に卵《たまご》をもったものがありました。卵《たまご》をもっているということはメスだということです。そして、その化石《かせき》とよく似《に》てはいるのに、卵《たまご》をもたない化石《かせき》もありました。こちらはオスであると考《かんが》えられています。オスには、メスにはないとさかがありました。また、メスはオスと比《くら》べると骨盤《こつばん》という腰《こし》の骨《ほね》が大《おお》きかったこともわかっています。翼竜《よくりゅう》だけではなく、古生物《こせいぶつ》全体《ぜんたい》をみても、こうして性別《せいべつ》がわかるということはとてもめずらしいことです。

もっとしりたい!
ダーウィノプテルスの名前《なまえ》は、19世紀《せいき》に『種《しゅ》の起源《きげん》』という本《ほん》を書《か》いて進化《しんか》の考《かんが》えを広《ひろ》めたイギリスの博物学者《はくぶつがくしゃ》、チャールズ・ダーウィンにちなむものです。

ビーバーに似《に》た哺《ほ》乳《にゅう》類《るい》 カストロカウダ

恐竜時代《きょうりゅうじだい》の哺乳類《ほにゅうるい》

私《わたし》たち哺乳類《ほにゅうるい》の祖先《そせん》は、単弓類《たんきゅうるい》の中《なか》の1グループとして三畳紀《さんじょうき》に現《あらわ》れました。171ページで紹介《しょうかい》したモルガヌコドンは、最《もっと》も初期《しょき》の哺乳類《ほにゅうるい》、あるいは哺乳類《ほにゅうるい》にとても近《ちか》い動物《どうぶつ》として知《し》られています。

その後《ご》、恐竜類《きょうりゅうるい》などの爬虫類《はちゅうるい》が繁栄《はんえい》していく中《なか》で、哺乳類《ほにゅうるい》たちはどのように命《いのち》をつないできたのでしょうか？

今《いま》から10年《ねん》くらい前《まえ》までの〝常識《じょうしき》〟では、中生代《ちゅうせいだい》の哺乳類《ほにゅうるい》たちはネズミのように小《ちい》さくて弱々《よわよわ》しく、夜《よる》に恐竜《きょうりゅう》たちが寝静《ねしず》まってから細々《ほそぼそ》と動《うご》き始《はじ》める動物《どうぶつ》だったと考《かんが》えられていました。しかしそんな常識《じょうしき》は、相次《あいつ》いだ新発見《しんはっけん》によって、くつがえされてきました。中生代《ちゅうせいだい》の哺乳類《ほにゅうるい》たちは、かつて考《かんが》えられていたようにネズミのような小《ちい》さなものばかりではなかったのです。

ビーバーに似《に》ている

中国《ちゅうごく》のジュラ紀《き》の地層《ちそう》から化石《かせき》がみつかっている「カストロカウダ」は、鼻《はな》の先《さき》からおしりまでの長《なが》さが45センチメートルほどの哺乳類《ほにゅうるい》の仲間《なかま》でした。正確《せいかく》にいえば、哺乳類《ほにゅうるい》そのものではなく、哺乳類《ほにゅうるい》にとても近《ちか》い動物《どうぶつ》ともいわれています。45センチメートルという大《おお》きさは、ネズミというには大《おお》きすぎます。そして、姿《すがた》もネズミとはちがっていました。現在《げんざい》のビーバーのような平《ひら》たい尾《お》をもっていたのです。

現在《げんざい》のビーバーは、川《かわ》をせき止《と》める巣《す》をつくって、水中《すいちゅう》を自在《じざい》に泳《およ》いで暮《く》らしています。カストロカウダも同《おな》じように、水中《すいちゅう》を自在《じざい》に泳《およ》ぐことができたと考《かんが》えられています。動物園《どうぶつえん》に行《い》く機会《きかい》があったらぜひビーバーの動《うご》きを観察《かんさつ》してみましょう。カストロカウダもきっと、同《おな》じような動《うご》きをしていたことでしょう。ただし、現在《げんざい》のビーバーは主《おも》に木《き》の葉《は》っぱや枝《えだ》などを食《た》べますが、カストロカウダの主食《しゅしょく》は魚《さかな》だったようです。

中生代《ちゅうせいだい》の哺乳類《ほにゅうるい》やその仲間《なかま》であっても、夜《よる》にこっそりと地上《ちじょう》で活動《かつどう》するものばかりではなかったのです。

もっとしりたい！

カストロカウダはビーバーと似《に》ていますが、カストロカウダとビーバーの間《あいだ》には祖先《そせん》と子孫《しそん》の関係《かんけい》はありません。

7月10日

読《よ》んだ日《ひ》
月　日
月　日

空《そら》を飛《と》ぶ哺《ほ》乳《にゅう》類《るい》

ヴォラティコテリウム

ジュラ紀《き》

新生代《しんせいだい》｜中生代《ちゅうせいだい》｜古生代《こせいだい》｜先カンブリア時代《せんじだい》

大《おお》きな皮膜《ひまく》をもつ

215ページのカストロカウダは、中生《ちゅうせい》代《だい》の哺乳類《ほにゅうるい》たちのイメージをくつがえした動物《どうぶつ》でした。

そんな哺乳類《ほにゅうるい》は、カストロカウダのほかにもいました。カストロカウダと同《おな》じ中国《ちゅうごく》の地層《ちそう》から、空《そら》を飛《と》ぶことができたとみられる哺乳類《ほにゅうるい》の化石《かせき》がみつかっているのです。

その哺乳類《ほにゅうるい》の名前《なまえ》を「ヴォラティコテリウム」といいます。ヴォラティコテリウムは、3・5センチメートルほどの小《ちい》さな頭《あたま》をもち、鼻《はな》の先《さき》からおしりまでの長《なが》さが14センチメートルほどでした。読者《どくしゃ》のみなさんの手《て》のひらとほぼ同《おな》じくらいの大《おお》きさです。

ヴォラティコテリウムの特徴《とくちょう》は、大《おお》きな皮《かわ》の膜《まく》をもっていたという点《てん》です。その膜《まく》は細《こま》かな毛《け》でびっしりと覆《おお》われていました。

木《き》から木《き》へ飛《と》びまわる

ヴォラティコテリウムの体重《たいじゅう》が見積《みつ》もられたところ、70グラムほどしかないことがわかりました。500円玉《えんだま》10枚《まい》ほどの重《おも》さですから、とても軽《かる》いといえます。もしあれば、500円玉《えんだま》10枚《まい》を手《て》にとってその重《おも》さを実感《じっかん》してみてください。ちなみに100円玉《えんだま》なら15枚分《まいぶん》です。

こうした特徴《とくちょう》から、ヴォラティコテリウムは現在《げんざい》のアメリカモモンガに近《ちか》い姿《すがた》をしていたとみられています。アメリカモモンガは皮膜《ひまく》をもつリスの仲間《なかま》で、皮膜《ひまく》を広《ひろ》げて木《き》から飛《と》び立《た》ち、皮膜《ひまく》で風《かぜ》を受《う》けて空《そら》を滑《すべ》るように飛《と》びます。ヴォラティコテリムも同《おな》じように木《き》から木《き》へと滑空《かっくう》していたようです。

もっとしりたい！　ヴォラティコテリウムの歯《は》の形《かたち》が調《しら》べられたところ、昆虫類《こんちゅうるい》を食《た》べていた可能性《かのうせい》が高《たか》いことがわかりました。

穴《あな》を掘《ほ》る哺《ほ》乳《にゅう》類《るい》
フルイタフォッソル

ジュラ紀《き》

新《しん》生《せい》代《だい》 中《ちゅう》生《せい》代《だい》 古《こ》生《せい》代《だい》 先カンブリア時代《じだい》

かぎ爪《づめ》があった

これまでに、水中《すいちゅう》を泳《およ》ぐことができたカストロカウダと、空《そら》を飛《と》ぶことができたヴォラティコテリウムを紹介《しょうかい》してきました。この二《ふた》つをみるだけでも、ジュラ紀《き》の哺乳類《ほにゅうるい》たちにはいろいろな種類《しゅるい》がいたことがわかります。

今日《きょう》は、穴《あな》を掘《ほ》ることができた哺乳類《ほにゅうるい》を紹介《しょうかい》します。アメリカのジュラ紀後期《きこうき》の地層《ちそう》から化石《かせき》がみつかっている「フルイタフォッソル」です。

フルイタフォッソルの大《おお》きさは、鼻《はな》の先《さき》からおしりまでの長《なが》さが7センチメートルほどでした。大きさだけでいえば、現在《げんざい》の日本《にっぽん》で見《み》ることができるハツカネズミとちがいはありません。しかし、その姿《すがた》はハツカネズミとは大《おお》きくちがいました。口《くち》には杭《くい》のような形《かたち》の歯《は》が並《なら》び、前《まえ》あしには鋭《するど》いかぎ爪《づめ》が4本《ほん》あったのです。

ツチブタに似《に》ている

現在《げんざい》のアフリカにすむ哺乳類《ほにゅうるい》にツチブタという種類《しゅるい》がいます。1.6メートルほどの大《おお》きさで、主《おも》にアリを食《た》べて生活《せいかつ》しています。ツチブタを見《み》たことがない人《ひと》は、インターネットで検索《けんさく》してみましょう。日本《にっぽん》ではいくつかの動物園《どうぶつえん》でツチブタを飼育《しいく》しているので、機会《きかい》があれば動物園《どうぶつえん》でツチブタを観察《かんさつ》して、爪《つめ》の大《おお》きさや形《かたち》などを確認《かくにん》してみましょう。

フルイタフォッソルの歯《は》や爪《つめ》の特徴《とくちょう》は、このツチブタとよく似《に》ています。ツチブタはかぎ爪《づめ》を使《つか》って、アリ塚《づか》を崩《くず》します。フルイタフォッソルの爪《つめ》も同《おな》じように、土《つち》を崩《くず》すことや掘《ほ》ることに使《つか》われたとみられています。

もっとしりたい!

フルイタフォッソルの化石《かせき》がみつかった地層《ちそう》からは、219ページ以降《いこう》で紹介《しょうかい》するさまざまな恐竜類《きょうりゅうるい》の化石《かせき》もみつかっています。

7月
12日
読《よ》んだ日《ひ》
月　日
月　日

ヒトにつながる哺乳類《ほにゅうるい》の祖先《そせん》
ジュラマイア

ジュラ紀《き》

新生代《しんせいだい》 | 中生代《ちゅうせいだい》 | 古生代《こせいだい》 | 先《せん》カンブリア時代《じだい》

たくさんいた哺乳類《ほにゅうるい》グループ

215ページからジュラ紀《き》の哺乳類《ほにゅうるい》に注目《ちゅうもく》してきました。カストロカウダは現在《げんざい》のビーバーに似《に》ていましたし、ヴォラティコテリウムはアメリカモモンガに似《に》ていました。フルイタフォッソルもツチブタと同《おな》じように穴《あな》を掘《ほ》っていたと考《かんが》えられています。

こうした動物《どうぶつ》たちは、姿《すがた》こそ現在《げんざい》の哺乳類《ほにゅうるい》と似《に》ていましたが、現在《げんざい》の哺乳類《ほにゅうるい》とは祖先《そせん》・子孫《しそん》の関係《かんけい》はありません。

現在《げんざい》の哺乳類《ほにゅうるい》には、大《おお》きく分《わ》けて三《みっ》つのグループがあります。

一《ひと》つは、私《わたし》たちヒトが含《ふく》まれる「有胎盤類《ゆうたいばんるい》」です。有胎盤類《ゆうたいばんるい》にはヒトのほかに、ネコやイヌ、ウマやゾウなど、とてもたくさんの哺乳類《ほにゅうるい》が含《ふく》まれます。二《ふた》つ目《め》は、カンガルーやコアラなどが含《ふく》まれる「有袋類《ゆうたいるい》」です。三《みっ》つ目《め》は、カモノハシに代表《だいひょう》される「単孔類《たんこうるい》」です。

ジュラ紀《き》にいたカストロカウダなどの哺乳類《ほにゅうるい》は、この三《みっ》つのグループのどれにも属《ぞく》しません。ジュラ紀《き》や白亜紀《はくあき》には、現在《げんざい》よりもたくさんの哺乳類《ほにゅうるい》のグループがありました。ただし、三《みっ》つのグループを残《のこ》して、あとはすべて絶滅《ぜつめつ》してしまったのです。

ジュラ紀《き》にはすでにいた

現在《げんざい》の三《みっ》つの哺乳類《ほにゅうるい》グループの祖先《そせん》は、いつごろ現《あらわ》れたのでしょうか？　くわしいことはわかっていませんが、どうやら少《すく》なくとも有胎盤類《ゆうたいばんるい》の祖先《そせん》は、ジュラ紀《き》にはすでに現《あらわ》れていたようです。

有胎盤類《ゆうたいばんるい》を含《ふく》む少《すこ》し大《おお》きいグループを「真獣類《しんじゅうるい》」とよびます。この真獣類《しんじゅうるい》に属《ぞく》する哺乳類《ほにゅうるい》の化石《かせき》が、中国《ちゅうごく》のジュラ紀《き》の地層《ちそう》からみつかっているのです。その哺乳類《ほにゅうるい》の名前《なまえ》を「ジュラマイア」といいます。全身《ぜんしん》の大《おお》きさはわかっていませんが、胸《むね》から前《まえ》の長《なが》さは5センチメートルほどでした。

ジュラマイアは現在《げんざい》のネズミやリスに似《に》た姿《すがた》で、主《おも》に木《き》の上《うえ》で暮《く》らしていたとみられています。真《しん》獣類《じゅうるい》はその後《ご》も長《なが》い間《あいだ》、木《き》の上《うえ》で暮《く》らし、その中《なか》からやがて有胎盤《ゆうたいばん》類《るい》が現《あらわ》れました。この有胎盤類《ゆうたいばんるい》がさまざまに進化《しんか》して、私《わたし》たちヒトにもつながることになるのです。

もっとしりたい！

「ジュラマイア」とは、「ジュラ紀《き》の母《はは》」という意味《いみ》です。*Juramaia*と書《か》き、*maia*に「母《はは》」という意味《いみ》があります。

7月 13日

読《よ》んだ日《ひ》
月 日
月 日

むちのような長《なが》い尾《お》をもつ ディプロドクス

ジュラ紀《き》

新生代《しんせいだい》	中生代《ちゅうせいだい》	古生代《こせいだい》	先カンブリア時代《せんじだい》

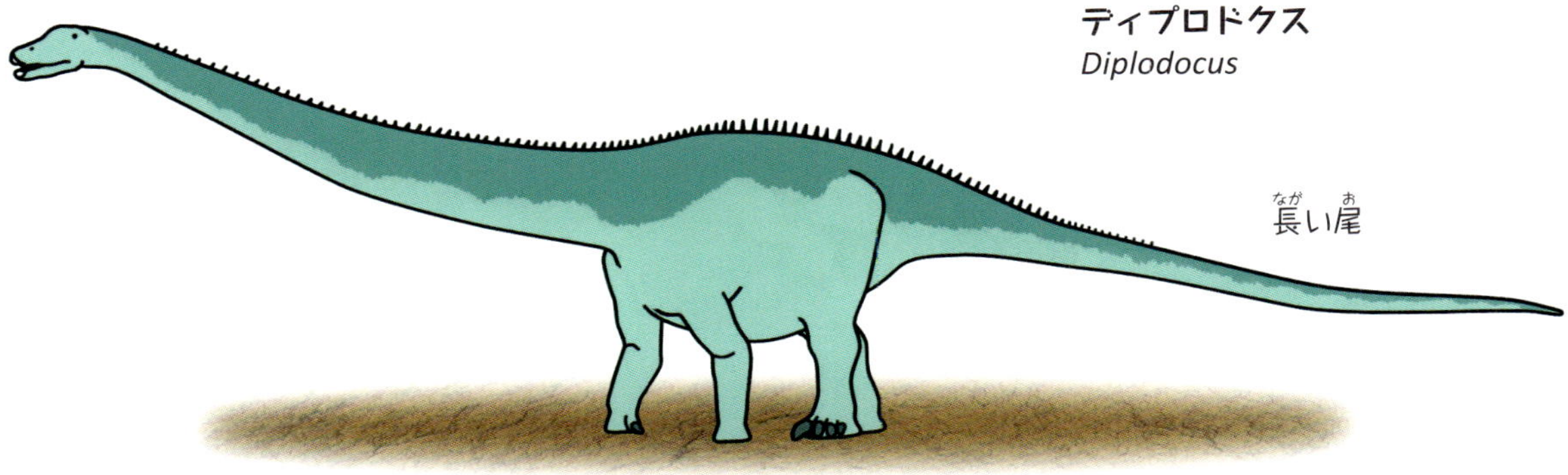

平《ひら》たい顔《かお》の竜脚類《りゅうきゃくるい》

竜脚類《りゅうきゃくるい》というグループの恐竜《きょうりゅう》類《るい》は、長《なが》い首《くび》と長《なが》い尾《お》、大《おお》きな胴体《どうたい》に柱《はしら》のようなあしが特徴《とくちょう》です。ジュラ紀《き》には世界中《せかいじゅう》にたくさんの竜脚類《りゅうきゃくるい》がいました。アメリカの地層《ちそう》から化石《かせき》がみつかっている「ディプロドクス」もその一《ひと》つです。

ディプロドクスは鼻《はな》の先《さき》から尾《お》の先《さき》までの長《なが》さが25メートルをこえる、とても大《おお》きな竜脚類《りゅうきゃくるい》でした。30メートル以上《いじょう》あったともいわれています。竜脚類《りゅうきゃくるい》の仲間《なかま》はみんな姿《すがた》が似《に》ていますが、ディプロドクスは頭部《とうぶ》が少《すこ》し平《ひら》たいという特徴《とくちょう》がありました。歯《は》は鉛筆《えんぴつ》のような形《かたち》をしており、この歯《は》を使《つか》って木《き》の葉《は》っぱをこそぎとって食《た》べていたようです。

209ページで紹介《しょうかい》した中国《ちゅうごく》のマメンキサウルスは首《くび》の長《なが》い竜脚類《りゅうきゃくるい》でしたが、ディプロドクスは尾《お》の長《なが》い竜脚類《りゅうきゃくるい》です。その長《なが》い尾《お》はむちのようにしなり、襲《おそ》って来《く》る肉食恐竜《にくしょくきょうりゅう》を追《お》い払《はら》っていたとみられています。

スーパーサウルスの正体《しょうたい》？

ディプロドクスの仲間《なかま》に「スーパーサウルス」という恐竜《きょうりゅう》がいます。スーパーサウルスは、大《おお》きさが35メートルに達《たっ》したといわれています。

ただし、スーパーサウルスは、実《じつ》はディプロドクスの大《おお》きな個体《こたい》ではないかという意見《いけん》もあります。

化石《かせき》を見《み》たい！ 東海大学自然史博物館《とうかいだいがくしぜんしはくぶつかん》

広《ひろ》いホールにギリギリ収《おさ》まる大《おお》きなサイズで展示《てんじ》されていて、圧巻《あっかん》です。

ここでもみられます！
ミュージアムパーク 茨城県自然博物館、神奈川県立生命の星・地球博物館、福井県立恐竜博物館、大阪市立自然史博物館 ほか

もっとしりたい！
ディプロドクスの仲間《なかま》に「セイスモサウルス」という大《おお》きな恐竜《きょうりゅう》がいました。しかし、現在《げんざい》では、この恐竜《きょうりゅう》もディプロドクスの大《おお》きな個体《こたい》と考《かんが》えられています。

7月 14日

読《よ》んだ日《ひ》
月　日
月　日

ブロントサウルスとよばれていた アパトサウルス

ジュラ紀《き》

新生代《しんせいだい》	中生代《ちゅうせいだい》	古生代《こせいだい》	先カンブリア時代《じだい》

名前《なまえ》が統一《とういつ》された

ジュラ紀《き》のアメリカにいた竜脚類《りゅうきゃくるい》に「アパトサウルス」がいます。鼻《はな》の先《さき》から尾《お》の先《さき》までの長《なが》さは23メートルほどでした。

ディプロドクスの仲間《なかま》で、同《おな》じように平《ひら》たい頭部《とうぶ》をもっていました。

アパトサウルスは、かつて「ブロントサウルス」とよばれていたことがあります。しかし、現在《げんざい》ではブロントサウルスという名前《なまえ》は使《つか》わないことが多《おお》くなっています。アパトサウルスとブロントサウルスの間《あいだ》に何《なに》があったのでしょう？

もともと、アパトサウルスは1877年《ねん》に、ブロントサウルスは1879年《ねん》に化石《かせき》が初《はじ》めて報告《ほうこく》され、それぞれ名前《なまえ》がつけられました。しかしその後《ご》、1903年《ねん》にアパトサウルスとブロントサウルスが同《おな》じ種《しゅ》ではないか、ということが指摘《してき》されました。

別々《べつべつ》に名前《なまえ》がついた生物《せいぶつ》が、その後《ご》の研究《けんきゅう》で、実《じつ》は同《おな》じ生物《せいぶつ》だったとわかった場合《ばあい》、先《さき》についた名前《なまえ》に統一《とういつ》されます。アパトサウルスとブロントサウルスの場合《ばあい》は、アパトサウルスの命名《めいめい》の方《ほう》が2年《ねん》早《はや》かったので、ブロントサウルスという名前《なまえ》がなくなって、アパトサウルスに統一《とういつ》されたのです。

ブロントサウルス復活《ふっかつ》か

2015年《ねん》に発表《はっぴょう》された研究《けんきゅう》で、やっぱりブロントサウルスはアパトサウルスとは別《べつ》の恐竜《きょうりゅう》だったのではないか、という指摘《してき》がなされました。この研究《けんきゅう》のとおりだということになれば、再《ふたた》びブロントサウルスという名前《なまえ》が復活《ふっかつ》することになります。これからの研究《けんきゅう》に注目《ちゅうもく》です。

化石《かせき》を見《み》たい！ 徳島県立博物館《とくしまけんりつはくぶつかん》

アパトサウルスの太《ふと》ももの骨《ほね》の化石《かせき》（実物《じつぶつ》）にさわることができます。

ここでもみられます！
群馬県立自然史博物館、神奈川県立生命の星・地球博物館、福井県立恐竜博物館、東海大学自然史博物館、御船町恐竜博物館　ほか

もっとしりたい！
1903年《ねん》の指摘《してき》があってからのちも、「ブロントサウルス」という名前《なまえ》は子《こ》ども向《む》けの図鑑《ずかん》などで使《つか》われ続《つづ》けました。そのため、現在《げんざい》でもこの名前《なまえ》を知《し》っている人《ひと》は多《おお》いはずです。

column

19世紀《せいき》のアメリカでおきた骨戦争《ほねせんそう》

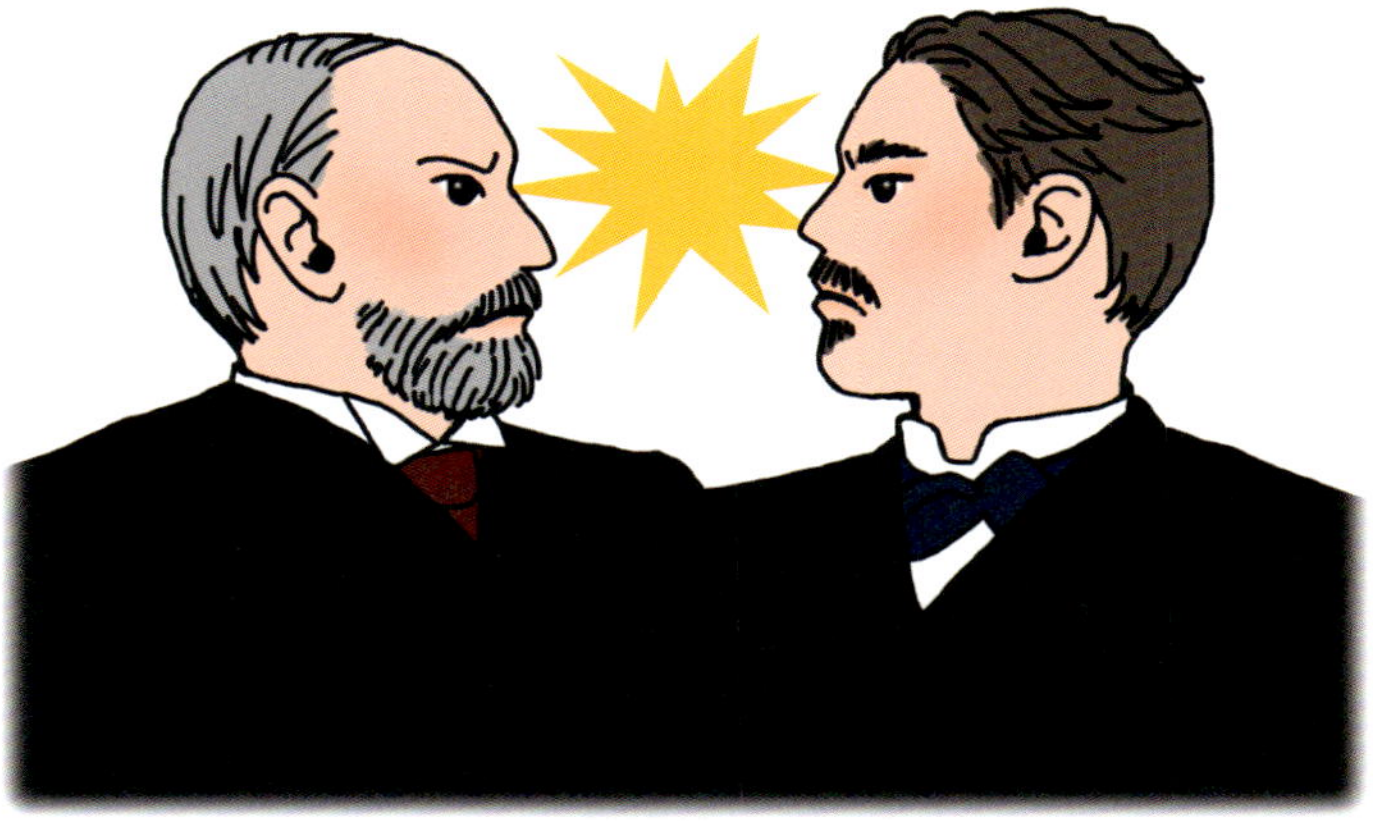

オスニエル・マーシュ　　エドワード・コープ

二人《ふたり》の古生物学者《こせいぶつがくしゃ》

19世紀《せいき》のアメリカに、二人《ふたり》の有名《ゆうめい》な古生物学者《こせいぶつがくしゃ》がいました。一人《ひとり》は、エドワード・コープ。1840年《ねん》に生《う》まれ、一生《いっしょう》のうちに1200本以上《ぼんいじょう》の論文《ろんぶん》を発表《はっぴょう》した人物《じんぶつ》です。恐竜類《きょうりゅうるい》だけではなく、魚《さかな》の仲間《なかま》から哺乳類《ほにゅうるい》に至《いた》るまでさまざまな研究《けんきゅう》を行《おこな》いました。

もう一人《ひとり》は、オスニエル・マーシュ。1831年《ねん》に生《う》まれ、発掘隊《はっくつたい》を各地《かくち》に派遣《はけん》して化石《かせき》を探《さが》し、多《おお》くの成果《せいか》をあげた人物《じんぶつ》です。

この二人《ふたり》の古生物学者《こせいぶつがくしゃ》が、19世紀《せいき》のアメリカで恐竜化石《きょうりゅうかせき》の発見《はっけん》、発掘《はっくつ》、研究《けんきゅう》の競争《きょうそう》を行《おこな》っていました。この競争《きょうそう》のことは「骨戦争《ほねせんそう》」とよばれています。

130の新種《しんしゅ》を報告《ほうこく》

コープとマーシュは、古生物学《こせいぶつがく》の世界《せかい》では、よく知《し》られたライバルでした。ライバルがいるというのは大切《たいせつ》なことです。お互《たが》いに競争《きょうそう》することで、よりよい成果《せいか》をあげるようになるからです。

ただし、コープとマーシュのライバル関係《かんけい》は、それほどよいものではありませんでした。もともと二人《ふたり》は、はじめのころから意識《いしき》しあっていたようです。そしてある時期《じき》から、二人《ふたり》の仲《なか》はとても悪《わる》くなりました。

二人《ふたり》とも次々《つぎつぎ》と新《あたら》しい恐竜《きょうりゅう》の化石《かせき》を報告《ほうこく》していったのですが、その間《あいだ》に、お互《たが》いのチームのメンバーを引《ひ》き抜《ぬ》いたり、発掘《はっくつ》の邪魔《じゃま》をしたり、ということが行《おこな》われるようになりました。二人《ふたり》とも有名《ゆうめい》な古生物学者《こせいぶつがくしゃ》でしたが、生《い》きている間《あいだ》に仲直《なかなお》りをすることはなかったようです。

彼《かれ》らのこの競争《きょうそう》によって、およそ130種《しゅ》もの新《あたら》しい恐竜《きょうりゅう》の化石《かせき》が報告《ほうこく》されました。しかし、あまりにも急《いそ》いで研究《けんきゅう》を発表《はっぴょう》したために、本当《ほんとう》は同《おな》じ種《しゅ》なのに異《こと》なる種《しゅ》として報告《ほうこく》するなどの混乱《こんらん》がおきていました。現在《げんざい》でも正《ただ》しいと考《かんが》えられているのは、130種《しゅ》のうち28種《しゅ》にとどまっています。

もっとしりたい！

この本《ほん》で紹介《しょうかい》する恐竜類《きょうりゅうるい》の中《なか》では、アロサウルスやアパトサウルス、ステゴサウルスなどがこの二人《ふたり》によって報告《ほうこく》された恐竜《きょうりゅう》です。

7月 16日

読《よ》んだ日《ひ》
月 日
月 日

季節《きせつ》にあわせて旅《たび》をした カマラサウルス

ジュラ紀《き》

新《しん》生《せい》代《だい》 | 中《ちゅう》生《せい》代《だい》 | 古《こ》生《せい》代《だい》 | 先《せん》カンブリア時代《じだい》

スプーンのような形《かたち》の歯《は》

アメリカのジュラ紀《き》の地層《ちそう》からは、たくさんの竜脚類《りゅうきゃくるい》の化石《かせき》がみつかっています。「カマラサウルス」もその一《ひと》つです。

カマラサウルスは、鼻《はな》の先《さき》から尾《お》の先《さき》までの長《なが》さが18メートルほどの竜脚類《りゅうきゃくるい》です。18メートルというと、ディプロドクスやアパトサウルスよりも一回《ひとまわ》り小《ちい》さく、竜脚類《りゅうきゃくるい》としてはけっして大《おお》きな部類《ぶるい》ではありません。ただし、当時《とうじ》は10メートルをこえる肉食《にくしょく》恐竜《きょうりゅう》が少《すく》なかったので、18メートルもあれば、肉食恐竜《にくしょくきょうりゅう》に襲《おそ》われにくかったことでしょう。

カマラサウルスはディプロドクスなどと比《くら》べると頭部《とうぶ》の口先《くちさき》が寸詰《すんづ》まりでした。また、歯《は》の形《かたち》もちがっていて、ディプロドクスなどの歯《は》が鉛筆《えんぴつ》のような形《かたち》をしていたことに対《たい》して、カマラサウルスの歯《は》はスプーンのような形《かたち》をしていました。

旅《たび》をする恐竜《きょうりゅう》だった

歯《は》の化石《かせき》を調《しら》べると、どのような場所《ばしょ》の水《みず》を飲《の》んでいたのかがわかることがあります。場所《ばしょ》によって異《こと》なる水《みず》の特徴《とくちょう》が化石《かせき》にも残《のこ》ることがあるのです。

カマラサウルスの歯《は》が調《しら》べられたところ、標高《ひょうこう》の高《たか》い地域《ちいき》の水《みず》と、標高《ひょうこう》の低《ひく》い地域《ちいき》の水《みず》を飲《の》んでいたことがわかりました。このことから、カマラサウルスは季節《きせつ》にあわせて標高《ひょうこう》の高《たか》い地域《ちいき》と低《ひく》い地域《ちいき》を旅《たび》しながら、食料《しょくりょう》を探《さが》して暮《く》らしていたのではないかと考《かんが》えられています。

化石《かせき》を見《み》たい！ 群馬県立自然史博物館《ぐんまけんりつしぜんしはくぶつかん》

実物《じつぶつ》の骨格化石《こっかくかせき》があります。

群馬県立自然史博物館

ここでもみられます！
ミュージアムパーク 茨城県自然博物館、神奈川県立生命の星・地球博物館、福井県立恐竜博物館、東海大学自然史博物館、名古屋大学博物館、大阪市立自然史博物館、北九州市立自然史・歴史博物館、御船町恐竜博物館　ほか

もっとしりたい！
カマラサウルスが旅《たび》をしていた距離《きょり》は300キロメートル以上《いじょう》になると見積《みつ》もられています。現在《げんざい》の日本《にっぽん》でいえば、東京《とうきょう》から名古屋《なごや》までの距離《きょり》よりずっと長《なが》い距離《きょり》です。

背中《せなか》に骨《ほね》の板《いた》が並《なら》ぶ
ステゴサウルス

ジュラ紀《き》

新《しん》生《せい》代《だい》	中《ちゅう》生《せい》代《だい》	古《こ》生《せい》代《だい》	先《せん》カンブリア時《じ》代《だい》

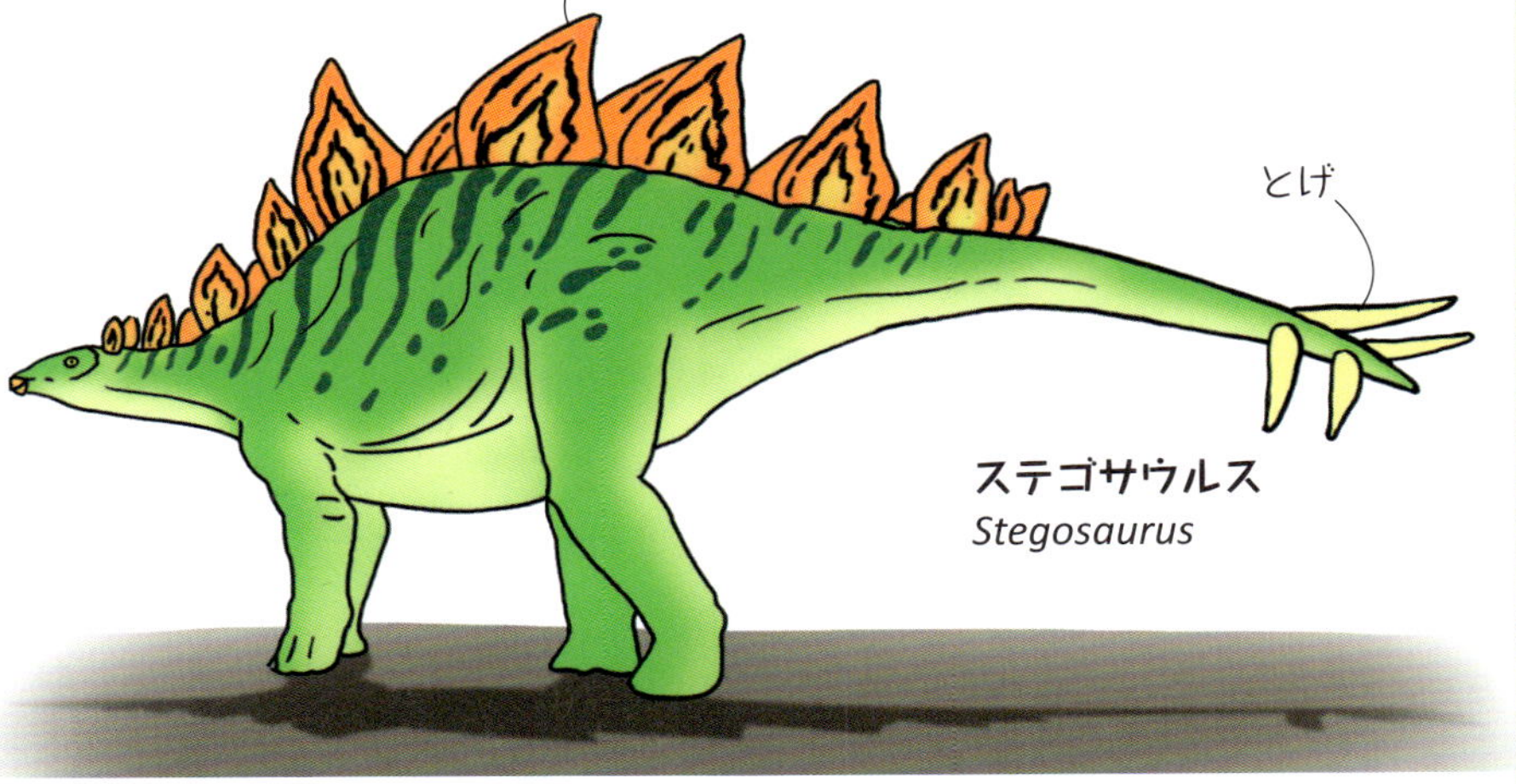

剣竜類《けんりゅうるい》の恐竜《きょうりゅう》

恐竜類《きょうりゅうるい》の中《なか》でも名前《なまえ》のよく知《し》られたものがいくつかいます。「ステゴサウルス」はその一《ひと》つでしょう。ステゴサウルスの化石《かせき》は、アメリカのジュラ紀《き》の地層《ちそう》からみつかっています。

ステゴサウルスは、鼻《はな》の先《さき》から尾《お》の先《さき》までの長《なが》さが6・5メートルほどありました。4本《ほん》のあしで歩《ある》く、頭《あたま》が小《ちい》さい恐竜類《きょうりゅうるい》です。背中《せなか》にひし形《がた》の骨《ほね》の板《いた》が左右交互《さゆうこうご》に並《なら》んでいて、尾《お》の先《さき》には4本《ほん》の太《ふと》いとげがありました。「剣竜類《けんりゅうるい》」というグループに分類《ぶんるい》されます。

骨《ほね》の板《いた》で体温調整《たいおんちょうせい》

ステゴサウルスの背中《せなか》に並《なら》ぶ骨《ほね》の板《いた》は、単《たん》なる飾《かざ》りではありませんでした。骨《ほね》の板《いた》の表面《ひょうめん》に、とても細《ほそ》い血管《けっかん》が通《とお》っていたのです。

骨《ほね》の板《いた》を日光《にっこう》にあてると血管《けっかん》が温《あたた》まり、その中《なか》を流《なが》れる血液《けつえき》も温《あたた》まります。血液《けつえき》が温《あたた》まれば、体全体《からだぜんたい》が温《あたた》まります。

その逆《ぎゃく》に、骨《ほね》の板《いた》を風《かぜ》にあてれば、血液《けつえき》を冷《ひ》やして体温《たいおん》を下《さ》げることもできます。ステゴサウルスの骨《ほね》の板《いた》は、体温《たいおん》を調節《ちょうせつ》することに役立《やくだ》っていたと考《かんが》えられているのです。156ページで紹介《しょうかい》したディメトロドンの帆《ほ》と同《おな》じです。

また、ステゴサウルスの尾《お》の先《さき》にある4本《ほん》の太《ふと》いとげは、とても頑丈《がんじょう》でした。このことから、とげも飾《かざ》りではなく、武器《ぶき》として使《つか》われていたと考《かんが》えられています。

化石《かせき》を見《み》たい！　豊橋市自然史博物館《とよはしししぜんしはくぶつかん》

全身《ぜんしん》の復元骨格《ふくげんこっかく》があります。背中《せなか》の板《いた》の大《おお》きさを実感《じっかん》してみましょう。

ここでもみられます！
東海大学自然史博物館、大阪市立自然史博物館、北九州市立自然史・歴史博物館、御船町恐竜博物館　ほか

もっとしりたい！　ステゴサウルスの背中《せなか》の骨《ほね》の板《いた》は、成長《せいちょう》にともなって次第《しだい》に大《おお》きくなっていきました。

7月
18日
読《よ》んだ日《ひ》
月　日
月　日

背《せ》中《なか》の骨《ほね》が変《へん》化《か》していった 剣《けん》竜《りゅう》類《るい》の進《しん》化《か》

ジュラ紀《き》

新《しん》生《せい》代《だい》 中《ちゅう》生《せい》代《だい》 古《こ》生《せい》代《だい》 先《せん》カンブリア時《じ》代《だい》

最初《さいしょ》は骨《ほね》の〝かたまり〟だった

ステゴサウルスは、剣竜類《けんりゅうるい》を代表《だいひょう》する恐竜《きょうりゅう》です。そして、最《もっと》も進化《しんか》した剣竜類《けんりゅうるい》でもあります。今日《きょう》は、剣竜類《けんりゅうるい》の進化《しんか》の歴史《れきし》をみてみましょう。

剣竜類《けんりゅうるい》は、より大《おお》きなグループである「装盾類《そうじゅんるい》」というグループに属《ぞく》しています。その装盾類《そうじゅんるい》の中《なか》でも原始的《げんしてき》といわれるのが、アメリカのジュラ紀《き》の地層《ちそう》から化石《かせき》がみつかっている「スクテロサウルス」です。

スクテロサウルスは鼻《はな》の先《さき》から尾《お》の先《さき》までの長《なが》さが1・3メートルほどの小型《こがた》の植物《しょくぶつ》食《しょく》恐竜《きょうりゅう》です。前《まえ》あしが短《みじか》いことなどから二足歩行《にそくほこう》だったと考《かんが》えられています。背中《せなか》には、ステゴサウルスのような板《いた》はなく、骨《ほね》のかたまりがいくつも並《なら》んでいました。こうした骨《ほね》のかたまりは、背骨《せぼね》や肋骨《ろっこつ》などとつながっていたわけではなく、皮膚《ひふ》の表面《ひょうめん》のうろこの中《なか》にうもれている状態《じょうたい》でした。

スクテロサウルスよりも進化《しんか》したとみられている装盾類《そうじゅんるい》が、イギリスの地層《ちそう》から化石《かせき》がみつかっている「スケリドサウルス」です。

スケリドサウルスは、大《おお》きさ3・8メートルほどでした。四足歩行《しそくほこう》をして、背中《せなか》にはスクテロサウルスと同《おな》じような骨《ほね》のかたまりが並《なら》んでいました。

どんどん広《ひろ》くなる骨《ほね》の板《いた》

やがて装盾類《そうじゅんるい》の中《なか》に剣竜類《けんりゅうるい》が現《あらわ》れます。剣竜類《けんりゅうるい》の中《なか》でも原始的《げんしてき》とされるのは、中国《ちゅうごく》の地層《ちそう》から化石《かせき》がみつかっている「ファヤンゴサウルス」です。

4メートルほどの大《おお》きさのファヤンゴサウルスの背中《せなか》には、骨《ほね》の板《いた》が並《なら》んでいましたが、あまり大《おお》きなものではありませんでした。

さらに進化《しんか》した恐竜《きょうりゅう》が、「トゥオジャンゴサウルス」です。中国《ちゅうごく》の地層《ちそう》から化石《かせき》がみつかっていて、大《おお》きさは6・5メートルほどでした。背中《せなか》にある骨《ほね》の板《いた》は、ファヤンゴサウルスとステゴサウルスのちょうど中間《ちゅうかん》くらいでした。

このように最初《さいしょ》は骨《ほね》のかたまりであったものが、進化《しんか》するにつれて、縦《たて》に向《む》かって高《たか》く、広《ひろ》くなっていき、ステゴサウルスの骨《ほね》の板《いた》のようになったとみられています。剣竜類《けんりゅうるい》の進化《しんか》とは、骨《ほね》の板《いた》の大型化《おおがたか》でもあるのです。

もっとしりたい！
スクテロサウルスは、白亜紀《はくあき》になって登場《とうじょう》する鎧竜類《よろいりゅうるい》の祖先《そせん》にも近《ちか》いとみられています。鎧竜類《よろいりゅうるい》の“よろい”は、骨《ほね》のかたまりが横《よこ》に広《ひろ》くなったものと考《かんが》えられています。

ジュラ紀《き》の肉《にく》食《しょく》王《おう》 アロサウルス

ナイフのような鋭《するど》い歯《は》

アメリカから化石《かせき》がみつかっている「アロサウルス」は、ジュラ紀《き》の代表的《だいひょうてき》な獣脚類《じゅうきゃくるい》です。

アロサウルスの大《おお》きさは、鼻《はな》の先《さき》から尾《お》の先《さき》までの長《なが》さが8・5メートルほどで、ジュラ紀《き》の獣脚類《じゅうきゃくるい》としては最大級《さいだいきゅう》でした。有名《ゆうめい》な獣脚類《じゅうきゃくるい》であるティラノサウルスと比《くら》べると全身《ぜんしん》がほっそりとしていて、前《まえ》あしが長《なが》いことが特徴《とくちょう》です。前《まえ》あしの先《さき》には3本《ほん》の指《ゆび》があり、その先《さき》に大《おお》きなかぎ爪《づめ》がついていました。

アロサウルスやその仲間《なかま》は、ナイフのように薄《うす》くて鋭《するど》い歯《は》をもっていました。獲物《えもの》の肉《にく》を切《き》り裂《さ》くようにして食《た》べていたとみられています。

獲物《えもの》となったのは、同《おな》じ地域《ちいき》にいた竜脚類《りゅうきゃくるい》やステゴサウルスのような剣竜類《けんりゅうるい》でした。アロサウルスの化石《かせき》の中《なか》には、腰《こし》のところにステゴサウルスの尾《お》のとげによってあけられたとみられる穴《あな》があいたものがあります。これは、アロサウルスがステゴサウルスを襲《おそ》ったものの、その反撃《はんげき》を受《う》けて傷《きず》をうけたあとだと考《かんが》えられています。

平均寿命《へいきんじゅみょう》は28歳《さい》

脊椎動物《せきついどうぶつ》の骨《ほね》には、樹木《じゅもく》と同《おな》じように年輪《ねんりん》があります。

アロサウルスの年輪《ねんりん》も調《しら》べられていて、その平均寿命《へいきんじゅみょう》は28歳《さい》くらいだということがわかっています。ヒトと同《おな》じように10代《だい》に成長期《せいちょうき》があって、いちばん成長《せいちょう》した時期《じき》は、1年《ねん》で148キログラムも体重《たいじゅう》が増《ふ》えたようです。

化石《かせき》を見《み》たい！ 国立科学博物館《こくりつかがくはくぶつかん》

地球館《ちきゅうかん》の1階《かい》にあります。

ここでもみられます！
三笠市立博物館、地質標本館、神奈川県立生命の星・地球博物館、福井県立恐竜博物館、東海大学自然史博物館、豊橋市自然史博物館、大阪市立自然史博物館、北九州市立自然史・歴史博物館、御船町恐竜博物館　ほか

国立科学博物館

もっとしりたい！ アメリカのユタ州《しゅう》には、アロサウルスの化石《かせき》ばかりが46個体分以上《こたいぶんいじょう》もみつかっている産地《さんち》があります。この産地《さんち》からみつかる恐竜化石《きょうりゅうかせき》の7割《わり》がアロサウルスなのです。

アメリカとヨーロッパにいた トルボサウルス

アロサウルス並《な》みの大《おお》きさ

　今日《きょう》は、225ページで紹介《しょうかい》したアロサウルスの仲間《なかま》を紹介《しょうかい》しましょう。「トルボサウルス」です。アメリカのジュラ紀《き》の地層《ちそう》から化石《かせき》がみつかっています。

　トルボサウルスは体《からだ》の一部《いちぶ》の化石《かせき》しかみつかっていませんが、鼻《はな》の先《さき》から尾《お》の先《さき》までの長《なが》さが9メートルに達《たっ》したとみられています。アロサウルスと同《おな》じかそれ以上《いじょう》の大《おお》きさの肉食恐竜《にくしょくきょうりゅう》でした。

トルボサウルス
Torvosaurus

大西洋《たいせいよう》を隔《へだ》ててみつかる化石《かせき》

　トルボサウルスの化石《かせき》は、大西洋《たいせいよう》を隔《へだ》てた二《ふた》つの国《くに》からみつかっています。アメリカとヨーロッパのポルトガルです。

　三畳紀《さんじょうき》の地球《ちきゅう》であれば、アメリカとポルトガルで同《おな》じ恐竜類《きょうりゅうるい》がいたとしても不思議《ふしぎ》ではありませんでした。なぜなら、世界中《せかいじゅう》の大陸《たいりく》が集《あつ》まって超大陸《ちょうたいりく》パンゲアをつくっていて、アメリカとポルトガルは地続《じつづ》きだったからです。

　しかし、ジュラ紀《き》になるとパンゲアの分裂《ぶんれつ》が進《すす》んだために、アメリカとポルトガルは地続《じつづ》きではなくなっていたはずでした。とくにトルボサウルスが現《あらわ》れたのはジュラ紀《き》の後期《こうき》です。アメリカとポルトガルの間《あいだ》には大西洋《たいせいよう》があったはずなのです。

　なぜ、大西洋《たいせいよう》があったのに、トルボサウルスはアメリカとポルトガルにいたのでしょうか？　大西《たいせい》洋《よう》を泳《およ》いで渡《わた》ることでもできたのでしょうか？

　研究者《けんきゅうしゃ》たちはこう考《かんが》えています。大西洋《たいせいよう》があっても、まだ一部《いちぶ》でアメリカとポルトガルがつながっていたのではないか、というのです。ジュラ紀《き》の間《あいだ》は、まだアメリカとヨーロッパは完全《かんぜん》には分《わ》かれておらず、そうした一部《いちぶ》だけつながっていた陸地《りくち》を使《つか》って、恐竜《きょうりゅう》たちが行《い》き来《き》していたようなのです。

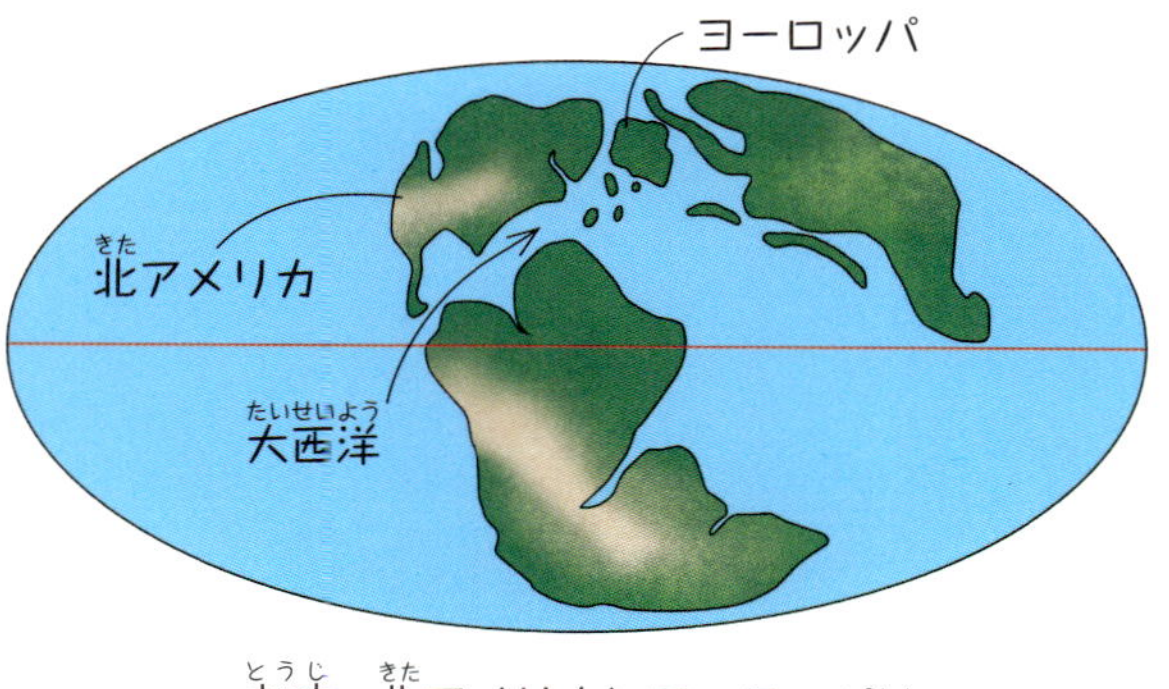

当時《とうじ》、北《きた》アメリカとヨーロッパは、地続《じつづ》きではなかったはずだけど……。

もっとしりたい!
アメリカとポルトガルのトルボサウルスは、完全《かんぜん》に同《おな》じ種《しゅ》ではありません。歯《は》の本数《ほんすう》などがちがいます。ただし、とてもよく似《に》ているのでいずれにしろ祖先《そせん》は同《おな》じだったようです。

離《はな》れた場《ば》所《しょ》で仲《なか》間《ま》がみつかる

ブラキオサウルス

前《まえ》あしの長《なが》い竜《りゅう》脚《きゃく》類《るい》

右《みぎ》ページで、トルボサウルスの化《か》石《せき》がアメリカとヨーロッパからみつかることを紹《しょう》介《かい》しました。離《はな》れた場《ば》所《しょ》から同《おな》じ仲《なか》間《ま》の化《か》石《せき》がみつかる例《れい》はほかにもあります。アメリカのジュラ紀《き》の地《ち》層《そう》から化《か》石《せき》がみつかっている「ブラキオサウルス」がその一《ひと》つです。

ブラキオサウルスは、鼻《はな》の先《さき》から尾《お》の先《さき》までの長《なが》さが22メートルあった、竜《りゅう》脚《きゃく》類《るい》です。ほかの多《おお》くの竜《りゅう》脚《きゃく》類《るい》は前《まえ》あしよりも後《うし》ろあしの方《ほう》が長《なが》いのですが、ブラキオサウルスの仲《なか》間《ま》は後《うし》ろあしよりも前《まえ》あしの方《ほう》が長《なが》いという特《とく》徴《ちょう》がありました。また、頭《とう》部《ぶ》は額《ひたい》から頭《とう》頂《ちょう》部《ぶ》にかけて盛《も》り上《あ》がっていて、高《たか》さのある形《かたち》になっていました。

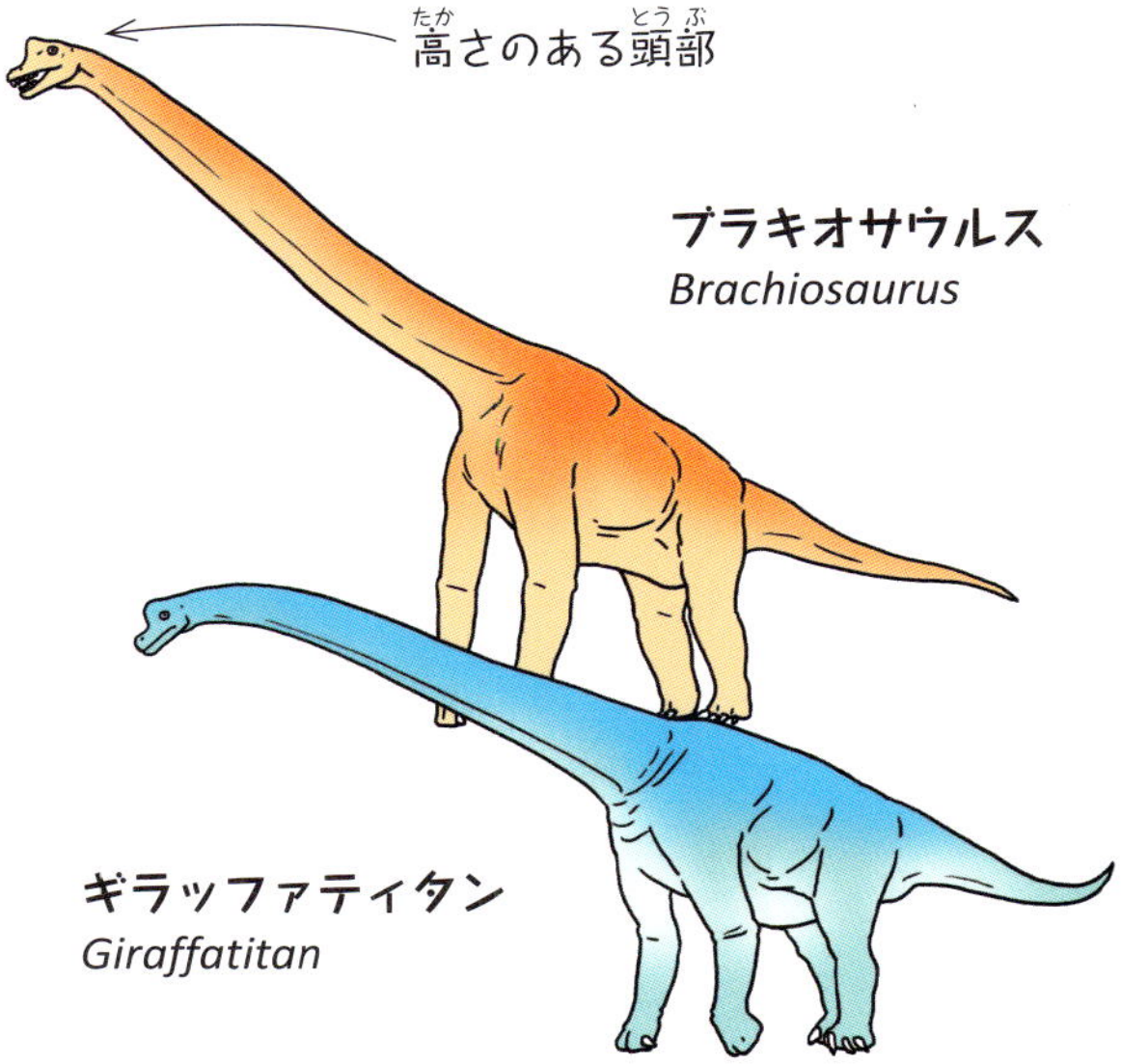

仲《なか》間《ま》はアフリカでみつかる

アメリカのブラキオサウルスとよく似《に》た姿《すがた》の竜《りゅう》脚《きゃく》類《るい》が、アフリカのタンザニアからみつかっています。それが「ギラッファティタン」です。

ギラッファティタンとブラキオサウルスは大《おお》きさ、形《かたち》ともにとてもよく似《に》ていますが、ブラキオサウルスの方《ほう》がギラッファティタンよりも首《くび》が少《すこ》し長《なが》くて、胴《どう》に高《たか》さがあり、また尾《お》も少《すこ》し長《なが》くて太《ふと》いというちがいがありました。

名《な》前《まえ》こそちがいますが、ブラキオサウルスとギラッファティタンはとてもよく似《に》ており、親《しん》戚《せき》のような関《かん》係《けい》にありました。この2種《しゅ》類《るい》の竜《りゅう》脚《きゃく》類《るい》もまた、アメリカとアフリカがつながっていた証《しょう》拠《こ》となるものです。

化《か》石《せき》を見《み》たい！ 群《ぐん》馬《ま》県《けん》立《りつ》自《し》然《ぜん》史《し》博《はく》物《ぶつ》館《かん》

大《おお》きなホールの天《てん》井《じょう》ギリギリまで首《くび》をもちあげた全《ぜん》身《しん》復《ふく》元《げん》骨《こっ》格《かく》は必《ひっ》見《けん》。真《ま》下《した》からも2階《かい》の通《つう》路《ろ》からも見《み》ることができます。

群馬県立自然史博物館

ここでもみられます！
福井県立恐竜博物館、豊橋市自然史博物館　ほか

もっとしりたい！
ギラッファティタンは、かつてはブラキオサウルスと同《おな》じ種《しゅ》類《るい》だと考えられていたため、博《はく》物《ぶつ》館《かん》などで「ブラキオサウルス」の名《な》前《まえ》で化《か》石《せき》が展《てん》示《じ》されている場《ば》合《あい》があります。

7月 22日

読《よ》んだ日《ひ》 月 日 月 日

小《ちい》さな島《しま》の小《ちい》さな竜《りゅう》脚《きゃく》類《るい》
エウロパサウルス

ジュラ紀《き》

新《しん》生《せい》代《だい》 | 中《ちゅう》生《せい》代《だい》 | 古《こ》生《せい》代《だい》 | 先カンブリア時代

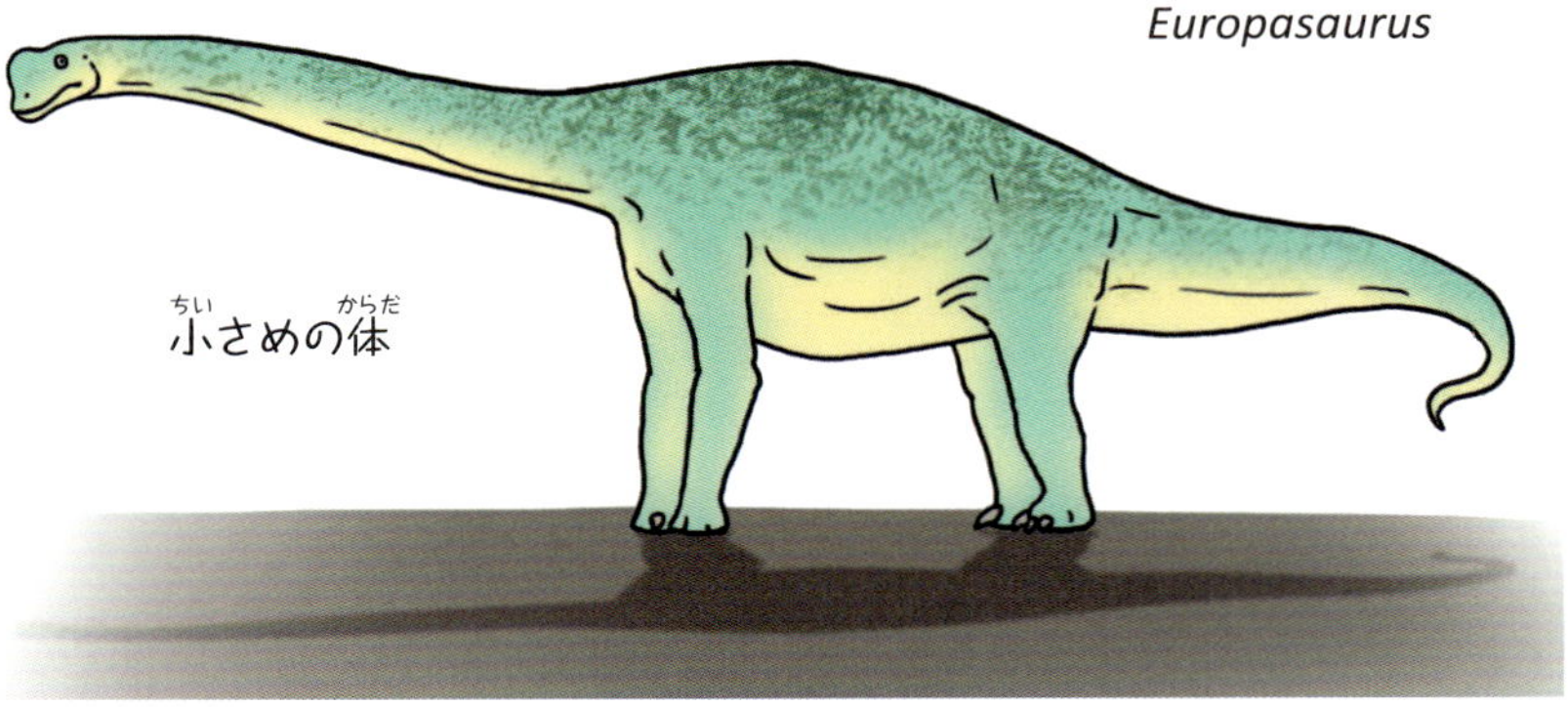

高《たか》さはヒトと同《おな》じくらい

マメンチサウルスにディプロドクス、アパトサウルスにカマラサウルス、ブラキオサウルスにギラッファティタン。これまでに紹介《しょうかい》した竜脚類《りゅうきゃくるい》は、みんな体《からだ》の大《おお》きな恐竜《きょうりゅう》でした。ここにあげた6種類《しゅるい》の中《なか》で最《もっと》も小《ちい》さなカマラサウルスでも、18メートルもの大《おお》きさがありました。

このように、竜脚類《りゅうきゃくるい》といえば大型《おおがた》の恐竜《きょうりゅう》、というのはよく知《し》られるイメージです。しかし、実際《じっさい》には小型《こがた》の竜脚類《りゅうきゃくるい》もいました。ドイツのジュラ紀《き》の地層《ちそう》から化石《かせき》がみつかった「エウロパサウルス」は、おとなでも6・2メートルしかありませんでした。カマラサウルスの3分《ぶん》の1ほどです。

6・2メートルという大《おお》きさは、鼻《はな》の先《さき》から尾《お》の先《さき》までの長《なが》さです。肩《かた》の高《たか》さでいえば、エウロパサウルスは1・6メートルです。ヒトとたいして変《か》わらないサイズだったのです。

小《ちい》さい島《しま》だと小《ちい》さくなる

エウロパサウルスの体《からだ》が特別《とくべつ》に小《ちい》さいことには、何《なに》か理由《りゆう》があるのでしょうか？

実《じつ》はエウロパサウルスも祖先《そせん》は体《からだ》が大《おお》きかったと考《かんが》えられています。そんなエウロパサウルスの祖先《そせん》は、あるときから小《ちい》さな島《しま》で暮《く》らすようになりました。大型《おおがた》の動物《どうぶつ》が小《ちい》さな島《しま》で暮《く》らすと、進化《しんか》するにつれて次第《しだい》に体《からだ》が小《ちい》さくなっていくことが知《し》られています。大《おお》きな体《からだ》を支《ささ》えるだけの十分《じゅうぶん》な食《た》べ物《もの》がないからです。エウロパサウルスもそうした進化《しんか》の結果《けっか》、体《からだ》が小《ちい》さくなっていったのだと考《かんが》えられています。

化石《かせき》を見《み》たい！ 神流町恐竜《かんなちょうきょうりゅう》センター

頭骨《とうこつ》の複製《ふくせい》を見《み》ることができます。小《ちい》さな化石《かせき》なので、見逃《みのが》さないように！

もっとしりたい！ 小《ちい》さな島《しま》とはいっても、エウロパサウルスが暮《く》らしていた島《しま》は、日本《にっぽん》の本州《ほんしゅう》よりも少《すこ》し小《ちい》さいくらいでした。

「始祖鳥《しそちょう》」とよばれる獣脚類《じゅうきゃくるい》
アルカエオプテリクス

ジュラ紀《き》

新生代《しんせいだい》 | 中生代《ちゅうせいだい》 | 古生代《こせいだい》 | 先《せん》カンブリア時代《じだい》

アルカエオプテリクス
Archaeopteryx

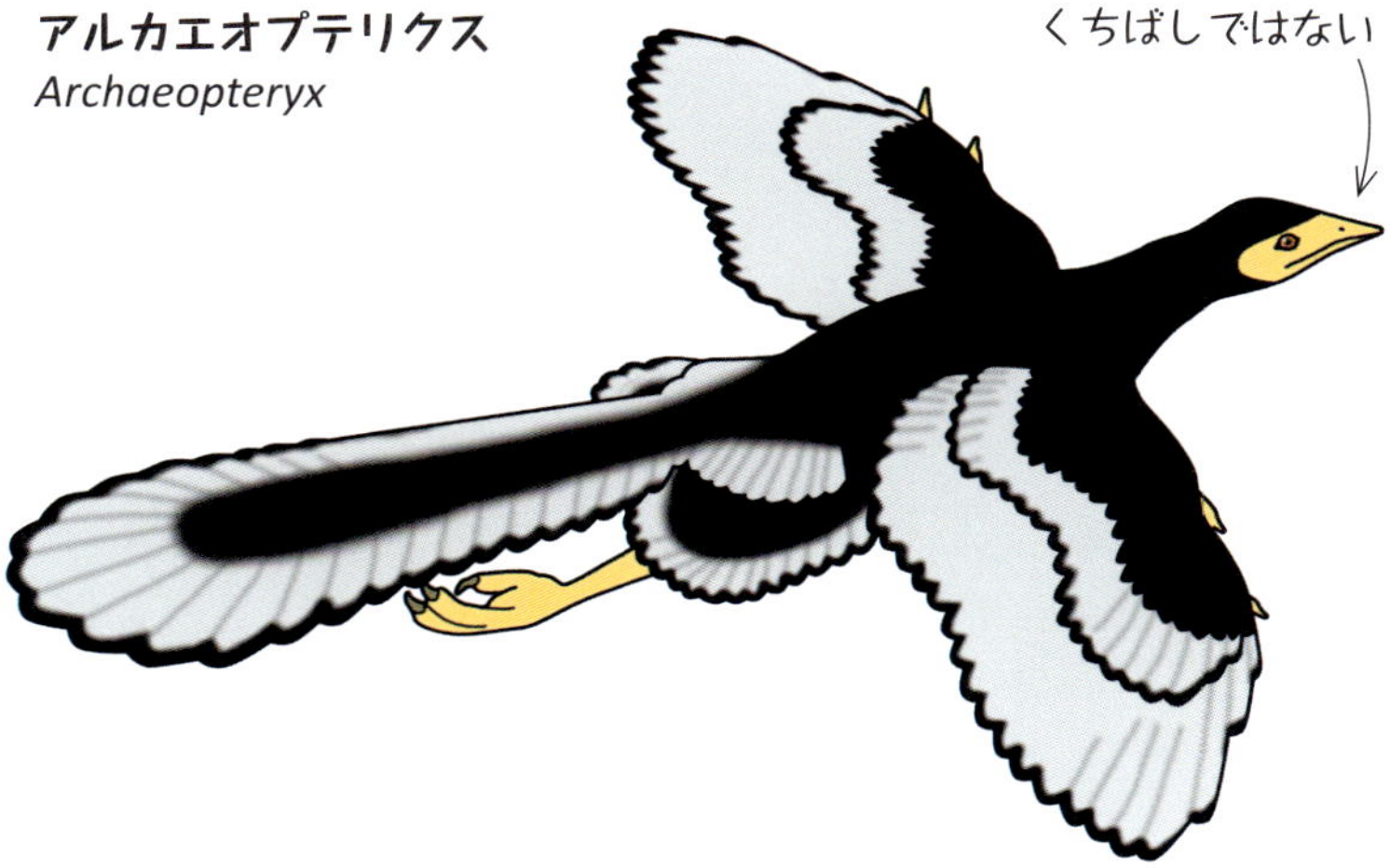

爬虫類《はちゅうるい》と鳥類《ちょうるい》をつなぐ生物《せいぶつ》

ドイツのジュラ紀《き》の地層《ちそう》から、とても有名《ゆうめい》な恐竜化石《きょうりゅうかせき》がみつかっています。「アルカエオプテリクス」です。日本語《にほんご》では「始祖鳥《しそちょう》」とよばれる獣脚類《じゅうきゃくるい》です。鼻《はな》の先《さき》から尾《お》の先《さき》までの長《なが》さが50センチメートルほどありました。

始祖鳥《しそちょう》は、恐竜《きょうりゅう》というべきか、鳥《とり》というべきか、とても難《むずか》しい動物《どうぶつ》です。その体《からだ》には、鳥類《ちょうるい》の特徴《とくちょう》と爬虫類《はちゅうるい》の特徴《とくちょう》の両方《りょうほう》がみられます。鳥類《ちょうるい》の特徴《とくちょう》である翼《つばさ》をもつ一方《いっぽう》で、口《くち》はくちばしではなくて小《ちい》さな鋭《するど》い歯《は》が並《なら》び、前《まえ》あしに鋭《するど》いかぎ爪《づめ》があるなど、爬虫類《はちゅうるい》の特徴《とくちょう》ももっていたのです。

19世紀《せいき》に化石《かせき》がみつかってすぐに、爬虫類《はちゅうるい》から鳥類《ちょうるい》への進化《しんか》をつなぐ存在《そんざい》として注目《ちゅうもく》されるようになりました。

滑《すべ》るように飛《と》ぶ

始祖鳥《しそちょう》は大《おお》きな翼《つばさ》をもっていますが、翼《つばさ》を羽《は》ばたかせるための筋肉《きんにく》がなかったのではないか、と指摘《してき》されています。一方《いっぽう》で、始祖鳥《しそちょう》の脳《のう》を調《しら》べた研究《けんきゅう》では、現在《げんざい》の鳥類《ちょうるい》と同《おな》じくらいバランス感覚《かんかく》にすぐれていたことがわかっています。

こうした研究《けんきゅう》から、始祖鳥《しそちょう》は羽《は》ばたいて移動《いどう》するのではなく、木《き》から木《き》へと滑《すべ》るように飛《と》んでいたとみられています。

また、始祖鳥《しそちょう》は羽毛《うもう》の色《いろ》についての研究《けんきゅう》も発表《はっぴょう》されています。その研究《けんきゅう》では、翼《つばさ》の大部分《だいぶぶん》は明《あか》るい色《いろ》で、縁《ふち》は黒色《くろいろ》だったと指摘《してき》されています。

化石《かせき》を見《み》たい！ 福井県立恐竜博物館《ふくいけんりつきょうりゅうはくぶつかん》

化石《かせき》の複製《ふくせい》と復元《ふくげん》された模型《もけい》が見《み》られます。

ここでもみられます！
三笠市立博物館、群馬県立自然史博物館、地質標本館、神流町恐竜センター、豊橋市自然史博物館、大阪市立自然史博物館、徳島県立博物館、北九州市立自然史・歴史博物館、御船町恐竜博物館　ほか

もっとしりたい！
始祖鳥《しそちょう》は有名《ゆうめい》な古生物《こせいぶつ》ですが、その化石《かせき》は10数個体《すうこたい》しかみつかっていません。ほぼ全身《ぜんしん》が残《のこ》った化石《かせき》はさらに少《すく》なく、たいへん貴重《きちょう》です。

7月24日

読《よ》んだ日《ひ》
月 日
月 日

ジュラ紀《き》

新生代《しんせいだい》 中生代《ちゅうせいだい》 古生代《こせいだい》 先《せん》カンブリア時代《じだい》

夜行性《やこうせい》の獣脚類《じゅうきゃくるい》
ジュラベナトル

尾《お》にうろこがあった

229ページの始祖鳥《しそちょう》の化石《かせき》がみつかっているドイツの地域《ちいき》は、「ゾルンホーフェン」とよばれています。ゾルンホーフェンでみつかる化石《かせき》は、全身《ぜんしん》の細《こま》かい部分《ぶぶん》までとてもよく残《のこ》っている、保存《ほぞん》状態《じょうたい》のよい化石《かせき》であることで知《し》られています。

ゾルンホーフェンでは、ほかにもいくつかの恐竜化石《きょうりゅうかせき》がみつかっています。2006年《ねん》に報告《ほうこく》された獣脚類《じゅうきゃくるい》「ジュラベナトル」もそうした化石《かせき》の一《ひと》つです。

ジュラベナトルの化石《かせき》は、たった一《ひと》つしかみつかっていません。しかし、その化石《かせき》はほとんど全身《ぜんしん》が残《のこ》っていました。鼻《はな》の先《さき》から尾《お》の先《さき》までの長《なが》さは75センチメートルほどで、骨《ほね》がまだ成長《せいちょう》しきっていないことから、子《こ》どもの化石《かせき》であるとみられています。

ジュラベナトルの化石《かせき》には、尾《お》のまわりにうろこがあったあとがありました。このことから、ジュラベナトルは、少《すく》なくとも子《こ》どものうちは、尾《お》にうろこがあったとみられています。

夜《よる》でもまわりが見《み》えた

202ページで紹介《しょうかい》したオフタルモサウルスの眼《め》のことを覚《おぼ》えていますか？ オフタルモサウルスは巨大《きょだい》な眼《め》のもち主《ぬし》で、暗《くら》いところでも遠《とお》くまで見《み》ることができた魚竜類《ぎょりゅうるい》でした。

オフタルモサウルスの眼《め》を調《しら》べた方法《ほうほう》と同《おな》じやり方《かた》で、ジュラベナトルの眼《め》についても調《しら》べられています。その結果《けっか》、ジュラベナトルも暗《くら》いところでも十分《じゅうぶん》にまわりを見《み》ることができたと考《かんが》えられています。夜行性《やこうせい》だったのかもしれません。

クリーム色《いろ》の岩石《がんせき》

ジュラベナトルの化石《かせき》は、今《いま》のところ日本《にっぽん》では見《み》ることができません。しかし、その産地《さんち》であるゾルンホーフェンからはほかの動物《どうぶつ》の化石《かせき》がたくさんがみつかっているので、それらなら日本《にっぽん》でも見《み》ることができます。

ゾルンホーフェンの岩石《がんせき》はたいていクリーム色《いろ》をしています。博《はく》物館《ぶつかん》などでゾルンホーフェンの化石《かせき》を探《さが》すときはこのクリーム色《いろ》の岩石《がんせき》を目印《めじるし》にしてみてください。

もっとしりたい！

夜行性《やこうせい》の恐竜類《きょうりゅうるい》は、ジュラベナトルだけではありませんでした。同《おな》じ方法《ほうほう》で調《しら》べられた結果《けっか》、ほかにも数種《すうしゅ》の恐竜類《きょうりゅうるい》が夜行性《やこうせい》だったといわれています。

史《し》上《じょう》最《さい》大《だい》のサカナ？
リードシクティス

ジュラ紀《き》

新《しん》生《せい》代《だい》	中《ちゅう》生《せい》代《だい》	古《こ》生《せい》代《だい》	先《せん》カンブリア時《じ》代《だい》

Leedsichthys
とにかく大《おお》きい！
でも具体的《ぐたいてき》な大《おお》きさは謎《なぞ》

とんでもなく大《おお》きい

今日《きょう》は、ジュラ紀《き》の海《うみ》で暮《く》らしていた生物《せいぶつ》を紹介《しょうかい》しましょう。

この時代《じだい》、現在《げんざい》のヨーロッパにあたる地域《ちいき》のほとんどは海《うみ》の底《そこ》に沈《しず》んでいました。この海《うみ》は「テチス海《かい》」とよばれています。

202ページで紹介《しょうかい》したオフタルモサウルスや200ページのステノプテリギウスたちは、テチス海《かい》で暮《く》らしていた魚竜類《ぎょりゅうるい》です。テチス海《かい》は温暖《おんだん》な海《うみ》で、小《ちい》さなサカナやさまざまな動物《どうぶつ》がたくさんいる豊《ゆた》かな海《うみ》でした。

そんなテチス海《かい》でみつかっている魚《さかな》の仲間《なかま》に、「リードシクティス」がいます。条鰭類《じょうきるい》というグループに属《ぞく》します。条鰭類《じょうきるい》は、現在《げんざい》のマグロなど多《おお》くのサカナが分類《ぶんるい》されるグループです。

リードシクティスの化石《かせき》は、イギリスやフランス、ドイツなどからみつかっています。みつかっているのはいずれも全身《ぜんしん》ではなく、体《からだ》の一部分《いちぶぶん》の化石《かせき》です。そうした化石《かせき》から見積《みつ》もられた大《おお》きさは、なんと27メートルに達《たっ》したといわれています。

現在《げんざい》の魚《さかな》の仲間《なかま》で最《もっと》も大《おお》きなものは、ジンベイザメです。そのジンベイザメでも、最大《さいだい》で18メートルまでしか大《おお》きくはなりません。27メートルというのは、途方《とほう》もない大《おお》きさなのです。

いろいろな説《せつ》がある

ただし、リードシクティスの大《おお》きさについては、研究者《けんきゅうしゃ》たちの間《あいだ》でも意見《いけん》がわかれています。ある研究者《けんきゅうしゃ》は、10メートルから12メートルほどといっていますし、また別《べつ》の研究者《けんきゅうしゃ》は16・5メートルだろうといっています。たしかに大《おお》きいサカナでしたが、本当《ほんとう》の大《おお》きさはまだよくわかっていないのです。

もっとしりたい！
リードシクティスには、鋭《するど》い歯《は》がありませんでした。おそらくプランクトンなどを吸《す》いこんで食《た》べていたとみられています。203ページで紹介《しょうかい》したリオプレウロドンなどには襲《おそ》われていたかもしれません。

大《おお》きくてすぐれた眼《め》をもつ ドロカリス

ミジンコの仲間《なかま》

フランスのジュラ紀《き》の地層《ちそう》から、4センチメートルほどの大《おお》きさの甲殻類《こうかくるい》「ドロカリス」の化石《かせき》がみつかっています。甲殻類《こうかくるい》というのは、エビやカニ、ミジンコの仲間《なかま》です。

　ドロカリスは6本《ほん》のあしをもつ甲殻類《こうかくるい》で、そのあしの先端《せんたん》は鋭《するど》くとがっていました。体《からだ》は小《ちい》さいですが、海《うみ》の中《なか》のハンターだったとみられています。

1万《まん》8000個《こ》のレンズ

　ドロカリスの特徴《とくちょう》は、大《おお》きな眼《め》です。体《からだ》のおよそ4分《ぶん》の1を占《し》めるとても大《おお》きな眼《め》を二《ふた》つもっていました。

　この眼《め》は、現在《げんざい》のトンボなどがもつ眼《め》と同《おな》じつくりになっています。小《ちい》さなレンズがたくさん集《あつ》まってつくられる、複眼《ふくがん》だったのです。大《おお》きな複眼《ふくがん》をもつ動物《どうぶつ》として、46ページではカンブリア紀《き》のカンブロパキコーペを紹介《しょうかい》しました。カンブロパキコーペの複眼《ふくがん》は一《ひと》つだけでしたが、ドロカリスの複眼《ふくがん》は二《ふた》つあるという点《てん》が大《おお》きくちがいます。

　ドロカリスの複眼《ふくがん》をつくるレンズの数《かず》は、一《ひと》つの眼《め》あたりおよそ1万《まん》8000個《こ》もありました。このレンズの数《かず》は、複眼《ふくがん》をもつほかの動物《どうぶつ》たちと比《くら》べても圧倒的《あっとうてき》に多《おお》いものです。現在《げんざい》の動物《どうぶつ》たちの中《なか》では、唯一《ゆいいつ》トンボの眼《め》だけがこの数《かず》を上回《うわまわ》ります。

　現在《げんざい》のトンボは、すばやく動《うご》きまわる昆虫類《こんちゅうるい》をその複眼《ふくがん》でしっかりととらえ続《つづ》けて狩《か》る、すぐれたハンターです。ドロカリスも同《おな》じように複眼《ふくがん》を使《つか》って巧《たく》みに獲物《えもの》を狩《か》っていたのでしょう。体《からだ》の小《ちい》さな水中動物《すいちゅうどうぶつ》にとって、ドロカリスはとてもこわい存在《そんざい》だったのかもしれません。

ドロカリス
Dollocaris

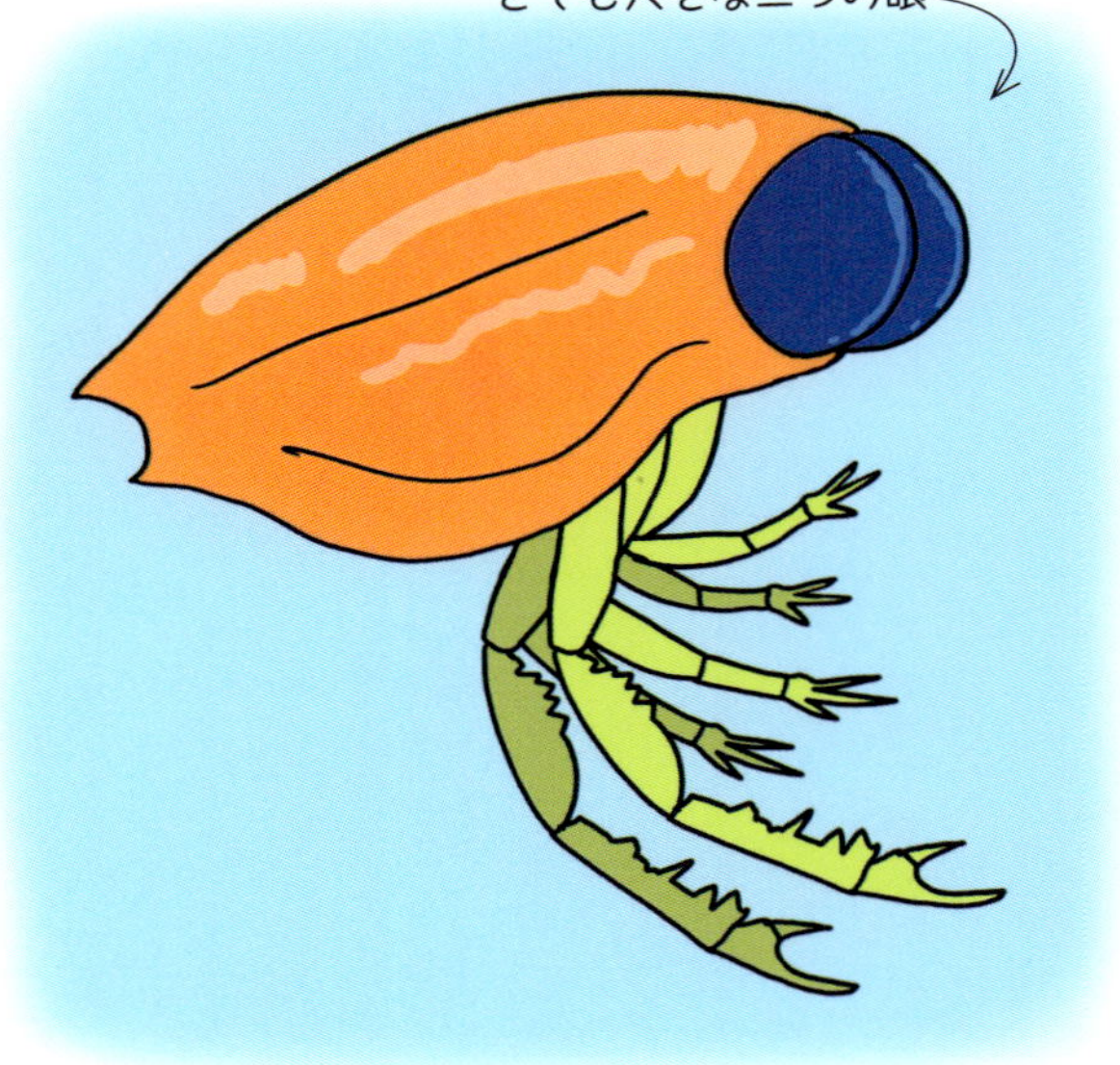

もっとしりたい!
複眼《ふくがん》で景色《けしき》を見《み》るためには、太陽《たいよう》の明《あ》かりが必要《ひつよう》です。そのため、ドロカリスは水深《すいしん》の浅《あさ》い明《あか》るい場所《ばしょ》で暮《く》らしていたとみられています。

皮膜《ひまく》の翼《つばさ》をもつ恐竜《きょうりゅう》 イー

ジュラ紀《き》
新生代《しんせいだい》 中生代《ちゅうせいだい》 古生代《こせいだい》 先《せん》カンブリア時代《じだい》

羽根《はね》か、皮膜《ひまく》か

恐竜類《きょうりゅうるい》の中《なか》には、翼《つばさ》があったと考《かんが》えられているものがいくつもいます。その翼《つばさ》は必《かなら》ずしも飛《と》ぶためのものではなかったようですが、多《おお》くは鳥類《ちょうるい》と同《おな》じような羽根《はね》でできていました。

一方《いっぽう》で、212ページで紹介《しょうかい》したランフォリンクスやプテロダクティルスのような翼竜類《よくりゅうるい》の翼《つばさ》は鳥類《ちょうるい》とは異《こと》なるつくりでした。羽根《はね》ではなく、皮《かわ》の膜《まく》をはっていたのです。これは現在《げんざい》のコウモリなどと同《おな》じです。

恐竜類《きょうりゅうるい》の翼《つばさ》は羽根《はね》で、翼竜類《よくりゅうるい》の翼《つばさ》は皮膜《ひまく》。これが、2014年《ねん》までの“常識《じょうしき》”でした。

常識《じょうしき》をやぶった

2015年《ねん》になって、中国《ちゅうごく》のジュラ紀《き》の地層《ちそう》から、そんな常識《じょうしき》をくつがえす恐竜《きょうりゅう》の化石《かせき》がみつかりました。「イー」と名《な》づけられた獣脚類《じゅうきゃくるい》の化石《かせき》です。

イーの化石《かせき》の両手首《りょうてくび》をみると、指《ゆび》の骨《ほね》とは別《べつ》の細《ほそ》いつえのような形《かたち》の骨《ほね》がありました。その骨《ほね》は、現在《げんざい》のムササビやコウモリ、そして絶滅《ぜつめつ》した翼竜類《よくりゅうるい》がもつ骨《ほね》ととてもよく似《に》ていました。そして、その骨《ほね》と手《て》の間《あいだ》に、皮膜《ひまく》の跡《あと》があったのです。つまり、イーは、翼《よく》竜類《りゅうるい》などの翼《つばさ》にとてもよく似《に》た翼《つばさ》をもっていたのでした。

イーは、この皮膜《ひまく》の翼《つばさ》を使《つか》って木《き》から木《き》へ、高《たか》い所《ところ》から低《ひく》い所《ところ》へと、滑《すべ》るように飛《と》んでいたとみられています。

イーの発見《はっけん》によって、恐竜類《きょうりゅうるい》の翼《つばさ》は羽根《はね》でできているものだけではなく、皮膜《ひまく》でできたものもあったことが明《あき》らかになりました。それまでの常識《じょうしき》をくつがえす発見《はっけん》だったので、人々《ひとびと》はたいへん驚《おどろ》きました。この発見《はっけん》をきっかけとして、今後《こんご》、皮膜《ひまく》の翼《つばさ》をもつ恐竜類《きょうりゅうるい》がもっとみつかるかもしれません。

ちなみに、イーのフルネームを「イー・チー（*Yi qi*）」といいます。日本語《にほんご》でもアルファベットでもたった4文字《もじ》の名前《なまえ》です。これはすべての恐竜類《きょうりゅうるい》の中《なか》で最《もっと》も短《みじか》い名前《なまえ》なのです。

もっとしりたい！ イー・チーの「イー」は中国語《ちゅうごくご》で「翼《つばさ》」、「チー」は「奇妙《きみょう》な」という意味《いみ》です。あわせて「奇妙《きみょう》な翼《つばさ》」となり、この恐竜《きょうりゅう》の特徴《とくちょう》をよく表《あらわ》した名前《なまえ》といえます。

7月 28日
読《よ》んだ日《ひ》 月 日 月 日

column

どうやってできるの？ 化石《かせき》のでき方《かた》

すぐに埋《う》まることが大切《たいせつ》

化石《かせき》ができるまでには、たくさんの偶然《ぐうぜん》と、とてつもなく長《なが》い時間《じかん》が必要《ひつよう》と考《かんが》えられています。

まず大切《たいせつ》なのは、生物《せいぶつ》が死《し》んだあと、できるだけ早《はや》いうちに、泥《どろ》や砂《すな》などに埋《う》まることです。死《し》んですぐの生《い》き物《もの》の体《からだ》は、肉食動物《にくしょくどうぶつ》にとってよいごちそうになります。そのため、死《し》んでから泥《どろ》や砂《すな》に埋《う》まるまでに時間《じかん》がかかると、その死体《したい》は肉食動物《にくしょくどうぶつ》によって食《た》べられてしまったり、バラバラにされたりしてしまいます。

化石《かせき》のでき方《かた》はいろいろ

砂《すな》や泥《どろ》が長《なが》い年月《ねんげつ》をかけて積《つ》み重《かさ》なったものを「地層《ちそう》」といいます。化石《かせき》は、地層《ちそう》の中《なか》でつくられていきます。

まず、内臓《ないぞう》や筋肉《きんにく》などのやわらかい部分《ぶぶん》はバクテリアなどによって分解《ぶんかい》されてなくなってしまうことがほとんどです。

そして、骨《ほね》や殻《から》などのかたい部《ぶ》分《ぶん》が、まわりの砂《すな》や泥《どろ》の〝成分《せいぶん》〟に次第《しだい》に置《お》きかわっていきます。また、骨《ほね》や殻《から》などのすき間《ま》に、この成分《せいぶん》や、「鉱物《こうぶつ》」とよばれる小《ちい》さな粒子《りゅうし》がつまっていきます。そうして長《なが》い年月《ねんげつ》が経《た》つと、骨《ほね》や殻《から》だった部分《ぶぶん》は、石《いし》のようにかたく変化《へんか》するのです。

ただし、化石《かせき》のでき方《かた》は実際《じっさい》にはとてもたくさんあって、私《わたし》たちはそのすべてを解《と》き明《あ》かしているわけではありません。

かたい部分《ぶぶん》が化石《かせき》として残《のこ》りやすいのはたしかですが、骨《ほね》や殻《から》がそのままの姿《すがた》で化石《かせき》になるとはかぎりません。地層《ちそう》の中《なか》で熱《ねつ》や圧力《あつりょく》を受《う》けて宝石《ほうせき》のように輝《かがや》くようになることもあります。

また、体《からだ》のやわらかい部分《ぶぶん》が化石《かせき》になったり、胃《い》の中《なか》に入《はい》っていたものが化石《かせき》になることもあります。冷《つめ》たい土《つち》の中《なか》で、生《い》きていたときの姿《すがた》のまま冷凍保存《れいとうほぞん》されたり、樹液《じゅえき》が固《かた》まってできる「琥《こ》珀《はく》」に閉《と》じこめられたりする場合《ばあい》もあります。足跡《あしあと》や巣穴《すあな》も化石《かせき》として残《のこ》ります。

化石《かせき》ができあがったあとに地層《ちそう》が曲《ま》がったり割《わ》れ目《め》ができたりすることで、化石《かせき》が地層《ちそう》の中《なか》で壊《こわ》れてしまうこともあります。運《うん》よく壊《こわ》れずにいた化石《かせき》だけが私《わたし》たちに発見《はっけん》されるのです。

もっとしりたい！ 足跡《あしあと》や巣穴《すあな》の化石《かせき》のことを「生痕化石《せいこんかせき》」といいます。生物《せいぶつ》がどのように生《い》きていたのかを教《おし》えてくれる、とても重要《じゅうよう》な化石《かせき》です。

白《はく》亜《あ》紀《き》

「白亜紀《はくあき》」は中生代《ちゅうせいだい》の最後《さいご》の時代《じだい》です。およそ1億《おく》4500万年前《まんねんまえ》に始《はじ》まって、6600万年前《まんねんまえ》ごろまで続《つづ》きました。実《じつ》に7900万年間《まんねんかん》におよぶ、とても長《なが》い時代《じだい》です。そして、とても暖《あたた》かい時代《じだい》でもありました。ジュラ紀《き》につづいてたくさんの恐竜類《きょうりゅうるい》や、そのほかの多《おお》くの動植《どうしょく》物《ぶつ》が繁栄《はんえい》しました。とても有名《ゆうめい》な古生物《こせいぶつ》である「ティラノサウルス」が現《あらわ》れたのは、この白亜紀《はくあき》の終《お》わりが近《ちか》づいたころのことです。

カンブリア紀《き》以《い》降《こう》、最《もっと》も長《なが》い時《じ》代《だい》 白亜紀《はくあき》

白亜紀《はくあき》
新生代《しんせいだい》 中生代《ちゅうせいだい》 古生代《こせいだい》 先《せん》カンブリア時代《じだい》

白亜紀《はくあき》の地球《ちきゅう》

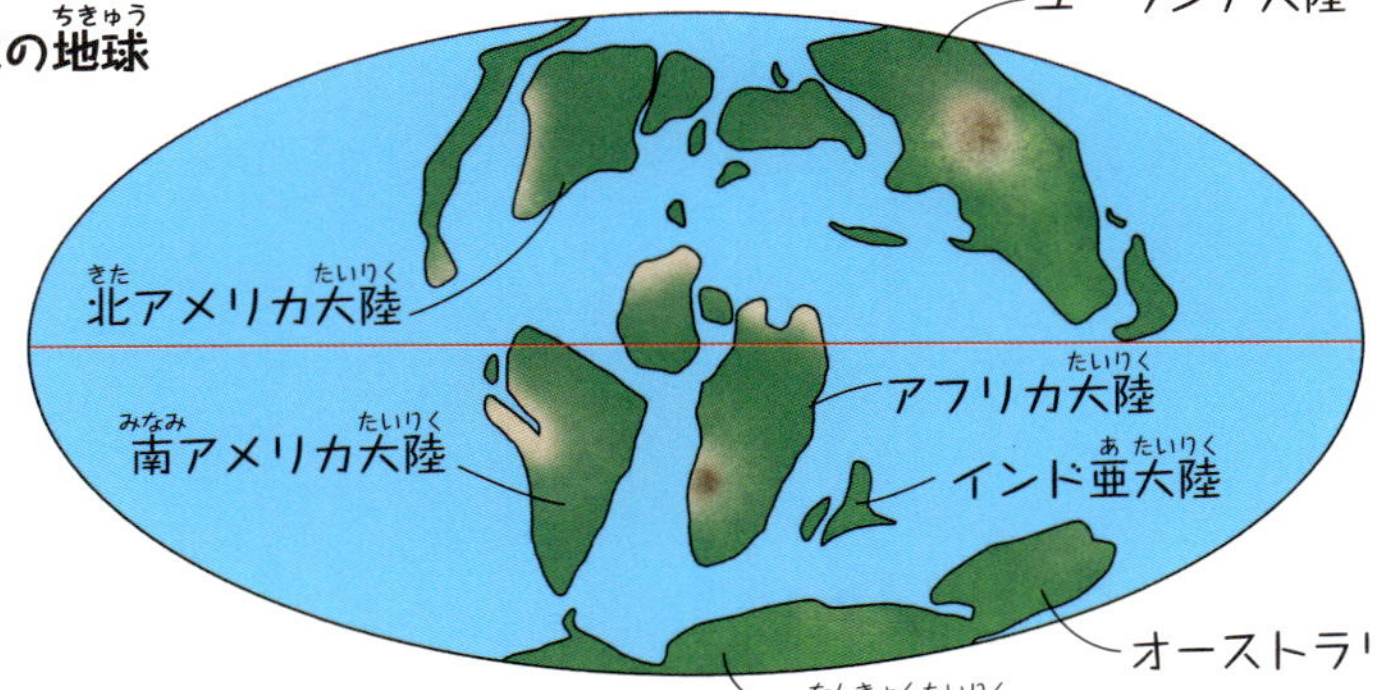

大陸《たいりく》がばらばらに分《わ》かれた

「白亜紀《はくあき》」は、今《いま》からおよそ1億《おく》4500万年前《まんねんまえ》に始《はじ》まって、6600万年前《まんねんまえ》まで続《つづ》きました。

この7900万年《まんねん》という期間《きかん》は、12の紀《き》の中《なか》では最《もっと》も長《なが》い時間《じかん》です。

ジュラ紀《き》から続《つづ》いていた超大陸《ちょうだいりく》の分裂《ぶんれつ》は、白亜紀《はくあき》になると決定的《けっていてき》なものとなりました。北《きた》アメリカ大陸《たいりく》と南《みなみ》アメリカ大陸《たいりく》、アフリカ大陸《たいりく》、ユーラシア大陸《たいりく》は完全《かんぜん》に分《わ》かれました。また、それまでアフリカ大陸《たいりく》とくっついていたインド亜《あ》大陸《たいりく》が大陸《たいりく》から離《はな》れて北《きた》へと移動《いどう》を始《はじ》めました。一方《いっぽう》で、南極《なんきょく》大陸《たいりく》とオーストラリア大陸《たいりく》はまだつながっていました。

とても暖《あたた》かい時代《じだい》

白亜紀《はくあき》は海《うみ》の水面《すいめん》の高《たか》さがとても高《たか》い時代《じだい》でした。白亜紀《はくあき》のなかばには、現在《げんざい》よりも350メートル以上《いじょう》も上《うえ》に水面《すいめん》があったのです。もしも今《いま》、同《おな》じように海《うみ》の水面《すいめん》が上《あ》がったら、東京《とうきょう》タワーは完全《かんぜん》に海《うみ》の中《なか》に沈《しず》み、東京《とうきょう》スカイツリーの展望《てんぼう》デッキも水《みず》に浸《ひた》ります。

海《うみ》の水面《すいめん》の高《たか》さがとても高《たか》かったので、白亜紀《はくあき》の世界《せかい》ではあちこちの陸地《りくち》が水没《すいぼつ》していました。北《きた》アメリカ大陸《たいりく》の一部《いちぶ》では南北《なんぼく》に海《うみ》が貫《つらぬ》いていたので、大陸《たいりく》が東《ひがし》と西《にし》に分断《ぶんだん》されていました。アフリカ大陸《たいりく》の一部分《いちぶぶん》もそうでした。

白亜紀《はくあき》は、気温《きおん》がとても高《たか》い時代《じだい》でした。これまでに紹介《しょうかい》したすべての時代《じだい》の中《なか》で、最《もっと》も暖《あたた》かかったとみられています。北極《ほっきょく》にも南極《なんきょく》にも巨大《きょだい》な氷《こおり》はありませんでした。今《いま》の地球《ちきゅう》でいえば、北海道《ほっかいどう》の北《きた》の端《はし》まで、熱帯《ねったい》のような気候《きこう》だったようです。

白亜紀末《はくあきまつ》には、有名《ゆうめい》なあの恐竜《きょうりゅう》が登場《とうじょう》！

もっとしりたい！
「白亜紀《はくあき》」という名前《なまえ》は、ヨーロッパのドーバー海峡《かいきょう》にある巨大《きょだい》な白《しろ》い岸壁《がんぺき》にちなむものです。この岸壁《がんぺき》は、白亜紀《はくあき》の海《うみ》にいた微生物《びせいぶつ》の化石《かせき》でできています。

7月30日

読《よ》んだ日《ひ》　月　日　月　日

最初《さいしょ》にみつかった羽毛恐竜《うもうきょうりゅう》
シノサウロプテリクス

白亜紀《はくあき》

新生代《しんせいだい》　中生代《ちゅうせいだい》　古生代《こせいだい》　先《せん》カンブリア時代《じだい》

羽毛《うもう》で覆《おお》われた恐竜《きょうりゅう》

現在《げんざい》、本屋《ほんや》さんで並《なら》んでいる恐竜図鑑《きょうりゅうずかん》を開《ひら》くと、多《おお》くの恐竜《きょうりゅう》は羽毛《うもう》で覆《おお》われた姿《すがた》で描《えが》かれています。このように羽毛《うもう》で覆《おお》われた恐竜《きょうりゅう》のことを「羽毛恐竜《うもうきょうりゅう》」とよぶことがあります。

羽毛《うもう》をもつ恐竜《きょうりゅう》の復元画《ふくげんが》が多《おお》くなったのは、実《じつ》は2000年《ねん》よりあとのことです。それまでの恐竜《きょうりゅう》の復元画《ふくげんが》は、全身《ぜんしん》がうろこで覆《おお》われたものがほとんどでした。

恐竜《きょうりゅう》がいったいどんな姿《すがた》をしていたのか、その考《かんが》えが大《おお》きく変《か》わったのは1996年《ねん》のことです。中国《ちゅうごく》の白亜紀《はくあき》の地層《ちそう》から、鼻《はな》の先《さき》から尾《お》の先《さき》までの長《なが》さが1・3メートルほどの恐竜化石《きょうりゅうかせき》がみつかったのです。その名《な》を「シノサウロプテリクス」といいます。シノサウロプテリクスの化石《かせき》には、それまで鳥類《ちょうるい》だけの特徴《とくちょう》といわれていた羽毛《うもう》が全身《ぜんしん》にありました。

この発見《はっけん》を皮切《かわき》りに、とくに中国《ちゅうごく》で次々《つぎつぎ》と羽毛《うもう》が残《のこ》った恐竜《きょうりゅう》化石《かせき》がみつかるようになりました。恐竜《きょうりゅう》はうろこで覆《おお》われたものばかりではなく、羽毛《うもう》で覆《おお》われたものもたくさんいたのです。その結果《けっか》、羽毛《うもう》をもった復元画《ふくげんが》が多《おお》く描《えが》かれるようになっていきました。

鳥類《ちょうるい》は、恐竜類《きょうりゅうるい》の一部《いちぶ》

シノサウロプテリクスの発見《はっけん》は、もう一《ひと》つの点《てん》でとても重要《じゅうよう》なものでした。この発見《はっけん》によって、鳥類《ちょうるい》は恐竜類《きょうりゅうるい》の一部《いちぶ》である、という考《かんが》えがより有力《ゆうりょく》なものとなったのです。それまで鳥類《ちょうるい》にしかないといわれていた羽毛《うもう》が、恐竜類《きょうりゅうるい》にもあることがわかったからです。

化石《かせき》を見《み》たい！　神流町恐竜《かんなちょうきょうりゅう》センター

シノサウロプテリクスの化石《かせき》の複製《ふくせい》が展示《てんじ》されています。羽毛《うもう》を確認《かくにん》してみよう。

ここでもみられます！
福井県立恐竜博物館、豊橋市自然史博物館、北九州市立自然史・歴史博物館　ほか

もっとしりたい！
「羽毛恐竜《うもうきょうりゅう》」は、特定《とくてい》のグループを指《さ》す言葉《ことば》ではありません。羽毛《うもう》をもっていれば、みんな羽毛恐竜《うもうきょうりゅう》とよばれます。

後《うし》ろあしにも翼《つばさ》をもつ羽毛恐竜《うもうきょうりゅう》
ミクロラプトル

7月31日

読《よ》んだ日《ひ》 月 日 / 月 日

白亜紀《はくあき》

新生代 | 中生代 | 古生代 | 先カンブリア時代

後《うし》ろあしにも翼《つばさ》があった！

1996年《ねん》にシノサウロプテリクスが報告《ほうこく》されてから、続々《ぞくぞく》と羽毛恐竜《うもうきょうりゅう》の化石《かせき》がみつかるようになりました。その中《なか》でもとくに世界中《せかいじゅう》の研究者《けんきゅうしゃ》を驚《おどろ》かせたのが、2003年《ねん》に報告《ほうこく》された「ミクロラプトル」です。

ミクロラプトルは、中国《ちゅうごく》にある白亜紀《はくあき》の地層《ちそう》から化石《かせき》がみつかった羽毛恐竜《うもうきょうりゅう》です。鼻《はな》の先《さき》から尾《お》の先《さき》までの長《なが》さが1メートルほどあり、シノサウロプテリクスよりも少《すこ》し小《ちい》さいくらいでした。

ミクロラプトルが世界《せかい》を驚《おどろ》かせた理由《りゆう》は、後《うし》ろあしにも翼《つばさ》があったからです。現在《げんざい》の鳥類《ちょうるい》でも、それまでに発見《はっけん》されていた羽毛《うもう》恐竜《きょうりゅう》でも、翼《つばさ》は基本的《きほんてき》に前《まえ》あしだけについています。しかし、ミクロラプトルの場合《ばあい》は、後《うし》ろあしにも翼《つばさ》があったのです。

飛《と》ぶのは上手《じょうず》だった？

前《まえ》あしの翼《つばさ》は、飛《と》ぶため使《つか》うものと考《かんが》えることができます。しかし、後《うし》ろあしの翼《つばさ》はどのように使《つか》っていたのでしょうか？

研究者《けんきゅうしゃ》たちは、ミクロラプトルの後《うし》ろあしの翼《つばさ》の役割《やくわり》についていろいろな考《かんが》えを発表《はっぴょう》しています。その中《なか》には後《うし》ろあしの翼《つばさ》は空中《くうちゅう》でバランスをとることに使《つか》われたという考《かんが》えや、実《じつ》は後《うし》ろあしの翼《つばさ》はほとんど飛《と》ぶことには役立《やくだ》たなかったというものがあります。答《こた》えはまだ出《で》ていません。

ただし、ミクロラプトルはそれなりに飛《と》ぶことが上手《じょうず》だっただろう、とは考《かんが》えられています。それは、ミクロラプトルが小型《こがた》の哺乳類《ほにゅうるい》や魚《さかな》の仲間《なかま》のほかに、小型《こがた》の鳥類《ちょうるい》も食《た》べていたことがわかっているからです。小型《こがた》の鳥類《ちょうるい》をつかまえて食《た》べるためには、上手《じょうず》に飛《と》べる必要《ひつよう》があっただろう、というわけです。

化石《かせき》を見《み》たい！ 国立科学博物館《こくりつかがくはくぶつかん》

地球館《ちきゅうかん》の地下《ちか》1階《かい》の通路《つうろ》に展示《てんじ》されています。お見逃《みのが》しなく！

国立科学博物館

ここでもみられます！

神流町恐竜センター、豊橋市自然史博物館、北九州市立自然史・歴史博物館 ほか

もっとしりたい！

現在《げんざい》では、後《うし》ろあしにも翼《つばさ》をもつ羽毛恐竜《うもうきょうりゅう》はめずらしいものではないことがわかっています。たとえば、229ページで紹介《しょうかい》した始祖鳥《しそちょう》も、後《うし》ろあしにも翼《つばさ》をもつ羽毛恐竜《うもうきょうりゅう》でした。

羽毛《うもう》のあるティラノサウルス類《るい》
ユティラヌス

白亜紀《はくあき》

新生代《しんせいだい》　中生代《ちゅうせいだい》　古生代《こせいだい》　先《せん》カンブリア時代《じだい》

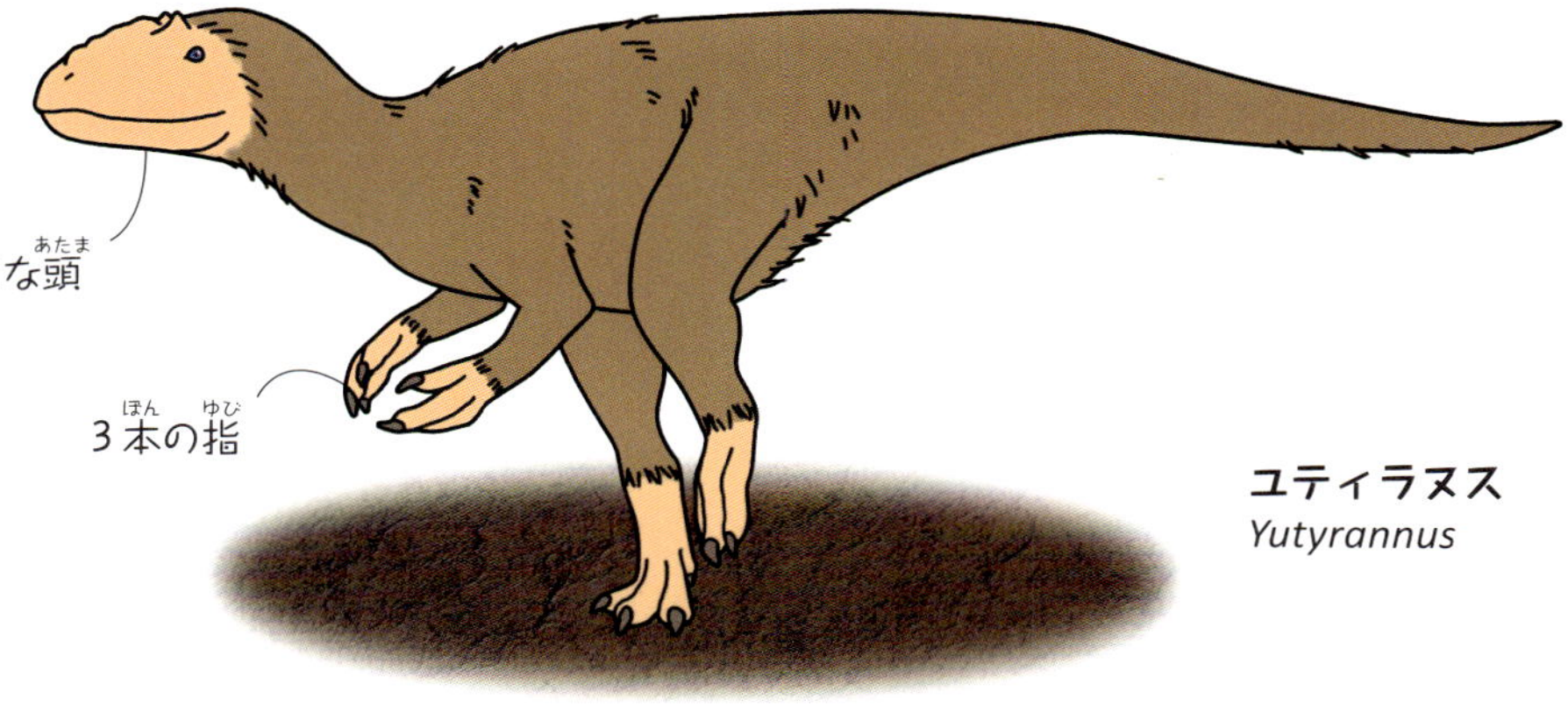

9メートルの羽毛恐竜《うもうきょうりゅう》

「ティラノサウルス」といえば、大《おお》きな頭《あたま》に太《ふと》い歯《は》、2本指《ほんゆび》の小《ちい》さな腕《うで》がトレードマークの大型《おおがた》の肉食恐竜《にくしょくきょうりゅう》です。白亜紀末《はくあきまつ》の北《きた》アメリカ大陸《たいりく》に君臨《くんりん》していました。

そのティラノサウルスが含《ふく》まれるグループのことを「ティラノサウルス類《るい》」といいます。ティラノサウルスは鼻《はな》の先《さき》から尾《お》の先《さき》までの長《なが》さが12メートルもありましたが、ティラノサウルス類《るい》にはもっと小《ちい》さなものから大型《おおがた》のものまでさまざまな種類《しゅるい》がいました。たとえば210ページで紹介《しょうかい》したグアンロンは、3・5メートルほどの小型《こがた》のティラノサウルス類《るい》でした。ジュラ紀《き》の中国《ちゅうごく》で暮《く》らしていました。

同《おな》じく中国《ちゅうごく》からは、白亜紀前期《はくあきぜんき》のティラノサウルス類《るい》もみつかっています。「ユティラヌス」です。9メートルの大《おお》きさがあった大型《おおがた》の羽毛恐竜《うもうきょうりゅう》です。ユティラヌスは、大型《おおがた》のティラノサウルス類《るい》の仲間《なかま》では初《はじ》めて羽毛《うもう》がみつかった種類《しゅるい》です。

今《いま》のところ、ユティラヌス以外《いがい》の大型《おおがた》のティラノサウルス類《るい》の化石《かせき》には、羽毛《うもう》や羽毛《うもう》のあとはみつかっていません。そのため、たとえばティラノサウルスに羽毛《うもう》があったのかどうかは謎《なぞ》です。羽毛《うもう》があったのかなかったのか、どんな羽毛《うもう》が生《は》えていたのかなど、すべては化石《かせき》がみつかるのを待《ま》つしかないのです。

大《おお》きな頭《あたま》に3本《ぼん》の指《ゆび》

ユティラヌスは、ティラノサウルスと同《おな》じように、体《からだ》に対《たい》して頭《あたま》が大《おお》きいという特徴《とくちょう》がありました。これは、グアンロンとは異《こと》なる点《てん》です。

一方《いっぽう》で、腕《うで》には3本《ぼん》の指《ゆび》がありました。これは、グアンロンと同《おな》じです。つまり、ユティラヌスはジュラ紀《き》のティラノサウルス類《るい》と、白亜紀末《はくあきまつ》のティラノサウルス類《るい》の両方《りょうほう》の特徴《とくちょう》をもっていたのです。

もっとしりたい！
羽毛《うもう》は体温《たいおん》を保《たも》つのに役立《やくだ》ったという説《せつ》があります。ユティラヌスが生《い》きていた場所《ばしょ》は、1年《ねん》の平均気温《へいきんきおん》が10℃《ど》という涼《すず》しい場所《ばしょ》だったようです。

木《き》の上《うえ》で暮《く》らしていた哺《ほ》乳《にゅう》類《るい》
エオマイア

白亜紀《はくあき》

新生代《しんせいだい》	中生代《ちゅうせいだい》	古生代《こせいだい》	先《せん》カンブリア時代《じだい》

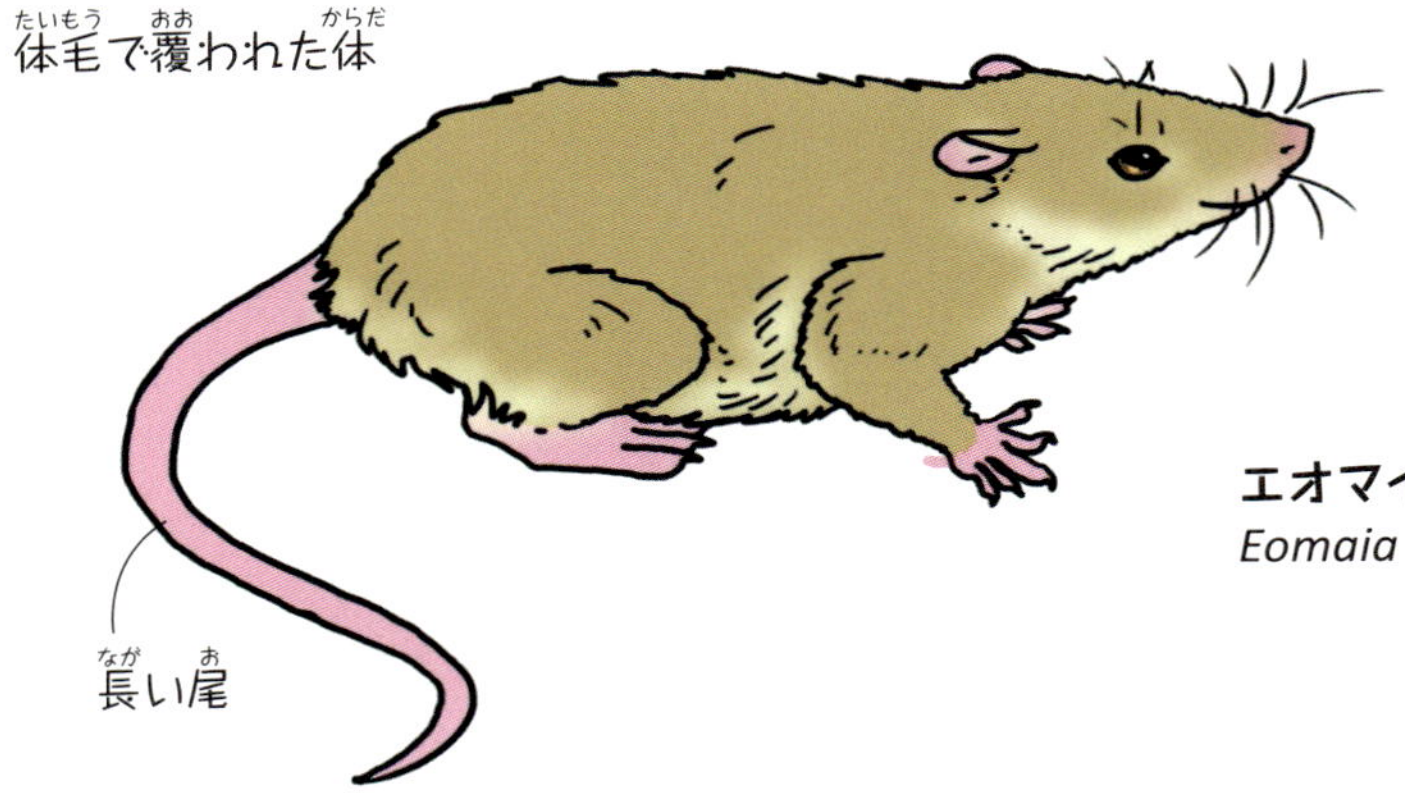

ネズミのような姿《すがた》をしていた

中生代《ちゅうせいだい》は、恐竜時代《きょうりゅうじだい》ともよばれる時代《じだい》です。この時代《じだい》にいた哺乳類《ほにゅうるい》といえば、ネズミのような姿《すがた》をしたものばかり、というイメージが2000年《ねん》ころまでの〝常識《じょうしき》〟でした。

しかし、2000年以降《ねんいこう》になってからの発見《はっけん》で、さまざまな哺乳類《ほにゅうるい》がたくさんいたことがわかってきました。215ページで紹介《しょうかい》したジュラ紀《き》のカストロカウダなどがそうでしたね。

一方《いっぽう》で、ネズミのような姿《すがた》をした哺乳類《ほにゅうるい》も実際《じっさい》にいたことがわかっています。中国《ちゅうごく》の白亜紀《はくあき》の地層《ちそう》からは、鼻《はな》の先《さき》からおしりまでの長《なが》さが10センチメートルほどの哺乳類《ほにゅうるい》の化石《かせき》がみつかっています。それが2002年《ねん》に報告《ほうこく》された「エオマイア」です。エオマイアの化石《かせき》はほぼ全身《ぜんしん》が残《のこ》っていて、胴体《どうたい》を覆《おお》う体毛《たいもう》のあとも確認《かくにん》することができました。

エオマイアの特徴《とくちょう》は、小《ちい》さな頭《あたま》と長《なが》い尾《お》です。「真獣類《しんじゅうるい》」という哺乳類《ほにゅうるい》の1グループに含《ふく》まれています。

木《き》の上《うえ》で暮《く》らす

真獣類《しんじゅうるい》は、現在《げんざい》の地球《ちきゅう》で大繁栄《だいはんえい》している「有胎盤類《ゆうたいばんるい》」を含《ふく》むグループです。218ページでは、ジュラ紀《き》の真獣類《しんじゅうるい》、ジュラマイアを紹介《しょうかい》しました。

エオマイアはジュラマイアと同《おな》じように、木《き》の上《うえ》で暮《く》らしていたと考《かんが》えられています。化石《かせき》を見《み》ると手《て》あしの指《ゆび》が長《なが》くて、木《き》の枝《えだ》をつかむことに適《てき》していたからです。

また、真獣類《しんじゅうるい》ではありませんが、カンガルーやコアラなどの「有袋類《ゆうたいるい》」の祖先《そせん》も、恐竜時代《きょうりゅうじだい》は木《き》の上《うえ》で暮《く》らしていたとみられています。恐竜時代《きょうりゅうじだい》の哺乳類《ほにゅうるい》にとって、木《き》の上《うえ》は地上《ちじょう》よりも安全《あんぜん》だったのかもしれませんね。

なお、エオマイアは岩山《いわやま》によじ登《のぼ》ることもできたようです。とにかく高《たか》い所《ところ》で生活《せいかつ》していたのかもしれません。

もっとしりたい!
真獣類《しんじゅうるい》と有袋類《ゆうたいるい》は、現代《げんだい》でも繁栄《はんえい》しています。かつて木《き》の上《うえ》で暮《く》らしていたことがこの繁栄《はんえい》と関係《かんけい》しているのかどうかはよくわかっていません。

恐竜《きょうりゅう》を食《た》べていた哺乳類《ほにゅうるい》
レペノマムス

白亜紀《はくあき》

新生代 | 中生代 | 古生代 | 先カンブリア時代

肉食《にくしょく》の哺乳類《ほにゅうるい》

白亜紀《はくあき》にいた哺乳類《ほにゅうるい》の中《なか》で忘《わす》れてはいけないのが、中国《ちゅうごく》の地層《ちそう》から化石《かせき》がみつかっている「レペノマムス」です。215ページのカストロカウダなどと同《おな》じ、現在《げんざい》は絶滅《ぜつめつ》している哺乳類《ほにゅうるい》グループの仲間《なかま》です。

レペノマムスは、体《からだ》の大《おお》きさがちがう2種《しゅ》が報告《ほうこく》されています。一《ひと》つは、「レペノマムス・ギガンティクス」で、鼻《はな》の先《さき》からおしりまでの長《なが》さが80センチメートルもありました。これは、盲導犬《もうどうけん》として働《はたら》くラブラドール・レトリーバーとほとんど同《おな》じ大《おお》きさです。レペノマムス・ギガンティクスはがっしりとした大《おお》きなあごをもっており、そこには太《ふと》くて鋭《するど》い歯《は》が並《なら》んでいました。一目見《ひとめみ》て、肉食《にくしょく》であることがわかります。

80センチメートルというサイズは、大型《おおがた》の恐竜類《きょうりゅうるい》と比《くら》べると小《ちい》さく感《かん》じるかもしれません。しかし、小動物《しょうどうぶつ》を襲《おそ》うには十分《じゅうぶん》な大《おお》きさでした。

おなかの中《なか》に恐竜《きょうりゅう》の化石《かせき》

レペノマムスは、どんな小動物《しょうどうぶつ》を襲《おそ》っていたのでしょうか?

その答《こた》えは、レペノマムスの名前《なまえ》をもつもう1種《しゅ》の哺乳類《ほにゅうるい》、「レペノマムス・ロブストゥス」のおなかの中《なか》にありました。

レペノマムス・ロブストゥスは、レペノマムス・ギガンティクスの3分《ぶん》の2ほどの大《おお》きさです。その化石《かせき》のおなかの部分《ぶぶん》から、胴体《どうたい》を切断《せつだん》された恐竜《きょうりゅう》の子《こ》どもの化石《かせき》がみつかっています。レペノマムス・ロブストゥスは、恐竜《きょうりゅう》の子《こ》どもを襲《おそ》い、鋭《するど》い歯《は》でかみ切《き》って飲《の》みこんでいたのです! より体《からだ》の大《おお》きいレペノマムス・ギガンティクスも、同《おな》じように恐竜《きょうりゅう》の子《こ》どもを襲《おそ》っていたことでしょう。

恐竜時代《きょうりゅうじだい》として知《し》られる白亜紀《はくあき》ですが、哺乳類《ほにゅうるい》も恐竜《きょうりゅう》を襲《おそ》うほどに進化《しんか》していました。哺乳類《ほにゅうるい》はけっして〝やられっぱなし〟ではなかったのです。

もっとしりたい!

レペノマムス・ロブストゥスのおなかの部分《ぶぶん》からみつかったのは、「プシッタコサウルス」の子《こ》どもでした。プシッタコサウルスは、角竜類《つのりゅうるい》に属《ぞく》する、植物食《しょくぶつしょく》の恐竜《きょうりゅう》です。

1 2 3 4 5 6 7 8 9 10 11 12

8月 4日
読《よ》んだ日 月 日 月 日

原始的《げんしてき》な被子植物《ひししょくぶつ》
アルカエフルクトゥス

白亜紀《はくあき》

新生代《しんせいだい》 中生代《ちゅうせいだい》 古生代《こせいだい》 先《せん》カンブリア時代《じだい》

花《はな》びらのない被子植物《ひししょくぶつ》

私《わたし》たちが普段目《ふだんめ》にする草花《くさばな》や木《き》のほとんどは、「被子植物《ひししょくぶつ》」です。花《はな》をつけて、タネで増《ふ》えます。

現在《げんざい》みられる植物《しょくぶつ》の中《なか》で、圧倒的《あっとうてき》に種《しゅ》の数《かず》が多《おお》いのがこの被子《ひし》植物《しょくぶつ》です。そんな被子植物《ひししょくぶつ》の仲間《なかま》が初《はじ》めて現《あらわ》れたのが白亜紀《はくあき》でした。中国《ちゅうごく》の白亜紀《はくあき》の地層《ちそう》から、被子《ひし》植物《しょくぶつ》の「アルカエフルクトゥス」の化石《かせき》がみつかっています。

アルカエフルクトゥスは、成長《せいちょう》すると高《たか》さ50センチメートルになる水生植物《すいせいしょくぶつ》でした。花《はな》がありましたが、その花《はな》には花《はな》びらがありませんでした。被子植物《ひししょくぶつ》としては、原始的《げんしてき》なつくりだったのです。

昆虫《こんちゅう》のおかげで繁栄《はんえい》した

被子植物《ひししょくぶつ》は、植物《しょくぶつ》の中《なか》では最《もっと》も遅《おそ》く現《あらわ》れましたが、今《いま》では大繁栄《だいはんえい》しています。なぜ、これほど繁栄《はんえい》することができたのでしょうか？

その理由《りゆう》には、昆虫類《こんちゅうるい》が関係《かんけい》しているのではないか、と考《かんが》えられています。被子植物《ひししょくぶつ》の多《おお》くは目立《めだ》つ花《はな》と甘《あま》い蜜《みつ》で昆虫《こんちゅう》を誘《さそ》います。昆虫《こんちゅう》が蜜《みつ》を食《た》べている間《あいだ》に、その体《からだ》に花粉《かふん》がくっつきます。そして、昆虫《こんちゅう》は蜜《みつ》を求《もと》めてまた別《べつ》の花《はな》へと移動《いどう》します。こうして、花《はな》から花《はな》へ、花粉《かふん》がうまく運《はこ》ばれていくのです。花粉《かふん》は、タネをつくるのに必要《ひつよう》なものです。昆虫《こんちゅう》というパートナーがいるために、被子植物《ひししょくぶつ》はとても効率《こうりつ》よくタネをつくり、繁栄《はんえい》することができているのです。

一方《いっぽう》、昆虫類《こんちゅうるい》の体《からだ》のつくりは、蜜《みつ》を食《た》べやすいようにさまざまに進化《しんか》してきました。被子植物《ひししょくぶつ》と昆虫《こんちゅう》は共《とも》に進化《しんか》してきたのです。これを「共進化《きょうしんか》」とよびます。

化石《かせき》を見《み》たい！ 福井県立恐竜博物館《ふくいけんりつきょうりゅうはくぶつかん》

化石《かせき》の写真《しゃしん》が展示《てんじ》されています。現在《げんざい》の被子植物《ひししょくぶつ》とのちがいに気《き》をつけて観察《かんさつ》してみよう。

もっとしりたい！

アルカエフルクトゥスは、植物《しょくぶつ》の姿《すがた》がわかる被子植物《ひししょくぶつ》としては最古《さいこ》のものです。ただし、被子植物《ひししょくぶつ》の花粉《かふん》の化石《かせき》だけなら、もっと古《ふる》い時代《じだい》の地層《ちそう》からみつかっています。

8月5日
読《よ》んだ日《ひ》
月 日
月 日

column

植物《しょくぶつ》の歴史《れきし》でも時代《じだい》を分《わ》けられる

時代《じだい》の境目《さかいめ》は化石《かせき》で決まる

生物《せいぶつ》の歴史《れきし》は、大《おお》きく4つの時代《じだい》に分《わ》けることができます。「先《せん》カンブリア時代《じだい》」と「古生代《こせいだい》」、「中生代《ちゅうせいだい》」そして「新生代《しんせいだい》」です。このうち古生代《こせいだい》と中生代《ちゅうせいだい》、新生代《しんせいだい》の境目《さかいめ》は、みつかる動物化石《どうぶつかせき》が変《か》わる時期《じき》を指《さ》しています。

たとえば古生代《こせいだい》の地層《ちそう》からは、三葉虫類《さんようちゅうるい》などの化石《かせき》がよくみつかりますが、中生代《ちゅうせいだい》の地層《ちそう》からはみつかりません。中生代《ちゅうせいだい》の地層《ちそう》からは、アンモナイトの化石《かせき》がたくさんみつかります。「代《だい》」よりも細《こま》かい時代《じだい》の分《わ》け方《かた》である「紀《き》」についても同《おな》じように、「どのような動物化石《どうぶつかせき》がみつかるか」によって時代《じだい》が分《わ》けられています。

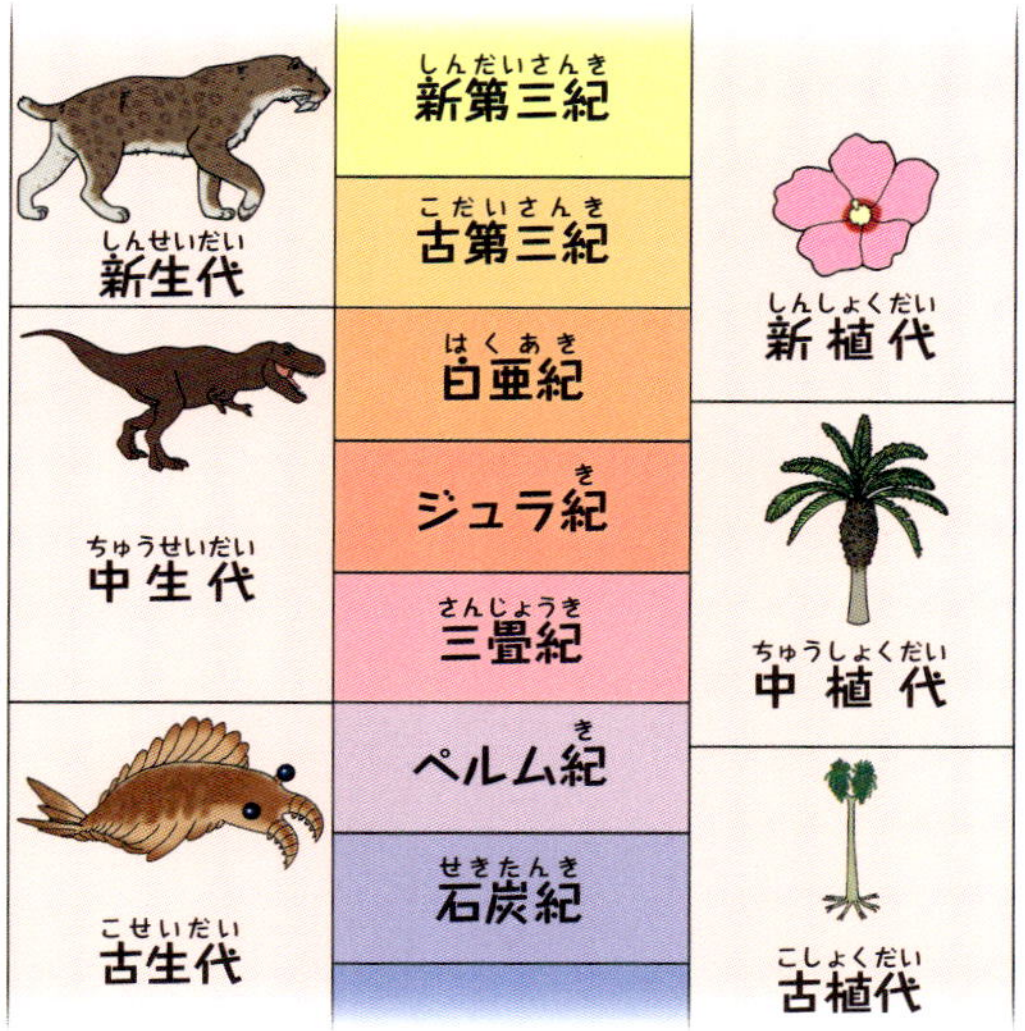

植物《しょくぶつ》の歴史《れきし》で時代《じだい》を分《わ》ける

古生代《こせいだい》と中生代《ちゅうせいだい》、新生代《しんせいだい》は動物《どうぶつ》の歴史《れきし》にもとづく時代《じだい》ですが、実《じつ》は植物《しょくぶつ》の歴史《れきし》にもとづく時代《じだい》の分《わ》け方《かた》もあります。それは、「古植代《こしょくだい》」と「中植代《ちゅうしょくだい》」、「新植代《しんしょくだい》」とよばれています。

古植代《こしょくだい》と中植代《ちゅうしょくだい》の境目《さかいめ》は、ペルム紀《き》のなかばにあります。また、中植代《ちゅうしょくだい》と新植代《しんしょくだい》の境目《さかいめ》は、白亜紀《はくあき》のなかばにあります。動物《どうぶつ》の歴史《れきし》の移《うつ》り変《か》わりよりも植物《しょくぶつ》の歴史《れきし》の移《うつ》り変《か》わりの方《ほう》が少《すこ》し早《はや》かったため、このようなちがいがあるのです。

古植代《こしょくだい》は、最初《さいしょ》の陸上植物《りくじょうしょくぶつ》が現《あらわ》れた時代《じだい》です。その後《ご》、シダ植物《しょくぶつ》が登場《とうじょう》し、126ページで紹介《しょうかい》したアルカエオプテリスのような前裸子植物《ぜんらししょくぶつ》が現《あらわ》れました。石炭紀《せきたんき》の大森林《だいしんりん》をつくったのはこうした植物《しょくぶつ》たちでした。

中植代《ちゅうしょくだい》は、ソテツ類《るい》やイチョウ類《るい》などの裸子植物《らししょくぶつ》が繁栄《はんえい》した時代《じだい》です。恐竜類《きょうりゅうるい》が繁栄《はんえい》した時代《じだい》のほとんどは、この裸子植物《らししょくぶつ》の森林《しんりん》がありました。

新植代《しんしょくだい》は、被子植物《ひししょくぶつ》が大繁栄《だいはんえい》した時代《じだい》です。右《みぎ》ページで紹介《しょうかい》したアルカエフルクトゥスが現《あらわ》れたあと、被子植物《ひししょくぶつ》は瞬《また》く間《ま》に数《かず》を増《ふ》やし、現在《げんざい》まで繁栄《はんえい》を続《つづ》けています。長《なが》い歴史《れきし》の中《なか》では時折《ときおり》、被子《ひし》植物《しょくぶつ》が減《へ》ってシダ植物《しょくぶつ》が多《おお》くなる時期《じき》もありましたが、それはあくまでも一時的《いちじてき》なもので、基本的《きほんてき》にはずっと被子植物《ひししょくぶつ》の繁栄《はんえい》が続《つづ》いているのです。

もっとしりたい！
「古植代《こしょくだい》」と「中植代《ちゅうしょくだい》」、「新植代《しんしょくだい》」は、それぞれ「古植生代《こしょくせいだい》」と「中植生代《ちゅうしょくせいだい》」、「新植生代《しんしょくせいだい》」ともよばれています。なお、国際的《こくさいてき》に用《もち》いられる時代《じだい》のよび方《かた》は、動物化石《どうぶつかせき》にもとづくものです。

身軽《みがる》な恐《おそ》るべき狩人《かりうど》
ヴェロキラプトル

白亜紀《はくあき》

新生代《しんせいだい》 中生代《ちゅうせいだい》 古生代《こせいだい》 先《せん》カンブリア時代《じだい》

あしに強力《きょうりょく》な武器《ぶき》をもつ

モンゴルの白亜紀《はくあき》の地層《ちそう》から化石《かせき》がみつかる「ヴェロキラプトル」は、恐《おそ》ろしいハンターでした。

ヴェロキラプトルは鼻《はな》の先《さき》から尾《お》の先《さき》までの長《なが》さが2・5メートルほどありましたが、体重《たいじゅう》は25キログラムしかありませんでした。体《からだ》の大《おお》きさのわりにはとっても身軽《みがる》なのです。口《くち》には鋭《するど》い歯《は》があり、手《て》にも長《なが》い爪《つめ》がありましたが、なんといっても最大《さいだい》の武器《ぶき》はあしにありました。あしの指《ゆび》の一《ひと》つに、10センチメートル以上《いじょう》の長《なが》いかぎ爪《づめ》があったのです。

このかぎ爪《づめ》は太《ふと》くがっしりしていてカーブを描《えが》き、先端《せんたん》が鋭《するど》くとがっていました。この爪《つめ》を獲物《えもの》に突《つ》き刺《さ》すことによって、相手《あいて》の肉《にく》をえぐりとることができたでしょう。ヴェロキラプトルは体《からだ》が軽《かる》いので、ひょっとしたらジャンプキックをするようにかぎ爪《づめ》を使《つか》っていたのかもしれません。

口《くち》に並《なら》ぶ鋭《するど》い歯《は》も、単純《たんじゅん》に鋭《するど》いだけではありませんでした。先端《せんたん》が後《うし》ろに向《む》かって少《すこ》し曲《ま》がっていたのです。そのため、かみついた獲物《えもの》はそう簡単《かんたん》には逃《に》がさないようになっていました。

ヴェロキラプトル
Velociraptor

格闘《かくとう》したまま化石《かせき》になった

ヴェロキラプトルは、角竜類《つのりゅうるい》の「プロトケラトプス」と一緒《いっしょ》にみつかった化石《かせき》が有名《ゆうめい》です。その化石《かせき》では、ヴェロキラプトルが後《うし》ろあしのかぎ爪《づめ》をプロトケラトプスの首《くび》に食《く》いこませていました。一方《いっぽう》で、プロトケラトプスはヴェロキラプトルの右腕《みぎうで》をくわえこんでいました。2頭《とう》の恐竜《きょうりゅう》が戦《たたか》っているままの姿《すがた》が保存《ほぞん》されたこの化石《かせき》は、「格闘化石《かくとうかせき》」とよばれています。

化石《かせき》を見《み》たい！ 神流町恐竜《かんなちょうきょうりゅう》センター

格闘化石《かくとうかせき》の復元骨格《ふくげんこっかく》が展示《てんじ》されています。

ここでもみられます！
福井県立恐竜博物館、北九州市立自然史・歴史博物館　ほか

もっとしりたい！ ヴェロキラプトルは、歩《ある》いたり走《はし》ったりするときは、邪魔《じゃま》にならないようにかぎ爪《づめ》を上《あ》げることができたようです。

全身《ぜんしん》を武装《ぶそう》した鎧竜《よろいりゅう》
サイカニア

全身《ぜんしん》を武装《ぶそう》していた

背中《せなか》を骨《ほね》でできた〝よろい〟で覆《おお》った恐竜《きょうりゅう》グループのことを「鎧竜類《よろいりゅうるい》」とよびます。体《からだ》は平《ひら》たく、四足歩行《しそくほこう》をし、植物《しょくぶつ》を食《た》べて暮《く》らしていました。

鎧竜類《よろいりゅうるい》にはたくさんの種類《しゅるい》がいました。その中《なか》でも、モンゴルから化石《かせき》がみつかっている「サイカニア」は、とくに全身《ぜんしん》を武装《ぶそう》していることで有名《ゆうめい》です。

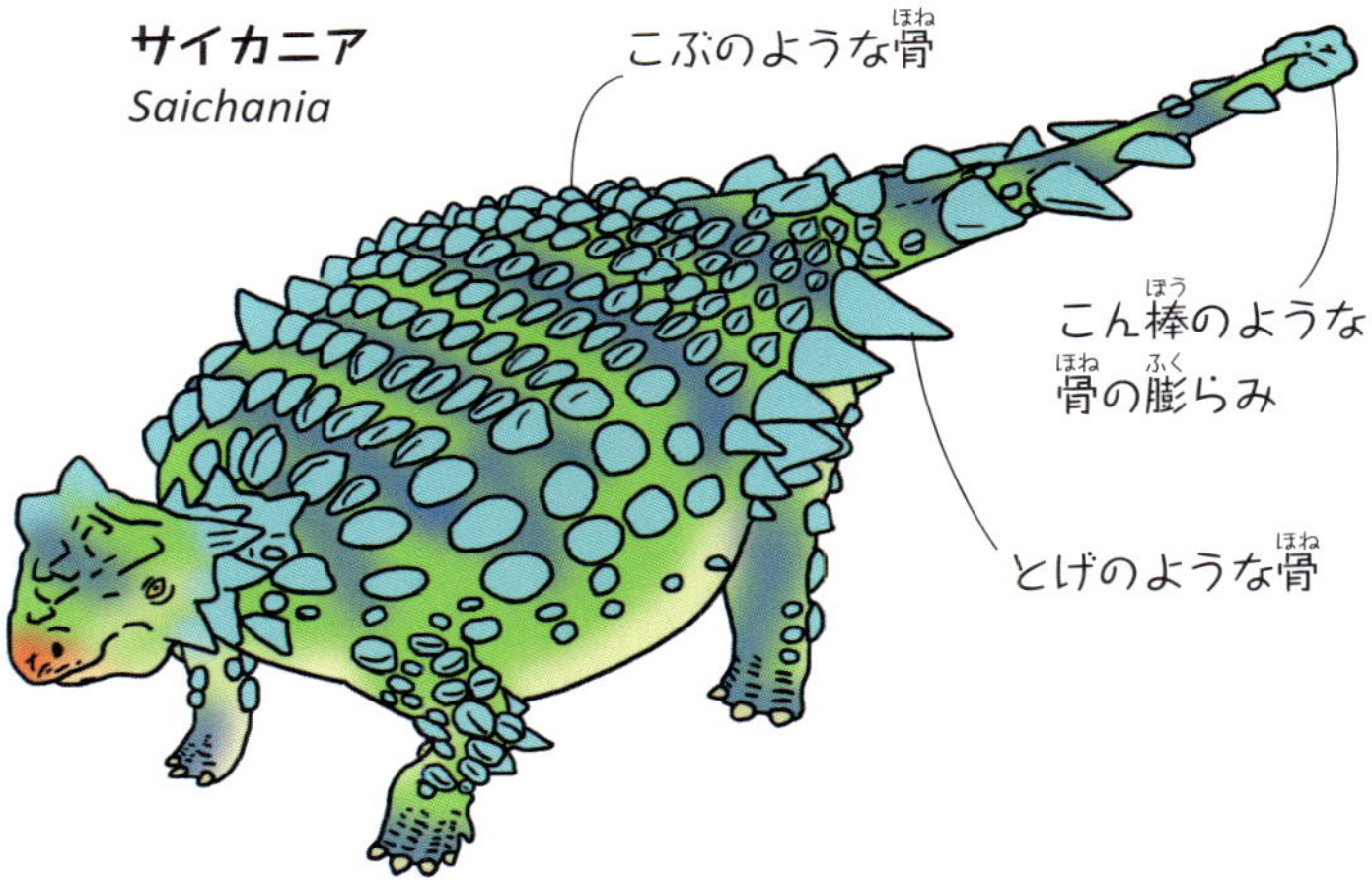

サイカニアは鼻《はな》の先《さき》から尾《お》の先《さき》までの長《なが》さが5・2メートルほどありました。背中《せなか》には、とげのようにとがった骨《ほね》や、こぶのように盛《も》り上《あ》がったたくさんの骨《ほね》が並《なら》んでいます。頭《あたま》やあしにもこぶのような形《かたち》の骨《ほね》がたくさんついていました。尾《お》には左右《さゆう》に鋭《するど》くとがった骨《ほね》が並《なら》び、尾《お》の先端《せんたん》には、まるでこん棒《ぼう》のような骨《ほね》の膨《ふく》らみがありました。

まさに全身《ぜんしん》を骨《ほね》のよろいで武装《ぶそう》した鎧竜《よろいりゅう》なのです。

復元《ふくげん》が変《か》わるかもしれない

全身《ぜんしん》を武装《ぶそう》したサイカニアですが、この姿《すがた》が本当《ほんとう》に正《ただ》しいのかどうかについては、意見《いけん》がわかれています。

このサイカニアの姿《すがた》を復元《ふくげん》するときには、二《ふた》つの化石《かせき》がモデルとなりました。もともと恐竜類《きょうりゅうるい》のような大型《おおがた》の動物《どうぶつ》では、全身《ぜんしん》の化石《かせき》がいっぺんにみつかることはまれです。そのため、複数《ふくすう》の化石《かせき》を見《み》比《くら》べながら復元《ふくげん》することがよくあります。

ただし、サイカニアの場合《ばあい》は、モデルとなった二《ふた》つの化石《かせき》が実《じつ》はちがう種《しゅ》のものだったのではないか、という指摘《してき》があるのです。もしもこの指摘《してき》が正《ただ》しければ、サイカニアの姿《すがた》はいずれ変《か》わることになるかもしれません。

化石《かせき》を見《み》たい！ 神流町恐竜《かんなちょうきょうりゅう》センター

全身《ぜんしん》の復元骨格《ふくげんこっかく》が展示《てんじ》されています。ほかにもモンゴル産《さん》の恐竜化石《きょうりゅうかせき》がたくさん見《み》られますよ！

もっとしりたい！

復元《ふくげん》に使《つか》われた化石《かせき》は、頭部《とうぶ》を中心《ちゅうしん》としたものと、胴体《どうたい》の二《ふた》つでした。頭部《とうぶ》の化石《かせき》につけられた名前《なまえ》が「サイカニア」です。

誤解《ごかい》だった卵泥棒《たまごどろぼう》
オヴィラプトル

白亜紀《はくあき》

新生代《しんせいだい》 | 中生代《ちゅうせいだい》 | 古生代《こせいだい》 | 先カンブリア時代

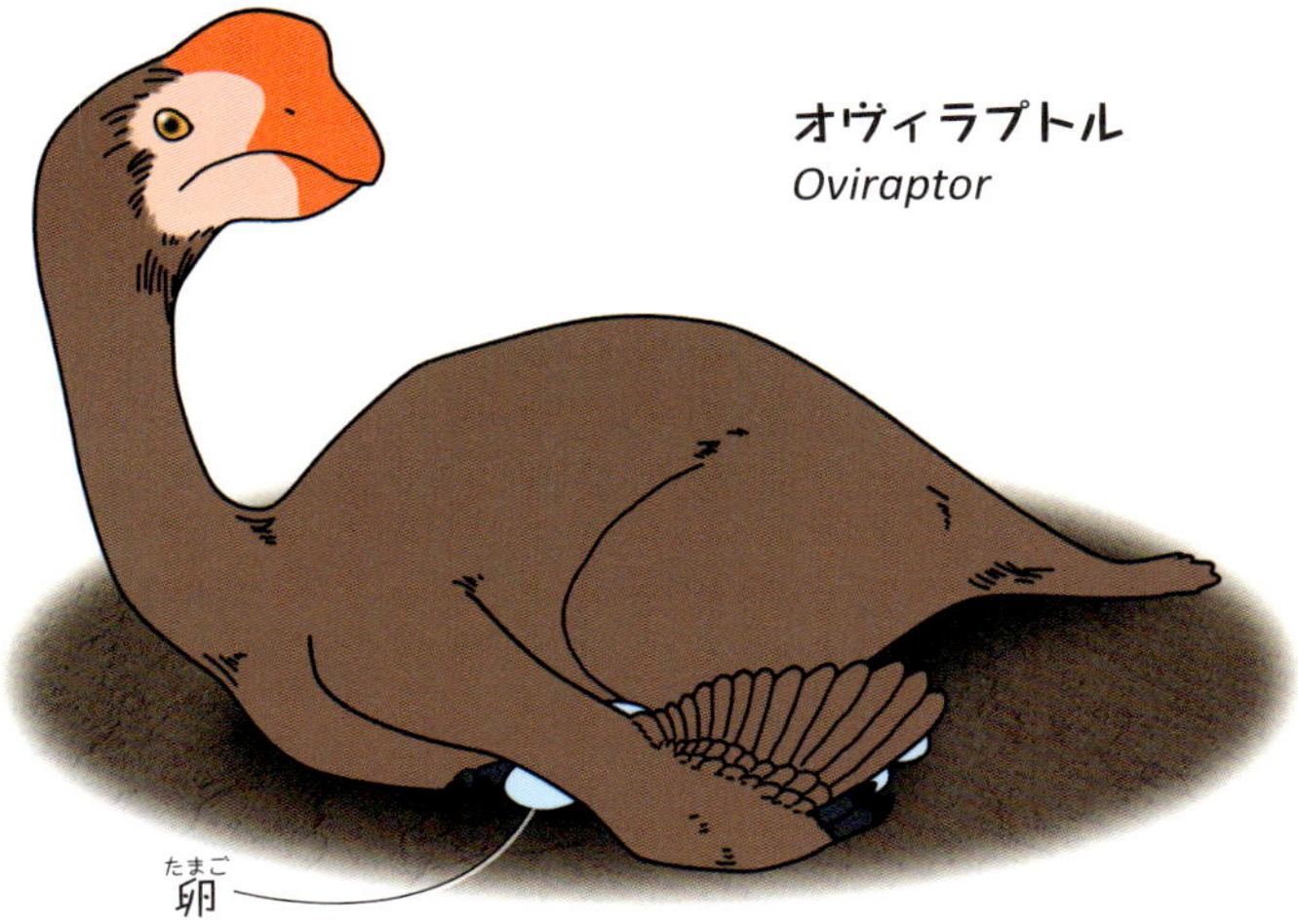

卵《たまご》を盗《ぬす》もうとしていた？

生物《せいぶつ》の名前《なまえ》、とくに研究者《けんきゅうしゃ》が用《もち》いる「学名《がくめい》」にはそれぞれ意味《いみ》があります。モンゴルからみつかっている「オヴィラプトル」の名前《なまえ》の意味《いみ》は、「卵泥棒《たまごどろぼう》」です。

オヴィラプトルは鼻《はな》の先《さき》から尾《お》の先《さき》までの長《なが》さが1・6メートルほどの肉食恐竜《にくしょくきょうりゅう》です。寸詰《すんづ》まりの口先《くちさき》が特徴《とくちょう》で、頭《あたま》にはとさかがありました。口《くち》の中《なか》には歯《は》がなく、くちばしをもっていることでも知《し》られています。

オヴィラプトルの化石《かせき》がみつかったのは1900年代《ねんだい》のはじめでした。その化石《かせき》は、プロトケラトプスという植物食恐竜《しょくぶつしょくきょうりゅう》の巣《す》のすぐそばで横《よこ》たわっていました。巣《す》には卵《たまご》が並《なら》んでおり、オヴィラプトルは巣《す》に卵《たまご》を盗《ぬす》みにきて、その場《ば》で巣《す》とともに砂《すな》に埋《う》もれてしまったように見《み》えました。そのため、「卵泥棒《たまごどろぼう》」と名《な》づけられたのです。

自分《じぶん》の巣《す》だった

1900年代《ねんだい》の終《お》わりが近《ちか》づくと、実《じつ》は「卵泥棒《たまごどろぼう》」という名前《なまえ》がとんだぬれぎぬだったことがわかりました。プロトケラトプスのものだとみられていた卵《たまご》の化石《かせき》は、実《じつ》はオヴィラプトル自身《じしん》の卵《たまご》だったのです。つまり、オヴィラプトルは卵《たまご》を盗《ぬす》んでいたのではなく、自分《じぶん》の卵《たまご》を温《あたた》めるためにそばにいたのでした。

こうして、「卵泥棒《たまごどろぼう》」という名前《なまえ》は誤解《ごかい》だったことが明《あき》らかになりました。しかし、一度《いちど》つけられた名前《なまえ》はよほどのことがない限《かぎ》り変更《へんこう》されることはありません。そのため、現在《げんざい》でも「オヴィラプトル」とよばれているのです。

化石《かせき》を見《み》たい！

神奈川県立《かながわけんりつ》 生命《いのち》の星《ほし》・地球博物館《ちきゅうはくぶつかん》

本物《ほんもの》の卵《たまご》の化石《かせき》が展示《てんじ》されています。

ここでもみられます！
神流町恐竜センター、豊橋市自然史博物館 ほか

もっとしりたい！ オヴィラプトルは最初《さいしょ》から泥棒《どろぼう》だと決《き》めつけられていたわけではありません。あくまでも、「卵泥棒《たまごどろぼう》のようにみえる」ことが名前《なまえ》の由来《ゆらい》でした。

最速《さいそく》で走《はし》るダチョウ恐竜《きょうりゅう》
ガリミムス

恐竜界《きょうりゅうかい》でいちばん速《はや》い！

恐竜類《きょうりゅうるい》の中《なか》に「獣脚類《じゅうきゃくるい》」というグループがいます。獣脚類《じゅうきゃくるい》には肉食恐竜《にくしょくきょうりゅう》のすべてが含《ふく》まれますが、そのほかに植物食《しょくぶつしょく》の恐竜《きょうりゅう》や雑食《ざっしょく》の恐竜《きょうりゅう》も含《ふく》まれています。

そんな獣脚類《じゅうきゃくるい》の中《なか》に「オルニトミモサウルス類《るい》」というグループがいました。このグループの恐竜《きょうりゅう》たちは、「ダチョウ恐竜《きょうりゅう》」ともよばれています。現在《げんざい》のダチョウによく似《に》た姿《すがた》をしており、小《ちい》さな頭《あたま》や長《なが》い首《くび》、スラリとした体《からだ》に長《なが》いあしをもっていました。

オルニトミモサウルス類《るい》は、あしが速《はや》かったことでも有名《ゆうめい》です。長《なが》い後《うし》ろあしを使《つか》って、軽《かろ》やかに走《はし》ったと考《かんが》えられているのです。彼《かれ》らは、〝恐竜界最速《きょうりゅうかいさいそく》〟としてよく知《し》られています。

特別《とくべつ》なあしのつくり

オルニトミモサウルス類《るい》の中《なか》でも、とくにあしが長《なが》く、体《からだ》が大《おお》きかったのは、モンゴルから化石《かせき》がみつかっている「ガリミムス」です。ほかのほとんどのオルニトミモサウルス類《るい》の大《おお》きさは、鼻《はな》の先《さき》から尾《お》の先《さき》までの長《なが》さが3メートルから4メートルほどだったことに対《たい》して、ガリミムスは6メートルもありました。

動物《どうぶつ》が速《はや》く走《はし》るときには、あしに大《おお》きな衝撃《しょうげき》が加《くわ》わります。そのような衝撃《しょうげき》であしが傷《いた》んでしまわないように、ガリミムスのあしには衝撃《しょうげき》を吸収《きゅうしゅう》するつくりがありました。

化石《かせき》を見《み》たい！　埼玉県立自然《さいたまけんりつしぜん》の博物館《はくぶつかん》

全身《ぜんしん》の復元骨格《ふくげんこっかく》が展示《てんじ》されています。

ここでもみられます！
群馬県立自然史博物館　ほか

もっとしりたい！ あしが長《なが》い動物《どうぶつ》は、あしが速《はや》いことが多《おお》くあります。１歩《ほ》の歩幅《ほはば》が広《ひろ》いので、その分《ぶん》、少《すく》ないエネルギーで先《さき》へ進《すす》めるからです。

8月10日

読《よ》んだ日《ひ》
月　日
月　日

とっても長《なが》い爪《つめ》をもつ獣脚類《じゅうきゃくるい》
テリジノサウルス

白亜紀《はくあき》

新生代《しんせいだい》	中生代《ちゅうせいだい》	古生代《こせいだい》	先カンブリア時代

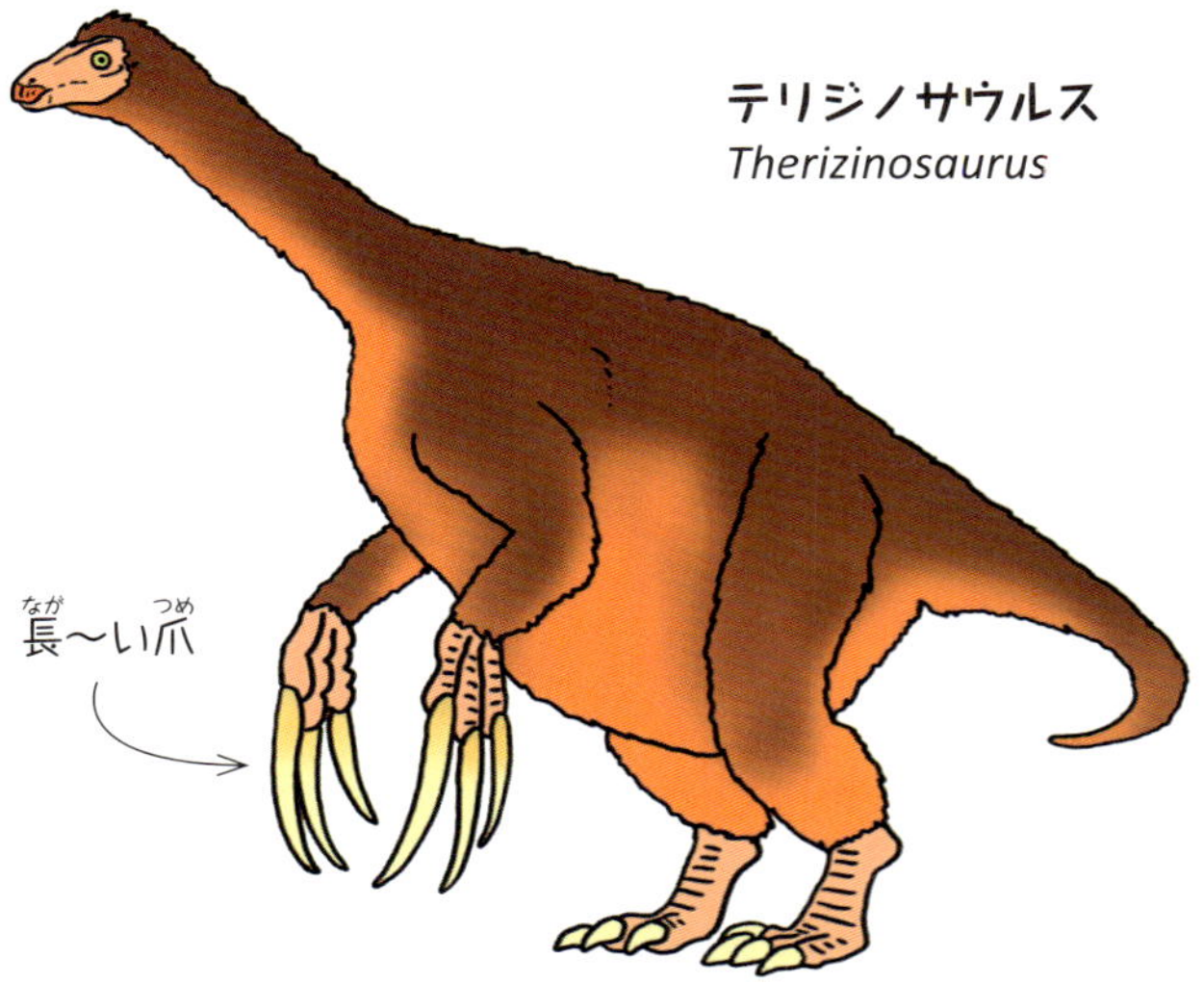

鋭《するど》くはないが、長《なが》い！

モンゴルの白亜紀《はくあき》の地層《ちそう》から化石《かせき》がみつかっている「テリジノサウルス」は、鼻《はな》の先《さき》から尾《お》の先《さき》までの長《なが》さが7・5メートルほどの獣脚類《じゅうきゃくるい》です。小《ちい》さな頭《あたま》で、口《くち》はくちばしのようになっていて、歯《は》はありませんでした。細長《ほそなが》い首《くび》にでっぷりとした胴体《どうたい》、がっしりとした後《うし》ろあしという姿《すがた》です。最大《さいだい》の特徴《とくちょう》は長《なが》い腕《うで》の先《さき》にある長《なが》い爪《つめ》。その爪《つめ》の長《なが》さは、なんと70センチメートルに達《たっ》しました。日本《にっぽん》の小学生《しょうがくせい》の平均的《へいきんてき》な腕《うで》の長《なが》さと比《くら》べて同《おな》じか、少《すこ》し長《なが》いというサイズです。

恐《おそ》ろしい長《なが》さの爪《つめ》ですが、実《じっ》はあまりこわくはなかったようです。なぜなら、この爪《つめ》は長《なが》さがあるだけで鋭《するど》さはなく、何《なに》かを切《き》り裂《さ》くことには向《む》いていませんでした。

では、何《なん》のためにこんなにも長《なが》い爪《つめ》があったのでしょう？　その答《こた》えはよくわかっていません。

子育《こそだ》てをする

テリジノサウルスの属《ぞく》するグループを「テリジノサウルス類《るい》」とよびます。テリジノサウルス類《るい》は植物食《しょくぶつしょく》の獣脚類《じゅうきゃくるい》で、原始的《げんしてき》な種《しゅ》は植物《しょくぶつ》を食《た》べるための歯《は》をもっていました。しかし、進化《しんか》するにつれて歯《は》をなくしたと考《かんが》えられています。テリジノサウルスの大《おお》きな胴体《どうたい》には、植物《しょくぶつ》を消化《しょうか》することができる長《なが》い腸《ちょう》が入《はい》っていたとみられています。

テリジノサウルス類《るい》は、子育《こそだ》てもしていたようです。巣《す》がたくさん集《あつ》まった化石《かせき》がみつかっています。おとなのテリジノサウルス類《るい》が、卵《たまご》や赤《あか》ちゃんを守《まも》っていたと考《かんが》えられています。

化石《かせき》を見《み》たい！　神流町恐竜《かんなちょうきょうりゅう》センター

長《なが》い爪《つめ》の復元化石《ふくげんかせき》を見《み》ることができます。

ここでもみられます！
福井県立恐竜博物館、御船町恐竜博物館　ほか

もっとしりたい！
この場合《ばあい》の「爪《つめ》」とは、化石《かせき》に残《のこ》った「指《ゆび》の先端《せんたん》の骨《ほね》」のことです。実際《じっさい》にはその先《さき》に、化石《かせき》では残《のこ》らない爪《つめ》（毎日《まいにち》のびる爪《つめ》）があったはずなので、爪《つめ》はもっと長《なが》かったでしょう。

バネのような形《かたち》のアンモナイト

ユーボストリコセラス

白亜紀《はくあき》

新生代《しんせいだい》	中生代《ちゅうせいだい》	古生代《こせいだい》	先《せん》カンブリア時代《じだい》

ユーボストリコセラス
Eubostrychoceras

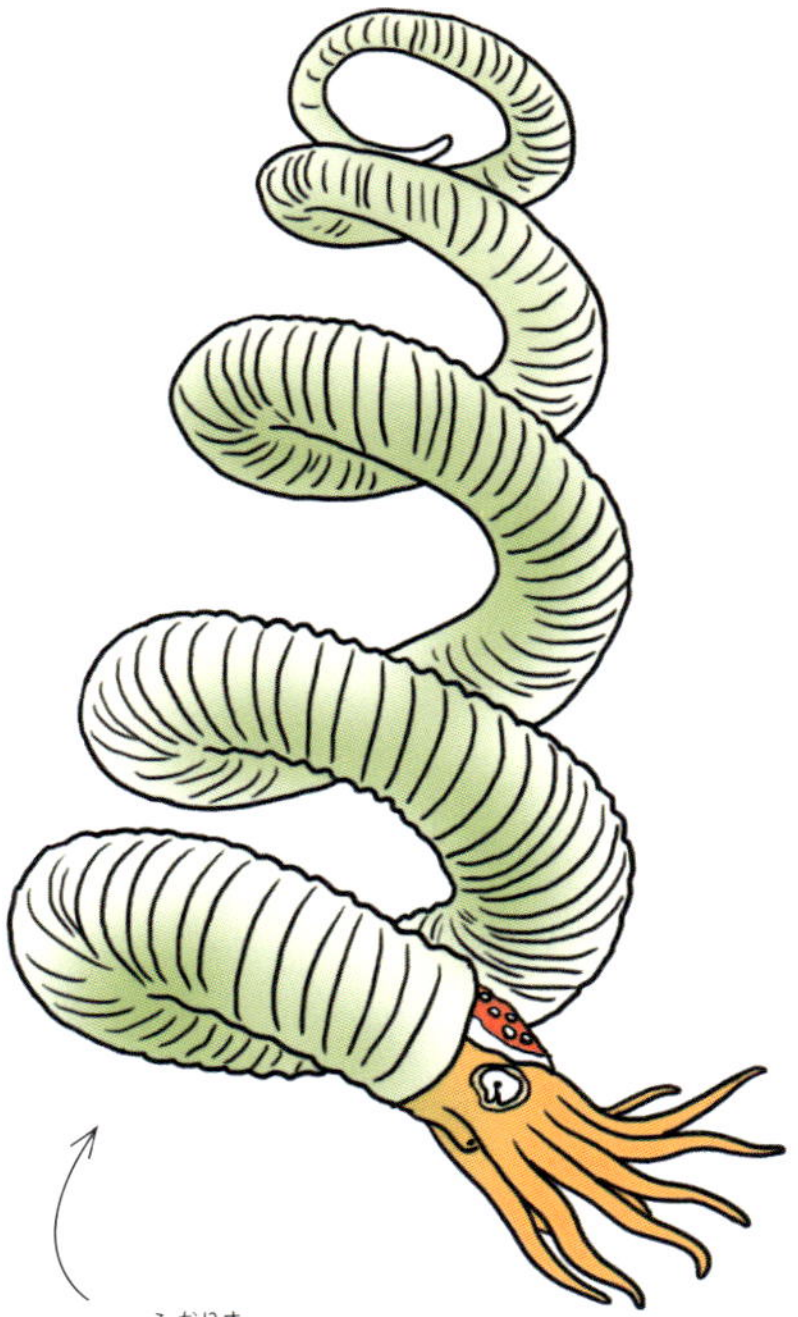

巻《ま》き方《かた》が異常《いじょう》なアンモナイト

中生代《ちゅうせいだい》の海《うみ》では、世界中《せかいじゅう》でアンモナイト類《るい》が大繁栄《だいはんえい》しました。アンモナイトといえば、その殻《から》がぐるぐるとらせんをえがいて巻《ま》いている姿《すがた》が一般的《いっぱんてき》です。また、多《おお》くのアンモナイト類《るい》の殻《から》は、全体《ぜんたい》としては平《たい》らに近《ちか》い形《かたち》です。

一方《いっぽう》で、アンモナイト類《るい》には、巻《ま》き方《かた》がらせんではなかったり、立体的《りったいてき》なつくりをもっていたりする種類《しゅるい》もたくさんいました。こうした種類《しゅるい》のことを「異常巻《いじょうま》きアンモナイト」とよびます。

左巻《ひだりま》きと右巻《みぎま》きがいた

日本《にっぽん》の白亜紀《はくあき》の地層《ちそう》などから化石《かせき》がみつかる「ユーボストリコセラス」は、異常巻《いじょうま》きアンモナイトの一《ひと》つです。その殻《から》はらせんを巻《ま》いてはいますが、平《たい》らな形《かたち》ではなく、立体的《りったいてき》です。見《み》た目《め》は、まるでバネのようです。

アンモナイトの中《なか》には、同《おな》じ種《しゅ》でも、殻《から》の巻《ま》き方《かた》が左巻《ひだりま》きと右巻《みぎま》きのものがいます。ユーボストリコセラスもそうでした。

このような場合《ばあい》、まず疑《うたが》われるのはどちらかがオスで、どちらかがメスではないか、ということです。ただし、その場合《ばあい》は左巻《ひだりま》きと右巻《みぎま》きの数《かず》がほとんど同《おな》じである必要《ひつよう》があります。自然界《しぜんかい》では、オスとメスの数《かず》はほぼ等《ひと》しくなることが多《おお》いからです。

ユーボストリコセラスの場合《ばあい》は、地層《ちそう》によってみつかる左巻《ひだりま》きと右巻《みぎま》きの数《かず》が異《こと》なります。また、時間《じかん》が経《た》つにつれてだんだん右巻《みぎま》きが増《ふ》えていました。どうやら巻《ま》き方《かた》のちがいはオスとメスを表《あらわ》しているのではなさそうですね。

化石《かせき》を見《み》たい！ 三笠市立博物館《みかさしりつはくぶつかん》

右巻《みぎま》きも左巻《ひだりま》きも見《み》られます！

ここでもみられます！
むかわ町穂別博物館、群馬県立自然史博物館、地質標本館、ミュージアムパーク 茨城県自然博物館、神流町恐竜センター、神奈川県立生命の星・地球博物館、豊橋市自然史博物館、北九州市立自然史・歴史博物館、御船町恐竜博物館　ほか

もっとしりたい！
「異常巻《いじょうま》きアンモナイト」ではないアンモナイトを「正常巻《せいじょうま》きアンモナイト」とよびます。これらの言葉《ことば》は殻《から》の巻《ま》き方《かた》を指《さ》すもので、病気《びょうき》などの「異常《いじょう》」を意味《いみ》するものではありません。

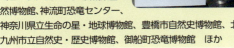

その名《な》も「日本《にっぽん》の化石《かせき》」
ニッポニテス

白亜紀《はくあき》

新生代《しんせいだい》	中生代《ちゅうせいだい》	古生代《こせいだい》	先《せん》カンブリア時代《じだい》

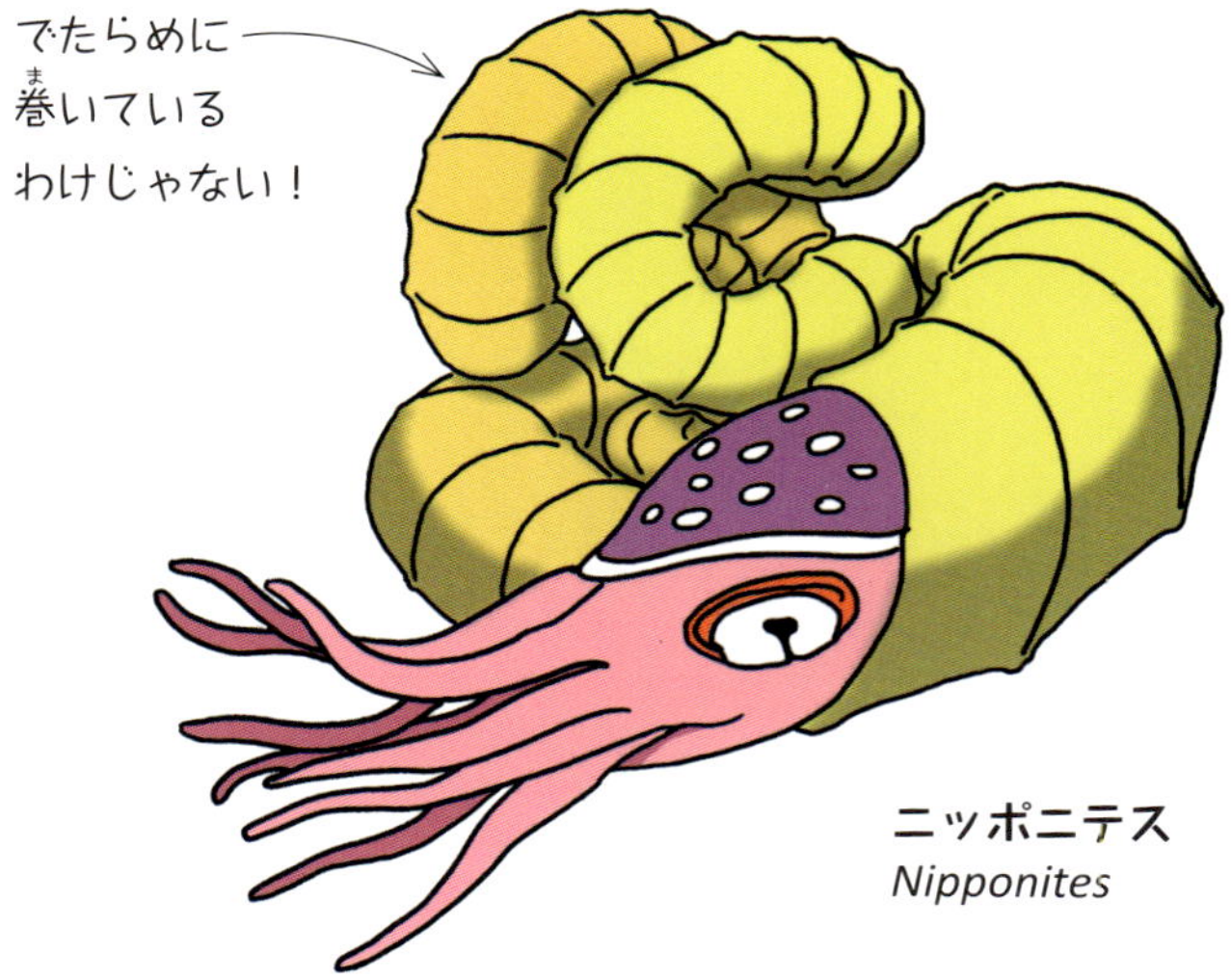

ニッポニテス
Nipponites

複雑《ふくざつ》だけど、規則性《きそくせい》がある

北海道《ほっかいどう》の白亜紀《はくあき》の地層《ちそう》から化石《かせき》がみつかる「ニッポニテス」は、異常巻《いじょうま》きアンモナイトの〝極《きわ》めつけ〟ともいえるものです。大《おお》きさは10センチメートルより少《すこ》し小《ちい》さいくらいでした。

ニッポニテスは、一見《いっけん》するととても複雑《ふくざつ》に殻《から》が巻《ま》いているようにみえます。殻《から》は、曲《ま》がったりねじれたりしながら太《ふと》さも変《か》わっていきます。

ただし、殻《から》の巻《ま》き方《かた》をよく見《み》ると、アルファベットのU《ユー》の字《じ》が繰《く》り返《かえ》されているような規則性《きそくせい》があることがわかります。ニッポニテスの殻《から》はけっしてでたらめに巻《ま》いているわけではないのです。

ちなみに、ニッポニテスとは「日本《にっぽん》の化石《かせき》」という意味《いみ》です。ニッポニテスは、北海《ほっかい》道《どう》が主《おも》な化石産地《かせきさんち》となっている、日本《にっぽん》を代表《だいひょう》する化石《かせき》なのです。

バネの形《かたち》から進化《しんか》した？

249ページで紹介《しょうかい》したユーボストリコセラスは、ニッポニテスよりも少《すこ》しだけ古《ふる》いアンモナイトです。一目見《ひとめみ》ただけでは、この2種類《しゅるい》はまったく関係《かんけい》のない別《べつ》のアンモナイトに見《み》えます。

しかし、ユーボストリコセラスの殻《から》の巻《ま》き方《かた》とニッポニテスの殻《から》の巻《ま》き方《かた》をコンピューターで調《しら》べたところ、殻《から》の巻《ま》き方《かた》の法則《ほうそく》をちょっと変化《へんか》させるだけで、ユーボストリコセラスがニッポニテスのような姿《すがた》になることがわかりました。このことから、ユーボストリコセラスが進化《しんか》してニッポニテスになったのではないか、と考《かんが》えられています。

化石《かせき》を見《み》たい！　三笠市立博物館《みかさしりつはくぶつかん》

巻《ま》き方《かた》を観察《かんさつ》してみよう。

ここでもみられます！
群馬県立自然史博物館、地質標本館、ミュージアムパーク 茨城県自然博物館、神奈川県立生命の星・地球博物館、福井県立恐竜博物館、東海大学自然史博物館、豊橋市自然史博物館、大阪市立自然史博物館、徳島県立博物館、北九州市立自然史・歴史博物館、御船町恐竜博物館　ほか

もっとしりたい！　ニッポニテスは、日本古生物学会《にほんこせいぶつがっかい》のシンボルマークとしても使《つか》われています。

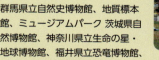

8月13日

読《よ》んだ日《ひ》　月　日　月　日

ソフトクリームのような殻《から》 ディディモセラス

白亜紀《はくあき》

新生代《しんせいだい》｜中生代《ちゅうせいだい》｜古生代《こせいだい》｜先カンブリア時代《せんじだい》

ソフトクリームみたい

「異常巻《いじょうま》きアンモナイト」とよばれるアンモナイトには、さまざまな種類《しゅるい》がいました。

和歌山県《わかやまけん》から化石《かせき》がみつかる異常巻《いじょうま》きアンモナイトに「ディディモセラス」がいます。ディディモセラスは、U《ユー》字《じ》の形《かたち》をした細《ほそ》い殻《から》の途中《とちゅう》からぐるぐるとらせんをえがいて巻《ま》き始《はじ》めるアンモナイトです。らせんをえがきながら、殻《から》は次第《しだい》に太《ふと》くなっていきました。らせん状《じょう》の立体的《りったいてき》な殻《から》をもつという点《てん》では、249ページのユーボストリコセラスと同《おな》じですが、ユーボストリコセラスと比《くら》べるとディデモセラスの殻《から》はぎゅっとつまっていて、まるでソフトクリームのようです。

ユーボストリコセラスとのちがいはほかにもありました。らせん状《じょう》に巻《ま》いてきた殻《から》は、いちばん下《した》ではだらんと垂《た》れ下《さ》がり、最後《さいご》にちょっとだけ上《うえ》を向《む》くのです。

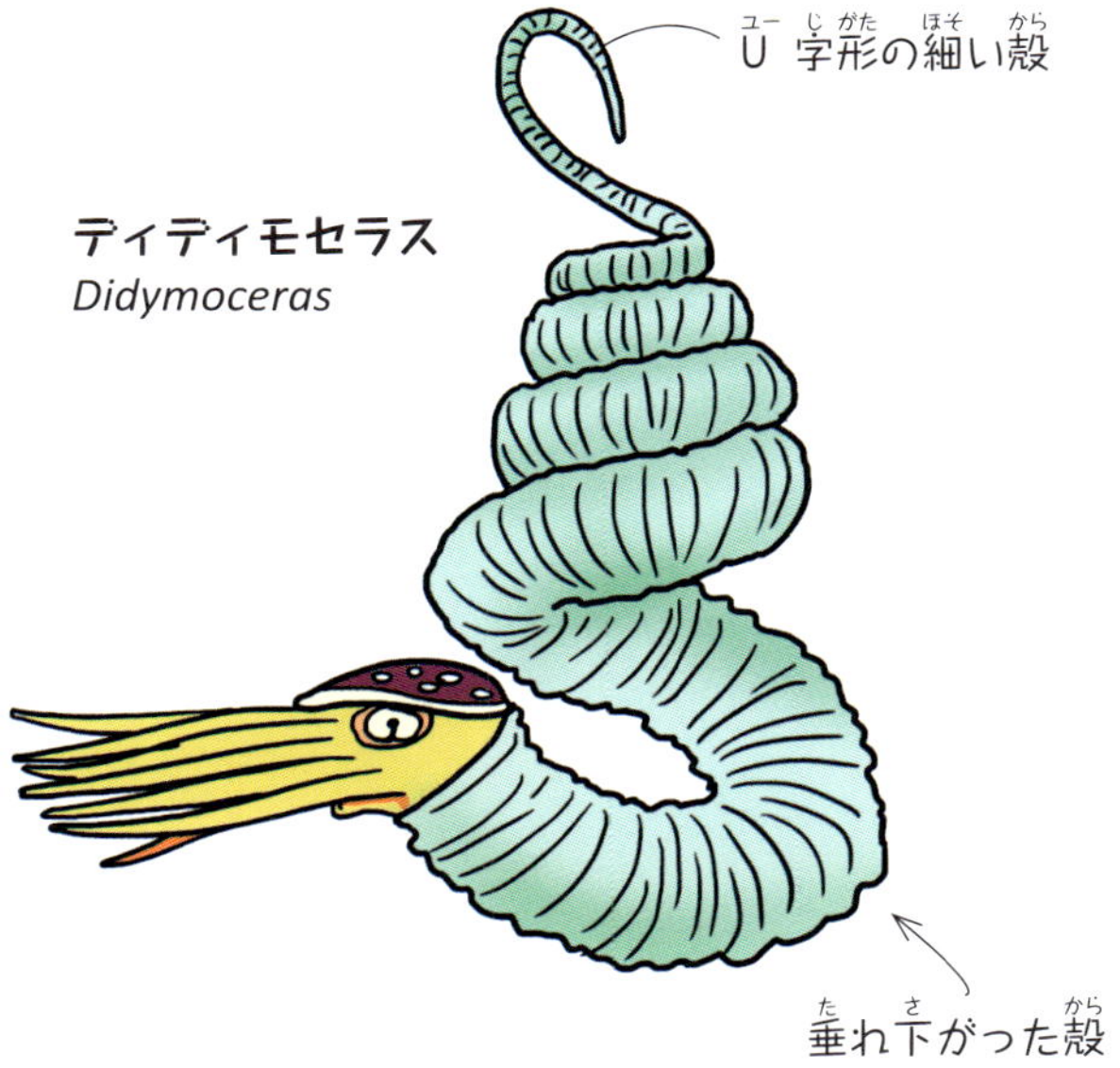

左巻《ひだりま》きと右巻《みぎま》きの数《かず》が同《おな》じ

ユーボストリコセラスがそうであったように、ディデモセラスにも、左巻《ひだりま》きと右巻《みぎま》きがみつかっています。

ディディモセラスの場合《ばあい》、ある地層《ちそう》からみつかる左巻《ひだりま》きと右巻《みぎま》きの数《かず》はほとんど同《おな》じです。数《かず》が同《おな》じということは、巻《ま》き方《かた》のちがいは性別《せいべつ》をあらわしているのかもしれません。性別《せいべつ》だとしたら、今度《こんど》はどちらがオスでどちらがメスなのか気《き》になるところですが、それについてはまだ手《て》がかりがありません。

化石《かせき》を見《み》たい！ 北九州市立自然史《きたきゅうしゅうしりつしぜんし》・歴史博物館《れきしはくぶつかん》

アンモナイト専門《せんもん》のコーナーがあります。

北九州市立自然史・歴史博物館

ここでもみられます！
三笠市立博物館、群馬県立自然史博物館、ミュージアムパーク 茨城県自然博物館、神奈川県立生命の星・地球博物館、豊橋市自然史博物館、大阪市立自然史博物館、徳島県立博物館　ほか

もっとしりたい！ ディディモセラスは、和泉層群《いずみそうぐん》という地層《ちそう》を代表《だいひょう》するアンモナイトの一《ひと》つです。

8月 14日
読《よ》んだ日《ひ》 月 日 月 日

殻《から》がS《エス》字《じ》を描《えが》くアンモナイト
プラヴィトセラス

白亜紀《はくあき》
新生代《しんせいだい》 中生代《ちゅうせいだい》 古生代《こせいだい》 先カンブリア時代

巻《ま》き方《かた》が途中《とちゅう》で反転《はんてん》する

兵庫県《ひょうごけん》の淡路島《あわじしま》などにある白亜紀《はくあき》の地層《ちそう》から化石《かせき》がみつかる「プラヴィトセラス」も、異常巻《いじょうま》きアンモナイトの一《ひと》つです。

プラヴィトセラスは、これまでに紹介《しょうかい》してきた異常巻《いじょうま》きアンモナイトのような立体的《りったいてき》なつくりではありません。正確《せいかく》にいうと、ぐるぐると巻《ま》いた殻《から》の中心部分《ちゅうしんぶぶん》だけは、ちょっとだけ盛《も》り上《あ》がっています。

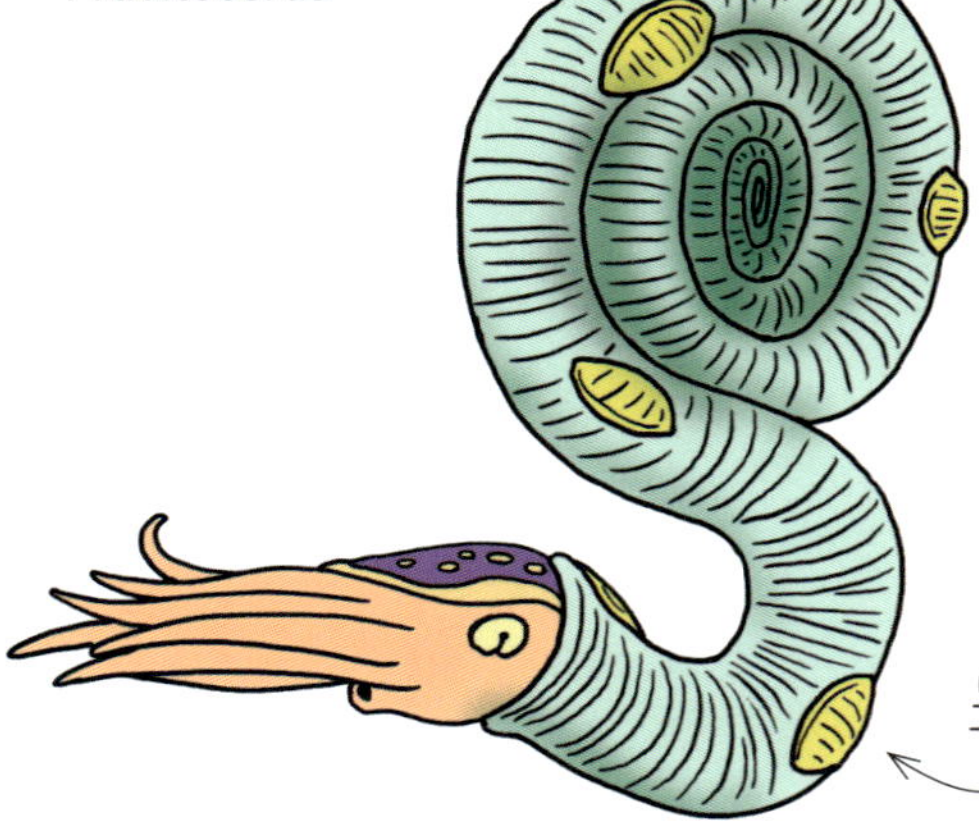

しかし、そのほかは正常巻《せいじょうま》きアンモナイトのように平《ひら》たく巻《ま》いています。

プラヴィトセラスの最大《さいだい》の特徴《とくちょう》は、最《もっと》も外側《そとがわ》の殻《から》です。途中《とちゅう》で殻《から》がよじれて、だらんと垂《た》れ下《さ》がり、そしてそれまでの巻《ま》き方《かた》とは逆向《ぎゃくむ》きに大《おお》きく曲《ま》がるのです。アルファベットのS《エス》の字《じ》のようになっています。

二枚貝《にまいがい》と一緒《いっしょ》にみつかる

プラヴィトセラスの化石《かせき》には、二枚貝《にまいがい》の化石《かせき》がくっついてみつかっているものがあります。このような場合《ばあい》、考《かんが》えられる理由《りゆう》は大《おお》きく分《わ》けて三《みっ》つあります。

一《ひと》つ目《め》は、プラヴィトセラスが生《い》きているときに二枚貝《にまいがい》もくっついて、ともに生活《せいかつ》していたというものです。二《ふた》つ目《め》は、死《し》んだプラヴィトセラスの殻《から》に二枚貝《にまいがい》がくっついたというものです。そして三《みっ》つ目《め》は、どこからか流《なが》されてきた死《し》んだ二枚貝《にまいがい》が死《し》んだプラヴィトセラスにくっついて一緒《いっしょ》に化石《かせき》になったというものです。

二枚貝《にまいがい》の種類《しゅるい》やくっつき方《かた》などが調《しら》べられた結果《けっか》、プラヴィトセラスの場合《ばあい》は、生《い》きているときに二枚貝《にまいがい》と一緒《いっしょ》に生活《せいかつ》していたのだろうと考《かんが》えられています。

化石《かせき》を見《み》たい！

北九州市立自然史《きたきゅうしゅうしりつしぜんし》・歴史博物館《れきしはくぶつかん》

全体《ぜんたい》がきれいに掘《ほ》り出《だ》されたとてもよい化石《かせき》が展示《てんじ》されています。

ここでもみられます！
三笠市立博物館、群馬県立自然史博物館、福井県立恐竜博物館、豊橋市自然史博物館、徳島県立博物館　ほか

北九州市立自然史・歴史博物館

もっとしりたい！
プラヴィトセラスは、251ページのディディモセラスが進化《しんか》したもの、という見方《みかた》があります。ディデモセラスの立体的《りったいてき》な部分《ぶぶん》が平《ひら》たくなったというわけです。

白亜紀《はくあき》のダイオウイカ!? ハボロテウティス

白亜紀《はくあき》
新生代《しんせいだい》 中生代《ちゅうせいだい》 古生代《こせいだい》 先《せん》カンブリア時代《じだい》

あごの化石《かせき》がみつかった

現在《げんざい》の海《うみ》には、「ダイオウイカ」とよばれるとても大《おお》きなイカがいます。大《おお》きなものでは、腕《うで》まで入《い》れた全体《ぜんたい》の大《おお》きさが14・5メートルに達《たっ》するものもいて、マッコウクジラと戦《たたか》うこともあります。とくにヨーロッパでは、古《ふる》くから船《ふね》を襲《おそ》う伝説《でんせつ》の怪物《かいぶつ》として知《し》られてきました。

白亜紀《はくあき》の海《うみ》にも、ダイオウイカに匹敵《ひってき》する巨大《きょだい》なイカがいたかもしれない――。そんな化石《かせき》が、北海道《ほっかいどう》の地層《ちそう》からみつかっています。イカ類《るい》やタコ類《るい》の多《おお》くは全身《ぜんしん》がやわらかいため化石《かせき》として残《のこ》りにくいのですが、あごの部分《ぶぶん》はかたいため化石《かせき》になることがあります。北海道《ほっかいどう》の地層《ちそう》からみつかったのは、イカ類《るい》のあごの化石《かせき》です。

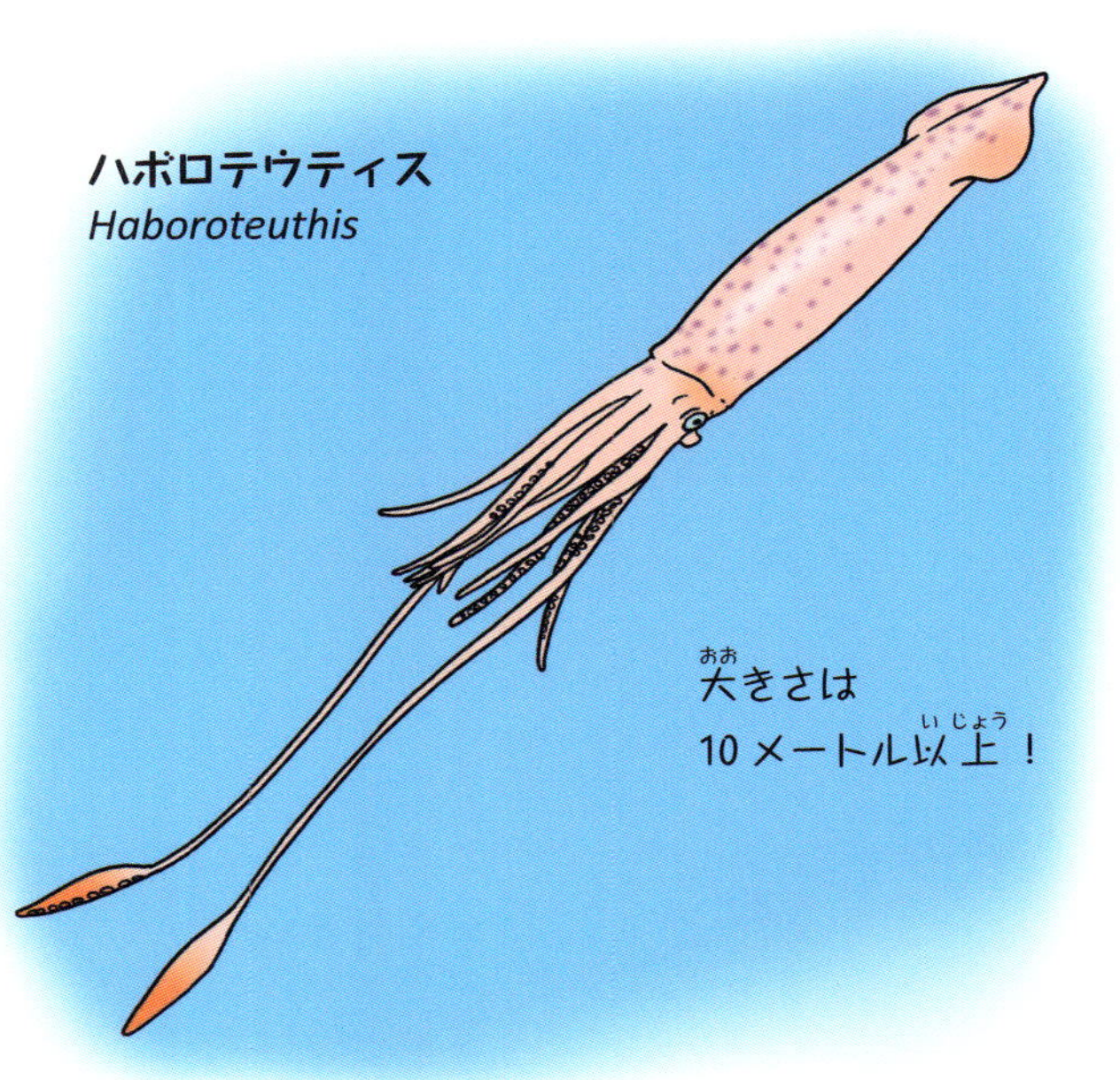

12メートルの巨大《きょだい》イカ

北海道《ほっかいどう》の白亜紀《はくあき》の地層《ちそう》からみつかったイカ類《るい》は、「ハボロテウティス」と名《な》づけられました。生《い》きていたときの全身《ぜんしん》の大《おお》きさは、10メートルから12メートルだったといわれています。現在《げんざい》のダイオウイカより少《すこ》し小《ちい》さいものの、十分《じゅうぶん》巨大《きょだい》なイカでした。

その巨大《きょだい》さから、「ハボロダイオウイカ」という愛称《あいしょう》もつけられています。白亜紀《はくあき》の北海道《ほっかいどう》では、アンモナイト類《るい》の化石《かせき》もたくさんみつかっています。当時《とうじ》の北海道《ほっかいどう》は、巨大《きょだい》なイカやアンモナイトが泳《およ》ぐ豊《ゆた》かな海《うみ》だったようです。

化石《かせき》を見《み》たい！ 羽幌町《はぼろちょう》郷土《きょうど》資料館《しりょうかん》

化石《かせき》の複製《ふくせい》が展示《てんじ》されています。資料館《しりょうかん》を訪《おとず》れる前《まえ》にイカのあごの部分《ぶぶん》（カラストンビ）の大《おお》きさを調《しら》べて、ハボロテウティスの化石《かせき》と比《くら》べると、その巨大《きょだい》さがわかりますよ。

もっとしりたい！ イカ類《るい》やタコ類《るい》のあごの部分《ぶぶん》は「カラストンビ」といわれます。カラストンビのまわりについた身《み》は、珍味《ちんみ》として知《し》られています。

ユニークな形《かたち》をした白亜紀《はくあき》の厚歯二枚貝《あつばにまいがい》

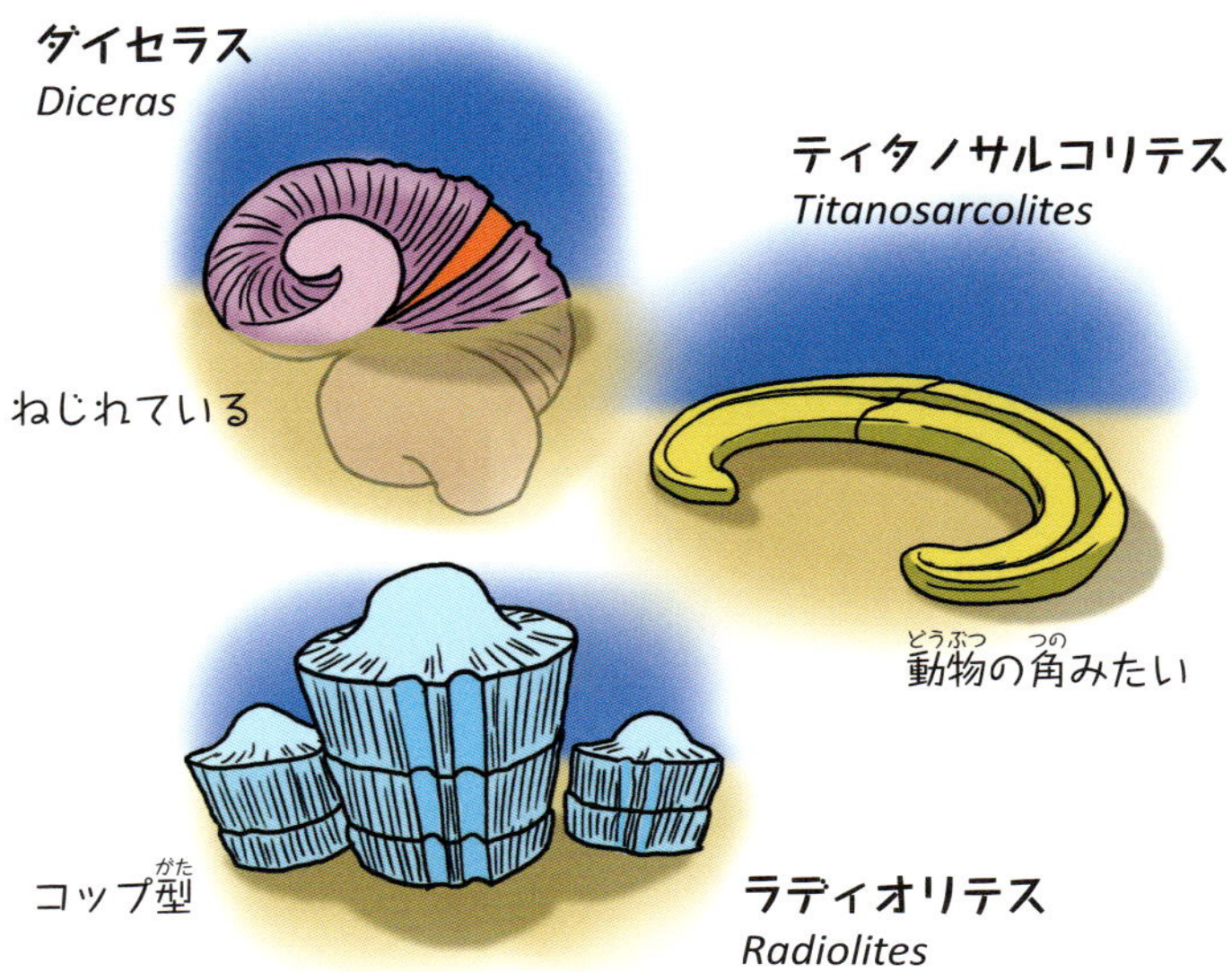

アサリやシジミの仲間《なかま》

現在《げんざい》の暖《あたた》かく浅《あさ》い海《うみ》には、サンゴ礁《しょう》が広《ひろ》がっています。しかし、白亜紀《はくあき》の暖《あたた》かく浅《あさ》い海《うみ》には、サンゴ礁《しょう》はほとんどありませんでした。当時《とうじ》、そのような場所《ばしょ》で大繁栄《だいはんえい》していたのは、「厚歯二枚貝類《あつばにまいがいるい》」といわれる二枚貝類《にまいがいるい》のグループです。二枚貝類《にまいがいるい》はその名前《なまえ》のとおり、2枚《まい》の貝殻《かいがら》をもつグループです。アサリやシジミと同《おな》じです。厚歯《あつば》二枚貝類《にまいがいるい》は、そんな二枚貝類《にまいがいるい》の仲間《なかま》ですが、見《み》た目《め》はだいぶ変《か》わっています。

形《かたち》のちがう三《みっ》つのタイプ

厚歯二枚貝類《あつばにまいがいるい》には、大《おお》きく分《わ》けて三《みっ》つのタイプがあります。

一《ひと》つは、2枚《まい》の殻《から》がそれぞれ巻貝《まきがい》のようにねじれているタイプです。「ダイセラス」とよばれる、10センチメートルほどの大《おお》きさの厚歯二枚貝《あつばにまいがい》がその代表《だいひょう》です。

二《ふた》つ目《め》は、2枚《まい》の殻《から》のうちの1枚《まい》だけが、まるでコップのように大《おお》きく深《ふか》くなっているものです。そして、もう1枚《まい》の殻《から》がそのコップのふたのようにくっついています。殻《から》の直径《ちょっけい》が2センチメートルから6センチメートルの「ラディオリテス」がその代表《だいひょう》です。

三《み》つ目《め》は、2枚《まい》の殻《から》が動物《どうぶつ》の角《つの》のように長《なが》く大《おお》きくのびたのち、その先《さき》で少《すこ》し曲《ま》がるタイプです。その代表《だいひょう》は大《おお》きさ1メートルをこえる「ティタノサルコリテス」です。水《みず》の流《なが》れの速《はや》い場所《ばしょ》で、海底《かいてい》にはりつくように横《よこ》たわっていたとみられています。

化石《かせき》を見《み》たい！ 福井県立恐竜博物館《ふくいけんりつきょうりゅうはくぶつかん》

ラディオリテスの実物《じつぶつ》化石《かせき》を見《み》ることができます。ほかにも、ダイセラスと同《おな》じく、巻貝《まきがい》のような外形《がいけい》をもつ厚歯二枚貝類《あつばにまいがいるい》の化石《かせき》も展示《てんじ》されています。

もっとしりたい！

白亜紀《はくあき》の海《うみ》で、なぜサンゴ類《るい》ではなく、厚歯二枚貝類《あつばにまいがいるい》が繁栄《はんえい》したのかは、まだ謎《なぞ》だらけです。ただし、当時《とうじ》の海水《かいすい》の成分《せいぶん》が関係《かんけい》していたのではないか、といわれています。

地層《ちそう》の特定《とくてい》に役立《やくだ》つ巨大《きょだい》な貝《かい》
イノセラムス

白亜紀《はくあき》

新生代 | 中生代《ちゅうせいだい》 | 古生代《こせいだい》 | 先《せん》カンブリア時代《じだい》

カキのような二枚貝類《にまいがいるい》

世界《せかい》のさまざまな場所《ばしょ》の白亜紀《はくあき》の海《うみ》の地層《ちそう》からみつかる二枚貝類《にまいがいるい》の化石《かせき》があります。「イノセラムス」です。

イノセラムスは、現在《げんざい》のアサリやシジミの仲間《なかま》です。見《み》た目《め》はカキに似《に》ています。

「イノセラムス」という名前《なまえ》をもつ種《しゅ》はたくさんいて、たとえば「イノセラムス・ホベツエンシス」や「イノセラムス・アマクサエンシス」、「イノセラムス・ジャポニクス」などがいました。

イノセラムスの仲間《なかま》には大型《おおがた》のものがたくさんいて、なかには1メートルをこえる巨大《きょだい》なものもいました。

イノセラムス・ホベツエンシス
Inoceramus hobetsensis

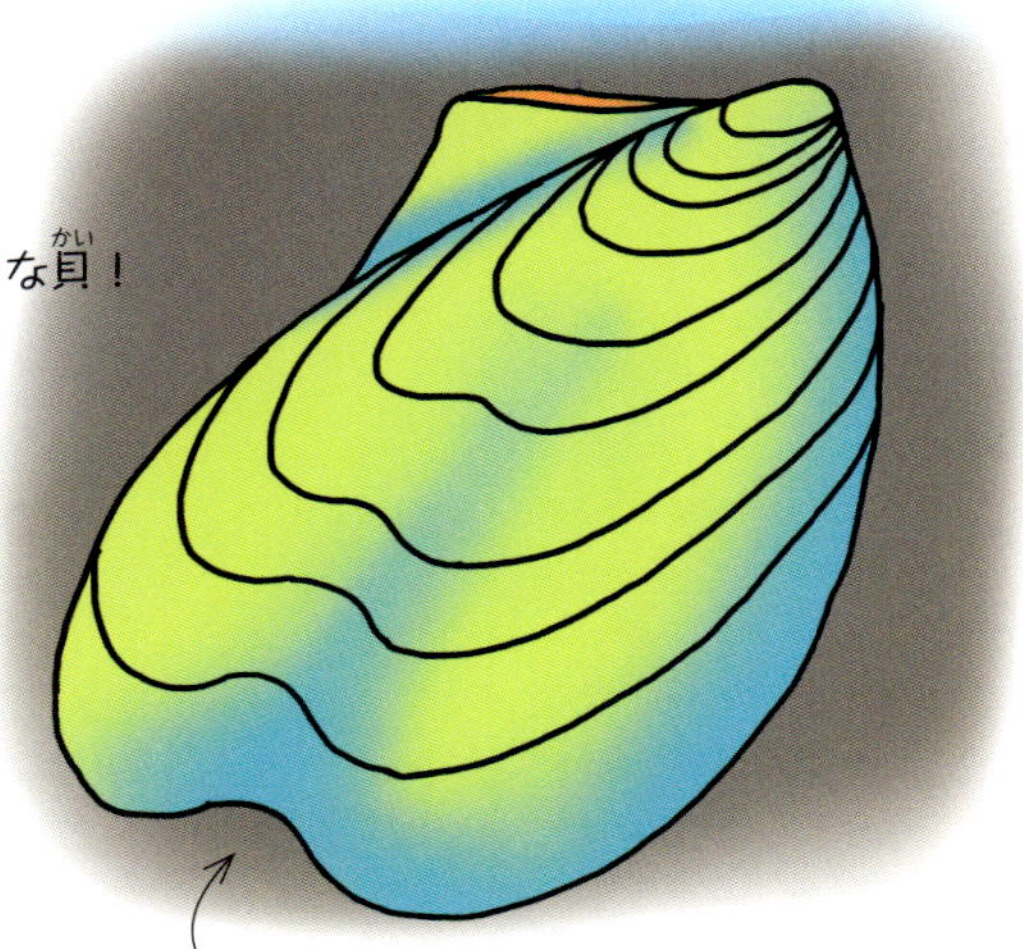

地層《ちそう》の特徴《とくちょう》を知《し》る手《て》がかり

イノセラムスの仲間《なかま》は、殻《から》の形《かたち》や殻《から》の膨《ふく》らみ具合《ぐあい》、殻《から》の表面《ひょうめん》にある溝《みぞ》の大《おお》きさなどが種《しゅ》によってちがっています。

また、イノセラムスの仲間《なかま》は、それぞれある決《き》まった時代《じだい》にしか生《い》きていませんでした。そのため、イノセラムスのどの種《しゅ》の化石《かせき》がみつかったかによって、その地層《ちそう》がいったいいつの時代《じだい》のものだったのかを決《き》めることができます。さらに、世界中《せかいじゅう》でイノセラムスの仲間《なかま》の化石《かせき》がみつかるので、同《おな》じ種《しゅ》のイノセラムスがみつかった地層《ちそう》を比《くら》べることができます。

イノセラムスは、地層《ちそう》の時代《じだい》を決《き》めて、比較《ひかく》するのにとても便利《べんり》な二枚貝類《にまいがいるい》なのです。

化石《かせき》を見《み》たい！ むかわ町穂別博物館《ちょうほべつはくぶつかん》

ゆるキャラの「いのせらたん」も要《よう》チェック！

ここでもみられます！
三笠市立博物館、地質標本館、神奈川県立生命の星・地球博物館、福井県立恐竜博物館、東海大学自然史博物館、大阪市立自然史博物館、徳島県立博物館、北九州市立自然史・歴史博物館、御船町恐竜博物館 ほか

もっとしりたい！ 日本《にっぽん》でも北海道《ほっかいどう》をはじめとして、さまざまな地域《ちいき》の白亜紀《はくあき》の海《うみ》の地層《ちそう》からたくさんのイノセラムスの化石《かせき》がみつかっています。

column

古《こ》生《せい》物《ぶつ》が生《い》きていた時《じ》代《だい》や環《かん》境《きょう》はどうしてわかる？

地層《ちそう》の時代《じだい》を知《し》る方法《ほうほう》

古生物《こせいぶつ》の図鑑《ずかん》などには、「中生代《ちゅうせいだい》に生《い》きていた」とか、「ジュラ紀《き》の後半《こうはん》の生物《せいぶつ》」といった具合《ぐあい》に、その生物《せいぶつ》が生《い》きていた時代《じだい》が書《か》いてあります。はるか昔《むかし》のことなのに、どの時代《じだい》に生《い》きていたのか、なぜわかるのでしょうか?

ある古生物《こせいぶつ》が生《い》きていた時代《じだい》は、その古生物《こせいぶつ》の化石《かせき》がみつかった地層《ちそう》の特徴《とくちょう》から知《し》ることができます。地層《ちそう》の時代《じだい》を知《し》るには、ある特別《とくべつ》な化石《かせき》が使《つか》われます。その化石《かせき》のことを「示準化石《しじゅんかせき》」といいます。

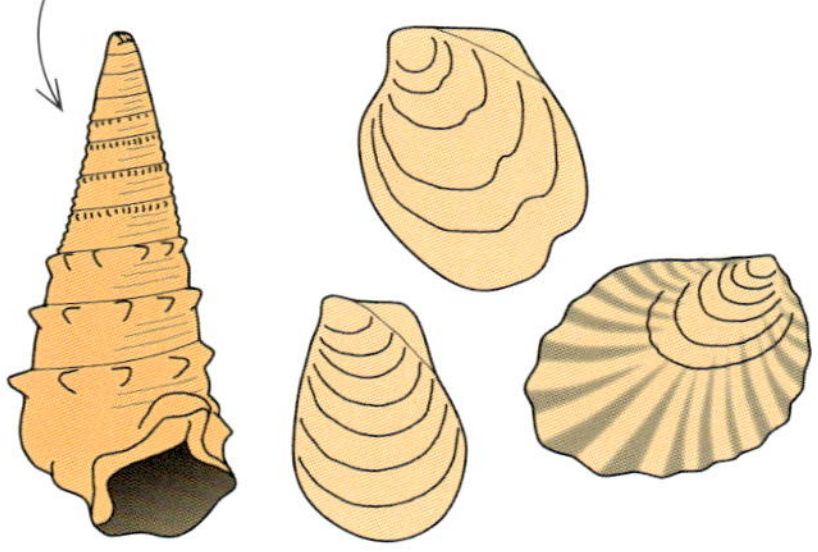

ビカリア（示相化石《しそうかせき》）

いろいろなイノセラムス（示準化石《しじゅんかせき》）

たとえば、255ページで紹介《しょうかい》したイノセラムスは、白亜紀《はくあき》の地層《ちそう》をより細《こま》かく特定《とくてい》できるすぐれた示準化石《しじゅんかせき》です。あるタイプのイノセラムスがみつかれば、その地層《ちそう》がいつの時代《じだい》のものかがわかります。それによって、イノセラムスと同《おな》じ地層《ちそう》でみつかった化石《かせき》についても、白亜紀《はくあき》のいつごろに生《い》きていたものかを知《し》ることができるのです。

ほかにもアンモナイト類《るい》などが示準化石《しじゅんかせき》としてよく知《し》られています。示準化石《しじゅんかせき》となるのは、短《みじか》い期間《きかん》で絶滅《ぜつめつ》した、広《ひろ》い範囲《はんい》から化石《かせき》がみつかる古生物《こせいぶつ》です。

顕微鏡《けんびきょう》サイズのプランクトンの中《なか》には、とてもすぐれた示準化石《しじゅんかせき》となるものがたくさんいます。プランクトンは貝《かい》やアンモナイト類《るい》などよりもたくさんの化石《かせき》がみつかりやすく、また、海流《かいりゅう》に乗《の》って世界中《せかいじゅう》の広《ひろ》い海《うみ》で暮《く》らしていたものが多《おお》いからです。

暖《あたた》かかったか、寒《さむ》かったかがわかる

地層《ちそう》ができた当時《とうじ》の環境《かんきょう》を教《おし》えてくれる化石《かせき》もあります。そのような化石《かせき》のことを「示相化石《しそうかせき》」といいます。

たとえば、サンゴは暖《あたた》かく浅《あさ》い海《うみ》で生《い》きる生物《せいぶつ》ですから、サンゴの化石《かせき》がみつかると、その地層《ちそう》は暖《あたた》かく浅《あさ》い海《うみ》でできたことがわかります。新生代《しんせいだい》の新第三紀《しんだいさんき》で紹介《しょうかい》する「ビカリア」という巻貝《まきがい》がみつかれば、その地層《ちそう》ができた環境《かんきょう》は、熱帯《ねったい》から亜熱帯《あねったい》だったことがわかります。

このように、示相化石《しそうかせき》がみつかると、その地層《ちそう》が暖《あたた》かい場所《ばしょ》でできたのか、寒《さむ》い場所《ばしょ》でできたのか、浅《あさ》い海《うみ》だったのか、深《ふか》い海《うみ》だったのか、などがわかります。そして、同《おな》じ地層《ちそう》から化石《かせき》がみつかった古生物《こせいぶつ》についても、どのような環境《かんきょう》で生《い》きていたかを知《し》ることができるのです。

もっとしりたい！

たとえば白亜紀《はくあき》は、さらに数百万年単位《すうひゃくまんねんたんい》の12の細《こま》かい時代《じだい》に分《わ》けられます。イノセラムスのようなすぐれた示準化石《しじゅんかせき》は、白亜紀《はくあき》の12の時代《じだい》のうち、どの時代《じだい》のいつごろか、というレベルまで地層《ちそう》の時代《じだい》を特定《とくてい》することができます。

サハリンでみつかった恐竜《きょうりゅう》
ニッポノサウルス

白亜紀《はくあき》

新生代《しんせいだい》　中生代《ちゅうせいだい》　古生代《こせいだい》　先カンブリア時代

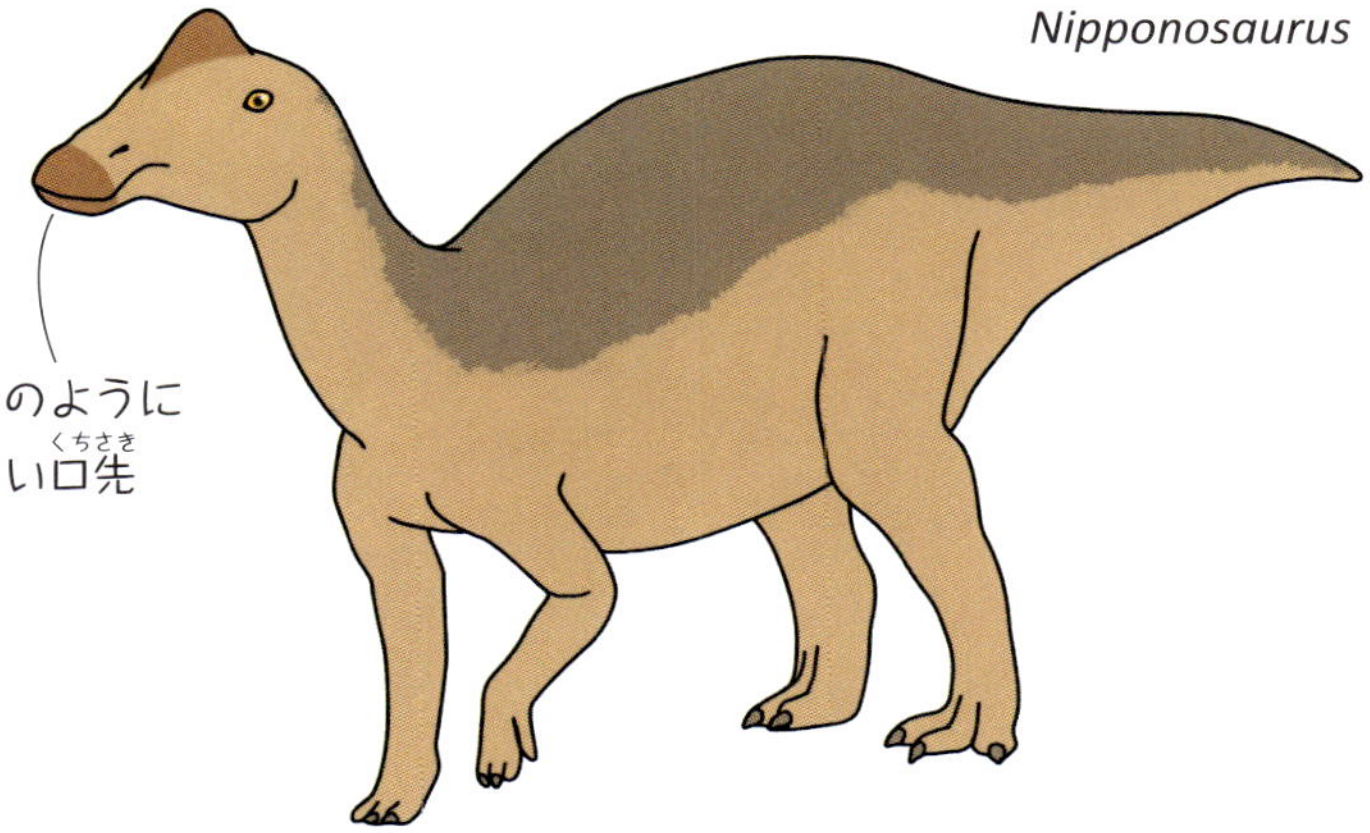

日本《にっぽん》で最初《さいしょ》にみつかった恐竜《きょうりゅう》

古生物《こせいぶつ》には「ニッポン」の名前《なまえ》がついているものがいくつかあります。たとえば恐竜類《きょうりゅうるい》では、「日本《にっぽん》のトカゲ」あるいは「日本《にっぽん》の爬虫類《はちゅうるい》」を意味《いみ》する「ニッポノサウルス」の名前《なまえ》をもつものがいます。

1980年代末《ねんだいまつ》からの調査《ちょうさ》と研究《けんきゅう》の結果《けっか》、日本《にっぽん》にもかつてたくさんの恐竜《きょうりゅう》がいたことがわかってきました。その中《なか》には、福井県《ふくいけん》でみつかった「フクイサウルス」や、兵庫県《ひょうごけん》丹波市《たんばし》で発見《はっけん》された「タンバティタニス」など、地元《じもと》の名前《なまえ》がつけられたものがたくさんいます。ニッポノサウルスは、そうした〝日本産《にほんさん》恐竜《きょうりゅう》〟の第《だい》1号《ごう》です。

カモノハシリュウの一《ひと》つ

ニッポノサウルスは、「鳥脚類《ちょうきゃくるい》」とよばれるグループの恐竜《きょうりゅう》です。鼻《はな》の先《さき》から尾《お》の先《さき》までの長《なが》さは2・5メートルほどで、みつかったのはおそらくは子《こ》どもの化石《かせき》だとみられています。おとなになったときにどこまで成長《せいちょう》したのかはわかっていません。

鳥脚類《ちょうきゃくるい》の中《なか》には、顔《かお》の先端《せんたん》が現在《げんざい》のカモのように平《ひら》たくなっているものがたくさんいて、そうした恐竜《きょうりゅう》は「カモハシリュウ」あるいは「カモノハシリュウ」とよばれています。「ハシ」とはくちばしのことです。ニッポノサウルスもカモノハシリュウの一《ひと》つでした。

ニッポノサウルスは日本産《にほんさん》恐竜《きょうりゅう》の第《だい》1号《ごう》ですが、現在《げんざい》ではその発見場所《はっけんばしょ》であるサハリンはロシアの領土《りょうど》です。この化石《かせき》は、1900年代前半《ねんだいぜんはん》にサハリンが日本領《にほんりょう》だった時代《じだい》にみつかったためにこの名前《なまえ》がついたのです。

化石《かせき》を見《み》たい!　北海道大学総合博物館《ほっかいどうだいがくそうごうはくぶつかん》

北海道大学《ほっかいどうだいがく》のキャンパス内《ない》にある博物館《はくぶつかん》です。だれでも訪《たず》ねることができます。

北海道大学総合博物館

ここでもみられます!
福井県立恐竜博物館　ほか

もっとしりたい!
サハリンはかつて「樺太《からふと》」とよばれ、その南部《なんぶ》は1905年《ねん》から1951年《ねん》まで日本領《にほんりょう》でした。ニッポノサウルスの報告《ほうこく》は、1936年《ねん》のことです。

日本《にっ》《ぽん》でいちばん有名《ゆう》《めい》な古生物《こ》《せい》《ぶつ》!?

フタバサウルス

白亜紀《はくあき》

新生代 | 中生代《ちゅうせいだい》 | 古生代 | 先《せん》カンブリア時代《じだい》

フタバサウルス
Futabasaurus

高校生《こうこうせい》が発見《はっけん》した

日本《にっぽん》の白亜紀《はくあき》の生物《せいぶつ》といえば、クビナガリュウ類《るい》の「フタバサウルス」でしょう。さまざまな世代《せだい》の人《ひと》によく知《し》られています。フルネームは、「フタバサウルス・スズキイ」です。でも、こうした名前《なまえ》より、和名《わめい》の「フタバスズキリュウ」の方《ほう》が親《した》しまれているかもしれませんね。

フタバサウルスは、1968年《ねん》に福島県《ふくしまけん》にある白亜紀《はくあき》の地層《ちそう》、双葉層群《ふたばそうぐん》から化石《かせき》がみつかりました。みつけたのは、当時高校生《とうじこうこうせい》だった鈴木直《すずきただし》さんです。双葉層群《ふたばそうぐん》から鈴木《すずき》さんがみつけたということで、「フタバスズキリュウ」と名《な》づけられました。

その後《ご》、発掘《はっくつ》と研究《けんきゅう》が進《すす》み、2006年《ねん》になって学名《がくめい》である「フタバサウルス・スズキイ」がつきました。この間《あいだ》に、フタバサウルスをモデルとしたドラえもんの映画《えいが》がつくられたり、漫画《まんが》が描《えが》かれたりしました。そのため、フタバサウルスは多《おお》くの人々《ひとびと》の記憶《きおく》に残《のこ》るようになったのです。

サメの歯《は》が刺《さ》さっている

フタバサウルスは、クビナガリュウ類《るい》です。クビナガリュウ類《るい》は、203ページで紹介《しょうかい》したリオプレウロドンと同《おな》じ爬虫類《はちゅうるい》のグループです。しかし、リオプレウロドンとはちがって、フタバサウルスは文字《もじ》どおり、長《なが》い首《くび》をもっていました。鼻《はな》の先《さき》から尾《お》の先《さき》までの長《なが》さは6・4メートルから9・2メートルぐらいと見積《みつ》もられています。

フタバサウルスの骨《ほね》にはサメの歯《は》がささったものもあります。それは死《し》んだあとにサメに死体《したい》を食《た》べられたあとではないか、とみられています。

化石《かせき》を見《み》たい! 国立科学博物館《こくりつかがくはくぶつかん》

地球館《ちきゅうかん》ではなく、日本館《にほんかん》に展示《てんじ》されています。化石《かせき》がみつかった場所《ばしょ》のようすがジオラマで復元《ふくげん》されています。

ここでもみられます!
いわき市石炭化石館、群馬県立自然史博物館 ほか

国立科学博物館

もっとしりたい!
「クビナガリュウ類《るい》」という言葉《ことば》は、フタバスズキリュウの発見《はっけん》にあわせてつくられました。それまでは、「蛇《だ》頸竜《けいりゅう》」や「長頸竜《ちょうけいりゅう》」とよばれていました。

史上最大級《しじょうさいだいきゅう》の翼竜《よくりゅう》 ケツァルコアトルス

白亜紀《はくあき》

新生代《しんせいだい》 中生代《ちゅうせいだい》 古生代《こせいだい》 先《せん》カンブリア時代《じだい》

小型《こがた》の飛行機《ひこうき》なみの大《おお》きさ

アメリカの白亜紀《はくあき》の地層《ちそう》からは、とても大《おお》きな翼竜類《よくりゅうるい》の化石《かせき》がみつかっています。「ケツァルコアトルス」という名前《なまえ》のその翼竜類《よくりゅうるい》は、翼《つばさ》を広《ひろ》げた左右《さゆう》の幅《はば》が10メートルにもなりました。現代《げんだい》の小型《こがた》の飛行機《ひこうき》と同《おな》じくらいの大《おお》きさです。

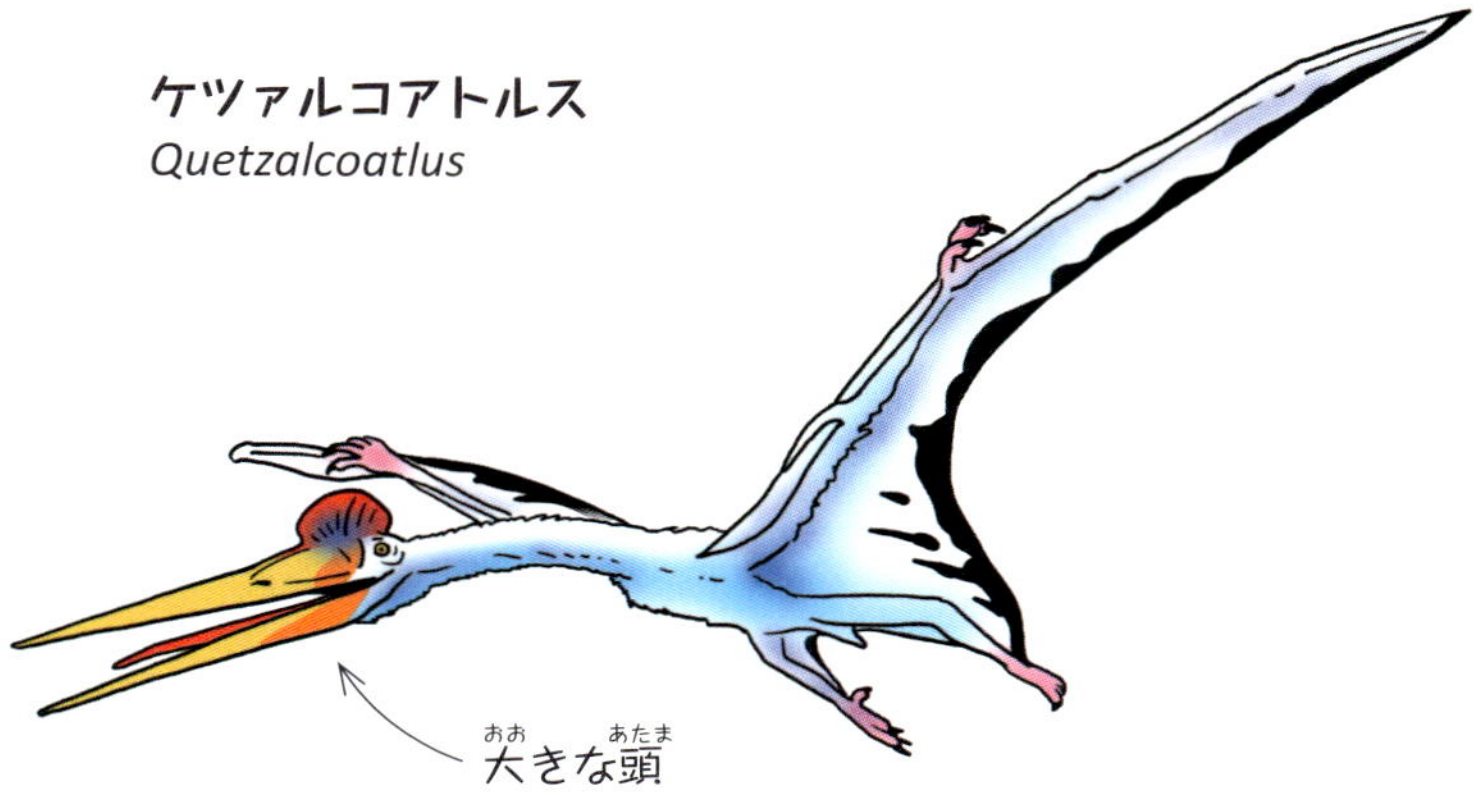

ケツァルコアトルスは、大《おお》きな頭《あたま》と長《なが》い首《くび》をもつ翼竜類《よくりゅうるい》です。尾《お》は長《なが》くありません。頭《あたま》には目立《めだ》ったとさかなどはなく、また歯《は》もありませんでした。

空《そら》を飛《と》べたのだろうか？

ケツァルコアトルスは、史上《しじょう》最大級《さいだいきゅう》の飛《と》ぶ動物《どうぶつ》です。たとえば、現在《げんざい》みられる空《そら》を飛《と》ぶ動物《どうぶつ》の中《なか》で最《もっと》も大きいのはワタリアホウドリだといわれています。しかしワタリアホウドリは、翼《つばさ》を広《ひろ》げたときの左右《さゆう》の幅《はば》が3・5メートルしかありません。ケツァルコアトルスは、その3倍近《ばいちか》い大《おお》きさがあったのです。

そんなに大《おお》きくても、うまく空《そら》を飛《と》べるものなのでしょうか？

実《じつ》はそれがよくわかっていません。空《そら》を飛《と》ぶためには、体重《たいじゅう》が軽《かる》いことが大切《たいせつ》です。そもそもケツァルコアトルスがいったいどのくらいの体重《たいじゅう》だったのかについては、研究者《けんきゅうしゃ》によって意見《いけん》がわかれています。およそ70キログラムだったという意見《いけん》もあれば、最大《さいだい》で250キログラムだったという意見《いけん》もあります。ちなみにワタリアホウドリは8キログラムほどしかありません。

ある研究《けんきゅう》によれば、ケツァルコアトルスは飛《と》ぶことができず、地上《ちじょう》を歩《ある》きまわっていたのではないか、ともいわれています。

化石《かせき》を見《み》たい！ 北九州市立自然史《きたきゅうしゅうしりつしぜんし》・歴史博物館《れきしはくぶつかん》

天井《てんじょう》に吊《つ》られています。ほかの翼竜《よくりゅう》とも比《くら》べて、大《おお》きさを実感《じっかん》してみよう。

北九州市立自然史・歴史博物館

ここでもみられます！
神奈川県立生命の星・地球博物館　ほか

もっとしりたい！ ケツァルコアトルスと同《おな》じくらいかそれ以上《いじょう》に大《おお》きいとされる翼竜類《よくりゅうるい》の化石《かせき》もみつかっています。ただし、それらの翼竜《よくりゅう》はみつかっている化石《かせき》がとても少《すく》なく、ケツァルコアトルス以上《いじょう》に謎《なぞ》だらけです。

太《ふと》くて長《なが》い牙《きば》をもつ クロノサウルス

オーストラリアにいた

クビナガリュウ類《るい》には、首《くび》の長《なが》いクビナガリュウ類《るい》と首《くび》の短《みじか》いクビナガリュウ類《るい》がいました。258ページで紹介《しょうかい》したフタバサウルスは、首《くび》の長《なが》いクビナガリュウ類《るい》です。一方《いっぽう》、203ページのリオプレウロドンは首《くび》の短《みじか》いクビナガリュウ類《るい》でした。

首《くび》の長《なが》いものも、短《みじか》いものも、どちらにもたくさんの種類《しゅるい》がいました。オーストラリアにある白亜《はくあ》紀《き》の地層《ちそう》からは、首《くび》の短《みじか》いクビナガリュウ類《るい》「クロノサウルス」の化石《かせき》がみつかっています。

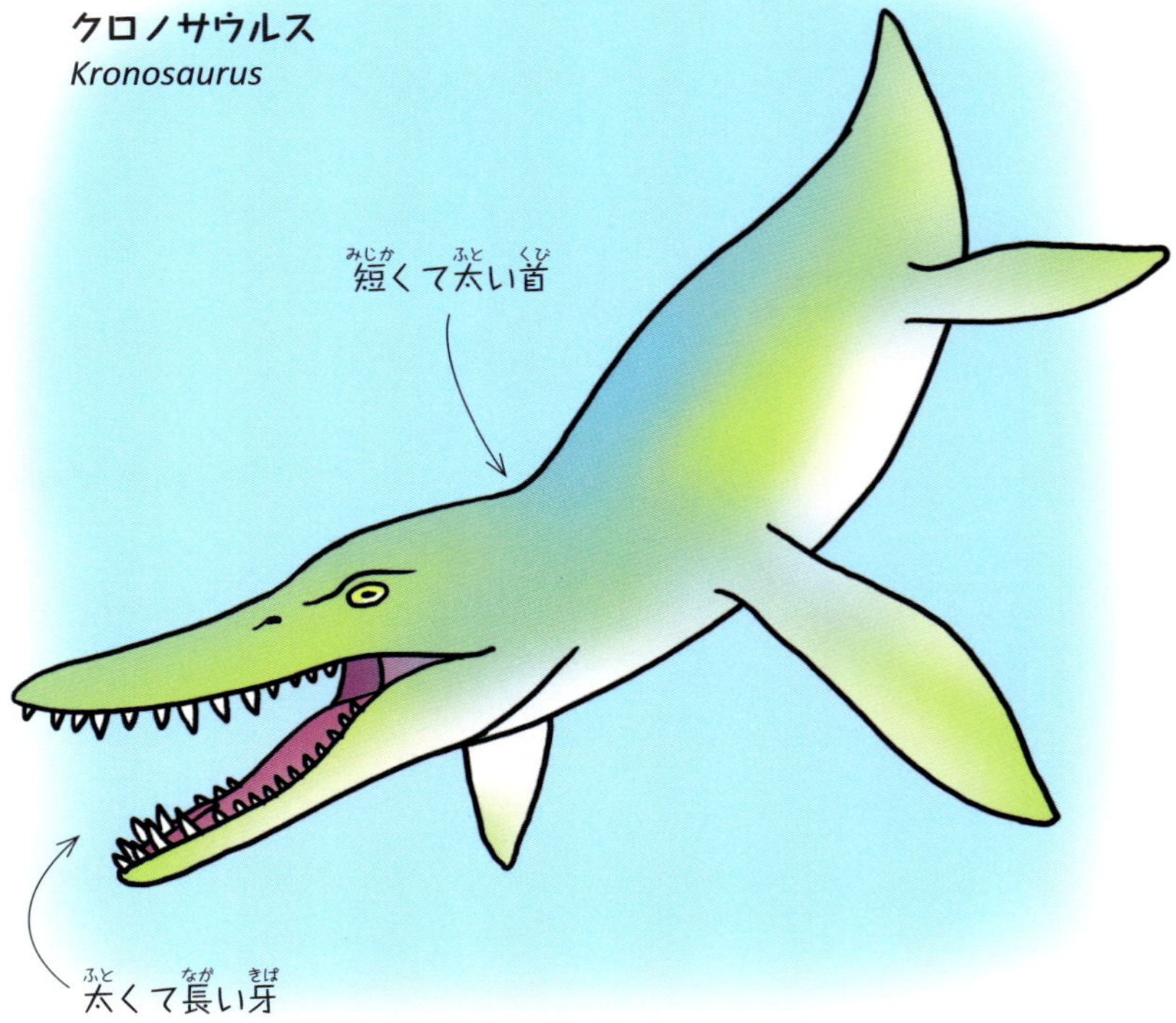

とてもどう猛《もう》

クロノサウルスは、鼻《はな》の先《さき》から尾《お》の先《さき》までの長《なが》さが15メートルもあったクビナガリュウ類《るい》でした。大《おお》きな頭《あたま》はがっしりとしたつくりで、あごには長《なが》さ30センチメートルにもなる太《ふと》い牙《きば》がありました。この歯《は》の長《なが》さは、のちに紹介《しょうかい》する肉食恐竜《にくしょくきょうりゅう》の王様《おうさま》、ティラノサウルスのものと同《おな》じか、それ以上《いじょう》の長《なが》さです。首《くび》は短《みじか》くて太《ふと》く、胴体《どうたい》は大《おお》きな樽《たる》をつぶしたように幅《はば》の広《ひろ》いものでした。大《おお》きなひれももっていました。

その見《み》た目《め》からわかるように、クロノサウルスはとてもどう猛《もう》で、強《つよ》いクビナガリュウ類《るい》だったようです。クロノサウルスのおなかからは、首《くび》の長《なが》いクビナガリュウ類《るい》やカメ類《るい》の化石《かせき》がみつかっています。これらの動物《どうぶつ》を襲《おそ》い、食《た》べていたと考《かんが》えられています。

もっとしりたい!

クロノサウルスの名前《なまえ》は、ギリシア神話《しんわ》に登場《とうじょう》する「クロノス」という神《かみ》にちなむものです。クロノスは、自分《じぶん》の子《こ》を食《た》べたという凶暴《きょうぼう》な神《かみ》です。

最後《さいご》の魚竜類《ぎょりゅうるい》
プラティプテリギウス

白亜紀《はくあき》

新生代《しんせいだい》	中生代《ちゅうせいだい》	古生代《こせいだい》	先《せん》カンブリア時代《じだい》

白亜紀《はくあき》なかばに絶滅《ぜつめつ》した

魚竜類《ぎょりゅうるい》は、中生代《ちゅうせいだい》が始《はじ》まってほどなく登場《とうじょう》しました。その後《ご》、長《なが》い間《あいだ》、海《うみ》で暮《く》らす主《おも》な動物《どうぶつ》の一《ひと》つでした。これまでにも、184ページのウタツサウルスをはじめ、チャオフサウルスやタラットアルコン、オフタルモサウルスなど、各時代《かくじだい》のさまざまな魚竜類《ぎょりゅうるい》を紹介《しょうかい》してきました。

そんな魚竜類《ぎょりゅうるい》は、白亜紀のなかば、今《いま》から およそ9000万《まん》年前《ねんまえ》ごろに姿《すがた》を消《け》すことになります。これまでに知《し》られている限《かぎ》り、最後《さいご》の魚竜類《ぎょりゅうるい》の一《ひと》つとなったのが、「プラティプテリギウス」です。フランスなどにある地層《ちそう》から化石《かせき》がみつかっています。

プラティプテリギウスは7メートルほどの大《おお》きさにまで成長《せいちょう》しました。歯《は》が太《ふと》く、大《おお》きくて、海《うみ》で暮《く》らすほかの爬虫類《はちゅうるい》を狩《か》るどう猛《もう》な魚竜類《ぎょりゅうるい》だったとみられています。

いろいろな魚竜類《ぎょりゅうるい》がいた

〝最後《さいご》の魚竜類《ぎょりゅうるい》〟は、プラティプテリギウスのほかにもいました。プラティプテリギウスの化石《かせき》がみつかっている地層《ちそう》から、ほかに2種類《しゅるい》の魚竜類《ぎょりゅうるい》の化石《かせき》がみつかっているのです。それらの魚竜類《ぎょりゅうるい》の歯《は》をみるとみんな形《かたち》がちがっていました。このことから、プラティプテリギウスを含《ふく》めた3種類《しゅるい》は、それぞれちがう獲物《えもの》を狩《か》っていたとみられています。絶滅寸前《ぜつめつすんぜん》の魚竜《ぎょりゅう》類《るい》にも、いろいろな種類《しゅるい》がいたのです。

魚竜類《ぎょりゅうるい》はなぜ完全《かんぜん》に絶滅《ぜつめつ》してしまったのでしょうか？　その答《こた》えは謎《なぞ》に包《つつ》まれています。

化石《かせき》を見《み》たい！　群馬県立自然史博物館《ぐんまけんりつしぜんしはくぶつかん》

近縁《きんえん》のステノプテリギウスの化石《かせき》が展示《てんじ》されています。ステノプテリギウスは200ページで紹介《しょうかい》しています。

群馬県立自然史博物館

もっとしりたい！
最後《さいご》の魚竜類《ぎょりゅうるい》の化石《かせき》がみつかる場所《ばしょ》は、今《いま》のところとても限《かぎ》られています。その場所《ばしょ》だけが特別《とくべつ》な環境《かんきょう》にあって、魚竜類《ぎょりゅうるい》が長《なが》く生きることができたのかもしれません。

「スーパークロク」の異名《いみょう》をもつ サルコスクス

サルコスクス
Sarcosuchus

12メートルの巨大《きょだい》なワニ

ワニの仲間《なかま》の歴史《れきし》をさかのぼると、ジュラ紀《き》に現《あらわ》れた「ワニ形《けい》類《るい》」というグループにたどりつきます。ワニ形類《けいるい》には、204ページで紹介《しょうかい》したプロトスクスや現在《げんざい》のワニ類《るい》の祖先《そせん》のほかに、さまざまな近縁《きんえん》の爬虫類《はちゅうるい》が含《ふく》まれます。

白亜紀《はくあき》には、とても大《おお》きなワニ形類《けいるい》がいました。アフリカのニジェールにある白亜紀《はくあき》の地層《ちそう》から化石《かせき》がみつかっている「サルコスクス」です。鼻《はな》の先《さき》から尾《お》の先《さき》までの長《なが》さが12メートルもありました。大型《おおがた》のワニとして知《し》られている現在《げんざい》のイリエワニのほぼ倍《ばい》です。そのためサルコスクスは、「巨大《きょだい》なワニ」という意味《いみ》で、「スーパークロク」ともよばれています。

長《なが》～い口《くち》のもち主《ぬし》

サルコスクスは、頭部《とうぶ》がとても長《なが》いことが特徴《とくちょう》です。その長《なが》さは1・6メートルもありました。しかもその長《なが》さのほとんどが口《くち》です。口先《くちさき》は左右《さゆう》に少《すこ》し膨《ふく》らんでいました。ある研究《けんきゅう》によると、この膨《ふく》らみは成長《せいちょう》にともなって大《おお》きくなっていったようです。

上下《じょうげ》のあごには、鋭《するど》く太《ふと》い歯《は》がたくさん並《なら》んでいました。上下《じょうげ》のあごがよくかみ合《あ》うこともサルコスクスの特徴《とくちょう》です。サルコスクスはおもにサカナを食《た》べていましたが、サカナ以外《いがい》も襲《おそ》ったのではないか、といわれています。

化石《かせき》を見《み》たい！ 北海道大学総合博物館《ほっかいどうだいがくそうごうはくぶつかん》

大《おお》きな頭骨《とうこつ》の複製《ふくせい》が展示《てんじ》されています。

北海道大学総合博物館

もっとしりたい！ ワニの仲間《なかま》を含《ふく》む爬虫類《はちゅうるい》は、基本的《きほんてき》に歳《とし》をとるにつれて体《からだ》が大《おお》きくなり続《つづ》けます。12メートルにまで成長《せいちょう》したサルコスクスは、その時点《じてん》で50歳《さい》から60歳《さい》だったとみられています。

8月 25日

読《よ》んだ日《ひ》 月 日 月 日

背《せ》中《なか》に4列《れつ》のうろこをもつワニ ベルニサルティア

白亜紀《はくあき》

新生代《しんせいだい》 中生代《ちゅうせいだい》 古生代《こせいだい》 先《せん》カンブリア時代《じだい》

白亜紀《はくあき》のワニ形類《けいるい》

ベルギーの白亜紀《はくあき》の地層《ちそう》から、水辺《みずべ》で暮《く》らしていたワニ形類《けいるい》の化石《かせき》がみつかっています。その名前《なまえ》は「ベルニサルティア」です。鼻《はな》の先《さき》から尾《お》の先《さき》までの長《なが》さが60センチメートルほどの小型《こがた》のワニ形類《けいるい》でした。

ベルニサルティアは、ワニ形類《けいるい》の進化《しんか》を考《かんが》えるうえで重要《じゅうよう》です。その理由《りゆう》は、背中《せなか》に並《なら》ぶ"うろこ"が4列《れつ》だったからです。

うろこの列《れつ》はだんだん増《ふ》えた

ワニ類《るい》を含《ふく》めてワニ形類《けいるい》の動物《どうぶつ》たちは、背中《せなか》に「鱗板骨《りんばんこつ》」といううろこをもっています。背中《せなか》を守《まも》る、骨《ほね》でできたうろこです。

実《じつ》は、172ページで紹介《しょうかい》したジュラ紀《き》のワニ形類《けいるい》、サウロスクスの鱗板骨《りんばんこつ》は2列《れつ》しかありませんでした。一方《いっぽう》、現在《げんざい》のワニ類《るい》をみると、鱗板骨《りんばんこつ》は6列《れつ》あります。

ジュラ紀《き》のサウロスクスは2列《れつ》、白亜紀《はくあき》のベルニサルティアは4列《れつ》、現在《げんざい》のワニ類《るい》は6列《れつ》と、時代《じだい》が進《すす》むにつれて鱗板骨《りんばんこつ》は列《れつ》の数《かず》が増《ふ》えたわけです。そしてその分《ぶん》、鱗板骨《りんばんこつ》を形《かたち》づくるうろこの一《ひと》つ一《ひと》つは小《ち》さくなっていきました。

なぜ、このように変化《へんか》してきたのでしょうか?

かたい鱗板骨《りんばんこつ》は身《み》を守《まも》ることには役立《やくだ》ちますが、体《からだ》の動《うご》きもかたくなります。鱗板骨《りんばんこつ》が細《こま》かく分《わ》かれていれば、防御《ぼうぎょ》する力《ちから》を保《たも》ったまま、体《からだ》の動《うご》きをやわらかくすることができるのです。

化石《かせき》を見《み》たい! 群馬県立自然史博物館《ぐんまけんりつしぜんしはくぶつかん》

ベルニサルティアに近縁《きんえん》の「ゴニオフォリス」の化《か》石《せき》が展示《てんじ》されています。

群馬県立自然史博物館

もっとしりたい!

ベルニサルティアは、奥《おく》の方《ほう》の歯《は》が球《たま》のような形《かたち》をしていました。この歯《は》で、かたいものをすりつぶして食《た》べていたと考《かんが》えられています。

4本《あし》あしのヘビ
テトラポッドフィス

小《ち》さすぎるあし

ヘビといえば、細長《ほそなが》い体《からだ》で、あしのない爬虫類《はちゅうるい》のことですね。しかしこれは現在《げんざい》のヘビの特徴《とくちょう》です。

実《じつ》は、原始的《げんしてき》な爬虫類《はちゅうるい》はみんなあしがありました。そのため爬虫類《はちゅうるい》であるヘビの祖先《そせん》にもあしがあったといわれているのです。

そんな「あしのあるヘビ」の化石《かせき》が、ブラジルにある白亜紀《はくあき》の地層《ちそう》からみつかっています。2015年《ねん》に報《ほう》告《こく》されたそのヘビの名前《なまえ》を「テトラポッドフィス」といいます。

テトラポッドフィスは、20センチメートルほどの長《なが》さのヘビです。みつかっている化石《かせき》は、子《こ》どものものであるとみられています。長《なが》い胴体《どうたい》や、腹側《はらがわ》に大《おお》きなうろこがあるなど、ヘビとしての特徴《とくちょう》をもっていながら、小《ち》さい4本《ほん》のあしがありました。

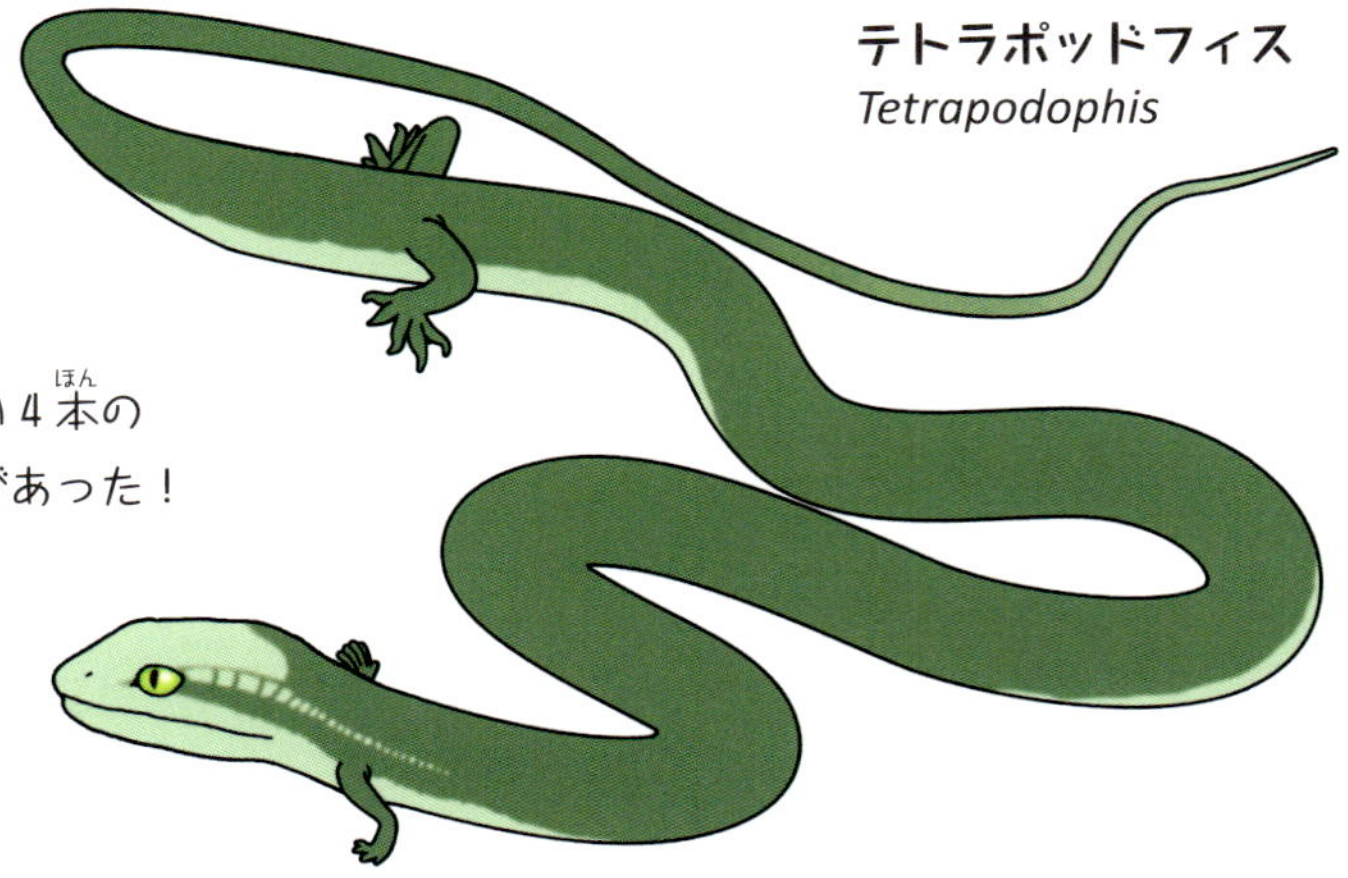

テトラポッドフィスのあしは、体《からだ》を支《ささ》えるためには小《ち》さすぎます。また、さまざまな特徴《とくちょう》からテトラポッドフィスは、現在《げんざい》のヘビと同《おな》じように体《からだ》をくねらせて移動《いどう》することができたと考《かんが》えられています。

テトラポッドフィスのあしは何《なに》に役立《やくだ》ったのでしょう？

研究者《けんきゅうしゃ》たちは、何《なに》かにつかまったり、獲物《えもの》をおさえたり、あるいは交尾《こうび》のときに役立《やくだ》ったのではないか、と考《かんが》えています。

どこであしを失《うしな》った？

ヘビの祖先《そせん》は、いつ、どこであしを失《うしな》ったのでしょうか？ かねてより、ヘビの祖先《そさき》は陸《りく》であしを失《うしな》ったという説《せつ》と、海《うみ》であしを失《うしな》ったという二《ふた》つの説《せつ》がありました。

テトラポッドフィスは陸《りく》のヘビです。そして、小《ち》さな、今《いま》にも失《うしな》われそうなあしをもっていました。そのため、ヘビの祖先《そせん》は陸《りく》であしを失《うしな》った、という説《せつ》が有力《ゆうりょく》になっています。

ただし、2016年《ねん》には、テトラポッドフィスは本当《ほんとう》にヘビだったのか？ という新《あら》たな疑問《ぎもん》が投《な》げかけられました。テトラポッドフィスとヘビの進化《しんか》をめぐる研究《けんきゅう》は、まさに今《いま》、議論《ぎろん》が行《おこな》われている最中《さいちゅう》なのです。

もっとしりたい！

テトラポッドフィスは、鋭《するど》い牙《きば》をもち、現在《げんざい》のヘビのように大《おお》きく口《くち》を開《あ》けることもできました。腹部《ふくぶ》からは脊椎動物《せきついどうぶつ》の骨《ほね》もみつかっており、獲物《えもの》を丸《まる》のみしていたと考《かんが》えられています。

前《まえ》あしを先《さき》に失《うしな》った2本《ほん》あしのヘビたち

後《うし》ろあしだけあるヘビ

右《みぎ》ページで紹介《しょうかい》したテトラポッドフィスは、4本《ほん》のあしをもつヘビでした。白亜紀《はくあき》には、ほかにも「2本《ほん》あしのヘビ」がいたことがわかっています。

一《ひと》つは、イスラエルの地層《ちそう》から化石《かせき》がみつかっている「パキラキス」です。パキラキスは1・5メートルほどの長《なが》さのヘビで、2本《ほん》の小《ちい》さな後《うし》ろあしがありました。

もう一《ひと》つは、アルゼンチンの地層《ちそう》から化石《かせき》がみつかっている「ナジャシュ」です。ナジャシュはパキラキスよりも大型《おおがた》で、2メートルの長《なが》さがありました。やはり、2本《ほん》の小《ちい》さな後《うし》ろあしをもっていました。

こうした化石《かせき》から、ヘビはもともと4本《ほん》のあしがあったものの、先《さき》に前《まえ》あしがなくなって、次《つぎ》に後《うし》ろあしもなくなり、現在《げんざい》のようなあしのないヘビが進化《しんか》したと考《かんが》えられています。

陸《りく》で進化《しんか》が進《すす》んだ

テトラポッドフィスのところでも紹介《しょうかい》したように、あしのないヘビが現《あらわ》れた場所《ばしょ》が海《うみ》なのか、陸《りく》なのかという点《てん》で研究者《けんきゅうしゃ》の意見《いけん》がわかれています。それというのも、パキラキスは海《うみ》に暮《く》らしていたヘビで、ナジャシュが陸《りく》で暮《く》らしていたヘビだったからです。

現在《げんざい》では、ナジャシュをはじめとした原始的《げんしてき》なヘビの化石《かせき》の多《おお》くが陸《りく》でみつかることなどから、ヘビは陸《りく》で進化《しんか》してきたという考《かんが》えが有力《ゆうりょく》になっています。テトラポッドフィスが本当《ほんとう》にヘビであるとしたら、ヘビが陸《りく》で進化《しんか》したという考《かんが》えはますます有力《ゆうりょく》になることでしょう。この場合《ばあい》、パキラキスのような海《うみ》で暮《く》らすヘビは、陸《りく》で暮《く》らすヘビから進化《しんか》したと考《かんが》えられるようになります。

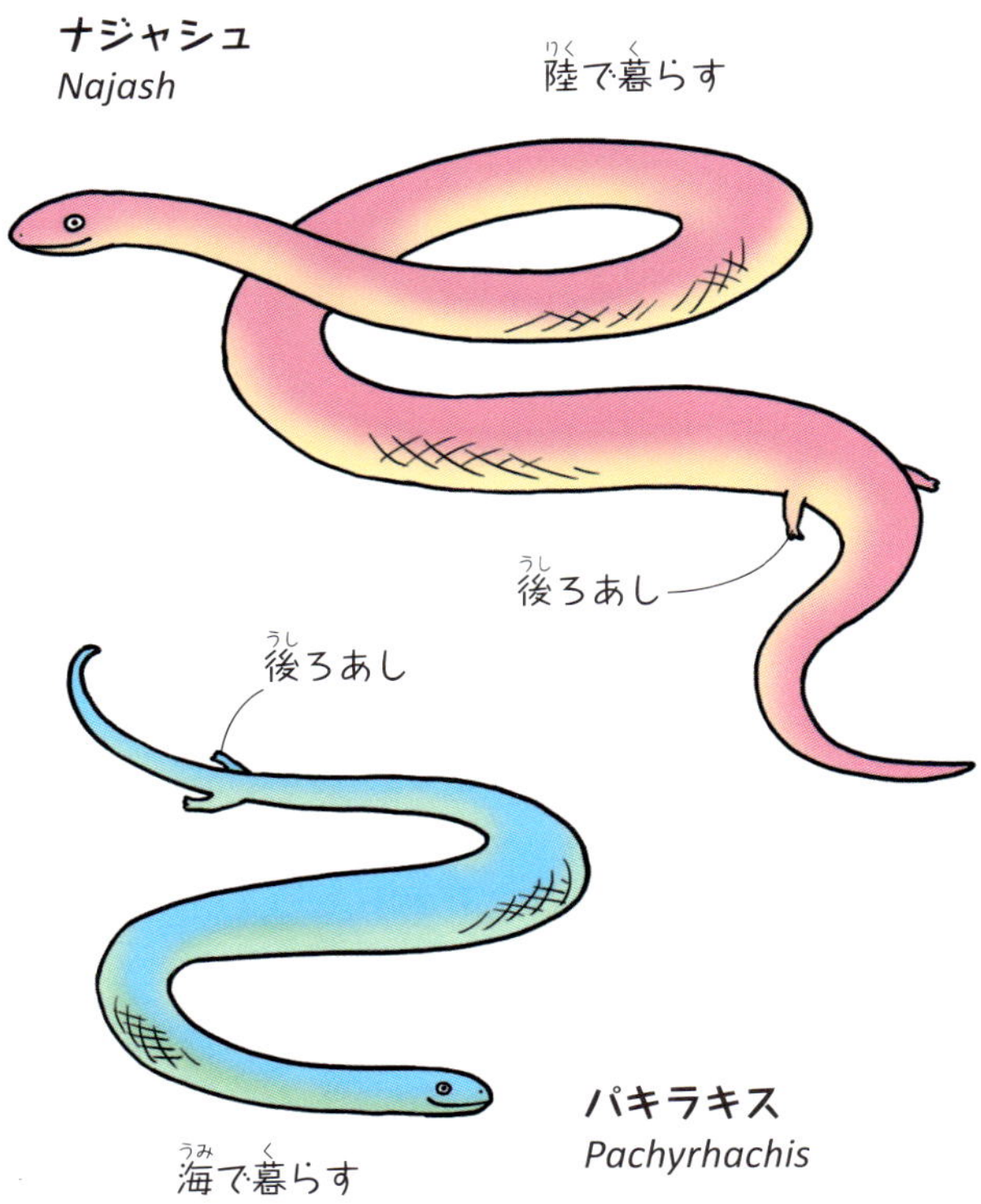

もっとしりたい! ヘビが陸上《りくじょう》で進化《しんか》したとする説《せつ》では、ヘビは地中《ちちゅう》にもぐって生活《せいかつ》していたと考《かんが》えられています。地中《ちちゅう》を移動《いどう》するのに、手《て》あしはない方《ほう》が便利《べんり》だろうというわけです。

8月 28日

読《よ》んだ日《ひ》 月 日 月 日

恐竜《きょうりゅう》の巣《す》を襲《おそ》っていたヘビ サナジェ

白亜紀《はくあき》

新生代《しんせいだい》 中生代《ちゅうせいだい》 古生代《こせいだい》 先《せん》カンブリア時代《じだい》

何《なに》を食《た》べていた？

今日《きょう》もヘビに関《かん》するお話《はなし》です。現在《げんざい》のヘビは、カエルやトカゲ、鳥類《ちょうるい》や哺乳類《ほにゅうるい》、それらの卵《たまご》など、さまざまな獲物《えもの》を襲《おそ》います。ヘビの種類《しゅるい》によっては、ある決《き》まった獲物《えもの》をねらうこともあります。

では、恐竜時代《きょうりゅうじだい》のヘビはどうだったのでしょうか？

古生物《こせいぶつ》の場合《ばあい》、ある動物《どうぶつ》が「何《なに》を食《た》べていたのか」ということがわかるのは、実《じつ》はまれです。なにしろ、食事《しょくじ》をしているところを観察《かんさつ》することができないのです。何《なに》を食《た》べていたかを知《し》る一《ひと》つの方法《ほうほう》は、化石《かせき》の胃《い》のあたりを調《しら》べることです。ほかの動物《どうぶつ》や植物《しょくぶつ》の化石《かせき》があれば、それを食《た》べていたのだろうと推測《すいそく》することができるのです。

インドの白亜紀《はくあき》の地層《ちそう》から、恐竜類《きょうりゅうるい》の巣《す》を襲《おそ》っていたとみられるヘビの化石《かせき》がみつかっています。そのヘビの名前《なまえ》を「サナジェ」といいます。長《なが》さ3・5メートルの大《おお》きなヘビでした。

竜脚類《りゅうきゃくるい》の巣《す》がねらわれた

サナジェの化石《かせき》がみつかったすぐそばには、竜脚類《りゅうきゃくるい》の巣《す》の化石《かせき》がありました。その竜脚類《りゅうきゃくるい》は、成長《せいちょう》すると10メートルをこす大型《おおがた》の恐竜《きょうりゅう》でした。卵《たまご》の大《おお》きさは15センチメートルほどです。

サナジェの化石《かせき》のそばには、竜脚類《りゅうきゃくるい》の卵《たまご》の化石《かせき》が二《ふた》つありました。そして、卵《たまご》からかえったばかりの赤《あか》ちゃんの化石《かせき》もありました。サナジェは竜脚類《りゅうきゃくるい》の巣《す》を襲《おそ》いに来《き》て、何《なん》らかの理由《りゆう》で巣《す》といっしょに埋《う》まり、化石《かせき》になったようなのです。

この化石《かせき》は、恐竜時代《きょうりゅうじだい》に竜脚《りゅうきゃく》類《るい》の卵《たまご》を襲《おそ》うヘビがいたという有力《ゆうりょく》な証拠《しょうこ》となっています。

行《い》ってみよう！ ジャパンスネークセンター

たくさんのヘビが飼育《しいく》されています。どのように動《うご》き、何《なに》を食《た》べるのかなど、現在《げんざい》のヘビを観察《かんさつ》してみよう。サナジェなどの過去《かこ》のヘビはどうだったのか想像《そうぞう》してみよう。

ホームページ

もっとしりたい！

現在《げんざい》のヘビは、のどにある特別《とくべつ》な骨《ほね》を使《つか》って卵《たまご》の殻《から》を割《わ》って食《た》べます。サナジェにはこうした骨《ほね》は確認《かくにん》されていません。卵《たまご》を割《わ》らずに、そのまま飲《の》みこんでいたとみられています。

史上最大《しじょうさいだい》のカエル
ベルゼブフォ

白亜紀《はくあき》

新生代《しんせいだい》 | 中生代《ちゅうせいだい》 | 古生代《こせいだい》 | 先《せん》カンブリア時代《じだい》

ベルゼブフォ
Beelzebufo

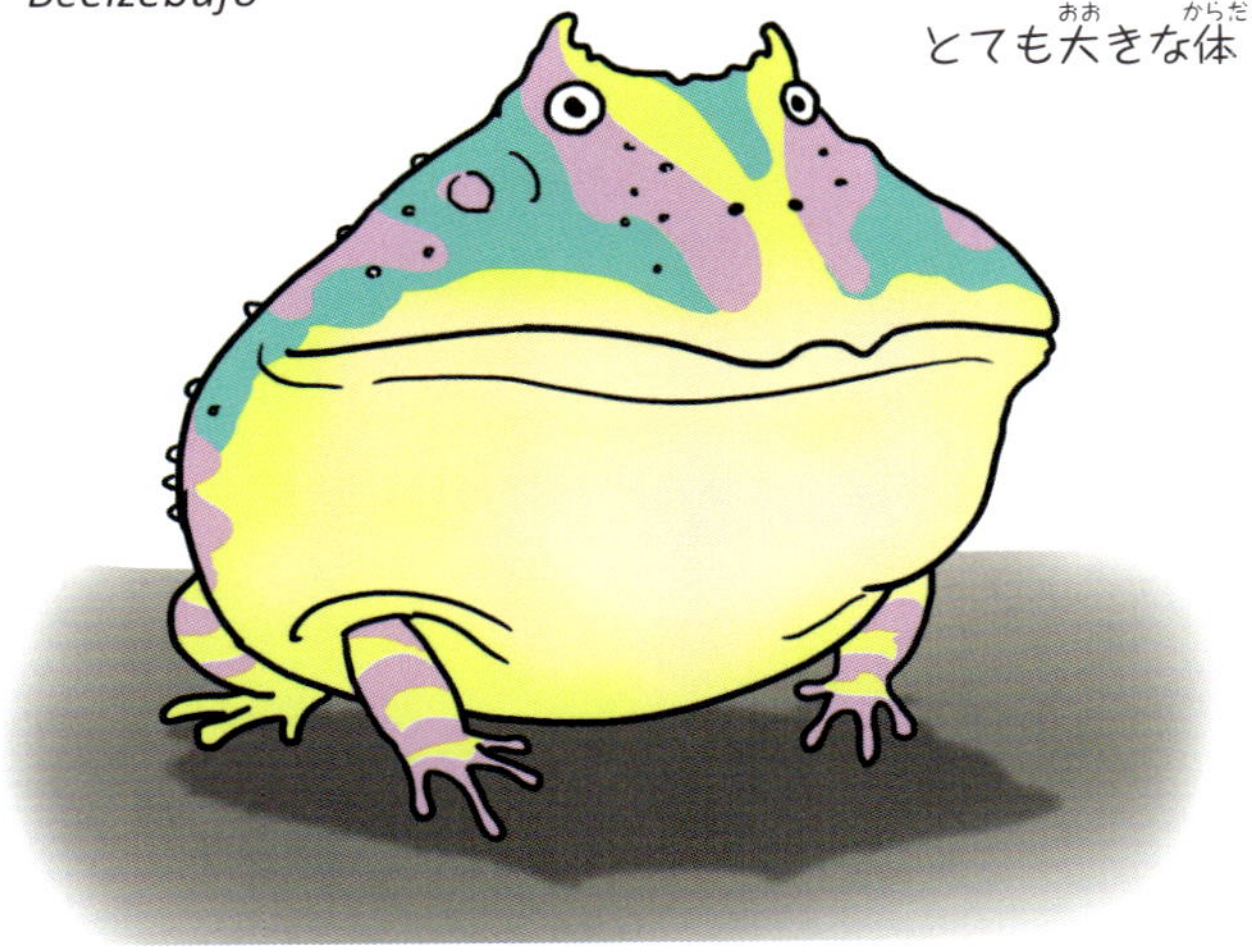

体重《たいじゅう》が4・5キロもあった

白亜紀《はくあき》には、史上最大《しじょうさいだい》といわれる巨大《きょだい》なカエルがいたことがわかっています。

マダガスカルの白亜紀《はくあき》の地層《ちそう》からみつかったそのカエルの名前《なまえ》を「ベルゼブフォ」といいます。現在《げんざい》の南《みなみ》アメリカで生《い》きているツノガエル類《るい》というグループに近《ちか》い仲間《なかま》だと考《かんが》えられています。

マダガスカルでみつかった化石《かせき》は体《からだ》の一部《いちぶ》だけでしたが、その一部《いちぶ》から推測《すいそく》されたベルゼブフォの大《おお》きさはなんと41センチメートルもありました。重《おも》さは4・5キログラムもあったとされています。

恐竜《きょうりゅう》の赤《あか》ちゃんも獲物《えもの》に？

ベルゼブフォの41センチメートルという大《おお》きさは、口先《くちさき》からおしりまでの長《なが》さで、あしは含《ふく》まれていません。現在《げんざい》の地球《ちきゅう》で、最《もっと》も大《おお》きいカエルの一《ひと》つは、アフリカで暮《く》らす「ゴライアスガエル」です。ゴライアスガエルの口先《くちさき》からおしりまでの長《なが》さは32センチメートルであり、ベルゼブフォより一《ひと》回《まわ》り小《ちい》さいくらいです。そんなゴアライスガエルでも、あしをのばしたときの口先《くちさき》から後《うし》ろあしの先《さき》までの長《なが》さは80センチメートルに達《たっ》します。ベルゼブフォのあし先《さき》までの長《なが》さは計算《けいさん》されていませんが、ひょっとしたら1メートルくらいになったかもしれませんね。

巨大《きょだい》な体《からだ》のベルゼブフォは、恐竜《きょうりゅう》の赤《あか》ちゃんなどを食《た》べていたのではないか、ともいわれています。

行《い》ってみよう！ あわしまマリンパーク

静岡県《しずおかけん》のあわしまマリンパークにある「カエル館《かん》」では、さまざまなカエルが飼育《しいく》されています。館内《かんない》でいちばん大《おお》きなカエルと、ベルゼブフォの大《おお》きさを比《くら》べてみよう！

もっとしりたい！ 「ベルゼブフォ」の名前《なまえ》は、聖書《せいしょ》などに登場《とうじょう》する魔王《まおう》「ベルゼブブ」にちなんでつけられたものです。

8月30日

読《よ》んだ日《ひ》 月 日 月 日

大《おお》きなとさかをもつ 白亜紀《はくあき》の翼竜《よくりゅう》たち

白亜紀《はくあき》

新生代 | 中生代 | 古生代 | 先カンブリア時代

ヨットの帆《ほ》のようなとさか

翼竜類《よくりゅうるい》は、大《おお》きくランフォリンクス類《るい》とプテロダクティルス類《るい》という二《ふた》つのグループに分《わ》けることができます。

今日《きょう》は、ブラジルの白亜紀《はくあき》の地層《ちそう》から化石《かせき》がみつかっている2種類《しゅるい》のプテロダクティルス類《るい》に注目《ちゅうもく》しましょう。

まずは、翼《つばさ》を広《ひろ》げた幅《はば》が3メートルほどになった「ツパンダクティルス」です。ツパンダクティルスは、頭部《とうぶ》に高《たか》さ50センチメートルものとさかをもっていました。このとさかは、上下《じょうげ》を細《ほそ》い骨《ほね》で支《ささ》えられ、その間《あいだ》に皮《かわ》の膜《まく》がはられていました。まるでヨットの帆《ほ》のような形《かたち》です。

ツパンダクティルスは、その眼《め》についても研究《けんきゅう》が進《すす》められ、昼《ひる》でも夜《よる》でも遠《とお》くまで景色《けしき》を見《み》ることができたことがわかっています。

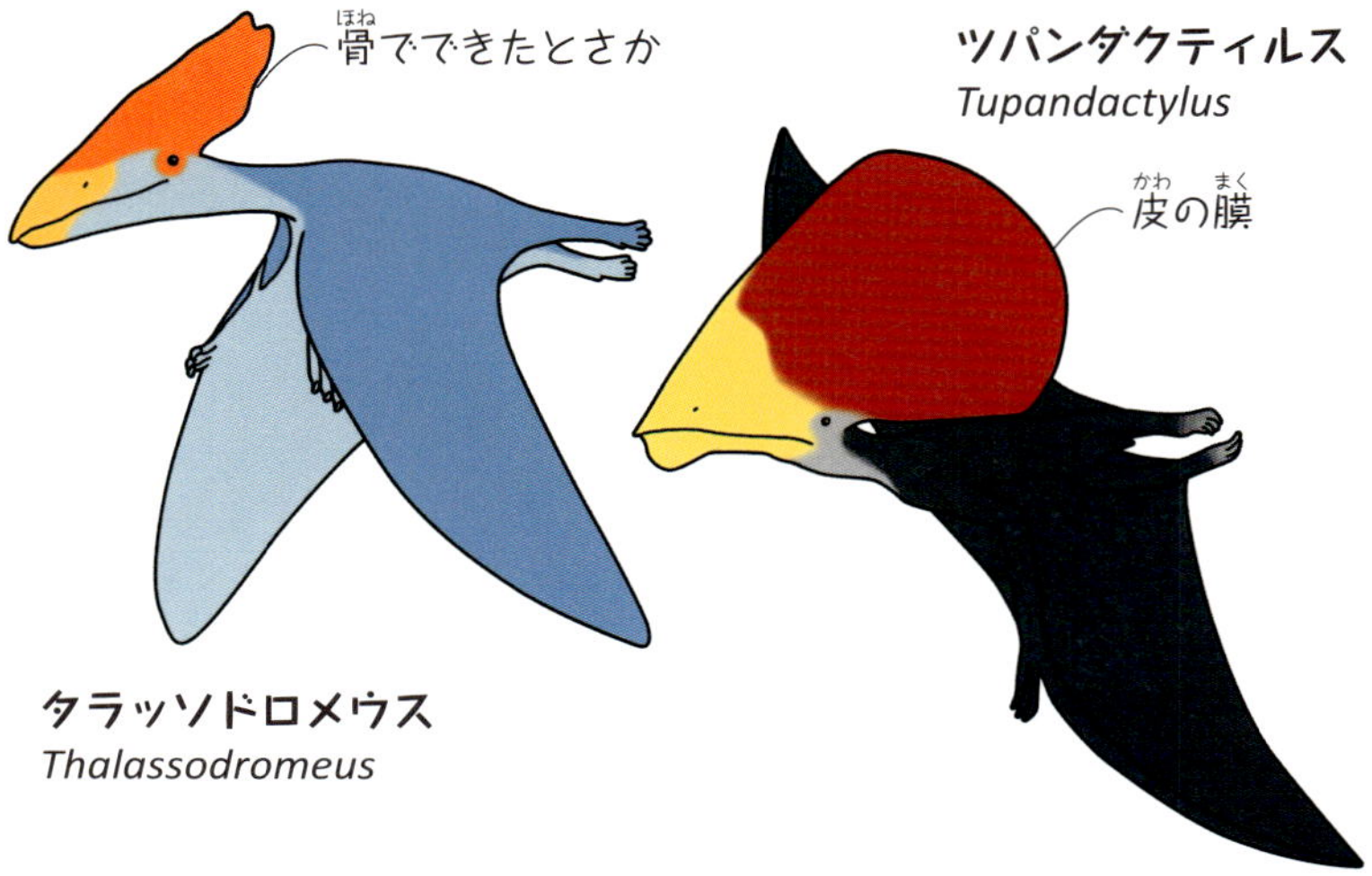

垂直尾翼《すいちょくびよく》のようなとさか

翼《つばさ》を広《ひろ》げると、その幅《はば》が4・5メートルになったのが「タラッソドロメウス」です。

タラッソドロメウスも頭部《とうぶ》に大《おお》きなとさかをもっていました。ただし、このとさかはツパンダクティルスとは異《こと》なり、すべて骨《ほね》でできていました。形《かたち》は飛行機《ひこうき》の垂直尾翼《すいちょくびよく》のようです。

タラッソドロメウスのとさかには、表面《ひょうめん》に血管《けっかん》があったとみられています。とさかを日光《にっこう》にあてることで体温《たいおん》を高《たか》めることができたのでしょう。その逆《ぎゃく》に、飛《と》んでいる間《あいだ》にとさかを風《かぜ》にさらせば体温《たいおん》を低《ひく》くすることもできたと考《かんが》えられています。

化石《かせき》を見《み》たい! いわき市《し》石炭《せきたん》・化石館《かせきかん》

「タペジャラ・ウェルンホーフェリ」という翼竜《よくりゅう》の化石《かせき》を見《み》ることができます。かつてツパンダクティルスと極《きわ》めて近縁《きんえん》と考《かんが》えられていた翼竜《よくりゅう》です。

もっとしりたい!

ツパンダクティルスは、フルネームを「ツパンダクティルス・インペラトール」といいます。この種《しゅ》は最近《さいきん》まで「タペジャラ・インペラトール」とよばれていたので、図鑑《ずかん》によっては名前《なまえ》がちがうかもしれません。

史上最大《しじょうさいだい》のシーラカンス
マウソニア

白亜紀《はくあき》
新生代《しんせいだい》 中生代《ちゅうせいだい》 古生代《こせいだい》 先《せん》カンブリア時代《じだい》

マウソニア・ラボカティ
Mawsonia lavocati

現在《げんざい》のシーラカンスの2倍近《ばいちか》い大《おお》きさ！

いろいろなシーラカンス

今日《きょう》は、シーラカンス類《るい》に注目《ちゅうもく》してみましょう。

シーラカンス類《るい》は、「生《い》きている化石《かせき》」とよばれている魚《さかな》の仲間《なかま》です。現在《げんざい》の海《うみ》には「ラティメリア」という種類《しゅるい》しかいませんが、かつてはたくさんの種類《しゅるい》がいたことがわかっています。この本《ほん》でも、110ページでミグアシャイア、112ページでハイネリアを紹介《しょうかい》しました。

白亜紀《はくあき》の海《うみ》にも、たくさんのシーラカンス類《るい》がいたことがわかっています。その中《なか》の一《ひと》つが「マウソニア」です。

マウソニアは、細長《ほそなが》い体《からだ》をしたシーラカンス類《るい》です。マウソニアという名前《なまえ》をもつシーラカンス類《るい》は何種類《なんしゅるい》かいて、化石《かせき》はブラジルやモロッコ、チュニジア、アルジェリアなどでみつかっています。

白亜紀《はくあき》の巨大《きょだい》シーラカンス

マウソニアの名前《なまえ》をもついくつかのシーラカンス類《るい》の中《なか》でも、「マウソニア・ラボカティ」は、史上《しじょう》最大《さいだい》のシーラカンスとしてよく知《し》られています

マウソニア・ラボカティの化石《かせき》は、モロッコにある白亜紀《はくあき》の地層《ちそう》からみつかります。その化石《かせき》は体《からだ》の一部分《いちぶぶん》だけでしたが、マウソニアの名前《なまえ》をもつほかのシーラカンス類《るい》を参考《さんこう》に研究《けんきゅう》された結果《けっか》、マウソニア・ラボカティの大《おお》きさは3・8メートルもあったことがわかりました。これは、現在《げんざい》の海《うみ》にいるラティメリアの2倍近《ばいちか》い大《おお》きさです。

化石《かせき》を見《み》たい！　北九州市立自然史《きたきゅうしゅうしりつしぜんし》・歴史博物館《れきしはくぶつかん》

マウソニア・ラボカティの全身復元骨格《ぜんしんふくげんこっかく》が天井《てんじょう》から吊《つ》られています。

北九州市立自然史・歴史博物館

ここでもみられます！
ミュージアムパーク 茨城県自然博物館　ほか

もっとしりたい！
北九州市立自然史《きたきゅうしゅうしりつしぜんし》・歴史博物館《れきしはくぶつかん》には、世界《せかい》に一《ひと》つしかないマウソニアの全身骨格《ぜんしんこっかく》（実物《じつぶつ》）が展示《てんじ》されています。そのマウソニアの名前《なまえ》を「マウソニア・ブラジリエンシス」といいます。

北《きた》アメリカ大陸《たいりく》を分断《ぶんだん》した ウエスタン・インテリア・シー

北《きた》アメリカ大陸《たいりく》を貫《つらぬ》く海《うみ》

今日《きょう》は地理《ちり》の話《はなし》です。地図帳《ちずちょう》や地球儀《ちきゅうぎ》があれば、久《ひさ》しぶりに用意《ようい》してから読《よ》んでみましょう。

＊＊＊＊＊

白亜紀《はくあき》は、海《うみ》の水面《すいめん》の高《たか》さがとても高《たか》かった時代《じだい》でした。とくに白亜紀《はくあき》なかばは、世界中《せかいじゅう》の大陸《たいりく》があちこちらで水没《すいぼつ》していました。

そうした水没《すいぼつ》していた地域《ちいき》の中《なか》で最《もっと》も有名《ゆうめい》な場所《ばしょ》が北《きた》アメリカ大陸《たいりく》です。北《きた》アメリカ大陸《たいりく》では、中西部《ちゅうせいぶ》の大部分《だいぶぶん》が海《うみ》の底《そこ》にありました。現在《げんざい》のテキサス州《しゅう》やカンザス州《しゅう》、コロラド州《しゅう》といった南《みなみ》の州《しゅう》から、カナダのアルバータ州《しゅう》からノースウェスト準州《じゅんしゅう》にかけて、海《うみ》が貫《つらぬ》いていたのです。地図帳《ちずちょう》でこれらの州《しゅう》の位置《いち》を確認《かくにん》してみてください。この海《うみ》の大《おお》きさがよくわかると思《おも》います。

この海《うみ》は、「ウエスタン・インテリア・シー」とよばれています。ウエスタン・インテリア・シーによって、北《きた》アメリカ大陸《たいりく》は東《ひがし》と西《にし》に分《わ》かれていました。西側《にしがわ》の地域《ちいき》を「ララミディア」、東側《ひがしがわ》の地域《ちいき》を「アパラチア」といいます。

ティラノサウルスをはじめ、トリケラトプスやアンキロサウルスなど、白亜紀《はくあき》の有名《ゆうめい》な恐竜《きょうりゅう》たちが暮《く》らしていたのは、西側《にしがわ》のララミディアでした。

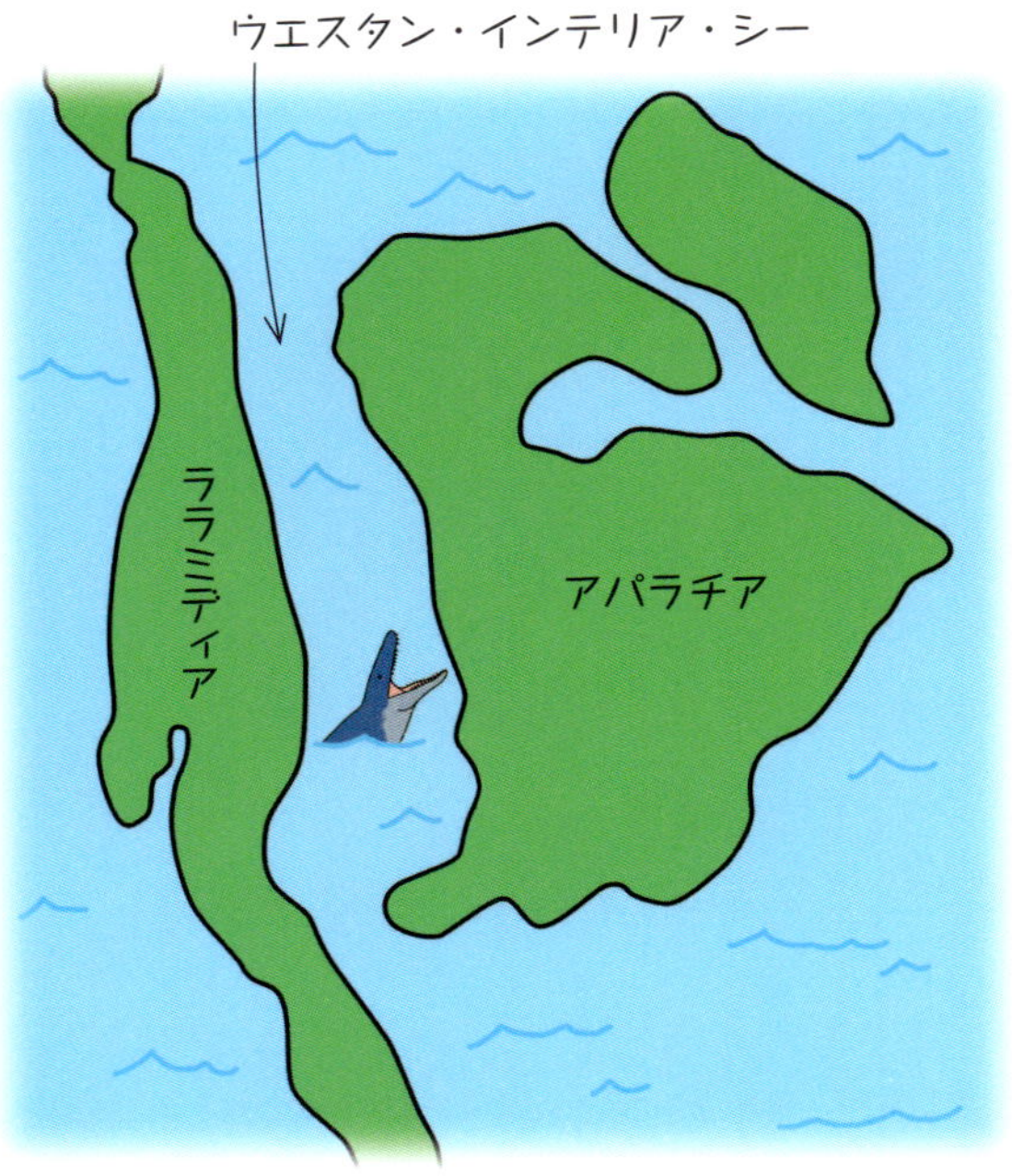

とてもたくさんの生物《せいぶつ》がいた

ウエスタン・インテリア・シーは、南北《なんぼく》6000キロメートルにわたる広《ひろ》く、浅《あさ》い海《うみ》でした。この海《うみ》ではたくさんの生物《せいぶつ》が暮《く》らしていたことがわかっています。

アンモナイト類《るい》やクビナガリュウ類《るい》、カメ類《るい》といった海《うみ》で暮《く》らす爬虫類《はちゅうるい》がまず挙《あ》げられます。これらの動物《どうぶつ》を狩《か》るモササウルス類《るい》というグループもいました。ほかにもたくさんの魚《さかな》の仲間《なかま》がいたことがわかっています。

これからしばらくの間《あいだ》、このウエスタン・インテリア・シーの動物《どうぶつ》たちを紹介《しょうかい》していきましょう。

もっとしりたい！

ウエスタン・インテリア・シーは、Western Interior Seaと書《か》きます。日本語《にほんご》では、「西部内陸海《せいぶないりくかい》」と訳《やく》されることがあります。現在《げんざい》では干上《ひあ》がって大平原《だいへいげん》をつくっています。

茎《くき》のないウミユリ類《るい》
ウインタクリヌス

白亜紀《はくあき》
新生代《しんせいだい》 中生代《ちゅうせいだい》 古生代《こせいだい》 先カンブリア時代《ぜんじだい》

海《うみ》の中《なか》を漂《ただよ》い、旅《たび》をした

ウミユリ類《るい》はヒトデやウニなどと同《おな》じ棘皮動物《きょくひどうぶつ》の仲間《なかま》です。ほとんどのウミユリ類《るい》は、海底《かいてい》にくっついて茎《くき》をのばし、がくからたくさんの腕《うで》をのばします。

古生代《こせいだい》ペルム紀末《きまつ》の大量絶滅《たいりょうぜつめつ》事件《じけん》がおきたとき、ウミユリ類《るい》は大《おお》きく数《かず》を減《へ》らしました。しかしそれでも絶滅《ぜつめつ》したわけではなく、その後《ご》もいくつかのウミユリ類《るい》が現《あらわ》れては滅《ほろ》びていきました。

アメリカの白亜紀《はくあき》の地層《ちそう》からみつかる「ウインタクリヌス」は、がくの大《おお》きさが7センチメートルくらいあったウミユリ類《るい》です。ウインタクリヌスは、海《うみ》の中《なか》を漂《ただよ》いながら、旅《たび》をしていたと考《かんが》えられています。

「旅《たび》をするウミユリ」というと、201ページで紹介《しょうかい》したセイロクリヌスがいました。ウインタクリヌスは、セイロクリヌスとは決定的《けっていてき》なちがいがありました。茎《くき》がないのです。茎《くき》のないウミユリ類《るい》はほかにもいましたが、ウインタクリヌスはその中《なか》でも最《もっと》も大《おお》きな体《からだ》をしていました。

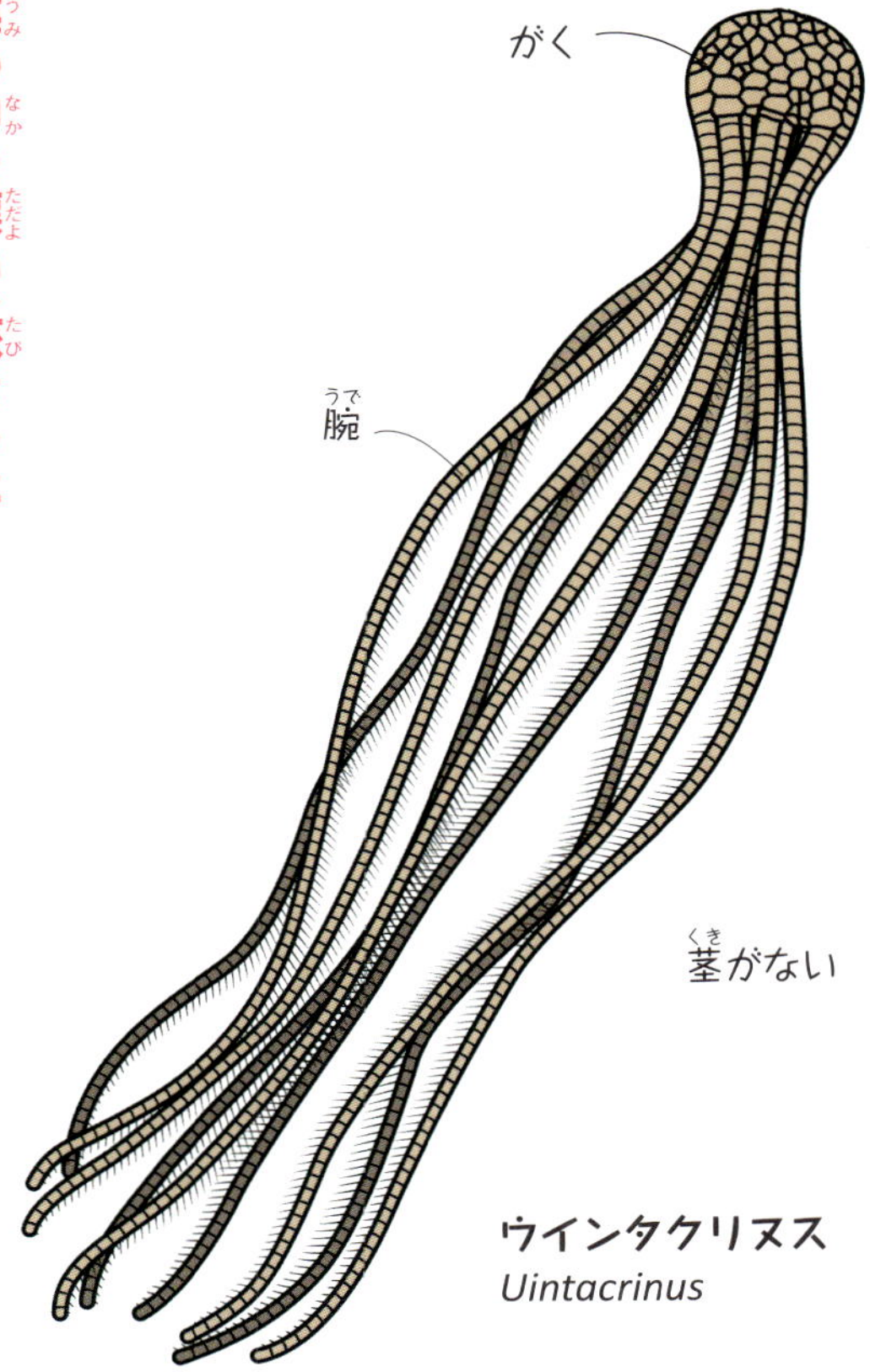

なぜか集団《しゅうだん》でみつかる

ウインタクリヌスには大《おお》きな謎《なぞ》があります。化石《かせき》が一《ひと》つだけでみつかったことがないのです。必《かなら》ずいくつかのウインタクリヌスがまとまって、重《かさ》なりあうようにして発見《はっけん》されるのです。

なぜ、ウインタクリヌスの化石《かせき》は集団《しゅうだん》でみつかるのでしょう？その答《こた》えはよくわかっていません。

化石《かせき》を見《み》たい！ 名古屋大学博物館《なごやだいがくはくぶつかん》

ウインタクリヌスと同《おな》じ泳《およ》ぐウミユリである「サッココーマ」の化石《かせき》が展示《てんじ》されています。

もっとしりたい！ ウインタクリヌスの化石《かせき》は、1メートル四方《しほう》あたりに25～50個体《こたい》が集《あつ》まってみつかるものもめずらしくありません。

宝石《ほうせき》になるアンモナイト
プラセンチセラス

プラセンチセラス
Placenticeras

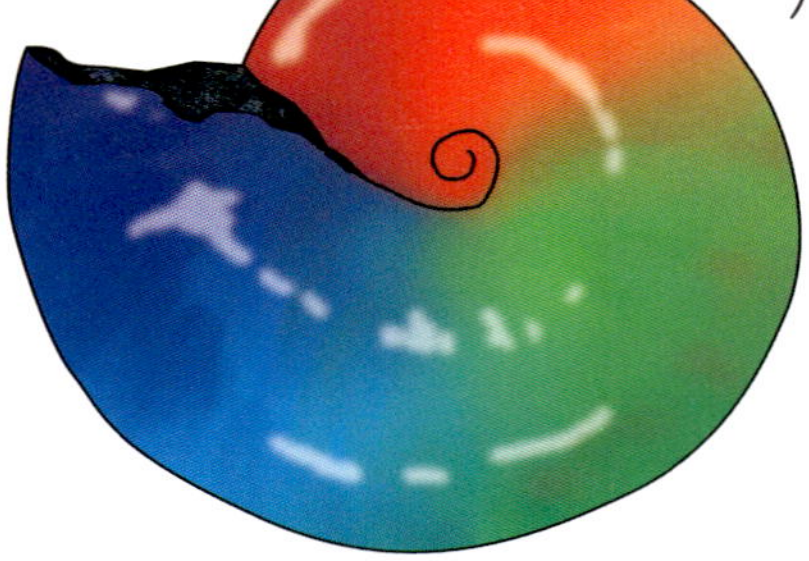

アンモライトという宝石《ほうせき》になったプラセンチセラスの化石《かせき》

宝石《ほうせき》のように輝《かがや》く化石《かせき》

地層《ちそう》から掘《ほ》り出《だ》された化石《かせき》の色《いろ》は、さまざまです。黒色《くろいろ》、灰色《はいいろ》、茶色《ちゃいろ》、白色《しろいろ》などの化石《かせき》がみつかります。こうした色《いろ》は、ほとんどの場合《ばあい》、その生物《せいぶつ》が生《い》きていたときの色《いろ》ではありません。生物《せいぶつ》が化石《かせき》になる途中《とちゅう》で、埋《う》もれていた地層《ちそう》の影響《えいきょう》を受《う》けてさまざまな色《いろ》になるのです。

かつて、ウエスタン・インテリア・シーにはたくさんのアンモナイト類《るい》が暮《く》らしていました。その中《なか》の一《ひと》つ、カナダのアルバータ州《しゅう》の地層《ちそう》からみつかる「プラセンチセラス」の化石《かせき》は、赤色《あかいろ》、緑色《みどりいろ》、青色《あおいろ》といったさまざまな色《いろ》を放《はな》つことで知《し》られています。虹色《にじいろ》に輝《かがや》くアンモナイトなのです! 見《み》る角度《かくど》を変《か》えると微妙《びみょう》に色合《いろあ》いが変《か》わるという特徴《とくちょう》もあります。

殻《から》の構造《こうぞう》が残《のこ》されている

プラセンチセラスの虹色《にじいろ》の輝《かがや》きをつくりだしているのは、殻《から》の細《こま》かい構造《こうぞう》です。もともとアンモナイトの殻《から》の内部《ないぶ》は、顕微鏡《けんびきょう》で見《み》ないとわからないくらい細《こま》かい、複雑《ふくざつ》なつくりになっています。長《なが》い年月《ねんげつ》をかけて化石《かせき》になる間《あいだ》にこのような構造《こうぞう》は失《うしな》われてしまうことがほとんどです。しかし、プラセンチセラスの場合《ばあい》は、埋《う》もれていた地層《ちそう》の環境《かんきょう》が独特《どくとく》なものだったために、もともとの殻《から》の構造《こうぞう》が残《のこ》されているのです。その細《こま》かい構造《こうぞう》が光《ひかり》を複雑《ふくざつ》にはね返《かえ》し、虹色《にじいろ》に輝《かがや》くのです。

プラセンチセラスの化石《かせき》は、宝石《ほうせき》としても扱《あつか》われています。化石《かせき》の破片《はへん》を使《つか》ってアクセサリーなどがつくられているのです。

宝石《ほうせき》として扱《あつか》われるときの名前《なまえ》は、「アンモライト」です。プラセンチセラスの化石《かせき》は世界中《せかいじゅう》でみつかっていますが、アンモライトとよばれるほど美《うつく》しい化石《かせき》は、カナダのアルバータ州《しゅう》にある決《き》まった地層《ちそう》だけからみつかります。

化石《かせき》を見《み》たい! 豊橋市自然史博物館《とよはしししぜんしはくぶつかん》

見《み》る角度《かくど》によって輝《かがや》きが変《か》わります。いろいろな角度《かくど》から観察《かんさつ》してみよう!

ここでもみられます!
福井県立恐竜博物館、大阪市立自然史博物館、北九州市立自然史・歴史博物館 ほか

もっとしりたい! アンモライトの中《なか》でもいちばん多《おお》い色《いろ》は、赤色《あかいろ》です。青色《あおいろ》の化石《かせき》はとてもめずらしいとされています。

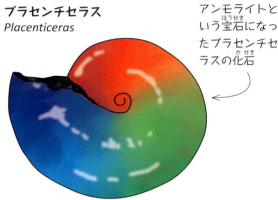

卵《たまご》ではなく赤《あか》ちゃんを産《う》んだ ポリコティルス

白亜紀《はくあき》

新生代 中生代 古生代 先カンブリア時代

長《なが》くも短《みじか》くもない首《くび》

これまでクビナガリュウ類《るい》については、258ページのフタバサウルスのような「首《くび》の長《なが》いクビナガリュウ類《るい》」と、260ページのクロノサウルスのような「首《くび》の短《みじか》いクビナガリュウ類《るい》」を紹介《しょうかい》してきました。

実《じつ》は、首《くび》が長《なが》くも短《みじか》くもないクビナガリュウ類《るい》もいました。たとえば、ウエスタン・インテリア・シーにいた「ポリコティルス」がそうでした。

ポリコティルスの首《くび》の長《なが》さは、フタバサウルスほど長《なが》くはなく、クロノサウルスほど短《みじか》くもありません。また、頭部《とうぶ》の大《おお》きさは、フタバサウルスほど小《ちい》さくはなく、クロノサウルスほど大《おお》きくもありませんでした。ポリコティルスの頭部《とうぶ》は、どちらかといえば、魚竜《ぎょりゅう》類《るい》とよく似《に》ていました。

赤《あか》ちゃんを産《う》む爬虫類《はちゅうるい》

ポリコティルスの化石《かせき》には、そのおなかの部分《ぶぶん》に赤《あか》ちゃんの化石《かせき》がみつかるものがあります。このことから、ポリコティルスは哺乳類《ほにゅうるい》と同《おな》じように、卵《たまご》ではなく赤《あか》ちゃんを産《う》んでいたことがわかります。

クビナガリュウ類《るい》は爬虫類《はちゅうるい》の中《なか》の1グループです。爬虫類《はちゅうるい》の多《おお》くは卵《たまご》で生《う》まれます。しかし、たとえば200ページでみた魚竜類《ぎょりゅうるい》のステノプテリギウスのように、爬虫類《はちゅうるい》でも赤《あか》ちゃんを産《う》む種《しゅ》がいたことがわかっています。

ポリコティルスの赤《あか》ちゃん化石《かせき》の発見《はっけん》によって、クビナガリュウ類《るい》も魚竜類《ぎょりゅうるい》と同《おな》じ方法《ほうほう》で出産《しゅっさん》をしていたことがわかったのです。

化石《かせき》を見《み》たい！ いわき市石炭《しせきたん》・化石館《かせきかん》

ポリコティルスに近縁《きんえん》の「トリナクロメルム」の全身復元骨格《ぜんしんふくげんこっかく》が天井《てんじょう》から吊《つ》られています。

もっとしりたい！ ポリコティルスのおなかにいた赤《あか》ちゃんは、どれも1匹《ぴき》だけでした。このことから、ポリコティルスは「少《すく》なく産《う》んで大切《たいせつ》に育《そだ》てる」という方法《ほうほう》で数《かず》を増《ふ》やしていたとみられています。

軽《けい》自《じ》動《どう》車《しゃ》より大《おお》きいカメ
アーケロン

白亜紀《はくあき》

新生代《しんせいだい》　中生代《ちゅうせいだい》　古生代《こせいだい》　先《せん》カンブリア時代《じだい》

史上最大《しじょうさいだい》のカメ！

三畳紀《さんじょうき》に現《あらわ》れたカメ類《るい》は、白亜《はくあ》紀《き》には陸《りく》にも海《うみ》にもたくさんの種類《しゅるい》が暮《く》らすようになっていました。ウエスタン・インテリア・シーには、そんなカメ類《るい》の中《なか》でも「史上《しじょう》最大《さいだい》」として知《し》られるウミガメがいたことがわかっています。

そのカメの名前《なまえ》は「アーケロン」です。アーケロンは、甲羅《こうら》の大《おお》きさが2・2メートルもありました。現在《げんざい》の地球《ちきゅう》で最《もっと》も大《おお》きいといわれているオサガメの大《おお》きさが1・9メートルですから、アーケロンはそれよりも一回《ひとまわ》り大《おお》きい甲羅《こうら》をもっていたということになります。

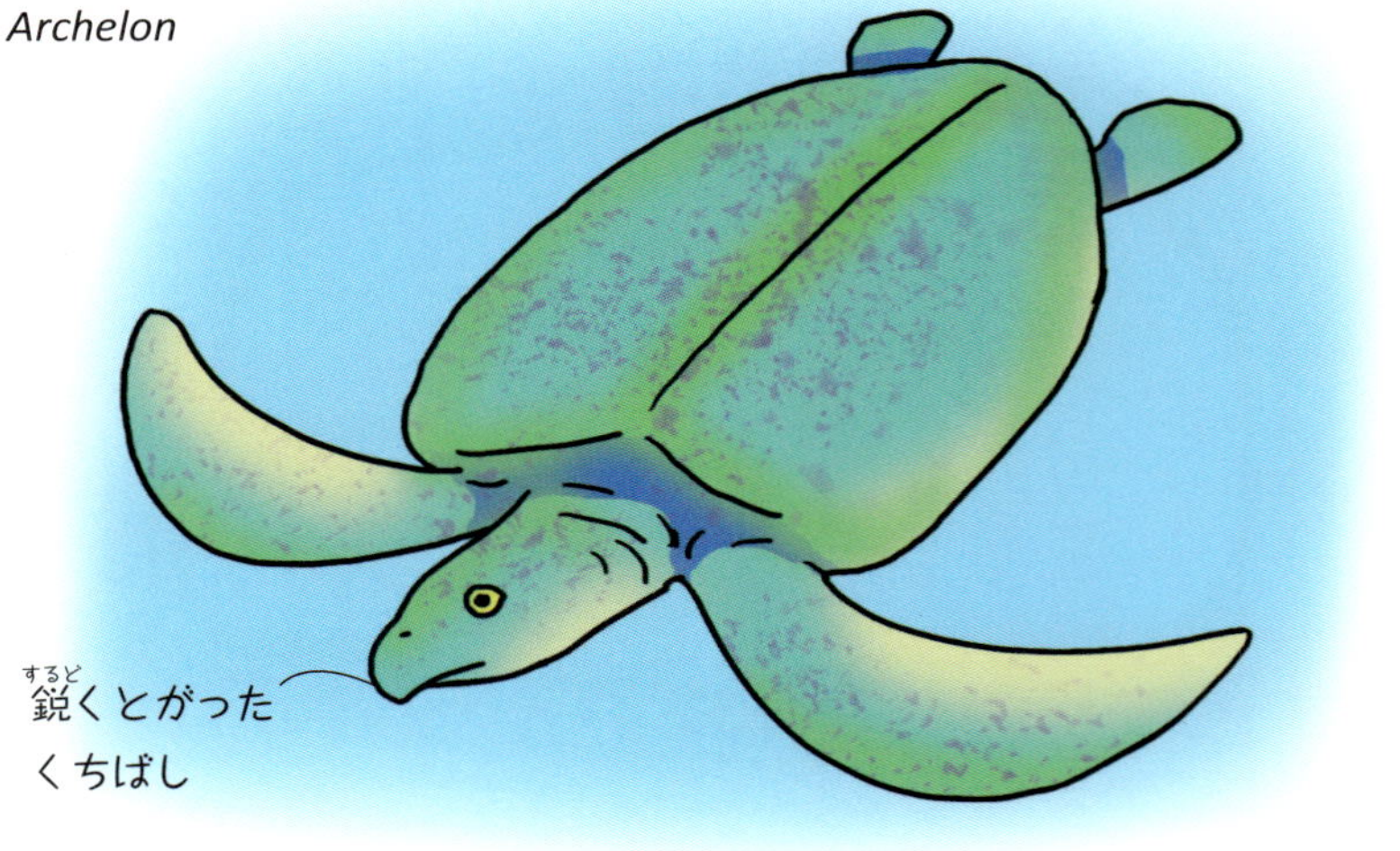

鋭《するど》いくちばし

アーケロンは甲羅《こうら》だけでなく、頭《あたま》も大《おお》きなカメでした。頭《あたま》もいれた全身《ぜんしん》の大《おお》きさは、3・5メートルでした。軽自動車《けいじどうしゃ》の大《おお》きさは最大《さいだい》で3・4メートルなので、アーケロンは軽自動車《けいじどうしゃ》よりも大《おお》きかったことになるのです。

アーケロンのくちばしは、先端《せんたん》が鋭《するど》くとがってました。また、あごの骨《ほね》もがっしりとしたつくりです。こうした点《てん》から、力《ちから》はかなり強《つよ》かっただろう、獲物《えもの》をかむといわれています。アンモナイトなどを殻《から》ごと食《た》べることもできたかもしれません。

化石《かせき》を見《み》たい！　国立科学博物館《こくりつかがくはくぶつかん》

天井《てんじょう》から全身復元骨格《ぜんしんふくげんこっかく》が吊《つ》られています。真下《ました》から観察《かんさつ》してみよう！

国立科学博物館

ここでもみられます！
群馬県立自然史博物館、福井県立恐竜博物館　ほか

もっとしりたい！
アーケロンは、ウエスタン・インテリア・シーだけに暮《く》らしていたウミガメです。世界中《せかいじゅう》の海《うみ》で暮《く》らすオサガメなどと比《くら》べると、あまり泳《およ》ぎが上手《じょうず》ではなかったのかもしれません。

何年前《なんねんまえ》にいた古生物《こせいぶつ》かくわしく知《し》る方法《ほうほう》

示準化石《しじゅんかせき》ではわからないこと

256ページでは、地層《ちそう》の時代《じだい》がわかる化石《かせき》として、示準《しじゅん》化石《かせき》を紹介《しょうかい》しました。示準化石《しじゅんかせき》がみつかると、その地層《ちそう》がいったいいつごろできたものかがわかります。ただし、この場合《ばあい》の「いつ」とは、「時代《じだい》」のことです。カンブリア紀《き》やデボン紀《き》、ジュラ紀《き》といった時代《じだい》がわかるのであって、「何年前《なんねんまえ》」といえるくらい細《こま》かい数字《すうじ》はわかりません。

〝変身《へんしん》する元素《げんそ》〟を調《しら》べる

「何年前《なんねんまえ》」という細《こま》かい数字《すうじ》を知《し》るためには、地層《ちそう》に含《ふく》まれるさまざまな〝変身《へんしん》する元素《げんそ》〟を調《しら》べる方法《ほうほう》があります。たとえば、カリウムという元素《げんそ》は、時間《じかん》が経《た》つとアルゴンという元素《げんそ》に〝変身《へんしん》〟することが知《し》られています。どのくらいの速《はや》さで変身《へんしん》が進《すす》むのかもわかっています。

そこで、地層《ちそう》にカリウムが含《ふく》まれる場合《ばあい》は、カリウムとアルゴンの量《りょう》を調《しら》べます。そこから、この地層《ちそう》が何年前《なんねんまえ》につくられたものなのかがわかるのです。カリウムがたくさん残《のこ》っていれば、地層《ちそう》ができてからまだ時間《じかん》がそれほど経《た》っていないことになります。逆《ぎゃく》にアルゴンがたくさんあれば、地層《ちそう》ができてから長《なが》い年月《ねんげつ》が経《た》っていることになるのです。

こうした〝変身《へんしん》する元素《げんそ》〟は、溶岩《ようがん》や火山灰《かざんばい》などに含《ふく》まれていることが多《おお》くあります。化石《かせき》を含《ふく》む地層《ちそう》に溶岩《ようがん》や火山灰《かざんばい》がない場合《ばあい》は、いちばん近《ちか》い場所《ばしょ》にある溶岩《ようがん》や火山灰《かざんばい》を調《しら》べることになります。

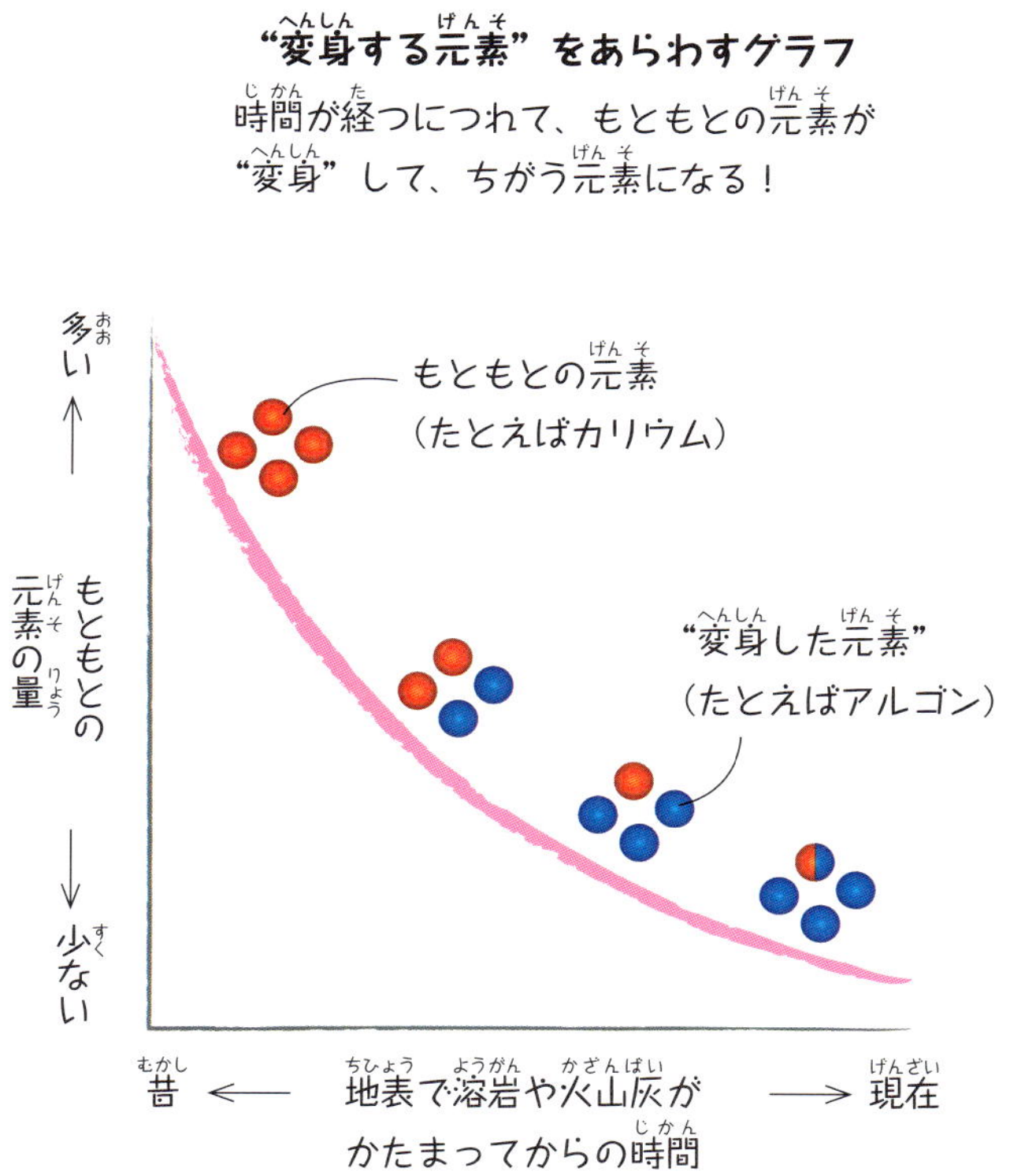

“変身《へんしん》する元素《げんそ》”をあらわすグラフ
時間《じかん》が経《た》つにつれて、もともとの元素《げんそ》が“変身《へんしん》”して、ちがう元素《げんそ》になる！

もっとしりたい！
“変身《へんしん》する元素《げんそ》”のことを研究者《けんきゅうしゃ》は「放射性元素《ほうしゃせいげんそ》」とよびます。元素《げんそ》とは、それ以上細《いじょうこま》かく分《わ》けられない物質《ぶっしつ》のことです。すべての元素《げんそ》を並《なら》べた図《ず》のことを「元素《げんそ》の周期表《しゅうきひょう》」といいます。

9月 7日
読《よ》んだ日《ひ》
月 日
月 日

マーストリヒトの大怪獣《だいかいじゅう》 モササウルス

白亜紀《はくあき》

新生代《しんせいだい》 ｜ 中生代《ちゅうせいだい》 ｜ 古生代《こせいだい》 ｜ 先《せん》カンブリア時代《じだい》

礼拝所《れいはいじょ》に飾《かざ》られた化石《かせき》

まだ古生物学《こせいぶつがく》が学問《がくもん》として認《みと》められていなかった近代《きんだい》まで、しばしば化石《かせき》は、「モンスターの死体《したい》」として扱《あつか》われてきました。そうした化石《かせき》の中《なか》で有名《ゆうめい》なものの一《ひと》つが、「マーストリヒトの大怪獣《だいかいじゅう》」です。

マーストリヒトの大怪獣《だいかいじゅう》は、1780年《ねん》ごろにオランダのマーストリヒトという街《まち》のそばでみつかりました。それは大《おお》きさ1・6メートルの頭《あたま》の骨《ほね》で、太《ふと》くて鋭《するど》い歯《は》が並《なら》んでいました。当時《とうじ》、この骨《ほね》の化石《かせき》は、絶滅《ぜつめつ》した大怪獣《だいかいじゅう》の骨《ほね》であると考《かんが》えられて、礼拝所《れいはいじょ》に飾《かざ》られました。

その後《ご》、この骨《ほね》の化石《かせき》は、絶滅《ぜつめつ》したオオトカゲのものであるとみられるようになりました。そして、発見《はっけん》場所《ばしょ》に近《ちか》い川《かわ》の名前《なまえ》にちなんで、「モササウルス」という名前《なまえ》がつけられたのです。

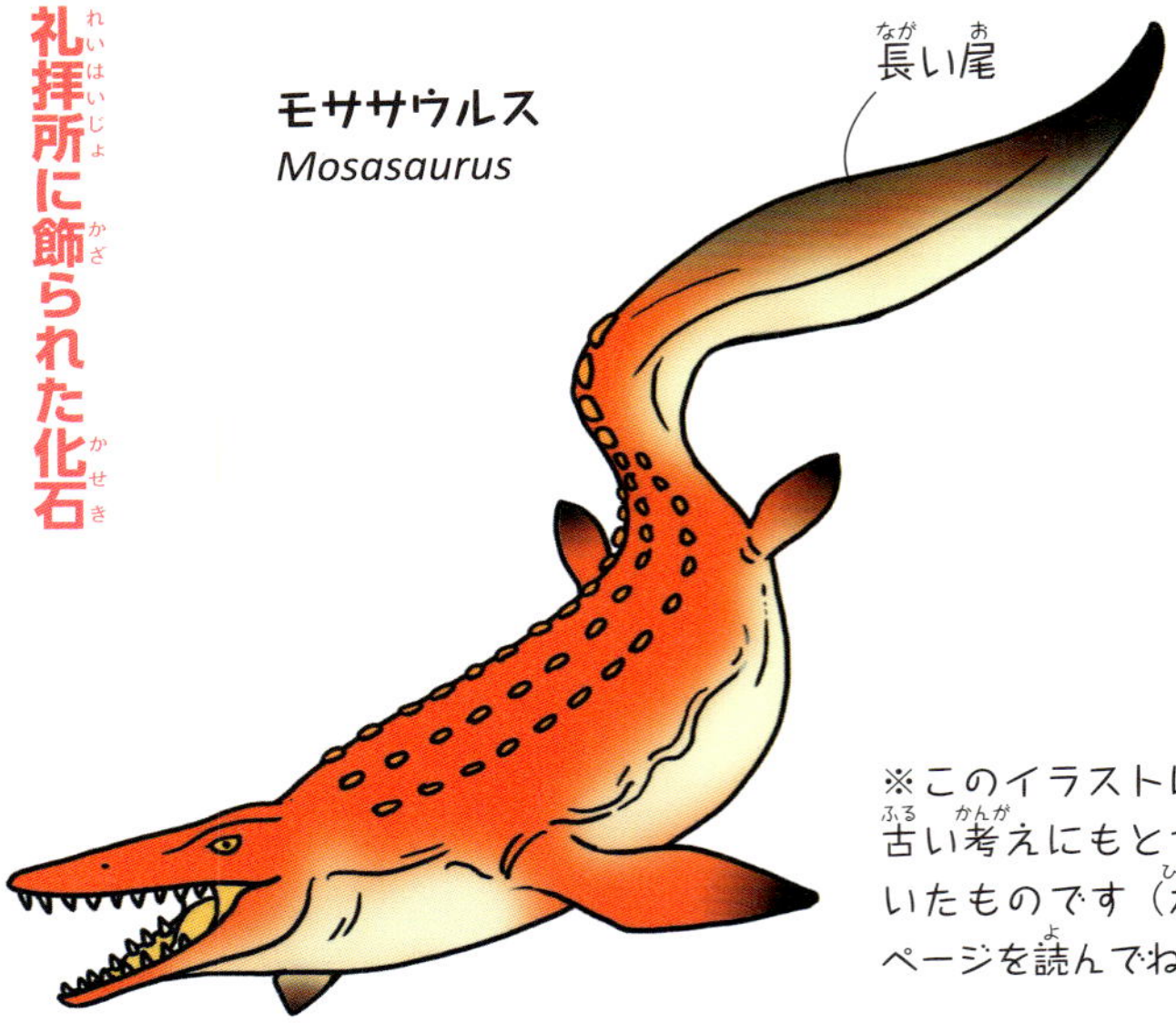

※このイラストは古《ふる》い考《かんが》えにもとづいたものです（左《ひだり》ページを読《よ》んでね）

白亜紀《はくあき》の海《うみ》で最強《さいきょう》

モササウルスは、「モササウルス類《るい》」という爬虫類《はちゅうるい》グループの代表的《だいひょうてき》な種類《しゅるい》の一《ひと》つです。モササウルス類《るい》は大《おお》きなものでは17メートルにまで成長《せいちょう》する、巨体《きょたい》だったようです。その中《なか》でもモササウルスは10メートルをこえる大型《おおがた》の爬虫類《はちゅうるい》でした。長《なが》い体《からだ》から長《なが》い尾《お》が生《は》えていて、大《おお》きな頭《あたま》にはがっしりとしたあごがあり、そこには太《ふと》くて鋭《するど》い歯《は》が並《なら》んでいました。手《て》あしがひれになっていたことから、一生《いっしょう》を水《みず》の中《なか》で暮《く》らしていたとみられています。

モササウルス類《るい》は、白亜紀《はくあき》のなかばをすぎてから現《あらわ》れました。そしてほどなく、白亜紀《はくあき》の海《うみ》で最強《さいきょう》の動物《どうぶつ》になりました。

化石《かせき》を見《み》たい！ むかわ町《ちょう》穂別《ほべつ》博物館《はくぶつかん》

穂別《ほべつ》でみつかったモササウルス類《るい》の化石《かせき》が展示《てんじ》されています。生《い》きているときのようすを復元《ふくげん》した模型《もけい》もあり、迫力満点《はくりょくまんてん》！

ここでもみられます！
佐野市葛生化石館、東海大学自然史博物館 ほか

もっとしりたい！
マーストリヒトの大怪獣《だいかいじゅう》の化石《かせき》は、その後《ご》の戦争《せんそう》でフランス軍《ぐん》がオランダから奪《うば》い取《と》り、現在《げんざい》では、フランスの首都《しゅと》パリにある自然史博物館《しぜんしはくぶつかん》に保管《ほかん》されています。

9月 8日

読《よ》んだ日《ひ》 月 日 月 日

モササウルス類《るい》の復元《ふくげん》を変《か》えた プラテカルプス

白亜紀《はくあき》

新《しん》生《せい》代《だい》	中《ちゅう》生《せい》代《だい》	古《こ》生《せい》代《だい》	先《せん》カンブリア時代《じだい》

体《からだ》をくねらせて泳《およ》いでいた？

爬虫類《はちゅうるい》の1グループであるモササウルス類《るい》は、かつて「海《うみ》のオオトカゲ」とよばれていました。海《うみ》のオオトカゲは、長《なが》い尾《お》と体《からだ》をくねらせながら水中《すいちゅう》を泳《およ》いでいたと考《かんが》えられてきました。右《みぎ》ページのモササウルスのイラストは、この考《かんが》え方《かた》にあわせて描《えが》いたものです。

尾《お》びれがあった！

しかし2010年以降《ねんいこう》の研究《けんきゅう》によって、モササウルス類《るい》の姿《すがた》は、大《おお》きく変《か》わることになりました。

きっかけになったのは、鼻《はな》の先《さき》から尾《お》の先《さき》までの長《なが》さが6メートルあったモササウルス類《るい》、「プラテカルプス」の化石《かせき》がとてもくわしく調《しら》べられたことです。尾《お》の先端《せんたん》の骨《ほね》が、ゆるやかに下《した》に向《む》かって曲《ま》がっていたことがわかったのです。

この特徴《とくちょう》は、現在《げんざい》のサメ類《るい》と同《おな》じです。そしてサメ類《るい》は、尾《お》の先《さき》に尾《お》びれをもっています。このことから、プラテカルプスも尾《お》びれをもっていたのではないか、と考《かんが》えられるようになりました。

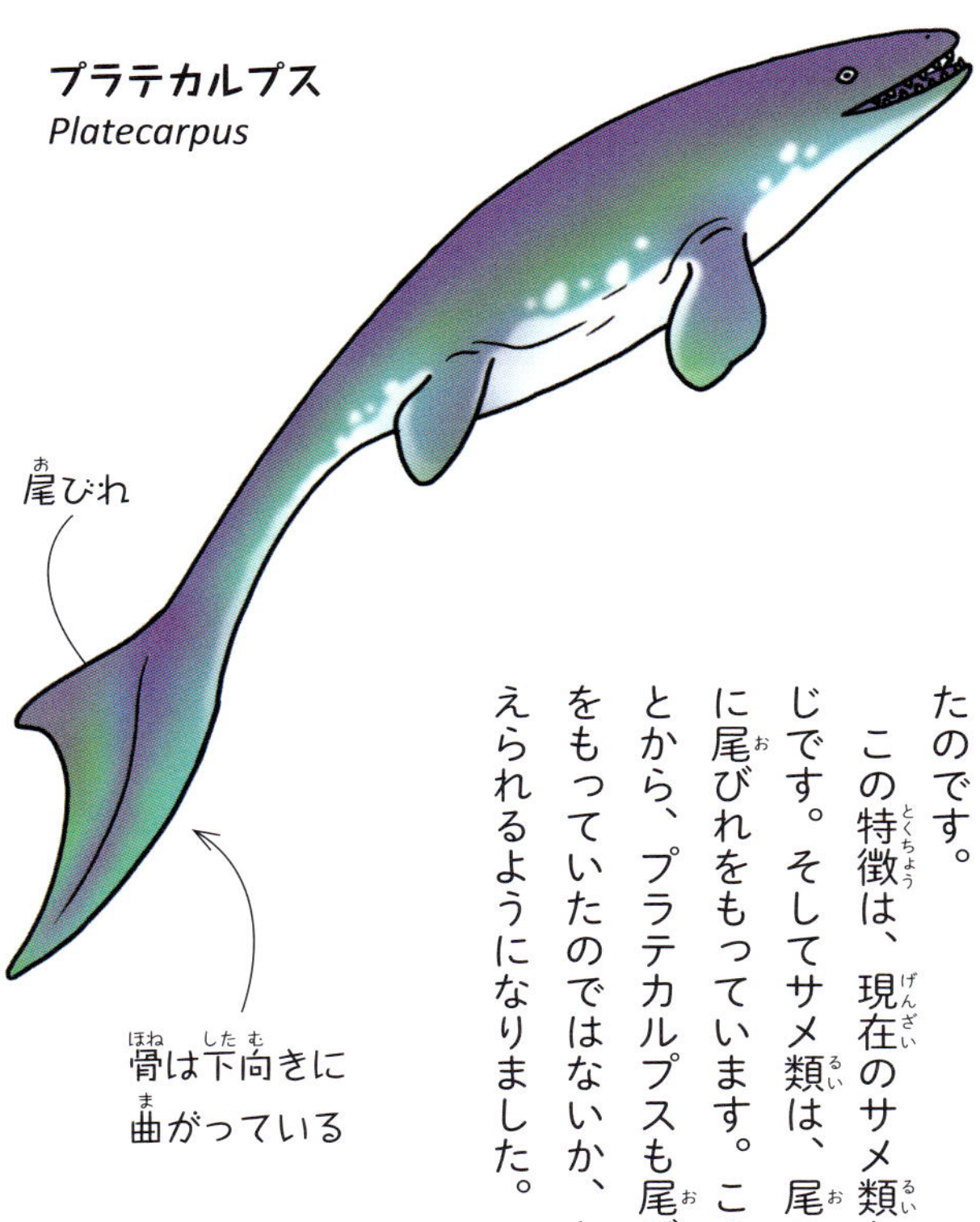

その後《ご》の研究《けんきゅう》で、肋骨《ろっこつ》のつきかたから、プラテカルプスの体《からだ》は、トカゲというよりもイルカに近《ちか》いことがわかりました。また、別《べつ》のモササウルス類《るい》の化石《かせき》にも尾《お》びれがあったとみられるあとがみつかりました。

今日《こんにち》では、モササウルス類《るい》には尾《お》びれがあり、その尾《お》びれを使《つか》うことで、水中《すいちゅう》を上手《じょうず》に泳《およ》いでいたと考《かんが》えられるようになっています。

化石《かせき》を見《み》たい！ 三笠市立博物館《みかさしりつはくぶつかん》

アンモナイトで有名《ゆうめい》な博物館《はくぶつかん》ですが、プラテカルプスの全身復元骨格《ぜんしんふくげんこっかく》も展示《てんじ》されています。

ここでもみられます！
群馬県立自然史博物館、福井県立恐竜博物館、豊橋市自然史博物館　ほか

もっと しりたい！
「海《うみ》のオオトカゲ」とよばれていたとき、モササウルス類《るい》はあまり泳《およ》ぎが得意《とくい》ではなかったとみられていました。しかし、今《いま》ではサメと同《おな》じくらい泳《およ》ぎが上手《じょうず》だったと考《かんが》えられています。

小《ちい》さなモササウルス類《るい》
クリダステス

白亜紀《はくあき》

新生代《しんせいだい》　中生代《ちゅうせいだい》　古生代《こせいだい》　先カンブリア時代《せんじだい》

中生代《ちゅうせいだい》に栄《さか》えた海《うみ》の爬虫類《はちゅうるい》

中生代《ちゅうせいだい》の海《うみ》には、大繁栄《だいはんえい》した三《みっ》つの爬虫類《はちゅうるい》グループがいました。一《ひと》つ目《め》は、261ページで紹介《しょうかい》したプラティプテリギウスなどの「魚竜類《ぎょりゅうるい》」です。二《ふた》つ目《め》は、258ページで紹介《しょうかい》したフタバサウルスなどの「クビナガリュウ類《るい》」。そして三《みっ》つ目《め》は、276ページから紹介《しょうかい》してきた「モササウルス類《るい》」です。この三《みっ》つのグループのことを「中生代《ちゅうせいだい》の3大海棲《だいかいせい》爬虫類《はちゅうるい》」とよぶことがあります。

モササウルス類《るい》は、三《みっ》つのグループの中《なか》で最《もっと》も遅《おそ》く現《あらわ》れましたが、白亜紀《はくあき》が終《お》わるころには、海《うみ》の中《なか》では〝最強《さいきょう》の動物《どうぶつ》〟になっていました。モササウルス類《るい》の化石《かせき》はウエスタン・インテリア・シーをはじめ、世界中《せかいじゅう》の白亜紀《はくあき》の地層《ちそう》からみつかっています。

小型《こがた》のモササウルス類《るい》

モササウルス類《るい》は白亜紀《はくあき》のなかばに初《はじ》めて現《あらわ》れましたが、はじめから〝最強《さいきょう》〟だったわけではありません。最初《さいしょ》はまだ体《からだ》が小《ちい》さく、サメ類《るい》などに襲《おそ》われる〝弱《よわ》い〟立場《たちば》の生《い》き物《もの》でした。

そんな時代《じだい》のモササウルス類《るい》の一《ひと》つが「クリダステス」です。

クリダステスは、鼻《はな》の先《さき》から尾《お》の先《さき》までの長《なが》さが3メートルくらいの小型《こがた》のモササウルス類《るい》です。3メートルというと、プラティプテリギウスやフタバサウルスの半分《はんぶん》よりも小《ちい》さなサイズです。あごは細《ほそ》く、歯《は》も小《ちい》さかったようです。また、その化石《かせき》はかつて沿岸《えんがん》だった場所《ばしょ》から多《おお》くみつかります。あまり泳《およ》ぎが得意《とくい》ではなかったのかもしれません。

化石《かせき》を見《み》たい！　きしわだ自然《しぜん》資料館《しりょうかん》

ダイナミックなポーズで組《く》み立《た》てられたクリダステスの全身《ぜんしん》復元《ふくげん》骨格《こっかく》が展示《てんじ》されています。

もっとしりたい！
モササウルス類《るい》の化石《かせき》は、北海道《ほっかいどう》や和歌山県《わかやまけん》でもみつかっています。のちほど、日本《にっぽん》でみつかったモササウルス類《るい》も紹介《しょうかい》します。

アンモナイトを食《た》べていた？
プログナソドン

白亜紀《はくあき》

新生代　中生代《ちゅうせいだい》　古生代《こせいだい》　先カンブリア時代

大型《おおがた》のモササウルス類《るい》

白亜紀《はくあき》のなかばに現《あらわ》れたモササウルス類《るい》は、右《みぎ》ページのクリダステスのような小《ちい》さな体《からだ》をしていました。しかし、ほどなくして、10メートルサイズの大《おお》きなモササウルス類《るい》も現《あらわ》れるようになりました。

その一《ひと》つが、「プログナソドン」です。プログナソドンは、ウエスタン・インテリア・シーをはじめ、現在《げんざい》の中東地域《ちゅうとうちいき》で暮《く》らしていたモササウルス類《るい》でした。現在《げんざい》の中東《ちゅうとう》地域《ちいき》は、かつては海《うみ》の底《そこ》だったのです。

プログナソドンは、1メートル近《ちか》い大《おお》きな頭部《とうぶ》に、がっしりとしたあご、先端《せんたん》が丸《まる》まった太《ふと》い歯《は》をもっていたことが特徴《とくちょう》です。

アンモナイトの殻《から》に穴《あな》

カナダでみつかったプログナソドンの化石《かせき》のおなかの部分《ぶぶん》には、プログナソドンが生《い》きていたころに食《た》べたとみられるものがありました。それは、さまざまな大《おお》きさのサカナとウミガメ、そして頭足類《とうそくるい》でした。

当時《とうじ》のカナダ、つまり、ウエスタン・インテリア・シーにいた頭足類《とうそくるい》は、イカやタコの仲間《なかま》です。そして中生代《ちゅうせいだい》の頭足類《とうそくるい》といえば、アンモナイトです。実《じつ》は、272ページで紹介《しょうかい》したアンモナイト類《るい》のプラセンチセラスの化石《かせき》の中《なか》には、その殻《から》に丸《まる》い穴《あな》が列《れつ》をつくって並《なら》んでいるものがあります。

この穴《あな》は、プログナソドンのようなモササウルス類《るい》にあけられたものだと考《かんが》えられています。穴《あな》が列《れつ》をつくっているのは、それが歯《は》の列《れつ》のあとだから、というわけです。

アンモナイトの殻《から》はけっしてやわらかくはありません。そんな殻《から》に穴《あな》をあけるほど強力《きょうりょく》なあごをもっていたとしたら……やはりモササウルス類《るい》は海《うみ》の動物《どうぶつ》たちにとってとてもこわい存在《そんざい》だったことでしょう。

もっとしりたい！
プラセンチセラスの殻《から》にある穴《あな》は、巻貝《まきがい》によってあけられたものではないかという説《せつ》もあります。

貝《かい》好《ず》きなモササウルス類《るい》
グロビデンス

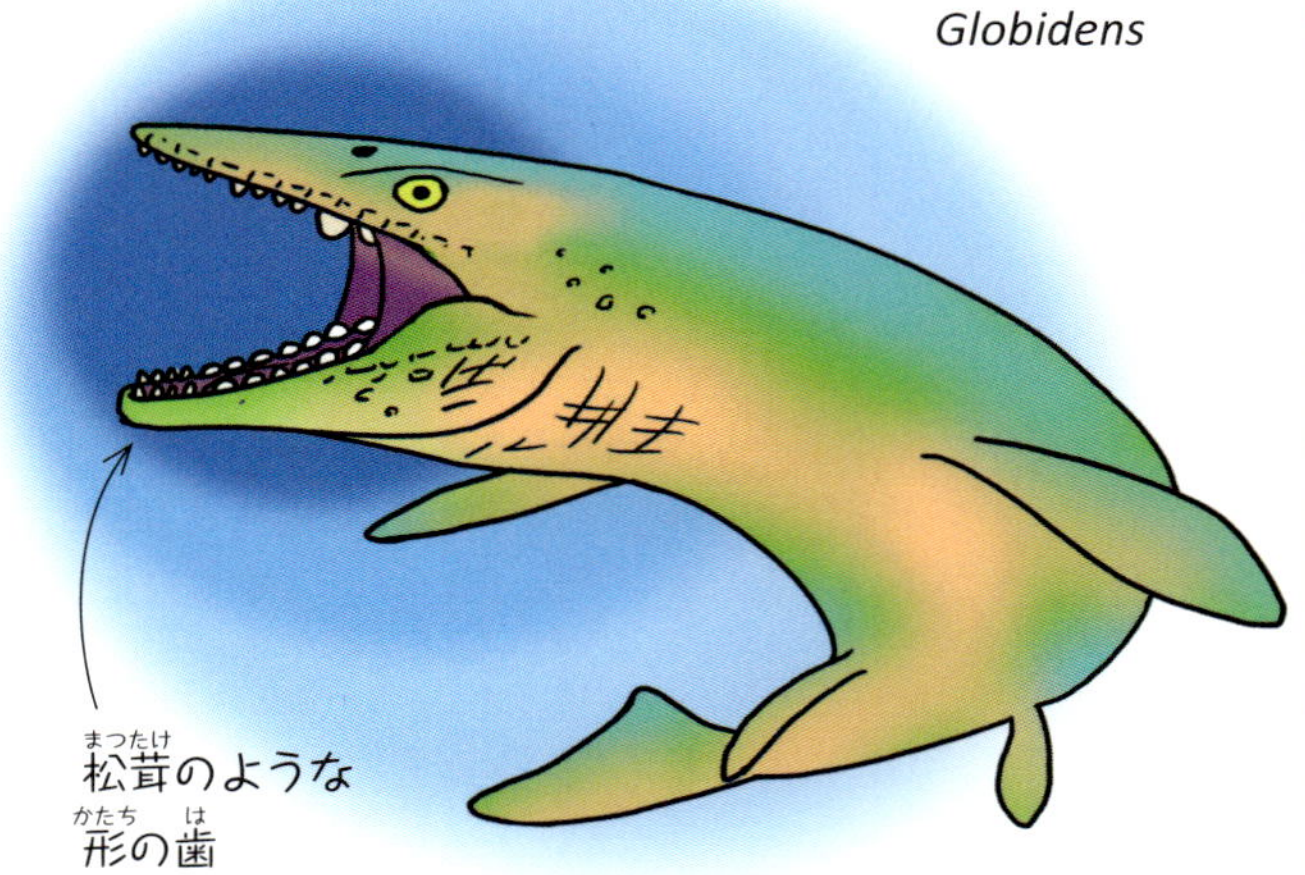

変《か》わった形《かたち》の歯《は》をもつ

今日《きょう》もモササウルス類《るい》の話《はなし》を続《つづ》けましょう。

モササウルス類《るい》は、60種《しゅ》以上《いじょう》いたことがわかっています。そうしたモササウルス類《るい》のすべてが、279ページで紹介《しょうかい》したプログナソドンのようにいろいろな獲物《えもの》を食《た》べていたわけではありませんでした。中《なか》には、ある決《き》まったものだけを食《た》べていた種類《しゅるい》もいたのです。

それが「グロビデンス」です。グロビデンスの歯《は》は、ほかのモササウルス類《るい》とはかなりちがっていました。歯《は》の先端《せんたん》が膨《ふく》らんで丸《まる》まっており、まるで松茸《まつたけ》のような形《かたち》をしていたのです。

胃《い》の中《なか》には貝殻《かいがら》の破片《はへん》

松茸《まつたけ》のような形《かたち》の歯《は》でいったい何《なに》を食《た》べていたのでしょうか？

グロビデンスの化石《かせき》には、胃《い》の中身《なかみ》と思《おも》われるものが残《のこ》っていることがあります。胃《い》の中《なか》にあったのは、6種類《しゅるい》の二枚貝類《にまいがいるい》の殻《から》の化石《かせき》でした。もっとも多《おお》かったのは、255ページで紹介《しょうかい》したイノセラムスの仲間《なかま》でした。

グロビデンスの胃《い》の中《なか》にあった二枚貝類《にまいがいるい》の殻《から》にはある特徴《とくちょう》がありました。4センチメートルより小《ちい》さい殻《から》はそのまま飲《の》みこまれていたのですが、それより大《おお》きい貝《かい》は砕《くだ》かれていたのです。

このことから、グロビデンスの松茸《まつたけ》のような形《かたち》をした歯《は》は、イノセラムスのような大《おお》きな貝殻《かいがら》を砕《くだ》くことに使《つか》われていたと考《かんが》えられています。

化石《かせき》を見《み》たい！ きしわだ自然《しぜん》資料館《しりょうかん》

さまざまなモササウルス類《るい》の特徴《とくちょう》をまとめたパネルが展示《てんじ》されています。

もっとしりたい！ グロビデンスは、あまり体《からだ》が大《おお》きくなかったとみられています。ただし、みつかる化石《かせき》のほとんどが頭部《とうぶ》や歯《は》だけなので、全身《ぜんしん》の大《おお》きさについてはよくわかっていません。

日本《にっぽん》にいたモササウルス類《るい》
フォスフォロサウルス

白亜紀《はくあき》

新生代《しんせいだい》　中生代《ちゅうせいだい》　古生代《こせいだい》　先《せん》カンブリア時代《じだい》

北海道《ほっかいどう》からみつかった新種《しんしゅ》

　モササウルス類《るい》の化石《かせき》は、日本《にっぽん》からもみつかっています。

　日本《にっぽん》でみつかっているモササウルス類《るい》の化石《かせき》の中《なか》には、新種《しんしゅ》と認《みと》められたものが、2017年《ねん》の時点《じてん》で4つあります。そのすべてが北海道《ほっかいどう》にある白亜紀《はくあき》の地層《ちそう》からみつかったものです。さらに、そのうちの3つが、むかわ町《ちょう》の穂別《ほべつ》という地域《ちいき》からみつかっています。

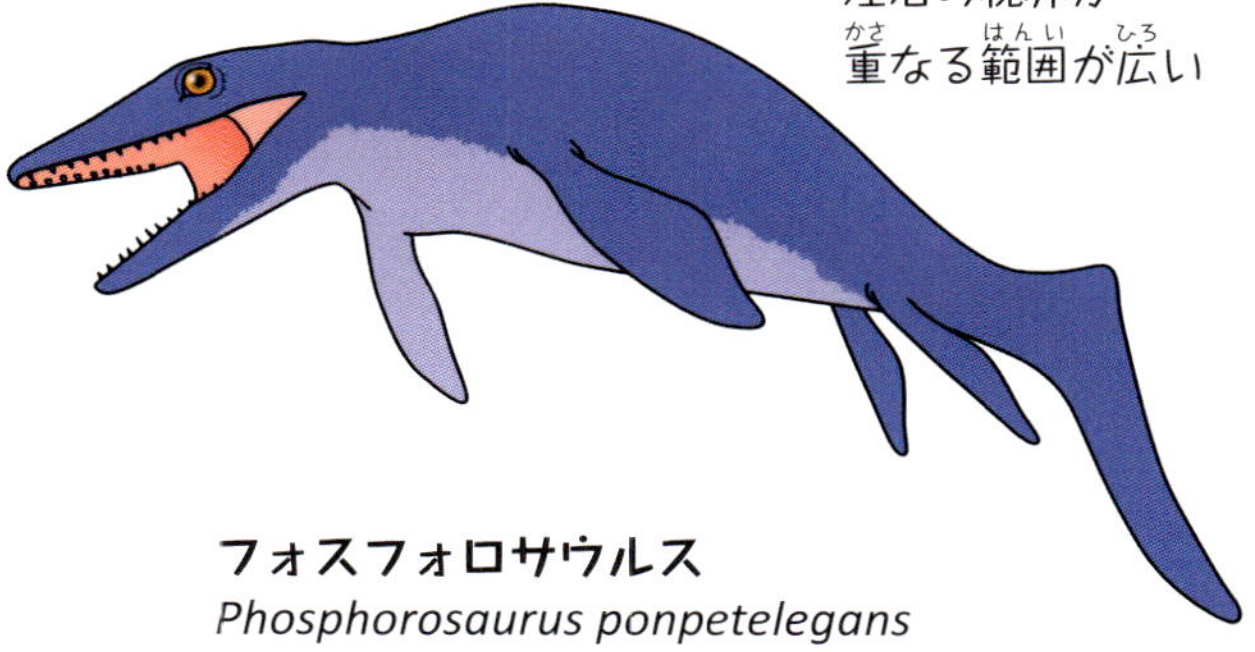

フォスフォロサウルス
Phosphorosaurus ponpetelegans

　「フォスフォロサウルス」は、そんな穂別《ほべつ》でみつかったモササウルス類《るい》の一《ひと》つです。フォスフォロサウルスという名前《なまえ》をもつモササウルス類《るい》はいくつかいますが、穂別《ほべつ》でみつかった新種《しんしゅ》には、「フォスフォロサウルス・ポンペテレガンス」という名前《なまえ》がついています。

　フォスフォロサウルス・ポンペテレガンスは、3メートルに満《み》たない小型《こがた》のモササウルス類《るい》でした。ひれの形《かたち》などから泳《およ》ぎが得意《とくい》ではなかったことがわかっています。

夜行性《やこうせい》のヘビと同《おな》じ特徴《とくちょう》

　フォスフォロサウルス・ポンペテレガンスは、見《み》る能力《のうりょく》に特徴《とくちょう》がありました。

　目《め》で見《み》える範囲《はんい》のことを視界《しかい》といいます。私《わたし》たちの目《め》は、右目《みぎめ》と左目《ひだりめ》では視界《しかい》が少《すこ》しずれていますが、ほとんどは重《かさ》なっています。この重《かさ》なった視界《しかい》では、見《み》ているものがどのくらい遠《とお》くにあるのかがよくわかります。

　フォスフォロサウルス・ポンペテレガンスの視界《しかい》は、ほかのモササウルス類《るい》と比《くら》べると、重《かさ》なる視界《しかい》が広《ひろ》いという特徴《とくちょう》がありました。これは狩《か》りをするときには有利《ゆうり》な特徴《とくちょう》です。

　現在《げんざい》のヘビ類《るい》の中《なか》には、このような視界《しかい》をもつ種《しゅ》がいます。それらは、夜行性《やこうせい》の種《しゅ》ばかりです。こうした点《てん》から、フォスフォロサウルス・ポンペテレガンスも夜行性《やこうせい》だったという説《せつ》があります。

化石《かせき》を見《み》たい！　むかわ町穂別博物館《ちょうほべつはくぶつかん》

フォスフォロサウルス・ポンペテレガンスは、穂別《ほべつ》博物館《はくぶつかん》の学芸員《がくげいいん》によって発見《はっけん》されました。この博物館《はくぶつかん》ではその化石《かせき》と、復元《ふくげん》された頭骨《とうこつ》を見《み》ることができます。

もっとしりたい！
同《おな》じ時代《じだい》の同《おな》じ地域《ちいき》には、大型《おおがた》で泳《およ》ぎのうまいモササウルス類《るい》もいたことがわかっています。夜行性《やこうせい》になることで、ポンペテレガンスはちがう獲物《えもの》を襲《おそ》い、生《い》きていたのかもしれません。

しゃくれたあごをもつサカナ
シファクチヌス

白亜紀《はくあき》

新生代《しんせいだい》	中生代《ちゅうせいだい》	古生代《こせいだい》	先《せん》カンブリア時代《じだい》

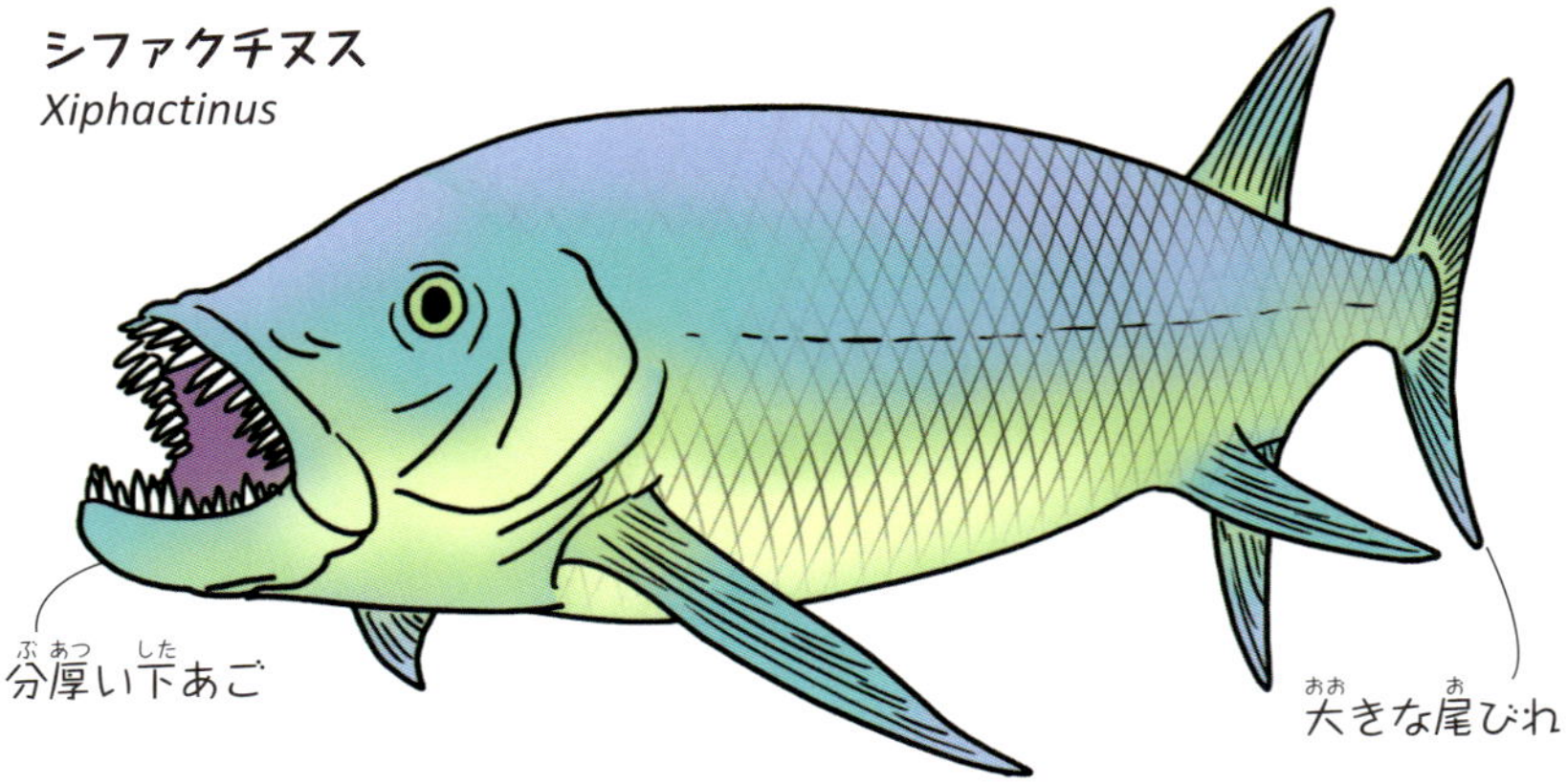

クロマグロの2倍《ばい》サイズ

ウエスタン・インテリア・シーに話《はなし》を戻《もど》しましょう。この海《うみ》にはさまざまな動物《どうぶつ》たちがいました。これまでにウミユリ類《るい》、アンモナイト類《るい》、カメ類《るい》、クビナガリュウ類《るい》、そしてモササウルス類《るい》を紹介《しょうかい》してきました。

さて、海《うみ》の動物《どうぶつ》といえば、魚《さかな》の仲間《なかま》です。もちろん、ウエスタン・インテリア・シーにもたくさんの魚《さかな》の仲間《なかま》がいました。これからしばらく、ウエスタン・インテリア・シーにいた魚《さかな》の仲間《なかま》に注目《ちゅうもく》していきましょう。

今日《きょう》紹介《しょうかい》するのは、大《おお》きさ5・5メートル以上《いじょう》という大型《おおがた》の魚《さかな》の仲間《なかま》、「シファクチヌス」です。5・5メートルというと、現在《げんざい》のクロマグロの2倍以上《ばいいじょう》の大《おお》きさです。分厚《ぶあつ》い下《した》あごはしゃくれたようになっていて、そこには鋭《するど》く大《おお》きな牙《きば》が並《なら》んでいました。

2メートルのサカナを丸《まる》のみ

シファクチヌスの化石《かせき》の中《なか》には、おなかの中《なか》に別《べつ》のサカナが丸々《まるまる》1体残《たいのこ》っているものがあります。おなかの中《なか》のサカナは、2メートル近《ちか》い大《おお》きさがありました。このシファクチヌスは、私《わたし》たちより大《おお》きなサカナを丸《まる》のみしたわけです。実《じつ》に豪快《ごうかい》な食事風景《しょくじふうけい》だったことでしょう！

ただし、化石《かせき》になっているということは、丸《まる》のみしたまま、そのシファクチヌスが死《し》んだということになります。欲張《よくば》って大《おお》きな獲物《えもの》を飲《の》みこんだことが、シファクチヌスの死《し》の原因《げんいん》になってしまったのかもしれません。

化石《かせき》を見《み》たい！

**神奈川県立《かながわけんりつ》
生命《いのち》の星《ほし》・地球博物館《ちきゅうはくぶつかん》**

入《い》り口《ぐち》のホールにシファクチヌスの化石《かせき》が飾《かざ》られています。

ここでもみられます！
群馬県立自然史博物館　ほか

もっとしりたい！
シファクチヌスは大《おお》きな尾《お》びれをもっていました。この尾《お》びれを使《つか》うことで、海《うみ》の中《なか》を高速《こうそく》で泳《およ》ぐことができたのではないか、とみられています。

下《した》あごが突《つ》き出《で》たサカナ
サウロドン

白亜紀《はくあき》
新生代《しんせいだい》　中生代《ちゅうせいだい》　古生代《こせいだい》　先カンブリア時代

めずらしい下《した》あご

今日《きょう》は、ウエスタン・インテリア・シーにいた、ちょっと変《か》わったあごをもつ魚《さかな》の仲間《なかま》を紹介《しょうかい》しましょう。「サウロドン」です。サウロドンは、大《おお》きさ2メートルほどのサカナでした。シファクチヌスのおなかの中《なか》にいたサカナと同《おな》じくらいの大《おお》きさです。

サウロドンは、下《した》あごの先端《せんたん》が前《まえ》に向《む》かって突《つ》き出《で》ていて、その先《さき》はとても鋭《するど》いつくりになっていました。

現在《げんざい》の海《うみ》にも突《つ》き出《で》たあごをもつ魚《さかな》の仲間《なかま》はいます。たとえば、マカジキやメカジキがそうです。魚《さかな》の図鑑《ずかん》などで調《しら》べてみてください。突《つ》き出《で》たあごを確認《かくにん》できるはずです。

ただし、マカジキやメカジキの突《つ》き出《で》たあごは、上《うわ》あごです。サウロドンのように下《した》あごが突《つ》き出《で》ているわけではありません。

下《した》あごが突《つ》き出《で》たサカナとしては、サヨリがいます。サウロドンよりもずっと小《ちい》さなサカナで、春《はる》になるとスーパーや魚屋《さかなや》さんで見《み》かけることができます。

役割《やくわり》は謎《なぞ》

サウロドンの突《つ》き出《で》た下《した》あごは、いったい何《なん》の役《やく》に立《た》っていたのでしょうか？

実《じつ》は、それがよくわかっていません。ある研究者《けんきゅうしゃ》は、突《つ》き出《で》た下《した》あごをシャベルのように使《つか》って、海底《かいてい》の泥《どろ》を掘《ほ》っていたのではないか、と考《かんが》えています。そうすることで、海底《かいてい》の泥《どろ》の下《した》に暮《く》らす小動物《しょうどうぶつ》を食《た》べていた、というわけです。ただし、この考《かんが》えの証拠《しょうこ》は何《なに》もみつかっていません。

マカジキやメカジキは突《つ》き出《で》たあごを何《なに》に使《つか》っているのでしょうか？　サヨリはどうでしょう？　機会《きかい》があればこうした現在《げんざい》のサカナたちの暮《く》らしを調《しら》べてみましょう。水族館《すいぞくかん》で観察《かんさつ》するのもよいかもしれませんね。

古生物《こせいぶつ》の謎《なぞ》を解《と》く手《て》がかりは、よく似《に》た姿《すがた》の現在《げんざい》の生物《せいぶつ》にあることも少《すく》なくありません。

もっとしりたい！
白亜紀《はくあき》には、サウロドン以外《いがい》にも下《した》あごが突《つ》き出《で》ていた魚《さかな》の仲間《なかま》がいくつかいましたが、すべて絶滅《ぜつめつ》してしまいました。

9月15日

読《よ》んだ日《ひ》
月　日
月　日

最強《さいきょう》にして最恐《さいきょう》のサメ
クレトキシリナ

白亜紀《はくあき》

新生代《しんせいだい》｜中生代《ちゅうせいだい》｜古生代《こせいだい》｜先《せん》カンブリア時代《じだい》

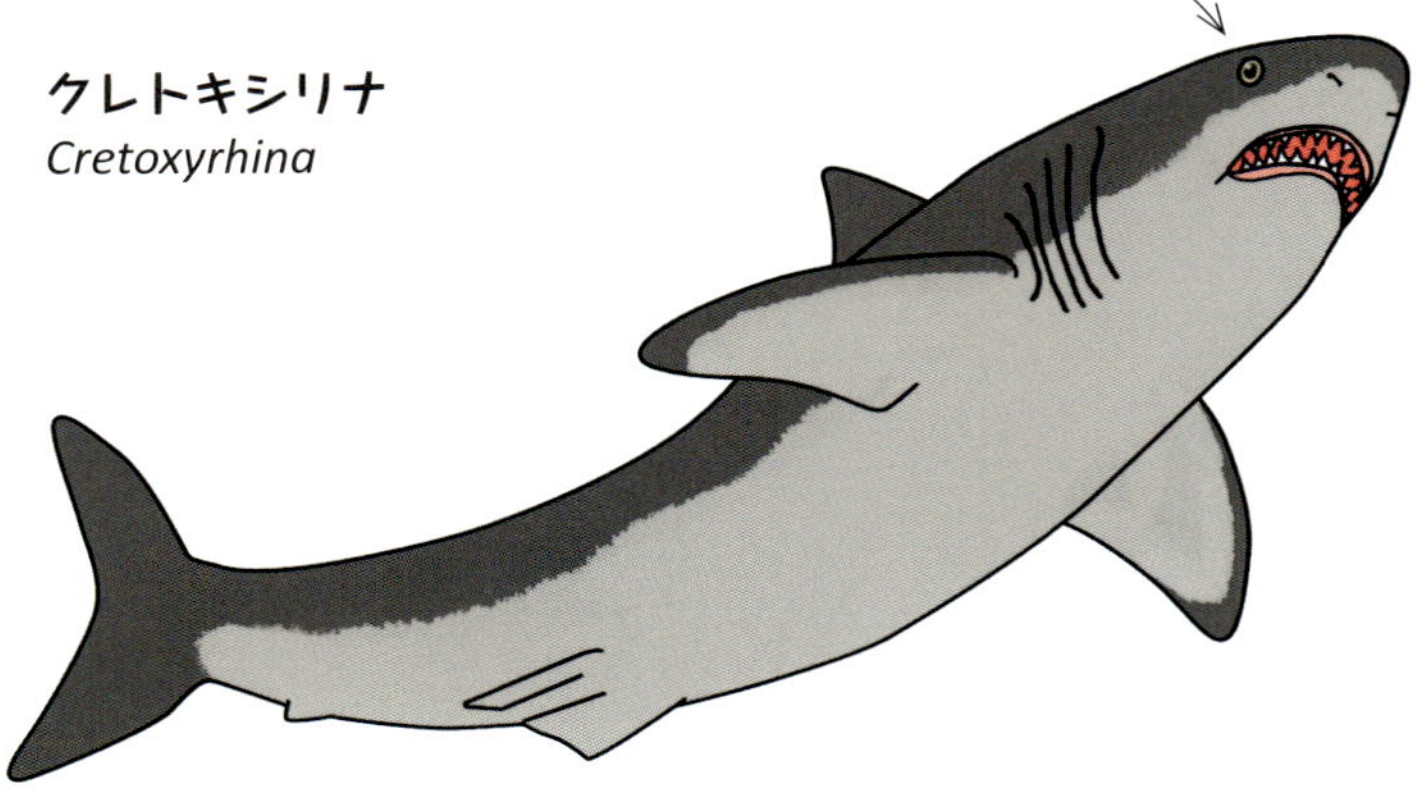

ホホジロザメとよく似《に》たサメ

ウエスタン・インテリア・シーをはじめ、白亜紀《はくあき》の世界中《せかいじゅう》の海《うみ》で暴《あば》れまわっていたサメがいました。その名前《なまえ》は「クレトキシリナ」。最《もっと》も強《つよ》く、最《もっと》も恐《おそ》ろしいといわれるサメです。

クレトキシリナの多《おお》くは5メートルから6メートルの大《おお》きさでした。現在《げんざい》の海《うみ》で、人食《ひとく》いザメとして知《し》られるホホジロザメの大《おお》きさが4・8メートルから6・4メートルくらいですから、ホホジロザメとほとんど同《おな》じ大《おお》きさといえます。ただし、クレトキシリナは10メートル近《ちか》くにまで成長《せいちょう》したという説《せつ》もあります。

クレトキシリナは鼻先《はなさき》がとがっておらず、眼《め》が大《おお》きかったことが特徴《とくちょう》です。全体《ぜんたい》の姿《すがた》もホホジロザメとよく似《に》ていました。

正確《せいかく》に急所《きゅうしょ》をねらえた

クレトキシリナはさまざまな獲物《えもの》を襲《おそ》っていました。クレトキシリナの歯型《はがた》が残《のこ》った化石《かせき》や、歯《は》そのものがささったほかの動物《どうぶつ》の化石《かせき》がたくさんみつかっています。こうした化石《かせき》から、クレトキシリナはモササウルス類《るい》やクビナガリュウ類《るい》、カメ類《るい》、そして282ページで紹介《しょうかい》したどう猛《もう》なシファクチヌスも襲《おそ》っていたとても強《つよ》いサメだったことがわかっています。

また、クレトキシリナは、獲物《えもの》の急所《きゅうしょ》であるのどを正確《せいかく》にねらうことができたと考《かんが》えられています。クレトキシリナのかみあとは、獲物《えもの》となった動物《どうぶつ》の下《した》あごに多《おお》く残《のこ》っているからです。クレトキシリナにねらわれたら、高《たか》い確率《かくりつ》でしとめられたのかもしれません。恐《おそ》ろしいですね。

化石《かせき》を見《み》たい！　三笠市立博物館《みかさしりつはくぶつかん》

クレトキシリナと同《おな》じような白亜紀《はくあき》のどう猛《もう》なサメ類《るい》である「クレトダス」の化石《かせき》が展示《てんじ》されています。日本産《にほんさん》のめずらしい化石《かせき》です。小《ちい》さいので見逃《みのが》さないように！

もっとしりたい！

サメを含《ふく》む軟骨魚類《なんこつぎょるい》というグループは、骨《ほね》がかたくないので、歯《は》などの一部以外《いちぶいがい》はあまり化石《かせき》に残《のこ》りません。その中《なか》でクレトキシリナは全身《ぜんしん》の化石《かせき》がみつかっているめずらしいサメでもあります。

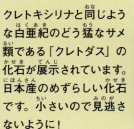

ノコギリのような歯《は》をもつサメ
スクアリコラックス

白亜紀《はくあき》

新生代《しんせいだい》	中生代《ちゅうせいだい》	古生代《こせいだい》	先カンブリア時代《せんじだい》

めずらしい白亜紀《はくあき》のサメ

ウエスタン・インテリア・シーには、右《みぎ》ページで紹介《しょうかい》したクレトキシリナのほかにもどう猛《もう》なサメ類《るい》がいました。クレトキシリナより一回《ひとまわ》り小《ち》さい「スクアリコラックス」がその一《ひと》つです。

スクアリコラックスは、その歯《は》の縁《ふち》にノコギリの刃《は》のようなギザギザがあることが特徴《とくちょう》です。私《わたし》たちが使《つか》うステーキナイフのようなつくりで、肉《にく》を切《き》り裂《さ》くことに役立《やくだ》ちます。ギザギザのある歯《は》は、のちの時代《じだい》のサメ類《るい》ではよく見《み》られるものですが、白亜紀《はくあき》のサメ類《るい》としてはめずらしい特徴《とくちょう》でした。たとえば、クレトキシリナの歯《は》にはギザギザはありませんでした。

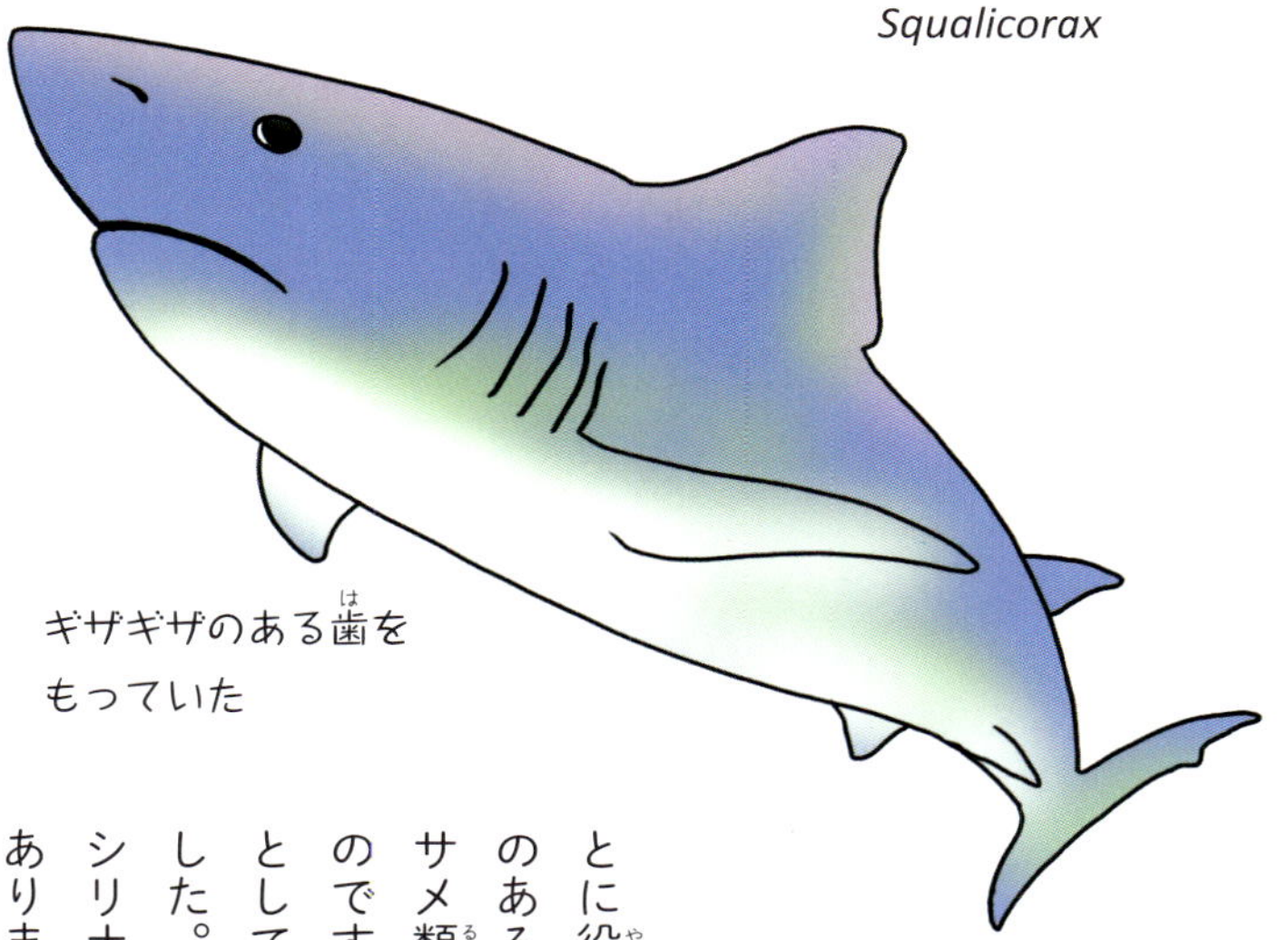

ウエスタン・インテリア・シーにいたたくさんの動物《どうぶつ》の化石《かせき》に、スクアリコラックスの歯型《はがた》が残《のこ》っています。このことから、スクアリコラックスがクレトキシリナと同《おな》じようにどう猛《もう》だったことがわかります。

残《のこ》りものを食《た》べていた？

モササウルス類《るい》の化石《かせき》の中《なか》には、クレトキシリナとスクアリコラックスの両方《りょうほう》の歯型《はがた》が残《のこ》っているものがあります。

この化石《かせき》については、「クレトキシリナの食《た》べ残《のこ》しをスクアリコラックスが食《た》べた」という見方《みかた》があります。クレトキシリナは獲物《えもの》を狩《か》って新鮮《しんせん》な肉《にく》を食《た》べ、スクアリコラックスはその〝残《のこ》り物《もの》〟を食《た》べることで、お互《たが》い上手《じょうず》に共存《きょうそん》できていたのかもしれません。

行《い》ってみよう！ 沖縄美《おきなわちゅ》ら海水族館《うみすいぞくかん》

「サメ博士《はかせ》の部屋《へや》」というサメ専門《せんもん》の展示室《てんじしつ》があります。さまざまなサメの特徴《とくちょう》を調《しら》べて、クレトキシリナやスクアリコラックスなどとのちがいをみつけてみよう！

海洋博公園・沖縄美ら海水族館

もっとしりたい！
クレトキシリナは今《いま》から8000万年前《まんねんまえ》に絶滅《ぜつめつ》しましたが、そのあともスクアリコラックスは生《い》きていました。クレトキシリナの絶滅後《ぜつめつご》、スクアリコラックスは体《からだ》が大《おお》きくなったといわれています。

9月17日
読《よ》んだ日《ひ》
月　日
月　日

海《うみ》の上《うえ》を遠《とお》くまで飛《と》んだ
プテラノドンとニクトサウルス

白亜紀《はくあき》

新《しん》生《せい》代《だい》　中《ちゅう》生《せい》代《だい》　古《こ》生《せい》代《だい》　先《せん》カンブリア時代《じだい》

オスとメスの化石《かせき》？

　ウエスタン・インテリア・シーの空《そら》には翼竜類《よくりゅうるい》が飛《と》んでいたようです。「プテラノドン」と「ニクトサウルス」の化石《かせき》がみつかっています。

　プテラノドンは、翼《つばさ》を開《ひら》いた幅《はば》が6メートルをこえるような大型《おおがた》の化石《かせき》と、4メートルほどの小型《こがた》の化石《かせき》がみつかっています。どちらのプテラノドンも、後頭部《こうとうぶ》に平《ひら》たくて長《なが》い骨《ほね》のとさかがありました。大型《おおがた》のプテラノドンの方《ほう》がとさかが長《なが》く、小型《こがた》の方《ほう》がとさかが短《みじか》いという特徴《とくちょう》があります。この2種類《しゅるい》は、オスとメスではないか、と考《かんが》えられています。

Y《ワイ》字型《じがた》のとさか

　ニクトサウルスは、翼《つばさ》を開《ひら》いた幅《はば》が4メートルほどの翼竜類《よくりゅうるい》でした。ニクトサウルスにもとさかがありました。

　ただし、こちらのとさかは棒《ぼう》のような骨《ほね》でできていて、途中《とちゅう》で枝分《えだわ》かれをしていました。アルファベットの「Y《ワイ》」のような形《かたち》です。枝分《えだわ》かれをした先《さき》の一方《いっぽう》はとても長《なが》くのびていて、40センチメートル以上《いじょう》もありました。

　プテラノドンもニクトサウルスも、ウエスタン・インテリア・シーの沖合《おきあい》でできた地層《ちそう》から化石《かせき》がみつかります。そしてとくにプテラノドンについては、みつかる化石《かせき》のほとんどがおとなのものです。

　こうした化石《かせき》のみつかり方《かた》から、彼《かれ》らはおとなになるにつれて飛《と》ぶことが上手《じょうず》になり、長《なが》い距離《きょり》を飛《と》べるようになったのではないか、とみられています。

化石《かせき》を見《み》たい！

神奈川県立《かながわけんりつ》生命《いのち》の星《ほし》・地球博物館《ちきゅうはくぶつかん》

プテラノドンの実物化石《じつぶつかせき》が展示《てんじ》されています。

ここでもみられます！
三笠市立博物館、ミュージアムパーク 茨城県自然博物館、福井県立恐竜博物館、豊橋市自然史博物館、大阪市立自然史博物館、北九州市立自然史・歴史博物館　ほか

もっとしりたい！
プテラノドンはとてもたくさんの化石《かせき》がみつかっています。2013年《ねん》の時点《じてん》で、その数《かず》は1100個《こ》をこえていました。

翼《つばさ》を失《うしな》った鳥《とり》

ヘスペロルニス

白亜紀《はくあき》

新生代《しんせいだい》 中生代《ちゅうせいだい》 古生代《こせいだい》 先《ぜん》カンブリア時代《じだい》

ペンギンみたいな暮《く》らし

ウエスタン・インテリア・シーには、海岸《かいがん》から300キロメートル以上《いじょう》も離《はな》れた場所《ばしょ》に暮《く》らす、ちょっと変《か》わった鳥類《ちょうるい》がいました。「ヘスペロルニス」といいます。

ヘスペロルニスは、ある特徴《とくちょう》をもつことで有名《ゆうめい》です。その特徴《とくちょう》とは、翼《つばさ》がないことでした。

ヘスペロルニスの大《おお》きさは1・5メートルほどで、翼《つばさ》がなく、口《くち》には歯《は》が並《なら》び、後《うし》ろあしは大《おお》きくがっしりとしていました。全身《ぜんしん》の骨《ほね》が重《おも》く、つくりが頑丈《がんじょう》だったことも特徴《とくちょう》です。

古《ふる》い時代《じだい》の鳥類《ちょうるい》は翼《つばさ》をもつものばかりです。そのため、ヘスペロルニスの祖先《そせん》にも翼《つばさ》があり、進化《しんか》によってそれが失《うしな》われてしまったのだろうと考《かんが》えられています。

翼《つばさ》がないので、もちろんヘスペロルニスは空《そら》を飛《と》ぶことはできませんでした。大《おお》きな後《うし》ろあしを上手《じょうず》に使《つか》って海《うみ》に潜《もぐ》り、小魚《こざかな》などをつかまえて暮《く》らしていたと考《かんが》えられています。

水中《すいちゅう》に潜《もぐ》る鳥類《ちょうるい》として、現在《げんざい》の地球《ちきゅう》にはペンギン類《るい》がいます。ヘスペロルニスの狩《か》りの方法《ほうほう》はペンギン類《るい》とよく似《に》ていたと考《かんが》えられています。また、よく似《に》た暮《く》らしをする現在《げんざい》の鳥類《ちょうるい》には、ウやアビなどもいます。

よいエサだった？

ヘスペロルニスは、ウエスタン・インテリア・シーで暮《く》らす大型《おおがた》の肉食動物《にくしょくどうぶつ》にとって格好《かっこう》の獲物《えもの》だったようです。モササウルス類《るい》やサメ類《るい》に襲《おそ》われたあとのあるヘスペロルニスの化石《かせき》がみつかっています。また、肉食動物《にくしょくどうぶつ》の胃《い》の中《なか》にヘスペロルニスの化石《かせき》が残《のこ》されていることもあります。

化石《かせき》を見《み》たい！ 御船町恐竜博物館《みふねちょうきょうりゅうはくぶつかん》

ヘスペロルニスの全身《ぜんしん》復元骨格《ふくげんこっかく》が展示《てんじ》されています。

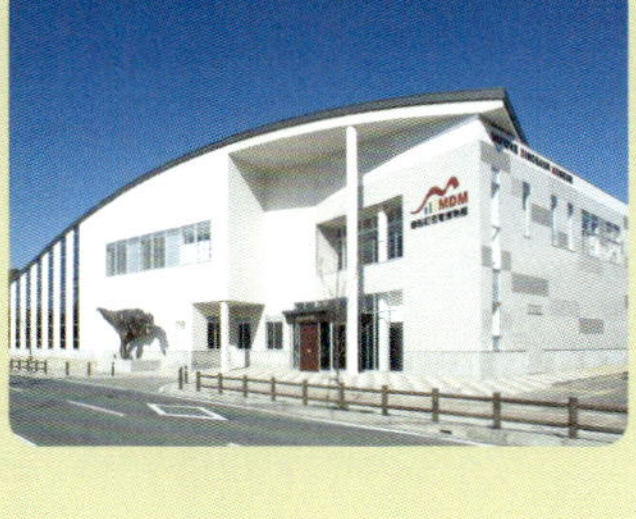

もっとしりたい！

歯《は》をもつという特徴《とくちょう》は、鳥類《ちょうるい》の原始的《げんしてき》な特徴《とくちょう》とされています。始祖鳥《しそちょう》などにも歯《は》がありました。現在《げんざい》の鳥類《ちょうるい》には、歯《は》がありません。

9月19日

読《よ》んだ日《ひ》　月　日　月　日

水場《みずば》で暮《く》らした恐竜《きょうりゅう》 スピノサウルス

白亜紀《はくあき》

新生代《しんせいだい》　中生代《ちゅうせいだい》　古生代《こせいだい》　先《せん》カンブリア時代《じだい》

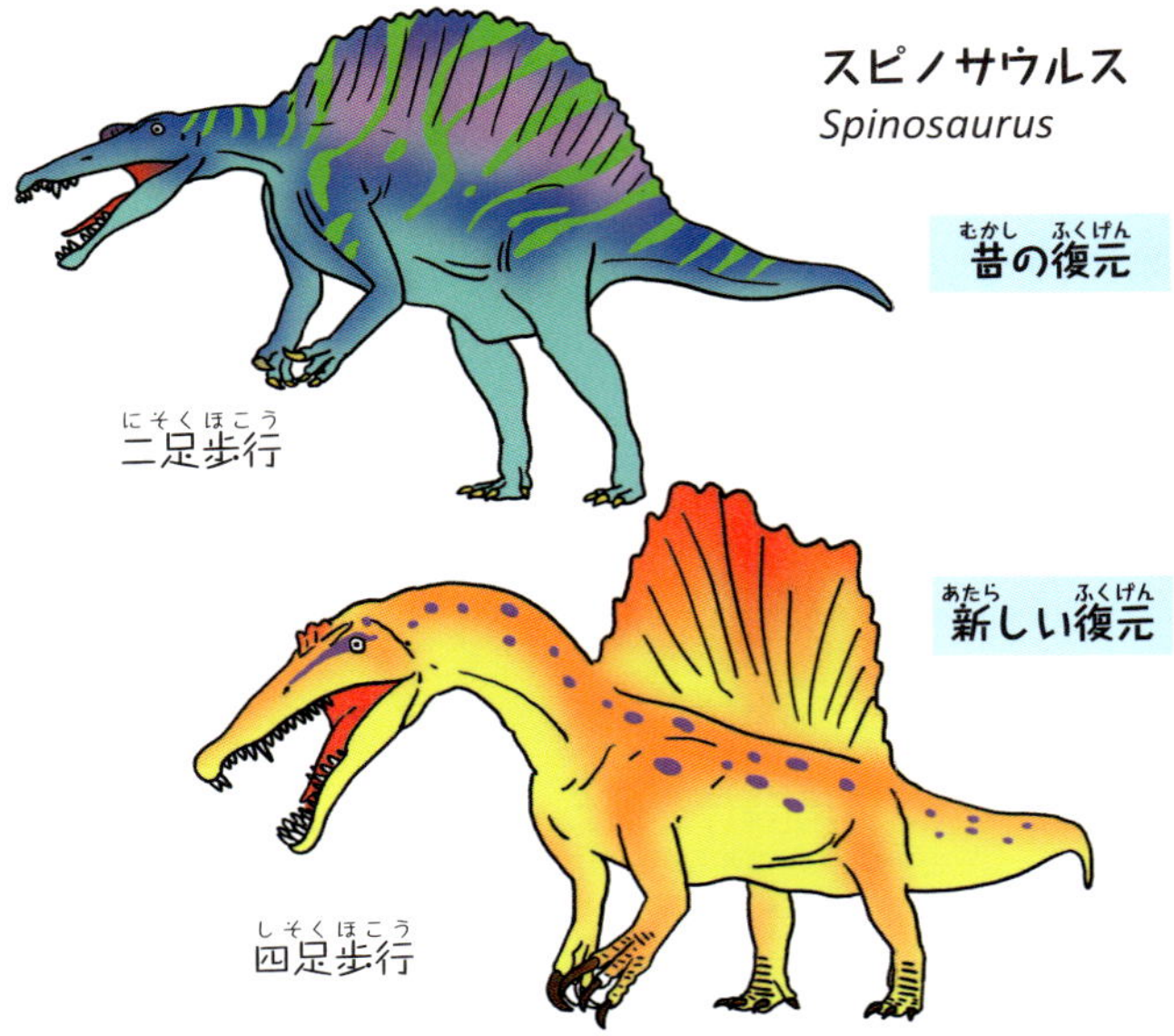

サカナが主食《しゅしょく》の恐竜《きょうりゅう》

今日《きょう》からは、ウエスタン・インテリア・シーから離《はな》れて、恐竜類《きょうりゅうるい》の話《はなし》をしていきましょう。

エジプトやモロッコなどのアフリカ北部《ほくぶ》の白亜紀《はくあき》の地層《ちそう》から化石《かせき》がみつかっている恐竜類《きょうりゅうるい》に、「スピノサウルス」がいます。獣脚類《じゅうきゃくるい》に属《ぞく》し、鼻《はな》の先《さき》から尾《お》の先《さき》までの長《なが》さは15メートルに達《たっ》しました。ティラノサウルスよりも体《からだ》の大《おお》きな恐《きょう》竜《りゅう》だったのです。

スピノサウルスは背中《せなか》に大《おお》きな帆《ほ》をもつ恐竜類《きょうりゅうるい》で、頭部《とうぶ》は細《ほそ》く、口先《くちさき》が長《なが》くなっていました。歯《は》の形《かたち》はほかの多《おお》くの肉食恐竜《にくしょくきょうりゅう》のようなナイフ型《がた》ではなく、円錐形《えんすいけい》でした。こうした頭部《とうぶ》や歯《は》の形《かたち》などは、水中《すいちゅう》でサカナを獲《と》って暮《く》らす現在《げんざい》のワニ類《るい》とよく似《に》ています。このことから、スピノサウルスも同《おな》じようにサカナを獲《と》って食《た》べていたと考《かんが》えられています。

二足歩行《にそくほこう》はできなかった？

スピノサウルスは、当初《とうしょ》、ほかの獣脚類《じゅうきゃくるい》と同《おな》じように二足歩行《にそくほこう》の姿《すがた》で復元《ふくげん》されていました。そして、サカナを獲《と》るときだけ、水《みず》の中《なか》に入《はい》っていたと考《かんが》えられていました。

しかし、2014年《ねん》に発表《はっぴょう》された研究《けんきゅう》によると、スピノサウルスは後《うし》ろあしが短《みじか》かったことがわかり、二足歩行《にそくほこう》をすると体《からだ》のバランスがとれないと考《かんが》えられるようになりました。そのため、獣脚類《じゅうきゃくるい》の恐竜《きょうりゅう》としてはめずらしく、四足《しそく》歩行《ほこう》をする姿《すがた》で復元《ふくげん》されたのです。また今《いま》では、1日《にち》のうちの大半《たいはん》を水《みず》につかってすごしていたとも考《かんが》えられるようになっています。

化石《かせき》を見《み》たい！　飯田市美術博物館《いいだしびじゅつはくぶつかん》

二足歩行《にそくほこう》をしている姿《すがた》の全身復元骨格《ぜんしんふくげんこっかく》が展示《てんじ》されています。

ここでもみられます！

群馬県立自然史博物館、地質標本館、ミュージアムパーク茨城県自然博物館、神奈川県立生命の星・地球博物館、御船町恐竜博物館　ほか

もっとしりたい！

スピノサウルスの化石《かせき》の中《なか》でいちばんよいものは、戦争《せんそう》で失《うしな》われてしまいました。2014年《ねん》の研究《けんきゅう》は、コンピューターの中《なか》で化石《かせき》や近縁《きんえん》の種《しゅ》のデータを組《く》み立《た》てて分析《ぶんせき》したものでした。

ゾウ10頭《とう》分《ぶん》の体《たい》重《じゅう》
アルゼンチノサウルス

最大級《さいだいきゅう》の植物食恐竜《しょくぶつしょくきょうりゅう》

アルゼンチンにある白亜紀《はくあき》の地層《ちそう》から、とても大《おお》きな恐竜類《きょうりゅうるい》の化石《かせき》がみつかっています。その恐竜類《きょうりゅうるい》の名前《なまえ》を「アルゼンチノサウルス」といいます。長《なが》い首《くび》と長《なが》い尾《お》をもつ、四足歩行《しそくほこう》の植物食《しょくぶつしょく》恐竜《きょうりゅう》でした。

アルゼンチノサウルスの化石《かせき》は背骨《せぼね》の一部《いちぶ》しかみつかっていません。しかし、その背骨《せぼね》はとても大《おお》きくて、そこから推測《すいそく》される大《おお》きさは、鼻《はな》の先《さき》から尾《お》の先《さき》までの長《なが》さが30メートル以上《いじょう》あったとされています。研究者《けんきゅうしゃ》によっては、36メートルという人《ひと》もいます。これまでにこの本《ほん》で紹介《しょうかい》した恐竜《きょうりゅう》の中《なか》で最《もっと》も大《おお》きかった、209ページのマメンキサウルスと同《おな》じくらいか、少《すこ》し大《おお》きいサイズです。アルゼンチノサウルスもマメンキサウルスと同《おな》じように、陸上動物《りくじょうどうぶつ》の歴史《れきし》の中《なか》で最大級《さいだいきゅう》の動物《どうぶつ》でした。

体温《たいおん》が高《たか》すぎる？

アルゼンチノサウルスの体重《たいじゅう》は、70トンをこえたともいわれています。これは、現在《げんざい》のアフリカゾウの10頭分《とうぶん》の重《おも》さです。

実《じつ》は、これほど大《おお》きな動物《どうぶつ》になると、どのように生《い》きていたのか、わからないことがたくさんあります。たとえば、動物《どうぶつ》の体《からだ》は、大《おお》きくなればなるほど体温《たいおん》が高《たか》くなることが知《し》られています。70トンともなれば、体温《たいおん》は50℃《ど》以上《いじょう》になるかもしれません。

50℃《ど》はとても高《たか》い体温《たいおん》です。この体温《たいおん》では動物《どうぶつ》は生《い》きていけないといわれています。巨大《きょだい》な恐竜《きょうりゅう》は、体温《たいおん》を低《ひく》くするための何《なに》か特別《とくべつ》なしくみがあったのかもしれません。

もっとしりたい！
動物《どうぶつ》の体《からだ》は、「タンパク質《しつ》」でできています。タンパク質《しつ》は、45℃以上《どいじょう》になると性質《せいしつ》が変《か》わってしまうという特徴《とくちょう》があるので、あまりに体温《たいおん》が高《たか》くなると動物《どうぶつ》は生《い》きていけなくなるのです。

化石《かせき》の一部《いちぶ》から、どうして全身《ぜんしん》がわかるの？

一部分《いちぶぶん》の化石《かせき》から、全身《ぜんしん》の姿《すがた》を推理《すいり》する

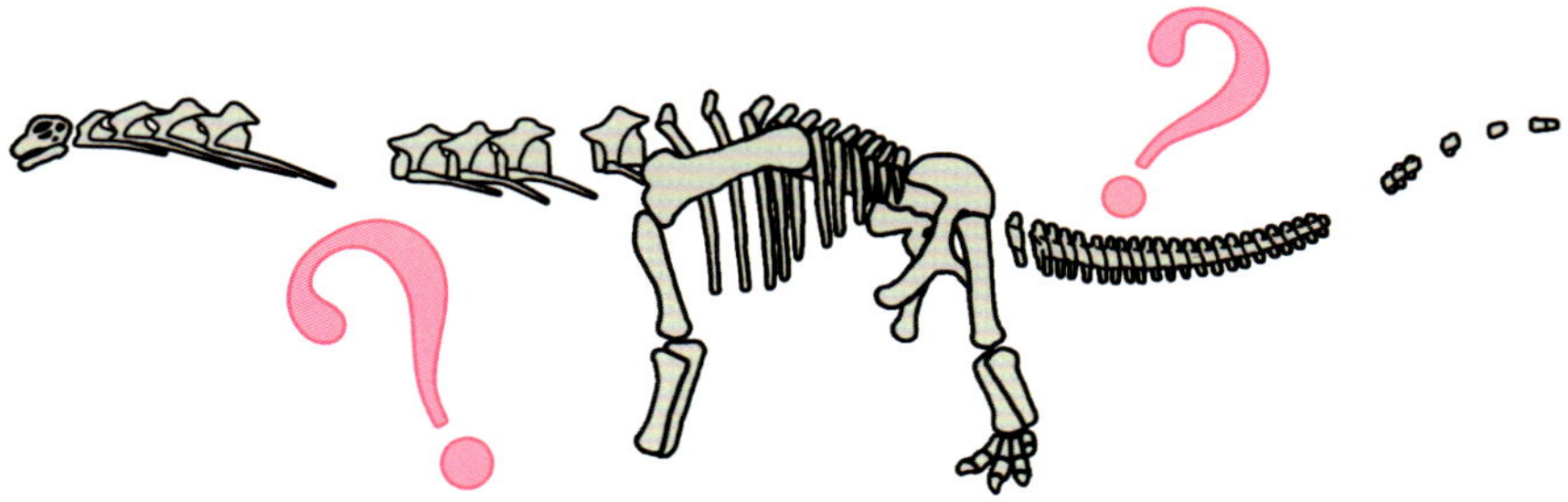

背骨《せぼね》の一部《いちぶ》しかみつかっていない

とくに大型《おおがた》の脊椎動物《せきついどうぶつ》の場合《ばあい》、その全身《ぜんしん》の化石《かせき》がまるごとみつかることはかなりまれです。それどころか、全身《ぜんしん》の半分《はんぶん》もみつからないことがよくあります。

たとえば、289ページで紹介《しょうかい》したアルゼンチノサウルスの化石《かせき》は、背骨《せぼね》のほんの一部《いちぶ》しかみつかっていません。しかし、それでも全身《ぜんしん》の復元画《ふくげんが》は描《えが》かれていますし、アメリカのある博物館《はくぶつかん》では、全身《ぜんしん》の骨格《こっかく》が組《く》み立《た》てられて展示《てんじ》されています。

どうして化石《かせき》の一部《いちぶ》しかみつかっていないのに、全身《ぜんしん》の姿《すがた》がわかるのでしょうか？

過去《かこ》にみつかっている化石《かせき》とくらべる

生物《せいぶつ》の体《からだ》には、ある決《き》まったグループしかもたない特徴《とくちょう》というものがいくつもあります。たとえば、恐竜類《きょうりゅうるい》の腰《こし》の骨《ほね》には穴《あな》があいています。また、腕《うで》の骨《ほね》には筋肉《きんにく》がつくための広《ひろ》く平《たい》らな場所《ばしょ》があります。これらの特徴《とくちょう》はほかの爬虫類《はちゅうるい》にはみられないものです。

みつかったのが小《ちい》さな化石《かせき》の破片《はへん》だったとしても、こうした特徴《とくちょう》がみつかれば、その生物《せいぶつ》がどのようなグループに属《ぞく》するのかがわかります。特徴《とくちょう》の中《なか》には、ある一《ひと》つの種《しゅ》しかもたないものもあり、その場合《ばあい》は、より正確《せいかく》に生物《せいぶつ》の種《しゅ》を決《き》めることができるのです。

いったん生物《せいぶつ》の種《しゅ》が決《き》まったら、過去《かこ》にみつかったその生物《せいぶつ》の化石《かせき》を調《しら》べます。種《しゅ》まではわからなかったとしても、どんなグループに属《ぞく》するかがわかれば、似《に》たような生物《せいぶつ》の化石《かせき》のデータを調《しら》べることができます。

そうして調《しら》べていくと、体《からだ》の部分部分《ぶぶんぶぶん》のようすがわかってきます。あるときは頭《あたま》だけ、あるときは胴体《どうたい》の一部《いちぶ》だけ、という具合《ぐあい》に部分的《ぶぶんてき》に化石《かせき》がみつかっていることがよくあるからです。

こうしてたくさんの情報《じょうほう》を寄《よ》せ集《あつ》めることで、全身《ぜんしん》まるごと残《のこ》った化石《かせき》はみつかっていなくても、生物《せいぶつ》の全身像《ぜんしんぞう》を推理《すいり》していくことができるのです。

もっとしりたい！ これまでに知《し》られている生物《せいぶつ》にはない特徴《とくちょう》をもっていた場合《ばあい》、その特徴《とくちょう》をもつ生物《せいぶつ》は、新種《しんしゅ》の可能性《かのうせい》が高《たか》くなります。

9月22日

読《よ》んだ日《ひ》 月 日 月 日

超《ちょう》巨《きょ》大《だい》な肉《にく》食《しょく》恐《きょう》竜《りゅう》 ギガノトサウルス

白亜紀《はくあき》

新生代	中《ちゅう》生《せい》代《だい》	古《こ》生《せい》代《だい》	先カンブリア時代

ティラノサウルスより大《おお》きい

白亜紀《はくあき》に暮《く》らしていた大型《おおがた》の肉食恐竜《にくしょくきょうりゅう》といえば、なんといっても「ティラノサウルス」です。もちろんこの本《ほん》でもティラノサウルスを紹介《しょうかい》しますが、お楽《たの》しみはもう少《すこ》し先《さき》にとっておきましょう。

今日《きょう》は、アルゼンチンから化石《かせき》がみつかっている「ギガノトサウルス」を紹介《しょうかい》します。ギガノトサウルスは、鼻《はな》の先《さき》から尾《お》の先《さき》までの長《なが》さが14メートルあったとされる肉食恐竜《にくしょくきょうりゅう》です。ティラノサウルスよりも2メートルほど大《おお》きかったのです。

ギガノトサウルスは、288ページで紹介《しょうかい》したスピノサウルスなどと同《おな》じく獣脚類《じゅうきゃくるい》に分類《ぶんるい》されます。スピノサウルスはギガノトサウルスよりもさらに1メートル大《おお》きい獣脚類《じゅうきゃくるい》でした。ただし、スピノサウルスは主《おも》にサカナを食《た》べていたと考《かんが》えられています。そのため、陸上《りくじょう》動物《どうぶつ》の肉《にく》を主食《しゅしょく》にしていた恐竜《きょうりゅう》としては、ギガノトサウルスが最大《さいだい》級《きゅう》の恐竜類《きょうりゅうるい》となるのです。

ナイフのような歯《は》

ギガノトサウルスは、ティラノサウルスと比《くら》べると少《すこ》し細《ほそ》い体《からだ》をした恐竜《きょうりゅう》でした。歯《は》には厚《あつ》みはなく、ナイフのような形《かたち》です。これは、225ページで紹介《しょうかい》したジュラ紀《き》の獣脚類《じゅうきゃくるい》、アロサウルスとよく似《に》ています。獲物《えもの》の骨《ほね》をかみ砕《くだ》くのではなく、肉《にく》を切《き》り裂《さ》いて食《た》べることに適《てき》した形《かたち》です。

化石《かせき》を見《み》たい！

北九州《きたきゅうしゅう》市《し》立《りつ》自《し》然《ぜん》史《し》・歴《れき》史《し》博《はく》物《ぶつ》館《かん》

全身復元骨格《ぜんしんふくげんこっかく》が展示《てんじ》されています。同《おな》じホール内《ない》にあるティラノサウルスの骨格《こっかく》と比《くら》べてみよう。

北九州市立自然史・歴史博物館

もっとしりたい！ ギガノトサウルスとアルゼンチノサウルスは、アルゼンチンにある同《おな》じ地層《ちそう》から化石《かせき》がみつかっています。弱《よわ》ったアルゼンチノサウルスはギガノトサウルスの獲物《えもの》だったかもしれません。

9月23日

読《よ》んだ日《ひ》
月　日
月　日

3本角《ほんづの》とフリルをもつ恐竜《きょうりゅう》
トリケラトプス

白亜紀《はくあき》

新生代《しんせいだい》　中生代《ちゅうせいだい》　古生代《こせいだい》　先《せん》カンブリア時代《じだい》

大《おお》きさはゾウくらい

ウエスタン・インテリア・シーで分断《ぶんだん》されていた北《きた》アメリカ大陸《たいりく》のうち、西側《にしがわ》の大陸《たいりく》を「ララミディア」といいます。これからしばらくの間《あいだ》、ララミディアの動物《どうぶつ》たちに注目《ちゅうもく》していきましょう。

ララミディアにはたくさんの恐竜類《きょうりゅうるい》がいました。その中《なか》に、3本《ぼん》の角《つの》をもち、後頭部《こうとうぶ》に大《おお》きなフリルをもった四足歩行《しそくほこう》の植物食恐竜《しょくぶつしょくきょうりゅう》がいました。「トリケラトプス」です。「角竜類《つのりゅうるい》」とよばれるグループの代表的《だいひょうてき》な種類《しゅるい》です。

トリケラトプスは、鼻《はな》の先《さき》から尾《お》の先《さき》までの長《なが》さが5メートルから7メートルほどありました。現在《げんざい》のアフリカゾウにせまる大《おお》きさだったのです。

角《つの》は変化《へんか》する

トリケラトプスは、とてもたくさん化石《かせき》がみつかっていて、研究《けんきゅう》も進《すす》んでいます。

たとえば、生《う》まれたての子《こ》どもからおとなになるまでのそれぞれの世代《せだい》の化石《かせき》がみつかっています。それらを年齢《ねんれい》の順番《じゅんばん》に並《なら》べたところ、成長《せいちょう》にともなって眼《め》の上《うえ》の角《つの》の向《む》きが変《か》わることがわかりました。幼《おさな》いうちは上《うえ》に向《む》かってのびるのですが、成長《せいちょう》するにつれて、前《まえ》に向《む》かってのびたようです。また、おとなになるに従《したが》って、フリルの縁《ふち》にあるギザギザが丸《まる》みをおびていくこともわかっています。

化石《かせき》を見《み》たい！　国立科学博物館《こくりつかがくはくぶつかん》

世界一《せかいいち》とされる化石《かせき》が展示《てんじ》されています。

ここでもみられます！
群馬県立自然史博物館、ミュージアムパーク 茨城県自然博物館、東海大学自然史博物館、豊橋市自然史博物館、大阪市立自然史博物館、北九州市立自然史・歴史博物館、御船町恐竜博物館　ほか

国立科学博物館

もっとしりたい！
トリケラトプスは、子《こ》どもの化石《かせき》がまとまってみつかります。このことから、少《すく》なくとも子《こ》どものうちは数頭《すうとう》で群《む》れを組《く》んで生活《せいかつ》していたと考《かんが》えられています。

"ヘルメット頭《あたま》"の恐竜《きょうりゅう》
パキケファロサウルス

白亜紀《はくあき》

新生代《しんせいだい》　中生代《ちゅうせいだい》　古生代《こせいだい》　先《せん》カンブリア時代《じだい》

頭《あたま》の骨《ほね》が厚《あつ》かった

ララミディアで暮《く》らしていた植《しょく》物食恐竜《ぶつしょくきょうりゅう》の一《ひと》つに、「パキケファロサウルス」がいます。堅頭竜類《けんとうりゅうるい》というグループの恐竜《きょうりゅう》です。

鼻《はな》の先《さき》から尾《お》の先《さき》までの長《なが》さは4・5メートルほどで、頭《あたま》がヘルメットのように盛《も》り上《あ》がっていることが特徴《とくちょう》でした。そのドームのような頭《あたま》のまわりには、たくさんの小《ちい》さなとげがありました。

パキケファロサウルスは頭《あたま》の骨《ほね》が厚《あつ》いので、仲間内《なかまうち》での争《あらそ》いや、身《み》を守《まも》るときなどに相手《あいて》に向《む》かって頭突《ずつ》きをしていたのではないか、と考《かんが》えられてきました。

しかし、実際《じっさい》に頭突《ずつ》きができたのかどうかは研究者《けんきゅうしゃ》によって考《かんが》えがちがいます。頭《あたま》の骨《ほね》があまりにもかたすぎるため、頭突《ずつ》きをすると自分《じぶん》の脳《のう》を痛《いた》めてしまうのではないか、という考《かんが》えもあります。

成長《せいちょう》すると頭《あたま》が変化《へんか》した？

パキケファロサウルスの化石《かせき》がみつかる地層《ちそう》からは、同《おな》じ堅頭《けんとう》竜類《りゅうるい》の「ドラコレックス」と「スティギモロク」の化石《かせき》もみつかっています。ドラコレックスは、頭《あたま》にドームのような盛《も》り上《あ》がりはほとんどなく、長《なが》いとげがたくさんありました。スティギモロクは頭《あたま》に小《ちい》さなドームがあって、とげはドラコレックスとパキケファロサウルスの中間《ちゅうかん》くらいの長《なが》さでした。

実《じつ》はこの3種類《しゅるい》の堅頭竜類《けんとうりゅうるい》は、別々《べつべつ》の種《しゅ》ではなく、パキケファロサウルスの成長《せいちょう》の段階《だんかい》を追《お》ったものではないか、という説《せつ》があります。最《もっと》も幼《おさな》いのがドラコレックスで、スティギモロク、パキケファロサウルスの順《じゅん》に成長《せいちょう》したのです。成長《せいちょう》するにつれて、頭《あたま》が盛《も》り上《あ》がり、とげが短《みじか》くなっていったのではないか、というわけです。

化石《かせき》を見《み》たい！　国立科学博物館《こくりつかがくはくぶつかん》

発見《はっけん》された部位《ぶい》がよくわかる全身復元骨格《ぜんしんふくげんこっかく》が展示《てんじ》されています。

国立科学博物館

ここでもみられます！
神奈川県立生命の星・地球博物館、福井県立恐竜博物館、北九州市立自然史・歴史博物館、御船町恐竜博物館　ほか

もっとしりたい！
パキケファロサウルスの頭《あたま》の化石《かせき》には、パキケファロサウルスどうしが頭突《ずつ》きをしたときについたとみられる傷《きず》が残《のこ》っているものもあります。

背中《せなか》に"防弾《ぼう だん》チョッキ"!? アンキロサウルス

防弾《ぼうだん》チョッキと同《おな》じつくり

ララミディアでは、たくさんの恐竜類《きょうりゅうるい》が暮《く》らしていたことがわかっています。鎧竜類《よろいりゅうるい》の「アンキロサウルス」もその一《ひと》つです。

アンキロサウルスは、鼻《はな》の先《さき》から尾《お》の先《さき》までの長《なが》さが7メートルありました。背中《せなか》に骨《ほね》のかたまりが列《れつ》をつくって並《なら》んでいて、尾《お》の先《さき》にはこん棒《ぼう》のような骨《ほね》の膨《ふく》らみがありました。245ページで紹介《しょうかい》したサイカニアの仲間《なかま》ですが、アンキロサウルスの"骨《ほね》のよろい"にはサイカニアほどのとがった部分《ぶぶん》はありませんでした。

背中《せなか》に並《なら》ぶ骨《ほね》のかたまりは、見《み》た目《め》ほど重《おも》くはなかったようです。そして、丈夫《じょうぶ》でありながら、やわらかさもあったことがわかっています。現在《げんざい》の防弾《ぼうだん》チョッキと同《おな》じつくりをしていたのです。いかにも心強《こころづよ》そうですね。

まず、よろいをつくった

子《こ》どものアンキロサウルスには、骨《ほね》のよろいはありませんでした。歳《とし》をとるにつれて、少《すこ》しずつ骨《ほね》が大《おお》きくなっていったのです。

動物《どうぶつ》は一般的《いっぱんてき》に、歳《とし》をとるにつれて体《からだ》が大《おお》きくなっていきます。しかし、アンキロサウルスの場合《ばあい》は、体《からだ》を大《おお》きくすることよりも、まずは背中《せなか》の骨《ほね》のよろいをつくることを優先《ゆうせん》していたようです。骨《ほね》のよろいができてから、少《すこ》しずつ体《からだ》を大《おお》きくしていったのです。

化石《かせき》を見《み》たい!

北九州《きたきゅうしゅう》市《し》立《りつ》自然《しぜん》史《し》・歴史《れきし》博物館《はくぶつかん》

復元《ふくげん》された頭骨《とうこつ》と尾《お》が展示《てんじ》されています。

北九州市立自然史・歴史博物館

ここでもみられます!
群馬県立自然史博物館、豊橋市自然史博物館、御船町恐竜博物館 ほか

もっとしりたい!
鎧竜類《よろいりゅうるい》の中《なか》には、尾《お》の先《さき》に骨《ほね》の膨《ふく》らみがないものもたくさんいました。骨《ほね》の膨《ふく》らみがあるものとないものでは、生《い》きていた場所《ばしょ》がちがっていたのではないか、といわれています。

ニックネームは「白亜紀《はくあき》のウシ」
エドモントサウルス

白亜紀《はくあき》

新生代《しんせいだい》　中生代《ちゅうせいだい》　古生代《こせいだい》　先カンブリア時代

最近《さいきん》になってとさかがあったことがわかった
エドモントサウルス
Edmontosaurus

地味《じみ》だけど大繁栄《だいはんえい》

植物食恐竜《しょくぶつしょくきょうりゅう》の「エドモントサウルス」は、ララミディアにたくさんいた恐竜《きょうりゅう》の一《ひと》つです。鳥脚類《ちょうきゃくるい》というグループに分類《ぶんるい》されています。四足歩行《しそくほこう》をしていたとみられていますが、二足歩行《にそくほこう》もできたかもしれません。

鳥脚類《ちょうきゃくるい》の恐竜《きょうりゅう》たちは、大《おお》きなとげやフリルなどの目立《めだ》つ特徴《とくちょう》をもっていません。どちらかといえば、地味《じみ》な恐竜《きょうりゅう》たちです。しかし、白亜紀《はくあき》にとても繁栄《はんえい》していました。

とくに鳥脚類《ちょうきゃくるい》の中《なか》でも「ハドロサウルス類《るい》」とよばれるグループは、群《む》れをつくって生活《せいかつ》していたことで有名《ゆうめい》です。エドモントサウルスは、そんなハドロサウルス類《るい》の代表的《だいひょうてき》な種類《しゅるい》です。

歯《は》にでこぼこが多《おお》い

エドモントサウルスは、植物《しょくぶつ》を食《た》べるのに向《む》いた、とてもすぐれた歯《は》をもっていました。

多《おお》くの爬虫類《はちゅうるい》の歯《は》は、エナメル質《しつ》と象牙質《ぞうげしつ》という2種類《しゅるい》の素材《そざい》でできています。ところがエドモントサウルスの歯《は》は、6種類《しゅるい》もの素材《そざい》でできていました。ちなみに、植物《しょくぶつ》を食《た》べて暮《く》らすウシやウマの仲間《なかま》の歯《は》は、4種類《しゅるい》の素材《そざい》でできています。

歯《は》をつくる素材《そざい》は、種類《しゅるい》によってかたさが異《こと》なります。食《た》べ物《もの》を食《た》べ続《つづ》けていると、やわらかい素材《そざい》からすり減《へ》っていくため、そのうちに歯《は》にでこぼこができます。そして、でこぼこのある歯《は》の方《ほう》が植物《しょくぶつ》をすりつぶしやすくなります。

エドモントサウルスの歯《は》は6種類《しゅるい》もの素材《そざい》でできていたため、複雑《ふくざつ》なでこぼこができます。植物《しょくぶつ》をすりつぶして食《た》べるのにとても適《てき》していたのです。この歯《は》の特徴《とくちょう》から、エドモンサウルスは「白亜紀《はくあき》のウシ」ともよばれています。

化石《かせき》を見《み》たい！　豊橋市自然史博物館《とよはしししぜんしはくぶつかん》

90パーセントが実物化石《じつぶつかせき》でできた全身復元骨格《ぜんしんふくげんこっかく》が展示《てんじ》されています。

ここでもみられます！
神奈川県立生命の星・地球博物館、福井県立恐竜博物館、名古屋大学博物館、大阪市立自然史博物館、御船町恐竜博物館　ほか

もっとしりたい！
エドモントサウルスの口《くち》の中《なか》にはたくさんの小《ちい》さな歯《は》がありました。一《ひと》つの歯《は》がすり減《へ》ると、その下《した》にひかえていた次《つぎ》の歯《は》がすぐに補充《ほじゅう》されたと考《かんが》えられています。

求愛《きゅうあい》のための翼《つばさ》があった
オルニトミムス

白亜紀《はくあき》
新生代　中生代　古生代　先カンブリア時代

翼《つばさ》をもった恐竜類《きょうりゅうるい》

　247ページであしの速《はや》い恐竜類《きょうりゅうるい》としてガリミムスを紹介《しょうかい》しました。ガリミムスの仲間《なかま》は、とくに「オルニトミモサウルス類《るい》」とよばれています。

　ララミディアにも、オルニトミモサウルス類《るい》の恐竜《きょうりゅう》が暮《く》らしていました。それが、「オルニトミムス」です。鼻《はな》の先《さき》から尾《お》の先《さき》までの長《なが》さは3・5メートルほどで、その腕《うで》には翼《つばさ》があったことがわかっています。

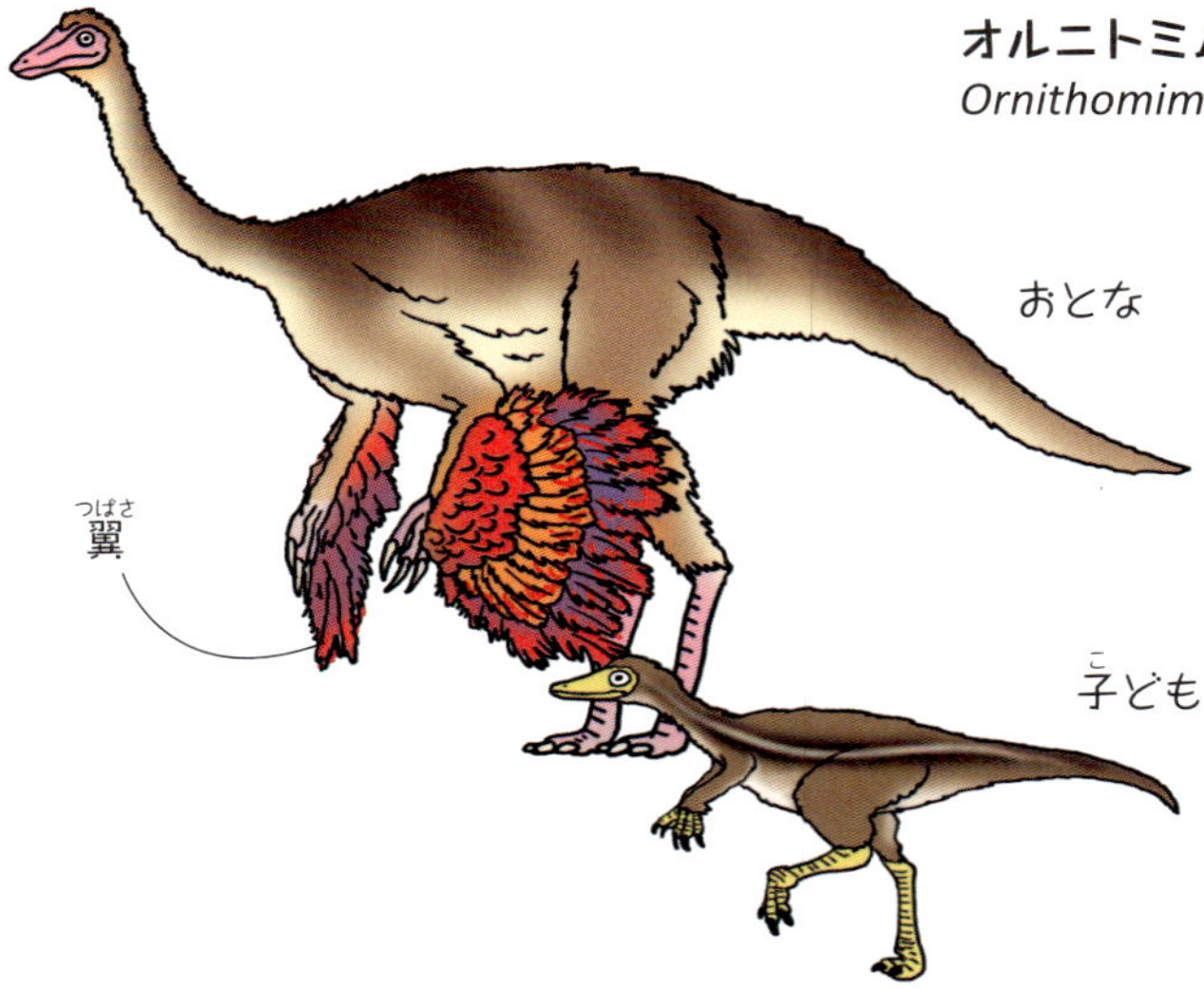

子《こ》どもには翼《つばさ》がない

　オルニトミムスは、翼《つばさ》をもっていても空《そら》を飛《と》ぶことができるような体《からだ》のつくりをしていませんでした。したがって、翼《つばさ》は飛《と》ぶためのものではありません。

　オルニトミムスの翼《つばさ》は何《なん》のためにあったのでしょうか？

　実《じつ》は、オルニトミムスの子《こ》どもには翼《つばさ》がないことが化石《かせき》の研究《けんきゅう》から指摘《してき》されています。つまり、オルニトミムスはおとなになってから翼《つばさ》をもつようになったのです。

　そのほか、さまざまな点《てん》が調《しら》べられたところ、オルニトミムスは、おとなになってから異性《いせい》に自分《じぶん》をアピールするために翼《つばさ》を使《つか》っていたのではないか、と考《かんが》えられるようになりました。

　さらにオルニトミモサウルス類《るい》は、翼《つばさ》をもつ恐竜類《きょうりゅうるい》としては最《もっと》も原始的《げんしてき》といわれています。このことから、そもそも恐竜類《きょうりゅうるい》の翼《つばさ》は飛《と》ぶためのものではなく、異性《いせい》にアピールするためのものとして発達《はったつ》し始《はじ》めたのではないか、と考《かんが》えられています。

化石《かせき》を見《み》たい！　福井県立恐竜博物館《ふくいけんりつきょうりゅうはくぶつかん》

全身復元骨格《ぜんしんふくげんこっかく》と、小《ちい》さいものですが模型《もけい》も展示《てんじ》されています。

ここでもみられます！
大阪市立自然史博物館、御船町恐竜博物館　ほか

もっとしりたい！
子《こ》どもに翼《つばさ》がないのは、異性《いせい》にアピールする必要《ひつよう》がないからと考《かんが》えられています。このように、子《こ》どもになくて、おとなにあるという特徴《とくちょう》は、異性《いせい》が関係《かんけい》している場合《ばあい》が多《おお》くあります。

いちばん賢《かしこ》い恐竜《きょうりゅう》!?
トロオドン

白亜紀《はくあき》

新生代《しんせいだい》｜中生代《ちゅうせいだい》｜古生代《こせいだい》｜先カンブリア時代

眼《め》が大《おお》きく、耳《みみ》もよい

「トロオドン」は、ララミディアにいた獣脚類《じゅうきゃくるい》の一《ひと》つです。鼻《はな》の先《さき》から尾《お》の先《さき》までの長《なが》さが2メートルほどの小型《こがた》の恐竜《きょうりゅう》で、手《て》あしがすらりとしていました。腕《うで》には翼《つばさ》があったようです。ほかの恐竜《きょうりゅう》たちと比《くら》べると、頭《あたま》の大《おお》きさの割《わり》には眼《め》が大《おお》きいことが特徴《とくちょう》で、また、耳《みみ》もよかったとみられています。

大《おお》きな脳《のう》をもっていた

トロオドンは、恐竜類《きょうりゅうるい》の中《なか》ではトップクラスの賢《かしこ》さがあったとして有名《ゆうめい》です。どのようにして、絶滅《ぜつめつ》した動物《どうぶつ》であるトロオドンの賢《かしこ》さがわかったのでしょうか?

現在《げんざい》も生《い》きている動物《どうぶつ》であれば、日常《にちじょう》の生活《せいかつ》のようすを観察《かんさつ》していれば賢《かしこ》いかどうかはおおよそわかりそうです。しかし絶滅《ぜつめつ》した動物《どうぶつ》は、ようすを観察《かんさつ》することができません。

そこで注目《ちゅうもく》されるのが脳《のう》の大《おお》きさです。

脳《のう》そのものは化石《かせき》には残《のこ》りませんが、脳《のう》を入《い》れていた骨《ほね》の入《い》れ物《もの》が化石《かせき》に残《のこ》ります。この入《い》れ物《もの》を調《しら》べれば、脳《のう》の大《おお》きさがわかるのです。

ただし、単純《たんじゅん》に大《おお》きさ比《くら》べをするだけでは、賢《かしこ》さはわかりません。なぜなら、体《からだ》の大《おお》きな種類《しゅるい》の恐竜《きょうりゅう》が大《おお》きな脳《のう》をもっているのは当《あ》たり前《まえ》だからです。そこで、体《からだ》に対《たい》する脳《のう》の大《おお》きさの割合《わりあい》を調《しら》べることになります。

トロオドンが「賢《かしこ》い」といわれるのは、小《ち》さな体《からだ》に不釣《ふつ》り合《あ》いなほど、大《おお》きな脳《のう》をもっていたからです。獣脚類《じゅうきゃくるい》の多《おお》くの恐竜《きょうりゅう》たちは、ほかのグループの恐竜《きょうりゅう》たちよりも、体《からだ》に対《たい》する脳《のう》の割合《わりあい》が大《おお》きくなっていました。その中《なか》でも、トロオドンはとくに大《おお》きな脳《のう》をもっていたのです。

化石《かせき》を見《み》たい!　御船町恐竜博物館《みふねちょうきょうりゅうはくぶつかん》

全身復元骨格《ぜんしんふくげんこっかく》とトロオドンのロボットが展示《てんじ》されています。

もっとしりたい!

もしも恐竜類《きょうりゅうるい》が絶滅《ぜつめつ》しなかったら?　1980年代《ねんだい》にその疑問《ぎもん》に答《こた》える仮説《かせつ》として、「トロオドンのような賢《がしこ》い恐竜類《きょうりゅうるい》が進化《しんか》して、ディノサウロイドという恐竜人間《きょうりゅうにんげん》になった」というアイデアが発表《はっぴょう》されたことがあります。

9月29日

読《よ》んだ日《ひ》 月 日 月 日

「恐《きょう》竜《りゅう》ルネサンス」の立《たて》役《やく》者《しゃ》 デイノニクス

白亜紀《はくあき》

新《しん》生《せい》代《だい》 中《ちゅう》生《せい》代《だい》 古《こ》生《せい》代《だい》 先カンブリア時代

鳥類《ちょうるい》は恐竜類《きょうりゅうるい》の中《なか》の一《ひと》つ

現在《げんざい》では、「鳥類《ちょうるい》は恐竜類《きょうりゅうるい》の中《なか》の1グループ」という考《かんが》えはたくさんの研究者《けんきゅうしゃ》によって認《みと》められています。しかし、かつては鳥類《ちょうるい》と恐竜類《きょうりゅうるい》は別《べつ》のグループであると考《かんが》えられていて、その考《かんが》えが変《か》わるまでにはいくつもの化石《かせき》の発見《はっけん》と研究《けんきゅう》が必要《ひつよう》でした。そうした化石《かせき》の一《ひと》つが、237ページで紹介《しょうかい》したシノサウロプテリクスでした。

そして、今日紹介《きょうしょうかい》する「デイノニクス」も「鳥類《ちょうるい》は恐竜類《きょうりゅうるい》の中《なか》の1グループ」という考《かんが》えに大《おお》きな役割《やくわり》を果《は》たした恐竜類《きょうりゅうるい》の一《ひと》つです。

恐竜《きょうりゅう》ルネサンス

デイノニクスは、3・3メートルほどの小型《こがた》の獣脚類《じゅうきゃくるい》です。後《うし》ろあしに鋭《するど》いかぎ爪《つめ》がありました。

もともと恐竜類《きょうりゅうるい》は、とてものろまな動物《どうぶつ》と考《かんが》えられていました。しかし、1960年代《ねんだい》にデイノニクスが研究《けんきゅう》されたところ、このかぎ爪《つめ》をいかすにはデイノニクスはかなり素早《すばや》かったにちがいない、と考《かんが》えられるようになりました。こうして、すべての恐竜類《きょうりゅうるい》がのろまだったわけではない、と多《おお》くの研究者《けんきゅうしゃ》が考《かんが》えるようになり、現在《げんざい》にいたる恐竜《きょうりゅう》のイメージがつくられていきます。このように恐竜《きょうりゅう》のイメージが大《おお》きく変《か》わったことを「恐竜《きょうりゅう》ルネサンス」とよびます。

さらに、デイノニクスは、その手首《てくび》のつくりが鳥類《ちょうるい》の手首《てくび》ととてもよく似《に》ていました。そのため、鳥類《ちょうるい》と恐竜類《きょうりゅうるい》はやはりとても近《ちか》い関係《かんけい》があるのではないか、と考《かんが》えられるようになりました。シノサウロプテリクスの発見《はっけん》より、20年以上《ねんいじょう》も前《まえ》のことです。

化石《かせき》を見《み》たい！ 東海大学自然史博物館《とうかいだいがくしぜんしはくぶつかん》

全身復元骨格《ぜんしんふくげんこっかく》が展示《てんじ》されています。

ここでもみられます！
群馬県立自然史博物館、ミュージアムパーク 茨城県自然博物館、福井県立恐竜博物館、北九州市立自然史・歴史博物館、御船町恐竜博物館 ほか

もっとしりたい！

映画《えいが》『ジュラシックパーク』シリーズに登場《とうじょう》する恐竜《きょうりゅう》「ラプトル」のモデルは、デイノニクスであるといわれています。

恐竜《きょうりゅう》を食《た》べていたワニ
デイノスクス

白亜紀《はくあき》

新生代《しんせいだい》 中生代《ちゅうせいだい》 古生代《こせいだい》 先カンブリア時代

水辺《みずべ》の王者《おうじゃ》

今日《きょう》は白亜紀《はくあき》の巨大《きょだい》なワニ類《るい》を紹介《しょうかい》しましょう。ララミディアの水辺《みずべ》に生《い》きていた「デイノスクス」です。その大《おお》きさは、鼻《はな》の先《さき》から尾《お》の先《さき》までの長《なが》さが12メートルもありました。262ページのサルコスクスと同《おな》じくらいの巨体《きょたい》です。

デイノスクスは、現在《げんざい》の地球《ちきゅう》でも暮《く》らしているアメリカアリゲーターの仲間《なかま》です。もっとも、アメリカアリゲーターの大《おお》きさは6メートルくらいなので、デイノスクスはその倍《ばい》の大《おお》きさがあったということになります。サルコスクスとちがって、口先《くちさき》の幅《はば》が広《ひろ》く、長《なが》さが短《みじか》いことが特徴《とくちょう》です。

恐竜《きょうりゅう》たちに残《のこ》る歯型《はがた》

デイノスクスはとても恐《おそ》ろしいワニ類《るい》だったようです。大《おお》きなあごが生《う》み出《だ》すかむ力《ちから》は、たいていの肉食恐竜《にくしょくきょうりゅう》よりも強力《きょうりょく》でした。

デイノスクスの獲物《えもの》は水辺《みずべ》にやってきた恐竜類《きょうりゅうるい》だったとみられています。いくつもの恐竜類《きょうりゅうるい》の化石《かせき》に、デイノスクスがつけたものとみられる歯型《はがた》が残《のこ》っていたからです。

また、デイノスクスはとても長寿《ちょうじゅ》だったようです。これまでに知《し》られている化石《かせき》の中《なか》には、50歳《さい》以上《いじょう》まで長生《ながい》きしたものがみつかっています。これは、現在《げんざい》のワニ類《るい》と比《くら》べても長生《ながい》きです。しかもそのうちの35年間《ねんかん》が成長期《せいちょうき》だったとのことです。この長《なが》い成長期《せいちょうき》が、デイノスクスを12メートルの巨体《きょたい》にまで成長《せいちょう》させたのです。

化石《かせき》を見《み》たい！ 北九州市立自然史《きたきゅうしゅうしりつしぜんし》・歴史博物館《れきしはくぶつかん》

デイノスクスに近縁《きんえん》の「フォボスクス」というワニの頭骨《とうこつ》が展示《てんじ》されています。

北九州市立自然史・歴史博物館

もっとしりたい！ デイノスクスは、ウエスタン・インテリア・シーをはさんだ対岸《たいがん》のアパラチアにもいたようです。ただし、アパラチアのデイノスクスはあまり体《からだ》が大《おお》きくなかったようです。

ハート型《がた》の頭《あたま》をした爬《は》虫《ちゅう》類《るい》
チャンプソサウルス

白亜紀《はくあき》

新生代 中生代 古生代 先カンブリア時代

ワニ類《るい》にそっくり

ララミディアには、ちょっと変《か》わった爬虫類《はちゅうるい》もいました。鼻《はな》の先《さき》から尾《お》の先《さき》までの長《なが》さが1・5メートルほどの「チャンプソサウルス」です。

その姿《すがた》は、ワニ類《るい》の中《なか》でもとくに現在《げんざい》のインドガビアルに似《に》ています。インドガビアルの仲間《なかま》はまさにこのチャンプソサウルスのように細《ほそ》くて長《なが》い口先《くちさき》をしています。

しかし、チャンプソサウルスはワニ類《るい》ではありません。別《べつ》の爬虫類《はちゅうるい》のグループである「コリストデラ類《るい》」に属《ぞく》しています。コリストデラ類《るい》は中生代《ちゅうせいだい》のジュラ紀《き》に現《あらわ》れたグループで、その後《ご》、新生代《しんせいだい》の新《しん》第三紀《だいさんき》という時代《じだい》に絶滅《ぜつめつ》するまで1億《おく》年以上《ねんいじょう》も生《い》き残《のこ》っていました。

ワニ類《るい》との大《おお》きなちがい

コリストデラ類《るい》とワニ類《るい》のわかりやすいちがいは、外見《がいけん》に一《ひと》つ、口《くち》の中《なか》にも一《ひと》つあります。

外見《がいけん》のちがいは、コリストデラ類《るい》の後頭部《こうとうぶ》に注目《ちゅうもく》するとわかります。コリストデラ類《るい》の後頭部《こうとうぶ》は、ハートのような形《かたち》をしているのです。チャンプソサウルスもよく見《み》ると、ハート型《がた》の後頭部《こうとうぶ》をしています。

もう一《ひと》つは、口《くち》の中《なか》です。上《うわ》あごの裏《うら》に小《ちい》さな歯《は》がたくさん並《なら》んでいました。

ハート型《がた》の後頭部《こうとうぶ》と、上《うわ》あごの裏《うら》にあった小《ちい》さな歯《は》。この二《ふた》つの特徴《とくちょう》が、コリストデラ類《るい》とワニ類《るい》の大《おお》きなちがいなのです。

化石《かせき》を見《み》たい！ 国立科学博物館《こくりつかがくはくぶつかん》

全身復元骨格《ぜんしんふくげんこっかく》が展示《てんじ》されています。後頭部《こうとうぶ》の形《かたち》に注目《ちゅうもく》！

国立科学博物館

もっとしりたい！

コリストデラ類《るい》は謎《なぞ》の爬虫類《はちゅうるい》です。祖先《そせん》を含《ふく》めて、どの爬虫類《はちゅうるい》のグループに近《ちか》い仲間《なかま》なのかなどもわかっていません。

10月 2日
読《よ》んだ日《ひ》 月 日 月 日

祖先《そせん》はジュラ紀《き》の王者《おうじゃ》だった シアッツ

白亜紀《はくあき》

新生代《しんせいだい》 中生代《ちゅうせいだい》 古生代《こせいだい》 先《せん》カンブリア時代

アロサウルスの仲間《なかま》の子孫《しそん》

北《きた》アメリカ大陸《たいりく》の獣脚類《じゅうきゃくるい》といえば、ジュラ紀《き》の王者《おうじゃ》、アロサウルスがいました。225ページで紹介《しょうかい》しました。

アロサウルスの仲間《なかま》はそのまま繁栄《はんえい》を続《つづ》けて、白亜紀《はくあき》のララミディアにも子孫《しそん》がいたようです。その子孫《しそん》の名前《なまえ》を「シアッツ」といいます。

シアッツ
Siats

ティラノサウルスほどではないけど、シアッツも大《おお》きかった！

ティラノサウルス並《な》みの大型《おおがた》

シアッツの化石《かせき》は、およそ9800万年前《まんねんまえ》の地層《ちそう》からみつかっています。全身《ぜんしん》ではなく、一部《いちぶ》しかみつかっていないので、くわしい体《からだ》つきや顔《かお》つきはわかっていません。

しかし、そうした化石《かせき》から、シアッツの大《おお》きさは鼻《はな》の先《さき》から尾《お》の先《さき》までの長《なが》さが9メートルに達《たっ》したと見積《みつ》もられています。

9メートルという大《おお》きさは、アロサウルスを上回《うわまわ》るものです。しかし実《じつ》は、この化石《かせき》は子《こ》どものものとみられています。おとなのシアッツの化石《かせき》は発見《はっけん》されていませんが、子《こ》どもの化石《かせき》から推測《すいそく》すると11メートルにまで成長《せいちょう》したようです。

有名《ゆうめい》な獣脚類《じゅうきゃくるい》のティラノサウルスが12メートルですから、シアッツはティラノサウルスに匹敵《ひってき》するような大型《おおがた》の恐竜《きょうりゅう》だったのです。ただし、ティラノサウルスが現《あらわ》れるのは、シアッツがいた時代《じだい》から3000万年《まんねん》くらいあとのことです。

シアッツは今《いま》のところ、ララミディアにいたアロサウルスの仲間《なかま》の中《なか》で、最後《さいご》の大型種《おおがたしゅ》です。そして、シアッツのような大型《おおがた》のアロサウルスの仲間《なかま》がいた時代《じだい》には、ティラノサウルスの仲間《なかま》の祖先《そせん》は、体《からだ》が小《ちい》さかったとみられています。

ティラノサウルス
（12メートル）

もっとしりたい！

「シアッツ」という名前《なまえ》は、化石《かせき》がみつかったアメリカのユタ州《しゅう》で暮《く》らすネイティブ・アメリカンの伝説《でんせつ》に登場《とうじょう》する「人喰《ひとく》いの怪物《かいぶつ》」にちなみます。

10月 3日

読《よ》んだ日《ひ》
月　日
月　日

賢《かしこ》くて耳《みみ》もよかったティラノサウルス類《るい》
ティムルレンギア

白亜紀《はくあき》

新生代《しんせいだい》　中生代《ちゅうせいだい》　古生代《こせいだい》　先カンブリア時代

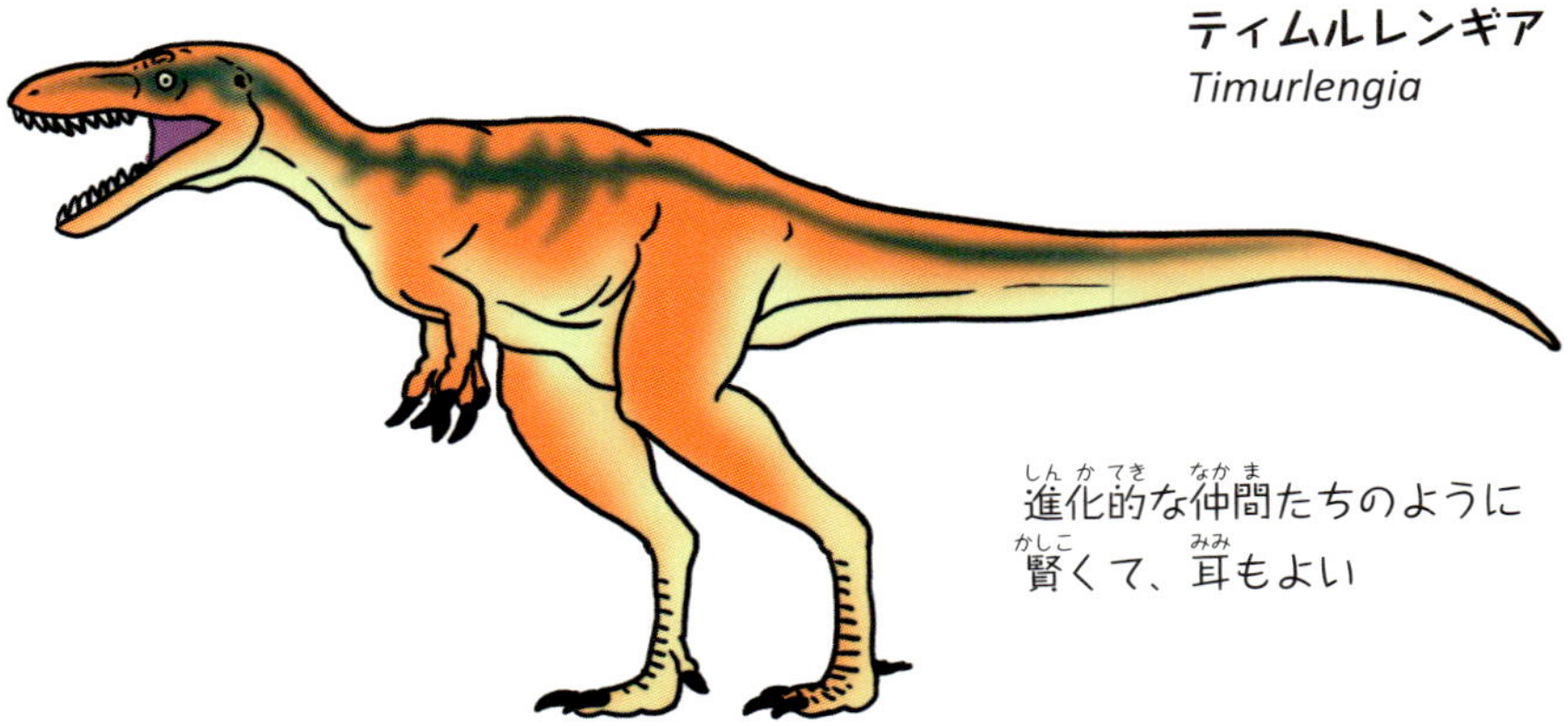

なぜ王者《おうじゃ》になれたのか？

今日《きょう》からしばらくの間《あいだ》、ティラノサウルスの仲間《なかま》に注目《ちゅうもく》していきましょう。

ティラノサウルスの仲間《なかま》のことを「ティラノサウルス類《るい》」とよびます。原始的《げんしてき》なティラノサウルス類《るい》はみんな小型《こがた》でした。たとえば、210ページで紹介《しょうかい》した「グアンロン」がその一《ひと》つです。

一方《いっぽう》で、ティラノサウルスなどの進化的《しんかてき》なティラノサウルス類《るい》は、鼻《はな》の先《さき》から尾《お》の先《さき》までの長《なが》さが10メートル前後《ぜんご》と大型《おおがた》でした。各地《かくち》に君臨《くんりん》する〝王者《おうじゃ》〟だったのです。

ティラノサウルス類《るい》が大《おお》きくなるきっかけは何《なん》だったのでしょうか？

小型《こがた》のティラノサウルス類《るい》から大型《おおがた》のティラノサウルス類《るい》が進化《しんか》した時期《じき》は、1億年前《おくねんまえ》から8000万年前《まんねんまえ》の間《あいだ》と考《かんが》えられています。そのころの化石《かせき》を調《しら》べることができれば、謎《なぞ》をとくヒントがみつかるかもしれません。

しかし、この時期《じき》の地層《ちそう》からは、ティラノサウルス類《るい》の化石《かせき》がほとんどみつかっていません。ティラノサウルス類《るい》の進化《しんか》の歴史《れきし》で重要《じゅうよう》な部分《ぶぶん》は、今《いま》のところほぼ〝空白《くうはく》〟なのです。

頭骨《とうこつ》の化石《かせき》を調《しら》べた

空白《くうはく》の時代《じだい》の数少《かずすく》ない手《て》がかりがウズベキスタンでみつかっています。大《おお》きさ3メートルほどの「ティムルレンギア」の化石《かせき》です。およそ9000万年前《まんねんまえ》の地層《ちそう》から発見《はっけん》されました。

ティムルレンギアは、体《からだ》の一部《いちぶ》しか化石《かせき》が見《み》つかっていませんが、その中《なか》には頭骨《とうこつ》の一部《いちぶ》があり、脳《のう》が入《はい》っていた〝入《い》れ物《もの》〟の骨《ほね》がありました。この化石《かせき》をくわしく調《しら》べたところ、のちの時代《じだい》の進化的《しんかてき》なティラノサウルス類《るい》と同《おな》じような賢《かしこ》さがあり、そしてすぐれた耳《みみ》をもっていた可能性《かのうせい》が高《たか》いことがわかったのです。

賢《かしこ》さと耳《みみ》のよさがティラノサウルス類《るい》の進化《しんか》にどのように関《かか》わっていたのかはまだわかっていません。今後《こんご》、空白《くうはく》の時代《じだい》にできた地層《ちそう》から、もっとたくさんの化石《かせき》がみつかるようになれば、ティラノサウルス類《るい》の進化《しんか》の歴史《れきし》がより明《あき》らかになることでしょう。

もっとしりたい！
「ティムルレンギア」という名前《なまえ》は、14世紀《せいき》に中央《ちゅうおう》アジアを支配《しはい》した「ティムール」という人物《じんぶつ》にちなむものです。

アメリカに現《あらわ》れたティラノサウルス類《るい》
リトロナクス

白亜紀《はくあき》

新生代《しんせいだい》 | 中生代《ちゅうせいだい》 | 古生代《こせいだい》 | 先カンブリア時代《せんカンブリアじだい》

アジアからララミディアへ

　これまでにいくつかのティラノサウルス類《るい》を紹介《しょうかい》してきました。210ページで紹介《しょうかい》したジュラ紀《き》のグアンロン、239ページの羽毛《うもう》をもったユティラヌルス、そして右《みぎ》ページのティムルレンギアです。

　これらのティラノサウルス類《るい》は、すべてアジアにいた恐竜《きょうりゅう》です。一方《いっぽう》、ティラノサウルス類《るい》の中《なか》でも最《もっと》も有名《ゆうめい》な「ティラノサウルス」は、およそ7000万年前《まんねんまえ》になってララミディアに現《あらわ》れました。ティラノサウルス類《るい》の恐竜《きょうりゅう》たちはもともとはアジアで繁栄《はんえい》し、いつのころからかララミディアにやってきて王者《おうじゃ》として君臨《くんりん》するようになったと考《かんが》えられています。

リトロナクス
Lythronax

幅《はば》の広《ひろ》い頭《あたま》

　今《いま》までに知《し》られている限《かぎ》り、ララミディアに現《あらわ》れた最初《さいしょ》のティラノサウルス類《るい》が「リトロナクス」です。

　リトロナクスは、アメリカのユタ州《しゅう》にあるおよそ8000万《まん》年前《ねんまえ》の地層《ちそう》から化石《かせき》がみつかっています。鼻《はな》の先《さき》から尾《お》の先《さき》までの長《なが》さは7・5メートルほどで、ティラノサウルス類《るい》としては中《ちゅう》くらいの大《おお》きさです。しかし、ティラノサウルスなどの進化的《しんかてき》で体《からだ》の大《おお》きいティラノサウルス類《るい》と同《おな》じように幅《はば》の広《ひろ》い頭部《とうぶ》をもっていました。

　リトロナクスは、手《て》の化石《かせき》がみつかっているわけではないので、指《ゆび》の本数《ほんすう》については本当《ほんとう》のところはよくわかりません。しかし、進化的《しんかてき》な特徴《とくちょう》をもっているので、ティラノサウルスと同《おな》じように2本指《ほんゆび》で復元《ふくげん》されることが多《おお》くあります。ティラノサウルス類《るい》は、進化《しんか》をするにつれて、指《ゆび》の数《かず》が減《へ》ったからです。

　近《ちか》くに地図帳《ちずちょう》があれば、ユタ州《しゅう》の位置《いち》を探《さが》してみましょう。ララミディアの中《なか》では南《みなみ》の方《ほう》に位置《いち》しています。ティラノサウルス類《るい》のうち進化的《しんかてき》な大型《おおがた》の種《しゅ》は、ティラノサウルス類《るい》がララミディアを北上《ほくじょう》していく途中《とちゅう》で現《あらわ》れたのではないか、といわれています。

もっとしりたい！
リトロナクスの祖先《そせん》がアジアからララミディアにやってきたときは、ベーリング海峡《かいきょう》が陸《りく》になっていたとみられています。

群《む》れで暮《く》らすティラノサウルス類《るい》
アルバートサウルス

白亜紀《はくあき》

新生代《しんせいだい》 中生代《ちゅうせいだい》 古生代《こせいだい》 先カンブリア時代

リトロナクスより原始的《げんしてき》な体《からだ》

ララミディアの北部《ほくぶ》にあたる、カナダのアルバータ州《しゅう》から「アルバートサウルス」の化石《かせき》がみつかっています。

アルバートサウルスはティラノサウルス類《るい》の仲間《なかま》で、リトロナクスよりも1000万年《まんねん》近《ちか》くあとの時代《じだい》に現《あらわ》れました。鼻《はな》の先《さき》から尾《お》の先《さき》までの長《なが》さは8メートルほどで、体《からだ》は全体《ぜんたい》としてほっそりとしていました。

アルバートサウルスは、リトロナクスや進化的《しんかてき》なティラノサウルス類《るい》にみられるような、幅《はば》の広《ひろ》い頭部《とうぶ》をもっていませんでした。そのため、アルバートサウルスは生《い》きていた時代《じだい》こそリトロナクスよりも新《あたら》しいものの、体《からだ》のつくりはリトロナクスよりも原始的《げんしてき》だったと考《かんが》えられています。

群《む》れで暮《く》らしていた

アルバートサウルスの化石《かせき》は、9頭分《とうぶん》がまとめてみつかっています。その9頭《とう》の中《なか》には、子《こ》どもの化石《かせき》もありました。こうした点《てん》から、アルバートサウルスは世代《せだい》の異《こと》なる個体《こたい》が群《む》れを組《く》んで暮《く》らしていたと考《かんが》えられています。

化石《かせき》を見《み》たい！ いわき市石炭《しせきたん》・化石館《かせきかん》

全身復元骨格《ぜんしんふくげんこっかく》を見《み》ることができます。

ここでもみられます！
ミュージアムパーク 茨城県自然博物館、神奈川県立生命の星・地球博物館、福井県立恐竜博物館、豊橋市自然史博物館 ほか

もっとしりたい！
アルバートサウルスは化石《かせき》が多《おお》くみつかっているので、さまざまな研究《けんきゅう》が進《すす》んでいます。たとえば、1年《ねん》の間《あいだ》に最大《さいだい》で122キログラムも成長《せいちょう》したことがわかっています。

10月6日

読《よ》んだ日
月　日
月　日

最強《さいきょう》の肉食恐竜《にくしょくきょうりゅう》
ティラノサウルス

白亜紀《はくあき》

新生代《しんせいだい》　中生代《ちゅうせいだい》　古生代《こせいだい》　先カンブリア時代

暴君登場《ぼうくんとうじょう》！

今《いま》からおよそ7000万年前《まんねんまえ》のラミディアに、史上最強《しじょうさいきょう》と名高《なだか》い肉食恐竜《にくしょくきょうりゅう》が現《あらわ》れました。「ティラノサウルス」です。

鼻《はな》の先《さき》から尾《お》の先《さき》までの長《なが》さは12メートルに達《たっ》しました。幅《はば》が広《ひろ》くて大《おお》きな頭部《とうぶ》をもち、一方《いっぽう》で、かわいらしいくらい小《ちい》さな前《まえ》あしが特徴《とくちょう》です。

ティラノサウルスの歯《は》はバナナのように極太《ごくぶと》で、長《なが》さは25センチメートル以上《いじょう》もありました。かむ力《ちから》は、225ページで紹介《しょうかい》したジュラ紀《き》の王者《おうじゃ》、アロサウルスの6倍《ばい》ほどもありました。

圧倒的《あっとうてき》な力《ちから》で極太《ごくぶと》の歯《は》を獲物《えもの》に突《つ》き立《た》て、骨《ほね》ごとバリバリとむさぼり食《た》べていたとみられています。

鼻《はな》がきいた！

ティラノサウルスは、頭骨《とうこつ》にある脳《のう》の〝入《い》れ物《もの》〟が化石《かせき》としてみつかっています。この入《い》れ物《もの》を調《しら》べることで、おおよその脳《のう》のつくりがわかります。ティラノサウルスの場合《ばあい》、においを感《かん》じる脳《のう》の部分《ぶぶん》がとても大《おお》きかったことがわかりました。ティラノサウルスはとても鼻《はな》がよかったようです。

化石《かせき》を見《み》たい！　国立科学博物館《こくりつかがくはくぶつかん》

地球館《ちきゅうかん》の地下《ちか》1階《かい》では、世界《せかい》でもめずらしい、しゃがんだ姿勢《しせい》の全身復元骨格《ぜんしんふくげんこっかく》を見《み》ることができます。また、3階《かい》の「親《おや》と子《こ》のたんけんひろば　コンパス」では、ティラノサウルスのおとなと子《こ》どもの展示《てんじ》もあります（入室《にゅうしつ》には整理券《せいりけん》が必要《ひつよう》。詳細《しょうさい》はHP《ホームページ》を参照《さんしょう》）。

国立科学博物館

ここでもみられます！

群馬県立自然史博物館、ミュージアムパーク 茨城県自然博物館、神奈川県立生命の星・地球博物館、福井県立恐竜博物館、豊橋市自然史博物館、蒲郡市生命の海科学館、大阪市立自然史博物館、徳島県立博物館、北九州市立自然史・歴史博物館、御船町恐竜博物館　ほか

もっとしりたい！

ティラノサウルスは、10歳《さい》から20歳《さい》の間《あいだ》にとても大《おお》きく成長《せいちょう》しました。1年《ねん》で最大《さいだい》767キログラムも大《おお》きくなったといわれています。アルバートサウルスの成長速度《せいちょうそくど》の6.3倍《ばい》です。

column

世《せ》界《かい》共《きょう》通《つう》の生《せい》物《ぶつ》名《めい》、「種《しゅ》名《めい》」って何《なに》？

アルファベットで斜体《しゃたい》に書《か》く

生物《せいぶつ》の名前《なまえ》をカタカナで書《か》くとき、その表《あらわ》し方《かた》は本《ほん》や博物館《はくぶつかん》によってさまざまです。たとえば、この本《ほん》では「ティラノサウルス」と書《か》いていますが、「ティラノサウルス」や「チラノサウルス」などと書《か》かれることもあるのです。

いろいろな表《あらわ》し方《かた》があるのは、もともとの名前《なまえ》がラテン語《ご》という外国語《がいこくご》で書《か》かれていることが原因《げんいん》です。ティラノサウルスは、ラテン語《ご》では「*Tyrannosaurus*《ティラノサウルス》」と書《か》きます。これをどのように発音《はつおん》して読《よ》むのかで、カタカナでの表《あらわ》し方《かた》にちがいが出《で》るのです。

すべての生物《せいぶつ》には、ラテン語《ご》で書《か》かれた名前《なまえ》があります。この名前《なまえ》を「種名《しゅめい》」といいます。「学名《がくめい》」ともよばれ、世界共通《せかいきょうつう》の名前《なまえ》です。

種名《しゅめい》は、「属名《ぞくめい》」と「種小名《しゅしょうめい》」の二《ふた》つでつくられています。これは、日本人《にほんじん》の名前《なまえ》の姓《せい》と名《な》に似《に》ています。「*Tyrannosaurus*《ティラノサウルス》」は属名《ぞくめい》です。また、ティラノサウルスの種小名《しゅしょうめい》は「*rex*《レックス》」です。ティラノサウルスの種名《しゅめい》を正式《せいしき》に書《か》くと「*Tyrannosaurus rex*《ティラノサウルス　レックス》」となります。

種名《しゅめい》を書《か》く場合《ばあい》にはいくつかの約束事《やくそくごと》があります。その一《ひと》つが、アルファベットを使《つか》って斜体《しゃたい》で書《か》き、その単語《たんご》が属名《ぞくめい》や種小名《しゅしょうめい》だとわかるようにすることです。また、種小名《しゅしょうめい》のはじまりの文字《もじ》は小文字《こもじ》で書《か》くということも大切《たいせつ》な約束事《やくそくごと》の一《ひと》つです。

同《おな》じ属名《ぞくめい》の生物《せいぶつ》は似《に》ている

学校《がっこう》のクラスなどで、同《おな》じ姓《せい》の人《ひと》がほかにいないなら、その人《ひと》のことを姓《せい》だけでよぶことも多《おお》いですよね。同《おな》じように、生物《せいぶつ》の名前《なまえ》も属名《ぞくめい》だけでよばれることがたくさんあります。この本《ほん》でもほとんどの場合《ばあい》で属名《ぞくめい》だけをカタカナで書《か》いてきました。

同《おな》じ属名《ぞくめい》の生物《せいぶつ》はたがいによく似《に》た点《てん》をたくさんもっています。同《おな》じ姓《せい》の兄弟姉妹《きょうだいしまい》が似《に》ていることと同《おな》じです。

なお、種名《しゅめい》にはその生物《せいぶつ》の特徴《とくちょう》を表《あらわ》す言葉《ことば》が使《つか》われることがよくあります。左《ひだり》の表《ひょう》はその例《れい》です。

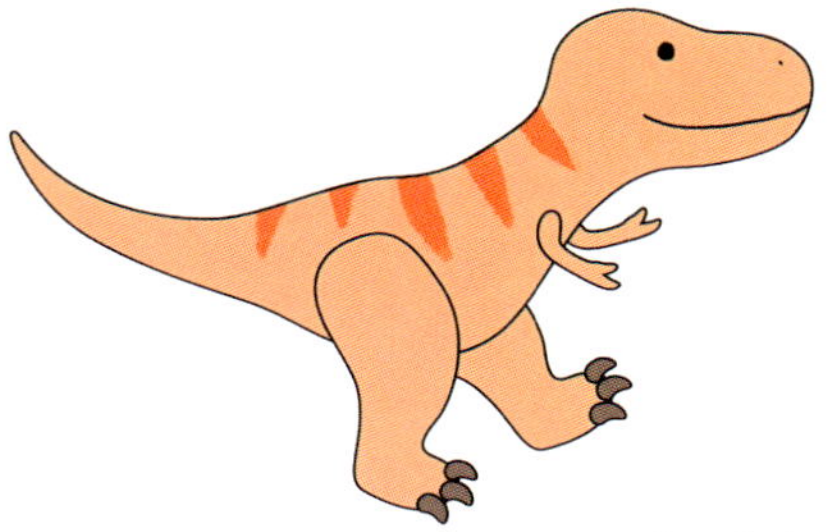

ティラノサウルスは、「暴君《ぼうくん》の（*Tyranno*《ティラノ》）トカゲ（*saurus*《サウルス》）」という意味《いみ》

種名《しゅめい》に使《つか》われる言葉《ことば》の例《れい》

言葉《ことば》	意味《いみ》
archaeo《アルカエオ》	太古《たいこ》の
eo《エオ》	暁《あかつき》の
saurus《サウルス》	爬虫類《はちゅうるい》、トカゲ
odon《オドン》	歯《は》

もっとしりたい！
種名《しゅめい》は斜体《しゃたい》にする以外《いがい》にも、「Tyrannosaurus rex」というように文字《もじ》の下《した》に線《せん》を引《ひ》いて属名《ぞくめい》や種小名《しゅしょうめい》だとわかるようにする場合《ばあい》もあります。

1 2 3 4 5 6 7 8 9 10 11 12

アジアの恐竜王《きょうりゅうおう》 タルボサウルス

白亜紀《はくあき》
新生代《しんせいだい》｜中生代《ちゅうせいだい》｜古生代《こせいだい》｜先カンブリア時代

ティラノサウルスに似《に》ている

今日《きょう》からララミディアを離《はな》れて、白亜紀《はくあき》のアジアに注目《ちゅうもく》しましょう。

モンゴルの白亜紀《はくあき》の地層《ちそう》から、獣脚類《じゅうきゃくるい》「タルボサウルス」の化石《かせき》がみつかっています。タルボサウルスは鼻《はな》の先《さき》から尾《お》の先《さき》までの長《なが》さが9・5メートルほどのティラノサウルス類《るい》です。幅《はば》があって大《おお》きな頭部《とうぶ》と、小《ちい》さな前《まえ》あしが特徴《とくちょう》で、北《きた》アメリカ大陸《たいりく》のティラノサウルスととてもよく似《に》ています。生《い》きていた時期《じき》もほぼ同《おな》じでした。

どうしてティラノサウルスとよく似《に》た姿《すがた》の恐竜《きょうりゅう》がアジアにもいたのでしょうか？　それは、それほど遠《とお》くない昔《むかし》に同《おな》じ祖先《そせん》から進化《しんか》したためと考《かんが》えられています。このような祖先《そせん》のことを「共通《きょうつう》祖先《そせん》」とよびます。

もしかしたら、タルボサウルスやティラノサウルスのようなより進化《しんか》したティラノサウルス類《るい》の共通《きょうつう》祖先《そせん》は、303ページで紹介《しょうかい》したリトロナクスのような種《しゅ》だったのかもしれません。

その後《ご》、あるものはティラノサウルスに進化《しんか》し、あるものはアジアへやってきてタルボサウルスに進化《しんか》したと考《かんが》えられています。

成長《せいちょう》すると獲物《えもの》が変《か》わる

タルボサウルスは大《おお》きさ2メートルほどの子《こ》どもの化石《かせき》もみつかっています。子《こ》どものタルボサウルスは、大人《おとな》と比《くら》べると歯《は》が薄《うす》く、頭骨《とうこつ》のつくりもあまりかたいものをかめるようにはなっていませんでした。

このことから、子《こ》どもは小《ちい》さくて肉《にく》のやわらかい獲物《えもの》を襲《おそ》い、おとなになると大《おお》きくてかたさのある獲物《えもの》を襲《おそ》うようになったのではないかと考《かんが》えられています。

化石《かせき》を見《み》たい！　神流町恐竜《かんなちょうきょうりゅう》センター

全身復元骨格《ぜんしんふくげんこっかく》が展示《てんじ》されていてさまざまな角度《かくど》から見《み》ることができます。

ここでもみられます！
福井県立恐竜博物館、東海大学自然史博物館、豊橋市自然史博物館　ほか

もっとしりたい！
タルボサウルスは、姿形《すがたかたち》やその地域《ちいき》で最大級《さいだいきゅう》の肉食動物《にくしょくどうぶつ》だったという点《てん》もティラノサウルスとよく似《に》ています。ただし、タルボサウルスの方《ほう》が少《すこ》し細身《ほそみ》でした。

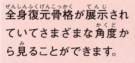

ピノキオ・レックスとよばれる キアンゾウサウルス

白亜紀《はくあき》

新生代《しんせいだい》 中生代《ちゅうせいだい》 古生代《こせいだい》 先カンブリア時代《ぜんじだい》

口先《くちさき》が細長《ほそなが》い

ティラノサウルスやタルボサウルスのような大型《おおがた》のティラノサウルス類《るい》をみると、頭部《とうぶ》の幅《はば》が広《ひろ》くてがっしりとしています。

一方《いっぽう》で、これらの恐竜《きょうりゅう》と同《おな》じ時代《じだい》にいた大型《おおがた》のティラノサウルス類《るい》には、もう一《ひと》つのタイプがあったことが知《し》られています。それは、頭部《とうぶ》の幅《はば》が狭《せま》いティラノサウルス類《るい》です。

このタイプのティラノサウルス類《るい》の代表《だいひょう》は、中国《ちゅうごく》の白亜紀《はくあき》の地層《ちそう》から化石《かせき》がみつかっている「キアンゾウサウルス」です。

キアンゾウサウルスは、およそ90センチメートルにおよぶ長《なが》い頭部《とうぶ》をもっていました。こんなに長《なが》いのに、その幅《はば》は20センチメートルしかありませんでした。とても細長《ほそなが》い口先《くちさき》だったのです。

口先《くちさき》には鼻《はな》の穴《あな》もありました。このことから、童話《どうわ》の『ピノキオの冒険《ぼうけん》』に登場《とうじょう》する鼻《はな》の長《なが》い人形《にんぎょう》「ピノキオ」にちなんで、キアンゾウサウルスのことを「ピノキオ・レックス」とよぶことがあります。

すんでいた場所《ばしょ》がちがう

キアンゾウサウルスは、タルボサウルスと同《おな》じアジアの恐竜《きょうりゅう》で、同《おな》じ時代《じだい》に生《い》きていました。しかし、タルボサウルスはモンゴルのネメグト盆地《ぼんち》で暮《く》らしていたのに対《たい》し、キアンゾウサウルスは中国《ちゅうごく》の江西省《こうせいしょう》という異《こと》なる場所《ばしょ》で暮《く》らしていました。同《おな》じティラノサウルス類《るい》ですが、キアンゾウサウルスとタルボサウルスは別《べつ》の場所《ばしょ》で別《べつ》の獲物《えもの》を襲《おそ》って暮《く》らしていたとみられています。

タルボサウルスもアジアの恐竜《きょうりゅう》。でも、キアンゾウサウルスとは遠《とお》く離《はな》れて暮《く》らしていた。

もっとしりたい!

細長《ほそなが》い口先《くちさき》をもつティラノサウルス類《るい》は、モンゴルでも別《べつ》の種《しゅ》がみつかっています。その種《しゅ》も、タルボサウルスとはちがう獲物《えもの》を襲《おそ》うことでお互《たが》い共存《きょうぞん》していたとみられています。

腕《うで》の長《なが》い"ダチョウ恐竜《きょうりゅう》"

デイノケイルス

白亜紀《はくあき》

新生代 中生代 古生代 先カンブリア時代

2・4メートルの腕《うで》

1965年《ねん》、モンゴルのネメグト盆地《ぼんち》でとても長《なが》い腕《うで》の化石《かせき》がみつかりました。その長《なが》さは2・4メートルもありました。日本《にっぽん》の住宅《じゅうたく》の2階《かい》からこの腕《うで》をのばせば、1階《かい》にいる人《ひと》と握手《あくしゅ》ができます。

この腕《うで》の化石《かせき》は恐竜類《きょうりゅうるい》のものだと考《かんが》えられて、1970年《ねん》に名前《なまえ》がつけられました。その名《な》を「デイノケイルス」といいます。

これほど腕《うで》が長《なが》いので、全身《ぜんしん》も大《おお》きかったことでしょう。しかし、デイノケイルスは長《なが》い間《あいだ》、腕以外《うでいがい》の化石《かせき》がみつからず、「謎《なぞ》の恐竜《きょうりゅう》」といわれてきました。

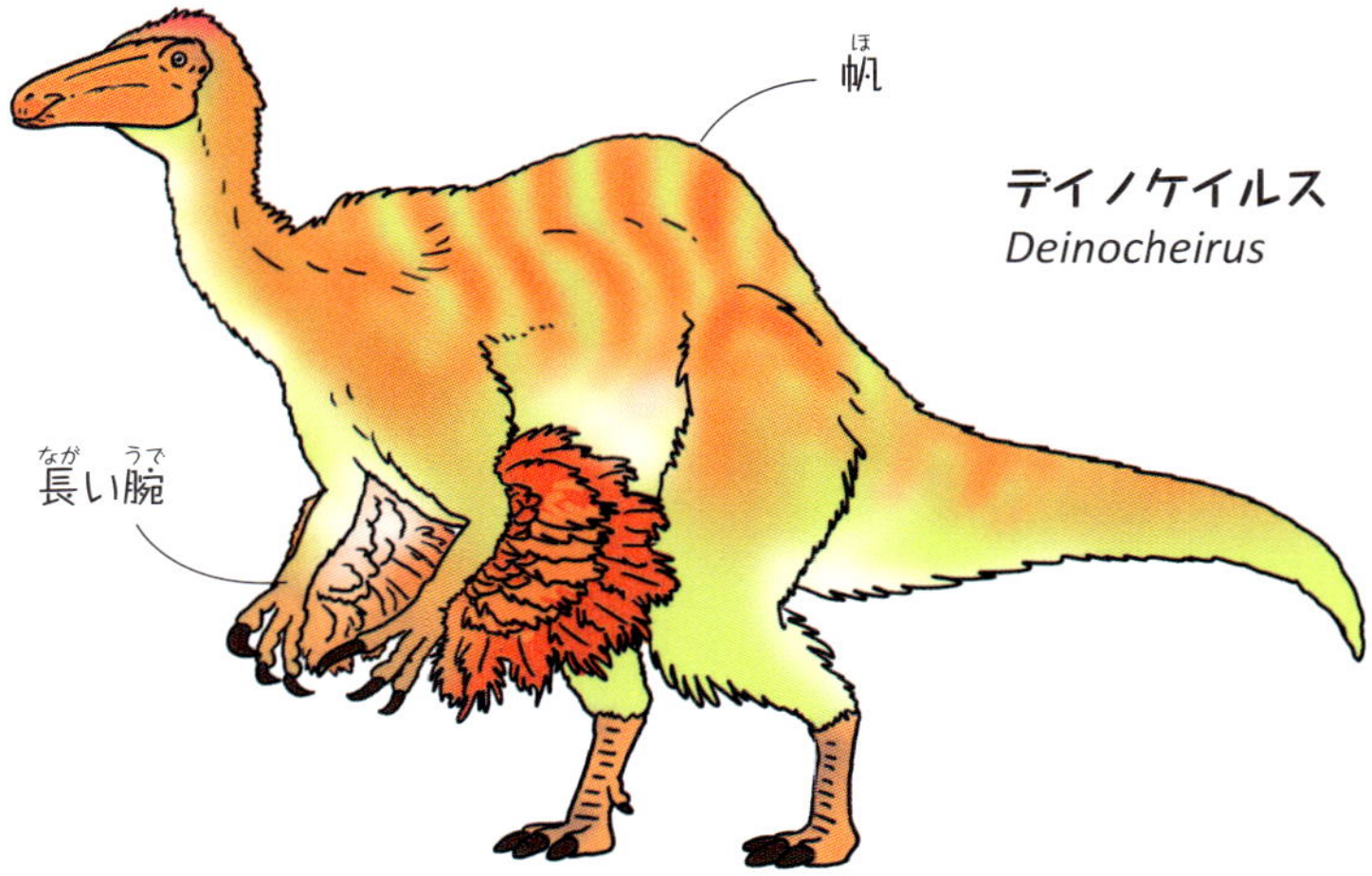

いろいろな恐竜《きょうりゅう》の特徴《とくちょう》

謎《なぞ》の恐竜《きょうりゅう》の正体《しょうたい》がわかったのは、2014年《ねん》です。新《あら》たな化石《かせき》がみつかり、これまでのデータとあわせて研究《けんきゅう》が行《おこな》われたのです。

その結果《けっか》、デイノケイルスは鼻《はな》の先《さき》から尾《お》の先《さき》までの長《なが》さが11メートルにおよぶ大《おお》きな獣脚類《じゅうきゃくるい》で、頭部《とうぶ》は前後《ぜんご》に長《なが》く、背中《せなか》にスピノサウルスのような大《おお》きな帆《ほ》をもっていたことがわかりました。骨《ほね》のつくりに注目《ちゅうもく》すると、背骨《せぼね》は竜脚類《りゅうきゃくるい》に、あしの骨《ほね》は鳥脚類《ちょうきゃくるい》に似《に》ていました。いろいろな恐竜《きょうりゅう》の特徴《とくちょう》がまざった恐竜《きょうりゅう》だったのです。

しかも、オルニトミモサウルス類《るい》の仲間《なかま》であることもわかりました。オルニトミモサウルス類《るい》は、247ページで紹介《しょうかい》したガリミムスや、296ページのオルニトミムスなどの、体《からだ》が軽《かる》く、あしの速《はや》い恐竜《きょうりゅう》たちです。ただしデイノケイルスは6・4トンもの体重《たいじゅう》があったので、速《はや》く走《はし》ることはできなかったとみられています。

化石《かせき》を見《み》たい! **御《み》船《ふね》町《ちょう》恐《きょう》竜《りゅう》博《はく》物《ぶつ》館《かん》**

とっても長《なが》い腕《うで》の化石《かせき》が壁《かべ》の高《たか》いところに飾《かざ》られています。

もっとしりたい! デイノケイルスは、サカナや植物《しょくぶつ》を食《た》べる雑食性《ざっしょくせい》だったとみられています。

最後《さいご》のビッグ・ファイブ
白亜紀末《はくあきまつ》の大量絶滅事件《たいりょうぜつめつじけん》

白亜紀《はくあき》

新《しん》生《せい》代《だい》　中《ちゅう》生《せい》代《だい》　古生代　先《せん》カンブリア時代《じだい》

爬虫類《はちゅうるい》たちに大打撃《だいだげき》

古生代《こせいだい》カンブリア紀以降《きいこう》、たくさんの生物《せいぶつ》が新《あら》たに生《う》まれては、滅《ほろ》んできました。その歴史《れきし》の中《なか》で、とくに大《おお》きな5回《かい》の絶滅事件《ぜつめつじけん》のことを「ビッグ・ファイブ」とよびます。これまでに4回《かい》のビッグ・ファイブを紹介《しょうかい》してきました。

今《いま》からおよそ6600万年前《まんねんまえ》の白亜紀末《はくあきまつ》、ビッグ・ファイブの最後《さいご》となる大量絶滅事件《たいりょうぜつめつじけん》がおきました。

白亜紀末《はくあきまつ》の大量絶滅事件《たいりょうぜつめつじけん》では、1億年以上《おくねんいじょう》にわたって栄《さか》えてきた爬虫類《はちゅうるい》たちが大打撃《だいだげき》を受《う》けました。海《うみ》ではクビナガリュウ類《るい》やモササウルス類《るい》が完全《かんぜん》に姿《すがた》を消《け》し、陸《りく》でも鳥類《ちょうるい》をのぞく恐竜類《きょうりゅうるい》が絶滅《ぜつめつ》しました。中生代《ちゅうせいだい》の主役《しゅやく》ともいえるこうした動物《どうぶつ》たちが6600万年前《まんねんまえ》に姿《すがた》を消《け》したのです。鳥類《ちょうるい》や哺乳類《ほにゅうるい》は生《い》きのびましたが、生《い》き残《のこ》った数《かず》はとても少《すく》ないものでした。

ほかにもアンモナイト類《るい》をはじめとする無脊椎動物《むせきついどうぶつ》の多《おお》くも絶滅《ぜつめつ》し、「中生代《ちゅうせいだい》」という時代《じだい》が終《お》わりを告《つ》げることになりました。

原因《げんいん》は隕石《いんせき》？

白亜紀末《はくあきまつ》の大量絶滅事件《たいりょうぜつめつじけん》はなぜおきたのでしょうか？ とても有力《ゆうりょく》な説《せつ》として「隕石衝突説《いんせきしょうとつせつ》」があります。隕石《いんせき》の衝突《しょうとつ》によってできたとみられるクレーターをはじめ、さまざまな証拠《しょうこ》がみつかっているのです。

そうした証拠《しょうこ》から、およそ6600万年前《まんねんまえ》に直径《ちょっけい》10キロメートルほどの隕石《いんせき》が落《お》ちてきたと考《かんが》えられています。この衝突《しょうとつ》によって、広《ひろ》い範囲《はんい》で地球《ちきゅう》の表面《ひょうめん》が粉々《こなごな》に砕《くだ》かれました。その破片《はへん》はとても小《ちい》さなちりになって、大気《たいき》の中《なか》を漂《ただよ》います。すると、日光《にっこう》が届《とど》かなくなって、地球《ちきゅう》が一気《いっき》に寒《さむ》くなり、植物《しょくぶつ》は育《そだ》たなくなりました。植物《しょくぶつ》が育《そだ》たなければ、植物食《しょくぶつしょく》の動物《どうぶつ》たちは生《い》きていけません。そして、植物食《しょくぶつしょく》の動物《どうぶつ》がいなくなれば、肉食《にくしょく》の動物《どうぶつ》も生《い》きてはいけません。

これは「衝突《しょうとつ》の冬《ふゆ》」とよばれる絶滅《ぜつめつ》のシナリオです。このように、隕石《いんせき》の衝突《しょうとつ》をきっかけにして、次々《つぎつぎ》と動物《どうぶつ》が死《し》んでいき、多《おお》くが絶滅《ぜつめつ》したと考《かんが》えられています。

もっとしりたい！
最近《さいきん》の研究《けんきゅう》では、隕石《いんせき》の衝突《しょうとつ》によって強力《きょうりょく》な酸性《さんせい》雨《う》が降《ふ》ったと考《かんが》えられるようになりました。また、隕石《いんせき》衝突《しょうとつ》だけが原因《げんいん》ではない、という説《せつ》も発表《はっぴょう》されています。

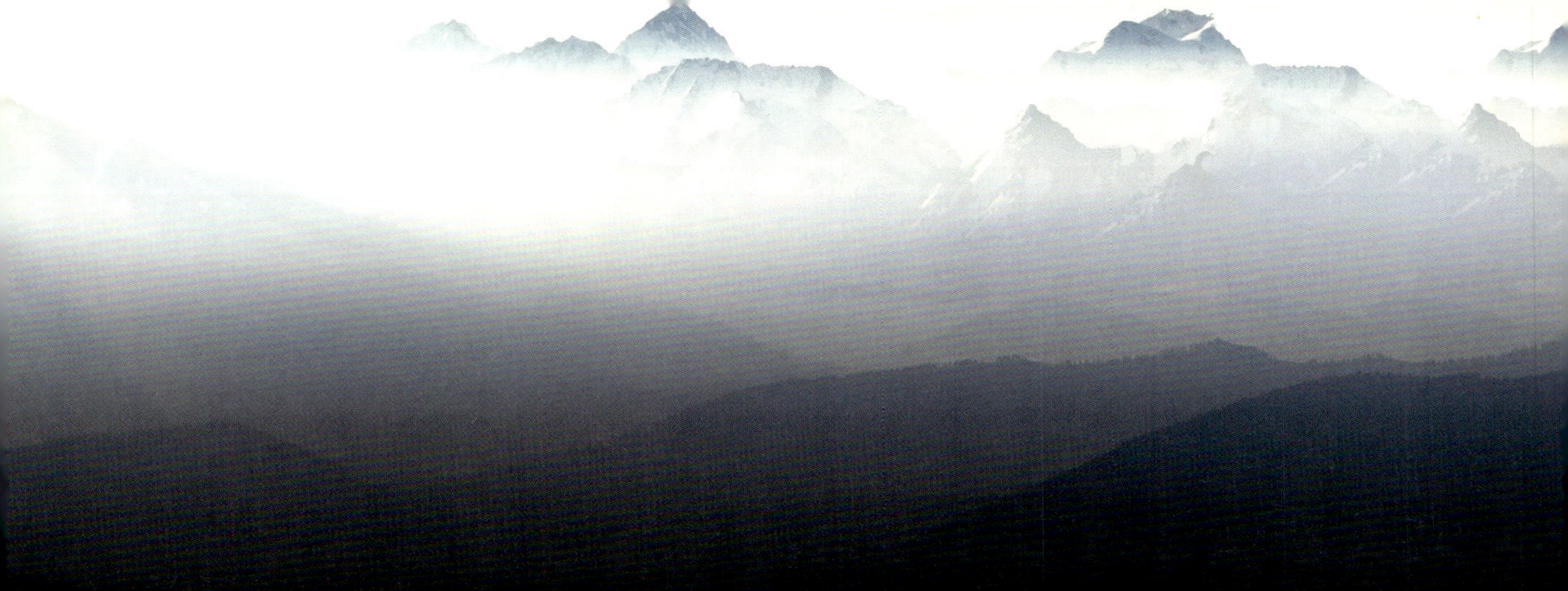

古《こ》第《だい》三《さん》紀《き》

およそ6600万年前《まんねんまえ》から現在《げんざい》までの時代《じだい》は、「新生代《しんせいだい》」とよばれています。「古生代《こせいだい》」「中生代《ちゅうせいだい》」「新生代《しんせいだい》」と続《つづ》いてきた三《みっ》つの「代《だい》」の中《なか》では、最《もっと》も短《みじか》い「代《だい》」です。でも、その中《なか》には中生代《ちゅうせいだい》と同《おな》じ三《みっ》つの「紀《き》」があります。「古第三紀《こだいさんき》」は、その中《なか》の一番最初《いちばんさいしょ》の時代《じだい》で、およそ6600万年前《まんねんまえ》から2300万年前《まんねんまえ》ごろまで続《つづ》きました。現在《げんざい》の哺乳類《ほにゅうるい》の祖先《そせん》のグループや、今《いま》では見《み》ることのできないグループなど、たくさんの哺乳類《ほにゅうるい》が現《あらわ》れます。

哺《ほ》乳《にゅう》類《るい》が"主《しゅ》役《やく》"になった時《じ》代《だい》

新《しん》生《せい》代《だい》

時代名《じだいめい》は昔《むかし》の名残《なご》り

今《いま》からおよそ6600万年前《まんねんまえ》、中生代《ちゅうせいだい》が終《お》わり、新生代《しんせいだい》が始《はじ》まりました。

新生代《しんせいだい》は三《みっ》つの「紀《き》」に分《わ》けられています。「古第三紀《こだいさんき》」と「新《しん》第三紀《だいさんき》」、そして「第四紀《だいよんき》」です。

これまで見《み》てきた「紀《き》」とはちがって、時代名《じだいめい》に数字《すうじ》が入《はい》っていますね。これは、もともと先《せん》カンブリア時代《じだい》を「第一紀《だいいっき》」、古生代《こせいだい》と中生代《ちゅうせいだい》のことを「第二紀《だいにき》」、新生代《しんせいだい》を「第三紀《だいさんき》」とよんでいたころの名残《なご》りです。現在《げんざい》ではそれぞれよび方《かた》が変《か》わり、また「第四紀《だいよんき》」が加《くわ》わったのです。

有胎盤類《ゆうたいばんるい》が大繁栄《だいはんえい》！

新生代《しんせいだい》は、哺乳類《ほにゅうるい》が本格的《ほんかくてき》な繁栄《はんえい》を迎《むか》えた時代《じだい》です。哺乳類《ほにゅうるい》の祖先《そせん》は中生代《ちゅうせいだい》に現《あらわ》れて、種類《しゅるい》の数《かず》も増《ふ》えていました。しかし、白亜《はくあ》紀末《きまつ》の大量絶滅事件《たいりょうぜつめつじけん》でその多《おお》くは滅《ほろ》びてしまいました。それでも完全《かんぜん》に絶滅《ぜつめつ》することなく、三《みっ》つのグループだけが生《い》きのびて、大繁《だいはん》栄《えい》をすることになります。

その哺乳類《ほにゅうるい》のグループとは、カモノハシの仲間《なかま》である「単孔類《たんこうるい》」、カンガルーの仲間《なかま》の「有袋類《ゆうたいるい》」、そして私《わたし》たちヒトを含《ふく》む「有胎盤《ゆうたいばん》類《るい》」です。このうちとくに有胎盤《ゆうたいばん》類《るい》が繁栄《はんえい》していくことになります。

大量絶滅事件《たいりょうぜつめつじけん》の直後《ちょくご》は、地球《ちきゅう》の植物《しょくぶつ》はシダ植物《しょくぶつ》ばかりでした。しかし、すぐに被子《ひし》植物《しょくぶつ》と裸子《らし》植物《しょくぶつ》が再《ふたた》び繁栄《はんえい》して、世界中《せかいじゅう》に大量絶滅事件《たいりょうぜつめつじけん》の前《まえ》と同《おな》じような森《もり》がつくられました。

有袋類《ゆうたいるい》と有胎盤類《ゆうたいばんるい》が繁栄《はんえい》する時代《じだい》がやってきた！

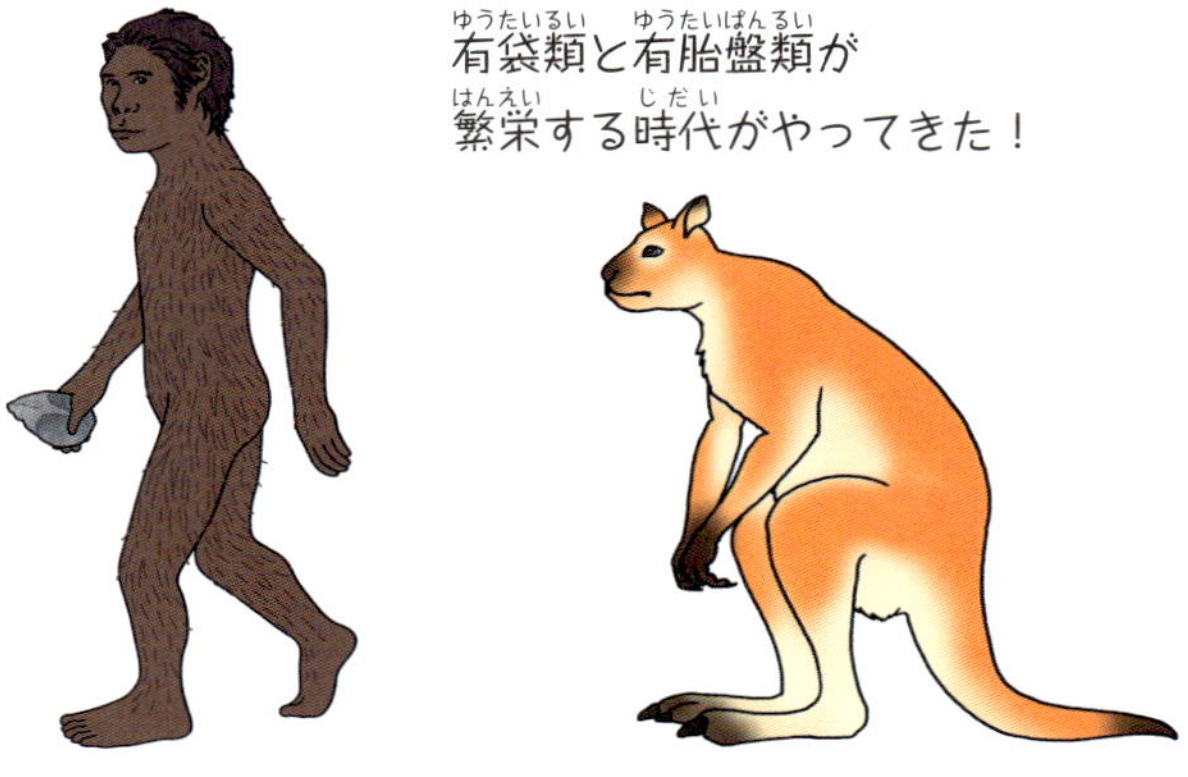
ホモ・ハビリス　プロコプトドン

もっとしりたい！
もともと第一紀《だいいっき》は地層《ちそう》に化石《かせき》を含《ふく》まない時代《じだい》、第二紀《だいにき》は「ノアの洪水《こうずい》」よりも前《まえ》の時代《じだい》、第三紀《だいさんき》は「ノアの洪水《こうずい》」よりあとの時代《じだい》とされていました。『旧約聖書《きゅうやくせいしょ》』にもとづく考《かんが》え方《かた》でした。

大森林《だいしんりん》の時代《じだい》から草原《そうげん》の時代《じだい》へ
古第三紀《こだいさんき》

大陸《たいりく》がばらばらになった

古第三紀《こだいさんき》は、新生代最初《しんせいだいさいしょ》の時代《じだい》です。今《いま》からおよそ6600万《まん》年前《ねんまえ》に始《はじ》まって、2300万年前《まんねんまえ》ごろまで続《つづ》きました。

古第三紀《こだいさんき》の地球《ちきゅう》

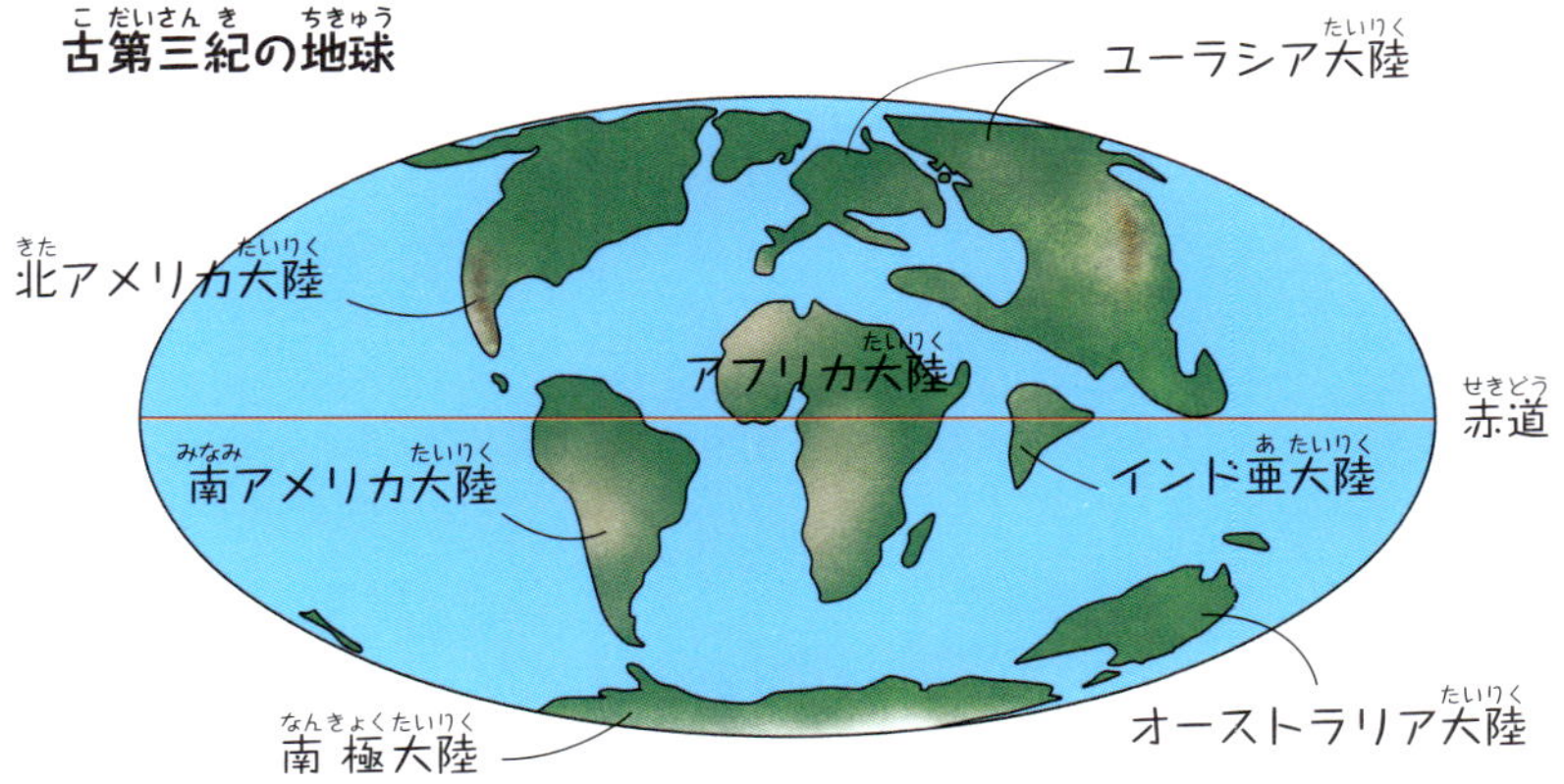

古第三紀《こだいさんき》では、白亜紀《はくあき》に引《ひ》き続《つづ》き、大陸《たいりく》の分裂《ぶんれつ》が進《すす》みました。南極大陸《なんきょくたいりく》とオーストラリア大陸《たいりく》がついに分《わ》かれたのです。この結果《けっか》、北《きた》アメリカ大陸《たいりく》、南《みなみ》アメリカ大陸《たいりく》、アフリカ大陸《たいりく》、ユーラシア大陸《たいりく》、オーストラリア大陸《たいりく》、南極大陸《なんきょくたいりく》は、それぞればらばらになりました。

白亜紀《はくあき》にアフリカ大陸《たいりく》から離《はな》れたインド亜大陸《あたいりく》は、北上《ほくじょう》を続《つづ》けていました。そして、ついにユーラシア大陸《たいりく》と衝突《しょうとつ》し、やがてヒマラヤ山脈《さんみゃく》をつくることになります。なお、ユーラシア大陸《たいりく》は、現在《げんざい》のウラル山脈《さんみゃく》があるあたりが水没《すいぼつ》していて、ヨーロッパとアジアに分《わ》かれていました。

草原《そうげん》が増《ふ》えていった

古第三紀《こだいさんき》が始《はじ》まったとき、地球《ちきゅう》はとても冷《ひ》えこんでいました。しかし、その後《ご》ぐんぐんと温暖化《おんだんか》が進《すす》みました。その結果《けっか》、世界中《せかいじゅう》に亜熱帯《あねったい》の森林《しんりん》が広《ひろ》がっていきました。哺乳類《ほにゅうるい》の大繁栄《だいはんえい》は、こうした森林《しんりん》を舞台《ぶたい》としてスタートするのです。

およそ5600万年前《まんねんまえ》ごろに、温暖化《おんだんか》はピークに達《たっ》します。その後《ご》、少《すこ》しずつ地球《ちきゅう》は寒《さむ》くなっていきました。寒《さむ》くなるにつれて乾燥《かんそう》していき、森林《しんりん》が少《すく》なくなっていきました。古第三紀《こだいさんき》が終《お》わるころには、乾燥《かんそう》に強《つよ》い植物《しょくぶつ》でつくられた草原《そうげん》が増《ふ》えていくことになるのです。

クジラの仲間《なかま》が現《あらわ》れたのもこの時代《じだい》です。

もっとしりたい！

古第三紀《こだいさんき》は、さらに三《みっ》つの時代《じだい》に分《わ》けられます。古《ふる》い方《ほう》から順《じゅん》に「暁新世《ぎょうしんせい》」「始新世《ししんせい》」「漸新世《ぜんしんせい》」です。温暖化《おんだんか》から寒冷化《かんれいか》への変化《へんか》は、始新世《ししんせい》におきました。

大量《たいりょう》絶滅《ぜつめつ》事件《じけん》を乗《の》り越《こ》えた コリストデラ類《るい》

大型《おおがた》のコリストデラ類《るい》

300ページで、ワニ類《るい》に似《に》ているけれどもワニ類《るい》ではない、コリストデラ類《るい》のチャンプソサウルスを紹介《しょうかい》しました。白亜紀《はくあき》に現《あらわ》れたチャンプソサウルスは、白亜《はくあ》紀末《きまつ》の大量絶滅事件《たいりょうぜつめつじけん》を乗《の》り越《こ》えて、古第三紀《こだいさんき》でも生《い》きていました。

今日《きょう》は、そのほかのコリストデラ類《るい》を紹介《しょうかい》しましょう。まずは、「シモエドサウルス」です。北《きた》アメリカ大陸《たいりく》とヨーロッパの古第三《こだいさん》紀《き》の地層《ちそう》から化石《かせき》がみつかっています。

シモエドサウルスは、鼻《はな》の先《さき》から尾《お》の先《さき》までの長《なが》さが5メートルもあった大型《おおがた》のコリストデラ類《るい》です。チャンプソサウルスのように長《なが》い口先《くちさき》をもっていましたが、口先《くちさき》の幅《はば》はチャンプソサウルスほど細《ほそ》くはありませんでした。上《うわ》あごの裏《うら》に並《なら》ぶ小《ちい》さな歯《は》もチャンプソサウルスよりも幅広《はばひろ》く並《なら》んでいるという特徴《とくちょう》がありました。

尾《お》に突起《とっき》が並《なら》ぶ

ヨーロッパの古第三紀《こだいさんき》の地層《ちそう》からみつかっている「ラザルスクス」も紹介《しょうかい》しましょう。

ラザルスクスは、鼻《はな》の先《さき》から尾《お》の先《さき》までの長《なが》さが40センチメートルほどの小《ちい》さなコリストデラ類《るい》です。チャンプソサウルスやシモエドサウルスと比《くら》べると口先《くちさき》は短《みじか》く、どちらかといえばトカゲの仲間《なかま》に似《に》ています。ただし、後頭部《こうとうぶ》はハート型《がた》をしているので、コリストデラ類《るい》であるとわかります。

ラザルスクスは、尾《お》に小《ちい》さな突起《とっき》が並《なら》んでいたことがわかっています。絶滅《ぜつめつ》した爬虫類《はちゅうるい》の中《なか》で、復元《ふくげん》するときにこうした突起《とっき》が描《えが》かれるものはたくさんいますが、実際《じっさい》に化石《かせき》で確認《かくにん》できているのはとてもめずらしいことです。

もっとしりたい！
実《じつ》は、コリストデラ類《るい》は研究者《けんきゅうしゃ》の間《あいだ》でもあまり有名《ゆうめい》ではありません。そのため、誤《あやま》って「トカゲの化石《かせき》」として博物館《はくぶつかん》に展示《てんじ》されていることもあるようです。

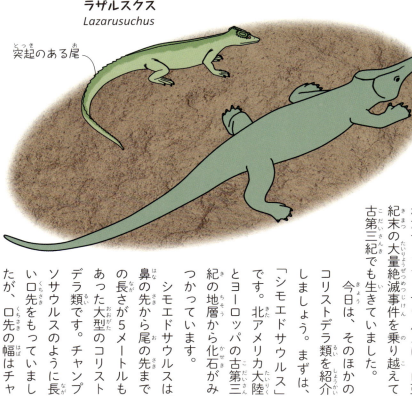

史《し》上《じょう》最《さい》大《だい》のヘビ ティタノボア

古第三紀《こだいさんき》

新生代《しんせいだい》 中生代《ちゅうせいだい》 古生代《こせいだい》 先カンブリア時代

日本《にっぽん》のヘビの6倍以上《ばいいじょう》の長《なが》さ

現代《げんだい》の日本《にっぽん》で「ヘビ」というと、アオダイショウやシマヘビなどがよく知《し》られています。沖縄《おきなわ》で暮《く》らすハブも有名《ゆうめい》ですね。これらのヘビの長《なが》さは2メートルくらいです。

地球全体《ちきゅうぜんたい》を見渡《みわた》せば、もっと長《なが》いヘビもいます。たとえば東南《とうなん》アジアのアミメニシキヘビの長《なが》さは10メートルくらい、南《みなみ》アメリカのオオアナコンダは9メートルくらいにまで成長《せいちょう》します。日本《にっぽん》のヘビたちよりも4倍以上《ばいいじょう》も長《なが》いのです。

しかし化石《かせき》としてみつかるヘビには、もっと長《なが》いヘビがいました。そのヘビの名《な》を「ティタノボア」といいます。長《なが》さは、なんと13メートルもありました。

ボアの仲間《なかま》

ティタノボアの化石《かせき》は、コロンビアにある古第三紀《こだいさんき》の地層《ちそう》からみつかりました。みつかったのは、背骨《せぼね》などの一部《いちぶ》の骨《ほね》だけです。しかし、その背骨《せぼね》の幅《はば》は12センチメートルにもおよぶ大《おお》きなものだったのです。

名前《なまえ》にあるように、ティタノボアは、現在《げんざい》もみられる「ボア」というヘビの仲間《なかま》とみられています。現在《げんざい》のボアの仲間《なかま》には、先《さき》ほど例《れい》としてあげたオオアナコンダが含《ふく》まれます。ボアの仲間《なかま》は毒《どく》をもたず、その長《なが》い体《からだ》で獲物《えもの》をしめ殺《ころ》して食《た》べます。きっとティタノボアも同《おな》じような狩《か》りをしたのでしょう。13メートルもの長《なが》い体《からだ》でしめつけられたら……ぞっとする光景《こうけい》ですね。

見《み》てみよう！

Smithsonian《スミソニアン》 Channel《チャンネル》

(http://www.smithsonianchannel.com)

インターネットのスミソニアンチャンネルでは、科学《かがく》や自然《しぜん》、歴史《れきし》などに関《かん》する動画《どうが》が見《み》られます。「Titanoboa」で検索《けんさく》してみよう！ ティタノボアの迫力《はくりょく》ある動画《どうが》がたくさん見《み》られますよ。

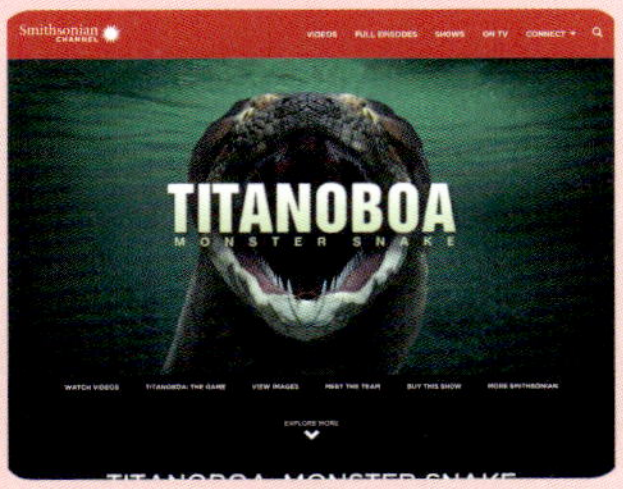

もっとしりたい！

ティタノボアは体重《たいじゅう》も推測《すいそく》されています。その重《おも》さは1135キログラム！ 1トンをこえるのです。そんな大《おお》きな体《からだ》を引《ひ》きずるように動《うご》いていたようです。

頭《あたま》の大《おお》きな飛《と》べない鳥《とり》
ガストルニス

古第三紀《こだいさんき》

新生代《しんせいだい》　中生代《ちゅうせいだい》　古生代《こせいだい》　先《せん》カンブリア時代《じだい》

頭部《とうぶ》が大《おお》きい！

現在《げんざい》の地球《ちきゅう》で「飛《と》べない鳥類《ちょうるい》」といえば、ダチョウが有名《ゆうめい》です。毛《け》の生《は》えていないがっしりとしたあしをもち、ときには時速《じそく》70キロメートルもの速《はや》さでサバンナを駆《か》けまわっています。翼《つばさ》はありますが、あまり大《おお》きくなく、また羽《は》ばたくための胸《むね》の筋肉《きんにく》もありません。身長《しんちょう》が2・7メートルもあるという、現在《げんざい》の地球《ちきゅう》では最《もっと》も大《おお》きな鳥類《ちょうるい》です。

そんなダチョウのような飛《と》べない鳥《とり》の化石《かせき》が、アメリカやヨーロッパの古第三紀《こだいさんき》の地層《ちそう》からみつかっています。その名前《なまえ》を「ガストルニス」といいます。身長《しんちょう》は2メートルほどでした。

ガストルニスは、ダチョウとはちがうグループに属《ぞく》する鳥類《ちょうるい》で、ダチョウよりはカモに近《ちか》い鳥《とり》でした。翼《つばさ》が小《ちい》さく、あしはとても太《ふと》くてがっしりとしていました。

ダチョウとの大《おお》きなちがいは、頭部《とうぶ》です。ダチョウの頭部《とうぶ》は小《ちい》さいものですが、ガストルニスの頭部《とうぶ》はとても大《おお》きく、頑《がん》丈《じょう》でした。また、首《くび》が太《ふと》かったこともガストルニスの特徴《とくちょう》です。

植物食《しょくぶつしょく》か？

ガストルニスのくちばしはたいへん大《おお》きなものでした。そのため、肉食《にくしょく》だったではないか、とかつては考《かんが》えられていました。

しかしよく見《み》ると、そのくちばしには、現在《げんざい》のタカやワシのような鋭《するど》さがありません。そのため、植物食《しょくぶつしょく》だったのではないか、とみられています。骨《ほね》の成分《せいぶん》を調《しら》べた研究《けんきゅう》でも、ガストルニスは植物《しょくぶつ》食《しょく》だったと考《かんが》えられています。

行《い》ってみよう！

ミュージアムパーク
茨城《いばらき》県《けん》自然《しぜん》博物館《はくぶつかん》

ガストルニスと同《おな》じ飛《と》べない鳥《とり》である「ジャイアントモア」や「ドードー」の全身復元骨格《ぜんしんふくげんこっかく》が展示《てんじ》されています。ガストルニスのイラストと比《くら》べてどこがちがうか見《み》てみよう。

もっとしりたい！

ガストルニスには、かつて「ディアトリマ」とよばれていた種《しゅ》が含《ふく》まれています。近年《きんねん》はこの二《ふた》つの種《しゅ》を統一《とういつ》して「ガストルニス」とよぶことが多《おお》くなっています。

最古《さいこ》のペンギン ワイマヌ

ウに似《に》ている

現在《げんざい》の地球《ちきゅう》には、何種類《なんしゅるい》かの「飛《と》べない鳥《とり》」がいます。動物園《どうぶつえん》や水族館《すいぞくかん》の人気者《にんきもの》、ペンギンも空《そら》を飛《と》べない鳥類《ちょうるい》です。ただし、ペンギン類《るい》は水中《すいちゅう》を泳《およ》ぎまわることができます。水中《すいちゅう》をすぅーっと優雅《ゆうが》に泳《およ》ぐペンギンを見《み》たことがある人《ひと》も多《おお》いでしょう。

そんなペンギンの仲間《なかま》の最《もっと》も古《ふる》い種《しゅ》は、今《いま》から6200万年《まんねん》くらい前《まえ》の古第三紀《こだいさんき》に現《あらわ》れました。そのペンギンの名前《なまえ》を「ワイマヌ」といいます。

ワイマヌは、身長《しんちょう》90センチメートルほどのペンギン類《るい》です。これは、現在《げんざい》のアデリーペンギンよりも少《すこ》し大《おお》きいくらいの身長《しんちょう》です。ただし、ワイマヌの姿《すがた》はペンギンというよりは、鵜飼《うか》いという漁《りょう》で使《つか》われる「ウ」という鳥《とり》の仲間《なかま》に似《に》ています。現在《げんざい》のペンギン類《るい》と比《くら》べると、くちばしと首《くび》が細《ほそ》く、翼《つばさ》もあまり幅《はば》がありませんでした。

体《からだ》が重《おも》かった

ワイマヌは、翼《つばさ》の骨《ほね》に厚《あつ》みがあるという特徴《とくちょう》がありました。また、全身《ぜんしん》の骨《ほね》の内部《ないぶ》がぎゅっとつまっていて、空《そら》を飛《と》ぶ鳥類《ちょうるい》よりも重《おも》い体《からだ》のつくりをしていました。こうした手《て》がかりから、ワイマヌは水中《すいちゅう》を泳《およ》ぎまわる生活《せいかつ》をしていたと考《かんが》えられています。ワイマヌは、知《し》られている限《かぎ》り最《もっと》も古《ふる》いペンギン類《るい》ですが、すでに水中《すいちゅう》で生活《せいかつ》することができるほどに進化《しんか》していたのです。

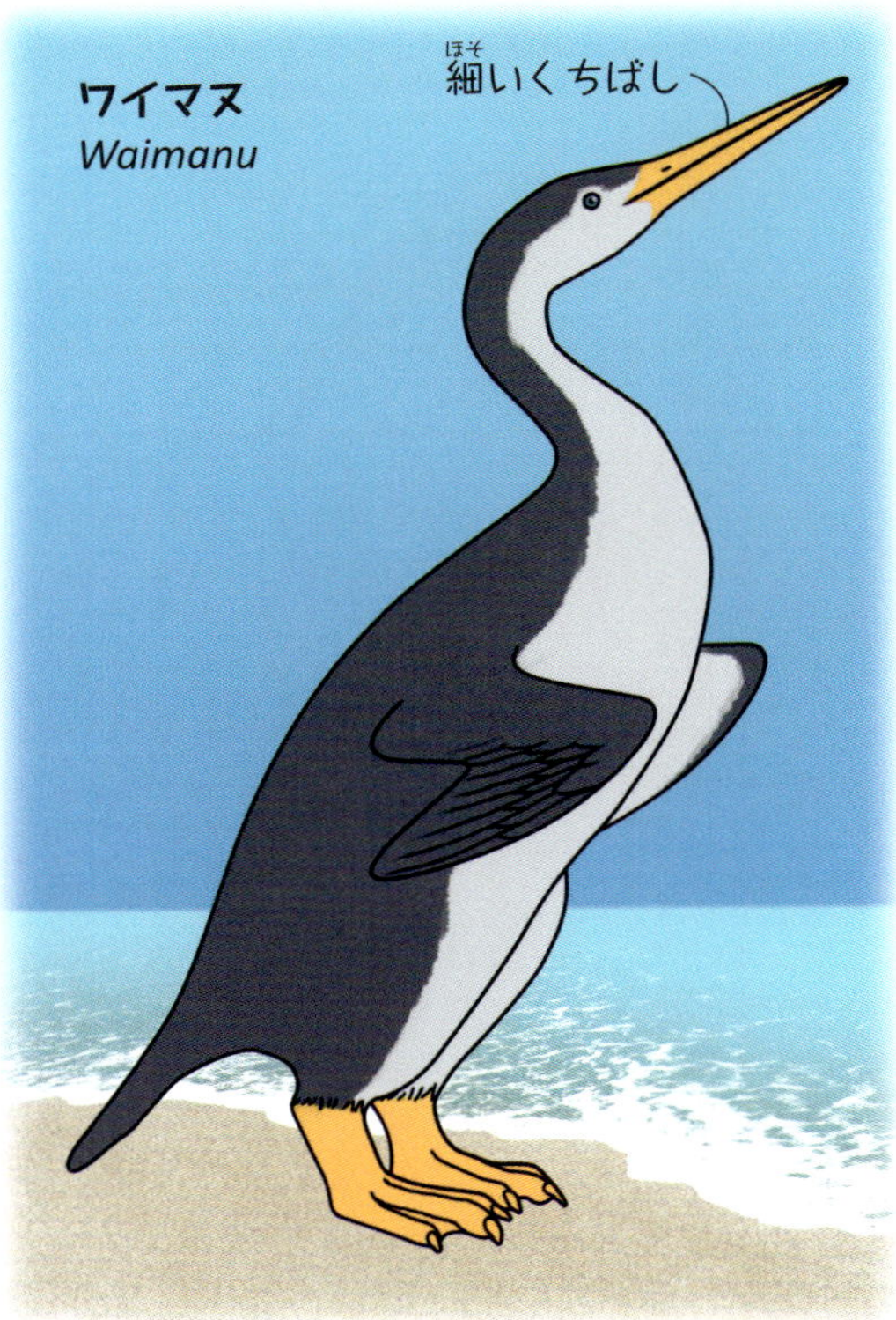

行《い》ってみよう！

すみだ水族館《すいぞくかん》

東京《とうきょう》スカイツリーのすぐ近《ちか》くにある水族館《すいぞくかん》です。たくさんのペンギンが飼育《しいく》されています。現在《げんざい》のペンギンとワイマヌの姿《すがた》を見比《みくら》べてみよう！

もっとしりたい！
現在《げんざい》のペンギンは白《しろ》と黒《くろ》の“タキシード姿《すがた》”をしています。しかし、はるか昔《むかし》には灰色《はいいろ》と赤褐色《せっかっしょく》をしていたとみられる種類《しゅるい》もいました。

大《おお》きな口《くち》の肉《にく》食《しょく》哺《ほ》乳《にゅう》類《るい》
アンドリュウサルクス

ライオンより一回《ひとまわ》り大《おお》きい

現在《げんざい》の地球《ちきゅう》で「大《おお》きな肉食《にくしょく》の哺乳類《ほにゅうるい》」といえば、ライオンやトラでしょう。ライオンやトラの大《おお》きなものは、鼻《はな》の先《さき》からおしりまでの長《なが》さが3メートルほどにまで成長《せいちょう》します。

古第三紀《こだいさんき》のモンゴルに、そんなライオンやトラより一回《ひとまわ》り大《おお》きい肉食哺乳類《にくしょくほにゅうるい》がいました。3・5メートルにまで成長《せいちょう》した「アンドリュウサルクス」です。軽自動車《けいじどうしゃ》と同《おな》じかそれ以上《いじょう》の大《おお》きさでした。アンドリュウサルクスは、陸上《りくじょう》で暮《く》らす肉食哺乳類《にくしょくほにゅうるい》としては史上最大級《しじょうさいだいきゅう》だったのです。

長《なが》〜い頭部《とうぶ》

アンドリュウサルクスの特徴《とくちょう》は、頭部《とうぶ》がとても長《なが》かったことです。およそ80センチメートルの長《なが》さがありました。もしも、あなたの家《いえ》でイヌやネコを飼《か》っているなら、イヌやネコに協力《きょうりょく》してもらって、その頭部《とうぶ》の長《なが》さを測《はか》ってみてください。鼻先《はなさき》から首《くび》のつけ根《ね》までの長《なが》さです。アンドリュウサルクスの80センチメートルという頭部《とうぶ》の長《なが》さがいかに長《なが》いものか実感《じっかん》できると思《おも》います。

アンドリュウサルクスの場合《ばあい》、口先《くちさき》からお尻《しり》までの長《なが》さのおよそ4分《ぶん》の1は頭《あたま》でした。その口《くち》には太《ふと》く鋭《するど》い歯《は》が並《なら》び、あごはがっしりとしていて、恐《おそ》ろしい肉食動物《にくしょくどうぶつ》だったことがわかります。

現在《げんざい》の地球《ちきゅう》で暮《く》らすライオンやトラはネコの仲間《なかま》です。ネコの仲間《なかま》は、イヌの仲間《なかま》やアシカの仲間《なかま》などと一緒《いっしょ》に「食肉類《しょくにくるい》」というグループをつくっています。文字《もじ》どおり、肉食哺乳類《にくしょくほにゅうるい》のグループです。

一方《いっぽう》、アンドリュウサルクスはこのグループには含《ふく》まれない哺乳《ほにゅう》類《るい》です。古第三紀《こだいさんき》だけにいた「メソニクス類《るい》」という絶滅《ぜつめつ》したグループに分類《ぶんるい》されたり、あるいはクジラの仲間《なかま》に近《ちか》いのではないかといわれたりしています。

もっとしりたい！
メソニクス類《るい》は、古第三紀《こだいさんき》の前半《ぜんはん》に主《おも》に北半球《きたはんきゅう》の大陸《たいりく》で栄《さか》えました。

見《み》た目《め》はまるで巨大《きょだい》なイヌ メジストテリウム

古第三紀《こだいさんき》

新生代 中生代 古生代 先カンブリア時代

メジストテリウム
Megistotherium

体重《たいじゅう》はライオンの3倍以上《ばいいじょう》

古第三紀《こだいさんき》の地球《ちきゅう》には、右《みぎ》ページで紹介《しょうかい》したアンドリュウサルクスのほかにも大型《おおがた》の肉食《にくしょく》哺乳類《ほにゅうるい》がいました。リビアやエジプトなどの地層《ちそう》から化石《かせき》がみつかっている「メジストテリウム」です。

メジストテリウムは、鼻《はな》の先《さき》からおしりまでの長《なが》さが3・5メートルもありました。ライオンやトラより一回《ひとまわ》り大《おお》きいくらいです。つまり、アンドリュウサルクスと同《おな》じように、陸上《りくじょう》の肉食《にくしょく》哺乳類《ほにゅうるい》としては史上最《しじょうさい》大級《だいきゅう》だったのです。体重《たいじゅう》はライオンの3倍以上《ばいいじょう》もありました。

アンドリュウサルクスは頭部《とうぶ》がとても長《なが》いという特徴《とくちょう》がありましたが、メジストテリウムは〝がっしりしたオオカミ〟という印象《いんしょう》です。現在《げんざい》の大型《おおがた》のイヌ類《るい》とよく似《に》ているのです。ただし、イヌ類《るい》と比《くら》べるとちょっと〝短足《たんそく》〟でした。

新第三紀《しんだいさんき》のなかばに絶滅《ぜつめつ》した

メジストテリウムは、「肉歯類《にくしるい》」という肉食哺乳類《にくしょくほにゅうるい》のグループに分類《ぶんるい》されます。アンドリュウサルクスが含《ふく》まれるメソニクス類《るい》や、現在《げんざい》のネコ類《るい》やイヌ類《るい》が含《ふく》まれる食肉類《しょくにくるい》とは別《べつ》のグループです。

肉歯類《にくしるい》は、食肉類《しょくにくるい》よりも先《さき》に現《あらわ》れて、古第三紀《こだいさんき》の間《あいだ》はユーラシア大陸《たいりく》と北《きた》アメリカ大陸《たいりく》で栄《さか》えました。また、新第三紀《しんだいさんき》になると、アフリカで栄《さか》えました。

しかし、新第三紀《しんだいさんき》のなかばに絶滅《ぜつめつ》し、現在《げんざい》では生《い》き残《のこ》っていません。見《み》た目《め》がとてもよく似《に》ているのに、肉歯類《にくしるい》が滅《ほろ》んで食肉類《しょくにくるい》が繁栄《はんえい》している理由《りゆう》は、まだよくわかっていません。ひょっとしたら、産《う》む子《こ》どもの数《かず》や暮《く》らす場所《ばしょ》、生《い》き方《かた》など、化石《かせき》ではわかりにくいところにちがいがあったのかもしれませんね。

もっとしりたい!
肉歯類《にくしるい》と食肉類《しょくにくるい》のちがいは、奥歯《おくば》の形《かたち》です。食肉類《しょくにくるい》は、奥歯《おくば》に「裂肉歯《れつにくし》」という特別《とくべつ》な歯《は》をもっていました。ただしこの歯《は》のちがいが運命《うんめい》を分《わ》けたのかどうかはわかっていません。

木《き》の上《うえ》で暮《く》らしていた霊長類《れいちょうるい》
アーキセブス

最《もっと》も古《ふる》い哺乳類《ほにゅうるい》のグループ

私《わたし》たちヒトは、ゴリラやチンパンジーと一緒《いっしょ》に「類人猿《るいじんえん》」というグループに分類《ぶんるい》されています。そして、類人猿《るいじんえん》は、メガネザルの仲間《なかま》と一緒《いっしょ》に「直鼻猿類《ちょくびえんるい》」というグループをつくっています。さらに、直鼻猿類《ちょくびえんるい》はキツネザルの仲間《なかま》と一緒《いっしょ》に「霊長類《れいちょうるい》」という大《おお》きなグループをつくっています。

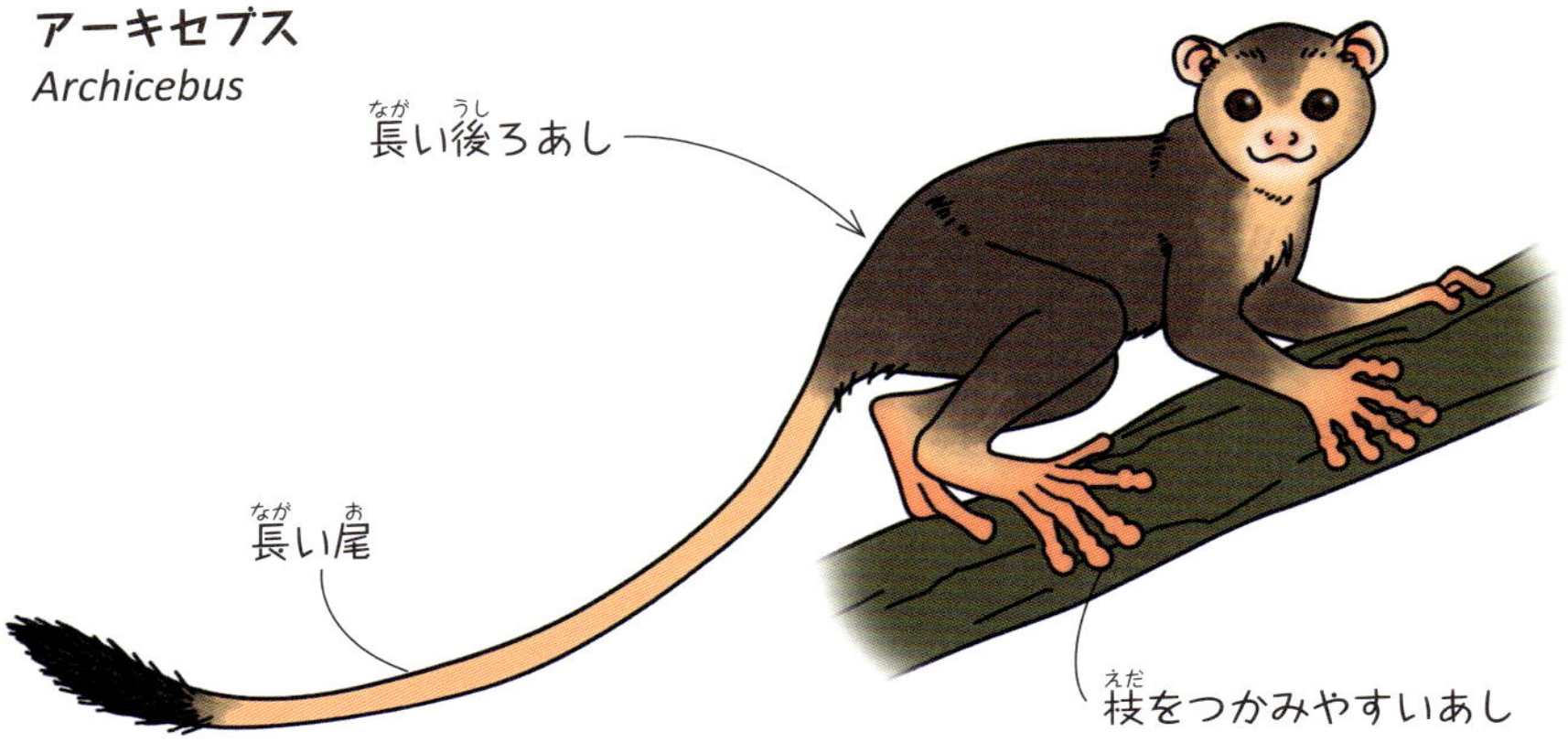

霊長類《れいちょうるい》は、哺乳類《ほにゅうるい》の中《なか》でも最《もっと》も古《ふる》いグループの一《ひと》つです。古第三紀《こだいさんき》が始《はじ》まったばかりのころに現《あらわ》れて、現在《げんざい》まで生《い》き残《のこ》っています。

霊長類《れいちょうるい》は、両眼《りょうめ》が前《まえ》を向《む》いています。そのため、見《み》ているものがどのくらい遠《とお》くにあるか、わかりやすくなっています。また、枝《えだ》を手《て》あしでつかむことができるなど、木《き》の上《うえ》で暮《く》らすことが得意《とくい》な哺乳類《ほにゅうるい》として進化《しんか》してきました。

枝《えだ》から枝《えだ》へ飛《と》び移《うつ》る

中国《ちゅうごく》にある古第三紀《こだいさんき》の地層《ちそう》から化石《かせき》がみつかっている「アーキセブス」をみると、霊長類《れいちょうるい》の初期《しょき》の姿《すがた》がよくわかります。アーキセブスは霊長類《れいちょうるい》の中《なか》でも直鼻猿類《ちょくびえんるい》に属《ぞく》し、その中《なか》で最《もっと》も古《ふる》い種類《しゅるい》の一《ひと》つでもあります。ただし、メガネザルの仲間《なかま》なので、アーキセブスが進化《しんか》していってもヒトになるわけではありません。

アーキセブスの大《おお》きさは、鼻《はな》の先《さき》からおしりまでの長《なが》さが７センチメートルほどで、体重《たいじゅう》は30グラムほどでした。５００円玉《えんだま》５枚分《まいぶん》よりも軽《かる》い体重《たいじゅう》だったのです。また、アーキセブスは、長《なが》い後《うし》ろあしをもっていました。そのあしのつくりを調《しら》べたところ、木《き》の上《うえ》で暮《く》らすのにとくに適《てき》していたことがわかりました。軽《かる》い体重《たいじゅう》をいかして、枝《えだ》から枝《えだ》へ飛《と》び移《うつ》りながら移動《いどう》していたようです。

また、長《なが》い尾《お》もアーキセブスの特徴《とくちょう》の一《ひと》つです。この長《なが》い尾《お》は木《き》の上《うえ》を移動《いどう》するときにバランスをとることなどで役《やく》に立《た》ったことでしょう。さらに、歯《は》の形《かたち》から、アーキセブスの主食《しゅしょく》は昆虫《こんちゅう》だったともみられています。

もっとしりたい！
アーキセブスという名前《なまえ》には、「最初《さいしょ》の長《なが》い尾《お》」という意味《いみ》があります。

もともと陸《りく》で暮《く》らしていた クジラ類《るい》の祖《そ》先《せん》

古第三紀《こだいさんき》
新生代《しんせいだい》　中生代《ちゅうせいだい》　古生代《こせいだい》　先カンブリア時代

インドやパキスタンにいた

現在《げんざい》の海《うみ》で暮《く》らすクジラの仲間《なかま》は、私《わたし》たちと同《おな》じ哺乳類《ほにゅうるい》です。その祖先《そせん》はもともと陸上《りくじょう》で暮《く》らしていて、古第三紀《こだいさんき》のある時期《じき》から海《うみ》での生活《せいかつ》を始《はじ》めました。

クジラ類《るい》の祖先《そせん》は、現在《げんざい》のインドやパキスタンのあたりにいたことがわかっています。

インドにあるおよそ500万《まん》年前《ねんまえ》の地層《ちそう》から化石《かせき》がみつかっているクジラ類《るい》の祖先《そせん》は「インドヒウス」といいます。鼻《はな》の先《さき》からおしりまでの長《なが》さが40センチメートルほどで、長《なが》い尾《お》が特徴《とくちょう》でした。

正確《せいかく》にいえば、インドヒウスはクジラ類《るい》そのものではなく、クジラ類《るい》の祖先《そせん》に最《もっと》も近《ちか》いといわれている別《べつ》のグループの哺《ほ》乳《にゅう》類《るい》です。陸《りく》で暮《く》らしつつも、川《かわ》などに潜《もぐ》ることも多《おお》かったようです。

眼《め》の位置《いち》が高《たか》い

インドヒウスから一歩進化《いっぽしんか》したとされる哺乳類《ほにゅうるい》が「パキケトゥス」です。鼻《はな》の先《さき》からおしりまでの長《なが》さは1メートルほどで、口先《くちさき》が長《なが》く、見《み》た目《め》はほっそりとしたオオカミのような印象《いんしょう》です。

パキケトゥスこそが、知《し》られている限《かぎ》り最《もっと》も古《ふる》いクジラ類《るい》です。オオカミのような姿《すがた》をしていても、眼《め》の位置《いち》がちがいます。眼《め》が顔《かお》の高《たか》い位置《いち》にあったのです。眼《め》の位置《いち》が高《たか》いということは、顔《かお》の大部分《だいぶぶん》を水《みず》の中《なか》に沈《しず》めても、水面《すいめん》から外《そと》のようすを知《し》ることができたということです。

パキケトゥスもインドヒウスと同《おな》じように、陸《りく》で暮《く》らしつつも川《かわ》などに潜《もぐ》っていたようです。指《ゆび》の骨《ほね》が長《なが》く、指《ゆび》の間《あいだ》には水《みず》かきがあったのではないか、といわれています。

化石《かせき》を見《み》たい！　国立科学博物館《こくりつかがくはくぶつかん》

全身復元骨格《ぜんしんふくげんこっかく》が展示《てんじ》されています。眼《め》の入《はい》る穴《あな》(眼窩《がんか》)の位置《いち》を確認《かくにん》してみよう。

国立科学博物館

ここでもみられます！
福井県立恐竜博物館　ほか

もっとしりたい！ インドヒウスは「インドのイノシシ」、パキケトゥスは「パキスタンのクジラ」という意味《いみ》です。クジラ類《るい》には「ケトゥス(クジラという意味《いみ》)」の名前《なまえ》をつけられたものがたくさんいます。

水中《すいちゅう》で暮《く》らし始《はじ》めたクジラ類《るい》
アンブロケトゥス

古第三紀《こだいさんき》

新生代《しんせいだい》	中生代《ちゅうせいだい》	古生代《こせいだい》	先《ぜん》カンブリア時代《じだい》

毛《け》の生《は》えたワニ？

クジラ類《るい》の進化《しんか》で、パキケトゥスの〝次《つぎ》の段階《だんかい》〟と考《かんが》えられているのが「アンブロケトゥス」です。パキケトゥスの時代《じだい》からおよそ100万年後《まんねんご》に現《あらわ》れました。

アンブロケトゥスは、鼻《はな》の先《さき》からおしりまでの長《なが》さが3・5メートルのクジラ類《るい》です。ただし、クジラの仲間《なかま》とはいうものの、短《みじか》いながらはっきりとした手《て》あしがありました。

アンブロケトゥスは、細長《ほそなが》い頭《あたま》と長《なが》い尾《お》をもち、手《て》あしが短《みじか》いこともあって、見《み》た目《め》はワニ類《るい》とよく似《に》ています。ただし、哺乳類《ほにゅうるい》なのでその体《からだ》の表面《ひょうめん》には体毛《たいもう》があったとみられています。そのため、アンブロケトゥスは「毛《け》の生《は》えたワニ」とよばれることがあります。

陸上動物《りくじょうどうぶつ》の特徴《とくちょう》を残《のこ》す

アンブロケトゥスの化石《かせき》がみつかった場所《ばしょ》の近《ちか》くでは、海《うみ》で暮《く》らす貝《かい》の化石《かせき》がみつかっています。また、アンブロケトゥスの骨《ほね》を調《しら》べてみると、陸上《りくじょう》で暮《く》らすには頑丈《がんじょう》さが足《た》りないことがわかりました。こうしたことから、アンブロケトゥスは手《て》あしをもちながらも、海《うみ》で暮《く》らしていたと考《かんが》えられています。

一方《いっぽう》で、歯《は》を調《しら》べてみると、海《うみ》ではなく陸《りく》の水《みず》を使《つか》っていたあとがありました。そのため、幼《おさな》いころは海《うみ》ではなく、陸《りく》の川《かわ》で暮《く》らしていたという見方《みかた》もあります。

陸上動物《りくじょうどうぶつ》の特徴《とくちょう》を多《おお》く残《のこ》しつつ、完全《かんぜん》に水中《すいちゅう》で暮《く》らすようになったクジラ類《るい》。それが、アンブロケトゥスなのです。

化石《かせき》を見《み》たい！

北九州市立自然史《きたきゅうしゅうしりつしぜんし》・歴史博物館《れきしはくぶつかん》

ホールの天井《てんじょう》からアンブロケトゥスの全身復元《ぜんしんふくげん》骨格《こっかく》が吊《つ》られています。

北九州市立自然史・歴史博物館

ここでもみられます！
国立科学博物館　ほか

もっとしりたい！
アンブロケトゥスの化石《かせき》は、パキスタンからみつかっています。クジラ類《るい》は、どうやらパキスタンとインドの国境付近《こっきょうふきん》から海《うみ》へと進出《しんしゅつ》したようです。当時《とうじ》、そのあたりは海《うみ》でした。

10月23日
読《よ》んだ日《ひ》
月　日
月　日

「王様《おうさま》」の名前《なまえ》をもつクジラ
バシロサウルス

古第三紀《こだいさんき》
新生代《しんせいだい》　中生代《ちゅうせいだい》　古生代《こせいだい》　先《ぜん》カンブリア時代《じだい》

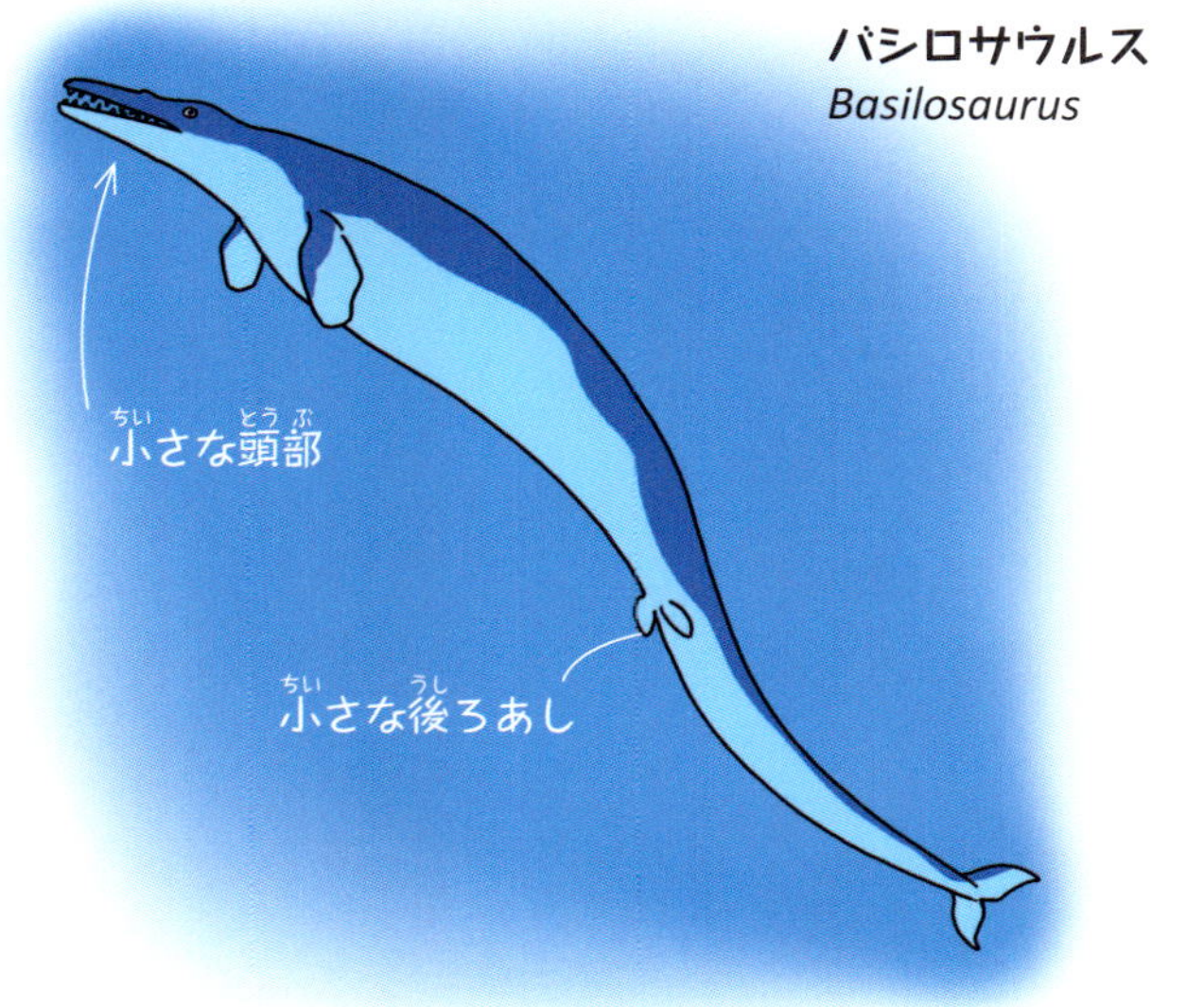

頭《あたま》がとても小《ちい》さい

今《いま》から4000万年前《まんねんまえ》ごろになると、現在《げんざい》のナガスクジラと同《おな》じくらいの大《おお》きな体《からだ》をもったクジラ類《るい》が海《うみ》に現《あらわ》れました。その名《な》を「バシロサウルス」といいます。鼻《はな》の先《さき》から尾《お》の先《さき》までの長《なが》さは20メートルほどでした。巨体《きょたい》という点《てん》ではクジラに似《に》ていますが、体《からだ》の特徴《とくちょう》はだいぶちがっていました。

大《おお》きなちがいは、頭部《とうぶ》がとても小《ちい》さかったことです。現在《げんざい》のクジラ類《るい》で、たとえばセミクジラの仲間《なかま》は、全身《ぜんしん》に対《たい》して頭部《とうぶ》が占《し》める割合《わりあい》はおよそ3分《ぶん》の1です。ナガスクジラの仲間《なかま》でもおよそ5分《ぶん》の1です。しかし、バシロサウルスの頭部《とうぶ》は全身《ぜんしん》に対《たい》しておよそ10分《ぶん》の1しかありませんでした。

また、小《ちい》さな後《うし》ろあしをもっていることもバシロサウルスの特徴《とくちょう》です。陸上《りくじょう》にいた祖先《そせん》の特徴《とくちょう》がまだ残《のこ》っていたのです。

まちがってつけられた名前《なまえ》

バシロサウルスはクジラ類《るい》ですから、もちろん哺乳類《ほにゅうるい》の仲間《なかま》です。しかし、「バシロサウルス」という名前《なまえ》は「王様《おうさま》トカゲ」という意味《いみ》です。哺乳類《ほにゅうるい》なのに、なぜ「トカゲ」という名前《なまえ》がつけられたのでしょうか？

実《じつ》は、19世紀《せいき》のアメリカで化石《かせき》が初《はじ》めてみつかったとき、バシロサウルスは海《うみ》で暮《く》らしていた巨大《きょだい》な爬虫類《はちゅうるい》だと考《かんが》えられたのです。そのため、この名前《なまえ》がつきました。すぐにほかの研究者《けんきゅうしゃ》によって誤《あやま》りと指摘《してき》されたものの、一度《いちど》つけられた学名《がくめい》は変《か》えられず、現在《げんざい》まで残《のこ》ることになりました。

化石《かせき》を見《み》たい！　国立科学博物館《こくりつかがくはくぶつかん》

バシロサウルスの全身《ぜんしん》復元骨格《ふくげんこっかく》が天井《てんじょう》から吊《つ》られています。隣《となり》にはモササウルス類《るい》（276～281ページ）の全身復元骨格《ぜんしんふくげんこっかく》も展示《てんじ》されているので、比《くら》べてみよう。

国立科学博物館

もっとしりたい！
バシロサウルスは、モササウルス類《るい》と姿《すがた》がよく似《に》ています。海《うみ》で暮《く》らすことで、たがいに姿《すがた》が似《に》たのだと考《かんが》えられています。

あしのある“イルカ”
ドルドン

現在《げんざい》のイルカと同《おな》じサイズ

現在《げんざい》の海《うみ》で生《い》きているクジラ類《るい》は、歯《は》をもつ「ハクジラ類《るい》」と、歯《は》ではなくヒゲをもつ「ヒゲクジラ類《るい》」に分《わ》けられます。このうち、ハクジラ類《るい》の中《なか》でとくに体《からだ》の小《ちい》さな種類《しゅるい》がイルカの仲間《なかま》です。

323ページで紹介《しょうかい》したバシロサウルスが現《あらわ》れた時期《じき》と同《おな》じころ、イルカに似《に》たクジラ類《るい》も現《あらわ》れました。それが「ドルドン」です。

ドルドンは鼻《はな》の先《さき》から尾《お》の先《さき》までの長《なが》さが5メートルほどのクジラ類《るい》です。現在《げんざい》のイルカのオキゴンドウとほとんど同《おな》じ大《おお》きさで、姿《すがた》も似《に》ていました。

そんなドルドンですが、現在《げんざい》のイルカの仲間《なかま》とは大《おお》きなちがいがありました。バシロサウルスと同《おな》じように、小《ちい》さな後《うし》ろあしをもっていたのです。

致命傷《ちめいしょう》になった歯形《はがた》

ドルドンの化石《かせき》の中《なか》には、大《おお》きな歯型《はがた》の残《のこ》っているものがありました。何者《なにもの》かに攻撃《こうげき》されたのでしょう。その攻撃《こうげき》は、ドルドンの致命傷《ちめいしょう》になったものとみられています。いったいこのドルドンを攻撃《こうげき》したのは何者《なにもの》だったのでしょうか？

ある研究者《けんきゅうしゃ》がドルドンの化石《かせき》をくわしく分析《ぶんせき》したところ、〝犯人《はんにん》〟はバシロサウルスだったことがわかりました。体《からだ》の大《おお》きさが4倍《ばい》ほどもあるバシロサウルスにドルドンは襲《おそ》われていたのですね。

化石《かせき》を見《み》たい！

北九州市立自然史《きたきゅうしゅうしりつしぜんし》・歴史博物館《れきしはくぶつかん》

ドルドンの全身復元骨格《ぜんしんふくげんこっかく》が展示《てんじ》されています。

北九州市立自然史・歴史博物館

ここでもみられます！
福井県立恐竜博物館、豊橋市自然史博物館　ほか

もっとしりたい！
321ページで紹介《しょうかい》したパキケトゥスの登場《とうじょう》からドルドンの登場《とうじょう》までにかかった期間《きかん》は、1000万年《まんねん》ほどです。とても長《なが》い時間《じかん》に見《み》えますが、進化《しんか》の歴史《れきし》からいえばあっという間《ま》です。

羽《は》ばたいて飛《と》ぶ哺《ほ》乳《にゅう》類《るい》
最《さい》古《こ》のコウモリたち

古第三紀《こだいさんき》

新生代《しんせいだい》　中生代《ちゅうせいだい》　古生代《こせいだい》　先《せん》カンブリア時代《じだい》

現在《げんざい》のコウモリとそっくり

コウモリの仲間《なかま》は、「翼手類《よくしゅるい》」とよばれる哺乳類《ほにゅうるい》のグループです。現在《げんざい》の翼手類《よくしゅるい》は、哺乳類《ほにゅうるい》の中《なか》では唯一《ゆいいつ》、自分《じぶん》で羽《は》ばたいて空《そら》を飛《と》ぶことのできる動物《どうぶつ》です。

これまでに知《し》られているかぎり、翼手類《よくしゅるい》の最《もっと》も古《ふる》い化石《かせき》は、アメリカにある古第三紀《こだいさんき》の地層《ちそう》から2種類《しゅるい》みつかっています。「イカロニクテリス」と「オニコニクテリス」です。どちらも鼻《はな》の先《さき》からおしりまでの長《なが》さが10センチメートルほどで、現在《げんざい》の翼手類《よくしゅるい》とそっくりな姿《すがた》をしていました。

そっくりの姿《すがた》をしているということは、すでに空《そら》を飛《と》べたということです。最古《さいこ》の翼手類《よくしゅるい》が空《そら》を飛《と》べるようになっていたため、翼手《よくしゅ》類《るい》がいつ、どのようにして飛《と》べるように進化《しんか》したのかはまだわかっていません。

超音波《ちょうおんぱ》はあとから

現在《げんざい》の翼手類《よくしゅるい》の中《なか》でも小型《こがた》の種類《しゅるい》は、超音波《ちょうおんぱ》を出《だ》すことができます。その超音波《ちょうおんぱ》をレーダーとして使《つか》うことで、夜《よる》の森林《しんりん》や暗《くら》い洞窟《どうくつ》の中《なか》でも木《き》や壁《かべ》、仲間《なかま》たちにぶつからずに飛《と》ぶことができます。

化石《かせき》がくわしく調《しら》べられたところ、オニコニクテリスの耳《みみ》は超音《ちょうおん》波《ぱ》をとらえることができなかったことがわかりました。つまり、超音波《ちょうおんぱ》を使《つか》えなかったのです。

このことから、翼手類《よくしゅるい》は、空《そら》を飛《と》ぶことができるようになったあとで、超音波《ちょうおんぱ》を使《つか》えるように進化《しんか》したと考《かんが》えられています。

現在《げんざい》のコウモリとそっくり！

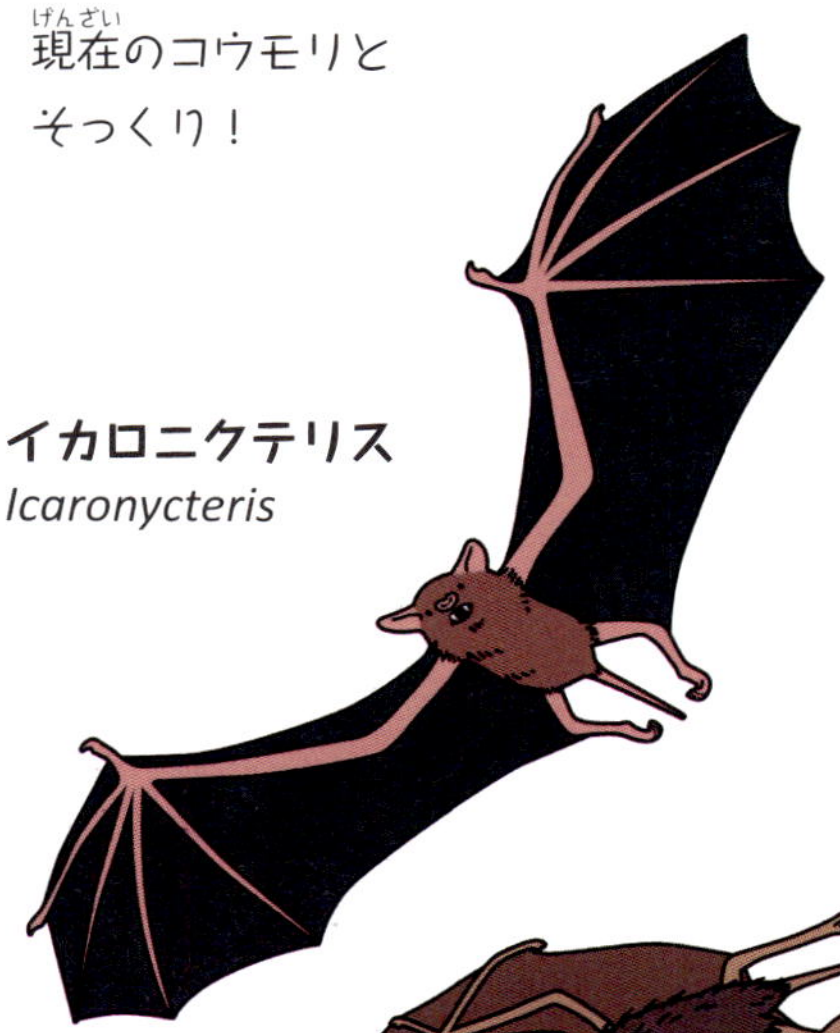

イカロニクテリス
Icaronycteris

オニコニクテリス
Onychonycteris

化石《かせき》を見《み》たい！　豊橋市自然史博物館《とよはししぜんしはくぶつかん》

近縁《きんえん》の「パレオキロプテリクス」の化石《かせき》が展示《てんじ》されています。

もっとしりたい！
翼手類《よくしゅるい》の骨《ほね》は、空《そら》を飛《と》ぶためにとても軽《かる》くなっていて、そのためもろくなっています。このような骨《ほね》は化石《かせき》に残《のこ》りにくく、なかなか古《ふる》い時代《じだい》の化石《かせき》がみつかりません。

イヌとネコの祖先《そせん》 ミアキス

古第三紀《こだいさんき》

新生代《しんせいだい》 | 中生代《ちゅうせいだい》 | 古生代《こせいだい》 | 先カンブリア時代《じだい》

イタチに似《に》ている

現在《げんざい》の私《わたし》たちに最《もっと》も身近《みぢか》な動物《どうぶつ》といえば、イヌとネコでしょう。イヌやネコを飼《か》っている、という読者《どくしゃ》のみなさんも多《おお》いと思《おも》います。

さて、実《じつ》はイヌとネコのそれぞれの祖先《そせん》をさかのぼっていくと、同《おな》じグループの動物《どうぶつ》に行《い》きつくとみられています。その一《ひと》つが古第三紀《こだいさんき》の地層《ちそう》から化石《かせき》がみつかっている「ミアキス」です。

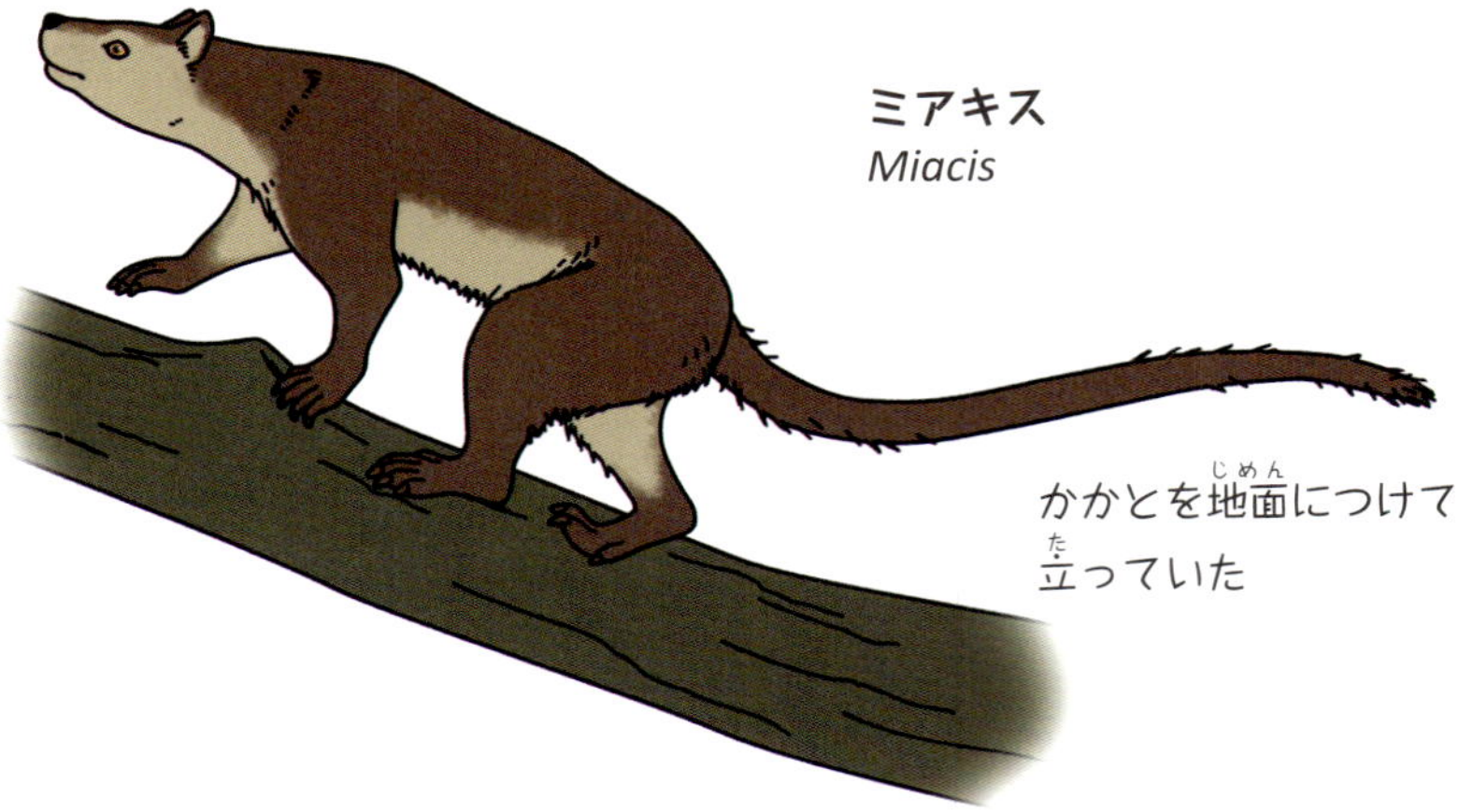

かかとを地面《じめん》につけて立《た》っていた

ミアキスは、鼻《はな》の先《さき》からおしりまでの長《なが》さが20センチメートルほどの小《ちい》さな哺乳類《ほにゅうるい》です。その見《み》た目《め》は現在《げんざい》のイタチやフェレットに似《に》ていました。

木《き》の上《うえ》で暮《く》らしていた

ミアキスのあしは、短《みじか》いながらもしっかりとしたつくりをしていました。現在《げんざい》のイヌやネコとの大《おお》きなちがいは、かかとのつくりです。

現在《げんざい》のイヌやネコは、四本《よんほん》あしで立《た》っているときに、かかとが地面《じめん》につきません。基本的《きほんてき》につま先立《さきだ》ちをしているのです。

一方《いっぽう》、ミアキスは、私《わたし》たちヒトと同《おな》じようにかかとを地面《じめん》につけて立《た》っていました。かかとをつけていると、体《からだ》が安定《あんてい》するという利点《りてん》があります。そのかわり、つま先立《さきだ》ちの動物《どうぶつ》よりは、走《はし》るのが遅《おそ》くなります。

ミアキスは、おもに木《き》の上《うえ》で暮《く》らしていたようです。彼《かれ》らの子孫《しそん》の中《なか》で、同《おな》じように木《き》の上《うえ》で生《い》き続《つづ》けたグループがネコの仲間《なかま》に進化《しんか》しました。一方《いっぽう》、木《き》から降《お》りて草原《そうげん》などで暮《く》らし始《はじ》めたグループがイヌの仲間《なかま》に進化《しんか》したと考《かんが》えられています。

イヌの仲間《なかま》とネコの仲間《なかま》は同《おな》じ祖先《そせん》から進化《しんか》したとみられている

もっとしりたい！ ミアキスを含《ふく》め、現在《げんざい》のイヌやネコを含《ふく》むグループが「食肉類《しょくにくるい》」です。このグループは基本的《きほんてき》に肉食《にくしょく》でした。アシカやアザラシの仲間《なかま》も食肉類《しょくにくるい》に含《ふく》まれます。

10月27日

読《よ》んだ日《ひ》 月 日 月 日

ネコに似《に》たネコではない哺乳類《ほにゅうるい》
ホプロフォネウス

古第三紀《こだいさんき》

新生代《しんせいだい》 中生代《ちゅうせいだい》 古生代《こせいだい》 先カンブリア時代《じだい》

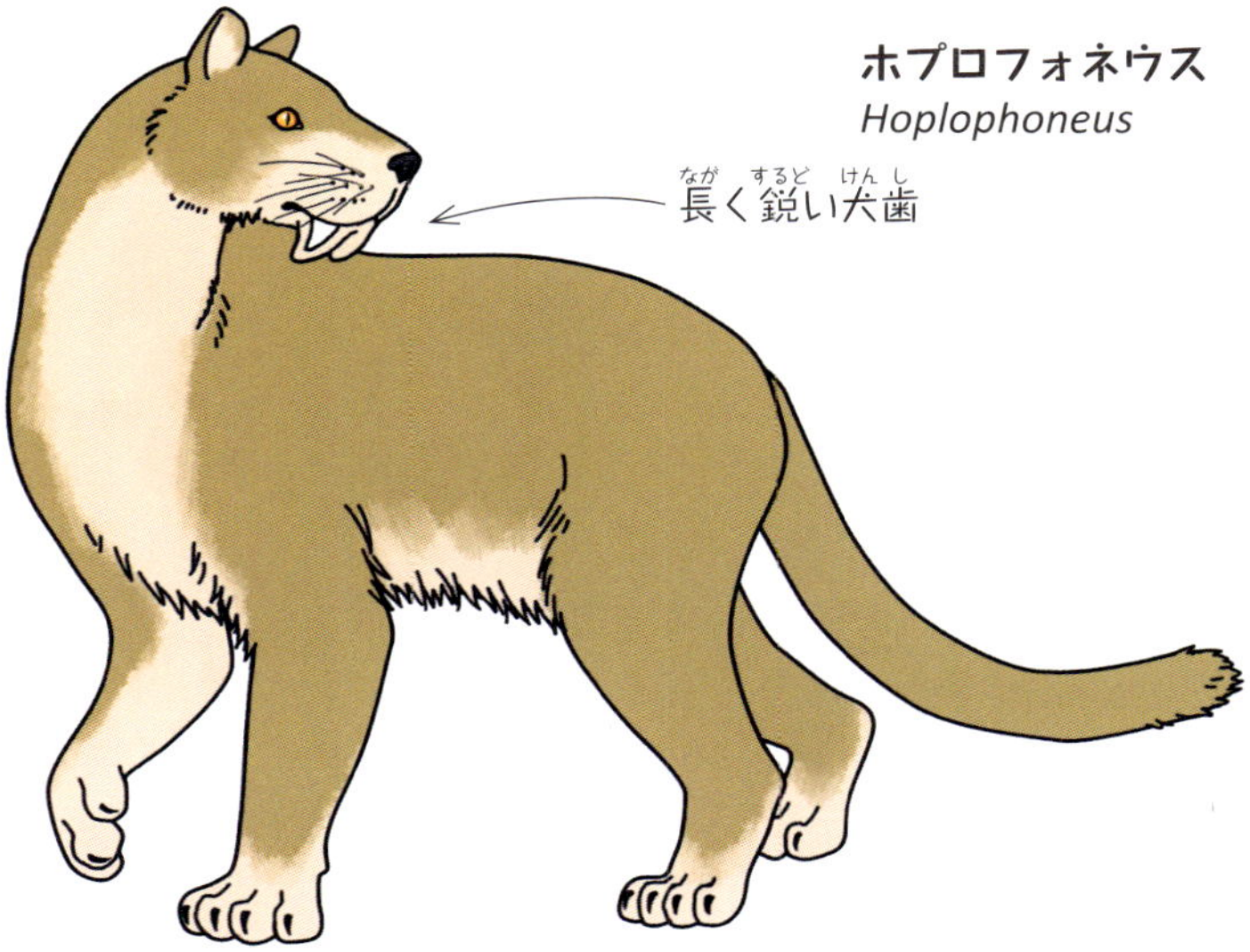

ネコ類《るい》とネコ型類《けいるい》

ネコとイヌは、右《みぎ》ページで紹介《しょうかい》したミアキスのような共通《きょうつう》の祖先《そせん》からそれぞれ分《わ》かれて、別々《べつべつ》に進化《しんか》してきました。

ネコの仲間《なかま》のことを「ネコ類《るい》」といいます。ネコ類《るい》には、ライオンやトラ、チーターなどが含《ふく》まれます。そして、ネコ類《るい》とネコ類《るい》に近《ちか》い仲間《なかま》のグループをまとめて「ネコ型類《けいるい》」とよんでいます。

アメリカにある古《こ》第三紀《だいさんき》の地層《ちそう》からは、ネコ類《るい》ではないネコ型類《けいるい》の化石《かせき》がいくつかみつかっています。その一《ひと》つが「ホプロフォネウス」です。ホプロフォネウスは、ミアキスの時代《じだい》のすぐあとに現《あらわ》れたネコ型類《けいるい》です。

長《なが》い犬歯《けんし》をもつ

ホプロフォネウスは、鼻《はな》の先《さき》からおしりまでの長《なが》さが1メートルほどありました。首《くび》が太《ふと》く、手《て》あしもがっしりとしていました。上《うわ》あごの犬歯《けんし》が長《なが》いことが特徴《とくちょう》の一《ひと》つです。まるで剣《けん》のように長《なが》くて鋭《するど》いものでした。

ホプロフォネウスは、ネコ型類《けいるい》の中《なか》の「ニムラブス類《るい》」という絶滅《ぜつめつ》したグループに分類《ぶんるい》されます。一見《いっけん》すると、ニムラブス類《るい》はネコ類《るい》とよく似《に》ています。しかし、ネコ類《るい》と比《くら》べると胴《どう》や尾《お》が長《なが》く、手《て》あしが短《みじか》いという特徴《とくちょう》がありました。ホプロフォネウスは、そんなニムラブス類《るい》の代表的《だいひょうてき》な種類《しゅるい》なのです。

化石《かせき》を見《み》たい！ 群馬県立自然史博物館《ぐんまけんりつしぜんしはくぶつかん》

ホプロフォネウスの実物《じつぶつ》化石《かせき》が展示《てんじ》されています。

群馬県立自然史博物館

ここでもみられます！
神奈川県立生命の星・地球博物館、御船町恐竜博物館　ほか

もっとしりたい！ ニムラブス類《るい》は、木《き》に登《のぼ》ることもできたけれど、普段《ふだん》は地上《ちじょう》で暮《く》らしていたと考《かんが》えられています。

最古《さいこ》のイヌ ヘスペロキオン

古第三紀《こだいさんき》

新生代《しんせいだい》 | 中生代《ちゅうせいだい》 | 古生代《こせいだい》 | 先《せん》カンブリア時代《じだい》

ヘスペロキオン
Hesperocyon

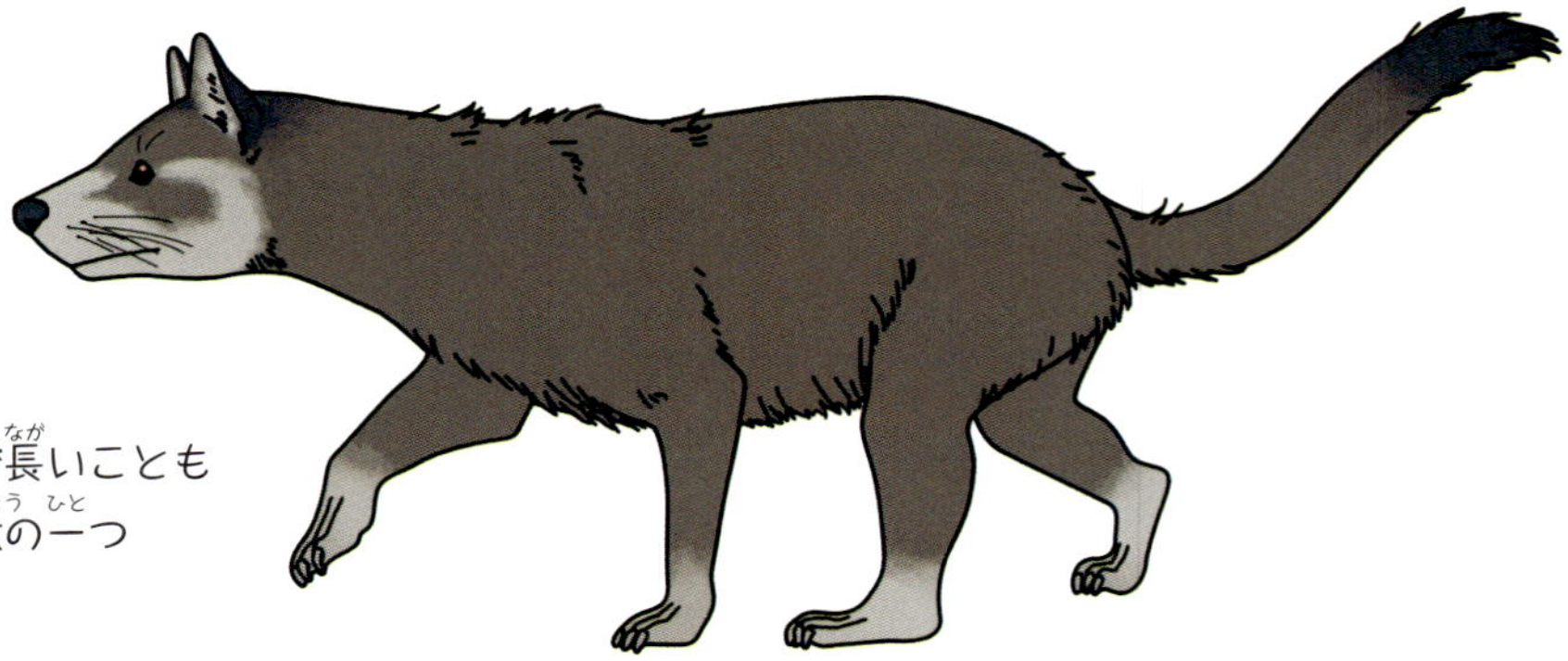

イヌの仲間《なかま》たち

キツネやタヌキ、リカオンなどはイヌととても近《ちか》い仲間《なかま》たちで、イヌを含《ふく》めて「イヌ類《るい》」とよばれています。そして、イヌ類《るい》とイヌ類《るい》に近縁《きんえん》のクマ類《るい》やイタチ類《るい》をまとめて「イヌ型類《けいるい》」といいます。

アメリカにある古第三紀《こだいさんき》の地層《ちそう》からは、最《もっと》も古《ふる》いイヌ型類《けいるい》の化石《かせき》がみつかっています。「ヘスペロキオン」です。ヘスペロキオンはイヌ型類《けいるい》であり、イヌ類《るい》でもあります。イヌ類《るい》は、イヌ型類《けいるい》の中《なか》でも最《もっと》も古《ふる》いグループなのです。

あしの指《ゆび》の本数《ほんすう》がちがう

ヘスペロキオンは、鼻《はな》の先《さき》からおしりまでの長《なが》さが40センチメートルほどのイヌ類《るい》でした。体重《たいじゅう》は2キログラムほどしかなかったとみられています。見《み》た目《め》は、ネコ類《るい》との共通《きょうつう》の祖先《そせん》であるミアキスとあまり変《か》わりません。

ヘスペロキオンと、現在《げんざい》のイヌとのちがいは、あしの指《ゆび》にあります。現在《げんざい》のイヌの指《ゆび》は、前《まえ》あしが5本《ほん》、後《うし》ろあしが4本《ほん》です。しかしヘスペロキオンは、前《まえ》あしにも後《うし》ろあしにもそれぞれ5本《ほん》の指《ゆび》がありました。また、ミアキスと同《おな》じように、かかとを地面《じめん》につけて歩《ある》いていたこともわかっています。

ヘスペロキオンは長《なが》い爪《つめ》をもっていたことも特徴《とくちょう》の一《ひと》つです。この爪《つめ》を使《つか》って、ヘスペロキオンは木《き》に登《のぼ》ることもできたようです。

化石《かせき》を見《み》たい！ 群馬県立自然史博物館《ぐんまけんりつしぜんしはくぶつかん》

ヘスペロキオンの実物化《じつぶつか》石《せき》が展示《てんじ》されています。ホプロフォネウス（327ページ）と比《くら》べて、ちがいを探してみよう！

群馬県立自然史博物館

もっとしりたい！

ヘスペロキオンの化石《かせき》の胃《い》の部分《ぶぶん》からは、齧歯類《げっしるい》（ネズミやリスの仲間《なかま》）の化石《かせき》もみつかっています。こうした小動物《しょうどうぶつ》が獲物《えもの》だったようです。

指《ゆび》がたくさんあるウマ類《るい》
ヒラコテリウム

古第三紀《こだいさんき》

新生代《しんせいだい》 中生代《ちゅうせいだい》 古生代《こせいだい》 先カンブリア時代《じだい》

イヌと同《おな》じ大《おお》きさのウマ

最《もっと》も古《ふる》いウマ類《るい》は、古第三紀《こだいさんき》に現《あらわ》れました。北《きた》アメリカ大陸《たいりく》やヨーロッパから化石《かせき》がみつかっているそのウマ類《るい》の名前《なまえ》を「ヒラコテリウム」といいます。

ヒラコテリウムはとても小《ちい》さなウマ類《るい》でした。現在《げんざい》のウマ類《るい》は、たとえばシマウマなら鼻《はな》の先《さき》からおしりまでの長《なが》さが2・5メートルあります。シマウマほどではなくても、大《おお》きなウマ類《るい》は多《おお》く、昔《むかし》から人々《ひとびと》はそんなウマに乗《の》って移動《いどう》したり、重《おも》いものを運《はこ》んでもらったりしてきました。

しかしヒラコテリウムは、鼻《はな》の先《さき》から尾《お》の先《さき》までの長《なが》さが50センチメートルほどしかありませんでした。現在《げんざい》のウマと比《くら》べると圧倒的《あっとうてき》に小型《こがた》で、盲導犬《もうどうけん》でおなじみのラブラドール・レトリーバーよりも小《ちい》さく、柴犬《しばいぬ》よりも少《すこ》し大《おお》きいくらいのサイズしかありませんでした。

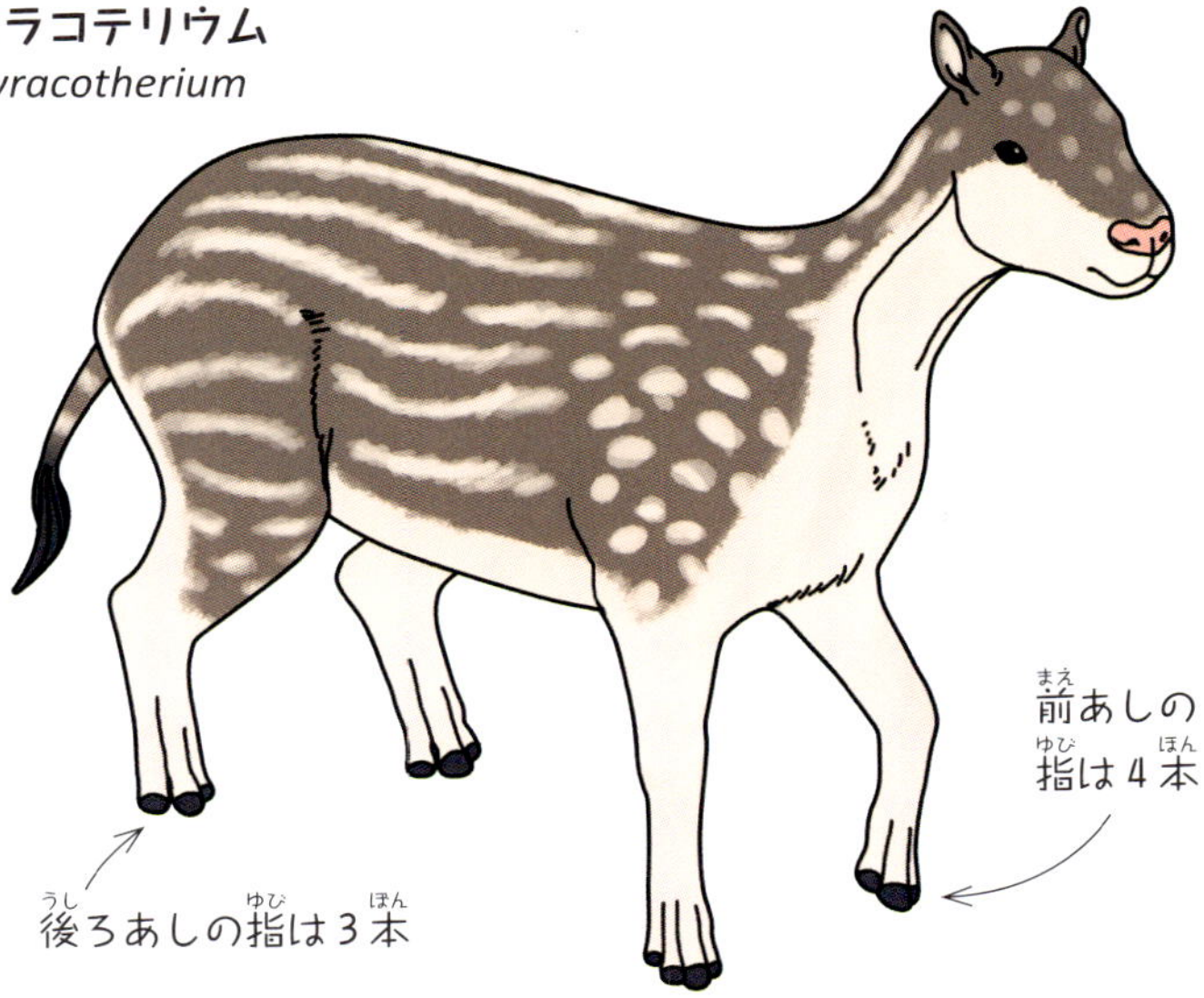

指《ゆび》がたくさん

ヒラコテリウムと現在《げんざい》のウマ類《るい》とのちがいは、体《からだ》の大《おお》きさだけではありません。現在《げんざい》のウマ類《るい》は、4本《ほん》あしの先《さき》にそれぞれ一《ひと》つの指《ゆび》がついています。その指《ゆび》の先《さき》がかたくなり、大《おお》きなひづめとなっているのです。

しかしヒラコテリウムは、前《まえ》あしには4本《ほん》、後《うし》ろあしには3本《ぼん》の指《ゆび》がありました。ひづめはとても小《ちい》さなものでした。

化石《かせき》を見《み》たい! 群馬県立自然史博物館《ぐんまけんりつしぜんしはくぶつかん》

ヒラコテリウムの実物化石《じつぶつかせき》が展示《てんじ》されています。

群馬県立自然史博物館

ここでもみられます!
豊橋市自然史博物館、北九州市立自然史・歴史博物館 ほか

もっとしりたい! ヒラコテリウムは、木《き》の多《おお》い地域《ちいき》に暮《く》らしていたようです。草原《そうげん》で暮《く》らす現在《げんざい》のウマ類《るい》とは大《おお》きくちがう点《てん》です。

だんだん大《おお》きくなっていった ウマ類《るい》の進化《しんか》

前《まえ》あしの指《ゆび》が1本《ぽん》減《へ》った

ウマ類《るい》の化石《かせき》は、たくさんみつかっています。そのため、ウマ類《るい》の進化《しんか》についてはその途中《とちゅう》の変化《へんか》を細《こま》かくみることができます。

329ページで紹介《しょうかい》したヒラコテリウムのように、古第三紀《こだいさんき》に現《あらわ》れたばかりのウマ類《るい》はイヌのような体《からだ》の大《おお》きさで、前《まえ》あしの指《ゆび》は4本《ほん》、後《うし》ろあしの指《ゆび》は3本《ぼん》ありました。

古第三紀《こだいさんき》の間《あいだ》に、ヒラコテリウムから一歩進化《いっぽしんか》したウマ類《るい》が現《あらわ》れました。「メソヒップス」です。

メソヒップスは鼻《はな》の先《さき》からおしりまでの長《なが》さが1メートル近《ちか》いウマ類《るい》です。肩《かた》の高《たか》さも60センチメートルほどあり、ヒラコテリウムと比《くら》べるとずいぶん大《おお》きくなりました。さらに、指《ゆび》の数《かず》が前《まえ》あしも後《うし》ろあしも3本《ぼん》になりました。

歯《は》が長《なが》くなった

せっかくなので、ちょっとフライングして、新《しん》第三紀《だいさんき》のウマ類《るい》も紹介《しょうかい》しましょう。それが、「メリキップス」です。

メリキップスは肩《かた》の高《たか》さが90センチメートルほどありました。メソヒップスの1・5倍《ばい》も高《たか》くなっていたのです。指《ゆび》の数《かず》はメソヒップスと同《おな》じですが、3本《ぼん》あるうちの左右《さゆう》の指《ゆび》は小《ちい》さくなって地面《じめん》と接《せっ》することはありませんでした。

メリキップスの特徴《とくちょう》は歯《は》にもありました。歯《は》が長《なが》くなったのです。これによって、かたい草《くさ》を食《た》べても、そう簡単《かんたん》に歯《は》がすりへらないようになりました。かたい草《くさ》だらけの草原《そうげん》でも暮《く》らせるようになったのです。

行《い》ってみよう！ 馬《うま》の博物館《はくぶつかん》

メリキップスの全身復元《ぜんしんふくげん》骨格《こっかく》が展示《てんじ》されています。ヒラコテリウムを含《ふく》め、ウマの進化《しんか》を見《み》ることができます。

ここでもみられます！
群馬県立自然史博物館、豊橋市自然史博物館、大阪市立自然史博物館　ほか

もっとしりたい！
メソヒップスは木《き》の葉《は》っぱを食《た》べていました。木《き》の葉《は》っぱは草《くさ》よりもやわらかいので、短《みじか》い歯《は》でも食《た》べることができたのです。

カバのような姿《すがた》をしていたゾウの祖先《そせん》

家《いえ》で飼《か》える大《おお》きさ！

現在《げんざい》、陸上《りくじょう》で暮《く》らす哺乳類《ほにゅうるい》の中《なか》で最《もっと》も大《おお》きいのは、ゾウ類《るい》です。とくにアフリカで暮《く》らしているアフリカゾウは、肩《かた》の高《たか》さが4メートルに達《たっ》する巨体《きょたい》のもち主《ぬし》です。そんなゾウ類《るい》でも、昔《むかし》から体《からだ》が大《おお》きかったわけではありません。329ページで紹介《しょうかい》したウマ類《るい》の祖先《そせん》と同《おな》じように、ゾウ類《るい》の祖先《そせん》も現在《げんざい》のイヌとあまり大《おお》きさは変《か》わりませんでした。ウマ類《るい》もゾウ類《るい》も、その祖先《そせん》は、私《わたし》たちの家《いえ》でも飼《か》うことができるサイズだったのです！

ゾウ類《るい》は、近縁《きんえん》のグループと一緒《いっしょ》に「長鼻類《ちょうびるい》」というグループをつくっています。そして、その長鼻類《ちょうびるい》の中《なか》で最《もっと》も古《ふる》いものの一《ひと》つが、「フォスファテリウム」です。鼻《はな》の先《さき》からおしりまでの長《なが》さは60センチメートルほどで、その姿《すがた》は現在《げんざい》のカバに似《に》ていました。

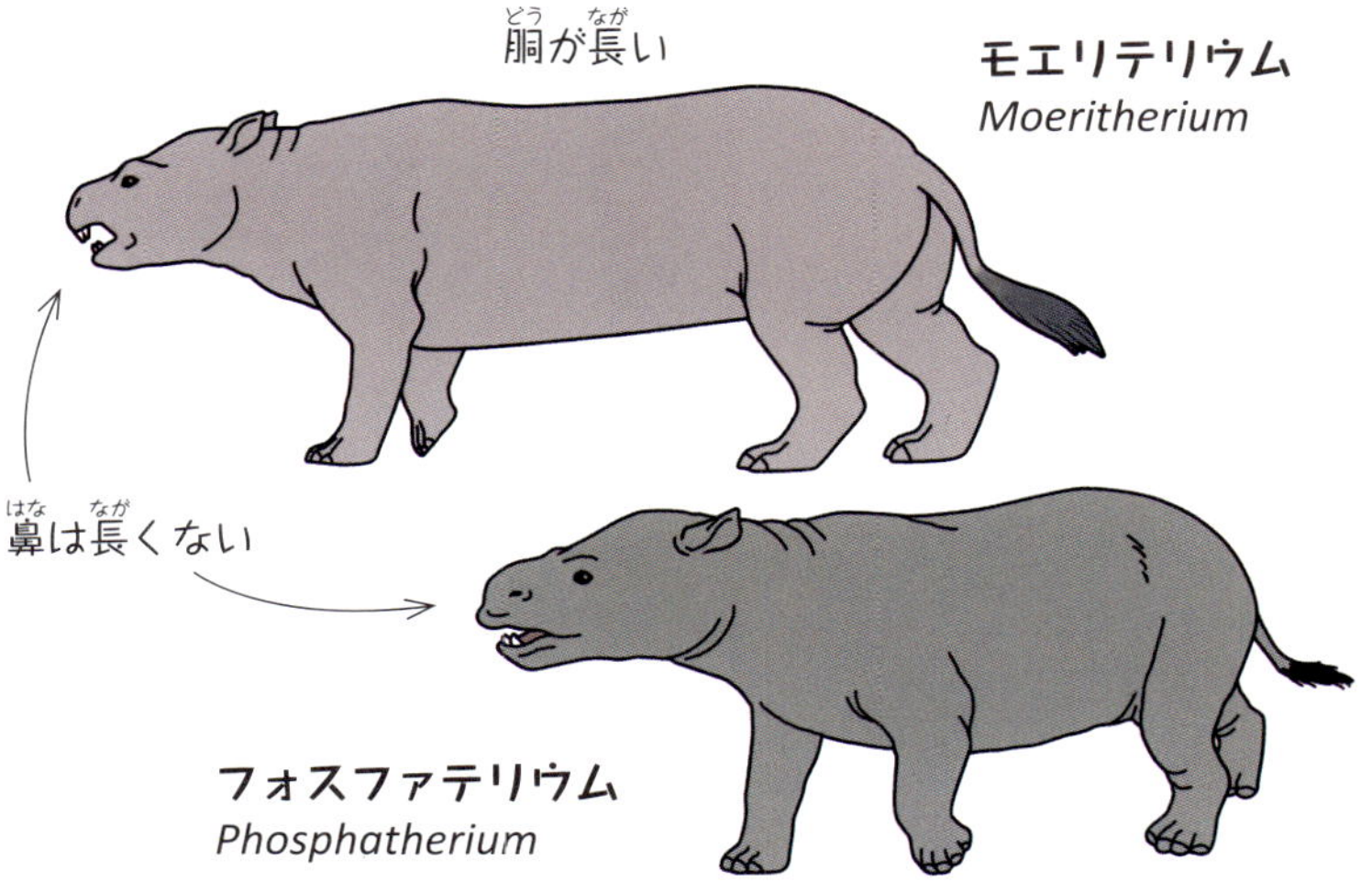

胴長短足《どうながたんそく》だった

フォスファテリウムとほぼ同《おな》じ時代《じだい》に生《い》きていた長鼻類《ちょうびるい》の一《ひと》つに、「モエリテリウム」もいました。鼻《はな》の先《さき》からおしりまでの長《なが》さは2メートルに達《たっ》しました。見《み》た目《め》はやはりカバに似《に》ているといえなくもありませんが、とても胴《どう》が長《なが》いこと、そしてあしが短《みじか》いことが特徴《とくちょう》です。

また、前歯《まえば》の一《ひと》つである「第《だい》2切歯《せっし》」が左右《さゆう》で少《すこ》し長《なが》くなっていました。第《だい》2切歯《せっし》は、のちの時代《じだい》に現《あらわ》れる進化《しんか》した長鼻類《ちょうびるい》では、「牙《きば》」とよばれるほどに長《なが》くなります。

化石《かせき》を見《み》たい！ 国立科学博物館《こくりつかがくはくぶつかん》

モエリテリウムの全身《ぜんしん》復元骨格《ふくげんこっかく》を見《み》ることができます。

ここでもみられます！
ミュージアムパーク 茨城県自然博物館、豊橋市自然史博物館 ほか

国立科学博物館

もっとしりたい！
長鼻類《ちょうびるい》の最《もっと》も古《ふる》いものとして、「エリテリム」と名《な》づけられた化石《かせき》もみつかっています。ただし、その化石《かせき》はかなり部分的《ぶぶんてき》なもので、全身《ぜんしん》の姿《すがた》はよくわかっていません。

鼻《はな》が長《なが》くなり始《はじ》めた？ フィオミア

牙《きば》をもった

331ページで紹介《しょうかい》したモエリテリウムと同《おな》じ時代《じだい》、同《おな》じ地域《ちいき》で暮《く》らしていた長鼻類《ちょうびるい》に「フィオミア」がいます。

フィオミアは、肩《かた》の高《たか》さが1・5メートルほどありました。モエリテリウムの2倍近《ばいちか》い高《たか》さです。

フィオミアの最大《さいだい》の特徴《とくちょう》は、頭《あたま》の骨《ほね》の形《かたち》です。まず、上《うわ》あごの切歯《せっし》が太《ふと》くて丸《まる》く、その先端《せんたん》は円錐形《えんすいけい》になっていました。現在《げんざい》のゾウ類《るい》の牙《きば》と比《くら》べるとまだまだ短《みじか》いものですが、その形《かたち》はもう牙《きば》のようになっていたのです。

一方《いっぽう》で、下《した》あごの切歯《せっし》は平《ひら》たいまま前《まえ》に向《む》かって突《つ》き出《で》ていました。

鼻《はな》の穴《あな》が口先《くちさき》から遠《とお》い

フィオミアは、長《なが》い鼻《はな》をもっていたのではないかと考《かんが》えられています。そもそもゾウ類《るい》に代表《だいひょう》されるように、長鼻類《ちょうびるい》は鼻《はな》と上《うえ》のくちびるが前《まえ》にむかって長《なが》く伸《の》びています。しかし鼻《はな》やくちびるには骨《ほね》がないので、化石《かせき》には残《のこ》りません。少《すく》なくとも長鼻類《ちょうびるい》の鼻《はな》が化石《かせき》としてみつかったことはありません。

では、なぜフィオミアの鼻《はな》の長《なが》さがわかるのでしょうか？

実《じつ》はフィオミアの頭《あたま》の骨《ほね》にある鼻《はな》の穴《あな》は、ほかの動物《どうぶつ》のように口先《くちさき》に近《ちか》い位置《いち》にはありません。ずっと後《うし》ろの眼《め》に近《ちか》い位置《いち》にあるのです。

口《くち》と鼻《はな》は近《ちか》くにあった方《ほう》が便利《べんり》です。フィオミアの場合《ばあい》は、鼻《はな》を長《なが》くすることで、口《くち》と鼻《はな》を近《ちか》づけていたのではないか、というわけです。

化石《かせき》を見《み》たい！

ミュージアムパーク 茨城県自然博物館《いばらきけんしぜんはくぶつかん》

あごの一部《いちぶ》の化石《かせき》の複製《ふくせい》が展示《てんじ》されています。小《ちい》さいのでお見逃《みのが》しなく。

ここでもみられます！
豊橋市自然史博物館 ほか

もっとしりたい！
モエリテリウムとフィオミアは、同《おな》じ時代《じだい》に、同《おな》じ地域《ちいき》で暮《く》らしていました。モエリテリウムはより水際《みずぎわ》を好《この》み、フィオミアは森林《しんりん》を好《この》んだ、という見方《みかた》があります。

暑《あつ》さに強《つよ》いペンギン ペルディプテス

ペンギンらしいペンギン

現在《げんざい》のペンギン類《るい》は、南極大陸《なんきょくたいりく》などのとても寒《さむ》い地域《ちいき》に暮《く》らし、冷《つめ》たい海《うみ》を泳《およ》いでいます。317ページで紹介《しょうかい》した最古《さいこ》のペンギン類《るい》であるワイマヌも、その化石《かせき》はニュージーランドの南島《なんとう》という比較的涼《ひかくてきすず》しい地域《ちいき》から化石《かせき》がみつかっています。これまでペンギン類《るい》はずっと寒《さむ》い地域《ちいき》で暮《く》らしてきたのでしょうか?

どうもそうではなかったようです。赤道《せきどう》までほど近《ちか》い、ペルー北部《ほくぶ》の古第三紀《こだいさんき》の地層《ちそう》からもペンギン類《るい》の化石《かせき》がみつかっているからです。そのペンギン類《るい》の名前《なまえ》を「ペルディプテス」といいます。

ペルディプテスは、ワイマヌと同《おな》じくらいの大《おお》きさのペンギン類《るい》です。ワイマヌがウのような姿《すがた》をしていたことに対《たい》して、ペルディプテスはずいぶんとペンギンらしい姿《すがた》をしていました。ただし、ペルディプテスと現在《げんざい》のペンギン類《るい》を比《くら》べると、ペルディプテスはくちばしが長《なが》くて細《ほそ》いなどのちがいがありました。

地球《ちきゅう》の気温《きおん》が高《たか》い時代《じだい》

ペルディプテスの化石《かせき》は、およそ4200万年前《まんねんまえ》の地層《ちそう》からみつかりました。そのころは、地球《ちきゅう》の気温《きおん》がとても高《たか》かった時代《じだい》です。そんな時代《じだい》に、赤道《せきどう》に近《ちか》いとても暑《あつ》い地域《ちいき》にペルディプテスはいたことになります。ペンギン類《るい》は、寒《さむ》い地域《ちいき》だけで進化《しんか》したわけではないのです。

もっとしりたい!
ペンギン類《るい》が冷《つめ》たい海《うみ》を泳《およ》ぐことができる理由《りゆう》の一《ひと》つは、翼《つばさ》のつけ根《ね》に特別《とくべつ》な血管《けっかん》の束《たば》をもっているからです。この血管《けっかん》は血液《けつえき》を温《あたた》めるのに役立《やくだ》ちます。温暖《おんだん》な時代《じだい》でもその血管《けっかん》の束《たば》はあったとみられています。

11月 3日
読《よ》んだ日《ひ》
月 日
月 日

ヒトより大《おお》きかった!? 大型《おおがた》のペンギン

古第三紀《こだいさんき》

新《しん》生《せい》代《だい》 中《ちゅう》生《せい》代《だい》 古《こ》生《せい》代《だい》 先《せん》カンブリア時代《じだい》

コウテイペンギンより大《おお》きい

今日《きょう》もペンギン類《るい》に注目《ちゅうもく》しましょう。

現在《げんざい》の地球《ちきゅう》にいるペンギン類《るい》の中《なか》で、最《もっと》も大《おお》きなものは南極《なんきょく》で暮《く》らす「コウテイペンギン」です。その身長《しんちょう》は120センチメートルに達《たっ》します。

しかし、絶滅《ぜつめつ》したペンギン類《るい》の中《なか》には、そんなコウテイペンギンさえ上回《うわまわ》る巨大《きょだい》な種類《しゅるい》がいたことがわかっています。それが、ペルーにある古第三紀《こだいさんき》の地層《ちそう》から化石《かせき》がみつかっている「イカディプテス」です。その身長《しんちょう》はなんと150センチメートル！ 読者《どくしゃ》のみなさんと比《くら》べてどちらが大《おお》きいでしょう？

イカディプテスは、太《ふと》くがっしりとした首《くび》、大《おお》きくて力強《ちからづよ》い翼《つばさ》、そして何《なに》よりも長《なが》くて鋭《するど》いくちばしをもっていました。そのくちばしの長《なが》さは、23センチメートルもありました。

イカディプテス
Icadyptes

もっと巨大《きょだい》なペンギンも！

ニュージーランドの古第三紀《こだいさんき》の地層《ちそう》からは、「パラエエウディプテス」というペンギン類《るい》の化石《かせき》がみつかっています。この化石《かせき》は、あしの一部分《いちぶぶん》しかみつかっていないので、パラエエウディプテスがどのような姿《すがた》をしていたのかは謎《なぞ》です。しかし、そのあしの化石《かせき》はとても大《おお》きくて、そこから推測《すいそく》される身長《しんちょう》は、なんと170センチメートル！ そんな巨大《きょだい》なペンギンが過去《かこ》にはいたかもしれないなんて、想像《そうぞう》するだけでもおもしろいですね。

行《い》ってみよう！ 名古屋港水族館《なごやこうすいぞくかん》

コウテイペンギンを飼育《しいく》している全国《ぜんこく》でもめずらしい水族館《すいぞくかん》です。展示《てんじ》しているコウテイペンギンの大《おお》きさを確認《かくにん》して、イカディプテスなどの大型《おおがた》ペンギンを想像《そうぞう》してみよう！

もっとしりたい！
絶滅《ぜつめつ》したペンギン類《るい》のすべてが大《おお》きかったわけではありません。アルゼンチンの新第三紀《しんだいさんき》の地層《ちそう》からは身長《しんちょう》45センチメートルほどの小型《こがた》なペンギンの化石《かせき》もみつかっています。

「イーダ」とよばれる霊《れい》長《ちょう》類《るい》
ダーウィニウス

古第三紀《こだいさんき》

メスの霊長類《れいちょうるい》の化石《かせき》

ドイツにある古第三紀《こだいさんき》の地層《ちそう》からみつかった霊長類《れいちょうるい》の化石《かせき》は、「ヒトの祖先《そせん》ではないか」といわれ、大《おお》きな注目《ちゅうもく》を集《あつ》めました。その名《な》を、「ダーウィニウス」といいます。

また、その化石《かせき》がメスであったことから、「イーダ」という愛称《あいしょう》もつけられました。研究者《けんきゅうしゃ》の娘《むすめ》さんの名前《なまえ》にちなむものです。

ダーウィニウスは、鼻《はな》の先《さき》から尾《お》の先《さき》までの長《なが》さが58センチメートルほどで、全身《ぜんしん》の半分以上《はんぶんいじょう》を長《なが》い尾《お》が占《し》めていました。指《ゆび》が長《なが》く、親指《おやゆび》がほかの指《ゆび》と向《む》かい合《あ》っているため、ものをつかみやすくなっています。そのため、木《き》の上《うえ》で暮《く》らしていたと考《かんが》えられています。

キツネザルの仲間《なかま》か？

2009年《ねん》にダーウィニウスに関《かん》する研究《けんきゅう》が初《はじ》めて発表《はっぴょう》されたとき、ダーウィニウスは「直鼻猿類《ちょくびえんるい》」という霊長類《れいちょうるい》のグループに分類《ぶんるい》されました。直鼻猿類《ちょくびえんるい》には、私《わたし》たちヒトやゴリラ、チンパンジー、そしてメガネザルなどの霊長類《れいちょうるい》が属《ぞく》しています。そのため、ダーウィニウスはヒトの遠《とお》い祖先《そせん》かもしれないと考《かんが》えられて、大《おお》きな注目《ちゅうもく》を集《あつ》めたのです。

しかしその後《ご》に発表《はっぴょう》された研究《けんきゅう》で、ダーウィニウスは直鼻猿類《ちょくびえんるい》には分類《ぶんるい》されないということが指摘《してき》されました。同《おな》じ霊長類《れいちょうるい》ではあっても、ヒトにはつながらない、キツネザルの仲間《なかま》ではないか、というわけです。

現在《げんざい》では、ダーウィニウスは直鼻猿類《ちょくびえんるい》ではないという見方《みかた》が有力《ゆうりょく》です。しかし、完全《かんぜん》にこの問題《もんだい》が決着《けっちゃく》したわけではなく、研究者《けんきゅうしゃ》の間《あいだ》では議論《ぎろん》が続《つづ》いています。

ダーウィニウスは私《わたし》たちと同《おな》じ霊長類《れいちょうるい》だけど、ヒトの祖先《そせん》ではないという見方《みかた》が有力《ゆうりょく》。

もっとしりたい！ イーダの化石《かせき》はとても状態《じょうたい》のよいものでした。胃《い》の中身《なかみ》も残《のこ》っており、死《し》ぬ直前《ちょくぜん》に果実《かじつ》を食《た》べていたこともわかっています。

column

「化《か》石《せき》鉱《こう》脈《みゃく》」って何《なに》？

やわらかい動物《どうぶつ》の化石《かせき》がみつかる

化石《かせき》になるものの多《おお》くは、骨《ほね》や殻《から》などのかたいものです。筋肉《きんにく》や内臓《ないぞう》、皮膚《ひふ》といったやわらかい部分《ぶぶん》は、なかなか化石《かせき》として残《のこ》りません。

しかし、この本《ほん》ではこれまでにやわらかい体《からだ》をもった生物《せいぶつ》をたくさん紹介《しょうかい》してきました。実《じつ》は、そうした生物《せいぶつ》の多《おお》くの化石《かせき》は、特別《とくべつ》な地層《ちそう》からみつかったものなのです。そのような地層《ちそう》のことを「化石鉱脈《かせきこうみゃく》」とよんでいます。

化石鉱脈《かせきこうみゃく》は、世界各地《せかいかくち》にあります。たとえば、カナダにあるバージェス頁岩層《けつがんそう》という地層《ちそう》からは、カンブリア紀《き》のアノマロカリスなどのさまざまなやわらかい体《からだ》をもつ動物《どうぶつ》の化石《かせき》がみつかります。ドイツのゾルンホーフェンという地域《ちいき》からは、始祖鳥《しそちょう》をはじめとするとても保存《ほぞん》のよい化石《かせき》がみつかります。こうしたほかではみられないような特別《とくべつ》な化石《かせき》がみつかる地層《ちそう》が化石《かせき》鉱脈《こうみゃく》なのです。

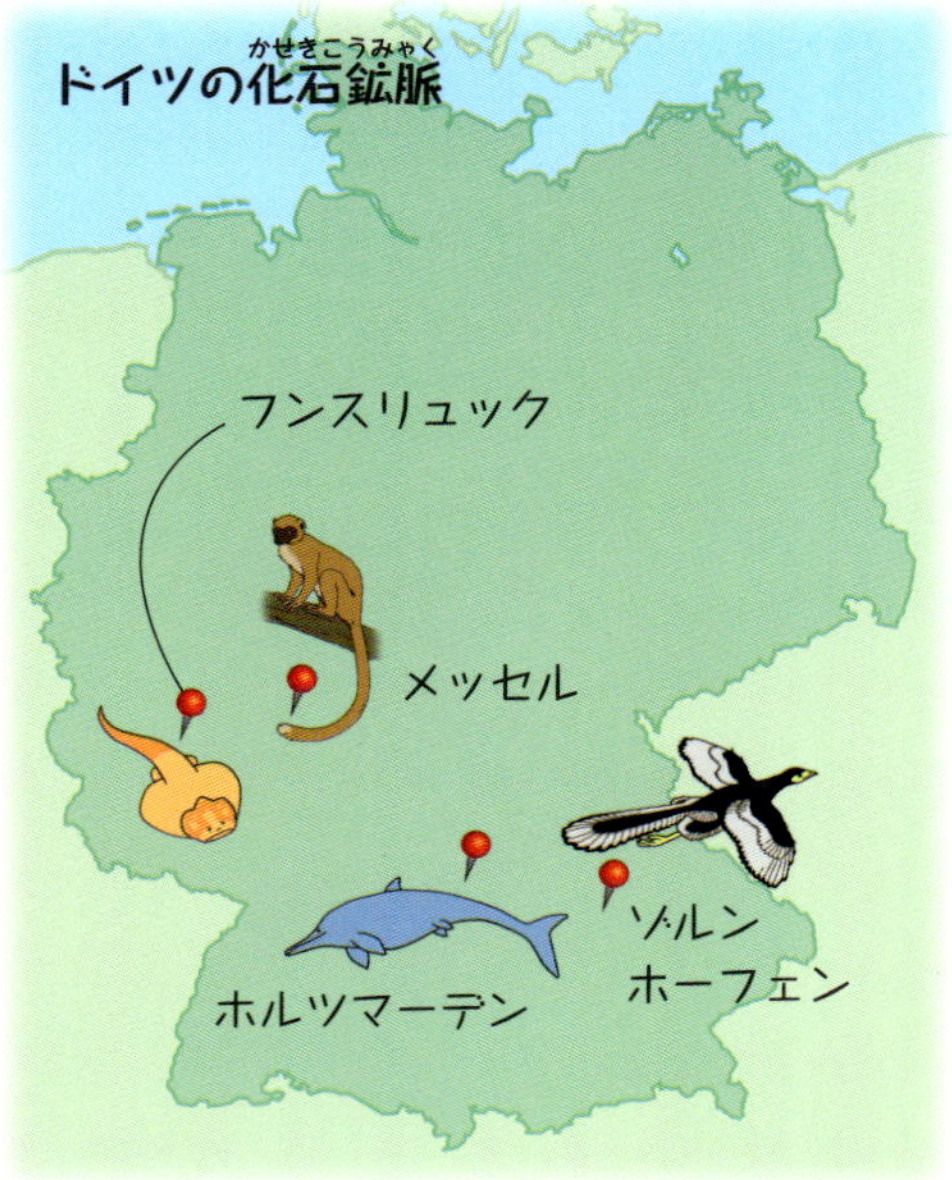

ほかにも、中国《ちゅうごく》やイギリス、アメリカなどでも有名《ゆうめい》な化石《かせき》鉱脈《こうみゃく》がみつかっています。化石《かせき》鉱脈《こうみゃく》でみつかる化石《かせき》は、生物《せいぶつ》の進化《しんか》の歴史《れきし》を考《かんが》えるうえで、とても大切《たいせつ》です。

化《か》石《せ》鉱《こう》脈《みゃく》ができる特《とく》別《べつ》な条《じょう》件《けん》

化石鉱脈《かせきこうみゃく》が誕生《たんじょう》するには、いくつかの特別《とくべつ》な条件《じょうけん》があるようです。たとえば、水中《すいちゅう》に溶《と》けている酸素《さんそ》がほとんどないような水《みず》の底《そこ》でできた地層《ちそう》は化石鉱脈《かせきこうみゃく》になることがあります。

水中《すいちゅう》に溶《と》けている酸素《さんそ》がほとんどないと、魚《さかな》の仲間《なかま》はもとより、死体《したい》を食《た》べるような微生物《びせいぶつ》も生《い》きていけません。そのため、生物《せいぶつ》が死《し》んだあともそのままの姿《すがた》で砂《すな》や泥《どろ》に埋《う》まり、筋肉《きんにく》や皮膚《ひふ》などもそのまま化石《かせき》になっていくのです。

ほかにも、突然《とつぜん》、大量《たいりょう》の火山灰《かざんばい》が降《ふ》ってきたりして、あっという間《ま》に砂《すな》や泥《どろ》が積《つ》み上《あ》がってできた地層《ちそう》でも、やわらかい部分《ぶぶん》までよく残《のこ》った化石《かせき》ができることがあります。ほかの生物《せいぶつ》に死体《したい》を荒《あ》らされる時間《じかん》がないからです。

もっとしりたい！
「化石鉱脈《かせきこうみゃく》」はもともとドイツの鉱山《こうざん》で使《つか》われていた用語《ようご》がもとになっています。そのため、日本語《にほんご》に訳《やく》さずに、そのまま「ラガシュテッテン」とカタカナで書《か》くこともあります。

11月6日

読《よ》んだ日《ひ》 月 日 月 日

ニホンザルとヒトの共通《きょうつう》の祖先《そせん》
エジプトピテクス

古第三紀《こだいさんき》

新生代《しんせいだい》 中生代《ちゅうせいだい》 古生代《こせいだい》 先カンブリア時代《じだい》

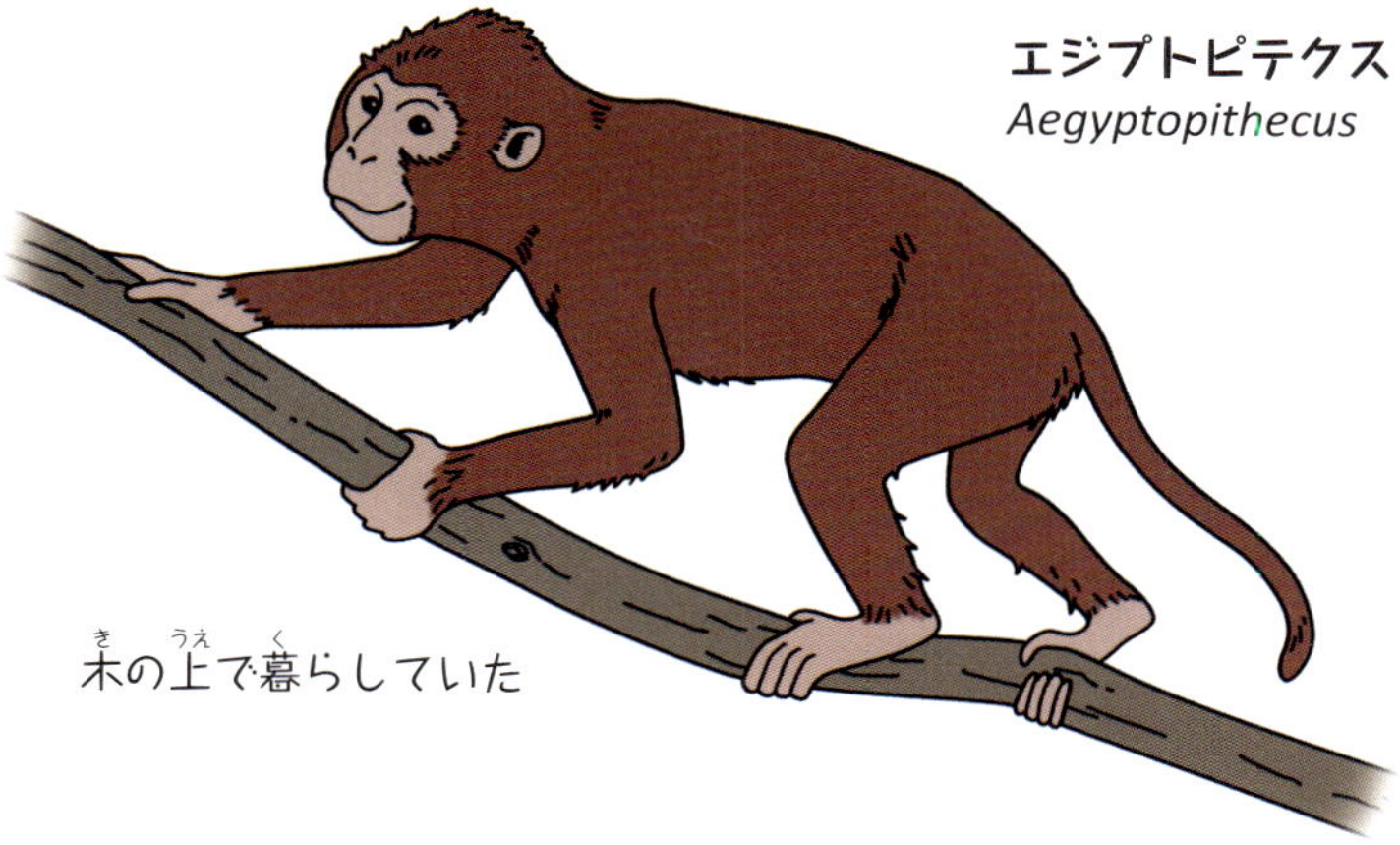

ニホンザルは類人猿《るいじんえん》ではない

「ヒトはサルから進化《しんか》した」といわれることがあります。この場合《ばあい》の「サル」がニホンザルを指《さ》しているとしたら、それは誤《あやま》りです。ニホンザルとヒトは、かなり昔《むかし》から別々《べつべつ》の進化《しんか》の道《みち》を歩《あゆ》んできたからです。

ヒトは、ゴリラやチンパンジーなどと一緒《いっしょ》に「類人猿《るいじんえん》」というグループをつくっています。この類人猿《るいじんえん》というグループには、オランウータンやテナガザルなどは含《ふく》まれますが、ニホンザルは含《ふく》まれません。ニホンザルは、「旧《きゅう》世《せ》界《かい》ザル」というグループのメンバーで、旧世界《きゅうせかい》ザルと類人《るいじん》猿《えん》は別《べつ》のグループなのです。

この旧世界《きゅうせかい》ザルと類人猿《るいじんえん》に共通《きょうつう》する祖先《そせん》が現《あらわ》れたのが、今《いま》からおよそ3500万年前《まんねんまえ》のことでした。その祖先《そせん》の名前《なまえ》を「エジプトピテクス」といいます。

木《き》の上《うえ》で暮《く》らしていた

エジプトピテクスは、その名《な》のとおりエジプトから化石《かせき》がみつかっている哺乳類《ほにゅうるい》です。鼻《はな》の先《さき》からおしりまでの長《なが》さは30センチメートルほどで、尾《お》の先《さき》までいれると320ページのアーキセブスより少《すこ》し大《おお》きかったようです。

エジプトピテクスは、腕《うで》とあしが長《なが》く、見《み》た目《め》は旧世界《きゅうせかい》ザルに近《ちか》い姿《すがた》をしていました。木《き》の上《うえ》で暮《く》らしていたとみられています。

このエジプトピテクスの仲間《なかま》から、やがて旧世界《きゅうせかい》ザルと類人猿《るいじんえん》がそれぞれ別々《べつべつ》に進化《しんか》したと考《かんが》えられています。ニホンザルとヒトは、古第三紀《こだいさんき》の間《あいだ》にそれぞれの進化《しんか》の道《みち》をたどり始《はじ》めたのです。

化石《かせき》を見《み》たい！ 群馬県立自然史博物館《ぐんまけんりつしぜんしはくぶつかん》

頭骨《とうこつ》の複製《ふくせい》が展示《てんじ》されています。

群馬県立自然史博物館

ここでもみられます！

豊橋市自然史博物館　ほか

もっとしりたい！

エジプトピテクスは、旧世界《きゅうせかい》ザルや類人猿《るいじんえん》とともに狭鼻猿類《きょうびえんるい》というより大《おお》きなグループに分類《ぶんるい》されます。狭《きょう》鼻猿類《びえんるい》は、アーキセブスも属《ぞく》していた直鼻猿類《ちょくびえんるい》というさらに大《おお》きなまとまりの中《なか》に含《ふく》まれています。

11月 7日

読《よ》んだ日《ひ》 月 日 月 日

地獄《じごく》から来《き》たブタ

アルカエオテリウム

古第三紀《こだいさんき》

新生代《しんせいだい》　中生代《ちゅうせいだい》　古生代《こせいだい》　先《せん》カンブリア時代《じだい》

アルカエオテリウム
Archaeotherium

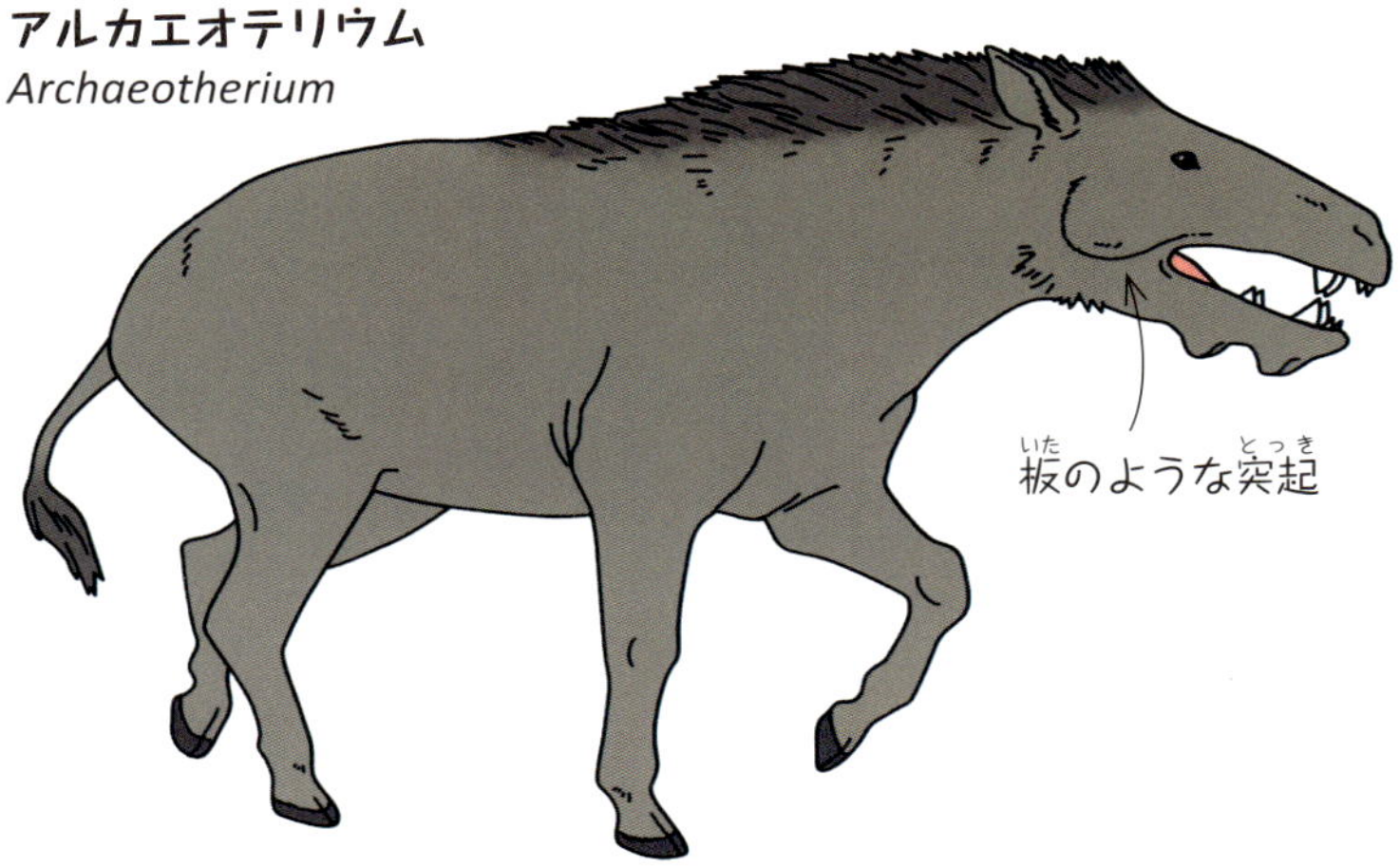

ブタやイノシシの親戚《しんせき》

古第三紀《こだいさんき》には、現在《げんざい》の哺乳類《ほにゅうるい》の祖先《そせん》たちがいた一方《いっぽう》で、現在《げんざい》ではすでに絶滅《ぜつめつ》していて見《み》ることのできない哺乳類《ほにゅうるい》のグループもたくさんいました。318ページで紹介《しょうかい》したアンドリュウサルクスのようなメソニクス類《るい》、319ページで紹介《しょうかい》したメジストテリウムのような肉歯類《にくしるい》は、そうした絶滅《ぜつめつ》した哺乳類《ほにゅうるい》グループの一《ひと》つです。

アメリカの古第三紀《こだいさんき》の地層《ちそう》から化石《かせき》がみつかっている「アルカエオテリウム」も、絶滅《ぜつめつ》したグループに属《ぞく》しています。そのグループの名前《なまえ》は「エンテロドン類《るい》」とよばれます。現在《げんざい》のブタやイノシシの〝親戚《しんせき》〟にあたるグループです。

何《なん》でも食《た》べた

アルカエオテリウムは、鼻《はな》の先《さき》からおしりまでの長《なが》さが1・5メートルほどのエンテロドン類《るい》です。手《て》あしが長《なが》く、板《いた》のようになった頬《ほお》が両側《りょうがわ》に突《つ》き出《で》ていたという特徴《とくちょう》があります。この板《いた》のような突起《とっき》が何《なん》の役《やく》に立《た》っていたのかはよくわかっていません。ただし、仲間《なかま》うち、とくに異性《いせい》にアピールするための目印《めじるし》だったのではないか、という見方《みかた》があります。

アルカエオテリウムは、死体《したい》の肉《にく》をはじめとして何《なん》でも食《た》べることができたとみられています。そのため、「地獄《じごく》から来《き》たブタ」あるいは「巨大《きょだい》な殺《ころ》し屋《や》ブタ」ともよばれています。見《み》た目《め》もいかついアルカエオテリウムですが、なんとも強烈《きょうれつ》なニックネームをつけられたものですね。

化石《かせき》を見《み》たい！　豊橋市自然史博物館《とよはしししぜんしはくぶつかん》

頭骨《とうこつ》の実物化石《じつぶつかせき》が展示《てんじ》されています。

もっとしりたい！
現在《げんざい》の動物《どうぶつ》でいえば、親戚《しんせき》のグループにあたるイノシシ類《るい》のイボイノシシがアルカエオテリウムと似《に》たような姿《すがた》をしています。イボイノシシを図鑑《ずかん》で探《さが》して比《くら》べてみましょう。

ウマのような姿《すがた》のサイ ヒラコドン

古第三紀《こだいさんき》

新生代《しんせいだい》 中生代《ちゅうせいだい》 古生代《こせいだい》 先《せん》カンブリア時代《じだい》

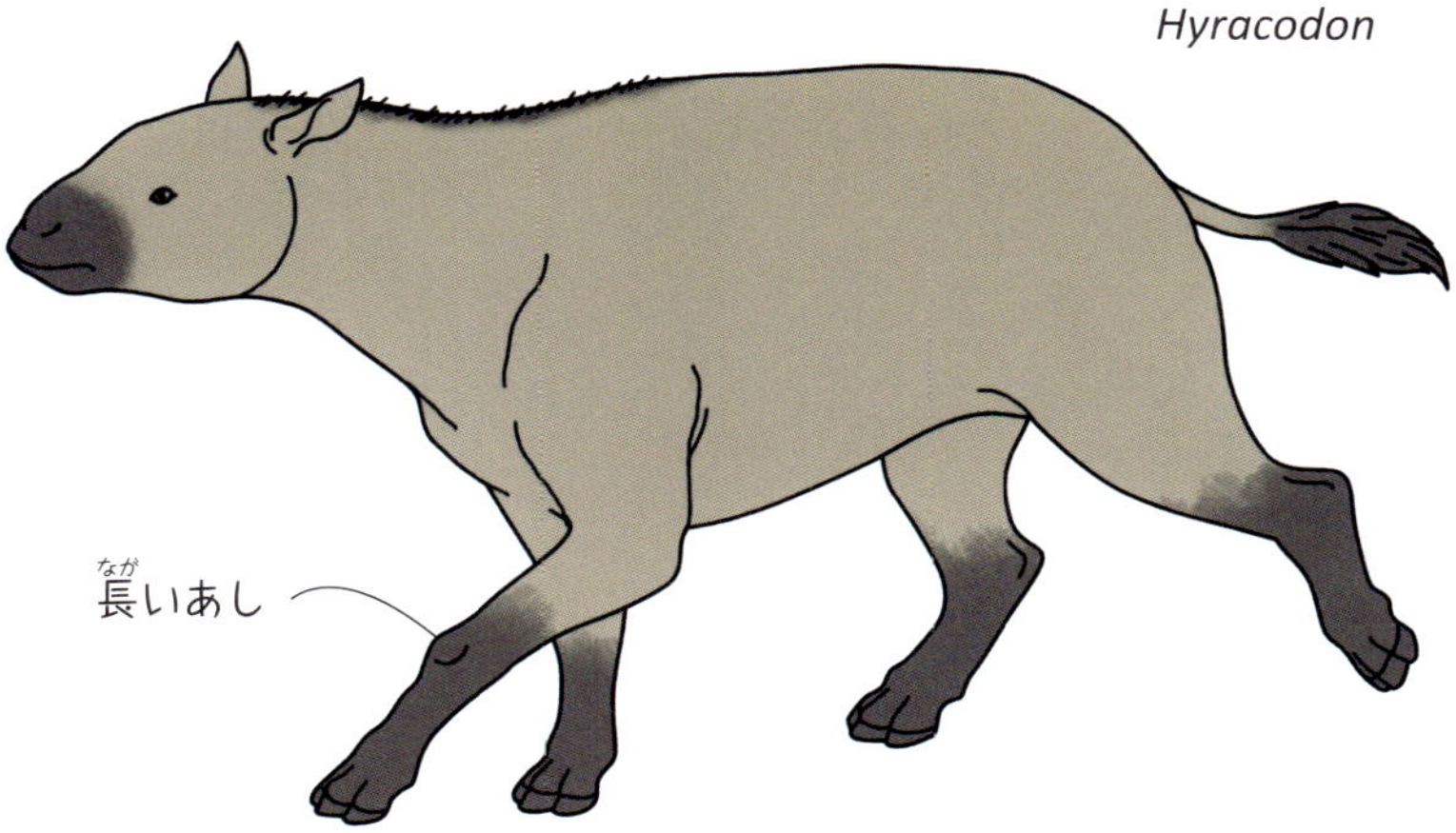

ヒラコドン
Hyracodon

角《つの》がなかった？

角《つの》をもつ哺乳類《ほにゅうるい》といえば、サイの姿《すがた》を思《おも》い浮《う》かべる人《ひと》も多《おお》いでしょう。現在《げんざい》のサイ類《るい》は、アフリカやインド、東南《とうなん》アジアで暮《く》らしています。1本《ぽん》、あるいは2本《ほん》ある角《つの》が特徴《とくちょう》です。ウマ類《るい》と同《おな》じ「奇蹄類《きているい》」に分類《ぶんるい》されます。

右《みぎ》ページで紹介《しょうかい》したアルカエオテリウムと同《おな》じアメリカの地層《ちそう》から、古《こ》第三紀《だいさんき》のサイ類《るい》の化石《かせき》がみつかっています。鼻《はな》の先《さき》からおしりまでの長《なが》さが1・5メートルほどのそのサイ類《るい》は、「ヒラコドン」と名《な》づけられています。

ヒラコドンは、サイ類《るい》の動物《どうぶつ》ですが、その見《み》た目《め》は現在《げんざい》のサイの仲間《なかま》とはかなりちがっていました。まず気《き》づくのは、サイ類《るい》なのに角《つの》がないという点《てん》です。ヒラコドンは、サイ類《るい》のトレードマークともいうべき角《つの》をもっていなかったとみられているのです。

軽《かろ》やかに走《はし》った？

現在《げんざい》のサイ類《るい》は、あしが短《みじか》いという特徴《とくちょう》があります。しかしヒラコドンは、長《なが》いあしをもっていました。また、現在《げんざい》のサイ類《るい》ががっしりした体《からだ》をしていることに対《たい》して、ヒラコドンの体《からだ》は、どちらかといえば華奢《きゃしゃ》なつくりをしていました。その点《てん》では、ウマ類《るい》に似《に》ているといえるかもしれません。

そんな外見《がいけん》をしているため、ヒラコドンは「走《はし》るサイ」ともよばれています。ウマのように軽《かろ》やかに走《はし》っていたのではないか、というわけです。

化石《かせき》を見《み》たい！ 福井県立恐竜博物館《ふくいけんりつきょうりゅうはくぶつかん》

頭骨《とうこつ》の実物化石《じつぶつかせき》が展示《てんじ》されています。

ここでもみられます！
佐野市葛生化石館、豊橋市自然史博物館 ほか

もっとしりたい！
サイ類《るい》の角《つの》は、骨《ほね》ではなく毛《け》でできているため、化石《かせき》になかなか残《のこ》りません。ひょっとしたらヒラコドンにも毛《け》と同《おな》じケラチン質《しつ》の角《つの》があったかもしれませんが、まだ何《なん》の証拠《しょうこ》もみつかっていません。

史《し》上《じょう》最《さい》大《だい》級《きゅう》の哺《ほ》乳《にゅう》類《るい》
パラケラテリウム

古第三紀《こだいさんき》

新生代《しんせいだい》 中生代《ちゅうせいだい》 古生代《こせいだい》 先《ぜん》カンブリア時代《じだい》

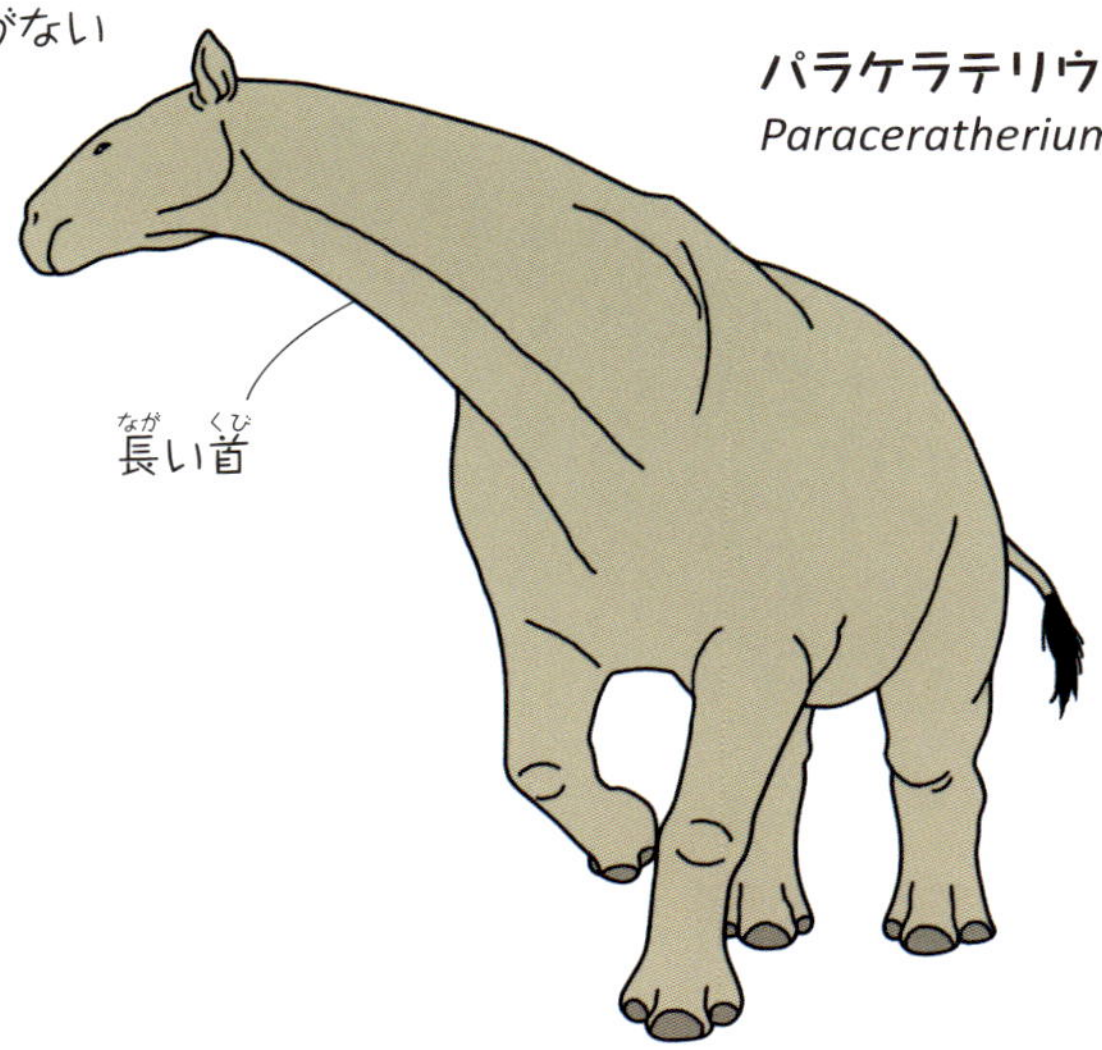

大《おお》きなウマみたい

今日《きょう》は、古第三紀《こだいさんき》にいたサイ類《るい》「パラケラテリウム」を紹介《しょうかい》しましょう。パラケラテリウムは、陸《りく》で暮《く》らす哺乳類《ほにゅうるい》の中《なか》では史上《しじょう》最大級《さいだいきゅう》といわれています。

パラケラテリウムは鼻《はな》の先《さき》からおしりまでの長《なが》さが7・5メートル、肩《かた》の高《たか》さが4・5メートルもある大型《おおがた》のサイ類《るい》でした。肩《かた》の高《たか》さは現在《げんざい》の地球《ちきゅう》で最大級《さいだいきゅう》のアフリカゾウを上回《うわまわ》ります。

サイ類《るい》ですが、角《つの》はありませんでした。首《くび》が長《なが》く、あしも長《なが》いという特徴《とくちょう》がありました。大《おお》きなウマ、といった印象《いんしょう》です。

同《おな》じ種《しゅ》か、別々《べつべつ》の種《しゅ》か

パラケラテリウムは、ほかにも二《ふた》つの名前《なまえ》でよばれることがあります。「インドリコテリウム」と「バルキテリウム」です。

パラケラテリウム、インドリコテリウム、バルキテリウムの三《みっ》つは、同《おな》じ種類《しゅるい》のサイ類《るい》であるという見方《みかた》があります。同《おな》じ種類《しゅるい》だった場合《ばあい》は、この中《なか》で最初《さいしょ》につけられた名前《なまえ》に統一《とういつ》されます。

パラケラテリウムは1911年《ねん》、インドリコテリウムは1923年《ねん》、バルキテリウムは1913年《ねん》に名《な》づけられているので、同《おな》じ種類《しゅるい》だとしたら「パラケラテリウム」になるわけです。

ただし、三《みっ》つが別々《べつべつ》の種類《しゅるい》である可能性《かのうせい》も残《のこ》されています。とくにインドリコテリウムは体《からだ》が大《おお》きいので、別《べつ》の種《しゅ》ではないかとみられています。もしインドリコテリウムが別《べつ》の種《しゅ》なら、史上最大級《しじょうさいだいきゅう》なのはパラケラテリウムでなく、インドリコテリウムになります。

化石《かせき》を見《み》たい！ 国立科学博物館《こくりつかがくはくぶつかん》

地球館地下《ちきゅうかんちか》2階《かい》に天井《てんじょう》すれすれまで首《くび》を伸《の》ばす巨大《きょだい》な全身復元骨格《ぜんしんふくげんこっかく》が展示《てんじ》されています。

国立科学博物館

もっとしりたい！ パラケラテリウムは長《なが》いあしをもっていることから、かなり速《はや》く走《はし》ることができたとみられています。

つま先《さき》で歩《ある》き始《はじ》めたイヌ
レプトキオン

古第三紀《こだいさんき》

速《はや》く走《はし》れるようになった

328ページで紹介《しょうかい》した〝最古《さいこ》のイヌ類《るい》〟であるヘスペロキオンは、イヌというよりはイタチに近《ちか》い姿《すがた》をしていました。その祖先《そせん》である326ページのミアキスと同《おな》じように、かかとを地面《じめん》につけて歩《ある》き、また、樹木《じゅもく》に登《のぼ》ることもできたとみられています。

古第三紀《こだいさんき》の終《お》わりが近《ちか》くなってきたころのアメリカに、新《あら》たなイヌ類《るい》が現《あらわ》れました。その名《な》を「レプトキオン」といいます。

レプトキオンは、鼻《はな》の先《さき》からおしりまでの長《なが》さが50センチメートルほどで、見《み》た目《め》は現在《げんざい》のキツネに近《ちか》い姿《すがた》をしていました。ヘスペロキオンとの大《おお》きなちがいは、現在《げんざい》のイヌ類《るい》と同《おな》じように、かかとを地面《じめん》につけずにつま先《さき》だけで歩《ある》くようになっていたことです。つま先《さき》だけで歩《ある》くことで1歩《ぽ》で進《すす》む距離《きょり》が長《なが》くなり、速《はや》く走《はし》ることができるようになりました。

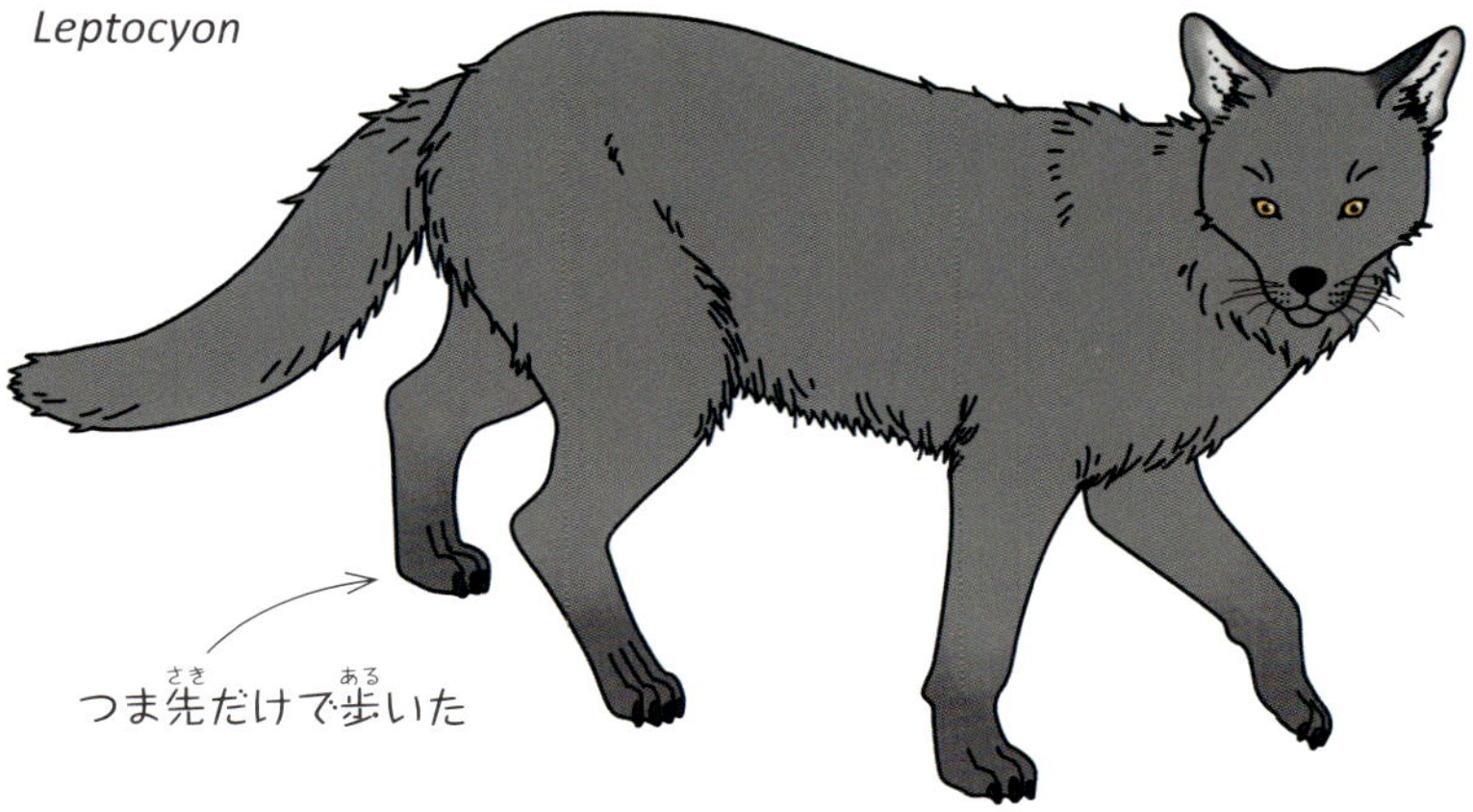

現在《げんざい》のイヌ類《るい》の祖先《そせん》

現在《げんざい》のイヌ類《るい》には、ペットとして飼《か》われているイヌたちのほかに、オオカミの仲間《なかま》やキツネ、タヌキの仲間《なかま》が含《ふく》まれています。レプトキオンは、これら現在《げんざい》のイヌ類《るい》の直接《ちょくせつ》の祖先《そせん》ではないか、と考《かんが》えられています。

現在《げんざい》のイヌ類《るい》の中《なか》でもとくに、ペットとして飼《か》われているイヌやオオカミの仲間《なかま》は、「カニス」という小《ちい》さなグループをつくっています。カニスは、古第三紀《こだいさんき》からその次《つぎ》の時代《じだい》である新第三紀《しんだいさんき》の間《あいだ》にレプトキオンと分《わ》かれて進化《しんか》したと考《かんが》えられています。

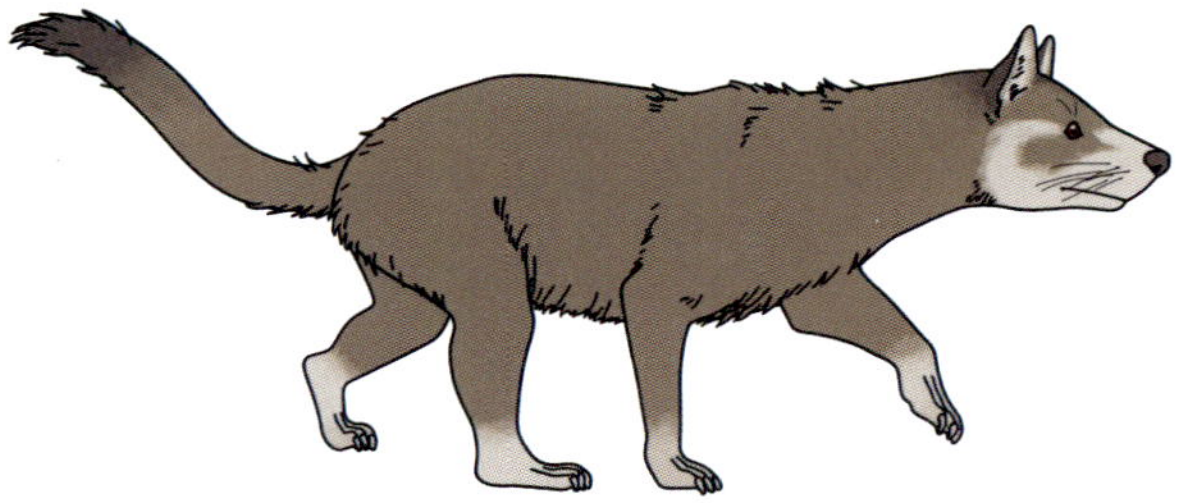

ヘスペロキオンと比《くら》べると、レプトキオンは少《すこ》しイヌらしくなった。

もっとしりたい！

進化《しんか》したカニスは、速《はや》く走《はし》ることができただけでなく、長《なが》い時間走《じかんはし》り続《つづ》けることもできるようになりました。狩《か》りをするときには、獲物《えもの》が疲《つか》れ果《は》てるまで追《お》いかけまわすのです。

日本《にっぽん》にいたペンギンモドキ
ホッカイドルニス

古第三紀《こだいさんき》

新生代《しんせいだい》　中生代《ちゅうせいだい》　古生代《こせいだい》　先カンブリア時代

原始的《げんしてき》なペンギンそっくり

これまでに紹介《しょうかい》したペンギン類《るい》はみんな南半球《みなみはんきゅう》にいた種類《しゅるい》です。北半球《きたはんきゅう》の地層《ちそう》からはペンギン類《るい》の化石《かせき》がまだみつかっていません。

そのかわりに、ペンギン類《るい》とよく似《に》た姿《すがた》の鳥類《ちょうるい》の化石《かせき》がみつかっています。それが「プロトプテルム類《るい》」とよばれるグループの鳥《とり》たちです。ペンギン類《るい》とよく似《に》ているので、プロトプテルム類《るい》は「ペンギンモドキ」ともよばれます。ペンギン類《るい》と同《おな》じく、海《うみ》の中《なか》に潜《もぐ》って、主《おも》にサカナをつかまえていたとみられています。

北海道《ほっかいどう》にある古第三紀《こだいさんき》の地層《ちそう》からは、ペンギンモドキの一《ひと》つである「ホッカイドルニス」の化石《かせき》がみつかっています。身長《しんちょう》は130センチメートルほどで、首《くび》が長《なが》く、翼《つばさ》には幅《はば》がありませんでした。たしかにペンギン類《るい》に似《に》ていますが、現在《げんざい》のペンギン類《るい》というよりは、317ページで紹介《しょうかい》した〝最古《さいこ》のペンギン類《るい》〟のワイマヌに似《に》ていました。

クジラに負《ま》けた？

ペンギンモドキは、日本《にっぽん》と北《きた》アメリカ大陸《たいりく》の太平洋沿岸《たいへいようえんがん》で大《おお》いに繁栄《はんえい》しました。しかし、現在《げんざい》まで子孫《しそん》を残《のこ》すことなく滅《ほろ》びてしまいました。なぜ絶滅《ぜつめつ》してしまったのでしょうか？

その理由《りゆう》には、どうやらクジラが関係《かんけい》していたようです。クジラ類《るい》とペンギンモドキは、同《おな》じ獲物《えもの》を狙《ねら》って競争《きょうそう》していたと考《かんが》えられています。その競争《きょうそう》の結果《けっか》、クジラ類《るい》は数《かず》を増《ふ》やし、ペンギンモドキは姿《すがた》を消《け》すことになった、という説《せつ》があるのです。

化石《かせき》を見《み》たい！　**足寄動物化石博物館《あしょろどうぶつかせきはくぶつかん》**

全身復元骨格《ぜんしんふくげんこっかく》が展示《てんじ》されています。予約《よやく》なしで利用《りよう》できる各種体験《かくしゅたいけん》コーナーも充実《じゅうじつ》しています。

もっとしりたい！　ホッカイドルニスのフルネームを「ホッカイドルニス・アバシリエンシス」といいます。北海道《ほっかいどう》と網走《あばしり》という、化石産地《かせきさんち》の地名《ちめい》が二《ふた》つ入《はい》った名前《なまえ》です。

カバみたいな哺乳類《ほにゅうるい》 アショロア

謎《なぞ》の哺乳類《ほにゅうるい》

古第三紀《こだいさんき》に現《あらわ》れて、新第三紀《しんだいさんき》に滅《ほろ》びた哺乳類《ほにゅうるい》グループに、「束柱類《そくちゅうるい》」がいます。束柱類《そくちゅうるい》は、現在《げんざい》のどの哺乳類《ほにゅうるい》にも似《に》ていないため、「謎《なぞ》の哺乳類《ほにゅうるい》」として有名《ゆうめい》です。

骨《ほね》の化石《かせき》はたくさんみつかっているのですが、その骨《ほね》がどのようにつながっていたのかは研究者《けんきゅうしゃ》によって意見《いけん》が大《おお》きくちがっています。そのため、どのような姿《すがた》をしていたのかは、今《いま》ひとつわかっていません。また、水《みず》の中《なか》を泳《およ》ぐことができたとみられていますが、1日《にち》のうちのどのくらいの時間《じかん》を水《みず》の中《なか》で過《す》ごしていたのか、陸上《りくじょう》を歩《ある》くことができたのかどうかもよくわかっていません。

変《か》わった形《かたち》の歯《は》をもつ

束柱類《そくちゅうるい》というグループの名前《なまえ》は、歯《は》の形《かたち》が柱《はしら》のようで、それらが束《たば》になっていることにちなむものです。とくに進化《しんか》した束柱類《そくちゅうるい》の歯《は》は、文字《もじ》どおり「柱《はしら》の束《たば》」のようです。そんな形《かたち》の歯《は》をもつ動物《どうぶつ》はほかにいません。このことも、束柱類《そくちゅうるい》が「謎《なぞ》の哺《ほ》乳《にゅう》類《るい》」といわれる理由《りゆう》の一《ひと》つになっています。

そんな束柱類《そくちゅうるい》の中《なか》で最《もっと》も古《ふる》いものの一《ひと》つが、北海道《ほっかいどう》の地層《ちそう》からみつかっている「アショロア」です。この名前《なまえ》は、化石《かせき》がみつかった足寄町《あしょろちょう》にちなみます。

アショロアは鼻《はな》の先《さき》からおしりまでの長《なが》さが1・8メートルほどで、束柱類《そくちゅうるい》としては小柄《こがら》です。一見《いっけん》、カバに似《に》ていますが、体《からだ》のあちこちの特徴《とくちょう》がカバとはちがいます。歯《は》の形《かたち》はまだ完全《かんぜん》には柱《はしら》の束《たば》のようになっておらず、こぶが並《なら》んだような形《かたち》をしていました。

化石《かせき》を見《み》たい！ 足寄《あしょろ》動物《どうぶつ》化石《かせき》博物館《はくぶつかん》

全身復元骨格《ぜんしんふくげんこっかく》と発掘現《はっくつげん》場《ば》の復元《ふくげん》を見《み》ることができます。

もっとしりたい！
束柱類《そくちゅうるい》の化石《かせき》は、日本各地《にっぽんかくち》と北《きた》アメリカ太平洋岸《たいへいようがん》からみつかります。日本《にっぽん》でたくさんみつかる脊椎動物《せきついどうぶつ》の化石《かせき》の一《ひと》つであり、「日本《にっぽん》を代表《だいひょう》する古生物《こせいぶつ》」としても知《し》られています。

さぁ、化石《かせき》を探《さが》しに出《で》かけよう！

準備《じゅんび》はあらかじめしっかりと！

この本《ほん》を読《よ》んで、「化石《かせき》を自分《じぶん》で探《さが》してみたい」と思《おも》ったら、まずは準備《じゅんび》を整《ととの》えることが大切《たいせつ》です。

草《くさ》や虫《むし》、落《お》ちてくる石《いし》などから身《み》を守《まも》るためには、夏《なつ》でも長袖長《ながそでなが》ズボンが必要《ひつよう》です。軍手《ぐんて》やヘルメット、靴《くつ》は登山靴《とざんぐつ》やトレッキングシューズなどを用意《ようい》します。

化石《かせき》を探《さが》すときには、専用《せんよう》のハンマーを使《つか》います。普通《ふつう》の金《かな》づちでは金属《きんぞく》の部分《ぶぶん》がすっぽ抜《ぬ》けてしまうことがあるので危険《きけん》です。そのほかにも岩《いわ》を砕《くだ》くために使《つか》う「タガネ」や、眼《め》を守《まも》る保護眼鏡《ほごめがね》があるとよいでしょう。

化石《かせき》をみつけた場所《ばしょ》を記録《きろく》するための地図《ちず》や方位磁針《ほういじしん》、筆記用具《ひっきようぐ》、みつけた化石《かせき》をくるむための新聞紙《しんぶんし》、リュックサックや雨具《あまぐ》、ハチに刺《さ》されたときの薬《くすり》なども必要《ひつよう》です。デジタルカメラもあると便利《べんり》ですね。

採集場所《さいしゅうばしょ》の記録《きろく》はとても大切《たいせつ》です。あとで時代《じだい》や生息環境《せいそくかんきょう》などを解《と》き明《あ》かす重要《じゅうよう》な手《て》がかりになります。化石《かせき》をみつけても、すぐに掘《ほ》り出《だ》すのではなく、まずはみつけた場所《ばしょ》やどのように埋《う》まっていたのかなどをしっかりと記録《きろく》するようにしましょう。

必《かなら》ずおとなと一緒《いっしょ》に出《で》かけよう

さて、化石《かせき》を探《さが》しにいく準備《じゅんび》ができたら、どこへ行《い》くのかを決《き》めましょう。

まず、どこで、どのような化石《かせき》が出《で》るのかを調《しら》べます。インターネットや本《ほん》、あるいは地元《じもと》の博物館《はくぶつかん》などで情報《じょうほう》を集《あつ》めてみましょう。

次《つぎ》に、そこで化石《かせき》を採集《さいしゅう》してよいかどうかを調《しら》べます。たとえどんなに山《やま》の中《なか》であっても、土地《とち》の所有者《しょゆうしゃ》の許可《きょか》を得《え》ずに、勝手《かって》にその土地《とち》に入《はい》って地層《ちそう》を掘《ほ》ることは法律《ほうりつ》で禁止《きんし》されています。許可《きょか》が必要《ひつよう》かどうか、どのように許可《きょか》をとればよいのかは、博物館《はくぶつかん》や役場《やくば》などで尋《たず》ねるとよいでしょう。

実際《じっさい》に化石採集《かせきさいしゅう》に行《い》く場合《ばあい》は、絶対《ぜったい》に子《こ》どもだけで行《い》かないことです。必《かなら》ず、化石採集《かせきさいしゅう》の経験《けいけん》のあるおとなと一緒《いっしょ》に行《い》きましょう。「だれと」「どこへ行《い》って」「いつまでに帰《かえ》る」という予定《よてい》を、家族《かぞく》や友人《ゆうじん》に伝《つた》えることを忘《わす》れずに。

化石探《かせきさが》しは宝探《たからさが》しと似《に》ています。実際《じっさい》に野外《やがい》で見《み》つけると、とてもうれしいものです。事前《じぜん》の準備《じゅんび》をしっかりとして、安全《あんぜん》に楽《たの》しんでください。

もっとしりたい！ スズメバチが出《で》るような場所《ばしょ》では、白《しろ》い服装《ふくそう》がよいとされています。また、クマが出《で》る可能性《かのうせい》が少《すこ》しでもあるのなら、クマ鈴《すず》やクマスプレーなども用意《ようい》しましょう。

新《しん》第《だい》三《さん》紀《き》

新生代《しんせいだい》の2番目《ばんめ》の時代《じだい》が、「新第三紀《しんだいさんき》」です。およそ2300万年前《まんねんまえ》から258万年前《まんねんまえ》ごろまで続《つづ》きました。新第《しんだい》三紀《さんき》にもたくさんの哺乳類《ほにゅうるい》が現《あらわ》れます。そして、ついに人類《じんるい》が現《あらわ》れました。最初《さいしょ》の人類《じんるい》は、どんな姿《すがた》をしていたのでしょう？　どこで暮《く》らしていたのでしょうか？　ほかの哺乳類《ほにゅうるい》たちの姿《すがた》といっしょに確認《かくにん》してみましょう。

現在《げんざい》とほとんど同《おな》じ姿《すがた》
新第三紀《しんだいさんき》

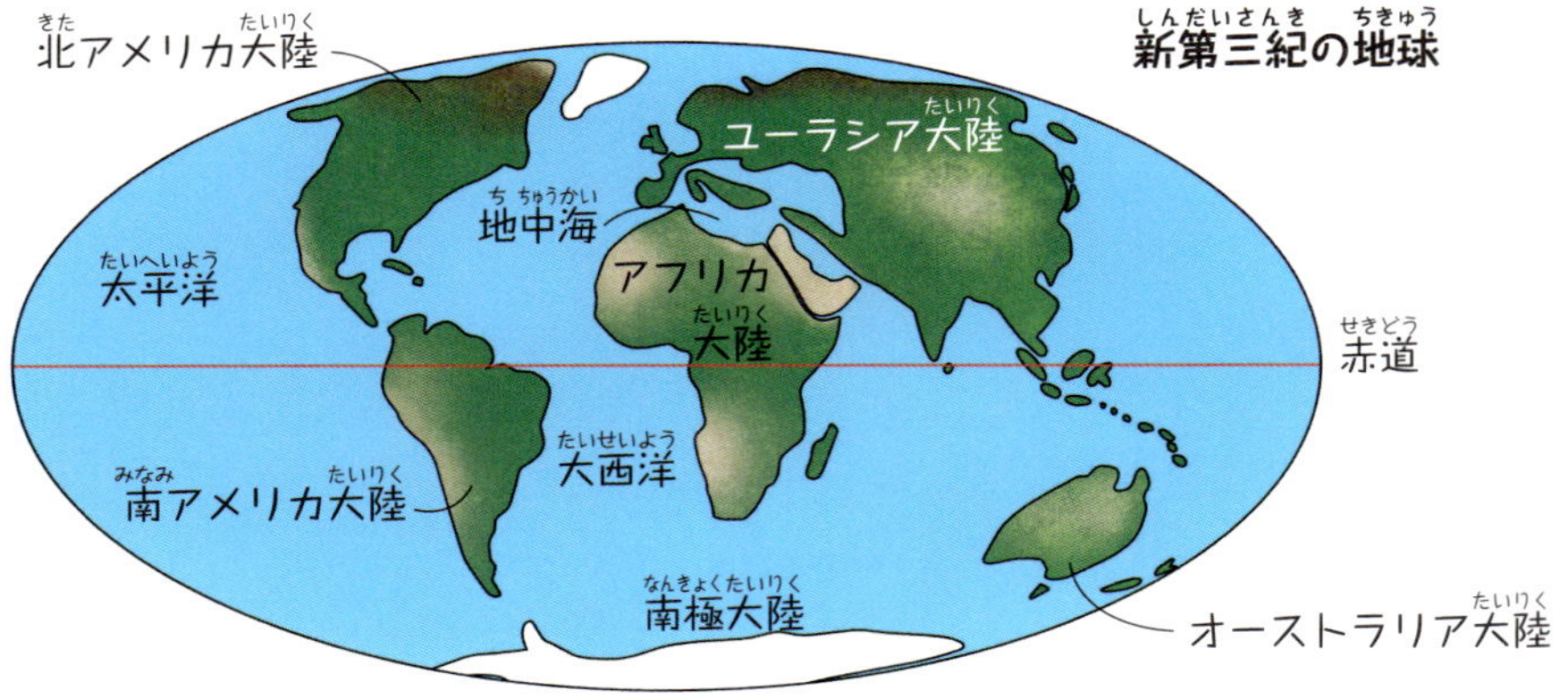

次第《しだい》に寒《さむ》くなっていく

今日《きょう》から見《み》ていくのは、新生代《しんせいだい》の2番目《ばんめ》の時代《じだい》、新第三紀《しんだいさんき》です。

今《いま》からおよそ2300万年前《まんねんまえ》に始《はじ》まって、258万年前《まんねんまえ》ごろまで続《つづ》きました。

古第三紀《こだいさんき》の地球《ちきゅう》では、世界中《せかいじゅう》の大陸《たいりく》はばらばらになっていました。しかし、新第三紀《しんだいさんき》の間《あいだ》にいくつかの大陸《たいりく》がくっついて、現在《げんざい》の地球《ちきゅう》とほとんど同《おな》じような姿《すがた》になりました。まず、ユーラシア大陸《たいりく》とアフリカ大陸《たいりく》が中東地域《ちゅうとうちいき》でくっつきました。このことで、現在《げんざい》の地中海《ちちゅうかい》がつくられました。

そして、新第三紀《しんだいさんき》の終《お》わりが近《ちか》づいたころに、北《きた》アメリカ大陸《たいりく》と南《みなみ》アメリカ大陸《たいりく》が現在《げんざい》のパナマ地域《ちいき》でくっつきました。こうして太平洋《たいへいよう》と大西洋《たいせいよう》が完全《かんぜん》に切《き》り離《はな》されました。

地球《ちきゅう》の気候《きこう》は、古第三紀《こだいさんき》のころから少《すこ》しずつ寒《さむ》くなっていました。新第三紀《しんだいさんき》の間《あいだ》もこの傾向《けいこう》は続《つづ》いていきます。南極大陸《なんきょくたいりく》の上《うえ》には、次《し》第《だい》に大《おお》きな氷《こおり》の大地《だいち》がつくられていきました。氷《こおり》の材料《ざいりょう》は水《みず》です。南極大陸《なんきょくたいりく》の材料《ざいりょう》として水《みず》が使《つか》われた結果《けっか》、海《うみ》の水《みず》が減《へ》って、海《うみ》の水面《すいめん》の高《たか》さも下《さ》がっていきました。

地中海《ちちゅうかい》が干上《ひあ》がった

今《いま》からおよそ720万年前《まんねんまえ》から530万年前《まんねんまえ》ごろ、ヨーロッパで大《おお》きな事件《じけん》がありました。地中海《ちちゅうかい》が干上《ひあ》がったのです。

近《ちか》くに地球儀《ちきゅうぎ》や地図《ちず》があったら、地中海《ちちゅうかい》を探《さが》してみましょう。地《ち》中海《ちゅうかい》と外《そと》の海《うみ》は唯一《ゆいいつ》、西《にし》のジブラルタル海峡《かいきょう》だけでつながっています。およそ720万年前《まんねんまえ》から530万年前《まんねんまえ》ごろ、この海峡《かいきょう》が一時的《いちじてき》に盛《も》り上《あ》がって、陸地《りくち》になりました。その結果《けっか》、地中海《ちちゅうかい》は外《そと》の海《うみ》と切《き》り離《はな》されたのです。そしてだんだんと地中海《ちちゅうかい》の海水《かいすい》は蒸発《じょうはつ》し、干《ひ》上《あ》がってしまったのでした。

「サーベルタイガー」の代表的《だいひょうてき》な種《しゅ》が登場《とうじょう》!

もっとしりたい!
新第三紀《しんだいさんき》は、およそ530万年前《まんねんまえ》を境《さかい》にさらに二《ふた》つの時代《じだい》に分《わ》けられます。古《ふる》い方《ほう》を「中新世《ちゅうしんせい》」、新《あたら》しい方《ほう》を「鮮新世《せんしんせい》」とよびます。

巨《きょ》大《だい》な頭《あたま》をもつ恐《おそ》ろしい鳥《とり》
フォルスラコス

南《みなみ》アメリカ大陸《たいりく》の飛《と》べない鳥《とり》

316ページで、古第三紀《こだいさんき》の飛《と》べない鳥《とり》、ガストルニスを紹介《しょうかい》しました。ガストルニスは、大《おお》きな頭《あたま》とがっしりとしたあしをもっていました。翼《つばさ》が小《ちい》さかったため、飛《と》ぶことはできませんでした。

ガストルニスとその仲間《なかま》は、古《こ》第三紀《だいさんき》の間《あいだ》に絶滅《ぜつめつ》しました。しかし、南《みなみ》アメリカ大陸《たいりく》のアルゼンチンなどでは、ガストルニスとよく似《に》た飛《と》べない鳥《とり》たちが絶滅《ぜつめつ》せずに新第三紀《しんだいさんき》を迎《むか》えました。そんな鳥《とり》たちの代表的《だいひょうてき》な種類《しゅるい》が、「フォルスラコス」です。アルゼンチンにある新第三紀《しんだいさんき》の地層《ちそう》から化石《かせき》がみつかっています。

獲物《えもの》の骨《ほね》をかみ砕《くだ》けた?

フォルスラコスの身長《しんちょう》は1・6メートルほどで、ガストルニスよりも一回《ひとまわ》り小《ちい》さな体《からだ》つきでした。大《おお》きな頭《あたま》に太《ふと》くて長《なが》い首《くび》、とても小《ちい》さな翼《つばさ》、太《ふと》くて長《なが》いあしをもっていました。フォルスラコスとその仲間《なかま》は、「恐鳥《きょうちょう》」ともよばれます。この名前《なまえ》のとおり、とても恐《おそ》ろしい鳥《とり》だったようです。

恐鳥《きょうちょう》とよばれる鳥《とり》たちは獲物《えもの》を狩《か》るときに、まずその太《ふと》いあしで一撃《いちげき》を加《くわ》えていたのではないか、という見方《みかた》があります。その一撃《いちげき》で獲物《えもの》を殺《ころ》すか気絶《きぜつ》させ、そのあとにゆっくりと丸《まる》のみしたのではないか、というわけです。また、あごには獲物《えもの》の骨《ほね》をかみ砕《くだ》くほどの強《つよ》さがあったのではないかともいわれています。

新第三紀《しんだいさんき》の南《みなみ》アメリカで、フォルスラコスたちはハンターとして活躍《かつやく》していたことでしょう。小型《こがた》の哺乳類《ほにゅうるい》もその狩《か》りの獲物《えもの》になったかもしれません。

しかし、こうして栄《さか》えていたフォルスラコスの仲間《なかま》たちもやがて姿《すがた》を消《け》すことになります。その原因《げんいん》の一《ひと》つに新第三紀末《しんだいさんきまつ》に北《きた》アメリカと南《みなみ》アメリカが陸続《りくつづ》きになったことが関係《かんけい》しているのではないか、という説《せつ》があります。北《きた》アメリカからやってきたイヌやネコの仲間《なかま》たちとの獲物《えもの》をめぐる競争《きょうそう》に負《ま》けたのでは、というわけです。

もっとしりたい!
フォルスラコスの最初《さいしょ》の化石《かせき》として、その頭骨《とうこつ》が1887年《ねん》に発見《はっけん》されました。このとき、こんな大《おお》きな頭《あたま》をもつ鳥類《ちょうるい》がいたとは信《しん》じられず、「歯《は》のない哺乳類《ほにゅうるい》の頭《あたま》」だと考《かんが》えられました。

11月
16日
読《よ》んだ日《ひ》
月　日
月　日

歯《は》のような突起《とっき》をもつ海鳥《うみどり》
オステオドントルニス

ペリカンの仲間《なかま》

　鳥類《ちょうるい》の特徴《とくちょう》の一《ひと》つは、くちばしをもっていることです。このくちばしを使《つか》って、肉《にく》や果物《くだもの》などを食《た》べます。くちばしをもつかわりに、私《わたし》たち哺乳類《ほにゅうるい》とはちがって、鳥類《ちょうるい》には歯《は》がありません。

　ただし、くちばしに〝歯《は》のような突起《とっき》〟をもつ鳥類《ちょうるい》がかつていたことがわかっています。その鳥類《ちょうるい》は「骨質歯鳥類《こつしつしちょうるい》」、あるいは「偽《ぎ》歯鳥類《しちょうるい》」とよばれています。現在《げんざい》の鳥類《ちょうるい》ではペリカンの仲間《なかま》に分類《ぶんるい》されるグループです。

　骨質歯鳥類《こつしつしちょうるい》の化石《かせき》は、古第三紀《こだいさんき》から新第三紀《しんだいさんき》にかけての世界中《せかいじゅう》のさまざまな地層《ちそう》からみつかっています。海沿《うみぞ》いで暮《く》らしていたようです。

日本《にっぽん》にいた大型《おおがた》の鳥類《ちょうるい》

　骨質歯鳥類《こつしつしちょうるい》の化石《かせき》は、日本《にっぽん》の埼玉県《さいたまけん》や三重県《みえけん》などでもみつかっています。その鳥類《ちょうるい》の名前《なまえ》を「オステオドントルニス」といいます。

　オステオドントルニスは、ほかの骨質歯鳥類《こつしつしちょうるい》と同《おな》じように、くちばしに小《ちい》さな突起《とっき》が並《なら》んでいます。これは一見《いっけん》すると歯《は》のように見《み》えますが、あくまでも「突起《とっき》」です。

オステオドントルニス
Osteodontornis

そのため、歯《は》のように抜《ぬ》け落《お》ちることはありません。やわらかいサカナやイカなどをつかまえるときに、この突起《とっき》が役《やく》に立《た》ったとみられています。

　オステオドントルニスはとても大《おお》きな鳥類《ちょうるい》だったようで、翼《つばさ》を開《ひら》いたときの幅《はば》は、3・5メートルもあったとみられています。これは現在《げんざい》のアホウドリの1・5倍以上《ばいいじょう》の大《おお》きさです。

化石《かせき》を見《み》たい！　いわき市《し》石炭《せきたん》・化石館《かせきかん》

くちばしの一部《いちぶ》の実物《じつぶつ》化石《かせき》が展示《てんじ》されています。小《ちい》さな突起《とっき》に注目《ちゅうもく》してみよう。

もっとしりたい！
骨質《こつしつ》歯《し》鳥類《ちょうるい》の中《なか》には、翼《つばさ》を開《ひら》いたときの幅《はば》が5メートルもあった種類《しゅるい》もいたようです。

絶《ぜつ》滅《めつ》した巨《きょ》大《だい》なサメ メガロドン

新第三紀《しんだいさんき》

新《しん》生《せい》代《だい》 中《ちゅう》生《せい》代《だい》 古《こ》生《せい》代《だい》 先《せん》カンブリア時《じ》代《だい》

メガロドン
Carcharodon megalodon
もしくは
Carcharocles megalodon

大《おお》きいということ以《い》外《がい》は謎《なぞ》

古第三紀末《こだいさんきまつ》に現《あらわ》れて、新第三紀《しんだいさんき》の世界中《せかいじゅう》の海《うみ》で暴《あば》れまわっていたサメがいます。「メガロドン」とよばれるサメです。

メガロドンは、とても大《おお》きなサメでした。1本《ぽん》の歯《は》の長《なが》さが15センチメートルをこえる化石《かせき》がたくさんみつかっています。現在《げんざい》の地球《ちきゅう》の海《うみ》で、「人食《ひとく》いザメ」として恐《おそ》れられているホホジロザメの歯《は》の長《なが》さが数《すう》センチメートルですから、メガロドンの歯《は》がいかに大《おお》きいかがわかるでしょう。

大《おお》きな歯《は》をもっていたことは確《たし》かなのですが、メガロドンの体《からだ》の大《おお》きさや姿形《すがたかたち》は謎《なぞ》に包《つつ》まれています。サメの仲間《なかま》は「軟骨魚類《なんこつぎょるい》」とよばれ、文字《もじ》どおりやわらかい骨《ほね》で体《からだ》ができています。そのため、骨《ほね》が化石《かせき》に残《のこ》りにくく、全身《ぜんしん》の姿《すがた》がよくわからないのです。

歯《は》の大《おお》きさから推測《すいそく》すると、メガロドンは大《おお》きな体《からだ》のもち主《ぬし》だったことでしょう。その大《おお》きさは、11メートル、12メートル、16メートル、20メートルなどと推測《すいそく》され、研究者《けんきゅうしゃ》によってさまざまです。ただし、最《もっと》も小《ちい》さく見積《みつ》もられた場合《ばあい》でも11メートルもあり、これはホホジロザメの大《おお》きさを5メートル近《ちか》くも上回《うわまわ》ります。

正式《せいしき》な名前《なまえ》はまだない

実《じつ》は、メガロドンは正式《せいしき》なフルネームが定《さだ》まっていません。「カルカロドン・メガロドン」あるいは「カルカロクレス・メガロドン」と書《か》かれることが多《おお》く、ほかの名前《なまえ》もあります。現在《げんざい》のサメ類《るい》の、どの種類《しゅるい》に近《ちか》い仲間《なかま》なのかがまだよくわかっていないので、名前《なまえ》もいろいろと候補《こうほ》があるのです。

化石《かせき》を見《み》たい！ 埼《さい》玉《たま》県《けん》立《りつ》自《し》然《ぜん》の博《はく》物《ぶつ》館《かん》

たくさんの歯《は》の実物化石《じつぶつかせき》と実寸大《じっすんだい》の復元模型《ふくげんもけい》を見《み》てみよう！

ここでもみられます！

足寄動物化石博物館、三笠市立博物館、群馬県立自然史博物館、地質標本館、ミュージアムパーク 茨城県自然博物館、福井県立恐竜博物館、東海大学自然史博物館、豊橋市自然史博物館、徳島県立博物館、北九州市立自然史・歴史博物館、御船町恐竜博物館　ほか

もっとしりたい！ ある計算《けいさん》によると、メガロドンのあごのかむ力《ちから》は、ホホジロザメの6倍以上《ばいいじょう》だったといわれています。

「月《つき》のおさがり」を残《のこ》す巻貝《まきがい》
ビカリア

突起《とっき》が並《なら》ぶ巻貝《まきがい》

北海道《ほっかいどう》から九州《きゅうしゅう》までの各地《かくち》にある、古第三紀《こだいさんき》と新第三紀《しんだいさんき》の地層《ちそう》からみつかる巻貝《まきがい》の化石《かせき》があります。その巻貝《まきがい》を「ビカリア」といいます。日本《にっぽん》だけではなく、インドや東南《とうなん》アジアなどの各地《かくち》の地層《ちそう》からも化石《かせき》がみつかっています。とても長《なが》い期間《きかん》、子孫《しそん》を残《のこ》し続《つづ》けた巻貝《まきがい》なのです。

ビカリアは、長《なが》さ10センチメートルほどの巻貝《まきがい》です。殻《から》には突起《とっき》がぐるぐるとらせんをえがきながら並《なら》んでいます。その突起《とっき》は、殻《から》の口《くち》に近《ちか》くなるほど大《おお》きくなっていきました。暖《あたた》かい気候《きこう》を好《この》み、川《かわ》の水《みず》と海《うみ》の水《みず》が混《ま》ざるような場所《ばしょ》で暮《く》らしていたとみられています。

うんちの化石《かせき》？

岐阜県瑞浪市《ぎふけんみずなみし》とその周辺《しゅうへん》の地域《ちいき》からは、特別《とくべつ》なビカリアの化石《かせき》がみつかります。それは、殻《から》の内部《ないぶ》につまった鉱物《こうぶつ》だけが化石《かせき》として残《のこ》っているというものです。その鉱物《こうぶつ》は「メノウ」や「オパール」とよばれる白《しろ》っぽい色をしたもので、ときには美《うつく》しく輝《かがや》きます。まるで宝石《ほうせき》のようなのです。

このメノウやオパールとなったビカリアの内部《ないぶ》の化石《かせき》は、「月《つき》のおさがり」とよばれています。「おさがり」とは「うんち」のこと。昔《むかし》の人《ひと》が、メノウやオパールの白《しろ》い色《いろ》があまりにきれいなので、「月《つき》がうんちをしたのではないか」とみたてたことが由来《ゆらい》です。

もちろん、月《つき》が本当《ほんとう》にうんちをするわけはありません。でも、とても風流《ふうりゅう》な例《たと》えですね。

化石《かせき》を見《み》たい！　瑞浪市化石博物館《みずなみしかせきはくぶつかん》

ビカリアの実物化石《じつぶつかせき》が見《み》られます。「月《つき》のおさがり」も要《よう》チェック！

ここでもみられます！
足寄動物化石博物館、三笠市立博物館、群馬県立自然史博物館、埼玉県立自然の博物館、地質標本館、神奈川県立生命の星・地球博物館、福井県立恐竜博物館、東海大学自然史博物館、豊橋市自然史博物館、蒲郡市生命の海科学館、大阪市立自然史博物館、徳島県立博物館、北九州市立自然史・歴史博物館、御船町恐竜博物館　ほか

もっとしりたい！
ビカリアの化石《かせき》がみつかると、その地層《ちそう》は暖《あたた》かい場所《ばしょ》でできたと考《かんが》えることができます。そのため、ビカリアは「示相化石《しそうかせき》」の一《ひと》つに数《かぞ》えられています。

泳《およ》げないホタテ
タカハシホタテ

新第三紀《しんだいさんき》

新生代《しんせいだい》 中生代《ちゅうせいだい》 古生代《こせいだい》 先《せん》カンブリア時代《じだい》

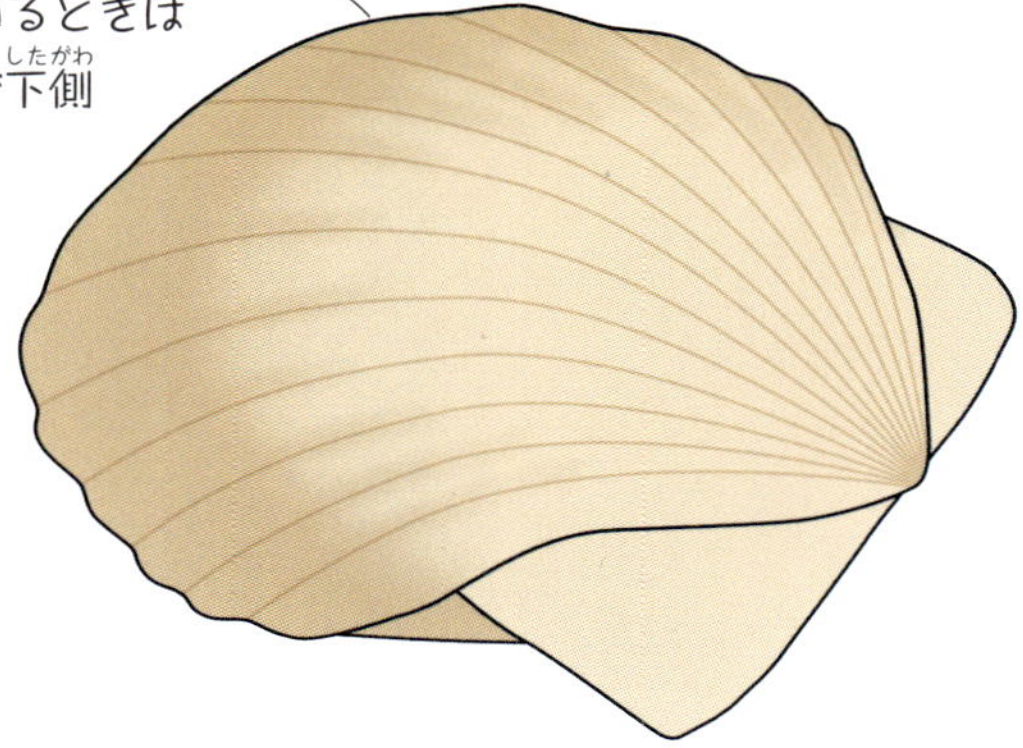

殻《から》の一枚《いちまい》がふくらんでいる

北海道《ほっかいどう》や東北地方《とうほくちほう》の新第三紀《しんだいさんき》の地層《ちそう》から化石《かせき》がよくみつかるホタテを紹介《しょうかい》しましょう。

現在《げんざい》のホタテは、正式《せいしき》には「ホタテガイ」あるいは「アキタガイ」とよばれます。カムチャツカ半島《はんとう》から東北地方《とうほくちほう》の沖《おき》の海《うみ》で暮《く》らし、養殖《ようしょく》もされています。みなさんの食卓《しょくたく》にのぼることもあるでしょう。殻《から》が平《ひら》たいことが特徴《とくちょう》の二枚貝類《にまいがいるい》です。

今日紹介《きょうしょうかい》する新第三紀《しんだいさんき》のホタテは、名前《なまえ》を「タカハシホタテ」あるいは「タカハシホタテガイ」といいます。タカハシホタテの殻《から》の幅《はば》は、現在《げんざい》のホタテガイと同《おな》じくらいでした。しかし、現在《げんざい》のホタテガイとはちがって、二枚《にまい》の殻《から》のうちの一枚《いちまい》が大《おお》きくふくらんで厚《あつ》くなっているという特徴《とくちょう》がありました。

成長《せいちょう》すると泳《およ》げなくなった

現在《げんざい》のホタテガイは、泳《およ》ぐことができます。殻《から》を大《おお》きく開《ひら》いて、いっきに閉《と》じます。このときに水《みず》を勢《いきお》いよく吐《は》き出《だ》すことで泳《およ》ぐことができるのです。

一方《いっぽう》、タカハシホタテは、どうやら泳《およ》げなかったようです。正確《せいかく》にいえば、幼《おさな》いうちは泳《およ》げたかもしれません。しかし、成長《せいちょう》すると次第《しだい》に殻《から》が厚《あつ》く重《おも》くなっていって、泳《およ》げなくなりました。天敵《てんてき》が迫《せま》ってきたとき、タカハシホタテは泳《およ》いで逃《に》げるのではなく、殻《から》の高《たか》い防御力《ぼうぎょりょく》をいかして、動《うご》かずに守《まも》りを固《かた》めていたと考《かんが》えられています。

化石《かせき》を見《み》たい！

産業技術総合研究所《さんぎょうぎじゅつそうごうけんきゅうしょ》 地質標本館《ちしつひょうほんかん》

実物化石《じつぶつかせき》が展示《てんじ》されています。大《おお》きさを実感《じっかん》してみよう。

ここでもみられます！
足寄動物化石博物館、三笠市立博物館、群馬県立自然史博物館、神奈川県立生命の星・地球博物館、福井県立恐竜博物館、豊橋市自然史博物館、御船町恐竜博物館　ほか

もっとしりたい！
タカハシホタテの「タカハシ」は人《ひと》の名前《なまえ》です。最初《さいしょ》にこの化石《かせき》を研究者《けんきゅうしゃ》に提供《ていきょう》してくれた人《ひと》がタカハシさんだったことにちなみます。

クマのようなライオン!?
バルボロフェリス

バルボロフェリス
Barbourofelis

新《あら》たなネコ型類《けいるい》

今日《きょう》は久《ひさ》しぶりにネコ型類《けいるい》に注目《ちゅうもく》しましょう。

ネコ型類《けいるい》は、現在《げんざい》のネコやライオン、トラなどを含《ふく》むネコ類《るい》と、その近縁《きんえん》のグループでつくられています。327ページでは、古第三紀《こだいさんき》に現《あらわ》れたネコ類《るい》ではないネコ型類《けいるい》として、ニムラブス類《るい》のホプロフォネウスを紹介《しょうかい》しました。

新第三紀《しんだいさんき》にも、ネコ類《るい》ではないネコ型類《けいるい》が新《あら》たに現《あらわ》れました。それは、バルボロフェリス類《るい》というグループです。

長《なが》い犬歯《けんし》をもっていた

バルボロフェリス類《るい》の代表《だいひょう》的《てき》な種類《しゅるい》が「バルボロフェリス」です。鼻《はな》の先《さき》からおしりまでの長《なが》さは1・6メートル。小《ち》さなライオンと同《おな》じくらいでした。体《からだ》つきはがっしりとしていて、手《て》あしは短《みじか》めでした。かかとが地面《じめん》につくことはありませんでしたが、〃あしの裏《うら》〃の前半分《まえはんぶん》を地面《じめん》につけていたとみられています。首《くび》のまわりに太《ふと》い筋肉《きんにく》がついていたことも特徴《とくちょう》で、その見《み》た目《め》はまるでクマのようだっただろうともいわれています。ちなみにクマはイヌ型類《けいるい》に属《ぞく》する哺乳類《ほにゅうるい》です。バルボロフェリスが属《ぞく》するネコ型類《けいるい》とは同《おな》じ食肉類《しょくにくるい》ですが、ネコ型類《けいるい》とイヌ型《けい》類《るい》のちがいがあります。それでも見《み》た目《め》はよく似《に》ていたのです。

ホプロフォネウスがそうだったように、バルボロフェリスも上《うわ》あごの犬歯《けんし》が、剣《けん》のように長《なが》く鋭《するど》くなっていました。その長《なが》い犬歯《けんし》に対応《たいおう》する下《した》あごの位置《いち》は、骨《ほね》が下《した》に出《で》っ張《ぱ》っていました。このようなつくりがあることで、バルボロフェリスはあごを地面《じめん》においても、上《うわ》あごの犬歯《けんし》が地面《じめん》に刺《さ》さることはなかったようです。当時《とうじ》のネコ型類《けいるい》の中《なか》で長《なが》い犬歯《けんし》をもつ種類《しゅるい》には、バルボロフェリスのように下《した》あごの出《で》っ張《ぱ》りをもつものがほかにもいくつかいました。

もっとしりたい!
バルボロフェリスの上《うわ》あごの犬歯《けんし》には、前側《まえがわ》の縁《ふち》と後《うし》ろ側《がわ》の縁《ふち》に小《ち》さな突起《とっき》がたくさん並《なら》んでいたことがわかっています。肉《にく》を切《き》りやすくするためのつくりです。

11月21日

読《よ》んだ日《ひ》 月 日 月 日

新第三紀《しんだいさんき》

新生代《しんせいだい》 中生代《ちゅうせいだい》 古生代《こせいだい》 先カンブリア時代《じだい》

長《なが》い犬歯《けんし》をもつネコ類《るい》 サーベルタイガー

増《ふ》えていったネコ類《るい》

ニムラブス類《るい》やバルボロフェリス類《るい》などの、ネコ類《るい》ではないネコ型類《けいるい》は、新第三紀《しんだいさんき》に次々《つぎつぎ》と数《かず》を減《へ》らしていきました。かわりに数《かず》を増《ふ》やしてきたのが、ネコ類《るい》です。

新第三紀《しんだいさんき》のネコ類《るい》には、右《みぎ》ページのバルボロフェリスのように長《なが》い犬歯《けんし》をもった仲間《なかま》がたくさんいました。そうしたネコ類《るい》のことを「サーベルタイガー」とよぶことがあります。今日《きょう》は、そんなサーベルタイガーの中《なか》から、2種類《しゅるい》を紹介《しょうかい》しましょう。

一《ひと》つは、中国《ちゅうごく》などの新《しん》第三紀《だいさんき》の地層《ちそう》から化石《かせき》がみつかっている「メタイルルス」です。メタイルルスは、鼻《はな》の先《さき》からおしりまでの長《なが》さが1・5メートルほど、肩《かた》の高《たか》さが70センチメートルほどのネコ類《るい》でした。その姿《すがた》は現在《げんざい》のピューマとよく似《に》ていますが、ピューマと比《くら》べると後《うし》ろあしが長《なが》いという特徴《とくちょう》がありました。

最大級《さいだいきゅう》のサーベルタイガー

アフリカ大陸《たいりく》、ユーラシア大陸《たいりく》、北《きた》アメリカ大陸《たいりく》の各地《かくち》の新第三紀《しんだいさんき》の地層《ちそう》から化石《かせき》がみつかっている「マカイロドゥス」も紹介《しょうかい》しておきましょう。マカイロドゥスは、鼻《はな》の先《さき》からおしりまでの長《なが》さが2メートルほど、肩《かた》の高《たか》さが1メートルほどという、とても大《おお》きなネコ類《るい》でした。現在《げんざい》のライオンと同《おな》じくらいの大《おお》きさで、サーベルタイガーの中《なか》では最大級《さいだいきゅう》でした。

マカイロドゥスの見《み》た目《め》は、トラとよく似《に》ています。ただし、トラよりも首《くび》が少《すこ》し長《なが》くて、全体的《ぜんたいてき》にがっしりしているという特徴《とくちょう》がありました。

化石《かせき》を見《み》たい！

ミュージアムパーク 茨城県自然博物館《いばらきけんしぜんはくぶつかん》

マカイロドゥスの頭骨《とうこつ》の複製《ふくせい》が展示《てんじ》されています。ほかにも多《おお》くのネコ類《るい》の頭骨《とうこつ》が展示《てんじ》されているので、比《くら》べて、ちがいを探《さが》してみよう！

もっとしりたい！ サーベルタイガーは、英語《えいご》では「Saber toothed cat《セイバー トゥースド キャット》」と書《か》かれます。これを日本語《にほんご》にそのまま訳《やく》した場合《ばあい》は、「剣歯猫《けんしねこ》」です。サーベルタイガーは、正式《せいしき》な分類名《ぶんるいめい》ではないので、いろいろなよび名《な》があります。

肉《にく》を切《き》り裂《さ》き、骨《ほね》をかみ砕《くだ》く ボロファグス

イヌ類《るい》ではないイヌ型類《けいるい》

ネコ型類《けいるい》の1グループであるネコ類《るい》は、新第三紀《しんだいさんき》になってから繁栄《はんえい》を始《はじ》めました。それに対《たい》して、イヌ型類《けいるい》の1グループであるイヌ類《るい》は、古第三紀《こだいさんき》のうちにすでにその祖先《そせん》といわれる種類《しゅるい》が現《あらわ》れていました。それが341ページで紹介《しょうかい》したレプトキオンです。

一方《いっぽう》、イヌ型類《けいるい》の中《なか》には、イヌ類《るい》ではないグループがほかにもいくつかいます。その一《ひと》つが、「ボロファグス類《るい》」です。ボロファグス類《るい》は、古第三紀《こだいさんき》に現《あらわ》れて、新第三紀《しんだいさんき》に絶滅《ぜつめつ》したイヌ型類《けいるい》の1グループです。

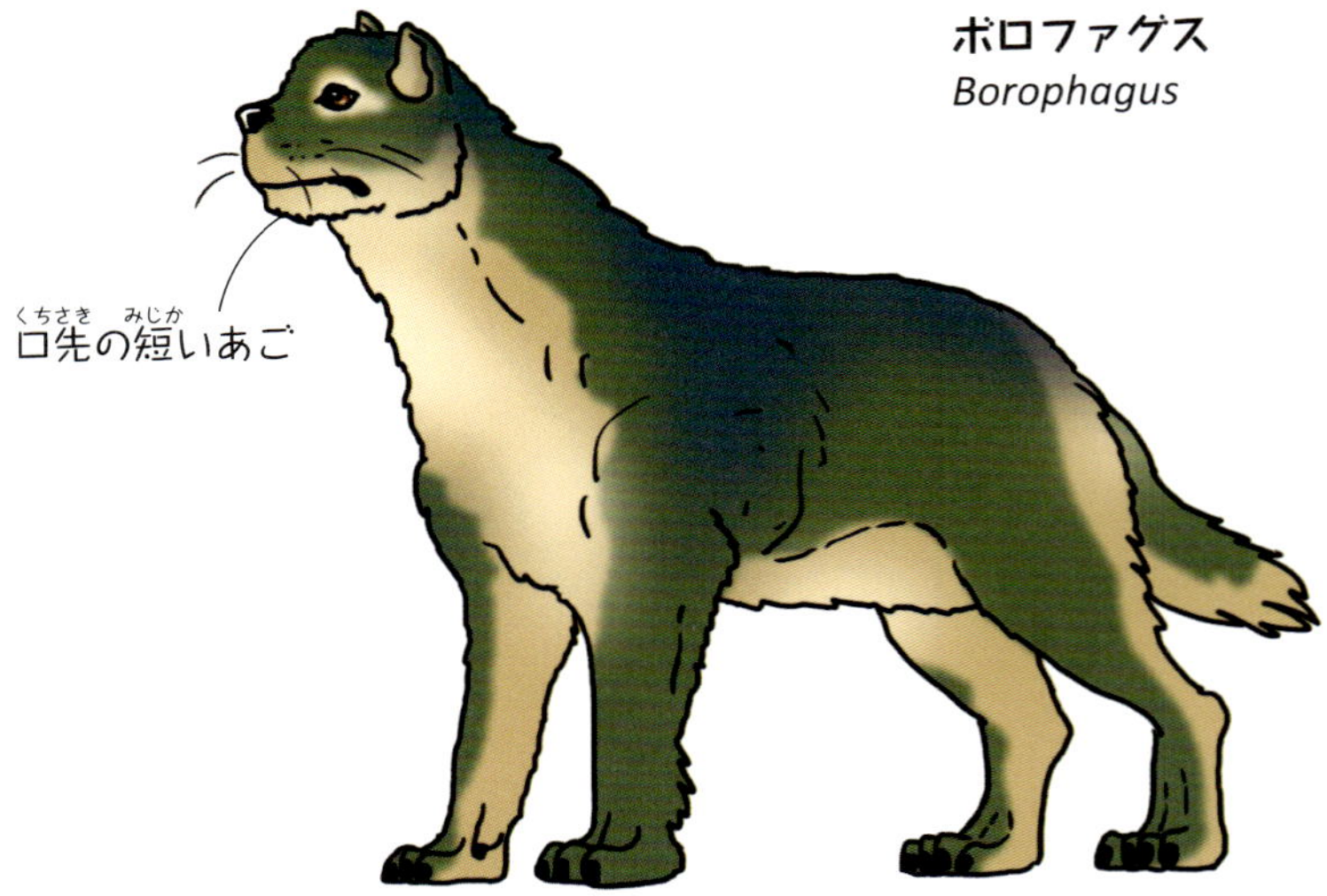

骨《ほね》をかみ砕《くだ》く

ボロファグス類《るい》の代表《だいひょう》は、新《しん》第三紀《だいさんき》の北《きた》アメリカ大陸《たいりく》に現《あらわ》れた「ボロファグス」です。鼻《はな》の先《さき》からおしりまでの長《なが》さが1・2メートルに達《たっ》し、肩《かた》の高《たか》さは60センチメートルをこえました。体重《たいじゅう》は40キログラムほどだったといわれています。これまでに見《み》てきた328ページのヘスペロキオンやレプトキオンと比《くら》べるとかなりの大型種《おおがたしゅ》です。現在《げんざい》のイヌなら、大型犬《おおがたけん》と同《おな》じくらいの大《おお》きさです。盲導犬《もうどうけん》として働《はたら》くラブラドール・レトリーバーよりも少《すこ》し体《からだ》が大《おお》きいことになります。

ボロファグスは、口先《くちさき》の短《みじか》いがっしりとしたあごをもっていました。切歯《せっし》は鋭《するど》く、獲物《えもの》の肉《にく》を切《き》り裂《さ》くことに向《む》いていました。

また、奥歯《おくば》には骨《ほね》をかみ砕《くだ》くことができる丈夫《じょうぶ》さがありました。そのため、「骨《ほね》を壊《こわ》す者《もの》」という意味《いみ》で、「ボーン・クラッシャー」というニックネームでもよばれています。新第三紀《しんだいさんき》の北《きた》アメリカ大陸《たいりく》で最強《さいきょう》の肉食動物《にくしょくどうぶつ》の一《ひと》つだったようです。

イヌ型類《けいるい》のほかのグループは、北《きた》アメリカ大陸《たいりく》からほかの大陸《たいりく》へと暮《く》らす範囲《はんい》を次第《しだい》に広《ひろ》げていきましたが、なぜかボロファグス類《るい》はずっと北《きた》アメリカ大陸《たいりく》だけで暮《く》らしていました。

もっとしりたい！
「ボロファグス」には、「むさぼり食《く》う」という意味《いみ》があります。名前《なまえ》からもどう猛《もう》さが伝《つた》わってきますね。

ヒグマ並《な》みの体格《たいかく》をしたイヌ
アンフィキオン

新第三紀《しんだいさんき》

新生代《しんせいだい》 | 中生代 | 古生代 | 先カンブリア時代

アンフィキオン
Amphicyon
オオカミとよく似《に》た歯《は》をもつ

肉食《にくしょく》を好《この》んだイヌ型類《けいるい》

イヌ類《るい》ではないイヌ型類《けいるい》は、右《みぎ》ページで紹介《しょうかい》したボロファグス類《るい》のほかにもいくつかいました。今日《きょう》、紹介《しょうかい》する「アンフィキオン類《るい》」もその一《ひと》つです。

アンフィキオン類《るい》は、古第三紀《こだいさんき》と新第三紀《しんだいさんき》の境《さか》い目《め》ごろに北《きた》アメリカ大陸《たいりく》に現《あらわ》れました。ボロファグスと同《おな》じ時代《じだい》のイヌ型類《けいるい》です。

イヌ型類《けいるい》に属《ぞく》する多《おお》くの動物《どうぶつ》たちは、肉食《にくしょく》というよりは雑食《ざっしょく》です。肉《にく》も野菜《やさい》も食《た》べるのです。

そんなイヌ型類《けいるい》の中《なか》でも、アンフィキオン類《るい》はより肉食《にくしょく》を好《この》んだとみられています。現在《げんざい》のオオカミの仲間《なかま》は獲物《えもの》を狩《か》って食《た》べる肉食動物《にくしょくどうぶつ》ですが、そのオオカミの歯《は》と、アンフィキオン類《るい》の歯《は》がよく似《に》ているのです。

200キロの巨体《きょたい》

アンフィキオン類《るい》の代表《だいひょう》は、北《きた》アメリカ大陸《たいりく》などの新第三紀《しんだいさんき》の地層《ちそう》から化石《かせき》がみつかっている「アンフィキオン」です。首《くび》は太《ふと》く、手《て》あしはがっしりとしており、かかとを地面《じめん》につけて歩《ある》いていました。鼻《はな》の先《さき》からおしりまでの長《なが》さは2メートルに達《たっ》し、体重《たいじゅう》は200キログラム以上《いじょう》あったといわれています。これは現在《げんざい》のヒグマ並《な》みの大《おお》きさです。体《からだ》の大《おお》きさでは、「最強《さいきょう》の肉食動物《にくしょくどうぶつ》」といわれるボロファグスよりも圧倒的《あっとうてき》に巨体《きょたい》だったのです。

アンフィキオン類《るい》がいた地域《ちいき》では、そのほかのイヌ型類《けいるい》は暮《く》らす場所《ばしょ》をあまり広《ひろ》げることができなかったと考《かんが》えられています。それほどアンフィキオン類《るい》は強《つよ》かったのです。

化石《かせき》を見《み》たい！　群馬県立自然史博物館《ぐんまけんりつしぜんしはくぶつかん》

アンフィキオンに近縁《きんえん》の「ダフォエヌス」の頭骨化石《とうこつかせき》が展示《てんじ》されています。

群馬県立自然史博物館

もっとしりたい！　イヌ型類《けいるい》の中《なか》で現在《げんざい》でも生《い》きているグループの一《ひと》つに、クマ類《るい》がいます。アンフィキオン類《るい》はクマ類《るい》に近縁《きんえん》だったとみられています。

現在《げんざい》のウマにかなり近《ちか》づいた 新第三紀《しんだいさんき》のウマ類《るい》

中指《なかゆび》だけが大《おお》きかった

329ページでは最古《さいこ》のウマ類《るい》、ヒラコテリウムを紹介《しょうかい》しました。ヒラコテリウムの体《からだ》の大《おお》きさは現在《げんざい》の柴犬《しばいぬ》よりも少《すこ》し大《おお》きいくらいで、前《まえ》あしには4本《ほん》、後《うし》ろあしには3本《ほん》の指《ゆび》がありました。その後《ご》に現《あらわ》れたウマ類《るい》のメソヒップスは、肩《かた》の高《たか》さが60センチメートルをこえる大《おお》きさで、指《ゆび》の数《かず》は前《まえ》あしも後《うし》ろあしも3本《ぼん》でした。

新第三紀《しんだいさんき》になると、新《あら》たに「ヒッパリオン」というウマ類《るい》が現《あらわ》れました。ヒッパリオンは、肩《かた》の高《たか》さが1・5メートルもありました。指《ゆび》の数《かず》は前《まえ》あしも後《うし》ろあしも3本《ぼん》ですが、真《ま》ん中《なか》の指《ゆび》が幅《はば》の広《ひろ》いひづめになっていました。それに対《たい》して左右《さゆう》の指《ゆび》は小《ち》さくて短《みじか》く、かざりのようについていたことが特徴《とくちょう》です。

最後《さいご》の進化段階《しんかだんかい》

新第三紀《しんだいさんき》の間《あいだ》に、ウマ類《るい》は進化《しんか》の段階《だんかい》をもう一歩進《いっぽすす》めました。「プリオヒップス」の登場《とうじょう》です。

プリオヒップスは、ヒッパリオンと同《おな》じくらいの大《おお》きさのウマ類《るい》でした。そしてプリオヒップスは、ヒッパリオンまでのウマ類《るい》とは、大《おお》きなちがいをもっていました。あしの指《ゆび》が1本《ぽん》しかないのです。

これは、現在《げんざい》のウマ類《るい》とほとんど同《おな》じ姿《すがた》です。そのため、プリオヒップスのことを「ウマ類《るい》の最後《さいご》の進化段階《しんかだんかい》」ということがあります。

ウマ類《るい》のあしは、指《ゆび》が中指《なかゆび》だけになることで、とても長《なが》くなりました。また、体《からだ》も大《おお》きくなったので、1歩《ぽ》で進《すす》む距離《きょり》が祖先《そせん》よりも格段《かくだん》にのびました。結果《けっか》として、見晴《みは》らしのよい草原《そうげん》を走《はし》りまわることに向《む》いた動物《どうぶつ》になったのです。

化石《かせき》を見《み》たい! 馬《うま》の博物館《はくぶつかん》

プリオヒップスの全身《ぜんしん》復元骨格《ふくげんこっかく》をみることができます。一緒《いっしょ》に展示《てんじ》されているほかのウマ類《るい》の全身復元骨格《ぜんしんふくげんこっかく》と、とくに足先《あしさき》を比《くら》べてみよう。

もっとしりたい!
ウマ類《るい》は北《きた》アメリカ大陸《たいりく》で進化《しんか》を重《かさ》ねてきました。しかし、現在《げんざい》の北《きた》アメリカ大陸《たいりく》には野生《やせい》のウマはいません。ウマ類《るい》はその“故郷《こきょう》”では絶滅《ぜつめつ》してしまったのです。

シャベルのような歯《は》をもつ プラティベロドン

プラティベロドン
Platybelodon

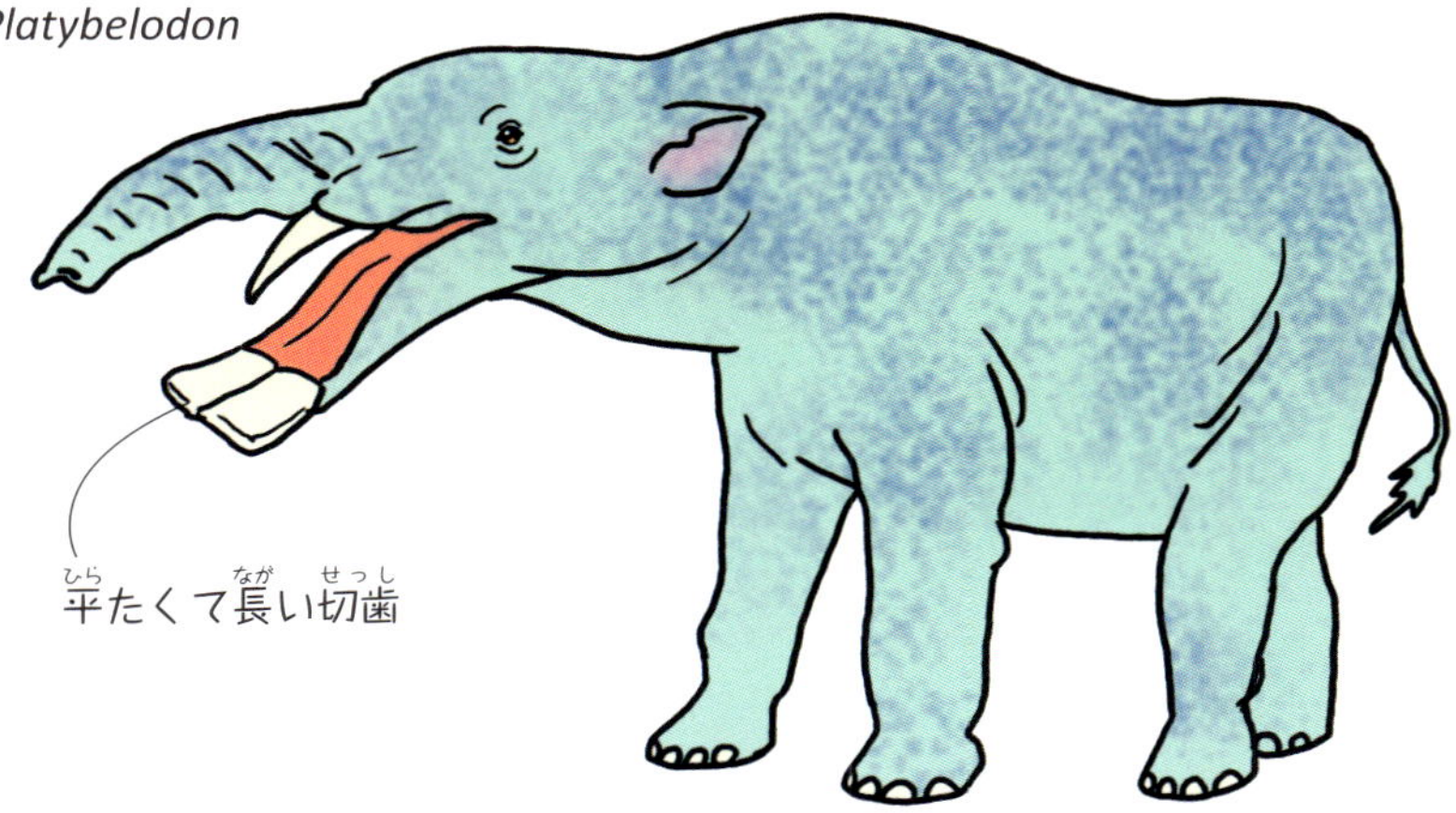

アジアゾウくらいの大《おお》きさ

長鼻類《ちょうびるい》は、ゾウ類《るい》を含《ふく》むグループで、古第三紀《こだいさんき》に現《あらわ》れました。はじめのころの長鼻類《ちょうびるい》は、カバのような姿《すがた》をしていました。その後《ご》、332ページで紹介《しょうかい》したように少《すこ》しだけ鼻《はな》が長《なが》いフィオミアのような長鼻類《ちょうびるい》が現《あらわ》れました。

新第三紀《しんだいさんき》になると、フィオミアよりももっとゾウ類《るい》に近《ちか》い長鼻類《ちょうびるい》として、「プラティベロドン」がアフリカなどに現《あらわ》れました。プラティベロドンは、肩《かた》の高《たか》さが2メートルほどありました。フィオミアよりは少《すこ》し大《おお》きめで、現在《げんざい》の動物《どうぶつ》でいうと小柄《こがら》なアジアゾウとくらいの大《おお》きさです。

左右《さゆう》の切歯《せっし》が平《ひら》たい

プラティベロドンの最《さい》大《だい》の特徴《とくちょう》は、歯《は》にありました。下《した》あごの切歯《せっし》が平《ひら》たく長《なが》くのびていたのです。フィオミアも下《した》あごの切歯《せっし》が突《つ》き出《で》ていましたが、プラティベロドンの切歯《せっし》はフィオミアのものよりもさらに平《ひら》たく、長《なが》くなっていました。しかも、プラティベロドンの切歯《せっし》は、左右《さゆう》でくっついていたのです。まるで、シャベルのような形《かたち》になっていました。

このような形《かたち》をした歯《は》は、いったい何《なん》の役《やく》に立《た》ったのでしょうか？

見《み》た目《め》がシャベルのような歯《は》は、まさにシャベルのように使《つか》われたとみられています。植物《しょくぶつ》を根《ね》こそぎ掘《ほ》り起《お》こすことに役立《やくだ》っていたのではないか、と考《かんが》えられているのです。

化石《かせき》を見《み》たい！　東海大学自然史博物館《とうかいだいがくしぜんしはくぶつかん》

頭骨《とうこつ》の複製《ふくせい》を見《み》ることができます。

ここでもみられます！
福井県立恐竜博物館、国立科学博物館　ほか

もっとしりたい！
プラティベロドンも頭骨《とうこつ》の鼻《はな》の穴《あな》が口先《くちさき》から遠《とお》い位置《いち》にありました。そのため、フィオミアのように、ある程度《ていど》、長《なが》い鼻《はな》をもっていたとみられています。

長《なが》い首《くび》と短《みじか》い首《くび》 新《しん》第《だい》三《さん》紀《き》のキリン類《るい》

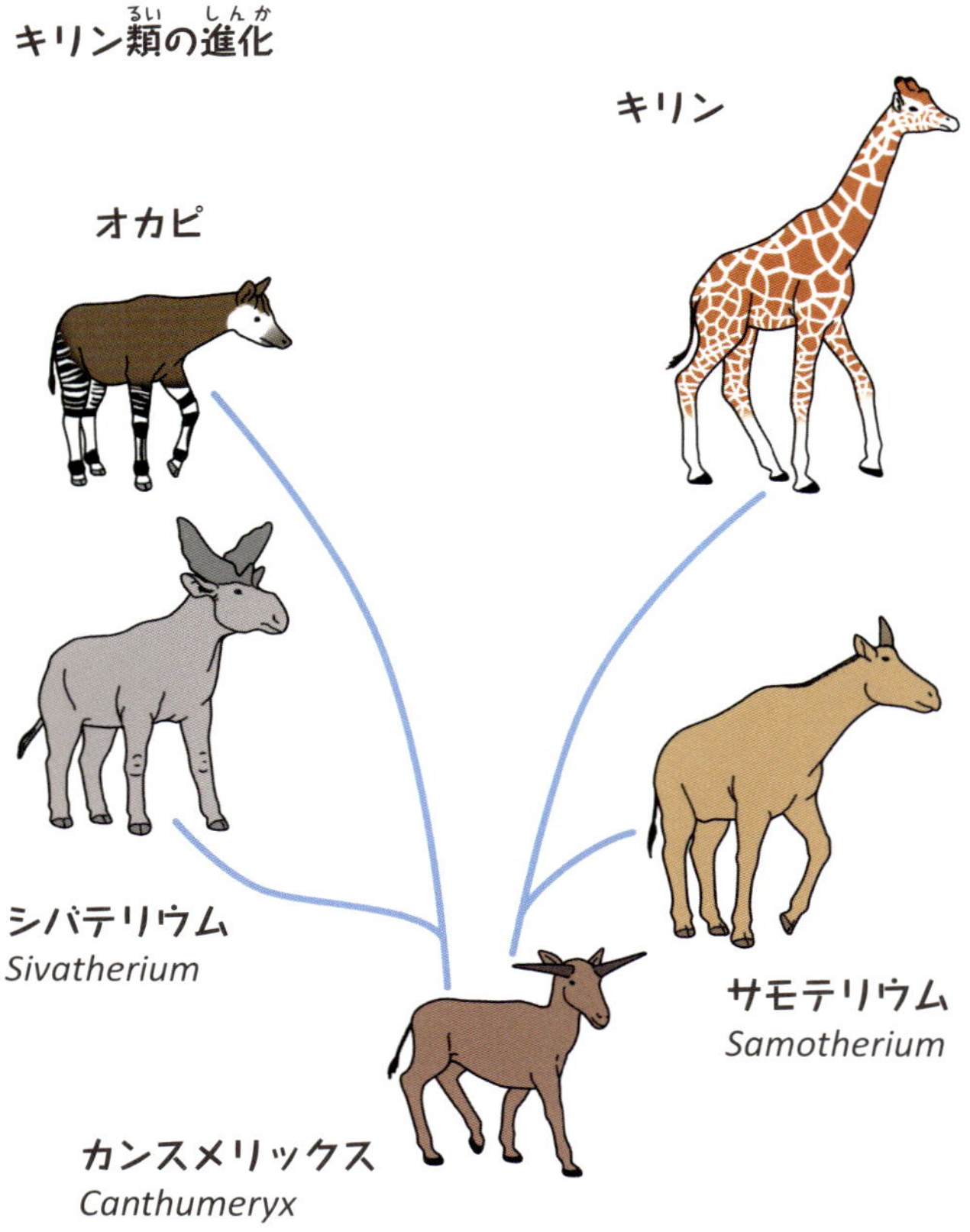

首《くび》が長《なが》くなる途中《とちゅう》の種《しゅ》

現在《げんざい》の地球《ちきゅう》で、首《くび》の長《なが》い哺乳類《ほにゅうるい》といえば「キリン」ですね。キリンの首《くび》は最初《さいしょ》から長《なが》かったのでしょうか？ どうもそうではなかったようです。キリンの祖先《そせん》は、首《くび》が短《みじか》かったことが知《し》られているのです。

キリンの仲間《なかま》を「キリン類《るい》」とよびます。新第三紀《しんだいさんき》にいた最《もっと》も古《ふる》いキリン類《るい》の「カンスメリックス」は、少《すこ》しだけ長《なが》い首《くび》をもっていました。そして、カンスメリックスの数百万年後《すうひゃくまんねんご》に現《あらわ》れたキリン類《るい》の「サモテリウム」は、カンスメリックスよりもさらに少《すこ》し長《なが》い首《くび》をもっていました。

サモテリウムは、キリン類《るい》の進化《しんか》の中《なか》では、「首《くび》が長《なが》くなる途中《とちゅう》の種《しゅ》」ということができます。サモテリウムのあとの時代《じだい》に、現在《げんざい》のキリンのような首《くび》の長《なが》いキリン類《るい》が現《あらわ》れたためです。

首《くび》がまた短《みじか》くなった種《しゅ》もいた

現在《げんざい》のキリン類《るい》には、キリンのほかに「オカピ」が含《ふく》まれています。しかし、オカピの首《くび》は長《なが》くありません。実《じつ》は、キリン類《るい》には「首《くび》が長《なが》くなった種《しゅ》」と、「首《くび》が短《みじか》くなった種《しゅ》」がいるのです。

カンスメリックスの段階《だんかい》でキリン類《るい》は少《すこ》しだけ首《くび》が長《なが》くなっていました。その後《ご》に、サモテリウムとは別々《べつべつ》の進化《しんか》をとげたキリン類《るい》が現《あらわ》れました。それが「シバテリウム」です。

シバテリウムの首《くび》は、ほかの哺乳類《ほにゅうるい》と変《か》わらないくらいの長《なが》さしかありませんでした。カンスメリックスの段階《だんかい》でいったん長《なが》くなった首《くび》が、シバテリウムでふたたび短《みじか》くなったのです。そしてやがて、オカピのようなキリン類《るい》が現《あらわ》れたのです。

もっとしりたい！
キリンの首《くび》が長《なが》い理由《りゆう》は、骨《ほね》の一《ひと》つ一《ひと》つが長《なが》いからです。キリンの首《くび》をつくる骨《ほね》の数《かず》は7個《こ》であり、これは私《わたし》たちヒトを含《ふく》むほとんどの哺乳類《ほにゅうるい》と同《おな》じです。

column

そもそも「進化《しんか》」って何《なん》だろう？

進化《しんか》とは、変化《へんか》すること

「進化《しんか》」という言葉《ことば》は、街中《まちなか》でもよく見《み》かけます。レストランなどで「進化《しんか》した味《あじ》！」といったり、ゲームやアニメのキャラクターが「進化《しんか》して」強《つよ》くなったりします。

そもそも「進化《しんか》」とは、どのような意味《いみ》なのでしょうか？

進化《しんか》は、19世紀《せいき》にチャールズ・ダーウィンという博物学者《はくぶつがくしゃ》が、『種《しゅ》の起源《きげん》』という本《ほん》を書《か》いて広《ひろ》めた考《かんが》え方《かた》です。この本《ほん》では、「進化《しんか》」という言葉《ことば》は、「祖先《そせん》から子孫《しそん》へと受《う》け継《つ》がれていく中《なか》で、形《かたち》や性質《せいしつ》が変《か》わる」という意味《いみ》で使《つか》われています。

チャールズ・ダーウィン

最《もっと》も大事《だいじ》な点《てん》は、「変《か》わる」ということです。つまり、進化《しんか》とは変化《へんか》のことなのです。この言葉《ことば》の中《なか》に「強《つよ》くなる」とか「おいしくなる」などのよい意味《いみ》は含《ふく》まれていません。変化《へんか》していれば、それだけで「進化《しんか》」といえるのです。

また、「祖先《そせん》から子孫《しそん》へ」という点《てん》も大事《だいじ》です。つまり、一《ひと》つの個体《こたい》でおきる変化《へんか》は進化《しんか》とはよばないのです。ゲームやアニメで、あるキャラクターの姿《すがた》が変《か》わったとしてもそれは進化《しんか》とはいえません。姿《すがた》が変《か》わった、ということなら、アオムシが羽《はね》をもったチョウに姿《すがた》を変《か》えるときなどに使《つか》われる「変態《へんたい》」という言葉《ことば》がふさわしいでしょう。もしくは、姿《すがた》が変《か》わらないなら、「成長《せいちょう》」といってもいいかもしれませんね。

進化《しんか》して、少《すこ》しずつ種《しゅ》が増《ふ》える

すべての生物《せいぶつ》は、もとをたどれば同《おな》じ一《ひと》つの祖先《そせん》にいきつくと考《かんが》えられています。その一《ひと》つの祖先《そせん》からさまざまに進化《しんか》した生物《せいぶつ》が誕生《たんじょう》し、種類《しゅるい》が増《ふ》えてきたのです。

たとえば、326ページで紹《しょう》介《かい》したミアキスの仲間《なかま》からは、イヌ類《るい》とネコ類《るい》が進化《しんか》しました。イヌ類《るい》は、平野《へいや》を走《はし》りまわることができるように進化《しんか》した動物《どうぶつ》たちです。ネコ類《るい》は、森林《しんりん》で生活《せいかつ》するように進化《しんか》しました。こうして生物《せいぶつ》は種類《しゅるい》を増《ふ》やしてきたのです。

一方《いっぽう》で、進化《しんか》してもまわりの環境《かんきょう》とあわなかったり、進化《しんか》しなかった種《しゅ》が進化《しんか》した種《しゅ》に負《ま》けてしまったりなど、さまざま理由《りゆう》で多《おお》くの動物《どうぶつ》が姿《すがた》を消《け》してきました。生物《せいぶつ》の歴史《れきし》は、そうしたたくさんの絶滅《ぜつめつ》の歴史《れきし》でもあるのです。

もっとしりたい！ 真《ま》っ暗《くら》な洞窟《どうくつ》で暮《く》らす生《い》き物《もの》はものを見《み》る必要《ひつよう》がないため、世代《せだい》を経《へ》ると、眼《め》がなくなることがあります。これは、「退化《たいか》」の一例《いちれい》です。進化《しんか》とは変化《へんか》することなので、退化《たいか》も進化《しんか》の一《ひと》つといえます。

長《なが》いかぎ爪《づめ》をもつ哺《ほ》乳《にゅう》類《るい》
カリコテリウム

新第三紀《しんだいさんき》

新生代《しんせいだい》 中生代《ちゅうせいだい》 古生代《こせいだい》 先《せん》カンブリア時代《じだい》

ひづめはなかった

現在《げんざい》の地球《ちきゅう》にいるサイ類《るい》やバク類《るい》は、ウマ類《るい》に近《ちか》いグループです。ウマ類《るい》、サイ類《るい》、バク類《るい》にはたくさんの共通点《きょうつうてん》があります。その中《なか》でも最《もっと》も基本的《きほんてき》なことの一《ひと》つが、あしの先《さき》にひづめをもっているということです。

ところが絶滅《ぜつめつ》した哺乳類《ほにゅうるい》の中《なか》には、ウマ類《るい》に近《ちか》いグループなのに、ひづめではなくかぎ爪《つめ》をもった動物《どうぶつ》たちがいました。そのグループのことを「カリコテリウム類《るい》」といいます。

カリコテリウム類《るい》は、古第三紀《こだいさんき》の北《きた》アメリカ大陸《たいりく》に現《あらわ》れた植物《しょくぶつ》食《しょく》の哺乳類《ほにゅうるい》です。その後《ご》、新《しん》第三紀《だいさんき》になるとユーラシア大陸《たいりく》とアフリカ大陸《たいりく》でも暮《く》らすようになりましたが、第四紀《だいよんき》に入《はい》って絶滅《ぜつめつ》しました。

カリコテリウム
Chalicotherium

ゴリラのように歩《ある》く

カリコテリウム類《るい》の代表的《だいひょうてき》な種類《しゅるい》は、「カリコテリウム」です。肩《かた》の高《たか》さが1・8メートルほどありました。頭部《とうぶ》は、ウマ類《るい》とよく似《に》ています。その一方《いっぽう》で、前《まえ》あしが後《うし》ろあしに比《くら》べてかなり長《なが》いという特徴《とくちょう》がありました。そして、その長《なが》い前《まえ》あしの先《さき》には3本《ぼん》の鋭《するど》いかぎ爪《づめ》がありました。

かぎ爪《づめ》があまりにも鋭《するど》く、そして大《おお》きいので、カリコテリウムは指《ゆび》を開《ひら》いて手《て》のひらを地面《じめん》につくことはできなかったようです。体《からだ》の内側《うちがわ》にむけてこぶしをにぎり、そのこぶしをつけながら歩《ある》いていたといわれています。これは、現在《げんざい》のゴリラなどにみられる歩《ある》き方《かた》で、「ナックル・ウォーク」とよばれるものです。ウマ類《るい》とは、ずいぶんちがった雰囲気《ふんいき》ですね。

化石《かせき》を見《み》たい！ 福井県立恐竜博物館《ふくいけんりつきょうりゅうはくぶつかん》

カリコテリウムに近縁《きんえん》の「モロプス」の化石《かせき》が展示《てんじ》されています。

もっとしりたい！

ウマ類《るい》とその近縁《きんえん》のグループをまとめて「奇蹄類《きているい》」とよびます。奇蹄類《きているい》という言葉《ことば》は、奇数本《きすうほん》のひづめをもつ、という意味《いみ》ですが、実際《じっさい》には偶数本《ぐうすうほん》のひづめをもつ種類《しゅるい》も含《ふく》まれています。

11月 29日

読《よ》んだ日《ひ》 月 日 月 日

ウマに似《に》てるけどウマじゃない トアテリウム

新第三紀《しんだいさんき》

新生代《しんせいだい》 中生代《ちゅうせいだい》 古生代《こせいだい》 先カンブリア時代《じだい》

孤立《こりつ》した大陸《たいりく》で繁栄《はんえい》した

白亜紀末《はくあきまつ》におきた大量絶滅事件《たいりょうぜつめつじけん》のあと、南《みなみ》アメリカ大陸《たいりく》とオーストラリア大陸《たいりく》では、ほかの地域《ちいき》にはみられないグループの哺乳類《ほにゅうるい》が数《かず》を増《ふ》やしてきました。

南《みなみ》アメリカ大陸《たいりく》は白亜《はくあ》紀《き》からずっとほかの大陸《たいりく》とはつながらない〝ひとりぼっちの大陸《たいりく》〟でした。オーストラリア大陸《たいりく》も古第三紀《こだいさんき》までは南極《なんきょく》大陸《たいりく》とつながっていたものの、ほかの大陸《たいりく》とはつながっていませんでした。こうした孤立《こりつ》した地域《ちいき》では独自《どくじ》の進化《しんか》が進《すす》んでいくのです。

ウマに似《に》ている

新第三紀《しんだいさんき》の南《みなみ》アメリカ大陸《たいりく》に「トアテリウム」という哺乳類《ほにゅうるい》がいました。肩《かた》の高《たか》さが50センチメートルほどの植物食《しょくぶつしょく》の哺乳類《ほにゅうるい》です。その見《み》た目《め》は進化《しんか》したウマ類《るい》に似《に》ていて、あしの指《ゆび》も1本《ぽん》しかありませんでした。

しかし、トアテリウムはウマ類《るい》ではありません。「滑距類《かっきょるい》」という、南《みなみ》アメリカ大陸《たいりく》にしかいなかった動物《どうぶつ》グループに分類《ぶんるい》される哺乳類《ほにゅうるい》なのです。

新第三紀《しんだいさんき》の終《お》わりが近《ちか》づいたころ、南《みなみ》アメリカ大陸《たいりく》と北《きた》アメリカ大陸《たいりく》がつながりました。その結果《けっか》、北《きた》アメリカ大陸《たいりく》からたくさんの哺乳類《ほにゅうるい》が南《みなみ》アメリカ大陸《たいりく》にやってきました。トアテリウムのような滑距類《かっきょるい》は、北《きた》アメリカ大陸《たいりく》からやってきた哺乳類《ほにゅうるい》と食《た》べものをめぐって競争《きょうそう》し、負《ま》けてしまいました。そして、絶滅《ぜつめつ》したのです。

化石《かせき》を見《み》たい！ 群馬県立自然史博物館《ぐんまけんりつしぜんしはくぶつかん》

トアテリウムの実物化石《じつぶつかせき》が展示《てんじ》されています。

群馬県立自然史博物館

もっとしりたい！

滑距類《かっきょるい》の祖先《そせん》には、3本指《ぼんゆび》のあしをもつ種類《しゅるい》もいました。滑距類《かっきょるい》もウマ類《るい》と同《おな》じように「あしの指《ゆび》が減《へ》る」という進化《しんか》の道筋《みちすじ》を歩《あゆ》んだのです。

有袋類《ゆうたいるい》の“サーベルタイガー”
ティラコスミルス

新第三紀《しんだいさんき》

新生代《しんせいだい》 中生代《ちゅうせいだい》 古生代《こせいだい》 先《せん》カンブリア時代《じだい》

ティラコスミルス
Thylacosmilus

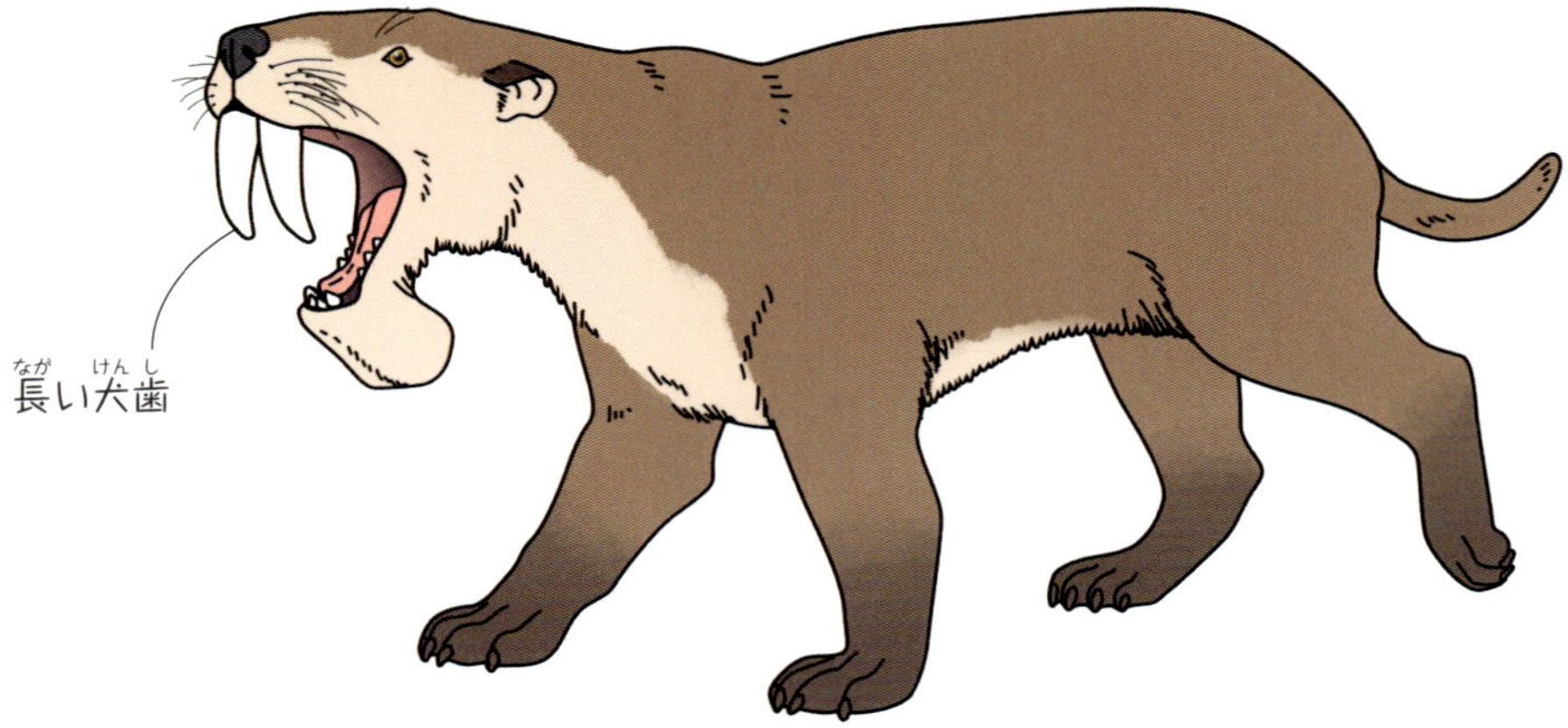

南《みなみ》アメリカ大陸《たいりく》で暮《く》らす

「サーベルタイガー」とよばれるネコ類《るい》は、新第三紀《しんだいさんき》になって現《あらわ》れました。上《うわ》あごの犬歯《けんし》が剣《けん》のように鋭《するど》く長《なが》くなっていることが特徴《とくちょう》です。サーベルタイガーは、アフリカ大陸《たいりく》、ユーラシア大陸《たいりく》、北《きた》アメリカ大陸《たいりく》の各地《かくち》で暮《く》らしていました。

サーベルタイガーとよばれるネコたちは、哺乳《ほにゅう》類《るい》の中《なか》の有胎盤類《ゆうたいばんるい》に属《ぞく》しています。一方《いっぽう》、新第三《しんだいさん》紀《き》の南《みなみ》アメリカ大陸《たいりく》には、「有袋類《ゆうたいるい》のサーベルタイガー」ともいえる哺乳類《ほにゅうるい》がいたことがわかっています。それが「ティラコスミルス」です。

あごの力《ちから》が弱《よわ》かった

352ページから紹介《しょうかい》してきた哺乳類《ほにゅうるい》はすべて「有胎盤類《ゆうたいばんるい》」という大《おお》きなグループに分類《ぶんるい》されます。一方《いっぽう》で、哺乳類《ほにゅうるい》には「有袋類《ゆうたいるい》」というグループも中生代《ちゅうせいだい》から子孫《しそん》を残《のこ》し続《つづ》けています。有袋類《ゆうたいるい》は、現在《げんざい》のカンガルーやコアラを含《ふく》むグループで、お母《かあ》さんのおなかについている袋《ふくろ》で子育《こそだ》てをします。

ティラコスミルスは有袋類《ゆうたいるい》ですが、その見《み》た目《め》は有胎盤類《ゆうたいばんるい》のサーベルタイガーととてもよく似《に》ていました。

鼻《はな》の先《さき》からおしりまでの長《なが》さは1メートルほどで、上《うわ》あごに長《なが》い犬歯《けんし》がありました。また、下《した》あごの一部《いちぶ》が下《した》に向《む》かって長《なが》くのびていました。この長《なが》くのびた部分《ぶぶん》は、口《くち》を閉《と》じたときにちょうど上《うわ》あごの犬歯《けんし》がくる位置《いち》になります。この部分《ぶぶん》があるおかげで、口《くち》を閉《と》じたときに上《うわ》あごの犬歯《けんし》が守《まも》られていました。また、地面《じめん》に長《なが》い犬歯《けんし》が刺《さ》さってしまうのを防《ふせ》ぐことにも役立《やくだ》ったとみられています。

ティラコスミルスのあごの力《ちから》はとても弱《よわ》かったことがわかっています。そのため、獲物《えもの》をしとめるときには、あごの力《ちから》でかむのではなく、長《なが》い犬歯《けんし》を獲物《えもの》に突《つ》き刺《さ》していたのではないかと考《かんが》えられています。

もっとしりたい！
ティラコスミルスは、新第三紀《しんだいさんき》の南《みなみ》アメリカ大陸《たいりく》で最《もっと》もおそろしい肉食動物《にくしょくどうぶつ》だったとみられています。

千葉《ちば》にいたオオグソクムシ
バチノムス

バチノムス
Bathynomus kominatoensis

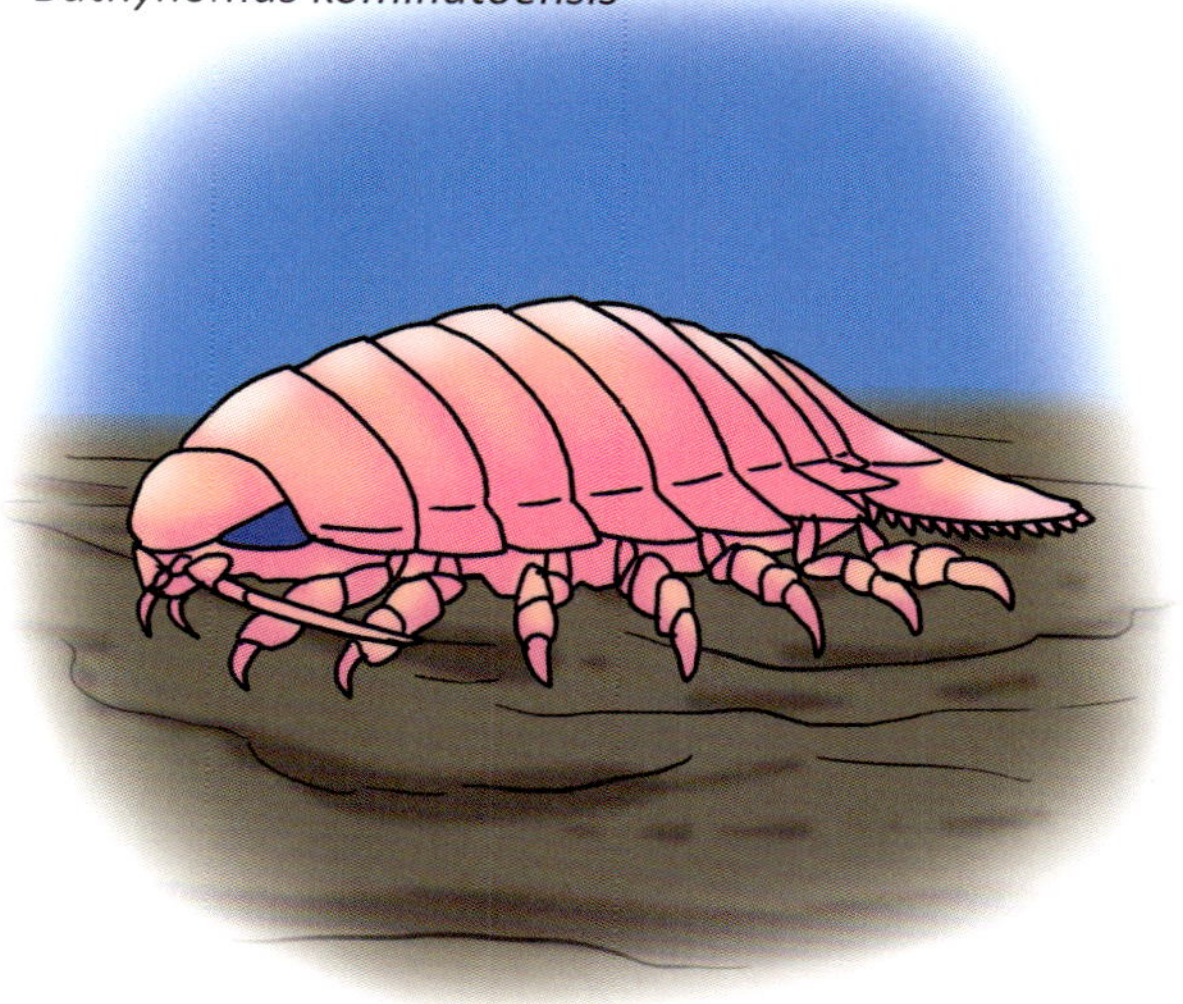

水族館《すいぞくかん》の人気者《にんきもの》

水族館《すいぞくかん》で人気《にんき》を集《あつ》めている動物《どうぶつ》の一《ひと》つに、「ダイオウグソクムシ」がいます。現在《げんざい》のダイオウグソクムシは、深《ふか》い海《うみ》の底《そこ》に暮《く》らす節足《せっそく》動物《どうぶつ》で、大《おお》きなものでは40センチメートルにまで成長《せいちょう》します。

ダイオウグソクムシは、「オオグソクムシ」とよばれるグループに属《ぞく》しています。ダイオウグソクムシは大西洋《たいせいよう》やインド洋《よう》の海《うみ》の底《そこ》でしかみつかっていませんが、そのほかのオオグソクムシの仲間《なかま》は、日本《にっぽん》の近《ちか》くの海《うみ》でもみつかっています。ただし、日本近海《にっぽんきんかい》で暮《く》らす種類《しゅるい》は、大《おお》きさが15センチメートルに満《み》たない小《ちい》さめのものばかりです。

ところが、新第三紀《しんだいさんき》の日本《にっぽん》には、大《おお》きさ24センチメートルをこえる大《おお》きめのオオグソクムシの仲間《なかま》がいたことがわかっています。その仲間《なかま》の名前《なまえ》を「バチノムス・コミナトエンシス」といいます。

脱皮《だっぴ》した殻《かう》の化石《かせき》

バチノムス・コミナトエンシスの化石《かせき》は、千葉県鴨川市小湊《ちばけんかもがわしこみなと》にある新第三紀《しんだいさんき》の地層《ちそう》からみつかりました。みつかったのは体《からだ》の後《うし》ろ部分《ぶぶん》の化石《かせき》で、おそらく脱皮《だっぴ》したときに残《のこ》された殻《から》であるとみられています。24センチメートル以上《いじょう》という数字《すうじ》は、この後半部分《こうはんぶぶん》から推測《すいそく》された全身《ぜんしん》の大《おお》きさです。

ダイオウグソクムシの大《おお》きな個体《こたい》にはおよびませんが、それでも十分大《じゅうぶんおお》きいサイズといえます。かつては日本近海《にっぽんきんかい》にも、ダイオウグソクムシのような大型《おおがた》のオオグソクムシがいたのです。

化石《かせき》を見《み》たい! **千葉県立中央博物館《ちばけんりつちゅうおうはくぶつかん》**

研究《けんきゅう》に使《つか》われた実物化石《じつぶつかせき》が展示《てんじ》されています。

千葉県立中央博物館所蔵・撮影

もっとしりたい! バチノムス・コミナトエンシスには、「コミナトダイオウグソクムシ」という和名《わめい》がつけられています。

泳《およ》ぎが得《とく》意《い》だった？
デスモスチルス

新第三紀《しんだいさんき》

新《しん》生《せい》代《だい》　中《ちゅう》生《せい》代《だい》　古《こ》生《せい》代《だい》　先《せん》カンブリア時《じ》代《だい》

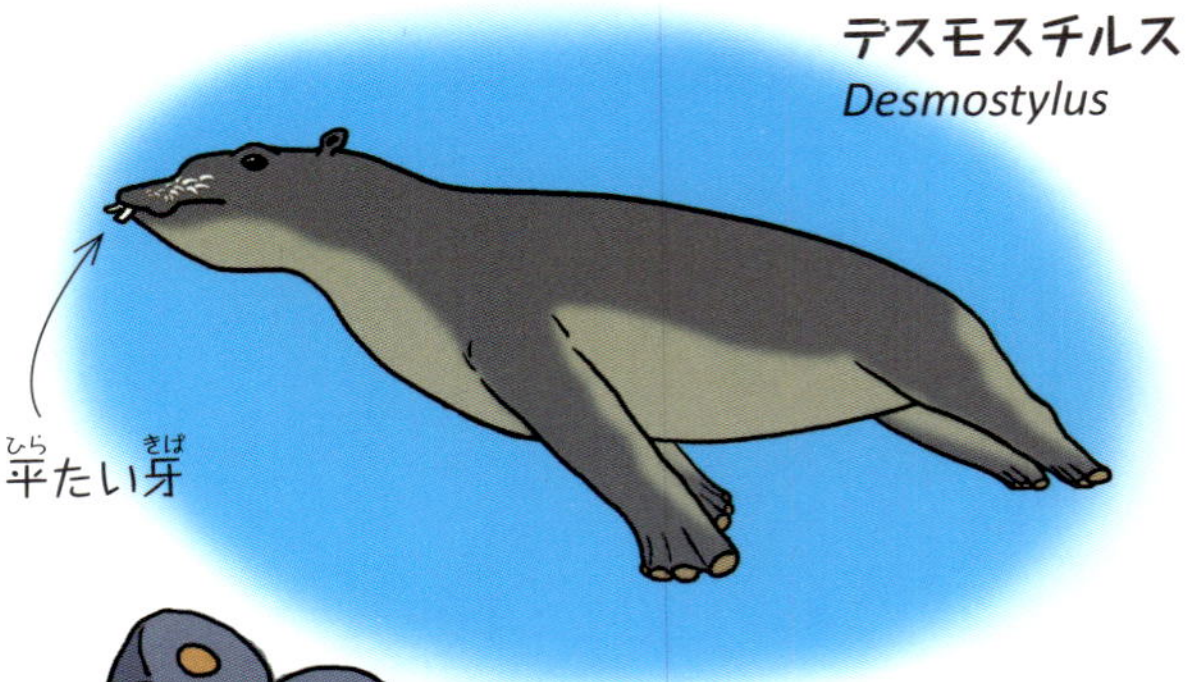

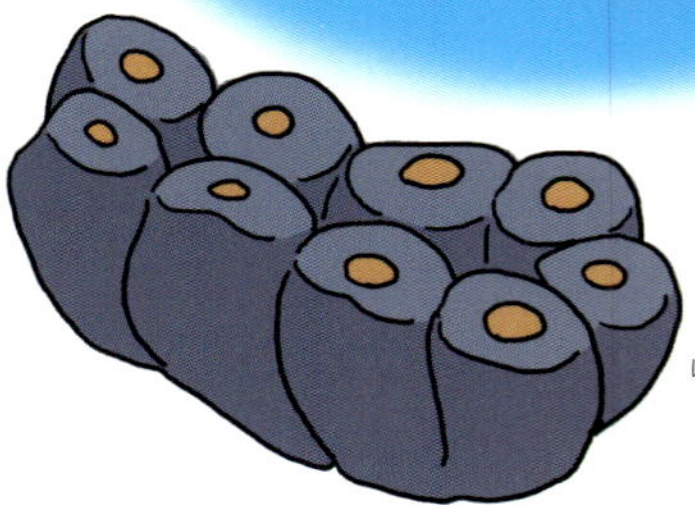
柱《はしら》が束《たば》になったような形《かたち》をした歯《は》

歯《は》が束《たば》になった

束柱類《そくちゅうるい》は、古第三紀《こだいさんき》に現《あらわ》れた哺乳類《ほにゅうるい》のグループの一《ひと》つです。343ページでは、最古《さいこ》の束柱《そくちゅう》類《るい》、アショロアを紹介《しょうかい》しました。

新第三紀《しんだいさんき》になっても、束柱類《そくちゅうるい》は生《い》き残《のこ》っていました。日本各地《にっぽんかくち》やサハリン、北《きた》アメリカ大陸《たいりく》の太平洋岸《たいへいようがん》にある地層《ちそう》から束柱類《そくちゅうるい》の化石《かせき》がみつかっています。その中《なか》でも最《もっと》も有名《ゆうめい》であり、束柱類《そくちゅうるい》の代表《だいひょう》ともいえるのが「デスモスチルス」です。

デスモスチルスは、鼻《はな》の先《さき》からおしりまでの長《なが》さが2・5メートルほどありました。アショロアの歯《は》はまだ束《たば》になっていませんでしたが、デスモスチルスの歯《は》は、束柱類《そくちゅうるい》という名《な》にふさわしく、柱《はしら》が束《たば》になったような形《かたち》をしていました。

そもそも「デスモスチルス」という名前《なまえ》には、「束《たば》ねた円柱《えんちゅう》」という意味《いみ》があるのです。また、デスモスチルスは平《ひら》たい牙《きば》をもっているという特徴《とくちょう》もありました。

骨《ほね》はスカスカだった

束柱《そくちゅう》類《るい》がみんなそうであるように、デスモスチルスも謎《なぞ》の哺乳類《ほにゅうるい》です。一見《いっけん》するとカバのように見《み》えますが、骨《ほね》がどのようにつながって、どのような姿勢《しせい》だったのかは、よくわかっていません。また、どのように生《い》きていたのかもよくわかっていません。

そんなデスモスチルスですが、泳《およ》ぎがうまかったのではないか、とみられています。骨《ほね》の内部《ないぶ》がスカスカだったからです。これは、遠《とお》くまで泳《およ》ぐことができる現在《げんざい》の哺乳類《ほにゅうるい》と同《おな》じ特徴《とくちょう》なのです。

化石《かせき》を見《み》たい！　足寄動物化石博物館《あしょろどうぶつかせきはくぶつかん》

さまざまな姿勢《しせい》の全身復《ぜんしんふく》元骨格《げんこっかく》が見《み》られます。

ここでもみられます！

三笠市立博物館、むかわ町穂別博物館、群馬県立自然史博物館、地質標本館、神奈川県立生命の星・地球博物館、福井県立恐竜博物館、東海大学自然史博物館、豊橋市自然史博物館、大阪市立自然史博物館、徳島県立博物館、北九州市立自然史・歴史博物館、御船町恐竜博物館　ほか

もっとしりたい！

おとなのデスモスチルスの骨《ほね》の内部《ないぶ》はスカスカですが、幼《おさな》いうちはみっちりつまっていたようです。このことから、デスモスチルスは成長《せいちょう》するにしたがってうまく泳《およ》げるようになった、と考《かんが》えられています。

アシカやアザラシたちの祖先《そせん》
ペウユラ

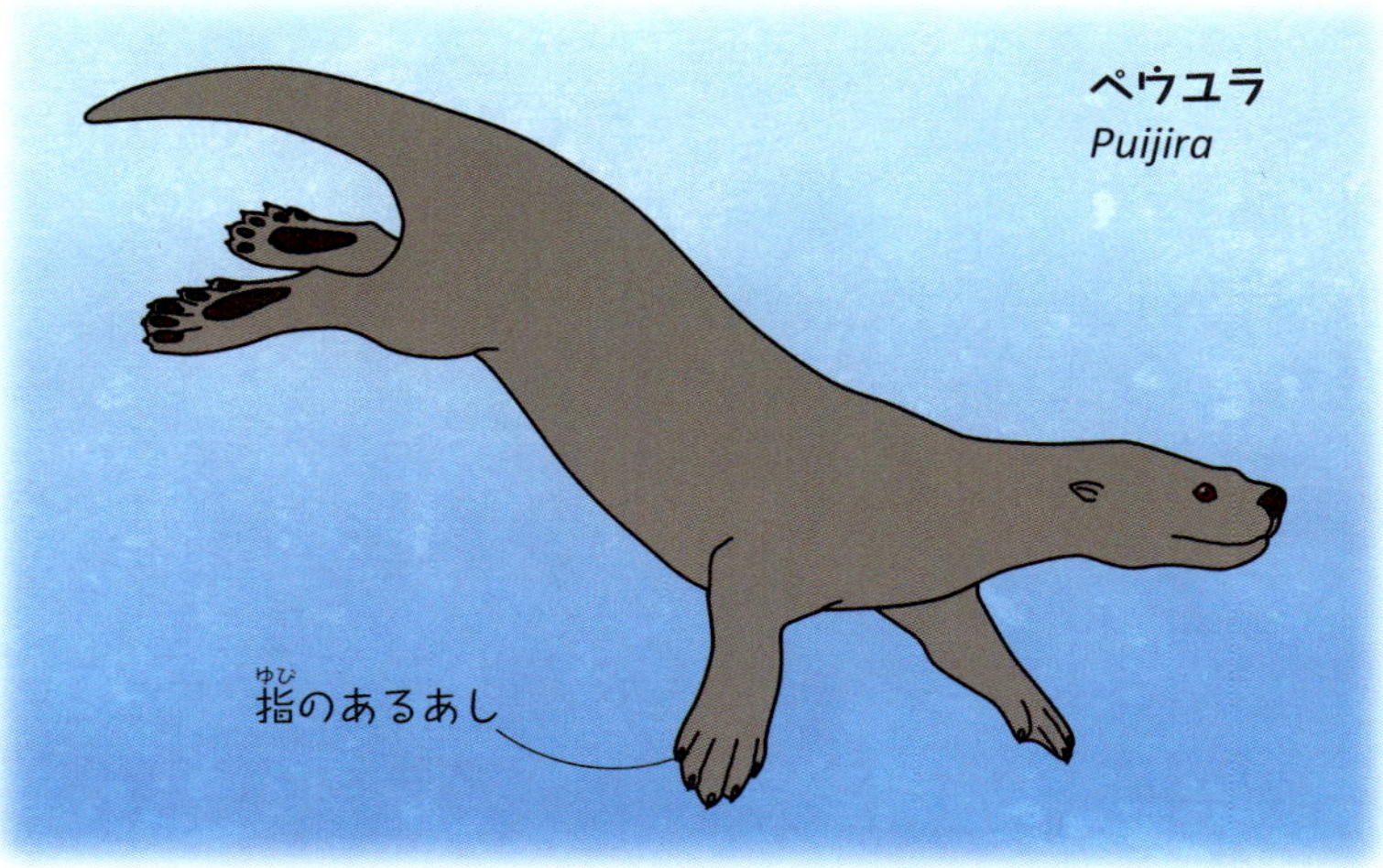

アシカとアザラシのちがい

今日《きょう》はアシカやアザラシ、セイウチの仲間《なかま》に注目《ちゅうもく》してみましょう。動物図鑑《どうぶつずかん》があれば、この三《みっ》つの哺乳類《ほにゅうるい》を探《さが》してみてください。アシカとアザラシ、セイウチのちがいがわかりますか？

いちばんのちがいは、後《うし》ろあしです。アシカとセイウチの後《うし》ろあしは、あしの甲《こう》が私《わたし》たちと同《おな》じように上《うえ》を向《む》いています。一方《いっぽう》、アザラシの後《うし》ろあしの甲《こう》は、下《した》を向《む》いているのです。あしの甲《こう》が下《した》を向《む》いていると、陸上《りくじょう》を上手《じょうず》に歩《ある》くことはできません。そのため、アザラシは体《からだ》をひきずって歩《ある》きます。

アシカとアザラシ、セイウチは「鰭脚類《ききゃくるい》」というグループに属《ぞく》しています。このうち、アシカとセイウチは、より近《ちか》い仲間《なかま》です。そして、すべての鰭脚類《ききゃくるい》には共通《きょうつう》する祖先《そせん》がいたと考《かんが》えられています。その祖先《そせん》に最《もっと》も近《ちか》いと考《かんが》えられているのが、「ペウユラ」です。

カワウソのような祖先《そせん》

ペウユラは、カナダにある新第三紀《しんだいさんき》の地層《ちそう》から化石《かせき》がみつかっている哺乳類《ほにゅうるい》です。鼻《はな》の先《さき》からおしりまでの長《なが》さは1メートルほどで、どちらかといえば現在《げんざい》の鰭脚類《ききゃくるい》よりも、カワウソのような姿《すがた》をしていました。現在《げんざい》の鰭脚類《ききゃくるい》は、文字《もじ》どおり鰭《ひれ》の脚《あし》をもちますが、ペウユラのあしにはまだはっきりとした指《ゆび》があったようです。

ペウユラの化石《かせき》がカナダでみつかったことから、鰭脚類《ききゃくるい》は北《きた》アメリカ大陸《たいりく》のどこかで進化《しんか》したと考《かんが》えられています。

行《い》ってみよう！　すみだ水族館《すいぞくかん》

アシカの仲間《なかま》であるオットセイの泳《およ》ぐ姿《すがた》を見《み》ることができます。ペウユラのイラストと比《くら》べて、そのちがいを探《さが》してみよう。

もっとしりたい！
ペウユラは、「プイジラ」ともよばれています。学名《がくめい》の「*Puijira*」をどのようように読《よ》むかのちがいです。「ペウユラ」は化石《かせき》のみつかった地域《ちいき》で使《つか》われているよび方《かた》です。

12月4日

読《よ》んだ日《ひ》
月　日
月　日

新《しん》第《だい》三《さん》紀《き》にたくさんいた サーベルタイガーたち

新第三紀《しんだいさんき》

新《しん》生《せい》代《だい》　中《ちゅう》生《せい》代《だい》　古生代　先カンブリア時代

世界中《せかいじゅう》にいた大型種《おおがたしゅ》

ネコ類《るい》の中《なか》で、剣《けん》のような長《なが》い犬歯《けんし》をもった種類《しゅるい》を「サーベルタイガー」とよぶことがあります。353ページでは、メタイルルスとマカイロドゥスを紹介《しょうかい》しました。

新第三紀《しんだいさんき》には、ほかにもさまざまなサーベルタイガーが現《あらわ》れました。今日《きょう》はその中《なか》から3種類《しゅるい》を紹介《しょうかい》しましょう。

まずは、マカイロドゥスに近《ちか》い仲間《なかま》とみられている、「ホモテリウム」です。ホモテリウムはアフリカをはじめ、世界各地《せかいかくち》から化石《かせき》がみつかってます。肩《かた》の高《たか》さが1メートルほどのネコ類《るい》でした。マカイロドゥスと同《おな》じくらいの大型《おおがた》のサーベルタイガーです。

ホモテリウム
Homotherium

ゼノスミルス
Xenosmilus

メガンテレオン
Megantereon

ジャガーに似《に》た姿《すがた》

アメリカから化石《かせき》がみつかっている「ゼノスミルス」も、肩《かた》の高《たか》さが1メートルほどの大型種《おおがたしゅ》です。ホモテリウムに近《ちか》い仲間《なかま》とされていて、ホモテリウムよりがっしりとした手《て》あしをもっていました。あしだけに注目《ちゅうもく》すれば、ゼノスミルスのあしはネコ類《るい》というよりは、クマ類《るい》に近《ちか》い形《かたち》でした。

一方《いっぽう》、アフリカやヨーロッパ、中国《ちゅうごく》などの世界各地《せかいかくち》から化石《かせき》がみつかっている「メガンテレオン」は、肩《かた》の高《たか》さが70センチメートルとホモテリウムたちよりはやや小型《こがた》でした。その姿《すがた》は現在《げんざい》のジャガーに似《に》ているといわれており、長《なが》くてがっしりとした首《くび》と、短《みじか》い尾《お》が特徴《とくちょう》です。このメガンテレオンに近《ちか》い仲間《なかま》として、やがて「スミロドン」が現《あらわ》れます。

化石《かせき》を見《み》たい！

ミュージアムパーク
茨城県自然博物館《いばらきけんしぜんはくぶつかん》

ホモテリウムとメガンテレオンの頭骨《とうこつ》の複製《ふくせい》を見《み》ることができます。まわりに展示《てんじ》されているネコ類《るい》の頭骨《とうこつ》とくらべて、そのちがいを探《さが》してみよう。

もっとしりたい！
ゼノスミルスのあしはクマ類《るい》に似《に》ていますが、クマ類《るい》のようにかかとをつけて歩《ある》いたかどうかはわかっていません。

サーベルタイガーの“代《だい》表《ひょう》選《せん》手《しゅ》”
スミロドン

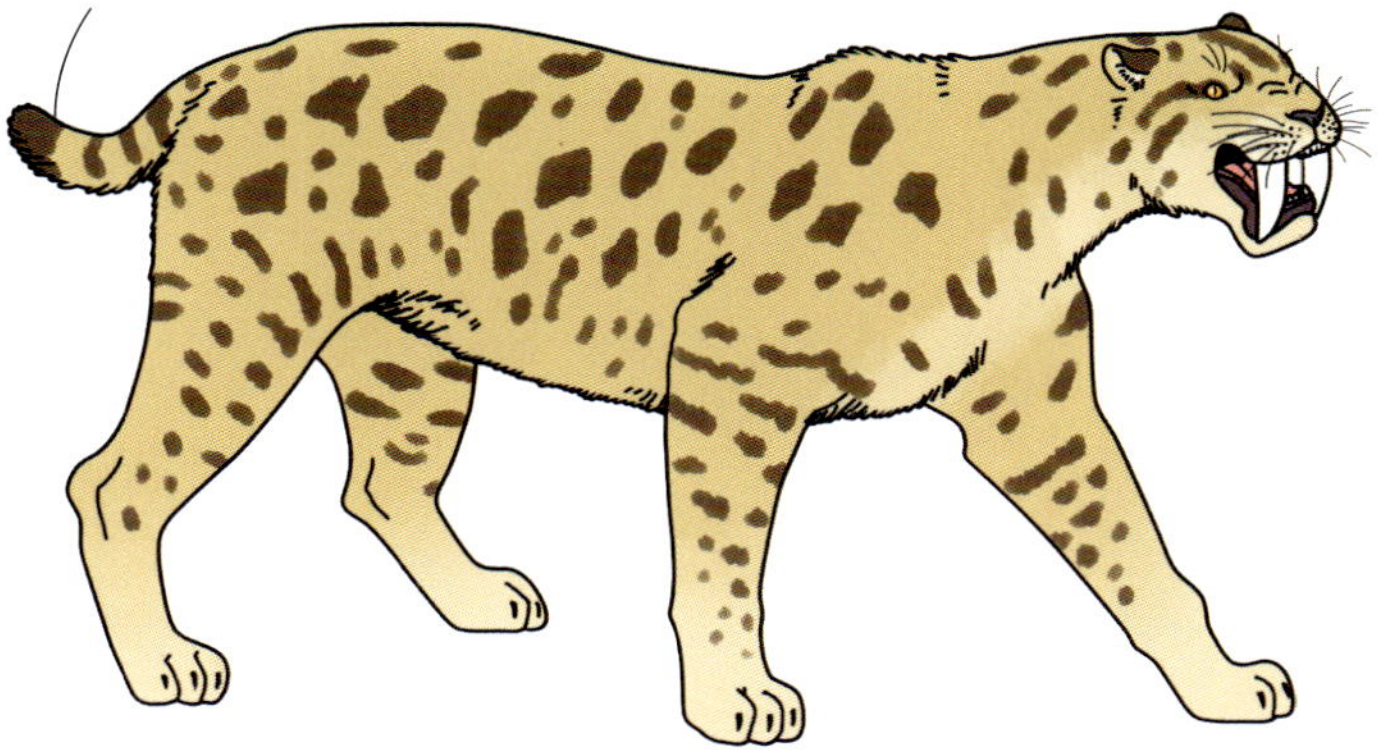

1万年前《まんねんまえ》まで生《い》きていた

「スミロドン」は、サーベルタイガーの“代表選手《だいひょうせんしゅ》”といえるほどに有名《ゆうめい》なネコ類《るい》です。アメリカやアルゼンチンなど、北《きた》アメリカ大陸《たいりく》と南《みなみ》アメリカ大陸《たいりく》の各地《かくち》の地層《ちそう》から化石《かせき》がみつかっています。新第三紀《しんだいさんき》に現《あらわ》れて、第四紀《だいよんき》までおおいに繁栄《はんえい》し、今《いま》からおよそ1万年前《まんねんまえ》まで生《い》きていました。アメリカのロサンゼルスにある第四紀《だいよんき》の化石鉱脈《かせきこうみゃく》からは、保存《ほぞん》のよいスミロドンの化石《かせき》がみつかっています。

スミロドンは、全身《ぜんしん》がとても筋肉質《きんにくしつ》で、がっしりとしていました。大《おお》きなものでは肩《かた》の高《たか》さが1・2メートルに達《たっ》し、体重《たいじゅう》も400キログラムにおよんだといわれています。また、手《て》あしは太《ふと》くて短《みじか》く、尾《お》も短《みじか》いという特徴《とくちょう》がありました。

長《なが》くて鋭《するど》いが、薄《うす》い犬歯《けんし》

スミロドンの犬歯《けんし》は、ひと月《つき》の間《あいだ》に6ミリメートルのびたといわれています。1年《ねん》では7・2センチメートルものびるということですから、すごい成長速度《せいちょうそくど》といえるでしょう。

そんなスミロドンの犬歯《けんし》は長《なが》くて鋭《するど》いものでしたが、とても薄《うす》いものでもありました。闘《たたか》うための武器《ぶき》として使《つか》うには折《お》れやすかったのです。そのため、この犬歯《けんし》はおそらく獲物《えもの》にとどめを刺《さ》すときなどにかぎって使《つか》っていたとみられています。スミロドンのあごは120度《ど》まで開《ひら》くので、長《なが》い犬歯《けんし》を有効《ゆうこう》に使《つか》うことができたでしょう。なお、最大《さいだい》の武器《ぶき》は太《ふと》い前《まえ》あしがくりだすパンチだったとみられています。

化石《かせき》を見《み》たい！

ミュージアムパーク
茨城県自然博物館《いばらきけんしぜんはくぶつかん》

スミロドンの実物《じつぶつ》の全身《ぜんしん》骨格《こっかく》が展示《てんじ》されています。質感《しつかん》を堪能《たんのう》してください。

ここでもみられます！
群馬県立自然史博物館、東海大学自然史博物館、徳島県立博物館、北九州市立自然史・歴史博物館　ほか

もっとしりたい！
新第三紀《しんだいさんき》のアメリカに現《あらわ》れたスミロドンは、その後《ご》、北《きた》アメリカ大陸《たいりく》と南《みなみ》アメリカ大陸《たいりく》がくっつくと、南《みなみ》アメリカ大陸《たいりく》でも暮《く》らすようになりました。

超大型《ちょうおおがた》のネズミ
ジョセフォアルティガシア

新第三紀《しんだいさんき》

新生代《しんせいだい》 中生代《ちゅうせいだい》 古生代《こせいだい》 先《せん》カンブリア時代《じだい》

ジョセフォアルティガシア
Josephoartigasia

体重《たいじゅう》は１トンもあった！

体重《たいじゅう》はカピバラの15倍以上《ばいいじょう》

ネズミやリスの仲間《なかま》のことを「齧歯類《げっしるい》」といいます。齧歯類《げっしるい》に属《ぞく》するほとんどの哺乳類《ほにゅうるい》は、体《からだ》が小《ち》さくて、私《わたし》たちの手《て》のひらに乗《の》るくらいです。現在《げんざい》の地球《ちきゅう》でみられる齧歯類《げっしるい》のうち、カピバラは最大級《さいだいきゅう》のものの一《ひと》つですが、それでも鼻《はな》の先《さき》からおしりまでの長《なが》さは１・４メートルほどです。体重《たいじゅう》はおよそ66キログラムです。

新第三紀《しんだいさんき》のウルグアイには、そんなカピバラを大《おお》きく上回《うわまわ》る超大型《ちょうおおがた》の齧歯類《げっしるい》がいました。その名《な》を「ジョセフォアルティガシア」といいます。

ジョセフォアルティガシアの大《おお》きさは、鼻《はな》の先《さき》からおしりまでの長《なが》さが３メートル、体重《たいじゅう》は1トンに達《たっ》したといわれています。カピバラの15倍以上《ばいいじょう》の重《おも》さがあったのです！　その姿《すがた》はまさに巨大《きょだい》なカピバラのようだったと考《かんが》えられています。

トラ並《な》みのあご

ジョセフォアルティガシアは、あごの力《ちから》がとても強《つよ》かったかもしれません。コンピューターを使《つか》った研究《けんきゅう》によると、ジョセフォアルティガシアのあごの力《ちから》は、現在《げんざい》のトラと同《おな》じくらいだったといわれています。

この強力《きょうりょく》なあごを使《つか》って、かたい土《つち》を掘《ほ》りおこし、樹木《じゅもく》の根《ね》を食《た》べたり、あるいは天敵《てんてき》に襲《おそ》われたときに身《み》を守《まも》ったりしたのかもしれません。かたい果実《かじつ》もかみ砕《くだ》くことができたでしょう。ネズミの仲間《なかま》であっても、ジョセフォアルティガシアは豪快《ごうかい》な生《い》き方《かた》をしていたのかもしれませんね。

行《い》ってみよう！　伊豆《いず》シャボテン動物公園《どうぶつこうえん》

たくさんのカピバラが飼育《しいく》されています。その大《おお》きさを実感《じっかん》してみよう！　ジョセフォアルティガシアはカピバラの15匹分以上《ひきぶんいじょう》の重《おも》さがありました。

もっとしりたい！

ジョセフォアルティガシアの学名《がくめい》は「*Josephoartigasia*」と書《か》きます。これをウルグアイの公用語《こうようご》であるスペイン語《ご》で読《よ》むと「ホセフォアルティガシア」と発音《はつおん》するので、このように書《か》く場合《ばあい》もあります。

尾《お》を失《うしな》った、類《るい》人《じん》猿《えん》の祖《そ》先《せん》
プロコンスル

プロコンスル
Proconsul

私《わたし》たちの遠《とお》い祖先《そせん》

人類《じんるい》は、ゴリラやチンパンジーと一緒《いっしょ》に「類人猿《るいじんえん》」というグループをつくっています。そして類人猿《るいじんえん》は、ニホンザルなどの「旧世界《きゅうせかい》ザル」というグループと一緒《いっしょ》に「狭鼻猿類《きょうびえんるい》」というより大《おお》きなグループをつくっています。337ページで紹介《しょうかい》したエジプトピテクスは、狭鼻猿類《きょうびえんるい》の一《ひと》つでした。

新第三紀《しんだいさんき》のはじめのころ、今《いま》からおよそ2300万年《まんねん》くらい前《まえ》、狭鼻猿類《きょうびえんるい》の中《なか》に類人猿《るいじんえん》の祖先《そせん》が現《あらわ》れました。「プロコンスル」です。

エジプトピテクスがそうであったように、プロコンスルの化石《かせき》もアフリカからみつかっています。ウガンダやケニアといった国々《くにぐに》がその化石《かせき》の産地《さんち》です。

尾《お》がなくなった

プロコンスルは、肩《かた》の高《たか》さが45センチメートルほどの類人猿《るいじんえん》でした。体重《たいじゅう》は20キログラムから50キログラムほどだったとみられています。大《おお》きな個体《こたい》は、現在《げんざい》のヒトとあまり体重《たいじゅう》が変《か》わりませんね。

エジプトピテクスなどのこれまでに紹介《しょうかい》してきた霊長類《れいちょうるい》と比《くら》べると、尾《お》をもっていなかったことがプロコンスルの特徴《とくちょう》です。これは、現在《げんざい》のチンパンジーやゴリラ、そして人類《じんるい》とも同《おな》じ特徴《とくちょう》です。

プロコンスルは祖先《そせん》と同《おな》じように木《き》の上《うえ》で生活《せいかつ》をしていたとみられています。

化石《かせき》を見《み》たい！ 豊橋市自然史博物館《とよはしししぜんしはくぶつかん》

頭骨《とうこつ》の複製《ふくせい》が展示《てんじ》されています。

ここでもみられます！
群馬県立自然史博物館、国立科学博物館 ほか

もっとしりたい！
類人猿《るいじんえん》は、「小型類人猿《こがたるいじんえん》」と「大型類人猿《おおがたるいじんえん》」に分《わ》けられます。チンパンジーやゴリラ、ヒトが含《ふく》まれるのは大型類人猿《おおがたるいじんえん》です。小型類人猿《こがたるいじんえん》にはテナガザルの仲間《なかま》が含《ふく》まれます。

およそ700万《まん》年《ねん》前《まえ》に現《あらわ》れた初《しょ》期《き》の人《じん》類《るい》

人類《じんるい》の歴史《れきし》の始《はじ》まり

これまでに知《し》られているかぎり最《もっと》も古《ふる》い人類《じんるい》の化石《かせき》は、アフリカのチャドにある新第三紀《しんだいさんき》の地層《ちそう》からみつかっています。その人類《じんるい》の名前《なまえ》を「サヘラントロプス」といいます。

サヘラントロプスは、ほぼ完全《かんぜん》な頭骨《とうこつ》がみつかっています。しかし、その頭骨《とうこつ》の化石《かせき》以外《いがい》には、下《した》あごの骨《ほね》の破片《はへん》や歯《は》などしかみつかっていません。そのため、いったいどのような姿《すがた》をしていたのかは謎《なぞ》に包《つつ》まれています。

サヘラントロプスの化石《かせき》は、今《いま》からおよそ700万年前《まんねんまえ》のものと考《かんが》えられています。このことから、「人類《じんるい》の歴史《れきし》は700万年《まんねん》」といわれることがあります。

背中《せなか》をのばして歩《ある》く

初期《しょき》の人類《じんるい》の中《なか》で、その姿《すがた》がよくわかっているのは、「アルディピテクス・ラミダス」です。エチオピアにあるおよそ440万《まん》年前《ねんまえ》の地層《ちそう》から化石《かせき》がみつかっています。アルディピテクス・ラミダスの化石《かせき》はいくつかみつかっており、その中《なか》でもとくに「アルディ」という愛称《あいしょう》でよばれる女性《じょせい》の化石《かせき》は、全身《ぜんしん》の多《おお》くが残《のこ》っていました。

アルディは身長《しんちょう》およそ1・2メートル、体重《たいじゅう》は45キログラムほどでした。その手《て》のひらを見《み》るととても頑丈《がんじょう》で、手首《てくび》がよく動《うご》いたこともわかっています。このことから、アルディピテクスは木登《きのぼ》りが得意《とくい》だったと考《かんが》えられています。

一方《いっぽう》で、アルディピテクスは、背中《せなか》をまっすぐのばして、2本《ほん》のあしで地上《ちじょう》を歩《ある》くこともできたとみられています。初期人類《しょきじんるい》のこの姿勢《しせい》こそが、ほかの類人猿《るいじんえん》と決定的《けっていてき》にちがう点《てん》でした。

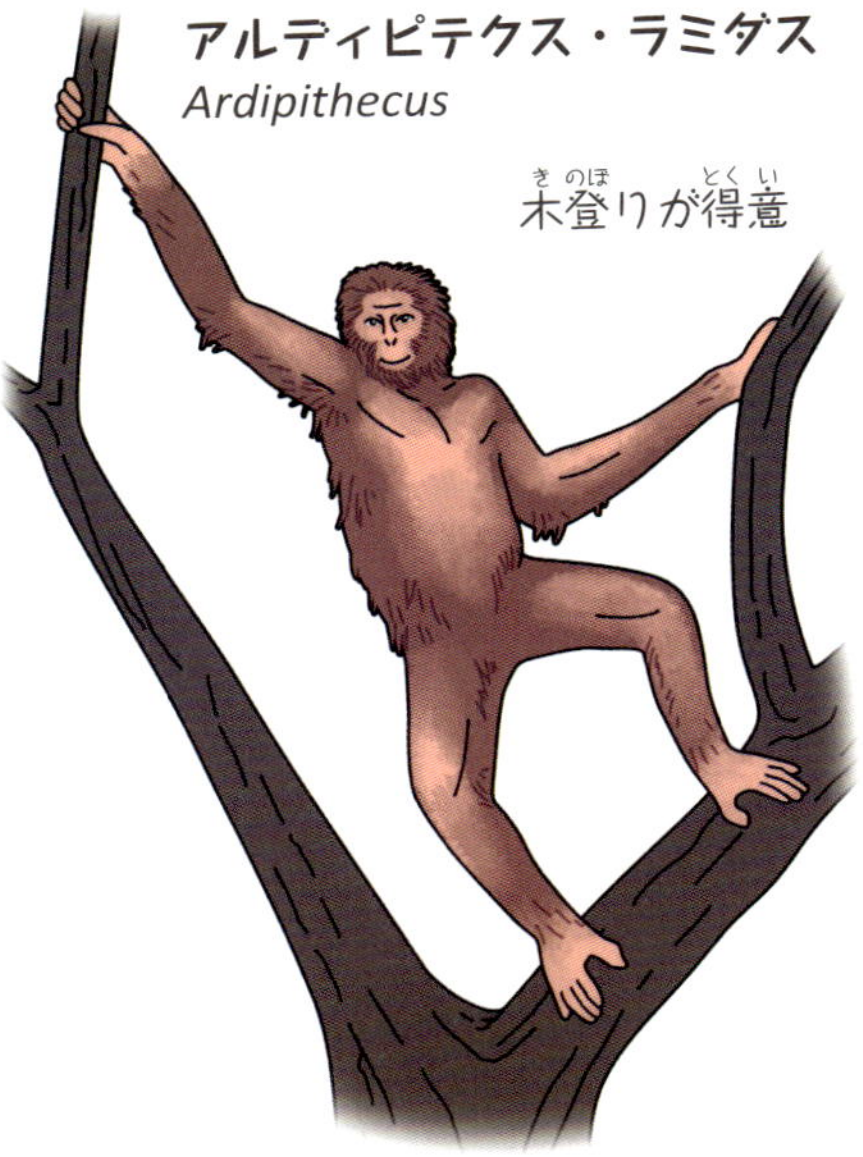

アルディピテクス・ラミダス
Ardipithecus
木登《きのぼ》りが得意《とくい》

化石《かせき》を見《み》たい！　豊橋市自然史博物館《とよはしししぜんしはくぶつかん》

頭骨《とうこつ》の複製《ふくせい》が展示《てんじ》されています。

ここでもみられます！
神奈川県立生命の星・地球博物館　ほか

もっとしりたい！
2本《ほん》のあしで体《からだ》を支《ささ》え、背中《せなか》をまっすぐのばして歩《ある》くことを「直立二足歩行《ちょくりつにそくほこう》」といいます。

ずっとヒトらしくなった アウストラロピテクス

アフリカで進《すす》む人類《じんるい》の進化《しんか》

新第三紀《しんだいさんき》の終《お》わりが近《ちか》づいてきたころ、タンザニア、エチオピア、ケニアに新《あら》たな人類《じんるい》が現《あらわ》れました。「アウストラロピテクス・アファレンシス」です。アフリカ各地《かくち》でみつかるアウストラロピテクス・アファレンシスの化石《かせき》の中《なか》では、「ルーシー」という愛称《あいしょう》がつけられた女性《じょせい》の化石《かせき》が有名《ゆうめい》です。

ルーシーは、エチオピアにあるおよそ320万年前《まんねんまえ》の地層《ちそう》から化石《かせき》がみつかりました。ルーシーの身長《しんちょう》はおよそ1メートル、体重《たいじゅう》は30キログラムほどで、アウストラロピテクス・アファレンシスの中《なか》では小柄《こがら》だったようです。

草原《そうげん》を歩《ある》きまわった

右《みぎ》ページのアルディピテクスと比《くら》べると、アウストラロピテクス・アファレンシスはずいぶんと〝ヒトらしく〟なっていました。がっしりとした頬《ほお》の骨《ほね》とあごがあり、あごには大《おお》きな歯《は》が並《なら》んでいました。そのため、果実《かじつ》だけではなく、たとえば、草原《そうげん》に生《は》える植物《しょくぶつ》の根《ね》のようなかたいものも食《た》べることができたとみられています。

あしの親指《おやゆび》がほかの指《ゆび》と同《おな》じようにまっすぐに前《まえ》を向《む》いたこともアウストラロピテクス・アファレンシスの大《おお》きな特徴《とくちょう》です。あしには「土踏《つちふ》まず」もありました。こうした特徴《とくちょう》から、アウストラロピテクス・アファレンシスは、それまでの人類《じんるい》よりも上手《じょうず》に歩《ある》きまわることができたとみられています。

アウストラロピテクス・アファレンシス
Australopithecus

化石《かせき》を見《み》たい！ 国立科学博物館《こくりつかがくはくぶつかん》

頭骨《とうこつ》や部分化石《ぶぶんかせき》、ルーシーの復元《ふくげん》模型《もけい》など、もりだくさん！

国立科学博物館

ここでもみられます！
足寄動物化石博物館、むかわ町穂別博物館、群馬県立自然史博物館、ミュージアムパーク 茨城県自然博物館、神奈川県立生命の星・地球博物館、福井県立恐竜博物館、豊橋市自然史博物館、蒲郡市生命の海科学館、徳島県立博物館、北九州市立自然史・歴史博物館、御船町恐竜博物館　ほか

もっとしりたい！
「ルーシー」という愛称《あいしょう》は、化石《かせき》の発掘現場《はっくつげんば》で流《なが》れていたビートルズの曲《きょく》『ルーシー・イン・ザ・スカイ・ウィズ・ダイアモンズ』にちなむものです。

12月 10日
読《よ》んだ日《ひ》 月 日 月 日

column

古《こ》生《せい》物《ぶつ》学《がく》と考《こう》古《こ》学《がく》はどうちがうの？

古《こ》生《せい》物《ぶつ》学《がく》ってどんな学《がく》問《もん》？

　この本《ほん》では、ここまでに300種類以上《しゅるいいじょう》の動物《どうぶつ》や植物《しょくぶつ》を紹介《しょうかい》してきました。先《せん》カンブリア時代《じだい》の謎《なぞ》だらけの生《い》き物《もの》から、現在《げんざい》の動物《どうぶつ》に似《に》た生《い》き物《もの》など、いろいろな生物《せいぶつ》がいましたね。印象《いんしょう》に残《のこ》った動物《どうぶつ》や植物《しょくぶつ》はいくつありますか？

　これまでに見《み》てきたような動物《どうぶつ》や植物《しょくぶつ》のことを「古生物《こせいぶつ》」とよびます。そして、古生物《こせいぶつ》を研究《けんきゅう》している学問《がくもん》を「古生物学《こせいぶつがく》」とよんでいます。

　古生物学《こせいぶつがく》は、「地球科学《ちきゅうかがく》」という分野《ぶんや》の一《ひと》つで、化石《かせき》や化石《かせき》にまつわることを研究《けんきゅう》します。地球《ちきゅう》科学《かがく》は「地学《ちがく》」ともよばれています。そして、地学《ちがく》は理科《りか》の中《なか》の一《ひと》つの分野《ぶんや》です。

　もしも、この本《ほん》を読《よ》んで大昔《おおむかし》の動物《どうぶつ》や植物《しょくぶつ》に興味《きょうみ》をもったら、次《つぎ》は「古生物学《こせいぶつがく》」や「地球科学《ちきゅうかがく》」、あるいは「地学《ちがく》」のいろいろな本《ほん》を読《よ》んでみましょう。なかには難《むずか》しい本《ほん》もあるかと思《おも》います。しかし、楽《たの》しい本《ほん》も多《おお》いはずです。自分《じぶん》が「楽《たの》しい」と思《おも》えるような、そんな本《ほん》を探《さが》してみてください。

　なお、古生物学《こせいぶつがく》に近《ちか》い学問《がくもん》としては、地層《ちそう》の研究《けんきゅう》をする「地《ち》質学《しつがく》」や、現在《げんざい》の生物《せいぶつ》の研究《けんきゅう》をする「生物学《せいぶつがく》」などがあります。

古生物学《こせいぶつがく》

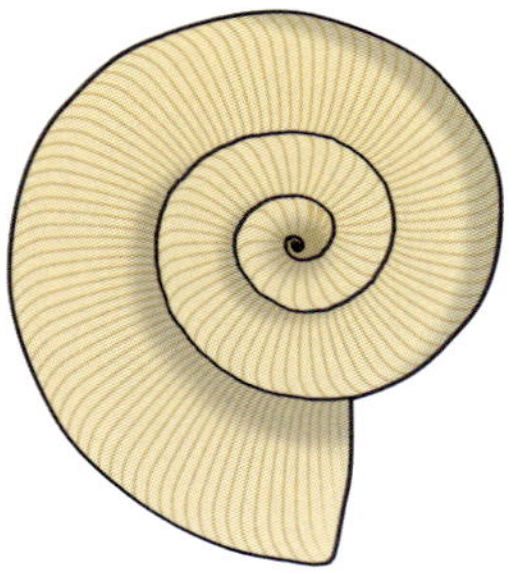

産出《さんしゅつ》した「化石《かせき》」を研究《けんきゅう》

考古学《こうこがく》

出土《しゅつど》した「遺物《いぶつ》・遺跡《いせき》」を研究《けんきゅう》

古《こ》生《せい》物《ぶつ》学《がく》と考《こう》古《こ》学《がく》は別《べつ》の学《がく》問《もん》

　古生物学《こせいぶつがく》とよくまちがわれる学問《がくもん》に、考古学《こうこがく》があります。

　考古学《こうこがく》は人類《じんるい》の歴史《れきし》を研究《けんきゅう》する学問《がくもん》の一《ひと》つです。遺跡《いせき》を調《しら》べて、大昔《おおむかし》の住居《じゅうきょ》のあとや、そこからみつかる道具《どうぐ》などを研究《けんきゅう》しています。

　古生物学《こせいぶつがく》と考古学《こうこがく》は両方《りょうほう》とも、「発掘《はっくつ》」と深《ふか》い結《むす》びつきがあります。古生物学《こせいぶつがく》では化石《かせき》を発掘《はっくつ》し、考古学《こうこがく》では遺跡《いせき》を発掘《はっくつ》するということが大《おお》きなちがいです。

　考古学《こうこがく》は、「歴史学《れきしがく》」の一《ひと》つの分野《ぶんや》です。そして「歴史学《れきしがく》」は、学校《がっこう》の授業《じゅぎょう》でいう「社会《しゃかい》」の分野《ぶんや》の一《ひと》つです。

　この本《ほん》を読《よ》んでいるみなさんが高校生《こうこうせい》や大学生《だいがくせい》になったときに、古生物学《こせいぶつがく》を研究《けんきゅう》したいと思《おも》ったら、理系《りけい》に進《すす》むことが近道《ちかみち》です。一方《いっぽう》、考古学《こうこがく》を研究《けんきゅう》したいと思《おも》ったら、文系《ぶんけい》に進《すす》むのがよいでしょう。

もっとしりたい！　古生物学《こせいぶつがく》は、どのような大学《だいがく》で研究《けんきゅう》されているのでしょうか？　インターネットなどを使《つか》って調《しら》べてみましょう。

第《だい》四《よん》紀《き》

いよいよ最後《さいご》の時代《じだい》までやってきました。およそ258万年前《まんねんまえ》から現在《げんざい》までの時代《じだい》を「第四紀《だいよんき》」とよびます。現《げん》在《ざい》は「地球温暖化《ちきゅうおんだんか》」が問題《もんだい》になっていますが、実《じつ》は第《だい》四紀《よんき》は、地球《ちきゅう》の歴史《れきし》からみれば、とても寒《さむ》い時代《じだい》です。そんな時代《じだい》にはどのような動物《どうぶつ》が現《あらわ》れたのでしょう？また、人類《じんるい》はどのように進化《しんか》してきたのでしょうか？“最古《さいこ》の化石《かせき》”から読《よ》んできた「しんかの旅《たび》」も終着駅《しゅうちゃくえき》が間近《まぢか》にせまっています。

氷《ひょう》期《き》と間《かん》氷《ぴょう》期《き》がくりかえす 第四紀《だいよんき》

第四紀《だいよんき》の地球《ちきゅう》

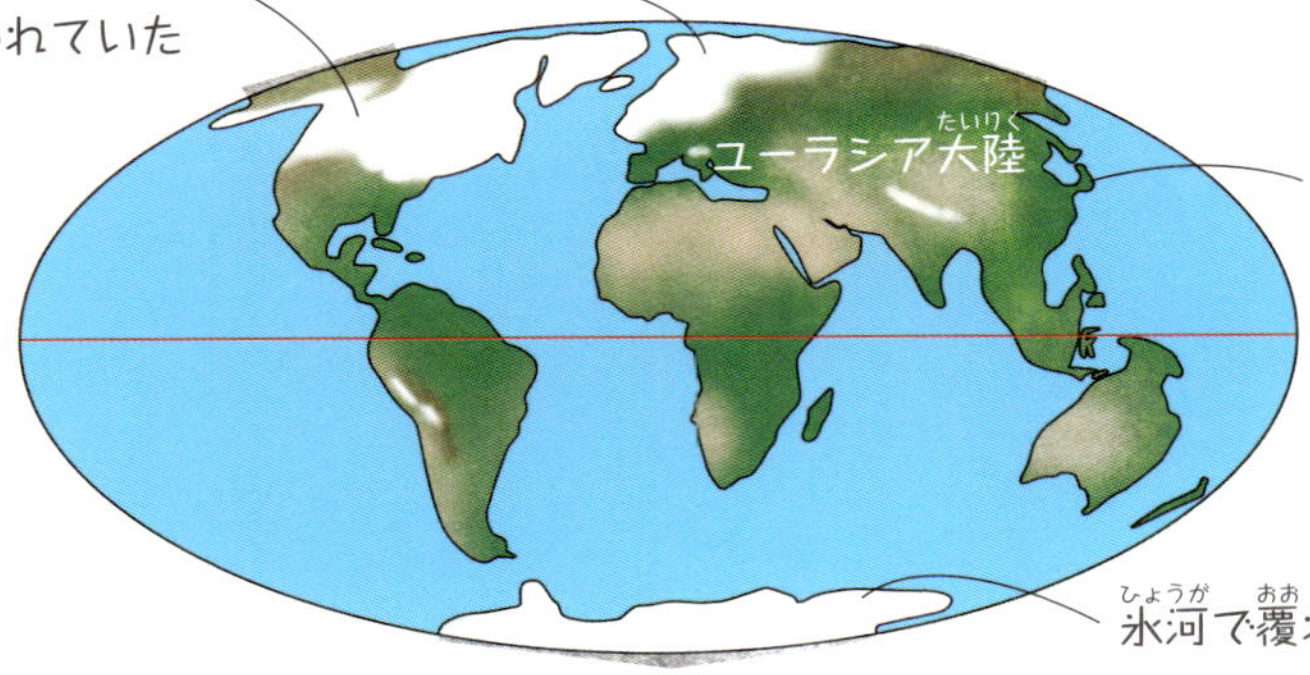

とても冷《ひ》えこんだ

新生代最後《しんせいだいさいご》の時代《じだい》が、第四紀《だいよんき》です。今《いま》からおよそ258万年前《まんねんまえ》から、現在《げんざい》まで続《つづ》く時代《じだい》です。

第四紀《だいよんき》になると、地球《ちきゅう》の気候《きこう》はとても冷《ひ》えこんでいきました。そのため、赤道《せきどう》から遠《とお》い地域《ちいき》を中心《ちゅうしん》に、大《おお》きな氷河《ひょうが》がつくられました。とくに氷河《ひょうが》が大《おお》きくなって、寒《さむ》さも厳《きび》しかった時期《じき》のことを「氷《ひょう》期《き》」とよびます。

第四紀《だいよんき》がずっと寒《さむ》かったというわけではありません。ときどき寒《さむ》さがゆるんで、少《すこ》し暖《あたた》かくなる期間《きかん》がありました。こうした時期《じき》を「間氷期《かんぴょうき》」とよびます。現在《げんざい》は地球《ちきゅう》の歴史全体《れきしぜんたい》からみると寒《さむ》い気候《きこう》ですが、それでも氷期《ひょうき》ほどの寒《さむ》さはありません。つまり、現在《げんざい》は間氷期《かんぴょうき》なのです。

なお、氷期《ひょうき》と似《に》たような意味《いみ》をもつ言葉《ことば》に「氷河時代《ひょうがじだい》」があります。ただし、この言葉《ことば》の使《つか》い方《かた》はまちまちです。氷期《ひょうき》のことを氷河《ひょうが》時代《じだい》ということもあれば、氷期《ひょうき》と間氷期《かんぴょうき》をくりかえす第四紀《だいよんき》のような時代《じだい》のことを氷河時代《ひょうがじだい》ということもあります。

あちこちで陸地《りくち》が増《ふ》えた

氷期《ひょうき》になると海面《かいめん》の高《たか》さが下《さ》がります。大《おお》きな氷河《ひょうが》をつくるのに水《みず》が使《つか》われてしまうためです。海《かい》面《めん》の高《たか》さが下《さ》がると、それまで海《うみ》の底《そこ》にあった場所《ばしょ》が海《うみ》の上《うえ》に顔《かお》を出《だ》すようになります。こうして第四紀《だいよんき》の氷期《ひょうき》には、陸地《りくち》が広《ひろ》がりました。

たとえば、シベリアとアラスカの間《あいだ》にあるベーリング海峡《かいきょう》は、ときどきつながっていたことがわかっています。ヒトの祖先《そせん》やマンモスの仲間《なかま》たちは、そんな陸地《りくち》を通《とお》って、北《きた》アメリカ大陸《たいりく》へと渡《わた》りました。

寒《さむ》さに強《つよ》い
ケナガマンモスが大繁栄《だいはんえい》！

もっとしりたい！
第四紀《だいよんき》は、およそ1万年前《まんねんまえ》を境《さかい》にさらに二《ふた》つの時代《じだい》に分《わ》けられます。古《ふる》い方《ほう》を「更新世《こうしんせい》」、新《あたら》しい方《ほう》を「完新世《かんしんせい》」とよびます。

大阪《おおさか》にいた巨大《きょだい》なワニ
マチカネワニ

第四紀《だいよんき》

新生代《しんせいだい》　中生代《ちゅうせいだい》　古生代《こせいだい》　先《せん》カンブリア時代《じだい》

今《いま》よりも暖《あたた》かい時代《じだい》

第四紀《だいよんき》は、寒《さむ》さの厳《きび》しい氷期《ひょうき》と、寒《さむ》さがゆるんだ間氷期《かんぴょうき》がくりかえし訪《おとず》れました。間氷期《かんぴょうき》には、現在《げんざい》よりも暖《あたた》かかった時期《じき》もあったようです。今《いま》から40万年前《まんねんまえ》ごろは、そんな暖《あたた》かい間氷期《かんぴょうき》でした。なにしろ、その時期《じき》には大阪《おおさか》にワニの仲間《なかま》がいたのです。

現在《げんざい》の野生《やせい》のワニの仲間《なかま》はみんな、熱帯《ねったい》から亜熱帯《あねったい》にかけての水辺《みずべ》で暮《く》らしています。とても暖《あたた》かい地域《ちいき》を好《この》むのです。もちろん、現在《げんざい》の大阪《おおさか》には野生《やせい》のワニはいません。

およそ40万年前《まんねんまえ》の大阪《おおさか》にいたワニの仲間《なかま》の名前《なまえ》を「トヨタマフィメイア・マチカネンシス」といいます。「マチカネンシス」という名《な》は、大阪府豊中市《おおさかふとよなかし》の待兼《まちかね》山《やま》から化石《かせき》がみつかったことにちなむものです。このワニは、「マチカネワニ」という和名《わめい》でもよばれています。

超大型《ちょうおおがた》だった

マチカネワニは、とても大《おお》きなワニでした。全身《ぜんしん》のすべての骨《ほね》が発見《はっけん》されているわけではありませんが、頭《あたま》の骨《ほね》の大《おお》きさだけでも1メートルに達《たっ》し、鼻《はな》の先《さき》から尾《お》の先《さき》までの長《なが》さは7・7メートルもあったと見積《みつ》もられています。現在《げんざい》のワニの仲間《なかま》で超大型《ちょうおおがた》とされるイリエワニが7メートルほどなので、マチカネワニがいかに大《おお》きかったかがわかります。

マチカネワニは、口先《くちさき》が長《なが》かったことが特徴《とくちょう》です。このことから、同《おな》じ特徴《とくちょう》をもつマレーガビアルという現在《げんざい》のワニの仲間《なかま》に近縁《きんえん》だとみられています。

化石《かせき》を見《み》たい！

大阪大学《おおさかだいがく》 総合学術博物館《そうごうがくじゅつはくぶつかん》

待兼山修学館《まちかねやましゅうがくかん》では、実物《じつぶつ》化石《かせき》と全身復元骨格《ぜんしんふくげんこっかく》が展示《てんじ》されています。

ここでもみられます！
北海道大学総合博物館、豊橋市自然史博物館、大阪市立自然史博物館、北九州市立自然史・歴史博物館、御船町恐竜博物館　ほか

もっとしりたい！
「トヨタマフィメイア」という名前《なまえ》は、日本最古《にっぽんさいこ》の歴史書《れきししょ》である『古事記《こじき》』に登場《とうじょう》するワニの化身《けしん》、「豊玉姫《とよたまひめ》」にちなむものです。

たてがみのないライオン
ホラアナライオン

第四紀《だいよんき》

新生代《しんせいだい》　中生代《ちゅうせいだい》　古生代《こせいだい》　先《せん》カンブリア時代《じだい》

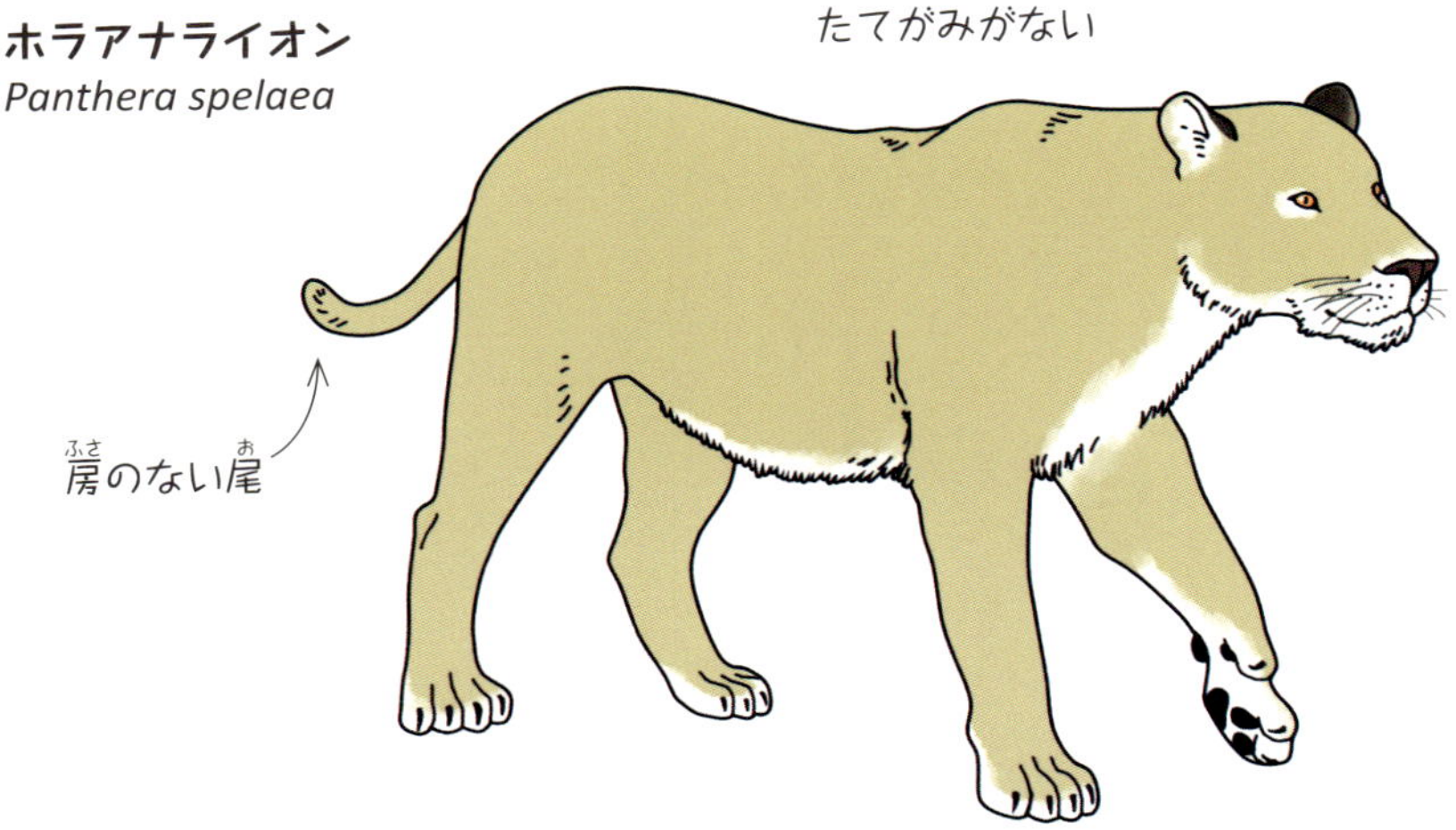

洞窟《どうくつ》から化石《かせき》がみつかった

洞窟《どうくつ》で暮《く》らしていて、そのまま洞窟《どうくつ》で死《し》んで化石《かせき》となり、のちに人類《じんるい》にみつかる。そんな動物《どうぶつ》たちが第四紀《だいよんき》にはいくつもいました。

たとえば、「パンセラ・スペラエ」です。ただし、この名前《なまえ》よりも和名《わめい》の「ホラアナライオン」あるいは「ドウクツライオン」の方《ほう》がよく知《し》られているでしょう。

ホラアナライオンは、鼻《はな》の先《さき》からおしりまでの長《なが》さが2・7メートルほどのネコ類《るい》です。化石《かせき》をみると、現在《げんざい》のライオンの骨格《こっかく》とよく似《に》ています。実際《じっさい》、ホラアナライオンは、現在《げんざい》のライオンときわめて近《ちか》い仲間《なかま》であるという見方《みかた》があります。

ウマやシカなどを襲《おそ》って食《た》べていたとみられており、スペインのある洞窟《どうくつ》では、そうした動物《どうぶつ》たちと一緒《いっしょ》に化石《かせき》がみつかっています。

たてがみがなかった

骨格《こっかく》は現在《げんざい》のライオンに似《に》ていましたが、ホラアナライオンには現在《げんざい》のライオンにあるようなたてがみがありませんでした。また、尾《お》の先《さき》の房《ふさ》もなかったとみられています。つまり、ホラアナライオンはオスであっても、現在《げんざい》のライオンのオスのような姿《すがた》ではなかったようなのです。

でも、たてがみも尾《お》の房《ふさ》も、化石《かせき》には残《のこ》らないはずです。どうして生《い》きていたときの姿《すがた》がわかったのでしょうか？

実《じつ》は、およそ2万年前《まんねんまえ》の人類《じんるい》が洞窟《どうくつ》に壁画《へきが》を残《のこ》していたのです。その壁画《へきが》に描《えが》かれていたライオンたちは、たてがみや尾《お》の房《ふさ》をもたないものばかりだったのです。

このようにかつての人類《じんるい》と関《かか》わりがあった動物《どうぶつ》が第四紀《だいよんき》にはたくさんいました。人類《じんるい》と関《かか》わりが出《で》てくると、その姿《すがた》が絵画《かいが》や彫刻《ちょうこく》などに残《のこ》されたり、骨《ほね》を使《つか》った道具《どうぐ》や家《いえ》がつくられたりします。

理科《りか》の教科書《きょうかしょ》だけではなく、社会《しゃかい》の教科書《きょうかしょ》もよく見《み》てみましょう。ひょっとしたらホラアナライオンなどの古生物《こせいぶつ》の姿《すがた》の〝作品《さくひん》〟をみつけることができるかもしれません。

もっとしりたい！
2015年《ねん》に、シベリアの永久凍土《えいきゅうとうど》で、凍《こお》ったまま保存《ほぞん》されていたホラアナライオンの子《こ》どもがみつかりました。こうした冷凍保存《れいとうほぞん》された動物《どうぶつ》がよくみつかるのも第四紀《だいよんき》の特徴《とくちょう》です。

第四紀《だいよんき》で最《もっと》も恐《おそ》ろしい動物《どうぶつ》
ホラアナグマ

ホラアナグマ
Ursus spelaeus

ヒグマと同《おな》じくらいの体《からだ》の大《おお》きさ

ヒグマ並《な》みの大《おお》きさ

第四紀《だいよんき》には、洞窟《どうくつ》で暮《く》らしていた哺乳類《ほにゅうるい》がいくつもいたようです。右《みぎ》ページではホラアナライオンを紹介《しょうかい》しましたね。今日《きょう》は、もう1種類《しゅるい》を紹介《しょうかい》しましょう。

ユーラシア大陸北部《たいりくほくぶ》にある各地《かくち》の洞窟《どうくつ》からは、「ウルスス・スペラエウス」の化石《かせき》がみつかっています。和名《わめい》では「ホラアナグマ」とよばれています。

ホラアナグマは、鼻《はな》の先《さき》からおしりまでの長《なが》さが2メートルのクマの仲間《なかま》です。現在《げんざい》の地球《ちきゅう》でいえば、北海道《ほっかいどう》にいるヒグマと同《おな》じくらいの大《おお》きさです。ただし、現在《げんざい》のヒグマと比《くら》べると、頭《あたま》が大《おお》きく、あしが短《みじか》いという特徴《とくちょう》がありました。

現在《げんざい》のヒグマは、人間《にんげん》を襲《おそ》うこともある凶暴《きょうぼう》なクマの仲間《なかま》です。がっしりとした体《からだ》のホラアナグマも、ヒグマと同《おな》じようにとても凶暴《きょうぼう》で恐《おそ》ろしい動物《どうぶつ》だったと考《かんが》えられています。

一《ひと》つの洞窟《どうくつ》で集団生活《しゅうだんせいかつ》？

ルーマニアにある一《ひと》つの洞窟《どうくつ》からは、140頭《とう》をこえるホラアナグマの化石《かせき》がみつかっています。たくさんのホラアナグマがこの洞窟《どうくつ》を生活《せいかつ》する場所《ばしょ》として使《つか》っていたのでしょう。冬眠《とうみん》をしたり、出産《しゅっさん》や子育《こそだ》てをしたりする場所《ばしょ》だったのかもしれません。この洞窟《どうくつ》は、「クマの洞窟《どうくつ》」という意味《いみ》で、「ベア・ケイブ」とよばれています。

化石《かせき》を見《み》たい！　豊橋市自然史博物館《とよはしししぜんしはくぶつかん》

実物《じつぶつ》の全身骨格《ぜんしんこっかく》が展示《てんじ》されています。

ここでもみられます！
足寄動物化石博物館、群馬県立自然史博物館、福井県立恐竜博物館　ほか

もっとしりたい！
ホラアナグマの化石《かせき》は、中世《ちゅうせい》のヨーロッパではユニコーンやドラゴンの骨《ほね》と考《かんが》えられて、粉々《こなごな》に砕《くだ》かれて薬《くすり》として売《う》られていました。

オーストラリア最大《さいだい》の肉食動物《にくしょくどうぶつ》 ティラコレオ

第四紀《だいよんき》

新生代《しんせいだい》 中生代《ちゅうせいだい》 古生代《こせいだい》 先カンブリア時代

ヒョウに似《に》ていた

現在《げんざい》のカンガルーやコアラを含《ふく》むグループを「有袋類《ゆうたいるい》」といいます。古第三紀《こだいさんき》からあとの時代《じだい》には、有袋類《ゆうたいるい》は主《おも》に南《みなみ》アメリカ大陸《たいりく》とオーストラリア大陸《たいりく》で数《かず》を増《ふ》やしてきました。これまでに、新第三紀《しんだいさんき》の南《みなみ》アメリカ大陸《たいりく》にいた有袋類《ゆうたいるい》として、361ページでトアテリウム、362ページでティラコスミルスを紹介《しょうかい》してきました。

今日《きょう》は、オーストラリア大陸《たいりく》に注目《ちゅうもく》してみましょう。新第三紀《しんだいさんき》から第四紀《だいよんき》へと移《うつ》り変《か》わるころ、有袋類《ゆうたいるい》の一《ひと》つに、「ティラコレオ」がいました。

ティラコレオは、鼻《はな》の先《さき》からおしりまでの長《なが》さが1・3メートルほどの肉食《にくしょく》の有袋類《ゆうたいるい》です。その姿《すがた》は現在《げんざい》のヒョウに似《に》ていました。ただし、ヒョウは1・8メートルまで大《おお》きくなるので、ティラコレオはヒョウよりもかなり小柄《こがら》です。

そんな小柄《こがら》なティラコレオですが、当時《とうじ》のオーストラリア大陸《たいりく》では最大《さいだい》の肉食動物《にくしょくどうぶつ》でした。

前歯《まえば》が牙《きば》になっていた

ティラコレオは、獲物《えもの》の肉《にく》を切《き》り裂《さ》くことに使《つか》う、とても鋭《するど》い牙《きば》をもっていました。ただし、その牙《きば》はほかの動物《どうぶつ》の牙《きば》とはちょっとちがっていました。

たとえば、ネコやイヌの仲間《なかま》の牙《きば》は、犬歯《けんし》です。しかし、ティラコレオの牙《きば》は、いわゆる前歯《まえば》である切歯《せっし》でした。さらに、奥歯《おくば》にあたる臼歯《きゅうし》の一《ひと》つも、歯《は》が前後《ぜんご》に薄《うす》くのびてナイフのような形《かたち》になっていました。見《み》た目《め》はヒョウに似《に》ているティラコレオですが、口《くち》の中《なか》はずいぶんとちがっていたようです。

また、ティラコレオは、手《て》あしががっしりとした、とても力強《ちからづよ》い体《からだ》のつくりをしていました。そのため、優秀《ゆうしゅう》な狩人《かりうど》だったとみられています。次《つぎ》のページで紹介《しょうかい》するディプロトドンのような、動《うご》きの遅《おそ》い獲物《えもの》を狩《か》っていたのではないかとみられています。

もっとしりたい! ティラコレオは肉食《にくしょく》ですが、近縁《きんえん》とされる動物《どうぶつ》たちの多《おお》くは植物食《しょくぶつしょく》でした。ティラコレオはちょっと変《か》わった存在《そんざい》だったのです。

オーストラリアで繁栄《はんえい》した巨大《きょだい》な有袋類《ゆうたいるい》たち

第四紀《だいよんき》

ファスコロヌス
Phascolonus

ディプロトドン
Diprotodon

ジャイアント・ウォンバット

現在《げんざい》のオーストラリア大陸《たいりく》には「ウォンバット」という有袋類《ゆうたいるい》がいます。見《み》た目《め》はネズミと似《に》ていますが、その大《おお》きさは別格《べっかく》です。多《おお》くのネズミは私《わたし》たちの手《て》のひらの上《うえ》に乗《の》るくらい小《ちい》さなものですが、ウォンバットは鼻《はな》の先《さき》からおしりまでの長《なが》さが1メートルもあるのです。

ネズミと比《くら》べると、はるかに大《おお》きな体《からだ》をもつウォンバットですが、かつてはもっと大《おお》きな仲間《なかま》がいたことがわかっています。それが「ファスコロヌス」です。

ファスコロヌスは、鼻《はな》の先《さき》からおしりまでの長《なが》さが1・6メートルもあった有袋類《ゆうたいるい》です。肩《かた》の高《たか》さは1メートル、体重《たいじゅう》は200キログラムもあったとみられています。現在《げんざい》のウォンバットの仲間《なかま》であり、また、その姿《すがた》もどことなくウォンバットに似《に》ているので、「ジャイアント・ウォンバット」ともよばれています。

オーストラリアで最大《さいだい》

ファスコロヌスよりももっと大《おお》きな有袋類《ゆうたいるい》もいました。それは「ディプロトドン」です。

ディプロトドンは、尾《お》をのぞいた体《からだ》の長《なが》さが3メートル、肩《かた》の高《たか》さが2メートルもありました。ファスコロヌスが小《ちい》さく見《み》えるような大《おお》きさですね。1万年以上前《まんねんいじょうまえ》のオーストラリア大陸《たいりく》では、最大《さいだい》の哺乳類《ほにゅうるい》でした。おおいに繁栄《はんえい》していたようで、その化石《かせき》はオーストラリア大陸《たいりく》の各地《かくち》からみつかります。

ディプロトドンは、切歯《せっし》とよばれる前歯《まえば》が平《ひら》たくのびています。太《ふと》い手《て》あしで地面《じめん》を掘《ほ》りおこし、この切歯《せっし》を使《つか》いながらかたい植物《しょくぶつ》の根《ね》などを食《た》べていたと考《かんが》えられています。

もっとしりたい!
ディプロトドンの仲間《なかま》は、数千年前《すうせんねんまえ》まで生《い》きていたようです。人類《じんるい》がオーストラリア大陸《たいりく》にやってきたことで、狩《か》り尽《つ》くされてしまったとみられています。

ジャンプができないカンガルー
プロコプトドン

巨大《きょだい》なカンガルー

今日《きょう》もオーストラリア大陸《たいりく》の有袋類《ゆうたいるい》に注目《ちゅうもく》しましょう。

現在《げんざい》のオーストラリアを代表《だいひょう》する有袋類《ゆうたいるい》といえば、「アカカンガルー」です。身長《しんちょう》140センチメートル、体重《たいじゅう》85キログラムにまで成長《せいちょう》します。この大《おお》きさは、カンガルーの仲間《なかま》では最大級《さいだいきゅう》です。

現在《げんざい》のアカカンガルーは、長《なが》い後《うし》ろあしを使《つか》って、跳《は》ねて移動《いどう》します。哺乳類《ほにゅうるい》ではめずらしい移動方法《いどうほうほう》ですが、実《じつ》はこれがなかなか速《はや》いのです。最《もっと》も速《はや》いときで時速《じそく》50キロメートルに達《たっ》するといわれています。これは、街中《まちなか》を走《はし》る自動車《じどうしゃ》と同《おな》じくらいのスピードです。

第四紀《だいよんき》には、そんなアカカンガルーを上回《うわまわ》る大《おお》きな体《からだ》をもつカンガルーの仲間《なかま》がいました。「プロコプトドン」です。身長《しんちょう》は3メートル、体重《たいじゅう》は240キログラムもあったと考《かんが》えられています。

歩《ある》いて移動《いどう》していた

プロコプトドンは、現在《げんざい》のカンガルーの仲間《なかま》と比《くら》べると口先《くちさき》が短《みじか》かったことが特徴《とくちょう》です。そのため、〝顔《かお》つき〟は現在《げんざい》のカンガルーの仲間《なかま》とはずいぶんちがってみえたはずです。

骨《ほね》のつくりがくわしく調《しら》べられたところ、少《すく》なくともおとなのプロコプトドンは、アカカンガルーのように跳《は》ねて移動《いどう》することができなかったことがわかりました。おとなになったプロコプトドンは、2本《ほん》のあしで普通《ふつう》に歩《ある》いて移動《いどう》していたようです。この歩《ある》き方《かた》は、現在《げんざい》のキノボリカンガルーに近《ちか》いとみられています。

行《い》ってみよう！

埼玉県《さいたまけん》
こども動物自然公園《どうぶつしぜんこうえん》

放飼場《ほうしじょう》の中《なか》に園路《えんろ》があり、直接近《ちょくせつちか》くでカンガルーを観察《かんさつ》できます。現在《げんざい》のカンガルーとプロコプトドンを見比《みくら》べて、ちがいを探《さが》してみよう！

もっとしりたい！

プロコプトドンがいた時期《じき》は、379ページで紹介《しょうかい》したファスコロヌスやディプロトドンなどの大型有袋類《おおがたゆうたいるい》がいた時期《じき》と同《おな》じです。当時《とうじ》、オーストラリアにはたくさんの大型有袋類《おおがたゆうたいるい》がいたようです。

寒《さむ》さ対《たい》策《さく》ばっちり！ ケナガマンモス

第四紀《だいよんき》

ケナガマンモス
Mammuthus primigenius

北海道《ほっかいどう》から化石《かせき》がみつかる

第四紀《だいよんき》は冷《ひ》えこんだ時代《じだい》でした。とくに氷期《ひょうき》は、とても寒《さむ》かったことがわかっています。

そんな寒《さむ》い時代《じだい》にユーラシア大陸《たいりく》の北部《ほくぶ》から北《きた》アメリカ大陸《たいりく》の北部《ほくぶ》というとても広《ひろ》い地域《ちいき》で大繁栄《だいはんえい》した哺乳類《ほにゅうるい》がいました。日本《にっぽん》でも、北海道《ほっかいどう》から化石《かせき》がみつかっています。その哺乳類《ほにゅうるい》の名前《なまえ》は「マムートス・プリミゲニウス」。日本《にっぽん》では、「ケナガマンモス」というよび名《な》で親《した》しまれています。

ケナガマンモスは、肩《かた》の高《たか》さが3・5メートルほどのゾウの仲間《なかま》でした。これは、現在《げんざい》のアフリカゾウと同《おな》じくらいの大《おお》きさです。

肛門《こうもん》にふたができる

ケナガマンモスは骨《ほね》の化《か》石《せき》だけでなく、生《い》きていたときの姿《すがた》がそのまま冷凍《れいとう》されて埋《う》まった「冷凍《れいとう》マンモス」もみつかっています。そのため、細《こま》かなところまでよくわかっています。

たとえば、ケナガマンモスはとても寒《さむ》さに強《つよ》かったことがわかっています。

全身《ぜんしん》を覆《おお》う長《なが》い毛《け》は二層《にそう》になっていて、私《わたし》たちが着《き》るコートのように暖《あたた》かかったようです。また、できるだけ体内《たいない》の熱《ねつ》が逃《に》げないように、肛門《こうもん》にふたをすることもできたようです！

ほかにも、現在《げんざい》のゾウの仲間《なかま》は大《おお》きな耳《みみ》をもっていますが、ケナガマンモスの耳《みみ》は小《ち》さかったことがわかっています。耳《みみ》は大《おお》きいほど熱《ねつ》を逃《の》がしやすいので、これも保温《ほおん》のための特徴《とくちょう》だったと考《かんが》えられています。こうした寒《さむ》さ対策《たいさく》が、ケナガマンモスの繁栄《はんえい》を支《ささ》えていたのでしょう。

化石《かせき》を見《み》たい！ 北海道博物館《ほっかいどうはくぶつかん》

全身復元骨格《ぜんしんふくげんこっかく》と北海道産《ほっかいどうさん》の臼《きゅう》歯《し》の化石《かせき》が展示《てんじ》されています。

ここでもみられます！

足寄動物化石博物館、むかわ町穂別博物館、佐野市葛生化石館、群馬県立自然史博物館、埼玉県立自然の博物館、地質標本館、ミュージアムパーク 茨城県自然博物館、神奈川県立生命の星・地球博物館、福井県立恐竜博物館、東海大学自然史博物館、豊橋市自然史博物館、蒲郡市生命の海科学館、大阪市立自然史博物館、徳島県立博物館、北九州市立自然史・歴史博物館、御船町恐竜博物館 ほか

もっとしりたい！ マムートス・プリミゲニウスは、「ケマンモス」や「マンモスゾウ」ともよばれています。

東京《とうきょう》にもいた ナウマンゾウ

日本全国《にっぽんぜんこく》で化石《かせき》がみつかる

381ページで紹介《しょうかい》したケナガマンモスがユーラシア大陸《たいりく》や北《きた》アメリカ大陸《たいりく》の北部《ほくぶ》で大繁栄《だいはんえい》していた時代《じだい》に、日本《にっぽん》では別《べつ》のゾウ類《るい》が現《あらわ》れて栄《さか》えていました。

ナウマンゾウ
Palaeoloxodon naumanni

そのゾウ類《るい》の名前《なまえ》を「パレオロクソドン・ナウマンニ」といいます。「ナウマンゾウ」という和名《わめい》が有名《ゆうめい》です。

ナウマンゾウの化石《かせき》は、北海道《ほっかいどう》から九州《きゅうしゅう》までのほぼ全国《ぜんこく》からみつかっており、東京都心《とうきょうとしん》で地下鉄《ちかてつ》の工事《こうじ》をしていたときに化石《かせき》がみつかったこともあります。

ナウマンゾウは肩《かた》の高《たか》さが3メートルほどと、ケナガマンモスよりも小柄《こがら》なゾウの仲間《なかま》でした。額《ひたい》から頭《あたま》の両側《りょうがわ》にかけて少《すこ》し出《で》っ張《ぱ》りがあることが大《おお》きな特徴《とくちょう》です。

2種《しゅ》とも北海道《ほっかいどう》で暮《く》らした

寒《さむ》い気候《きこう》を好《この》むケナガマンモスとはちがって、ナウマンゾウは暖《あたた》かい気候《きこう》を好《この》んだといわれています。氷期《ひょうき》と間氷期《かんぴょうき》がくりかえし訪《おとず》れるなか、間氷期《かんぴょうき》の暖《あたた》かい時期《じき》には、ナウマンゾウは日本列島《にっぽんれっとう》を北《きた》へ移動《いどう》してすむ場所《ばしょ》を広《ひろ》げていきました。

北海道《ほっかいどう》は日本《にっぽん》で唯一《ゆいいつ》、ケナガマンモスとナウマンゾウの両方《りょうほう》の化石《かせき》がみつかる場所《ばしょ》です。寒《さむ》い時期《じき》にはケナガマンモスが北《きた》からやってきて、暖《あたた》かくなると今度《こんど》はナウマンゾウが南《みなみ》からやってきたとみられています。気候《きこう》にあわせて、ケナガマンモスとナウマンゾウが交互《こうご》に北海道《ほっかいどう》で暮《く》らしていたのです。

化石《かせき》を見《み》たい！　千葉県立中央博物館《ちばけんりつちゅうおうはくぶつかん》

関東地方《かんとうちほう》で発見《はっけん》された化石《かせき》を元《もと》にした全身復元骨格《ぜんしんふくげんこっかく》が展示《てんじ》されています。

千葉県立中央博物館所蔵・撮影

ここでもみられます！

足寄動物化石博物館、佐野市葛生化石館、群馬県立自然史博物館、埼玉県立自然の博物館、地質標本館、ミュージアムパーク 茨城県自然博物館、神奈川県立生命の星・地球博物館、豊橋市自然史博物館、大阪市立自然史博物館、徳島県立博物館、北九州市立自然史・歴史博物館　ほか

もっとしりたい！

2015年《ねん》に発表《はっぴょう》された研究《けんきゅう》によると、ケナガマンモスとナウマンゾウは、同《おな》じ時期《じき》に北海道《ほっかいどう》で暮《く》らしていたこともあったとみられています。

column

明治《めいじ》の日本《にっぽん》にやってきたナウマン博士《はかせ》

お雇《やと》い外国人《がいこくじん》として学者《がくしゃ》を育《そだ》てた

右《みぎ》ページで紹介《しょうかい》したナウマンゾウの名前《なまえ》は、明治時代《めいじじだい》の日本《にっぽん》にやってきた「ナウマン博士《はかせ》」にちなむものです。ナウマン博士《はかせ》は、「ハインリッヒ・エドムント・ナウマン」という名《な》の、ドイツ人《じん》の地質学者《ちしつがくしゃ》でした。

明治時代《めいじじだい》が始《はじ》まったころ、日本《にっぽん》の科学《かがく》は、ヨーロッパやアメリカに比《くら》べると大《おお》いに遅《おく》れていました。そこで政府《せいふ》は、多《おお》くの外国人研《がいこくじんけん》究者《きゅうしゃ》を日本《にっぽん》に招《まね》き、大学《だいがく》などで教師《きょうし》をやってもらうことにしたのです。こうして日本《にっぽん》へやってきた外国人《がいこくじん》のことを「お雇《やと》い外国人《がいこくじん》」といいました。

ナウマン博士《はかせ》

ナウマン博士《はかせ》は、明治《めいじ》8年《ねん》に日本《にっぽん》にやってきました。当時《とうじ》、ナウマン博士《はかせ》は20歳《さい》という若《わか》さでした。来日《らいにち》して2年後《ねんご》に現在《げんざい》の東京大学《とうきょうだいがく》にあたる、東京《とうきょう》帝国大学《ていこくだいがく》の理学部地質学科《りがくぶちしつがっか》の教授《きょうじゅ》になりました。そして、ナウマン博士《はかせ》によって多《おお》くの地質学者《ちしつがくしゃ》や古生物学者《こせいぶつがくしゃ》が育《そだ》てられました。

地質図《ちしつず》のつくり方《かた》を教《おし》えた

ナウマン博士《はかせ》は、さまざまな功績《こうせき》を残《のこ》しています。

たとえば、日本《にっぽん》の国土《こくど》の地質《ちしつ》調査《ちょうさ》を行《おこな》う機関《きかん》である地質調査所《ちしつちょうさじょ》をつくることに力《ちから》をつくしました。地質調査所《ちしつちょうさじょ》ができてからは、調《ちょう》査《さ》の責任者《せきにんしゃ》として日本列島《にっぽんれっとう》の地質《ちしつ》調査《ちょうさ》を行《おこな》い、地質図《ちしつず》のつくり方《かた》などを日本人《にほんじん》に教《おし》えていきました。

地質図《ちしつず》は、地下《ちか》のようすを知《し》るうえで大切《たいせつ》な地図《ちず》です。地質図《ちしつず》ができたことで、日本《にっぽん》の地下《ちか》にどのような地層《ちそう》や資源《しげん》があるのかがわかるようになったのです。

ほかにも、日本《にっぽん》で初《はじ》めてゾウの化石《かせき》の研究《けんきゅう》を行《おこ》なったり、鉄《てつ》や石炭《せきたん》などの資源《しげん》が日本《にっぽん》のどこにあるのかを調《しら》べたりしました。

行《い》ってみよう！　フォッサマグナミュージアム

ナウマン博士《はかせ》は、日本列《にっぽんれっ》島《とう》の誕生《たんじょう》に関《かか》わる重大《じゅうだい》な発見《はっけん》もしています。フォッサマグナミュージアムには、そんなナウマン博士《はかせ》をテーマにした展示室《てんじしつ》があります。

もっとしりたい！　ナウマンゾウは、ナウマン博士《はかせ》が初《はじ》めて化石《かせき》をみつけましたが、当時《とうじ》は新種《しんしゅ》だとは考《かんが》えなかったようです。のちに日本人《にほんじん》研究者《けんきゅうしゃ》が新種《しんしゅ》だと気《き》づき、ナウマン博士《はかせ》にちなんだ名前《なまえ》をつけました。

ヨーロッパと日本《にっぽん》にいた オオツノジカ

とても立派《りっぱ》な角《つの》

およそ2万年前《まんねんまえ》、人類《じんるい》は洞窟《どうくつ》の壁《かべ》に376ページで紹介《しょうかい》したホラアナライオンの姿《すがた》を描《えが》きました。同《おな》じ洞窟《どうくつ》には、シカの仲間《なかま》の壁画《へきが》も残《のこ》されていました。そのシカの名前《なまえ》を「メガロケロス・ギガンテウス」といいます。

メガロケロス・ギガンテウスは、「ギガンテウスオオツノジカ」とよばれたり、もっと単純《たんじゅん》に「オオツノジカ」とよばれたりします。

ギガンテウスオオツノジカは、肩《かた》の高《たか》さが1・8メートルほどのシカの仲間《なかま》です。「オオツノ」と名前《なまえ》にあるように、とても大《おお》きな角《つの》をもっていました。その角《つの》は、左右《さゆう》あわせると3メートルも幅《はば》がありました。角《つの》の根元《ねもと》は太《ふと》くて丸《まる》く、先《さき》は大《おお》きく広《ひろ》がっていて、細長《ほそなが》い突起《とっき》がいくつもありました。

手《て》のひらのような角《つの》の先端《せんたん》

「オオツノジカ」とよばれるシカは、日本《にっぽん》にもいました。その名前《なまえ》は「シノメガケロス・ヤベイ」といいます。こちらは「ヤベオオツノジカ」の和名《わめい》が有名《ゆうめい》です。

ヤベオオツノジカの化石《かせき》は、ナウマンゾウの化石《かせき》と一緒《いっしょ》にみつかることがあります。

ヤベオオツノジカは、肩《かた》の高《たか》さが1・7メートルほどのシカの仲間《なかま》です。角《つの》の幅《はば》は1・5メートルほどでした。ヤベオオツノジカの角《つの》は根元《ねもと》で前《まえ》と後《うし》ろの2方向《ほうこう》にわかれました。そして、その先端《せんたん》は、ヒトの手《て》のひらのような形《かたち》に広《ひろ》がっていました。

化石《かせき》を見《み》たい！ 大阪市立自然史博物館《おおさかしりつしぜんしはくぶつかん》

保存《ほぞん》がとてもよいヤベオオツノジカの実物化石《じつぶつかせき》が展示《てんじ》されています。

ここでもみられます！
佐野市葛生化石館、群馬県立自然史博物館、神奈川県立生命の星・地球博物館、福井県立恐竜博物館、東海大学自然史博物館、豊橋市自然史博物館、徳島県立博物館、北九州市立自然史・歴史博物館 ほか

もっとしりたい！ ヤベオオツノジカの「ヤベ」とは、大正時代《たいしょうじだい》から昭和時代《しょうわじだい》の初期《しょき》にかけて活躍《かつやく》した日本《にっぽん》の古生物学者《こせいぶつがくしゃ》、矢部《やべ》長克博士《ひさかつはかせ》にちなんだものです。

北《きた》アメリカ大陸《たいりく》最大《さいだい》の肉食動物《にくしょくどうぶつ》
アルクトドゥス

第四紀《だいよんき》

新生代《しんせいだい》 中生代《ちゅうせいだい》 古生代《こせいだい》 先カンブリア時代

体重《たいじゅう》が800キロもあった

新第三紀《しんだいさんき》の終《お》わりごろから第四紀《だいよんき》にかけて北《きた》アメリカ大陸《たいりく》にいた動物《どうぶつ》たちの中《なか》で、「最大《さいだい》の肉食動物《にくしょくどうぶつ》」といわれているのが、「アルクトドゥス」です。

アルクトドゥスは、鼻《はな》の先《さき》からおしりまでの長《なが》さが2メートルほどの大型《おおがた》のクマ類《るい》です。体重《たいじゅう》は800キログラムにまで成長《せいちょう》したとみられています。現在《げんざい》のクマ類《るい》と比《くら》べると鼻先《はなさき》が短《みじか》く、あしがすらりと長《なが》かったことから、「短《みじか》い顔《かお》で長《なが》いあしのクマ」としてよく知《し》られています。

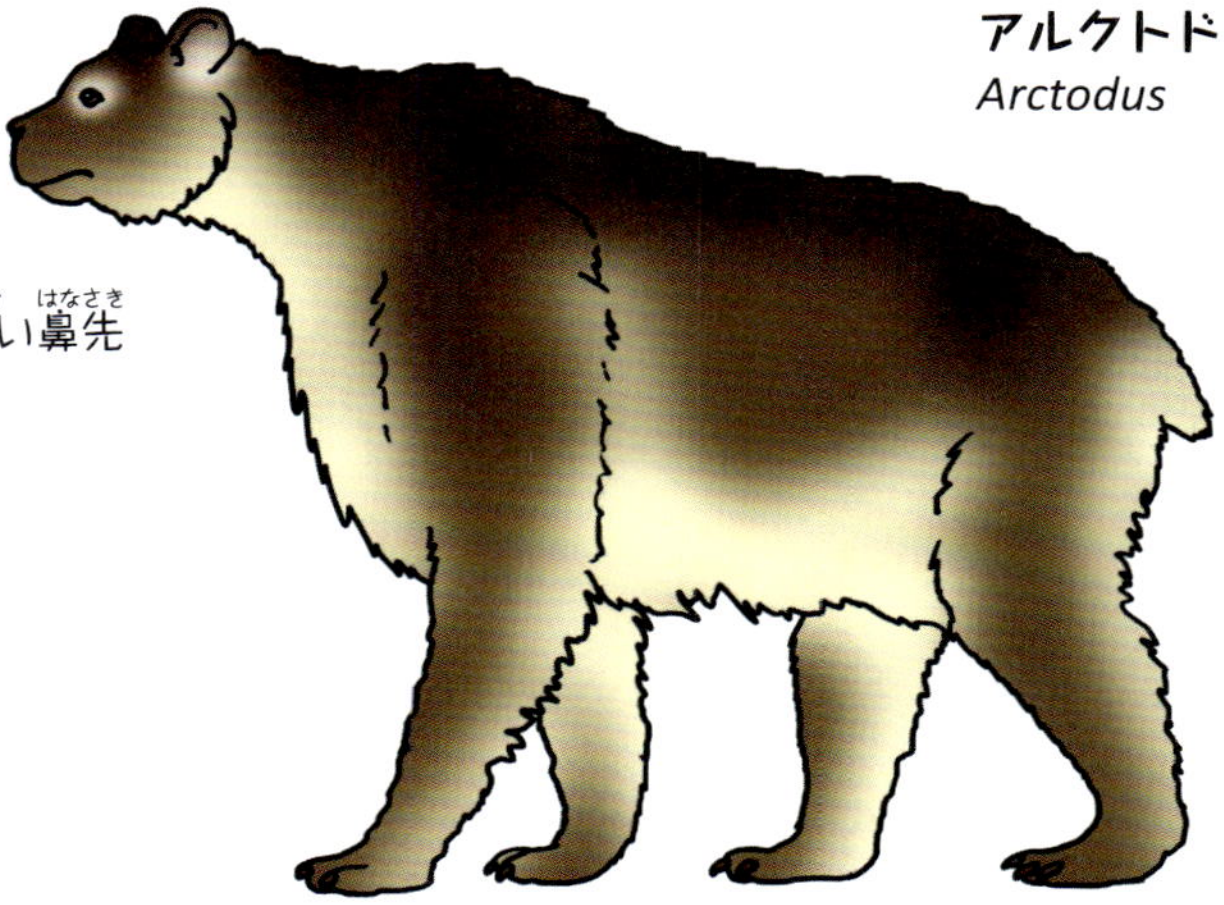

謎《なぞ》の多《おお》い動物《どうぶつ》

アルクトドゥスは、第《だい》四紀《よんき》の北《きた》アメリカ大陸《たいりく》で最大級《さいだいきゅう》の肉食動物《にくしょくどうぶつ》でした。しかし、その実態《じったい》は謎《なぞ》だらけです。

ある研究者《けんきゅうしゃ》によると、実《じつ》は鼻先《はなさき》の長《なが》さはあまり短《みじか》いとはいえず、あしの長《なが》さについても、現在《げんざい》のホッキョクグマなどと比《くら》べてそれほど長《なが》いとはいえない、と指摘《してき》されています。また、肉食動物《にくしょくどうぶつ》としてすぐれた狩人《かりうど》であるという見方《みかた》がある一方《いっぽう》で、死《し》んだ動物《どうぶつ》を食《た》べていたのではないかという見方《みかた》もあります。ほかにも、植物食《しょくぶつしょく》だった、雑食《ざっしょく》だったなど、さまざまな意見《いけん》があります。つまり、アルクトドゥスはその姿《すがた》も暮《く》らし方《かた》もよくわかっていないのです。

そんなアルクトドゥスは、現在《げんざい》も北《きた》アメリカ大陸《たいりく》にいる「グリズリーベア」と同《おな》じ場所《ばしょ》で暮《く》らしていたことがあったと考《かんが》えられています。そしてグリズリーベアとの競争《きょうそう》に負《ま》けて絶滅《ぜつめつ》したのではないか、とみられています。

行《い》ってみよう！ 阿蘇《あそ》カドリー・ドミニオン

アルクトドゥスとの生存《せいぞん》競争《きょうそう》に勝《か》ったグリズリーベアをはじめ、たくさんのクマが飼育《しいく》されています。クマたちと、アルクトドゥスのイラストを見比《みくら》べてみよう。

もっとしりたい！
アルクトドゥスが長《なが》いあしのもち主《ぬし》だったのであれば、クマ類《るい》としては速《はや》く走《はし》ることができたかもしれません。

「恐《おそ》ろしいオオカミ」とよばれる ダイアウルフ

第四紀《だいよんき》

新生代《しんせいだい》 中生代《ちゅうせいだい》 古生代《こせいだい》 先カンブリア時代

大《おお》きなイヌ類《るい》

今《いま》からおよそ100万年前《まんねんまえ》の北《きた》アメリカ大陸《たいりく》に、大《おお》きな体《からだ》のイヌ類《るい》が現《あらわ》れました。その名《な》を「カニス・ダイルス」といいます。鼻《はな》の先《さき》からおしりまでの長《なが》さは1・5メートル、肩《かた》の高《たか》さは80センチメートル、体重《たいじゅう》は60キログラム以上《いじょう》もありました。

カニス・ダイルスの「カニス」は、イヌ類《るい》の仲間《なかま》の種名《しゅめい》につけられる言葉《ことば》です。たとえば、イヌの種名《しゅめい》は、「カニス・ルプス・ファミリアス」あるいは「カニス・ファミリアス」といいます。また、オオカミの種名《しゅめい》は「カニス・ルプス」です。

種名《しゅめい》にカニスがつく仲間《なかま》たちのことを、「カニス属《ぞく》」といいます。カニス属《ぞく》は、同《おな》じ祖先《そせん》から進化《しんか》したと考《かんが》えられています。その祖先《そせん》がどのような動物《どうぶつ》だったのかはまだよくわかっていませんが、古第三紀《こだいさんき》の間《あいだ》に341ページで紹介《しょうかい》したレプトキオンから分《わ》かれて進化《しんか》したようです。

カニス・ダイルスの「ダイルス」には「恐《おそ》ろしい」という意味《いみ》があります。見《み》た目《め》が現在《げんざい》のオオカミとよく似《に》ているため、オオカミを意味《いみ》する英語《えいご》の「ウルフ」とあわせて、「ダイアウルフ」というニックネームでよばれています。

大《おお》きな群《む》れで暮《く》らす

ダイアウルフの化石《かせき》は、とくにアメリカのロサンゼルスからたくさんみつかっています。その数《かず》は実《じつ》に1600個《こ》をこえるといいます。このことから、ダイアウルフは大《おお》きな群《む》れをつくって暮《く》らしていたのではないか、とみられています。

また、ダイアウルフは強《つよ》いあごをもっていたこともわかっています。コンピューターを使《つか》って調《しら》べてみたところ、ダイアウルフの犬歯《けんし》が獲物《えもの》をかむときの力《ちから》は、現在《げんざい》のオオカミの1・5倍《ばい》もあったそうです。

大《おお》きな群《む》れをつくり、攻撃力《こうげきりょく》にもすぐれたダイアウルフでしたが、今《いま》から1万年《まんねん》ほど前《まえ》に絶滅《ぜつめつ》しました。現在《げんざい》では化石《かせき》でしかかみることができません。

もっとしりたい!
ダイアウルフのかむ力《ちから》をさらに上回《うわまわ》るかむ力《ちから》の強《つよ》さをもっていたのが、367ページで紹介《しょうかい》したスミロドンでした。

12月24日
読《よ》んだ日《ひ》 月 日 月 日

北《きた》アメリカ大陸《たいりく》最大《さいだい》の哺乳類《ほにゅうるい》
コロンビアマンモス

第四紀《だいよんき》

新生代《しんせいだい》 中生代《ちゅうせいだい》 古生代《こせいだい》 先カンブリア時代《じだい》

過去《かこ》から現在《げんざい》までで最大《さいだい》

右《みぎ》ページのダイアウルフと同《おな》じ場所《ばしょ》から化石《かせき》がみつかるゾウ類《るい》がいます。「マムートス・コロンビ」です。「コロンビアマンモス」の愛称《あいしょう》でも親《した》しまれています。

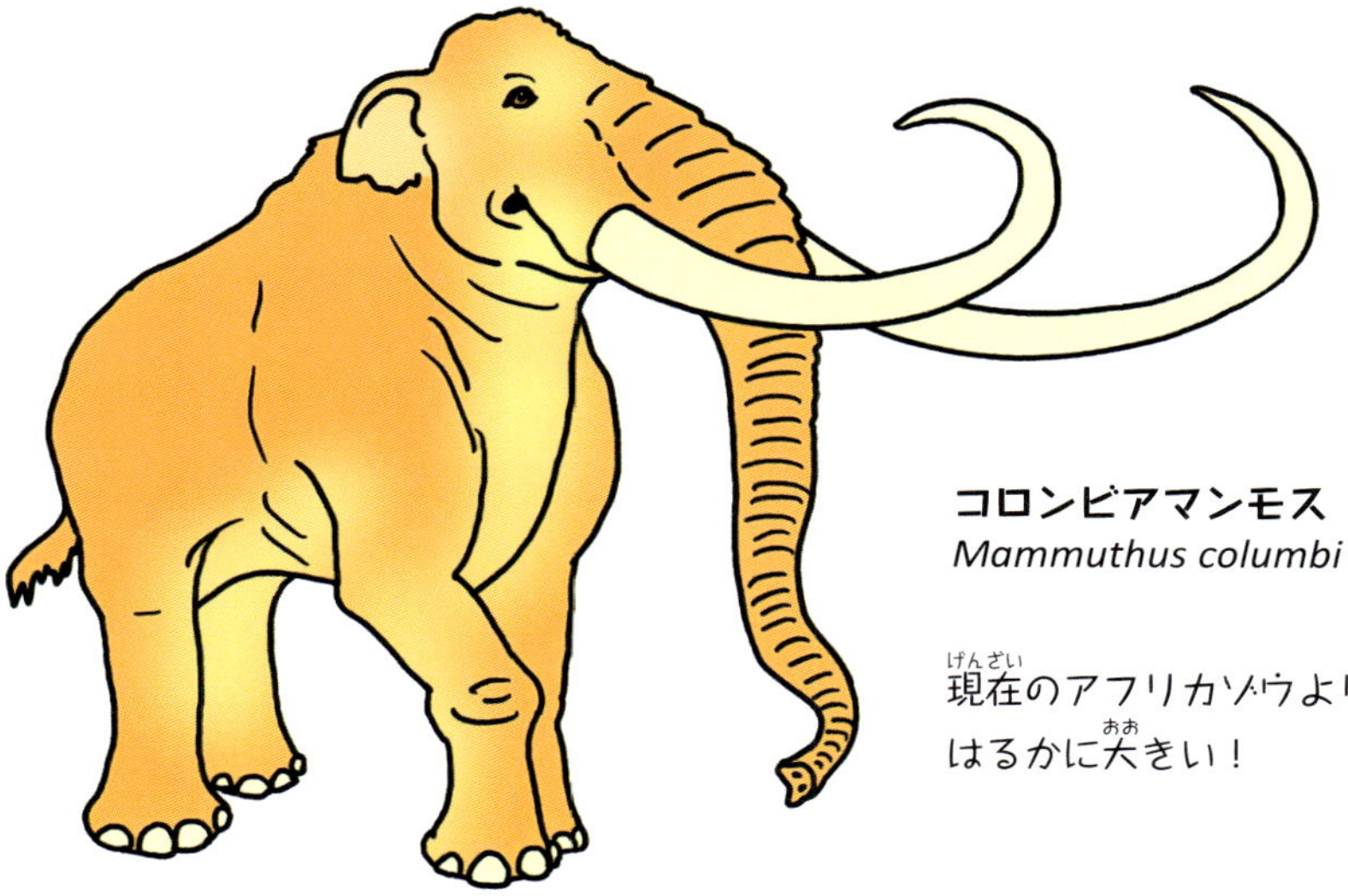

コロンビアマンモス
Mammuthus columbi

現在《げんざい》のアフリカゾウよりはるかに大《おお》きい！

コロンビアマンモスは肩《かた》の高《たか》さが4メートル近《ちか》くにもなった、とても大《おお》きなマンモスの仲間《なかま》でした。381ページのケナガマンモスよりも一回《ひとまわ》り大《おお》きかったのです。

北《きた》アメリカ大陸《たいりく》には過去《かこ》も現在《げんざい》もたくさんの哺乳類《ほにゅうるい》が暮《く》らしています。コロンビアマンモスは、その北《きた》アメリカ大陸《たいりく》の過去《かこ》から現在《げんざい》までのすべての哺乳類《ほにゅうるい》の中《なか》で、最《もっと》も大《おお》きい体《からだ》のもち主《ぬし》でした。

アフリカに現《あらわ》れた

マンモスの仲間《なかま》の祖先《そせん》は、もともとアフリカ大陸《たいりく》に現《あらわ》れました。それから長《なが》い時間《じかん》をかけて進化《しんか》していきました。

進化《しんか》するとともに、マンモスたちは次第《しだい》にその暮《く》らす場所《ばしょ》も広《ひろ》げていきました。アフリカ大陸《たいりく》から出《で》て北《きた》や東《ひがし》に進《すす》み、ユーラシア大陸《たいりく》を横断《おうだん》して、ベーリング海《かい》峡《きょう》まで到達《とうたつ》したのです。

その後《ご》、ベーリング海峡《かいきょう》をわたって、今度《こんど》は北《きた》アメリカ大陸《たいりく》を南《みなみ》へ南《みなみ》へと進《すす》み、そしてコロンビアマンモスが生《う》まれたとみられています。アフリカで暮《く》らしていた祖先《そせん》から考《かんが》えると、コロンビアマンモスはずいぶん遠《とお》くまで来《き》たことになります。

化石《かせき》を見《み》たい！ 国立科学博物館《こくりつかがくはくぶつかん》

国立科学博物館《こくりつかがくはくぶつかん》では、「コロンブスマンモス」という名前《なまえ》で全身復元骨格《ぜんしんふくげんこっかく》が展示《てんじ》されています。

国立科学博物館

ここでもみられます！
佐野市葛生化石館、群馬県立自然史博物館、神奈川県立生命の星・地球博物館 ほか

もっとしりたい！
コロンビアマンモスは、かつて「インペリアルマンモス」とよばれていたマンモスを含《ふく》みます。もともと別《べつ》の種《しゅ》と考《かんが》えられていましたが、同《おな》じ種《しゅ》だとわかったので名前《なまえ》が統一《とういつ》されたのです。

1 2 3 4 5 6 7 8 9 10 11 12

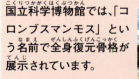

木《き》登《のぼ》りできないナマケモノ メガテリウム

第四紀《だいよんき》

体重《たいじゅう》6トンの巨獣《きょじゅう》

南《みなみ》アメリカ大陸《たいりく》にある第四紀《だいよんき》の地層《ちそう》からは、大《おお》きなナマケモノの化石《かせき》がみつかっています。

ナマケモノといえば、現在《げんざい》の南《みなみ》アメリカ大陸《たいりく》などにいる「ノドチャミユビナマケモノ」が有名《ゆうめい》です。このナマケモノは、身長《しんちょう》70センチメートル、体重《たいじゅう》5・5キログラムほどの哺乳類《ほにゅうるい》で、1日《にち》の長《なが》い時間《じかん》を木《き》の枝《えだ》にぶらさがってのんびりすごしています。そのほかに、「フタユビナマケモノ」もよく知《し》られています。

第四紀《だいよんき》の南《みなみ》アメリカ大陸《たいりく》にいた大《おお》きなナマケモノは、枝《えだ》にぶらさがることなど到底《とうてい》できないくらいの巨体《きょたい》のもち主《ぬし》でした。身長《しんちょう》は6メートル、体重《たいじゅう》は6トンもあったのです！　そんな大《おお》きなナマケモノの名前《なまえ》を「メガテリウム」といいます。

とても太《ふと》い爪《つめ》

メガテリウムは、現在《げんざい》のフタユビナマケモノに近縁《きんえん》のナマケモノで、両腕《りょううで》と両《りょう》あしは、とてもがっしりとしていました。尾《お》もノドチャミユビナマケモノとは比《くら》べものにならないくらい太《ふと》いものでした。

腕《うで》の先《さき》には太《ふと》い爪《つめ》がありました。この爪《つめ》を使《つか》って、高《たか》いところにある木《き》の枝《えだ》をたぐりよせてその枝《えだ》につく葉《は》を食《た》べたり、木《き》の根《ね》を掘《ほ》り起《お》こして食《た》べたりしていたと考《かんが》えられています。

もちろん、この巨体《きょたい》では木《き》に登《のぼ》ることもできません。メガテリウムはもっぱら地上《ちじょう》で暮《く》らしていたようです。

化石《かせき》を見《み》たい！ 徳島県立博物館《とくしまけんりつはくぶつかん》

全身復元骨格《ぜんしんふくげんこっかく》が展示《てんじ》されています。360度《ど》どの方向《ほうこう》からも観察《かんさつ》できるので、じっくりとその迫力《はくりょく》を堪能《たんのう》してください。

もっとしりたい！

メガテリウムは、今《いま》からおよそ1万年前《まんねんまえ》まで生《い》きていたようです。洞窟《どうくつ》を生活場所《せいかつばしょ》の一部《いちぶ》にしていたとみられています。

丸《まる》くなれない巨大《きょだい》なアルマジロ
グリプトドン

第四紀《だいよんき》

新生代《しんせいだい》 中生代 古生代 先カンブリア時代

高《たか》さ1・5メートルのよろい

現在《げんざい》の南《みなみ》アメリカ大陸《たいりく》で暮《く》らす動物《どうぶつ》の一《ひと》つに、アルマジロの仲間《なかま》がいます。アルマジロの仲間《なかま》は、背中《せなか》をかたい骨《ほね》で覆《おお》っていることが特徴《とくちょう》です。とくに、大《おお》きさ30センチメートルほどの「ミツオビアルマジロ」は、危険《きけん》を感《かん》じるとボールのように体《からだ》を丸《まる》めて身《み》を守《まも》ることで知《し》られています。

第四紀《だいよんき》の南《みなみ》アメリカ大陸《たいりく》には、そんなアルマジロたちと同《おな》じ祖先《そせん》から進化《しんか》したといわれる仲間《なかま》がいくつもいました。その代表《だいひょう》が、鼻《はな》の先《さき》から尾《お》の先《さき》までの長《なが》さが3メートルの「グリプトドン」です。

グリプトドンは、高《たか》さ1・5メートルにもおよぶ大《おお》きな"よろい"で背中《せなか》を覆《おお》っていました。このよろいは、小《ちい》さな骨《ほね》の破片《はへん》が集《あつ》まったもので、1枚《まい》の板《いた》のようになっていました。ミツオビアルマジロの背中《せなか》ほどやわらかくはなかったため、丸《まる》くなることはできなかったようです。

南《みなみ》から北《きた》へ移住《いじゅう》した

新第三紀《しんだいさんき》に南《みなみ》アメリカ大陸《たいりく》と北《きた》アメリカ大陸《たいりく》が陸続《りくつづ》きになってから、この二《ふた》つの大陸《たいりく》の間《あいだ》では動物《どうぶつ》の行《い》き来《き》が盛《さか》んになりました。

ただし、行《ゆ》き来《き》といっても、実《じつ》は北《きた》アメリカ大陸《たいりく》から南《みなみ》アメリカ大陸《たいりく》にやってきたものがほとんどでした。そして、それまで南《みなみ》アメリカ大陸《たいりく》にいた動物《どうぶつ》たちは次々《つぎつぎ》と競争《きょうそう》に負《ま》けて絶滅《ぜつめつ》していきました。

そんな中《なか》、第四紀《だいよんき》に現《あらわ》れたグリプトドンは、南《みなみ》アメリカ大陸《たいりく》から北《きた》アメリカ大陸《たいりく》へと進《すす》んで行《い》ったとてもめずらしい哺乳類《ほにゅうるい》でもありました。しかもただ行《い》っただけではなく、北《きた》アメリカ大陸《たいりく》でも繁栄《はんえい》したようです。

化石《かせき》を見《み》たい! 徳島県立博物館《とくしまけんりつはくぶつかん》

グリプトドンに近縁《きんえん》の「パノクツス」の実物《じつぶつ》の全身《ぜんしん》骨格《こっかく》が展示《てんじ》されています。

もっとしりたい!

カメ類《るい》の甲羅《こうら》は肋骨《ろっこつ》と一体化《いったいか》しているので、甲羅《こうら》だけ脱《ぬ》ぐことはできません。しかし、グリプトドンとその仲間《なかま》の"よろい"は肋骨《ろっこつ》と一体化《いったいか》していないので、化石《かせき》ではよろいだけスポッとはずすことができます。

石器《せっき》を使《つか》った人類《じんるい》
ホモ・ハビリス

私《わたし》たちの仲間《なかま》

35億年前《おくねんまえ》の小《ち》さな化石《かせき》から始《はじ》まった進化《しんか》の物語《ものがたり》も、いよいよ終《お》わりがみえてきました。これから、私《わたし》たち人類《じんるい》の進化《しんか》に注目《ちゅうもく》していきましょう。

知《し》られているかぎり最《もっと》も古《ふる》い人類《じんるい》は、今《いま》からおよそ700万《まん》年前《ねんまえ》に現《あらわ》れました。それが370ページで紹介《しょうかい》したサヘラントロプスでした。そして、今《いま》からおよそ230万年前《まんねんまえ》、第四紀《だいよんき》が始《はじ》まって間《ま》もないころ、もっと私《わたし》たちに近《ちか》い人類《じんるい》が現《あらわ》れました。それが「ホモ・ハビリス」です。

現在《げんざい》の地球《ちきゅう》に生《い》きる私《わたし》たち人類《じんるい》のことを「ホモ・サピエンス」といいます。いろいろな場所《ばしょ》でたくさんの人々《ひとびと》が暮《く》らしていますが、そのすべての人《ひと》が「ホモ・サピエンス」という一《ひと》つの種《しゅ》なのです。

ホモ・ハビリスと、ホモ・サピエンス。「ホモ」の部分《ぶぶん》が同《おな》じですね。ホモ・ハビリスとホモ・サピエンスは、同《おな》じ「ホモ属《ぞく》」というグループの仲間《なかま》なのです。

現在《げんざい》の地球《ちきゅう》にいるホモ属《ぞく》は、私《わたし》たちホモ・サピエンスだけですが、かつてはたくさんのホモ属《ぞく》がいました。ホモ・ハビリスはそんなホモ属《ぞく》の仲間《なかま》の中《なか》で、最《もっと》も早《はや》い時期《じき》に現《あらわ》れた種《しゅ》でした。

石器《せっき》を使《つか》っていた

ホモ・ハビリスは、身長《しんちょう》135センチメートルほどの人類《じんるい》でした。それまでの人類《じんるい》と比《くら》べると脳《のう》が大《おお》きかったことが特徴《とくちょう》です。

また、石器《せっき》を使《つか》って獲物《えもの》の肉《にく》を解体《かいたい》することができたとみられています。このころから人類《じんるい》は、自分《じぶん》たちで石《いし》を加工《かこう》して道具《どうぐ》をつくり始《はじ》めたのです。

化石《かせき》を見《み》たい！

神奈川県立《かながわけんりつ》
生命《いのち》の星《ほし》・地球博物館《ちきゅうはくぶつかん》

頭骨《とうこつ》の複製《ふくせい》が見《み》られます。

ここでもみられます！
足寄動物化石博物館、群馬県立自然史博物館、ミュージアムパーク 茨城県自然博物館、福井県立恐竜博物館、東海大学自然史博物館、豊橋市自然史博物館、徳島県立博物館、北九州市立自然史・歴史博物館、御船町恐竜博物館　ほか

もっとしりたい！
ホモ・ハビリスの化石《かせき》は、アフリカのタンザニアやケニア、エチオピアなどでみつかっています。ホモ属《ぞく》の歴史《れきし》は、アフリカから始《はじ》まったのです。

体格《たいかく》は私《わたし》たちにそっくり

ホモ・エレクトゥス

アフリカ以外《いがい》でみつかる

　私《わたし》たち「ホモ・サピエンス」を含《ふく》むホモ属《ぞく》というグループの歴史《れきし》は、230万年間《まんねんかん》といわれています。その歴史《れきし》の中《なか》で、はじめのころの種《しゅ》として最《もっと》も重要《じゅうよう》といわれているのが「ホモ・エレクトゥス」です。

　ホモ・エレクトゥスが生《い》きていたのは、今《いま》から190万年前《まんねんまえ》から3万年前《まんねんまえ》といわれています。その化石《かせき》は、中国《ちゅうごく》やインドネシアなどでみつかっています。ホモ属《ぞく》を含《ふく》めた古《ふる》い人類《じんるい》の化石《かせき》はほとんどがアフリカ大陸《たいりく》からみつかっているので、中国《ちゅうごく》やインドネシアから化石《かせき》がみつかるということ自体《じたい》が、ホモ・エレクトゥスの特徴《とくちょう》の一《ひと》つです。

歯《は》が小《ち》さく、脳《のう》が大《おお》きい

　ホモ・エレクトゥスの身長《しんちょう》は160センチメートルから180センチメートル、体重《たいじゅう》は40キログラムから68キログラムあったとみられています。私《わたし》たちとあまりかわらない体《からだ》つきだったです。

　ホモ・エレクトゥスは、ホモ・ハビリスと比《くら》べると、歯《は》が小《ち》さくなり、脳《のう》が大《おお》きくなっているなどの特徴《とくちょう》がありました。おそらく私《わたし》たちと同《おな》じように、背中《せなか》をピンとのばして、地上《ちじょう》を歩《ある》いていたと考《かんが》えられています。体格《たいかく》といい、歯《は》や脳《のう》の大《おお》きさといい、現在《げんざい》のヒトとあまり変《か》わりはありません。そのため、ホモ・エレクトゥスは、「人間《にんげん》らしい人間《にんげん》のはじまり」ともいわれています。

ホモ・エレクトゥス
Homo erectus

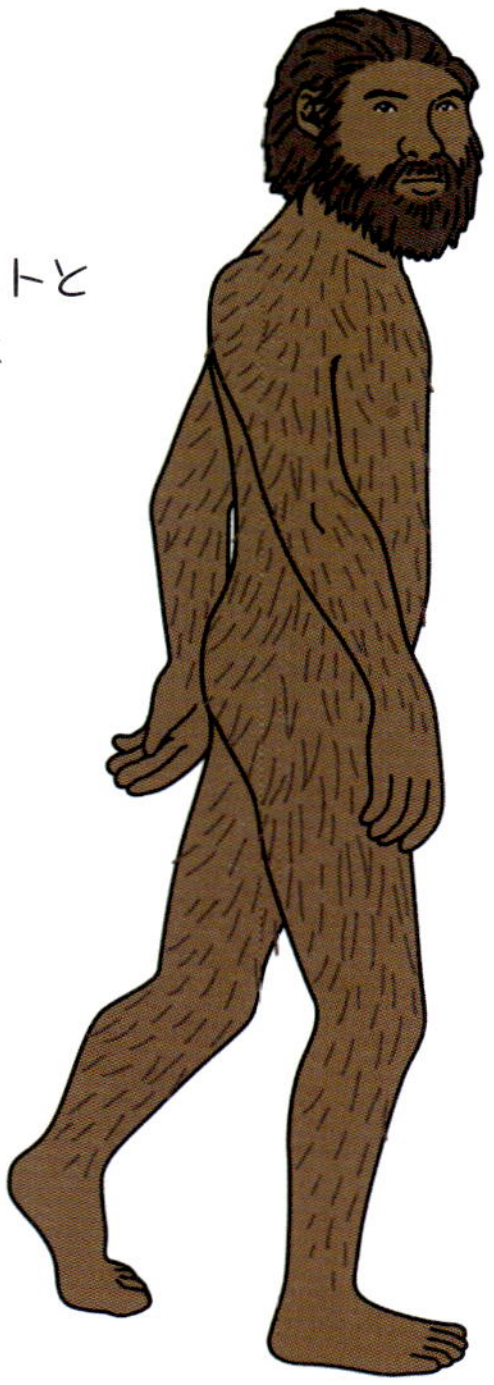

現在《げんざい》のヒトと似《に》た体格《たいかく》

化石《かせき》を見《み》たい！　**御船町恐竜博物館《みふねちょうきょうりゅうはくぶつかん》**

頭骨《とうこつ》の複製《ふくせい》が展示《てんじ》されています。

ここでもみられます！
足寄動物化石博物館、群馬県立自然史博物館、ミュージアムパーク 茨城県自然博物館、神奈川県立生命の星・地球博物館、福井県立恐竜博物館、東海大学自然史博物館、豊橋市自然史博物館、徳島県立博物館　ほか

もっとしりたい！　ホモ・エレクトゥスという名前《なまえ》には「まっすぐ立《た》つヒト」という意味《いみ》があります。

私《わたし》たちと共存《きょうぞん》した人類《じんるい》
ホモ・ネアンデルターレンシス

ヨーロッパにいた

私《わたし》たち「ホモ・サピエンス」は、現在《げんざい》の地球《ちきゅう》に唯一《ゆいいつ》生《い》き残《のこ》っているホモ属《ぞく》です。遅《おそ》くてもおよそ20万《まん》年前《ねんまえ》には現《あらわ》れていたと考《かんが》えられています。最初《さいしょ》に現《あらわ》れた場所《ばしょ》はアフリカでした。

そんなホモ・サピエンスの登場《とうじょう》よりも少《すこ》しだけ古《ふる》い時期《じき》のヨーロッパにいたホモ属《ぞく》がいました。そのホモ属《ぞく》の名前《なまえ》を「ホモ・ネアンデルターレンシス」といいます。「ネアンデルタール人《じん》」というよび名《な》で知《し》られています。

交流《こうりゅう》もあった

ネアンデルタール人《じん》が現《あらわ》れたのは、今《いま》からおよそ35万年前《まんねんまえ》のことです。そして、およそ3万年前《まんねんまえ》までは生《い》きていました。つまり、ネアンデルタール人《じん》は、私《わたし》たちホモ・サピエンスと同《おな》じ時代《じだい》を生《い》きていたことがあったのです。

ネアンデルタール人《じん》は、ホモ・サピエンスとてもよく似《に》ていました。体《からだ》つきや脳《のう》の大《おお》きさなどはそっくりです。あえてちがいをあげるとすれば、ネアンデルタール人《じん》は、ホモ・サピエンスと比《くら》べると少《すこ》しだけがっしりとした体格《たいかく》をしていました。

ネアンデルタール人《じん》と私《わたし》たちホモ・サピエンスの祖先《そせん》は、交流《こうりゅう》があったこともわかっています。ネアンデルタール人《じん》とホモ・サピエンスの間《あいだ》に子《こ》どもが産《う》まれることもあったようです。これまでの研《けん》究《きゅう》によって、私《わたし》たち人類《じんるい》の多《おお》くがネアンデルタール人《じん》の遺伝子《いでんし》を受《う》け継《つ》いでいることも明《あき》らかにされています。

ホモ・ネアンデルターレンシス
Homo neanderthalensis

現在《げんざい》のヒトより少《すこ》しがっしりした体格《たいかく》

化石《かせき》を見《み》たい！

神奈川県立《かながわけんりつ》 生命《いのち》の星《ほし》・地球博物館《ちきゅうはくぶつかん》

頭骨《とうこつ》の複製《ふくせい》が見《み》られます。

ここでもみられます！
足寄動物化石博物館、むかわ町穂別博物館、群馬県立自然史博物館、地質標本館、ミュージアムパーク茨城県自然博物館、福井県立恐竜博物館、東海大学自然史博物館、豊橋市自然史博物館、徳島県立博物館、北九州市立自然史・歴史博物館、御船町恐竜博物館　ほか

もっとしりたい！ ネアンデルタール人《じん》は、死者《ししゃ》を埋葬《まいそう》するなどの文化《ぶんか》ももっていたようです。

道具《どうぐ》を発明《はつめい》し、世界中《せかいじゅう》で暮《く》らす

ホモ・サピエンス

第四紀《だいよんき》

ほっそりしたホモ属《ぞく》

ホモ・サピエンスの祖先《そせん》は、遅《おそ》くても今《いま》から20万年前《まんねんまえ》には現《あらわ》れたとみられています。これまでに紹介《しょうかい》した三《みっ》つのホモ属以外《ぞくいがい》にもたくさんのホモ属《ぞく》がいましたが、現在《げんざい》まで生《い》き残《のこ》っているのはホモ・サピエンスだけです。

ホモ・サピエンスは、ほかのホモ属《ぞく》と比《くら》べるととてもほっそりとした骨《ほね》のつくりをしています。一方《いっぽう》で、脳《のう》の大《おお》きさはホモ属《ぞく》ではトップクラスで、ネアンデルタール人《じん》と同《おな》じかそれ以上《いじょう》です。

故郷《こきょう》はアフリカ

現在《げんざい》、ホモ・サピエンスは地球上《ちきゅうじょう》のさまざまな場所《ばしょ》で暮《く》らしています。地形《ちけい》や気候《きこう》もさまざまで、からっと乾燥《かんそう》した平原《へいげん》に暮《く》らすホモ・サピエンスもいれば、じっとりと湿《しめ》った熱帯雨林《ねったいうりん》で暮《く》らすホモ・サピエンスもいます。大都会《だいとかい》をつくって暮《く》らすホモ・サピエンスもいますね。これほどのさまざまな場所《ばしょ》で暮《く》らせる動物《どうぶつ》は、これまでいませんでした。

そんなホモ・サピエンスは、最初《さいしょ》はアフリカに現《あらわ》れたことがわかっています。その後《ご》、世界中《せかいじゅう》に広《ひろ》がっていったのです。

暮《く》らす場所《ばしょ》を広《ひろ》げていく中《なか》で、ホモ・サピエンスは服《ふく》や住居《じゅうきょ》、あるいは舟《ふね》、そしてさまざまな道具《どうぐ》を発明《はつめい》していきました。こうした発明《はつめい》もホモ・サピエンスの特徴《とくちょう》の一《ひと》つといえます。

ホモ・サピエンス
Homo sapiens

化石《かせき》を見《み》たい！

ミュージアムパーク 茨城県自然博物館《いばらきけんしぜんはくぶつかん》

頭骨《とうこつ》の複製《ふくせい》が見《み》られます。

ここでもみられます！
足寄動物化石博物館、むかわ町穂別博物館、群馬県立自然史博物館、神奈川県立生命の星・地球博物館、福井県立恐竜博物館、東海大学自然史博物館、豊橋市自然史博物館、大阪市立自然史博物館、徳島県立博物館、北九州市立自然史・歴史博物館、御船町恐竜博物館　ほか

もっとしりたい！
ホモ・サピエンスという名前《なまえ》は「賢《かしこ》い人《ひと》」という意味《いみ》です。私《わたし》たちの祖先《そせん》は、早《はや》い段階《だんかい》から道具《どうぐ》を使《つか》い、芸術《げいじゅつ》を表現《ひょうげん》していました。

1万年《まんねん》前《まえ》におきた 大型《おおがた》哺《ほ》乳《にゅう》類《るい》の大《だい》絶《ぜつ》滅《めつ》

第四紀《だいよんき》

新生代《しんせいだい》 中生代 古生代 先カンブリア時代

ケナガマンモスを狩《か》る
ホモ・サピエンス

気候《きこう》が原因《げんいん》？

第四紀《だいよんき》には、ケナガマンモスやスミロドンなど、大《おお》きな体《からだ》をした哺乳類《ほにゅうるい》がたくさんいました。

しかし、たくさんいた大型《おおがた》の哺乳類《ほにゅうるい》は、およそ1万年前《まんねんまえ》に次々《つぎつぎ》と滅《ほろ》んでいきました。なぜ滅《ほろ》びていったのでしょうか？ その答《こた》えはまだ出《で》ていません。

それでも、いくつかの考《かんが》えが提案《ていあん》されていて、その中《なか》でも有力《ゆうりょく》な仮説《かせつ》が二《ふた》つあります。

一《ひと》つは、気候《きこう》が変《か》わったことが原因《げんいん》ではないか、という説《せつ》です。

1万年前《まんねんまえ》ごろは地球全体《ちきゅうぜんたい》の冷《ひ》えこみが終《お》わり、次第《しだい》に暖《あたた》かくなっていった時代《じだい》です。気候《きこう》が変《か》わると、植物《しょくぶつ》の種類《しゅるい》も変《か》わります。すると、植物食《しょくぶつしょく》のケナガマンモスなどの哺乳類《ほにゅうるい》は、これまで食《た》べていた植物《しょくぶつ》がなくなってしまい、食《た》べ物《もの》に困《こま》ってしまった可能性《かのうせい》があります。そのため、繁栄《はんえい》することができなくなり、やがて滅《ほろ》んでしまったのではないかというわけです。

大型《おおがた》の植物食動物《しょくぶつしょくどうぶつ》がいなくなれば、それらを食《た》べていた大型《おおがた》の肉食動物《にくしょくどうぶつ》も生《い》きてはいけません。その結果《けっか》、スミロドンなども滅《ほろ》んでいったのかもしれません。

人類《じんるい》が原因《げんいん》？

もう一《ひと》つは、ホモ・サピエンスが原因《げんいん》ではないか、という説《せつ》です。

ホモ・サピエンスは、動物《どうぶつ》としてはとても力《ちから》が弱《よわ》く、一人《ひとり》では大型《おおがた》の哺乳類《ほにゅうるい》に立《た》ち向《む》かうことはできません。しかし集団《しゅうだん》をつくり、武器《ぶき》を使《つか》い、知恵《ちえ》をしぼった狩《か》りをすることができます。大型《おおがた》の哺乳類《ほにゅうるい》を狩《か》ることには危険《きけん》をともないますが、1頭《とう》を狩《か》ることができれば、たくさんの人《ひと》の食料《しょくりょう》になり、皮《かわ》は衣服《いふく》になります。また、ケナガマンモスなどの骨《ほね》は、家《いえ》をつくる材料《ざいりょう》にもなります。

そうして狩《か》りをしていくうちに、大型哺乳類《おおがたほにゅうるい》を狩《か》り尽《つ》くしてしまったのではないか、と考《かんが》えられているのです。

もっとしりたい！

1万年前《まんねんまえ》に大量《たいりょう》に絶滅《ぜつめつ》したのは、おもに大型《おおがた》の哺乳類《ほにゅうるい》でした。大規模《だいきぼ》な絶滅《ぜつめつ》でしたが、ビッグ・ファイブほど大《おお》きなものではありません。生命《せいめい》の歴史上《れきしじょう》には、この規模《きぼ》の絶滅《ぜつめつ》はたくさんありました。

おわりに
epilogue

1年《ねん》をかけて、35億年《おくねん》にわたる生命《せいめい》の歴史《れきし》をみてきました。お楽《たの》しみいただけたでしょうか？

この本《ほん》に書《か》いてあることは、あくまでも「現在《げんざい》の考《かんが》え」にもとづくものです。新《あら》たな発見《はっけん》や仮説《かせつ》によって、内容《ないよう》が変《か》わる可能性《かのうせい》もあります。イラストで描《えが》いた姿《すがた》が大《おお》きく変《か》わる可能性《かのうせい》もあります。それは、明日《あす》にでも変《か》わるかもしれませんし、数年先《すうねんさき》、数十年先《すうじゅうねんさき》になるかもしれません。そして、そうした発見《はっけん》をしたり、新《あら》たな仮説《かせつ》を発表《はっぴょう》したりする人《ひと》は、この本《ほん》を読《よ》んでいるあなたかもしれません。

一方《いっぽう》で、摩訶不思議《まかふしぎ》な姿《すがた》の生《い》き物《もの》が多《おお》いことも、古生物《こせいぶつ》の魅力《みりょく》の一《ひと》つです。この本《ほん》にはたくさんの古生物《こせいぶつ》が登場《とうじょう》しました。皆《みな》さんにとって「お気《き》に入《い》りの古生物《こせいぶつ》」はできましたか？　そうしたお気《き》に入《い》りをみつけることができた人《ひと》は、ぜひ、ご自分《じぶん》でも、そのお気《き》に入《い》りの古生物《こせいぶつ》について、図鑑《ずかん》やインターネットなどで調《しら》べてみてください。

最後《さいご》になりましたが、お忙《いそが》しい中《なか》、ご協力《きょうりょく》をいただきました日本古生物学会将来計画委員会《にほんこせいぶつがっかいしょうらいけいかくいいんかい》の皆《みな》さまには重《かさ》ねてお礼申《れいもう》し上《あ》げます。また、さまざまな情報《じょうほう》をお寄《よ》せいただいた全国《ぜんこく》の博物館《はくぶつかん》、動物園《どうぶつえん》、水族館《すいぞくかん》の皆《みな》さまにもお礼申《れいもう》し上《あ》げます。

本書《ほんしょ》の愛《あい》らしくもカッコイイイラストは、イラストレーターの服部雅人《はっとりまさと》さんと安西泉《あんざいいずみ》さんの作品《さくひん》です。編集《へんしゅう》は、レカポラ編集舎《へんしゅうしゃ》の小野寺佑紀《おのでらゆき》さんと技術評論社《ぎじゅつひょうろんしゃ》の大倉誠二《おおくらせいじ》さん。多《おお》くの人々《ひとびと》の力《ちから》があわさって、この本《ほん》ができました。

もちろん、最後《さいご》までお読《よ》みいただいたあなたにも、特大《とくだい》の感謝《かんしゃ》を。この本《ほん》をきっかけに、古生物《こせいぶつ》の楽《たの》しさを味《あじ》わっていただければ、筆者《ひっしゃ》としてとても嬉《うれ》しく思《おも》います。

2017年《ねん》7月《がつ》　土屋《つちや》健《けん》

『しんかのお話《はなし》365日《にち》』を読《よ》み終《お》えた皆《みな》さんへのメッセージ

この本《ほん》では、遠《とお》い昔《むかし》からこの地球《ちきゅう》で暮《く》らしてきたさまざまな生物《せいぶつ》を紹介《しょうかい》しました。摩訶不思議《まかふしぎ》な姿《すがた》をした生物《せいぶつ》や、巨大《きょだい》で凶暴《きょうぼう》な動物《どうぶつ》などがたくさんいました。信《しん》じられませんよね。でも、これらは本当《ほんとう》にこの地球《ちきゅう》で暮《く》らしていたのです。このことを証明《しょうめい》するのが「古《こ》生《せい》物《ぶつ》学《がく》者《しゃ》」と呼《よ》ばれる科学者《かがくしゃ》です。

古生物学者《こせいぶつがくしゃ》は地層《ちそう》の中《なか》から化石《かせき》を発見《はっけん》し、形《かたち》や模様《もよう》をじっくりと観察《かんさつ》して、化石《かせき》の種類《しゅるい》を見極《みきわ》めます。また、地層《ちそう》の特徴《とくちょう》などから、どんなところに暮《く》らしていたのか、何《なに》を食《た》べていたのかなど、遠《とお》い昔《むかし》の生物《せいぶつ》の暮《く》らしぶりを考《かんが》えます。

ただし、今生《いまい》きている生物《せいぶつ》とまったくちがう姿形《すがたかたち》や生《い》き方《かた》をしていたら、どうでしょう。このようなときは、生《せい》物《ぶつ》学《がく》や数学《すうがく》、物理学《ぶつりがく》、化学《かがく》などの知識《ちしき》も総動員《そうどういん》して、その化石《かせき》がどんな生物《せいぶつ》だったのかを解《と》き明《あ》かします。そして、

「化石友《かせきとも》の会《かい》」の活動《かつどう》や入会申込《にゅうかいもうしこ》みについては、ウェブサイトを御覧《ごらん》ください。

http://www.palaeo-soc-japan.jp/friends/index.html

謎《なぞ》だと思《おも》われていた化石《かせき》の正体《しょうたい》がわかったとき、古生《こせい》物学者《ぶつがくしゃ》の大《おお》きな喜《よろこ》びとなるのです。

この本《ほん》を読《よ》んで、化石《かせき》の勉強《べんきょう》はどうやったらできるの？　古生物学者《こせいぶつがくしゃ》になりたい！　と思《おも》われた人《ひと》もいることでしょう。その第一歩《だいいっぽ》として、「化石友《かせきとも》の会《かい》」で一緒《いっしょ》に古生物学《こせいぶつがく》を学《まな》んでみませんか。

「化石友《かせきとも》の会《かい》」とは、化石《かせき》に興味《きょうみ》をもつ子供《こども》から大人《おとな》までの集《あつ》まりで、日本古生物学会《にほんこせいぶつがっかい》の中《なか》の組織《そしき》です。入会《にゅうかい》すると、専門誌《せんもんし》『化石《かせき》』が年間《ねんかん》2冊届《さつとど》き、6月《がつ》と1月《がつ》に開催《かいさい》される研究集会《けんきゅうしゅうかい》では、「化石友《かせきとも》の会《かい》」会員対象《かいいんたいしょう》の体験《たいけん》イベントを開催《かいさい》しています。研究集会《けんきゅうしゅうかい》に参加《さんか》できます。

「化石友《かせきとも》の会《かい》」で、皆《みな》さんと一緒《いっしょ》に活動《かつどう》できることを楽《たの》しみにしています！

日本古生物学会《にほんこせいぶつがっかい》 化石友《かせきとも》の会《かい》

collaborator（五十音順）
日本古生物学会将来計画委員会

椎野 勇太
（しいの・ゆうた）

東京大学大学院理学系研究科修了・博士（理学）。千葉県で生まれ酒々井町で育つ。東京大学総合研究博物館特任助教を経て、現在は新潟大学理学部准教授。背骨を持たない動物（腕足動物，三葉虫など）の化石を好む。甘いものが好きで、餡子はこしあん派、桜餅は焼き入れ派、たけのこの里派、タルトケーキよりもスポンジケーキ派に属する。主な著書に『凹凸形の殻に隠された謎―腕足動物の化石探訪』（東海大学出版会）など。

木村 由莉
（きむら・ゆり）

国立科学博物館 地学研究部 生命進化史グループ。 研究員。長崎県生まれ。サザンメソジスト大学。博士（学術）。地球規模の環境変化に対して哺乳類がどのように進化したのか興味を持っている。中央アジア探検隊の化石発掘ストーリーの大ファン。好きな動物は、ケラトガウルス。

大橋 智之
（おおはし・ともゆき）

北九州市立自然史・歴史博物館学芸員。福島県生まれ。東京大学大学院理学系研究科修了。博士（理学）。恐竜など古脊椎動物学が専門。北部九州の中生代や新生代の恐竜や鳥類化石を中心に福島県、石川県、鹿児島県などの脊椎動物化石を研究している。泳ぐことが大好きで、最近はオープンウォーターの大会に出ることを考えている。

高桑 祐司
（たかくわ・ゆうじ）

群馬県立自然史博物館の主幹（学芸員）、古生物を担当。東京都生まれ。横浜国立大学大学院、茨城大学大学院修了。博士（理学）。専門は脊椎動物化石（主にシカ、サメ）。最近は、主に中生代白亜紀のサメ類化石やサメ類の古生態や、群馬県産化石についても研究。古生物や博物館関係のグッズやフィギュアを集めているが、その置き場所に困っている。主な著作に『化石から生命の謎を解く 恐竜から分子まで』（共著：朝日選書）など。

小林 快次
（こばやし・よしつぐ）

北海道大学総合博物館准教授。福井県生まれ。米国サザンメソジスト大学地球科学科において博士号取得。アラスカやモンゴルなどで恐竜化石発掘調査を行っている。恐竜が鳥類になっていく過程の研究や様々な環境での恐竜の適応について研究している。調査のための体力作りのため、大学近くのプールで３km泳ぐのが日課で、出張先でも時間があればプールを探して泳ぎに行く。

奥村 よほ子
（おくむら・よほこ）

佐野市葛生化石館学芸員。静岡県生まれ、東京多摩育ち。筑波大学大学院 生命環境科学研究科。修士（理学）。化石館で企画展やイベントを開催するかたわら、主に古生代の石灰岩から見つかる微化石や腕足動物、サンゴなどの調査研究をしている。海が大好きで、海や水族館に行くとテンションが上がる。石灰岩の研究を「太古の海を覗いている」とよく言っている。最近はスマホの宝探しゲームにはまり中。『とちぎの化石図鑑』分担執筆。

辻野 泰之
（つじの・やすゆき）

徳島県立博物館学芸員。大阪府生まれ。京都大学大学院理学研究課修士課程修了、博士課程中退。修士（理学）。中生代アンモナイトに関する研究。アンモナイト化石が多く産出する北海道で、学生時代からフィールドワークを続けている。博物館がある徳島県や四国周辺の中生代の地質や化石についても研究。著作『化石ウォーキングガイド全国版』（分担執筆：丸善出版）など。

佐藤 たまき
（さとう・たまき）

東京学芸大学教育学部准教授。岡山生まれの東京育ち。カナダ・カルガリー大学大学院博士課程修了、Ph. D.。専門は首長竜を中心とする中生代の化石爬虫類の記載と分類・系統学であり、日本・カナダ・中国などで産出した化石の研究を行っている。趣味は読書で、芥川龍之介とサン・テグジュペリのファン。

川辺 文久
（かわべ・ふみひさ）

文部科学省初等中等教育局教科書調査官。神奈川県出身。早稲田大学大学院理工学研究科修了。白亜紀の地層とアンモナイトの研究で1999年に博士号を取得。早稲田大学教育学部助手、杉並区立科学館指導員などを経て2010年より現職。ランニングと園芸がマイブーム。著書等に『生物学辞典』（分担執筆：東京化学同人）、『化石の研究法』（分担執筆：共立出版）がある。

References

『小学館の図鑑 両生類・はちゅう類』指導・執筆：松井正文，疋田 努，太田英利，撮影：松橋利光，前田憲男，関慎太郎ほか，2004年刊行，小学館

『新版 絶滅哺乳類図鑑』著：冨田幸光，伊藤丙男，岡本泰子，2011年刊行，丸善株式会社

『世界サメ図鑑』著：スティーブ・パーカー，2010年刊行，ネコ・パブリッシング

『そして恐竜は鳥になった』監修：小林快次，著：土屋健，2013年刊行，誠文堂新光社

『ティラノサウルスはすごい』監修：小林快次，著：土屋健，2015年刊行，文春新書

『メアリー・アニングの冒険』著：吉川惣司・矢島道子，2003年刊行，朝日新聞出版社

『Dogs: Their Fossil Relatives and Evolutionary History』 著：Xiaoming Wang，Richard H. Tedford，絵：Mauricio Anton，2008年刊行，Columbia Univ Press

【企画展図録】

『超肉食恐竜 T.rex』群馬県立自然史博物館開館20周年記念展（第52回），2016年

【雑誌記事】

『人類誕生のヒミツ』取材・文：土屋 健，子供の科学2016年1月号，p12-21，誠文堂新光社

【Webサイト】

厚生労働省 第2編 保健衛生 第1章 保健，厚生労働省，http://www.mhlw.go.jp/toukei/youran/indexyk_2_1.html

新種のダイオウグソクムシ化石「コミナトダイオウグソクムシ」，千葉県立中央博物館，https://www2.chiba-muse.or.jp/?action=common_download_main&upload_id=18340

パレオパラドキシア、アンブロケトゥス 肋骨の強さが絶滅した水生哺乳類の生態を解き明かす，名古屋大学Press Release，http://www.nagoya-u.ac.jp/about-nu/public-relations/researchinfo/upload_images/20160711_num.pdf

北海道むかわ町穂別より新種の海生爬虫類化石発見 中生代海生爬虫類においては初めての夜行性の種であることを示唆，穂別博物館Press Release，http://pomu.town.mukawa.lg.jp/secure/4209/phosphorosaurus_ponpetelegans_press_release.pdf

“モンスター”ウミサソリは優しい巨人，NATIONAL GEOGRAPHIC日本版，http://natgeo.nikkeibp.co.jp/nng/article/news/14/9461/

ほか、学術論文多数

ロバート・ジェンキンズ
(Robert Gwyn Jenkins)

金沢大学助教。高松生まれ。イギリスと日本のハーフ。東京大学大学院理学系研究科地球惑星科学専攻修了。博士（理学）。地球と生命の関係の本質は深海の極限環境にあると信じて、現在と化石の深海生物を研究している。古生物学の普及を目指して、ホームページ「古生物の部屋」も主宰している。最近は、息子につられてけん玉にはまっている。

中島 礼
(なかしま・れい)

産業技術総合研究所 地質情報研究部門 平野地質研究グループ長。福岡県生まれ。筑波大学地球科学研究科修了。博士（理学）。新生代の地質や化石、とくに貝類化石が専門。「地質図」とよばれる地層や岩石の分布を示す地図を作るのが仕事。貝類をモチーフとしたグッズを集めたり作ったり、食べるのも好き。主な著作に『化石図鑑～地球の歴史をかたる古生物たち～』（共著：誠文堂新光社）など。

【参考文献】

本書は、技術評論社より2013年～2016年に刊行された「生物ミステリーPROシリーズ」（本編全10巻，監修：群馬県立自然史博物館，著：土屋健）をベースとし、またさらに以下の文献を参考にして制作しました。

【年代値について】

本書に登場する年代値は、International Commission on Stratigraphy，v2016/12，INTERNATIONAL STRATIGRAPHIC CHART を使用しています。

【一般書籍】

『恐竜学入門』著：David E. Fastovsky，David B. Weishampel，2015年刊行，東京化学同人

『恐竜ビジュアル大図鑑』監修：小林快次，藻谷亮介，佐藤たまき，ロバート・ジェンキンズ，小西卓哉，平山廉，大橋智之，冨田幸光，2014年刊行，洋泉社

『講談社の動く図鑑 WONDER MOVE 生きものふしぎ』監修：上田恵介，2014年刊行，講談社

『古生物学事典 第2版』編集：日本古生物学会，2010年刊行，朝倉書店

『ザ・パーフェクト』監修：小林快次，櫻井和彦，西村智弘，著：土屋健，2016年刊行，誠文堂新光社

『小学館の図鑑 NEO［新版］動物』監修・指導：三浦慎吾，成島悦雄，伊澤雅子，吉岡 基，室山泰之，北垣憲仁，画：田中豊美ほか，2014年刊行，小学館

『小学館の図鑑 NEO［新版］水の生物』監修：上田恵介，指導・執筆：柚木修，画：水谷高英ほか，2015年刊行，小学館

野牧 秀隆
(のまき・ひでたか)

海洋研究開発機構、主任研究員。長野県出身。静岡大学大学院修士課程修了後、東京大学大学院理学系研究科修了。博士（理学）。深海底を主なターゲットとして、海底堆積物の環境とそこに生息する生物の生態、物質循環に果たす役割について、潜水船などを用いて研究している。研究航海への乗船は多いが、船酔いは治らない。陸では子供を連れて近所の海やお寺に散歩に出かけ、一緒に木の実を拾ったりしている。

藤原 慎一
(ふじわら・しんいち)

名古屋大学博物館助教。埼玉県出身。東京大学大学院地球惑星科学科修了。博士（理学）。専門は機能形態学で、主に肢をもつ脊椎動物を研究対象としている。現在の動物たちの骨の形から、その歩き方や運動能力をどれだけ正しく推測できるかを調べ、それに基づいて絶滅動物の骨の形から生きていたときの姿を復元する研究をしている。暇なときに、相撲観戦やカラオケ、癒しと閃きを求めて動物園めぐりをすることがある。

Author

土屋 健
(つちや・けん)

オフィス ジオパレオント代表。サイエンスライター。埼玉県生まれ。金沢大学大学院自然科学研究科で修士号を取得(専門は地質学、古生物学)。その後、科学雑誌『Newton』の記者・編集者、部長代理を経て独立し、現職。恐竜やその他の古生物に関する著作多数。『Newton』や『子供の科学』などの一般向け科学雑誌への寄稿も多い。日本地質学会会員、日本古生物学会会員。愛犬たちとの散歩と愛犬たちとの昼寝が日課で、出張先ではイヌ用土産を探す。主な著作に『理科が好きな子に育つふしぎのお話365』(共著：誠文堂新光社)など。

装丁(ブックデザイン)	清原一隆(KIYO DESIGN)
本文デザイン・DTP	清原一隆(KIYO DESIGN)
編集・DTP	小野寺佑紀(レカポラ編集舎)
イラスト	安西 泉
	服部雅人

理《り》系《けい》に育《そだ》てる基《き》礎《そ》のキソ
しんかのお話《はなし》365日《にち》

2017年8月4日　　初版　第1刷発行

著　者　土屋　健
発行者　片岡　巌
発行所　株式会社技術評論社
東京都新宿区市谷左内町21-13
電話　03-3513-6150　販売促進部
03-3267-2270　書籍編集部
印刷／製本　大日本印刷株式会社

ISBN978-4-7741-9073-0 C8045
Printed in Japan